Für den beruflichen Nachwuchs im deutschen Baumarkt

Der Verlag Gert Wohlfarth hat die bewährte Publikation „Fachkunde für den Baustoffhandel, Teil 1 und 2" überarbeitet und in einer neuen Auflage unter dem Titel

Baustoffkunde für den Praktiker

herausgegeben. Der neue Titel soll deutlich machen, daß sich diese Fachkunde an alle wendet, die am Bau und mit dem Bauen in Deutschland zu tun haben, gleich, ob als Studierende oder als Auszubildende in Handel und Handwerk.

Wir begrüßen diese Erweiterung um so mehr, als sie unserer eigenen positiven Einstellung gegenüber der Weitergabe von Fachwissen, der Aus- und Fortbildung besonders für die jungen Menschen in unserer Branche entspricht.

Baustoffe, Produkte und Anwendungen unterliegen einer ständigen Anpassung. Nicht zuletzt wird das auch bei der Eternit AG deutlich, wo sich innerhalb eines Jahrzehnts die Wandlung von Asbestzement zu einem asbestfreien Faserzement vollzogen hat. Auch über diesen neuen Baustoff und die daraus hergestellten Produkte gibt die Fachkunde Auskunft.

Die Jugend braucht fundiertes Wissen, um die Zukunft gestalten zu können. Um mitzuhelfen, dieses Wissen zu vermitteln, hat die Eternit AG einen Teil der Auflage übernommen. Dieser soll kostenlos an den beruflichen Nachwuchs abgegeben werden.

Jürgen Bockstette

Vorstandsmitglied der
Eternit Aktiengesellschaft Berlin

BAUSTOFFKUNDE
für den Praktiker

zusammengestellt und bearbeitet
von
Helmut Queisser

Grundlagen der Baustoffkunde
und Baustoffanwendung

GERT WOHLFARTH GmbH
Verlag Fachtechnik + Mercator-Verlag

Das vorliegende Fachbuch ist eine überarbeitete und aktualisierte Neuausgabe der beiden Bände „Fachkunde für den Baustoffhandel", die aus der Serienveröffentlichung in der Fachzeitschrift „baustoff-technik" hervorgingen. Das Material wurde zum Teil von Industrie und Verbänden beigestellt oder zumindest gegengelesen. Die Gliederung nach Sortimentsgruppen orientiert sich an den Warensortimenten und der entsprechenden Einteilung im deutschen Baustoffhandel.

Redaktionelle Koordination:
Ludger Egen-Gödde

Tabellen und andere Auszüge aus DIN-Normen sind wiedergegeben mit Erlaubnis des DIN Deutsches Institut für Normung e. V. Maßgebend für das Anwenden der Norm ist deren Fassung mit dem neuesten Ausgabedatum, die bei der Beuth Verlag GmbH, Burggrafenstraße 6, 1000 Berlin 30, erhältlich ist.

GERT WOHLFARTH GmbH
Verlag Fachtechnik + Mercator-Verlag

Postfach 10 14 61
Stresemannstraße 20–22
4100 Duisburg 1
Fernruf Sa.-Nr. 02 03/34 30 13
Telex 8 55 474 press d
Telefax 02 03/33 77 65

1. Auflage 1988
ISBN 3-87463-149-4

Inhalt

Allgemeines Grundwissen für den Praktiker

Sortimentsgruppe 1: Grundbaustoffe für den Tiefbau

Sortimentsgruppe 2: Grundbaustoffe für den Hochbau

Sortimentsgruppe 3: Holz und Holzwerkstoffe

Sortimentsgruppe 4: Bauelemente

Sortimentsgruppe 6: Keramische Fliesen und Platten

Sortimentsgruppe 7: Eisen, Metall- und Eisenwaren, Werkzeuge

Allgemeines Grundwissen für den Praktiker

Der Warengruppenschlüssel

Es ist das unbestrittene Verdienst des Bundesverbandes des Deutschen Baustoffhandels (BDB), schon 1972 dem Baustoffhandel einen Artikelgruppenschlüssel in die Hand gegeben zu haben, der eine gute Übersicht über das Sortiment ermöglicht. Wenn man heute feststellt, daß sich der Schlüssel in der Praxis bewährt hat, ist das wohl die bedeutsamste Bewertung.

Aufgabe und Aufbau von Schlüsseln

Die Forderung nach einer ausführlichen Gliederung des Gesamtsortiments, die neutral und somit allgemeingültig sein muß, wird daher immer wieder erhoben.

Eine Forderung, die begründet wird in dem Wunsch einer generellen Katalogisierung (z. B. für den Aufbau einer Preisliste oder die Registratur von Lieferantenangeboten), dem Wunsch nach einheitlicher Klassifizierung für eine artikelgruppenorientierte Erfolgsrechnung sowie dem Wunsch nach Arbeitsunterlagen für die elektronische Datenverarbeitung.

Neben diesen einzel- oder besser innerbetrieblichen Gegebenheiten, die für die Verwendung eines Warengruppen- bzw. Artikelschlüssels sprechen, sollten auch die überbetrieblichen Gegebenheiten mit berücksichtigt werden. Hierzu gehören einmal externe Betriebsvergleiche innerhalb von Branchen sowie schließlich auch die statistische Erfassung sowohl in der Branche als auch in der Gesamtwirtschaft.

Unter dem Begriff Schlüssel versteht man eine auf einen bestimmten Zweck ausgerichtete Ordnungssystematik. Der Erfolg und die Aussagefähigkeit eines Informationssystems hängen weitgehend von der Qualität des zugrundeliegenden Schlüsselsystems ab. Ein guter Schlüssel muß mehrere Funktionen erfüllen:

a) Klassifizierung
Er muß Begriffsgattungen und Rangordnungen erkennbar machen.

b) Identifizierung
Er muß Informationen eindeutig klar erfassen. Die Identifizierung ist die Fortführung der Klassifizierung bis in die letzte Einheit.

c) Information
Er muß der Datenverarbeitungsanlage Informationen und Instruktionen mitteilen.

d) Vereinheitlichung
Er muß sicherstellen, daß der gleiche Begriff immer nur mit dem gleichen einheitlichen Ausdruck bezeichnet wird.

e) Selektion
Er muß zusammengehörende Begriffe zusammenfassen und in eine bestimmte Reihenordnung bringen können.

f) Komprimierung
Er muß sich in seiner Ausdrucksform auf die zur einwandfreien Kennzeichnung unbedingt notwendigen Merkmale beschränken.

Die Praxis unterscheidet verschiedene Arten von Schlüsseln:

1. Fortlaufende Numerierung:
Die einfachste Art der Verschlüsselung, bei der die zu erfassenden Gegenstände ohne Rücksicht auf sachliche Zusammengehörigkeit numeriert werden. Der Schlüssel reicht zur Identifizierung der einzelnen Artikel aus, läßt eine Klassifizierung jedoch nicht zu.

2. Systematische Numerierung:
Sollen die zu numerierenden Gegenstände nicht nur identifiziert, sondern gleichzeitig auch klassifiziert, d. h. nach ihrer sachlichen Zusammengehörigkeit geordnet werden, so müssen die einzelnen Stellen des Nummernschlüssels jeweils eine bestimmte Bedeutung haben (z. B. Warengruppen, Untergruppen und dergl.).

3. Sprechende Nummernschlüssel:
Hier ist jeder Stelle des Schlüssels eine feste Bedeutung zugeordnet, die wiederum durch die einzelne Ziffer variiert werden kann. Hierbei handelt es sich um ein schwerfälliges System, bei dem eine Identifizierung nur über viele Schlüsselstellen möglich ist.
Der „Warengruppenschlüssel für den Baustoffhandel" ist systematisch aufgebaut. Er umfaßt sowohl das Stammsortiment der Branche als auch Randsortimente, die von Bedeutung sind. Trotzdem bietet er in den einzelnen Artikelgruppen noch ausreichende Ergänzungsmöglichkeiten, so daß auch auf lange Sicht genügend Aufnahmekapazität vorhanden sein wird.

Aufbau

Der vorliegende Warengruppenschlüssel ist dreistellig. Die Gliederung ist nach dem Dezimalsystem vom Allgemeinen zum Speziellen hin aufgebaut. So gibt die erste Stelle Auskunft über die Sortimentsgruppe. Dies sieht folgendermaßen aus:

0	Produktion und Dienstleistungen
1	Grundbaustoffe, Tiefbau
2	Grundbaustoffe, Hochbau
3	Holz und Holzwerkstoffe
4	Bauelemente
5	Sanitär, Heizung
6	Wand- und Bodenbeläge
7	Eisen, Eisenwaren, Werkzeuge
8	Haus, Garten, Hobby
9	Baumarkt

Der Schlüssel umfaßt somit zehn Sortimentsgruppen.
Die erste und zweite Stelle geben Auskunft über die Warengruppe. Die wichtigsten werden in diesem Buch behandelt.
Die ersten drei Stellen schließlich bezeichnen die Artikelgruppen, d. h., sie spezifizieren noch einmal innerhalb der Warengruppen. Hieraus ergibt sich, daß vom System her für jede Warengruppe zusätzlich noch einmal 10 Artikelgruppen mit den Endziffern 0 bis 9 gebildet werden können. Die Gliederung dieses Buches orientiert sich dem Inhalt nach an der beschriebenen Schematisierung.

VOB – Die Verdingungsordnung für Bauleistungen

Das Regelwerk, das sich mit den Rechtsverhältnissen befaßt, die sich bei den verschiedenen Bauausführungen ergeben, ist die VOB. Sie besteht aus den Teilen A, B und C, davon regelt der Teil A die Vergabe von Bauleistungen, beginnend mit der Ausschreibung, der Teil B behandelt die eigentlichen Vertragsverhältnisse und der Teil C enthält die Allgemeinen Technischen Vorschriften für Bauleistungen.
Die Rechtsnormen der reinen Handelsgeschäfte regeln das Handelsgesetzbuch (HGB) und das Bürgerliche Gesetzbuch (BGB), in dem auch die Allgemeinen Geschäftsbedingungen (AGB) gesetzliche Regelung finden.

VOB Teil A: Allgemeine Bestimmungen für die Vergabe von Bauleistungen

DIN 1960 Ausgabe X/1979

Der § 1 stellt fest, was Bauleistungen sind.
Die Grundsätze der Vergabe sind im § 2 geregelt.
Der § 3 beschreibt die Arten der Vergabe und wann und wo sie anzuwenden sind.

Unterschieden werden

- die öffentliche Ausschreibung,
- die beschränkte Ausschreibung und
- die freihändige Vergabe.

Die §§ 4, 5 und 6 regeln weitere Teilbereiche der Vergabe, also einheitliche Vergabe oder Vergabe nach Losen (Abschnitten), den Leistungsvertrag, Stundenlohnvertrag und Selbstkostenerstattung in bestimmten Fällen sowie das Angebotsverfahren.

Die Mitwirkung von Sachverständigen bei der Vergabe regelt der § 7, und § 8 bestimmt, wer an Ausschreibungen wie teilnehmen darf, welche Voraussetzungen erfüllt sein müssen.

Es folgen Bedingungen über die Leistungsbeschreibung im § 9.

§ 10 regelt die Vertragsbedingungen, und in § 11 sind die Ausführungsfristen festgeschrieben.

Die Frage, ob besondere Dringlichkeit durch Verzögerung in der Planung gegeben ist, ist hier nicht genannt, doch sollten sich die Auftraggeber ab und zu daran erinnern und auch, daß nicht nur die Planung, sondern oft auch die Herstellung und Lieferung Zeit benötigt.

Der § 12 regelt Vertragsstrafen für Verzögerung, sieht aber auch eine Beschleunigungsvergütung vor.

Die §§ 13 und 14 regeln die Gewährleistung (Gewährleistung für Ausführung ist im Teil B behandelt!) und die Sicherheitsleistung, § 15 Änderungen der Vergütung.

Die Grundsätze der Ausschreibung und Bekanntmachung werden in den §§ 16 und 17, die Angebotsfristen in § 19 behandelt. Über die Fristen sollte sich informieren, wer Preise für Ausschreibungen einsetzt, damit nicht Preisänderungen zu Problemen werden.

In den §§ 20 „Kosten" und 21 „Inhalt der Angebote" sowie 22 „Eröffnungstermin" und 23 „Prüfung der Angebote" sind weitere Einzelheiten des Ablaufs festgelegt.

Der § 24 „Verhandlung mit Bietern" bestimmt, daß der Auftraggeber mit dem Bieter nur über die technische und wirtschaftliche Leistungsfähigkeit u. ä. verhandeln darf.

Auch über Ausnahmen von dieser Regel liegen Aussagen vor.

§ 25 legt die Wertung der Angebote fest. Verschiedentlich hört man, daß eine Ausschreibung aufgehoben worden ist. Dieser Vorgang ist im § 26 geregelt.

Der § 27 regelt die Behandlung nicht berücksichtigter Angebote, § 28 den Zuschlag und § 29 die Vertragsurkunde.

Damit ist der Teil A der VOB abgeschlossen.

VOB Teil B: Allgemeine Vertragsbedingungen für die Ausführung von Bauleistungen

DIN 1961 Ausgabe X/1979

Der § 1 bestimmt die Einzelheiten über Art und Umfang der Leistungen. Er ist die wichtige Grundlage.

Im § 2 werden die Einzelheiten für die Vergütung der Bauleistungen festgelegt.

Technische Einzelheiten werden wie folgt festgelegt: Ausführungsunterlagen in § 3, Ausführung in § 4 sowie in § 5 Ausführungsfristen, Behinderung und Unterbrechung der Ausführung in § 6. Die §§ 7 bis 9 behandeln die Verteilung der Gefahr, also höhere Gewalt u. dgl., die Kündigung durch den Auftraggeber und den Auftragnehmer.

§ 10 regelt die Haftung der Vertragsparteien bei Verschulden der gesetzlichen Vertreter oder Erfüllungsgehilfen.

Die Vertragsstrafen werden mit § 11 geregelt.

Wichtig sind vor allem auch die §§ 12 (Abnahme) und 13 (Gewährleistung).

Nun folgen noch die Ausführungen über Abrechnung im § 14, Stundenlohnarbeiten im § 15 und im § 16 Zahlung.

Der letzte Abschnitt des Teils B der VOB, der § 18, regelt den Ablauf bei Streitigkeiten.

VOB Teil C: Allgemeine Technische Vorschriften für Bauleistungen

In diesem Teil enthält die VOB einschließlich Anhang 1 50 DIN-Normen (von DIN 18300 bis 18320, 18325, DIN 18330 bis 18339, DIN 18350, DIN 18352 bis 18358, 18360 bis 18367, 18379 bis 18384, DIN 18421 und 18541) und im Anhang 2 Ergänzende Bestimmungen zu DIN-Normen im Bauwesen und im Wasserwesen, die noch nicht auf gesetzliche Einheiten umgestellt sind.

Geschaffen und ständig weiterentwikkelt wird die VOB vom Deutschen Verdingungsausschuß für Bauleistungen (DVA).

Literatur

Die Normen der VOB kann man sowohl einzeln beziehen als auch in einem Sammelband zusammengefaßt erhalten:

VOB Verdingungsordnung für Bauleistungen, Gesamtausgabe 1979, Beuth Verlag GmbH, Berlin, ISBN 3-410-61009-X. Daneben gibt es eine laufend aktualisierte VOB-Materialsammlung als Ringbuch (ISBN 3-410-61014-6). Alle in VOB Teil C zitierten weiteren Normen sind in den DIN-Taschenbüchern 70 bis 99 im vollen Wortlaut abgedruckt:

Hochbau

70 Putz- und Stuckarbeiten
71 Abdichtung gegen drückendes Wasser. Abdichtung gegen nichtdrückendes Wasser
72 Dachdeckungs- und Dachabdichtungsarbeiten
73 Estricharbeiten
74 Bodenbelagarbeiten, Holzpflasterarbeiten, Parkettarbeiten
77 Mauerarbeiten
78 Beton- und Stahlbetonarbeiten
79 Naturwerksteinarbeiten, Betonwerksteinarbeiten
80 Zimmer- und Holzbauarbeiten
81 Landschaftsbauarbeiten
82 Tischlerarbeiten, Verglasungsarbeiten
83 Metallbauarbeiten, Schlosserarbeiten
84 Heizungs- und zentrale Brauchwassererwärmungsanlagen
85 Lüftungstechnische Anlagen
86 Klempnerarbeiten
87 Trockenbauarbeiten
89 Fliesen- und Plattenarbeiten
90 Wärmedämmarbeiten an betriebstechnischen Anlagen
92 Asphaltarbeiten
93 Stahlbauarbeiten
94 Korrosionsschutzarbeiten an Stahl- und Aluminiumbauten
95 Gas-, Wasser- und Abwasser-Installationsarbeiten
96 Beschlagarbeiten
97 Anstricharbeiten
98 Elektrische Kabel- und Leitungsanlagen in Gebäuden
99 Verglasungsarbeiten

Tiefbau

75 Erdarbeiten, Bohrarbeiten, Verbauarbeiten, Einpreßarbeiten
76 Straßenbauarbeiten
88 Entwässerungskanalarbeiten
91 Brunnenbauarbeiten

Die Maßordnung am Bau

Wer unvorbereitet die Mehrzahl der am Bau üblichen Maße, der Stein-, der Fenster- und der Türenmaße liest, wird zuerst an deren Sinnhaftigkeit zweifeln.

Wir müssen tatsächlich die jüngere Baugeschichte bemühen, um eine verständliche Erklärung für diese Maße zu finden. Im Vorwort der Broschüre „Das Maßgebende" von Professor Ernst Neufert, seinerzeit Direktor des Instituts für Baunormung, heißt es bereits 1965 wörtlich:

Im Jahre 1964 häuften sich Stimmen, genährt aus einer bestimmten Quelle, die deutsche Maßordnung (DIN 4171–4172) umzustellen.

Eine daraufhin einberufene Normenausschußsitzung in Nürnberg brachte keiner-

Reihe											
25										25	Normzahlen für Rohbau
12,5					12,5					25	
8 1/3			8 1/3			16 2/3				25	
6,25		6,25			12,5		18,75			25	
2,5	2,5	5	7,5	10	12,5	15	17,5	20	22,5	25	Einzelmaße
5		5		10		15		20		25	Normzahlen für Ausbau
10				10				20			
20								20			
25										25	

Beginn der Reihen der Baunormzahlen

lei Einigung, so daß ein kleiner Ausschuß beschlossen wurde, um die Vorbereitung einer Einigung zu versuchen.

Auf der Normensitzung selbst waren wesentliche Vertreter der bauteilherstellenden Industrie nicht vertreten, so daß ich mich veranlaßt fühlte, als Direktor des Instituts für Baunormung an der TH in Darmstadt, die Verbände der betreffenden Bauteilhersteller zu einer Aussprache nach Darmstadt einzuladen, die am 14. 11. 1964 stattfand.

Die lange Tradition der verwandten Baumaße ist mit der Tradition der Ziegel verbunden. Den Begriff der „Normalziegel" gibt es schon sehr lange. Sie hatten das Maß 25 × 12 × 6,5 cm. Schwemmsteine, Kalksandsteine und andere bindemittelgebundene Wandbaustoffe wurden diesen Maßen später angepaßt.

Die baupolizeilichen Bestimmungen für Wanddicken und Geschoßhöhen waren um 25 cm abgestuft. Überdies stellte man fest, daß das Schrittmaß des Menschen zwischen 62 und 63 cm (also 62,5 = 2,5 × 25 cm) beträgt, was als weitere Begründung für die Beibehaltung des als „krumm" empfundenen Maßsystems diente.

Die Maßordnung im Hochbau wird durch die DIN 4172 geregelt. Obwohl diese Norm von Juli 1955 stammt, sind die Baunormzahlen für den Mauerwerksbau noch immer unverändert gültig. Unter Baunormzahlen sind die Maßzahlen für die Baurichtmaße zu verstehen, von denen die Einzel-, Rohbau- und Ausbaumaße abgeleitet werden.

Baurichtmaße

Vorzugsweise für den Rohbau vorgesehen sind Baurichtmaße, die jeweils ein ganzzahliges Vielfaches von 25 cm, 25/2 = 12,5 cm, 25/3 = 8 1/3 cm, 25/4 = 6,25 cm darstellen. Vorzugsweise für Einzelmaße in Roh- und Ausbau dienen ganzzahlige Vielfache von 2,5 cm. Die Reihen, die vorzugsweise im Ausbau angewandt werden sollen, basieren auf ganzzahligen Vielfachen von 5, 10, 20 und 25 cm. So ergeben sich spätestens nach 100 cm, dem kleinsten gemeinsamen Vielfachen aller genannten Grundwerte, wieder übereinstimmende Werte, häufig jedoch auch bereits früher, wie die Tabelle für die ersten 25 cm zeigt.

Es läßt sich leicht ausrechnen, daß die 10er-Reihe erstmals nach 5 · 10 = 2 · 25 = 50 cm, die 20er-Reihe sogar erst nach 5 · 20 = 4 · 25 = 100 cm wieder mit den anderen Maßen übereinstimmt.

Nennmaße

Das Nennmaß ist das Maß, das ein Bauvorhaben nach seiner Fertigstellung haben soll. Es sind die Maße, die in die Zeichnung eingetragen werden. Das Baurichtmaß und sein Zusammenhang mit dem Nennmaß wird am besten an nachstehenden Beispielen verständlich.

Baurichtmaß für Dicke geschütteter Betonwände		= 25 cm
Nennmaß für Dicke geschütteter Betonwände		= 25 cm
Baurichtmaß Raumbreite		= 300 cm
Nennmaß Raumbreite		= 300 cm

Nennmaße bei Bauarten mit Fugen sind aus den Baurichtmaßen durch Abzug oder Zuschlag des Fugenanteiles abzuleiten.

Baurichtmaß Steinlänge		= 25 cm
Nennmaß Steinlänge	= 25–1	= 24 cm
Baurichtmaß Raumbreite		= 300 cm
Nennmaß Raumbreite	= 300+1	= 301 cm

Die genormten Steinmaße (z. B. NF = 24 × 11,5 × 7,1 cm) stimmen also, obwohl sie selbst nicht der DIN 4172 entsprechen, nach Hinzurechnung von 1 cm für die Stoß- und 1,2 cm für die Lagerfuge durchaus mit der Maßordnung im Hochbau überein.

Modulordnung

Die Modulordnung nach der DIN 18 000 versteht sich als Ordnungssystem für die Planung und Herstellung von Bauwerken und beruht auf Verhandlungsergebnissen der internationalen Organisation für Normung (ISO).

Wandöffnungen für Türen und Fenster

Die DIN 18 100 (Ausgabe Oktober 1983) regelt die Wandöffnungen für Türen entsprechend DIN 4172. Sie gilt für Mauerwerksneubauten mit den üblichen Fugenbreiten, wie sie sich durch Verwendung genormter Steinformate ergeben.

Sie darf jedoch auch für fugenlose Bauarten, z. B. Betonwände, angewandt werden. Die genormten Breiten der Wandöff-

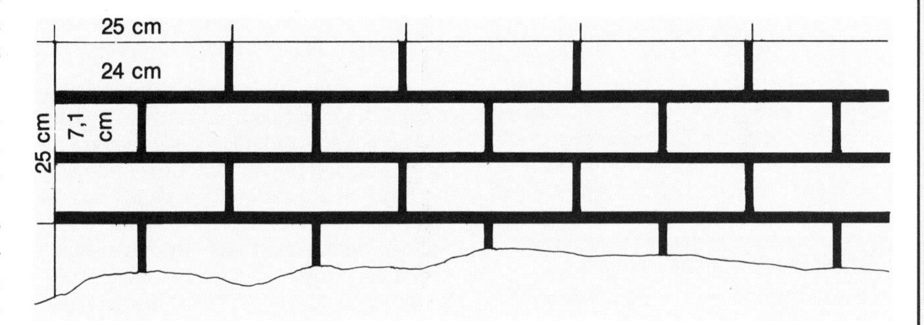

Steinformate nach DIN 105 T 1 und ihre Übereinstimmung mit der „Maßordnung im Hochbau"

Format-Kurzzeichen	Steinmaße (cm)			nach Hinzurechnen von 1,2 cm für Lager- und 1,0 cm für Stoßfuge		
	l	b	h	l	b	h
1 DF	24,0	11,5	5,2	25,0	12,5	6,3 ≈ 6,25*
1 NF	24,0	11,5	7,1	25,0	12,5	8,3 ≈ 8 1/3*
2 DF	24,0	11,5	11,3	25,0	12,5	12,5
3 DF	24,0	17,5	11,3	25,0	18,5 ≈ 18,75*	12,5
4 DF	24,0	24,0	11,3	25,0	25,0	12,5
5 DF	24,0	30,0	11,3	25,0	31,0 ≈ 31,25*	12,5
6 DF	24,0	36,5	11,3	25,0	37,5	12,5
8 DF	24,0	24,0	23,8	25,0	25,0	25,0
10 DF	24,0	30,0	23,8	25,0	31,0 ≈ 31,25*	25,0
12 DF	24,0	36,5	23,8	25,0	37,5	25,0
15 DF	36,5	30,0	23,8	37,5	31,0 ≈ 31,25*	25,0
18 DF	36,5	36,5	23,8	37,5	37,5	25,0
16 DF	49,0	24,0	23,8	50,0	25,0	25,0
20 DF	49,0	30,0	23,8	50,0	31,0 ≈ 31,25*	25,0

*** Die Abweichung von der Normzahl ist wesentlich kleiner als die in DIN 105 Teil 1 zugelassene Abweichung des Steinformats von der Sollgröße.**

nungen für Türen betragen 62,5, 75, 87,5, 100, 112,5, 175, 200 und 250 cm, die genormten Höhen 187,5, 200, 212,5, 225 und 250 cm. (Bei Höhen oder/und Breiten über 250 cm endet die Bezeichnung „Tür".)

Die Maße der Wandöffnungen sind also der 12,5-cm-Reihe der DIN 4172 entnommen. Für 9 „Vorzugsgrößen" enthält DIN 18 101 genaue Maße für Zargen und Türblätter, DIN 18 111 normt für diese Größen Stahlzargen für gefälzte Türblätter.

Bei Wandöffnungen für Fenster, die früher in DIN 18 050 genormt waren, besteht hingegen nach Meinung der Fachleute kein Bedarf mehr nach Normung, so daß diese Norm 1984 ersatzlos zurückgezogen worden ist. Als Begründung wird angegeben, daß der ursprüngliche Zweck, nämlich die Kosteneinsparung durch genormte Lagergrößen, aufgrund der individuellen architektonischen Gestaltungswünsche nicht erreichbar war. Schließlich ist das Fenster eines der wichtigsten Mittel zur Fassadengestaltung.

Die Bauzeichnung

Soll ein Bau errichtet oder verändert werden, ist unerläßliche Voraussetzung, daß vor Beginn der Bauarbeiten alle Einzelheiten der Ausführung festliegen. Der Bauherr muß erkennen können, wie das fertige Bauwerk aussehen wird, er muß einen Überblick über Raumgrößen und deren Aufteilung und damit zusammenhängende Nutzbarkeit bekommen, um sich entscheiden zu können.

Die Bauzeichnung ist danach Grundlage der statischen Berechnung der tragenden Bauteile.

Mit der Bauzeichnung müssen Architekt und Bauherr nachweisen, daß das zu errichtende Bauwerk den geltenden Bauvorschriften entspricht, damit die Bauaufsicht die Baugenehmigung erteilen kann. Dasselbe gilt für Um- und Anbauten.

Für diese Abläufe sind folgende Zeichnungsarten gebräuchlich:

Art der Bauzeichnung	Maßstab
Entwurfsskizze ohne Maße	1:200 bis 1:500
Vorentwurf einige Maße	1:200 bis 1:500
Entwurfszeichnung alle wichtigen Maße	1:100
Ausführungszeichnung Außen- und Innenmaße, Wanddicken, Öffnungen, Treppen	1:50
Teilzeichnung	1:20, 1:10,
Detailmaße	1:5, 1:1

Grundlage sowohl für die Baustoffauswahl als auch für die Mengenermittlung ist entweder die Entwurfszeichnung im Maßstab 1:100 oder, noch besser, die Ausführungszeichnung im Maßstab 1:50. Aus diesen ist ersichtlich, wo welcher Baustoff vorgeschrieben ist.

Es gelten folgende Darstellungen:

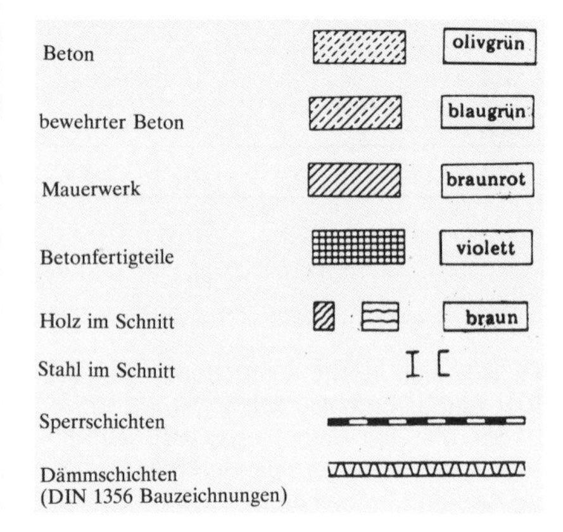

Die Bemaßung

Die erforderlichen Maße sind in Entwurfs- und Ausführungszeichnungen restlos festgelegt. Sie sind außen, um die Zeichnung des Baukörpers herum und auch innerhalb eingetragen.

Maße über einen Meter hinausgehend, sind mit Komma unter 1 m in cm geschrieben. Halbe cm werden durch eine hochgestellte 5 dargestellt.

Als äußerstes Maß ist immer das Gesamtmaß des Baukörpers eingezeichnet. Dann kommen die Maße der Bauöffnungen und dazwischenstehendes Mauerwerk oder Stützen u. ä.

Die Bauöffnungen sind mit Breite und Höhe bemaßt, dabei ist das obere Maß das der Breite, und darunter steht dann die Höhe (alles Rohbaumaße). Steht dann noch ein drittes Maß darunter, ist damit die Brüstungshöhe bezeichnet.

Die eingetragenen Wanddicken sind reines Mauermaß ohne Putz.

Die Zeichnung läßt erkennen, ob Bauöffnungen ohne Anschlag oder mit Anschlag vorgesehen sind.

Die eingezeichneten Türen lassen die Anschlagrichtung erkennen.

Die Schnittzeichnung

Die gesamten Höhenmaße sind aus der Schnittzeichnung ersichtlich, wie auch der Dachaufbau, Schornsteinverlauf und Treppenanordnung.

In der Grundrißzeichnung ist eingetragen, an welcher Stelle der Schnitt vorgenommen ist und in welcher Blickrichtung.

Im Fundamentplan sind Entwässerungsleitungen eingezeichnet.

Nationale und internationale technische Regelwerke

Warum Normen?

Zu Beginn der stürmischen Entwicklung der Technik seit dem Ende des 18. Jahrhunderts baute jeder Hersteller seine Produkte nach eigenem Gutdünken, sowohl im Hinblick auf die Maße als auch auf die Materialien und deren Qualität. Sehr schnell wurde man sich jedoch bewußt, daß man, um Möglichkeiten des Güteraustausches und der Rationalisierung der Herstellung zu nutzen, gemeinsame Regeln, Normen (von lat. „norma" = Regel, Winkelmaß), erarbeiten und beachten mußte. Ein reibungsloses Zusammenwirken von Herstellern, Wiederverkäufern, Verarbeitern, Verwendern und Betreibern war nur so zu ermöglichen.

Von den ersten Bemühungen bis zu brauchbaren und allgemein anerkannten technischen Regeln war es jedoch ein weiter Weg. So wurde bereits am 20. Mai 1875 die internationale Pariser Meterkonvention unterzeichnet, die die allgemeine Einführung des metrischen Systems zum Ziel hatte. Dennoch kann es auch heute noch passieren, daß deutsche Schraubenschlüssel nicht auf die Muttern einer Maschine aus einem angelsächsischen Land passen, weil dort die Umstellung von Zoll auf Millimeter noch nicht abgeschlossen ist.

Mit genormten Erzeugnissen gehen wir meist ganz unbewußt um. Wenn wir z. B. einen Geschäftsbrief in eine Fensterbriefhülle stecken, dann denken wir kaum jemals darüber nach, daß die Anschrift nur deshalb genau im Fenster zu lesen ist, weil der Vordruck für den Geschäftsbrief der DIN 676 und die Fensterbriefhülle der darauf abgestimmten DIN 680 entspricht.

Sicherheitstechnische Erfordernisse

Während also rein praktische Gesichtspunkte – vor allem die Forderung der Anwender, Produkte verschiedener Hersteller miteinander kombinieren zu können – für die Einführung einheitlicher (genormter) Maße sprachen, wurde die Einführung von Qualitäts- und Sicherheitsstandards vor allem durch eine Reihe schwerer Unfälle zu Beginn unseres Jahrhunderts notwendig. Die Unfälle waren zu einem großen Teil auf Materialversagen zurückzuführen. So ereignete sich im März 1920 im Kraftwerk Reisholz des RWE eine schwere Kesselexplosion, bei der 28 Arbeiter tödlich verletzt wurden. Die Untersuchung der Schadensursache ergab eine zu hohe Vorspannung der Nieten des Kessels, der erst 1917 in Betrieb genommen worden war und mit dem – für heutige Verhältnisse geringen – Druck von 10 bar betrieben wurde.

Auch die auf dem Bausektor wichtige Brandschutznorm DIN 4102 ist durch negative Erfahrungen bei Bränden das geworden, was sie heute ist: eine Sicherheitsnorm.

Geschichte der Normung

Zunächst befaßten sich zahlreiche Organisationen damit, jeweils für ihren Bereich technische Regeln zu erstellen, doch bereits 1917 wurde als zentrale deutsche Organisation zur Erarbeitung von Normen der „Normalienausschuß für den Maschinenbau" beim VDI gegründet, der noch im selben Jahr in den „Normenausschuß der deutschen Industrie" umgewandelt wurde. Bereits seit dieser Zeit erscheinen die deutschen Normen unter dem Zeichen „DIN". 1926 wurde der Name des eingetragenen Vereins in „Deutscher Normenausschuß" geändert, 1975 nochmals in „DIN Deutsches Institut für Normung e. V.". Der Sitz des DIN ist Berlin. Seine Organe sind die Mitgliederversammlung, das Präsidium, der Präsident, der Direktor und die Normenausschüsse. Mitglieder des DIN sind Unternehmen und andere juristische Personen. In rund 4000 Arbeitsausschüssen arbeiten etwa 40 000 ehrenamtliche und 750 hauptamtliche Mitarbeiter des DIN an der Erstellung neuer und der Verbesserung bestehender Normen. Die ehrenamtlichen Mitarbeiter der Normenausschüsse sind anerkannte Fachleute aus den jeweils betroffenen Industriezweigen, Behörden und Verbänden.

Das DIN wurde 1975 in einem Vertrag mit der Bundesrepublik Deutschland als Zentralorgan der Normung anerkannt. Rechtsvorschriften des Bundes beziehen sich häufig auf die vom DIN erarbeiteten Normen. So sind zum Beispiel zahlreiche DIN-Normen auf dem Gebiet des Bauwesens bauaufsichtlich eingeführt und damit rechtsverbindlich.

Daneben bemüht sich das DIN auch um Zusammenarbeit mit anderen Gremien, die technische Regeln erarbeiten, teils durch klare Abgrenzung der Kompetenzen, teils durch Übernahme der Regeln als DIN-Norm.

Internationale Normung

Im Vergleich zur nationalen deutschen ist die internationale Normung noch nicht sehr weit vorangeschritten. Den über 20 000 Deutschen Normen stehen erst relativ wenige der internationalen Normenorganisationen gegenüber.

Das DIN ist der deutsche Vertreter in den internationalen Normenorganisationen ISO (Internationale Organisation für Normung) und dem CEN (Europäisches Komitee für Normung). In der IEC (Internationale Elektrotechnische Kommission) und im CENELEC (Europäisches Komitee für elektrotechnische Normung) wird die Bundesrepublik durch die DKE (Deutsche Elektrotechnische Kommission im DIN und VDE) vertreten. Die Normen dieser Organisationen werden als DIN ISO, DIN EN und DIN IEC in der deutschen Fassung übernommen. Insgesamt gibt es (Stand Nov. 1984) 555 DIN ISO, 294 DIN EN und 1086 DIN IEC. Für das Gebiet Kohle und Stahl gibt die Kommission der Europäischen Gemeinschaften Normen heraus, die das Zeichen EURONORM tragen (bisher ca. 160).
Seit 1984 gibt es für das Bauwesen EUROCODES, die im Gebiet der EG anstelle der nationalen Normen angewendet werden können.

Werdegang einer Norm

Bevor eine Norm Gültigkeit erlangt, wird sie nicht nur im betreffenden Arbeits- und Normenausschuß erarbeitet und diskutiert, sondern auch der interessierten Öffentlichkeit zugänglich gemacht und zur Diskussion gestellt. Das erste Stadium, das an die Öffentlichkeit gelangt, ist der Normentwurf (wegen der Farbe des Papiers auch häufig als „Gelbdruck" bezeichnet). Er ist noch nicht zur allgemeinen Anwendung bestimmt und trägt ein Datum, bis zu dem Änderungs- und Verbesserungsvorschläge bzw. Einsprüche beim zuständigen Normenausschuß eingegangen sein sollten.

Etwa 3 Monate nach dem Ende der Einspruchsfrist sollen die Stellungnahmen beraten sein und die Norm verabschiedet werden; in der Praxis dauert dieser Prozeß allerdings häufig sehr viel länger. Verabschiedete Normen werden auf weißem Papier gedruckt („Weißdruck").

Wenn sich auf einem Fachgebiet noch keine anerkannten Regeln der Technik herausgebildet haben, kann eine Vornorm herausgegeben werden, zu der noch Vorbehalte hinsichtlich der Anwendung bestehen und nach der versuchsweise gearbeitet werden soll. Vornormen werden auf grünem Papier herausgegeben („Gründruck"). Praktische Erfahrungen mit Vornormen sollten dem zuständigen Normenausschuß mitgeteilt werden.

DK 699.844 : 534.83 — Entwurf Oktober 1984

Schallschutz im Hochbau Luft- und Trittschalldämmung in Gebäuden Anforderungen, Nachweise und Hinweise für Planung und Ausführung	DIN 4109 Teil 2

Sound insulation in buildings; airborne and footstep sound insulation in buildings; requirements, verification and directions for design and construction

Isolation acoustique dans la construction immobilière; isolation aux bruits aériens et aux bruits de choc dans les bâtiments; exigences, vérifications et directives pour le calcul et l'exécution

Einsprüche bis 31. Jan 1985
Anwendungswarnvermerk auf der letzten Seite beachten!

Mit Entwurf DIN 4109 T5/10.84 vorgesehen als Ersatz für DIN 4109 T2/09.62 und DIN 4109 T5/04.63

DK 674.06-41/-42 : 674.031 : 620.1 : 531.7 — November 1975

Messen von Laubschnittholz	Vornorm DIN 68 371

Measurement of sawn timber of broadleaved species

Eine Vornorm ist eine Norm, zu der noch Vorbehalte hinsichtlich der Anwendung bestehen. Es soll versuchsweise danach gearbeitet werden.
Die Herausgabe dieser Vornorm als Norm ist erst möglich, wenn das Messen der Breite unbesäumten Laubschnittholzes überprüft wurde (siehe auch Erläuterungen).
Es ist beabsichtigt, die Vornorm bis spätestens 31. Dezember 1977 zu überprüfen.
Gebeten wird, praktische Erfahrungen mit dieser Vornorm dem Fachnormenausschuß Holz im DIN, 5 Köln 1, Kamekestraße 8, mitzuteilen.

DK 699.86 : 624.9 : 699.8.001.24 — Dezember 1985

Wärmeschutz im Hochbau Wärme- und feuchteschutztechnische Kennwerte	DIN 4108 Teil 4

Thermal insulation in buildings; characteristic values for thermal insulation and for protection against moisture

Isolation thermique dans la construction immobilière; valeurs caractéristiques pour l'isolation thermique et la protection contre l'humidité

Ersatz für Ausgabe 08.81

Der Inhalt der Normen der Reihe DIN 4108 ist wie folgt aufgeteilt:
DIN 4108 Teil 1 Wärmeschutz im Hochbau; Größen und Einheiten
DIN 4108 Teil 2 Wärmeschutz im Hochbau; Wärmedämmung und Wärmespeicherung; Anforderungen und Hinweise für Planung und Ausführung
DIN 4108 Teil 3 Wärmeschutz im Hochbau; Klimabedingter Feuchteschutz; Anforderungen und Hinweise für Planung und Ausführung

Köpfe eines Norm-Entwurfs, einer Vornorm und einer Norm

Zur praktischen Arbeit mit Normen

Obwohl DIN-Normen keine Rechtsnormen sind, kommt ihnen dennoch auf vielfältige Weise rechtliche Bedeutung zu. So bilden sie häufig den Maßstab für rechtlich vorgegebene Sorgfaltspflichten, denn es spricht der Beweis des ersten Anscheins dafür, daß sie die anerkannten Regeln der Technik enthalten. Es darf aber nicht übersehen werden, daß jedermann für sein eigenes Handeln (Tun und Unterlassen) selbst verantwortlich ist. Das gilt auch für denjenigen, der DIN-Normen anwendet. Im allgemeinen kann der Anwender von DIN-Normen davon ausgehen, daß er die ihm obliegenden Rechtspflichten erfüllt, wenn er die allgemein anerkannten Regeln der Technik beachtet.

Häufig bilden die DIN-Normen den Maßstab für die Frage der Fehlerhaftigkeit oder Fehlerfreiheit im Rahmen des Gewährleistungsrechts für Sachmängel. Im allgemeinen wird aus der Beachtung der DIN-Normen die Fehlerfreiheit folgen.

Die rechtlichen Aspekte sind umfassend behandelt in:

DIN-Normungskunde, Heft 14: Technische Normung und Recht, Herausgeber: DIN Deutsches Institut für Normung e. V., Beuth Verlag, Berlin.

Gerade auf dem Gebiet des Baurechts sind viele Normen bauaufsichtlich eingeführt. In diesen Fällen dürfen Baustoffe und Bauteile, die nicht den eingeführten Normen entsprechen, im Bauwesen nur mit einer allgemeinen bauaufsichtlichen Zulassung, einer Einzelzulassung für den jeweiligen Anwendungsfall oder mit Prüfzeichen des Instituts für Bautechnik, Berlin, verwendet werden. Für praktisch alle Baustoffe, die sicherheitstechnisch von Bedeutung sind, ist bereits in den Normen eine Güteüberwachung gefordert, die aus Eigen- und Fremdüberwachung besteht. Die Kennzeichnung der normgerechten Baustoffe ist in jeder einzelnen Norm genau geregelt.

Für die überwiegende Mehrzahl der Baustoffe, Bauelemente und Bauteile gibt es inzwischen Normen.

Bezugsquellen

Alle DIN-Normen sind erhältlich beim Beuth Verlag GmbH, Postfach 11 07, 1000 Berlin 30. Auskünfte darüber, welche Ausgabe einer Norm Gültigkeit hat, erteilt das Deutsche Informationszentrum für technische Regeln, Tel. (0 30) 26 01-6 00, bei dem insgesamt ca. 150 deutschsprachige technische Regelwerke katalogisiert werden. Dieser Katalog sowie Einzelkataloge für bestimmte Sachgebiete (darunter auch „Bauwesen") sind ebenfalls beim Beuth Verlag erhältlich. Die Anschriften zahlreicher anderer Stellen, die technische Regelwerke herausgeben, sind im DIN-Katalog aufgeführt.

Die wichtigsten gesetzlichen Einheiten in der Baustoffkunde

Einführung

Am 2. Juli 1969 beschloß der Deutsche Bundestag das „Gesetz über Einheiten im Meßwesen", das 1970 in Kraft trat und 1973 überarbeitet wurde. In diesem Gesetz wurde festgelegt, daß nach einer Übergangsfrist bis zum 31. Dezember 1977 im geschäftlichen und amtlichen Verkehr innerhalb der Bundesrepublik Deutschland nur noch die gesetzlichen Einheiten benutzt werden dürfen. Verstöße hiergegen sind Ordnungswidrigkeiten, die mit Geldbußen geahndet werden können.

Grundlage der gesetzlichen Einheiten sind die Einheiten des „Système Internationale d'Unités" (SI). Die Basiseinheiten des SI sind das Meter (Einheitenzeichen m) für die Länge, das Kilogramm (kg) für die Masse, die Sekunde (s) für die Zeit, das Ampere (A) für die Stromstärke, das Kelvin (K) für die Temperatur, das Mol (mol) für die Stoffmenge und die Candela (Cd) für die Lichtstärke. Aus den Basiseinheiten können alle anderen SI-Einheiten durch Multiplikation und Division abgeleitet werden. Diese Einheiten haben zum Teil besondere Namen.

Für den praktischen Gebrauch sind einige der so ermittelten Einheiten jedoch wenig geeignet, weil sich sehr große oder sehr kleine Zahlenwerte ergeben. So erhält man als SI-Einheit für die längenbezogene Masse z. B. von Textil- und Kunstfasern 1 kg/m. Tatsächlich liegt sie in der Größenordnung um 0,00001 kg/m. Um zu kleine oder zu große Zahlenwerte zu vermeiden, hat der Gesetzgeber daher Vorsatzzeichen erlaubt, die dezimale Teile oder Vielfache der SI-Einheiten bezeichnen.

Diese Vorsatzzeichen sind:

Vorsatz	Zeichen	Vielfaches bzw. Teil
Exa	E	1 000 000 000 000 000 000
Peta	P	1 000 000 000 000 000
Tera	T	1 000 000 000 000
Giga	G	1 000 000 000
Mega	M	1 000 000
Kilo	k	1 000
Hekto	h	100
Deka	da	10
Dezi	d	1/1 0
Zenti	c	1/1 00
Milli	m	1/1 000
Mikro	μ	1/1 000 000
Nano	n	1/1 000 000 000
Pico	p	1/1 000 000 000 000
Femto	f	1/1 000 000 000 000 000
Atto	a	1/1 000 000 000 000 000 000

Die Einheiten Minute und Stunde werden nicht nach dem Dezimalsystem gebildet.

Vor kg dürfen keine Vorsatzzeichen gesetzt werden; größere und kleinere Masseneinheiten werden vom Gramm g abgeleitet, z. B. 1/1 000 000 kg = 1/1000 g = 1 mg. Von der Temperatureinheit °C, die neben dem Kelvin weiterhin zulässig ist, lassen sich keine größeren oder kleineren Einheiten mit Hilfe von Vorsatzzeichen bilden.

Mechanische Größen

Länge

Für die Angabe von Längen ist die früher z. B. zur Bezeichnung der Dicke von Folien häufig verwendete Ångström-Einheit (Å) nicht mehr zulässig. Für die Umrechnung gilt: 1 Å = 0,1 nm (Nanometer). Auf dem Gebiet der Baustoffe war früher teilweise noch das Zoll, z. B. für Rohrdurchmesser, üblich: 1 Zoll = 2,54 cm. Die bisher allgemein benutzten Flächenangaben (einschl. 1 Ar = 100 m² und 1 Hektar 1 000 Ar mit den Zeichen ar und ha für die Angabe von Grundstücksflächen) dürfen weiter benutzt werden. Nicht mehr zulässig sind jedoch die früher üblichen Abkürzungen wie qm (statt m²) qcm (statt cm²) usw. Entsprechendes gilt auch für Volumenangaben. Allerdings sind hier die früher für das Volumen von Holz verwendeten Bezeichnungen Festmeter (Fm) und Raummeter (Rm) nicht mehr zulässig.

Masse/Gewicht

Basiseinheit für die Angabe der Masse ist das Kilogramm. Besonderer Name für 1 Mg (Megagramm) = 1000 kg ist die Tonne (6t). Nach der Ausführungsverordnung zum Gesetz über Einheiten im Meßwesen ist das Gewicht eine im geschäftlichen Verkehr bei der Angabe von Warenmengen benutzte Bezeichnung für die Masse; Einheiten des Gewichts sind daher die Masseneinheiten.

Dichte

Die Ausdrücke „spezifisches Gewicht", „Raumgewicht" und „Wichte" kommen in den neuen Normen nicht mehr vor. Sie sind ersetzt worden durch die „Dichte", deren SI-Einheit das kg/m³ ist. Weitere praktikable Einheiten sind das kg/dm³ (oder kg/l) und das g/cm³. Für die Umrechnung alter Einheiten gilt: Der Wichte von 1 kp/dm³ entspricht eine Dichte von 1 kg/dm³, entsprechend 1 p/cm³ ≙ 1 g/cm³. Der Faktor 1 ist hier kein gerundeter Wert, sondern exakt.

Kraft

Kräfte werden in Newton (N) bzw. seinen dezimalen Vielfachen oder Teilen angegeben: 1 N = 1 kg m/s². Das Kilopond (kp) und das früher manchmal verwendete „Kraftkilogramm" sind nicht mehr zugelassen. Für die Umrechnung gilt genau: 1 kp = 9,80665 N; in der Praxis ist die Umrechnung mit 9,81 (Fehler 0,034%), häufig auch mit 10 (Fehler knapp 2%), ausreichend genau.

Druck/Spannung

Für mechanische Spannungen und Drükke ergibt sich die SI-Einheit N/m². Sie hat den besonderen Namen Pascal (Pa). Die Druckfestigkeit von Baustoffen und die Festigkeitswerte metallischer Werkstoffe werden meist in MPa, MN/m² oder N/mm² angegeben. Der Zahlenwert ist in allen 3 Fällen gleich. Seltener wird das N/cm² = 1/100 MPa benutzt. Für die Umrechnung der alten Werte (Angaben in kp/cm² bei mineralischen Baustoffen, in kp/mm² bei

Metallen) gilt: 1 kp/cm² ≈ 0,1 MPa; 1 kp/mm² ≈ 10 MPa. Da die Festigkeitswerte häufig in den Baustoff-Kurzzeichen mit angegeben werden, mußten auch diese geändert werden. So heißt z. B. der frühere HOZ 350 (Hochofenzement mit einer Mindestdruckfestigkeit nach 28 Tagen von 350 kp/cm² ≈ 35 N/mm²) jetzt HOZ 35.

Die früher häufig für die Angabe des Überdrucks von Gasen und Flüssigkeiten sowie des Förderdrucks von Pumpen verwendete Einheit atü wird meist durch das Bar (Zeichen bar) ersetzt: 1 bar = 100 000 Pa; 1 atü = 0,980 665 bar Überdruck. In der Praxis genügt in fast allen Fällen die Umrechnung 1 atü ≈ 1 bar.

Energie

Die Grundgröße für die Energie ist das Newtonmeter (Nm) mit dem besonderen Namen Joule (J), gesprochen Dschuhl. Es wird unabhängig davon verwendet, in welcher Form die Energie auftritt, d. h. als mechanische, als elektrische oder z. B. als Wärmeenergie. Früher waren für die mechanische Energie das Meterkilopond (m kp), für die Wärmeenergie die Kilokalorie (kcal) und für die elektrische Energie die Wattsekunde (W s) und die Kilowattstunde (kW h) gebräuchlich. Es gilt: 1 m kp = 9,806 65 J; 1 kcal = 4,1868 kJ ≈ 4,2 kJ (Fehler 0,3%); die Einheiten 1 kW h = 3,6 MJ und 1 W s = 1 J sind gesetzlich zulässig.

Temperatur

Temperaturen und Temperaturdifferenzen dürfen nach dem Gesetz über Einheiten im Meßwesen sowohl in Grad Celsius (°C) als auch in Kelvin (K) angegeben werden. Hierbei gilt für Temperaturangaben: 0 °C = 273,15 K; 0 K = −273,15 °C. Bei der Angabe von Temperaturdifferenzen erhält man für °C und K denselben Zahlenwert. Die Normen bevorzugen hier jedoch die Angabe in K.

Wärmedämmung

Für die Beurteilung der Wärmedämmung von Bauteilen sind die Größen Wärmeleitfähigkeit, Wärmedurchgangswiderstand und k-Wert von Bedeutung. Sie wurden früher in kcal/(h m °C), h m² °C/kcal/(h m² °C) angegeben; die praktikablen gesetzlichen Einheiten sind W/(m K), m² K/W und W/(m² K). Für die Umrechnung gilt:

1 kcal/(h m °C) = 1,163 W/(m K);
1 h m² °C/kcal = 0,860 m² K/W;
1 kcal/(h m² °C) = 1,163 W/(m² K)(.

Normen

Die wichtigsten Normen zum Gebiet der Einheiten in der Technik sind DIN 1080 „Begriffe, Formelzeichen und Einheiten im Bauingenieurwesen", DIN 1301 „Einheiten, Einheitennamen, Einheitenzeichen", DIN 1302 „Mathematische Zeichen", DIN 1304 „Allgemeine Formelzeichen", DIN 1306 „Dichte; Begriffe", DIN 1314 „Druck; Begriffe, Einheiten", DIN 1332 „Akustik; Formelzeichen", DIN 1341 „Wärmeübertragung; Grundbegriffe, Einheiten, Kenngrößen", DIN 1345 „Technische Thermodynamik; Formelzeichen, Einheiten", DIN 4108 T 1 „Wärmeschutz im Hochbau; Größen und Einheiten", DIN 4109 T 1 „Schallschutz im Hochbau; Begriffe". Umrechnungstabellen enthalten DIN 4892 und 4893 für Inch und Millimeter, DIN 66 034 für Kilopond und Newton, DIN 66 035 für Kalorie und Joule, DIN 66 036 für Pferdestärke und Kilowatt, DIN 66 037 für Kilogramm je Quadratzentimeter und Bar, DIN 66 038 für Torr und Millibar sowie DIN 66 039 für Kilokalorie und Wattstunde. Die Umrechnungsfaktoren für nicht mehr zulässige Einheiten sind in DIN 1301 Teil 3 zusammengestellt.

Die Normen über Einheiten und Formelzeichen sind zusammengefaßt in den DIN-Taschenbüchern 22 „Einheiten und Begriffe für physikalische Größen" und 202 „Formelzeichen, Formelsatz, Mathematische Zeichen und Begriffe".

Wärmedämmung

Was ist Wärme?

Wärme ist eine Erscheinungsform der Energie. Sie äußert sich in einer schwingenden Bewegung der Moleküle eines Stoffs gegeneinander (Brownsche Molekularbewegung), die mit steigender Temperatur zunimmt. Beim absoluten Nullpunkt (0 Kelvin = −273° C) stehen alle Moleküle still.

Wie entsteht Wärme?

a) durch chemische Vorgänge (exotherme Prozesse = chemische Abläufe, bei denen Wärme frei wird). Am meisten bekannt und wohl am häufigsten ist die Verbrennung (Oxidation = Verbindung mit dem Sauerstoff der Luft). Im Bereich der Bauchemie ist beispielsweise der Abbindeprozeß des Zements ein Prozeß außerhalb der Verbrennung, bei dem Wärme frei wird. Bei diesen chemischen Vorgängen entstehen neue Stoffverbindungen. Dabei wird Wärme freigesetzt. Auch Umschichtungen im Kristallgefüge eines Stoffes können Wärme freisetzen. Auch dabei verändert der Stoff seine Eigenschaften.

b) In zahlreichen physikalischen Vorgängen entsteht Wärme aus einer anderen Energieform. Sie wird nur umgewandelt. Das tägliche Leben zeigt eine Vielzahl solcher Vorgänge wie z. B. Entstehung von Wärme durch Reibung (Händereiben, Bremsen, Heißlaufen eines Lagers) beim Komprimieren von Gasen (Zusammendrücken von Luft in der Luftpumpe, in der Wärmepumpe), bei der Umwandlung elektrischer Energie in Wärme (Herd, Grill, Strahler) oder in Licht mit der Begleiterscheinung der Wärmestrahlung.

Wie verbreitet sich Wärme?

Der Transport von Wärmeenergie kann in 3 Formen stattfinden, die auch zusammen auftreten können.

Wärmeleitung

Von Wärmeleitung (Konduktion) spricht man dann, wenn sich Temperaturunterschiede dadurch auszugleichen versuchen, daß das jeweils wärmere, d. h. stärker schwingende Molekül Energie an das kältere, benachbarte abgibt. Wärmeleitung findet in allen Stoffen und zwischen allen aneinandergrenzenden Stoffen statt und erfolgt stets von der höheren zur niedrigen Temperatur. Die Leitfähigkeit der Stoffe ist verschieden. Für dämmtechnische Berechnungen im Bauwesen sind die Rechenwerte der Wärmeleitfähigkeit λ_R (Die Formelzeichen sind auf Seite 260 zusammengestellt.) nach DIN 4108 Teil 4 oder im Einzelfall durch Prüfzeugnisse nachgewiesene Rechenwerte zu verwenden. Sie berücksichtigen Einflüsse der Temperatur, der Baufeuchte und schwankender Stoffzusammensetzungen. Die Einheit der Wärmeleitfähigkeit ist W/(m K), gesprochen „Watt durch Meter Kelvin". Die Wärmeleitfähigkeit der Baustoffe liegt etwa zwischen 0,02 (PUR-Hartschaum) und 380 W/(m K) (Kupfer).

Wärmestrahlung

Die Wärmestrahlung (= Infrarotstrahlung) besteht wie das Licht aus elektromagnetischen Wellen. Ihre Frequenz liegt jedoch niedriger als die des Lichts, d. h. sie ist langwelliger. Jeder Stoff, auf den Wärmestrahlung trifft, reflektiert einen Teil davon, den Rest absorbiert er, d. h., er erhöht seine Temperatur, indem er die Strahlung aufnimmt. Gase sind allerdings weitgehend durchlässig für Wärmestrahlung. Sie reflektieren und absorbieren sie kaum, während selbst lichtdurchlässige feste Stoffe (Glas z. B.) und Flüssigkeiten nur einen sehr geringen Teil der Wärmestrahlung passieren lassen. Der Anteil der Wärmestrahlung, der absorbiert wird, ist stark von der Farbe abhängig. Wohl jeder hat schon die Erfahrung gemacht, daß sich schwarze Oberflächen bei Sonneneinstrahlung viel stärker erwärmen als helle Oberflächen eines ansonsten gleichen Materials. Bei Kunstoffenstern hat man Differenzen bis ca. 30 K gemessen.

Jeder Stoff, dessen Temperatur über dem absoluten Nullpunkt liegt, gibt andererseits auch selbst Wärmeenergie in Form von Strahlung ab. Auch die abgegebene Strahlungsenergie liegt bei einem schwarzen Körper höher als bei einem hellen. Infolge der abgegebenen Wärmestrahlung kühlen sich z. B. dunkle Dachflächen nachts erheblich unter die Lufttemperatur ab.

Das unterschiedliche Verhalten der Wärmestrahlung je nach der Oberfläche, auf die sie auftrifft, wird bautechnisch z. B. bei

Heizkörper-Reflexionsfolien, in Absorbern für Sonnenenergie-Heizanlagen, bei wärmedämmenden Isolierglasscheiben und Treibhäusern ausgenutzt.

Wärmeumwälzung

Von Wärmeumwälzung (Konvektion) spricht man dann, wenn einem gasförmigen oder flüssigen Stoff an einer warmen Oberfläche Energie zugeführt wird, die erwärmten Moleküle dieses Stoffes selbst transportiert werden und an einer anderen Oberfläche die aufgenommene Energie oder einen Teil davon wieder abgeben. Die Umwälzung kann zwangsweise durch Pumpen bzw. Ventilatoren oder durch „Naturkreislauf" bzw. „Naturzug", d. h. Ausnützung des sich durch die unterschiedlichen Temperaturen ergebenden Dichteunterschieds, erfolgen. Sowohl Zwangsumwälzung als auch Naturkreislauf werden bei Heizanlagen aller Größenordnungen von der Raumheizung bis hin zu Großfeuerungsanlagen angewandt.

Unangenehm macht sich die Umwälzung bemerkbar, wenn in einem Raum eine schlecht wärmegedämmte Fläche wie z. B. ein Einfachfenster gegenüber einer Heizquelle, also einem Ofen, angebracht ist. Da ist es an der Decke warm, und am Fußboden haben wir das Gefühl, daß es zieht und kalt ist.

Wärme und Behaglichkeit

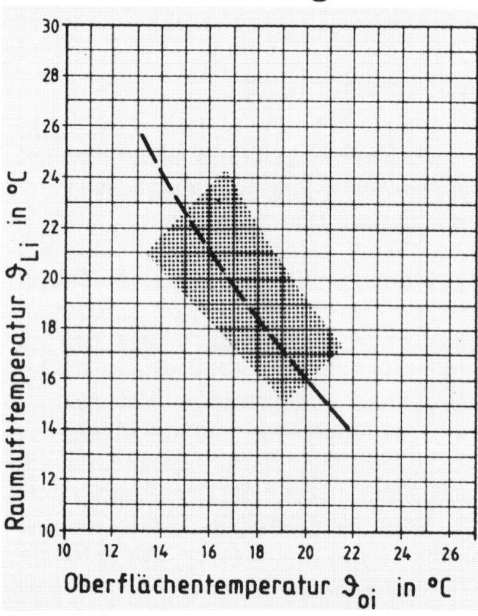

Bereich der physiologischen Behaglichkeit für das Verhältnis von Raumlufttemperatur zur mittleren Oberflächentemperatur der Raumumschließungsflächen (nach Jenisch, Schüle: Gesundheits-Ingenieur, H. 7/1961, S. 201)

Der Mensch fühlt sich nur innerhalb eines beschränkten Temperaturenbereichs wohl. Doch nicht nur die Temperatur der Raumluft selbst, sondern auch die Temperatur der raumumschließenden Wände, die ja Wärme abstrahlen und von Menschen abgestrahlte Wärme aufnehmen, ist wesentlich für die Behaglichkeit. Je höher die Temperatur der Wandoberfläche ist, desto niedriger kann die Raumlufttemperatur gehalten werden, desto geringer ist folglich auch die Temperaturdifferenz zwischen Raum- und Außenluft und desto weniger Energie muß z. B. für die Erwärmung der beim Lüften in den Raum eintretenden Kaltluft sowie zum Ausgleich der Energieverluste durch die Umschließungsflächen des Raumes aufgewendet werden.

Wohnbehaglichkeit mit wenig Aufwand zu erreichen, sollte das Ziel gekonnter Wärmedämmung sein. Da die Ansprüche der Menschen sehr unterschiedlich sind, muß man hier eine Negativauslese treffen, das heißt, man muß die Erscheinungen, die mit Sicherheit Unbehaglichkeit hervorrufen, ausschalten.

Wärmeabhängige Faktoren, die Unbehaglichkeit hervorrufen, sind die bereits erwähnte Luftzirkulation im Raum infolge gegenüberliegender Erwärmung und Abkühlung und zu tiefe Oberflächentemperaturen der Wände (Differenz zur Raumtemperatur soll 3° C nicht übersteigen), an die der Körper dann Wärme abstrahlt.

Wärmedämmung

Um Wärmedämmung richtig zu verstehen und auch anzuwenden, ist das Verständnis einer Anzahl von Grundbegriffen unerläßlich.

Kälte gibt es in diesem Zusammenhang nicht. Kälte ist ein Mangel an Wärme. Nicht die Kälte dringt in den Raum ein, sondern die vorhandene Wärmeenergie fließt durch die Umfassungswände nach außen ab, dahin, wo weniger Wärme vorhanden ist.

Isolieren, also den Durchgang durch einen Stoff unterbinden, kann man bei Wärme nicht. Es gibt keinen Stoff, der sich *nicht* selbst erwärmen, an die Temperatur der Umgebung anpassen und diese Wärme auch wieder an kältere Stoffe in seiner Umgebung abgeben muß.

Wärme dämmen kann man mit Stoffen, die die Wärme schlecht leiten. Die Eigenschaft, Wärme schlecht zu leiten, ist Stoffeigenart.

Um Wärmedämmung zu verstehen und richtig einzuschätzen, muß man sie in Zahlen sehen und die grundlegenden Rechenwege sicher beherrschen.

Die Berechnung der Wärmedämmung

Die Wärmedämmung der raumumschließenden Bauteile, d. h. der Wände, Fußböden, Decken, Dächer usw., hängt natürlich von deren Aufbau ab. Wir haben schon die *Wärmeleitfähigkeit* λ als Stoffeigenschaft kennengelernt. Es erscheint selbstverständlich, daß der Widerstand, den ein Bauteil der Wärmeleitung entgegensetzt, bei gleicher Wärmeleitfähigkeit um so größer wird, je dicker das Bauteil konstruiert ist. Diese Tatsache berücksichtigt der *Wärmedurchlaßkoeffizient* Λ, der definiert ist als $\Lambda = \lambda/s$, wobei s die Dicke des Bauteils ist. Als Einheit für Λ ergibt sich, wenn wir λ in W/(m K) und die Dicke s in Meter angeben, W/(m² K). (Hier im fortlaufenden Text benutzen wir den Schrägstrich als Bruchstrich.)

Wärmebrücken

Die großen Unterschiede in der Wärmeleitfähigkeit der Baustoffe haben zur Folge, daß immer wieder „Löcher" in den Dämmflächen entstehen können, sei es durchlaufender Beton, Mörtelfugen ohne Dämmung, ungedämmte Stürze, durchlaufende, stehengebliebene Bewehrungseisen, durchbetonierte Fensterbankunterstützungen und dergleichen mehr. Durch diese Dämmlöcher kann die erwartete Wärmedämmung erheblich verschlechtert werden.

Diese Löcher werden auch Wärmebrücken oder gar fälschlicherweise Kältebrücken genannt. Während die Bezeichnung „Schallbrücke" bei der Schalldämmung völlig korrekt ist, sollte man hier eher von Löchern oder Lücken sprechen. Aus dem bisher Dargelegten ist abzuleiten, daß die Dämmung eher einem Stauwehr entspricht. Ein Loch im Stauwehr wird aber niemand als Brücke ansprechen.

Für wärmetechnische Berechnungen benötigen wir meist den Kehrwert des Wärmedurchlaßkoeffizienten, den *Wärmedurchlaßwiderstand* $1/\Lambda = s/\lambda$. Die Wärmedurchlaßwiderstände von n aufeinanderfolgenden Schichten aus festen Körpern addieren sich zu

$$1/\Lambda = s_1/\lambda_1 + s_2/\lambda_2 + \ldots + s_n/\lambda_n.$$

An der Grenze eines festen Körpers zu einer Flüssigkeit oder einem Gas, bei der Berechnung der Wärmedämmung also zur Luft, macht sich ein weiterer Effekt be-

Die wichtigsten Kenndaten der Wärmedämmung

Bezeichnung	Kurzzeichen	Maßeinheit	zu erhalten durch
Temperatur	ϑ, T	°C, K	ablesen
Temperaturdifferenz	$\Delta\vartheta$, ΔT	K	abziehen: $\Delta T = T_i - T_a$
Wärmeleitfähigkeit (Stoffeigenschaft)	λ	W/(m · K)	DIN 4109 Messung
Wanddicke	s	m	Messung
Wärmedurchlaß-koeffizient	Λ	W/(m² · K)	λ/s
Wärmedurchlaß-widerstand	$1/\Lambda$	m² K/W	s/λ
Wärmeübergangs-koeffizient	α	W/(m² · K)	DIN 4108
Wärmeübergangs-widerstand	$1/\alpha$	m² · K/W	DIN 4108
Wärmedurchgangs-koeffizient	k	W/(m² · K)	s. Errechnungsbeispiele

merkbar: Die Temperatur verändert sich sprunghaft. Dieser Temperatursprung wird in der Berechnung durch den *Wärmeübergangswiderstand* $1/\alpha$ berücksichtigt. Seine Größe ist unter anderem davon abhängig, ob sich die angrenzende Luft bewegt oder ruht. Daher sind die in der Tabelle nach DIN 4108 wiedergegebenen Werte je nach Lage des Bauteils unterschiedlich.

Die Summe aller Wärmedurchlaß- und Wärmeübergangswiderstände ergibt den *Wärmedurchgangswiderstand*

$1/k = 1/\alpha_i + 1/\Lambda + 1/\alpha_a$.

Die Indizes i und a stehen für „innen" und „außen". Für eingeschlossene Luftschichten werden Wärmedurchlaßwiderstände nach einer eigenen Tabelle angesetzt. Dieser Wärmedurchlaßwiderstand schließt bereits die Wärmeübergangswiderstände zwischen den Platten der Konstruktion und der Luftschicht ein. Er darf jedoch nicht für die Luftschicht in 2schaligen, belüfteten Dachkonstruktionen benutzt werden.

Der Kehrwert des so ermittelten Wärmedurchgangswiderstands ist der *Wärmedurchgangskoeffizient* k =1/(1/k), der in der Praxis fast nur als *„k-Wert"* bekannt ist. Als Einheit ergibt sich für den k-Wert genau wie für den Wärmedurchlaßkoeffizienten W/(m² K).

Für nebeneinanderliegende Bauteile mit unterschiedlichem Aufbau läßt sich ein „mittlerer Wärmedurchgangskoeffizient" berechnen, der aus dem Verhältnis der Einzelflächen $A_1, A_2, \ldots A_n$ zur Gesamtfläche $A = A_1 + A_2 + \ldots + A_n$ und den einzelnen k-Werten $k_1, k_2, \ldots k_n$ gebildet wird:

$k = k_1 (A_1/A) + k_2 (A_2/A) + \ldots + k_n (A_n/A)$.

Beispiele

Erklärung zu den Berechnungsbeispielen: In ein Formblatt mit diesen 5 Spalten werden zunächst (nicht abgebildet) eingetragen: Baustelle, Bauteil, Datum.

In die erste leere Spalte die einzelnen Baustoffschichten von innen nach außen. Danach werden aus der Tabelle Rechenwerte der Wärmeleitfähigkeit (Seite 16) nacheinander Rohdichte, Dicke der Schicht und Wärmeleitfähigkeitswert eingetragen.

Dann folgt die Berechnung der Wärmedurchlaßwiderstände sowie ihrer Summe. Dazu werden die Wärmeübergangswiderstände addiert. Der Kehrwert dieser Summe ist der k-Wert.

Wärmedämmberechnung für Decke

	Baustoffschichten von innen nach außen	Rohdichte kg/m³	Dicke s m	λ W/(m K)	$\frac{1}{\Lambda} = \frac{s}{\lambda}$ m² K/W
1	Gipskartonplatten	(900)	0,0095	0,21	0,05
2	Luftraum zw. Lattung	–	–	–	0,17
3	Stahlbeton	(2400)	0,16	2,1	0,08
4	Dämmschicht (Wärmeleitfähigkeitsgruppe 040)	–	0,04	0,04	1,00
5	Anhydritestrich	(2100)	0,04	1,2	0,03
6					
7					
		Summe		$\frac{1}{\Lambda}$	1,33
		+		$\frac{1}{\alpha_i}$	0,13
		+		$\frac{1}{\alpha_a}$	0,08
				$\frac{1}{k}$	1,54

$k = \frac{1}{1/k} = \frac{1}{1,54} = 0,65$ W (m² K)

Wärmedämmberechnung für Außenwand

	Baustoffschichten von innen nach außen	Rohdichte kg/m³	Dicke s m	λ W/(mK)	$\frac{1}{\Lambda} = \frac{s}{\lambda}$ m² K/W
1	Kalkputz	(1800)	0,02	0,87	0,02
2	Hochlochziegel porosiert mit Leichtmauermörtel	700	0,24	0,30	0,80
3	Luftschicht	–	–	–	0,17
4	Verblender	(2000)	0,115	0,96	0,12
5					
6					
7					
		Summe		$\frac{1}{\Lambda}$	1,11
		+		$\frac{1}{\alpha_a}$	0,04
		+		$\frac{1}{\alpha_i}$	0,13
				$\frac{1}{k}$	1,28

$k = \frac{1}{1/k} = \frac{1}{1,28} = 0,78$ W/(m², K)

Nachdämmung und Zusatzdämmung

Die Nachdämmung oder Zusatzdämmung errechnet sich am leichtesten als „Anhang" an die Grundberechnung der Konstruktion, wie sie im Beispiel „Wärmedämmberechnung für Außenwand" ausgeführt ist. Eine Errechnung der nicht geschwächten Konstruktion muß ja ohnehin vorliegen. Auf diese gehen wir zurück und unterstellen, daß Heizkörpernischen vorhanden sind, die nachgedämmt werden müssen.

Bei gleicher Wandkonstruktion sind anstelle der porosierten Ziegel in 24 cm Dicke solche in 11,5 cm Dicke verbaut.

Die 24er Ziegel ergaben: $s{:}\lambda = 0,24{:}0,30 = 0,8$ m² K/W

Die 11,5er Ziegel ergeben:
$s{:}\lambda = 0,115{:}0,30 = 0,38$ m² K/W
Die Differenz beträgt 0,42 m² K/W

Daraus errechnet sich die Dicke eines Dämmstoffes der Wärmeleitfähigkeitsgruppe 040:

$s = \lambda \cdot \text{Differenz} = 0,04 \cdot 0,42 = 0,0168$ m
Die erforderliche Dämmstoffdicke: 1,7 cm.

Berücksichtigen wir, daß hinter dem Heizkörper die Temperaturdifferenz nach draußen am größten ist, demnach die Wärmedämmung zwischen 25 und 50% *besser* sein sollte, ergibt sich eine angebrachte Dämmstoffdicke von 2,5 cm.

Verwirklichung eines vorgegebenen k-Werts

Auf ähnliche Weise können wir die notwendige Dämmstoffdicke errechnen, mit der ein bestimmter vorgegebener k-Wert erreicht werden kann. Nehmen wir an, ein Dachboden soll nachträglich ausgebaut und vor einer Neueindeckung mit einer Dämmung über den Sparren mit Steinwolle der Wärmeleitfähigkeitsgruppe 035 versehen werden, die auf der Unterseite mit 1 cm dicken Fichtenbrettern mit Nut und Feder verschalt wird.

Die Wärmeschutzverordnung vom 24. Februar 1982, die seit dem 1. Januar 1984 gilt, schreibt in Anlage 1, Tabelle 3, beim erstmaligen Einbau, Ersatz und Erneuerung von Bauteilen für Dachschrägen, die Räume nach oben gegen Außenluft abgrenzen, einen k-Wert von höchstens 0,45 W/(m² K) vor. Der Rechengang ist jetzt umgekehrt wie in den ersten beiden Beispielen:

k = 0,45 W/(m²) K); $\frac{1}{k}$	=	2.22 m² K/W
Luft: $-\alpha_i$	=	–0.13 m² K/W
$-\alpha_a$	=	–0.08 m² K/W
Holz: – 0.01/0.13	=	–0.07 m² K/W
		1.94 m² K/W

Der Dämmstoff muß also einen Beitrag von 1,94 m² K/W zum Wärmedurchgangswiderstand leisten. Als erforderliche Dicke erhalten wir $s = \lambda \cdot 1/\Lambda$ oder $s = 0,035 \cdot 1,94 = 0,07$ m = 7 cm.

Berechnung der Temperatur an der Innenwandoberfläche

Der k-Wert ist ein Maß für den Wärmestrom durch das Bauteil, also für die Energieverluste. Dem Diagramm im Abschnitt „Wärme und Behaglichkeit" (S. 14) ist zu entnehmen, daß eine möglichst geringe Temperaturdifferenz zwischen Wandoberfläche und Raumluft anzustreben ist (unter ca. 3 K), um bei gleicher Behaglichkeit die Energiekosten zu senken. Da stellt sich die Frage:

„Wie berechnet man die Temperatur der Wandoberfläche?"

Wir gehen davon aus, daß die Raumtemperatur T_{Li}, die Außentemperatur T_{La} und der k-Wert bekannt sind. Dann geht durch die Wand hindurch der Wärmestrom $q = k (T_{Li} - T_{La})$. Wie oben schon erwähnt, ist der Wärmeübergangswiderstand α ein Maß für den Temperatursprung zwischen Bauteiloberfläche und der umgebenden Luft. Es gilt $T_{Oi} = T_{Li} - q \cdot 1/\alpha_i$.

Betrachten wir eine 50 cm dicke Wand aus Stahlbeton (k = 2,45). In einem kalten Winter mit – 10° C Außentemperatur wollen wir die Wandoberflächentemperatur für 20° C Raumtemperatur errechnen. Es wird

q = 2,45 W/(m² K) · 30 K = 73,5 W/m²
und

T_{Oi} = 20° C – 73,5 W/m² · 0,13 m² K/W = 10,4° C.

Das liegt weit außerhalb des im Diagramm auf Seite 14 schraffierten Bereichs. Selbst wenn wir auf 24° C aufheizen, kommen wir durch analoge Rechnung mit einer Wandinnentemperatur von 13,2° C nicht in den behaglichen Bereich, haben aber Energieverluste durch die Wand von 83,3 W/m². Ist die Konstruktion jedoch sehr gut wärmegedämmt, z. B. 40% isolierverglaste Fenster (k = 1,4) in einer Wand mit k = 0,3 (mittlerer k-Wert 0,67 W/(m² K), so erreicht man den Behaglichkeitsbereich bereits bei einer Raumtemperatur von 18° C mit einer Oberflächentemperatur von 16° C. Die Energieverluste durch die Wand betragen nur noch 19,1 W/m².

Es handelt sich hier zwar um zwei extreme Beispiele, aber unrealistisch sind beide nicht. Bei dem von uns im Beispiel „Wärmedämmberechnung für Außenwand" betrachteten Wandaufbau würde eine 8 cm dicke zusätzliche Dämmstoffschicht der Wärmeleitfähigkeitsgruppe 040 ausreichen, um den k-Wert 0,30 zu erreichen.

Obwohl die Wirkung von Feuchte (Wasserdampf) am Bauwerk Inhalt eines besonderen Abschnitts sein wird, muß an dieser Stelle darauf hingewiesen werden, in wie starkem Maße die Wärmedämmfähigkeit der Baustoffe von ihrem Feuchtegehalt abhängt. Schon allein der Vergleich der Wärmeleitzahlen von Luft und Wasser zeigt das deutlich:

Wasser $\lambda = 0{,}58$ W/(m K)
Luft $\lambda = 0{,}023$ W/(m K)
wobei hier ruhende Luft in Poren gemeint ist.

Es ist nicht selten, daß starke Durchfeuchtung eines Baustoffs dessen Wärmeleitfähigkeit verdoppelt.

Ist eine Wand kälter, als sie nach den angewandten Dämmaßnahmen sein dürfte, dann ist die Wand wahrscheinlich feucht.

Wärmedämmung und Umweltschutz

Sparsamer Umgang mit Energie ist nicht nur eine Frage der Kostensenkung. Vernünftiger Umgang mit der begrenzt vorhandenen Primärenergie und Verminderung des Schadstoffausstoßes sind dringende Notwendigkeiten.

Um Energie zum Heizen von Wohnungen, Büros und Betrieben einzusparen, müssen zwei Wege parallel zueinander beschritten werden:

1. müssen die Energieträger mit einem Minimum an Verlust in Wärme umgesetzt werden. Die Heizgeräte sollten einen dem technischen Stand entsprechenden Wirkungsgrad haben. Die 90%-Marke ist hier erreicht – und schon überschritten. Alte Heizaggregate mit schlechtem Wirkungsgrad sollten durch neue ersetzt werden.

Rechenwerte der Wärmeleitfähigkeit und Richtwerte der Wasserdampf-Diffusionswiderstandszahlen.
In dieser Tabelle sind die wichtigsten Werte für überschlägliche Routineberechnungen zusammengestellt.
Für konkrete Berechnungen Werte der DIN 4108 Teil 4 verwenden!

Baustoff	**Rohdichte trocken** kg/m³	**Rechenwert Wärmeleitfähigkeit λ** W/(m · K)	**Richtwert Dampfdiffusionswiderstand** μ
Kalk-, Kalkzementmörtel	1800	0,87	15–35
Zementmörtel u. -Estrich	2000	1,4	15–35
Kalkgips- u. Gipsmörtel	1400	0,70	10
Gipsputz ohne Zuschlag	1200	0,35	10
Normalbeton nach DIN 1045	2400	2,1	70–150
Leichtbeton aus Zuschlägen mit porigem Gefüge	1000 1200 1400 1600 1800 2000	0,49 0,62 0,79 1,0 1,3 1,6	70–150
Mauerwerk			
Vollklinker, Hochlinker, Vollziegel, Hochlochklinker, DIN 105	200 1400 1600 1800 2000	0,50 0,58 0,68 0,81 0,96	5–10
Leichthochlochziegel DIN 105 Teil 2 Typ A ü. B	700 800 900 1000	0,36 0,39 0,42 0,45	5–10
Kalksandsteine DIN 106	1000 1200 1400 1600 1800 2000 2200	0,50 0,56 0,70 0,79 0,99 1,1 1,3	5–10 ――― 10–25
Gasbeton-Blocksteine DIN 4165	500 600 700 800	0,22 0,24 0,27 0,29	5–10
Hohlblocksteine aus, Leichtbeton DIN 18151 2-K-Steine = 30 cm 3-K-Steine = 36,5 cm	500 600 700 800 900 1000 1200 1400	0,29 0,34 0,39 0,46 0,55 0,64 0,76 0,90	5–10
Hohlblocksteine aus Normalbeton DIN 18153 2-K-Steine = 30 cm 3-K-Steine = 36,5 cm	1800	1,3	10–30
Wärmedämmstoffe			
Wärmeleitfähigkeitsgruppe 025 030 035 040 045	0,025 0,030 0,035 0,040 0,045		
Korkdämmstoffe	80–500		5–10
PS-Partikelschaum ≥ 15 ≥ 20 ≥ 30			20–50 30–70 40–100
PS-Extruderschaum ≥ 25			80–300
PUR-Hartschaum ≥ 30			30–100
Schaumglas DIN 18174	110–150		praktisch dampfdicht

Holz und Holzwerkstoffe			**Fortsetzung von Seite 16**
Fichte, Kiefer, Tanne	600	0,13	40
Buche, Eiche	800	0,20	40
Strangpreßplatten	700	0,17	20
Flachpreßplatten	700	0,13	50–100
Lose Schüttungen			
Blähperlit	100	0,06	
Blähglimmer	100	0,07	
Polystyrolschaum-Partikel	15	0,045	
Sand, Kies, Splitt	1800	0,70	
Sonstiges			
Glas	2500	0,80	100 000
Fliesen	2000	1,0	
Granit, Basalt, Marmor	2800	3,5	100–150
Sandstein, Muschelkalk	bis 2600	2,3	50–100
Stahl	7800	60	
Kupfer	8300	380	
Aluminium	2700	200	

2. müssen wir die Wärme, die wir in unsere Räume hineinbringen, dort auch möglichst lange zu halten versuchen. Die Wärme muß durch gezielte Wärmedämmaßnahmen am Entweichen so gut als nur möglich gehindert werden. Besonders im Altbaubereich müssen Baufehler vergangener Zeit bestmöglich beseitigt werden, indem Zusatzdämmungen angebracht werden. Das gilt besonders für Heizkörpernischen, doch ist in alten Häusern oft die Wärmedämmung der gesamten Umfassungsflächen unzureichend.

Rechenwerte der Wärmedurchlaßwiderstände $1/\Lambda$ in $m^2 \cdot K/W$ von Luftschichten nach DIN 4108 Teil 4
Gilt für in sich geschlossene Luftschichten sowie Luftschichten in 2schaligem Mauerwerk

senkrechte Luftschicht	10–20 mm 20–500 mm	0,14 0,17
waagerechte Luftschicht	10–500 mm	0,17

Baufeuchte durch Wasserdampf

Seit die Menschen die Höhlen ihrer Vorfahren verlassen haben, wünschen sie sich trockene Wohnräume.

Unsere Luft, die wir einatmen, ist ein Gemisch aus verschiedenen Gasen. Ein Teil davon ist verdampftes Wasser, also Wasser in gasförmigem Zustand.

Das Wasser, das von außen eindringen will, abzuwehren, gelingt recht sicher. Mehr Schwierigkeiten bietet das Wasser, das als Wasserdampf in der Luft enthalten ist.

Wir Menschen benötigen auch diesen Wasserdampf zu unserem Wohlbefinden. Zuwenig Wasserdampf in der Luft, also zu trockene Luft, läßt unsere Schleimhäute trocken und anfällig werden für Krankheiten. Zuviel Luftfeuchte empfindet man als Schwüle, wenn sie bei warmer Luft auftritt, und kühle, feuchte Luft empfindet man als „klamm". In zu feuchten Räumen entsteht Schimmelbildung, es bildet sich Modergeruch, Wanddurchfeuchtung bedingt Wärmeverlust, häufig auch Bauschäden.

Wir fühlen uns wohl bei einer relativen Luftfeuchte von 40–60%.

Luft kann bei einer bestimmten Temperatur eine bestimmte Menge Wasserdampf enthalten. So nimmt z. B. Luft von 20° C bis zu 17 g Wasser in Dampfform (je m^3) auf. Stark vergröbernd kann man die Aufnahme von Wasserdampf in der Luft mit der Lösung von Salzen in Wasser vergleichen. Die Vorgänge ähneln einander.

Das Verhältnis (die Relation) des tatsächlichen zu dem bei der vorliegenden Temperatur höchstmöglichen Wasserdampfgehalt der Luft bezeichnet man als relative Luftfeuchte. Die obere Grenze der Aufnahmefähigkeit, der Sättigungspunkt bei der jeweiligen Temperatur, ist dann 100% rel. Luftfeuchte, absolut trockene, wasserdampffreie Luft hat 0% rel. Luftfeuchte, die Teilmengen drücken sich in % aus.

Die relative Luftfeuchte *steigt* bei Zufuhr von Wasserdampf bei gleichbleibender Temperatur oder bei gleichbleibendem Wasserdampfgehalt und sinkender Temperatur.

Die relative Luftfeuchte *fällt* bei ansteigender Temperatur bei gleichbleibendem

Taupunkttemperatur ϑ_s der Luft in Abhängigkeit von Temperatur und relativer Feuchte der Luft nach DIN 4108 Teil 5 (Ausg. 8. 81), Tabelle 1

Lufttemperatur ϑ °C	Taupunkttemperatur ϑ_s [1]) in °C bei einer relativen Luftfeuchte von													
	30%	35%	40%	45%	50%	55%	60%	65%	70%	75%	80%	85%	90%	95%
30	10,5	12,9	14,9	16,8	18,4	20,0	21,4	22,7	23,9	25,1	26,2	27,2	28,2	29,1
29	9,7	12,0	14,0	15,9	17,5	19,0	20,4	21,7	23,0	24,1	25,2	26,2	27,2	28,1
28	8,8	11,1	13,1	15,0	16,6	18,1	19,5	20,8	22,0	23,2	24,2	25,2	26,2	27,1
27	8,0	10,2	12,2	14,1	15,7	17,2	18,6	19,9	21,1	22,2	23,3	24,3	25,2	26,1
26	7,1	9,4	11,4	13,2	14,8	16,3	17,6	18,9	20,1	21,2	22,3	23,3	24,2	25,1
25	6,2	8,5	10,5	12,2	13,9	15,3	16,7	18,0	19,1	20,3	21,3	22,3	23,2	24,1
24	5,4	7,6	9,6	11,3	12,9	14,4	15,8	17,0	18,2	19,3	20,3	21,3	22,3	23,1
23	4,5	6,7	8,7	10,4	12,0	13,5	14,8	16,1	17,2	18,3	19,4	20,3	21,3	22,2
22	3,6	5,9	7,8	9,5	11,1	12,5	13,9	15,1	16,3	17,4	18,4	19,4	20,3	21,2
21	2,8	5,0	6,9	8,6	10,2	11,6	12,9	14,2	15,3	16,4	17,4	18,4	19,3	20,2
20	1,9	4,1	6,0	7,7	9,3	10,7	12,0	13,2	14,4	15,4	16,4	17,4	18,3	19,2
19	1,0	3,2	5,1	6,8	8,3	9,8	11,1	12,3	13,4	14,5	15,5	16,4	17,3	18,2
18	0,2	2,3	4,2	5,9	7,4	8,8	10,1	11,3	12,5	13,5	14,5	15,4	16,3	17,2
17	-0,6	1,4	3,3	5,0	6,5	7,9	9,2	10,4	11,5	12,5	13,5	14,5	15,3	16,2
16	-1,4	0,5	2,4	4,1	5,6	7,0	8,2	9,4	10,5	11,6	12,6	13,5	14,4	15,2
15	-2,2	-0,3	1,5	3,2	4,7	6,1	7,3	8,5	9,6	10,6	11,6	12,5	13,4	14,2
14	-2,9	-1,0	0,6	2,3	3,7	5,1	6,4	7,5	8,6	9,6	10,6	11,5	12,4	13,2
13	-3,7	-1,9	-0,1	1,3	2,8	4,2	5,5	6,6	7,7	8,7	9,6	10,5	11,4	12,2
12	-4,5	-2,6	-1,0	0,4	1,9	3,2	4,5	5,7	6,7	7,7	8,7	9,6	10,4	11,2
11	-5,2	-3,4	-1,8	-0,4	1,0	2,3	3,5	4,7	5,8	6,7	7,7	8,6	9,4	10,2
10	-6,0	-4,2	-2,6	-1,2	0,1	1,4	2,6	3,7	4,8	5,8	6,7	7,6	8,4	9,2

[1]) Näherungsweise darf gradlinig interpoliert werden.

Wasserdampfgehalt oder bei abnehmendem Wasserdampfgehalt und gleichbleibender Temperatur.

Wird der Sättigungspunkt bei Abkühlung überschritten, fällt der überschüssige Wasserdampf aus, er wird wieder zu Wasser. In Anlehnung an die Natur, in der wir die Taubildung am kühlen Morgen kennen, nennt man diesen Punkt den Taupunkt.

Wann der Taupunkt erreicht wird, hängt vom Sättigungsgrad der Luft, also der relativen Luftfeuchte und der Ausgangstemperatur ab.

Bei steigender Temperatur vermag die Luft zusätzlich Wasserdampf aufzunehmen, bei fallender Temperatur wird nach Erreichen des Taupunktes Wasser abgegeben. Die damit zusammenhängenden Erscheinungen sind Nebel, Tau, Regen, beschlagene Fenster, Wandfeuchte.

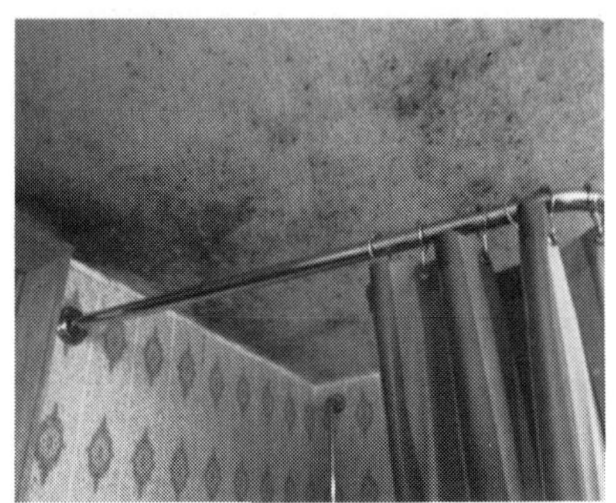

Schimmelbildung als Folge von Tauwasserausfall

Die Wasserdampfdiffusion

Der in der Luft enthaltene Wasserdampf ist infolge der physikalischen Gesetze bestrebt, sich gleichmäßig überallhin zu verteilen. Der Dampfdruck, der von der Temperatur abhängt, hat dasselbe Bestreben wie die Wärme: vom Punkt des höheren Vorhandenseins (höheren Drucks) sich in Richtung des Gefälles (Druck- bzw. Temperaturgefälles) „einzuebnen".

Im Raum erzeugen wir durch Heizen oder Kühlen eine andere Temperatur, als sie in der Außenluft besteht. Dadurch entstehen zu beiden Seiten der Außenwände, der Decke oder des Daches unterschiedliche Drücke, sogenannte Teildrücke (Partialdrücke) des Wasserdampfes. Die Folge davon ist, daß der Druckausgleich durch die Baustoffe hindurch erfolgt. Die Möglichkeit hierzu hängt von der Wasserdampfdurchlässigkeit der Baustoffe ab. In dem Maße, wie der Baustoff den Wasserdampfdurchgang (Diffusion) zuläßt, erfolgt der Ausgleich. Die Durchlässigkeit der Stoffe für Wasserdampf ist wiederum Stoffeigenschaft. Sie wird gekennzeichnet durch die Wasserdampf-Diffusionswiderstandszahl, die in der Tabelle auf Seite 16 jeweils in der letzten Spalte rechts mit aufgeführt ist. Sie drückt aus, wievielmal größer der Widerstand ist, den ein Stoff der Dampfdiffusion entgegensetzt, als eine gleich dicke Luftschicht bei gleicher Temperatur (Bestimmung nach DIN 52 615). In der kühlen Jahreszeit, wenn die Temperatur in den Räumen höher ist als die der Außenluft, nimmt die Temperatur der Außenwände nach außen hin, abhängig von der Wärmeleitfähigkeit, ab. Der durch die Wände hindurchdiffundierende Wasserdampf kühlt mit dem Temperaturgefälle der Wand ab. Es hängt letztlich von den Dämmeigenschaften der Wand ab, wo der Wasserdampf die Taupunktzone erreicht, also den Bereich, in dem der Wasserdampf zu einem Teil als Wasser ausfällt. Ist die Wand schlecht gedämmt, wird bereits die Innenfläche feucht. Bei gut gedämmten Wänden liegt die Taupunktzone zumindest im äußeren Drittel.

Eine geringe Menge von Kondensat (kondensiertes, ausgefallenes Wasser) im Inneren von Bauteilen schadet nicht, solange die Möglichkeit besteht, daß es wieder an die umgebende Luft abgeführt wird.

Dabei ist es wichtig, daß die Wandkonstruktion die Wasserabgabe nach außen nicht behindert, sondern möglichst begünstigt. Alte Baukunst fordert, daß die Wasserdampfdurchlässigkeit der Baustoffe einer Wand nach außen hin zunimmt. Das trifft auch für Putz, Dämmung und Anstrich zu.

Kondenswasser im Bauteil führt zwangsläufig zur Minderung der Wärmedämmung, es kann zu Pilzbefall, Blasenbildung und Absprengungen führen, Oberflächenkondensat kann Ausblühungen und Auslaugung verursachen.

Kondensatbildung wird verhindert durch gute Wärmedämmung und durch sachgemäßen Schichtaufbau der Wand. Bei einschaligen Wänden mit beidseitigem Putz ist die Gefahr der Kondensatbildung gering, soweit die Wärmedämmung ausreicht.

Problematisch wird es, wenn Außenwände eine außenseitige, nicht hinterlüftete Bekleidung erhalten. Fliesen mit 10 mm Dicke haben einen etwa 30fach höheren Diffusionswiderstand als das Mauerwerk. In solchen Fällen muß die Innenseite der Wand offenbleiben, damit eine Verdunstung dorthin möglich ist.

Die Dampfsperre

Ist bei einem Bauteil nicht sicher, daß Feuchte, die im Innern durch Kondensation entsteht, entweichen kann, muß unterbunden werden, daß Wasserdampf in den kritischen Temperaturbereich gelangen kann (Taupunktzone).

Das gilt sowohl für Flachdachaufbauten ohne Belüftung als auch für Dämmaßnahmen auf der Wandinnenseite. In diesen Fällen wird im Warmbereich eine Dampfsperre eingebaut (Folie, wasserdampfdichte Schicht). Damit wird verhindert, daß der Wasserdampf den Kondensationsbereich erreicht. Vornehmlich Aluminiumfolien ab 0,05 mm Dicke, aber auch andere Stoffe können hierzu eingesetzt werden, wie z. B. andere Metallfolien, PVC- und Polyethylenfolien ab 0,1 mm Dicke. Häufig sind bereits „Dampfbremsen" (Spezialpappen) ausreichend.

Bei Zusatzdämmungen im Fachwerkbau sollte man unbedingt einen versierten Bauphysiker hinzuziehen!

Feuchtepufferung

Behaglichkeit setzt ausgeglichene Luftfeuchte voraus, die sich im angenehmen Bereich halten soll.

Gerade da, wo man einen Teil der Außenflächen durch eine Dampfsperre der Wasserdampfdiffusion sperrt, also einen Stau erzeugt, aber nicht nur hier, sollte man besonders für den Innenausbau Stoffe verwenden, die geeignet sind, Überschußfeuchte der Luft an ihrer „inneren Oberfläche", also an der Oberfläche ihrer Poren, festzuhalten und auch schnell wieder abzugeben. Diese Baustoffeigenschaft hängt von der Wasserdampfdurchlässigkeit und dem Porengefüge ab. Besonders Gipswerkstoffe, aber auch eine Anzahl anderer Baustoffe erfüllen diese Forderung.

Dichtigkeit – Porosität – Kapillarität

Es gibt am Bau eine Anzahl physikalischer Erscheinungen, deren Zusammenhänge man möglichst gut kennen muß, um Ursachen von Bauschäden erkennen, sie beheben oder – noch besser – verhindern zu können.

Dazu gehören Erscheinungen wie Dichtigkeit, Porosität und Kapillarität. Alle drei Begriffe werden noch in Materialzusammenhängen erwähnt. Sie sollen hier gesondert erklärt werden.

Dichtigkeit – Porosität

Mit der Bezeichnung „dicht" wird ausgesagt, daß es sich um einen Stoff handelt, der für bestimmte Flüssigkeiten oder auch Gase undurchlässig ist. Sie sagt zunächst nichts darüber aus, welchen Stoffen der Durchgang verwehrt ist. Im Baubereich haben wir es mit den Eigenschaften „luftdicht" zu tun (Fensterdichtungen, Schallschutz), in besonderen Fällen mit Dichtigkeit gegen bestimmte Gase (Betonschutzanstrich dicht gegen SO_2 und CO_2). Bei der Durchlässigkeit für Wasserdampf kennen wir eine sehr feine Abstufung von wasserdampfdiffusionsdurchlässig bis dampfdicht. Und dann kommt noch die Dichtigkeit gegen Wasser in flüssiger Form, die mit der Wasserdampfdichtigkeit nicht unbedingt zusammenhängt. Ein Stoff, der wasserdicht ist, muß nicht zugleich wasserdampfdicht sein.

Die Forderung nach Wasserdampfdurchlässigkeit bei Wasserdichtigkeit kennen wir aus den Bereichen Steil- und Flach-

dach und Außenwand, bei denen die Wasserdampfdurchlässigkeit von Schicht zu Schicht von innen nach außen zunehmen sollte, um Kondensation zu vermeiden.
Die Abnahme der Dichtigkeit eines Stoffes ist mit der Zunahme des Porengehaltes gegeben. Hier kann es zu sehr unterschiedlichen Bewertungen führen. Ein Fahrradschlauch, dem man nachsagt, er sei porös, ist wertlos, da er Luft durchläßt, die er halten sollte. Wasser würde er vielleicht noch halten. Viele Wandbaustoffe hingegen werden durch technische Maßnahmen mit Poren versehen, um bestimmte Eigenschaften zu verbessern. Sie werden wertvoller, da mit zunehmendem Porenvolumen die Wärmedämmeigenschaften verbessert werden.
Bei vielen mineralischen Baustoffen ist eine gewisse Porosität herstellungsbedingt. Naturgestein ist meist sehr dicht. Um es zu Mauersteinen oder anderen Baustoffen zu verarbeiten, wird es zerkleinert, und um dieses zerkleinerte Gestein in die gewünschte Form bringen zu können, bevor es durch Brennen oder mit Bindemitteln seine Festigkeit erhält, wird Wasser zugegeben. Das Überschußwasser aber, das nicht unmittelbar chemisch oder kristallin gebunden wird, verdunstet später und hinterläßt nach Austrocknung feine Hohlräume – die Kapillaren oder Haarröhrchen. In diese kann Wasser wieder eindringen und sich in ihnen fortbewegen.
Wie schon erwähnt, gibt es Poren unterschiedlichster Form und Größe in Wandbaustoffen und Dämmstoffen. Hier bewirken sie Lufteinschluß und damit Verbesserung der Wärmedämmfähigkeit. Da sich mit Erhöhung des Porenvolumens das Gewicht der Wandbaustoffe verringert, entsteht eine direkte Abhängigkeit zwischen Porenvolumen, Gewicht und Wärmedämmeigenschaften.
Unterscheiden müssen wir noch zwischen offenen Poren, die untereinander verbunden sind, und geschlossenen Poren ohne Verbindung zu anderen Poren oder zur Oberfläche. Als porös im Sinne von durchlässig bezeichnet man nur offenporige Stoffe.

So schafft man durch Zusatz von Luftporenbildnern (LP) bei Beton ein Porenvolumen, in dem eingedrungenes Tausalz auskristallisieren kann, ohne den Beton zu zerstören. Dasselbe gilt auch für eingeschlossenes, gefrierendes Wasser. Trotz des Porengehalts kann dieser Beton aber ein dichtes Gefüge haben.

Kapillarität

Wenn wir Wasser in ein Glas gießen, stellen wir fest, daß es da, wo es das Glas berührt, über den Wasserspiegel, der sonst völlig eben ist, ansteigt. Da, wo Wasser und Glas einander berühren, wird eine Kraft wirksam, die der Schwerkraft entgegenwirkt. Ihre Ursache ist die unterschiedliche Oberflächenspannung an den Grenzflächen Glas/Wasser, Wasser/Luft und Glas/Luft.

Der Wasserspiegel steigt zur Wand hin.

Dies wirkt sich besonders stark dort aus, wo die Gefäßwände sehr dicht aneinander stehen, also in engen Röhren (Haarröhrchen – Kapillaren).
Hier bewirkt die Anziehung, daß das Wasser in dem Röhrchen hochsteigt, weit über den Flüssigkeitsspiegel hinaus. In diesem Falle spricht man von Kapillarität oder Haarröhrchenwirkung. Die feinen, meist vom verdunsteten Wasser herrührenden Poren in den Baustoffen bewirken, daß

Im engen Glasröhrchen steigt das Wasser deutlich hoch.

eingedrungenes Wasser in den Baustoffen hochsteigt.
In engen Kapillaren steigt das Wasser zwar langsamer, erreicht aber eine größere Endhöhe als in weiteren Röhren. Im Erdreich, in das gebaut wird, steigt die vorhandene Erdfeuchte in Fundamente und, wird der Weg nicht durch Isolierschichten unterbrochen, auch weiter ins Mauerwerk.
Ein Versuch dazu, den jeder machen kann: Einen Mauerziegel, einen Gasbeton- und einen Kalksandstein ins Wasser stellen und beobachten, wie die Feuchtigkeit in den Materialien verschieden schnell hochsteigt. Wiegen Sie die Steine vor und nach dem Versuch!
Ausnahmen bestehen da, wo die Wände der Kapillaren z. B. durch Imprägnierungen wasserabstoßend gemacht werden. (Wiederholen Sie den Versuch doch einmal mit Steinen, die Sie imprägniert haben.) Dann krümmt sich die Wasseroberfläche am Stein statt nach oben nach unten. Wasserabweisend gemachte Kapillaren lassen Wasser nur unter Druck eindringen.
Diese Erscheinung macht man sich am Bau zunutze, wenn man Außenputz durch Zusatz oder Anstrich wasserabweisender Mittel regendicht macht.

Brandschutz (baulicher Brandschutz = vorbeugender Brandschutz)

Brandschutz ist ein bedeutsamer Begriff im Bauwesen geworden, gilt es doch, die Sachwerte zu erhalten. Ohne zu übertreiben, kann man dem Brandschutz ähnliche Bedeutung zumessen wie der Statik, die auch Sicherheit zu gewährleisten hat.

Die Baustoffklassen

Die Baustoffe werden nach ihrem Brandverhalten in Baustoffklassen eingeteilt. Wie diese Einteilung erfolgt, zeigt die Tabelle.

Nachweis der Baustoffklassen

Es bestehen zwei Möglichkeiten des Nachweises. Ohne Brandversuche, wenn die zu beurteilenden Baustoffe in DIN 4102 Teil 4 aufgeführt sind. Es gilt dann die dort angegebene Baustoffklasse (A 1, B 1 oder B 2) ohne jeden weiteren Nachweis. Mit Brandversuchen: Die Baustoffklasse muß durch Prüfzeugnis oder Prüfzeichen (PA III...) auf Grundlage von Brandversuchen nach DIN 4102 Teil 1 bzw. durch allgemeine bauaufsichtliche Zulassung durch das Institut für Bautechnik in Berlin nachgewiesen werden.

Für nichtbrennbare Baustoffe der Baustoffklasse **A 1,** die weniger als 1% brennbare Bestandteile enthalten, genügt ein Prüfzeugnis. Für nichtbrennbare Baustoffe der Baustoffklasse **A 1** mit mehr als 1% brennbare Bestandteile und **A 2** sowie für brennbare Baustoffe der Klasse **B 1,** die nicht in DIN 4102 Teil 4 aufgeführt sind, besteht Prüfzeichenpflicht. Verbunden mit Erteilung eines Prüfzeichens ist eine Güteüberwachung und die Kennzeichnung des Baustoffes. Für brennbare Baustoffe der Klasse **B 2** ist der Nachweis mit Prüfzeugnis ausreichend. Alle Bau-

Baustoffklassen nach DIN 4102 Teil 1 (Ausg. 9. 77)

Baustoffklasse	Bauaufsichtliche Benennung
A	
A 1 A 2	nichtbrennbare Baustoffe (nbr)
B	brennbare Baustoffe (br)
B 1	schwerentflammbare Baustoffe
B 2	normalentflammbare Baustoffe
B 3	leichtentflammbare Baustoffe

stoffe, für die keine andere Baustoffklasse nachgewiesen ist, gehören zur Baustoffklasse **B 3.** Prüfzeugnisse können z. B. von amtlich anerkannten Materialprüfämtern erstellt werden. Eine bauaufsichtliche Zulassung im Sonderfall für Einzelobjekte ist auch durch die zuständige Bauaufsichtsbehörde der jeweiligen Länderregierungen möglich.

Verbundbaustoffe

Werden Verbundbaustoffe klassifiziert, so müssen sie als Gesamtheit geprüft werden. Eine einfache Auflistung der Bau-

Feuerwiderstandsklassen nach DIN 4102

Art des Bauteils	Feuerwiderstandsklassen
Tragende Bauteile	F 30, F 60, F 90, F 120, F 180
Brandschutzwände, nichttragende Außenwände, Brüstungen, Schürzen	W 30, W 60, W 90
Feuerschutztüren	T 30, T 60, T 90, T 120, T 180
Verglasungen[1]	G 30, G 60, G 90, G 120, G 180
Lüftungsleitungen	L 30, L 60, L 90, L 120
Brandschutzklappen in Lüftungsleitungen	K 30, K 60, K 90

[1]) Verglasungen, die alle entsprechenden Anforderungen erfüllen, also auch keine Wärmestrahlung durchlassen, können auch in die Feuerwiderstandsklassen F oder T eingestuft werden.

Feuerwiderstandsklassen nach DIN 4102 Teil 2 (Ausg. 9. 77), Tabelle 2 und bauaufsichtliche Benennung

Feuer-wider-stands-dauer in Minuten	Feuer-wider-stands-klasse nach DIN 4102 Teil 2 Tab. 1	Baustoffklasse nach DIN 4102 Teil 1 der in den geprüften Bauteilen verwendeten Baustoffe für		Benennung nach DIN 4102 Teil 2 Tab. 2	Kurz-bezeichnung	Bauaufsichtliche Benennung
		wesentliche Teile [1])	übrige Bestandteile, die nicht unter den Begriff der vorstehenden Spalte fallen	Bauteile der		
≧ 30	F 30	B	B	Feuerwiderstandsklasse F 30	F 30 – B	feuerhemmend (fh)
		A	B	Feuerwiderstandsklasse F 30 und in den wesentlichen Teilen aus nichtbrennbaren Baustoffen [1])	F 30 – AB	feuerhemmend und in den tragenden Teilen aus nichtbrennbaren Stoffen
		A	A	Feuerwiderstandsklasse F 30 und aus nichtbrennbaren Baustoffen	F 30 – A	feuerhemmend und aus nichtbrennbaren Stoffen
≧ 60	F 60	B	B	Feuerwiderstandsklasse F 60	F 60 – B	feuerhemmend (fh)
		A	B	Feuerwiderstandsklasse F 60 und in den wesentlichen Teilen aus nichtbrennbaren Baustoffen [1])	F 60 – AB	feuerhemmend und in den tragenden Teilen aus nichtbrennbaren Stoffen
		A	A	Feuerwiderstandsklasse F 60 und aus nichtbrennbaren Baustoffen	F 60 – A	feuerhemmend und aus nichtbrennbaren Stoffen
≧ 90	F 90	B	B	Feuerwiderstandsklasse F 90	F 90 – B	feuerhemmend (fh)
		A	B	Feuerwiderstandsklasse F 90 und in den wesentlichen Teilen aus nichtbrennbaren Baustoffen [1])	F 90 – AB	[2])
		A	A	Feuerwiderstandsklasse F 90 und aus nichtbrennbaren Baustoffen	F 90 – A	feuerbeständig (fb)
≧ 120	F 120	B	B	Feuerwiderstandsklasse F 120	F 120 – B	feuerhemmend (fh)
		A	B	Feuerwiderstandsklasse F 120 und in den wesentlichen Teilen aus nichtbrennbaren Baustoffen [1])	F 120 – AB	[2])
		A	A	Feuerwiderstandsklasse F 120 und aus nichtbrennbaren Baustoffen	F 120 – A	feuerbeständig (fb)
≧180	F 180	B	B	Feuerwiderstandsklasse F 180	F 180 – B	feuerhemmend (fh)
		A	B	Feuerwiderstandsklasse F 180 und in den wesentlichen Teilen aus nichtbrennbaren Baustoffen [1])	F 180 – AB	[2])
		A	A	Feuerwiderstandsklasse F 180 und aus nichtbrennbaren Baustoffen	F 180 – A	hochfeuerbeständig (hfb)

[1]) Zu den wesentlichen Teilen gehören:

a) alle tragenden oder aussteifenden Teile, bei nichttragenden Bauteilen auch die Bauteile, die deren Standsicherheit bewirken (z. B. Rahmenkonstruktionen von nichttragenden Wänden),

b) bei raumabschließenden Bauteilen eine in Bauteilebene durchgehende Schicht, die bei der Prüfung nach dieser Norm nicht zerstört werden darf. Bei Decken muß diese Schicht eine Gesamtdicke von mindestens 50 mm besitzen; Hohlräume im Innern dieser Schicht sind zulässig.

Bei der Beurteilung des Brandverhaltens der Baustoffe können Oberflächen-Deckschichten oder andere Oberflächenbehandlungen außer Betracht bleiben.

[2]) In einigen Ländern über Ausnahme- und Befreiungsbestimmungen allgemein zulässig als feuerbeständig.

stoffklassen der Einzelbaustoffe des Verbundelementes ist nicht ausreichend.

Wenn für den Nachweis dieser Eigenschaft die in der DIN 4102 vorgesehenen Prüfungen nicht ausreichen, sind weitere Nachweise z. B. im Rahmen der Erteilung einer allgemeinen bauaufsichtlichen Zulassung zu erbringen.

Die Feuerwiderstandsklassen

Die Feuerwiderstandsklassen (nach DIN 4102) kennzeichnen, wie lange ein Bauteil dem Feuer Widerstand bietet. Der Widerstand ist hinfällig, wenn der Raum oder die Konstruktion, die geschützt werden soll, dem Feuer durch Ausfall des betreffenden Bauteils zugänglich wird. Die dem Bauteil zugedachte Schutzfunktion muß also während der Zeit in min, die in der Feuerwiderstandsklasse angegeben ist, voll aufrechterhalten bleiben. Insbesondere müssen der Durchtritt heißer Gase, ein Durchschlagen der Flamme und eine unzulässig hohe Erwärmung auf der dem Feuer abgewandten Seite verhindert werden.

Wenn von Feuerwiderstandsklassen die Rede ist, wird meist nur die Feuerwiderstandsklasse F gemeint. Sie gilt für Wand- und Dachbauteile, Stützen, Unterzüge und andere Tragwerke.

Die Tabellen auf der vorhergehenden Seite geben alle Einzelheiten über die für die verschiedenen Bauteile geltenden Feuerwiderstandsklassen wieder.

Schallschutz

Aus der Akustik, der zur Physik gehörenden Lehre vom Schall, interessiert am Bau nur ein kleiner Teilbereich, nämlich die Eindämmung des Schalles im Hochbau.

Zu schützen sind:

- die Gebäude vor dem von außen eindringenden Schall (Lärmschutz)
- die Räume der Gebäude vor dem Schall aus den daneben, darüber oder darunter liegenden Räumen
- die Räume vor der Schalleitung der Installationen und Lüftungen

und zu regeln ist der Nachhall im Raum.

Der Schallschutz bezieht sich auf den ganzen Bau. Er muß schon von der Planung her berücksichtigt werden, sollen die Bewohner des Hauses nicht der erheblichen Gesundheitsgefährdung ausgesetzt sein, die vom Lärm ausgeht.

Die bisher besprochenen Schutzmaßnahmen gegen physikalische Einflüsse, also Wärmeschutz und Schutz gegen Feuchtigkeit, gelten den Betriebs- und Erhaltungskosten, auch der Behaglichkeit. Der Schallschutz ist Schutz der Gesundheit der Hausbewohner, denn Lärm macht krank. Fehler und Unterlassungen am Neubau lassen sich, soweit sie den Schallschutz betreffen, nicht mehr oder nur mit sehr hohem Kostenaufwand korrigieren.

Was ist Schall?

Schall nehmen wir mit unseren Ohren wahr. Das Trommelfell wird durch Druckwechsel der Luft, der dem normalen Luftdruck überlagert ist, in Schwingungen versetzt. An unser Ohr gelangt dieser Druckwechsel über eine wellenartige Stoßbewegung der Luftmoleküle, welche am Schallerzeuger ihren Ursprung hat.

Die Moleküle (kleinste Teile einer aus mehreren Elementen bestehenden Verbindung, die noch die Eigenschaften der Verbindung besitzen) schwingen gegeneinander in der Ausbreitungsrichtung. Erregung von Schall erfordert Energie. Je stärker die Bewegung der Moleküle angeregt wird, je mehr Energie also zur Schallerregung aufgewandt wird, um so heftiger sind die Bewegungen der Moleküle gegeneinander, um so größer die entstehenden Druckunterschiede, die sich wellenförmig im Stoff fortbewegen.

Die Frequenz

ist die Zahl der Druckwechsel (Schwingungen) je Sekunde. Die Maßeinheit ist das Hertz (Hz). 50 Hz bedeuten also 50 Schalldruckwechsel (Schallwellen) pro Sekunde. Unser Hörvermögen erlaubt uns die Wahrnehmung der Frequenzen zwischen 16 und 20 000 Hz.

Hörfähigkeit für den vollen, genannten Frequenzbereich ist die Ausnahme. Die Frequenzen, die im Wohnbereich von Bedeutung sind, liegen zwischen 100 und 3200 Hz. Hiervon ist der Anteil zwischen 500 und 2000 Hz besonders zu beachten.

Zur leichteren „Einfühlung" in die Frequenzen (Tonhöhen) hier einige Beispiele:

Das tiefe „d", das wir bei Rebroff so sehr bewundern, hat eine Frequenz von 73 Hz, also von 73 Schwingungen pro Sekunde. Der jedem Musiker bekannte Kammerton „a", auf den das Orchester die Instrumente einstimmt, hat 440 Hz, mithin 440 Luftschwingungen pro eine Sekunde. Schließlich das berühmte hohe „c", mit dem Maria Callas einst brillierte, verursacht 1047 Luftschwingungen pro 1 Sekunde, hat mithin 1047 Hz. Eine Orgel reicht von 16 bis etwa 8000 Hz. Frequenzen unter 16 Herz werden nicht mehr als Ton, sondern lediglich mit dem Tastsinn wahrgenommen. Die obere Hörgrenze liegt bei etwa 15 000 Hz, bei vielen Menschen sogar erheblich darunter. Tiere können dagegen oft noch wesentlich höhere Töne aufnehmen. (Hundepfeife 20 000 Hz)

Die Lautstärke

Die früher für die Angabe der Lautstärke benutzte Einheit „Phon" wird heute im Bereich des Schallschutzes nicht mehr verwendet. Sie nimmt die subjektive Empfindung als Maßstab. Ihr Zahlenwert entspricht etwa dem des A-bewerteten Schalldruckpegels, der ebenfalls das von der Frequenz abhängige menschliche Hörvermögen berücksichtigt. Für einen 1000-Hz-Sinuston sind beide Werte genau gleich.

Der Schalldruckpegel

Wissenswert sind Einzelheiten vom Schalldruck und dessen Messung. Er wird mit Mikrofonen gemessen und bewegt sich in einem riesigen Größenbereich. Bei 1000 Hz können wir 2/100 000 Pa (= Pascal = Newton pro m^2) gerade noch wahrnehmen. Schalldrücke über 20 Pa beginnen wir als Schmerz zu empfinden.

Mit dieser riesigen Breite der Schalldrükke in einem Maßsystem fertigzuwerden, also Zahlen innerhalb von 6 Zehnerpotenzen, verwendet man ein logarithmisches Maß, den Schallpegel L.

Töne oder Geräusche mit gleichem Schallpegel werden bei verschiedenen Frequenzen von unserem Ohr unterschiedlich laut empfunden.

Man hat deshalb zur Berücksichtigung des menschlichen Hörempfindens bewertete Schallpegel eingeführt, u. a. den A-Schallpegel. Mit einem handelsüblichen Schallpegelmesser sind A-bewertete Schallpegel in dB(A) abzulesen.

Das dB (Dezibel = 0,1 Bel, nach dem Erfinder des Telefons, Alexander Graham Bell) ist keine Einheit im Sinne der DIN 1301. Es dient lediglich dazu, die davorstehende Zahl als zehnfachen Wert des Logarithmus eines Energieverhältnisses zu kennzeichnen.

Zum besseren Verständnis akustischer Größen sollen nachfolgend einige Zahlen genannt werden: Erhöht man z. B. die „Beschallung" eines Raumes durch einen Lautsprecher von 10 auf 20 Watt, so erhöht sich der Schallpegel um 3 dB; stellt man in einem Raum 2 Motoren auf anstatt vorher einen, erhöht sich der Schallpegel ebenfalls um 3 dB.

Verzehnfacht man die Lärmquelle, empfinden wir den Lärm als verdoppelt, und der Schallpegel ist um 10 dB höher. Genauso bedeutet eine Verminderung des Schallpegels durch Schalldämmung auf die Hälfte der Schalleistung eine Verminderung um 3 dB. Ein Zehntel des Schalldurchganges durch Dämmung bedeutet eine Verminderung des Schallpegels um 10 dB.

Ein Beispiel:

20 dB = 10^2 = das Hundertfache des Bezugswertes

30 dB = 10^3 = das Tausendfache des Bezugswertes

40 db = 10^4 = das Zehntausendfache des Bezugswertes

und so weiter.

Die sogenannte Schmerzschwelle, also jene Schallenergie, die bereits schmerzhaft empfunden wird, beträgt etwa 130 dB. Das ist das 10^{13}fache, also das 10billionenfache der Bezugsenergie p_0 von 1 dB.

Luftschall – Körperschall

Normalerweise werden die von unserem Ohr wahrgenommenen Schallwellen durch die Luft übertragen. Wir hören meist den Luftschall.

Schall breitet sich jedoch auch in festen Körpern und Flüssigkeiten aus, auf die gleiche Weise wie in der Luft oder in anderen Gasen. Die Ausbreitungsgeschwindigkeit des Schalls ist um so größer, je dichter ein Stoff ist. Zugleich ist zur Schallerregung mehr Energie erforderlich. Es muß ja mehr Masse in Schwingungen versetzt werden. Wenn es um Schalldämmung geht, unterscheiden wir den Luftschall vom Körperschall, da die Mittel zur Eindämmung recht unterschiedlich sein müssen, soweit es den Bau betrifft.
Wird der Baukörper unmittelbar in Schallschwingungen versetzt, spricht man von Körperschall.
Formen des Körperschalls am Bau kennen wir als Trittschall, den Schall, der durch Begehen einer Decke erzeugt wird. Er entsteht weiterhin durch das Schließen von Türen, fest mit dem Baukörper verbundene Maschinen und Geräte wie Wasch- und Spülmaschinen sowie durch Wasser- und Abwasserleitungen.

Luftschallschutzmaß LSM

Die Bezugskurve in DIN 52 210 „Bauakustische Prüfungen, Luft- und Trittschall-

Luft- und Trittschalldämmung von Bauteilen zum Schutz gegen Schallübertragung aus einem fremden Wohn- und Arbeitsbereich (Auszug aus DIN 4109 Teil 2 Tabelle 1)

Spalte	a		b	c	d	e
Zeile	Bauteile		Mindestanforderungen		Vorschläge für einen erhöhten Schallschutz	
			R'_w dB	TSM dB	R'_w dB	TSM dB
	1 Geschoßhäuser mit Wohnungen und Arbeitsräumen					
1	Decken	Decken unter nutzbaren Dachräumen, z. B. unter Trockenböden, Bodenkammern u. ihren Zugängen	52	10	≧ 55	≧ 17
2		Wohnungstrenndecken (auch -treppen) und Decken zwischen fremden Arbeitsräumen	52	10	≧ 55	≧ 17
3		Decken über Kellern, Hausfluren, Treppenräumen unter Aufenthaltsräumen	52	10	≧ 55	≧ 17
4		Decken über Durchfahrten, Einfahrten von Sammelgaragen u. ä. unter Aufenthaltsräumen	55	10	≧ 57	≧ 17
5		Decken unter Terrassen, Loggien und Laubengängen	–	10	–	≧ 17
6		Decken innerhalb zweigeschossiger Wohneinheiten	–	10	–	≧ 17
7	Treppen	Treppen, Treppenpodeste und Fußböden von Hausfluren	–	10	–	≧ 17
8	Wände	Wohnungstrennwände und Wände zwischen fremden Arbeitsräumen	52	–	≧ 55	–
9		Treppenraumwände und Wände neben Hausfluren	52	–	≧ 55	–
10		Wände neben Durchfahrten, Einfahrten von Sammelgaragen u. ä.	52	–	≧ 55	–
11	Türen	Türen, die von Hausfluren oder Treppenräumen unmittelbar in Aufenthaltsräume – außer Flure und Dielen – von Wohnungen und Wohnheimen oder in Arbeitsräume führen	42	–	≧ 52	–
12		Türen, die von Hausfluren oder Treppenräumen in Flure und Dielen von Wohnungen und Wohnheimen oder von Arbeitsräumen führen	27	–	≧ 37	–
	2 Einfamilien-Doppelhäuser und Einfamilien-Reihenhäuser					
13		Decken	–	15	–	≧ 25
14		Treppen, Treppenpodeste u. Fußböden von Fluren	–	10	–	≧ 20
15		Haustrennwände (Wohnungstrennwände)	57	–	≧ 67	–

Die Tabelle berücksichtigt die für die Norm-Ausgabe Oktober 1984 vorgesehenen Werte.

dämmung" unterteilt den Frequenzbereich von 100 bis 3200 Hz in 16 „Frequenzbänder" von jeweils einer Terz.

Die Frequenzbänder sind in Hörbarkeit und Dämmbarkeit nicht austauschbar, und schlechtere Ergebnisse in einem Band dürfen nicht gegen bessere in einem anderen aufgerechnet werden.

In der Bezugskurve ist grafisch festgehalten, wie hoch die Schallpegeldifferenz eines trennenden Bauteils in Abhängigkeit von der Frequenz jeweils sein muß, damit ein Luftschallschutzmaß von LSM ≧ 0 dB oder ein bewertetes Schalldämmaß von R'w ≧ 52 dB vorliegt.

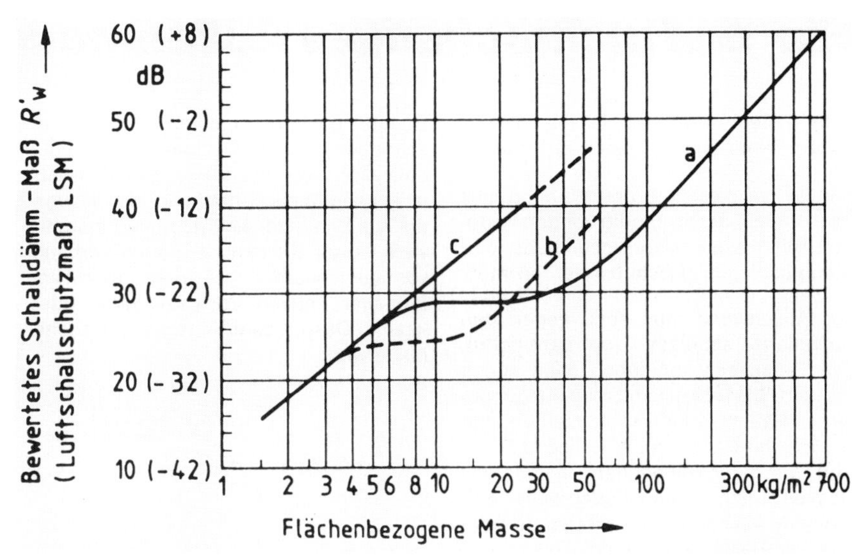

Abhängigkeit des bewerteten Schalldämm-Maßes R_w (Luftschallschutzmaßes LSM) nach DIN 4109 Teil 2 Entwurf (vom Februar 1979, in der Neufassung der Norm als Tabelle vorgesehen) von der flächenbezogenen Masse für einschalige Bauteile aus:
- Beton, Mauerwerk, Gips, Glas und ähnlichen Baustoffen (Kurve a)
- Holz und Holzwerkstoffen (Kurve b)
- Stahlblech bis 2 mm Dicke, Bleiblech (Kurve c)

Schallschluckung

Luftschallwellen, die auf eine Wand auftreffen, können nur zu einem Teil die Moleküle des Wandbaustoffs in Schwingung versetzen. Zu einem Teil werden sie zurückgeworfen, prallen besonders an glatten Flächen ab (werden reflektiert). Dieser Anteil von Schallwellen in einem Raum, der reflektiert wurde, bewirkt den sogenannten „Nachhall". Dieser Nachhall, der zu einer Verstärkung des Geräuschpegels im Raum führt, wird in der bewohnten Wohnung von Vorhängen, Teppichen, aber auch Möbeln reguliert. Zusätzliche Schallschluckung – so nennt man die Verminderung der Reflexion – erreicht man, indem man an Decken und Wänden offenporige, faserige Stoffe anbringt, die die auftreffende Schallenergie „auffangen" und in Wärmeenergie umwandeln.

Ein einfaches Mittel, den Nachhall in einem Raum zu prüfen ist z. B.: Händeklatschen!

Durch Schallschluckung kann man einen Teil des im Raume entstandenen Schalls mindern. Schallschluckung funktioniert nur im Raum selbst, in dem der Luftschall entsteht. **Ist die Wand erst zu Schallschwingungen angeregt, nutzt etwa angebrachtes Schallschluckmaterial auf der Seite des Nachbarraumes nicht gegen den Schalldurchgang.** Der durch die Wand dringende, also zu Körperschall gewordene Schall kann so nicht gemindert oder beseitigt werden.

Das Maß für die Schallschluckung ist der Schallschluck- oder Absorptionsgrad α, der bei vollständiger Reflexion den Wert 0, bei vollständiger Absorption den Wert 1 (= 100%) annimmt.

Außer durch Schallschluckung kann Schall auch durch Reflexion an Grenzflächen, z. B. in mehrschaligen Trennwänden, gedämpft werden.

Schalldämmung

Dämmung des Luftschalls – eigentlich sollte man von Eindämmung sprechen – erfolgt am erfolgreichsten durch Masse.

Gase enthalten pro Raumteil weit weniger Masseteilchen als feste Stoffe. Je mehr Masse – zum Beispiel einer Wand – von den anliegenden Luftteilchen in Bewegung, in Schwingung versetzt werden muß, um so weniger dringt durch die Wand hindurch und vermag die auf der anderen Seite der Wand anliegende Luft in Schwingungen zu versetzen. An diese Tatsache müssen wir denken, wenn im Interesse einer besseren Wärmedämmung immer **leichtere Wandbaustoffe** verwandt werden. Masse dämmt die von der Luft auf feste Stoffe übergehende Schallenergie am sichersten.

Schwieriger wird es, wenn feste Körper selbst in Schallschwingungen versetzt werden. Die Schallwellen breiten sich je nach Beschaffenheit des Stoffes in allen Richtungen aus, wesentlich schneller als in der Luft und nicht nur auf direkten Wegen.

Trittschalldämmung

Praktiziert wird das seit längerer Zeit bei der **Trittschalldämmung.** Trittschall, der Störfaktor im Haus, der durch Begehen der Decken und Treppen entsteht, wird weithin meist durch eine Trennschicht in der Decke bekämpft.

Bei der am häufigsten angewandten Methode der Trittschalldämmung durch „schwimmenden Estrich" hat man die zu begehende Platte unten und an allen Seiten durch Dämmstoffe von der Decke und den Wänden getrennt. Die Platte „schwimmt" im Dämmstoff, die Schwingung, in die die Platte durch Begehen versetzt wird, überträgt sich, je nach Dämmstoffdicke und -eigenschaft, nur zu einem Teil auf die Decke darunter und auf die umgebenden Wände.

Schalldämmung bei Trennwänden

Einzelne Bauteile, die aufgrund ihrer Eigenschaften und Funktion in Schwingungen geraten können, müssen so gut wie möglich elastisch getrennt werden.

Wo man aus statischen Gründen kein hohes Wandgewicht unterbringen kann, wo jedoch eine hohe Schalldämmung benötigt wird, kommt die **zweischalige, leichte Trennwand** zur Anwendung.

Bei der zweischaligen Trennwand verhindert man eine direkte Verbindung der beiden, die Wand bildenden Schalen, um die Übertragung der Schwingungen von der einen Schale auf die andere zu vermeiden.

Eine zwischen die beiden Wandschalen eingebaute Mineralfaserschicht vermindert dabei durch Schalldämmung die Weiterleitung der Schallenergie durch die Luftschicht. Für diesen Zweck werden Mineralfaser-Platten oder -Matten eingebaut.

Wichtig ist dabei wie beim Estrich, daß die direkte Schallübertragung in die angrenzenden Wände verhindert, daß also die Schallnebenwege gedämmt werden. Das geschieht ebenfalls durch Dämmstoffstreifen da, wo sich die Wände berühren.

Schallbrücken

Im Gegensatz zur Wärmedämmung stimmt der Begriff „Schallbrücke", denn der Schall überläuft auf ihr das Hindernis Dämmung. Ein Nagel, der zwei schalltechnisch voneinander getrennte Bauteile ungewollt oder aus Unachtsamkeit verbindet, ein Materialbrocken, ein Kies- oder Splittkorn in der Trittschalldämmung, durchgelaufener Zementestrich oder die fest angedrehte Befestigungsschraube, mit der die leichte Trennwand an Wand, Decke oder Boden angeschraubt ist, können den Wert der Schallschutzmaßnahme auf einen geringen Bruchteil herabsetzen oder ganz in Frage stellen.

Ein- und mehrschaliges Außenmauerwerk

Jede Außenwand eines Hauses hat eine ganze Reihe von Aufgaben zu erfüllen.

Sie ist der Abschluß des Wohnraumes nach außen, der vorrangig vor den Witterungseinflüssen, also Hitze, Kälte und Niederschlägen geschützt werden muß.

Die Außenwand muß auch gegen den Außenlärm schützen und verhindern, daß Geräusche von innen nach außen dringen. Die Außenwand muß den umgebenen Raum vor Feuer schützen und hat darüber hinaus noch die statische Funktion, die darüberliegenden Bauteile wie Decken, Dach, Drempel oder weiter aufgehende Wände und auskragende Bauteile wie Balkone zu tragen.

Aus der Vielzahl kann man schon schließen, daß ein Baustoff nicht immer allen Anforderungen gerecht werden kann, zumal einige einander entgegengesetzt sind, wie der Wärmeschutz, der leichte, poröse Baustoffe verlangt, der Schallschutz, der Gewicht fordert, und die Statik mit der Forderung nach hoher Festigkeit.

Darum sind Außenwände in der Regel aus mindestens zwei, meist aber aus drei oder mehr Baustoffschichten errichtet. Bei der einschaligen Bauweise, beidseits verputzt, sind es bereits drei Baustoffschichten: Innenputz, Wandbaustoff und Außenputz.

Die besonderen Wetterbedingungen und das Vorhandensein ausreichender Ton-, Kalk- und Sandvorkommen haben mit dazu geführt, daß der Mauerwerksbau von Norddeutschland richtungweisende Impulse empfing. Man erkannte hier sehr früh, daß Steine mit bestimmten Eigenschaften sehr gut dem Wetter standhielten, aber auch, daß man im Innenbereich andere Anforderungen an die Wand zu stellen hatte. So entwickelten die Hersteller Mauersteine für außen, die wir heute als Vormauerziegel oder -steine kennen, und für innen das große Sortiment der Hintermauerziegel oder -steine.

Zugleich mit der Entwicklung des Baustoffs entstanden verschiedene Bautechniken.

Bereits genannt und im Aufbau beschrieben haben wir die einschalige, beidseits verputzte Wand. Ebenfalls als einschalig bezeichnet man die Mauer, die aus Vor- und Hintermauersteinen erstellt wurde, die miteinander im Verband vermauert wurden, nur eben innen Hintermauer-, außen Vormauerziegel oder -steine. Das ist dann einschaliges Sichtmauerwerk.

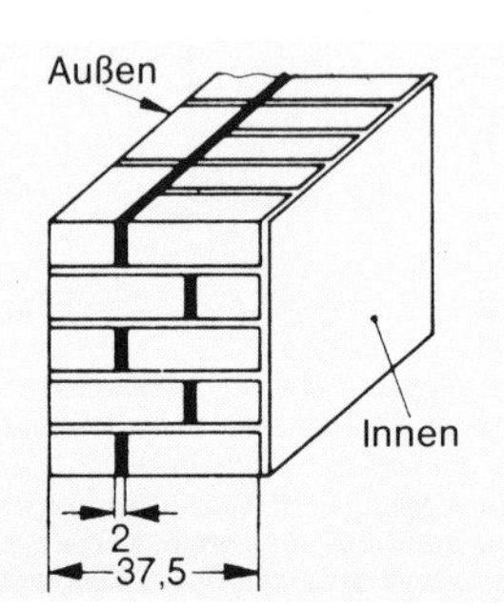

Schnitt durch eine 37,5 cm dicke, einschalige tragende Außenwand als Sichtmauerwerk

Die nächste Stufe ist das zweischalige Verblendmauerwerk mit Schalenfuge.

Hier sind Hintermauerung und Verblenderschale nur durch eine mindestens 2 cm dicke „Schalenfuge" getrennt, die mit Mörtel ausgefüllt ist. Diese Mörtelschicht muß so kompakt und geschlossen sein, daß sie die Schlagregendichtigkeit gewährleisten kann. Deshalb ist das Durchstecken von Bindersteinen von der vorderen zur hinteren Wandschale unzulässig.

Zweischaliges Mauerwerk mit Luftschicht

Das zweischalige Mauerwerk mit Luftschicht hat sich im Wohnungsbau in der norddeutschen Ebene mit ihrer starken Wind- und Regenbelastung so gut bewährt, daß es zunehmend auch in anderen Gebieten erstellt wird.

Welche Merkmale kennzeichnen diese Bautechnik? Vorausgeschickt sei, daß hier, wie bei allen Techniken, die anspruchsvoller sind, auch mehr falsch gemacht werden kann.

Die Vorteile der Verblenderfassade generell, Dauerhaftigkeit und weitgehende

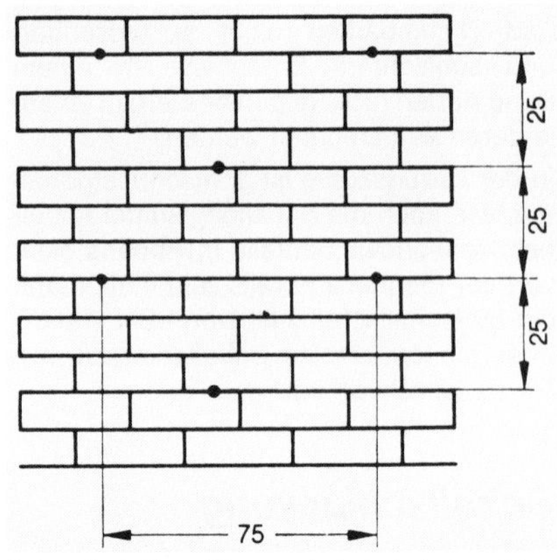

Bei zweischaligem Mauerwerk sind mindestens 5 Anker je Quadratmeter vorzusehen. In der Zeichnung sind die Höchstabstände angegeben.

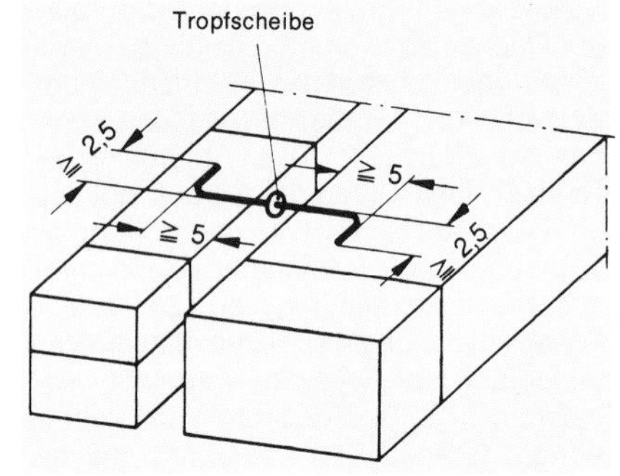

Drahtanker für zweischaliges Außenmauerwerk

Unempfindlichkeit gegen Verschmutzung, führen auch hier zu einer merklichen Minderung der Unterhaltungskosten.

Auf den sommerlichen Wärmeschutz wirkt sich die hohe Dichte und damit verbundene Wärmespeicherungsfähigkeit der Vormauerschicht und die Unterbrechung des Wärmedurchgangs durch die Luftschicht günstig aus. Den Wärmeverlusten im Winter beugt man durch Hintermauerziegel oder -steine mit hoher Wärmedämmfähigkeit vor. Die Luftschicht wirkt gleichermaßen als Hemmnis für den Wärmedurchgang. Durch die Vormauerung sind die Innenbauteile vor den großen Temperaturschwankungen geschützt. So schützt die „bewegliche" Vormauerung die tragende Hintermauerung vor Rissegefahr.

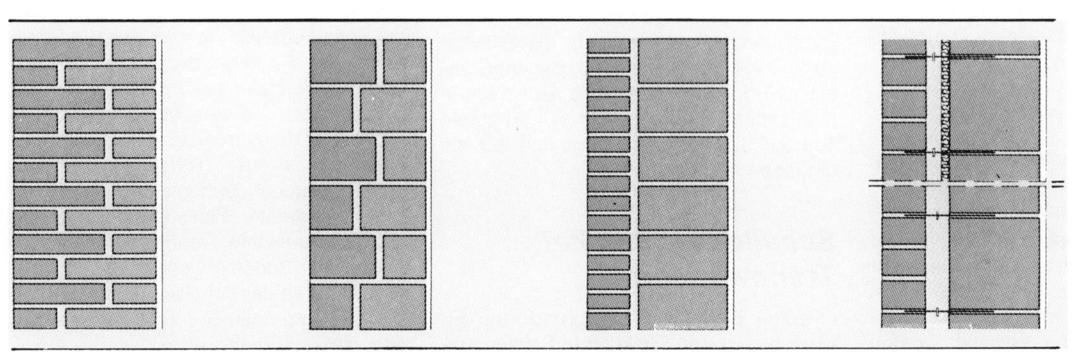

von links:

Einschaliges Sichtmauerwerk 37,5 cm dick

Einschaliges Sichtmauerwerk 31 cm dick

Zweischaliges Verblendmauerwerk ohne Luftschicht

Zweischaliges Verblendmauerwerk mit Luftschicht

Die Schlagregensicherheit erreicht ein Höchstmaß. Durchschlagende Feuchtigkeit kann in der belüfteten Luftschicht ablaufen oder verdunsten.

Schließlich können für Hintermauerung und Verblenderschale unterschiedliche Baustoffe und Steinformate vermauert werden. Man kann beispielsweise für die Hintermauerung ein Großformat mit hoher Wärmedämmung verwenden, während als Verblender das vom Aussehen her beliebte Dünnformat vermauert wird. Ebenso können innen Kalksandsteine vermauert werden, die dann unverputzt bleiben.

Die Luftschicht im zweischaligen Mauerwerk

Die Luftschicht muß freibleiben von Mörtelresten und sonstigem Bauschutt und muß oben und unten den erforderlichen Lüftungsquerschnitt haben.

Die Mindestdicke der Luftschicht soll bei Ausführung ohne Dämmung 6 cm betragen, bei einer Dämmschicht sollen mindestens 4 cm Luftschicht verbleiben.

Bei Einbau einer sog. Kerndämmung ohne Luftschicht (mit Zulassung) kann diese 12 cm dick sein.

Die Verbindung zwischen Hintermauerung und Verblenderschicht wird durch Drahtanker hergestellt. Diese Anker, als Luftschichtmaueranker im Handel, müssen aus rostfreiem Edelstahl bestehen und sind mit einer Abtropfscheibe zu versehen, um Wassertransport zur Hintermauerung sicher zu unterbinden.

Schutz gegen Feuchtigkeit

Da nicht sicher auszuschließen ist, daß Feuchtigkeit die Verblenderschale durchdringt, ist dem Feuchtigkeitsschutz an bestimmten Stellen viel Aufmerksamkeit zu widmen. Gefährdet sind alle Stellen, wo sich die beiden Wandschalen berühren, also im Verblender-Fußbereich, an Fenster- und Türanschlüssen.

Hier müssen im Höchstmaß dauerhafte, beständige und flexibel bleibende Pappen- oder Folienstreifen so eingebaut werden, daß das anfallende Wasser sicher nach außen abgeleitet wird.

Die Außenschalen sind jeweils unten und oben mit Lüftungsöffnungen zu versehen. Das gilt auch für die Brüstungsbereiche der Außenschalen. Die Lüftungsöffnungen sollen auf 20 m² Wandfläche, Fenster und Türen eingerechnet, eine Fläche von 150 cm² haben.

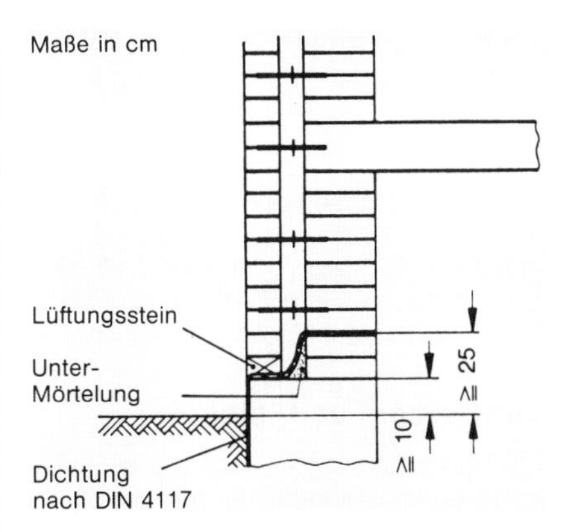

Untere Sperrschicht in zweischaligem Verblendmauerwerk mit Luftschicht (Prinzipskizze nach DIN 1053)

Reinigen des Mauerwerks

Alle groben Verschmutzungen sind mit Spatel oder Holzbrettchen zu entfernen. Die Fassadenflächen sind abzubürsten, auch die Fugen müssen von allen losen Mörtelteilen gesäubert werden.

Die Fassade ist bis zur Wassersättigung von unten nach oben vorzunässen.

Das Reinigen der Fassade erfolgt mit Wasser und Bürste, evtl. unter Zusatz von Detergentien und Enthärtern.

Bei starker Verschmutzung kann die vorgereinigte und vorgenäßte Fassadenfläche mit Salzsäurelösungen 1:10 bis 1:20 oder speziellen Reinigungsmitteln behandelt werden.

Die Fassade ist mit viel fließendem und klarem Wasser direkt nach dem Abwaschen bzw. Absäuern nachzuspülen.

Bei Verblendern mit glasierter oder engobierter Oberfläche sowie bei „gedämpften" Ziegeln darf keine Säure verwendet werden.

Verfugung

Ist ein Fugenglattstrich vorgesehen, so wird der beim Mauern besonders satt aufgegebene und stark aus den Fugen tretende Mauermörtel abgestrichen und nach dem Erstarren mit einem Holzspan, Fugeisen o. a. bis etwa 2 mm hinter die Ziegelkanten zurückgedrückt und dadurch mechanisch verdichtet.

Bei nachträglicher Verfugung ist vor Einbringen des maschinell gemischten Fugmörtels die Fassade je nach Feuchtegehalt ausreichend anzunässen.

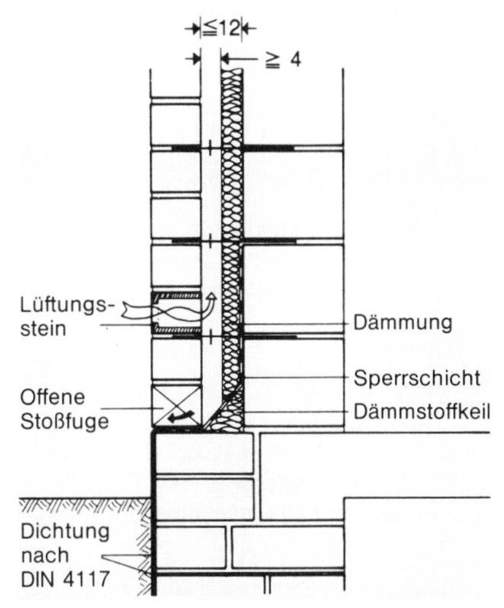

Fußpunktausbildung bei zweischaligem Ziegelverblendmauerwerk mit Zusatzdämmung.

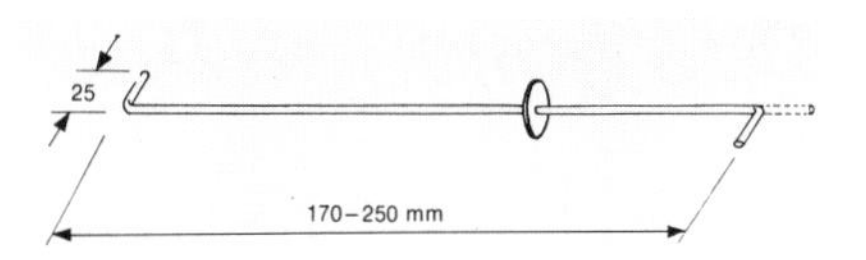

Drahtanker mit Kunststoff-Scheibe

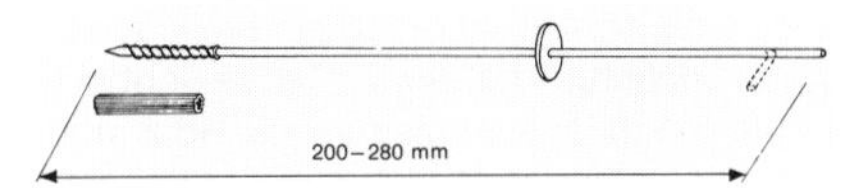

Drahtanker mit Schlagdübel und Kunststoff-Scheibe

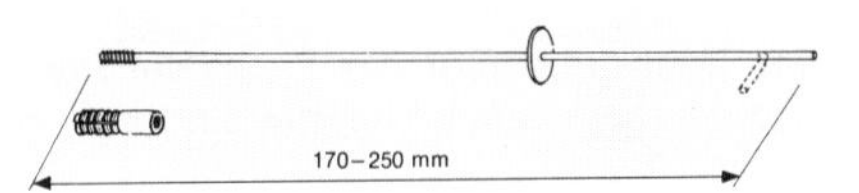

Drahtanker mit Schraubdübel und Kunststoff-Scheibe

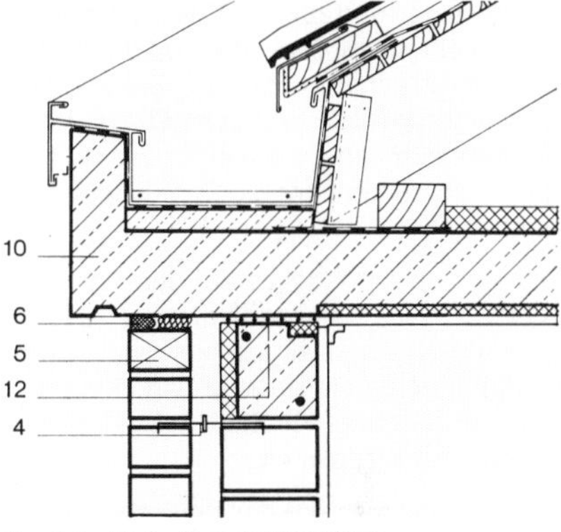

Traufabschluß mit verdeckter Rinne
10 Beton **12 Gleitlager**
6 Elastische Fuge **4 Luftschichtanker**
5 Offene Stoßfugen

Der schwach plastische und verdichtungsfähige Fugmörtel ist in zwei Arbeitsgängen in die Fugen einzudrücken, gut zu verdichten und glattzubügeln:

1. Arbeitsgang: Erst Stoßfuge, dann Lagerfuge.

2. Arbeitsgang: Erst Lagerfuge, dann Stoßfuge.

Die Verfugung soll möglichst bündig oder höchstens 1 bis 2 mm hinter den Sichtflächen der Verblender abschließen. Die frische Verfugung ist vor frühzeitiger Austrocknung zu schützen. Bei ungünstiger Witterung kann eine Nachbehandlung notwendig werden. Sie ist bei Traßmörtel stets vorzusehen.

Dehnungs- und Anschlußfugen müssen frei von Mörtel sein. Sie sind nach Einbringen eines weichen und unverrottbaren Füllmaterials mit geeigneten Dichtungsmassen zu schließen.

Ist entgegen der vorstehenden Anweisung ein Vormauermörtel zum Vermauern der Verblender verwandt worden, erübrigt sich das Ausfugen. Die Fugen werden dann unmittelbar nach dem Vermauern mit einem Schlauchstück o. ä. nach Werksvorschrift abgestrichen.

Norm

DIN 1053 Mauerwerk

Das geneigte Dach

Bestandteile des Daches

Die Unterkonstruktion des Steildaches wird Dachstuhl genannt. Sie besteht bis heute noch ausnahmslos aus Holz und wird von Zimmerleuten aufgestellt (gerichtet). Das Aufstellen des Dachstuhls ist die letzte Arbeit am Rohbau.

Der Dachstuhl trägt die Dachdämmung und die Dachhaut mit ihrem Unterbau.

Die Dachdämmung kann zwischen den Sparren (so nennt man die die Dachschräge bildenden Holzbalken, die vom First zur Traufe liegen und auch den Dachüberstand bilden) eingebaut sein, also von den Sparren unterbrochen, oder durchgehend auf oder unter den Sparren liegen. Einzelheiten der Dachdämmung werden bei den jeweiligen Abschnitten über die Dämmstoffe behandelt.

Der Aufbau des Daches auf den Sparren, soweit keine Außendämmung (Über-Dach-Dämmung) vorgesehen ist: Unterspannbahn, dann Konterlattung längs der Sparren, Lattung für Ziegel, Betondachsteine oder Wellplatten.

Bei Dachplatten (bei der deutschen Dekkung, aber nicht unbedingt bei Doppel- oder waagerechter Deckung) oder Naturschiefer wird anstelle der Dachlatten eine geschlossene Fläche aus Schalbrettern angenagelt und mit Dachpappe abgedeckt, ehe die Hartbedachung angebracht wird.

Die Montageart ist jeweils aus den technischen Verlegeanleitungen der Dachbaustoffe ersichtlich.

Die Wahl der Hartbedachung, wie man die Dachhaut auch nennt, ist meist im Gespräch mit dem Architekten festgelegt.

Dagegen kommt es häufig vor, daß der Bauherr wissen möchte, wie groß der Bedarf an Baustoffen für sein Dach ist. Die Berechnung der Dachfläche, die dann nur noch mit dem Bedarf in Stück/m² multipliziert werden muß, ist bei den Beispielen für die Berechnung der Lüftungsquerschnitte mit behandelt.

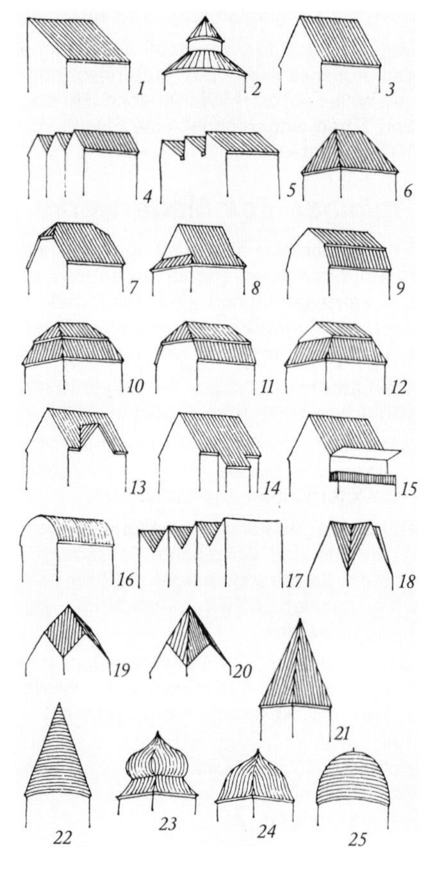

Formen des geneigten Daches

(1) Pultdach; (2) Ringpultdach; (3) Satteldach; (4) Paralleldach; (5) Sheddach; (6) Walmdach; (7) Krüppelwalm-, Schopfwalmdach; (8) Fußwalmdach; (9) Mansardgiebeldach; (10) Mansardwalmdach; (11) Mansarddach mit Schopf; (12) Mansarddach mit Fußwalm; (13) Zwerchdach; (14) Schleppdach; (15) Kragdach; (16) Tonnendach; (17) Grabendach; (18) Kreuzdach; (19) Rhombendach; (20) Faltdach; (21) Pyramidendach; (22) Kegeldach; (23) Zwiebeldach; (24) Glockendach; (25) Kuppeldach.

Formstücke und Zubehör für das Dach

Zu Dachziegeln wie zu Betondachsteinen werden zahlreiche Formstücke angeboten, von Fabrikat zu Fabrikat etwas unterschiedlich.

Beim Satteldach
werden benötigt: Firste und Ortgänge

beim Walmdach: Firste und Grate

beim Pultdach: Pultabschlüsse

bei allen Dachformen:

Lüfterziegel oder -steine
Dunstrohrdurchgänge
Antennendurchgänge
Glas- oder Kunststofflichtpfannen bzw. Dachfenster/Dachausstieg
Tritt- und Standroststeine
Traufziegel, wo vorhanden
Lüftungsgitter für Traufe
Kehlendichtung
Kaminkranz

First- oder Gratformstücke

Firstziegel bzw. -steine können mit Mörtel eingespeist oder, besser, als Lüfterfirst auf Unterkonstruktion eingebaut werden.

Ortgänge

Außer beim Walmdach werden Ortgänge bei jedem Dach benötigt. Sie bilden den seitlichen Abschluß des Daches und erübrigen die Verbretterung des Ortganges, der in jedem Falle geschlossen werden muß.

Je Ziegel- oder Dachsteinreihe wird je ein Ortgangziegel bzw. -stein links und rechts benötigt.

Pultdachabschluß

Das Pultdach braucht einen oberen Abschluß. Einige Fabrikate kennen spezielle Pultdachabschlüsse.

Dunstrohrdurchgänge

führen die Lüftungen der Entwässerungsanlagen sowie von WC, Küche und Bad im Haus über das Dach. Tondachziegel haben hie und da eigene Durchgänge, ansonsten gibt es zu allen gängigen Ziegel- und Dachsteinfabrikaten sowie zu ebenen und Wellplatten Kunststoff-Dunstrohrdurchgänge mit flexiblen Anschlußschläuchen.

Antennendurchgänge

sind entbehrlich bei Innenantennen und in Orten mit Kabelfernsehen.

Glas- bzw. Kunststoffpfannen und Dachfenster

Abgesehen von zu flachen Dachböden, wie sie heute gelegentlich vorgeschrieben werden, wird Dachbodenraum genutzt, auch soweit er nicht ausgebaut wird.

Um etwas Licht in den Dachbodenraum zu bekommen, kann man Lichtziegel bzw. Lichtplatten aus Glas oder Kunststoff einbauen.

Die einfachen Dachfenster erlauben zusätzliche Lüftung des Bodenraums und werden teilweise als Ausstieg für den Kaminfeger genutzt.

Ist Ausbau des Dachraums vorgesehen, kommen nur Wohnraumdachfenster in Betracht (Isolierverglasung!).

Tritt- und Standroste

werden da benötigt, wo der Kamin vom Dach her gekehrt werden soll. Die Erfordernis muß der Bauherr mit dem zuständigen Kaminfegermeister klären. Dafür gibt es recht viele unterschiedliche Lösungen.

Traufziegel

Traufziegel gibt es nur zu einigen Fabrikaten.

Traufenlüftungsgitter

werden zwischen die Sparren eingebaut. Sie sind Schutz vor Tieren.

Kehlbänder

Zur Ausbildung der Kehlen bei Winkelbauten werden verschiedene Kehlbänder aus Kunststoff angeboten. Sie sind einfacher einzubauen, als wenn die Kehle mit Pappe (wenig haltbar) oder Blech ausgeführt wird.

Lüfterziegel und -steine

Die Hartbedachung ist sehr starker Belastung durch das Wetter ausgesetzt. Gute Belüftung ist Voraussetzung für lange Haltbarkeit.

First
1 Firstkappe
2 Firstkappe mit Rippen
3 Firststein
4 First-/Gratendscheibe
5 First-/Gratklammer
6 Firstlattenhalter

Dachfläche
7 Unterspannbahn
8 Pultortgang, links
9 Pultstein, ganz
10 Pultstein, halb
11 Pultortgang, rechts
12 Schlußstein
13 Ortgangstein, links
14 Ganzer Stein
15 Halber Stein
16 Ortgangstein, rechts

Dachdetails
17 Dunstrohraufsatz mit Pfanne PVC
18 Wetterkappe, passend zu 17
19 Antennendurchgang mit Pfanne PVC
20 Standsteine
21 Sicherheitsrost für Standstein, Sicherheitstritt (ohne Abb.), verzinkt und braun
22 Schlauchanschluß für Dunstrohraufsatz
23 Reduzierstück passend zu 22
24 Lüfterstein
25 Lichtkuppel-Dachfenster
26 Lichtpfanne
27 Sturmklammer (Seitenfalzklammer)
28 Traufgitter

Anschluß-System: Kamin-Kranz, seitlicher und vorderer Wandanschluß (ohne Abb.)

Grat und Kehle
29 Kehlband
30 Rippenkehle PVC
31 Elastisches Grat- und Firstelement
32 Gratlattenhalter

Formteile für das geneigte Dach

Die Normen lassen zu, daß sowohl Tondachziegel als auch Betondachsteine auf der Dachinnenseite feucht, sogar naß werden. DIN 456 und 1115 verlangen nur, daß das Wasser nicht so stark durchdringen kann, daß es zu Tropfenfall kommt (bei waagerechter Prüfanordnung).

Damit das eingedrungene Wasser verdunsten kann und die Wärmedämmschicht trocken bleibt, muß die Dachdeckung hinterlüftet werden.

Die Berechnung führen wir im nächsten Abschnitt an einigen Beispielen durch.

Der Kaminkranz

Als Kaminkranz wird die Abdichtung zwischen Kaminkopf und Dachhaut bezeichnet. Bisher nur handwerklich gefertigt, wird der Kaminkranz zunehmend als vorgefertigtes Bauteil angeboten und eingebaut.

Der Lattenabstand

Der Abstand der Dachlatten, die die Hartbedachung aufzunehmen haben, wird vom jeweiligen Lieferwerk vorgegeben. Für Umdeckungen oder Anschlüsse gibt es Verschiebeziegel, die sich verschiedenen Lattenabständen anpassen.

Am Ende der Dacheindeckung steht das Verlegen der Gratsteine.

Anforderungen für die Lüftung bei wärmegedämmten Dächern

(nach: d-extrakt, Arbeitsheft 12)

Bedingungen nach DIN 4108 Teil 3 für wärmegedämmte Dächer mit einer Dachneigung ≧ 10°

Ein rechnerischer Nachweis der Tauwasserverdunstung ist nach DIN 4108 Teil 3 nicht nötig, wenn ein Dach ausreichend wärmegedämmt ist nach DIN 4108 Teil 2 und bei einer Dachneigung ≥ 10°

- der freie Lüftungsquerschnitt der an jeweils zwei gegenüberliegenden Traufen angebrachten Öffnungen mindestens je 2‰ der zugehörigen geneigten Dachfläche, mindestens jedoch 200 cm^2 je m Traufe,
- die Lüftungsöffnung am First mindestens 0,5‰ der gesamten geneigten Dachfläche,
- der freie Lüftungsquerschnitt innerhalb des Dachbereiches über der Wärmedämmschicht im eingebauten Zustand mindestens 200 cm^2 je m senkrecht zur Strömungsrichtung und dessen freie Höhe mindestens 2 cm,
- die diffusionsäquivalente Luftschichtdicke s_d der unterhalb des belüfteten Raumes angeordneten Bauteilschichten in Abhängigkeit von der Sparrenlänge a:

$a \leq 10$ m :	$s_d \geq 2$ m
$a \leq 15$ m :	$s_d \geq 5$ m
$a > 15$ m :	$s_d \geq 10$ m

beträgt.

Bei Verwendung von Unterspannbahnen müssen sowohl der Bereich zwischen Dachdeckung und Unterspannbahn als auch der zwischen Unterspannbahn und Wärmedämmung – jeweils für sich allein – die erforderlichen Lüftungsquerschnitte aufweisen.

Baustellenbedingte Ungenauigkeiten und Maßtoleranzen, Überlappungen, Durchhängen von Unterspannbahnen, einengende Querschnitte von Konterlatten oder Sparren sind bei der Dimensionierung zu berücksichtigen.

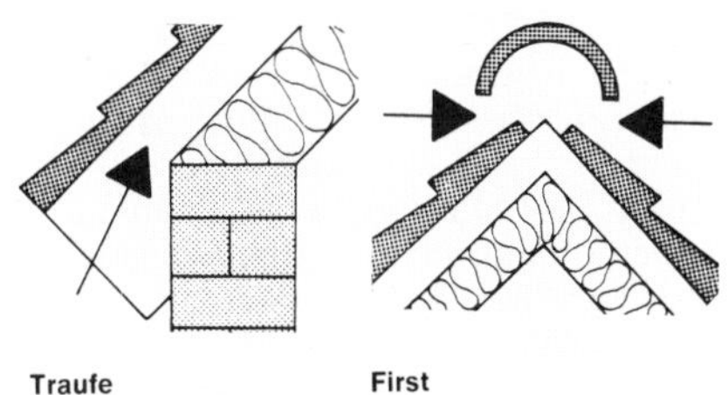

Traufe **First**

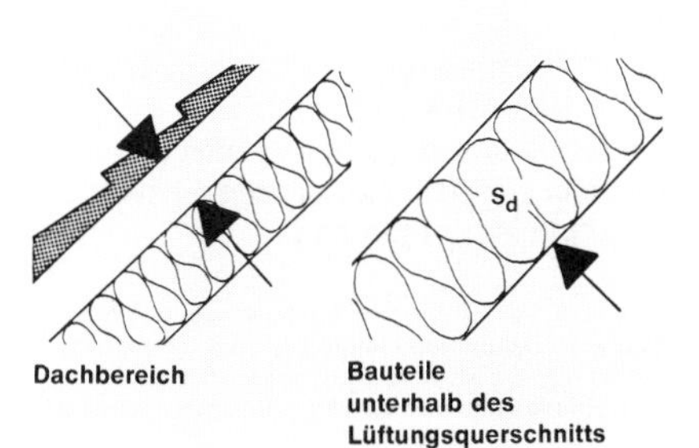

Dachbereich **Bauteile unterhalb des Lüftungsquerschnitts**

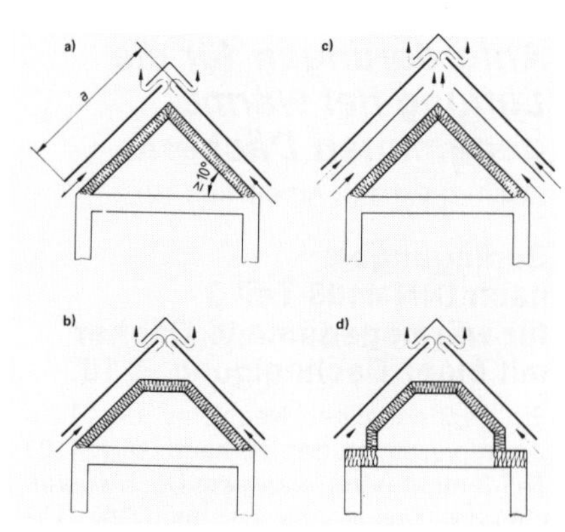

Beispiele für belüftete Dächer mit einer Dachneigung ≥ 10° (schematisiert) nach DIN 4108 Teil 3

Die diffusionsäquivalente Luftschichtdicke s_d ist der Kennwert für den Widerstand von Baustoffen bestimmter Dicke gegen Wasserdampfdiffusion.

Zur Ermittlung dient folgende Gleichung:

$$s_d = \mu \cdot s$$

$s_d \triangleq$ diffusionsäquivalente Luftschichtdicke (m)

$s \triangleq$ Dicke des Baustoffes (m)

$\mu \triangleq$ Wasserdampf-Diffusionswiderstandszahl, materialabhängige, dimensionslose Kenngröße für den Wasserdampfdurchgang, siehe DIN 4108, Teil 4, und Tabelle im Abschnitt „Wärmedämmung"

Beispiel:

Welche diffusionsäquivalente Luftschichtdicke hat Polyurethanschaum der Dicke 8 cm mit einer Rohdichte ≧ 30 kg/m^3?

Damit ist:

$s = 8$ cm $\triangleq 0{,}08$ m

$\mu = 30$, nach Tabelle DIN 4108, Teil 4*

Folglich ist:

$s_d = 30 \cdot 0{,}08 = 2{,}4$ m

Das heißt, dieser Wert würde für Sparrenlängen bis 10 m ausreichen.

$s_d = 2{,}4$ m bedeutet: Das Bauteil hat den gleichen Wasserdampf-Diffusionswiderstand wie eine Luftschicht von 2,4 m Dicke. Die diffusionsäquivalenten Luftschichtdicken mehrerer hintereinanderliegender Schichten addiert man zum Gesamtwert.

Da viele Dämmsysteme aus mehreren Materialien bestehen (so z. B. kaschierte Dämmatten etc.), deren Dicke man nicht einzeln kennt, empfiehlt es sich, die diffusionsäquivalente Luftschichtdicke beim Hersteller zu erfragen bzw. dem Prospekt zu entnehmen.

*** Fußnote 4 der Tabelle verlangt, jeweils den für die Baukonstruktion ungünstigeren Wert einzusetzen. Das ist hier der kleinere Wert, denn wir wollen ja die ausreichende äquivalente Luftschichtdicke nachweisen.**

Ermittlung der Dachfläche und der Werte für Lüftung vom geneigten Dach

An Beispielen wollen wir die erforderlichen Lüftungsquerschnitte und die Dachflächen für verschiedene Formen des geneigten Dachs (Neigung ≥ 10°) berechnen. Der Dachaufbau ist in allen Fällen gleich.

Beispiel 1

Dachart: Satteldach

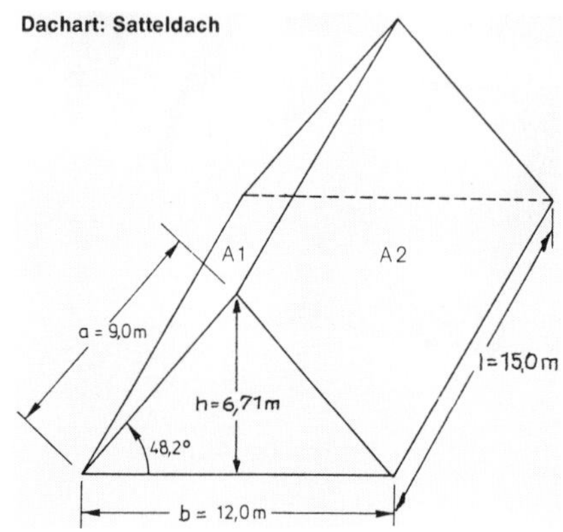

Traufe

DIN 4108 Teil 3 fordert:

$$A_L \text{ Traufe} \geq \frac{2}{1000} \times \text{A1 oder A2 cm}^2\text{/m}$$

wobei A1 und A2 die beiden Dachflächen sind. Sie errechnen sich zu A1 = A2 = a·l. Wenn die Sparrenlänge a nicht in der Bauzeichnung enthalten ist, erhält man sie nach dem Lehrsatz des Pythagoras aus Breite b und Höhe h (von Oberkante oberste Decke bis Oberkante First) zu

$a = \sqrt{h^2 + (b/2)^2}$.

Bei der Berechnung des erforderlichen Materials für die Deckung sind l und a ggf. um die Überstände zu erhöhen.

Rechengang:

A_L = Lüftungsquerschnitt

A_L Traufe $\geq 0{,}002 \cdot 9{,}0 = 0{,}018$ m^2/m
$= 180$ cm^2/m

Da aber 180 cm^2/m unter dem geforderten Mindestquerschnitt von 200 cm^2/m liegt, müssen mindestens 200 cm^2/m ausgeführt werden.

Bemessung:

A_L Traufe ≧ 200 cm^2/m

Anwendung:

Ermittlung der Höhe des durchgehenden Lüftungsschlitzes des zu belüftenden uneingeschränkten Lüftungsraumes unter Berücksichtigung der 8 cm breiten Sparren bei $A_L = 200$ cm^2/m:

$$\text{Höhe Lüftungsschlitz } H_L \geq \frac{\text{erforderl. } A_L}{100\text{-}(8+8)}$$

$$H_L \geq \frac{200}{100\text{-}16}$$

$$H_L \geq 2{,}4 \text{ cm}$$

First

Rechengang:

A_L First $\geq 0{,}0005 \cdot (9{,}0 + 9{,}0) =$
$= 0{,}009$ m^2/m
$= 90$ cm^2/m

Bemessung:

A_L First = 90 cm^2/m

Anwendung:

Firstelemente mit Lüftungsquerschnitt und/oder Lüftersteine entsprechend den Angaben der Hersteller.

Übrige Dachfläche

Rechengang:

$$\text{Höhe des Lüftungsraumes} \geq \frac{\text{erforderl. } A_L}{100\text{-}(8+8)} = \frac{200}{100\text{-}16} = 2{,}4 \text{ cm}$$

Dabei ist der Durchhang der Unterspannbahn zu berücksichtigen, d. h. bei 2 cm Durchhang muß die Höhe von OK Wärmedämmung bis OK Sparren mind. 4,4 cm betragen.

Beispiel 2

Dachart: Pultdach

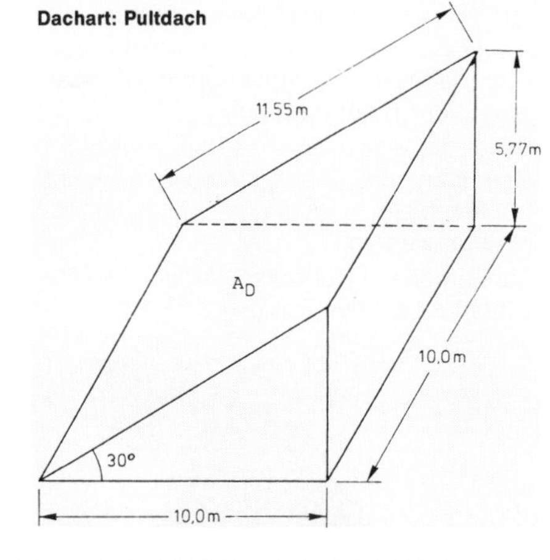

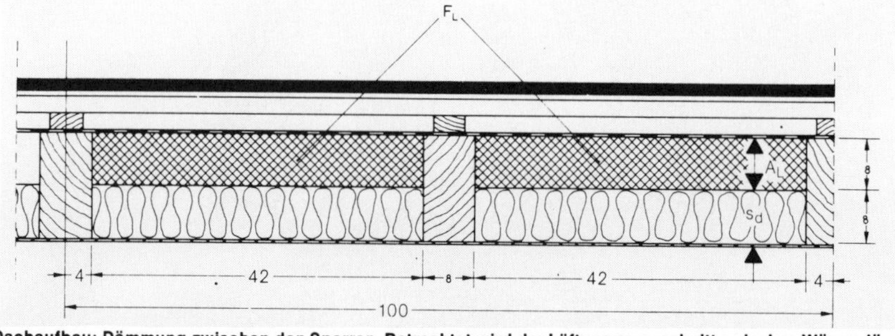

Dachaufbau: Dämmung zwischen den Sparren. Betrachtet wird der Lüftungsquerschnitt zwischen Wärmedämmung und Unterspannbahn.

Traufe

Rechengang:

A_L Traufe $\geqslant 0{,}002 \cdot 11{,}55 =$
$= 0{,}0231\ m^2/m$
$= 231\ cm^2/m$

Bemessung:

A_L Traufe $\geqslant 231\ cm^2/m$

Anwendung:

Ermittlung der Höhe des durchgehenden Lüftungsschlitzes des zu belüftenden uneingeschränkten Lüftungsraumes unter Berücksichtigung der 8 cm breiten Sparren bei $A_L = 231\ cm^2/m$.

Höhe Lüftungsquerschnitt $H_L \geqslant \frac{\text{erforderl. } A_L}{100-(8+8)}$

$H_L \geqslant \frac{231}{100-16}$

$H_L \geqslant 2{,}75$ cm

Pult

$A_L \geqslant 0{,}0005 \cdot 11{,}55 = 0{,}0058\ m^2/m$
$= 58\ cm^2/m$

A_L Pult $= 58\ cm^2/m$

Da an Pultdach-Flächen Lüftungsschlitze leicht anzubringen sind, wird empfohlen, die Lüftungsquerschnitte so auszubilden wie an der Traufe, also wie Traufe $H_L = 2{,}75$ cm.

Enden Dachflächen an aufgehenden Bauteilen, so sind dort die Lüftungsquerschnitte wie bei einer Firstberechnung zu ermitteln.

Der Rechengang für die Dachfläche erfolgt wie beim Satteldach (Beispiel 1).

Beispiel 3

Dachart: Walmdach

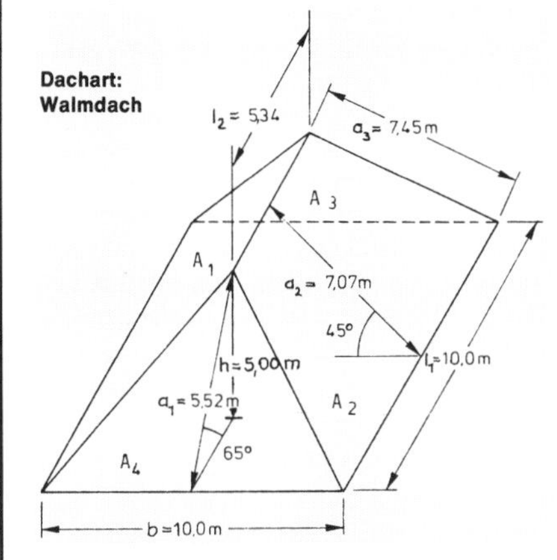

Abmessungen:

Wenn die Sparren- bzw. Gratlängen a_1, a_2 und a_3 nicht aus der Zeichnung hervorgehen, kann man sie wie folgt ermitteln, indem man den Lehrsatz des Pythagoras mehrmals anwendet.

$$a_1 = \sqrt{((l_1 - l_2)/2)^2 + h^2}$$

$$a_2 = \sqrt{(b/2)^2 + h^2}$$

$$a_3 = \sqrt{a_1^2 + (b/2)^2} = \sqrt{a_2^2 + ((l_1 - l_2)/2)^2}$$

$$= \sqrt{(b/2)^2 + h^2 + ((l_1 - l_2)/2)^2}$$

In unserem Beispiel sind A_1 und A_2 Trapeze:

$$A_1 = A_2 = \frac{l_1 + l_2}{2} \cdot a_2$$

A_3 und A_4 Dreiecke:

$$A_3 = A_4 = \frac{a_1 \cdot b}{2}$$

$$A1 = A2 = \frac{5{,}34 + 10{,}0}{2} \cdot 7{,}07 = 54{,}23\ m^2$$

$$A3 = A4 = \frac{5{,}52 \cdot 10{,}0}{2} = 27{,}6\ m^2$$

Traufe

Rechengang:

$A_1 = A_2 = 54{,}23\ m^2$
A_L Traufe $\geqslant 0{,}002 \cdot 54{,}23 =$
$= 0{,}1085\ m^2$
$= 1085\ cm^2$

bei 10 m vorhandener Traufe

A_L Traufe $= \frac{1085}{10} = 108{,}5\ cm^2/m$

Da 108,5 cm^2/m unter dem geforderten Mindestquerschnitt 200 cm^2/m liegt, müssen mindestens 200 cm^2/m ausgeführt werden.

Bemessung:

A_L Traufe $\geqq 200\ cm^2/m$

Anwendung:

siehe Beispiel 1 (Satteldach)

Beim Walmdach oder anderen Dächern mit unregelmäßigen Dachflächen sind als erstes die Lüftungsflächen in cm^2 auszurechnen, um auf die lfd. Meter Traufe in cm^2/m verteilt zu werden.

First

Bei Dächern mit unregelmäßigen Dachflächen sind die unterschiedlichen Dachflächen einzeln nachzuweisen.

Rechengang:

a) Mittelteile

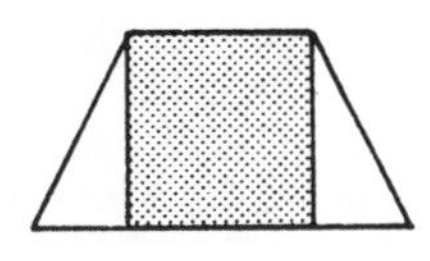

A_L First $\geqslant 0{,}0005\ (7{,}07 + 7{,}07) =$
$= 0{,}00707\ m^2/m$
$= 70{,}7\ cm^2/m$

Nur die Mittelteile der Seitenflächen können über den First entlüftet werden.

b) Gratabschnitte

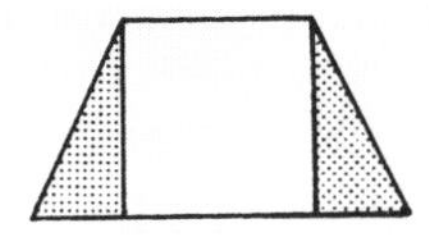

Die Gratabschnitte der Seitenflächen sind separat (für sich) durch Lüftersteine oder Gratelemente mit Lüftungsquerschnitt zu lüften:

A_L Grat $\geqslant 0{,}0005 \cdot \frac{2{,}33 \cdot 7{,}07}{2} =$
$= 0{,}00412\ m^2$
$= 41{,}2\ cm^2$

Bemessung:

a) Mittelteil

A_L First $\geqq 70{,}7\ cm^2/m$

b) Gratabschnitte

A_L Grat $\geqq 41{,}2\ cm^2$

Anwendung:

a) Mittelteile

Gewählt: Firstelemente mit Lüftungsquerschnitt

b) Gratabschnitte

Gewählt: Lüftersteine oder Gratelemente mit Lüftungsquerschnitt

Um den Lüftungsraum zwischen Wärmedämmung und Unterspannbahn über die Lüftersteine oder Gratelemente zu entlüften, ist die Unterspannbahn im Bereich des Grates wie am First zu öffnen.

Walmflächen

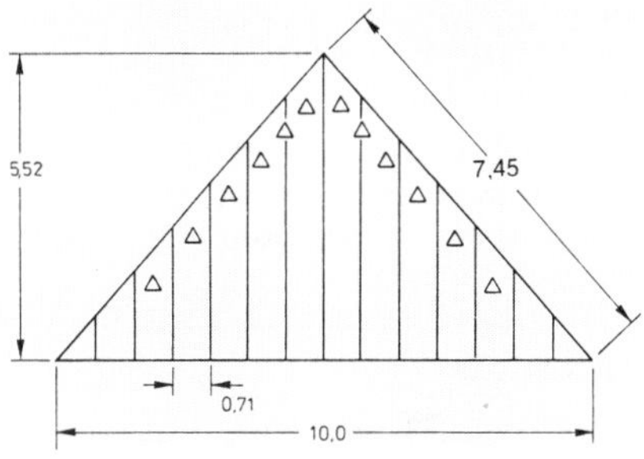

Anordnung von Lüftersteinen zur Entlüftung der Walmflächen: die Dichte nimmt mit wachsender Sparrenlänge zu

Rechengang:

$A_3 = A_4 = 27{,}6\ m^2$
A_L Traufe $\geqslant 0{,}002 \cdot 27{,}6 = 0{,}0552\ m^2$
$= 552\ cm^2$

→ Bei 10 m Traufe

A_L Traufe $\geqslant \frac{552}{10} = 55{,}2\ cm^2/m$
$< 200\ cm^2/m$

Da 55,2 cm^2/m unter dem geforderten Mindestquerschnitt von 200 cm^2/m liegt, müssen mindestens 200 cm^2/m ausgeführt werden.

Bemessung:

A_L Traufe $\geqq 200\ cm^2/m$

Anwendung:

Siehe Beispiel 1 (Satteldach)
H_L Traufe $\geqq 2{,}4$ cm

Walmflächen sind am Grat durch Lüftersteine oder Gratelemente mit Lüftungsquerschnitt zu lüften.

Rechengang:

A_L First $\geqslant 0{,}0005 \cdot 27{,}6 = 0{,}0138\ m^2$
$= 138\ cm^2$

Bemessung:

A_L First $\geqq 138\ cm^2$

Anwendung:

Gewählt: Gratelemente mit Lüftungsquerschnitt oder Lüftersteine

Die Berechnung der Höhe des freien Lüftungsquerschnitts auf der Dachfläche erfolgt wie in Beispiel 1 (Satteldach).

Das flache Dach

Als flaches Dach bezeichnet man Dächer mit einer Neigung bis zu etwa 22°. Flache Dächer bis 5° Neigung (etwa 9%) und darunter müssen abgedichtet, über 5° Dachneigung können sie gedeckt werden.

Eine Dachdeckung ist eine Dachhaut, die zwar wasserabweisend ist, aber nicht mit Sicherheit auf Dauer verhindert, daß das Wasser hindurchtritt. Wenn sie aus Bitumen-Bahnen besteht, ist sie nach den „Anerkannten Regeln der Bautechnik" mindestens 2lagig.

Eine Dachabdichtung muß auch über längere Zeit jeglichen Durchgang von Feuchtigkeit verhindern. Bitumenbahnen müssen in Abhängigkeit von Material und Dachneigungsgruppe mindestens 3lagig aufgeklebt werden, wobei die Entspannungsschichten (Lochbahn) nicht mitzählen.

Vom Aufbau her unterscheiden wir das einschalige Dach, auch Warmdach genannt, vom zweischaligen Dach, auch Kaltdach genannt.

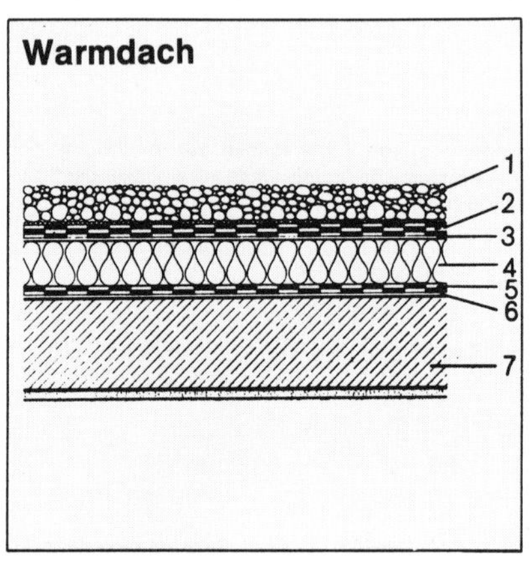

1 Oberflächenschutz
2 Dachhaut als Dichtung
3 Obere Ausgleichsschicht
4 Wärmedämmung
5 Dampfsperre
6 Untere Ausgleichsschicht
7 Tragekonstruktion

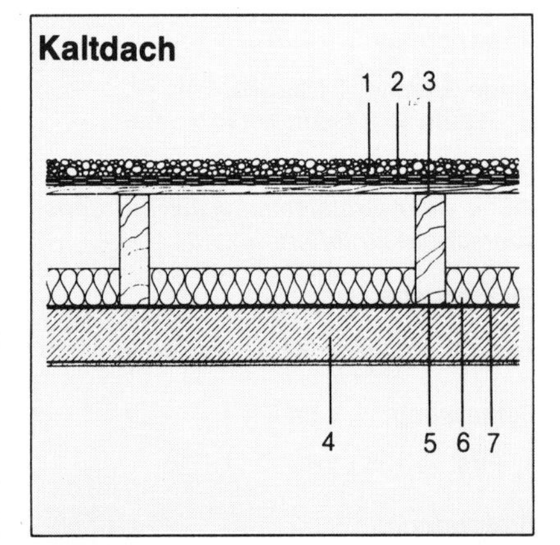

1 Bekiesung
2 Dachabdichtung
3 Holzschalung
4 tragende Betondecke
5 Unterkonstruktion für Dachschalung
6 Wärmedämmung
7 Dampfsperre, falls erforderlich

Die Problematik des Flachdachs wird leichter verständlich, wenn man überlegt, welche Funktionen welcher Bauteile eines Hauses mit geneigtem Dach der Konstruktionsteil „Flachdach" übernehmen muß.

Es sind die Funktionen der Decke, des Dachraumes und des Daches.

Die Decke bildet den oberen Abschluß darunterliegender Räume und nimmt die Aufgabe der Wärme- und der Schalldämmung wahr. Der Dachraum (Dachboden) ist die Entlüftungszone, in der der durch die Decke dringende Wasserdampf nach außen abgeführt wird. Das Dach schließlich schützt vor Niederschlägen, also Wasser, und mindert die Temperaturschwankungen, denen die Decke sonst ausgesetzt wäre.

Beim *zweischaligen Flachdach,* dem Kaltdach, sind noch alle Bauteile vorhanden, nur ist der Bodenraum verkleinert, zusammengedrückt, kann jedoch noch seiner Aufgabe, der Entlüftung gerecht werden.

Der Wärmepuffer Bodenraum ist allerdings stark beschnitten.

Eine Modifikation des Flachdachs ist das *„umgekehrte Dach",* bei dem eine feuchtigkeitsabweisende Wärmedämmschicht (z. B. aus extrudiertem Polystyrol oder speziell behandelte Mineralwolleplatten) über der Abdichtung angebracht ist.

Bei Dachneigungen unter 5° kommt noch eine Aufgabe hinzu, die kein geneigtes Dach zu erfüllen hat. Das Flachdach muß auch gegen stehendes Wasser Schutz bieten.

Daher auch die Forderung nach der Dichtung des Daches.

Daß diese Dichtung unter wesentlich schwereren Bedingungen Bestand haben muß als vergleichsweise eine Kellerabdichtung, auch wenn diese Wasserdruck aushalten muß, erklärt sich aus der Wettereinwirkung. Das Dach muß der Wärmeein- und -abstrahlung und den damit zusammenhängenden starken thermischen Spannungen (Spannungen durch Wärmeausdehnung) standhalten. Die Temperaturschwankungen im Kellerbereich gehen kaum über 30° hinaus, während am Dach Temperaturen auftreten, die im Sommer bei 80 bis 90° C bei Sonneneinstrahlung liegen und im Winter auf − 25 bis − 30° C absinken können, also 4mal höhere Schwankungen als im Kellerbereich.

Auch der Wasserdampf kann bei beiden Flachdachformen erheblichen Kummer bereiten. Die Wärme im Raum ist oben am größten, somit auch der Dampfdruck. Gelingt es dem Wasserdampf, durch die Konstruktion hindurchzudringen, gelangt er in kältere Schichten, kühlt ab und kondensiert. Die Dampfsperre im Warmbereich ist hier unerläßlich, da die Ableitung der entstehenden Nässe durch Diffusion eingeschränkt ist. Es kann so zur Durchnässung kommen.

Die Wärmedämmung muß berücksichtigen, daß beim Wärmeschutz die Dämmfähigkeit eingeschränkt sein kann und daß die Temperaturdifferenz nach außen hin, die letztlich für den Wärmeverlust verantwortlich ist, im Deckenbereich am größten ist.

Die Dichtungsschicht sollte sich auf der Unterkonstruktion einigermaßen bewegen können, um keine Spannungen, die zu Rissen führen können, aufkommen zu lassen. Dampfdruck zwischen Konstruktion und Dachhaut muß über eine Ausgleichsschicht entweichen können (Lochbahn). Die Folgen mangelnder Möglichkeit des Wasserdampfes, zu entweichen, sind die bekannten Blasen auf Flachdächern, die bei den Pappdächern meist das Ende der Dichtigkeit signalisieren.

Eine dritte Unterscheidung im Flachdachbereich ist auch noch beachtenswert. Wir unterscheiden *begehbare* von *nichtbegehbaren Flachdächern.*

Das nichtbegehbare Dach kann mit einer Kiesschicht geschützt werden. Sie bietet Schutz gegen die UV-Strahlen (ultraviolette Strahlen der Sonne), gleicht die Oberflächentemperatur aus und schützt durch ihre Auflast vor Windsog.

Begehbare Dächer werden meist mit Platten belegt (z. B. Betonplatten, Natur- oder Kunststeinplatten); die Platten werden im Feinkiesbett eingelegt, so daß ein leichtes Gefälle der Dachdichtung ausgeglichen werden kann, z. B. bei Terrassendächern. Der begehbare Belag dämpft ebenfalls die Temperaturunterschiede und schützt vor der UV-Strahlung und mechanischer Beschädigung.

Noch stärker temperaturregelnd wirken Dachbepflanzungen, eine erweiterte Form des begehbaren Dachs.

Nach DIN 4108 Teil 3 kann der Tauwassernachweis bei ausreichend wärmegedämmten Dächern mit einer Neigung < 10° entfallen, wenn

- der freie Lüftungsquerschnitt der an mindestens zwei gegenüberliegenden Traufen angebrachten Öffnungen mindestens je 2‰ der gesamten Dachgrundrißfläche
- die Höhe des freien Lüftungsquerschnitts innerhalb des Dachbereiches über der Wärmedämmschicht im eingebauten Zustand mindestens 5 cm
- die diffusionsäquivalente Luftschichtdicke s_d der unterhalb des belüfteten Raumes angeordneten Bauteilschichten mindestens 10 m beträgt.

Kunststoffe

Die Zahl der Problemlösungen am Bau, die sich eines Stoffes bedienen, der in die große Gruppe der Kunststoffe einzureihen ist, stieg in den letzten Jahren sprunghaft an, obwohl wir noch kurz nach dem Kriege fast keine Kunststoffe kannten.

Nach anfänglichen Rückschlägen, meist ausgelöst durch allzu unkritischen Einsatz ohne Erprobung, haben sich inzwischen fundierte Kenntnisse angesammelt, die zu der Aussage berechtigen, daß die Anwendung von Kunststoffen am Bau auf einigen Gebieten mittlerweile so sicher geworden ist wie die anderer Stoffe auch, so daß die spezifischen Eigenschaften der Kunststoffe bessere Lösungen ergaben.

Die in den letzten Jahren einsetzende Moderichtung „zurück zur Natur", die oft überspitzte Feindlichkeit gegenüber allem „Künstlichen" zur Folge hat, führte dazu, die Bezeichnung „Kunststoffe" als Abwertung zu betrachten, als Gegensatz zu „naturrein" oder „aus dem Herzen der Natur" und „natürlich", egal, was man darunter versteht.

Dem Nicht-Spezialisten fällt es schwer, sich über das Gebiet der Kunststoffe einen annähernden Überblick zu verschaffen.

Was sind Kunststoffe? Der Laie tituliert sie mit „Plastik", der Wissenschaftler mit „makromolekularen, organischen, polymeren Verbindungen", die PR-Abteilung eines Herstellers mit „Chemiewerkstoff".

Und der Mann vom Bau? Er nennt sie beim Markennamen.

Kunststoffe sind: großmolekulare Chemiewerkstoffe organischen Aufbaus.

„Künstlich" insoweit, als es völlig neu (durch Menschenhand/synthetisch) aufgebaute Verbindungen oder durch chemische Umwandlung von Naturstoffen (z. B. Zellulose) geschaffene Stoffe sind.

„Organisch", d. h. in der chemischen Zusammensetzung überwiegend auf dem Element Kohlenstoff (C) basierend.

Kohlenstoff kommt in der Natur als Graphit und Diamant vor (elementarer K./freie Form). In gebundener Form ist er Bestandteil aller lebenden Organismen, der Karbonatgesteine und vieler Erze, der Luft, der Kohle und des Erdöls. Kohlenstoff hat die Fähigkeit, seine Atome zu langen Ketten und zu Ringen zu verknüpfen.

Markromoleküle[1]): aus zahlreichen (kleinen) Grundmolekülen gleicher oder verschiedener Ausgangsprodukte werden durch bestimmte chemische Reaktionen (Aufbaumethoden) große „riesenhafte" Molekülgebilde geschaffen. Die Molekülverbindung geht dabei aus der ursprünglich monomeren[2]) Form in den polymeren[3]) Zustand über.

Versuch einer Übersicht

Hinter dem Sammelbegriff „Kunststoff" verbirgt sich eine Vielzahl unterschiedlicher Produkte. Um diese Produktvielfalt auch nur annähernd überschaubar zu machen, braucht man eine einigermaßen verständliche Gruppierung. Für den Nichtspezialisten (also für den Mann vom Bau) genügt das gruppenweise zusammengefaßte physikalische Verhalten der Kunststoffe als Ordnungsschema. Wir benutzen die vereinfachte technologische Gliederung als gleichzeitig für die bautechnische Praxis nützliche Unterteilung in

1. Thermoplaste (Plastomere)

Thermoplastische[4]) Kunststoffe haben vorwiegend fadenförmige Makromoleküle (meist linearer Aufbau). Ihre Molekülketten sind thermisch zu beeinflussen (verschieblich), d. h. Thermoplaste sind warm verformbar.

2. Duroplaste (Duromere)

Duroplastische[5]) Kunststoffe haben meist räumlich vernetzte Makromoleküle (überwiegend knäuelartige Strukturen). Da im vernetzten Endzustand nicht mehr verformbar, gelten sie als (einmalig) härtbare Kunststoffe.

Die teilweise verwendeten „modernen" Begriffe Plastomere und Duromere wurden oben der Vollständigkeit halber mit erwähnt. Sie sind im Gegensatz zu den länger üblichen Bezeichnungen Thermoplaste und Duroplaste auch in DIN 7724 „Gruppierung hochpolymerer Werkstoffe auf Grund der Temperaturabhängigkeit ihres mechanischen Verhaltens" nur in Klammern erwähnt.

3. Thermoelaste

Eine 4. Gruppe bilden die Thermoelaste, die erst bei höheren Temperaturen gummielastische Eigenschaften annehmen und als Konstruktionswerkstoff eine Rolle spielen.

4. Elastomere

Elastomere[6]) (auch „Elaste" genannt, teilweise weitmaschig chemisch vernetzt) ermöglichen im Gebrauchsbereich hochelastische Formänderungen, die schon mit sehr kleinem Kraftaufwand zu erreichen sind. Elastomere haben gummielastische Eigenschaften.

[1]) griech.: „makrós" = groß, lang
[2]) griech.: „mónos" = einzig, allein/„meros": Teil
[3]) griech.: „polýs" = viel
[4]) griech.: „thermós" = warm/„plastós" = formbar, bildsam
[5]) lat.: „durus" = hart
[6]) griech.: „elastikose" = federnd

Die bautechnisch wichtigsten Thermoplaste

Kurzzeichen	Chemische Bezeichnung	Beispiele bautechnischer Anwendung
PVC hart	Polyvinylchlorid	Rohre, Fassadenplatten, Fenster, Rolläden, Lichtplatten, Profile, Spülkästen, Dachrinnen
PVC weich	Polyvinylchlorid m. Weichmacher	Folien, Dachplanen, Bodenbeläge, Profile, Schläuche, Kabelisolierungen
HDPE	Polyethylen* hart (Niederdruckpolyethylen)	Rohre, Lüfter, Mülltonnen, Behälter, Planen aus Bändchengewebe
LDPE	Polyethylen weich (Hochdruckpolyethylen)	Folien für Bauten- und Witterungsschutz, Kabelisolierungen
PS	Polystyrol	Schaumstoffe, Gehäuse, Leuchten
PMMA	Polymethylmethacrylat	Lichtkuppeln, Lichtplatten, Dachplatten, san. Objekte, Sanitärzellen
PIB	Polyisobutylen	Folien zur Bautenabdichtung, Fugendichtungsmassen, Klebstoffe
PA	Polyamid	Beschläge, Schrauben, Dübel, Fasern für Teppichböden
PP	Polypropylen	Rohre (auch heißwasserbeständig), Fittings, Behälter, Fasern
PC	Polycarbonat	unzerbrechliche Lichtplatten, Leuchten, Profile, Rohre, einbruch- und beschußhemmende Verglasungen
CAB	Celluloseacetobutyrat	schwer zerbrechliche Lichtkuppeln, Wellplatten, Beschläge, Werkzeuggriffe

* Der Ausschuß Chemische Terminologie beim DIN hat die Schreibweise „Ethylen" beschlossen, obwohl noch in vielen Normen „Äthylen" steht.

Als typische Elastomere gelten die synthetischen Kautschuke, ihre Grundteilchen sind weitmaschig chemisch vernetzt. Diese Stoffe sind besonders dadurch gekennzeichnet, daß sie im Gebrauchsbereich hochelastische Formveränderungen ermöglichen. Es handelt sich somit um gummielastische, federnde Materialien, an denen sich mit geringem Kraftaufwand Verformungen durchführen lassen (reversible Vorgänge, hohe Rückstellelastizität).
Ein besonderes Merkmal dieser Stoffe ist es, daß sie die geschilderten Eigenschaften auch im Bereich tiefer Temperaturen beibehalten. Einige Elastomere sind z. B. noch bis −50° C hochelastisch und zäh. Demzufolge dominieren sie als Dichtungsstoffe, für die eine thermisch unabhängige Elastizität gefordert wird.

Die bautechnisch wichtigsten Elastomere sind:

CR = Polychloropren: Dichtungsprofile, Flachdach-Dichtungsbahnen, elastische Baulager
IIR = Butylkautschuk: Flachdachplanen, Bautenschutzfolien, Dichtungsmassen
PUR = Polyurethan (weitmaschig vernetzt): elastische Baulager
SI = Silikonkautschuk: Dichtungsmassen, elastische Formteile
SR = Polysulfidkautschuk: Dichtungsmassen
CSM = chlorsulfoniertes Polyethylen: Flachdach-Dichtungsbahnen

Eigenschaften und Eigenheiten von Kunststoffen

Vor Pauschalangaben sollte man sich wegen der großen Variationsbreite der Werkstoffgruppe „Kunststoffe" tunlichst hüten. Einige gemeinsame Merkmale lassen sich trotzdem entdecken, die für die meisten Kunststoffe in gleicher Weise charakteristisch sind.

Gemeinsame Merkmale

Geringes Gewicht bei (in Relation dazu) guten Festigkeiten; **Korrosionsbeständigkeit** (feuchtigkeitsunempfindlich und nicht korrodierend); **geringer Pflegeaufwand** (einige Stoffe sind nahezu wartungsfrei); **leichte beliebige Formgebung** (vielfältige Verarbeitungsmethoden und Möglichkeiten der Strukturgebung. Spritz- und gießfähig. Halbzeuge und Fertigteile in fast unbegrenzten Variationen); **gute Chemikalienbeständigkeit** (u. a. im Außeneinsatz beständig gegenüber aggressiver Atmosphäre); **gute Wärmedämmung** (geringe Wärmeleitfähigkeit mit den entsprechenden Vorteilen, z. B. Kondenswasserverhütung); **Typenvielfalt/Anpassungsfähigkeit** (zahlreiche Zustandsformen: fest, zäh, geschäumt, elastisch, plastisch-bildsam, flüssig) sowie **elektrisch hochisolierend** (hohe Oberflächenwiderstände und Durchschlagfestigkeiten).

Die bautechnisch wichtigsten Duroplaste

Kurzzeichen	Chemische Bezeichnung	Beispiele bautechnischer Anwendung
UP	Ungesättigtes Polyesterharz	Glasfaser-Kunststoffe (GFK) als Lichtplatten, Lichtkuppeln, Verbundelemente, Schwimmbecken, Tanks, Rohre, Konstruktionsteile. Ohne Faserarmierung als Beschichtung, Klebstoffe, Mörtel
PUR	Polyurethan (eng vernetzt)	Schaumstoffe, Beschichtungen, Lakke, Kleber
PF	Phenol-Formaldehydharz	Preßmassen, Elektroteile. Schaumstoffe, Bindemittel für Faserdämmstoffe, Schichtpreßholz
MF	Melamin-Formaldehydharz	Schichtpreßstoffplatten, Formteile im Möbelbau, Elektroteile
UF	Harnstoff-Formaldehydharz	Schaumstoffe, Bindemittel f. Spanplatten, Preßmassen
EP	Epoxidharze	Gießharze f. Beschichtungen, Mörtel, Kunststoffbeton, hochfeste Klebstoffe

Entstehung von Kunststoffen

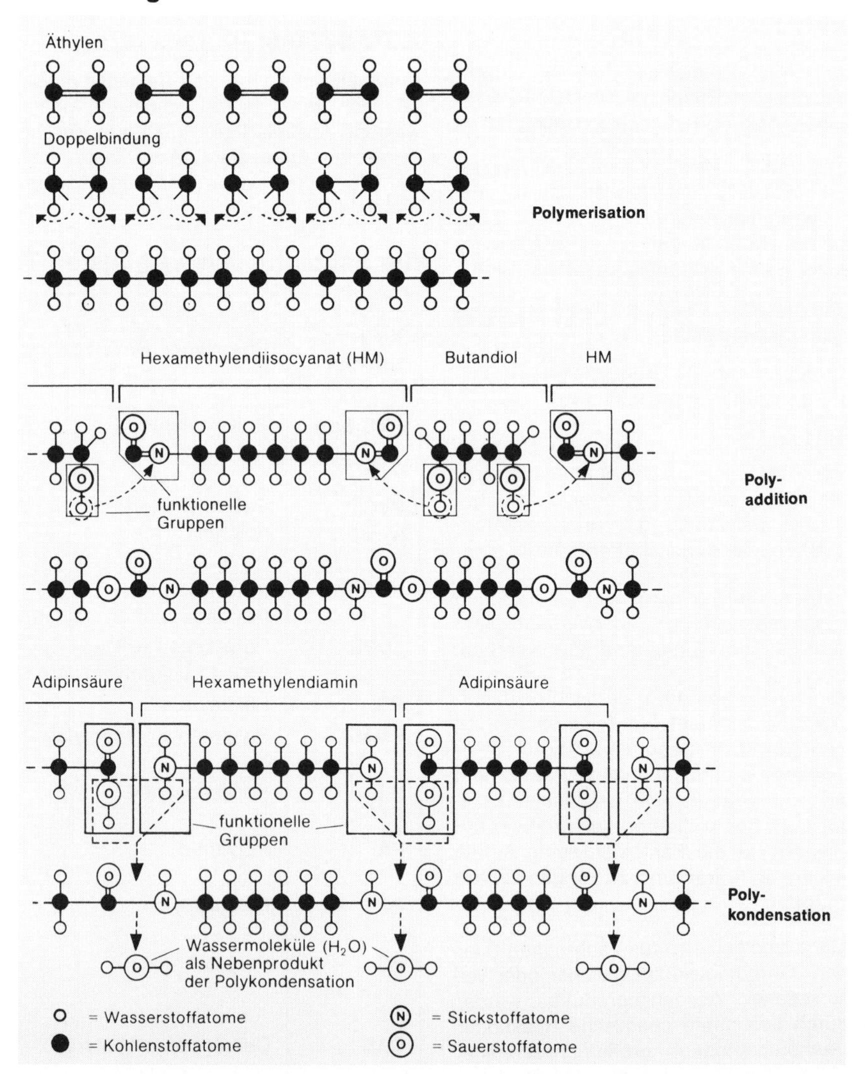

Entstehung von Kunststoffen: Bei der Polymerisation brechen Doppelbindungen zwischen den Kohlenstoffatomen auf; die Bindungen lagern sich um. Bei der Polyaddition werden Atome umgelagert. Bei der Polykondensation entstehen Nebenprodukte, die frei werden (im Beispiel Wasser). In allen 3 Fällen entstehen aus kurzen Molekülen lange Molekülketten (Makromoleküle).

Chemie

Stoffe, Stoffarten

Die Chemie ist die Lehre von den Stoffen, deren Aufbau und Umwandlung. Sie behandelt die Entstehung neuer, anderer Stoffe.

Aus unserer Umgebung kennen wir reine Stoffe und Stoffgemische. Reine Stoffe sind in der Natur recht selten. Zu ihnen gehören z. B. Diamanten, „gediegene“ Edelmetalle sowie einzelne Kristalle.

Meist werden reine Stoffe künstlich durch Aufbereitung und chemische Verfahren hergestellt, z. B. Benzol, Kochsalz oder Traubenzucker. Steine, Holz, Putz, Beton, fast alles, was wir im und am Boden finden, alle Gewässer und auch die Luft sind uneinheitlich aufgebaut, also Stoffgemische. Gemische lassen sich häufig mit physikalischen Methoden trennen. Dabei verändern sich die Stoffe selbst nicht. Lösen wir z. B. Zucker in Wasser auf, so erhalten wir nach dem Verdunsten des Wassers wieder Zucker. Es haben sich keine chemischen, sondern nur physikalische Vorgänge abgespielt. Anders ist es, wenn wir Zink mit Salzsäure auflösen: Ein Gas entweicht dabei, und nach dem Verdunsten des Wassers bleibt ein weißes Pulver zurück. Hier waren chemische Vorgänge im Spiel.

Aufbau der Elemente

Elemente oder Grundstoffe bestehen aus gleichartigen Atomen, den kleinsten Teilchen der Elemente, die noch deren Eigenschaften besitzen und die sich chemisch nicht weiter zerlegen lassen.

Aufbau der Atome

Jedes Atom besteht aus einem Atomkern und einer Elektronenhülle, die räumlich gesetzmäßig verteilt bis zu 7 Elektronenschalen enthalten kann. Unterschiedliche elektrische Ladungen, die einander anziehen, ergeben die Stabilität.

Der Atomkern, aus Neutronen, die elektrisch neutral sind, und den Protonen, den Trägern der positiven Ladung, bestehend, bildet den Mittelpunkt, die Masse des Atoms. Um ihn bewegen sich in einer oder mehreren Ebenen, den Elektronenschalen, die Elektronen, die Träger der negativen Ladung. Anzahl und Anordnung der Elektronen sind ausschlaggebend für die chemischen Eigenschaften

Periodensystem der Elemente (PSE)

	Hauptgruppen		Nebengruppen										Hauptgruppen					
Periode	Ia	IIa	IIIb	IVb	Vb	VIb	VIIb	VIII	VIII	VIII	Ib	IIb	IIIa	IVa	Va	VIa	VIIa	0
1	1 H 1,0											amphotere Elemente*			Nichtmetalle			2 He 4,0
2	3 Li 6,9	4 Be 9,0											5 B 10,8	6 C 12,0	7 N 14,0	8 O 16,0	9 F 19,0	10 Ne 20,2
3	11 Na 23,0	12 Mg 24,3						Metalle					13 Al 27,0	14 Si 28,1	15 P 31,0	16 S 32,1	17 Cl 35,5	18 Ar 39,9
4	19 K 39,1	20 Ca 40,1	21 Sc 45,0	22 Ti 47,9	23 V 50,9	24 Cr 52,0	25 Mn 54,9	26 Fe 55,8	27 Co 58,9	28 Ni 58,7	29 Cu 63,5	30 Zn 65,4	31 Ga 69,7	32 Ge 72,6	33 As 74,9	34 Se 79,0	35 Br 79,9	36 Kr 83,8
5	37 Rb 85,5	38 Sr 87,6	39 Y 88,9	40 Zr 91,2	41 Nb 92,9	42 Mo 95,9	•43 Tc 99	44 Ru 101,1	45 Rh 102,9	46 Pd 106,4	47 Ag 107,9	48 Cd 112,4	49 In 114,8	50 Sn 118,7	51 Sb 121,8	52 Te 127,6	53 I 126,9	54 Xe 131,3
6	55 Cs 132,9	56 Ba 137,3	57...71	72 Hf 178,5	73 Ta 180,9	74 W 183,9	75 Re 186,2	76 Os 190,2	77 Ir 192,2	78 Pt 195,1	79 Au 197,0	80 Hg 200,6	81 Tl 204,4	82 Pb 207,2	83 Bi 209,0	84 Po 210	85 At 210	86 Rn 222
7	87 Fr 223	88 Ra 226	89...103	104 Ku 261	105 Ha													

57 La 138,9	58 Ce 140,1	59 Pr 140,9	60 Nd 144,2	61 Pm 147	62 Sm 150,4	63 Eu 152,0	64 Gd 157,3	65 Tb 158,9	66 Dy 162,5	67 Ho 164,9	68 Er 167,3	69 Tm 168,9	70 Yb 173,0	71 Lu 175,0
89 Ac 227	90 Th 232	91 Pa 231	92 U 238	93 Np 237	94 Pu 242	95 Am 243	96 Cm 247	97 Bk 247	98 Cf 249	99 Es 254	100 Fm 253	101 Md 256	102 No 256	103 Lr 257

26 — Ordnungszahl
Fe — Elementsymbol
55,8 — Relative Atommasse

* **Amphoter werden die Elemente genannt, deren Oxide bzw. Hydroxide sowohl mit starken Säuren als auch Laugen reagieren und in Lösung gehen bzw. Salze bilden. Ein bekanntes Beispiel ist Aluminiumhydroxid mit den Reaktionen $Al(OH)_3 + 3H^+ \rightarrow Al^{3+} + 3H_2O$, $Al(OH)_3 + OH^- \rightarrow [Al(OH)_4]^-$ oder Zinkoxid mit $ZnO + 2H^+ \rightarrow Zn^{2+} + H_2O$, $ZnO + 2OH^- + H_2O \rightarrow [Zn(OH)_4]^{2-}$.**

Die im Periodensystem angegebene Ordnungszahl stimmt mit der Zahl der Protonen im Atomkern (und damit auch mit der Elektronenzahl) überein. Die relative Atommasse ist die Summe aus Protonen- und Neutronenzahl. Sie wird als Mittelwert für das beim jeweiligen Element in der Natur vorkommende Isotopengemisch gebildet und weicht daher häufig von ganzen Zahlen ab.
Im Periodensystem nimmt innerhalb jeder Periode die Zahl der Außenelektronen von 1 bei der Hauptgruppe Ia jeweils um 1 bis auf 8 in der Hauptgruppe 0 zu (in der 1. Periode von 1 beim Wasserstoff auf 2 beim Helium). Die Hauptgruppe 0 wird auch häufig als Hauptgruppe VIIIa bezeichnet, die Nebengruppe VIII dann als VIIIb.
Für besonders Interessierte:
Bei den Nebengruppen erhöht sich ebenfalls die Gesamtzahl der Elektronen jeweils um 1, nicht jedoch die Zahl der Außenelektronen. Hier werden innere Schalen, die noch nicht vollständig besetzt sind, aufgefüllt. Theoretisch kann die 1. Schale 2, die 2. Schale 8, die 3. Schale 18, die weiteren Schalen 32 Elektronen aufnehmen. Die jeweilige Außenschale wird jedoch immer nur bis höchstens 8 gefüllt, dann beginnt der Aufbau einer neuen Außenschale mit 1 bzw. 2 Elektronen, dann werden, von der 4. Periode an, zunächst noch freie Plätze einer inneren Schale aufgefüllt, z. B. in der 4. Periode alle 10 noch unbesetzten Plätze der 3. Schale, dann wird wieder 6mal die Zahl der Außenelektronen um je 1 erhöht (damit ist hier 8 erreicht), dann folgen wieder 2 Elektronen in einer neuen Außenschale usw.... Dabei kommt es zwischenzeitlich auch vor, daß die Zahl der Außenelektronen der Nebengruppenelemente von 2 wieder auf 1 abnimmt. Beim Übergang von Rhodium (Nr. 45) mit 1 Außenelektron auf das Element Nr. 46, Palladium, wird auch dieses Außenelektron in die niedrigere Schale aufgenommen, so daß Palladium als einziges Element des ganzen Systems mehr als 8, nämlich 18 Außenelektronen hat. Eine Darstellung aller Elektronenkonfigurationen der Elemente würde hier sicherlich zu weit führen.

Elektronenkonfigurationen von Rhodium und Palladium.

Schale	Rhodium (Nr. 45)	Palladium (Nr. 46)
1. (K)	2	2
2. (L)	8	8
3. (M)	18	18
4. (N)	16	18
5. (O)	1	0

eines Elements. Die Zahl der den Atomkern umkreisenden Elektronen entspricht den im Atomkern enthaltenen Protonen.

Ein Element besteht demnach aus Atomen mit gleicher Protonenzahl.

Einen wichtigen Einblick in den Aufbau und eine ganze Anzahl gemeinsamer Eigenschaften der verschiedenen Elemente vermittelt das abgebildete Periodensystem der Elemente (Seite 33). Atome desselben Elements können sich in der Neutronenzahl unterscheiden. Man bezeichnet sie dann als verschiedene Isotope dieses Elements (griech. iso = gleich, topos = Ort, Stelle), weil sie im Periodensystem an derselben Stelle stehen.

Die Gruppen des Periodensystems

Aus beiden Tabellen ist ersichtlich, daß mit steigender Ordnungszahl (beginnend mit 1 für Wasserstoff) die Zahl der Protonen jeweils um 1 zunimmt. Elemente mit höherer Protonenzahl als 92 (Uran) kommen in der Natur nicht vor, sondern können nur im Labor künstlich erzeugt werden (bisher alle Elemente bis Ordnungszahl 106 sowie Element Nr. 108). Innerhalb der senkrechten Reihen gibt es Übereinstimmungen in vielen Eigenschaften. Hier sei noch für das spätere Verständnis der Verbindungen vermerkt, daß die Außenelektronen, auch Valenzelektronen genannt, hauptsächlich für das chemische Verhalten eines Stoffes ausschlaggebend sind. Die Elemente einer Gruppe verhalten sich nämlich deshalb ähnlich, weil die Zahl ihrer Außenelektronen gleich ist. Nach dem Wasserstoff mit der Ordnungszahl 1, der eine Sonderstellung in dieser Gruppe einnimmt, erscheinen in der ersten Gruppe die

Alkalimetalle (Gruppe I a)

Sie bilden eine Elementegruppe von verhältnismäßig einheitlichem Charakter. Leichte, weiche Metalle mit niedrigem Schmelzpunkt und starker chemischer Reaktionsfähigkeit. Sie bilden mit Wasser Hydroxide (Verbindungen mit Sauer- und Wasserstoff), die leicht wasserlöslich sind.

Ihre Lösungen bezeichnet man als basisch (sie färben Lackmus blau und Phenolphthalein rot) oder – da die basischen Eigenschaften in dieser Gruppe am ausgeprägtesten sind – als alkalisch. Alle Alkalimetalle reagieren schnell mit dem Sauerstoff der Luft und mit Wasser. In der Natur kommen sie daher nur als Verbindungen vor.

Erdalkalimetalle (Gruppe II a)

Sie sind härter, schwerer und deutlich weniger reaktionsfähig als die Alkalimetalle. Sie bilden auch Hydroxide, doch ist deren Löslichkeit geringer. Der Name kommt von der erdigen Beschaffenheit der Oxide (Verbindungen mit Sauerstoff), die, in Wasser gelöst, ebenfalls Hydroxide bilden, die alkalisch reagieren. Auch sie kommen in der Natur nicht rein, sondern nur in Verbindungen vor.

Die Borgruppe (Gruppe III a)

Wichtigste Elemente dieser Gruppe sind Bor und insbesondere Aluminium, das dritthäufigste Element der Erdkruste, das auch als Baustoff bzw. für die Chemie der Baustoffe eine Rolle spielt.

Die Kohlenstoffgruppe (IV a)

In der Natur findet sich Kohlenstoff sowohl in freiem (Diamant, Graphit) als auch in gebundenem Zustand. Gebunden kommt er im Mineralreich in der Hauptsache in Form von Carbonaten vor – das sind Salze der Kohlensäure wie z. B. Calciumcarbonat (Kalkstein, Marmor, Kreide), im Pflanzen- und Tierreich als wesentlicher Bestandteil aller Organismen in einer sehr großen Zahl organischer Verbin-

Die Elemente 1 bis 105, alphabetisch nach den Zeichen geordnet, und Ursprungswörter der Zeichen

Zeichen	Ordnungszahl	Name	Zeichen	Ordnungszahl	Name
Ac	89	Actinium	N	7	Stickstoff (Nitrogenium)
Ag	47	Silber (Argentum)	Na	11	Natrium
Al	13	Aluminium	Nb	41	Niob
Am	95	Americium	Nd	60	Neodym
Ar	18	Argon	Ne	10	Neon
As	33	Arsen	Ni	28	Nickel
At	85	Astatin	No	102	Nobelium[5]
Au	79	Gold (Aurum)	Np	93	Neptunium
B	5	Bor	O	8	Sauerstoff (Oxygenium)
Ba	56	Barium	Os	76	Osmium
Be	4	Beryllium	P	15	Phosphor
Bi	83	Wismut (Bismutum)	Pa	91	Protactinium
Bk	97	Berkelium	Pb	82	Blei (Plumbum)
Br	35	Brom	Pd	46	Palladium
C	6	Kohlenstoff (Carbo)	Pm	61	Promethium
Ca	20	Calcium	Po	84	Polonium
Cd	48	Cadmium	Pr	59	Praseodym
Ce	58	Cer	Pt	78	Platin
Cf	98	Californium	Pu	94	Plutonium
Cl	17	Chlor	Ra	88	Radium
Cm	96	Curium	Rb	37	Rubidium
Co	27	Kobalt (Cobalt)	Re	75	Rhenium
Cr	24	Chrom	Rh	45	Rhodium
Cs	55	Caesium	Rn	86	Radon
Cu	29	Kupfer (Cuprum)	Ru	44	Ruthenium
Dy	66	Dysprosium	S	16	Schwefel
Er	68	Erbium	Sb	51	Antimon (Stibium)
Es	99	Einsteinium	Sc	21	Scandium
Eu	63	Europium	Se	34	Selen
F	9	Fluor	Si	14	Silicium
Fe	26	Eisen (Ferrum)	Sm	62	Samarium
Fm	100	Fermium	Sn	50	Zinn (Stannum)
Fr	87	Francium	Sr	38	Strontium
Ga	31	Gallium	Ta	73	Tantal
Gd	64	Gadolinium	Tb	65	Terbium
Ge	32	Germanium	Tc	43	Technetium
H	1	Wasserstoff (Hydrogenium)	Te	52	Tellur
Ha	105	Hahnium[1]	Th	90	Thorium
He	2	Helium	Ti	22	Titan
Hf	72	Hafnium	Tl	81	Thallium
Hg	80	Quecksilber (Hydrargyrum)	Tm	69	Thulium
Ho	67	Holmium	U	92	Uran
In	49	Indium	V	23	Vanadium
Ir	77	Iridum	W	74	Wolfram
J	53	Jod[2]	Xe	54	Xenon
K	19	Kalium	Y	39	Yttrium
Kr	36	Krypton	Yb	70	Ytterbium
Ku	104	Kurtschatowium[3]	Zn	30	Zink
La	57	Lanthan	Zr	40	Zirkonium
Li	3	Lithium			
Lr	103	Lawrencium[4]			
Lu	71	Lutetium			
Md	101	Mendelevium			
Mg	12	Magnesium			
Mn	25	Mangan			
Mo	42	Molybdän			

[1] Auch als Nielsbohrium mit dem Zeichen Ns bezeichnet
[2] Auch international mit dem Zeichen I, von engl. iodine
[3] Auch als Rutherfordium mit dem Zeichen Rf bezeichnet
[4] Früher mit dem Zeichen Lw
[5] Auch als Joliotium mit dem Zeichen Jo bezeichnet

dungen – die Kohlenstoffchemie wird daher als „Organische Chemie" von der „Anorganischen Chemie" unterschieden – und schließlich in der Luft wie im Wasser als Kohlendioxid.

In derselben Gruppe finden wir neben den bekannten Metallen Zinn und Blei auch das Silicium, das wichtigste, gesteinsbildende Element. Den Silicaten begegnen wir auf Schritt und Tritt. Sie bilden die weitaus artenreichste Mineralklasse. Nur der Kohlenstoff kommt aus dieser Gruppe in der Natur elementar vor im Graphit und im Diamanten.

Die Stickstoffgruppe (V a)

Hierzu gehören das Nichtmetall Stickstoff, ein bei gewöhnlichen Temperaturen sehr reaktionsträges („inertes") Gas, Phosphor (ist in der Natur nicht elementar anzutreffen), Arsen, Antimon und das bereits Metallcharakter aufweisende Wismut.

Die Sauerstoffgruppe (VI a) (Chalkogene = Erzbildner)

Die Elemente Sauerstoff, Schwefel, Selen und Tellur tragen den Namen Chalkogene, weil sie maßgeblich am Aufbau natürlicher Erze beteiligt sind und deshalb viele Verbindungen von Metallen mit Schwefel und Sauerstoff in der Natur vorkommen. Sauerstoff ist mit 49,4 Gewichtsprozent das häufigste Element in der Erdrinde. Unter Erdrinde versteht man die Luft („Atmosphäre"), das Meer („Hydrosphäre") und die ca. 16 km dicke Schicht des äußeren Gesteinsmantels der Erde („Lithosphäre").

Halogene (Salzbildner) (VII a)

So nennt man die Elemente der 7. Gruppe, die fünf einander recht stark ähnelnde Grundstoffe enthält. Sie sind Nichtmetalle, die mit vielen Metallen Salze bilden. In der Natur sind alle Halogene nur in Form von Verbindungen anzutreffen. In Lösung zeigen Oxide der Halogene wie auch ihre Verbindungen mit Wasserstoff (Chlorwasserstoff = Salzsäure, Fluorwasserstoff = Flußsäure) saure Reaktion.

Edelgase (Gruppe 0)

Es handelt sich dabei um Helium, Neon, Argon, Krypton, Xenon und Radon. Sie sind gasförmig und sehr reaktionsträge.

Sie kommen in geringen Mengen in der Luft vor.

Die **Übergangsmetalle,** die in dem Periodensystem in den Nebengruppen (IIIb bis IIb) stehen, ebenso die seltenen Erden (Nr. 57 bis 71) sowie die Actiniden (Nr. 89 bis 103) seien in diesem Zusammenhang nur der Vollständigkeit halber genannt.

Von den Actiniden kommen nur Actinium, Thorium, Protactinium und Uran in der Natur vor.

Die Entstehung von Verbindungen

Vom Atom zum Molekül

Gerade in der Chemie, der Wissenschaft vom Aufbau der Stoffe, ist es notwendig, zur Erklärung der Zusammenhänge und Vorgänge Modelle heranzuziehen. Es gibt eine ganze Reihe von Erklärungsmodellen für den Atomaufbau. Das wohl älteste Modell von Rutherford zeigt das Atom bestehend aus dem Atomkern, der aus Protonen (positive Ladungsteilchen) und Neutronen (ungeladene Masseteilchen) besteht, die von den Elektronen (sehr leichte negative Ladungsteilchen) in kugelförmigen Schalenbahnen umkreist werden.

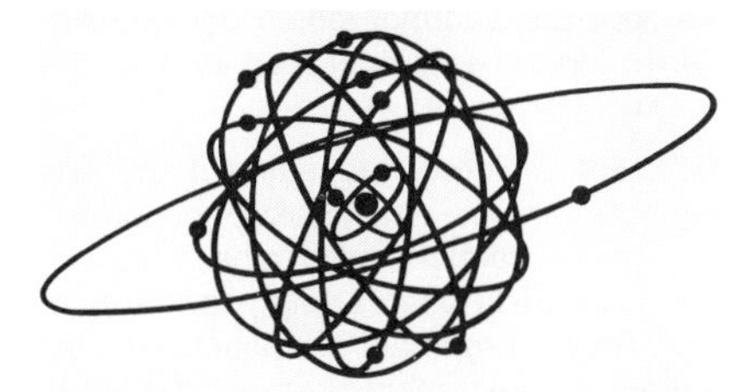

Das Rutherfordsche Atommodell in der von Niels Bohr weiterentwickelten Form für Natrium. Schon dieses Modell konnte viele Vorgänge im atomaren Bereich berechenbar machen.

Dieses Modell wurde weiter verfeinert. Man stellt jetzt die Elektronen in angelagerten Ladungswolken dar.

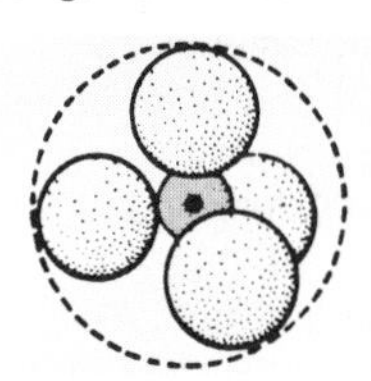

Beim Kohlenstoff ordnen sich die 4 Elektronen der 2. Schale in Tetraederform um den Atomrumpf. Die 1. Schale ist doppelt besetzt (eine Ladungswolke).

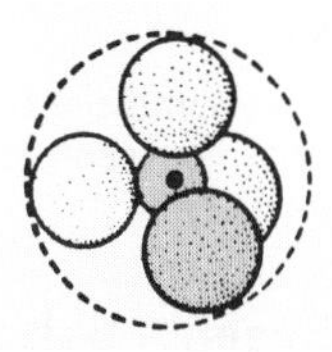

Beim Stickstoff-Atom muß das 5. Elektron in einer der 4 bereits „besetzten" Ladungswolken unterkommen.

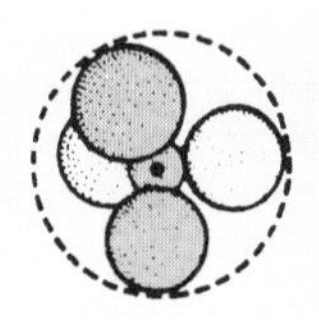

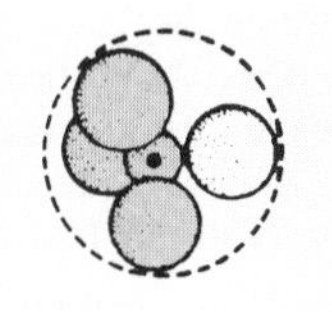

Das Sauerstoff-Atom (links) hat noch 2, das Fluor-Atom nur noch eine einfach besetzte Ladungswolke.

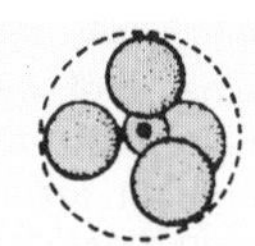

Beim Helium sind alle Ladungswolken doppelt besetzt („Edelgaskonfiguration").

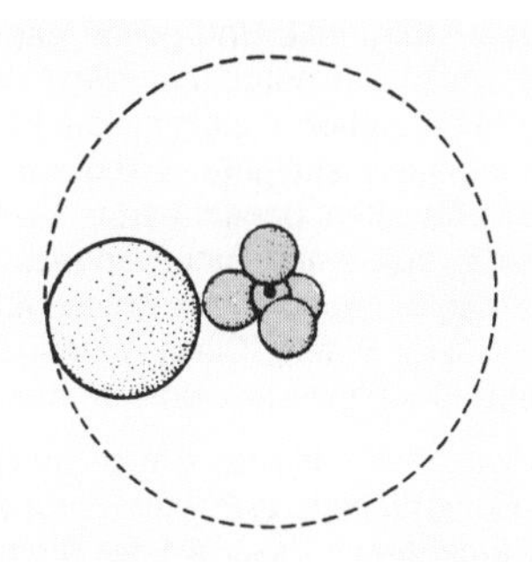

Das Natrium-Atom hat 11 Elektronen, die wie folgt angeordnet sind: 2 Elektronen in der 1. Schale, 8 Elektronen in 4 doppelt besetzten Ladungswolken in der 2. Schale, die damit ebenfalls besetzt ist. Das 11. Elektron muß daher in einer weiter außen angeordneten Ladungswolke in der 3. Schale unterkommen. Übrigens ist auch dieses in der Zeichnung sehr asymmetrisch erscheinende Atom in seinen Wirkungen wie eine Kugel, da alle Ladungswolken sehr schnell auf unregelmäßigen Bahnen um den Atomkern rotieren. Der gestrichelte Kreis zeigt den „Wirkungsquerschnitt".

Auch dieses Wolkenmodell ist stark vereinfacht, jedoch gut geeignet, um die Reaktionen der verschiedenen Elemente zu verstehen. Die inneren Schalen faßt man zu einer Kugel um den Atomkern zusammen; diese bilden zusammen den „Atomrumpf". Die Elektronen der äußeren Schale, die für das chemische Verhalten verantwortlich sind, können 1 bis 4 getrennte Kugelwolken, die sich auf die gegenseitig größtmögliche Entfernung voneinander abstoßen, ohne den Kontakt zum Atomrumpf zu verlieren, bilden. Dabei können jeweils 2 Elektronen eine Wolke besetzen. Wegen der gegenseitigen Abstoßung bilden die ersten 4 Außenelektronen jedoch grundsätzlich verschiedene Ladungswolken aus. In den Bildern sind die von je 2 Elektronen gebildeten Ladungswolken grau dargestellt. Wie die Abbildungen zeigen, werden übrigens die Ladungswolken mit zunehmender Elektronenzahl kleiner.

Das Bestreben bei allen Vorgängen in der Natur geht dahin, einen möglichst niedrigen Energiezustand zu erreichen. Ein energetisch sehr günstiger Zustand ist bei den Atomen die Besetzung der äußeren Schale mit 8 Elektronen. Nehmen wir gleich viele Fluor- und Natrium-Atome und überlegen einmal, wie wir diesen Zustand hier erreichen können. Am einfach-

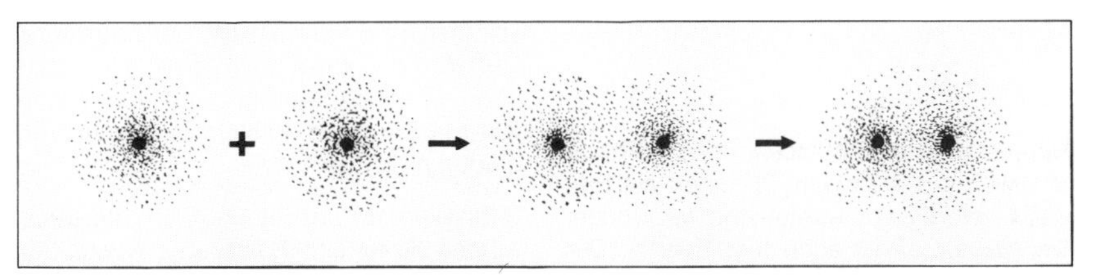

Bildung einer Elektronenpaarbindung zwischen 2 Wasserstoffatomen: Bei Annäherung verschmelzen die beiden Ladungswolken miteinander. Die gemeinsame Ladungswolke hat etwa die Form eines Rotationsellipsoids.

sten wäre es wohl, wenn jedes Natrium-Atom sein einzelnes Elektron aus der 3. Schale an ein Fluor-Atom abgäbe. Dann hätte das Natrium-Ion (geladene Atome oder Atomgruppen bezeichnet man als Ionen) nur noch 2 Schalen, wobei die äußere mit 8 Elektronen besetzt wäre, und das Fluor-Ion hätte seine 2. Schale auf 8 Elektronen aufgefüllt. Und genau das geschieht auch. Die entgegengesetzt geladenen Ionen ziehen sich gegenseitig an und bilden ein Kristallgitter. Dabei wird jedes Ion von allen benachbarten, entgegengesetzt geladenen Ionen angezogen. Das können je nach Art des Kristallgitters z. B. 4, 6 oder 8 sein. Diese Art der Bindung bezeichnen wir als *Ionenbindung*.

Haben wir aber nur Atome des gleichen Elements vorliegen, z. B. nur Fluor-Atome, so funktioniert diese Art der Bindung nicht, weil alle Atome ihre Elektronen gleich stark an sich ziehen. Wie wir aber an der Zeichnung sehen, hat jedes Fluor-Atom 3 doppelt besetzte Ladungswolken und 1 einfach besetzte in seiner äußeren Schale. Diese beiden einfach besetzten Wolken von 2 Atomen vereinigen sich nun zu einer einzigen, doppelten Ladungswolke, die jedes der beiden beteiligten Atome als die eigene betrachtet. Diese Bindungsart, bei der jeweils ganz bestimmte Atome durch gemeinsame Elektronenpaare verbunden sind und einzelne Moleküle entstehen, nennt man *Atombindung* oder *Elektronenpaarbindung*. Auch die Elektronenpaarbindung kann zwischen Atomen verschiedener Elemente erfolgen.

Die Bindung wird durch die negativen Ladungen zwischen den einzelnen Atomkernen bewirkt.

Chemische Formeln

Die Bezeichnung der Verbindungen, die zugleich aussagt, aus welchen und wieviel Atomen sich ein Molekül aufbaut, erfolgt durch die *chemische Formel*.

Die Substanzformel, auch *Summenformel* genannt, kennen wir so:

Wasser: H_2O (2 Atome Wasserstoff + 1 Atom Sauerstoff)

Salzsäure: HCl (1 Atom Wasserstoff + 1 Atom Chlor)

kohlens. Kalk: $CaCO_3$ (1 Atom Calcium + 1 Atom Kohlenstoff + 3 Atome Sauerstoff).

Die *Strukturformel*, die besonders in der organischen Chemie benötigt wird, zeigt zugleich die Anzahl der Bindungen zwischen 2 Atomen. Hier sieht z. B. die Kohlensäure H_2CO_3 so aus:

```
      O-H
O=C <
      O-H
```

Daraus kann man ablesen: der Sauerstoff ist 2wertig, die beiden OH-Ionen sind jeweils 1wertig am Kohlenstoff gebunden. Der Sauerstoff ist auch hier 2wertig. Der Kohlenstoff ist 4wertig, der Wasserstoff 1wertig.

Oxidation – Reduktion

Unter Oxidation verstand man ursprünglich nur die Verbindung mit Sauerstoff (Oxygenium, O), die vielfach heftig und unter Freisetzung von Wärme erfolgt. Der gegenläufige Vorgang, nämlich die Rückführung z. B. oxidierten Metalls in den metallischen Zustand nannte man Reduktion. Da es ähnliche Vorgänge auch ohne Beteiligung von Sauerstoff gibt, bezieht man heute diese Begriffe auf das Wesentliche der Vorgänge in der Atomhülle.

Bei der Oxidation geben Atome Außenelektronen ab und werden zu positiv geladenen Ionen. Die Elektronen werden von den Reaktionspartnern aufgenommen, die damit zu negativ geladenen Ionen werden. Die Ladungszahlen der entstandenen Ionen bezeichnet man auch als ihre Oxidationsstufe.

Da einer Elektronenabgabe auf der Gegenseite immer eine Elektronenaufnahme gegenübersteht, also eine Verschiebung der Elektronen erfolgt, spricht man von *Redoxvorgängen*. Demnach ist Oxidation = Elektronenabgabe und Reduktion = Elektronenaufnahme.

Die Oxide

Der Sauerstoff bildet Verbindungen mit Nichtmetallen und mit Metallen. Die Reaktionspartner bilden z. T. Oxide in mehreren Oxidationsstufen, z. B.

Schwefel SO_2 und SO_3 (Oxidationsstufen + 4 und + 6)

Kohlenstoff CO und CO_2 (Oxidationsstufen + 2 und + 4)

Stickstoff NO und N_2O_5 (Oxidationsstufen + 2 und + 5).

Die Nichtmetalloxide bilden zusammen mit Wasser Säuren. Viele dieser Oxide sind daher in der Natur nicht beständig.

Die Metalloxide

Alkali- und Erdalkalimetalle bilden Oxide, die salzartig bis metallisch sind. Sie bilden mit Wasser Basen.

Säuren – Basen – Salze

Säuren sind Verbindungen, die in wäßriger Lösung ein (oder mehrere) Wasserstoff-Ion(-en) abspalten (Proton, denn wenn aus dem Wasserstoffatom die negative Ladung abgegeben wird, erhält man das positiv geladene Proton). Demnach sind Säuren Protonenspender.

Basen sind wäßrige Lösungen salzartiger Metallhydroxide (Verbindungen eines Metalls mit O und H). Sie spalten das OH^--Ion ab. Bringt man Säure und Base zusammen, reagieren H^+-Ion der Säure und OH^--Ion der Base zu Wasser H_2O. Aus dem negativen Säureion und dem positiven Ion der Base entsteht ein neuer Verbindungstyp, ein Salz.

Sehr viele der uns als Baustoff interessierenden Stoffe sind Salze, so z. B. aus Calciumionen und Carbonationen ausgefällter kohlensaurer Kalk $CaCO_3$ oder aus Calciumionen und Sulfationen gefällter Gips $CaSO_4$ (Anhydrit) oder aus Calciumionen mit vielfältigen Silicationen gebildete Calciumsilicate.

Die bekannteste Siliciumverbindung, der Quarz, ist das Siliciumdioxid SiO_2.

Die moderne Chemie rechnet auch die Oxide und Hydroxide zu den Salzen.

Aggregatzustände

Die gesamte Materie liegt in 3 Aggregatzuständen vor, und zwar im gasförmigen, flüssigen und festen Aggregatszustand.

Die Aussagen darüber gehören sowohl in Bereiche der Chemie als auch der Physik. Im gasförmigen Zustand füllen lose sich bewegende Teilchen den Raum aus. Sie bewegen sich regellos durcheinander, stoßen auch elastisch aneinander und an ihre Umgrenzung. Die Bewegung der Teilchen ist abhängig von ihrer Wärmeenergie. Die Summe der Anstöße der Teilchen an die Umgrenzungsflächen erzeugt den Gasdruck. Unter gleichen Bedingungen (Druck und Temperatur) füllt den Raum die gleiche Anzahl von Teilchen.

Im festen Zustand sind die Teilchen in einem festen Verband. Jedes Teilchen ist von einer bestimmten Anzahl anderer Teilchen umgeben. Der feste Stoff ist kaum zusammendrückbar.

Feste Stoffe bestehen meist aus einem Kristallgefüge, in dem die Grundbausteine in einem „Gittersystem" festliegen.

Diesen Aufbau der festen Materie finden wir sowohl bei den Salzkristallen, die aus Ionen aufgebaut sind, wie auch bei den Metallen, deren Gitter aus Atomen besteht.

Zwischen dem festen Stoff, in dem die einzelnen Teilchen untereinander durch echte chemische Bindung oder zwischenmolekulare Wechselwirkung gebunden sind (Kohäsion), und dem gasförmigen Aggregatzustand liegt die Flüssigkeit.

Sie nimmt zwar einen festen Raum ein, ist nur geringfügig zusammendrückbar, hat aber keine feste Form. Die Teilchen bewegen sich lose gegeneinander in dem sie begrenzenden Raum, ohne ihn über ihr Eigenvolumen hinaus ausfüllen zu können, wie das Gas.

Veränderungen der Aggregatzustände werden durch Veränderung des Temperaturzustandes bewirkt. Bei einer Energiezufuhr steigt die Temperatur fester oder flüssiger Stoffe nur bis zu einer ganz bestimmten Temperatur an, dem Schmelz- bzw. dem Siedepunkt. Beide sind vom Umgebungsdruck abhängig. Bei weiterer Wärmezufuhr bleibt die Temperatur konstant und feste Stoffe schmelzen, Flüssigkeiten sieden (verdampfen). Erst wenn alles geschmolzen bzw. verdampft ist, läßt sich die Temperatur wieder weiter erhöhen. Feste Körper können auch direkt verdampfen (sublimieren).

Bei Abkühlung von Gasen kommt es zur Kondensation, wenn Flüssigkeit entsteht, oder zur Sublimation, wenn gleich Festkörper entsteht. Flüssigkeit wird fest, erstarrt, gefriert.

Chemie der Metalle

Die Bedeutung, die Metalle für uns im täglichen Leben haben, ist sehr groß. Das geht nicht nur aus der zahlenmäßigen Überlegenheit der metallischen Elemente hervor – 76 von etwa hundert Elementen gehören zu den Metallen – trotz des unaufhaltsamen Vormarsches der Kunststoffe behalten die Metalle hohe Bedeutung für uns.

Im Gegensatz zum Salz, das durch die Ionenbindung die Ladungsteilchen fest eingebunden hat und dadurch schlecht leitet, bilden bei den Metallen die Atomrümpfe selbst das ganze dichte Metallgitter. Dazwischen befinden sich die frei beweglichen Valenzelektronen, die die hohe elektrische Leitfähigkeit bewirken. Die meisten Metalle kristallisieren in einer ganz dichten Kugelpackung bzw. in einem Würfelgitter. Dabei hängt die innere Festigkeit besonders von den Atomradien ab, Atome mit größerem Radius (Alkali- und Erdalkalimetalle) kristallisieren in einem etwas lockereren Gitter.

Metallstücke bestehen aus kleinen Körnern, auch Kristalliten genannt. Die Ausnahme, die nur unter besonderen Bedingungen zu erreichen ist, ist der Einkristall, der sich durch besonders hohe elektrische und Wärmeleitfähigkeit hervorhebt.

Verformungen an Metallen sind dadurch möglich, daß Versetzungen in der Gitterstruktur erfolgen können, also Gitterstörungen. Die Metallteilchen können übereinander gleiten, wodurch sich die Metalle wesentlich von den 'Salzkristallen unterscheiden.

Legierungen

Während bei den Salzen, wie schon erwähnt, für die Anordnung der Kristalle die Ladung eine wichtige Rolle spielt, ist bei den Metallen die Größe der Atome wichtig. Werden bei Salzen bestimmte Kationen und Anionen eines Ionengitters schrittweise durch andere Kationen und Anionen ersetzt, ohne daß der Kristallgittertyp dabei verändert wird, spricht man von Mischkristallbildung.

Mischt man ein Metall mit einem anderen in heißflüssigem Zustand und läßt diese Mischung auskühlen, entsteht so eine Legierung durch Einlagerung von Atomen des anderen Metalls entweder auf Gitterplätzen des Grundmetalls oder zwischen seinen Atomen auf „Zwischengitterplätzen".

Im Alltag begegnen wir vielen Legierungen, von denen Messing (eine Legierung aus Kupfer und Zink), Bronze (Kupfer und Zinn) und Chromnickelstahl (eine Legierung aus Eisen, Chrom und Nickel) weithin bekannt sind.

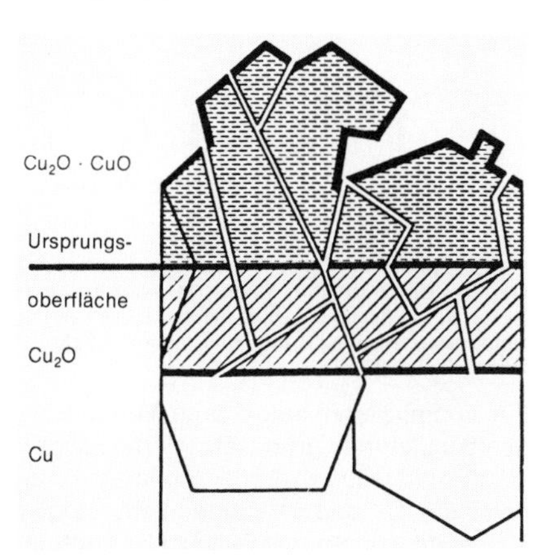

Oxidation eines Metalls am Beispiel Kupfer: In Gegenwart von Sauerstoff oxidiert das Kupfer an der Oberfläche zunächst zu Cu_2O, dann weiter zu CuO. Dabei tritt eine Volumenvergrößerung auf.

Legierungen haben schlechtere elektrische Leitfähigkeit, weshalb die Elektrotechnik möglichst reine Metalle benötigt. Legierungen sind meist härter als die Ausgangsmetalle, und die Korrosion ist auf recht komplizierte Weise verringert.

Die Chemie einiger wichtiger Baustoffe

Die Baustoffe bestehen zu ca. 85% aus nichtmetallischen, anorganischen Verbindungen.

Die meisten Baustoffe sind durch chemische Prozesse, also stoffverändernde Prozesse hergestellt.

Silicate

Silicium und Aluminium sind nach dem Sauerstoff die in der Erdrinde am häufigsten vertretenen Elemente.

Silicium kommt in der Natur nicht rein vor. Siliciumdioxid SiO_2 ist in der Natur rein als Quarz anzutreffen. Quarzkristalle finden wir in vielen Gesteinen wie Sandstein, Granit und Gneis, in Sand und Kies.

Calciumsilicate (Metallsalze der Kieselsäure) sind wesentliche Bestandteile der meisten hydraulischen Bindemittel. Calciumsilicathydrate sind wichtiger Bestandteil der Zementerhärtung.

Keramische Baustoffe, zu denen Ziegel, fein- und grobkeramische Erzeugnisse, Porzellan und Schamotte zählen, bestehen zu einem hohen Anteil aus Siliciumverbindungen, ebenso Glas, das im wesentlichen aus Siliciumdioxid SiO_2, Calciumoxid CaO und Natriumoxid Na_2O besteht.

Sulfate

Von den Salzen der Schwefelsäure ist das Calciumsalz $CaSO_4$, der Gips (bzw. – je nach Kristallwassergehalt – Anhydrit), am Bau von großer Bedeutung.

Carbonate

Das Calciumsalz der Kohlensäure $CaCO_3$, der kohlensaure Kalk, ist aus dieser Gruppe am Bau am stärksten vertreten.

Aluminiumverbindungen

Aluminiumhydroxid $Al(OH)_3$ löst sich sowohl in Säure als auch in Lauge, s. a. Fußnote zum Periodensystem. Entsprechend vielfältig sind die vorkommenden Verbindungen.

Aluminate kommen im Portlandzementklinker vor, Aluminiumsilicate sind im Feldspat und seinen Formen anzutreffen und somit in den Tonmineralien. Aluminium ist mit 7,5% nach Sauerstoff (49,4%) und Silicium (25,75%) das dritthäufigste Element der Erdrinde.

Eisen

ist in der Natur sehr verbreitet. Außer in vielen gebrannten Baustoffen und in Bindemitteln ist es vor allem als Baustahl im Baugeschehen von Bedeutung. Eisen ist das Schwermetall, das in der Erdrinde am häufigsten vorkommt (4,7%).

Die Chemie der Kohlenstoffverbindungen

Dieser Teil der Chemie, der sich mit den Kohlenstoffverbindungen, außer den Kohlenoxiden und der Kohlensäure und deren Verbindungen, befaßt, wurde ursprünglich „organische Chemie" benannt. Grund hierfür war die Tatsache, daß die Verbindungen, die im Tier- und Pflanzenreich entstehen, überwiegend Kohlenstoffverbindungen sind.

Wenn man heute die Bezeichnung „organische Chemie" durch „Chemie der Kohlenstoffverbindungen" ersetzen möchte, so deshalb, weil viele Kohlenstoffverbindungen, die hierher gehören, mit organischen Lebewesen nichts mehr zu tun haben.

Der Kohlenstoff und seine Sonderstellung in der Chemie

Am Aufbau der organischen Verbindungen sind neben Kohlenstoff insbesondere einige wenige Elemente beteiligt wie Wasserstoff, Sauerstoff, Stickstoff, Halogene – also Fluor, Chlor, Brom und Jod –, Schwefel, Silicium und Phosphor. Einige andere spielen vor allem in metallorganischen Verbindungen zunehmend eine gewisse Rolle.

Es gibt eine sehr viel größere Anzahl von organischen Verbindungen, als es anorganische gibt.

Der Grund hierfür ist die Form der Bindungen, die der Kohlenstoff einzugehen vermag. Er ist in der Lage, bei der Bildung von Molekülen sich praktisch unbegrenzt mit eigenen, also Kohlenstoffatomen zu Ketten, Ringen, Netzen oder Gerüsten zu verbinden.

Außer mit sich selbst verbindet sich der Kohlenstoff sehr stabil mit Wasserstoffatomen.

Charakteristisch für die meisten organischen Verbindungen ist ihre geringe Wärmebeständigkeit.

Ein ebenfalls wesentliches Merkmal sind ihre Reaktionen. Organische Verbindungen verändern bei Reaktionen fast nie das gesamte Molekül, und die Reaktion verläuft häufig langsam.

Organische Verbindungen gibt es mit kettenförmigem oder mit ringförmigem Kohlenstoffgerüst.

Kohlenwasserstoffe

Gesättigte Kohlenwasserstoffe (Alkane)

Beim einfachsten Kohlenwasserstoff, dem Methan CH_4, sitzen die 4 Wasserstoffatome an den 4 Ecken eines regelmäßigen Tetraeders, das Kohlenstoffatom genau im Zentrum, wie die Zeichnung verdeutlicht.

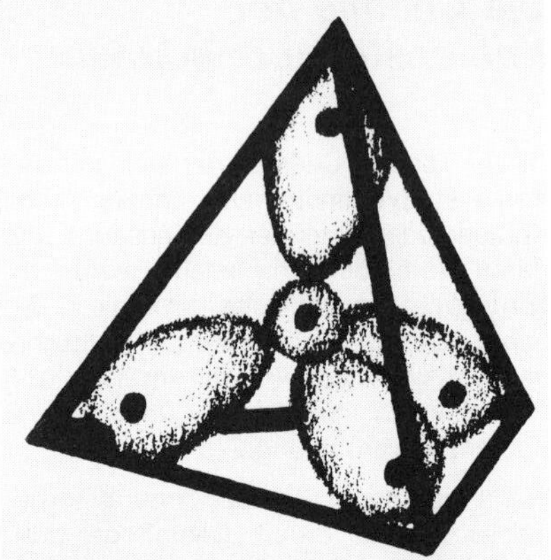

Methan: in der Mitte das C-Atom, in den 4 Ecken einer regelmäßigen Dreieckspyramide (Tetraeder) die H-Atome, deren Elektronenwolke stark deformiert ist.

Von ihm lassen sich weitere Kohlenwasserstoffe ableiten, die nur um jeweils eine CH_2-Gruppe erweitert sind. Diese Reihe läßt sich über die Gase Ethan CH_3-CH_3, Propan CH_3-CH_2-CH_3, Butan CH_3-CH_2-CH_2-CH_3 fortsetzen zu leichten und schweren Flüssigkeiten mit immer mehr CH_2-Gruppen bis hin zu festen Stoffen.

„Ungesättigte" Kohlenwasserstoffe

haben Doppel- oder Dreifachbindungen zwischen C-Atomen. Sie haben dadurch die Fähigkeit, andere Substanzen zu addieren, also an sich zu binden. Addiert werden Halogene, Halogenwasserstoffe, Säuren, Wasser usw.

Aromatische Kohlenwasserstoffe

Eine einfache Verbindung dieser ringförmigen Kohlenwasserstoffe ist das relativ wasserstoffarme Benzol mit der Summenformel C_6H_6.

Diese Bindungsform des Kohlenstoffs kehrt immer wieder. Die Besonderheit der Doppelbindung im Ring soll hier nur erwähnt sein, ohne beschrieben zu werden. Die Strukturformel zeigt den „klassischen" Benzolring:

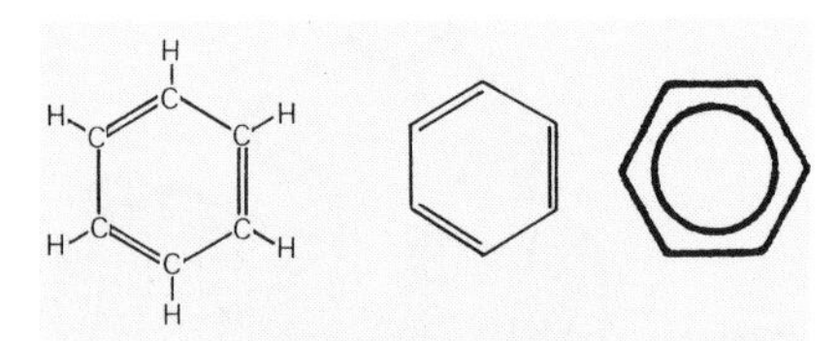

Der Benzolring, links in der Darstellung des Entdekkers der Benzolstruktur, Kekulé, in der Mitte und rechts in vereinfachter Darstellung. Beide vereinfachten Darstellungen kommen im modernen Schrifttum vor.

Für komplizierter aufgebaute Verbindungen benutzt man grundsätzlich die „abgekürzte Darstellung", in der direkt am Ring beteiligte C- und H-Atome nicht aufgeschrieben werden. Als Beispiel ist Naphtalin, ein doppelter Benzolring, dargestellt, ebenso Phenol.

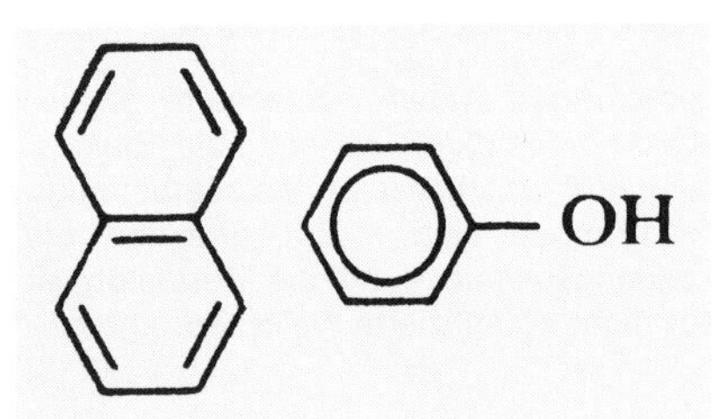

Naphtalin (links) entsteht durch Kondensation von 2 Benzolmolekülen: $2\ C_6H_6 \rightarrow C_{10}H_8 + C_2H_4$. Phenol ist ein ringförmiger Alkohol, bei dem 1 H-Atom des Benzolmoleküls durch eine OH-Gruppe ersetzt wurde.

Einfache sauerstoffhaltige organische Verbindungen

Die Alkohole, einfache organische sauerstoffhaltige Verbindungen, enthalten eine oder mehrere Hydroxyl-Gruppen (OH-Gruppen). In der Nomenklatur kennzeichnet die Endung -ol diese Verbindungen.

Wie bei den Kohlenwasserstoffen gibt es hier gesättigte und ungesättigte Kohlenwasserstoff-Sauerstoff-Verbindungen, wie auch auf den Benzolring zurückzuführende Alkohole, die Phenole.

Durch weitere Oxidation entstehen zunächst die Aldehyde und Ketone, deren Kennzeichen die Ketongruppe =C=O ist.

Ihr bekanntester Vertreter ist Formaldehyd H_2CO. Bei noch weitergehender Oxidation entstehen dann die Carbonsäuren mit der kennzeichnenden Carboxylgruppe -COOH. Sie seien der Vollständigkeit halber erwähnt. Hierzu gehören Aminosäuren, Essigsäure, Buttersäure, Milchsäure, Oxalsäure u. a. Sie alle sind Grundbausteine einer großen Anzahl organischer Verbindungen.

Zu den Salzen der Carbonsäuren gehören die Seifen, die Alkalisalze höherer Fettsäuren.

Stickstoff- und schwefelhaltige organische Verbindungen

Zu den stickstoffhaltigen Verbindungen gehören die Nitro-Verbindungen und die organischen Abkömmlinge des Ammoniak NH_3, die Amine und Amide. Hierzu gehört der Harnstoff $(NH_2)_2CO$, die erste aus anorganischen Stoffen hergestellte organische Verbindung als Ausgangsbasis vieler Verbindungen.

Die Aminosäuren sind Bausteine der Eiweißstoffe.

Von den schwefelhaltigen Verbindungen sind die Sulfonamide wohl am bekanntesten.

Ausblick

Nach diesem Kurzauszug aus der organischen Chemie müßte eigentlich noch einiges über die organische Reaktion gesagt werden, doch würde das schon über den Rahmen dieser Beschreibung hinausgehen. Hier kann nur die Anregung gegeben werden, sich mit der sehr wichtigen Lehre von den Stoffen zu befassen.

Nachstehend noch eine Anzahl Baustoffe, die der organischen Chemie zuzurechnen sind. Als große Gruppen sind zu nennen:

- das Holz
- die Kunststoffe
- die bituminösen Baustoffe
- die Elastomere als Natur- und Kunstkautschuk.

Außerdem gehören noch die organischen Siliciumverbindungen (Silane, Siloxane und Silicone), viele Kitte und Klebstoffe dazu, soweit sie in den obigen Gruppen nicht erfaßt sind.

$$NH_4^+ + OCN^- \rightarrow NH_3 + O{=}C{=}N{-}H \rightarrow O{=}C(NH_3){-}N{-}H\ \text{(aktivierter Komplex)} \rightarrow O{=}C(NH_2)_2$$

1828 gelang es Wöhler erstmals, aus einem anorganischen Stoff eine organische Verbindung herzustellen. Beim Lösen von Ammoniumcyanat NH_4OCN in Wasser bilden sich zunächst Ammonium-(NH_4^+-) und Cyanat-(OCN^--)Ionen. Aus einem Teil davon werden Ammoniak NH_3 und Isocyansäure HNCO gebildet. Diese wiederum verbinden sich über eine Zwischenstufe, die nicht beständig ist, einen aktivierten Komplex, zum Harnstoff $(NH_2)_2CO$. Wöhler stellte in umfangreichen Untersuchungen fest, daß zwischen dem so künstlich hergestellten Harnstoff und „... Harnstoff, den ich in jeder Hinsicht selbst hergestellt hatte ..." kein Unterschied bestand, wie er in einem Brief an den „Chemie-Papst" jener Zeit, Berzelius, schrieb.

Sortimentsgruppe 1: Grundbaustoffe für Tiefbau

Steinzeug für die Kanalisation

Muffen-Steinzeugrohre sind ein grobkeramisches Erzeugnis.

Die beiden großen Anwendungsgebiete sind die **Grundstücksentwässerung** und die **Ortskanalisation.**

Ausgangsstoffe und Herstellung

Ton und Schamotte sind die beiden Stoffgruppen, aus denen die Steinzeugrohre hergestellt werden. Außerdem werden sie mit einer Glasur versehen.

Ton ist ein Bestandteil unserer Erdkruste, der durch Ablagerung feinster Bestandteile am Boden vorgeschichtlicher Meere oder Seen entstanden ist (Korngröße bis 0,002 mm). Enthaltene Quarzkörner haben Größen bis 0,1 mm.

Schamotte ist auf Korngröße bis zu 1,8 mm gemahlener, gebrannter Ton. Schamotte dient als „Magerungsmittel", als Gerüst bei der Verarbeitung.

Die Glasur entsteht durch Eintauchen der Rohre und Formstücke in eine Mischung von Lehm, Ton, Feldspat, Kalk, Dolomit, Quarz und Metalloxiden, die sehr fein gemahlen, mit Wasser aufgeschlemmt werden (Glasurschlicker).

Die aufbereiteten Ausgangsstoffe, mit der erforderlichen Menge Wasser verarbeitbar gemacht, werden in Schneckenpressen verdichtet und im Unterdruck von Lufteinschlüssen befreit.

In einer Presse entsteht dann in einem Arbeitsgang Muffe und Rohr. Dabei werden Herstellerkennzeichen, Nennweite und DIN 1230 eingeprägt.

Die Glasurmasse wird – in den Werken unterschiedlich – auf den Rohling aufgebracht. Bei etwa 80° C werden die Rohlinge getrocknet. Das Rohr wird bei bis zu 1250° C gebrannt. Dabei verschmilzt die Glasur unlösbar mit dem Scherben. Sie ist weder durch Wasser- noch durch Dampfdruck ablösbar.

Während der Brenndauer von ca. 3 Tagen entsteht aus den genannten Ausgangsstoffen durch Sinterung (beginnende Schmelze) das Material „Steinzeug".

Durch Genauigkeit in der Produktion erhalten die Rohre und Formstücke ihre Nennmaße, obwohl sie beim Trocknen und Brennen etwa um 10% schwinden.

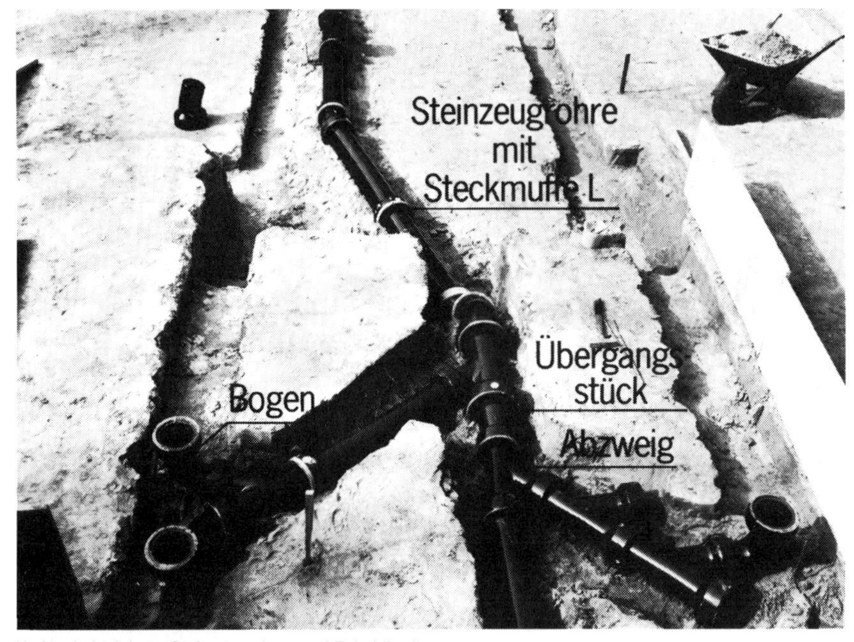

Verlegebeispiel von Steinzeugrohren und Zubehörteilen

Merkmale des Steinzeugrohres

Steinzeugrohre haben sich durch folgende Eigenschaften einen hohen Marktanteil im Markt der „erdverlegten Rohre" für Kanalisationszwecke errungen und halten können:

- die Lebensdauer
- chemische Beständigkeit
- mechanische Festigkeit
- Dichtigkeit
- Härte.

Steinzeugrohre sind praktisch nur durch mechanische Gewalt zerstörbar.

Die Muffendichtung

Die Dichtigkeit der „Stöße" in der Steinzeugleitung wird durch Eindichten des Spitzendes (glattes Ende) in die Muffe erreicht.

Das alte Verfahren, den Muffenspalt mit **Teerstrick** auszustopfen und mit wurzelfestem **Tonrohrkitt** zu vergießen (heiß) wird nicht mehr angewandt, da es zu aufwendig und nicht sicher genug ist.

Steinzeugrohre bis DN 200, die nicht vom Werk her mit einer Dichtung geliefert werden, werden mit **Rollringen** zu dichten Leitungen verbunden.

Unsicherheit entsteht durch Dickentoleranzen zwischen Spitzende und Muffe. Die Baustelle verarbeitet lieber Rollringe, die sich leicht eindrücken lassen – und da läßt leicht die Dichtung zu wünschen übrig.

Rollringe sind nach außen glatte geschlossene Moosgummiringe, die für verschiedene Muffenspalten in einer Anzahl von Schnurstärken für jede Rohrabmessung geliefert werden. Sie werden auf das Spitzende des Rohres aufgezogen und mit dem Rohr in die Muffe hinein „gerollt".

Heute werden etwa 95% der in Deutschland hergestellten Steinzeugrohre und -formstücke mit den fest mit dem Rohr bzw. Formstück verbundenen Steckmuffen K und L ausgestattet.

Der aus Kautschuk-Elastomer bestehende Lippenring der **Steckmuffe L** wird mit einem Kunststoffmaterial fest eingegossen. Dank dieser Steckmuffen ist das Verlegen von Steinzeugrohren denkbar einfach und

Steinzeug für die Kanalisation

Steckmuffe L

problemlos: Gleitmittel auftragen und Rohre zusammenschieben.

Steinzeugrohre der kleineren Nennweiten mit **Steckmuffe L** für die Grundstücksentwässerung tragen am Spitzende deshalb kein Dichtelement, weil, bedingt durch den vorgegebenen Verlauf der Entwässerungsleitung, öfter ein Ablängen von Rohren erforderlich ist.

Steckmuffe K

Die **Steckmuffe K** (Kompressionsdichtung) ist in der Ortsentwässerung meist vorgeschrieben.

Eingebaut wird sie nur in den großen Nennweiten ab DN 200.

Die Steckmuffe K besteht aus einem Ausgleichselement in der Muffe und einem Dicht- und Ausgleichselement am Spitzende des Rohres aus polymerem Kunststoff.

Bei dem Zusammenschieben von zwei Rohren wird ein Anpreßdruck erzeugt, der absolute Wasserdichtheit bewirkt.

Kombination mit anderen Dichtungssystemen ist **ausgeschlossen!** Das bedingt, daß Abzweige, deren Hauptrohr mit Steckmuffe K ausgestattet ist, z. B. bei Abgang in DN 200 mit Steckmuffe K, L oder ohne Steckmuffe verlangt werden können.

Lieferprogramm

Das Lieferprogramm für Hausentwässerung für Rollringdichtung und mit Steckmuffe L umfaßt:
Nennweite DN 100, 125, 150, 200.

Das Lieferprogramm für Ortsentwässerung mit Steckmuffe K umfaßt:
Nennweite DN 200, 250, 300, 350, 400, 450, 500, 600, 700, 800, 900, 1000, 1200.

Außer dem vorstehenden Programm in normalen Rohren **N** gibt es für besondere Erdbelastungen das Programm der verstärkten Rohre mit der Bezeichnung **V**.

Eine weitere Entwicklung der deutschen Steinzeugindustrie sind Vortriebsrohre in den Nennweiten DN 150 bis 800 für den unterirdischen Rohrvortrieb. Vortriebsrohre ermöglichen den Einbau von Abwasserleitungen ohne Grabenaushub, in geschlossener Bauweise.

Für die Hausentwässerung werden angeboten:

Bogen

mit der Krümmung 15°, 30°, 45°, 90°

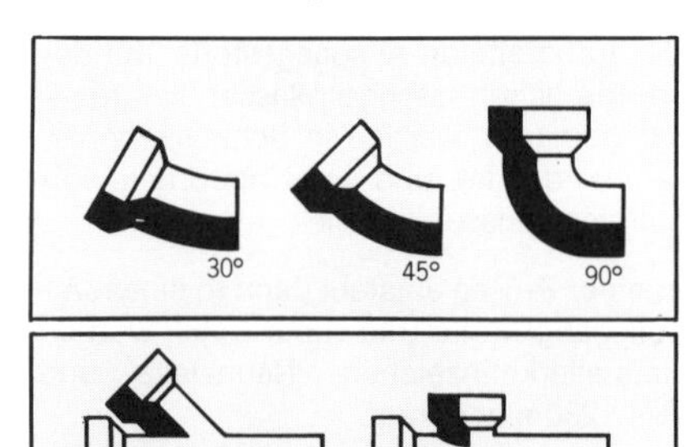

Bogen (oben) und Abzweige

Abzweige

mit Abgang 45°
100/100, 125/100, 125/125, 150/100, 150/125, 150/150, 200/100, 200/125, 200/150, 200/200

Abzweige mit Abgang 90° sind im Normalfall nicht mehr zugelassen.

Übergangsstücke

Sie ermöglichen den Übergang auf größere Nennweiten. Die Muffe ist auf der Seite der kleineren Abmessung. 100/125, 100/150, 125/150, 150/200.

Paßlängen (Paßstücke)

Paßlängen, auch Paßstücke genannt, gibt es in 50 und 75 cm Länge.

Da die Paßstücke teurer sind als das 1-m-Rohr, werden Paßlängen meist an der Baustelle mit der Trennschleifmaschine, dem Schneidring (für DN 100 bis 150) oder der Schneidkette, siehe nachstehendes Bild, (bis DN 400) abgelängt.

Formstücke, die in Städten immer wieder gefragt werden, sind der **Anschlußstutzen** und das **Sattelstück.**
Sie werden benötigt, wo ein nachträglicher Hausanschluß in eine Steinzeug-Kanalisationsleitung eingeführt wird.

Anschlußstutzen und Sattelstücke gibt es in DN 100, 125, 150 und 200 senkrecht (90°) und 45°.

Zur Eindichtung des Anschlußstutzens gibt es den B-Ring.

Sattelstücke werden mittels Kunststoffkitten oder Epoxidharzmörtel gedichtet.

Manschettendichtung

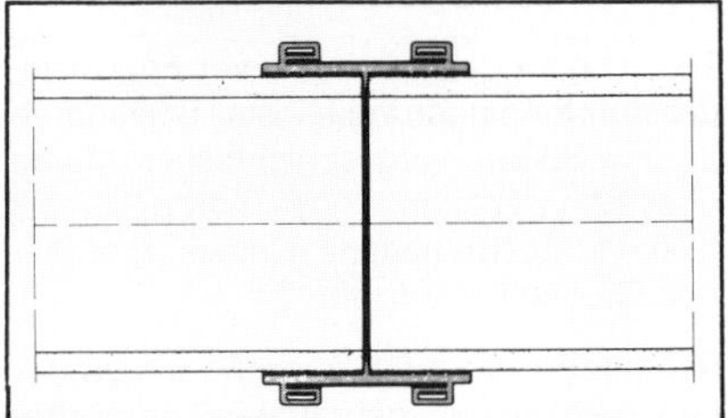

Die Manschettendichtung

Um 2 Spitzenden oder 2 Rohre, von denen eins ohne Muffe ist, zu verbinden, verwendet man die Manschettendichtung (DN 100 bis DN 1000).

Muffenlose Rohre

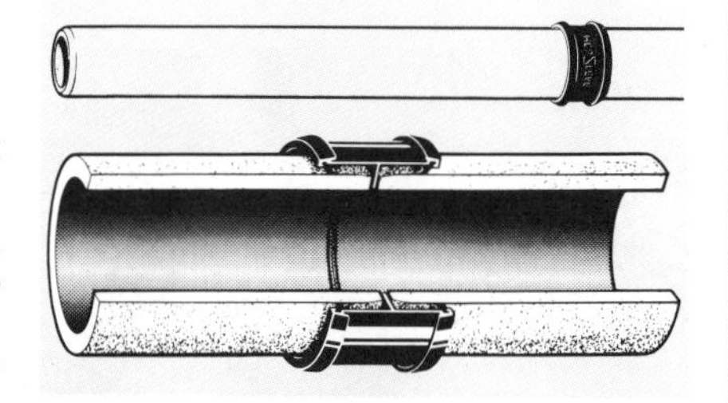

Neben den hier beschriebenen Steinzeugrohren mit Muffe werden auch solche mit glatten Enden hergestellt, die mit Überschieb-Kupplungen aus Polypropylen verbunden werden. Auch hier ist ein komplettes Formteil-Programm vorhanden.

Vorrichtungen zur Reinigung

Abwasserleitungen müssen gereinigt werden, auch wenn es sich nur um kurze Hausanschlüsse handelt.

Die Steinzeugleitung wird weithin unter dem betonierten Kellerboden verlegt. Reparaturen wegen fehlender Reinigungsmöglichkeiten sind **sehr teuer.** Gelöst wird das Problem des Reinigungszuganges unterschiedlich. Man kann Steinzeug-Reinigungsstücke oder Guß-Reinigungsstücke (auf dichten Übergang achten) mit Sonderdichtung einbauen, man kann auch einen schrägen Abzweig (Abgang in voller Rohrdimension) verwenden und mit einem Verschlußteller abdichten.

Verschlußteller werden in den Abmessungen DN 100 bis 200 geliefert.

In einigen Gebieten der Bundesrepublik werden die so gestalteten Reinigungsöffnungen mit gußeisernen Reinigungskappen geschützt.

Steinzeugrohre dürfen gemäß DIN 1986 nicht als Fallrohre eingebaut werden.

Normen

DIN 1230, Steinzeug für die Kanalisation

- Teil 1: Rohre und Formstücke mit Steckmuffe, Maße
- Teil 2: Rohre und Formstücke mit Steckmuffe, technische Lieferbedingungen
- Teil 3: Sohlschalen, Profilschalen, Halbschalen und Platten, Maße, Technische Lieferbedingungen
- Teil 6: Rohre und Formstücke mit glatten Enden, Maße
- Teil 7: Rohre und Formstücke mit glatten Enden, Technische Lieferbedingungen

DIN 4060, Dichtringe aus Elastomeren für Rohrverbindungen in Entwässerungskanälen und -leitungen

- Teil 1: Kreisförmige oder ähnliche Wirkungsquerschnitte, Anforderungen, Prüfungen, Bemessung

Literaturhinweis: Steinzeug-Gesamtprogramm, Steinzeug-Handbuch

Herausgeber: Steinzeug-Gesellschaft mbH, Köln

Steinzeugteile für den Stallbau

Althergebrachter Bestandteil landwirtschaftlicher Bauten sind die Steinzeug-Stallartikel, wie diese Steinzeugteile auch genannt werden. Rechts sind einige Beispiele abgebildet.

Dieselben Vorteile, die das Steinzeugrohr bietet, bieten auch diese Bauteile. Im Stall fällt außerdem noch die glatte, glasharte Oberfläche ins Gewicht, die gute Reinigungsmöglichkeit bietet.

Norm

DIN 18902 Steinzeugteile für den Stallbau

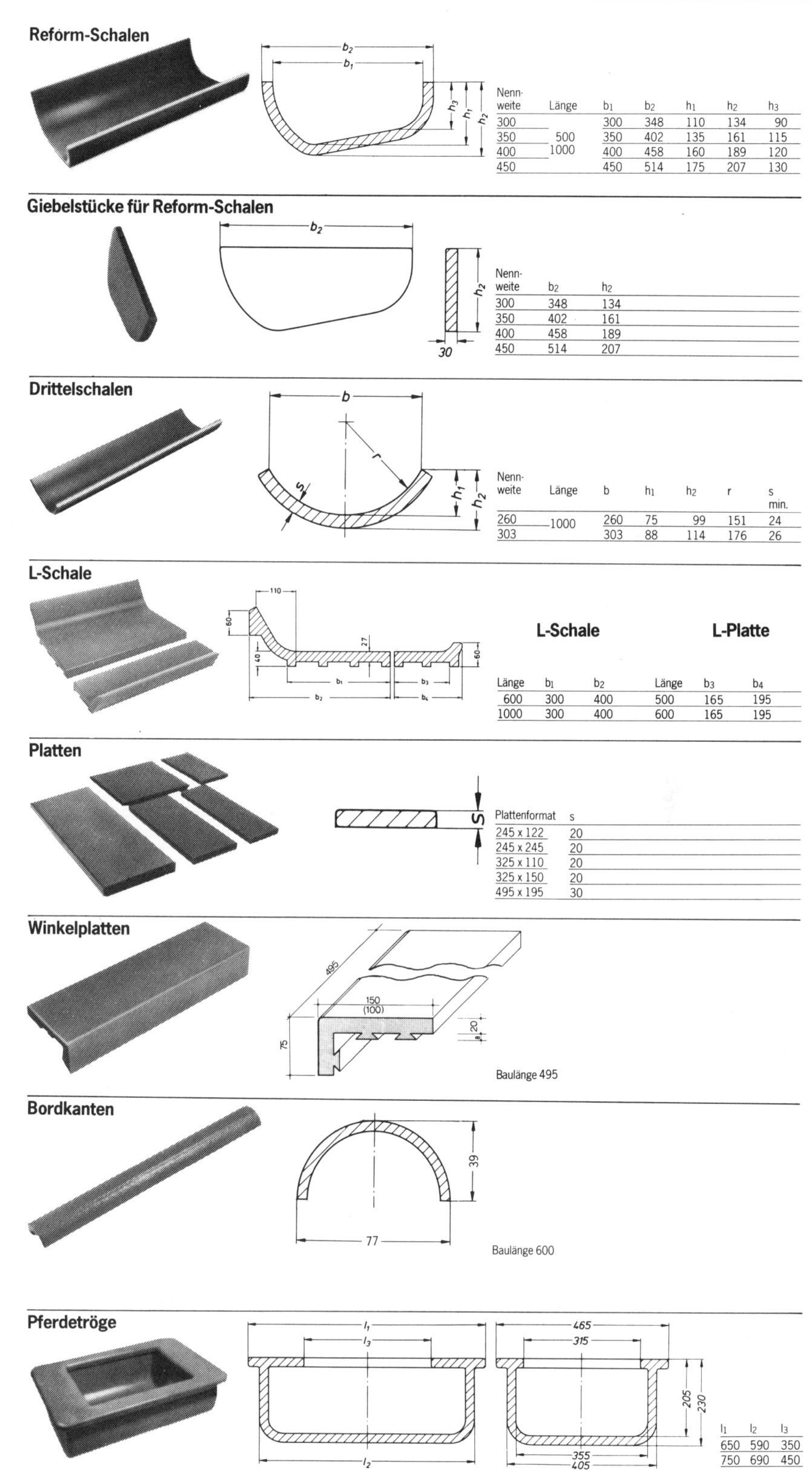

Reform-Schalen

Nennweite	Länge	b_1	b_2	h_1	h_2	h_3
300	500 1000	300	348	110	134	90
350		350	402	135	161	115
400		400	458	160	189	120
450		450	514	175	207	130

Giebelstücke für Reform-Schalen

Nennweite	b_2	h_2
300	348	134
350	402	161
400	458	189
450	514	207

Drittelschalen

Nennweite	Länge	b	h_1	h_2	r	s min.
260	1000	260	75	99	151	24
303		303	88	114	176	26

L-Schale / L-Platte

L-Schale Länge	b_1	b_2	L-Platte Länge	b_3	b_4
600	300	400	500	165	195
1000	300	400	600	165	195

Platten

Plattenformat	s
245 x 122	20
245 x 245	20
325 x 110	20
325 x 150	20
495 x 195	30

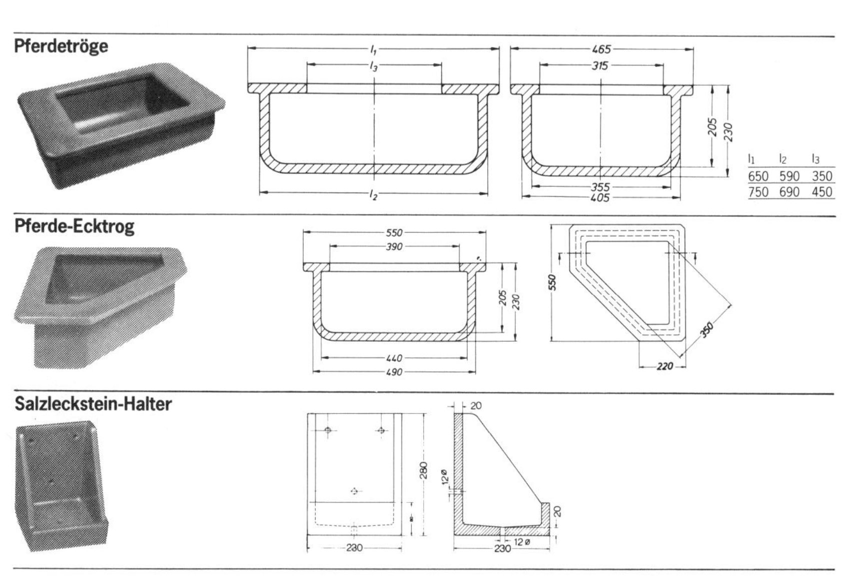

Pferdetröge

l_1	l_2	l_3
650	590	350
750	690	450

Betonrohre

Mit dem Beginn der industriellen Zementherstellung begann auch die Herstellung vorgefertigter Rohre aus Zementbeton.

Laut „Beton und Fertigteiljahrbuch 1982" sind schon Mitte des 19. Jahrhunderts „Cementgußröhren" hergestellt worden, im Jahre 1886 wurden in Deutschland die ersten „Cementröhren mit Eiseneinlagen" eingebaut. Betonrohre sind seit 1923 genormt, Stahlbetonrohre seit 1939.

Über den Grundstoff „Beton" ist alles Wesentliche auf Seite 80 nachzulesen, denn Aufbau, Körnung, ja die gesamte Betontechnologie unterscheidet sich nur in Feinheiten, die den Betonsteinfachmann interessieren.

Allenfalls kann man sagen, daß das Größtkorn des Korngemischs kleiner sein muß als im Hoch- und Ingenieurbau, da bei den Betonfertigteilen – und zu ihnen zählen die Betonrohre – die Wanddicken meist recht klein sind. Das Größtkorn darf 1/3 der kleinsten Wanddicke nicht überschreiten.

Wandverstärkte Betonrohre DIN 4032 mit Muffe DN 800 (Form KW-M)

Wandverstärkte Betonrohre DIN 4032 mit Muffe und Fuß DN 1200 (Form KFW-M)

Unterscheidungsmerkmale im Betonrohrsortiment

Nach dem *Rohrquerschnitt* unterscheiden wir Rundrohre (Kreisquerschnittrohre), Eiformrohre, Betonrohre mit Maulquerschnitt und Viereckrohre (rechteckiger oder quadratischer Rohrquerschnitt).

Die Betonrohre gibt es, je nach Anforderung, die die Auflasten in der Erde an die *Tragfähigkeit* der Rohre stellen, unbewehrt – vor allem bei den kleinen Lichtweiten anzutreffen – oder mit Stahlarmierung.

Rundrohre gibt es mit normaler Wandstärke und verstärkt. Sie werden vielfach mit Fuß hergestellt. Nach der Rohrverbindung unterscheiden wir Falzrohre und Glockenmuffenrohre.

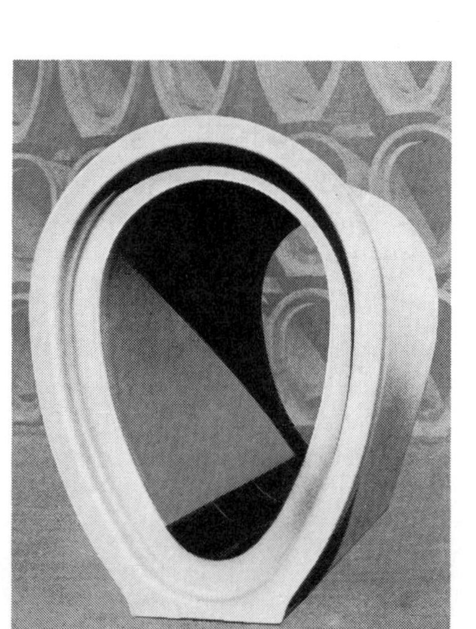

Betonrohr DIN 4032 mit Eiquerschnitt DN 700/1050 (Form EF-M)

Nach DIN 4032 sind folgende Nennweitenbereiche genormt:

- normalwandige Betonrohre mit Kreisquerschnitt (Rohrformen K und KF), Nennweitenbereiche DN 100 bis 800.
- wandverstärkte Betonrohre mit Kreisquerschnitt (Rohrformen KW und KFW), Nennweitenbereich DN 300 bis 1500.
- Betonrohre mit Eiquerschnitt (Rohrform EF), Nennweitenbereich DN 500/750 bis 1200/1800.

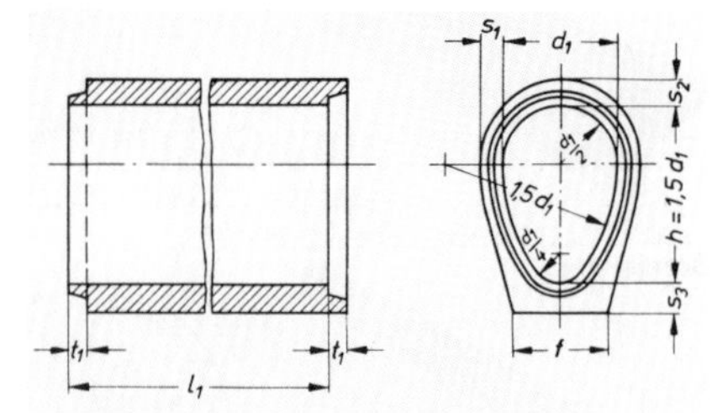

Betonrohr mit Eiquerschnitt mit Fuß (EF), mit Falz (F), Maßverhältnisse nach DIN 4032

Bezeichnungen

Nach DIN 4032 bezeichnet:

K Betonrohr mit Kreisquerschnitt ohne Fuß

KW Betonrohr mit Kreisquerschnitt ohne Fuß, wandverstärkt

KF Betonrohr mit Kreisquerschnitt mit Fuß

KFW Betonrohr mit Kreisquerschnitt mit Fuß, wandverstärkt

EF Betonrohr mit Eiquerschnitt mit Fuß

Die Ausführung der Betonrohre mit Muffe oder Falz wird durch Anfügen von -M für Muffe und -F für Falz bezeichnet.

Hauptsächliches Verwendungsgebiet der Betonrohre ist die Abwasserleitung.

Betonrohre sind meist Freispiegelleitungen. Das bedeutet, daß der Rohrquerschnitt nicht ausgefüllt ist. Im Rohr bildet sich ein Wasserspiegel.
Große Stahlbetonrohre können mit einer Trockenwetterrinne ausgestattet sein. Das ist eine kleine Rinne in der Mitte des abgeflachten Innenbodens.
Die Betonrohre werden in der Mehrzahl mit rundem Querschnitt im Nennweitenbereich von DN 250 bis etwa 4400 und mit Baulängen bis zu 5,0 m hergestellt (DIN 4035).
Stahlbetondruckrohre nach DIN 4035 und die dazugehörigen Formstücke aus Stahlbeton werden für Wasser- und Abwasserleitungen sowie in der Industrie eingesetzt, wo die Nenndrücke etwa 6 bar nicht überschreiten. Im Gegensatz zu den „echten" Stahlbetonrohren werden Rohre auch nur für den Transport bewehrt hergestellt.

Normen

DIN 1045 Beton und Stahlbeton
DIN 4032 Betonrohre und Formstücke
DIN 4033 Entwässerungskanäle und -leitungen
DIN 4035 Stahlbetonrohre

Hausabflußrohre

Die Verbindung zwischen den Sanitäreinrichtungen in den Wohnungen und den erdverlegten Abwasserleitungen bilden die Hausabflußrohrsysteme.
Eine Gruppe davon sind die im Handel als HT-Rohre bezeichneten Kunststoff-Abflußrohre. Sie sind heißwasserbeständig (HT = hochtemperaturbeständig) und schwerentflammbar.
HT-Rohre haben Steckmuffen mit einlegbaren oder eingebauten Dichtungselementen. Das Sortiment gleicht weitgehend dem der KG-Rohre. Die Abmessungen sind auch kleiner.
Als Verbindung kommen Steck- und Schweißverbindungen zur Anwendung.
Da Hausabflußrohre teilweise einbetoniert, oft eingemauert werden, muß vor allem der Heimwerker auf die wesentlich

größere Wärmeausdehnung der Kunststoffe im Vergleich zum Mauerwerk und Beton aufmerksam gemacht werden. Bei den hohen Temperaturunterschieden, die hier auftreten, muß für ausreichende Möglichkeit der Längen- und Dickenausdehnung gesorgt werden, da diese noch größer ist als bei Metallen.

Kanalrohre aus HDPE

Für große Abwasserleitungen haben sich Kanalrohre aus HDPE (High Density Polyethylene) bewährt.

Es sind extrudierte Vollwandrohre, in den Nenndruckklassen PN 3, 2/4/6 bis zu einem Außendurchmesser von 1200 mm lieferbar.

Es gibt Abzweige und Bögen sowie Schachtauskleidungen aus demselben Material.

Die Standardverbindung dieser Rohre ist die Stumpfschweißmethode. Sie können auch mit Flansch- oder Steckverbindungen verbunden werden, doch die Schweißmethode läßt zugfeste, längskraftschlüssige, dichte, korrosionsbeständige Verbindungen entstehen.

Kennzeichnung von Kunststoffrohren für Abwasserleitungen

Material	Rohrfarbe	Schriftzug/Farbe des Schriftzugs	Verwendungszweck	Genormt in DIN
PVC hart	hellgrau RAL 7032	PVC/N DIN 4102-B1 schwerentflammbar klebbar Verwendungsbeschränkungen beachten/blau	Lüftungsleitungen, Regenfalleitungen und Anschlußleitungen für Balkonentwässerungen, Klosett- und Urinalanschlußleitungen	19 531
PVC hart	hellgrau RAL 7032	PVC/C DIN 4102-B1 schwerentflammbar klebbar Verwendungsbeschränkungen beachten/grün	zusätzlich für Fall- und Sammelleitungen der DN 100, 125 und 150	19 531
PVC hart	orange-braun RAL 8023		Grundleitungen im Erdreich und unzugänglich im Baukörper	19 534
HDPE	schwarz	PE hart normalentflammbar schweißbar/gelb	alle Anwendungen für Abwasser im und am Gebäude, nicht für Leitungen im Erdreich	19 535
HDPE	schwarz		Grundleitungen im Erdreich und unzugänglich im Baukörper	19 537
PVCC	mittelgrau RAL 7037	PVCC DIN 4102-B1 schwerentflammbar, klebbar/rot	alle Anwendungen für Abwasser im und am Gebäude außer Standrohre, nicht für Leitungen im Erdreich	19 538
PP	mittelgrau RAL 7037	PP DIN 4102-B1 schwerentflammbar/rot	alle Anwendungen für Abwasser im Gebäude, nicht für Leitungen im Erdreich	19 560
ABS/ASA	mittelgrau RAL 7037	ABS/ASA DIN 4102-B2 normal entflammbar klebbar/gelb	alle Anwendungen für Abwasser im Gebäude, nicht für Leitungen im Erdreich	19 561

Das Material sowie der Verwendungszweck von Kunststoff-Kanal- und Hausabflußrohren läßt sich anhand der Rohrfarbe sowie der Farbe des ununterbrochenen Schriftzuges sofort erkennen.

Asbestzement-Kanal- und -Druckrohre

Fertigung

Asbestzementrohre werden aus einer homogenen Mischung aus Asbest, Zement und Wasser hergestellt.

Asbest ist eine kristalline Mineralfaser mit der Zugfestigkeit hochwertigen Stahls. Sie beträgt bis zu 2,2 kN/mm^2. Asbest ist chemisch und bakteriologisch beständig sowie feuerfest. Die Faser bindet die Zementpartikel adhäsiv bis zum naturbestimmten Gewichtsverhältnis von etwa 15:85.

Als ca. $^1/_{10}$ mm dünner, weitgehend entwässerter Asbestzementfilm wird die Mischung unter hohem Druck auf eine Stahlwalze nahtlos aufgewickelt. Die Oberfläche des Stahlkerns bestimmt die hydraulisch glatte Innenfläche des fertigen Rohres. Während des Herstellungsvorgangs entsteht durch hohe Verdichtung eine innige Verzahnung der einzelnen Wickelschichten. Der die spätere Festigkeit mitbestimmende Wasserzementfaktor ist extrem niedrig:

$W/Z \approx 0{,}28$.

Die hochfesten Asbestfasern, die während der Produktion auch eine statisch günstige Ausrichtung erhalten, bilden zusammen mit ihrer Haft- und Korrosionsfestigkeit eine unvergleichbar leistungsfähige Armierung. Um frei von Eigenspannungen abzubinden, lagern die Rohre bis zu zwei Wochen im Wasserbad. Danach folgen die Bearbeitung der Rohrenden auf Drehbänken sowie Kontrollen und Prüfungen einschließlich einer Innendruckprüfung.

Eigenschaften

Die Belastbarkeit, die bei größeren Rohren objektbezogen den Erfordernissen angepaßt wird, ist sehr hoch. Dasselbe gilt für die Ringzugfestigkeit bei Druckrohren. Die Rohre sind durch das Produktionsverfahren spannungsfrei. Außerdem steigern Asbestzementrohre, wie andere zementgebundene Baustoffe auch, durch Nachhärtung ihre Festigkeit.

Korrosionsbeständigkeit

Durch den hohen Zementanteil (ca. 85%), das dichte Gefüge und die Beständigkeit der Asbestfaser (Anteil ca. 15%) leisten Asbestzementrohre chemischen und biologischen Angriffen weitreichend Widerstand.

Dauerbeanspruchung durch verdünnte Säure bis pH-Wert 5 schadet nicht, in Moorböden haben sich die Rohre bewährt. Bei Grundwasser mit hohem Sulfatgehalt können die Rohre aus sulfatbeständigem Zement hergestellt werden.

Asbestzement-Kanalrohre und -Formstükke für Abwasserkanäle werden grundsätzlich innen mit einem Schutzanstrich versehen. Asbestzementrohre besitzen einen höheren Eigenwiderstand gegen Korrosion als Beton, und sie werden mit zunehmendem Alter noch chemisch widerstandsfähiger, so daß die Bedeutung der Schutzanstriche im wesentlichen in den ersten Jahren des Einsatzes der Rohre liegt.

In Sonderfällen kann das Material sowohl von innen als auch von außen jeweils mit einer Spezialbeschichtung versehen werden.

Verschleißfestigkeit

Langjährige Erfahrungen mit allen klassischen Kanalbauwerkstoffen zeigen, daß selbst bei extremen Betriebsbedingungen mit sehr steilen Sohlgefällen kein Abrieb auftritt[1].

Asbestzementrohre

Asbestzementrohre haben ihre hohe Verschleißfestigkeit sowohl im langjährigen Einsatz in der Praxis als auch in zahlreichen Prüfungen verschiedener Institute bewiesen[2, 3].

Untersuchungen von Professor Pöpel lassen bei normaler Sandfracht eine Lebensdauer von über 100 Jahren erwarten.

Ähnlich positive Ergebnisse erbrachten Untersuchungen der Baustoffprüfanstalt der Stadt Wuppertal[4].

Fließwiderstand

Im Arbeitsblatt ATV A 110 „Richtlinien für die hydraulische Berechnung von Abwasserkanälen" der Abwassertechnischen Vereinigung e. V., St. Augustin, sind die Anforderungen an Abwasserkanäle und deren Anschlüsse festgelegt.

Aufgrund der geringen Rauhigkeit von 0,01 bis 0,02 mm ergibt sich für die normale Kanalstrecke eine betriebliche Rauhigkeit von $k_b = 0{,}4$ mm und für die gerade Kanalstrecke ohne Schächte und seitliche Anschlüsse von $k_b = 0{,}25$ mm.

Hierdurch ist gewährleistet, daß der Fließwiderstand von Asbestzement-Kanalrohren nicht nur die Einhaltung der ATV-Richtlinien, sondern darüber hinaus auch höhere Durchflußleistungen sichert.

Asbestzement-Kanalrohre inkrustieren nicht, deshalb erübrigen sich Zuschläge für die hydraulische Bemessung.

AZ-Druckrohre haben ebenfalls die erwähnten betriebstechnisch günstigen physikalischen Eigenschaften: niedriger E-Modul, geringe Rauheit, niedrige Wärmeleitfähigkeit.

DIN-Normen

Kanalrohre

E DIN 19 840 Teil 1: Faserzement-Abflußrohre und -Formstücke für Abwasserleitungen, Maße; Teil 2: Rohrverbindungen, Maße, Technische Lieferbedingungen

Druckrohre

DIN 19 800 Asbestzementrohre und -formstücke für Druckrohrleitungen; Teil 1: Rohre, Maße; Teil 2: Rohre, Rohrverbindungen und Formstücke, technische Lieferbedingungen; Teil 3: Rohrverbindungen, Maße

DIN 802 Gußeiserne Formstücke für Asbestzement-Druckrohrleitungen

[1] W. Kiefer, Abwassertechnik 3/75, Seiten 38 ff.
[2] R. Karsten: Gutachten über AZ-Kanalrohre, Aachen 1972
[3] Hünerberg: Das Asbestzement-Druckrohr, Springer-Verlag 1963
[4] H. Bauch: GWF 109, Jahrgang 1968, Seite 413–418.

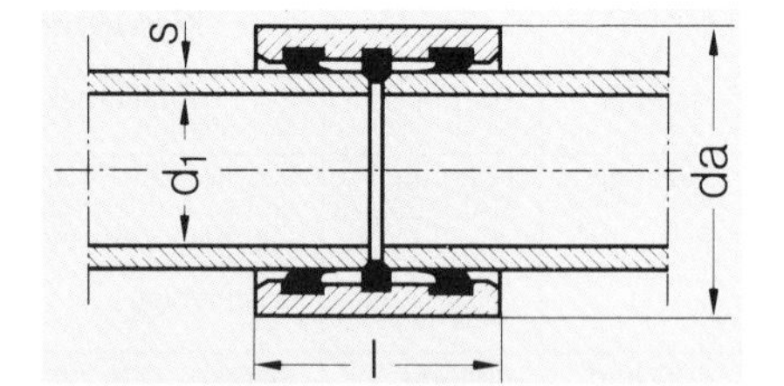

RKG-Kupplungen mit langlippigen Reka-Dichtungsringen ermöglichen die Verbindung unkalibrierter Kanalrohre. Durch sie wird das Verlegen besonders dann wesentlich vereinfacht, wenn häufig Schnitte auszuführen sind, z. B. bei Anschlußkanälen.

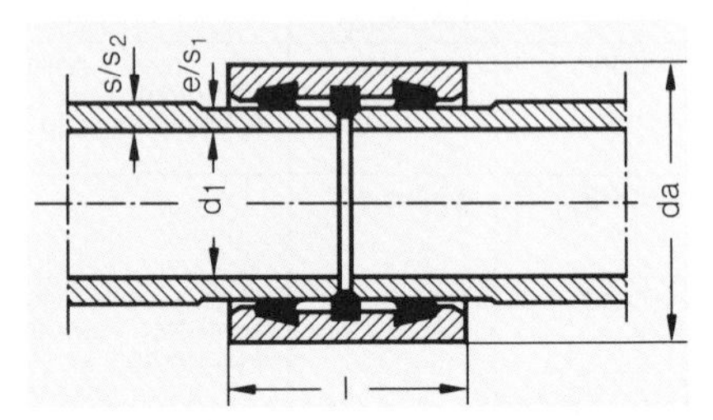

Reka-Kupplung RKK bzw. RK für Kanal- und Druckrohre.

Asbestzement-Kanalrohre

Lieferprogramm

Asbestzement-Kanalrohre sind von DN 100 bis DN 1500 genormt. Größere Nennweiten werden nach bauaufsichtlicher Zulassung und Werksnorm bemessen. Nach der Tragfähigkeit werden sie in die Rohrklassen A (Standardklasse) und B (schwere Klasse) eingeteilt.

Die Rohrenden können unbearbeitet oder bearbeitet, d. h. auf eine geringere Toleranz, als sie das Herstellungsverfahren erlaubt, abgedreht sein. In der Rohrklasse A sowie bei Rohrklasse B ab DN 400 werden sie immer bearbeitet geliefert.

Die genormten Baulängen sind 4 und 5 m, beliebige Paßlängen werden auf Anfrage hergestellt.

Rohrkupplungen

Die Lösungen der verschiedenen Hersteller für die unterschiedlichen Verbindungsarten sind einander recht ähnlich.

Asbestzement-Kanalrohre werden bis DN 350 mit der RKG und ab DN 400 immer mit der seit Jahren auf dem Druckrohrsektor bewährten RKK-Kupplung verbunden.

Unter Beachtung der Verlegehinweise gewährleisten sie eine gegen Innen- und Außendruck dauerhaft dichte Verbindung.

Die RKG-Kupplung überbrückt die fertigungsbedingten Toleranzen der Rohraußendurchmesser, so daß mit ihr unkalibrierte Kanalrohre verbunden werden können.

Im eingebauten Zustand lassen die Kupplungen auf jeder Seite nennweitenbedingt Abwinkelungen bis 3° zu (Doppelgelenk-Kupplung mit 6° Abwinkelungsmöglichkeit), ohne daß die Dichtfunktion beeinflußt wird.

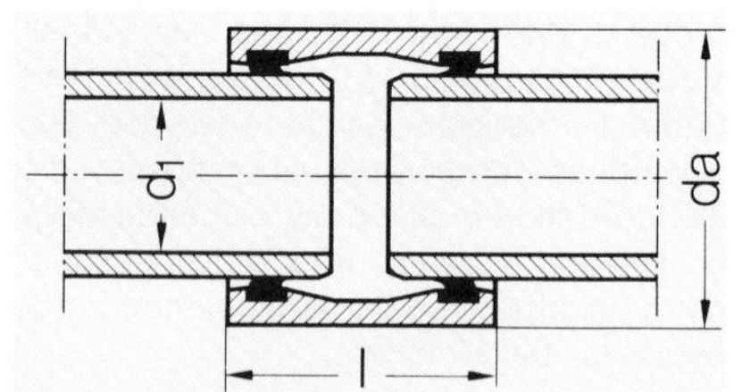

Ist bei einer verlegten Leitung mit außergewöhnlichen Setzungsunterschieden zu rechnen oder ist eine stark gekrümmte Leitungstrasse vorgesehen, so wird der Einsatz der stark auslenkbaren Reka-Langkupplung empfohlen. Diese Kupplung kann bei voller Funktionsfähigkeit, abhängig von der Nennweite, Längenänderungen zwischen 70 und 200 mm aufnehmen und bis zu 15° ausgewinkelt werden. Reka-Langkupplungen sind mit den gleichen Dichtungsringen wie die Normal-Kupplungen versehen. Der Distanzring entfällt jedoch.

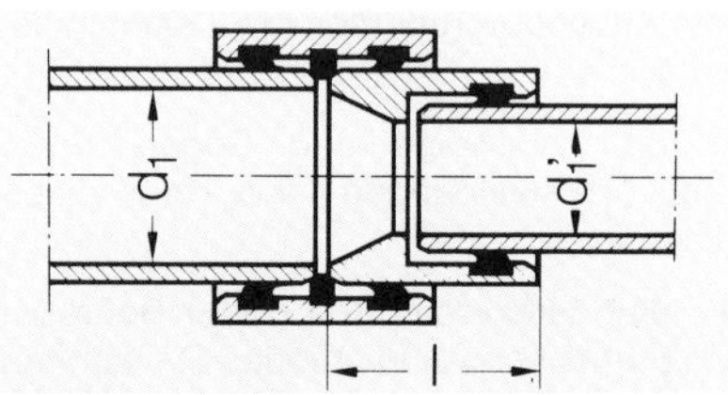

Die Reka-Reduzierkupplung verbindet Rohre unterschiedlicher Nennweiten. Sie ist kein selbständiges Verbindungselement, sondern besteht aus einer reduzierenden AZ-Hülse mit Reka-Dichtung, die in die normale Reka-Kupplung der größeren Nennweite eingeschoben wird. Sie wird hauptsächlich in der Grundstücksentwässerung angewendet.
Beim Standardschacht-Grundkörper mit gleichgroßen Einbindekupplungen können mit der RKGR kleinere Zuläufe angeschlossen werden.

Zu jedem Rohr wird eine Kupplung mit einem Distanzring und Lippendichtringen geliefert. Bis einschließlich DN 400 werden diese Gummiringe werkseitig eingelegt. Bei den Nennweiten ab 450 mm müssen die Dichtringe bauseits eingelegt werden.

Die Dichtringe sind mit der jeweiligen Nennweite gekennzeichnet. Für Kanalrohrverbindungen gelten die Anforderungen der DIN 19 543.

Die äußeren Stirnkanten aller Rohre sind zum Aufschieben der Kupplung angefast. Bei der Herstellung von Paßlängen sind die Rohre bis DN 350 nicht weiter zu bearbeiten, da die Reka-Kupplung (RKG) die Wanddickentoleranzen der unbearbeiteten Rohre aufnehmen kann.

Geringfügige Toleranzüberschreitungen einzelner Rohre werden durch Abdrehen des Schaftendenumfanges bzw. Teilumfanges werkseitig ausgeglichen.

Durch ihre Abdrehung sind diese Rohre optisch von den übrigen Rohren zu unterscheiden. Sie wären nach bauseitigem Trennen zu bearbeiten und sollten deshalb für Paßrohre nicht verwendet werden.

Zur Verbindung mit der Reka-Kupplung (RKK) ab DN 400 werden die Rohrenden werkseits abgedreht (kalibriert). Von DN 400 bis einschließlich DN 600 sind die Rohre der Klasse B auf die Schaftenden der

Klasse A abgedreht, so daß heute Klassen mit der gleichen Kupplung versehen werden. Die Abdrehlänge beträgt halbe Kupplungslänge. Ab DN 700 werden für Klasse A und Klasse B unterschiedliche Kupplungen geliefert, und die Rohre sind auf die volle Kupplungslänge abgedreht.

Die in den Tabellen der Hersteller angegebene Wanddicke S_{min} bezeichnet die Mindestdicke des unabgedrehten Rohres. Aus produktionstechnischen Gründen haben die Rohre meist eine gewisse Überwicklung. Die Wanddicke am abgedrehten Schaftende wird mit e bezeichnet.

Nicht abgebildet sind die zugfeste Kupplung, die Reka-Übergangskupplungen auf Rohre gleicher Nennweite, jedoch verschiedener Wanddicke, die Übergangsmanschetten auf PVC sowie auf Steinzeug oder Beton und der Endverschluß.

Formstücke

Es gibt eine solche Vielzahl von Formstükken, daß auch hier nur die wichtigsten abgebildet werden können. Das Programm eines Herstellers umfaßt: Abzweige 45° und 90°, Sattelstutzen 45°, Abzweigstutzen 90°, Bauwerkstutzen, Bogen 15, 30, 45 und 90°, Segmentbogen bis 90°, Reinigungskästen und Putzstücke.

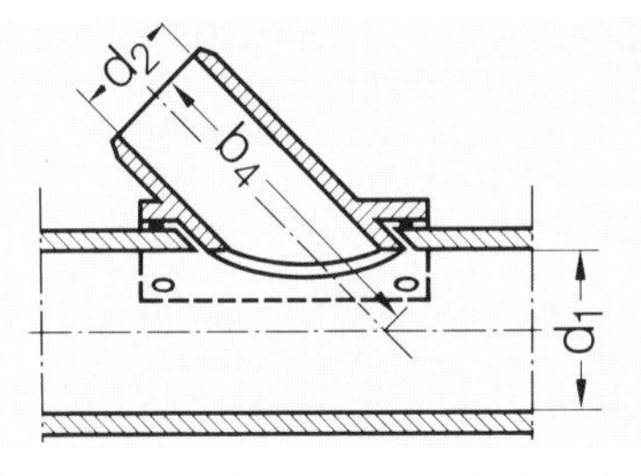

In immer größerem Umfang werden für die Einbindung von Anschlußkanälen in den Hauptkanal Stutzen verwendet, die im Gegensatz zu den Abzweigformstücken direkt in das durchlaufende Kanalrohr auf der Baustelle eingesetzt werden können. Durch ihre Verwendung läßt sich der Verlegevorgang wirtschaftlicher und zeitsparender gestalten, da Paßlängen und die zusätzliche Kupplung für das Einbinden des Abzweigformstücks in der Hauptleitung entfallen und der Abwasserkanal ohne Unterbrechung zügig verlegt werden kann. Besonders vorteilhaft ist es, daß die Anschlüsse an den Hauptkanal erst nachträglich im Zusammenhang mit der Verlegung der Anschlußkanäle vorgenommen werden können. Die Sattelstutzen werden mit nichtrostenden Schrauben auf der Hauptleitung befestigt. Die Dichtung erfolgt mit einem Profilgummiring. Bei der Bestellung müssen die Nennweite und die Rohrklasse des Hauptkanals angegeben werden. Die Lieferung erfolgt komplett mit Befestigungsmaterial und Gummiring.

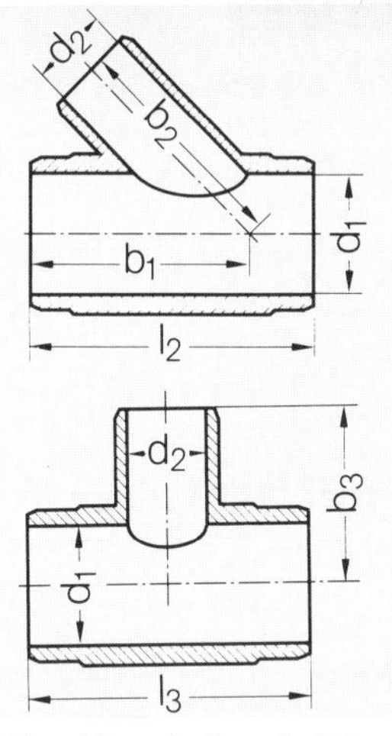

Hausanschlüsse können im Zuge der Rohrverlegung vorgesehen werden. Wenn die Anschlußpunkte bereits exakt feststehen, bevorzugt im kleinen Nennweitenbereich (RKG-Bereich), sind dazu die Abzweigformstücke mit Abzweigstutzen unter 45° (EEC) oder 90° (EEB) einzusetzen.

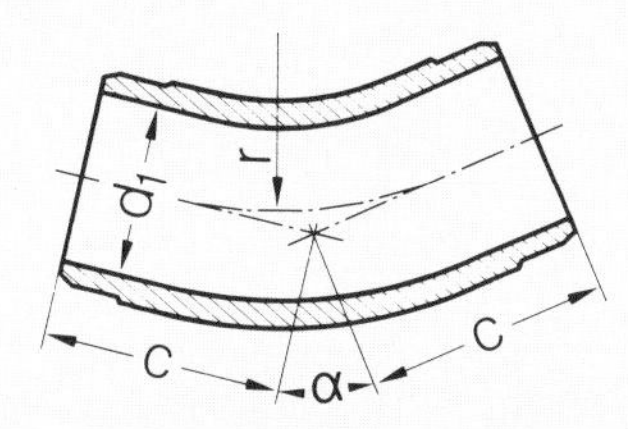

Bogen stehen für den Richtungswechsel von $\alpha = 15°$, 30° und 45° für DN 100 – 400 und zusätzlich für Richtungswechsel von $\alpha = 90°$ für DN 100–200 zur Verfügung. Die Bogen (EEK) bis DN 400 sind im Injektionsverfahren bzw. handgeformt ganzteilig hergestellt. Sie entsprechen in ihrer Belastbarkeit den zugehörigen Rohren.

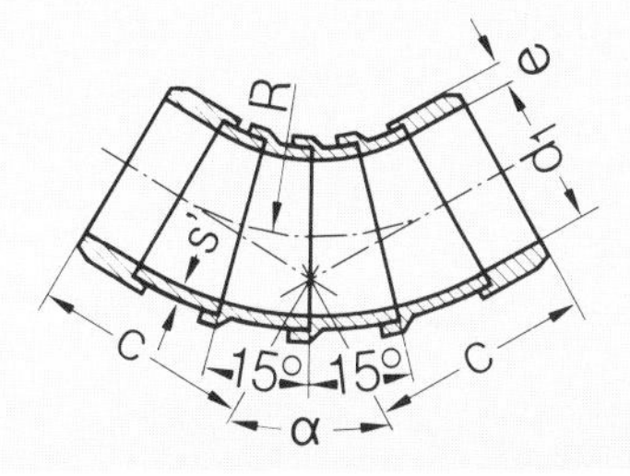

Von DN 450 bis DN 2000 werden aus handgeformten 15°-Segmenten Bogen bis maximal 90° zusammengesetzt. Die Belastbarkeit der Segmentbogen (EK) muß durch eine Betonummantelung sichergestellt werden (gem. DIN 4033). Ihre Anwendung erfolgt bei Richtungsänderungen in Kanälen ab DN 1100, bevorzugt im Zusammenhang mit Aufsatzschächten.

Asbestzement-Druckrohre

Lieferprogramm

DIN 19 800 legt Maße und Nenndruckstufen für Nennweiten von DN 65 bis DN 600 fest. Hergestellt und geliefert werden sie bis DN 2000, wobei die Nennweiten über DN 600 werksseitig objektbezogen bemessen werden müssen. Die genormten Nenndruckstufen betragen: PN 16, PN 12,5, PN 10 (ab DN 80), PN 6 (ab DN 100), PN 2,5 (ab DN 150). Die Rohre werden in Längen von 4000 und 5000 mm sowie in Paßlängen hergestellt.

Rohrkupplungen

Die übliche und in DIN 19 800, Teil 3 genormte Kupplung für Asbestzement-Druckrohre ist die bei den Kanalrohren besprochene Reka-Kupplung RK. Auch für die Druckrohre gibt es Übergangskupplungen auf Asbestzementrohre mit anderer Druckstufe, auf Guß-, Stahl und Kunststoffrohre, Langkupplungen und zugfeste Kupplungen. Zusätzlich zu den bei den Kanalrohren genannten Kupplungen gibt es noch die Abzweigkupplung für den Hausanschluß und Winkelkupplungen für Auswinkelungen von 8 bis 15 sowie von 20 bis 25°.

Formstücke

Alte Formstücke für Asbestzement-Druckrohre werden aus Grauguß hergestellt. Sie sind in DIN 19 802 bis 19 808 genormt. Zu nennen sind die Bögen mit 11¼-, 22½, 30-, 45- und 90°-Krümmung, senkrechte Abzweige mit Schaftstutzen,

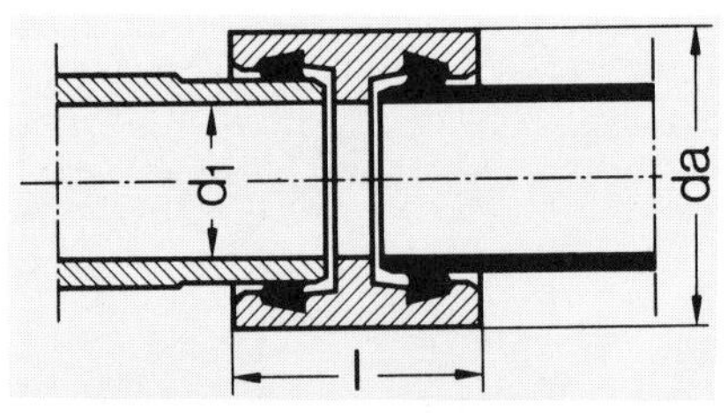

Reka-Übergangskupplung AZ-Guß/Stahl/Kunststoff

mit einem und mit zwei Flanschstutzen, Übergangsstücke, auch mit Flansch am weiten Ende, Einflanschstücke, auch in langer Ausführung mit Mauerflansch, sowie Endstopfen und Reinigungskästen.

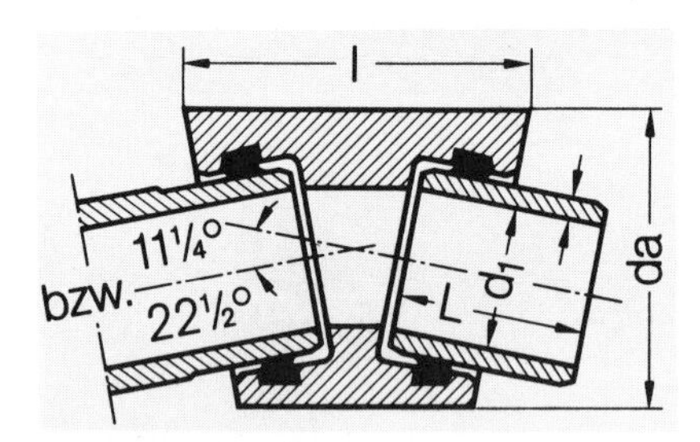

Reka-Winkelkupplung

GFK-Kanalrohre

Auch aus einem Verbundwerkstoff hergestellt werden die Kanalrohre aus glasfaserverstärktem Polyesterharz (UP-GF)
Die Innen- und Außenschicht ist jeweils aus Kunstharz aufgebaut, das mit Glasfaser armiert ist. Dazwischen ist eine Schicht eingearbeitet, die aus glasfaserarmierter Quarzsand-Kunstharzmischung besteht.
Die Außen- und Innenschicht sind dadurch sehr glatt und sehr tragfähig. Die Innenschicht, deren Dicke von den statischen Anforderungen bestimmt wird, hat Quarzsand als Zuschlagstoff, als Tragegerüst.
Die Rohre werden im Schleuderverfahren hergestellt und dabei durch sehr hohe Rotationsgeschwindigkeit hoch verdichtet.
Nach Angaben der Hersteller sind die Rohre hoch korrosionsbeständig gegen aggressive Wässer. Sie sind innen glatt und nicht schwer.
Die Rohre und alle gängigen Formstücke dazu werden in den Abmessungen DN 200 bis 2400 mm und mit einer Baulänge von 6,0 m geliefert.
Verbunden werden die Rohre und Formstücke durch Doppelmuffenkupplungen.

PVC-Kanalrohre (KG-Rohre)

Rohre und Formstücke aus PVC-U (Polyvinylchlorid hart), meist nur KG-Rohre genannt (KG = Kanalgrundleitung), haben sich seit mehr als 20 Jahren bewährt: Sie sind seit 1967 vom Institut für Bautechnik (IfBt) zugelassen.

Der Vorteil der KG-Rohre ist ihr geringes Gewicht (ein Rohr DN 200 in 5 m Länge wiegt 21 kg!), was Transport und Verarbeitung erleichtert. KG-Rohre sind korrosionsfest und haben sichere Dichtungen. Nur sehr große Erdlasten setzen der Einsatzmöglichkeit Grenzen.

KG-Rohre, die längere Zeit in der Sonne lagern, verblassen. Es besteht die Gefahr der Versprödung der Oberfläche durch den UV-Anteil des Sonnenlichts. Langfristige Lagerung sollte sonnengeschützt erfolgen.

Herstellung

Kunststoff-Kanalrohre werden im Extrusions-, Formstücke im Spritzgießverfahren aus dem thermoplastischen organischen Werkstoff Polyvinylchlorid hart (PVC-U) ohne Weichmacher und Füllstoffe hergestellt. Sie haben glatte Wandungen innen und außen und sind orangebraun (RAL 8023).

Verlegung

Der Rohrverbindung dienen Muffen, in die ein Dichtring in eine vorhandene Nut eingelegt wird. Das Spitzende des Rohres ist einige mm angeschrägt. Zum Einführen der sehr paßgenauen Rohre in die Muffe verwendet man ein Gleitmittel (nur Anschrägung des Einsteckendes gleichmäßig mit Gleitmittel bestreichen).
Es gelten die Verlegeanleitung des Kunststoffrohrverbandes e. V. sowie die Verlegeanleitung des Herstellers. Der Rohrverbindung dienen Steckmuffen, in die ein Dichtring in die vorhandene Nut eingelegt wird.
Das Ablängen der PVC-Kanalrohre ist im Bedarfsfall mit einem geeigneten Kunststoffrohrschneider bzw. einer feinzahnigen Säge vorzunehmen. Durch eine mittels Schneidlade geführte Säge wird ein rechtwinkliger Schnitt erreicht. Bei größeren Rohrabmessungen kann eine für PVC geeignete Trennscheibe verwendet werden. Die Rohrenden sind mit einem Anschrägwerkzeug oder einer grobhiebigen Feile unter einem Winkel von ca. 15° zur Außenwand anzuschrägen. Die Kanten

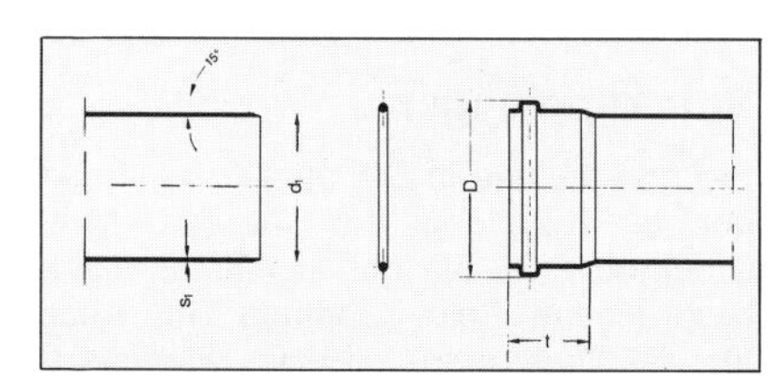

Die Verbindung der Rohre erfolgt durch Steckmuffen.

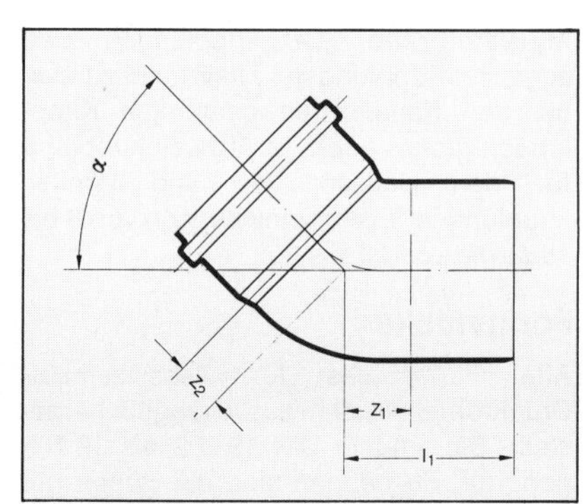

Bogen mit Steckmuffe, lieferbar in den Krümmungen 15°, 30°, 45°, 67½°, 87½°

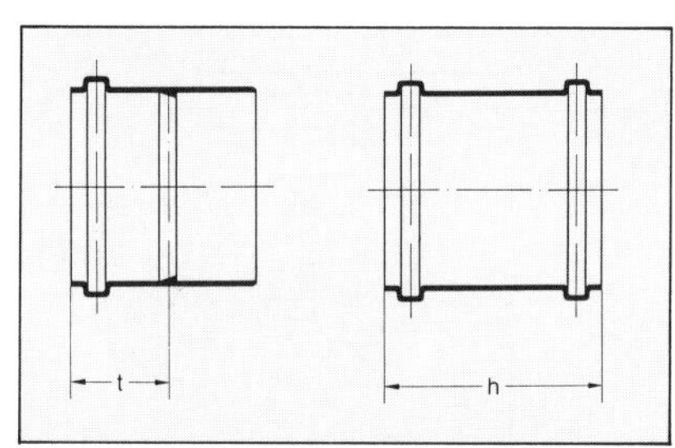

Links: Aufklebemuffen (Einzelmuffen) zum Aufkleben auf abgelängte Rohre, deren Muffe fehlt

Rechts: Überschiebmuffen dienen ebenfalls dem Zweck, Rohre zu verbinden, von denen einem die Muffe fehlt

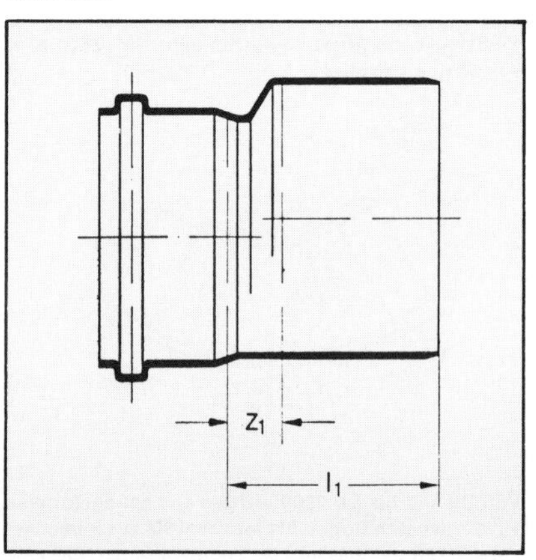

Übergangsrohre (Reduktionen) ermöglichen den Übergang auf eine andere Nennweite. Das Spitzende ist für die größere Muffe, die Muffe des Übergangsrohres für das kleinere Spitzende bemessen

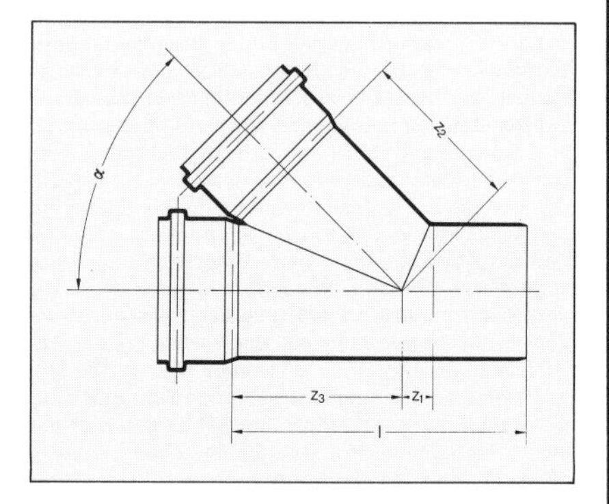

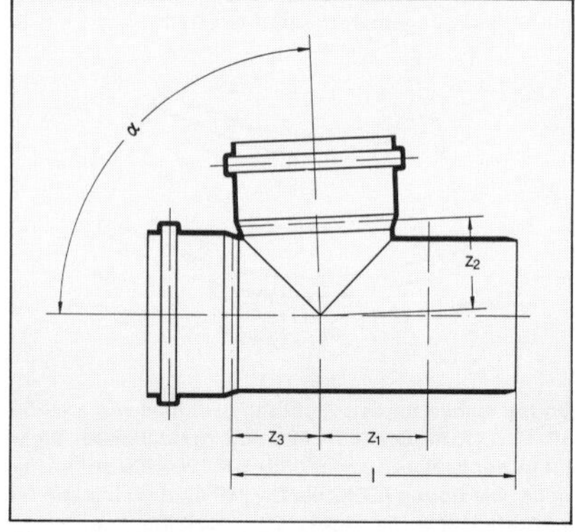

Abzweige mit Steckmuffe, Abgang 45° (schräg) oder 87½° (senkrecht)

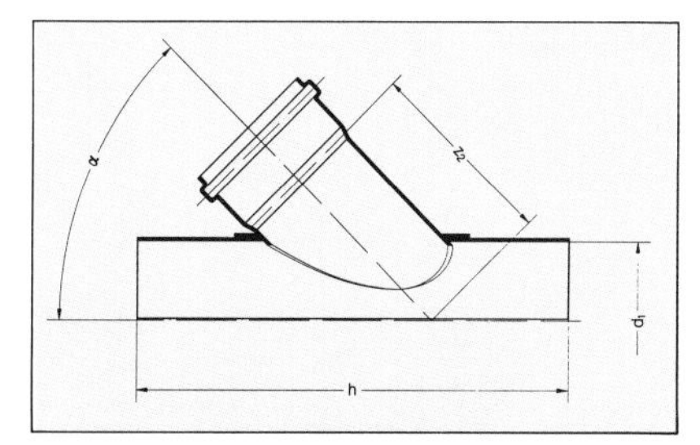

Klebeschellen 45° zum nachträglichen Aufsetzen auf Rohre oder vorhandene Leitungen

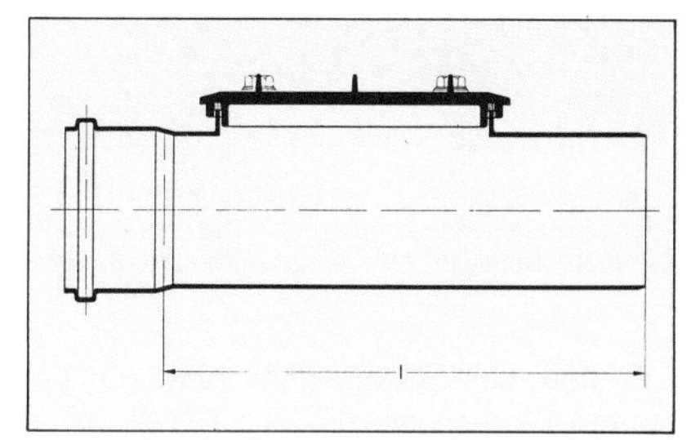

Reinigungsrohre aus PVC hart haben einen Aufschraubdeckel und ermöglichen Reinigung der Leitung in beiden Richtungen

sind zu entgraten, damit keine Beschädigung des Dichtringes erfolgen kann.

PVC-Kanalrohre vertragen bis zu DN 200 geringfügige Krümmungen, z. B. bei DN 150 und 12 m Leitungslänge 0,38 m Stichmaß.

Die Rohre sind nur bei sehr tiefen Wintertemperaturen bruchempfindlich.

PVC-Kanalrohre und -Formstücke sind zur Ableitung von chemisch aggressiven Wässern im Bereich von pH 2 (sauer) bis pH 12 (basisch) geeignet. Bei Ableitung industrieller Abwässer ist das Beiblatt 1 zu DIN 80 61 zu beachten.

Das Lieferprogramm

Rohre und Formstücke gibt es in den Nennweiten DN 100, 125, 150, 200, 250, 300, 400 und 500.
Baulänge der Rohre: 500, 1000, 2000 und 5000 mm.
Ein umfangreiches Formstückprogramm, -Bogen, Einfachabzweig, -Sattelstück (Klebschelle), -Überschiebmuffe, -Übergangsrohr, -Aufklebemuffe, -Reinigungsrohr und -Muffenstopfen steht zur Verfügung.
Daneben gibt es Formstücke, um Anschlüsse an Leitungen aus anderem Rohrmaterial problemlos herstellen zu können:
- Gußrohr (Spitzende) an Rohr (Muffe) KG
- Steinzeugrohr (Spitzende) an Rohr (Muffe) KG
- KG-Rohr (Spitzende) an Steinzeugrohr (Muffe)
- Asbestzementrohr (Spitzende) an Rohr (Muffe) KG
- KG-Rohr (Spitzende) an Asbestzementrohr (Muffe)

Normen

Die Rohre und Formstücke aus PVC hart müssen der DIN 19 534, Teil 1 und 2, die Rohrverbindungen der DIN 19 543 entsprechen.

PVC-Dränrohre

Als die „gelben Kunststoffschlangen" zu Beginn der 60er Jahre auf den Markt kamen, hat niemand geahnt, wie schnell diese flexiblen, doch in sich stabilen Rohre das gute alte Ton-Dränagerohr verdrängen würden.
Wer sich noch an die Arbeit erinnern kann, die mit den Ton-Dränagerohren verbunden war – und dann die heutigen Verlegemaschinen bei der Arbeit sieht, der weiß warum.
Inzwischen ist ein Rohr- und Formstücksortiment entstanden. Um dieses Sortiment überschaubar, verwendbar zu machen, geht man vorteilhafterweise davon aus, welches Problem womit gelöst werden kann.

Drei große Gebiete fallen zuerst ins Auge:

1. **Grundmauerschutz im Hochbau (Baugrundentwässerung)**
2. **Grundwasserabsenkung im Landbau (Bodenverbesserung)**
3. **Entwässerung von Straßen und Plätzen.**

Anzufügen sind noch Problemlösungen für

Dachgartenbewässerung,
Baumbewässerung (Straßenbäume),
womit wahrscheinlich noch nicht alle Möglichkeiten aufgeführt sind.

Der Grundmauerschutz im Hochbau

Kellermauerwerk, auch verallgemeinernd als erdverbautes Mauerwerk bezeichnet, nimmt in ungeschütztem Zustand die Feuchtigkeit des anlagernden Bodens auf. Die Kapillarität (Haarröhrchenwirkung) wie im Abschnitt Grundwissen beschrieben, bewirkt, daß die eingedrungene Feuchtigkeit nach oben in die sich anschließenden Teile des Baukörpers weiter ansteigt.
Andrängendes Wasser, als Hangwasser, Grundwasser, auch Oberflächenwasser, das in der im Vergleich zum umgebenden Erdreich lockeren Verfüllung des Arbeitsraumes sich am Mauerwerk staut, würde durch das Mauerwerk dringen und die Kellerräume unbenutzbar machen.

Zwei Probleme stehen also an:
Schutz vor der Erdfeuchte
Ableitung anfallenden Wassers, Vermeidung eines Wasserstaus.

Seit Jahrzehnten wird das Mauerwerk gegen die Erdfeuchte des anlagernden Erdreichs mit bituminösen Anstrichen oder auch mit anderen Beschichtungen geschützt. Daß diese Anstrichschicht schutzbedürftig ist, haben schon ungezählte Hausbesitzer erfahren müssen.

So haben sich Methoden zum Schutz der Feuchteisolierung entwickelt, die sich von porösen Styroporplatten über Porenbetonplatten, Leichtbauplatten, Bitumenwellplatten, Asbestzementwellplatten bis hin zu Kokosfasermatten und verschiedenen Vliesen erstrecken. Diese Produkte haben die Aufgabe, die eigentliche Isolierung vor mechanischer Beschädigung (z. B. beim Verfüllen der Baugrube) zu schützen, bzw. (je nach Produkt) das anfallende Wasser schon vor Erreichen des Mauerwerks in die darunterliegende Dränageleitung abzuleiten, indem das Material dem Wasserdurchfluß weniger Widerstand entgegensetzt als das umgebende Erdreich. Ausschlaggebend ist, daß unmittelbar darunter die Dränageleitung liegt, die das anfallende Wasser in die Kanalisation einleitet.

Dazu verlegt man meist ringförmig um das Haus in Höhe der Mauerfundamente das PVC-Dränrohr, meist in der Nennweite 80 oder 100 mm.

Das Rohr ist durch seine Wellung flexibel, so daß eine 90°-Biegung auch ohne Formstücke erreicht werden kann (s. Bild). Für die Gebäudedränage gibt es auch spezielle Formstücke.

Um die vom Wasser mitgeführten feinen Bodenteilchen nicht in die Leitung gelangen zu lassen, umgibt man die Dränrohre bei der Gebäudedränage mit einer Kiesfilterschicht, in der Landwirtschaft je nach Bodenart mit einem Filtermantel, meist aus Kokosfasern. Das bisher aufgeführte

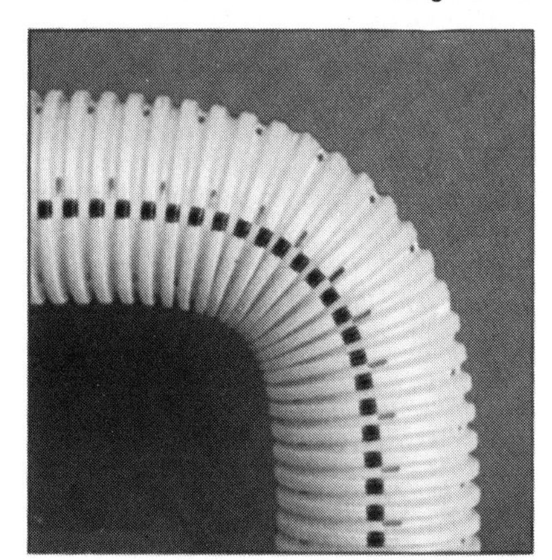

Dränrohr aus PVC hart

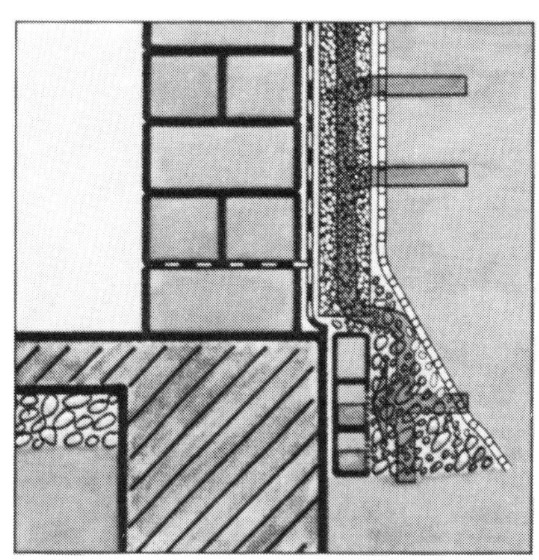

Interessante Problemlösung: Die Ringdränage dient hier gleichzeitig als verlorene Schalung für die Bodenplatte des Hauses.

PVC-Dränrohre

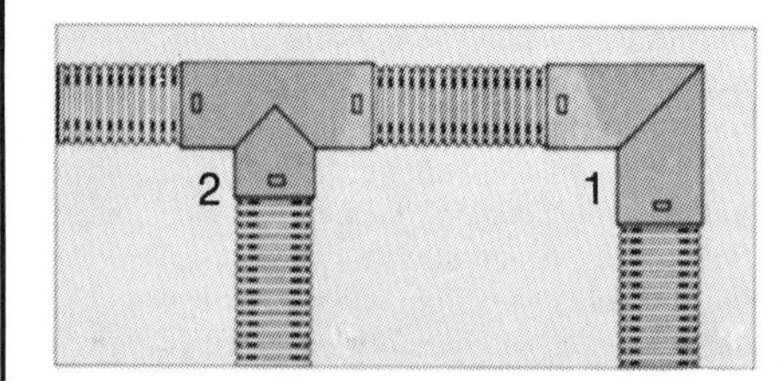

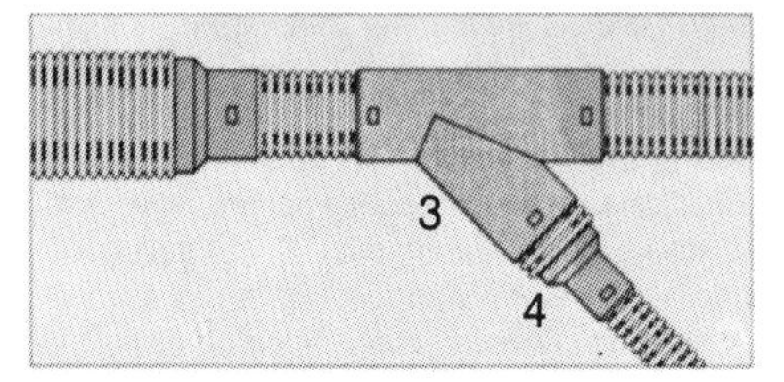

Rohrverbindungen: 1. Eckverbindung bei Ringdränagen durch 90°-Winkel, 2. Rechtwinklige Rohreinmündung durch T-Stück, 3. Rohreinmündung 45° durch Schrägstück, 4. Reduzierung in Dränsträngen auch in Verbindung mit Schrägstücken durch Zwischenschaltung kurzer Dränrohrstücke.

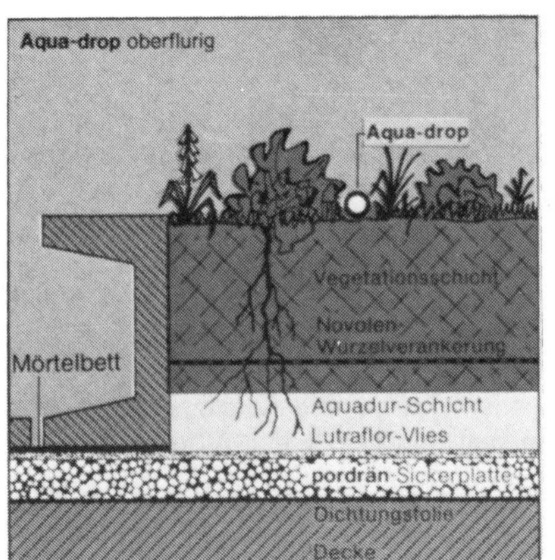

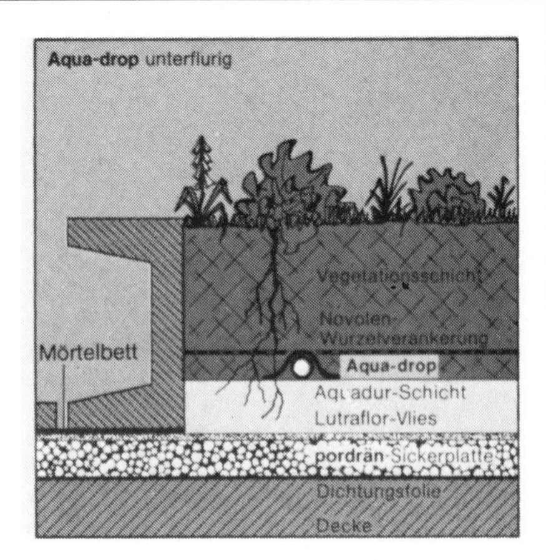

Aufbau eines Dachgartensystems: Über einer wurzelfesten, gegen Polystyrol und Bitumen beständigen Dachabdichtung folgt eine Dränschicht (EPS-Sickerplatten), darauf ein Filtervlies, darüber eine Hygromullschicht und zuletzt die eigentliche Vegetationsschicht. Bei diesem Aufbau kann auch eine Tropfbewässerung (Wasser- und Düngerzufuhr) integriert werden.

Verfahren, in einem geschlossenen System vervollständigt, wird von einigen Herstellern komplett angeboten.

Eine interessante Lösung ist die Kombination „Schalung und Dränage", auch ein komplettes System, an das dann allerdings der Mauerschutz noch angeschlossen werden muß.

Gebräuchliche Abmessungen für diese Aufgaben: DN 80 und DN 100 und deren Formstücke, selten DN 65 und DN 125. Die Dränrohre werden in Ringen von 50 m geliefert.

Im Gegensatz zu der bisher behandelten Problemlösung für den Hausbauer, die vielfach in Eigenleistung hergestellt wird, werden die folgenden Gebiete fast ausschließlich von Planern ausgeschrieben und von Tiefbauunternehmen ausgeführt.

Die Grundwasserabsenkung im Landbau

Eine sehr wichtige Maßnahme zur Verbesserung saurer Böden in Gebieten mit hohem Grundwasserspiegel ist die Dränage. Sie wird von Spezialfirmen ausgeführt, die über die unten gezeigten Geräte verfügen. Verwandt werden überwiegend Vollfilterrohre, also mit Kokosfaser umwickelte Dränrohre, wobei die kleinen Abmessungen von DN 50 und DN 65 ebenso zur Anwendung kommen.

Die Entwässerung von Straßen und Plätzen

Eingesetzt werden hier nicht flexible, sondern starre Rohre mit angeformtem Fuß und im Gegensatz zu den flexiblen Dränrohren, die ringsum mit Schlitzen versehen sind, sind diese Rohre meist nur im oberen Teil geschlitzt.

Abmessungen ab DN 80,

Baulänge der Rohre 5,00 m

Normen

DIN 1185 Dränung

DIN 1187 Dränrohre aus weichmacherfreiem Polyvinylchlorid (PVC hart); Maße, Anforderungen, Prüfungen

Ein Teilsickerrohr speziell für die Entwässerung von Straßen, Flugplätzen, Sportanlagen usw.

System zur Baumbewässerung: Es besteht aus dem Bewässerungsrohr (DN 80), einem T-Stück und einer Endkappe. Das Wasser wird über die Endkappe zugeführt.

Rationell: Die maschinelle Verlegung von Dränrohren im landwirtschaftlichen Bereich, die zur Verbesserung von sauren Böden beitragen.

Betonfilterrohre

Im Betonfilterrohr kommt eine Eigenart des Betons zur Anwendung, die bisher noch nicht behandelt worden ist: das Gegenstück zum dichten Betongefüge, nämlich das gezielt hergestellte offenporige Gefüge. Der Fachmann spricht von haufwerkporigem Beton.

Wie kommt es, daß der Beton, einmal zum Betonrohr verarbeitet (siehe S. 42, Betonrohre) dicht ist, während das Betonfilterrohr aus so porösem Beton besteht, daß das Wasser von außen hineinsickert?

Auf Seite 80, wo es um das Gefüge der Betone geht, ist vom Korngerüst und dem Schlupfkorn die Rede.

Hier ist schon die Antwort auf die Frage zu finden. Wenn man durch gezielte Abstufung der Korngrößen eine dichte Verfüllung erreichen kann, muß man, soll der Beton extrem durchlässig sein, das Feinkorn teils reduzieren, teils weglassen. Die Löcher zwischen dem Gerüst der größeren Kornanteile bleiben offen.

Die „Güterichtlinien für poröse Filterrohre aus Beton", vom Bundesverband Deutsche Beton- und Fertigteilindustrie, Bonn, herausgegeben (Ausgabe 1976), sagen folgendes aus:

Allgemeines

Diese Richtlinien behandeln Rohre aus haufwerkporigem Beton, die durch ihre porösen Wände geeignet sind, das Wasser der Böden, Schüttungen und Filterschüttungen zu sammeln und abzuleiten.

Poröse Filterrohre aus Beton werden mit einstufigem Filtermaterial umhüllt. Um ein Einschlämmen des angrenzenden Bodens zu verhindern, muß die Haufwerkporosität des Betons filterstabil gegenüber dem Filtermaterial und das Filtermaterial filterstabil gegenüber dem Boden sein. Die Filterstabilität eines Materials wird mit Hilfe der Filterregel von Terzaghi geprüft, die in DIN 4095, Absatz 5.5 erläutert ist.

Für poröse Filterrohre aus Beton gilt das Normblatt DIN 4032 Betonrohre und -formstücke; Maße, Technische Lieferbedingungen, sofern nicht nachstehend besondere Abweichungen genannt sind.

Ausgangsstoffe und Betonzusatzmittel

Zemente

Es dürfen nur Normenzemente nach DIN 1164 verwendet werden.

Rohre, die nach Angabe des Verbrauchers angreifende Wässer abzuleiten haben, sind durch besondere Verfahren zu schützen. Betonangreifende Wässer, Böden und Gase sind nach DIN 4030 zu beurteilen.

Zuschläge

Die Zuschläge müssen sinngemäß den Anforderungen der DIN 4226 genügen. Sie dürfen durch das in den Poren zu leitende Wasser nicht angreifbar sein.

Abweichend von DIN 4226 soll für Rohre der Nennweiten 80 bis 300 als Zuschlag Edelsplitt aus Hartgestein der Körnung 2/5 mm gemäß Tabelle 6 der Technischen Lieferbedingungen für Mineralstoffe im Straßenbau (TL Min 78) verwendet werden.

Betonzusatzmittel

Es dürfen nur Betonzusatzmittel mit gültigen Prüfzeichen des Instituts für Bautechnik, Berlin, und nur unter den im Prüfbescheid angegebenen Bedingungen verwendet werden.

Formen und Maße

Rohrarten

Es wird zwischen folgenden Filterrohrarten unterschieden:

1. Vollfilterrohr, Rohrwand aus haufwerkporigem Beton

2. Teilfilterrohr, Rohrwand in der Regel bis zu einem Drittel des Rohrmantels aus normalem Beton

Poröse Filterrohre haben im allgemeinen folgende Formen der DIN 4032:

K–F: kreisförmiges Rohr ohne Fuß, mit Falz

KF–F: kreisförmiges Rohr mit Fuß, mit Falz

Maße

Baulängen sind 500, 750 und 1000 mm mit zulässigen Abweichungen von – 1% und + 2% (siehe Tabelle).

Die Rohrverbindungen sind in Falz und Nut so auszubilden, daß sie gut ineinander passen und die Rohrenden außen knirsch aneinanderstoßen; sie sollen ohne Dichtung das Eindringen von Feinsand verhindern.

Bei vertikalem Einbau müssen die Rohrstöße die Lastübertragung gewährleisten.

Technische Daten von Betonfilterrohren

Nennweite DN (NW)	Wanddicke Kleinstmaß	Baulänge l	Zul. Abweichung der Baulänge	Scheiteldruckkraft in kN/m Baulänge min.
(1)	(2)	(3)	(4)	(5)
80	22			23
100	22			24
125	24			25
150	24	500		26
200	26	750	– 1% +2%	27
250	30	1000		28
300	36			30
350	40			31
400	42			32

Tondränagerohre

Tondränagerohre werden nur noch selten für Dränagearbeiten verwandt.

Zur Lagerung von Weinflaschen im Keller und für Dekorationszwecke kann man sie noch in ihrer runden, sechs- oder achteckigen Form antreffen.

Kabelschutzhauben

Erdverlegte Kabel, ob es Strom- oder Telefonkabel sind, bedürfen eines Schutzes im Erdreich. Diesen Schutz haben noch vor weniger als 2 Jahrzehnten die Ton-Kabelschutzhauben und in manchen Gegenden Kabelabdeckplatten aus Ton gewährleistet.

Kabelschutzhauben werden in den Nennweiten 50, 75 und 100 mm gefertigt, Kabelabdeckplatten in 2 Größen.

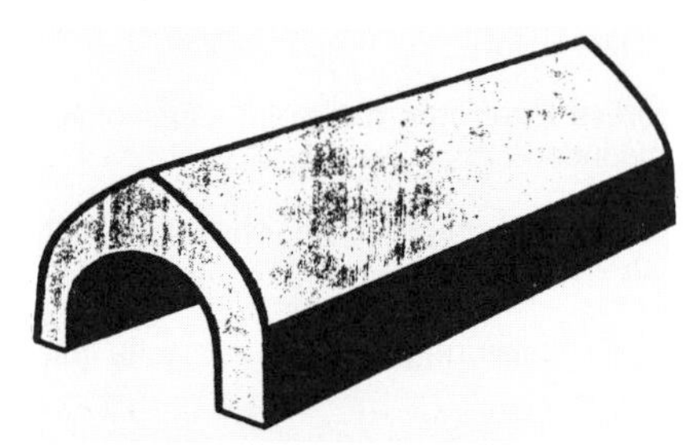

Kabelschutzhauben nach DIN 279, in den Standardgrößen

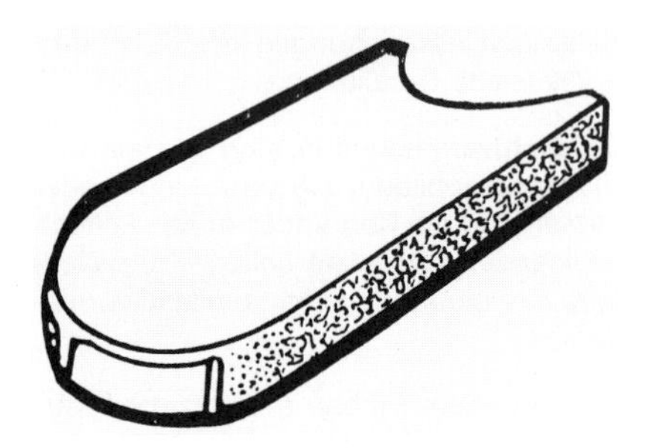

Kabelabdeckplatten aus Ton nach FTZ 736 123 TV1

Beide Erzeugnisse sind heute selten geworden.

Die Herstellung entspricht der der Ziegel bzw. der Ton-Dränagerohre.

In den meisten Fällen abgelöst wurden die Tonerzeugnisse beim Kabelschutz von den Kabelschutzhauben aus PVC-hart.

Diese Kabelschutzhauben haben sich als Abdeckung erdverlegter Hoch- und Niederspannungskabel, Fernmelde-, Steuer- und Signalleitungen bewährt.

Die Abdeckhauben aus PVC-hart bieten Schutz gegen mechanische Beschädigungen der Kabel sowohl beim Verfüllen der Kabelgräben als auch bei späteren Erdarbeiten.

Hauben und Platten werden in Warnfarben geliefert. (Standardfarbe Rot. Gelb, Blau, Grün und andere Farben sind möglich.) Diese Einfärbung bleibt auch bei langjährigem Verbleib der Hauben im Erdreich erhalten und ergibt einen Warneffekt, falls im Bereich der Kabeltrasse Erdarbeiten vorgenommen werden müssen.

Das eingesetzte Material – PVC-hart – ist frost- und korrosionsbeständig. Die Dichte von ca. 1,4 g/cm^3 verhindert, daß die Hauben bei Regen im noch offenen Kabelgraben aufschwimmen. PVC-hart ist flammwidrig und selbstverlöschend. Die elektrische Durchschlagfestigkeit dieses Materials beträgt bei 2 mm Wandstärke ca. 80 kV (gemessen nach DIN 53 481 an 0,2 mm Folie).

Es werden auch Kabelabdeckhauben und -platten mit Einhängung, die die Abdeckung zug- und verrutschsicher miteinander verbindet, geliefert. Das Verbindungssystem zeichnet sich durch besonders einfache Verlegung aus.

Gängige Formen und Abmessungen

Ohne Anspruch auf Vollständigkeit erheben zu wollen, sollen nachstehend einige Formen gezeigt werden.

Abdeckplatten

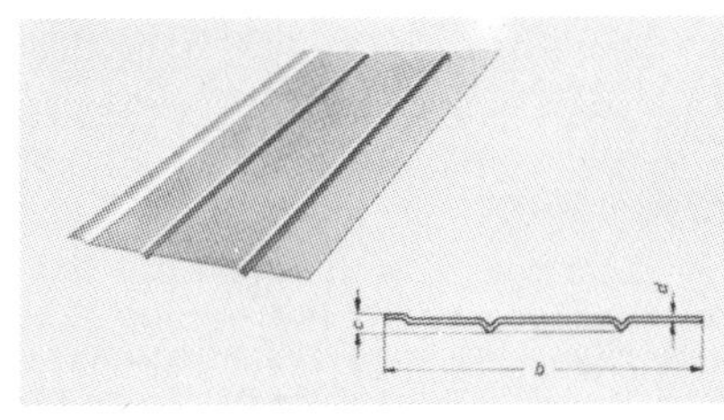

Längen: 100 cm, 50 cm
Bei breiten Kabelgräben können die Abdeckplatten auf Grund ihrer Form auch seitlich überlappend verlegt werden.

Satteldachhauben

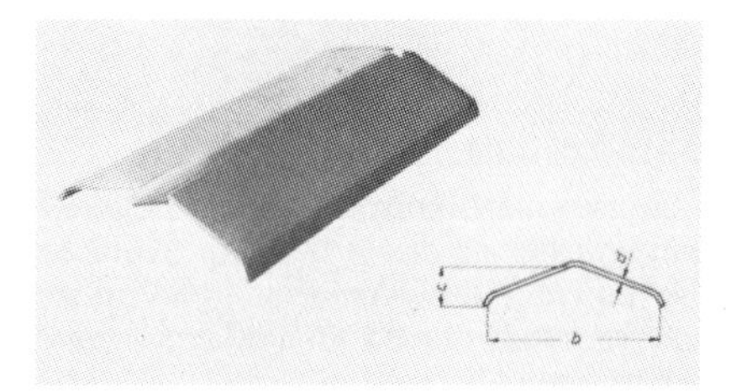

Längen: 100, 50, 33 cm
Satteldachhauben werden für die Abdeckung von Hoch- und Niederspannungskabeln eingesetzt. Die heruntergezogenen Seitenkanten drücken sich in das Sandbett und verhindern ein Verschieben der Hauben beim Verfüllen des Kabelgrabens.

Rundhauben

Längen: 100, 50, 33 cm
Rundhauben werden im Normalfall direkt auf das Kabel gelegt. Da zwischen Kabel und Haube ein wärmedämmender Luftspalt verbleibt, kommen diese Hauben vornehmlich für die Abdeckung solcher Kabel in Frage, die sich beim Betrieb nicht erwärmen (Fernmeldekabel, Signal- und Steuerleitungen).

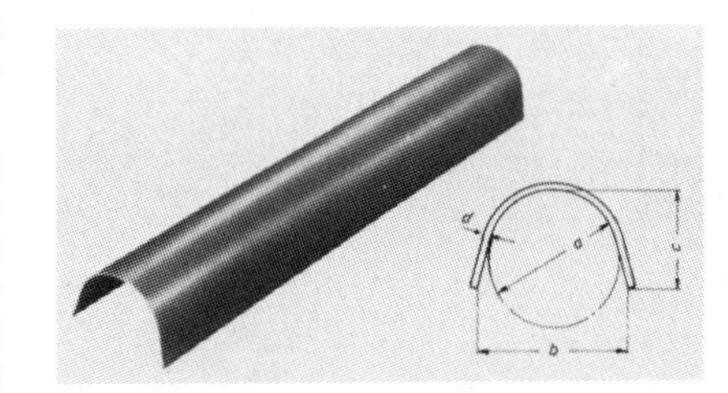

Die Verbindung ist einfach: Spitze einstecken und einfach fallen lassen!

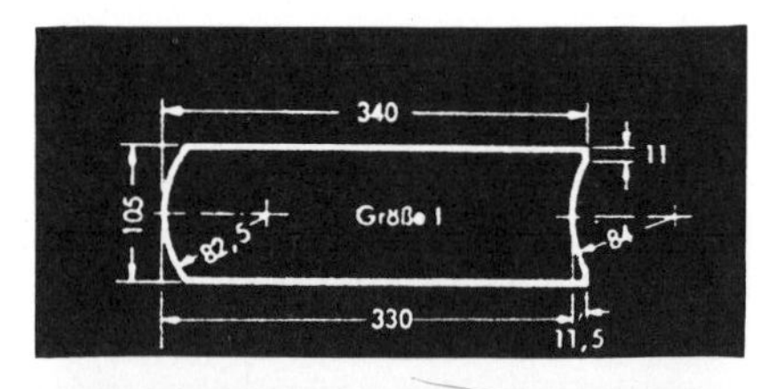

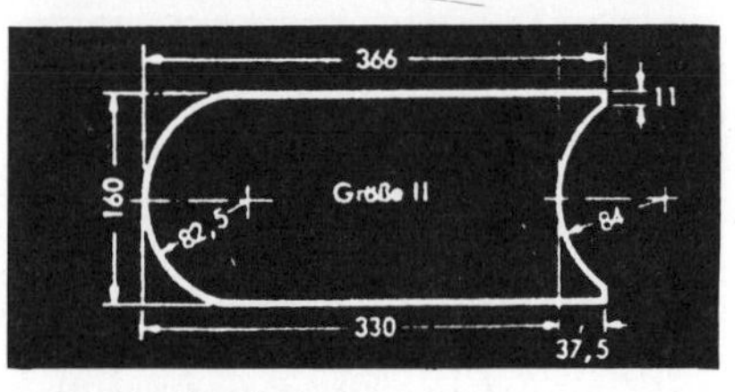

Abmessungen:

Rundhauben: 40, 50, 60, 75 und 85 mm auch mit Einhängung

Abdeckplatten: 200 und 300 mm breit

Satteldachhauben: 110, 130 und 170 mm auch mit Einhängung.

Kläranlagen

Das Umweltbewußtsein unserer Zeit hat die Klärtechnik und ihre Entwicklung wesentlich beeinflußt. Die Statistik spiegelt die zunehmende Bedeutung des Kläranlagenbaues deutlich wider. Das gleiche gilt für die Produktion von Grundstückskläranlagen, Benzin- und Fettabscheidern usw.

Die Technologie der Klärtechnik wurde gerade in den 60er Jahren wesentlich vervollkommnet.

Die Anforderungen an die Gewässerreinhaltung verschärften die Bestimmungen für den Bau von Kläranlagen.

Die Palette der Kläranlagen reicht heute von der Kleinstkläranlage für wenige Einwohner eines Hauses bis zur schlüsselfertigen Kläranlage in Fertigteilbauweise für Gemeinden und Städte.

Klär- und Verfahrenstechnik

Je nach Größe, Reinigungsleistung und Klärverfahren werden verschiedene Kläranlagentypen unterschieden. Die „klassische" Gliederung entspricht dem Reinigungseffekt:

- mechanische Kläranlagen,
- vollbiologische Kläranlagen und
- Kläranlagen mit dritter Reinigungsstufe (auch als Kläranlagen mit chemischer Reinigung bezeichnet).

In der mechanischen Reinigung werden lediglich die absetzbaren Stoffe aus dem Abwasser abgeschieden. Die biologische Reinigung des Abwassers erfolgt durch den Stoffwechsel der Kleinlebewesen, die auch in der Natur die Reinigung besorgen.

Während beim Tropfkörperverfahren und bei großflächigen Abwasserteichen der Sauerstoff, den die Kleinlebewesen benötigen, aus dem Abwasser und der Luft aufgenommen wird, führt man beim Belebungsverfahren Luft oder auch reinen Sauerstoff in das Abwasser ein.

Hieraus resultiert der Begriff des „biochemischen Sauerstoffbedarfes" (BSB). Der BSB_5 ist die Menge elementaren Sauerstoffs, die bei Abbau der organischen Stoffe von Mikroorganismen in 5 Tagen verbraucht wird.

Die auf einen Einwohner berechnete Schmutzmenge ist nach den Lebensgewohnheiten und dem Wohlstand der Bevölkerung verschieden. Für deutsche und europäische Verhältnisse sind 60 g BSB_5/Tag und Einwohner zutreffend. In dieser Zahl ist der durchschnittliche Schmutzanteil von Industrie und Gewerbe einer Stadt oder Gemeinde berücksichtigt.

Bei Kläranlagen mit dritter Reinigungsstufe (chemische Reinigung) wird durch chemische Zusätze wie z. B. Eisensulfate, Eisenchloride oder Aluminiumsulfate die Absetzfähigkeit von Stoffen verstärkt und Phosphat- und Nitratkonzentration im Ablauf einer Kläranlage verringert. Chlor wird zum Entkeimen von Abwasser und Schlamm verwendet.

Bausysteme

Von den verschiedenen Bausystemen, die heute zum Einsatz kommen, muß uns die Kleinkläranlage interessieren. Hier kommen kreisförmige Behälter zur Anwendung, die aus Schachtringen oder stehenden Rohren gebaut werden. Kreisförmige Fertigteile werden in der Klärtechnik bis 3,0 m Innendurchmesser hergestellt.

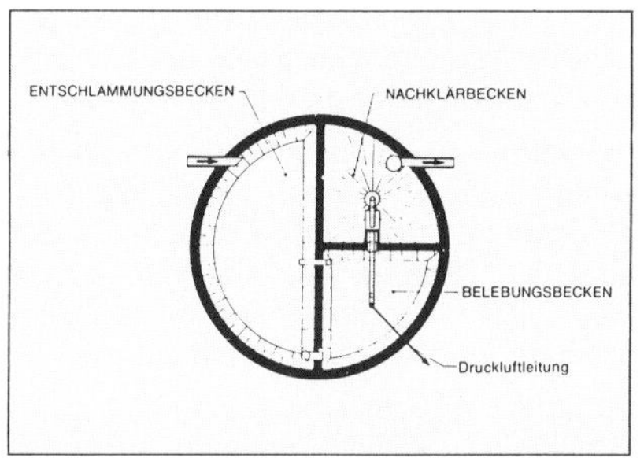

Kleinkläranlage mit Abwasserbelüftung

Sie werden komplett ausgerüstet an die Baustelle transportiert.

Wichtige Daten der Baugenehmigung sind Durchmesser und Höhe oder das Volumen, die Klärart oder das Klärsystem oder auch die Personenzahl, von denen die Abwässer zu klären sind.

Einteilung und Normen

Nach den gültigen Vorschriften kann man unterscheiden:

- Kleinkläranlagen nach DIN 4261 Teil 1 Oktober 1983 ohne Abwasserbelüftung zur Behandlung häuslichen Schmutzwassers von max. 200 Einwohnern.
- Kleinkläranlagen mit Abwasserbelüftung zur Behandlung häuslichen Schmutzwassers von max. ca. 50 Einwohnern („Bau- und Prüfgrundsätze für Kleinkläranlagen mit Abwasserbelüftung" des Instituts für Bautechnik, Berlin, Fassung Oktober 1972).
- Kleinkläranlagen mit Abwasserbelüftung zur Behandlung häuslichen Schmutzwassers von 50 bis max. 500 Einwohnern (ATV A 122, Fassung Dezember 1974, „Grundsätze für Bemessung, Bau und Betrieb von kleinen Kläranlagen mit aerober biologischer Reinigungsstufe für Anschlußwerte zwischen 50 und 500 Einwohner").
- Größere Kläranlagen, die nach den Regeln der Abwassertechnik zu bemessen und auszuführen sind.

Die wichtigste Norm:

DIN 4261 Teil 1, Okt. 1983, Kleinkläranlagen, Anwendung, Bemessung, Ausführung und Betrieb, Anlagen ohne Abwasserbelüftung.

Beim Entwurf von Kläranlagen sind außerdem folgende Normen besonders zu beachten:

DIN 19551 Teil 1, Dez. 1975 Kläranlagen, Rechteckbecken mit Schildräumer, Hauptmaße
DIN 19551 Teil 2, Nov. 1975 Kläranlagen, Rechteckbecken mit Bandräumer, Hauptmaße
DIN 19552 Teil 1, Sept. 1972 Kläranlagen, Rundbecken mit Schildräumer, Hauptmaße
DIN 19552 Teil 2, Dez. 1975 Kläranlagen, Rundbecken mit Saugräumer, Hauptmaße
DIN 19553 Okt. 1984 Kläranlagen, Tropfkörper mit Drehsprenger, Hauptmaße

Vorgefertigte Kleinkläranlagen nach DIN 4261, Teil 1, und Kleinkläranlagen mit Abwasserbelüftung und einem durchschnittlichen Abwasseranfall von max. 8 m^3/Tag (ca. 50 Einwohner) sind prüfzeichenpflichtig, d. h. die Anlagen dürfen nur eingebaut und verwendet werden, wenn für sie ein Prüfzeichen des Instituts für Bautechnik in Berlin erteilt wurde.

Montage eines Klärwerks aus Beton-Fertigteilen für 7000 Einwohnergleichwerte

Betonformteile für die Landwirtschaft

Im landwirtschaftlichen Betrieb werden zwei Aufgaben vielfach mit Beton-Fertigteilen gelöst:

- der Fußboden im Standraum für das Vieh mit Teilen des Stallinnenausbaues,
- die Silierung von Gärfutter.

Stallfußböden aus Betonbauteilen

Ein besonderes Anliegen der Landwirte sind geeignete Beläge für Stand- und Liegeplätze der Tiere. Die Oberfläche muß griffig, abnützungsfest und leicht zu reinigen sein. Der Belag muß bei der sich immer mehr einführenden einstreulosen Tierhaltung, aber auch bei geringen Streugaben, einen bestimmten Wärmeschutz aufweisen. Die von den Beton- und Fertigteilwerken angebotenen Platten und Bodenbauteile kommen diesem Wunsche weitestgehend entgegen. Eine reiche Erfahrung in der Produktion von Spezialstallplatten aus der praktischen Anwendung in den verschiedenartigen Ställen und durch die schon frühzeitig veranlaßte Prüfung in Instituten haben zu Erzeugnissen geführt, deren Bewährung nicht bezweifelt werden kann. Die im Werk vorgefertigte Spezialstallfußbodenplatte gewährleistet eine gleichbleibend hohe Qualität. Das gilt sowohl für die aus Spezialzuschlägen hergestellte Einschichten- als auch für die Mehrschichtenplatte. Bei letzterer ist eine dämmende Unterschicht so verbunden, daß sowohl die Festigkeit als auch der Wärmeschutz berücksichtigt sind.

Ein völlig neuartiges Anwendungsgebiet wurde dem Stahlbeton mit der Einführung der Spaltenböden in Laufställen für Rindvieh und in Schweineställen erschlossen.

Um den Arbeitsaufwand für das Ausmisten auf ein Minimum zu senken und die Arbeits- und Lagerkosten, welche die Einstreu verursacht, zu ersparen, werden die Stand- und Liegeplätze der Tiere oder nur die Laufwege und Mistplätze durchlässig für Kot und Harn mit Einzelbalken ausgeführt, die in einem Abstand von 3,5 cm nebeneinanderliegen. Der unter dem Spaltenboden liegende Auffangraum kann zur Dauerlagerung des Flüssigmistes in einer Grube, zu einem Staukanal, der regelmäßig in kürzeren Zeitabständen in eine Außengrube entleert wird, oder als Fließmist-(Treibmist-)Kanal für einen kontinuierlichen Abfluß ausgebildet werden. Es werden jedoch wegen der Einschränkung der Gas- und Geruchsbildung unter dem Spaltenboden auch flache Förderkanäle und mechanisch arbeitende Ausmistgeräte eingebaut, die den anfallenden Kot und Harn regelmäßig entfernen.

Dieses Anwendungsgebiet von Stahlbeton-Fertigteilen für das landwirtschaftliche Bauwesen berührt Fragen der Tierhygiene, Leistungsbeeinflussung und auch der Konstruktion und Baustoffeigenschaften. Die Beton- und Fertigteilwerke erfüllen sowohl die behördlich vorgesehenen Belastungsannahmen als auch die vom Tierhalter gewünschte Bedingung des guten Wärmeschutzes, der trittsicheren Fläche und der funktionsgerechten Formgebung. Für Flächen, die von den Tieren als Liegeplätze benützt werden müssen, genügen im allgemeinen einfache Stahlbewehrung und Betonqualität.

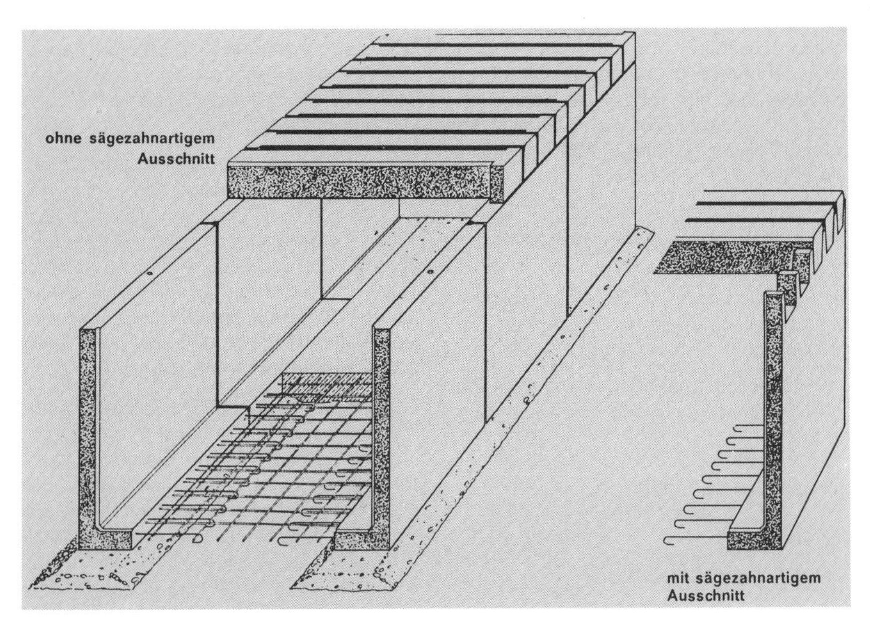

Fließmistkanal aus vorgefertigten Betonbauteilen

Es wäre unaufrichtig und kurzsichtig, wenn im Zusammenhang mit Bodenkonstruktionen aus Beton-Bauteilen nicht auch auf Grenzen der Anwendung und Maßnahmen zur Einschränkung von Bauschäden hingewiesen werden würde.

So sollten in Schweineställen entlang der Futtertröge keine zementgebundenen, sondern säurebeständige Bodenplatten angeordnet werden. Ebenso ist für Spaltenbodenbalken nur gut verdichteter Stahlbeton mit einer genügenden Betonüberdeckung der Bewehrungsstähle zweckmäßig. Empfehlungen zur Selbstherstellung von Spaltenböden sind abzulehnen. Denn wie bei den Stahlbetonträgern der Stalldecken, so sind auch die stark durch die Trittbelastung der Tiere und die chemischen Einwirkungen der Luftbestandteile im Bereich der Auffanggrube stark beanspruchten Stahlbetonteile nur in geeigneten Werkanlagen zuverlässig herzustellen.

Stallinnenausbau

Betonbauteile lassen sich für Gebäude und zur Einrichtung von Ställen und Lagerräumen nach den gleichen Verfahren wie großformatige Bausteine für Mauerwerk und Decken vorfertigen.

Das vor einigen Jahren eingeleitete Sonderprogramm zeigt eine enge Bindung an ähnliche Möglichkeiten des inzwischen erfolgreich praktizierten Angebots für den Industrie- und Wohnhausbau.

Die Landwirtschaft bietet an sich, durch die aus der Spezialisierung entstehende Gleichartigkeit der Betriebs- und Produktionsformen, eine geradezu ideale Voraussetzung für die Verwendung vorgefertigter Bauteile. Das gilt sowohl für die Gebäudehülle als auch für die Einrichtung.

Die bessere Qualität der unter ständiger Kontrolle hergestellten Bauteile, die sich aus der raschen Montage ergebende Verkürzung der Bauzeit und die durchaus mögliche Senkung der Baukosten rechtfertigen eine Empfehlung vorgefertigter Betonbauteile.

Notwendig ist jedoch, daß für gleiche Arten und Formen der tierischen Produktion auch gleichartige Gebäude entwickelt und normenmäßig fixiert werden.

Dabei sollten sich Gebäude gleicher Größe und Konstruktion für eine Vielzahl von Nutzungen eignen und im Bedarfsfall auch erweitert werden können.

Selbst dann, wenn im Einzelfall die landwirtschaftliche Produktion aufgegeben wird, muß sich das Gebäude u. a. auch für eine gewerbliche Produktion oder als Lagerhalle eignen.

Ein Ausschuß der Arbeitsgemeinschaft Landwirtschaftliches Bauwesen hat schon vor längerer Zeit Überlegungen angestellt, welchen Raumbedarf Einrichtungen zur tierischen Produktion haben, ohne daß die Funktion beeinträchtigt oder Raum verschwendet wird.

Beispiel für vorgefertigte Betonkrippenteile bei der Montage

Gärfutter-Behälter

Der Gärfutterbehälter ist aus der modernen Futterwirtschaft nicht mehr wegzudenken, denn die Ansprüche an die Futterqualität sind sehr hoch. Die Gärfutterbereitung ist bekanntlich eine Wissenschaft für sich.

Die zum Bau der Behälter verwandten Baustoffe und Bauteile beeinflussen sowohl die Wirtschaftlichkeit als auch die Qualität des Gärfutters.

Die Behälter müssen dicht sein, den Druckbelastungen standhalten, auf der Innenseite säurebeständig sein und wechselnde Temperaturen ausgleichen. Außerdem müssen sie billig sein, denn der Anteil der Baukosten an den Gesamtkosten und der Bauunterhalt darf die Futterkosten nur wenig belasten.

Bei den Gärfuttersilos kann man zwischen Hoch- und Flachsilos unterscheiden. Wir können im Rahmen dieses Beitrages auf technische Einzelheiten beim Bau der beiden Anlagenformen verzichten. Wichtig ist dabei der Schutz des Betons vor der Gärungssäure. Hier werden oft Fehler gemacht. Die Bodenplatten werden bei Flachsilos oft „vor Ort" – also mit Transportbeton – hergestellt, während die Wände aus Fertigteilen entstehen.

Normen

DIN 11622 Teil 1, Aug. 1973
Gärfutterbehälter; Bemessung, Ausführung, Beschaffenheit, Allgemeine Richtlinien für Hoch- und Tiefbehälter

DIN 11622 Teil 2, Aug. 1973
Gärfutterbehälter; Bemessung, Ausführung, Beschaffenheit, Gärfutterbehälter aus Formsteinen, Stahlbetonfertigteilen und Stahlbeton

DIN 18907 Teil 1, Okt. 1970
Fußböden für Stallanlagen (geschlossene Bodenflächen); Anforderungen und Aufbau

DIN 18908 Nov. 1980
Fußböden für Stallanlagen; Spaltenböden aus Stahlbeton und Holz, Maße, Lastannahmen, Bemessung

Entwässerungsrinnen

Ihren Weg zum klassischen Baustoffsortiment erklärt wohl, daß die Idee „Linienentwässerung statt Punktentwässerung" mit einem gut durchdachten Sortiment angeboten wurde und man sie mit handlicher Anwendungstechnik und breiter Information für viele Bauprobleme verkaufte.

Entwicklung

Von einem namhaften Hersteller aus Süddeutschland erhielten wir folgende Darstellung über die Entwicklungsgeschichte der Entwässerungsrinnen.

„Die Ursprünge der heutigen Entwässerungsrinne, insbesondere was die Form der Rinne angeht, reichen noch zurück vor den Zweiten Weltkrieg. Es wurden damals Jaucherinnen mit Betonschlitzabdeckungen für die Landwirtschaft hergestellt. Diese Jaucherinnen wurden im Zuge des Wiederaufbaues der Landwirtschaft nach dem Kriege in verstärktem Maße speziell im süddeutschen Raum (Anmerkung: auch in Hessen) bei dem Neubau von zahlreichen Aussiedlerhöfen sowie dem Um- und Anbau bestehender Bauernhöfe verwendet.

Die Jaucherinne war selbstverständlich aus Beton und mit eingebautem Innengefälle gefertigt. Sie war dabei mit einem bitumenähnlichen Schutzanstrich versehen.

Anfang der sechziger Jahre wurde dann im Zuge der zunehmend starken Motorisierung für die Jaucherinne aus Beton ein völlig neues Anwendungsgebiet, und zwar die Oberflächenentwässerung von Parkflächen, Hofflächen, Garagenzufahrten usw., vornehmlich im privaten Bereich erschlossen. Hier war bisher im wesentlichen nur die Punktentwässerung durch Einläufe bekannt, bzw. bei Rinnenentwässerung wurden die Rinnen in Ortbeton ausgebildet. Dies war sehr zeitaufwendig und demzufolge zu teuer. Wesentliche technische Änderungen der Jaucherinnen waren dabei nicht erforderlich. Es mußte lediglich ein befahrbarer Gitterrost eingelegt werden. Gleichzeitig wurde der bitumenartige Schutzanstrich weggelassen.

Senkrechter oder waagerechter Ablauf am Rinnenende

2 3 4 5

Rinnenlänge 4 m

4 5 6 7 8 9 10

Rinnenlänge 7 m

4 5 6 7 8 9 10 11 12 13 14 15

Rinnenlänge 12 m

Senkrechter Ablauf in der Mitte

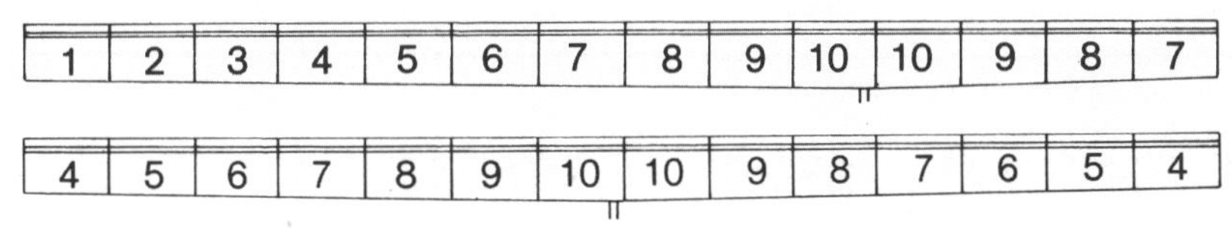

Rinnenstrang mit Einlaufkasten (E)

3 4 5 6 7 8 9 10 11 12 13 14 15 E

Ablauf seitlich links/rechts oder in Fließrichtung

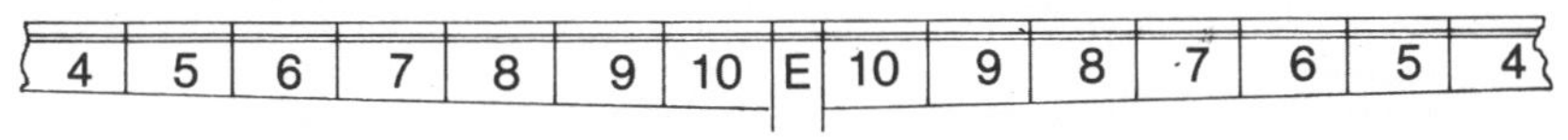

Ablauf seitlich links oder rechts in der Mitte

Rinnenstrang mit Sinkkasten (S)

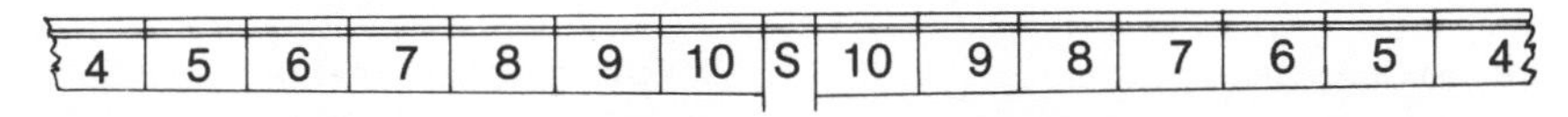

Die Elemente können auch jeweils 5, 10 oder 15 Nummern größer gewählt werden. Zur Bildung von 25-cm-Rastern gibt es 50 und 75 cm lange Elemente ohne Gefälle, die zwischen die Elemente 9 und 10 eingebaut werden. Für beliebige Raster kann das kleinste Element jeweils mit der Trennscheibe gekürzt werden.

Kombinationsbeispiele **Zeichnungen: ACO**

Ende der sechziger Jahre gab es dann verschiedene Neukonstruktionen am Markt.

Für kurze Zeit wurde ein Entwässerungssystem aus Asbestzement, Anfang der siebziger Jahre ein Rinnensystem aus Polyesterbeton und 1975 ein Rinnensystem aus Glasfaserbeton am Markt eingeführt.

Im Zuge dieser Neukonstruktionen wurden auch die Rinnen hinsichtlich der Abdeckungen und Oberflächengestaltung technisch verbessert."

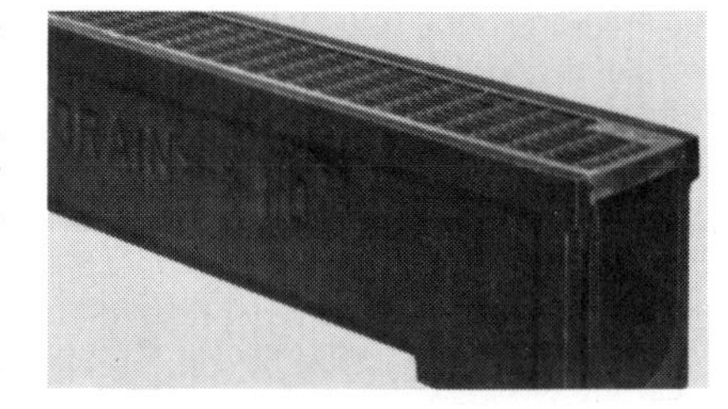

Maschenrost, verzinkt

Rost, Stahlblech verzinkt, auch in Edelstahl lieferbar

Herstellung von Polyesterbetonteilen

Für die Herstellung von Erzeugnissen aus Polyesterbeton sind ein geeignetes Bindemittel aus Polyesterharz, Härter, ggf. Beschleuniger, Verdünner sowie andere Harzzusätze und geeignete Zuschläge aus natürlichen oder künstlichen mineralischen Stoffen oder ggf. anderen geeigneten Stoffen zu verwenden. Die Zuschläge müssen DIN 4226 entsprechen, soweit diese Norm anwendbar ist.

Für die Druckfestigkeit verlangen die Güteschutzbestimmungen nach 7 Tagen bzw. bei der Auslieferung einen kleinsten Einzelwert von 75 N/mm², für die Biegezugfestigkeit 18 N/mm².

Klassifizierung

Um der Vielfalt der Aufgaben wirtschaftlich sinnvoll gerecht werden zu können, und zur Unterstützung der Planer nimmt die DIN 19580 eine Klassifizierung nach zu erwartender Belastung vor. Da die Entwässerungsrinnen eine Variation der Punktentwässerung darstellen, stimmt die Klassifizierung der Linienentwässerungsteile mit der des Kanalgusses überein.

Die Entwässerungsrinnen sind nach der Einbaustelle klassifiziert (siehe Tabelle auf Seite 55).

Es ist wichtig zu wissen, daß die namhaften Rinnenhersteller Entwässerungsrinnen für alle 6 Beanspruchungsklassen anbieten.

Außer der Unterscheidung nach Lastaufnahmefähigkeit unterscheiden wir noch Rinnen mit oder ohne eigenes, also eingebautes Gefälle.

Bei möglichem oder vorhandenem natürlichen Gefälle kommen Rinnen ohne eigenes Gefälle zum Einsatz. Bei ebenen Flächen jedoch, wo zweifaches Gefälle, nämlich das der Rinne selbst und das zur Rinne hin, störend wäre, verwendet man Rinnen mit Gefälle.

Bei der Bestellung von Rinnen mit Gefälle muß man beachten, wo der Auslauf hin soll (tiefster Punkt) und ob er seitlich (nur am Ende) oder in der Mitte eingebaut werden soll. Die Kombinationsbeispiele auf Seite 53 geben einen Anhalt.

Ein weiteres Unterscheidungsmerkmal, das allerdings teilweise abhängig von Beanspruchungsmerkmalen ist, sind die verschiedenen Abdeckroste der Rinnen. Sie gibt es, je nach Lieferwerk, als Einlege- oder als Klemmroste, mit und ohne Befestigungsmöglichkeit (Sicherung gegen mißbräuchliches Entnehmen).

Zubehör

Jeder Rinnenstrang benötigt je einen Rinnenanfang und -ende, wobei das Ende mit seitlichem Wasserauslauf versehen sein kann. Weiter gibt es Ablaufstutzen verschiedener Ausführungen und auch zu den jeweiligen Beanspruchungsgruppen passende Sinkkästen mit Geruchverschluß und Schlammeimer.

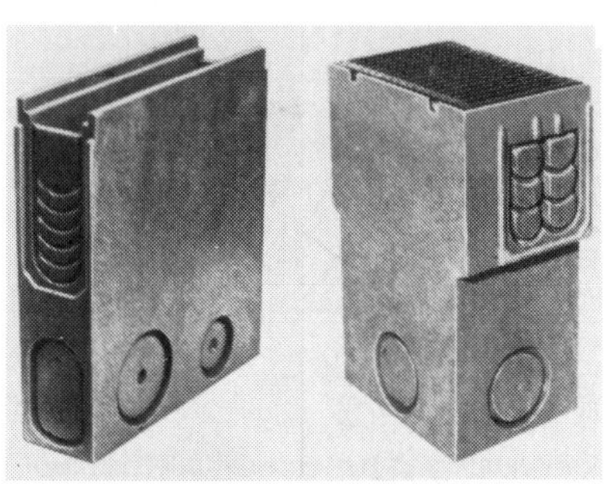

Links: Einlaufkasten. Anschlußmöglichkeiten an die Rinnen Nr. 5, 10, 15, 20, 25 und 30 von 2 Seiten, Anschluß an die Kanalisation DN 100 und DN 150 PVC von 4 Seiten. Rechts: Sinkkasten mit Gußrahmen und Gußrost. Vorgeformte Anschlußmöglichkeit für die Rinnen Nr. 10, 20 und 30 mittig und seitlich von 4 Seiten, Anschluß an die Kanalisation DN 150 PVC von 4 Seiten.

Kanalguß-, Haus-, Grundstücks- und Verkehrsflächenentwässerung

Werkstoffe

Der Begriff Kanalguß steht im Bauwesen (Tiefbau) für Bauteile aus Gußeisen zur Entwässerung im weitesten Sinne. Eisen wird am Bau in vielfältigen Verarbeitungsformen verwandt. Neben den Bauelementen und den Kleineisenwaren und Geräten kennen wir neben anderen 2 große Gruppen:

- den Baustahl,
- den Kanalguß.

Der Grundstoff Eisen ist ein Schwermetall, das chemische Symbol heißt Fe (von Ferrum). In der Erdkruste ist Eisen das mit 4,7% vierthäufigste Element. Es ist ebenso in lebenden Organismen, also Pflanze, Tier und Mensch, enthalten und lebensnotwendig. Gewonnen wird Eisen aus verschiedenen Erzen wie Magneteisenstein Fe_3O_4, Eisenglanz Fe_2O_3, Brauneisenstein FeOOH und Eisenspat $FeCO_3$. Verwendet wird Eisen fast nur in Form von Legierungen.

Mit Gußeisen, einem der Ausgangsstoffe, aus denen Kanalguß hergestellt wird, bezeichnet man verschiedene, durch Gießen zu verarbeitende Eisen-Kohlenstoff-Legierungen, deren Kohlenstoffgehalt um oder über 2% liegt. Der hier verwandte Grauguß (GG) hat meist mehr als 3% Kohlenstoff, der als Graphit enthalten ist und dem Bruch die graue Farbe verleiht. Gußeisen hat eine geringere Zugfestigkeit als Stahl, ist aber druckfester sowie erheblich korrosionsbeständiger und dämpft Schwingungen.

Etliche Kanalgußteile bestehen aus Gußeisen in Verbindung mit Beton; aufgrund eines speziellen Herstellungsverfahrens gehen hier Guß und Beton eine unlösbare Verbindung ein. Hierfür wurde das Warenzeichen BEGU® als eindeutig definierter Begriff eingeführt. Über den Grundwerkstoff Beton ist in einem eigenen Abschnitt Grundlegendes ausgesagt.

Kunststoffe in der Entwässerung

„Kanalguß" kann natürich nicht aus Kunststoffen bestehen. Trotzdem gibt es inzwischen eine große Anzahl von Bauteilen zur Entwässerung und zum Abscheiden, die aus Kunststoffen gefertigt werden.
Sie sind so selbstverständlich im Markt wie die Kunststoffrohrleitungen für Abwässer.
Die Hersteller weisen für die Kunststoffteile alle jeweils geforderten Beständigkeiten nach.

Edelstahl in der Entwässerung

Zur Entsorgung von Naßbereichen, in denen besonderer Wert auf Hygiene gelegt wird, werden Entwässerungssysteme, d. h. Rinnen und Abläufe, aus Edelstahl eingesetzt. Dieser Werkstoff weist eine glatte, leicht zu reinigende Oberfläche auf und ist gegen eine Vielzahl chemischer Einflüsse sowie gegen Korrosion beständig.

Oberflächenschutz

Gußeiserne Artikel der Gruppe Grundstücksentwässerung sind im Normalfall bitumiert (getaucht oder gespritzt). Balkon-, Boden-, Decken-, Bad- und Kellerabläufe nach DIN 19 599 können auf Wunsch z. T. innen epoxiert (weiße, elastische Kunstharz-Pulverbeschichtung – weitgehend resistent gegen häusliche Abwässer) geliefert werden. Einbauteile für Schwimmbäder werden innen epoxiert, während sie außen roh bleiben (bessere Haftung mit dem Rohbeton), Fett-, Benzin- und Heizölabscheider erhalten außen einen Bitumenanstrich und innen eine entsprechende Beschichtung (leichtflüssigkeits- bzw. fettsäurebeständig).

Einteilung nach Problemlösungen

Zur Verbesserung der Übersicht ist bei diesen vielseitigen Produktgruppen eine Einteilung erforderlich. Sie unterscheidet Kanalguß-Artikel zum

- Abdecken
- Entwässern von Verkehrsflächen
- Entwässern von Gebäuden
- Abscheiden

Darüber hinaus gibt es Sonderprogramme. Die bereits erwähnten Kunststoff-Entwässerungsartikel gehören aus Sicht der Problemlösungen ebenfalls hierzu.

Klassifizierung

Die Klassifizierung von Schachtabdeckungen sowie von Aufsätzen für Abläufe und von Entwässerungsrinnen richtet sich nach den Einbaustellen. Für Aufsätze für Straßen und Hofabläufe gilt DIN 1213, für Schachtabdeckungen, in Verkehrsflächen gilt DIN 1229 und für Entwässerungsrinnen, für Niederschlagswasser DIN 19 580. Für Abläufe und Abdeckungen in Gebäuden gilt DIN 19 599.

Klassenzuordnung für Aufsätze, Schachtabdeckungen und Entwässerungsrinnen in Verkehrsflächen nach DIN 1213, DIN 1229 und DIN 19 580

Klasse A[1]): Verkehrsflächen, die ausschl. von Fußgängern und Radfahrern benutzt werden können und vergleichbare Flächen, z. B. Grünflächen.
Klasse B[1]): Gehwege, Fußgängerbereiche[2]) und vergleichbare Flächen, Pkw-Parkflächen und Pkw-Parkdecks
Klasse C[1]): Bordrinnen in Straßen und Fußgängerstraßen[3]), Leit- und Seitenstreifen, Parkflächen.
Klasse D: Fahrbahnen von Straßen und Fußgängerstraßen[3]).
Klasse E: Nichtöffentliche Verkehrsflächen, die mit besonders hohen Radlasten befahren werden.
Klasse F: Flugbetriebsflächen von Verkehrsflughäfen.

Klassenzuordnung für Abläufe und Abdeckungen in Gebäuden nach DIN 19 599

Klasse H: Für nicht genutzte Flachdächer, z. B. Kiespreßdächer, Kiesschüttdächer und dergleichen.
Klasse K: Für Flächen ohne Fahrverkehr, wie z. B. in Baderäumen von Wohnungen, Altenheimen, Hotels, Schulen; in Schwimmhallen; in Reihenwasch- und Duschanlagen; Terrassen, Loggien, Balkonen.
Klasse L: Für Flächen mit leichtem Fahrverkehr ohne Gabelstapler in gewerblich genutzten Räumen.
Klasse M: Für Flächen mit Fahrverkehr, wie z. B. in Werkstätten, Fabriken und Parkhäusern[4]).

[1]) Im Zweifelsfall ist immer die höhere Klasse zu wählen.
[2]) Bereich, in der Regel ohne Fahrverkehr, d. h. der im allgemeinen dem Fußgängerverkehr vorbehalten ist und nur zum Zweck der Ver- und Entsorgung befahren wird.
[3]) Bereich, in dem der Fahrverkehr zu bestimmten Zeiten untersagt ist (z. B. in der Geschäftszeit Fußgängerbereich, sonst üblicher Fahrverkehr).
[4]) Für alle Flächen mit Sonderbeanspruchung, z. B. Ausstellungshallen, Markthallen, Fabrikhallen, Flugzeughallen usw. sind die entsprechenden Abläufe und Schachtabdeckungen nach DIN 1213 Teil 1 und DIN 1229 Teil 1 Klassen C bis F zu verwenden.

Abdecken von Verkehrsflächen

Durch Schachtabdeckungen, die aus Rahmen und Deckel bestehen, werden Öffnungen, z. B. Einstiegschächte, Versorgungskanäle usw., in Verkehrsflächen abgedeckt. Folglich unterliegen die Abdekkungen den gleichen Verkehrsbelastungen wie die Verkehrsfläche selbst.

Die Sicherheit im Straßenverkehr bedingt Anforderungen und Prüfungen, denen Schachtabdeckungen je nach Einbaustelle entsprechen müssen. Von Bedeutung ist nicht nur die statische, sondern auch die dynamische Belastung, resultierend aus Größe und Anzahl der Lastwechsel durch Verkehrsbeanspruchung. Aus der Beanspruchung ergeben sich bestimmte Konsequenzen für die Konstruktion.

Verkehrssicher sind Schachtabdeckungen dann, wenn sie die Forderungen der DIN-Normen erfüllen. Dazu gehören unter anderem Einlegetiefe, Ausführung der Auflagefläche, das Gewicht (Masse) des Deckels und die korrekte Verwendung der in Klassen eingeteilten Bauteile entsprechend der jeweiligen Einbaustelle.

Bauformen der Schachtabdeckungen: rund oder rechteckig/quadratisch mit oder ohne Lüftungsöffnungen. Die gebräuchlichsten sind in DIN 19584 maßgenormt.

Besondere Ausführungen

Tagwasserdichte Schachtabdeckungen verhindern, daß Oberflächenwasser (Regenwasser, Schmutzwasser), das ohne Druck auftritt, in darunterliegende Schächte eindringt. Die Tagwasserdichtheit wird erreicht entweder durch eine Abdichtung zwischen Rahmen und Deckel, mit Verschluß, durch einen Innendeckel mit Abdichtung oder durch einen übergreifenden Innendeckel.

Die Ausführungen mit Gummidichtung sind auch gasdicht/geruchdicht, falls kein nennenswerter Druck auftritt.

Größere Abdeckungen haben einen übergreifenden Innendeckel, der das zwischen Rahmen und Deckel eindringende Wasser in die Rinne des Rahmens leitet. Um Aufstauen in und Überlaufen des Wassers aus der Rinne zu verhindern, sind bauseits Entwässerungsleitungen anzuschließen.

Zu diesem Zweck befinden sich am Rahmen dieser Abdeckungen Anbohrungen mit Rohrgewinde.

Rückstausichere Schachtabdeckungen verschließen Öffnungen in Verkehrsflächen gegen drückendes Wasser von unten und oben. Die Rückstausicherheit wird erreicht entweder durch eine Abdichtung zwischen Rahmen und Deckel, mit Verschluß/Verschraubung oder durch einen verschraubten Innendeckel mit Abdichtung. Alle rückstausicheren Schachtabdeckungen sind tagwasserdicht und gasdicht/geruchdicht, falls kein nennenswerter Druck auftritt.

Schachtabdeckungen mit Verriegelung sind mit Sicherungen ausgestattet, die ein unbefugtes Öffnen der Deckel verhindern. Schachtabdeckungen mit Deckelsicherung können auch dort eingesetzt werden, wo ein Anheben des Deckels durch Wasser- und Luftstau im Kanal verhindert werden muß.

Schachtabdeckungen mit zentraler Öffnung werden z. B. zum Abdecken von Domschächten von Öltanks oder bei Großabscheideranlagen eingesetzt. Im Normalfall wird der kleine, leichte Zentraldeckel geöffnet.

Diese Schachtabdeckungen sind auch für Wasserzählerschächte geeignet.

Die Abdeckungen sind mit Gummidichtung und Verschlüssen tagwasserdicht.

Schachtabdeckungen mit Öffnungshilfe sind dann erforderlich, wenn das Öffnen trotz großer Deckelgewichte leicht möglich sein muß (z. B. bei Einmannbedienung).

Die Verschlüsse des Deckels werden von oben mit einem Bedienungsschlüssel geöffnet. Die Öffnungshilfe – Federzug, Federmechanik oder Gegengewicht – bewirkt, daß das Öffnen durch eine Bedienungsperson leicht möglich ist. Desgleichen lassen sich die Abdeckungen von unten (innen) öffnen. Hier genügt die Drehung des Handgriffes. Der Deckel schwingt bei leichtem Druck von unten auf. Dies ist vor allem wichtig, wenn die Schachtabdeckung über dem Notausstieg eines Fluchtweges angeordnet ist.

Die Schachtabdeckungen mit Öffnungshilfe sind durch eingebaute Dichtungen tagwasserdicht. Sie sind auch in einfacher Ausführung ohne Dichtung lieferbar.

Die **Schachtabdeckungen für Brunnenschächte und Quellfassungen** bestehen aus Rahmen und übergreifendem Deckel mit Scharnier. Sie werden mit dem Flanschfuß des Rahmens auf die Schachtkrone aufgesetzt; sie stehen über Gelände-Oberkante und sind somit nicht befahrbar. Aufgrund der Einbauart und der übergreifenden Deckelkonstruktion sind diese Abdeckungen tagwasserdicht. Eine Gummidichtung zwischen Rahmen und Deckel verhindert das Eindringen von Schmutz und Ungeziefer. Die Abdeckungen werden auch mit Lüftungsrohr und Haube (mit Insektensieb) und ggf. mit Öffnungshilfe geliefert. Schachtabdeckungen für Brunnenschächte und Quellfassungen können auch für andere Bedarfsfälle vorgesehen werden.

Der Spezialverschluß verhütet unbefugtes Öffnen. Er kann zusätzlich mit einem Sicherheitsschloß ausgerüstet werden.

Entwässern von Verkehrsflächen

Aufsätze von Straßenabläufen, Brückenabläufe und Entwässerungsrinnen entwässern Verkehrsflächen. Folglich unterliegen sie den gleichen Verkehrsbeanspruchungen wie die Verkehrsflächen selbst.

Bauform

Wir unterscheiden Aufsätze, Abläufe, Brückenabläufe und Entwässerungsrinnen nach der Bauform. Aufsätze in Pultform haben eine gerade Oberfläche, während bei Aufsätzen in Rinnenform die Oberfläche des Rostes – und die entsprechende Partie des Rahmens rinnenförmig ausgebildet sind. Aufsätze in Rinnenform sind für den Einbau in Fahrbahnen von Straßen nicht zulässig.
Bei der Muldenform hat der Rost allseitiges Gefälle zur Mitte hin.
Aufsätze in Sonderbauform haben eine Oberfläche, die einem bestimmten Verwendungszweck (Einbauort) – z. B. einem Bordsteinprofil – angepaßt ist.
Die Schlitze der Roste sind quer zur Anströmrichtung des Wassers und zur Fahrtrichtung angeordnet.

Aufsätze

Aufsätze bilden den oberen Abschluß der Abläufe aus Betonfertigteilen nach DIN 4052 und DIN 1236. Sie dienen zur Aufnahme des auf den Verkehrsflächen anfallenden Niederschlagwassers. Die Aufsätze entsprechen den Anforderungen nach DIN 1213. Die wichtigsten und gebräuchlichsten sind maßgenormt – DIN 19 583, DIN 19 594, DIN 19 571, DIN 19 590 und DIN 19 593.

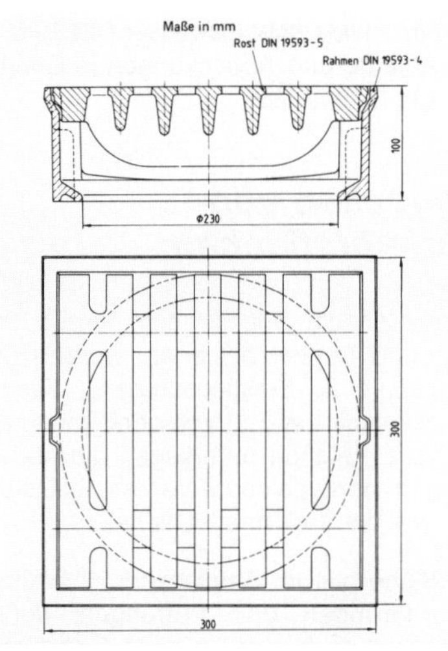

Schachtaufsatz Klasse B DIN 19593-CB

Aufsätze, Schlitzweite 10–25 mm

Aufsätze für Fußgängerzonen – Fußgängerbereiche, Fußgängerstraßen – (das sind Straßen, die in bestimmten Zeiten dem Fußgängerverkehr vorbehalten sind, in der übrigen Zeit aber die Funktion einer normalen Straße übernehmen) – haben entsprechend DIN 1213 Schlitzweiten von 10–25 mm. Die Aufsätze Schlitzweite 10–25 mm gibt es in Pultform, Rinnenform, Muldenform.

Aufsätze, Schlitzweite 30–40 mm

Aufsätze für Straßen und gleichwertige Verkehrsflächen haben entsprechend DIN 1213 Schlitzweiten von 30–40 mm. Diese Aufsätze gibt es in:
Pultform, Rinnenform, Muldenform, Sonderbauform.

Aufsätze mit Scharnier/Verschluß

Diese Aufsätze sind mit Scharnier ausgerüstet, z. B. um den Rost gegen Diebstahl zu sichern. Mit einem zusätzlichen Sicherheitsverschluß kann unbefugtes Öffnen verhindert werden. Aufsätze mit Scharnier/Verschluß gibt es in: Pultform, Rinnenform.

Betonteile, Eimer, Ablaufkombinationen

Aus den Betonteilen nach DIN 4052 bzw. DIN 1236 lassen sich unterschiedliche Abläufe zusammenstellen. Betonfertigteile DIN 4052 haben einen Durchmesser von 450 mm. Sie sind verwendbar als Abläufe für Straßen, Fußgängerstraßen, Autobahnen und ähnliche Verkehrsflächen.
Betonfertigteile DIN 1236 haben einen Durchmesser von 300 mm. Sie sind verwendbar als Abläufe für Fußgängerbereiche der Klassen A und B.
Die gebräuchlichen Ablaufkombinationen sind den Betonteilen des jeweiligen Durchmessers zugeordnet.

Brückenabläufe

Abläufe HSD mit Scharnier/Verschluß für Brücken

Die Konstruktion der Brückenabläufe ist auf die Besonderheiten der Verwendung abgestimmt. Klebeflansch und Flanschring dienen zum Anschließen von Abdichtungsbahnen. Brückenabläufe HSD sind höhenverstellbar, damit das Oberteil der Fahrbahn angepaßt werden kann. Diese HSD-Abläufe sind mit Scharnier ausgerüstet, um sie gegen Diebstahl zu sichern. Mit einem zusätzlichen Sicherheitsverschluß kann unbefugtes Öffnen verhindert werden.

Abläufe mit Scharnier/Verschluß gibt es mit senkrechtem und seitlichem Auslauf in verschiedenen Abmessungen und Nennweiten.

Abläufe für Fußgängerbrücken

Roste der Abläufe für Fußgängerbrücken haben schmale Schlitze und erfüllen damit eine Forderung der DIN 1213. Gegen Diebstahl und unbefugtes Öffnen können die Roste mit dem Ablaufkörper verschraubt geliefert werden.
Für Fußgängerbrücken sind Abläufe nach der **Klasse B** ausreichend.

Abläufe ohne Scharnier/Verschluß für Brücken

Bei diesen Abläufen handelt es sich um Modelle, die nicht klassifiziert sind. Sie werden vorwiegend in nicht öffentlichen Verkehrsflächen verwendet. Für sie ist die Prüfkraft angegeben. Abläufe ohne Scharnier/Verschluß gibt es in verschiedenen Abmessungen, Bauformen und mit senkrechtem sowie seitlichem Auslauf.

Die Entwässerungsrinnen, die auch zum Sachgebiet Entwässerung gehören, sind im vorhergehenden Kapitel behandelt.

Entwässern von Gebäuden

Die Auswahl geeigneter Abläufe zur Ableitung von Schmutz- und Regenwasser im Gebäude ist bereits im Planungsstadium von besonderer Bedeutung und richtet sich nach dem späteren Decken- bzw. Bodenaufbau.
Ausgehend von den verschiedenen Deckenarten im Gebäude wie

Übergrunddecke – Decken gegen das Erdreich

Geschoßdecken – Decken zwischen den Etagen

Dachdecken – Decken, die das Gebäude nach oben und außen abschließen
wird je nach vorgegebener Beanspruchung durch Wasser ein entsprechender Bodenaufbau festgelegt.
Damit die Entwässerung des Bodenaufbaues fachgerecht durchgeführt werden kann, müssen die dafür in Frage kommenden Abläufe besondere konstruktive Merkmale aufweisen und DIN 19 599 genügen.

Nachstehend ist der Art des **Bodenaufbaues** der entsprechende Ablauftyp zugeordnet und das spezifische Merkmal des Ablaufes dargestellt bzw. beschrieben.

Alle Zeichnungen von Abläufen zeigen links die Ausführung ohne, rechts mit Geruchsverschluß

Bodenaufbau ohne Abdichtung

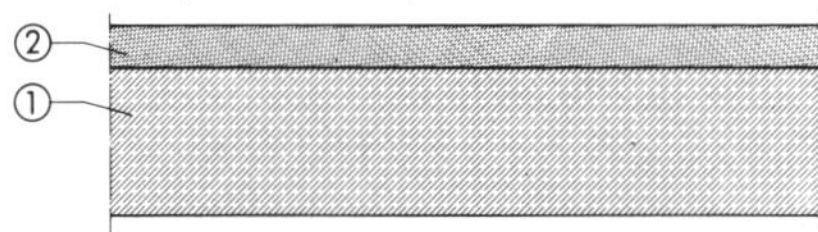

① **Konstruktive Decke** ② **Zement-Estrich**

Ausführung z. B. bei Übergrunddecken, die nicht durch aufsteigende Bodenfeuchtigkeit beansprucht werden.

Ablauf ohne Anschlußrand

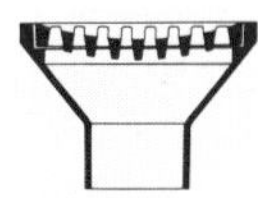

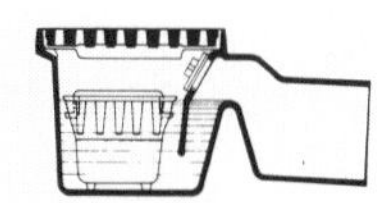

Konstruktionsmerkmal: Kragen des Ablaufkörpers außen glatt. Einsatzbereich: z. B. Kellerräume mit betonierten Böden.

Bodenaufbau mit Abdichtung durch Bodenbelag

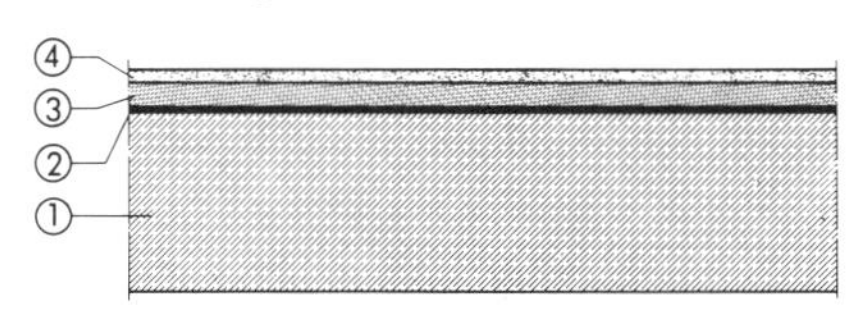

① **Konstruktive Decke, Dicke nach Statik**
② **Bitumen-Abstrich**
③ **Ausgleich-Estrich**
④ **dichtender Oberflächenbelag oder dichtende Oberflächenvergütung**

Ausführung z. B. bei Übergrunddecken, die nicht übermäßig durch aufsteigende Bodenfeuchtigkeit beansprucht werden, und in Geschoßdecken.

Ablauf mit Anschlußrand

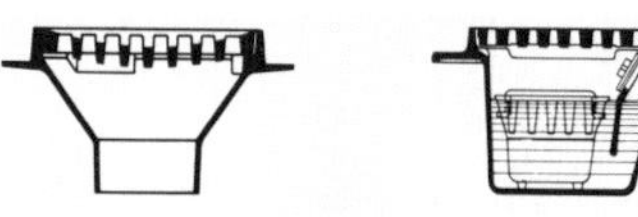

Konstruktionsmerkmal: Kragen des Ablaufkörpers mit umlaufendem Anschlußrand zum Anschluß von dichtenden Bodenbelägen bzw. dichtender Oberflächenvergütung. Einsatzbereich: z. B. in Werkstätten, Produktionshallen.

Bodenaufbau oder Dacheindeckung mit Abdichtung durch Dichtungsbahn

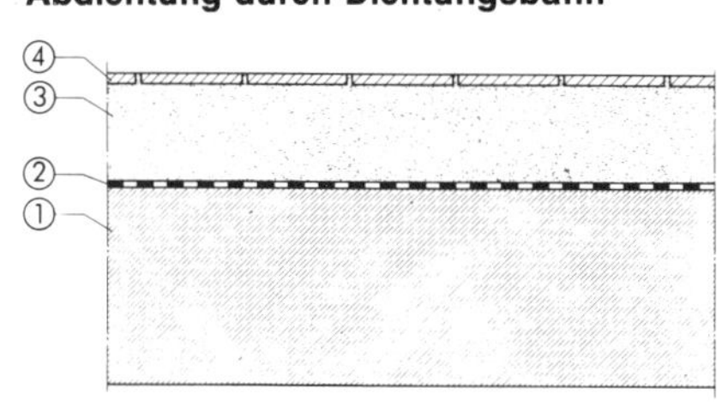

① **Konstruktive Decke, Dicke nach Statik**
② **Abdichtung**
③ **Mörtel**
④ **Bodenfliesen**

Ausführung z. B. bei Geschoß- bzw. Dachdecken, die durch nichtdrückendes Oberflächenwasser und Sickerwasser beansprucht werden.

Ablauf mit Klebeflansch und Flanschring, zweiteilig

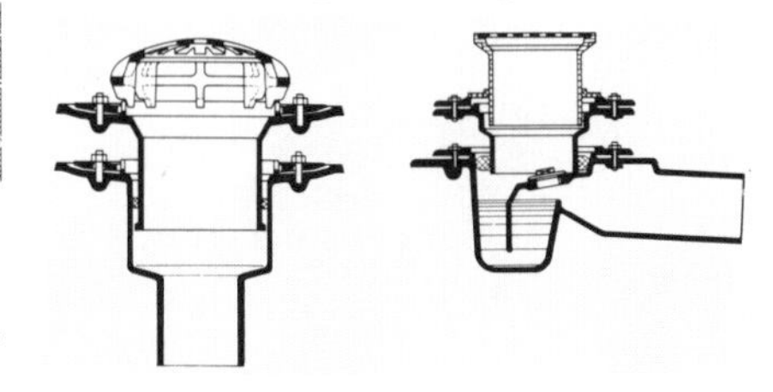

Konstruktionsmerkmal: Kragen des Ablaufkörpers mit umlaufendem Anschlußrand zum Anschluß von dichtenden Bodenbelägen bzw. dichtender Oberflächenvergütung. Einsatzbereich: z. B. in Werkstätten, Produktionshallen.

Bodenaufbau oder Dacheindeckung mit zweifacher Abdichtung

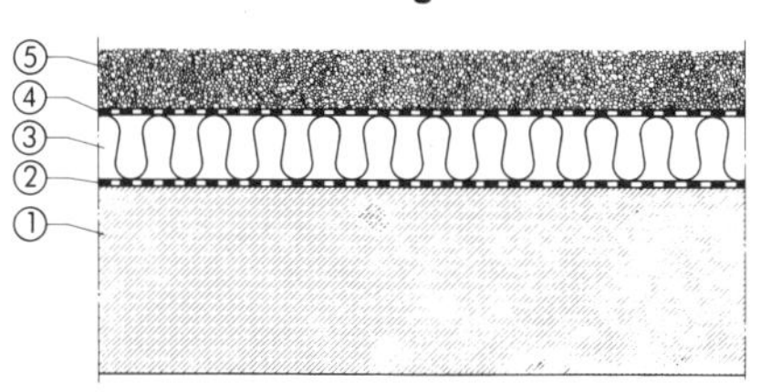

① **Konstruktive Decke, Dicke nach Statik**
② **Dampfsperre**
③ **Wärmedämmung**
④ **Dachhaut**
⑤ **Kiesschüttung**

Ausführung z. B. bei Geschoß- bzw. Dachdecken, die durch nichtdrückendes Oberflächenwasser und Sickerwasser beansprucht werden.

Ablauf mit Klebeflansch und Flanschring, einteilig

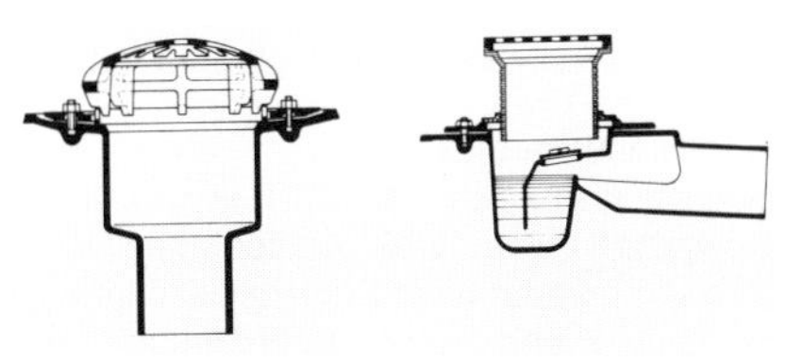

Konstruktionsmerkmal: Kragen des Ablaufkörpers mit umlaufendem Klebeflansch bzw. Klebeflansch mit Flanschring. Öffnungen im Kragen zum Ableiten des Sickerwassers.
Einsatzbereich: z. B. Dusch- und Waschanlagen, Industrie, Flachdächer.

Abscheiden

Als die Zusammenballung von immer mehr Menschen in immer größer werdenden Wohngebieten begann, konnten die Abwässer nicht mehr einfach auf die Straße oder in den Straßengraben abgeleitet werden. Selbst kleinste Orte verfügen heute bereits über Kanalisationssysteme.

Der Vollständigkeit halber sei erwähnt, daß man hier zweierlei Systeme kennt, das Misch- und das Trennsystem, wobei sich „mischen" und „trennen" auf das Schmutz- und das Regenwasser bezieht. Trennsystem heißt also: Regenwasser und Schmutzwasser werden in getrennten Kanalsträngen abgeleitet.

Das Schmutzwasser allerdings muß in beiden Fällen in Kläranlagen von einem großen Teil der Verunreinigungen befreit werden, ehe es in Bach oder Fluß eingeleitet werden darf. Bevor das Schmutzwasser in das Kanalsystem eingeleitet werden darf, muß es bereits von bestimmten Stoffen befreit sein, wie die DIN 1986 Teil 1 Abs. 9, vorschreibt.

Vor der Einleitung in das Kanalsystem müssen die Stoffe herausgetrennt werden, die sich entweder in größerer Menge absetzen oder brennbar oder sonstwie schädlich sind, wie Benzin, Öle oder Fette. Die Industrie bietet für diesen Zweck Schlammabscheider, Benzinabscheider, Fettabscheider und Stärkeabscheider an.

Absperrarmaturen

Leitungen können immer in 2 Richtungen durchflossen werden. Daran muß man bei Kanalisationsleitungen denken.

Es ist schon recht oft vorgekommen, daß ein Keller oder eine Souterrainwohnung durch die Kanalisation mit Abwasser volllief. Plötzliche Regengüsse großer Ergiebigkeit können dazu führen, daß der Kanalisation mehr Wasser zufließt, als sie aufzunehmen vermag. Wenn aber der Kanal voll ist, fließt das Wasser auch heraus, wo es eigentlich nur hineinfließen soll, da ein Rückstau entsteht (nach dem physikalischen Prinzip der kommunizierenden Röhren).

Außer im oberen Bereich von Hanglagen besteht die Rückstaugefahr an sehr vielen Stellen. Gerade in Neubaugebieten bestehen oft noch unerkannte Probleme dieser Art. So mancher Bauherr dankt es seinem Baustoffhändler, der ihm zum Einbau eines Rückstauverschlusses geraten hat.

Rückstauverschlüsse für fäkalienfreies Abwasser müssen DIN 1997 Teile 1 und 2, Ausgaben Mai 1984, entsprechen. Sie müssen demnach bei Rückstau selbsttätig schließen und nach Beendigung des Rückstaues bei Wasserabfluß wieder öffnen.

Bau- und Prüfgrundsätze für Rückstauverschlüsse für fäkalienhaltiges Abwasser sind in DIN 19 578 T1 und 2, Ausg. Februar 1988, geregelt.

Normung

Zum Thema Kanalguß gibt es eine solche Vielzahl von Normen, daß wir hier nur auf die DIN-Taschenbücher 13 „Abwassertechnik 1; Normen über Grundstücksentwässerung, Sanitär-Ausstattungsgegenstände, Entwässerungsgegenstände" und 138 „Abwassertechnik 3; Normen über Abwasserreinigung, Abscheider, Kläranlagen" hinweisen möchten.

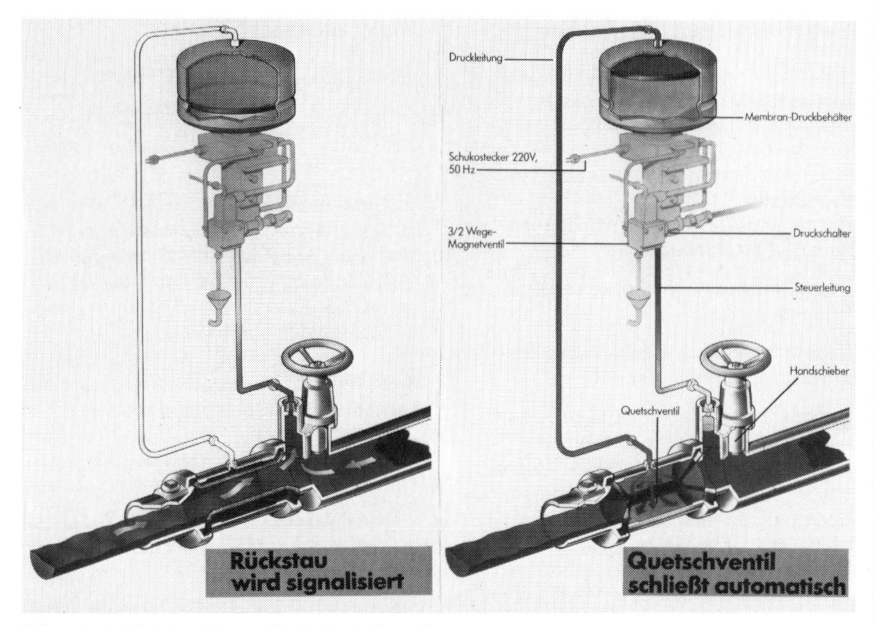

Automatische Rückstausicherung für fäkalienhaltiges Abwasser.

Der Druck, der sich bei Rückstau in der Abwasserleitung und damit auch in der in einer flaschenartigen Ausbuchtung an der Oberseite der Rückstausicherung befindlichen Luft aufbaut, wird pneumatisch auf eine Membran übertragen. Diese Membran steuert ein Magnetventil, das beim Schalten in den stromlosen Zustand den Trinkwasseranschluß freigibt. Das Trinkwasser strömt dann in einen Membran-Druckbehälter und drückt die über der Membran befindliche Luft zusammen. Diese steht in Verbindung mit einem Quetschventil, das den Rückfluß des Abwassers verhindert. Beim Nachlassen des Rückstaus wird der Durchfluß wieder frei.

Betonbauteile für den Garten-, Landschafts- und Wegebau

Im Garten wohnen ist der Wunsch vieler Eigenheimbesitzer.

Wenn man an Garten denkt, denkt man an viel Grün: Rasen, Hecken, Sträucher, Bäume. Man denkt an Blumen und Gemüse, an Sonne und Schatten. Zum Garten gehören aber auch Dinge, die oft noch mehr als Pflanzen den Wohnwert des Gartens bestimmen. Wir denken an Wege und Freisitze, an Zufahrten und Abstellflächen, an Treppen und Beeteinfassungen, Stütz- und Trockenmauern, Teiche.

Betonerzeugnisse für den Gartenweg

Fangen wir vor dem Haus an: Von der Straße zur Haustüre muß man trockenen Fußes gelangen; Gehwegplatten haben sich bewährt wie sich die zunehmend eingebauten Pflaster bewähren. Das Sortiment ist vielseitig und örtlich verschieden, schlicht grau oder farbig, glatte Oberfläche oder Waschbeton in vielen Ausführungen, quadratisch oder rechteckig.

Eine mit Beton-Bauteilen gestaltete Gartenlandschaft, die durch die Terrassierrung lebt

Betonplatten verlegt man zweckmäßigerweise in einem ca. 6 cm dicken Sandbett. Bei schlechten Unterböden oder stärkerer Belastung empfiehlt es sich, darunter noch ein Mörtelbett aus Magerbeton zu bereiten. Seitliches Gefälle sorgt für raschen Wasserablauf.

Pflaster ist kleiner im Format und bietet daher eine große Zahl von Gestaltungsvarianten. Richtig verlegt, ist es unverwüstlich, bietet glatte, leicht sauber zu haltende Oberflächen, kann bei Bedarf wieder aufgenommen und neu verlegt werden, ist unempfindlich gegen Fette, Öle und Treibstoffe.

Die Beton-Bauteile-Industrie fertigt Pflastersteine in einer Vielfalt, die außer dem praktischen Wert und der Wirtschaftlichkeit auch höchste individuelle Geschmacksanforderungen erfüllt. Neben dem „klassischen" quadratischen oder rechteckigen Pflasterstein gibt es die Verbundsteine der verschiedensten Systeme.

Verbundsteine sind so geformt, daß sie durch ineinandergreifende Teile sich gegenseitig Halt geben. Dadurch sind sie auch leicht zu verlegen. Natürlich gibt es zu allen Steinen entsprechende Abschlußsteine, so daß glatte Ränder kein Problem darstellen. Spezielle Kantenplatten sorgen außerdem für eine saubere Abgrenzung zu den anschließenden Rasen- oder Beetflächen.

Betonpflastersteine werden ebenfalls in vielen Farben und Oberflächenstrukturen hergestellt. Dadurch lassen sich dekorative Wirkungen und Abstimmungen auf die Umgebung erzielen.

Die Terrasse am Haus ist die unmittelbare Verlängerung der Wohnung in den Garten hinein. Eine dauerhafte Befestigung mit Betonplatten oder Betonpflaster ist die Voraussetzung dafür, daß man hier sitzen, essen, spielen oder tanzen kann.

Wo die Gartengröße es erlaubt, sollte ein weiterer Sitzplatz im Garten angelegt werden, auf den man je nach Sonnenstand oder Personenzahl ausweichen kann.

Die einzelnen Teile eines Gartens werden durch feste Wege aus Platten oder Steinen miteinander verbunden. Hauptwege werden so breit angelegt, daß zwei Personen nebeneinander gehen können (ca. 120 cm). Manchmal sorgen aber auch schon in den Rasen gelegte Trittplatten für trockene Füße.

Höhenunterschiede werden durch kleinere oder größere Treppen bequem begehbar gemacht. Bei den Treppensteinen unterscheidet man Blockstufen, Winkelstufen und Stufenplatten.

Höhengliederung und Terrassenbildung

Um zur Belebung Höhenunterschiede im Garten zu schaffen (beim ebenen Garten) oder abzustufen durch Terrassenbildung (im hängigen Garten) gibt es eine große Anzahl verschiedener Betonformsteine in den unterschiedlichsten Formen und Ausführungen.

Wohl die einfachste Form ist die sogenannte Mauerscheibe, ein Stahlbetonwinkel unterschiedlichster Größe, meist in Sicht- oder Waschbetonausführung.

Eines der universellsten Bauelemente der Gartengestaltung ist ein U-förmiger Betonstein. Man kann ihn auf vielerlei Weise aufstellen, versetzen, aneinanderfügen und stapeln. Jedesmal ist die Wirkung anders, entstehen unterschiedliche Gruppierungen für die verschiedensten Zwecke.

Der Gartenstein läßt sich als Sitzhocker verwenden, als Bank, für Stufen, Treppen, Pflanztröge, Sitz- und Stützmäuerchen und sogar – mit der offenen Seite nach oben und mit einem Rost abgedeckt – als Gartengrill.

Aus der Vielzahl der sonst noch zur Verwendung gelangenden Formsteine sind noch zu nennen: Beton-Palisaden, Florwandsteine sowie ring- und löffelförmige Steine. Die Vielzahl der Formen und Abmessungen lassen kaum allgemeingültige Aussagen zu. Die Formen sind zum großen Teil geschützt (Gebrauchsmusterschutz, Patente), d. h. die Elemente werden von Lizenznehmern (Betonsteinwerke) regional produziert und – da transportkostenintensiv – auch regional geliefert.

Gebräuchliche Ausführungen sind normalrauher Beton (wie etwa beim Betonrohr), Sichtbeton mit sehr glatter Oberfläche oder durch Matrize mit einer bestimmten Struktur der Oberfläche versehen, bei Platten, Mauerscheiben und U-Steinen verschiedentlich bzw. häufig Waschbeton-Ausführung. (Die Abbindung des Zements in der obersten Schicht ist verzögert, und er wird ausgewaschen, so daß das grobe Korn unverschmutzt hervortritt.)

Betonplatten und Pflastersteine können wie alle Beton-Fertigteile bei Verwendung weißen Portlandzements als Bindemittel und farbiger Zuschläge oder Pigmente in vielen Varianten hergestellt werden. Die Oberfläche kann durch steinmetzmäßiges Bearbeiten wie Scharrieren, Stocken, Absäuern oder Sandstrahlen, aber auch durch Waschen oder Feinwaschen gestaltet werden, um die Farbe des Zuschlags klar hervortreten zu lassen.

Plattenbeläge auf Terrassen

Die moderne Architektur beschert nicht nur den Benutzern erdgleicher Räume das Leben im Freien, sondern dank des Einsatzes moderner Werkstofftechnik auch denen, die sich in anderen Ebenen der Gebäude aufhalten und ihren Lebensraum ausweiten können, z. B. auf Balkone, Dachterrassen, Dachgärten, Laubengänge, Freisitze usw.

Pflaster und Palisaden ermöglichen für die Gartengestaltung eine Fülle von Kombinationsmöglichkeiten, auch auf verschiedenen Ebenen.

Es hat jedoch in der Vergangenheit kein Bauteil zu so großen Ärgernissen bei Architekten, Bauherren, Handwerkern und Bewohnern geführt und die Gerichte jahrelang beschäftigt, wie gerade diese oft nur kleine Kontaktfläche zur Freiluft.

Die Ursachen waren eine ungenügende und falsche Betrachtung der Verantwortlichen in bautechnologischer und bauphysikalischer Hinsicht. Die Folgeschäden waren entsprechend.

Beim flachen Dach (siehe dort) mit einer Neigung unter 5° muß eine Abdichtung erfolgen. Diese Flächendichtungen, mit Pappen oder Folien ausgeführt, würden durch Begehen der Gefahr der Beschädigung ausgesetzt.

Die DIN 18 195, Teil 10, „Bauwerksabdichtungen; Schutzschichten und Schutzmaßnahmen", fordert Schutzschichten aus Betonplatten auf waagerechten oder schwach geneigten Abdichtungen unter Verwendung von Mörtel der Mörtelgruppe II oder III nach DIN 1053 herzustellen. Die Platten sind vollflächig im Mörtelbett zu

Die U-Steine lassen sich fast beliebig kombinieren.

Großprojekt moderner Terrassen-Wohnungen (maisonettes) an der Peripherie einer hessischen Großstadt, bei dem sämtliche Terrassenflächen mit Plattenlagern verlegt wurden

lagern. Die Gesamtdicke der Schutzschicht muß mindestens 5 cm, die der Mörtelschicht mindestens 2 cm betragen. Die Fugen sind erforderlichenfalls mit Fugenvergußmasse zu füllen.

Bei Schutzschichten für die Abdichtung von Terrassen und ähnlichen Flächen mit Neigungen bis zu 2° (etwa 3%) dürfen Betonplatten auch in einem mindestens 3 cm dicken, ungebundenen Kiesbett aus Kies der Korngröße 4/8 mm verlegt werden.

Wenn nötig, ist die Schutzschicht von der Abdichtung zu trennen und durch Fugen aufzuteilen. Bauwerksfugen müssen in der Schutzschicht an gleicher Stelle und in gleicher Breite übernommen werden.

Fugen in waagerechten oder schwach geneigten Schutzschichten müssen verschlossen sein. Über Bauwerksfugen sind dafür Einlagen und Verguß vorzusehen.

So ist die Dichtungsbahn vor UV-Strahlen, extremen Witterungseinflüssen und mechanischer Beschädigung sicher geschützt, und der Gestaltung sind keine Grenzen gesetzt. Allerdings ist saubere handwerkliche Arbeit nötig.

Lärmschutzwände

Im Aussehen stehen bepflanzbare Lärmschutzwände in krassem Gegensatz zu den kahlen Lärmschutzmauern. Hier ist nicht nur der optische Eindruck sehr viel besser. Auch der Schallschutzeffekt wird durch Gliederung und Bepflanzung erheblich verbessert.

Die Auswahl unter den Betonformsteinen für bepflanzbare Lärmschutzwände ist groß. Ihre Anwendung sollte gefördert werden.

Trockenmauern

Trockenmauern werden aus Natursteinen lose aufgesetzt. Die großen Fugen werden mit Erde verfüllt und vornehmlich mit verschiedenen alpinen Pflanzen bepflanzt.

Dach- und Terrassenbegrünung

Extensive Begrünung von Dachflächen mit Gras und kleinen Pflanzen ist auch schon auf geneigten Dächern möglich.

Intensivbegrünung von Wohnterrassen wird von vielen Systemherstellern angeboten. Wichtig dabei ist der sichere Schutz der Dämm- und Dichtungsschicht vor Beschädigung durch Pflanzenwurzeln.

Gartenteiche

Ein gut gestalteter Gartenteich ist für jeden Gartenliebhaber ein Wunschtraum.

Zur Anlage eines Gartenteichs wird entweder eine Teichfolie mit Zubehör benötigt oder ein vorgefertigtes Teichbecken aus Kunststoff. Zur Gestaltung der Ufer verwendet man Natursteine. Der Clou ist ein kleiner Wasserlauf.

Normen

DIN 485 Gehwegplatten aus Beton
DIN 18500 Betonwerkstein
DIN 18501 Pflastersteine aus Beton

Literatur: Straßenbau heute, Heft 3: Vorgefertigte Beton-Bauteile, Beton-Verlag

Pflasterklinker

Pflasterklinker sind Klinker mit besonders hoher Widerstandsfähigkeit gegen Frost und sehr hoher Festigkeit.

Die Bedingungen der DIN 18503 verlangen eine Mindestrohdichte von 2,0 kg/dm³, Wasseraufnahme unter 6%, Druckfestigkeit von mindestens 80 N/mm², Biegefestigkeit von mind. 10 N/mm², und außerdem sind für Schleifverschleiß und Säurefestigkeit Werte vorgegeben und es wird die Frostbeständigkeit verlangt.
Die Werte einzelner Fabrikate liegen noch erheblich über der Norm, was letztlich zur

Klinkerpflasterfläche mit kunstvoll integrierten Beeteinfassungen

hohen Beliebtheit des Pflasterklinkers, der besonders im norddeutschen Raum schon lange und häufig eingesetzt wird, beigetragen hat. Einzelne Hersteller heben auch besonders die Streusalzbeständigkeit hervor.

Pflasterklinker gibt es in verschiedenen Braun- und Rot-Tönen, aber auch mit Weiß-Rauhglasur für Markierungen.

Verlegemuster für Rechteckpflaster

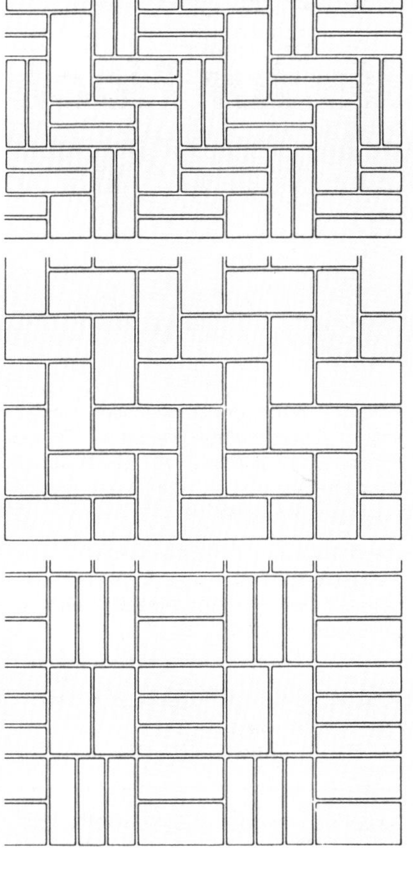

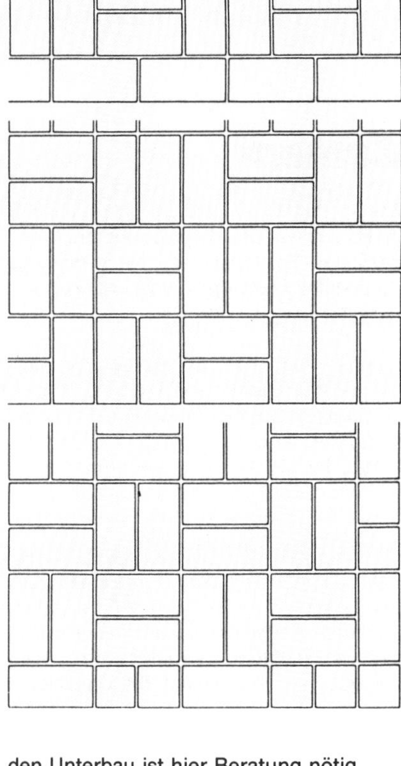

Die Formate gehen vom Quadrat über Kleinpflaster, Rechteckpflaster in den Maßen 20 × 10 und 24 × 11,8 cm bis zu Sonderformaten wie Spitzenpflaster oder Verbundpflaster. Die Klinker gibt es vollkantig und gefast.

Gebräuchliche Dicken der Pflasterklinker sind 40, 45, 52 und 65 mm (Steinhöhe). Zunehmend werden Pflasterklinker auch im privaten Bereich (Gestaltung von Gartenwegen, Terrassen usw.) verwendet und dabei oft von Laien verlegt. In bezug auf den Unterbau ist hier Beratung nötig.

Norm

DIN 18 503 Aug. 1981
Pflasterklinker; Anforderungen, Prüfung, Überwachung

Sortimentsgruppe 2: Grundbaustoffe für Hochbau

Zement

Zement hat seinen festen Platz nicht nur im Baustellen- und Transportbeton. In ungezählten Bauteilen ist der Zement als Bindemittel nicht mehr wegzudenken.

Hier nur einige Beispiele:

Pflaster, Platten für Gehsteige und Fahrbahnen, für Garten und Terrasse, Rinnen für Straße und Stall, Randsteine, Formsteine für die Gartengestaltung, Wabensteine, Lüfter, Fensterrahmen, Betonrohre in allen ihren Formen, Leichtbauplatten, das ganze Gebiet Faserzement in seiner Vielfalt und viele Wandbaustoffe.

Zahllose Impulse gingen vom Zement aus. Ob sie alle erfreulich waren? Eine so tiefgreifende Entwicklung kann nicht nur in positiver Richtung verlaufen, auch beim Zement nicht. Ohne auf die Geschichte des Zements näher eingehen zu können, ist doch bekannt und belegt, daß schon die alten Römer ein gebranntes Bindemittel für ihre zum Teil heute noch erhaltenen Bauwerke verwandten, das sie ähnlich wie wir den Zement benannten.

Der Stein ist seit alters her ein wesentlicher Bestandteil menschlicher Bauten.

Der Wunsch lag nahe, Stein zu zerkleinern, zu formen und wieder zu einem Ganzen zu verbinden.

Genau das nämlich ermöglicht uns heute der Zement als Bindemittel. Mit dieser Entwicklung wird sich auch das Kapitel „Beton“ zu befassen haben.

Hier geht es vorerst nur um das Bindemittel – wenn auch der Durchblick zum Beton nicht immer zu unterdrücken ist –, das in seiner Vielseitigkeit und Anwendungsbreite von keinem anderen Baustoff auch nur annähernd erreicht wird.

Portlandzementklinker

Die Ausgangsstoffe zur Herstellung des Portlandzementklinkers müssen hauptsächlich Calciumoxid und Siliciumdioxid und in geringeren Mengen die für die Bildung der Schmelze notwendigen Oxide des Aluminiums und des Eisens enthalten.

Gesteine, die diese chemischen Bestandteile liefern, sind Kalkstein oder Kreide und Ton und deren natürlich vorkommendes Gemisch, der Kalksteinmergel.

Um die Chemie des Zementes verstehen zu können, müßte man sich damit sehr intensiv befassen.

Nur soviel dazu:

Das Tricalciumsilicat ($3\,CaO \cdot SiO_2$) ist die Verbindung, der der Zement seine wesentlichen Eigenschaften verdankt. Feingemahlen und mit Wasser zu einer Paste angemacht, erhärtet es schnell und erreicht sehr hohe Festigkeit.

Die durchschnittliche chemische Zusammensetzung des in der Bundesrepublik hergestellten Portlandzementes sieht im Mittelwert so aus:

Calciumoxid	CaO	(Kalk)	64%
Siliciumdioxid	SiO_2	(Kieselsäure)	20%
Aluminiumoxid	Al_2O_3	(Tonerde)	5%
Eisenoxid	Fe_2O_3	(Roteisenerz)	2,5%
Sonstige			8,5%

Gewonnen werden die Rohstoffe Kalkstein und Ton als Kalkmergel in Steinbrüchen. Den Produktionsgang von der Grube bis zur Verladung des fertigen Produkts zeigt die Darstellung.

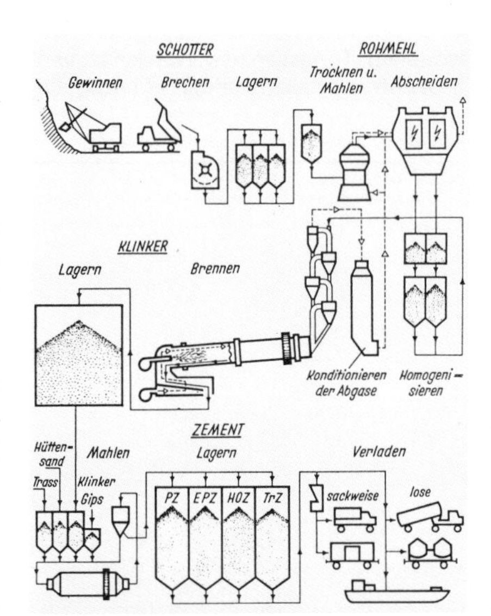

Verfahrensstammbaum eines Zementwerks nach dem Trockenverfahren mit Zyklonvorwärmerofen (Schwebegas-Wärmetauscherofen)

Gebrannt wird der Portlandzementklinker aus den genannten Rohstoffen bei Temperaturen bis zu 1450° C (Sintertemperatur).

Die Bezeichnung „Klinker“ stammt aus den Anfängen der Zementherstellung. Da formte man das Brenngut noch zu Ziegeln.

Heute sind es grauschwarze, kugelige steinharte Klümpchen. Diese werden in Silos und auf Halden gelagert, bis sie zu Zement vermahlen werden.

Zementarten

Normzemente nach DIN 1164

Die Zementarten unterscheiden sich in der Zusammensetzung, genauer gesagt im Mischungsverhältnis von Portlandzementklinker zu Hüttensand und Traß. Die 4 Zementarten nach DIN 1164 unterscheiden sich in den Nebeneigenschaften recht stark. Die Zusammensetzung ist aus nachstehender Tabelle ersichtlich.

Zusammensetzung der Normzemente nach DIN 1164 (Ausgabe November 1978)

Zementart	Portland-zement-klinker*	Hütten-sand*	Traß*
	Gew.-%	Gew.-%	Gew.-%
Portlandzement	100	–	–
Eisenportland-zement	65 ... 94	6 ... 35	–
Hochofenzement	20 ... 64	36 ... 80	–
Traßzement	60 ... 80	–	20 ... 40

*** Die Angaben beziehen sich auf das Gesamtgewicht von Portlandzementklinker und Hüttensand bzw. Traß.**

Zum besseren Verständnis der Unterschiede eine kurze Beschreibung der Zusätze Hüttensand und Traß.

Das Herzstück eines Zementwerkes ist der Drehbandofen.

Hüttensand

Beim Erschmelzen des Eisens im Hochofen bildet sich aus Gangart, Koksasche und Zuschlägen die kalktonerde-silicatische Hochofenschlacke.
Wird die feuerflüssige Schlacke mit Wasser schnell abgekühlt und fein zerteilt (granuliert), so entsteht Hüttensand, ein glasig erstarrter, latent (er bedarf der Anregung) hydraulischer Stoff.

Traß

Traß ist feingemahlener Tuffstein und gehört zu den natürlichen Puzzolanen. („Puzzolane" ist eine Sammelbezeichnung für latent hydraulische Stoffe.) Der vulkanische rheinische Tuff steht in der vorderen Eifel, der durch Meteoriteneinschlag entstandene Suevit (bayerischer Traß) im Nördlinger Ries an. Der Tuff wird in Steinbrüchen durch Sprengen gewonnen, auf Schottergröße gebrochen, in Trommel- oder Schnelltrocknern getrocknet und zusammen mit Portlandzementklinker und gegebenenfalls Hüttensand zu Traßzement bzw. Traßhochofenzement gemahlen.

Festigkeitsklassen

Nach dem Grade der Mahlfeinheit ergeben sich bei den Normzementen verschiedene Festigkeitsklassen.
Nach Zugabe von Wasser zum Zement bildet sich der Zementleim oder Zementgel (Gel = aus submikroskopisch kleinen Partikeln bestehend, die erst im Elektronenmikroskop darstellbar sind).
Dabei ist verständlich, daß feinere Zementkörner intensiver aufgeschlossen werden als gröbere. Zur Verdeutlichung nachstehend die Darstellung der Hydratation – so nennt man die Aufschließung des Zementkorns zum Gel.

a) Zementkorn vor Wasser=zugabe.

b) Zementkorn kurz nach Wasserzugabe; um das gesamte Zementkorn hat sich eine Schicht aus Zementgel gebildet.

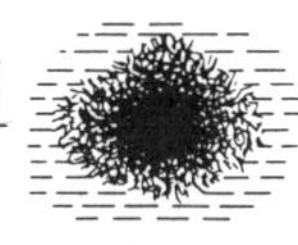

c) Ende der Hydratation. Das gesamte Zementkorn hat sich in Zementgel umgewandelt.

Die Festigkeitsklassen unterscheiden sich nicht nur in der Endfestigkeit.

Zementfestigkeitsklassen nach DIN 1164 (Ausgabe November 1978)

Festigkeitsklasse		Druckfestigkeit in N/mm² nach 2 Tagen min.	7 Tagen min.	28 Tagen min.	28 Tagen max.
Z 25*)		–	10	25	45
Z 35	L	–	18	35	55
	F	10	–		
Z 45	L	10	–	45	65
	F	20	–		
Z 55		30	–	55	–

*** Nur für Zement mit niedriger Hydratationswärme und/oder hohem Sulfatwiderstand.**

Mit zunehmender Mahlfeinheit steigt die Frühfestigkeit, wie man die Festigkeit nach 2 bis 7 Tagen nennt.

Der Zusatz L oder F bei den Festigkeitsklassen Z 35 und Z 45 unterscheidet nochmal in langsam = L und schnell (forte) F = frühhochfest.

Erstarrungsbeginn

Die Norm schreibt vor, daß Normzemente nicht früher als 60 Minuten nach erfolgter Wasserzugabe zu erstarren beginnen dürfen. Das Aussehen der Zementmilch wird glasig. Verarbeitung über den Erstarrungsbeginn hinaus ist für die Entwicklung der Festigkeit schädlich.

Die meisten im Handel befindlichen Zemente beginnen bei etwa 2 Stunden zu erstarren.

Eingestellt wird der Erstarrungsbeginn durch Zugabe von Gipsstein bei der Vermahlung.

Lieferformen des Zements

Zement wird lose oder in Säcken geliefert. Lose wird Zement in Silo-Lastzügen geliefert, die durch Druckluft entleert werden.

Die Lieferung wie auch die leihweise Aufstellung von Baustellen-Silos für Großbaustellen erfolgt meist durch eigene Gesellschaften der Zementhersteller.

Verfügt der Empfänger über Gleisanschluß, kann der Zement auch in Waggons der DB Bauart Uc lose angeliefert werden. Der Empfänger muß dann auch den zur Entleerung erforderlichen Kompressor haben, der bei Silolastzügen auf den Fahrzeugen montiert ist.

Die Zementsäcke bzw. bei losem Zement ein Blatt zum Anheften am Silo müssen mit Aufdruck und Farbe gemäß DIN 1164 gekennzeichnet sein.

Die Kennzeichnung der Festigkeitsklassen zeigt die nachstehende Tabelle.

Kennfarben für die Festigkeitsklassen

Festigkeitsklasse	Kennfarbe	Farbe des Aufdrucks
Z 25	violett	schwarz
Z 35 L	hellbraun	schwarz
Z 35 F		rot
Z 45 L	grün	schwarz
Z 45 F		rot
Z 55	rot	schwarz

Die Nutzanwendung für die Baupraxis

Die Erklärung auf die sich ergebende Frage „Wofür verschiedene Zementarten, Festigkeitsklassen und obendrein die erst am Schluß kurz erwähnten Sonderzemente?" ergibt sich aus der verschiedenartigen Aufgabenstellung des Zements bei der Betonherstellung. Im Kapitel „Beton" wird darüber noch einiges Wissenswerte zu sagen sein.

Vorab hierzu nur ein kurzer Überblick. Zement ist ein hydraulisches Bindemittel. Zement erhärtet unter Aufnahme von Wasser (auch unter Luftabschluß). Durch die Zugabe von Wasser zum Zement werden die chemischen Umsetzungen eingeleitet, die die Verwendbarkeit des Zements als Bindemittel mit sonst nicht erreichten Endfestigkeiten zur Folge haben.

Bei diesen chemischen Abläufen wird Wärme freigesetzt (exothermer chemischer Prozeß), bei Portlandzement schneller, nach Zusatz von Hüttensand langsamer.

Während wir zum Betonieren schlanker Bauteile bei niederen Temperaturen Erwärmung benötigen – der Ablauf der chemischen Reaktion ist temperaturabhängig und kommt bei Temperaturen um 5° C zum Stehen –, kann bei Massenbauwerken die Innentemperatur eines Bauteils gefährlich ansteigen. Bei Massenbauwerken empfiehlt es sich, Zement mit niedriger Hydratationswärme (Kennbuchstaben NW) zu verwenden.

Frühhochfeste Zemente – so bezeichnet man Z 45 F und Z 55 – sind teurer, doch Z 45 F erreicht schon nach 2 Tagen eine höhere Festigkeit als Z 35 L nach 7 Tagen.

Die Frühfestigkeit ist ausschlaggebend für den Beginn des Ausschalens, also des Baufortschrittes (siehe Transportbeton).

Bei Wasserbauwerken ist außerdem die Frage der Beschaffenheit des Wassers ausschlaggebend, ob an den Zement Spezialanforderungen, die chemische Festigkeit betreffend, gestellt werden müssen, d. h., ob z. B. ein Zement mit hohem Sulfatwiderstand (Kennbuchstaben HS) erforderlich ist.

Schwinden und Kriechen des Zements

Was ist darunter zu verstehen? Das Schwinden ist, vereinfacht gesagt, ein Schrumpfen durch Austrocknen, eine gegenläufige Erscheinung des Quellens.

Das Kriechen ist eine geringfügige Verformung des Betonbauteils unter dem Druck der Auflast des Bauwerks.

Beide Maße, das Schwind- und das Kriechmaß, sind in der Zementnorm DIN 1164 festgelegt.

Diese Eigenschaften des Zements übertragen sich auf alle Baustoffe oder Bauteile, die mit Zement als Bindemittel hergestellt werden. Man muß mit ihnen rechnen, und man sollte streng darauf achten, daß man zementgebundene Baustoffe nicht mit nicht bindemittelgebundenen, also gebrannten Baustoffen vermischt verbaut.

Spezialzemente

Ölschieferzement enthält außer Zementklinker 20–30% Ölschiefer.

NA-Zemente sind Zemente mit niedrigem Alkaligehalt (in Norddeutschland zugelassen).

Hydrophobierter (wasserabweisender) Zement wird durch Zusätze erreicht. Er wird zur Bodenverfestigung verwandt.

Tiefbohrzement wird zum Auskleiden von Bohrlöchern für die Erdölgewinnung benötigt.

Tonerdeschmelzzement ist in der Bundesrepublik nicht genormt. Er wird besonders als Bindemittel für feuerfesten Mörtel und Beton verwandt. Für tragende Bauteile ist er nicht mehr zugelassen.

Weißer Portlandzement wird zur Herstellung von weißen und durch Pigmente oder farbige Zuschläge gefärbten Ortbeton- und Betonfertigteilen verwandt. Er ist normgerecht und entspricht in allen technischen Eigenschaften einem PZ 45 F. Ihm fehlt gegenüber grauem Zement die Phase Calciumaluminatferrit, die keinen Beitrag zur Zementfestigkeit leistet, jedoch die Graufärbung hervorruft.

Einfluß der Lagerung auf die Festigkeit

Bei absolut feuchtigkeitsgeschützter Lagerung behält Zement sein Erhärtungsvermögen unbegrenzt. Diese Feststellung ist allerdings rein theoretisch, da in diesem Fall eine Aufbewahrung z. B. in verlöteten Blechbehältern erfolgen müßte. Offen liegender Zement ist jedoch hygroskopisch und nimmt aus der Luft Feuchtigkeit und Kohlensäure auf, was zu einem Verklumpen des Zements und zu einer Minderung seines Erhärtungsvermögens führt. Als Faustregel kann man annehmen, daß bei einer sachgemäßen Lagerung (Silo oder Papiersäcke an einem trockenen Ort) nach ca. 3 Monaten eine Festigkeitsminderung von größenordnungsmäßig etwas über 10% auftritt. Die Minderung der Anfangsfestigkeit von sehr schnell erhärtenden Zementen kann größer sein. Daher sollte im allgemeinen die Lagerung von Z 55 einen Monat, die von anderen Zementen zwei Monate nicht wesentlich überschreiten.

Norm

DIN 1164 Portland-, Eisenportland-, Hochofen- und Traßzement.

Literaturhinweis: Zement-Taschenbuch 1979/80, Bauverlag GmbH, Wiesbaden und Berlin.

Kalk

In mehreren Industriezweigen ist Kalk unentbehrlich. Ohne auf die Stahl- und die chemische Industrie einzugehen, in der Baustoffindustrie ist er *das* Bindemittel der Kalksandstein- und der Gasbetonhersteller.

Im Hochbau ist er als Bindemittel des Mauer- und Putzmörtels unersetzlich.

Im Tiefbau findet er Verwendung zur Untergrundbefestigung durch Bodenvermörtelung.

Von den vielen Verwendungsgebieten seien nur noch die Verwendung des Kalkes im Landbau, also Landwirtschaft und Gartenbau, wo er zur Gesunderhaltung des Bodens (Bodenmelioration) benötigt wird, und die Rauchgasentschwefelung genannt.

Gewinnung

Kalkstein ist das Calciumsalz der Kohlensäure, Calciumcarbonat ($CaCO_3$). Es hat sich in vorgeschichtlicher Zeit in großen Gewässern abgesetzt, ist also ein Sedimentgestein. Es ist häufig vermischt mit Magnesiumcarbonat ($MgCO_3$) und bildet dann das Mineral Dolomit, nach dem die Dolomiten Südtirols ihren Namen haben.

Im Kalksteinmergel ist Kalkstein mit Ton und anderen Sedimenten vermischt (siehe Zement).

Ausgangsstoff des Bindemittels Kalk ist der Kalkstein. Dieser wird in Kalkbrüchen im Tagebau abgebaut, zerkleinert und bei etwa 900° C meist in speziellen Schachtöfen oder Drehrohröfen, seltener in anderen Ofenarten gebrannt.

Dabei wird der Kohlensäure-Anteil abgespalten. Zurück bleibt das Calciumoxid (thermische Dissoziation des Calciumcarbonates in Calciumoxid und Kohlendioxid $CaCO_3 \rightarrow CaO + CO_2$).

Um sich wieder mit dem Kohlendioxid der Luft verbinden zu können, muß Wasser hinzutreten. Die Umkehr des Ablaufs erfolgt auf dem Umweg über das Hydroxid.

Aus dem Calciumoxid wird durch Ablöschen (Zusammenbringen mit Wasser) das Calciumhydroxid, das als Kalkhydrat oder Weißkalk verkauft wird. Dieses Kalkhydrat erhärtet unter Aufnahme der Kohlensäure der Luft und spaltet dabei das Wasser ab ($CaO + H_2O \rightarrow Ca[OH]_2$ + Wärme, $Ca[OH]_2 + CO_2 \rightarrow CaCO_3 + H_2O$).

Beim Löschen des Kalkes wird viel Wärme frei.

Heute wird der Kalk in den Werken gemahlen und gleich abgelöscht. Man spricht hier vom Trockenlöschvorgang, bei dem dem gemahlenen Branntkalk nur so viel Wasser zugegeben wird, wie er zum Ablöschen benötigt. Nach Ende des Löschvorganges ist der Kalk wieder trokken.

Im Gegensatz dazu steht das Ablöschen mit Wasserüberschuß, das Naßlöschen.

Als die Verputzunternehmen ihren Kalkbedarf noch als Brannt-Stückkalk bezogen, wandten etliche das Naßlöschverfahren an, das auch unter dem Begriff „Einsumpfen" bekannt war. Hier wurde der Kalk unter Wasserüberschuß als Kalkteig in einer Grube aufbewahrt.

Kalksteinbruch

Anforderungen an die Handelsformen von Baukalk nach DIN 1060 Teil 1 (Ausg. 11.82), Tabelle 2

	1	2	3	4	5	6	7	8	9	10	11	12
	Handelsform der Baukalkart	Chemische Zusammensetzung [1]) Massenanteil in %				Kornfeinheit [2]) Rückstand Massenanteil in %	Ergiebigkeit je 10 kg Kalk	Verarbeitbarkeit	Raumbeständigkeit [3]) Prüfung		Druckfestigkeit nach	
		CaO + MgO	MgO	CO_2	SO_3		dm^3	Eindringmaß mm	im Wärmeschrank	bei Wasserlagerung	7 Tagen N/mm^2	28 Tagen N/mm^2
1	Weißfeinkalk	≥ 80,0	≤ 10,0	≤ 7,0	≤ 2,0	0 [4]) auf Drahtsiebboden DIN 4188 – 0,63; ≤ 10 [4]) auf Drahtsiebboden DIN 4188 – 0,1	≥ 26,0	–	×	–	–	–
2	Weißstückkalk	≥ 80,0	≤ 10,0	≤ 7,0	≤ 2,0		≥ 26,0	–	×	–	–	–
3	Weißkalkhydrat	≥ 80,0	≤ 10,0	≤ 7,0	≤ 2,0		–	–	×	–	–	–
4	Carbidkalkhydrat	≥ 80,0	≤ 10,0	≤ 7,0	≤ 2,0		–	–	×	–	–	–
5	Weißkalkteig	≥ 80,0	≤ 10,0	≤ 7,0	≤ 2,0		–	–	×	–	–	–
6	Carbidkalkteig	≥ 80,0	≤ 10,0	≤ 7,0	≤ 2,0		–	–	×	–	–	–
7	Dolomitfeinkalk	≥ 80,0	≥ 10,0	≤ 7,0	≤ 2,0		≥ 26,0	–	×	–	–	–
8	Dolomitkalkhydrat	≥ 80,0	≥ 10,0	≤ 7,0	≤ 2,0		–	–	×	–	–	–
9	Wasserfeinkalk	≥ 70,0	–	≤ 7,0	≤ 2,0		≥ 26,0	–	×	×	–	–
10	Wasserkalkhydrat	≥ 70,0	–	≤ 7,0	≤ 2,0		–	–	×	×	–	–
11	Hydraulischer Kalk	–	–	≤ 12,0	≤ 4,0 [6])		–	–	–	×	–	≥ 2
12	Hochhydraulischer Kalk	–	–	–	≤ 4,0 [6])		–	≥ 12 ≤ 60	–	×	≥ 2,5	≥ 5 ≤ 15 [5])

[1]) Bei Feinkalk und Stückkalk im Anlieferungszustand, bei Kalkhydraten und Kalkteig bezogen auf wasser- und hydratwasserfreie Substanz.

[2]) Bei Stückkalk entfällt der Nachweis der Kornfeinheit; bei Kalkteig bezieht sich die Angabe auf die Trockensubstanz. Der Anteil der Trockensubstanz ist anzugeben.

[3]) Welche Prüfung zum Nachweis der Raumbeständigkeit bestanden werden muß, ist durch das Symbol × gekennzeichnet.

[4]) Siehe Abschnitt 5.3

[5]) Für Hochhydraulische Kalke mit einer Schüttdichte ≤ 0,90 kg/dm^3 gilt als oberer Grenzwert 20 N/mm^2.

[6]) Werte bis 7,0 % werden zugelassen, wenn die Prüfung der Raumbeständigkeit nach DIN 1060 Teil 3, Ausgabe November 1982, Abschnitt 8.4, bestanden ist.

Vor allem die Gefahr des Nachlöschens einzelner Kalkteilchen war so sicher ausgeschaltet.

Nachlöschen, Kalktreiber

Durch verschiedene Ursachen beim Brennvorgang löschen nicht alle Kalkteilchen gleichmäßig ab. Beim Löschvorgang vergrößert der Kalk sein Volumen sehr erheblich. Tritt erst nach Verarbeitung „Nachlöschen" auf, kommt es zu Schäden, die vor allem beim Putz als Kalkmännchen berüchtigt sind. Auch die Ziegelindustrie kämpft mit ablöschenden Kalkeinsprengungen. Beim Putz kommt es zu Abplatzungen, die Nacharbeit erforderlich machen.

Die Kalkindustrie hat durch Einsatz zweckdienlicher Verfahren und Maschinen bei den von ihr gelieferten Kalken die Gefahr des Nachlöschens fast völlig beseitigt.

Kalksorten

Der Kalk, der aus reinem Kalkstein erbrannt wird, erhärtet nur in der Luft, also nicht unter Luftabschluß. Er ist weiß und wird als Weißfeinkalk oder Weißkalkhydrat gehandelt.

Ist er mehr oder weniger mit Dolomit vermischt, ist er grau und wird als Dolomitkalk bezeichnet.

Der Wasserkalk wird aus tonhaltigem Kalkstein erbrannt. Die Erhärtung wird bewirkt sowohl durch Aufnahme der Kohlensäure der Luft als auch in geringerem Maße hydraulisch (durch chemische Reaktion mit Wasser).

Die hydraulischen und hochhydraulischen Kalke enthalten einen größeren Anteil an Kieselsäure (SiO_2), Tonerde (Al_2O_3) und Eisenoxid (Fe_2O_3). Sie erhärten überwiegend hydraulisch und haben erheblich höhere Frühfestigkeit.

Verarbeitung

Um Kalk als Putz- oder Mauermörtel zu verarbeiten, wird er mit Sand vermischt, der DIN 4226 sowie DIN 1053 bzw. DIN 18 550 entsprechen, d. h. u. a. weitgehend von Tonanteilen frei sein muß.

Gehandelt wird Kalk in Säcken zu 33¹/₃ und 40 kg, Weißfeinkalk auch zu 25 kg.

Die Qualitätsanforderungen an Baukalke sind in der DIN 1060 festgelegt.

Kalk in Trockenmörtel und in Transportmörtel wird in gesonderten Abschnitten behandelt.

Mit zunehmendem Gehalt der Luft an Kohlen- und Schwefeldioxid gewinnt der Kalk an Bedeutung, wo es um die Senkung des Säuregehaltes der Böden in Garten, Landwirtschaft und Forst geht.

Der Anteil gebrochenen Kalkgesteins als Betonzuschlagstoff nimmt ebenfalls zu, nachdem die Eignung für diesen Zweck bekannt ist.

Baugipse

Ein Bindemittel, dessen starke Verbreitung, die es in Süd- und Westdeutschland hat, auch im Norden immer mehr zunimmt, ist der Gips. Seine Eigenschaften machen ihn besonders für den Innenausbau interessant.

Alte Stuckdecken in historischen Gebäuden weisen aus, daß Gips als gut formbarer Baustoff schon lange verwandt wird.

In 2 großen Formengruppen fanden die Baugipse Eingang ins Baugeschehen:
als vorgefertigte Montageteile
und als an der Baustelle verarbeitetes Bindemittel.

Die Besprechung der Platten und Montageteile erfolgt später. Hier geht es um den Baugips, der, wie der Name erkennen läßt, an der Baustelle verarbeitet wird.

Was ist Gips?

Gips ist das Calciumsalz der Schwefelsäure, eine sehr stabile Verbindung, deren Veränderung durch unterschiedlichen Kristallwassergehalt wir am Bau nutzen. Man spricht hier von verschiedenen Hydratstufen und meint damit die Höhe des Wasseranteils, der dem Gips durch Erhitzen entzogen wurde oder beim „Anmachen" wieder hinzugefügt wird.

In der Natur liegt der Gips als Gipsstein, ein dichtes weißes Gestein (Calciumsulfat-Dihydrat = $CaSO_4 \cdot 2\,H_2O$), vor.

Gips gehört zu den im Meerwasser gelösten Stoffen. Er hat sich aus Meeren vorgeschichtlicher Zeit bei deren Verdunstung abgesetzt. Gewonnen wird Gips überwiegend im Tagebau, teilweise auch in Bergwerken unter Tage.

Gips entsteht außerdem beim Ablauf einiger chemischer Prozesse, so z. B. bei der Rauchgas-Entschwefelung, als Nebenprodukt.

Durch Erhitzen wird das Kristallwasser aus dem Gipsstein mehr oder weniger ausgetrieben.

Dieser Gips, dem das Kristallwasser in unterschiedlichen Graden entzogen wurde (siehe Tabelle), hat die Eigenschaft, mit Wasser angemacht wieder zu festen Körpern zu erhärten, indem das Wasser wieder in das Kristallgefüge eingebunden wird.

Erhärteter Gips zeigt sich bei sehr starker Vergrößerung unter dem Elektronen-Mikroskop als ein von vielen Poren durchsetztes Kristallgefüge. Das Porenvolumen liegt etwa zwischen 40 und 75% des Gesamtvolumens. Die Porosität verleiht dem Gips die gute Wärmedämmung und ebenso gute Feuchtepufferung (Fähigkeit, Feuchtigkeit aus der Luft schnell aufzunehmen und ebenso schnell wieder abzugeben).

Bei der nach Wasserzugabe erfolgenden Erhärtung, die man Hydratation nennt (Wassereinbindung), spricht man zwar von „Abbinden" und „Erhärten", wie bei anderen Bindemitteln auch, obwohl ein sehr erheblicher Unterschied zu den anderen Bindemitteln wie Zement und Kalk besteht, deren Abbindeprozesse chemische Abläufe darstellen.

Durch im Werk beigegebene Zusätze können die Eigenschaften der Baugipse gesteuert werden, soweit sie sich nicht schon durch unterschiedlichen Wasserentzug unterscheiden, das gilt z. B. für Versteifungsbeginn und -ende.

Stuckgips

ist der auf der Baustelle am längsten bekannte Gips. Ihm ist am wenigsten Wasser entzogen worden. Er versteift rasch. Der Versteifungsbeginn liegt bei der Prüfung im Labor zwischen 8 und 25 Minuten nach dem Anrühren mit Wasser.

Seine Einsatzgebiete sind Stuckarbeiten, Rabitzarbeiten und Bindemittel für Innenputze (Gips- und Gips-Kalk-Putze).

Die in den Werken hergestellten Bauplatten entstehen aus Stuckgips.

Lieferform: 40- oder 50-kg-Säcke

Übersicht über die Hydratstufen des Calciumsulfats

Chemische Formel	Hydratstufe (Phase)		Technische Entstehungstemperatur
	Bezeichnung	Form	ca. .... °C
$CaSO_4 \cdot 2\,H_2O$	Calciumsulfat-Dihydrat		
$CaSO_4 \cdot \frac{1}{2}\,H_2O$	Calciumsulfat-Halbhydrat	α	100
		β	125
$CaSO_4$	Anhydrit III	α	110
		β	290
$CaSO_4$	Anhydrit II		300 – 500
$CaSO_4$	Anhydrit I *)		1200

*) Technisch ohne Bedeutung

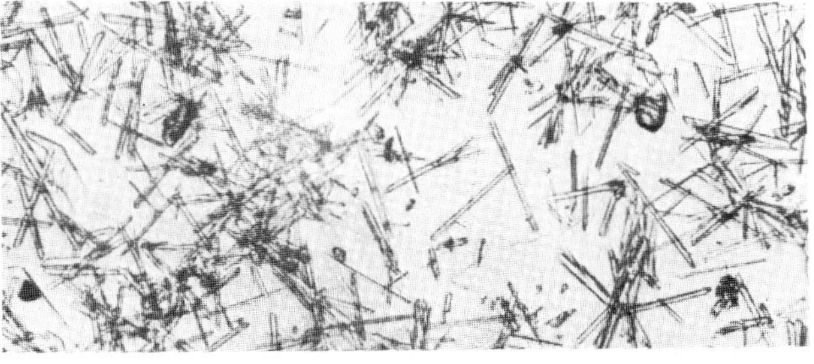

Mikroskopisches Bild von abbindendem Gips. Man erkennt deutlich die nadelförmigen Gipskristalle, deren „Verkrallung" im Putzgrund die gute Haftung eines Gipsputzes bewirkt.

Putzgipse

beginnen auch früh zu versteifen, können jedoch, ohne Schaden zu erleiden, länger als Stuckgips an der Oberfläche bearbeitet werden. Der Versteifungsbeginn darf frühestens nach 3 Minuten (unter Prüfbedingungen) eintreten. Die anderen Baugips-Sorten werden aus Stuck- und/oder Putzgipsen hergestellt, deren Stellmittel teilweise Füllstoffe zugesetzt werden (im Werk), welche die für die jeweilige Aufgabenstellung erforderlichen Eigenschaften bewirken.

Maschinenputzgipse

sind so eingestellt, daß sie in kontinuierlich (fortlaufend, ununterbrochen) arbeitenden Putzmaschinen angerührt und mit ihnen aufgespritzt werden können.

Maschinenputzgips wird zur Verarbeitung in Putzmaschinen ohne zusätzliche Transporteinrichtung geliefert in 40-kg-Säcken, in Containern von 7–8 t Fassungsvermögen, oder in Großsilos, wie sie auch für Zement verwandt werden.

Um Gips aus den genannten Behältern verarbeiten zu können, muß an der Baustelle eine Transporteinrichtung vorhanden sein, mit deren Hilfe der Gips vom Silo oder Container durch Schläuche zur Putzmaschine im Bau transportiert (geblasen) wird. Dadurch entfällt der sonst nötige Sacktransport an der Baustelle. Silobezug kommt nur für Großbaustellen in Frage.

Die Maschinenputzgips-Hersteller verfügen bereits über ein beachtliches Netz von Containerstationen, von denen aus die Baustellen bedient werden, ebenso die Abholung der leeren Container nach Leermeldung. Der Antransport erfolgt mit Spezialfahrzeugen, ebenso die Abholung der leeren Container. Die Entleerung muß ebenfalls gemeldet werden.

Der Maschinengipsputz, der in einigen Gegenden andere Naßputzarten fast verdrängt hat, ist, gut verarbeitet, glatt und eben. Er wird einlagig aufgebracht.

Fertigputzgips

Der Handputz als Alternative zum Maschinenputzgips, enthält vom Werk her neben Stellmitteln Füllstoffe wie Perlite oder Sand.

Er versteift langsam und besitzt gute Verarbeitungseigenschaften.

Lieferform: 40-kg-Säcke.

Rauchgasgips (REA-Gips)

Rauchgasgips fällt als Reststoff bei der Entschwefelung der Verbrennungsgase (Rauchgase) fossiler Brennstoffe vor allem in Kraftwerken an.
Fossile Brennstoffe sind in den vergangenen 400 Millionen Jahren der Erdgeschichte in einem viele Millionen Jahre dauernden, anaeroben Umwandlungsprozeß aus Pflanzen und Kleinlebewesen entstanden. Je nach Alter, Bildungsmilieu und geologischer Position kommen sie heute als Steinkohle, Braunkohle und Torf oder Erdöl und Erdgas vor.
Diese Brennstoffe enthalten als Hauptbestandteile Kohlenstoff und Wasserstoff sowie geringere Mengen Schwefel, teils organisch gebunden, aus den Eiweißstoffen der organischen Masse stammend, teils anorganisch als Pyrit, FeS_2. Diese Schwefelatome sind aber z. B. sicher Milliarden von Jahren alt und waren in dieser Zeit vielen Verwandlungen in Gesteinen, Tieren, Pflanzen, Flüssigkeiten und Gasen unterworfen und vielleicht auch als Gips einmal in den Weltmeeren enthalten.
Bei der Verbrennung der fossilen Brennstoffe entstehen die sogenannten Rauchgase und feste Stoffe, die als Flugasche und Rostasche vom Rauchgas abgetrennt werden.
Im Rauchgas befindet sich u. a. auch der Schwefel aus der Kohle des gasförmigen Schwefeldioxides SO_2. Dieser Schwefel wird bei der Rauchgasentschwefelung in Gips umgewandelt und fällt unter der Bezeichnung **REA-Gips** als Nebenprodukt an.
Technisch wird Rauchgasentschwefelung als Naßwäsche mit wäßriger, schwach alkalireagierenden Suspensionen von feingemahlenem natürlichen Kalkstein Kalziumcarbonat in verschiedenen Reaktionskreisläufen durchgeführt. Der hier anfallende Gips hat die gleiche chemische Bezeichnung wie Naturgips $CaSO_4\ 2H_2O$.

Haftputzgips

wird für Handputze verwendet, die durch werkseitige Zusätze besonders gut haften. Man benötigt sie für einlagige Putze auf schwierigen, z. B. sehr glatten Putzgründen (Beton, Fertigteile u. ä.).

Lieferform: 40-kg-Säcke.

Ansetzgipse, Fugengipse und **Spachtelgipse** werden zusammen mit den Gips-Bauplatten, mit denen sie verarbeitet werden, besprochen.

Isoliergipse, von Isolierfirmen zur Umkleidung der Dämmschicht um Heizungsrohre u. ä. verwandt, versteifen langsam. **Schlossergipse** erhärten schnell. Beiden begegnet man heute kaum mehr.

Normen: DIN 1168, DIN 18550

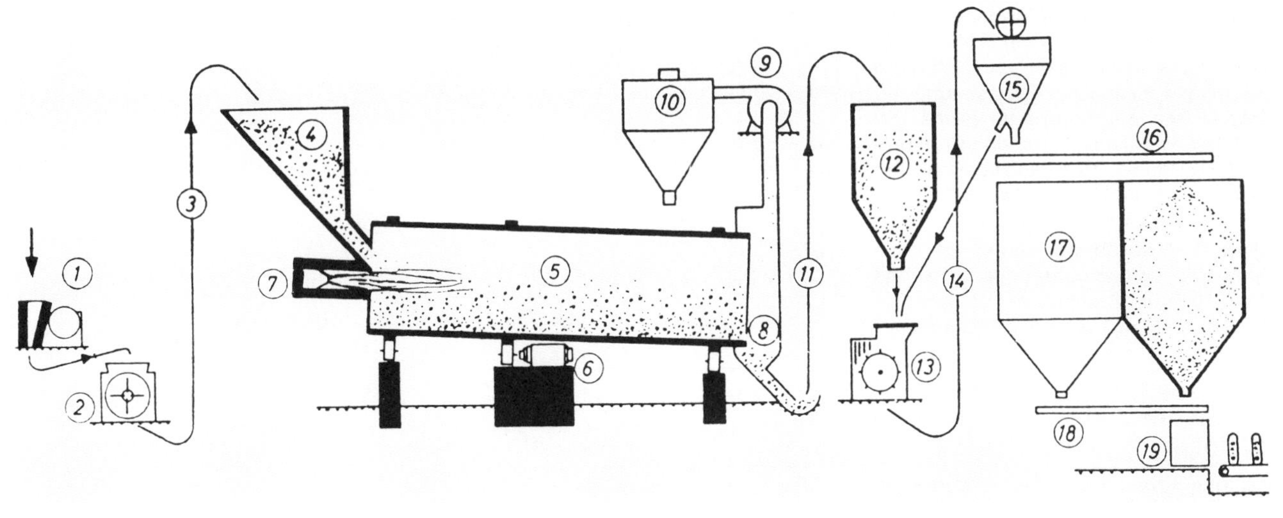

Stuckgips-Erzeugung im Drehofen

1 Brecher
2 Hammermühle
3 Becherwerk
4 Aufgabesilo
5 Drehofen mit
6 Motor und
7 Feuerung
8 Auslauf
9 Exhaustor
10 Entstaubungsanlage
11 Becherwerk
12 Silo
13 Mühle
14 Becherwerk
15 Windsichter
16 Verteilerschnecke
17 Silo
18 Schnecke
19 Absackmaschine

Zuschlagstoffe

Hier wollen wir die wichtigsten Begriffe und Anforderungen der DIN 4226 (Ausgabe April 1983) Teil 1 an Zuschlag mit dichtem Gefüge und Teil 2 an Zuschlag mit porigem Gefüge (Leichtzuschlag) behandeln.

DIN 4226 Teil 1 gilt für dichten Zuschlag, DIN 4226 Teil 2 für porigen Leichtzuschlag, der – unter Umständen auch unter Zumischung von Zuschlägen mit dichtem Gefüge – zur Herstellung von Beton und Mörtel verwendet wird, an deren Festigkeit und Dauerhaftigkeit bestimmte Anforderungen gestellt werden. Teil 2 gilt nicht für sehr leichte und wenig feste Zuschläge, die für nur wärmedämmenden Beton und Mörtel verwendet werden (z. B. Blähperlit, Blähglimmer, Blähglas).

Begriffe

Zuschlag

Zuschlag mit dichtem Gefüge bzw. Leichtzuschlag nach DIN 4226 ist ein Gemenge (Haufwerk) von ungebrochenen und/oder gebrochenen Körnern aus natürlichen und/oder künstlichen mineralischen Stoffen. Er besteht aus etwa gleich oder verschieden großen Körnern mit dichtem bzw. porigem Gefüge.

Kornklasse

Eine Kornklasse umfaßt alle Korngrößen zwischen zwei benachbarten Prüfkorngrößen. Sie wird durch die untere und obere Prüfkorngröße bezeichnet.

Korngruppe/Lieferkörnung

Eine Korngruppe/Lieferkörnung umfaßt Korngrößen zwischen zwei Prüfkorngrößen. Dabei kann Über- und Unterkorn vorhanden sein. Die Bezeichnung erfolgt durch die Rundwerte (siehe DIN 323 Teil 1) der begrenzenden Prüfkorngrößen, ohne Berücksichtigung der Über- und Unterkornanteile.

Eine weitere Differenzierung bei den Korngruppen/Lieferkörnungen 0/2 und 0/4 erfolgt bei Zuschlag mit dichtem Gefüge durch den Zusatz der Buchstaben a und b.

Größtkorn und Kleinstkorn

Die obere bzw. untere Prüfkorngröße einer Korngruppe/Lieferkörnung wird Größtkorn bzw. Kleinstkorn genannt.

Unter- und Überkorn

Unterkorn ist der Anteil, der bei der Prüfsiebung durch das untere Prüfsieb der jeweiligen Korngruppe/Lieferkörnung hindurchfällt. Überkorn der Anteil, der auf dem entsprechenden oberen Prüfsieb liegenbleibt.

Werkgemischter Betonzuschlag

Werkgemischter Betonzuschlag (abgekürzt: WBZ) ist ein Gemisch aus ungebrochenen und/oder gebrochenen Körnern mit dichtem Gefüge mit einem Größtkorn von höchstens 32 mm und mit einer Sieblinie nach DIN 1045.

Bezeichnung

Leichtzuschlag und Zuschlag mit dichtem Gefüge sind in folgender Reihenfolge zu bezeichnen:
- Benennung
- DIN 4226
- Korngruppe/Lieferkörnung; die Bezeichnung der Korngruppe/Lieferkörnung erfolgt durch die Angabe der unteren und oberen Prüfkorngröße; bei Zuschlag mit dichtem Gefüge
  - für Rundkorn nach DIN 4226T1 Tabelle 1
  - für gebrochenes Korn nach DIN 4226T1 Tabelle 1 oder nach TL Min 78 [1]) Tabelle 5 – Brechsand, Splitt, Schotter und Tabelle 6 – Edelbrechsand, Edelsplitt ausgenommenen Gesteinsmehl 0/0,09
- Bei Vorliegen erhöhter und/oder verminderter Anforderungen zusätzlich die Kennbuchstaben:

e *für erhöhte Anforderungen*, und zwar:
eF für erhöhten Widerstand gegen Frost;
eFT für erhöhten Widerstand gegen Frost und Tau;
eCl für geringeren Gehalt *(= erhöhte Anforderungen!)* an Chlorid;

[1]) Technische Lieferbedingungen für Mineralstoffe im Straßenbau, Ausgabe 1978 (TL Min 78), herausgegeben von der Forschungsgesellschaft für Straßen- und Verkehrswesen e. V., Alfred-Schütte-Allee 10, 5000 Köln 21

Korngruppe/Lieferkörnung und Kornzusammensetzung von Zuschlag mit dichtem Gefüge (DIN 4226 T 1, Ausg. 4.83, Tabelle 1)

		1	2	3	4	5	6	7	8	9	10	11
	Korngruppe/ Lieferkörnung	Durchgang in Gew.-% durch das Prüfsieb										
		nach DIN 4188 Teil 1					nach DIN 4187 Teil 2					
		mm										
		0,125	0,25	0,5	1	2	4	8	16	31,5	63	90
1	0/1	2)	2)	2)	≥ 85	100						
2	0/2 a	2)	≤25 2)	≤60 2)		≥ 90	100					
3	0/2 b	2)	2)	≤75 2)		≥ 90	100					
4	0/4 a	2)	2)	≤60 2)		55 bis 85 3)	≥ 90	100				
5	0/4 b	2)	2)	≤60 2)			≥ 90	100				
6	0/8		2)				61 bis 85	≥ 90	100			
7	0/16		2)				36 bis 74		≥ 90	100		
8	0/32		2)				23 bis 65			≥ 90	100	
9	0/63		2)				19 bis 59				≥ 90	100
10	1/2		≤5		≤15 5)	≥ 90	100					
11	1/4		≤5		≤15 5)		≥ 90	100				
12	2/4		≤3			≤15 5)	≥ 90	100				
13	2/8		≤3			≤15 5)	10 bis 65 4)	≥ 90	100			
14	2/16		≤3			≤15 5)		25 bis 65 4)	≥ 90	100		
15	4/8		≤3				≤15 5)	≥ 90	100			
16	4/16		≤3				≤15 5)	25 bis 65 4)	≥ 90	100		
17	4/32		≤3				≤15 5)	15 bis 55 4)		≥ 90	100	
18	8/16		≤3					≤15 5)	≥ 90	100		
19	8/32		≤3					≤15 5)	30 bis 60	≥ 90	100	–
20	16/32		≤3						≤15 5)	≥ 90	100	
21	32/63		≤3							≤15 5)	≥ 90	100

2) Auf Anfrage hat das Herstellwerk dem Verwender den vom Fremdüberwacher bestimmten bzw. bestätigten Durchgang durch das Sieb 0,125 mm sowie Mittelwert und Streubereich des Durchgangs durch die Siebe 0,25 und 0,5 mm bekanntzugeben.

3) Der Streubereich eines Herstellwerkes darf 20 Gew.-% nicht überschreiten. Die Lage des Streubereiches eines Herstellwerks ist im Einvernehmen mit dem Fremdüberwacher vom Herstellwerk möglichst für einen längeren Zeitraum festzulegen und ins Sortenverzeichnis aufzunehmen. Auf Anfrage hat der Hersteller dem Verbraucher diesen Wert mitzuteilen.

4) Der Streubereich eines Herstellwerkes darf 30 Gew.-% nicht überschreiten. Die Lage des Streubereiches eines Herstellwerkes ist im Einvernehmen mit dem Fremdüberwacher vom Herstellwerk möglichst für einen längeren Zeitraum festzulegen und ins Sortenverzeichnis aufzunehmen. Auf Anfrage hat der Hersteller dem Verbraucher diesen Wert mitzuteilen.

5) Für Brechsand, Splitt und Schotter darf der Anteil an Unterkorn höchstens 20 Gew.-% betragen. Unterschiede im Anteil an Unterkorn bei Lieferung eines bestimmten Zuschlags aus einem Herstellwerk müssen jedoch innerhalb eines Streubereichs von 15 Gew.-% liegen.

eK für Kornform;
eQ für geringeren Anteil an quellfähigen Bestandteilen organischen Ursprungs;
eG für erhöhte Gleichmäßigkeit von Leichtzuschlag;
v *für verminderte Anforderungen,* und zwar:
vD an die Festigkeit;
vA an den Gehalt an abschlämmbaren Bestandteilen;
vO an den Anteil an feinverteilten Stoffen organischen Ursprungs;
vS an den Gehalt von Sulfaten *(verringerte Anforderungen = erhöhter Gehalt!);*
vK, vF, vCl bedeuten jeweils das Gegenteil von eK, eF, eCl.

Bezeichnungsbeispiele:

Zuschlag mit dichtem Gefüge der Korngruppe/Lieferkörnung 0/4 a, der die Regelanforderungen erfüllt:

Zuschlag DIN 4226 – 0/4 a

Leichtzuschlag der Korngruppe/Lieferkörnung 0/16, der die Regelanforderungen hinsichtlich der abschlämmbaren Bestandteile nicht erfüllt (vA) (siehe Abschnitt 6.1.3 b der Norm):

Leichtzuschlag DIN 4226 – 0/16 – vA

Für den Zweck der Bestellung sind zusätzlich folgende Bezeichnungen zu verwenden: bei Leichtzuschlag eine stoffliche oder Herkunftsbenennung (siehe Abschnitt 4 der Norm) und der Zusatz „gebrochen" oder „ungebrochen"; bei Zuschlag mit dichtem Gefüge:

für Korngruppen/Lieferkörnungen mit einem
Größtkorn bis 4 mm
- bei Natursanden: Sand
- bei gebrochenem Korn: Brechsand, Edelbrechsand

Kleinstkorn > 4 mm bei Rundkorn: Kies
Größtkorn ≦ 32 mm bei gebrochenem Korn: Splitt, Edelsplitt

Kleinstkorn > 32 mm bei Rundkorn: Grobkies
bei gebrochenem Korn: Schotter

Darüber hinaus kann die Bezeichnung durch Benennung der Zuschlagart nach Abschnitt 4 und Angaben zur Gesteinsart ergänzt werden.
Die Benennungen dürfen auch verwendet werden, wenn abweichend von den vorgenannten Angaben zum Größt- bzw. Kleinstkorn die diesbezüglichen Festlegungen von TL Min 78 eingehalten werden.

Zuschlagart

Zuschlag aus natürlichem Gestein

Hierzu gehören ungebrochene und gebrochene dichte Zuschläge aus Gruben, Flüssen, Seen und Steinbrüchen sowie gebrochene und ungebrochene porige

Kornzusammensetzung von Leichtzuschlag (DIN 4226 Teil 2, Ausg. 4.83, Tabelle 1)

	1	2	3	4	5	6	7	8	9	10	11	12
	Korngruppe/ Lieferkörnung	Durchgang in Gew.-% durch das Prüfsieb										
		nach DIN 4188 Teil 1					nach DIN 4187 Teil 2					
		mm										
		0,125	0,25	0,5	1	2	4	8	16	25	31,5	63
1	0/2	[2]	[2]	[2]	[2]	≥ 90	100					
2	0/4	[2]	[2]	[2]	[2]		≥90	100				
3	0/8		[2]	[2]				≥ 90	100			
4	0/16		[2]						≥ 90	100		
5	0/25		[2]							≥ 90	100	
6	2/4		≤ 5			≤15 [3]	≥ 90	100				
7	2/8		≤ 5			≤15 [3]		≥ 90	100			
8	4/8		≤ 5				≤15 [3]	≥ 90	100			
9	4/16		≤ 5				≤15 [3]		≥ 90	100		
10	8/16		≤ 5					≤15 [3]	≥ 90	100		
11	8/25		≤ 5					≤15 [3]		≥ 90	100	
12	16/25		≤ 5						≤15 [3]	≥ 90	100	
13	16/32		≤ 5						≤15 [3]		≥ 90	100

[2]) Auf Anfrage hat das Herstellwerk dem Verwender den vom Fremdüberwacher bestimmten bzw. bestätigten Durchgang durch das Sieb 0,124 mm sowie Mittelwert und Streubereich des Durchgangs durch die Siebe 0,25, 0,5 und 1 mm bekannt zu geben.

[3]) Für Brechsand und Splitt darf der Anteil an Unterkorn höchstens 20 Gew.-% betragen. Unterschiede im Anteil an Unterkorn bei Lieferung eines bestimmten Zuschlags aus einem Herstellwerk müssen jedoch innerhalb eines Streubereichs von 15 Gew.-% liegen.

Lieferkörnungen für Brechsand, Splitt, Schotter (TL Min 78 Tabelle 5)

Benennung und Bezeichnung der Lieferkörnungen	zulässige Höchstwerte für Unterkorn Gew.-%	zulässige Höchstwerte für Überkorn Gew.-%
1	2	3
Brechsand — Splitt 0/5	—	20 bis 8 mm
Splitt 5/11	20	10 bis 22,4 mm
Splitt 11/22	20	10 bis 31,5 mm
Splitt 22/32	20	10 bis 45 mm
Schotter 32/45	20	10 bis 56 mm
Schotter 45/56	20	10 bis 63 mm

Lieferkörnungen für Gesteinsmehl, Edelbrechsand, Edelsplitt (TL Min 78 Tabelle 6)

Benennung und Bezeichnung der Lieferkörnungen	zulässige Höchstwerte für Unterkorn Gew.-%	zulässige Höchstwerte für Überkorn Gew.-%
1	2	3
Gesteinsmehl 0/0,09	—	20 bis 2 mm
Edelbrechsand 0/2	—	15 bis 5 mm
Edelsplitt 2/5	10	10 bis 8 mm
Edelsplitt 5/8	15 jedoch höchstens 5 % < 2 mm	10 bis 11,2 mm
Edelsplitt 8/11	15 jedoch höchstens 5 % < 5 mm	10 bis 16 mm
Edelsplitt 11/16	15 jedoch höchstens 5 % < 8 mm	10 bis 22,4 mm
Edelsplitt 16/22	15 jedoch höchstens 5 % < 11,2 mm	10 bis 31,5 mm

Zuschläge aus Gruben und Steinbrüchen, wie Naturbims, Lavaschlacke und Tuff.

Künstlich hergestellter Zuschlag

Hierzu zählen die künstlich hergestellten gebrochenen und ungebrochenen dichten Zuschläge, wie kristalline Hochofenstückschlacke und ungemahlener Hüttensand nach DIN 4301 sowie Schmelzkammergranulat mit 4 mm Größtkorn, außerdem künstlich hergestellte gebrochene und ungebrochene porige Zuschläge, wie Blähton und Blähschiefer, Ziegelsplitt, Hüttenbims nach DIN 4301 und gesinterte Steinkohlenflugasche.

Gesteinsmehl

Gesteinsmehl ist ein weitgehend inerter mehlfeiner Stoff aus natürlichem oder künstlichem mineralischem Gestein.

Korngruppen / Lieferkörnungen

Der Zuschlag wird nach den jeweils in Tabelle 1 von DIN 4226 Teil 1 bzw. 2 angegebenen Korngruppen/Lieferkörnungen eingeteilt. Der Zuschlag darf abweichend hiervon auch in Lieferkörnungen nach TL Min 78 eingeteilt werden.

Anforderungen

Allgemeines

Der Zuschlag darf unter Einwirkung von Wasser nicht erweichen, sich nicht zersetzen und mit dem Zement keine schädlichen Verbindungen eingehen.

Der Korrosionsschutz der Bewehrung, der Erhärtungsverlauf des Betons und die Dauerhaftigkeit des Bauteils unter Berücksichtigung seiner Beanspruchung durch Belastung sowie Gebrauchs- und Umweltbedingungen dürfen durch die Eigenschaften des Zuschlags nicht beeinträchtigt werden.

Regelanforderungen

Zuschlag, der ohne jeden einschränkenden und erweiternden Zusatz als DIN 4226 entsprechend geliefert wird, muß folgende Anforderungen erfüllen:

- Kornzusammensetzung
- Kornform (nur Zuschlag mit dichtem Gefüge)
- Festigkeit
- Widerstand gegen Frost bei mäßiger Durchfeuchtung des Betons
- Schädliche Bestandteile
- Zusätzliche Anforderungen an künstlich hergestellten Leichtzuschlag

Gehalt an abschlämmbaren Bestandteilen bei Zuschlag mit dichtem Gefüge (DIN 4226 Teil 1, Ausg. 4. 83, Tabelle 2)

	Korngruppe/ Lieferkörnung nach Tabelle 1 [6]	Gehalt an abschlämmbaren Bestandteilen in Gew.-% höchstens
1	0/1, 0/2, 0/4	4,0
2	0/8, 1/2, 1/4, 2/4	3,0
3	0/16, 0/32, 2/8, 4/8	2,0
4	0/63, 2/16, 4/16, 4/32	1,0
5	8/16, 8/32, 16/32, 32/63	0,5 [7]

[6] Für nicht genannte Korngruppen/Lieferkörnungen der TL Min 78 [1] gelten die Werte in Tabelle 2 sinngemäß.

[7] Bei Zuschlägen aus gebrochenem Material sind Gehalte bis 1,0 Gew.-% zulässig.

Gehalt an abschlämmbaren Bestandteilen bei Leichtzuschlag (DIN 4226 Teil 2, Ausg. 4. 83, Tabelle 2)

Korngruppe/ Lieferkörnung nach Tabelle 1 [4]	Gehalt an abschlämmbaren Bestandteilen in Gew.-% höchstens
0/2, 0/4	5,0
0/8, 2/4, 2/8	4,0
0/16, 0/25, 4/8, 4/16	3,0
8/16, 8/25, 16/25, 16/32	2,0

[4] Für nicht genannte Korngruppen/Lieferkörnungen der TL Min 78 [1] gelten die Werte der Tabelle 2 sinngemäß.

Gesteinsmehl als Betonzusatzstoff nach DIN 1045

Natürliche Gesteinsmehle (ausgenommen tonige Stoffe) können als Betonzusatzstoff nach DIN 1045 verwendet werden, wenn die Regelanforderungen erfüllt werden.
Hinsichtlich des Anteils an stahlangreifenden Stoffen darf der Gehalt an wasserlöslichem Chlorid 0,02 Gew.-% nicht überschreiten.

Zusätzliche Anforderungen an gebrochene Hochofenstückschlacke nach DIN 4301

Die Hochofenstückschlacke muß ein gleichbleibend dichtes, kristallines Gefüge aufweisen. Ihre Schüttdichte, gemessen an der Kornklasse 16/32 mm nach DIN 4226 Teil 3, Ausgabe April 1983, Abschnitt 3.3, muß $\geq$ 0,09 kg/dm^3 betragen. Sie muß die zusätzlichen Prüfungen zur Bestimmung der Raumbeständigkeit nach DIN 4226 Teil 3, Ausgabe April 1983, Abschnitt 5 bestehen.

Erhöhte Anforderungen

Erfordert der Beton aufgrund seiner Beanspruchung durch Gebrauchs- und Umweltbedingungen die Einhaltung zusätzlicher Anforderungen an den Zuschlag, so sind diese durch den Betonhersteller (z. B. Transportbetonwerk, Fertigteilwerk) unter Berücksichtigung der Forderungen des Betonverarbeiters (Baustelle) mit dem Herstellwerk des Zuschlags zu vereinbaren und von diesem sicherzustellen.

Verminderte Anforderungen

Zuschlag, der hinsichtlich bestimmter Eigenschaften die Regelanforderungen nicht erfüllt, darf für gewisse Anwendungen des Betons verwendet werden, wenn der Betonhersteller unter Berücksichtigung der Forderungen des Betonverarbeiters die Eignung des mit solchem Zuschlag hergestellten Betons durch eine Eignungsprüfung nachweist. Der Zuschlaghersteller darf in diesen Fällen die Grenzwerte nicht überschreiten, die bei dem für die Eigungsprüfung des Betons verwendeten Zuschlag bzw. die bei der Beurteilung des Zuschlags hinsichtlich eines erhöhten Sulfatgehalts durch ein fachkundiges Prüfinstitut festgelegt wurden. Der Hersteller muß dies bei der Lieferung sicherstellen.

Überwachung (Güteüberwachung)

Bei der Herstellung von Zuschlag ist eine Überwachung (Güteüberwachung), bestehend aus Eigen- und Fremdüberwachung, nach DIN 4226 Teil 4 durchzuführen.

Lieferung

Lieferschein

Jeder Lieferung von Zuschlag nach DIN 4226 Teil 1 oder 2 ist ein numerierter Lieferschein mitzugeben. Der Lieferschein muß folgende Angaben enthalten:
a) Herstellerwerk
b) Tag der Lieferung bzw. Abgabe durch den Hersteller
c) Abnehmer und – soweit bekannt – Verarbeitungsstelle
d) vollständige Lieferbezeichnung (Menge und Sorte)
e) Kennzeichnung nach DIN 4226 Teil 4, Ausgabe April 1983, Abschnitt 5.

Lagerung

Bei der Lagerung von Zuschlag ist zu beachten:
a) getrennte Lagerung jeder Sorte
b) Vermeidung von Entmischung
c) Schutz vor Verschmutzung
d) Aussonderung von nicht normgemäßen Mineralstoffen

Verladung

Entmischungen beim Verladen, insbesondere bei werkgemischtem Betonzuschlag, sind durch geeignete Maßnahmen und Vorrichtungen zu vermeiden. Unterschiedliche Korngruppen/Lieferkörnungen dürfen in ein Fahrzeug nur dann gemeinsam geladen werden, wenn eine wirksame Trennung des Verladegutes sichergestellt ist.

Der für das Transportbehältnis (Fahrzeug, Schiff usw.) Verantwortliche muß dafür Sorge tragen, daß die Ladefläche bzw. der Laderaum vor der Beladung sauber und frei von fremdem Material ist.

Gebrochener Zuschlag

Noch eine kurze Anmerkung zur Unterscheidung zwischen gebrochenem und ungebrochenem Zuschlagstoff. Ungebrochener Zuschlagstoff ist mit weniger Arbeitsaufwand zu verdichten, da das Material leichter „gleitet", dafür lohnt gebrochener Zuschlagstoff den Mehraufwand für Verdichtung (intensiver rütteln) mit sehr hohen Betonfestigkeiten.

(Anmerkung: Vorsicht bei gebrochenem Sand! Zunächst sollten Sauberkeit und Höhe der Feinstanteile geprüft werden; eventuell sollte aus Verarbeitungsgründen besonders der Sandkomponente Beachtung geschenkt werden.)

Kieswerk bei Brekendorf (Schleswig-Holstein), Jahresproduktion ca. 250 000 t

Waschen des Kieses in der Aufbereitung

Die Verdichtungswilligkeit kann durch Zugabe von Gesteinsmehl im Rahmen der Sieblinie verbessert werden.

Zuschlagstoffe für Putz

Zuschlagstoffe für Putz werden in DIN 18550 behandelt, die nur geringe Anforderungen an Reinheit und Kornzusammensetzung stellt.
Erst mit der Lieferung werksgemischter Putze (siehe Abschnitt Fertig-Außenputz) wird auch hier eine bessere Auswahl der Zuschlagstoffe vorgenommen und die Kornanteile, vor allem aber die Beimengung von Tonanteilen, geprüft.

Auch heute noch wird vielfach Grubensand, wie er gewonnen wird, als Putzsand verkauft und verarbeitet.

An Lieferer solcher Sande, also ungewaschener Grubensande, ist wegen zu befürchtender Putzschäden immer wieder die Frage noch Tonbestandteilen zu stellen.

Werkmörtel

Werkmörtel ist der in einem Werk aus Ausgangsstoffen zusammengesetzte und gemischte Mörtel, der – gegebenenfalls nach weiterer Bearbeitung – die Anforderungen der jeweiligen Anwendungsnorm erfüllen muß.

Man unterscheidet folgende Lieferformen:

Werk-Trockenmörtel ist ein Gemisch der Ausgangsstoffe, das auf der Baustelle durch ausschließliche Zugabe einer vom Hersteller anzugebenden Menge Wasser und durch Mischen verarbeitbar gemacht wird.

Werk-Vormörtel (oder bisher in einigen Gebieten als Werk-Naßmörtel bezeichnet) ist ein Gemisch aus Zuschlägen und Luft- und Wasserkalken als Bindemittel sowie gegebenenfalls Zusätzen.

Das Gemisch erhält auf der Baustelle nach Zugabe von Wasser und gegebenenfalls zusätzlichem Bindemittel seine endgültige Zusammensetzung und wird durch Mischen verarbeitbar gemacht.

Werk-Frischmörtel ist gebrauchsfertiger Mörtel in verarbeitbarer Konsistenz.

Baustellenmörtel ist der „nach alter Väter Sitte" an der Baustelle hergestellte Mörtel.

Er ist immer noch weit verbreitet, obzwar er dem Werkmörtel gegenüber keine Vorteile mehr hat, aber einige gravierende Nachteile.

Baustellenmörtel ist unwirtschaftlich, da er mit hohen Lohn- und Mischkosten behaftet ist. Er ist technisch unsicher, da die verwandten Sande nicht geprüft werden und die Zuteilung nach Schaufeln äußerst ungenau ist. Die Streuverluste auf der Baustelle sind obendrein sehr hoch.

Werkfrischmörtel

Er entspricht dem früheren „Transportmörtel". Werk-Frischmörtel wird von Transportbetonwerken geliefert.

Durch die Energie- und Weltwirtschaftskrise in der Mitte der 70er Jahre erfolgte ein Rückgang des Bauvolumens und damit ein Rückgang des Transportbetonausstoßes. Als Ausgleich mußten neue, dem System der Transportbetonauslieferung angepaßte Produkte gefunden und eingeführt werden.

Marktanalysen (z. B. die Anzahl der in der BRD verarbeiteten Mauersteine) ergaben einen Bedarf an Mauermörtel von ca. 40% des hergestellten Transportbetons. So entstand der sofort anwendbare, kellenfertige Werkmörtel, der heute unter der Bezeichnung Werkfrischmörtel auch in der DIN 18 557 (Werkmörtelnorm) eingeführt ist. Werkfrischmörtel muß folgende Bedingungen erfüllen:

Die Verarbeitungseigenschaften müssen mindestens ebensogut, wenn nicht besser als die des Baustellenmörtels sein. Die Festigkeiten müssen der Norm entsprechen. Der Zeitraum für die Verarbeitbarkeit von etwa 36 Stunden (2 Arbeitsschichten) muß gewährleistet sein.

Das Abbindeverhalten muß demgegenüber nahezu „normal" verlaufen. Die Abgabemenge auf der Baustelle muß dosierbar sein. Die abgegebene Menge muß für die Baustelle kontrollierbar sein.

Die Baustelle muß immer, d. h. rund um die Uhr, mit Mörtel versorgt sein. Preislich muß Werkfrischmörtel wettbewerbsfähig sein gegenüber Baustellenmörtel oder Vormörtel. Werkfrischmörtel als Fertigprodukt soll den Baustellenablauf rationalisieren.

Bei der Verwendung von Werkfrischmörtel zum vollfugigen Vermauern von Verblendmauerwerk sind die Verarbeitungsrichtlinien des Mörtelherstellers zu beachten; für die nachträgliche Verfugung ist er nicht geeignet.

Auch zu den Werkfrischmörteln zu rechnen ist naß-fertiggemischter Estrich, der von Transportbetonwerken an die Baustelle geliefert und mit Spezialpumpen in den Bau gepumpt wird.

Mörteltechnologische Betrachtungen

Der Werkfrischmörtel muß den Anforderungen der DIN 1053 Teil 1 genügen; siehe Abschnitt Trockenmörtel.

Eine der Hauptforderungen der DIN 1053 ist das **vollfugige** Vermauern. Dies ist rationell nur möglich, wenn eine ausgezeichnete Verarbeitbarkeit des Werkfrischmörtels für ca. 2 Arbeitsschichten gegeben ist.

Hierzu muß der Ansteifungs- und Abbinde-Beginn des Mörtels hinausgeschoben werden. Wichtig ist dieses für den Transportmörtel-Lieferanten und insbesondere für den Maurer, der einen Mörtel mit einem „potlife" von 2 Arbeitsschichten benötigt.

Um den Vermauerungsablauf nicht zu stören, muß der abbindeverzögerte Mörtel eine möglichst hohe Grünstandfestigkeit in den Fugen erreichen, d. h. er muß nach dem Vermauern möglichst schnell abbinden.

Diese fast gegensätzliche Forderung: „Im Mörtelgefäß möglichst lange weich, im Mauerwerk möglichst schnell hart!" läßt sich nur durch die Verwendung chemisch einwandfrei definierbarer Zusatzmittel-Kombinationen erfüllen.

Die Steuerung des Abbindeprozesses, unter Berücksichtigung der Umwelteinflüsse, z. B. klimatische Verhältnisse, Festigkeit und Saugverhalten der Mauersteine, stellt höchste Anforderungen an die Additiv-Kombinationen, allein um die Sicherheit des Mauerwerks zu gewährleisten.

Die einwandfreie Lagerung des Mörtels, ohne zu bluten oder zu sedimentieren – er wird ja in der Regel nicht sofort verarbeitet –, muß gegeben sein.

In einem Sortenverzeichnis sind die zur Herstellung und Lieferung vorgesehenen Mörtelmischungen zu erfassen; hierbei ist anzugeben:

a) Sortennummer
b) die Zuordnung zu einer Mörtelgruppe gemäß DIN 1053 Teil 1 und Teil 2, DIN 18 550 oder entsprechenden Anwendungsnormen,
c) Art des Bindemittels,
d) Art der Zuschläge
e) Art der Zusatzstoffe,
f) Wirkungsart der Zusatzmittel,
g) zusätzliche Mörteleigenschaften gemäß den Anforderungen der Anwendungsnormen, z. B. wasserhemmend, wasserabweisend.

Anhand der Preisliste kann man sich genau informieren, zu welchen Bedingungen die Lieferung erfolgt, was die Bereitstellung der Baustellenkübel kostet, zu wessen Lasten der Transport der Kübel geht und welche Teilmengen mit welcher Bestellzeit abgerufen werden können.

Die Baustelle muß über die Lagerfähigkeit vor der Verarbeitung informiert sein. Das gilt besonders für Eigenhilfe-Baustellen!

Sonderzusätze müssen bei der Bestellung besprochen werden, was besonders für den Winter gilt (Frostschutzmittel).

Besonders wichtig ist, daß das Lieferwerk nach DIN 18 557 überwacht wird, also normgerechten Mörtel liefert.

Fahrzeuge für den Transport von Werk-Frischmörteln müssen so beschaffen sein, daß nach der Entleerung aus dem Transportfahrzeug auf der Baustelle eine gleichmäßige Zusammensetzung des Mörtels sichergestellt ist.

Bei Lieferung von Werkmörteln ohne Gebinde ist ein Lieferschein beizugeben. Jeder Lieferschein muß mindestens folgende Angaben enthalten:

a) Herstellwerk, gegebenenfalls auch Lieferer,
b) Tag der Lieferung,
c) Empfänger der Lieferung,
d) Menge und Bezeichnung des Mörtels,
e) Hinweis auf diese Norm,
f) Fremdüberwacher.

Die gegebenenfalls in den Anwendungsnormen wie z. B. DIN 1053 Teil 1 darüber hinausgehenden Anforderungen an den Lieferschein sind zu beachten.

Trockenmörtel und Trockenbeton

Trockenmörtel und Trockenbetone sind erst seit den 60er Jahren auf dem deutschen Markt, sieht man von einigen speziellen Fertigprodukten ab. Während der Naßmörtel mit feuchten Zuschlägen im Werk vorgemischt wird, müssen Trockenmörtel und Trockenbeton aus feuergetrockneten Zuschlägen gemischt werden, denen keine Restfeuchte mehr anhaftet.

Nur so ist die Lagerfähigkeit der unter Zugabe von hydraulischen Bindemitteln entstehenden Mörtel und Betone zu erreichen.

Die Produktion erfolgt, sowohl die Zusammensetzung als auch die Dosiermethoden betreffend, nach geltenden Normen und neuesten Erkenntnissen. Sowohl Produktion als auch Zusammensetzung und Ausgangsstoffe unterliegen ständiger Überwachung.

Dem Nachteil der erforderlichen Trocknung der Zuschläge steht der Vorteil sehr langer Haltbarkeit und damit Lagerfähigkeit in vorher nicht gekannter Sortimentsbreite gegenüber. Außerdem hat durch den Trockenmörtel der Winterbau eine Möglichkeit mehr gewonnen, ebenso der Selbstbauer und Heimwerker. Auch Umbau, Ausbesserung und besonders Altbaurenovierung sind durch die Vielzahl der auch in kleinen Mengen leicht verfügbaren Mörtel und Betone erleichtert worden.

Die folgende Darstellung über die Entwicklung des Güteschutzes Werk-Trokkenmörtel, deren *kursiv* gesetzte Teile einem Aufsatz des technischen Geschäftsführers des Bundesverbands der Deutschen Kalkindustrie, Dr. Oppermann, entnommen sind, sagt das Wesentliche über den Baustoff aus.

Entwicklung des Güteschutzes

In der Bauwirtschaft haben die Begriffe der Güte und der gleichmäßigen Qualität der eingesetzten Produkte von jeher einen hohen Stellenwert. Dies gilt sowohl für Baustoffe, denen aus der Sicht der Bauaufsicht eine besondere Bedeutung zukommt, z. B. wenn es um die Fragen der Standsicherheit geht, als auch für die Gruppe der übrigen Baustoffe.

Zu beiden Gruppen zählen auch die Werk-Trockenmörtel, denn die Erfahrung bestätigt, daß der Mörtel ein wichtiger Baustoff ist, von dem das Verhalten der Bauteile entscheidend abhängen kann. So trägt er als Mauermörtel nicht nur zum Haftverbund und damit zur Tragfähigkeit des Mauerwerks bei, sondern erfüllt zugleich als Putz wichtige Funktionen, wenn es um den Feuchtigkeitsschutz oder die Wärmedämmung geht.

Seine wichtigsten Eigenschaften, deren Anforderungen in den entsprechenden Stoffnormen festgelegt sind, lassen sich durch die Begriffe „Bauliche Sicherheit (Tragfähigkeit, Elastizität)", „Brandschutz", „Wärmeschutz", „Feuchtigkeitsschutz" und „Schallschutz" beschreiben.

Mörtel und Putze werden schon seit vielen hundert Jahren hergestellt, und die bis heute erhaltenen Baudenkmäler zeugen von einem hohen Stand der Technik. Die Frage, warum nun gerade heute ein Gütezeichen für alte bewährte Baustoffe eingeführt wurde, kann sich deshalb zunächst dem nicht so sehr mit der Materie befaßten Leser aufdrängen.

Vergleicht man aber die heute vorwiegend eingesetzten Mörtel mit den früher verwendeten, so werden eine Reihe von Unterschieden offensichtlich. Neben den weitgefaßten spezifischen Anwendungsbereichen und der damit verbundenen größeren Produktvielfalt fällt vor allem die häufige Verlagerung der Herstellung des Mörtels von der Baustelle weg in das stationäre Mörtelwerk auf, in dem eine opti-

male Aufbereitung und Mischung aller Mörtelkomponenten vorgenommen werden kann. Diese Verlegung der Produktionsstätte war mit der zunehmenden Rationalisierung und mit den immer weitergehenden Anforderungen an die Mörtel, deren Eigenschaften u. a. durch die Zugabe von Zusatzmitteln sowohl beim Frischals auch beim Festmörtel gezielt beeinflußt werden können, eine notwendige und unaufhaltsame Entwicklung.

Die heutigen Werkmörtel sind deshalb im Vergleich zu dem herkömmlichen Baustellenmörtel nicht mehr als „einfache Baustoffe" zu bezeichnen, und sie lassen sich nur noch in entsprechenden Produktionsstätten mit der erforderlichen personellen und gerätemäßigen Ausstattung technisch einwandfrei und wirtschaftlich herstellen. Die Anforderungen an den Herstellungsprozeß, an die Lieferung und an die Überwachung dieser im Werk hergestellten Mörtel sind in der DIN 18 557 „Werkmörtel" beschrieben, die somit auch die Grundlage für den Güteschutz Werk-Trockenmörtel bildet.

Im RAL-Güteschutz ist nur der Werk-Trockenmörtel erfaßt, der nach der Norm als ein Gemisch der Ausgangsstoffe, das auf der Baustelle durch ausschließliche Zugabe einer vom Hersteller anzugebenden Menge Wasser und durch Mischen verarbeitbar gemacht wird, definiert ist. Das besondere Kennzeichen dieses Mörtels ist also das Mischen aller Ausgangskomponenten im trockenen Zustand und die Zugabe des Wassers erst an der Baustelle unmittelbar vor dem Verarbeiten.

Der Bundesüberwachungsverband Mörtel, der das Zeichen „Güteüberwachung Mörtel" vergibt, ist für die Überwachung aller Werkmörtelarten nach DIN 18 557 anerkannt.

RAL-Gütezeichen Werk-Trockenmörtel und Zeichen „Güteüberwachung Mörtel"

Die Mitgliedsfirmen des Bundesverbandes der Deutschen Kalkindustrie, die zugleich auch Werk-Trockenmörtel produzieren, befassen sich schon seit langem mit der Herstellung und Entwicklung von Mörteln und messen daher der Gütesicherung auch unabhängig von den Forderungen der Behörden oder anderer Institutionen größte Bedeutung bei. So wurden in umfangreichen Forschungsarbeiten bereits in den 60er Jahren wichtige Erkenntnisse auf dem Mörtelgebiet gewonnen, die u. a. auch in der Entwicklung optimaler Mörtelrezepturen ihren Niederschlag fanden. Die technische Entwicklung führte dann Anfang der 70er Jahre zielstrebig zur verstärkten Herstellung von im Werk trokkengemischten Mörteln, den sogenannten Werk-Trockenmörteln.

Um die Qualität dieser Produkte besser zu sichern und auch dem Verbraucher überzeugend darzustellen, haben sich diese Unternehmen zu einem Güteschutz zusammengeschlossen. Dieser wurde zunächst ab 1974 im Rahmen einer freiwilligen Güteüberwachung durchgeführt, d. h., die Firmen verpflichteten sich, die wichtigsten Eigenschaften ihrer Mörtel zweimal im Jahr von einer unabhängigen Prüfstelle überwachen zu lassen. Auf diese Weise wurde im Laufe der Jahre umfangreiches Zahlenmaterial über die wesentlichen Mörteleigenschaften zusammengetragen. Die regelmäßig statistisch ausgewerteten Daten bedeuteten eine wichtige Hilfe bei der Festlegung von Anforderungen in den entsprechenden Stoffnormen, z. B. der Putz-Norm DIN 18 550.

Da in der Mörtel-Prüfnorm DIN 18 555 aus dem Jahre 1972 zur Charakterisierung der Mörtel hauptsächlich nur die Prüfverfahren der Bindemittel-Normen herangezogen wurden, mußten eigene zur Beschreibung weiterer wichtiger Mörteleigenschaften benötigte Prüfverfahren entwikkelt werden. Als Beispiel sei hier auf die Konsistenzprüfung, das Wasserrückhaltevermögen, das Haftscherverhalten und die Ausblühneigung von Mörteln verwiesen.

Ein Teil dieser von der Kalkindustrie entwickelten Verfahren hat inzwischen seinen Eingang in die Mörtelprüfnorm DIN 18 555 gefunden. Damit läßt sich feststel-

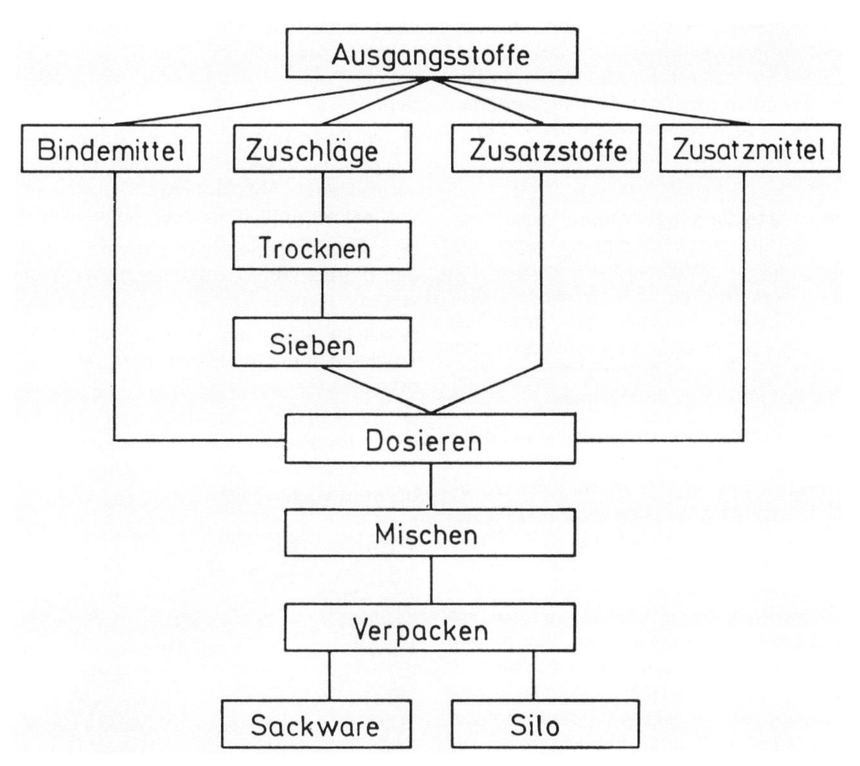

Verfahrensschema der Werk-Trockenmörtel-Herstellung

Beispiel für die zu prüfenden Eigenschaften eines Mauer- und Putzmörtels

Prüfgegenstand	Mauermörtel n. DIN 1053 MG II	Edelputz n. DIN 18550 P I c
1. Ausgangsstoffe	– Bindemittel (Lieferschein)	wie MG II
	– Zuschlag (Gleichmäßigkeit u. Stoffe organ. Ursprungs)	wie MG II
	– Zusatzstoffe (Lieferschein)	wie MG II
	– Zusatzmittel (Lieferschein)	wie MG II
2. Trockenmörtel	– Gleichmäßigkeit	wie MG II
	– Kornzusammensetzung (3 Siebe)	wie MG II
3. Frischmörtel	– Konsistenz	wie MG II
	– Rohdichte u. Luftgehalt	wie MG II
	---	– Wasserrückhaltevermögen
4. Festmörtel	– Rohdichte	wie MG II
	– Biegezugfestigkeit	wie MG II
	– Druckfestigkeit	wie MG II
	---	– kapillare Wasseraufnahme (w)
	---	– Wasserdampfdiffusion (sd)
	---	– Zuordnung zum Putzsystem

len, daß diese Gruppe der Werk-Trockenmörtel-Hersteller wesentlich dazu beigetragen hat, daß die zur Kennzeichnung ihrer Produkte wichtigen Mörteleigenschaften auch in allgemein verbindlichen Prüfvorschriften ihren Niederschlag gefunden haben.

Nach langjähriger Erprobung dieser Verfahren und nach Sammlung eines umfangreichen Datenmaterials haben sich die Werk-Trockenmörtel-Hersteller dazu entschlossen, den bisherigen Güteschutz deutlich zu verstärken und sich dem bundesweit anerkannten Verfahren der RAL-Gütesicherung zu unterziehen.

Ein Grund für diesen Schritt war auch der Abschluß der Beratungen der Werkmörtel-Norm DIN 18 557, in der die Herstellung, Lieferung und Überwachung im einzelnen beschrieben ist. Nach Vorliegen dieser Norm sind alle Werkmörtel-Hersteller gehalten, die dort beschriebenen Anforderungen zu erfüllen, wenn sie ihre Produkte entsprechend der DIN in den Handel bringen. Hinzu kommt, daß auch die Putznorm DIN 18 550 für im Werk hergestellte Mörtel die Anforderungen der DIN 18 557 verbindlich vorschreibt. Die Werkmörtel-Norm ist daher die Grundlage des neuen Güteschutzes RAL-Werk-Trokkenmörtel.

Die im Güteschutz Werk-Trockenmörtel erfaßten Putz- und Mauermörtel zeigt die folgende Übersicht:

- Mauermörtel nach DIN 1053:
  MG I, II, II a und III,
  ferner Mörtel für Sonderzwecke wie Vormauermörtel, Fugenmörtel und Leichtmauermörtel
- Putzmörtel nach DIN 18 550:
  Innen- und Außenputze der Mörtelgruppen:

P Ia	P Ib
P IIa	P IIb
P IIIa	P IIIb
P IVc	P IVd
P Va	P Vb

(Die Mörtel der Gruppe P IVa und P IVb sind hier nicht erfaßt, da sie entsprechend der Bindemittel-Norm „Baugipse" DIN 1168 geprüft werden und auch in einem eigenen Güteschutz erfaßt sind.)

Weiter Putzmörtel für Sonderzwecke wie:

wasserundurchlässige Putze, Wärmedämmputze, Brandschutzputze und Strahlenabsorptionsputze

sowie Putze mit besonderen Eigenschaften, z. B.:

Kalk-Gips-Haftputze, Edelputze, wasserhemmende Putze und wasserabweisende Putze.

Zum besseren Verständnis ist der Verfahrensgang der Werk-Trockenmörtel-Herstellung schematisch dargestellt. Im folgenden sind noch einmal die wesentlichen Merkmale des Herstellungsprozesses herausgestellt:

- die Ausgangsstoffe, insbesondere die Zuschläge, können gezielt zusammengesetzt werden. Schwankungen in der Kornzusammensetzung der Sande sowie im Feuchtigkeitsgehalt werden damit vermieden;
- die Dosierung aller Mörtelkomponenten kann nach Gewicht erfolgen, und das vorgesehene Mischungsverhältnis wird deshalb wesentlich genauer eingehalten;
- eine homogene Mischung wird durch den Einsatz von Chargenmischern sicher erreicht;
- die Lagerung der hergestellten Werk-Trockenmörtel in Säcken oder Silos ist problemlos;
- aus dem Werk-Trockenmörtel entsteht an der Baustelle durch Wasserzugabe und Mischen ein Frischmörtel mit guten Verarbeitungseigenschaften.

Von den Mauermörteln hängen die Standfestigkeit und viele andere wichtige Eigenschaften eines Bauwerks ab. Deshalb regelt die Mauerwerksnorm DIN 1053 Mauerwerk; Berechnung und Ausführung auch die an den Mauermörtel zu stellenden Anforderungen unter 4. In den 4 Abschnitten werden Bestandteile, Mörtelzusammensetzung, Herstellung des Mörtels und Verarbeitung und Anwendung behandelt.

Trockenmörtel zum Mauern

Hier müssen wir 2 große Gruppen trennen, die Mauermörtel für die Vormauerung und die Mauermörtel für die Hintermauerung. Diese Unterteilung hat zur Grundlage, daß weithin zweischalig gemauert wird. Tatsache ist, daß die zweischalige Bauweise des Außenmauerwerks seiner bauphysikalischen Vorteile wegen immer mehr angewandt wird. Im norddeutschen Raum ist sie fast selbstverständlich und nimmt den größten Raum ein.
Die Vormauermörtel, wie die Trockenmörtel für die Vormauerung genannt werden, müssen die Unterschiede in der Wasseraufnahmefähigkeit der Vormauersteine, bzw. Verblender, berücksichtigen.

Wir müssen unterscheiden zwischen Vormauermörtel für schwach- und für starksaugende Steine oder für saugende und nichtsaugende Steine. Die Grenze zwischen den beiden Gruppen wird von einem namhaften Hersteller so angegeben:

schwachsaugend bis 4% Wasseraufnahme, ab 5% starksaugend.

Bei Verwendung von Vormauermörteln wird nicht, wie ursprünglich, mit normalem Mauermörtel gemauert und dann verfugt, sondern das Vormauerwerk wird vollfugig mit Vormauermörtel in einem einzigen Arbeitsgang gemauert. Die Sichtfuge wird beim Mauern mit einem Wasserschlauchstück halbrund abgestrichen, wodurch die Fuge dicht ist und durchgehend gleichmäßig und einheitlich.

Die Hintermauermörtel, meist nur Mauermörtel genannt, gibt es auch in zwei Gruppen, nämlich den herkömmlichen Mauermörtel und den Leichtmauermörtel.

Die herkömmlichen Mörtel gibt es in den verschiedenen Mörtelgruppen als Kalk-, als Zement- und als Mischmörtel. Die Anwendungsgebiete sind regelmäßig mit angegeben.

Die Vermauerung hochwärmedämmender Wandbaustoffe mit einer Wärmedurchlaßzahl um 0,20 W/(m K) mit einem Normalmörtel mit einer Wärmedurchlaßzahl von mehr als 0,80 W/(m K) als Fehler kenntlich zu machen, sollte eigentlich selbstverständlich sein. Rechnen Sie doch einmal für sich selbst aus, wie groß der Fugenanteil am fertigen Mauerwerk bei den verschiedenen Formaten ist. Sie werden erstaunt sein, daß selbst bei Großformaten der Fugenanteil recht beachtlich ist.

Trockenmörtel-Produktionsanlage

Auf die Frage „Was bringt der Wärmedämmörtel denn schon?" ließe sich folgendes antworten:

Rechnerisch beim Wärmedämmnachweis auch bei der Berechnung der Wärmeverluste – sprich Heizkosten – wurde die Ver-

Zusammensetzung von Mauermörtel nach DIN 1053 Teil 1, Mischungsverhältnis in Raumteilen

	1	2	3	4	5	6	7
	Mörtelgruppe	Luftkalk und Wasserkalk		Hydraul. Kalk	Hochhydraulischer Kalk, Putz- und Mauerbinder	Zement	Sand[5]) (Natursand)
		Kalkteig	Kalkhydrat				
1	I	1					4
2			1				3
3				1			3
4					1		4,5
5	II	1,5				1	8
6			2			1	8
7					1		3
8	II a		1			1	6
9					2	1	8
10	III[6])					1	4

[5]) Die Werte des Sandanteils beziehen sich auf den lagerfeuchten Zustand.

[6]) Der Zementgehalt darf nicht vermindert werden, wenn Zusätze zur Verbesserung der Verarbeitbarkeit nach Abschnitt 4.4 verwendet werden.

Anforderungen an die Mörteldruckfestigkeit

	1	2	3
	Mörtelgruppe	Druckfestigkeit kp/cm² (MN/m²) nach 28 Tagen	
		Einzelwert	Mittelwert
1	I	—	—
2	II	≧ 20 (2)	≧ 25 (2,5)
3	II a	≧ 40 (4)	≧ 50 (5)
4	III	≧ 80 (8)	≧ 100 (10)

besserung durch Vermauerung mit Wärmedämmörtel bisher mit 0,06 W/(m K) dem vermauerten Stein „gutgeschrieben".

Neuerdings sind auch Leichtmauermörtel mit 0,09 W/(m K) bauaufsichtlich zugelassen, also nachgewiesen!

Bei dem großen Unterschied in der Wärmedämmfähigkeit zwischen Normalmörtel und hochwärmedämmenden Mauersteinen muß man damit rechnen, daß sich die Mörtelfugen innen auf den Tapeten abzeichnen, eine Folge stärkeren Niederschlags von Feuchtigkeit auf den als Wärmelöcher wirksamen Fugen.

Die meisten der Leichtmauerstein-Hersteller bieten zu ihrem System passenden Wärmedämmörtel an, meist abgestimmt auf die Eigenschaften der Steine.

DIN 1053 verlangt als Zuschlag Sand mineralischen Ursprungs nach DIN 4226. Leichtzuschläge wie Blähglimmer, Blähperlit, Schaumglas oder Polystyrolperlen entsprechen dieser Bedingung nicht.

Aus diesem Grunde ist für Leichtmauermörtel mit den genannten Zuschlägen eine allgemeine bauaufsichtliche Zulassung erforderlich.

Fertigfugenmörtel

Für die herkömmliche Herstellung des Mauerwerks – vollfugiges Vermörteln, Auskratzen der Stoß- und Lagerfugen bis 15 mm Tiefe und nachträgliches Verfugen – bietet die Trockenmörtelindustrie Fertigfugenmörtel in unterschiedlichen Farben an. Technisch hochwertige Ergebnisse sind jedoch nur bei allergrößter Sorgfalt möglich. Insbesondere müssen die Flanken sehr sauber ausgekratzt werden, um gute Haftung zu erzielen.

Fertigputze

Als Trockenmörtel geliefert werden auch die werksgemischten Putze aus Mörteln mit mineralischen Bindemitteln. Besonders Außenputz wird nur noch selten als Baustellenmörtel hergestellt.

DIN 18 550 Teil 1, Ausgabe Jan. 1985, unterscheidet nach den Ausgangsstoffen für den Putz Putzmörtel und Beschichtungsstoffe.

Putzmörtel

Putzmörtel ist ein Gemisch von einem oder mehreren Bindemitteln, Zuschlag mit einem überwiegenden Kornanteil zwischen 0,25 und 4 mm und Wasser, gegebenenfalls auch Zusätzen. In Sonderfällen kann bei Mörtel für Oberputz der Kornanteil > 4 mm überwiegen. Bei Mörteln aus Baugipsen und Anhydritbindern kann der Zuschlag entfallen.

Solche Mörtel werden entsprechend der Tabelle den Putzmörtelgruppen PI bis PV zugeordnet, wenn sie die dort aufgeführten mineralischen Bindemittel enthalten

Blick auf ein modernes Werk

und die entsprechenden, auf Erfahrung beruhenden Mischungsverhältnisse Bindemittel/Zuschlag einhalten. Bei Mörteln mit anderer Zusammensetzung ist durch Eignungsprüfungen nach DIN 18 557 nachzuweisen, daß der Putz die Anforderungen erfüllt.

Beschichtungsstoffe

Beschichtungsstoffe für die Herstellung von Kunstharzputzen bestehen aus organischen Bindemitteln in Form von Dispersionen oder Lösungen und Füllstoffen/Zuschlägen mit überwiegendem Kornanteil > 0,25 mm. Sie werden im Werk gefertigt und verarbeitungsfähig geliefert. Sie werden im Rahmen der chemischen Baustoffe behandelt. In den Tabellen bedeuten: P Org 1 organischer Beschichtungsstoff für Außen- und Innenputz; P Org 2 für Innenputz.

Putzarten

Nach den Anforderungen werden unterschieden:

1. Putze, die allgemeinen Anforderungen genügen;

2. Putze, die zusätzlichen Anforderungen genügen:
- wasserhemmender Putz
- wasserabweisender Putz
- Außenputz mit erhöhter Festigkeit
- Innenwandputz mit erhöhter Abriebfestigkeit
- Innenwand- und Innendeckenputz für Feuchträume

3. Putze für Sonderzwecke:
- Wärmedämmputz
- Putz als Brandschutzbekleidung
- Putz mit erhöhter Strahlungsabsorption

Ausführung des Putzes

Die Ausführung des Putzes mit Ausnahme der Putze für Sonderzwecke ist in DIN 18 550 Teil 2 geregelt. Die mittlere Dicke muß mindestens außen 20 mm, innen 15 mm, bei einlagigen Außenputzen aus Werkmörtel 15 mm, bei einlagigen Innenputzen aus Werkmörtel 10 mm betragen.

An einzelnen Stellen darf sie um bis zu 5 mm unterschritten werden. Bei zusätzlichen Anforderungen kann eine größere Dicke erforderlich sein.

Putze bestehen aus einer oder mehreren Lagen, die von Hand oder maschinell aufgetragen werden. Zur Vorbereitung des Putzgrundes erforderlicher Spritzbewurf, Haftbrücken und Grundierungen zählen nicht als Putzlage.

Welche Putzsysteme für welche Anforderungen ohne besonderen Nachweis aufgrund von Erfahrungswerten als geeignet gelten, geht aus den Tabellen hervor, die DIN 18 550 Teil 1 entnommen sind. Für dort nicht genannte Systeme sind Eignungsprüfungen erforderlich.

Putzträger und Putzbewehrung

Putzträger sind flächig ausgebildet und dienen dazu, das Haften des Putzes zu verbessern oder einen von der tragenden Konstruktion weitgehend unabhängigen Putz zu ermöglichen. Als Putzträger können z. B. metallische Putzträger, Gipskarton-Putzträgerplatten nach DIN 18 180, Holzwolle-Leichtbauplatten nach DIN 1101 und DIN 1104 Teil 1, Ziegeldrahtgewebe, Rohrmatten verwendet werden.

Putzbewehrungen sind Einlagen im Putz, z. B. aus Metall, aus mineralischen Fasern oder aus Kunststoff-Fasern, die zur Verminderung der Rißbildung dienen. Zu ihnen gehören auch die Kantenprofile. Dem Mörtel beigemengte Fasern oder Haare gelten nicht als Bewehrung, sondern als Zusatzstoffe.

Putzweisen

Entsprechend der Putzweise werden die Putze nach der Art ihrer Oberflächenbehandlung und der dadurch entstehenden Struktur eingeteilt.

Gefilzter oder geglätteter Putz erhält seine Oberfläche durch Bearbeitung mit Filzscheibe bzw. Glättkelle (Traufel). Bei fein geriebenen, gefilzten oder geglätteten Putzen besteht die Gefahr, daß beim Verreiben eine Bindemittelanreicherung an der Oberfläche entsteht, die z. B. die Entstehung von Schwindrissen fördert und bei Luftkalkmörteln das Erhärten der tieferen Schichten hemmt.

Geriebener Putz oder Reibeputz wird je nach Art des verwendeten Werkzeugs (Holzscheibe, Traufel und dergleichen) als Münchener Rauhputz, Rillenputz, Wurmputz, Madenputz, Rindenputz, Altdeutscher Putz usw. bezeichnet.

Kellenwurfputz erhält seine Struktur durch das Anwerfen des Mörtels. Im Regelfall wird ein Zuschlag grober Körnung bis etwa 10 mm verwendet.

Kellenstrichputz wird nach dem Auftrag mittels Kelle oder Traufel fächer- oder schuppenförmig verstrichen.

Spritzputz wird durch zwei- oder mehrlagiges Aufsprenkeln eines feinkörnigen, dünnflüssigen Mörtels mittels Spritzputzgerät hergestellt.

Mischungsverhältnisse in Raumteilen von Putzen aus Mörteln mit mineralischen Bindemitteln (DIN 18 550 Teil 2, Entwurf Ausg. 11. 79, Stand 8. 84, Tabelle 3)

Zeile	Mörtelgruppe		Mörtelart	Baukalke DIN 1060 Teil 1: Luftkalk Wasserkalk – Kalkteig	Kalkhydrat	Hydraulischer Kalk	Hochhydraulischer Kalk	Putz- und Mauerbinder DIN 4211	Zement DIN 1164 Teil 1	Baugipse ohne werksseitig beigegebene Zusätze DIN 1168 Teil 1 – Stuckgips	Putzgips	Anhydritbinder DIN 4208	Sand[1])
1	P I	a	Luftkalkmörtel	1,0[3])									3,5 bis 4,5
2					1,0[3])								3,0 bis 4,0
3		b	Wasserkalkmörtel	1,0									3,5 bis 4,5
4					1,0								3,0 bis 4,0
5		c	Mörtel mit hydraulischem Kalk			1,0							3,0 bis 4,0
6	P II	a	Mörtel mit hydraulischem Kalk Mörtel mit Putz- und Mauerbinder				1,0 oder 1,0						3,0 bis 4,0
7		b	Kalkzementmörtel	1,5 oder 2,0					1,0				9,0 bis 11,0
8	P III	a	Zementmörtel mit Zusatz von Kalkhydrat		≦ 0,5				2,0				6,0 bis 8,0
9		b	Zementmörtel						1,0				3,0 bis 4,0
10	P IV	a	Gipsmörtel							1,0[2])			–
11		b	Gipssandmörtel							1,0[2]) oder 1,0[2])			1,0 bis 3,0
12		c	Gipskalkmörtel	1,0 oder 1,0						0,5 bis 1,0 oder 1,0 bis 2,0			3,0 bis 4,0
13		d	Kalkgipsmörtel	1,0 oder 1,0						0,1 bis 0,2 oder 0,2 bis 0,5			3,0 bis 4,0
14	P V	a	Anhydritmörtel									1,0	≦ 2,5
15		b	Anhydritkalkmörtel	1,0 oder 1,5								3,0	12,0

[1]) Die Werte dieser Tabelle gelten nur für mineralische Zuschläge mit dichtem Gefüge
[2]) Um die Geschmeidigkeit zu verbessern, kann Weißkalk in geringen Mengen, zur Regelung der Versteifungszeit können Verzögerer eingesetzt werden
[3]) Ein begrenzter Zementzusatz ist zulässig

Putzsysteme für Außenputze (DIN 18 550 Teil 1, Entwurf Ausg. 11. 79, Stand 8. 84, Tabelle 3)

Zeile	Anforderung bzw. Putzanwendung	Mörtelgruppe bzw. Beschichtungsstoff-Typ für Unterputz	Oberputz[1])	Zusatzmittel[2])
1	ohne besondere Anforderung	–	P I	
2		P I	P I	
3		–	P II	
4		P II	P I	
5		P II	P II	
6		P II	P Org 1	
7		–	P Org 1[3])	
8		–	P III	
9	wasserhemmend	P I	P I	erforderlich
10		–	P I c	erforderlich
11		–	P II	
12		P II	P I	
13		P II	P II	
14		P II	P Org 1	
15		–	P Org 1[3])	
16		–	P III[3])	
17	wasserabweisend[5])	P I c	P I	erforderlich
18		P II	P I	erforderlich
19		–	P I c[4])	erforderlich[2])
20		–	P II[4])	
21		P II	P II	erforderlich
22		P II	P Org 1	
23		–	P Org 1[3])	
24		–	P III[3])	
25	erhöhte Festigkeit	–	P II	
26		P II	P II	
27		P II	P Org 1	
28		–	P Org 1[3])	
29		–	P III	
30	Kellerwand-Außenputz	–	P III	
31	Außensockelputz	–	P III	
32		P III	P III	
33		P III	P Org 1	
34		–	P Org 1[3])	

[1]) Oberputze können mit abschließender Oberflächengestaltung oder ohne diese ausgeführt werden (z. B. bei zu beschichtenden Flächen).
[2]) Eignungsnachweis erforderlich (siehe DIN 18 550 Teil 2 Ausgabe 1984, Abschnitt 3.4).
[3]) Nur bei Beton mit geschlossenem Gefüge als Putzgrund.
[4]) Nur mit Eignungsnachweis am Putzsystem zulässig.
[5]) Oberputze mit geriebener Struktur können besondere Maßnahmen erforderlich machen.

Putzsysteme für Außendeckenputze (DIN 18 550 Teil 1, Entwurf Ausg. 11. 79, Stand 8. 84, Tabelle 4)

Zeile	Mörtelgruppe bzw. Beschichtungsstoff-Typ bei Decken ohne bzw. mit Putzträger: Einbettung des Putzträgers	Unterputz	Oberputz[1])
1	–	P II	P I
2	P II	P II	P I
3	–	P II	P II
4	P II	P II	P II
5	–	P II	P IV[2])
6	P II	P II	P IV[2])
7	–	P II	P Org 1
8	P II	P II	P Org 1
9	–	–	P III
10	–	P III	P III
11	P III	P III	P II
12	P III	P II	P II
13	–	P III	P Org 1
14	P III	P III	P Org 1
15	P III	P II	P Org 1
16	–	–	P IV[2])
17	P IV[2])	–	P IV[2])
18	–	P IV[2])	P IV[2])
19	P IV[2])	P IV[2])	P IV[2])
20	–	–	P Org 1[3])

[1]) Oberputze können mit abschließender Oberflächengestaltung oder ohne diese ausgeführt werden (z. B. bei zu beschichtenden Flächen).
[2]) Nur an feuchtigkeitsgeschützten Flächen.
[3]) Nur bei Beton mit geschlossenem Gefüge als Putzgrund.

Kratzputz wird durch Kratzen mit einem Nagelbrett, einem Sägeblatt oder einer Ziehklinge hergestellt. Hierdurch wird die bindemittel- und damit spannungsreiche Oberfläche des angetragenen Oberputzes entfernt. Durch das herausspringende Korn entsteht die hierfür charakteristische Putzstruktur. Der richtige Zeitpunkt des Kratzens richtet sich nach dem Erhärtungsverlauf des Putzes.

Er ist dann erreicht, wenn das Korn beim Kratzen herausspringt und nicht im Nagelbrett hängen bleibt. Kratzputz ist nicht zu beanstanden, wenn sich einzelne Körner beim Abreiben mit der Hand lösen lassen.

Waschputz erhält seine Struktur durch Abwaschen der an der Oberfläche befindlichen, noch nicht erhärteten Bindemittelschlämme. Er erfordert ausgewählte Zuschläge grober Körnung sowie einen Unterputz, der der Mörtelgruppe P III entspricht.

Nachbehandlung. Putze aus Mörteln der Gruppen P I, P II und P III und diesen entsprechenden Mörteln sind vor zu schneller Austrocknung zu schützen und nötigenfalls durch Benetzen mit Wasser feucht zu halten, damit sie nicht zu schnell austrocknen.

Wärmedämmputze. Besondere Beachtung verdienen die Wärmedämmputze. Es handelt sich hier um mineralische Putze, die maschinell in einem Arbeitsgang in Dicken bis über 5 cm hinaus aufgebracht werden können. Ihr unbestreitbarer Vorteil liegt in der Tatsache, daß sie sehr gut wasserdampfdurchlässig sind, daß also die durch das Mauerwerk hindurchdiffundierende Feuchtigkeit ungehindert ins Freie gelangen kann.

Wärmedämmputze werden als Unterputz für Außenputze, speziell Edelputze verwandt, wenn die Wärmedämmeigenschaft des Außenmauerwerks verbessert werden soll. Wärmedämmputze enthalten meist Polystyrol-Hartschaum-Kügelchen als Dämmstoff.

Sie müssen mindestens der Baustoffklasse B 1 entsprechen. Soweit sie nur Perlite als Zuschlag haben, sind sie nichtbrennbar nach DIN 4102. Für Wärmedämmputze ist eine eigene Norm in Aussicht genommen. Bis dahin bedürfen sie als System mit dem Oberputz einer bauaufsichtlichen Zulassung.

Edelputze. In den Bereich der Putze gehören auch die Edelputze. Edelputze werden fast durchweg einlagig auf den Unterputz aufgetragen.

Die Unterputze werden auch gesackt als Trockenputz geliefert. Sowohl Fertig-Unterputze als auch fertig gemischte Edelputze, für die verschiedenen Putzarten jeweils speziell zusammengesetzt, erfreuen sich beim verarbeitenden Handwerk zunehmender Beliebtheit.

Werkmörtel

Putzsysteme für Innenwandputze (DIN 18 550 Teil 1, Entwurf Ausg. 11. 79, Stand 8. 84, Tabelle 5)

Zeile	Anforderungen bzw. Putzanwendung	Mörtelgruppe bzw. Beschichtungsstoff-Typ für Unterputz	Oberputz [1] [2]
1		–	P I a, b
2	nur geringe	P I a, b	P I a, b
3	Beanspruchung	P II	P I a, b, P IV d
4		P IV	P I a, b, P IV d
5		–	P I c
6		P I c	P I c
7		–	P II
8		P II	P I c, P II, P IV a, b, c P V, P Org 1, P Org 2
9	übliche Beanspruchung[3]	–	P III
10		P III	P I c, P II, P III, P Org 1, P Org 2
11		–	P IV a, b, c
12		P IV a, b, c	P IV a, b, c, P Org 1, P Org 2
13		–	P V
14		P V	P V, P Org 1, P Org 2
15		–	P Org 1, P Org 2[4]
16		–	P I
17		P I	P I
18		–	P II
19	Feuchträume[5]	P II	P I, P II, P Org 1
20		–	P III
21		P III	P II, P III, P Org 1
22		–	P Org 1[4]

[1]) Bei mehreren genannten Mörtelgruppen ist jeweils nur eine als Oberputz zu verwenden.
[2]) Oberputze können mit abschließender Oberflächengestaltung oder ohne diese ausgeführt werden (z. B. bei zu beschichtenden Flächen).
[3]) Schließt die Anwendung bei geringer Beanspruchung ein.
[4]) Nur bei Beton mit geschlossenem Gefüge als Putzgrund.
[5]) Hierzu zählen nicht häusliche Küchen und Bäder.

Putzsysteme für Innendeckenputze[1]) (DIN 18 550 Teil 1, Entwurf Ausg. 11. 79, Stand 8. 84, Tabelle 6)

Zeile	Anforderungen bzw. Putzanwendung	Mörtelgruppe bzw. Beschichtungsstoff-Typ für Unterputz	Oberputz [2] [3]
1		–	P I a, b
2	nur geringe	P I a, b	P I a, b
3	Beanspruchung	P II	P I a, b, P IV d
4		P IV	P I a, b, P IV d
5		–	P I c
6		P I c	P I c
7		–	P II
8	übliche	P II	P I c, P II, P IV a, b, c P Org 1, P Org 2
9	Beanspruchung[4]	–	P IV a, b, c
10		P IV a, b, c	P IV a, b, c, P Org 1, P Org 2
11		–	P V
12		P V	P V, P Org 1, P Org 2
13		–	P Org 1[5], P Org 2[5]
14		–	P I
15		P I	P I
16		–	P II
17	Feuchträume[6]	P II	P Org 1, P I, P II
18		–	P III
19		P III	P II, P III, P Org 1
20		–	P Org 1[5]

[1]) Bei Innendeckenputzen auf Putzträgern ist gegebenenfalls der Putzträger vor dem Aufbringen des Unterputzes in Mörtel einzubetten. Als Mörtel ist mindestens Mörtel gleicher Festigkeit wie für den Unterputz zu verwenden.
[2]) Bei mehreren genannten Mörtelgruppen ist jeweils nur eine als Oberputz zu verwenden.
[3]) Oberputze können mit abschließender Oberflächengestaltung oder ohne diese ausgeführt werden (z. B. bei zu beschichtenden Flächen).
[4]) Schließt die Anwendung bei geringer Beanspruchung ein.
[5]) Nur bei Beton mit geschlossenem Gefüge als Putzgrund.
[6]) Hier zählen nicht häusliche Küchen und Bäder.

Bestellung

Sollen Putze bestellt werden, so ist voher die Beschaffenheit des Putzuntergrundes zu klären. Weiterhin muß klar sein, ob eventuelle Vorbehandlungen des Untergrundes vorgesehen sind.

Die Mengenermittlung des Bedarfs kann anhand der Werksangaben erfolgen. Es sind mittlere Bedarfswerte.

Dabei ist zu beachten, daß die Angaben über die Ergiebigkeit (meist ausgedrückt in m² pro Sack) Durchschnittswerte sind.

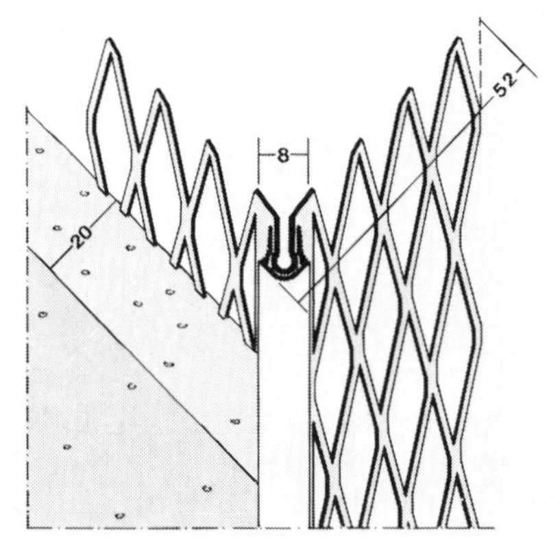

Kantenrichtwinkel aus Streckmetall mit PVC-Überzug an der Kante

Sonstige Trockenmörtel, Trockenbeton

In der Gruppe „Sonstige" finden wir den Trockenbeton, ein willkommenes Hilfsmittel für Klein- und Winter-Betonarbeiten. Von der Korngröße und der Zusammensetzung her kann der Trockenbeton auch als Estrich verwandt werden, ebenfalls für Reparaturen und kleinere Arbeiten. Hier finden wir auch den Dachdekkermörtel. Er wird zum „Einspeisen", also Aufsetzen der Firste und Walme mit Mörtel, auch Vermörtelung genannt, verwandt. Sein großer Vorteil ist die einheitliche Farbe.

Auch zum Aufbau von Glasbausteinwänden gibt es abgestimmte Mörtel und viele von den insgesamt genannten Trokkenmörteln auch in Kleinpackungen für den Heimwerkerbedarf. Ein Spezialgebiet, das örtlich begrenzt ist, ist die Verwendung von Trockenmörteln im Bergbau. Sie sei nur zur Abrundung erwähnt.

Zum Verlegen von Fliesen sind sowohl Kleber für die Verlegung der Fliesen im Dünnbettverfahren als auch für das althergebrachte Dickbettverfahren erhältlich, ebenso das erforderliche Fugmaterial. Diese wie auch etwa in den Programmen enthaltene Dichtungsmörtel werden mit im Bereich „Bauchemie" behandelt.

Lieferformen

Das Kapitel über den Trockenmörtel wäre unvollständig – ob es je ganz vollständig sein kann, sei allerdings dahingestellt –, würden die Lieferformen nicht behandelt.

Lange Zeit war die gesackte Ware – in Säcken sehr unterschiedlicher Größen – die Hauptlieferform.

Mit der Verteuerung der menschlichen Arbeitskraft suchte und fand man eine weitere, wesentliche Rationalisierungsreserve, die Lieferung und Verarbeitung von losem Trockenmörtel. Der vom Zement her bekannte Umschlag im Silo war nur für ganz große Objekte anwendbar.

So kam man zum Container-System. Beginnend mit dem Gips-Naßputz begann

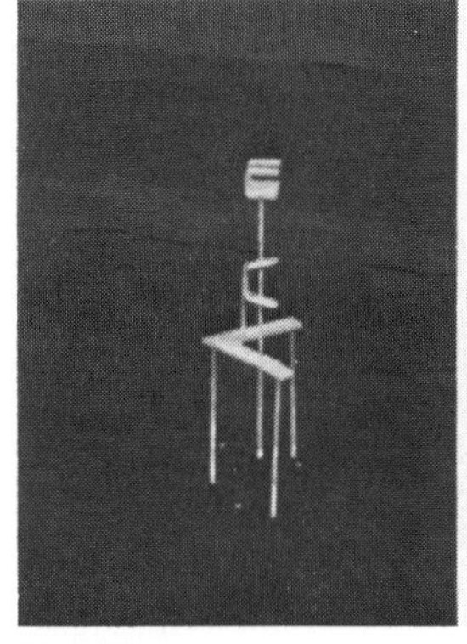

Niveaulehre

Verteilen des Estrichs

„Schlagen" des Estrichs

man ein System aufzubauen, das den Ablauf vom Werk über die Containerstation bis zur Baustelle mit Spezialfahrzeugen und vom Baustellencontainer bis zur Verarbeitungsstelle im Bau einschließlich Mischvorgang ermöglicht, ohne den Putz nur einmal von Hand bewegen zu müssen.

Nur die eigentliche Herstellung des Putzes an der Wand ist noch als handwerkliche Facharbeit zurückgeblieben. Die Hilfsarbeit wird maschinell erledigt.

Fließestrich

Die Vorteile der werksgemischten Trokkenmörtel für Putz und Mauerwerksarbeiten sind auch auf den Estrichbereich zu übertragen. Auch hier gibt es vorgemischte Produkte, die trocken auf die Baustelle gelangen und dort durch Wasserzugabe zum pumpfähigen Estrich werden.

Dieser Gipsestrich wird im Container, Silo oder als Sackware angeliefert, in kontinuierlich arbeitenden Mischern mit Wasser angemacht und in den Bau gepumpt. Dafür können dieselben Maschinen verwendet werden wie bei der Verarbeitung von Gipsputz. Vor dem Wechsel des Materials von Putz auf Estrich oder umgekehrt sind sie jedoch unbedingt gründlich zu reinigen, weil Verunreinigungen zu Materialfehlern führen können.

Da der Gipsestrich nahezu selbstnivellierend ist, wird er als Fließestrich bezeichnet. Er kann als Verbund- oder schwimmender Estrich verlegt werden und ist auch für Fußbodenheizung geeignet. Zusätzlich zum üblichen Werkzeug des Estrichlegers benötigt man Niveaulehren und zu deren Einstellung einen Nivelliertaster (Spezialschlauchwaage).

Der Estrich wird durch den Arbeitsschlauch gefördert und ausgegossen, bis überall die Höhe der Niveaulehren erreicht ist. Danach wird er mit einem Spezialbesen „geschlagen". Die planebene Oberfläche stellt sich dann von selbst ein.

Begehbar ist der Estrich nach etwa 12 bis 24 Stunden und nach ca. 7 Tagen beleg- und belastbar.

Da der Fließestrich während des Abbindens nicht schwindet, sondern sich geringfügig (bis ca. 1 mm/10 m) ausdehnt, kann er auch in mehreren Räumen ohne Trennschienen in einem Arbeitsgang verteilt werden.

Da sich sowohl die Vorarbeiten als auch das eigentliche Estrichlegen von den bisherigen Estrichlegearbeiten unterscheiden, müssen die entsprechenden Anweisungen der Hersteller bereits in der Planungs- und Vorbereitungsphase genau beachtet werden.

Werkvormörtel

Werkvormörtel wird nur als Mauermörtel der Mörtelgruppe I hergestellt und geliefert. Dieser Naßmörtel ist auf der Baustelle über längere Zeit lagerfähig, ohne daß er erhärtet. Er kann sowohl als Mörtelgruppe I vermauert als auch durch Zugabe von Zement in die Mörtelgruppe II oder II a umgewandelt werden. Zementart und -menge zur Umwandlung in diese Mörtelgruppen sind vom Hersteller in der Eignungsprüfung festgestellt worden und auf dem Lieferschein angegeben.

Die Umwandlung in Mörtelgruppe III ist nicht möglich, weil hierfür als Bindemittel ausschließlich Zement dienen darf.

Die nachträgliche Zugabe von Zusätzen und/oder Zuschlägen auf der Baustelle ist untersagt, weil dadurch die in der Eignungsprüfung des Herstellers festgestellten Eigenschaften des Mörtels verändert würden.

In Verblendmauerwerk können Werkvormörtel nicht die Forderungen erfüllen, die man an die als Trockenmörtel gelieferten speziellen Vormauermörtel stellt.

Gleichzeitig mit der Zugabe des Bindemittels erfolgt auf der Baustelle die Einstellung der erforderlichen Konsistenz durch Wasserzugabe. Vorschriften über die Zusatzwassermenge gibt es nicht; die Beurteilung obliegt dem erfahrenen Maurer, genau wie beim Baustellenmörtel, für den DIN 1053 auch nur Mischungsverhältnisse für die festen Bestandteile des Mörtels angibt.

Mit Riemchenmörtel kann man in einem Arbeitsgang ansetzen und verfugen. Fotos: quick-mix

Normen

DIN 18 557 Werkmörtel
DIN 1053 Mauerwerk
DIN 18 550 Putz

Transportbeton

Beton im weitesten Sinne ist mit Bindemitteln wieder gesteinsähnlich gebundenes, zerkleinertes Gestein. Außer dem Zementbeton, um den es nachstehend geht, kennen wir am Bau noch den Kalkbeton (Leicht-Kalk-Porenbeton = Gasbeton), den Asphaltbeton oder Teerbeton als Straßenbelag und den Kunststoffbeton, bei dem der Zement als Bindemittel durch Kunststoffe ganz oder teilweise ersetzt ist (wird in verschiedenen Bereichen zu behandeln sein), ebenso Betonteile und bindemittelgebundene Wandbaustoffe (Betonsteine).

Beton als Handelsware

Mit dem Entstehen und der starken Ausbreitung der Transportbetonindustrie – in der Bundesrepublik etwa seit 1955 – gingen viele Veränderungen im Bauablauf einher.

Dosierung und Mischvorgang erfolgen in stationären Werken. Der Frischbeton wird in Spezialfahrzeugen verarbeitungsgerecht an die Baustelle geliefert.

Betonpumpen ersetzen mehr und mehr den Betontransport per Krankübel in die Schalung. Die Baustelle ist rationeller im Arbeitsablauf geworden.

Auch der Einkauf zur Versorgung der Baustelle ist vereinfacht. Anstatt die einzelnen Baustoffe wie Kies, Sand oder Splitt und Zement disponieren zu müssen, genügt der Abruf des Betones.

Auch der Gütestandard des Betons an der Baustelle konnte so wesentlich verbessert werden.

Zuschlagstoffe

Den mengenmäßigen Hauptanteil des Betons bilden die Zuschlagstoffe. In 1 m^3 Beton mit einem Gesamtgewicht von ca. 2,4 t sind ca. 2 t Zuschlagstoffe enthalten.

Sie bilden – um bei dem eingangs erwähnten Vergleich zu bleiben – das Gerüst, also den geformten Stein.

In der Fachsprache liest sich die Definition „Zuschlag" so (Zement Taschenbuch): Zuschlag ist ein Gemenge oder Haufwerk von ungebrochenen oder gebrochenen Körnern aus natürlichen oder künstlichen mineralischen Stoffen mit dichtem Gefüge. Seine Kornrohdichte kann zwischen 2,2 und 3,2 kg/dm^3 liegen, sie beträgt meist 2,6 bis 2,7 kg/dm^3."

Zuschläge mit Kornrohdichten unter 2,2 kg/dm^3 bezeichnet man als Leichtzuschlag, solche mit Kornrohdichten über 3,2 kg/dm^3 als Schwerzuschlag.

Gewonnen werden Zuschlagstoffe in Kiesgruben in alten Flußtälern, wo sie in vorgeschichtlicher Zeit von Gewässern als bereits zerkleinertes Gestein, abgerundet auf dem Wege zur Lagerstätte, abgelagert worden waren. Da werden sie mit Baggern trocken oder auch naß abgebaut und gewaschen (von anhaftenden, für die Verarbeitung schädlichen Tonbestandteilen). Bei dem so gewonnenen Material sprechen wir von Kies.

Der andere Weg, Zuschlagstoffe zu gewinnen, ist der über Loslösen und Zerkleinern vorliegenden Felsgesteins. Besonders Basalt wird wegen seiner großen Härte bevorzugt. Er wird in Basaltbrüchen abgesprengt, in Brechern zerkleinert. Dieses Erzeugnis heißt dann Splitt. Je nachdem, ob der Basalt splittrig gebrochen oder durch 2maliges Brechen auf annähernde Würfelform gebracht wird (kubisches Korn), bezeichnet man ihn mit Splitt oder Edelsplitt (Betonsplitt).

Um das Gefüge des Betons besser verstehen zu können, greifen wir noch einmal auf das Beispiel des zerkleinerten und geformten Steines zurück. Wenn nach der Verformung wieder annähernde Gesteinsfestigkeit erreicht werden soll, muß das Gestein möglichst dicht liegen. Das könnte man bei flüchtiger Betrachtung am ehesten von feinem Material erwarten. Die Betonfestigkeit wird aber sehr wesentlich von der Festigkeit und Beschaffenheit des großen Korns bestimmt (und seiner Bindung mit dem Zement). Das Größtkorn, im Beton das Korn 16–32 mm bzw. 8–16 mm bei Mischungen mit kleinerem Größtkorn, bildet das Betongerüst. In die so entstehenden Hohlräume muß dann das nächstkleinere Korn „schlüpfen", bis zum Feinstkorn, ehe der Zementleim dieses Haufwerk wirkungsvoll verkitten kann. Man spricht deshalb auch vom Schlupfkorn.

Erreichen kann man diese dichte Verfüllung durch gezielte Abstufung der Korn-

Die erste Produktionsanlage für Transportbeton der Readymix-Gruppe in Deutschland nahm im Jahre 1955 in Düsseldorf die Produktion auf. Die handgesteuerte Anlage hatte eine Stundenleistung von ca. 10 Kubikmetern.

Die vollautomatisch gesteuerte Turmanlage dieses modernen Transportbetonwerks hat eine praktikable Stundenleistung von 90 Kubikmetern. Bundesweit betreibt die Readymix-Gruppe ca. 250 Transportbetonwerke.

größen im Gemisch. Kies und Splitt werden nach Korngrößenbereichen auseinander gesiebt (klassiert). Im Betonbau sind folgende Korngrößengruppen (Kornfraktionen) von der Norm, der DIN 66100 Körnungen, vorgesehen: 0–2, 2–4, 4–8, 8–16 und 16–32 mm.

Diese Korngruppen werden nach genau abgestimmtem Mischungsverhältnis der Mischung nach Gewicht zugeteilt. Das Mischungsverhältnis ist in der Sieblinie festgelegt. Abweichungen von der Sieblinie bedingen Festigkeitsverluste. Dabei sind die Feinstanteile besonders ausschlaggebend, sowohl für die Verarbeitbarkeit, für den Zementbedarf, aber auch für die Dichtigkeit des Betons.

Zu viel ist so schädlich wie zu wenig!

Zement und Wasser

Im Beton sollte man die beiden Bestandteile Zement und Wasser immer zusammen sehen. Die Zementmenge und das Verhältnis Wasser zu Zement (Wasser-Zement-Faktor W/Z) beeinflussen die Eigenschaften des zu mischenden Betons ausschlaggebend. Der Zement benötigt bei der Erhärtung etwa 25 Gew.-% Wasser zur chemischen Bindung und 15% als Kristallwasser. Über einen Wasser-Zement-Faktor von 0,4 hinaus zugesetztes Wasser erleichtert zwar die Verarbeitung, beeinflußt aber die Festigkeit nachteilig. Wasser, das nicht gebunden wird, verdunstet nämlich nach dem Erhärten des Betons und hinterläßt dann Poren, die die Bindung zwischen Zementstein und Zuschlag beeinträchtigen und in Stahlbeton den Angriff korrosiver Medien auf die Bewehrung erleichtern. Trockener, steifer Beton ist zwar schwerer zu verdichten, erreicht aber eine höhere Festigkeit als leicht fließender Beton mit gleichem Zementgehalt.

Bewehrter und unbewehrter Beton

Beton B I mit Mindestzementgehalt (unbewehrter Beton), für Bauteile, die keiner Bewehrung (Stahlarmierung) bedürfen, wie Streifenfundamente im Erdreich, die Sauberkeitsschicht im Keller, Unterbetone, Beton zum Festsetzen von Treppenstufen und Randsteinen im Erdreich u. a. darf ohne Vorausbestimmung der Zusammensetzung mit der festgelegten Zementmindestmenge hergestellt werden. Eignungsprüfungen werden für Beton B I nur in bestimmten, in der DIN 1045 festgelegten Fällen gefordert.

Beton B II

Das ist Beton der Festigkeitsklassen B 35 bis B 55.

Wegen der größeren Freiheit in der Wahl der Betonzusammensetzung fordert die DIN 1045 nicht nur einen größeren Prüfumfang, sondern Güteüberwachung des Betonherstellers nach DIN 1084 T 3 und der Baustelle nach DIN 1084 T 1.

Festigkeitsklassen des Betons und ihre Anwendung

1	2	3	4	5
Betongruppe	Festigkeitsklasse des Betons	Nennfestigkeit β_{WN} (Mindestwert für die Druckfestigkeit β_{W28} jedes Würfels) N/mm²	Serienfestigkeit β_{WS} (Mindestwert für die mittlere Druckfestigkeit β_{Wm} jeder Würfelserie) N/mm²	Anwendung
Beton B I	B 5	5	8	Nur für unbewehrten Beton
	B 10	10	15	
	B 15	15	20	
	B 25	25	30	
Beton B II	B 35	35	40	Für unbewehrten und bewehrten Beton
	B 45	45	50	
	B 55	55	60	

Konsistenzbereiche des Frischbetons

1	2	3	4	5	6
Konsistenzbereich	Eigenschaften des Feinmörtels	Eigenschaften des Frischbetons beim Schütten	Verdichtungsmaß v	Ausbreitmaß cm	Verdichtungsart
K 1 steifer Beton	etwas nasser als erdfeucht	noch lose	1,45 bis 1,26	–	kräftig wirkende Rüttler und/oder kräftiges Stampfen in dünner Schüttlage
K 2 plastischer Beton	weich	schollig bis knapp zusammenhängend	1,25 bis 1,11	≦40	Rütteln und/oder Stochern oder Stampfen
K 3 weicher Beton	flüssig	schwach fließend	1,10 bis 1,04	41 bis 50	Stochern und/oder leichtes Rütteln u.ä.

Mindestzementgehalt für Beton B I bei Zuschlag mit einem Größtkorn von 32 mm und Zement der Festigkeitsklasse Z 35

1	2	3	4	5
Festigkeitsklasse des Betons	Sieblinienbereich des Zuschlags	Mindestzementgehalt in kg je m³ verdichteten Betons für Konsistenzbereich		
		K 1[1])	K 2	K 3
B 5[1])	günstig (3)	140	160	–
	brauchbar (4)	160	180	–
B 10[1])	günstig (3)	190	210	230
	brauchbar (4)	210	230	260
B 15	günstig (3)	240	270	300
	brauchbar (4)	270	300	330
B 25	günstig (3)	280	310	340
	brauchbar (4)	310	340	380

1) Nur für unbewehrten Beton.

Ausschalfristen (Anhaltswerte)

Zementfestigkeitsklasse	Für die seitliche Schalung der Balken und für die Schalung der Wände und Stützen Tage	Für die Schalung der Deckenplatten Tage	Für die Rüstung (Stützung) der Balken, Rahmen und weitgespannten Platten Tage
Z 25	4	10	28
Z 35 L	3	8	20
Z 35 F und Z 45 L	2	5	10
Z 45 F und Z 55	1	3	6

Betonbestellung

Das ist zu beachten:

1. *Betonfestigkeitsklasse*
2. *Korngröße (wenn nichts angegeben, 0–32 mm)*
3. *Konsistenz (K 1–3)*
4. *Besondere Anforderungen wie Wasserdichte (erst ab B 25 möglich), Verzögerung, o. ä.*
5. *Soll Betonpumpe gestellt werden?*
6. *Wenn ja, ist besondere Masthöhe erforderlich?*
7. *Werden Probewürfel verlangt?*

Normen

DIN 1045 Beton- und Stahlbetonbau
DIN 1048 Prüfverfahren für Beton
DIN 1084 Überwachung (Güteüberwachung) im Beton- und Stahlbetonbau
DIN 4227 Spannbeton

Kalksandsteine

Kalksandsteine sind in der Kalksandstein-Norm DIN 106 genormt. Kalksandsteine nach DIN 106 sind Mauersteine.

Grundstoffe sind **Kalk** – gemahlener, gebrannter Feinkalk, der im Produktionsablauf gelöscht wird – und **kieselsäurehaltige Zuschläge** (z. B. Sand).

Diese Ausgangsstoffe werden nach Masse (Gewicht) dosiert und intensiv miteinander vermischt. Im Reaktionsbehälter löscht dann der Branntkalk zu Kalkhydrat ab.

Das gelöschte Mischgut wird nachgemischt, auf Preßfeuchte gebracht und mit vollautomatischen Pressen zu Rohlingen der verlangten Steinart und den verschiedenen Formaten gepreßt. Diese Rohlinge werden in Härtekesseln (Autoklaven) bei Temperaturen von 160° bis 220° C etwa 6 Stunden unter Dampfdruck gehärtet.

Nach DIN 106 wird unterschieden in

- KS-Mauersteine (Hintermauersteine) (DIN 106, Teil 1) sowie
- frostbeständige KS-Vormauersteine und KS-Verblender (DIN 106 Teil 2).

KS-Mauersteine

Kalksandsteine werden als Vollsteine, Lochsteine, Blocksteine und Hohlblocksteine hergestellt. Definition siehe folgende Tafel:

Steinart	Steinhöhe	Querschnitts-minderung durch Lochung
1. KS-Vollsteine (KSL)	≦ 113 mm	≦ 15%
2. KS-Lochsteine (KSL)	≦ 113 mm	> 15%
3. KS-Blocksteine (KS)	> 113 mm	≦ 15%
4. KS-Hohlblocksteine (KSL)	> 113 mm	> 15%
5. KS-P7-Bauplatte mit Nut und Feder, 49,8×24,8×7,0 cm		

Sie werden unterschieden nach

- Format
- Steinrohdichte
- Druckfestigkeit

Mörteltaschen dürfen an Steinen und Blöcken angebracht werden. Sie sollen 15 mm tief sein und mindestens über die halbe Steinbreite reichen. Bei Anordnung der Mörteltaschen an nur einer Steinfläche des Steins soll die Tiefe 30 mm sein. KS-Lochsteine, KS-Blocksteine und KS-Hohlblocksteine sind, abgesehen von durchgehenden Grifföffnungen, 5seitig geschlossen.

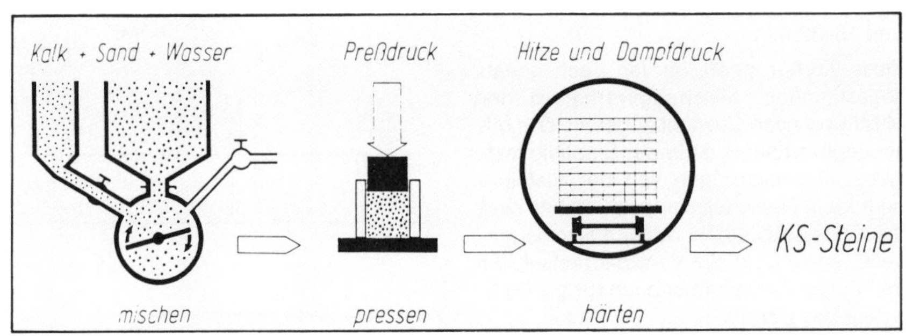

Herstellungsschema von KS-Steinen

Format	Baustoffbedarf je m² Wand*) bei Wanddicken in cm von 11,5		17,5		24		30		36,5	
	Steine	l Mö.	Steine	l Mö.	Steine	l Mö.	Steine	l Mö.	Steine	l Mö.
DF	64	26	–	–	128	62	–	–	192	98
NF	48	24	–	–	96	57	–	–	144	90
2 DF	32	17	–	–	64	44	32 2 DF	53	96	71
3 DF	–	–	32	26	44	38	+32 3 DF		48 2 DF +32 3 DF	69
5 DF	–	–	–	–	26	34	32	44	–	–
	mit Mörteltaschen – knirsch gestoßen									
5 DF (115)	14	12	–	–	–	–	–	–	–	–
7,5 DF (175)	–	–	14	18	–	–	–	–	–	–
10 DF (240)	–	–	–	–	14	25	–	–	–	–
10 DF (300)	–	–	–	–	–	–	17	35	–	–
12 DF (240)	–	–	–	–	11	23	–	–	–	–
12 DF (365)	–	–	–	–	–	–	–	–	17	42
16 DF (240)	–	–	–	–	9	21	–	–	–	–
	Baustoffbedarf je m³ Wand*)									
DF	557	226	–	–	534	258	–	–	526	268
NF	418	203	–	–	400	237	–	–	395	247
2 DF	279	146	–	–	267	182	107 2 DF	175	263	193
3 DF	–	–	183	146	181	159	+107 3 DF		132 2 DF + 88 3 DF	187
5 DF	–	–	–	–	108	140	107	146	–	–
	mit Mörteltaschen – knirsch gestoßen									
5 DF (115)	116	104	–	–	–	–	–	–	–	–
7,5 DF (175)	–	–	77	103	–	–	–	–	–	–
10 DF (240)	–	–	–	–	56	103	–	–	–	–
10 DF (300)	–	–	–	–	–	–	56	144	–	–
12 DF (240)	–	–	–	–	46	95	–	–	–	–
12 DF (365)	–	–	–	–	–	–	–	–	46	115
16 DF (240)	–	–	–	–	34	85	–	–	–	–

*** Je nach Baustellenbedingungen sind zu den Stein- und Mörtelangaben Zuschläge hinzuzurechnen.**

Vormauersteine und Verblender

An diese „anspruchsvolleren" frostbeständigen Steine, die insbesondere für witterungsbeanspruchtes Sichtmauerwerk zu verwenden sind, werden weitergehende Anforderungen gestellt.

KS-Vormauersteine (KSVm) sind frostbeständige Kalksandsteine (25facher Frost-Tau-Wechsel) mindestens der Festigkeitsklasse 12 (siehe Tabelle 6).

KS-Verblender (KSVb) sind frostbeständige Kalksandsteine mindestens der Festigkeitsklasse 20; an sie werden höhere Anforderungen hinsichtlich Ausblühungen und Verfärbungen, Maßabweichun-

Kalksandstein-Mauerwerk

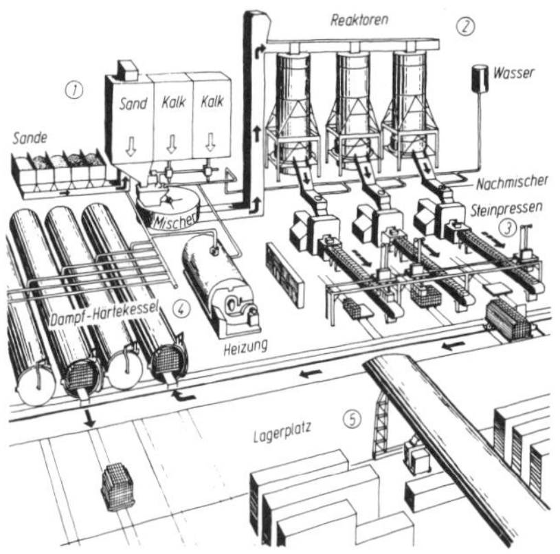

Herstellungsablauf, schematisch

gen und Frostbeständigkeit (50facher Frost-Tau-Wechsel) gestellt als an KS-Vormauersteine.

Bezeichnungen – Beispiele

Kalksandsteine sind zu kennzeichnen. Die Kennzeichnung erfolgt auf einem außenliegenden Stein eines Paketes, auf der Verpackung oder einem zwischen die Steine eingeklemmten Begleitzettel nach dem oben gezeigten Schema:
Zur Veranschaulichung seien hier noch einige Beispiele angefügt:

a) für KS-Vollsteine (Höhe höchstens 11,3 cm):
DIN 106 – KS – 12 – 1,6 – 2 DF
DIN 106 – KSVm – 20 – 1,8 – 3 DF
DIN 106 – KSVb – 28 – 2,0 – DF

b) für KS-Lochsteine (Höhe höchstens 11,3 cm):
DIN 106 – KSL – 12 – 1,2 – 3 DF
DIN 106 – KSVmL – 12 – 1,4 – 2 DF

c) für KS-Blocksteine (Höhe mindestens 17,5 cm, meist 23,8 cm):
DIN 106 – KS – 12 – 1,6 – 6 DF (240)
DIN 106 – KSVm – 12 – 1,6 – 8 DF (240)

d) für KS-Hohlblocksteine (Höhe mindestens 17,5 cm; meist 23,8 cm):
DIN 106 – KSL – 6 – 1,0 – 12 DF (365)
DIN 106 – KSL – 4 – 0,8 – 16 DF (240)

Kalksandsteinarten

Bezeichnung	Kurz-zeichen	Eigenschaften und Anwendungsbereiche
nach DIN 106, Teil 1: KS-Mauersteine	KS oder KS L	Für tragendes und nichttragendes Mauerwerk im Außen- und Innenbereich. Für witterungsbeanspruchtes Sichtmauerwerk nur KS Vm und KS Vb.
nach DIN 106, Teil 2: KS-Vormauersteine	KS Vm oder KS Vm L	**Kalksand-Vormauersteine** sind Kalksandsteine mindestens der Druckfestigkeitsklasse 12, die frostbeständig sind.
nach DIN 106, Teil 2: KS-Verblender	KS Vb oder KS Vb L	**Kalksand-Verblender** sind Kalksandsteine mindestens der Druckfestigkeitsklasse 20 mit verringerter Maßabweichung und erhöhter Frostbeständigkeit gegenüber Vormauersteinen, die mit besonders ausgewählten Rohstoffen hergestellt werden.

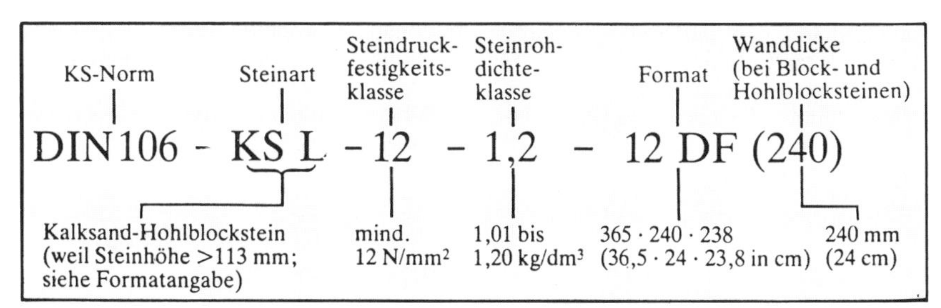

Güteüberwachung

Kalksandsteine nach DIN 106 unterliegen einer ständigen Güteüberwachung, die aus Eigen- und Fremdüberwachung besteht.

Literatur

1. J. Wessig, KS-Maurerfibel, 2. Auflage, Hannover 1981
2. DIN 106, Teil 1 (September 1980), Teil 2 (November 1981)

Format-Kurzzeichen nach DIN 106 Teil 1 (Ausg. 9. 80), Tabelle 5

Format-Kurzzeichen ¹)	Maße Länge	Breite	Höhe
1 DF (Dünnformat)	240	115	52
NF (Normalformat)	240	115	71
2 DF	240	115	113
3 DF	240	175	113
4 DF	240	240	113
5 DF	300	240	113
6 DF	365	240	113
8 DF	240	240	238 ²)
10 DF	300	240	238 ²)
12 DF	365	240	238 ²)
15 DF	365	300	238 ²)
16 DF	490	240	238 ²)
20 DF	490	300	238 ²)

¹) Bei Steinen der nicht aufgeführten Maßkombinationen sind statt der Format-Kurzzeichen die Maße in der Reihenfolge Länge × Breite × Höhe anzugeben, wobei die Steinbreite gleich der Mauerwerksdicke ist.
²) Bei Block- und Hohlblocksteinen ist bei der Bestellung die gewünschte Mauerwerksdicke hinter das Format-Kurzzeichen zu setzen, z. B. für eine Mauerwerksdicke von 240 mm (240):
12 DF (240)

Druckfestigkeit nach DIN 106 Teil 1 (Ausg. 9. 80), Tabelle 6

Druckfestigkeits-klasse	Anforderungen an die Druckfestigkeit N/mm² Mittelwert	kleinster Einzelwert
4	5,0	4,0
6	7,5	6,0
8	10,0	8,0
12	15,0	12,0
20	25,0	20,0
28	35,0	28,0
36	45,0	36,0
48	60,0	48,0
60	75,0	60,0

Stein-Rohdichten nach DIN 106 (Ausg. 9. 80), Tabelle 7

Rohdichte-klasse	Mittelwert der Stein-Rohdichte ¹) kg/dm³
0,6	0,51 bis 0,60
0,7	0,61 bis 0,70
0,8	0,71 bis 0,80
0,9	0,81 bis 0,90
1,0	0,91 bis 1,00
1,2	1,01 bis 1,20
1,4	1,21 bis 1,40
1,6	1,41 bis 1,60
1,8	1,61 bis 1,80
2,0	1,81 bis 2,00
2,2	2,01 bis 2,20

¹) Einzelwerte dürfen die Klassengrenzen um nicht mehr als 0,1 kg/dm³ unter- bzw. überschreiten.

Gasbeton

Mit dem Erscheinen des Gasbetons auf unseren Baustellen begann eine neue Entwicklung im Baugeschehen. Abgesehen von den Bimsbaustoffen, die aus porigen Zuschlagstoffen hergestellt werden, war es neu, Wandbaustoffe zu porosieren (porös = Hohlräume enthaltend), um ihre Wärmedämmfähigkeit wesentlich zu verbessern. Die Möglichkeit des feinverteilten Lufteinschlusses im Baustoffscherben wurde später noch von mehreren Baustoffherstellern erkannt und wie genannt genutzt.

Die historische Entwicklung des Baustoffes Gasbeton geht auf Labor-Versuche des Schweden Eriksen in den Jahren 1918 bis 1920 zurück. Das geringe Gewicht, welches gute Wärmedämmeigenschaften zur Folge hatte, machte den Baustoff schnell beliebt.

Gasbeton und seine Herstellung

Nach DIN 4164 versteht man unter Gasbeton einen dampfgehärteten, leichten Baustoff mit einer Trockenrohdichte von 400 bis 800 kg/m³. Rohstoffe für Porenbeton sind mehlfein vermahlener, quarzhaltiger Sand, unter Zugabe von Wasser mit Zement oder Kalk als Bindemittel gebunden.

Unter Zugabe von Aluminiumpulver wird das Gemenge aufgetrieben.

Es entstehen kleine, runde Gasbläschen, ehe die Bindemittel erhärten. Die abgebundenen Rohlinge werden ihrem Verwendungszweck gemäß in Platten oder Blöcke geschnitten. Um die sonst langsame Erhärtung abzukürzen, wird der Gasbeton im Autoklaven (befahrbarer Dampfdruckkessel) bei etwa 180° C durch Dampf gehärtet. Außer der Beschleunigung der Erhärtung wird auch das Schwindmaß auf ein Minimum verringert.

Mit Gasbeton-Plansteinen werden tragende Außen- und Innenwände rasch ausgeführt, da sie leicht in großen Formaten verarbeitbar sind.

Gasbeton unbewehrt

Durch die völlig gleichmäßige Verteilung der Poren bei hohem Porenanteil entsteht ein Baustoff mit geringem Eigengewicht, der leicht in großen Formaten verarbeitet werden kann. Die Tabelle unten zeigt, welche Festigkeitsklasse bei welcher Rohdichte erreicht und welche Wärmeleitzahl nachgewiesen wird.

Formate:

Mauerblöcke werden in den Formaten 49×24×Wanddicke geliefert, infolge des geringen Gewichtes auch 62,5×24× Wanddicke und als Zwischenwandplatten auch 75×50×7,5 oder 10 cm Dicke. Die lieferbaren Wanddicken gehen aus der Tabelle auf Seite 85 hervor.

Planblöcke zum Mauern ohne Mörtelfuge

Die hohe Wärmedämmfähigkeit des Materials führte sehr bald dazu, beim Mauern mit dem planebenen Material die die Wärmedämmfähigkeit deutlich verschlechternde Mörtelfuge (in der Fläche und soweit kein Dämmörtel verwendet wird) wegfallen zu lassen. Das gelang durch Verbindung der Gasbetonsteine (Planblöcke) mit Dünnbettmörtel. Der Mörtel, den die Werke mitliefern, wird mit speziellen Auftragkellen verteilt. Damit ist die Vermauerung von Planblockmaterial auch dem handwerklich geschickten Laien möglich.

Bei den sehr guten Wärmedämmeigenschaften von Gasbeton ist es wichtig, überall sorgfältig darauf zu achten, daß besonders in der Außenwand keine anderen Baustoffe mit abweichenden Eigenschaften verbaut werden sollen. Besonders dem Abstellen der Decken und den Ringankern, natürlich auch den Stürzen gehört Aufmerksamkeit. Hier helfen die Fertigstürze, L-Steine und U-Steine für Fenster- und Türöffnungen, Deckenabstellung und Trempel.

Gasbeton gehört nach der Brandschutz-Norm DIN 4102 zur Baustoffklasse A 1 (nicht brennbar).

Druckfestigkeit, Rohdichte und Wärmeleitzahl in Abhängigkeit von der Gasbetonsorte für die verschiedenen Gasbetonerzeugnisse

Gasbetonerzeugnisse nach Norm bzw. Zulassungsbescheid	Festigkeitsklasse	Mindestdruckfestigkeit (Steinfestigkeit) Mittelwert N/mm²	kleinster Einzelwert N/mm²	Höchstzulässige Beton-Rohdichte (bei 105° C getrocknet) kg/dm³	Wärmeleitzahl λ des Bauteils W/mK
Blocksteine DIN 4165	G 2	2,5	2,0	0,4 0,5	0,22
	G 4	5,0	4,0	0,6 0,7 0,8	0,24 0,27 0,29
	G 6	7,5	6,0	0,7 0,8	0,27 0,29
Plansteine Zulassung	G 2	2,5	2,0	0,40 0,50	0,15 0,16
	G 4	5,0	4,0	0,60 0,70	0,22 0,24
	G 6	7,5	6,0	0,80	0,27
Bauplatten*) DIN 4166	—	—	—	0,50	0,19
				0,60	0,22
				0,70	0,24
				0,80	0,27
Wandplatten, Brüstungen und Wandtafeln Zulassung; (DIN 4223 E)	GB 3,3	3,5	3,3	0,50 0,60	0,16 0,19
	GB 4,4	5,0	4,4	0,60 0,70	0,19 0,21
Dach- und Deckenplatten DIN 4223 + Zulassung	GB 3,3	3,5	3,3	0,50 0,60	0,16 0,19
	GB 4,4	5,0	4,4	0,60 0,70	0,19 0,21
Stürze Zulassung; (DIN 4223 E)	GB 4,4	5,0	4,4	0,70	0,27

*** dünnfugig verlegt**

Gasbeton bewehrt

Der einfache Produktionsablauf ermöglicht das Einlegen von Bewehrungseisen in den auftreibenden Gießmörtel vor der Erhärtung.
So ist es möglich, Gasbeton-Bauteile auch bewehrt herzustellen. Zu den bewehrten Gasbeton-Bauteilen zählen Fenster- und Türstürze für das unbewehrte Material, außerdem Dach- und Deckenplatten für Garagen, den Wohnhaus- und Hallenbau, Wandplatten und Wandtafeln für tragende und nichttragende Innen- und Außenwände. Die zur Zeit geltende Norm DIN 4223 aus dem Jahre 1958 erfaßt nur die Dach- und Deckenplatten aus Gasbeton. Für die übrigen Bauteile gibt es Zulassungsbescheide, so auch aus 1981 die „Zulassung für bewehrte Wandplatten zur Wandausfachung". Die nebenstehende Tabelle gibt auch die für bewehrte Gasbetonteile üblichen Dicken wieder.

Anwendungsübliche Dicken von Gasbetonerzeugnissen

Gasbetonerzeugnisse nach Norm bzw. Zulassung		übliche Dicken der Erzeugnisse in mm												
		50	75	100	115	125	150	175	200	225	240	250	300	365
Blocksteine nach DIN 4165		—	—	—	×	×	—	×	—	—	×	—	×	×
Plansteine gem. Zulassung		—	—	×	—	×	×	×	×	—	—	×	×	×
Bauplatten nach DIN 4166		×	×	×	—	×	×	×	×	—	—	—	—	—
geschoßhohe Wandplatten bzw. -tafeln nach Zulassung; (DIN 4223 E)	nichttragend	—	×	×	—	×	×	×	×	×	×	×	×	—
	tragend	—	—	—	—	×	×	×	×	×	×	×	×	—
liegende Wandplatten Zulassung; (DIN 4223 E)		—	×	×	—	×	×	×	×	×	×	×	×	×
Brüstungen Zulassung; (DIN 4223 E)		—	—	×	—	×	×	×	×	×	×	×	×	×
Dach- und Deckenplatten DIN 4223 und Zulassung		—	×	×	—	×	×	×	×	×	×	×	×	—
Stürze	für nichttragende Wände	—	×	×	×	—	—	—	—	—	—	—	—	—
Zulassung; (DIN 4223 E)	für tragende Wände	—	—	—	—	—	—	×	×	×	×	×	×	×

Putze und Beschichtungen für Gasbeton

Wie Praxiserfahrungen bestätigen, ist es zweckmäßig, Block- und Planstein-Mauerwerk mit Putzen und Dämmputzen zu behandeln. Wandelemente sind zu beschichten. Der Feuchtigkeitsschutz von Gasbeton-Außenwänden ist weitgehend von der Funktionstüchtigkeit der Oberflächenbehandlung abhängig. Unbehandelter Gasbeton trocknet selbst nach starker Feuchtigkeitsaufnahme durch Schlagregen wieder aus. Mehrlagige Außenputze nach DIN 18550 (z. Z. Entwurf) sollten 20 mm, jedoch mindestens 15 mm dick sein. Einlagige wasserabweisende Putze sollten mindestens 15 mm dick sein.
Für Innenputze nach DIN 18550 gilt eine Dicke von 10 bis 15 mm, für Fertigputze eine Dicke von 5 bis 10 mm. Da Gasbeton in Verbindung mit Feuchtigkeit alkalisch reagiert, müssen Werkstoffe zur Beschichtung alkalibeständig sein.
Haftfestigkeit und Dehnfähigkeit sowie Auftragsdicke der Beschichtung sind weiterhin zu berücksichtigen. Der Materialauftrag bei Anwendung der Streichtechnik sollte 1800 g/m² Beschichtungsfläche nicht unterschreiten. Bei Anwendung der Spachteltechnik liegt der Mindestauftrag bei 1900 g/m². Gegenüber Verwitterungseinflüssen haben sich Beschichtungen auf Acrylbasis als beständig erwiesen. Im übrigen sei auf das „Merkblatt 11" (Stand Juni 1981) des Bundesausschuß Farbe und Sachwertschutz verwiesen.

Beton-Bausteine

Wir unterscheiden:

- Hohlblocksteine aus Leichtbeton (DIN 18 151)
- Vollblöcke und Vollsteine aus Leichtbeton (DIN 18 152)
- Hohlblocksteine aus Beton (DIN 18 153)

Bimsbetonsteine

Bimsbetonsteine sind Steine aus Leichtbeton nach DIN 18 151 (Hohlblocksteine) oder DIN 18 152 (Vollsteine und Vollblökke) und gehören zu den künstlichen Steinen, von denen wir folgende Sortimente kennen: Mauersteine aus Leichtbeton, Mauersteine aus Normalbeton, Mauersteine aus Gasbeton, Hüttensteine, Kalksandsteine, Mauerziegel normal und porosiert.

Ausgangsmaterial Bims und Bindemittel

Bimsbetonsteine werden aus Naturbims als Zuschlagstoff und Zement als Bindemittel hergestellt. Bims ist ein hochporöses vulkanisches Gesteinsglas, das entstand, als aus dem Rand des Laacher Sees ein Vulkanausbruch erfolgte. Nach Prof. Ulrich Schmincke „Die Bimsablagerungen des Laacher-See-Vulkans" geschah das vor etwa 11000 Jahren. Dieser Vulkanausbruch ging über dem Neuwieder Bekken, der Umgebung von Neuwied am Rhein, nieder. In diesem Raum, also zwischen dem Laacher See am Rande der Eifel bis über den Rhein hinweg noch einige Kilometer ostwärts, wird Bims in unterschiedlicher Sortierung und Mächtigkeit, ½ bis 1 m unter dem Ackerboden liegend, abgebaut, ein leichtes, hellgelbes bis graues Material, meist rundlich, körnig.
In den Anfängen verwendete man Lehm als Bindemittel. Um 1845 begann der Koblenzer Bauinspektor Ferdinand Nebel, Bims mit Kalkmilch zu binden, und wird seitdem als Begründer der Bimsbaustoff-Produktion betrachtet. Um kürzere Abbindezeiten zu erreichen, ging man bald auf Zement als Bindemittel über. In den 30er Jahren entwickelte die Zementindustrie in Zusammenarbeit mit den Bimsbaustoff-Herstellern das Einheitsbindemittel, kurz Eibi benannt, das auf die Belange der Bimsbaustoffe besonders abgestimmt ist.

Die Bimsbaustoff-Produktion

Seit dem Jahre 1845 wird das Bimsvorkommen für Bauzwecke verstärkt abgebaut. Die Entwicklung durchlief mehrere Stufen über den „Schwemmstein", der auch heute noch in manchen Gebieten ein

Bimsbetonsteine

Begriff ist, bis sich recht bald die rheinische Bimsindustrie entwickelte. Aus der Schrift, die der Verband Rheinischer Bims- und Leichtbetonwerke, Neuwied, zur 50. Wiederkehr des Gründungstages herausgab, ist nicht nur Verbandsgeschichte, sondern ein ganzes Stück deutscher Geschichte und Baugeschichte herauszulesen. Heute ist die Bimsbaustoff-Produktion in Händen leistungsstarker Industrieunternehmen, die es sehr wohl verstanden, den Wert der Bimsprodukte den Erfordernissen der Zeit anzupassen.

Das Bimsvorkommen in der Natur ist ähnlich uneinheitlich abgelagert wie zum Beispiel Kies oder Sand. Um die Qualität der Bimserzeugnisse zu steigern, hat man verschiedene Verfahren entwickelt, um das Material den jeweiligen Anforderungen entsprechend aufzubereiten. So entwickelte sich der Baustoff Bims, der einige Zeit lang als Billigbaustoff gehandelt wurde, durch Bemühungen einzelner Firmen zum Qualitäts- und Markenbaustoff. Arten und Formate siehe nebenstehende Tabellen. Darüber hinaus gibt es noch eine Anzahl nicht genormter, aber bauaufsichtlich zugelassener Mauersteine aus Bims-Leichtbeton. Sie werden von einigen Bimsbaustoff-Herstellern mit speziellen Produktnamen auf den Markt gebracht (Rohdichteklassen 0,5–0,8). Zu nennen sind hier die KLB-Klima-Leichtblöcke, bei denen die Vermauerung der Stoßfuge oder zusätzlich auch der Lagerfuge ohne Mörtel erfolgt. Von den herkömmlichen Hohlblocksteinen unterscheiden sich die KLB-Klimaleichtblöcke durch eine größere Zahl von Hohlkammern bzw. Kammerreihen und insbesondere durch die spezielle Ausbildung der Stirnseiten in Form von Nut und Feder. Unter den Wandbaustoffen mit besonderer bauaufsichtlicher Zulassung sind noch verschiedene Bimsbeton-Vollblöcke zu nennen, die ebenfalls unter speziellen Produktnamen vertrieben werden.

Ebenso gehören die Hohlblocksteine mit Polystyrol-Einsätzen an dieser Stelle erwähnt.

Sonderbauarten

Bims-Schalungssteine

Außer den genormten Beton-Bausteinen gibt es *Sonderbauarten.* Hierunter finden wir die landläufig als Schalungssteine bekannten Betonsteinerzeugnisse.

Nach der Bauart unterscheiden wir 2 Systeme,

- die Schalungsstein-Bauart,
- die Gießmörtel-Bauart.

Die Systeme bedürfen der systembezogenen bauaufsichtlichen Zulassung.

Das allen im wesentlichen gleiche Prinzip: Die Steine bestehen aus 2 Außenwänden, die meist durch 2 Stirnwände

Das Angebot an genormten Leichtbeton-Bausteinen

		1		
		Hohlblocksteine aus Leichtbeton		
1	Begriff	Hohlblocksteine aus Leichtbeton nach DIN 18151 sind großformatige fünfseitig geschlossene Mauersteine mit Kammern senkrecht zur Lagerfläche, hergestellt aus mineralischen Zuschlägen und hydraulischen Bindemitteln. Die Kammern sind in einer bis vier Reihen angeordnet.		
2	Zuschläge	Als geeignet gelten Zuschläge, die DIN 4226 T. 2 (Zuschlag für Beton; Zuschlag mit porigem Gefüge) entsprechen. Zumischung von Zuschlag mit dichtem Gefüge ist zulässig.		
3	Maße (Sollwerte in mm) Länge	245 (240); 370 (365); 495 (490)		
	Breite	175; 240; 300; 365		
	Höhe	175; 238		
4	Zulässige Abweichungen von den Sollwerten	Länge und Breite: ±3 mm; Höhe: ±4 mm		
5	Hohlkammern (Beispiele)	Einkammer (1 K)-Stein; 2 K-Stein; 3 K-Stein; 4 K-Stein		
6	Gebräuchlichste Formate (Beispiele)			
7	Rohdichten (kg/dm³)	0,5; 0,6; 0,7; 0,8; 0,9; 1; 1,2; 1,4		
8	Druckfestigkeit (N/mm²) Mittelwert ≥	2,5	5,0	7,5
	Einzelwert ≥	2,0	4,0	6,0
	Bezeichnung	Hbl 2	Hbl 4	Hbl 6
9	Kennzeichnung der Steinfestigkeit	ohne Nut	1 Nut	2 Nuten
		Nuten auf einer Längsseite ca. 10 mm breit, 5 mm tief und mind. 40 mm lang oder Farbmarkierung:		
		(grün)	blau	rot
10	Kurzbezeichnung	nach Norm/Kammeranzahl/Festigkeitsklasse/Rohdichteklasse/Format: z. B. Hohlblockstein DIN 18151 – 2 K Hbl 2 – 0,7–24		

		7
		Wandbauplatten aus Leichtbeton
1	Begriff	Wandbauplatten aus Leichtbeton nach DIN 18162 sind Bauplatten ohne Hohlräume, hergestellt aus mineralischen Zuschlägen und hydraulischen Bindemitteln.
2	Zuschlag	Als geeignet gelten Zuschläge, die DIN 4226 Teil 2 (Zuschlag für Beton; Zuschlag mit porigem Gefüge) entsprechen. Zumischung von Zuschlag mit dichtem Gefüge nach DIN 4226 Teil 1 ist zulässig.
3	Maße (mm) Länge	990; 490
	Breite (Dicke)	50; 60; 70; 100
	Höhe	240; 320
4	Rohdichteklassen (kg/dm³)	0,8; 0,9; 1; 1,2; 1,4
5	Festigkeit (N/mm²)	Biegezugfestigkeit
	Mittelwert ≥	1,0
	Einzelwert ≥	0,8
	Bezeichnung	Wpl
7	Kurzbezeichnung	Norm / Rohdichteklasse / Format / Plattenlänge: z. B. Wandbauplatte DIN 18162 Wpl-0,9-6-990

	3				4			
	Vollsteine aus Leichtbeton				Vollblöcke aus Leichtbeton			
Begriff	Vollsteine aus Leichtbeton nach DIN 18152 sind Mauersteine ohne Kammern aus mineralischen Zuschlägen und hydraulischen Bindemitteln. Als Vollsteine werden Mauersteine mit einer Höhe bis 115 mm bezeichnet. Griffschlitze sind zulässig.				Vollblöcke aus Leichtbeton nach DIN 18152 sind Mauersteine ohne Kammern aus mineralischen Zuschlägen und hydraulischen Bindemitteln. Als Vollblöcke werden Mauersteine mit einer Höhe von 238 mm bezeichnet. Sie können mit bis 11 mm breiten Schlitzen bis zu 10 % der Lagerfläche und mit Griffhilfen ausgestattet sein.			
Zuschläge	Als geeignet gelten Zuschläge, die DIN 4226 T. 2 (Zuschlag für Beton; Zuschlag mit porigem Gefüge) entsprechen. Dichter Zuschlag nach DIN 4226 T. 1 ist als Zumischung zulässig.				Als geeignet gelten Zuschläge, die DIN 4226 T. 2 (Zuschlag für Beton; Zuschlag mit porigem Gefüge) entsprechen. Zumischung von Zuschlag m. dichtem Gefüge ist m. Ausnahme für Vollblöcke S-W zulässig.			
Maße (Sollwerte in mm) Länge	240; 300; 365; 490				240 (245); 365 (370); 490 (495)			
Breite	115; 175; 240; 300				175; 240; 300; 365			
Höhe	52; 71; 95; 113; 115				238			
Zulässige Abweichungen von den Sollwerten	Länge, Breite und Höhe: ±3 mm				Länge und Breite: ±3 mm; Höhe: ±4 mm			
Hohlkammern (Beispiele)	Vollstein mit Griffschlitz				Geschlitzter Vollblock			
Gebräuchlichste Formate (Beispiele)								
Rohdichten (kg/dm³)	0,5; 0,6; 0,7; 0,8; 0,9; 1; 1,2; 1,4; 1,6; 1,8; 2				0,5; 0,6; 0,7; 0,8; 0,9; 1; 1,2; 1,4; 1,6; 1,8; 2			
Druckfestigkeit (N/mm²) Mittelwert ≥	2,5	5,0	7,5	15,0	2,5	5,0	7,5	15,0
Einzelwert ≥	2,0	4,0	6,0	12,0	2,0	4,0	6,0	12,0
Bezeichnung	V 2	V 4	V 6	V 12	Vbl 2	Vbl 4	Vbl 6	Vbl 12
Kennzeichnung der Steinfestigkeit	ohne Nut	1 Nut	2 Nuten	3 Nuten	ohne Nut	1 Nut	2 Nuten	3 Nuten
	Nuten auf einer Längsseite ca. 10 mm breit, 5 mm tief und mind. 40 mm lang oder Farbkennzeichnung:							
	(grün)	blau	rot	schwarz	(grün)	blau	rot	schwarz
Kurzbezeichnung	nach Norm / Festigkeitsklasse / Rohdichteklasse Format: z. B. Vollstein DIN 18152–V 6–1,2–2 DF				nach Norm / Festigkeitsklasse / Rohdichteklasse Format, geschlitzte Vbl zusätzlich mit S: z. B. Vollblock DIN 18152–Vbl 2–0,7–24			

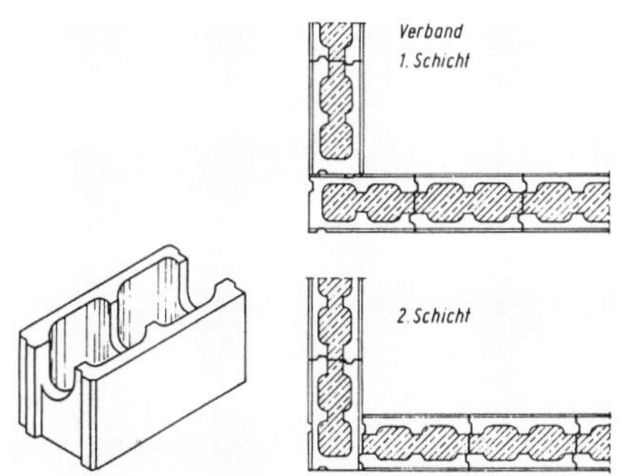

Schalungsstein-Bauart

und 1 Verbindungswand 2 große, senkrechte Kammern bilden. Die trocken, mittig versetzt aufeinander geschichteten Formsteine werden verfüllt. Werden sie mit Beton verfüllt, entsteht durch die Verfüllung (mit Beton der jeweils vorgeschriebenen Güte) eine Wand in Betonbauweise.

Schalungssteine aus Holzbeton dienen der Verbesserung der Wärmedämmung der Wände. Es handelt sich hier um verlorene Schalung, die statisch nicht zählt.

Bei der Gießmörtel-Bauweise entsteht Mauerwerk nach DIN 1053. Der eingefüllte Mörtel muß mindestens der Mörtelgruppe II entsprechen. Einzelheiten regelt auch hier der Zulassungsbescheid für das jeweilige System.

Bims-U-Steine

mit oder ohne Anschlag ermöglichen die Herstellung der Ringanker (Stahlbetongürtel, die nach DIN 1053 in tragenden Wänden in Höhe der Decken oder unmittelbar darunter anzubringen sind, wenn die Wände waagerechte Lasten, z. B. Wind, abtragen müssen) in demselben Material, aus dem die Außenwände bestehen. Sie tragen zur Verbesserung der Wärmedämmung des Stahlbetonringankers bei und schaffen einen einheitlichen Putzgrund. Bims-U-Steine sind nicht genormt und bedürfen auch keiner Normung. Sie gelten als verlorene Schalung.

Steinrohdichte

Da im Hinblick auf den jeweiligen Verwendungszweck die Unterscheidung nach verschiedenen Rohdichten bei Wandbaustoffen aus Bimsbeton von besonderer Bedeutung ist, soll darauf hier näher eingegangen werden, obwohl der Begriff der Rohdichte natürlich auch bei allen anderen Wand- und Deckenbaustoffen Anwendung findet.

Als Rohdichte wird bei allen Mauersteinen das Raumgewicht des Steinquaders, d. h. der Quotient aus dem Gewicht geteilt durch Länge × Breite × Höhe, einschließlich aller Hohlkammern, Schlitze, Löcher, Griffhilfen und Stirnseitennuten verstanden. Sie wird in Stoffnormen angegeben in kg/dm³ und

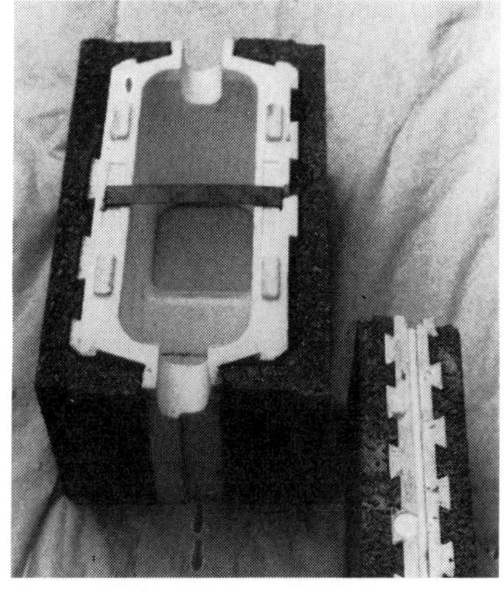

Eine Kombination aus Bims-Schalungsstein und Block mit Polystyrol-Einlage bildet der Thermozell-Schalenstein, der geschoßhoch trocken versetzt und dann mit Beton verfüllt wird. Gut zu erkennen sind die Aussparungen für horizontale und vertikale Bewehrung. Rechts im Bild ist eine Wandbauplatte mit PS-Einlage zu sehen.

ist abgestuft in Klassen der Rohdichte, die nach dem höchsten Wert der Rohdichte ihres Klassenbereichs bezeichnet werden; in Ausführungsnormen (Lastannahmen, Bauphysik) ist auch die Dimension kg/m³ üblich.

Für genormte Mauersteine gibt es die Rohdichteklassen 0,4; 0,5; 0,6; 0,7; 0,8; 0,9; 1; 1,2; 1,4; 1,6; 1,8; 2 und 2,2. Dabei ist zu beachten, daß die vorgegebene Rohdichte einer Steinproduktion weder den Höchstwert dieser Rohdichtklasse – also den obengenannten Nennwert – überschreitet, noch den der nächst tiefer liegenden Rohdichteklasse erreichen darf; d. h. der Bereich der Rohdichteklasse von z. B. „0,8“ erstreckt sich – bezogen auf den Mittelwert einer Probe – auf ein Raumgewicht von 0,71 bis 0,80 kg/dm³. Einzelwerte dürfen die Klassengrenzen um nicht mehr als 0,1 kg/dm³ unterschreiten. Die „Stoffrohdichte“ bei gebrannten Steinen auch Scherbenrohdichte oder – bei Beton-Bausteinen – Betonrohdichte genannt, bezieht sich allein auf die feste Masse des Steins.

Sie ist bei Vollsteinen, die nicht mit Griffhilfen ausgestattet sind, identisch mit der (Stein-)Rohdichte; bei Steinen mit Hohlräumen kann sie aus Messung und Wägung von Bruchstücken („Scherben“) ermittelt werden. Als Einteilungs- oder Vergleichsmaßstab von Mauersteinen ist sie heute im Bauwesen ohne Bedeutung. Die Rohdichte bestimmt weitgehend die bauphysikalischen Eigenschaften des Mauerwerks (insbesondere Wärme- und Schalldämmung); sie ist maßgebend für das Gewicht des Mauerwerks und beeinflußt in Verbindung mit dem Stückgewicht des Steins die Grenzen seiner sinnvollen Abmessungen, d. h. die Größe und die Formate.

Eine Verringerung der Rohdichte ist somit aus verschiedenen Gründen wünschenswert: Sie verbessert die Wärmedämmung (beeinträchtigt allerdings die Schalldämmung), sie steigert den Leistungseffekt beim Verlegen und sie reduziert das Konstruktionsgewicht, das im Wohnungsbau überwiegend vom Eigengewicht der Bauteile abhängt.

Leichtmauermörtel

Wie bei allen anderen Wandbaustoffen, deren Wärmedämmung über der des normalen Mauermörtels liegt, muß am Bau darauf geachtet werden, daß das Vermauern hochwertiger Wandbaustoffe mit einfachem Kalk-Sand-Mörtel den Dämmwert des Mauerwerks herabsetzt.

Abgesehen davon, daß sich die Fugen in der Regel um so stärker abzeichnen, je stärker die Wärmedämmfähigkeit des Mörtels vom Stein abweicht, vermindert die Fuge die Wärmedämmung erheblich. Der Mörtel sollte zumindest die gleichen Dämmeigenschaften haben (nach Austrocknung) wie der Wandbaustein. Leichtmauermörtel enthalten Leichtzuschläge wie Bims, Lavaschlakke, Tuff oder Blähton und/oder zusätzliche porige Anteile wie z. B. expandiertes Polystyrol. Bei Mauerwerk aus Leichtbausteinen, die mit Leichtmauermörteln vermauert werden, darf der Rechenwert der Wärmeleitfähigkeit nach DIN 4108 Teil 4 entsprechend der Zulassung durch das IfBt vermindert werden.

Blähtonsteine

Auf der Suche nach einem Zuschlag für gefügedichten Konstruktionsbeton, der bei hoher Festigkeit weniger Eigengewicht (tote Last) hat, kamen findige Köpfe darauf, Ton, der seit Jahrhunderten im Baugeschehen bekannt ist, zu „Perlen“ aufzublähen. Dadurch wurde eine neue Dimension des Betonbaues erschlossen.

In den USA wurde schon 1918 mit dem Bau von Leichtbeton-Schiffen begonnen.

So wurde Blähton eine willkommene Bereicherung im Sortiment „Leichtzuschlagstoffe“ und konnte sich binnen

Schnitt durch eine Liapor-Kugel

Blähtonsteine

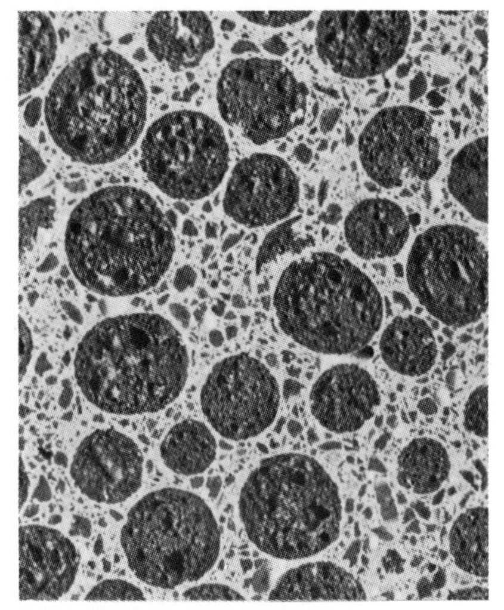

Schnitt durch einen LB 10 mit Liapor

kurzer Zeit einen festen Platz im Sortiment der Wandbaustoffe sichern, wie die daraus gefertigten Blähtonsteine im Wandsortiment.

Das Verfahren zur Herstellung war schon – wie bereits erwähnt – im vorigen Jahrhundert bekannt. Ein erstes Patent wurde 1917 in Amerika erteilt.

Der Grundstoff und seine Verarbeitung

Ähnlich wie bei der Tongewinnung für die Herstellung von Ziegeln wird der Ton im Tagebau abgebaut. Er wird gemahlen und getrocknet, um dann mit Wasser zu verschieden großen Tonperlen auf einem Granulierteller geformt zu werden.

Beide Produkte, also Leca wie auch Liapor, werden aus einem blähfähigen Ton hergestellt. So weist Liapor darauf hin, daß der verwandte Ton aus der erdgeschichtlichen Formation des Lias stammt und dessen organische Beimengungen beim Brennvorgang zur Aufblähung der Kügelchen führen. Gebrannt wird Blähton in Drehrohröfen, wobei die Oberfläche der Kügelchen etwas aufschmilzt, was die feste, dichte Haut ergibt.

Blähton sind sehr feste, luftgefüllte Perlen mit Schüttgewichten zwischen 300 und 800 kg/m³. Sie entsprechen der DIN 4226 Teil 2.

Die Angaben über Materialeigenschaften der beiden Hersteller sind in den beiden Tabellen über Materialkennwerte zusammengefaßt.

Über die Bundesrepublik verteilt gibt es eine stattliche Anzahl von Blähtonstein-Herstellern.

Bis auf wenige Ausnahmen entsprechen fast alle Produkte dieser Hersteller der DIN 18151 Hohlblocksteine aus Leichtbeton oder der DIN 18152 Vollsteine und Vollblöcke aus Leichtbeton.

Wieweit alle Hersteller alle Möglichkeiten, die Formate betreffend nutzen, muß jeweils bei den Werken festgestellt werden. Dasselbe gilt auch für die lieferbaren Festigkeitsklassen.

Materialkennwerte Leca

Körnung	Rohdichte kg/dm³	Schüttdichte kg/dm³
0/2	1,25	0,65
2/4	0,90	0,50
4/8	0,80	0,45
4/8 rund	0,87	0,50
8/16	0,75	0,41
8/16	0,77	0,43
4/8 hd	1,30	0,68
4/16 hd	1,25	0,65

Materialkennwerte Liapor

Sorte	Korngruppe mm	Schüttdichte[1] kg/m³	Korn-Rohdichte g/cm³
Liapor 3	4/8 und 8/16	325 ± 25	0,55–0,65
Liapor 4	4/8 und 8/16	400 ± 25	0,70–0,80
Liapor 5	4/8 und 8/16	500 ± 25	0,90–1,00
Liapor 6	4/8 und 8/16	600 ± 25	1,05–1,15
Liapor 7	4/8 und 8/16	700 ± 25	1,25–1,35
Liapor 8	4/8 und 8/16	800 ± 25	1,45–1,55
Liapor-Sand	0/4	700 ± 50	1,50–1,70

[1]) bei 105° C getrocknet

Maße, Formate und Bedarfsmengen[3]) genormter großformatiger Mauersteine aus Beton

	1	2	3	4	5	6	7	8	9	10	11	12
	Maße			Format		vertreten als			Bedarf/m²		Bedarf/m³	
	Länge[1]) mm	Breite[2]) mm	Höhe mm	Kurzzeichen	DF	DIN 18151	DIN 18152	DIN 18153	Steine Stck	Mörtel ltr	Steine Stck	Mörtel ltr
1	245	175	238	17,5k	6		Vbl		16,0	17	92	99
2	370		175	17,5mx	6³/₄	Hbl		Hbn	14,2	18	81	103
3			238	17,5m	9	Hbl	Vbl	Hbn	10,7	15	61	85
4	495		175	17,5x	9	Hbl		Hbn	10,7	17	61	95
5			238	17,5	12	Hbl	Vbl	Hbn	8,0	14	46	77
6	245	240	175	24kx	6	Hbl		Hbn	21,3	28	89	117
7			238	24k	8	Hbl	Vbl	Hbn	16,0	24	67	99
8	370		175	24mx	9	Hbl		Hbn	14,2	25	59	102
9			238	24m	12	Hbl	Vbl	Hbn	10,7	21	45	85
10	495		175	24x	12	Hbl		Hbn	10,7	23	45	95
11			238	24	16	Hbl	Vbl	Hbn	8,0	18	33	77
12	245	300	175	30kx	7¹/₂	Hbl		Hbn	21,3	35	71	117
13			238	30k	10	Hbl	Vbl	Hbn	16,0	30	53	99
14	370		175	30mx	11¹/₄	Hbl		Hbn	14,2	31	47	102
15			238	30m	15	Hbl	Vbl	Hbn	10,7	26	36	85
16	495		175	30x	15	Hbl		Hbn	10,7	29	36	95
17			238	30	20	Hbl	Vbl		8,0	23	27	77
18	245	365	175	36,5kx	9	Hbl		Hbn	21,3	43	58	117
19			238	36,5k	12	Hbl	Vbl	Hbn	16,0	36	44	99
20	370		175	36,5mx	13¹/₂	Hbl		Hbn	14,2	37	39	102
21			238	36,5m	18	Hbl	Vbl		10,7	31	29	85
22	495		175	36,5x	18	Hbl			10,7	35	29	95
23			238	36,5	24	Hbl	Vbl		8,0	28	22	77

1) Die hier angegebenen Längen gelten für Steine, die bei der Verlegung dicht („knirsch") gestoßen werden.
Für Steine, die mit aufgezogener Stoßfuge verlegt werden, sind 5mm geringere Längen (240 mm bzw. 365 mm bzw. 490 mm) normgerecht.
2) Steinbreite in der Regel gleich Wanddicke.
3) Die Bedarfsmengen verstehen sich für Wanddicke = Steinbreite.
Die Steinmengen sind theoretische Werte ohne Verlustzuschlag bei der Verarbeitung.
Die Angaben für den Mörtelbedarf sind überschlägige Werte. Sie enthalten einen Zuschlag von 15 % für Verlust bei der Verarbeitung.

Auch das im Abschnitt „Bimsbetonsteine“ über die Rohdichte und Leichtmauermörtel Gesagte trifft hier ebenso zu. (Ist in den Normen für Leichtbetonsteine geregelt und gilt für Bimssteine wie für Blähtonsteine sowie alle anderen aus Beton und Leichtzuschlägen hergestellten Steine gleichermaßen.)

Übrige Anwendungsgebiete

Außer zur Steinherstellung wird Blähton für folgende Anwendungsgebiete verwandt

- Stahlleichtbeton als Ort- oder Transportbeton
- großformatige Fertigteile, Fertiggaragen und andere Bauelemente
- lose Schüttungen
- Leichtmauermörtel
- Hydrokultur im Pflanzenbau.

Hohlblocksteine aus Normalbeton

Die da und dort noch als Schwerbetonsteine bezeichneten Hohlblocksteine aus Normalbeton haben in einigen Gebieten mit entsprechendem Zuschlagstoff-Vorkommen für die Errichtung von Kellermauerwerk erhebliche Bedeutung.

Für sie gilt bis auf die in der kleinen Tabelle rechts aufgeführten, davon abweichenden Werte das für die Leichtbeton-Hohlblöcke Gesagte. Die Steine werden in Rohdichteklassen ab 1,2 kg/dm³ hergestellt.

Eine Gesamtübersicht über Abmessungen und Bedarfszahlen der Beton-Bausteine generell bietet die große Tabelle auf der vorhergehenden Seite.

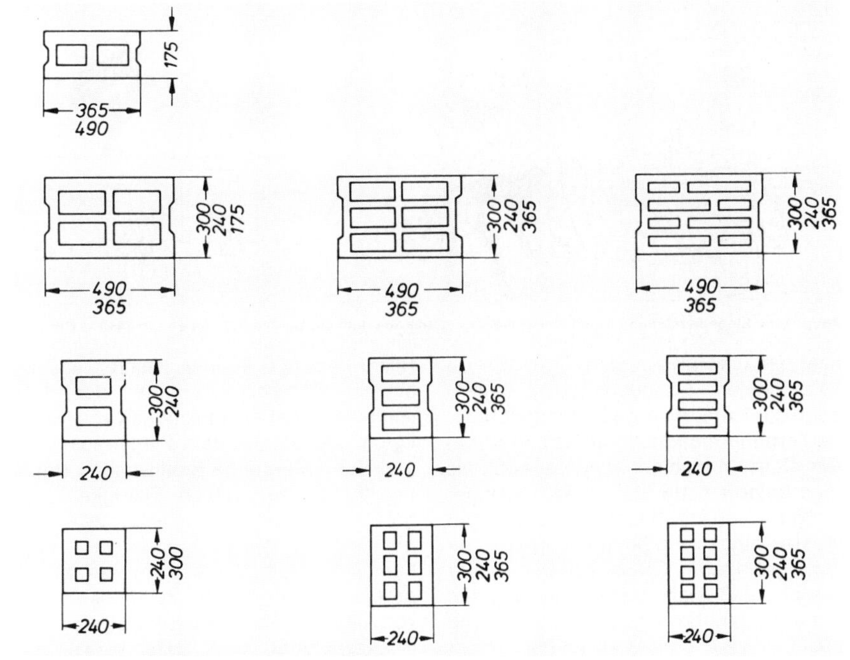

Beispiele für Hbn-Querschnitte nach DIN 18 153 Bild 7

Technische Daten von Hohlblocksteinen aus Beton – DIN 18 153
Nicht aufgeführte Angaben siehe Hohlblocksteine aus Leichtbeton

Zuschläge	Als geeignet gelten Zuschläge, die DIN 4226 T. 1 (Zuschlag für Beton; Zuschlag mit dichtem Gefüge) entsprechen. Zumischung von Zuschlag mit porigem Gefüge ist zulässig.		
Rohdichten (kg/dm³)	1,2; 1,4; 1,6; 1,8		
Druckfestigkeit (N/mm²) Mittelwert ≥	5,0	7,5	15,0
Druckfestigkeit (N/mm²) Einzelwert ≥	4,0	6,0	12,0
Bezeichnung	Hbn 4	Hbn 6	Hbn 12
Kennzeichnung der Steinfestigkeit	1 Nut blau	2 Nuten rot	3 Nuten schwarz
Kurzbezeichnung	nach Norm/Kammeranzahl/Festigkeitsklasse/Rohdichteklasse/ Format: z. B. Hohlblockstein DIN 18 153 – 3 K Hbn 6 – 1,6 – 30		

Ziegelsteine

Geschichtliches

Tonnägel mit farbigen Köpfen, Lehmziegelwände mit Dreiecks- und Rautenmustern hat man in Uruk, der ältesten Stadt des Reiches Sumer, gefunden. 2900 Jahre vor Christus schrieb man am Euphrat auf Tontafeln die Geschichten von Innana, der göttlichen Herrin der von Lehmwällen umgebenen Stadt. Überreichlich war der so leicht knetbare, schnell und unwahrscheinlich hart trocknende Lehm im Zweistromland vorhanden. Für die ersten Bauten formte man die übergroßen Lehmziegel, später die kleinen Schmalziegel, die sogenannten Riemchen, mit Rollsiegeln gezeichnet. So entstand zwischen gelbbraunen Stadtmauern eine der bedeutenden Städte des frühen Altertums. Tore, Türme und Hochtempel wurden hier buchstäblich in Lehm gebacken.

Es ist mühsam, an jene 5000jährigen, dem Verfall preisgegebenen Bauten der Urukperiode heranzukommen, die mit den erstaunlichen Normal- und Großformat-Bausteinen oder (während der Djemdet-Nasr-Zeit) mit den Riemchen errichtet wurden. Danach – etwa 2600 Jahre vor unserer Zeitrechnung – soll überraschend ein Rückschritt in der Verwendung der großen Lehmziegel eingetreten sein. Man habe mit plankonvexen Ziegeln, rechteckigen Backsteinen, deren größte Fläche wie ein Kuchen aufgewölbt war, begonnen, die unhandliche Ziegelform in abwechselnder Schräglage zu vermauern. So sei eine neue Bauweise entstanden; deshalb vielleicht, weil man glaubte, der Lehm sei der Teig für die Opferbrote, aus denen, gewissermaßen mit geweihten Laiben, die Tempel und Mauern erbaut werden sollten. Amerikanische Ausgrabungen im Dijalagebiet am unteren Tigris unterstützen diese Annahme mit der Feststellung, daß auch die in die Erde gesenkten Fundamente auf einer Schicht reinen Sandes gebettet waren, der wahrscheinlich, nach Bäckerart gestäubt, den „geweihten Boden“ für das ebenfalls geweihte Baumaterial vorbereiten sollte. Es sind Vermutungen, die hier anklingen. Denkbar wäre, daß man den knetbaren Lehm mit dem Brotteig verglichen und ihm eine rituelle Bedeutung zugemessen hat, statt in ihm nur die geeignete Masse für die Herstellung eines vielgebrauchten Materials zu sehen. Eine merkwürdige Übereinstimmung ergibt sich aus der Tatsache, daß das Brotbacken, wie die Verwendung von Lehm als Baustoff, mesopotamischen Ursprungs ist.

Was der Lehm aber als Baustoff wirklich darstellt, nämlich einen durch Quarzsand, Glimmerplättchen, Kalk und Eisen-

Ziegelsteine

Ägyptische Ziegelherstellung (nach einem Wandgemälde aus dem Grabe des Rekhmireh um 1450 v. Chr.)

hydroxide verunreinigten Ton, der je nach seinem Eisengehalt eine hellere oder dunklere, eine gelbe bis gelbbraune Färbung annimmt, hat man im früheren Altertum insofern schon gewußt, als man gelernt hatte, daß er sich weniger fettig als Ton anfühlt, daß er weniger gut Wasser bindet und beim Trocknen in einem geringeren Grade schwindet. Wir wissen, daß sich diese Eigenschaften mit der quantitativen Zusammensetzung des Lehms ändern, daß er bei zunehmendem Sandgehalt in Sand oder Sandmergel und – durch die Aufnahme von Kalk überhaupt – in Mergel übergeht. Eine solche Unterscheidung war jedoch in den weiten Niederungen des Zweistromtales von Euphrat und Tigris ebenso wie im Niltal unnötig, da die Ablagerungen des Schwemmlandes eine sehr gleichmäßige Beschaffenheit aufwiesen. Besonders der Nilschlamm, der heute noch – wie vor Jahrtausenden – für die Ägypter eine unerschöpfliche Baustoffmasse darstellt, bedarf für die Ziegelherstellung nur einer einfachen Beigabe.

Im fünften Kapitel des Zweiten Buchs Moses ist uns überliefert, wie der Pharao (Ramses II.) seinen Vögten und Amtleuten zur Unterdrückung der Israeliten befahl: „Ihr sollt dem Volk nicht mehr Stroh sammeln und geben, daß sie Ziegel machen wie bisher; laßt sie selbst hingehen und Stroh zusammenlesen; und die Zahl der Ziegel, die sie bisher gemacht haben, sollt ihr ihnen gleichwohl auflegen, und nichts mindern ..." Moses berichtet, wie die Vögte tatsächlich hingingen und verlautbarten: „So spricht der Pharao: man wird euch kein Stroh geben; geht ihr selbst hin und sammelt euch Stroh, wo ihr's findet. Da zerstreute sich das Volk ins ganze Land Ägypten, daß es Stoppeln sammelte, damit sie Stroh hätten." Stroh war also die Beimischung zum Nilschlamm für die Herstellung von Ziegeln.

Am ägyptischen Ziegelmaterial ist viel herumgerätselt worden. Schließlich gelangte man zu der Annahme, Stroh müsse als mechanisches Bindemittel wirken. Der amerikanische Elektrochemiker Acheson konnte diese Theorie stützen. Er kam bei der Untersuchung der Elastizität und Zugfestigkeit des zu Schmelztiegeln verwendeten Lehms zu der Feststellung, daß durch den Zusatz organischer Stoffe – besonders von Stroh – zu Lehm eine höhere Bruchfestigkeit erreicht werden konnte. Nach „ägyptischem Rezept" erreichte der Nilschlammziegel eine Festigkeit von 19,75 kg/cm^2 gegenüber dem Ziegel aus dem gleichen Lehm ohne Beimischung organischer Stoffe, dessen Festigkeit nur 5,73 kg/cm^2 beträgt. Acheson zweifelte nicht daran, daß die Ägypter diese Wirkung von Stroh auf die Ziegelmasse ausprobiert hatten. Für die Pyramidenziegel von Daschur wurden neben Stroh auch Pflanzenblätter und Gras verwendet. Doch scheint man zerhäckseltes Stroh, auch zerkleinertes Maisstroh, bevorzugt und damit das „Rezept" für die Ziegelherstellung gefunden zu haben.

Über die gebrannten Ziegel berichtet uns Herodot in seinen Historien. „Als die Babylonier für ihre Hauptstadt einen Graben anlegten, strichen sie gleich Ziegel aus der Erde, die aus dem Graben geworfen wurde. Und hatten sie eine hinlängliche Zahl von Ziegeln gefertigt, brannten sie dieselben in Ziegelöfen, und dann nahmen sie zum Mörtel heißes Erdharz." Mit Hilfe eines Voluminometers, eines Apparats, der anzeigt, um wieviel der Ton beim Brennen schwindet, hat der deutsche Gelehrte Rathgen die Temperatur bestimmt, die vor 2500 Jahren, zur Zeit Nebukadnezars, in den babylonischen Brennöfen herrschte. Er fand, daß man damals die Ziegel bei 550 bis 600 Grad Celsius gebrannt haben muß; eine sehr niedrige Temperatur, die das Material gerade erhitzte, aber es noch nicht einmal rotglühend werden ließ. Die gebrannten babylonischen Ziegel konnten daher noch mit dem Messer beschnitten werden.

Ziegel: auch ein römischer Baustoff

Von der Ziegelmasse als Baustoff hat Vitruv wieder sehr ausführlich geschrieben. Er forderte: „Ziegel darf man weder aus kieshaltiger, noch mit Stein durchsetzter, noch aus sandreicher Tonerde anfertigen. Sobald sie aus solchem Material gestrichen werden, sind sie erstens spezifisch zu schwer; außerdem pflegen sie nach der Vermauerung durch einen Platzregen durchnäßt zu werden; sie zerbröckeln und zersetzen sich. Schließlich kann die zwischen den Fugen ausgebreitete Schilfspreu wegen der zu rauhen Lagerflächen keinen festen Verband erlangen. Man sollte deshalb die Mauerziegel aus heller, kreidehaltiger oder rötlicher, eisenhaltiger Erdmasse oder auch aus homogenem, körnigem Kies anfertigen. Aus einem solchen Stoff gestrichen besitzen sie nämlich neben ihrem leichten Gewicht eine tragfähige Masse, sie belasten nicht übermäßig das Mauerwerk und lassen sich gut verarbeiten."

Vitruv hat von luftgetrockneten Ziegeln gesprochen. Unempfindlich gegen die Witterung, bildet diese Masse die technische Grundlage der unzersetzbaren antiken Keramik. Seine Vorschrift setzt voraus: „Die Formlinge muß man in der Frühlingszeit oder im Herbst streichen, damit sie langsam ohne Unterbrechung abtrocknen. Werden sie im Hochsommer bereitet, so werden sie sich fehlerhaft erweisen. Die Sonnenglut wird die Oberfläche zu rasch abtrocknen, die Steine äußerlich reif erscheinen lassen, während die innere Masse nicht völlig ausgetrocknet ist; bei späterem Erhärten werden sie sich zusammenziehen, den zu früh abgedörrten Rand zu zersprengen drohen. So werden die Ziegel wieder Risse erhalten und zerbröckeln. Weitaus am dauerhaftesten werden sich aber diejenigen Backsteine bewähren, die zwei Jahre vor Gebrauch gestrichen sind. Ihr Grundstoff vermag sich nicht vor dieser Frist innerlich organisch zu verhärten."

Vom zweiten bis vierten nachchristlichen Jahrhundert hat der Backstein die römische Bautechnik beherrscht. Vom damaligen Wissen über den gebrannten Ziegel als Baustoff ist uns nichts überliefert. Wir können jedoch aus Analysen Rückschlüsse ziehen. Diese ergeben, daß die Dauerhaftigkeit der römischen Ziegel auf einem sehr hohen Materialgewicht beruht; es übersteigt mit 1,93 Gramm pro Kubikzentimeter das des modernen Ziegels (1,55 Gramm) beträchtlich. Weiter stellte man fest, daß dem Lehm etwas Sand, roter vor allem, beigemengt war; ebenso fand man Zusätze von rotem Ton, Marmor und Ziegelmehl. Es scheint, daß auch bei den Römern das Brotbacken zum Lehrbeispiel geworden ist. Alberti hat es jedenfalls angedeutet: „Ziegel aus ein und derselben Erde werden viel fester, wenn die Masse wie der Brotteig erst gärt und sie von allen, auch den kleinsten Steinchen gereinigt wird. Die Ziegel werden dann beim Brennen so hart, daß sie bei großem Feuer die Härte eines Kieselsteines annehmen. Und sie bekommen, sei es durch das Feuer beim Brennen oder durch die Luft beim Trocknen, ebenso wie das Brot eine harte Kruste. Daher ist es von Vorteil, sie dünn zu machen, damit sie mehr Kruste und weniger Mark bekommen."

Die römischen Ziegel waren dünn. An allen Bauten fallen die schmalen Mauersteine auf, die – ursprünglich nicht sichtbar – das eigentliche Gerüst der bewundernswerten Bauwerke verkörpern. Vitruv meinte, man könne die Qualität eines Backsteines gar nicht beurteilen, weil sich seine Festigkeit erst bei Unwetter und großer

Hitze erweise. Stücke, die nicht aus gut zugerichteter Tonmasse bestünden oder die zu wenig gebrannt seien, würden sich dann als brüchig herausstellen, so warnte er.

Der vorstehende geschichtliche Überblick wurde dem Buch „Bautechnik im Altertum" von Ernst Rupp entnommen.

In dem Buch „Die lippischen Wanderziegler von B. Ebert und M. Vogtmeier, herausgegeben vom Lippischen Heimatbund, wird eine andere Seite der Geschichte dieses Baustoffes beleuchtet: Als Wanderziegler halfen sich die früheren Weber von der Lippe weiter, als die Handweberei zugrundeging, indem sie als Ziegler im Rheinland und in den Niederlanden den Unterhalt für sich und ihre Familien verdienten.

Daß sich dieser Broterwerb bis in unser Jahrhundert hinein erhielt, setzt jeden, der die technische Ausstattung heutiger Ziegelwerke kennt, in Erstaunen.

Ton und seine Aufbereitung

Bereits im Kapitel „Zement" erschien der Ton als einer der Grundstoffe. Während für die Zementherstellung das Ton-Kalkgemisch im Kalkmergel benötigt wird, braucht man zur Ziegelherstellung möglichst kalkfreien Ton, der allerdings mit Sandanteilen – wir kennen ihn dann als Lehm – versehen sein darf.

Lehm und Ton liegen in der Natur kaum irgendwo so vor, wie sie zur Ziegelherstellung benötigt werden. Die Rohstoffe müssen erst „aufbereitet" werden, das heißt, die Bestandteile müssen erst ins rechte Verhältnis zueinander gebracht, zerkleinert – soweit Gesteinsteile enthalten sind – werden, und unerwünschte Teile müssen entfernt werden. Das Gemisch muß sodann die zur Verarbeitung erforderliche, auf den Rohstoff abgestimmte, gleichmäßige Feuchte erhalten. Das alles geschieht nacheinander im Beschicker, im Kollergang und im Maukturm.

Bei der Zusammensetzung muß bereits berücksichtigt werden, daß nach den Vorschriften der für Mauerziegel maßgeblichen Norm DIN 105 bestimmte Stoffe nicht im Mauerziegel enthalten sein dürfen. Zum Beispiel treibende Einschlüsse (Kalktreiber), schädliche Salze – Maßstab ist der Anteil an Magnesiumsulfat ($MgSO_4$). Vormauer-Ziegel und Klinker müssen außerdem frei sein von Salzen, die zu Ausblühungen führen können, namentlich Natriumsulfat (Na_2SO_4) und Kaliumsulfat (K_2SO_4).

Die Poren im Ziegel

Poren sind kleine und kleinste Hohlräume im fertig gebrannten Ziegel. Sie sind nicht zu verwechseln mit den Hohlräumen der Lochziegel.
Als Luftraum in der Masse beeinflussen sie nicht nur das Gewicht des Ziegels, also seine Rohdichte, insbesondere auch die Scherbenrohdichte. Die Poren wirken sich unter anderem wie folgt aus:

sie mindern die Festigkeit,
sie erhöhen die Wärmedämmung,
sie mindern die Wärmespeicherung und
sie erhöhen die Wasserdampfdurchlässigkeit.

Poren entstehen dadurch, daß das Wasser, das beim Aufbereiten zugesetzt wird, bei der Trocknung und beim nachfolgenden Brand wieder entzogen wird.

Die dadurch entstehenden Poren sind sehr fein. Sie sind nicht gemeint, wenn man allgemein von Porosierung spricht.

Als man erkannte, daß man an die Wärmedämmung der Wandbaustoffe höhere Anforderungen stellen muß, und eine Anzahl poröser Baustoffe auf den Markt kam, haben auch die Ziegler erkannt, daß man Tonziegeln durch Porosierung eine bis dahin nicht vorhanden gewesene Dämmeigenschaft verleihen kann (s. DIN 105 Teil 2, Leichtziegel).

Pressen, trocknen, brennen

Der Rohstoff Ton, wie besprochen aufbereitet und gegebenenfalls mit Porosierungsmittel versehen, wird jetzt als endloser Strang von einer Presse durch ein Mundstück gepreßt, das die späteren senkrechten Außenseiten des Steines und die Lochung formt. Beim Vortrieb wird dann durch einen Abschneider die Rohhöhe vom Strang abgeschnitten.

Danach durchlaufen die fertig geformten Rohlinge die Trockenkammer, die mit der Abwärme des Brennofens geheizt wird. Dann werden sie heute ausnahmslos automatisch-maschinell, wie vor der Trockenkammer auch, umgesetzt auf die Ofenwagen, auf denen sie den Tunnelofen mit seiner Anwärm-, Brenn- und Abkühlzone durchlaufen.

Wenn die Ziegel den Ofen verlassen, haben sie ihre endgültigen Maße, was keineswegs selbstverständlich ist, denn beim Trocknen und beim Brennen, also auf dem Weg vom Rohling zum Ziegel, verändert sich die Größe ganz erheblich.

Diese Maße verändern sich allerdings – und das gilt für alle gebrannten Steine – nicht mehr. Formveränderungen wie Schrumpfen oder Kriechen gibt es hier nicht, ein wichtiger Grund, gebrannte Baustoffe nicht mit bindemittelgebundenen Baustoffen im Baukörper zu vermischen.

Die Mauerziegel-Norm DIN 105

Mauerziegel aller Art sind seit vielen Jahren unter der DIN-Nummer 105 genormt. Die Normblätter wurden, dem jeweiligen technischen Entwicklungsstand entsprechend, von Zeit zu Zeit erneuert und als technische Regel eingeführt. Die neueste Fassung des Normenwerkes DIN 105 umfaßt fünf Teile:

DIN 105 Teil 1 „Mauerziegel, Vollziegel und Hochlochziegel" (Nov. 1982),

DIN 105 Teil 2 „Mauerziegel, Leichthochlochziegel" (Nov. 1982),

DIN 105 Teil 3 „Mauerziegel, hochfeste Ziegel und hochfeste Klinker" (Mai 1984),

DIN 105 Teil 4 „Mauerziegel, Keramikklinker" (Mai 1984),

DIN 105 Teil 5 „Mauerziegel, Leichtlanglochziegel und Leichtlangloch-Ziegelplatten" (Mai 1984)

DIN 105 Teil 1 „Mauerziegel, Vollziegel und Hochlochziegel"

Ziegelarten

Vollziegel sind Ziegel, deren Querschnitt durch Lochung senkrecht zur Lagerfläche bis 15% gemindert sein darf.

Hochlochziegel sind senkrecht zur Lagerfläche gelochte Ziegel. Sie dürfen mit Lochung A, B oder C ausgeführt werden.

Mauertafelziegel sind Ziegel, die für die Erstellung von Mauertafeln nach DIN 1053 Teil 4 bestimmt sind.

Handformziegel sind Ziegel mit unregelmäßiger Oberfläche, deren Gestalt von der prismatischen Form geringfügig abweichen darf.

Formziegel sind Ziegel, die aus anwendungstechnischen Gründen von der in Abschnitt 3.1 der Norm beschriebenen Form abweichen.

Vormauerziegel sind Ziegel, deren Frostbeständigkeit durch Prüfung nachgewiesen ist. Die Oberflächen dürfen strukturiert sein.

Klinker sind Ziegel, die oberflächig gesintert sind (Wasseraufnahme bis etwa 7 Gew.%) und deren Frostbeständigkeit durch Prüfung nachgewiesen ist. Außerdem müssen sie besondere Bedingungen hinsichtlich der Scherbenrohdichte (siehe Abschnitt 3.5.2 der Norm) erfüllen und mindestens die Druckfestigkeitsklasse 28 haben.

Die Oberflächen dürfen strukturiert sein.

Lochungsarten, Löcher, Stege

Die Norm sieht zusätzlich zu den bekannten Lochungen einen Hochlochziegel mit der Lochung C vor. Es handelt sich dabei um 5seitig geschlossene Ziegel mit einer oberen Abdeckplatte von mindestens 5 mm Dicke. Diese Ziegel sind bisher jedoch noch kaum lieferbar.

Ziegelsteine

Sondermaße für Vormauerziegel und Klinker

Bei Vormauerziegeln und Klinkern, die für nichttragende Verblendschalen verwendet werden sollen, die nicht im Verband mit anderem Mauerwerk gemauert werden, dürfen von den üblichen Normenmaßen abweichende Werkmaße gewählt werden, die jedoch in folgenden Grenzen liegen müssen:

Länge 190–290 mm
Breite 90–115 mm
Höhe 40–113 mm

Mit dieser Regelung sind alle Sonderformate, wie sie zum Teil seit Jahrhunderten regional üblich sind, als genormte Ziegelmaße anzusehen. Darüber hinaus ergibt sich die Möglichkeit, daß Ziegel z. B. der Länge 290 mm sich nahtlos in Planungen nach der dezimetrischen Modulordnung einfügen lassen.

Ziegel ohne sichtbar vermörtelte Stoßfuge

Ziegel mit Mörteltaschen auf einer oder zwei Seiten unterliegen der Normenregelung. Die Größen der Mörteltaschen sind festgelegt. Griffhilfen dürfen nur da verwendet werden, wo sie unbedingt erforderlich sind.

DIN 105 Teil 2 „Leichtziegel, Leichthochlochziegel"

Ziegel mit einer Rohdichte von 1,0 kg/dm³ und darunter werden als Leichtziegel und, handelt es sich um Hochlochziegel, als Leichthochlochziegel bezeichnet.

Erreicht wird diese Gewichtsverringerung zugunsten einer verbesserten Wärmedämmung, indem bei der Produktion dem Rohstoff ausbrennbare Zusätze beigegeben werden. Im Brennvorgang brennen diese Zusätze aus und hinterlassen die Poren. Als Porosierungszusätze werden Polystyrolkügelchen, Sägemehl und Braunkohlengrus zugesetzt.
Leichtziegel und Leichthochlochziegel werden meist unter Markennamen vertrieben, in denen die Silbe „por" auf die Porosierung hinweist.

Ziegelrohdichte

Die mittleren Werte der Ziegelrohdichten müssen für die jeweiligen Rohdichteklassen in den angegebenen Grenzen liegen.

Ziegelrohdichte

Ziegelrohdichteklasse	Mittelwert der Ziegelrohdichte[1]) kg/dm³
0,6	0,51 bis 0,60
0,7	0,61 bis 0,70
0,8	0,71 bis 0,80
0,9	0,81 bis 0,90
1,0	0,91 bis 1,00

¹) Einzelwerte dürfen die Klassengrenze um nicht mehr als 0,05 kg/dm³ unter- bzw. überschreiten.

DIN 105 Teil 3 „Mauerziegel, hochfeste Ziegel und hochfeste Klinker"

Ziegelrohdichte

Vollklinker und Hochlochklinker müssen eine mittlere Scherbenrohdichte von mindestens 1,90 kg/dm³ (kleinster Einzelwert 1,80 kg/dm³) haben.

Für gelochte Vormauersteine gibt es folgende Rohdichteklassen:

Rohdichteklasse	Mittelwert der Ziegelrohdichte[1]) kg/dm³
1,2	1,01 bis 1,20
1,4	1,21 bis 1,40
1,6	1,41 bis 1,60
1,8	1,61 bis 1,80
2,0	1,81 bis 2,00
2,2	2,01 bis 2,50

¹) Einzelwerte dürfen die Klassengrenzen um nicht mehr als 0,1 kg/dm³ unter- bzw. überschreiten.

Farbkennzeichnung

Druckfestigkeitsklasse	Farbstreifen
36	ein violetter Streifen
48	zwei schwarze Streifen
60	drei schwarze Streifen

Druckfestigkeit

Es gelten folgende Druckfestigkeitsklassen:

Spalte	1	2	3
Zeile	Druckfestigkeitsklasse	Druckfestigkeit N/mm² Mittelwert	kleinster Einzelwert
1	36	45,0	36,0
2	48	60,0	48,0
3	60	75,0	60,0

Gegenüber herkömmlichen Hochlochziegeln ist das Lochbild bei den modernen Ziegeln verändert: Sie haben weniger Querstege und damit einen höheren Lochanteil. Der Weg, den die Wärmeenergie von einer Seite der Wand zur anderen zurücklegen muß, ist dadurch stark verlängert, und die Wärmeleitfähigkeit des Ziegels ist herabgesetzt. Die kleineren Mörteltasche verringert den Mörtelverbrauch.

DIN 105 Teil 4 „Mauerziegel, Keramikklinker"

Druckfestigkeit

Keramikklinker müssen eine mittlere Druckfestigkeit von mindestens 75 N/mm² haben (früher 750 kp/cm²). Der kleinste Einzelwert muß mindestens 60 N/mm² betragen (früher 660 kp/cm²). Keramikklinker erfüllen damit die Bedingungen der Druckfestigkeitsklasse 60.

Begriff

Keramikklinker sind nach der Normendefinition Ziegel, die aus hochwertigen, dichtbrennenden Tonen mit oder ohne Zuschlagstoffe geformt und gebrannt werden. Sie sind frostbeständig und haben einen Massenanteil der Wasseraufnahme von höchstens 6%. Sie werden als Vollklinker, Hochlochklinker oder Formklinker hergestellt.

Ziegel-U und L-Schalen

Ziegel-U-Schalen als Schalungssteine für Ringanker ersparen das Einschalen des Ringankers oder größerer Stürze. Sie mildern zugleich die Unterschiede in der Wärmedämmung etwas ab, die zur übrigen Wandfläche bestehen, und sie bilden einen einheitlichen Putzgrund der Außenwand.

Denselben Vorteil bieten die L-Steine beim Abstellen von Betondecken, als Dekkenauflager und dergleichen.

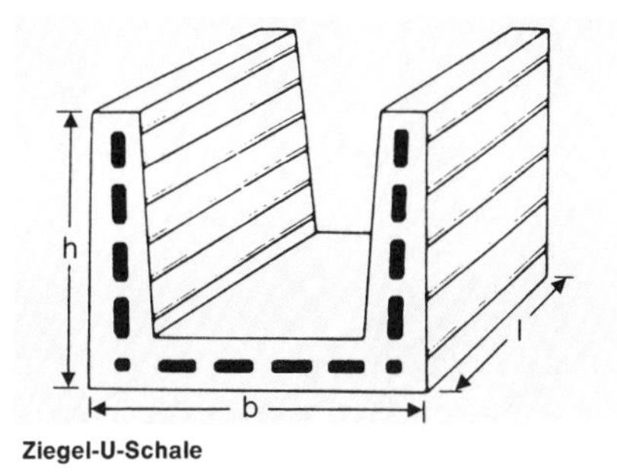

Ziegel-U-Schale

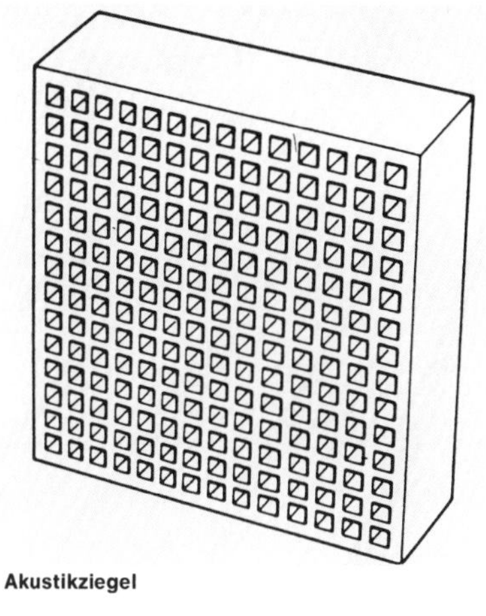
Akustikziegel

Formziegel

Mit der starken Zunahme der Ausführung 2schaligen Mauerwerks nicht nur in seinen Ursprungsgebieten gewinnen die Formziegel, zu den Verblendern passend, zunehmend an Beachtung bei Architekten und Bauherren.

Sie bieten eine große Anzahl guter technischer Lösungen zur Ableitung des Schlagregens und von Brüstungen und Leibungen, darüber hinaus sehr ansprechende Möglichkeiten der Fassadengestaltung.

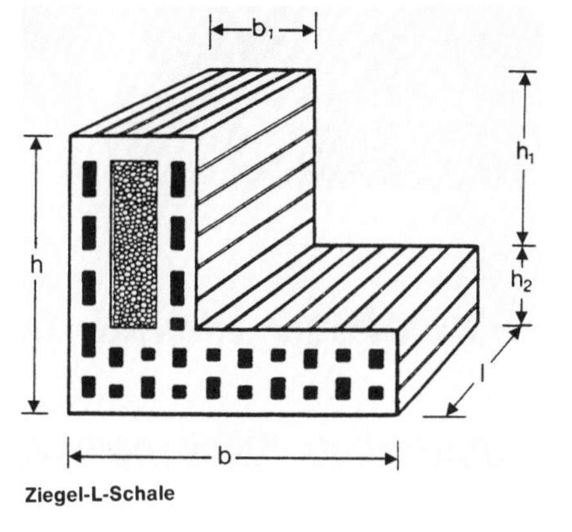

Ziegel-L-Schale

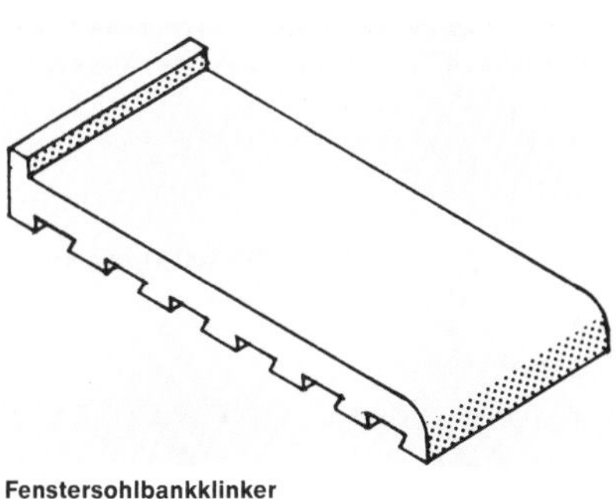
Fenstersohlbankklinker

Tonhohlplatten und Hohlziegel

Viele Jahre lang waren die als Hourdis bezeichneten Tonhohlplatten bevorzugter Deckenbaustoff für Wohnhaus- und Stalldecken.
Die Hourdis, in Längen von 0,70 bis 1,10 m Länge, wurden zwischen die Stahl-I-Träger eingelegt und überbetoniert. Mit dem Wandel der Bautechniken sind Hohlziegel zunehmend bei vorgefertigten Wandtafeln und als Langlochziegel für leichte Trennwände anzutreffen.

Spezialziegel

Hierzu zählen Akustikziegel, das sind großformatige, nur 60 mm dicke Ziegel mit hohem Lochanteil (meist Klinker) zur Schallschluckung, Fenstersohlbankklinker, Mauerabdeckziegel und Winkelstufen.

Diese Ziegelerzeugnisse gibt es in unterschiedlichen Ausführungen und Abmessungen am Markt. Formziegel zum Einbau in Mauerwerk sind bei den Verblendern behandelt.

Fertigstürze aus Ziegeln und Beton

Die Fertigstürze sind bei den Wandbaustoffen der Übergang von „bewehrt" zu „unbewehrt". Sie sind bewehrt.

Über jeder Tür- oder Fensteröffnung muß ein Bauteil eingebaut werden, das die Last der darüberliegenden Wand und Decke oder Dach aufnehmen muß.

Dieses Bauteil – Tür- oder Fenstersturz genannt – muß Biegezugkräfte aufnehmen, muß also stahlbewehrt sein.

In etlichen Fällen werden auch heute noch die Stürze im Bauwerk eingeschalt und nach Einlegen der Bewehrung betoniert.

Schon vor dem ersten Weltkrieg erkannte man, daß dieses Bauteil in Serie im Werk gefertigt und an der Baustelle dann nur noch eingebaut werden kann.

In Nordmähren (ČSSR, damals noch Österreichisch-Ungarische Monarchie) wurden schon im Jahre 1913 Ziegelstürze unter dem Namen Poiselbalken gefertigt.

Die Fertigung kam durch die Vertreibung in die Bundesrepublik.

Im Laufe der Zeit entwickelte sich aus dem ursprünglichen System der vorgefertigten, kompletten Stürze eine vereinfachte Variante. Dazu kurz die statischen Zusammenhänge.

Auf einen Balken, wie es Stürze sind, drückt die Last von oben und bewirkt, daß im oberen Bereich des Balkens Druck- und im unteren Bereich Zugkräfte entstehen. Druck vermögen die gängigen Baustoffe aufzunehmen, nur den Zugkräften können sie wegen der sehr geringen Biegezugfestigkeit nicht widerstehen. Sie brechen durch, bewehrt man sie nicht mit Stahl.

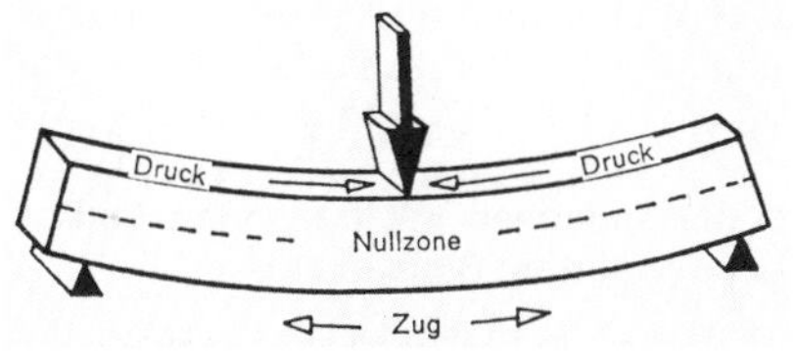

Druck- und Zugzone im Sturz

So kam man darauf, nur die zu bewehrende Zugzone vorzufertigen. Die Druckzone entsteht in der Übermauerung.

Damit ist auch gleich erklärt, weshalb es Stürze mit so unterschiedlicher Höhe gibt.

Die im Handel bestens eingeführten Stürze, mit oder auch ohne Ziegelummantelung, porosiert oder unporosiert, sind meist nur 6,5 cm hoch, ergeben also erst mit der Mauerwerksschicht darüber den kompletten Sturz. Die Flachziegelstürze sind 7,1 cm hoch (Schichthöhe), 11,5 und 17,5 cm breit und bis zu 3,0 m lang. Sie sind überwiegend schlaff bewehrt.

Die Leicht- oder Porenbetonstürze dagegen haben volle Mauerwerksschicht-Höhe von 24 cm. Sie sind auch so bewehrt, daß es kein „oben oder unten" gibt wie bei den alten Stürzen der Anfänge.

Einige Bundesländer haben Richtlinien über die Bemessung und Ausführung von Flachstürzen erlassen.

Produktion und Verpackung von Poroton-Ziegelstürzen

Tragender KLB-Sturz

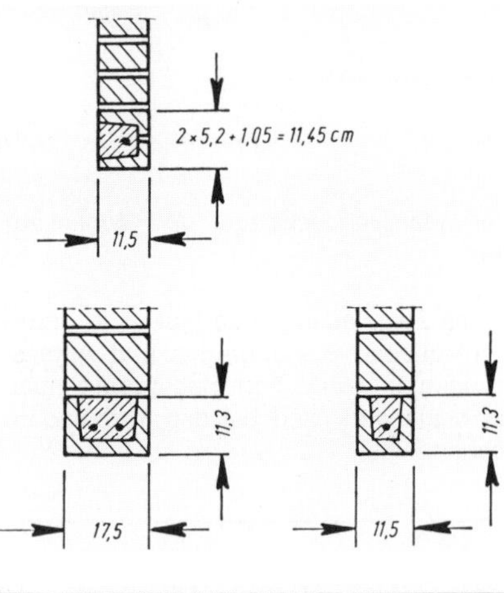

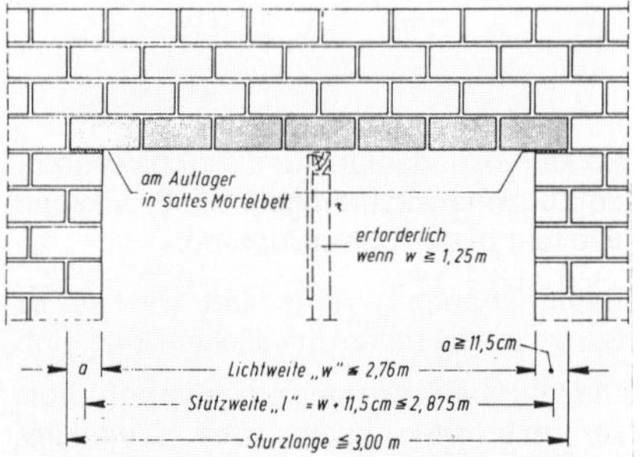

Bei Lichtweiten zwischen 1,25 m und 2,50 m müssen die Flachstürze einmal, über 2,50 m zweimal unterstützt werden, bis das Mauerwerk erhärtet ist.

Unterschiedliche Baustoffe haben unterschiedliche Eigenschaften, nicht nur in bezug auf die Wärmedämmung, sondern vor allem in der Raumbeständigkeit nach dem Einbau.
Aufgehendes Mauerwerk sollte ausnahmslos aus ein und demselben Baustoff errichtet werden, einschließlich der zum jeweiligen Baustoff gehörigen Stürze, damit dem Bauherrn späterer Ärger erspart bleibt. Baustoffgemische in der Wand haben schon so manchen Ärger beschert.

Bewehrte Wand- und Deckenbaustoffe

Vorgefertigte Deckenelemente

Bimsbeton-Deckenelemente

Leichtbeton-Fertigdecken haben entweder Bims oder Blähton als Zuschlagstoff.

Der Leichtzuschlagstoff verringert das Gewicht. Damit wird die Verarbeitung erleichtert und die tragenden Wände werden weniger belastet. Überdies bringt die Leichtbetondecke einen Vorteil in der Wärmedämmung.

Gute Wärmedämmung von Etage zu Etage wird oft vernachlässigt. Sie beeinflußt nicht nur Heizkosten und Umweltbelastung, sie ist für die Wohnbehaglichkeit wichtig.

Der Vorteil der besseren Wärmedämmung der Leichtbetondecke sollte auf keinen Fall zur Verringerung der Dämmstoffdicken der Wärmedämmung führen.

Die Bimsindustrie bietet im wesentlichen drei Konstruktionssysteme an, die sich in Form, Abmessungen sowie statischen und konstruktiven Eigenschaften unterscheiden. Bei allen Systemen ist jedoch der Arbeitsaufwand gegenüber herkömmlichen Deckenkonstruktionen erheblich verringert. Die vorgefertigten Bimsbeton-Elemente werden trocken verlegt und mit Ortbeton vergossen; das sonst übliche Einrüsten, Einschalen und Bewehren auf der Baustelle entfällt. Die günstigen Abmessungen und das geringe Gewicht der einzelnen Elemente vereinfachen und beschleunigen den Arbeitsablauf. Die Verlegung kann auch von Hilfskräften durchgeführt werden, eine kurze Einweisung genügt.

1. Balkendecken mit tragenden Balken aus bewehrtem Bimsbeton

Bei diesen Fertigteildeckensystemen bestehen die tragenden Bauglieder aus stahlbewehrten Bimsbeton-Hohlbalken.

Die 25, 33 oder 50 cm breiten Balken-Elemente sind bis zu 6 m lang und zwischen 16 und 20 cm dick. Sie werden dicht aneinander verlegt (mit Montageunterstützungen); anschließend sind die schmalen Fugen mit Vergußbeton zu verfüllen. Bei dieser Deckenkonstruktion kann der Einbau in der Regel ohne Aufbeton erfolgen, nur bei Nutzlasten über 2,75 kN/m^2 und größeren Stützweiten ist ein Aufbeton von 3 oder 5 cm mit einer entsprechenden Querbewehrung erforderlich.

Hohlbalkendecken aus Bimsbetonelementen sind für vorwiegend ruhende, gleichmäßig verteilte Belastung zugelassen. Das Gewicht der fertig verlegten und vergossenen Decke beträgt bei 16 cm Dicke 175 kg/m^2. Die einzelnen, bis zu ca. 6 m langen Deckenfelder werden jeweils frei aufliegend ausgebildet.

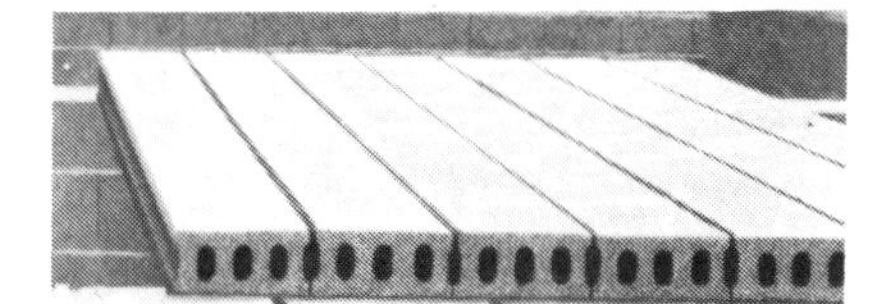

Tragende Bimsbeton-Deckenbalken

Die Hohlbalkenelemente aus Bimsbeton sind so geformt, daß sie eine ebene Dekkenuntersicht ergeben, die im Industrie- und landwirtschaftlichen Bau meist unverputzt bleiben. Die bimsrauhe Oberfläche wirkt schallschluckend.

2. Balken- und Rippendecken, bei denen statisch nicht wirksame Hohlkörper aus Bimsbeton zwischen die tragenden Glieder aus vorgefertigten Stahl- oder Spannbetonbalken (meist Gitterträgern mit bewehrtem Betonfuß) eingehängt werden

Tragende Glieder sind bei den meisten Systemen vorgefertigte Gitterträger mit einem 10 bis 14 cm breiten Betonfuß, in dem die erforderlichen Bewehrungsstäbe eingebettet sind. Der Betonfuß dient als Auflager für die Deckenhohlkörper. Nach ihrer Verlegung wird der verbleibende Raum im Bereich der Träger bis zur Oberkante der Hohlkörper mit Ortbeton ausgefüllt, der nach seiner Erhärtung der Decke die endgültige Tragfähigkeit gibt. Bei Rippendecken ist ein zusätzlicher Aufbeton von mindestens 5 cm Dicke erforderlich.

Das Gewicht eines Gitterträgers liegt zwischen 15 und 20 kg/lfd. m (je nach Höhe und Breite des Betonfußes), ein Decken-Hohlkörper wiegt je nach Größe zwischen 10 und 20 kg. Eine 20 cm dicke Balkendecke wiegt als Rohdecke einschließlich Vergußbeton im Mittel etwa 200 kg/m².

Die Abstände der tragenden Glieder betragen 62,5 oder 75 cm.

Einhängen der Deckensteine

3. Leicht bewehrte Deckeneinschubplatten aus Bimsbeton, die bei Trägerdecken eingesetzt werden

Die tragenden Bauteile dieser Fertigteildecken bestehen meist aus Stahlträgern, seltener Holzbalken, zwischen die leicht bewehrte Vollplatten aus Bimsbeton eingeschoben werden. Für die Verlegung zwischen Stahlträgern (Normalprofilen) erhalten die Bimsbeton-Platten an ihren schmalseitigen Rändern den Trägerflanschen angepaßte Aussparungen, damit sie an der Deckenunterseite bündig mit den Trägern abschließen.

Der verbleibende Raum zwischen Platten- und Trägeroberkante wird anschließend mit Ortbeton verfüllt. Die Platten dienen also als „verlorene Schalung" für den eingebrachten Beton; sie tragen nur bis zu seiner Erhärtung.

Trägerdecke mit Einschubplatten

Deckeneinschubplatten aus Bimsbeton sind 32 bzw. 33 oder 50 cm breit und zwischen 60 und 125 cm lang; ihre Dicke beträgt 6 oder 7 cm. Die Platten sind im Regelfall für eine Auflast von 12 cm Beton bzw. eine 0,5-kN-Einzellast in Plattenmitte dimensioniert und bewehrt.

Leichtbeton-Vollmassiv-Decke

Aus Liapor wird eine Deckenkonstruktion angeboten, die im Lieferwerk vorgefertigt, per Kran verlegt und nach der Verlegung an der Baustelle untereinander verspannt und vergossen wird.
Beachtenswert erscheint hier, daß ein Ringanker nicht erforderlich wird. Der Hersteller hebt die guten schalltechnischen Eigenschaften, geringe Wärmeausdehnung und gute Wärmedämmung hervor.

Halbfertigteil-Decken

Im Grad der Vorfertigung auf halbem Wege liegen diese Deckensysteme. Sie bestehen aus Deckenplatten von geringer Dicke (4 cm) mit eingegossener Bewehrung, bestehend aus Stahlleichtträgern und der Hauptzugbewehrung.
Die Streifen- oder Großflächenplatten werden nach der Verlegung an der Baustelle mit Ortbeton vergossen.

Ziegel-Fertigdecken

Nach gleichem Prinzip aufgebaut werden auch Ziegel-Fertigdecken angeboten. Erwähnenswert, weil eine Verbesserung der Wärmedämmung damit zusammenhängt, ist eine Ziegel-Fertigdecke, deren Gitterträger durch Holzbalken ersetzt sind. Damit gelingt es, die Wärmedämmeigenschaften von Ziegel-Deckenkörper und Träger einander anzugleichen.

Deckenquerschnitte:

a) Ziegeldecke mit Vergußbeton

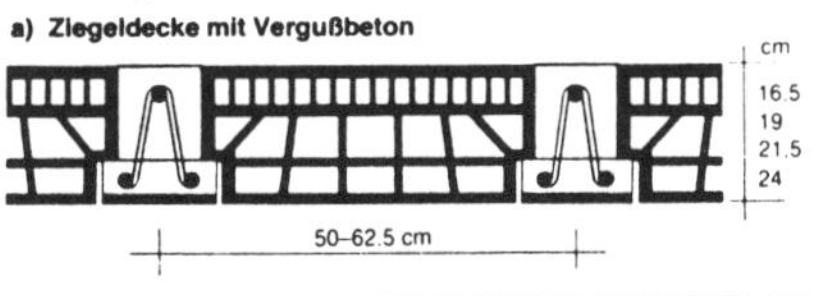

max. STÜTZWEITEN (m) (Decke mit Vergußbeton)				
d (cm)	e (cm)	Länge	Eigengew. KN/m²	Verguß-beton l/m²
16,5	62,5	4,73	1,90	19
19,0	62,5	5,60	2,25	24
21,5	50,0	6,48	2,55	30
24,0	50,0	7,35	2,80	35

Verkehrslast: bis 5,00 KN/m² ohne Überbeton ausführbar.
Montagestützweiten: max. 1,80 m

b) Ziegel-Holzbalkendecke

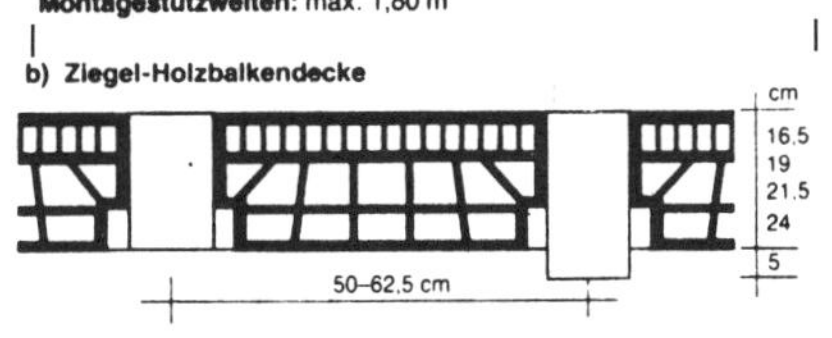

max. Stützweite der Ziegel-Holzbalkendecke				
d (cm)	e (cm)	Länge	Eigengew. KN/m²	Verguß-mörtel l/m²
16,5	65,5	4,47	1,30	5
19,0	65,5	4,97	1,40	5
21,5	53,0	5,75	1,80	5
24,0	53,0	6,27	1,90	5

Verkehrslast: 2,0 KN/m²

Verspannsystem der Liapor-Vollmassiv-Decke

Bimsbeton-Dachplatten

Wohl die älteste, großformatige Dachplatte am Bau ist die Bimsbeton-Dachplatte, die früher auch Bimsbeton-Stegplatte genannt wurde.

Die lieferbaren Plattenlängen reichen bis zu 6,0 m in jeder gewünschten, auf das jeweilige Bauvorhaben abgestellten Länge.

Die lieferbaren Breiten von Bimsbeton-Dachplatten betragen im Normalfall 50 cm, daneben sind auch Breiten von 33, 40, 60 und 62,5 cm möglich. Aber auch weitere Sonderbreiten sowie alle erforderlichen Ergänzungsplatten (einschließlich Platten mit Aussparungen) werden gefertigt.

Die Unterseite der Platten wird auf Wunsch entweder glatt mit einem porenfüllenden Verstrich oder in einer feinkörnigen Bimskornstruktur ausgebildet. Die Bimskornstruktur wirkt sich günstig auf die Schallabsorption aus.

Bimsbeton-Dachplatten haben an ihren Längsseiten birnenförmige Fugen, die das Einlegen von Bewehrungsstäben gestatten. Unterseitig sind die Ränder abgefast (s. Bild). Durch diese Abfasung entsteht eine ansprechende Gliederung der Dachfläche. Sie besitzen durchgehende zylinderförmige Hohlräume.

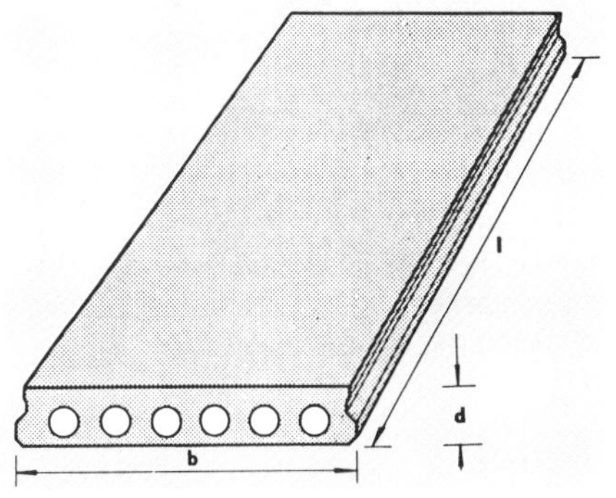

Gestalt einer typischen Bimsbeton-Dachplatte.

Bewehrte Wand- und Deckenbaustoffe

Fugenausbildung

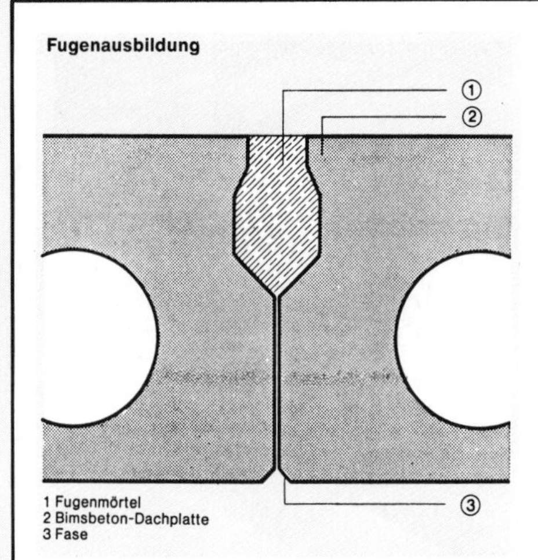

1 Fugenmörtel
2 Bimsbeton-Dachplatte
3 Fase

In der Tabelle werden die Berechnungsgewichte nach DIN 1055, Teil 1, genannt.

Die Tabelle gibt dazu einen Überblick über die lieferbare Plattendicken mit den dazugehörigen maximalen Stützweiten. Die Schlankheitsvorschriften für Dachplatten sind dabei berücksichtigt.

Plattendicke d	Stützweite (max.)	Berechnungsgewicht
cm	m	kg/m²
7	2,00	65
7,5	2,20	68
8	2,40	72
8,5	2,50	76
9	2,75	80
10	3,00	88
11	3,30	95
12	3,50	100
13	4,00	108
14	4,20	117
15	5,00	126
16	5,80	135
17	6,00	144
18	6,00	153
20	6,00	171

Wärme- und Brandschutz

Zur Berechnung des Wärmedämmwertes und der Wärmedurchgangszahl von Bauteilen bei Nachweisen nach DIN 4108 sind die Rechenwerte dieser Norm zugrunde zu legen. Sie lauten für Bimsbeton-Dachplatten der Rohdichten 0,80 und 1,00 kg/dm³:

0,80 kg/dm³ : λ_R = 0,29 W/(m K)
1,00 kg/dm³ : λ_R = 0,35 W/(m K)

Dächer aus Bimsbeton-Dachplatten gelten nach DIN 4102 grundsätzlich als feuerhemmend (F 30).

Als feuerbeständig (F 90) werden Bimsbeton-Dachplatten eingestuft, wenn ihre Dikke mindestens 10 cm und die Betonüberdeckung der Stahleinlagen 2 cm beträgt.

Norm:

DIN 4028

Bewehrte Wandelemente aus Gasbeton

Mit steigendem Lohnkostenanteil an den Baukosten gewinnt der Bau mit vorgefertigten Wandelementen immer mehr an Bedeutung.

Wandtafeln, Wandplatten, Großwandplatten und wandgroße Elemente aus Gasbeton sind bewehrte Montagebauteile für wärmedämmende Wandkonstruktionen im Industriebau, Wohnungsbau und Kommunalbau. Für tragende Wände werden Wandtafeln und wandgroße Elemente, für nichttragende Wände Wandplatten und Großwandplatten hergestellt, die sich konstruktiv und im Grad der Vorfabrikation unterscheiden. Die wandgroßen Elemente mit eingebauten Türen oder Fenstern werden wie die Großwandplatten im Werk vorbeschichtet.

Die Bauteile sind an einer Stirn- oder Längsseite durch Prägestempel gekennzeichnet, die alle technischen Daten und Angaben des Herstellers enthalten.

Wandtafeln, Wandplatten und Elemente aus Gasbeton erfüllen alle Anforderungen, die an eine massive Wand gestellt werden.

Wandtafeln und Elemente für tragende Wände ergeben in Kombination mit Dach- und Deckenplatten aus Gasbeton ein komplettes Montagesystem. Dieses System wird bis zu 3 Vollgeschossen eingesetzt.

Wandplatten, Großwandplatten und Elemente für nichttragende Wände sind in Verbindung mit Tragkonstruktionen variabel einsetzbar. Die unterschiedlichen Bauteilgrößen und die vertikale oder horizontale Verlegeweise eröffnen dem Planenden viele Wege in der Fassadengestaltung, sie geben ihm die Möglichkeit, jede Wand mit Montagebauteilen aus Gasbeton zu errichten.

Großwandplatten können auch als Sturz-Brüstungs-Elemente in einem Stück eingesetzt werden.

Als Sonderbauteile werden Eckstücke für Gebäudeaußenecken angeboten.

Diese Eckstücke sind als Ergänzung zu den Wandplatten, Großwandplatten und Elementen zu zählen und ermöglichen gleiche Stützenabstände. Sie werden entsprechend den Abmessungen der verwendeten Bauteile dimensioniert.

Mit Wandtafeln und Elementen aus Gasbeton lassen sich alle beliebigen Grundrisse planen. Die Bauteilbreiten basieren entsprechend den Herstellungsmöglichkeiten auf dem Grundmodul von 62,5 bzw. 60 cm. Von diesem Grundmodul ausgehend ist es sinnvoll, ein Planungsraster von 62,5 oder 60 cm entsprechend einer Tafelbreite oder ein Raster von 31,25 bzw. 30 cm gleich einer halben Tafelbreite zugrunde zu legen.

Mindestdicken (mm) von Wänden aus bewehrtem Gasbeton nach DIN 4102 Teil 4 (Auszug aus Tabelle 40)

Funktion, Einbauart und Konstruktionsmerkmale	Feuerwiderstandsklasse-Benennung F 30-A	F 60-A	F 90-A	F 120-A	F 180-A
Nichttragende Wände Zul. Schlankheit = Geschoßhöhe/Wanddicke = h_s/d	entsprechend DIN 4223				
Mindestwanddicke d (mm)	75 (75)	75 (75)	100 (100)	125 (100)	150 (125)
Tragende Wände (raumabschließend u. nichtraumabschließend) Zul. Schlankheit = Geschoßhöhe/Wanddicke = h_s/d			25		
Mindestwanddicke d (mm) bei einer maximalen Druckrandspannung $\sigma \leq 0{,}5\beta_R/2{,}1$*	150 (125)	175 (150)	200 (175)	250 (200)	300 (250)
$\sigma \leq 1{,}0\beta_R/2{,}1$*	175 (150)	200 (175)	225 (200)	250 (225)	300 (250)
Mindestachsabstand u (mm) der Längsbewehrung bei einer maximalen Druckrandspannung $\sigma \leq 0{,}5\beta_R/2{,}1$*	12	12	20	30	50
$\sigma \leq 1{,}0\beta_R/2{,}1$*	12	20	30	40	60

*Wegen der σ- und β_R-Werte entsprechend DIN 4223 siehe DIN 4102 Teil 4 Tabelle 41.
Die ()-Werte gelten für Wände mit beidseitigem, 15 mm dicken Putz nach DIN 18550 Mörtelgruppe II und IV.

Technische Daten von Platten aus bewehrtem Gasbeton

Festigkeitsklasse		GB 3,3 (GSB 35)		GB 4,4 (GSB 50)
Rohdichte max. nach DIN und Zulassung	kg/dm³	0,5	0,6	0,7
Rechnungsgewicht einschl. Bewehrung	kN/m³	6,2	7,2	8,4
Wärmeleitzahl nach DIN und Zulassung λ_R	W/(mK)	0,16	0,19	0,21
Druckfestigkeit im Mittel	N/mm²	3,5	3,5	5,0

Dach- und Deckenplatten aus Gasbeton

Dach- und Deckenplatten aus Gasbeton sind bewehrte, tragende großformatige Montagebauteile für massive Dächer und Decken im Wohnungsbau, Kommunalbau und Industriebau.
Dachplatten sind für die verschiedensten Dachformen – flache und geneigte Dächer – und Dachaufbauten wie Warm- oder Kaltdächer geeignet. Sie werden auf alle üblichen Tragkonstruktionen wie z. B. im Stahlbau, Stahlbetonbau und Mauerwerksbau montiert. Dachplatten können bei entsprechender Verlegung als Dachscheiben horizontale Kräfte aufnehmen und dienen somit der Gebäudeaussteifung.
Deckenplatten für Geschoßdecken unterscheiden sich im konstruktiven Aufbau und in den Abmessungen von den Dachplatten nicht. Sie werden jedoch für höhere Belastungen bemessen.
Dach- und Deckenplatten erhalten auf einer Stirnseite einen Prägestempel (siehe Wandelemente).

Die Bauteil-Abmessungen sind abhängig von der Größe der Gießformen, vom Verwendungszweck des Bauteils, den statischen Bedingungen und den bauphysikalischen Anforderungen.
In den Gießformen entsteht in der Regel ein Gasbeton-Rohblock in den Abmessungen 600 oder 750 x 150 x 62,5 cm.
Aus dem Rohblock werden Platten in folgenden Größen hergestellt:
Längen bis max. 750 cm bzw. Längen, die in Addition 750 cm ergeben.
Breiten bis max. 62,5 cm (DIN 4172) bzw. 60 cm (internationaler Modul), $\geq$ 30 cm (Paßplatten)
Dicken ab 7,5 cm bis 25 cm, in Abstufung von jeweils 2,5 cm.
Je besser die Gießformen ausgenutzt werden, um so wirtschaftlicher sind die Produktion und somit die Bauteile.

Das bedeutet im einzelnen:

Volle Formlängen nutzen, d. h. Plattenlängen 600, 550, 500 cm wählen oder volle Formlängen teilen, z. B. Plattenlängen 300 cm (2 x 300 cm = 600 cm), oder Plattenlängen 400 cm und 200 cm = 600 cm usw.
Nicht in jedem Fall ist die günstigste Produktionslänge mit der statisch günstigen Plattenlänge gleichzusetzen.

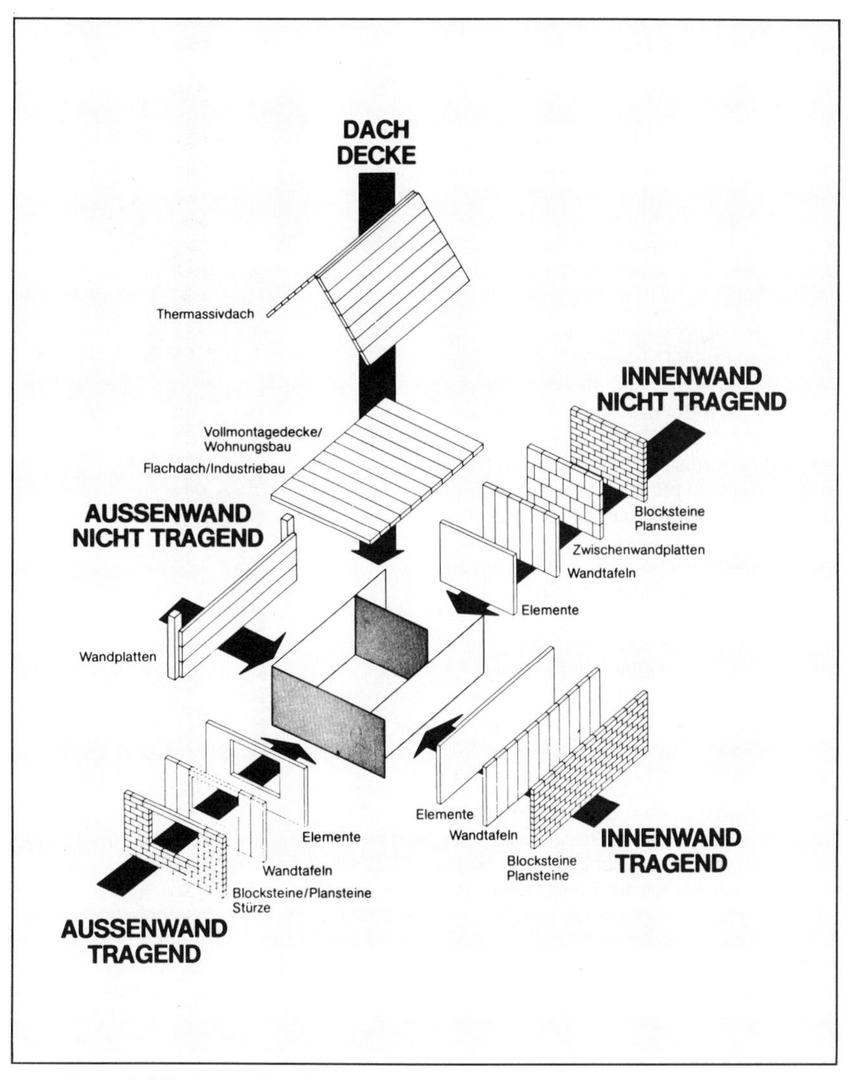

Anwendungsmöglichkeiten von Bauteilen aus Gasbeton

Die Plattenabmessungen sind auch aufgrund der bauphysikalischen Forderungen festzulegen (z. B. Mehrdicke erhöht Wärmedämmung).

Die größtmögliche Wirtschaftlichkeit hinsichtlich Produktion und Verwendung ist dann gegeben, wenn die Planung mit einer geringen Anzahl Plattenpositionen durchgeführt wird.

Decken aus Gasbetonplatten gehören nach DIN 4102 Teil 4 je nach Bauart und Dicke zu den Feuerwiderstandsklassen F 30-A bis F 180-A.

Wärmeleitzahlen nach Zulassung und DIN 4108:

(Siehe Ergänzung zu DIN 4108 „Stoffwerte für die Berechnung des Wärmeschutzes nach der Wärmeschutzverordnung")
GB 3,3 (GSB 35) $\leq$ 0,5 kg/dm^3
λ_R = 0,16 W/(mK)
GB 3,3 (GSB 35)/GB 4,4 (GSB 50) $\leq$ 0,6 kg/dm^3
λ_R = 0,19 W/(mK)
GB 4,4 (GSB 50) $\leq$ 0,7 kg/dm^3
λ_R = 0,21 W/(mK)

Montageschornsteine

Entwicklungsgeschichte

In den Höhlen unserer Vorfahren brannte das Feuer, und der Rauch verdarb die Luft.
Als man Hütten zu bauen begann, sorgten Öffnungen im Dach für den Abzug des Rauchs. Man erkannte, daß der warme Rauch das Bestreben hat, nach oben abzuziehen. Im Großraumhaus Norddeutschlands kann man noch erleben, wie es den Bewohnern erging, bis der Schornstein warm war.
Noch vor 50 Jahren galt es in den Häusern, vor allem den Rauch hinauszubringen, den das verbrannte Holz hinterließ. Inzwischen ist ein durchgreifender Wandel eingetreten. Wir haben auf anderes, bequemer zu verbrennendes Heizmaterial umgestellt und jetzt stellen wir fest, daß das Heizmaterial, das wir uns ausgesucht haben, nicht unbegrenzt, ja nicht einmal ausreichend zur Verfügung steht. Energie sparen ist daher notwendig und bei diesem Vorhaben ist der Schornstein ein sehr wichtiger Punkt.

Der Schornstein und die Physik

Warme Luft ist leichter als kalte, haben wir schon irgendwann in der Schule gelernt. Das ist der Grund, weshalb der erwärmte

Montageschornsteine

Rauch durch die Röhre, die wir Schornstein nennen, nach oben steigt.

Reichliches, billiges Brennmaterial erlaubt es, die Röhre „Schornstein" groß zu bemessen, denn der groß dimensionierte Schornstein, wie wir ihn noch in alten Häusern finden, hat zwar allen Rauch, aber auch viel erwärmte Luft nach außen abgeleitet. Man verwendete viel erwärmte Luft, um die Rauchgase darin ins Freie zu befördern.

Nach dem Kriege kam das Heizöl, das die Briketts, die Kohle, den Koks aus unseren Wohnungen verdrängte, die wir heute unter dem Begriff Festbrennstoffe zusammenfassen. Diese Brennstoffe verbrannten zu einem wesentlichen Teil zu Kohlenoxiden. Sie bestanden vor allem aus Kohlenstoff. Das Heizöl, das sie ablöste, besteht aus Kohlenwasserstoff-Verbindungen mit viel Wasserstoff und verbrennt zu einem erheblichen Teil zu Wasser, und damit begann das Problem. Wenn dampfförmiger Kohlenstoff abkühlt, sublimiert (sublimieren = unmittelbarer Übergang vom gasförmigen in den festen Zustand oder umgekehrt) er zum Teil zu Ruß, und den kehrte der Schornsteinfeger in schöner Regelmäßigkeit aus dem Schornstein.

Wenn Wasserdampf abkühlt, entsteht Wasser, und in diesem Wasser, das sich im Schornstein niederschlägt, sind viele Stoffe gelöst, die wir im Schornstein gar nicht brauchen können. Nicht nur die darin enthaltene Schwefelsäure und schweflige Säure zerstören das Mauerwerk, also den Schornstein, wenn sie sich darin ansammeln. Dieses Sichansammeln von Wasser mit darin gelösten Schadstoffen im Schornstein nennen wir „Versotten".

Um es zu wiederholen: Diese Erscheinung entsteht, wenn im zu groß bemessenen und schlecht erwärmten Schornstein sich Wasser niederschlägt. Diese unerfreuliche Erscheinung stellt sich zwangsläufig ein, wenn im nicht voll erwärmten Schornstein die wasserdampfhaltigen Verbrennungsabgase abkühlen, entweder weil der Schornstein zu groß ist, weil nicht alle Brennstellen, die der Schornstein fassen soll, an sind, oder der Schornstein durch schlecht wärmegedämmte Wände zuviel Wärme abgibt. Nachdem wir es uns nicht mehr leisten können und dürfen, den Schornstein so kräftig zu heizen, daß er trotz schlechter Eigenschaften die Rauchgase abführt, sind in den letzten Jahren zunehmend Schornsteinsysteme entstanden, die den genannten Anforderungen gerecht werden.

Welche Anforderungen stellen wir also an den Schornstein?

Die Gase müssen leicht und ohne viel Strömungswiderstand entweichen können, also: glatte, strömungsgünstige Rohre, rund oder mit abgerundeten Ecken. Die Gase müssen, ohne viel Wärme zu verlieren, gut warm aus dem Schornstein austreten, also: die rauchgasbeständige Innenwand, meist aus Schamotte bestehend, gelegentlich auch aus Leichtbeton, die noch recht gut Wärme ableitet, muß dünn sein und sie muß von einem gut wärmedämmenden „Mantel" eingehüllt sein, damit die Wärme, die die Rohre aufgenommen haben, nicht so schnell nach außen abgeleitet wird.

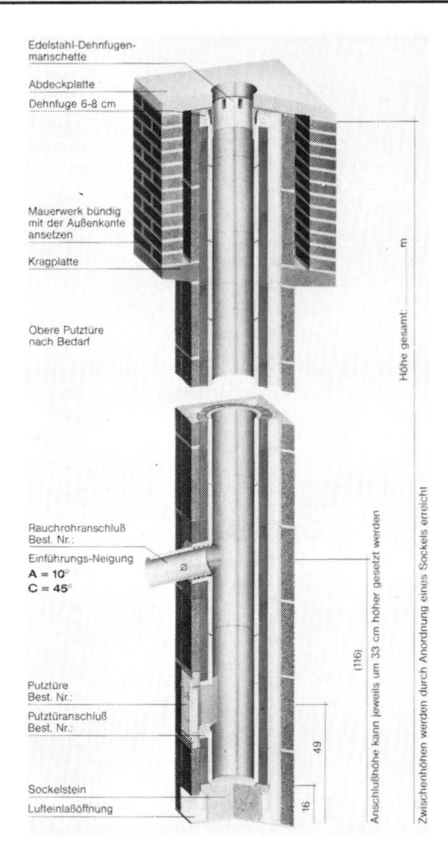

Schematischer Aufbau eines hinterlüfteten Montageschornsteins mit Schamotteeinsatz

Damit erreichen wir, daß auch mäßig warme Abgase, die die Heizaggregate verlassen, ohne bis zum Taupunkt des Wasserdampfes (siehe Abschnitt „Baufeuchte durch Wasserdampf") abzukühlen, das Freie erreichen.

Anforderungen der Heizaggregate an den Schornstein

Heizgeräte sollen möglichst viel der in ihnen verbrauchten Energie in Raumwärme umwandeln. Das Verhältnis der nutzbar gemachten zur eingesetzten Energie nennt man Wirkungsgrad. Der Wirkungsgrad von 100% ist Illusion, doch versucht man, die Verluste gering, den Wirkungsgrad hoch zu bekommen. Das erreicht man vor allem, indem man die Abgastemperatur senkt, also wenig Wärme zum Abtransport der Abgase benutzt. Die Rauchgase kommen mit, im Vergleich zu früher, recht niedrigen Temperaturen in den Schornstein, bis unter 50° C. Vom Schornstein wird erwartet, daß er diese Abgase sicher über das Haus ins Freie führt, ohne daß es vorher zur Kondensation des darin enthaltenen Wasserdampfs kommt.

Welche Voraussetzungen muß er erfüllen?

Der Schornstein darf nur wenig Wärmeenergie zur Erwärmung benötigen und darf möglichst wenig der aufgenommenen Wärmeenergie von der Schornstein-Innenwand ableiten, damit die Abgase, ohne „Wasser abzulassen", das Freie erreichen. An diesem Kriterium mißt sich der Wert der verschiedenen Schornsteinsysteme, die nachfolgend beschrieben werden.

Der einfachste Montageschornstein ist der Betonfertigteileschornstein ohne Innenrohr. Aus dem bisher Gesagten geht ohne weiteres hervor, daß er dem aus Vollziegel gemauerten Schornstein gegenüber kaum Vorteile zu bieten hat. Selbst wenn er aus Leichtbeton hergestellt ist, hat er dem mehrschaligen Schornstein mit Dämmschicht gegenüber deutliche Nachteile. Er ist als Lüftungsschornstein geeignet.

Die nächste Stufe ist der Schornstein, bei dem das Innenrohr nur geführt ist und eine Luftschicht zwischen Rohr und Betonfertigteil die erforderliche Dämmung bieten soll.

Die nachstehende Aufstellung der Wärmedurchlaßwiderstände der Schichten zeigt die Differenzen auf:

Angenommene Schichtdicke 30 mm

	λ W/(m K)	Λ m² K/W
Vollziegel 1,2	0,52	0,06
Leichtbeton 0,8	0,41	0,07
Luftschicht		0,17
Perlite	0,10	0,30
Min-Wolle 045	0,045	0,67

Die Zahlen in der Rubrik Λ zeigen deutlich, wie stark die Wärmedurchlaßwiderstände einer 3 cm dicken Dämmschicht differieren. Hier darf nicht unerwähnt bleiben, daß der Wärmedurchgang von der Temperaturdifferenz innen zu außen abhängt.

Hier treten Temperaturdifferenzen auf, die das Zehnfache und mehr der Wohnraumtemperaturen betragen.

Entsprechend steigert sich die Bedeutung der Dämmwerte des verwandten Schornsteinbaumaterials.

Die nun folgenden Systeme, die zu besprechen sind, sind dreischalig. Sie bestehen aus dem Betonfertigteil, dem Schamotte-Innenrohr und der dazwischenliegenden Wärmedämmung. Daß auch hier noch Unterschiede in der Wärmedämmung bestehen, hat die Aufstellung gezeigt.

Technische Unterschiede bestehen in den Rohrquerschnitten. Wir kennen Rohre mit quadratischer oder rechteckiger Grundform, mit abgerundeten Ecken und Rundrohre. Wichtig ist, daß bei der Bestimmung des für die Heizung erforderlichen Querschnittes die Form berücksichtigt wird.

Formstücke und Werkzeug für hinterlüfteten Montageschornstein

Unterschiede ergeben sich auch noch in der Wanddicke der Rohre, die aufgrund ihrer Dichte und ihrer Materialeigenschaften mehr Wärme aufnehmen als die umgebende Dämmschicht. Ein dünnwandiges Rohr ist schneller erwärmt als ein dickwandiges.

Natürlich setzt die Anforderung, daß das Rohr in sich frei steht und die sehr erheblichen Längenänderungen durch die Temperaturschwankungen aushalten muß, Grenzen.

Schamotterohre sind, um den Niedrigtemperaturen der Abgase zu begegnen, auch innen glasiert lieferbar.

Bei deren Einbau muß auch die Fuge wasserdicht und chemikalienfest sein.

Die Dämmschichten

Wir unterscheiden Dämmschichten aus Glas- oder Mineralfaser und Dämmörtel aus Perlite. Die Dämmschichten aus Glasoder Mineralfaser werden bei den verschiedenen Systemen, die wir am Markt kennen, mitgeliefert bzw. sind schon im Mantelstein eingebaut.

Der Dämmörtel wird extra geliefert. Er besteht aus Perlite mit hydraulischem Bindemittel, das im Schornstein abbindet und ein festes „Korsett" für die Schamotterohre ergibt.

Zur Mengenermittlung des Perlite-Mörtels mißt man den lichten Durchmesser der Formsteine als Fläche und zieht davon die Fläche, die sich aus dem Außenmaß des Schornsteinrohres errechnet, ab. Dabei rechnen wir natürlich bei Quadrat- oder Rechteckrohren die Rundung nicht ab. Der entstehende Mengenschwund durch das Anmachen mit Wasser und die Verdichtung ist mit 25% bei der Mengenermittlung zu berücksichtigen.

Das kann so aussehen:

Lichtes Maß Mantel 36/36 cm
Außenmaß Rohr 27/27 cm
also 36×36 cm = 0,13 m^2
abz. 27×27 cm = 0,07 m^2
Differenz 0,06 m^2 + 25% Zuschlag
= 0,075 m^2
ergibt einen Mörtelbedarf von 0,075 m^3 je steigenden Meter = 75 l/stgd. m.

Was gehört alles zu einem Schornstein?

Die Höhe ergibt sich aus der Bauzeichnung. Wenn eine Heizung eingebaut wird, was heute meist der Fall ist, wird 1 Rauchgasanschluß benötigt, sonst 1 Anschluß je Feuerstelle. Zur Reinigung des Schornsteins muß im Keller ein Anschluß für Reinigungstür und die Tür eingebaut werden.

Mit dem Schornsteinfeger muß geklärt sein, ob der Schornstein nur vom Dach aus gekehrt wird (Zugang und Standbrettsteine mit Rost für das Dach werden dann benötigt) oder ob im Dachraum eine zweite Reinigung benötigt wird (ist meist der Fall). Da wo der Schornstein das Dach verläßt, braucht er einen zusätzlichen Schutzmantel gegen Wettereinflüsse, den Schornsteinkopf. Meist wird er auch heute noch gemauert. Dann wird eine Kragplatte eingebaut, auf die sich die Ummauerung aus Klinkern setzt. Den oberen Abschluß bildet die Abdeckplatte. Zwischen Abdeckplatte und Innenrohr muß als bewegliche Führung eine Dehnfugenmanschette eingebaut werden.

All diese Teile müssen zu einem kompletten Schornstein mitgeliefert werden.

Schornsteinkopfverkleidungen sind heute als leicht versetzbare Fertigteile aus unterschiedlichem Material auf dem Markt, ebenso die Abdeckplatte.

Die Versetzanleitungen der Lieferwerke sollten sowohl bei der Ermittlung des Zubehörs wie nachher beim Einbau genauestens eingehalten werden.

Vielfach werden Schornsteine mehrzügig gebaut. Auch Lüftungsschornsteine sind sehr häufig. Man nutzt hier die Erwärmung des gesamten Schornsteinblocks, um in einem Rohr Abluft aus dem Wohnbereich abzuleiten. Die Abluftrohre in den Montageschornsteinen sind nicht ausgekleidet. Auch für die Abluftrohre werden im Keller Reinigungstürchen eingebaut, eigentlich mehr als Revisionstürchen.

Verblender – Klinker – Riemchen

Das Verblendersortiment

Das Sortiment der gebrannten Verblender ist, wie z. B. das Fliesensortiment, in ständiger Bewegung, abhängig von Trends. Die Sortimentsbreite reicht von den traditionellen Handformverblendern, die inzwischen fast ausnahmslos maschinell gefertigt werden, wie alle anderen Ziegeleierzeugnisse, über die Maschinenstrich-Verblender mit glatter oder genarbter Oberfläche und gleichmäßigen Kanten, bis zu den Verblenderriemchen.

Hierher gehören auch die Keramik-Klinker, zumindest was ihr Äußeres betrifft. Keramik-Klinker haben ein dichteres Gefüge und zählen zu den schwach saugenden Verblendern. Bei der Wahl der Vormauermörtel mußte seither entschieden werden, ober der Bauherr einen stark oder schwach saugenden Verblender kauft.

Verblender – Klinker – Riemchen

Rustikal besandete Handformziegel

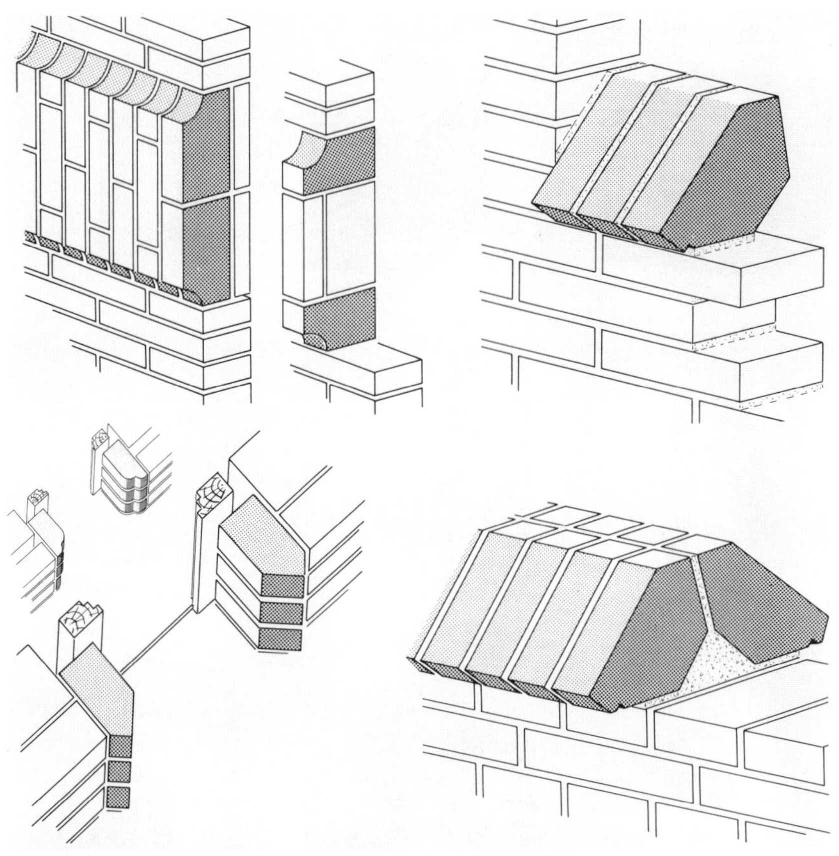

Formziegel finden bei Verblendmauerwerk wieder zunehmend Verwendung.

Für jede dieser Gruppen gibt es einen anderen Mörtel. Es ist zu begrüßen, daß es inzwischen auch einen Mörtel gibt, der für alle Grenzfälle zu verwenden ist. Ratsam ist es, den Hersteller zu fragen!

Die Farben

der Verblender bilden eine bunte Palette. Sie gehen von Creme-Weiß über Gelb, Beige bis Braun und Rot und über Grau bis Schwarz. Die Farbgebung ist einheitlich bis bunt, kann je nach Sorte von Stein zu Stein einer Sorte unterschiedlich sein, oder das Farbspiel kann sich auf jedem Stein gleichmäßig oder unterschiedlich vollziehen.

Verblender werden aus verschiedenen Rohstoffen, oft recht unterschiedlichen Tonsorten, gebrannt. Sie sind ein Stück verarbeitete Natur, und Natur heißt Vielfalt. Natur heißt, daß kaum ein Exemplar dem anderen völlig gleicht. Daran muß man denken, legt man dem Bauherrn als Entscheidungshilfe Muster vor. Mit den Streitfällen, in denen die Lieferung erheblich anders aussah als die vorgelegten Muster, könnte man Bände füllen. Verbindlich kann nur das Aussehen der Palette angegeben werden, die vorrätig ist, und wenn der vorhandene Vorrat nicht für das ganze Objekt, das im Gespräch ist, reicht, sollte man die Gesamtlieferung vom Werk beziehen. Mit der Wahrscheinlichkeit der abweichenden Farbe von Lieferung zu Lieferung muß man rechnen.

Die Formate

Die Formate unterscheiden sich sowohl in der Schichthöhe als auch in der Länge und in der die Wanddicke bestimmenden Breite.

Die Schichthöhe

Das am häufigsten verwandte Format ist das Dünnformat DF mit einer Steinhöhe von 52 mm. Weniger häufig verwandt werden das Normalformat NF mit 71 mm Steinhöhe, das Bundesformat (altes Reichsformat) mit 65 mm und noch seltener die Steinhöhe von 113 mm, die bei den Steinformaten 2 DF, 3 DF, 4 DF, 5 DF und 6 DF vorkommt.

Die Ziegellänge

Alle deutschen Formate haben eine Ziegellänge von 240 mm. Das von Holland übernommene Waalformat hat 215 mm, andere Sonderformate 210 mm.

Die Ziegelbreite

beträgt beim Vollverblender in der Regel 115 mm (Sonderformat u. a. 90 mm), beim Sparverblender meist 52 mm.

Formziegel

Wichtig ist, zu wissen, daß heute eine Anzahl von Verblenderwerken bereits Formsteine herstellt, mit denen Rundungen und Schrägen am Bauwerk, Gesimse, Fensterbänke u.dgl. ausgebildet werden können. Die Herstellung dieser Formsteine ist großenteils an maschinenglatte Verblender gebunden. Genarbte Sichtflächen sind nicht in jedem Falle möglich.

Die Lochung

Verblender sind teils ungelocht, teils gelocht. Die Lochung verläuft senkrecht zur Lagerfläche, daher Hochloch-Vormauerziegel oder -Klinker. Ein Lochanteil von weniger als 15% der Lagerfläche ist bei Vollklinkern noch zulässig.

Klinker

Klinker sind Ziegel, die oberflächig gesintert sind (mit Sintern bezeichnet man den Schmelzvorgang infolge starker Erhitzung), deren Frostbeständigkeit durch Prüfung nachgewiesen ist, die mindestens die Druckfestigkeitsklasse 28 haben und besondere Bedingungen hinsichtlich der Scherbenrohdichte erfüllen. Zu dem Sortiment gehören auch Kaminkopfklinker, aus denen Kaminköpfe gemauert werden und die Klinker für den Kanalbau, die Kanalklinker.

Bei Kaminkopfklinkern überwiegt das Dünnformat, bei den Kanalklinkern das Normalformat.

Hochlochklinker, oben genarbt und besandet, unten maschinell-glatt

Hochlochverblender, selbst die Schwarzweißaufnahme läßt das Farbspiel erkennen.

Glassteine und Zubehör

Die ersten Versuche, Bausteine aus Glas herzustellen, wurden bereits vor 100 Jahren unternommen. Im Mundblasverfahren fertigte man Hohlglaskörper, die wie halslose Flaschen geformt und dann verschlossen wurden. Diese ersten Glassteine waren in der Regel sechseckig und hatten gewölbte Außenseiten. Sie wurden schon damals mit Mörtel verarbeitet und zu Wabenmustern zusammengefügt.

Um die Jahrhundertwende begann die maschinelle Herstellung geblasener Glassteine, die jedoch noch unter den gleichen Produktionsmängeln ungleicher Wanddicken und dünner Ecken litt. Erst mit dem Pressen massiver Vollglassteine mit einer Dicke von 5 bis 6 cm erzielte man die gewünschte Stabilität und Widerstandsfähigkeit. Bewähren konnten jedoch auch sie sich nicht, da ihre Fabrikation teuer war. So begann man erneut mit der Entwicklung besserer Hohl-Glassteine. Man verwendete nun auch Preßglas.

Im damaligen Reichsformat von 25 x 12,5 x 9,6 cm wurden offene Hohlglaskörper gefertigt, die sich wie Ziegel verarbeiten ließen: man setzte sie mit der offenen Seite in das Mörtelbett. Allein mit einer sorgfältigen Verlegung konnte es jedoch nicht gelingen, den Hohlraum des Glassteins hermetisch gegen die Außenluft abzuschließen. In seinem Inneren bildete sich Kondenswasser.

Die nächste Stufe waren geklebte Preßglassteine. Man stellte zwei Hälften her und fügte sie zu einem Hohlkörper zusammen. Die unzureichende Qualität des damals verwendeten Klebstoffs ließ jedoch auch das mißlingen: Die Alkalien des Mörtels griffen ihn an und lösten ihn teilweise.

Auch Versuche mit einer Metallverlötung der beiden Teile waren unbefriedigend und führten nicht zum erwarteten Erfolg.

Erst mit der Verschmelzung (Verschweißung) zweier gepreßter Glaskörper der gleichen Größe entstanden Hohlglaskörper, die den heutigen Anforderungen gerecht wurden.

Bei der heutigen Herstellung wird ein Glasgemenge aus Quarzsand, Kalk und Soda mit Zusätzen von Dolomit, Tonerde und Läutermitteln vermischt und bei einer Temperatur von ca. 1500° C geschmolzen.

Danach wird das flüssige Glas auf ca. 1220° C abgekühlt und durch sogenannte Speiserinnen an die Pressen geleitet. Die teigige Glasmasse wird von einem Stößel durch eine Öffnung gedrückt. Mit einer Schere wird ein genau dosierter Glastropfen abgeschnitten. Dieser Glastropfen gleitet in eine bereitstehende Form der vollautomatischen Presse. Ein Drehtisch bewegt die Form mit dem Glastropfen zur Preßstation, wo er zu einer Glasstein-Hälfte ausgepreßt wird. Der halbe Glasstein wird nun nach einer Vorkontrolle der automatischen Schweißmaschine zugeleitet.

Sie trägt auf einem Rundtisch mehrere Stationen, die oben und unten mit je einem halben Glasstein bestückt werden.

Mit Glasbrennern werden die Kanten der Glasstein-Hälften erneut auf ca. 1000° C erhitzt und jeweils 2 Hälften von der Maschine zusammengepreßt. Die zustandekommende Glasverbindung ist so fest, daß sie den gleichen Beanspruchungen standhält wie die übrigen Flächen des Glassteins.

Anschließend wird der Glasstein in einem Kühlofen (Kühlband) technisch spannungsfrei gekühlt. Verläßt der Glasstein den Kühlofen und hat er die Raumtemperatur angenommen, dann ist in seinem Hohlraum durch die Abkühlung der eingeschlossenen Luft ein Vakuum von ca. 70% entstanden.

In der Bundesrepublik Deutschland gefertigte Glassteine gehören zu den genormten Baustoffen, die den Anforderungen DIN 18 175 (Glasbausteine: Anforderungen, Prüfung) entsprechen. Bei der Neuausgabe der DIN 18 175 (Normvorhaben 1984 genehmigt) soll der hier schon verwendete Begriff „Glassteine" eingeführt werden.

Eigenschaften der Glassteine

Wärmedämmung

Durch die Anordnung zweier Glasflächen hintereinander mit dazwischenliegendem Luftraum haben Glassteine ähnliche Wärmedämmwirkung wie Zweischeiben-Isolierglas. Lediglich die umlaufenden Stege und die Mörtelfuge, die wärmedämmäßig nahezu gleich sind, lassen den direkten Wärmedurchgang zu.

Der Wärmedurchgangskoeffizient k ist abhängig von dem Steinformat, er liegt bei etwa 3,0 W/(m^2 K), ist bei den größeren Formaten niedriger (höhere Wärmedämmung), bei den kleinen Formaten etwas höher.

Dieser Glasstein wird ohne Mörtel mit einem Stecksystem verlegt. Mit ihm ausgeführte Wände haben einen k-Wert von nur 2,7 W/(m^2 K).

Lichtdurchlässigkeit

Glassteine sind in hohem Maße lichtdurchlässig. Der Lichtdurchlaß beträgt bei senkrecht auffallendem Licht bis zu 75%. Bei bronzefarbigen Glassteinen beträgt der Lichtdurchlaß ca. 49%.

Feuerwiderstandsfähigkeit

Verglasungen der Feuerwiderstandsklassen G nach DIN 4102 Teil 5 verhindern den Flammen- und Brandgasdurchtritt in der jeweiligen Beurteilungszeit, jedoch nicht den Durchtritt der Wärmestrahlung.

Glassteine verschiedener Hersteller im Format 19 x 19 x 8 cm haben die Anforderungen der Brandprüfung für die Feuerwiderstandsklassen G 60 (einschalige Ausführung) und G 120 (zweischalig) bestanden.

Schallschutz

Allein durch das Eigengewicht einer Glasstein-Wand von 1,00 kN/m^2 bei 8 cm dikken Glassteinen ist ein guter Schallschutz gewährleistet.

Die Messungen der Luftschalldämmung von Glasstein-Wänden wurden beim MPA NW Dortmund durchgeführt.

Das bewertete Schalldämm-Maß R_W wird gemäß DIN 52210 ermittelt.

Je nach Glasstein-Format variiert das bewertete Schalldämm-Maß R_W einer Glassteinwand. Es beträgt im Mittel 41 dB.

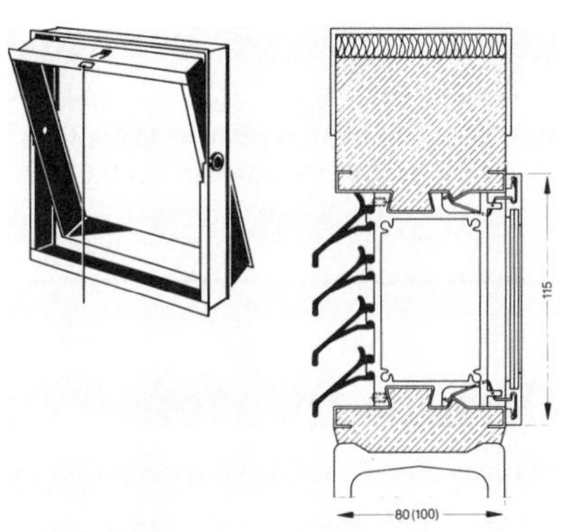

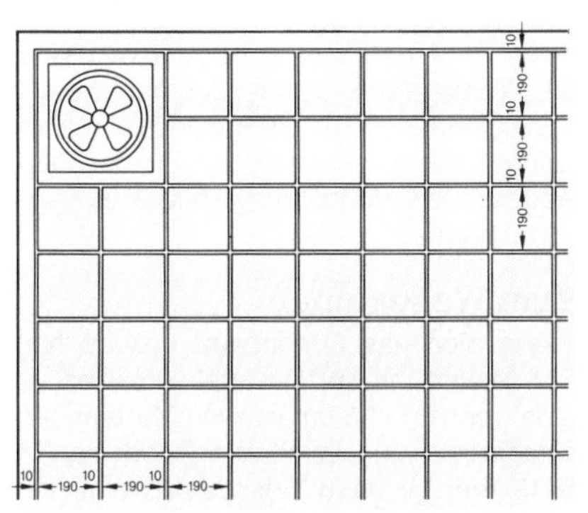

Belüftungsmöglichkeiten für Glassteinwände

Bei hoher Lärmbelästigung – sei es von außen oder von innen – ist ein erheblich verbesserter Luftschallschutz durch zwei in einem Abstand von > 5,0 cm hintereinander stehende Glasstein-Wände zu erreichen.

Zu beachten ist dabei, daß angrenzende Bauwerkteile den gleichen Luftschallschutz aufweisen müssen.

Kein Fenster zum Nachbarn

Wenn das Fensterrecht des Nachbarn den Einbau normaler Fenster nicht gestattet, sind Glassteine erlaubt, wenn sie ein gedecktes Dekor haben und damit klare Durchsicht verwehren. (Mit der örtlichen Bauaufsicht abstimmen!)

Einbau

Beim Einbau von Glassteinen müssen die Erfordernisse dieser Bauweise (DIN 4242, Glasbausteinwände, Ausführung und Bemessung) genau und sorgfältig beachtet werden. Einbauvorschriften anfordern!

1984 kamen auch Glassteine auf den Markt, die trocken verlegt werden. Für den sicheren Halt sorgt ein Stecksystem (s. Bild auf der Vorseite). Die so erstellten Wände sind auch bei Regen dicht, so daß der Einbau in eine Außenwand unproblematisch ist.

Glasstein-Fenster dürfen von dem darüberliegenden Baukörper keine Last übertragen bekommen. Eine Pufferschicht, die unterschiedliche Wärmeausdehnungen aufzufangen vermag, muß an 2 Seiten vorgesehen werden.

Zubehör:

Schwingflügel-Lüfter aus verzinktem Stahlblech, in die ein oder mehrere Glasbausteine eingesetzt werden. Auch Schiebelüftungen oder Ventilatoren lassen sich in Glassteinwände integrieren. Für Türen sind Zargen aus Stahl und Aluminium erhältlich. Zum Einbau benötigt wird in den meisten Fällen ein Alu-U-Profil mit einer Maulweite von 80 mm.

Abmessungen und Baurichtmaße

Nr.	Größe	Fugenbreite	Baurichtmaß
1919	190 x 190 x 80 mm	10 mm	200 x 200 mm
2424	240 x 240 x 80 mm	10 mm	250 x 250 mm
2411	240 x 115 x 80 mm	10 mm	250 x 125 mm
1111	115 x 115 x 80 mm	10 mm	125 x 125 mm
3030	300 x 300 x 100 mm	15 mm	315 x 315 mm

Steinbedarf pro m², Eigengewichte und Konstruktionsgewichte

Nr.	Stück pro m² ca.	Gewicht pro Stein ca. kg	Konstruktionsgewicht pro m² mit Mörtelrippen u. Betonumrandung
1919	25	2,4	ca. 100 kg
2424	16	4,0	ca. 120 kg
2411	32	2,0	ca. 120 kg
1111	64	1,0	ca. 120 kg
3030	10	7,5	ca. 150 kg

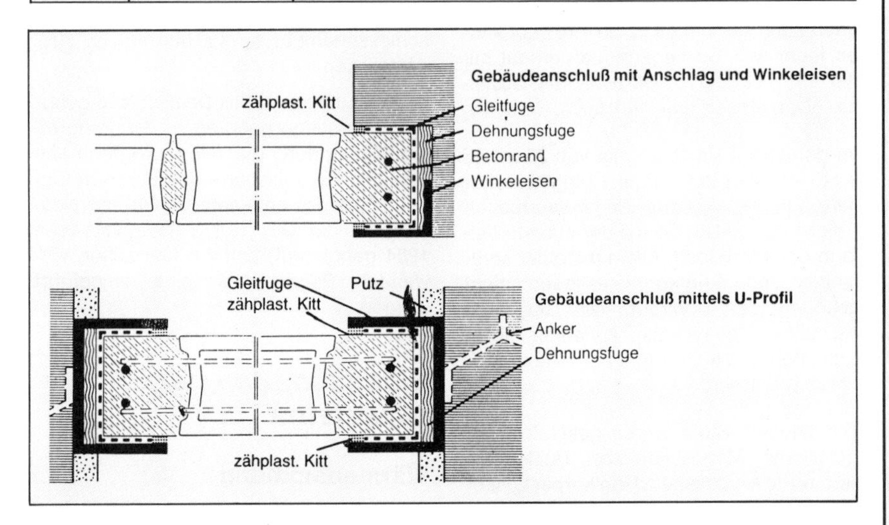

Normen

DIN 18175 Glasbausteine; Anforderungen, Prüfungen

DIN 4242 Glasbaustein-Wände; Ausführung und Bemessung

Ornamentsteine und Waben

Ein Gestaltungselement aus Beton, feingliedrig, fast filigran, ansprechend im Aussehen und trotzdem „pflegeleicht", sind die Waben-Form- und -Schmucksteine. Sie eignen sich für viele Zwecke. Bisher werden sie vornehmlich für Sichtschutzwände und Grundstücksbegrenzungen verarbeitet.

Zum Wandaufbau

Wenn sich das Fundament gesetzt hat, Formsteine mit Fertigmörtel versetzen. In jede der ca. 1–1,5 cm starken Mörtelfugen waagerecht und senkrecht Rundeisen ∅ 6–10 mm (je nach Erfordernis) einlegen und in die seitlichen und oberen Leibungen bzw. in das untere Fundament einbohren und vermörteln. So können Fensterkonstruktionen bis 9 m² Fläche sowie Wände und Zäune von beliebiger Länge bis zu 0,75 m Höhe standfest hergestellt werden.

Größere Fensteröffnungen und höhere Wände und Zäune als vorstehend angegeben erfordern eine statisch-konstruktive Untersuchung. Normalerweise wird hier die Anordnung von Aussteifungen aus Beton, Mauerwerk oder Profilstahl sowie von Dehnungsfugen erforderlich.

Grundsätzlich müssen alle Wände und Fensterkonstruktionen immer nach den allgemein anerkannten Regeln der Baukunst errichtet werden.

Nachstehend ein Sortiment, das eine große Variationsbreite bietet.

Formen und Typen

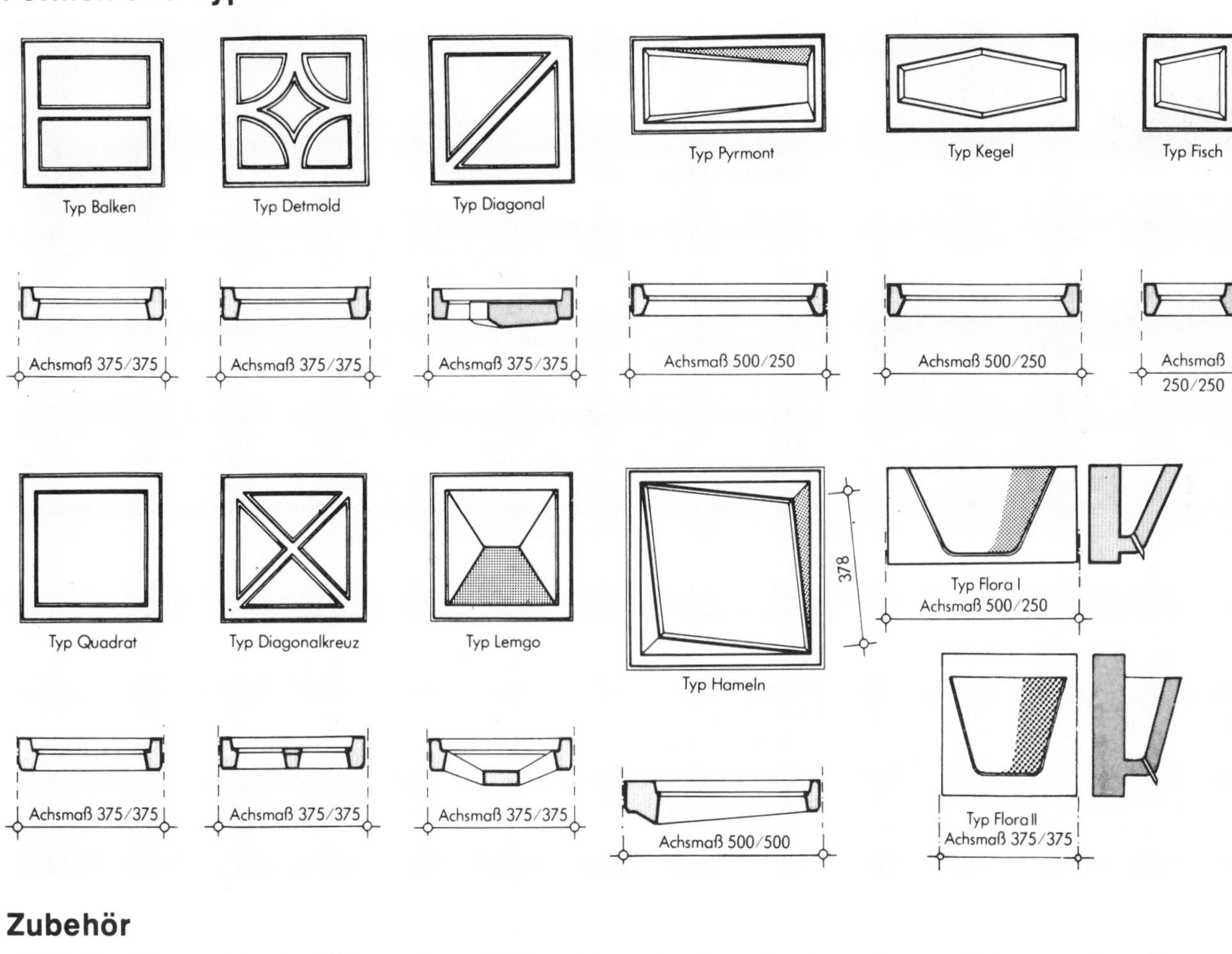

Zubehör

Abdeckplatte
375
500
100

Eckleiste
80
80
250
375
500

Endleiste
80
80
250
375
500

Randleiste (liegend und stehend verwendbar)
40
60
80
100
120
80
250
375
500

Drehflügel

Kippflügel

Schwingflügel

Wendeflügel

Einige Formsteine können auch verglast werden, was für die Verwendung als Windschutz, z. B. an Terrassen, bedeutsam ist.

Betonteile für Gartenmauern und -pfosten

Die Einfriedung von Vorgärten wird sehr oft als offene Einfriedung mit niedrigem oder ohne Zaun hergestellt. Für diesen Zweck werden verschiedene Problemlösungen angeboten.

Ein Bossensortiment für Gartenmauern und -Pfeiler aus Beton aus gemahlenem Wesersandstein ist in einigen Teilen des Bundesgebietes eingeführt. Das Material sieht gut aus – es ist handbossiert – und ist auch nicht übermäßig schwierig zu verarbeiten. Die Steine gibt es in mehreren Farben, in sandsteinrot, anthrazit, grün, grau und gelb.

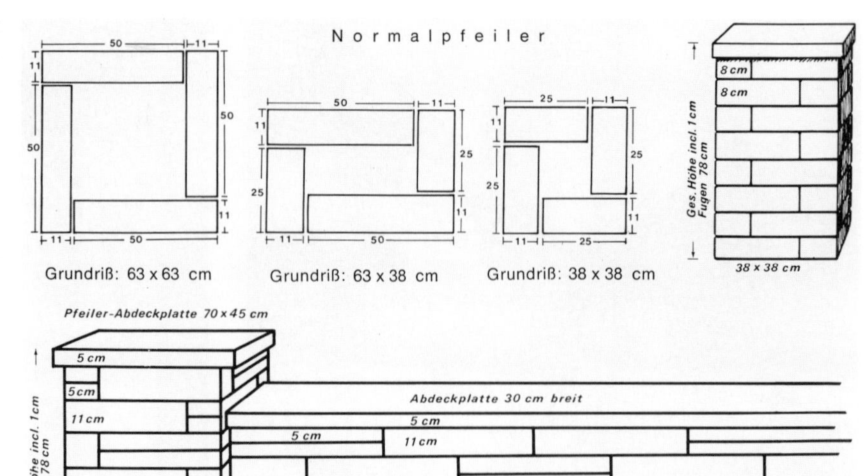

Rechts: Aufbau eines Pfeilers aus Elementen.
Links: von oben nach unten: ganzer und halber Anschlußstein an Pfeiler, Mauerzwischenstein.

Die Schichthöhen sind 5 und 11 cm (2×5 cm + Fuge).

Ein Schritt in Richtung Vorfertigung sind Fertig-Mauersteine und Pfeilerelemente für dieselbe Aufgabenstellung wie vorher.

Dieses System wird aus wenigen unterschiedlichen Teilen erstellt und ist für den geschickten Selbstbauer gut und problemlos zu verarbeiten.

Auf das waagerecht abgezogene, frostsicher gegründete Betonfundament werden die paßgenauen Beton-Fertigteile – Schalungssteine – aufeinandergesetzt. Sie werden mit Beton ausgefüllt und mit einer Abdeckplatte nach oben abgeschlossen.

Zur besseren Verbindung des eingebrachten Betons mit den Fertigteilen kann man von innen mit einer Haftemulsion vorstreichen.

Pfeiler und Mauerelemente gibt es in betongrau strukturiert und auch in betonweißer Ausführung. Verfugen entfällt.

Zwischen die Pfosten können je nach Wunsch Zaunteile verschiedenster Ausführung oder auch die zugleich mit angebotenen Betonfertigteile, auch Betonwabensteine eingebaut werden.

Zu den Pfosten gibt es eingebaute Briefkästen.

Mineralfaserdämmstoffe

Seit über 100 Jahren werden Mineralfasern zur Wärmedämmung hergestellt. Ihre besondere Eignung für den Schall- und Brandschutz, außer den guten Wärmedämmeigenschaften, begründet ihre sehr große Bedeutung im Bereich Dämmstoffe.

Obwohl Herstellungsverfahren und Grundstoffe ständig weiter verbessert wurden, blieb das Grundprinzip der Fertigung unverändert.

Die „künstliche glasige Faser", wie sie korrekterweise heißen müßte, hat sich unter dem Sammelbegriff Mineralfaser durchgesetzt. Sie wird auch in den Normen so bezeichnet.

Die Rohstoffe

Mineralfasern können heute aus einer großen Anzahl von Rohstoffen hergestellt werden. Sie können wie bei der Glasherstellung aus technischen Stoffen und Mineralien, aber auch aus Gestein und Schlacken geschmolzen werden. Das Herstellungsverfahren bestimmt mit die Rohstoffe und umgekehrt. Die früher noch verwandte Abgrenzung in Glasfasern, Stein- und Schlackefasern ist wegen zunehmender Vermischung schwierig und wird nicht mehr angewandt, mit Ausnahmen der reinen Schlacken- und der Basaltwolle.

Die wichtigsten Bestandteile der heute üblichen Mineralfasern für Dämmzwecke sind vorwiegend Siliciumdioxid SiO_2 (Quarz) und Calciumoxid CaO (Branntkalk).

Außerdem sind in unterschiedlicher Menge enthalten: die Oxide des Aluminiums Al_2O_3, des Eisens FeO und Fe_2O_3, des Magnesiums MgO, des Kaliums K_2O und des Natriums Na_2O.

Die Zusammensetzung der Mineralfasern beeinflußt die chemischen Eigenschaften und das Verhalten bei Temperaturbeanspruchung, nicht jedoch das Wärmedämmvermögen, da dieses auf dem Lufteinschluß beruht.

Produktionsverfahren

Die Rohstoffe werden bei Temperaturen zwischen 1200 und 1600° C in Kupolöfen (Gießereischachtöfen) oder Wannenöfen geschmolzen.

Die Schmelze wird dann Zerfaserungsmaschinen zugeleitet, die nach drei verschiedenen Arbeitsverfahren arbeiten,

dem Ziehverfahren,

dem Schleuderverfahren oder

dem Blasverfahren.

Das Ziehverfahren wird zur Herstellung von Endlosfasern im Textilbereich angewandt. Für die Produktion großer Mengen Mineralfasern für Dämmzwecke werden die beiden anderen, das Schleuder- und das Blasverfahren, angewandt.

Beim Schleuderverfahren läuft die Schmelze auf rotierende Scheiben oder Trommeln. Die Zentrifugalkraft bewirkt die Zerfaserung, die Schmelze wird von den Rändern abgeschleudert.
Beim Blasverfahren wird ein dünner Strahl Schmelze senkrecht oder parallel zum Strahl angeblasen (mit Gas oder Dampf) und so zerfasert. Durch die beiden letzten Produktionsverfahren entstehen Fasern mit begrenzter Länge, im Gegensatz zum Ziehverfahren.
In der Praxis haben sich 2stufige Verfahren bewährt, so z. B. das Schleuder-Blasverfahren.
Die nach einem dieser Verfahren hergestellten Mineralfasern werden auf einem Transportband lose gesammelt und von da aus weiter verarbeitet.
Abhängig vom Produktionsverfahren, weniger von den Rohstoffen, ist die Struktur der Mineralfasern. Man versteht darunter die Verteilung der Faserdicken und -längen und deren Verfilzung, aber auch den Anteil nicht vollständig zu Fasern ausgezogenen Minerals. Das sind meist kugelförmige Schmelzetropfen, auch als „Perlen“ bezeichnet. Man darf diese Bezeichnung nur nicht mit dem Wert in Verbindung bringen, denn diese „Perlen“ erhöhen nur die Rohdichte des Materials, ohne sonstwie zu nutzen. Sie stellen also bei starkem Anteil eine Minderung der physikalischen Nutzeigenschaften dar.
Ein weiteres, wichtiges Merkmal ist der Grad der Verfilzung der Mineralfasern, die auch die Reißfestigkeit bestimmt. Durch die Bindung der Mineralfasern mit Kunstharz ist die Verfilzung nicht mehr allein ausschlaggebend für die Reißfestigkeit.
Durch Kunstharzbindung kann aus einem schwach verfilzten Vlies ein elastischer Filz oder auch eine Platte hergestellt werden.

Als Bindemittel dient vorwiegend modifiziertes (für diesen Zweck verändertes) Phenolharz. Phenolharze sind Verbindungen, als bekanntestes das „alte“ Bakelit, die aus Phenol und Formaldehyd hergestellt werden, also Kohlenwasserstoff-Verbindungen. Die Fasern werden entweder gleich nach der Zerfaserung mit Bindemittel besprüht, oder die Faserbahn wird mit Bindemittel durch Überfluten (Tauchen) getränkt.

Produktion von Glaswolle

Eigenschaften der Mineralfaserdämmstoffe

Die Wärmedämmfähigkeit, die Schalldämmeigenschaften und das Brandverhalten sind die Eigenschaften, die den Mineralfaserdämmstoffen im Bauwesen einen so hohen Stellenwert verschafft haben.

Bevor die genannten Eigenschaften einzeln angesprochen werden, vorher noch eine kurze Anmerkung über die Rohdichte der Mineralfasern, denn im Gegensatz zu den meisten anderen Baustoffen kann man bei Mineralfasern von der Rohdichte nicht ohne weiteres auf deren bauphysikalisches Verhalten schließen, und auch der Begriff der Brennbarkeit erscheint in anderem Licht.

Die Rohdichte der Mineralfaserdämmstoffe für den Wärme-, Schall- und Brandschutz liegt zwischen 8 und 500 kg/m³.

Bei einer Dichte der Fasermasse von etwa 25 g/dm³ heißt das, daß bei einer Rohdichte von 25 kg/m³ das Faservolumen (Rauminhalt der Fasern) 1% und die Luft 99% betragen.

Die Wärmeleitfähigkeit

Überwiegend bestimmt wird die Wärmeleitfähigkeit der Mineralfaserdämmstoffe von der Wärmeleitung durch die Luft. Hinzu kommen die Leitung durch die Fasern, die Luftumwälzung innerhalb des Materials und die Strahlung.

Dabei sollte eine weithin unbeachtet bleibende Tatsache erwähnt werden:

Mit steigender Temperatur wird die Wärmeübertragung durch Strahlung stärker, und auch die Wärmeleitung durch die Luft nimmt zu, so daß die Wärmedämmfähigkeit bei steigender Temperatur abnimmt.

Diese Erscheinung sollte man beim sommerlichen Wärmeschutz (Dachdämmung) berücksichtigen. Unser Diagramm zeigt, daß ein Dämmstoff mit der Wärmeleitfähigkeit 0,03 W/(m K) bei 100° C Mitteltem-

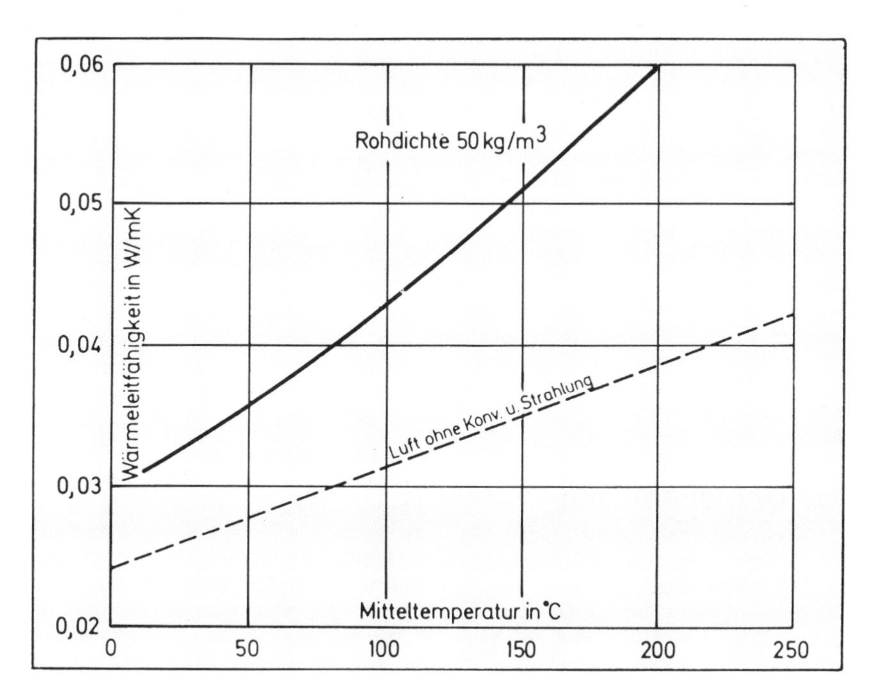

peratur (100° C Mitteltemp. entspr. 150° C außen und 50° C innen) etwa bei 0,045 W/m K liegt, die Wärmeleitfähigkeit sich demnach um runde 50% erhöht.

An Dachoberflächen sind Temperaturen von 80° C keine Seltenheit!

Die Schalldämm-eigenschaften

Den Schallschutz im Hochbau regelt die DIN 4109.

Die Anforderungen an den Schallschutz von Gebäuden wurden in der Neufassung erheblich erhöht, was sich u. a. auch auf die Festlegung der dynamischen Steifigkeit für Mineralfasertrittschalldämmplatten auswirkt. Die **dynamische Steifigkeit** ist ein Maß für die Elastizität eines Trittschalldämmstoffes. Je kleiner der Wert, desto weicher ist das Federungsverhalten und desto höher damit das Trittschallverbesserungsmaß eines schwimmenden Estrichs.

Die dynamische Steifigkeit der Mineralfasertrittschalldämmplatten muß je nach Art der Rohdecke Werte von 30 bis unter 10 MN/m³ erreichen, um den Anforderungen zu genügen. Für die dynamische Steifigkeit sind in den Stoffnormen Gruppen festgelegt, ähnlich wie bei der Wärmeleitfähigkeit. Allgemein kann man feststellen, daß sich Mineralfaserdämmstoffe für alle Bereiche des Schallschutzes hervorragend eignen. Speziell für den Schallschutz ausgewiesen sind jedoch nur Trittschalldämmplatten.

Eine beliebte Demonstration, will man das Prinzip der Verringerung vorhandener Schallenergie erklären, sieht so aus: Man läßt eine Stahlkugel erst auf eine Stein- oder noch besser Stahlplatte fallen und danach in eine Schale voll Sand. Besser lassen sich Reflexion und Schluckung als Gegensätze nicht demonstrieren.

Schalltechnisch darf man – natürlich vergröbert – die Mineralfasern als den „Sand" verstehen. Sie fangen den Schallimpuls auf, sie lassen die Schallenergie im Sinne des Wortes „im Sande verlaufen".

So etwa läßt sich die hohe Schallschutzwirkung der Mineralfasern verstehen, egal, ob bei der Trittschalldämmung, wo sie die Schallschwingungen abschwächen und nur zum geringen Teil weiterleiten oder bei der Dämmung leichter Trennwände, die ohne Mineralfaserausfüllung leicht zur „Trommel" werden; bei der Zusatzdämmung von Außenwänden zum Zwecke der Wärmedämmung ist der Schallschutz willkommener Nebeneffekt.

Um die Weiterleitung von Körperschall aus einem Bauteil in das angrenzende zu unterbinden, trennt man sie mittels Mineralfaserplatten.

Das Brandverhalten

Für Mineralfaserdämmstoffe, regelt die DIN 4102 die zu stellenden Anforderungen an das Brandverhalten.

Mineralfasern ohne organische Zusätze gehören nach DIN 4102 Teil 4 zur Baustoffklasse A 1. Bei kunstharzgebundenen Mineralfasern ist die Baustoffklasse B 1, A 2 oder A 1 durch ein Prüfzeichen nachzuweisen; für die Baustoffklasse B 2 genügt ein Prüfzeugnis.

Auch wenn durch die Bindung mit Kunstharz eine andere Brandklasse gilt, ist nicht zu übersehen, daß der Grundstoff der Mineralfasern Glas oder Gestein ist, das nicht brennbar ist.

Demnach ist auch beim Brandfall die Hitzeentwicklung durch Verbrennen des Dämmstoffs gering. Mineralfaser ist also auch da, wo sie kunststoffgebunden und kaschiert ist, also als „schwerentflammbar" eingestuft, kein zusätzlicher „Brennstoff".

Um Verwechslungen vorzubeugen:

Die Begriffe **Temperaturbeständigkeit** und **Brandverhalten** werden leicht miteinander verwechselt. Ein Beispiel soll den Unterschied verdeutlichen. Blei-Zinn-Legierungen sind zweifellos nicht brennbar, können aber schon bei Temperaturen unter 250° C schmelzen. Bestimmte Kunststoffe dagegen sind brennbar, vertragen aber Temperaturen von über 300° C. Man spricht hier von der Anwendungsgrenztemperatur, und die liegt heute bei Mineralfasern zwischen 500 und 900° C.

Verarbeitungsformen

1. Lose Mineralwolle, gesackt

Obwohl es schon fast für jeden denkbaren Bedarfsfall eine spezielle Verarbeitungsform gibt, hält sich die lose Wolle als Allerweltsdämmung am Markt. Qualitäten und Verarbeitbarkeit sind recht unterschiedlich.

2. Lose Mineralwolle gerollt (ungebunden) ist weithin von den Rollfilzen abgelöst. Aufgesteppt auf Pappe oder Drahtgeflecht wird sie für Dämmung von Heizungsrohren und -anlagen verwandt, als Zopf mit Draht umklöppelt dient sie zum Abdichten von Schlitzen (Fenster, Türen u. ä.).

3. Rollfilze

Einsatzmöglichkeiten und Verarbeitungsformen der Rollfilze sind vielfältig. Vom unkaschierten Rollfilz zum Rollfilz auf Bitumenpapier oder Alu-Folie aufkaschiert reicht die Palette bis zur völligen Ummantelung.

Ebenso vielfältig sind die Einsatzmöglichkeiten im Wärmedämmbereich mit oder ohne Dampfbremse, als Dämmzwischenlage horizontal oder senkrecht, mit Randleiste, also eingeklapptem, überstehendem Bahnstreifen zur Befestigung (zwischen den Sparren bei der Dämmung der Dachfläche hauptsächlich verwandt).

4. Mineralfaserplatten

Sie gibt es von weich bis fest für die vielfältigsten Verwendungszwecke, auch in die Bereiche der Filze hineinreichend, wie für leichte Trennwände, dann für Zusatzdämmungen außen, aber auch für innen, auch auf Gipskartonplatten kaschiert, mit Putzträger versehen für innen und außen, mit aufkaschiertem Glasvlies oder Pappe,

um Abrieb durch Luft in Lüftungskanälen zu vermeiden, mit speziellen Oberflächenbehandlungen als Schallschluckplatten, Spezialplatten für den Brandschutz und etliche andere mehr.

Abweichend von allen anderen Mineralfasererzeugnissen ist die Dickenbezeichnung der Trittschalldämmplatten. Hier müssen immer zwei Maße genannt sein. Das erste Maß, bzw. das größere Maß, bezeichnet die Dicke im Anlieferungszustand, das zweite Maß ist die Dicke, die verbleibt, wenn die Platten mit 200 kg/m² belastet werden, also nach dem Einbau.

5. Rohrummantelungen

kommen zum Teil als vorgepreßte Rohrschalen auf den Markt oder auch als Mineralfaserfüllung in Kunststoffolien mit unterschiedlicher Schließung.

Diese Zusammenfassung kann keinen lückenlosen Überblick über alle möglichen Verarbeitungsformen der Mineralfaserdämmstoffe geben, sie soll einen Gesamtüberblick ermöglichen. Die Kundenberatung auf dem Gebiet der Dämmstoffe ist eine vorrangige Aufgabe des Baustoffhandels.

Normen

Bestimmungen über die Anforderungen und die Prüfmethoden enthält die

DIN 18165 Faserdämmstoffe für das Bauwesen (Teil 1 und 2)

Anwendungsnormen

DIN 4102 Brandverhalten von Baustoffen und Bauteilen
DIN 4108 Wärmeschutz im Hochbau
DIN 4109 Schallschutz im Hochbau

Geschäumte Dämmstoffe

In der DIN 18 164, Teil 1 Schaumkunststoffe als Dämmstoffe für das Bauwesen – Dämmstoffe für die Wärmedämmung (Ausgabe Juni 1979) werden Dämmstoffe aus
- Phenolharz (PF) – Hartschaum
- Polystyrol (PS) – Hartschaum
- Polyurethan (PUR) – Hartschaum behandelt.

Polystyrol-Hartschaum wird je nach Herstellungsart unterschieden in Partikelschaum oder Extruderschaum.

Dämmstoffe aus Polystyrol-Partikelschaum

Wer kennt ihn nicht, den weißen Dämmstoff, der uns heute so häufig begegnet? Am Bau hat sich Styropor-Hartschaum, wie er auch genannt wird, im Laufe von 30 Jahren einen festen Platz erworben. Er hat eine geringe Rohdichte, ist leicht zu verarbeiten, hat gute Wärmedämmeigenschaften.

Woraus und wie entsteht Polystyrol-Hartschaum? **Rohstoff** ist Styrol, ein ungesättigter Kohlenwasserstoff, eine farblose, wasserunlösliche Flüssigkeit, die leicht polymerisiert.

(Die **Polymerisation** ist die wichtigste Reaktion zur Herstellung makromolekularer, = großmolekularer, Stoffe durch den Zusammenschluß ungesättigter – man könnte auch sagen „reaktionsfähiger" – Monomere, also Einzel- oder Kleinmoleküle.)

Durch die Polymerisation entsteht das Polystyrol. Das kommt in Form von rundlichen, glasigen Perlen von 0,3–2,8 mm ∅ auf den Markt. Diesen sind niedrig siedende Kohlenwasserstoffe (Pentan) als Treibmittel zugegeben worden. Die Schüttdichte liegt bei 650 kg/m³.

Herstellverfahren

Die Herstellung von Polystyrol-Partikelschaum geschieht grundsätzlich in drei Stufen:
- Vorschäumen
- Zwischenlagerung
- Ausschäumen

Das Vorschäumen

Die massiven Perlen werden in Vorschäumgeräten mit Dampf erhitzt, erweicht und von dem verdampfenden Treibmittel zu Zellen aufgebläht. Sie vergrößern ihr Volumen während der 2- bis 5minutigen Schäumdauer dabei um das 2- bis 50fache. Temperatur und Vorschäumdauer beeinflussen das Schüttgewicht der Partikel. Schon beim Vorschäumen wird also der spätere Hartschaum-Charakter, insbesondere die Rohdichte, mitbestimmt.

Beim Zwischenlagern

in Silos entsteht während der nun folgenden Abkühlung der vorgeschäumten Partikel durch Kondensation des restlichen Treibmittels in den einzelnen Zellen ein Unterdruck. Er gleicht sich in der für die weitere Herstellung notwendigen Zwischenlagerzeit von 1 bis 2 Tagen durch Eindiffundieren von Luft aus.

Blockschäumen

Nach der Zwischenlagerung werden die vorgeschäumten Partikel in spezielle Metallformen gefüllt. Der Ausschäumvorgang wird automatisch gesteuert.

Heute werden Formen bis etwa 4 m³ Inhalt gebaut. Gebräuchliche Maße sind 1,0 × 0,5 und 2–6 m lang. Die Formen sind allseitig mit perforierten Wänden versehen, durch die Dampf eintreten kann. Die Partikel werden auf 110/120° C erwärmt, schäumen weiter auf und verschweißen. Der höchste Dampfdruck beträgt $p = 1{,}6$ bis 2,0 bar. Nach einer relativ kurzen Abkühlzeit – dabei wird die Wärmeabgabe der Form an die Umgebung genutzt – werden die Blöcke entformt.

Die Herstellverfahren von Polystyrol-Hartschaum

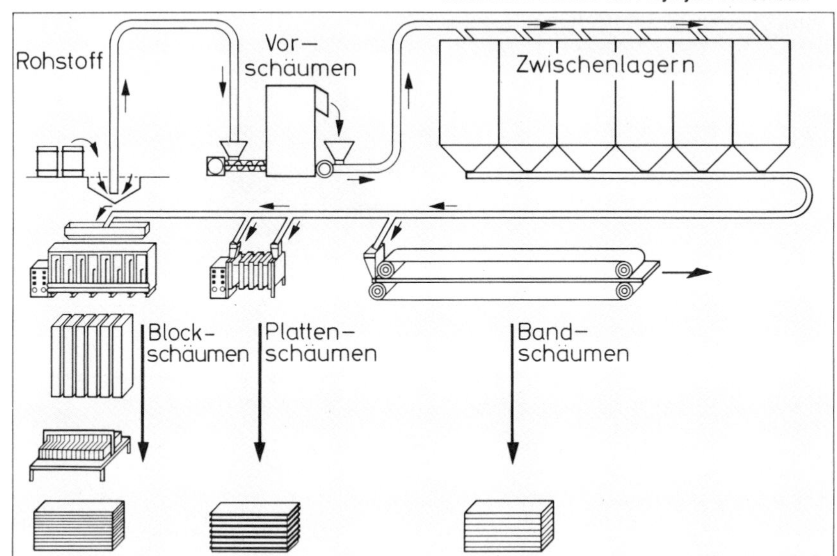

Vom Block zur Platte mit Sägen

Für diesen Arbeitsvorgang werden vorwiegend Bandsägen benutzt. Bei niedriger Rohdichte (unter 20 kg/m³) und Plattendicken bis maximal etwa 3 cm kann man Messerbänder verwenden, die sehr glatte Schnittflächen ergeben. Bei großen Schnittarbeiten und Rohdichten ist das Messer nicht anwendbar, da die Erwärmung durch Reibung zu groß ist und Verklebungen entstehen. In diesen Fällen muß mit Sägebändern gearbeitet werden.

Das Schneiden mit Drähten

Chrom-Nickel-Drähte von etwa 0,3 bis 0,6 mm werden durch elektrische Widerstandsheizung auf etwa 200–400° C erwärmt. Die Blöcke aus thermoplastischem Styropor-Hartschaum werden auf Anlagen mit parallelgespannten Drähten, deren Abstand der gewünschten Plattendicke entspricht, zerteilt. Die Vorschubbewegung liegt dabei entweder bei den Heizdrähten, die mit ihrem Spannrahmen vorgeschoben werden, oder beim angetriebenen oder auf einer Rutsche liegenden Block.

Beim Schneiden mit nichtbeheizten Drähten wird mit oszillierenden Schneidegattern gearbeitet. Dabei erfolgt eine Erwärmung der Drähte durch Reibung auf 80 bis 110° C. Besonders wirtschaftlich sind oszillierende Schneidegatter mit beheizten Drähten.

Automatenplatten

Bei dieser Herstellungsart werden die Styropor-Hartschaumplatten einzeln sofort fix und fertig in den gewünschten Endmaßen und beliebiger Gestaltung, z. B. Falze, Oberflächendekore und Kanäle, gefertigt. Die Formen, meist aus Aluminiumguß, sind zweiteilig aufgebaut, sie werden gefüllt und in einen Verarbeitungsautomaten mit einer Dampfkammer eingesetzt.

Bandschäumen

Die kontinuierliche Herstellung von Styropor-Hartschaumplatten in einem „Endlosstrang" erfolgt in Bandschäumanlagen. Ein Schäumtunnel mit beweglichen Wänden ermöglicht in örtlich hintereinanderliegenden Zonen die einzelnen Verfahrensschritte. Die Höhe des Tunnels ent-

Auf dem Bild sind die Polystyrol-Perlen (links), das vorgeschäumte (rechts) und das fertige Plattenmaterial (oben) zu sehen.

spricht der gewünschten Plattendicke. Die Breite des Schaumstoffstranges beträgt meist 1,0 bis 1,25 m, die Dicke zwischen 2 und 20 cm, die Bandgeschwindigkeit zwischen 1 und 25 m/min. Eine mitlaufende Schneideanlage längt den Strang auf das gewünschte Plattenmaß ab.

Polystyrol-Hartschaum für die Trittschalldämmung

Außer zur Wärmedämmung werden Hartschaumplatten auch zur Trittschalldämmung verwandt. Für diese Anwendung ist es erforderlich, daß die Platten dynamische Steifigkeit bekommen. Die normalen Hartschaumplatten werden zu diesem Zwecke elastifiziert. Die Hartschaumplatten bringen ohne diese Elastifizierung sonst nicht die verlangten Trittschalldämmwerte. Der gesamte Block wird kurzzeitig auf 1/3 der ursprünglichen Höhe senkrecht zur späteren Schnittebene zusammengedrückt. Nach Entlastung und angemessener Ablagerungszeit wird der Block zu Platten aufgetrennt, die nicht mehr starr, sondern elastisch sind. Trittschalldämmplatten lassen sich auch durch Walzen bzw. Walken bereits geschnittener Platten herstellen. Trittschalldämmplatten sind auch besonders gekennzeichnet (PST SE).

Wichtiger Hinweis: Polystyrol-Hartschaum sollte ausreichend abgelagert sein. Solange noch Treibmittelreste enthalten sind und entweichen, schrumpft das Material nach. Erst bei ausreichender Lagerung ist kein Nachschwinden mehr feststellbar.

Dämmstoffe aus Polystyrol-Partikelhartschaum müssen schwerentflammbar sein (Baustoffklasse B 1 nach DIN 4102; Prüfbescheid mit Prüfzeichen PA III . . .). Bei Verbundwerkstoffen ist zumindest der Nachweis der Baustoffklasse B 2 mit Prüfzeugnis erforderlich. Kennzeichnung siehe rechts.

Bei der Verarbeitung beachten:
Styropor-Hartschaum wird durch organische Lösungsmittel, wie sie in den meisten Klebern enthalten sind, gelöst. Bei der Verklebung von Styropor-Platten muß darauf geachtet werden, daß die verwandten Kleber frei sind von organischen Lösungsmitteln. Das trifft für alle Kleber zu, die als Styropor-Kleber gehandelt werden.

Anwendungsgebiete und -formen

Ein weites Einsatzgebiet für Styropor-Hartschaum sind Dach und Dachraum (Foto rechts) in vielfältigen Ausführungen. Beim Flachdach als nicht durchlüftetes Dach (Warmdach) kommen die Typen (gemäß Güteschutz) PS 20 SE und PS 30 SE als Rollbahn-Dachelemente, also auf Pappe in Streifen aufkaschiert und damit abrollbar, aber auch als Automatenplatten mit Stufenfalz wie auch als „normale" Platte mit glattem Rand und im Standardmaß 50 × 100 cm zur Anwendung, wahlweise auch auf Bitumenpappe kaschiert. Beim geneigten Dach finden zur Däm-

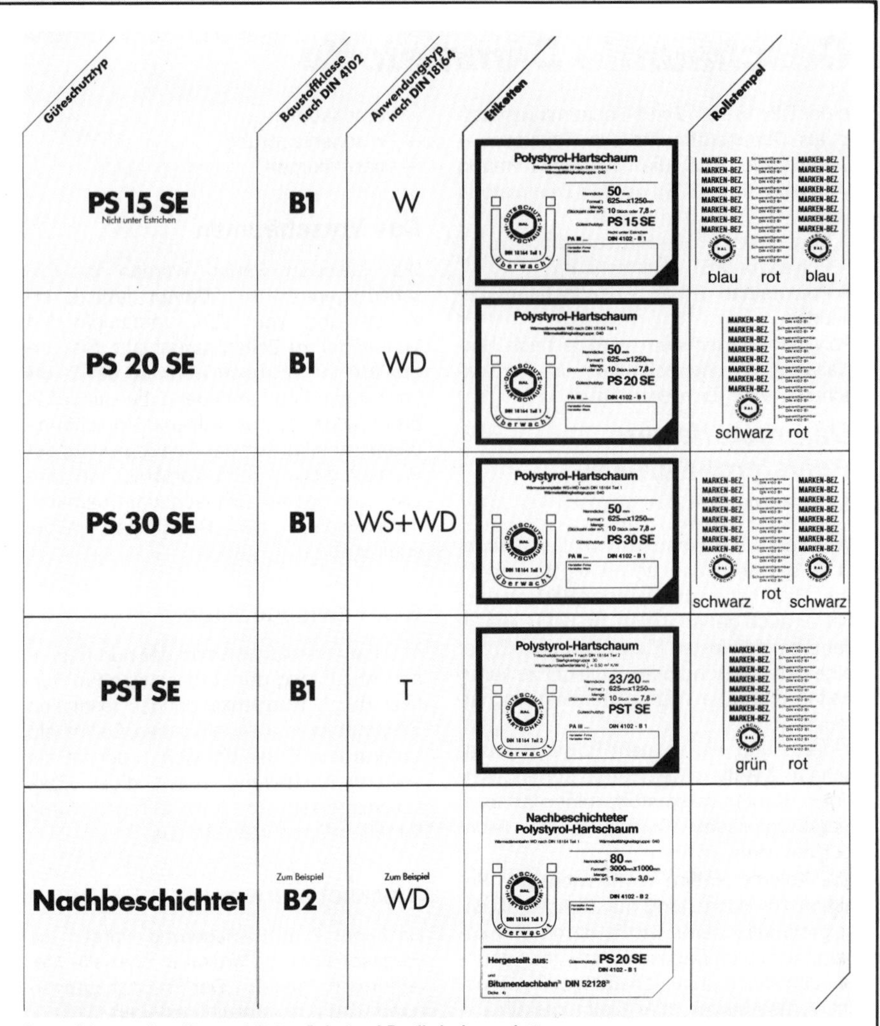

Kennzeichnung der gütegeschützten Polystyrol-Partikelschaumplatten

Güteschutztyp	Mindestrohdichte (trocken)	Anwendungstyp	Verwendung im Bauwerk
PS 15 SE	15 kg/m³	W	Wärmedämmstoffe, nicht druckbelastet
PS 20 SE	20 kg/m³	WD	Wärmedämmstoffe, druckbelastet
PS 30 SE	30 kg/m³	WD + WS	Wärmedämmstoffe, mit erhöhter Belastbarkeit für Sondereinsatzgebiete, z. B. Parkdecks
PST SE		T	Bei Decken mit Anforderungen an den Luft- und Trittschallschutz nach DIN 4109 T 2, z. B. bei Wohnungstrenndecken

mung unter den Sparren (innen) mit Bauplatten kaschierte Hartschaumplatten im Format der Bauplatten Anwendung. Zur Dämmung zwischen den Sparren werden flexible Platten, zur Dämmung auf den Sparren (außen) und am Hallendach werden meist große Formate mit oder ohne Stufenfalz verwandt.

Für die Dämmung der Außenwände kommen meist Styropor-Hartschaumplatten im handlichen Standardformat 50 × 100 cm zur Anwendung.

Sie bedürfen als Außendämmung einer Ablagerungszeit von mindestens sechs Wochen und als Kerndämmung ohne Luftschicht einer besonderen bauaufsichtlichen Zulassung.

Als Innendämmung werden meist Verbundplatten Polystyrol-Hartschaum/Gipskarton verwendet.

Polystyrol-Hartschaum wird am Bau auch für Aussparungen beim Betoniervorgang verwandt. Zu diesem Zwecke werden Styropor-Blöcke in den Maßen 50 × 50 × 100 oder 25 × 25 × 100 cm angeboten, die dann an der Baustelle auf die Maße der erforderlichen Aussparungen zugeschnitten werden.

Als Dränplatten mit wasserdurchlässigem Gefüge schützen besonders EPS-Platten das erdverbaute Mauerwerk vor dem andrückenden Wasser, indem sie es in darunterliegende Dränageleitungen ableiten.

Dämmstoffe aus Polyurethan-Hartschaum

Der Polyurethan-Hartschaum unterscheidet sich in einigen wesentlichen Eigenschaften von dem soeben behandelten Polystyrol-Hartschaum.

Wie entsteht Polyurethan-Hartschaum?

Polyurethan-Hartschaum entsteht durch Mischen der flüssigen chemischen Grundstoffe Isocyanat und Polyol. Als Treibmittel dient Monofluortrichlormethan (R 11).

Direkt nach dem Mischen der Polyolformulierungen mit Isocyanat kommt es zur chemischen Reaktion. Durch die Reaktionswärme verdampft das Treibmittel; je nach Treibmittelkonzentration schäumt das Gemisch bis zum 30fachen Volumen auf. Das Ergebnis ist Polyurethan-Hartschaum, ein Chemiewerkstoff, bestehend aus Millionen kleinster geschlossener Zellen, die das verdampfte Treibmittel fest umschließen.

Durch Katalysatoren wird die Schäumreaktion gesteuert. Das Reaktionsgemisch bleibt dabei bis in die Endphase des Aufschäumvorgangs fließfähig, so daß sich selbst komplizierte Hohlräume mit Polyurethan-Hartschaum ausfüllen lassen. Eine klebrige Zwischenphase sorgt dafür, daß der Schaumstoff mit bestimmten Deckschichten eine feste und dauerhafte Verbindung eingeht.

Polyurethan-Hartschaum zeichnet sich durch eine große Variationsbreite der Eigenschaften aus.

Individuell einstellbar sind:

- Thermische Beständigkeit
- Festigkeit
- Rohdichte
- Haftfestigkeit an Deckschichten
- Lösungsmittelbeständigkeit
- Reaktionsgeschwindigkeit
- Zellstruktur

Die Eigenschaften

Polyurethan-Hartschaum, kurz PUR-Hartschaum genannt, ist ein **duroplastischer Kunststoff,** räumlich stark vernetzt und **nicht schmelzbar.** Die Mindestrohdichte beträgt 30 kg/m³ nach DIN 18 164. Das Volumen von PUR-Hartschaum besteht nur zu einem geringen Teil aus festem Stoff.

Bei einer Rohdichte von 30 kg/m³ sind nur etwa 3% des Volumens fester Kunststoff. Der Feststoff bildet ein Gerüst aus Zellstegen und Zellwänden. Der kompakte Körper ist zu einem Gittergerüst und Zellverband aufgelöst.

PUR-Hartschaum für den Wärmeschutz hat ein **überwiegend geschlossenzelliges** Gefüge. Der Anteil der geschlossenen Zellen beträgt meistens über 90%. Aufgrund dieser Tatsache ist PUR-Hartschaum nicht für Schalldämmung und Schalldämpfung geeignet.

Die Rohdichte liegt je nach Einsatzgebiet zwischen 30 und 100 kg/m³. Bei höherer mechanischer Beanspruchung und bei Verbundelementen werden Rohdichten auch über 100 kg/m³ eingesetzt.

Wärmeleitfähigkeit

Bei Polyurethan-Hartschaum kann ein Meßwert der Wärmeleitfähigkeit nach DIN 52 612 Teil 1 und 2 bis zu λ = 0,019 W/(m K) erzielt werden. Bei Verwendung gasdiffusionsdichter Deckschichten unterliegt dieser Wert keiner wesentlichen zeitlichen Veränderung.

Fehlt die Deckschicht, tritt durch Gasaustausch mit der Luft eine Verringerung der Wärmedämmung ein.

Für Polyurethan-Hartschaum sind in der DIN 18 164, Teil 1, Ausgabe Juni 1979 – Schaumkunststoffe als Dämmstoffe für

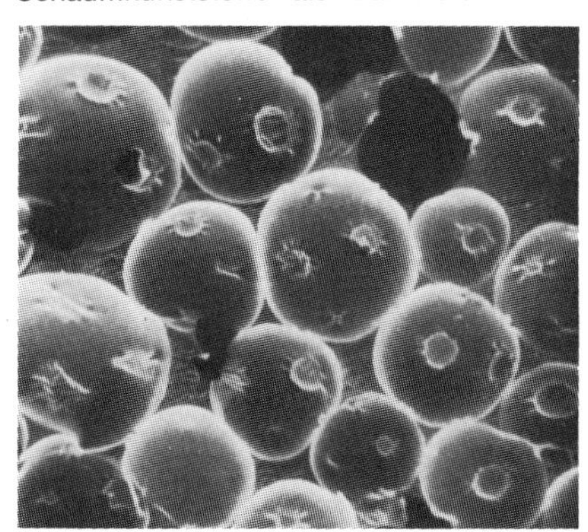

Zellstruktur eines überwiegend geschlossenzelligen PUR-Hartschaumstoffs.

Produkte	Wärmeleitfähigkeitsgruppen	Rechenwerte*) W/(m · K)
Platten nach DIN 18 164 mit gasdiffusionsdichten Deckschichten**)	020	0,020
Platten nach DIN 18 164 mit gasdiffusionsdichten Deckschichten**)	025	0,025
Platten nach DIN 18 164 ohne gasdiffusionsdichte Deckschichten und Ortschaum nach DIN 18 159	030	0,030
Platten nach DIN 18 164 ohne gasdiffusionsdichte Deckschichten	035	0,035

***) nach DIN 4108**
****) Deckschichten gelten im Hinblick auf die mögliche Änderung der Wärmeleitfähigkeit durch Diffusionsvorgänge ohne besonderen Nachweis als gasdiffusionsdicht, wenn sie aus metallischen Werkstoffen mit einer Dicke von mindestens 50 μm bestehen. Bei Platten, deren Randflächen kleiner als 10% der Gesamtoberfläche sind, braucht die Deckschicht die Randflächen nicht zu bedecken.**

Hochbau – und in DIN 4108 von Aug. 1981 – Wärmeschutz im Hochbau – die Wärmeleitfähigkeitsgruppen 020, 025, 030 und 035 vorgesehen. Polyurethan-Dämmplatten ohne diffusionsdichte Deckschichten fallen in der Regel in die Gruppe 030; dem entspricht ein Rechenwert von 0,030 W/(m K). Die den einzelnen Wärmeleitfähigkeitsgruppen entsprechenden Rechenwerte wurden im Bundesanzeiger Nr. 157 vom 23. 8. 1979 veröffentlicht und damit offiziell eingeführt. Für PUR-Ortschaum nach DIN 18 159 – Schaumkunststoffe als Ortschäume im Bauwesen – Teil 1, gilt die Wärmeleitfähigkeitsgruppe 030.

Wasserdampfdurchlässigkeit

In der DIN 4108 Teil 4 werden für PUR-Hartschaumdämmstoffe Diffusionswiderstandszahlen von μ = 30–100 genannt.

Beständigkeit

PUR-Hartschaum ist gegen die am Bau üblicherweise vorkommenden Stoffe resistent. Er ist ausreichend alterungsbeständig, soweit er UV-Strahlung nicht ausgesetzt ist.

PUR-Hartschaum hat keine Affinität zu weichmacherhaltigen PVC-Folien, so daß eine Wanderung von Monomerenweichmachern aus der Folie (Dachhaut) in den Schaumstoff nicht erfolgt.

Wird Polyurethan-Hartschaum dauernd freier Bewitterung ausgesetzt, so ist zum Schutz gegen UV-Strahlen ein geeigneter, dauerhafter Oberflächenschutz erforderlich.

PUR-Hartschaum ist im Sinne der DIN 4062 wurzelfest.

Polyurethan-Hartschaum ist weitgehend beständig gegen die in der praktischen Anwendung vorkommenden Lösungsmittel, wie sie beispielsweise in Quellschweißmitteln, Klebern, bituminösen Anstrichen und Pasten, Holzschutzmitteln und Dichtungsmassen üblich sind. Außerdem ist Polyurethan-Hartschaum beständig gegen Kraftstoffe, Mineralöl, verdünnte Säuren und Alkalien, ferner gegen Einwirkung von Abgasen oder aggressiver Industrieatmosphäre.

Brandverhalten

Das Brandverhalten von PUR-Hartschaum wird aus dem Zusammenspiel material- und umgebungsbedingter Faktoren bestimmt.

Durch die bauaufsichtlich eingeführten Richtlinien über die Verwendung brennbarer Baustoffe im Hochbau wird festgelegt, wo in Abhängigkeit von der Art und Nutzung eines Gebäudes brennbare Baustoffe eingesetzt werden dürfen.

Für das Bauwesen wird PUR-Hartschaum in den Baustoffklassen B 1 und B 2 angeboten. Die Klassifizierung B 2 ist mit Prüfzeugnis, die Klassifizierung B 1 mit Prüfbescheid PA III... des Instituts für Bautechnik, Berlin, (IfBt) nachzuweisen.

Dachabdichtungen

Dachabdichtungen von unbelüfteten Dächern (Warmdächern), die nach DIN 4102 widerstandsfähig gegen Flugfeuer und strahlende Wärme sind, gelten unabhängig von der Baustoff-Klassifizierung des Dämmstoffes als harte Bedachung (Prüfung nach DIN 4102, Teil 7).

Die Zulässigkeit von Dämmstoffen der Baustoffklasse B 2 ist u. a. in den Einführungserlassen zur DIN 4102 geregelt.

Gemäß § 7.1 der Richtlinien für die Verwendung brennbarer Baustoffe im Hochbau müssen „Dämmstoffe unterhalb der Dachhaut... für sich allein geprüft mindestens normalentflammbar (B 2) sein".

Mit ortgeschäumtem PUR-Hartschaum mit Flammschutzausrüstung lassen sich gegen Flugfeuer und strahlende Wärme widerstandsfähige Bedachungen herstellen (Nachweis durch Prüfzeugnis).

Hitzebeständigkeit

Polyurethan-Hartschaum verträgt kurzzeitig Temperaturen bis zu +250° C und ist damit für die Verarbeitung mit Heißbitumen geeignet. Die Forderungen der DIN 18164 – Schaumkunststoffe als Dämmstoffe für den Hochbau – und DIN 18 159 – Schaumkunststoffe als Ortschäume im Bauwesen – hinsichtlich der Formbeständigkeit in der Wärme werden erfüllt. Polyurethan-Hartschaum kann im Bausektor im Bereich von −50° C bis +110° C eingesetzt werden.

Für Sonderanwendungen sind Polyurethan-Dämmstoffe lieferbar, die im Bereich von −160° C bis +130° C eingesetzt werden können.

Industrielle Herstellungsverfahren und Produktionsmöglichkeiten

1. Blockschaum (diskontinuierliche Herstellung)

Die einfachste Form der Verarbeitung der beiden Komponenten ist das Mischen mit einem Rührer und anschließendes Einfüllen in eine Form.

Bei größeren Produktionen ist die maschinelle Verarbeitung wirtschaftlicher. Hierbei wird das aus einem Mischkopf austretende Reaktionsgemisch in Blockformen eingetragen.
Nach dem Aufschäumen und Ablagern können die fertigen Blöcke durch Schneiden und Fräsen zu Plattenware und Formteilen weiterverarbeitet werden.
Aus geschnittenen Platten lassen sich durch Bekleben mit Deckschichten Laminate und Sandwich-Elemente unterschiedlichster Art und Einsatzmöglichkeiten herstellen.

2. Blockschaum (kontinuierliche Herstellung)

Bei kontinuierlicher Herstellung wird das Reaktionsgemisch auf eine U-förmig gefaltete, seitlich abgestützte Papierbahn aufgebracht, die durch ein Transportband weiterbewegt wird. Am Ende des Transportbandes kann der aufgeschäumte Block in der jeweils gewünschten Länge abgeschnitten werden.

3. Schaumlaminate und Sandwich-Elemente Laminate mit flexiblen Deckschichten

Die kontinuierliche Herstellung von Schaumlaminaten erfolgt auf einer Doppelbandanlage. Das Reaktionsgemisch wird hierbei gleichmäßig auf eine in das Doppelband einlaufende untere Deckschicht verteilt. Das aufschäumende Gemisch erreicht dann eine obere Deckschicht und verklebt mit dieser zu einem Laminat. Die Platten sind in beliebigen Längen und Dicken herstellbar.

Als Deckschichten kommen unterschiedlichste Materialien zur Anwendung, z. B.

- Bitumenpapier
- Bitumen-Dachbahnen
- beschichtetes oder unbeschichtetes Glasvlies
- Aluminiumfolien
- Karton.

Die Deckschichten können im praktischen Einsatz verschiedene Aufgaben erfüllen. Meist dienen sie z. B.

- als Schutz vor mechanischen Beschädigungen
- als Dampfsperre
- als Versteifung.

4. Sandwich-Elemente mit profilierten metallischen Deckschichten

Das System der Doppelbandanlage kann auch zur Herstellung von selbsttragenden Bauelementen mit Deckschichten aus Stahl oder Aluminium verwendet werden.

Zur Erhöhung der Steifigkeit werden die metallischen Deckschichten vor der Beschäumung profiliert.

Der Schäumvorgang selbst ist dabei der gleiche wie bei Laminaten. Die Randzonen werden meist als Nut und Feder ausgebildet.

5. Bauelemente mit nichtmetallischen starren Deckschichten

Auf entsprechenden Doppelbandanlagen ist es auch möglich, einseitig oder beidseitig mit starren Deckschichten ausgestattete Bau-Elemente herzustellen.

Als Deckschichten kommen u. a. in Betracht:

- Gipskartonplatten
- Faserzementplatten
- Spanplatten.

6. Diskontinuierliche Herstellung von Sandwich-Elementen

Neben der kontinuierlichen Herstellung von Sandwich-Elementen finden auch diskontinuierliche Verfahren Anwendung. Hierbei werden die Deckschichten in einer Stützform fixiert und der entstehende Hohlraum mit Polyurethan-Hartschaum ausgefüllt. In geeigneten Stützformen können nach diesem Verfahren auch mehrere Sandwich-Elemente gleichzeitig hergestellt werden.

Es entstehen Bauelemente in Längen bis zu 10 m. Derartige Bauteile verbinden eine hohe Festigkeit mit einem relativ niedrigen Gesamtgewicht. Sie lassen sich leicht transportieren und mit geringstem Personalaufwand montieren.

7. Ortschaum

Ein weiterer Vorteil von Polyurethan ist die Möglichkeit, auch vor Ort zu verschäumen. Die Anforderungen an Polyurethan-Ortschaum sind in DIN 18 159 – Schaumkunststoffe als Ortschäume im Bauwesen – Teil 1 und dem AGI-Arbeitsblatt Q 113 festgelegt. (AGI = Arbeitsgemeinschaft Industriebau.)

Zu bevorzugten Objekten für die Anwendung von Ortschaum zählen die Dämmung von Schiffen, von Anlageteilen in Kühlhäusern und Behältern.

Bei der Ortverschäumung wird das flüssige Reaktionsgemisch an Ort und Stelle in einen vorbereiteten Hohlraum zwischen Behälter und Ummantelung eingebracht.

Ein besonderes Verfahren der Ortschaumtechnik ermöglicht das Aufsprühen des Reaktionsgemisches. Hierdurch lassen sich selbst größte Flächen nahtlos mit Polyurethan-Hartschaum beschichten. In einem Arbeitsgang entstehen Dämmschichten bis zu 15 mm Dicke. Dieser Sprühvorgang kann beliebig oft wiederholt werden, so daß die Dämmschicht in jeder beliebigen Dicke aufgebracht werden kann. Mit dieser Methode lassen sich sowohl vertikale wie horizontale „Dämmteppiche" erzeugen.

Anwendungsgebiete

Hier gilt das für EPS-Hartschaum Aufgeführte sinngemäß, Schalblöcke und Dränplatten sind dabei ausgenommen.

Dafür kann PUR-Hartschaum am Dach ohne Dachpappekaschierung mit Heißbitumen verarbeitet werden.

Ein bevorzugtes Einsatzgebiet von PUR-Hartschaum ist die Dämmung von geneigten Dächern. Bei der Verlegung auf den Sparren erreicht man bereits mit 9,5 cm dicken Platten der WLG 030 einen k-Wert von 0,30 W/(m^2·K). Dieser Wert wird in der novellierten Wärmeschutzverordnung im Bauteilverfahren von Dächern gefordert.

Für etwa 20 PUR-Hartschaum-Hersteller führt die ÜGPU – Überwachungsgemeinschaft Polyurethan-Hartschaum e. V. – die bauaufsichtlich geforderte Überwachung durch, für etwa gleich viele Hersteller von PUR-Hart- und Ortschaum die Güteschutzgemeinschaft Hartschaum.

Ein Spezialgebiet für PUR-Hartschaum ist die Flächendämmung mit Spritzschaum.

Bedingung für eine problemlose Anwendung dieses Verfahrens im Außenbereich sind trockene und warme Witterungsverhältnisse. Auch der Untergrund muß trokken sein und eine Mindesttemperatur von + 5° C aufweisen. Sind diese Voraussetzungen gegeben, so ist die Dämmung nach dem Spritzverfahren zeitsparend.

Wenn der PUR-Spritzschaum gleichzeitig als Wärmedämmung und als Abdichtung eingesetzt werden soll – wie z. B. bei Flachdachsanierungen – dann darf nur speziell bauaufsichtlich zugelassenes Material verwendet werden; hierfür hat das Institut für Bautechnik, Berlin (IfBt), bereits mehrere Zulassungen erteilt.

Die Vorteile von Polyurethan-Hartschaum, verarbeitet als Ortschaum, sind:

1. Das Material läßt sich in jeder beliebigen Dicke fugenlos auftragen.
2. Ein Schichtaufbau mit verschiedenen Rohdichten ist möglich.
3. Während der klebrigen Phase geht das Reaktionsgemisch eine sehr gute Haftung mit fast allen Baustoffen ein.

Als Montageschaum ist PUR-Spritzschaum bei der Montage von Bauelementen kaum mehr entbehrlich. Fenster, Innen- und Haustüren werden damit eingedichtet und befestigt (Türzargen müssen ausgesteift werden, da der PUR-Schaum beim Aufschäumen sonst die Zargen verbiegen kann!).

Die handlichen Flaschen mit PUR-Spritzschaum sind heute fester Bestandteil im Baustoffsortiment.

Normen

DIN 18164 Teil 1

Schaumkunststoffe als Dämmstoffe für das Bauwesen; Dämmstoffe für die Wärmedämmung.

DIN 18164 Teil 2

Dämmstoffe für die Trittschall-Dämmung.

Schaumglas

Schaumglas ist reines, anorganisches Silikatglas, das durch Zugabe von Treibmitteln (Alu-Pulver und Kohlenstoff) aufgeschäumt wird. Es wird als Blockschaum hergestellt und geschnitten oder direkt in Plattenform gefertigt. Schaumglas ist praktisch wasserdampfdicht und nimmt kein Wasser auf. Es ist formstabil. Unbeschichtetes Schaumglas nach DIN 18 194 gehört zur Baustoffklasse A1 nichtbrennbar nach DIN 4102.

Nach DIN 18 174 sind Rohdichten von 100 bis 150 kg/m^3 zulässig; Schaumglas gehört je nach Rohdichte zu den Wärmeleitfähigkeitsgruppen 045 bis 060. Vorzugsmaße sind (in mm) 500 × 500, 500 × 250, 300 × 450 und 600 × 450 bei Dicken von 40 bis 130 mm. Andere Maße können vereinbart werden.

Schaumglas wird im Hochbau vorwiegend dort angewendet, wo eine besonders hohe Druckfestigkeit der Wärmedämmung erforderlich ist, z. B. bei Park- und Hubschrauberlandedecks sowie bei der Dämmung von Wänden und Böden gegen Erdreich. Es wird in den Anwendungstypen WDS (Mindestdruckfestigkeit 0,50 N/mm^2) und WDH (0,70 N/mm^2) geliefert. Für Trittschalldämmung ist Schaumglas nicht geeignet.

Schaumglas gibt es auch als vorgefertigte Rohrummantelung in Halbschalen- und Segmentform.

Pflanzliche Dämmstoffe

Die ursprüngliche Bezeichnung „Organische Isolierstoffe" für diese Dämmstoffgruppe sollte wohl den Unterschied zu den mineralischen Dämmstoffen markieren. Inzwischen sind Dämmstoffe auf dem Markt, die wie die hier zu beschreibenden aus Stoffen bestehen, die der organischen Chemie (Chemie des Kohlenstoffs) zuzuordnen sind, die sich aber insofern unterscheiden, als sie nicht wie die hier zu beschreibenden in der Natur gewachsen sind. Diese sind den chemischen Werkstoffen (Kunststoffen) zuzuordnen.

Die Kokosfasern

Interessant ist die Gewinnung der Kokosfaser; hier bedient man sich in allen Erzeugerländern der gleichen Methode. Die Umhüllung der Kokosnuß, aus welcher die Kokosfaser gewonnen wird, wird längere Zeit in einem größeren Sumpfbecken einem Fäulnisprozeß ausgesetzt. Alle organischen fäulnisanfälligen Stoffe werden bei diesem Verfahren der Abfaulung unterworfen. Nur die absolut fäulnisresistente, sogenannte Kokosfaser bleibt zurück und wird nach einem Wasch- und Trokkenprozeß als Kokosfaser in den Handel gebracht. Neben außerordentlicher Elastizität ist diese Faser im Vergleich zu den mineralischen Fasern sehr bruch- und reißfest.

Außer auf dem Bau wird die Kokosfaser besonders in der Isolier- und Polsterindustrie eingesetzt.

Kokosfasern sind elastisch, reiß- und bruchfest, sie sind fäulnissicher auch bei starker Berührung mit Wasser, geruchlos, und verfilzt haben sie gute Wärme- und Schalldämmeigenschaften.

Kork

Schon die alten Römer und Griechen haben Kork als Werkstoff für Sohlen und Sandalen, Flaschenverschlüsse und Schwimmer zum Fischfang benutzt und heute, fast 2000 Jahre später, spielt Kork im modernen Industriegeschehen noch immer eine wichtige Rolle. Dieses Material, welches den Zeitraum vom Altertum bis in die Neuzeit überlebt hat, ist die äußere Rinde der Korkeiche (Quercus suber). Sie wird gewerbsmäßig auf einem schmalen Landstrich angebaut, der sich über Südfrankreich, Spanien und Portugal und einen etwa 1500 km langen Streifen an der Küste Nordafrikas erstreckt. Die Korkwälder werden sorgfältig gepflegt, die Rinde wird nur im Sommer „gestripped" und die erste Ernte erfolgt erst, wenn die Bäume 20–30 Jahre alt sind. Die folgenden Ernten werden alle 9–10 Jahre vorgenommen. Nach der Ernte wird der

Kork geprüft und sortiert, in Ballen gepreßt und an Fabriken und Händler verkauft.
Um die vielfältigen Anwendungsmöglichkeiten des Korks zu verstehen, muß man die Zellstruktur kennen. Die Rinde der Korkeiche besteht aus winzigen 14seitigen Zellen, von denen jede Luft enthält. In einem nur 1 cm großen Stück Naturkork sind etwa 15 Millionen dieser kleinen Zellen mit einem Durchmesser von 0,03–0,04 mm, jede getrennt durch eine undurchdringliche und bemerkenswert feste Membrane, enthalten. Etwas mehr als 50% des Volumens von Kork ist Luft. Die Zellstruktur macht Kork leicht im Gewicht und schwimmfähig, widerstandsfähig gegen Eindringen von Feuchtigkeit, zusammenpreßbar und elastisch.
Der Dämmkork wird heute nur noch in den Anbauländern hergestellt. In sorgfältig entwickeltem Verfahren wird das Korkgranulat mit Hilfe von überhitztem Wasserdampf unter Ausnutzung der natürlichen Harze ohne fremde Bindemittel in Autoklaven zu Dämmkork in Blöcken zusammengebacken, aus denen dann die Platten geschnitten werden. Das Produkt heißt „reinexpandierter Kork (Backkork)". Backkork hat gewöhnlich die Wärmeleitfähigkeitsgruppe 045 nach DIN 18161 (Rechenwert 0,045 W/(m K) nach DIN 4108), ist normal entflammbar, Baustoffklasse B 2 nach DIN 4102, läßt sich in Heiß-Bitumen verlegen, ist alterungsbeständig, ist chemisch neutral, ist beständig gegen Säuren.

Abmessungen: Platten 100x50 cm in Dicken von 20–120 mm.

Hanf

Als Haschisch-Pflanze hat der Hanf in den letzten Jahren eine traurige Berühmtheit erlangt.
Die Fasern des Faserhanfs Cannabis sativa sind länger und gröber als unsere heimische Flachsfaser. Sie wird aus den Stengeln des Faserhanf wie die Flachsfaser gewonnen.

Jute

Zur Jutegewinnung wird bevorzugt die Rundkapseljute Corchoris capsularis angebaut, eine 1jährige, krautige Pflanzenart. Die Jutefasern werden aus den Stengeln der Pflanze ähnlich wie beim vorher schon erwähnten Flachs gewonnen. Anbaugebiete sind Pakistan, Brasilien, Thailand, Vietnam, China, Japan, Formosa und der Iran.

Gebräuchliche Handels- und Anwendungs-Formen

Bitumenfilz wird schon seit über 70 Jahren hergestellt, später kamen der **Bitumenkorkfilz** und der **Kokosrollfilz** hinzu.

Bitumenfilz ist in den Dicken 2, 3 und 4 mm, Bitumenkorkfilz in den Dicken 6/5, 10/8 und 12/10 mm am Markt. (Das zweite Maß beim Bitumenkorkfilz ist das Restmaß unter Belastung.)

Die Rohdichten liegen beim Bitumenfilz bei 500 kg/m³, beim Bitumenkorkfilz bei 220 kg/m³.
Die Wärmeleitfähigkeitsgruppe für Bitumenkorkfilz ist 050.

Kokos-Wärmedämmfilz und Estrichdämmplatte:

Kokos-Wärmedämmfilz gehört zur Baustoffklasse B 3 nach DIN 4102 (Brandschutznorm) und ist im Hochbau nicht mehr zugelassen.

Die **Estrichdämmplatte** aus vernadelten und gepreßten Kokosfasern entspricht der Baustoffklasse B 2 nach DIN 4102 nach verdecktem Einbau. Wärmeleitfähigkeitsgruppe 045.

Weitere Anwendungsformen:

Als **Kokoswandplatte** für zusätzliche Innendämmung der Wände, sie ist zugleich Putzträger.

Als **Schwingholz** auf Holzleisten verarbeiteter Bitumenkorkfilz, mindert den Schalldurchgang unter Massivdecken und an Wänden beim Einbau von Bauplatten.

Die Anwendung von Kork am Bau, reinexpandierte **Backkorkplatten** als Dämmstoffe in der Wärme- und Schalldämmung reicht vom Flachdach über die Wanddämmung in zweischaligen Wänden bis zur Kühlhausdämmung. Auch zur Raum-Innenverkleidung wird Kork verwandt.
Die Baubiologie hebt die pflanzlichen Dämmstoffe als Naturprodukt und als baubiologisch unbedenklich hervor.

Dämmstoffkörnungen

Ausgangsmaterial für die zahlreichen Perlite-Produkte ist ein vulkanisches Gestein mit der mineralogischen Bezeichnung Perlit. Schon im 18. Jahrhundert ist es von deutschen Wissenschaftlern als „Perlstein" beschrieben worden. Perlit kann seiner Entstehung und Zusammensetzung nach als Naturglas bezeichnet werden. Das besondere Kennzeichen ist ein bestimmter Gehalt an Wasser, welches in der erstarrten Lavamasse in feinst verteilter Form fest eingeschlossen ist.

Chemische Analyse:

SiO_2	65–80%	CaO	0–2%
Al_2O_3	12–16%	Fe_2O_3	1–3%
Na_2O	3–5%	MgO	0–1%
K_2O	2–4%	Wasser	3–6%

Wird zerkleinertes Perlit-Gestein kurzfristig Temperaturen von mehr als 1000° C ausgesetzt und damit zum Schmelzen gebracht, so verwandelt sich das eingeschlossene Wasser in Dampf und bläht die Glasschmelze auf ein Vielfaches ihres ursprünglichen Volumens auf. Das geblähte Perlit-Gestein wird in Anlehnung an die englische Schreibweise „Perlite" genannt. Perlite wird seit 1946 in den USA hergestellt. In Deutschland wurde 1956 mit der Fabrikation begonnen.

Empfohlene Estrichdicken

Einbaudicke der Trockenschüttung	Mindestdicke des Gußasphaltes	Mindestdicke des Anhydrit-Estrichs	Mindestdicke des Zement-Estrichs
bis 25 mm	25 mm	35 mm	35 mm
25 bis 40 mm	30 mm	40 mm	40 mm
über 40 mm (zus. verdichtet)	25–30 mm	35–40 mm	40–45 mm

Technische Daten von Leichtestrichen (Beispiele)

Wärmeleitfähigkeit (mit 60% Aufschlag)	$\lambda_{R\,tr}$ λ_R	0,075 W/(m K) 0,12 W/(m K)	0,094 W/(m K) (0,15 W/(m K)
Druckfestigkeit	$\delta_{D\,28}$	0,4–0,6 N/mm²	0,7–1,0 N/mm²
Rohdichte	ϱ	270–300 kg/m³	350–400 kg/m³

Verwendungsgebiete

Ausgleichsschüttungen bei Fußboden-Unterkonstruktionen

Diese wird aus bituminierter Perlite-Körnung hergestellt. Die mit Spezialbitumen umhüllte Perlite-Körnung kann in jeder Dicke eingebaut werden. Unter dem Flächendruck verbindet sich die Dämmschüttung durch die Bitumenbindung zu einer homogenen Masse. Bitumiertes Perlite ist unbegrenzt haltbar und wird von Ungeziefer gemieden.

Technische Daten:

Körnung: d = ca. 1–7 mm
Schüttdichte: ϱ_S = ca. 165 kg/m³
Rohdichte (eingebaut): ϱ = ca. 185 kg/m³
Rechenwert der Wärmeleitfähigkeit: λ_R = 0,06 W/(m K)
Baustoffklasse B 2 (normal entflammbar gemäß DIN 4102) güteüberwacht

Materialbedarf:

Für eine Dämmschicht von 1 m² Fläche und 1 cm Dicke werden 11 l bituminierte Perlite-Körnung benötigt.

Dämmschicht für schwimmende Estriche

Die staubfreie Perlite-Körnung gelangt zur Anwendung als Dämmschicht unter schwimmenden Estrichen. Das Material kann auch nicht wassersaugend geliefert werden.

Technische Daten:

Schüttdichte: ϱ =ca. 90 kg/m³
Rechenwert der Wärmeleitfähigkeit: λ_R =0,055 W/(m K)
Körnung: d =0–6 mm
Belastbarkeit: =0,01 MN/m² (1000 kp/m²)

Materialbedarf:

Für eine Dämmschicht von 1 m² Fläche und 1 cm Dicke werden ca. 12 l benötigt.

Leichtestriche unter Fliesen oder Gußasphalt ...

... werden aus Perlite-Mörtel, bestehend aus Perlite-Körnung und hydraulischem Bindemittel, hergestellt und nach Wasserzugabe verarbeitet zum Höhenausgleich und zur Wärmedämmung.

Materialbedarf

Für 1 m² Leichtestrich in 1 cm Dicke werden ca. 13 Liter Trockenmörtel benötigt.

Kerndämmung zweischaligen Mauerwerks

Für die Kerndämmung zweischaligen Mauerwerks verwendete Baustoffe benötigen eine bauaufsichtliche Zulassung.

Technische Daten (in eingebautem Zustand)

Rechenwert der Wärmeleitfähigkeit	λ_R =0,055 W/(m K)
Wasserdampfdiffusionswiderstandszahl	μ =3–4
spezifische Wärmekapazität	c =1000 J/(kg K)
Schüttdichte	ϱ_S =ca. 100 kg/m³
Korngröße	d =0–6
Mindestdicke der Dämmstoff-Schicht	d_{HY} =50 mm
Material-Mehrbedarf	=10%

Perlite ist aufgrund seiner mineralischen Herkunft nichtbrennbar (Baustoffklasse A 1 nach DIN 4102), ist nicht verrottbar, altert und schrumpft nicht.

Als Dämmschicht in 3schaligen Hausschornsteinen

wurde Perlite bereits unter der Rubrik „Montageschornstein" erwähnt.

Anwendung im Flachdach

Wärmedämmung und Gefälleschicht in einem Arbeitsgang wird für einschalige Flachdächer aus einer bituminierten Perlite-Dämmstoffkörnung hergestellt.

Einsatz als Dämmörtel

Dämmörtel auf Perlite-Basis dienen zum Ausfüllen von Heizungs- und anderen Installationswandschlitzen. Da Perlite als Mörtel, also mit hydraulischem Bindemittel gemischt und mit Wasser angemacht, verarbeitet wird und in der Wand erhärtet, vereinigt es einige Vorteile in sich.

Bei guter Wärmedämmung dämpft es die Geräuschleitung der eingebetteten Leitungen sehr gut, es ist haft- und standfest und kann ohne Putzträger bis zu 50 cm Schlitzbreite eingebaut und danach verputzt werden.

Technische Daten

Rohdichte:	ϱ =ca. 320 kg/m³
Druckfestigkeit:	β_{28} =ca. 0,8 N/mn
Temperaturanwendungsgrenze:	ca. 600° C
Wärmeleitzahl bei + 10° C:	λ =0,074 W/(m K)

Materialbedarf

Für 1 m³ Schlitzverfüllung sind ca. 1,2 m³ (= 15 Sack) Schlitzmörtel erforderlich.

Weitere körnige Dämmstoffe

Für lose oder gebundene Schüttungen – das sei hier extra angemerkt – eignen sich natürlich auch Blähtonkörnungen oder auch Naturbims. Sie werden da besonders verwandt, wo ein höheres Raumgewicht und etwas geringere Wärmedämmung wegen höherer Ansprüche an die Korndruckfestigkeit in Kauf genommen werden.

Kaschierte Dämmstoffe

Als kaschierte Dachdämmstoffe könnte man die Flachdachdämmstoffe bezeichnen, die mit Alu-Folien und Pappe kaschiert auf den Markt kommen. Sie sind aus Gründen der Übersichtlichkeit in der Rubrik Schaumdämmstoffe mit erfaßt bzw. auch bei den Faserdämmstoffen.

Zu den kaschierten Dämmstoffen zählen auch die mit Gipskarton-, Gipsfaser- oder Leichtbauplatten kaschierten Dämmstoffe, also Verbundplatten und Mehrschicht-Leichtbauplatten. Auch diese sind in ihrem Sortiment mit behandelt.

Was hier als gesonderte Gruppe zu behandeln ist, sind *kaschierte Dachdämmstoffe für das geneigte Dach.* Sie entstanden, als durch die Ölkrise langsam das Interesse am Energiesparen geweckt wurde und als die alte DIN 4108 durch die Energieeinsparungsverordnung (Gesetz zur Einsparung von Energie in Gebäuden, EnEG, das am 1. 11. 1977 in Kraft trat) eine zeitgemäße Abänderung erfuhr.

Hier geht es um die Wärmedämmung in der Dachfläche, über die man sich vorher nur Gedanken machte, wenn das Dachgeschoß ausgebaut werden sollte.

Die Mineralfaserindustrie hatte für diesen Zweck die auf Alufolie kaschierte und mit ausklappbaren Randstreifen versehenen Randleistenmatten auf dem Markt, und damit dämmte man die Dachfläche zwischen den Sparren.

Was dazu führte, daß man einen anderen Weg einschlug, ist schwer feststellbar. Jedenfalls bot sich an, beim Umdecken wie beim Neueindecken der Dachhaut aus Dachziegeln oder Betondachsteinen wie vorher schon bei Asbestzement-Wellplatten die Dämmung auf die Tragkonstruktion, hier also auf die Dachsparren, außen aufzulegen. Die Vorteile sind erkennbar.

Besonders herausgestellt wird von den Dämmstoffherstellern beim Ausbau einer „Studiowohnung" die Verwendbarkeit der Holzkonstruktion zur Innenraumgestaltung.

Isolierungen, technischer Sektor

Die Produktpalette reicht von auf die Lattung verlegten einzelnen Dämmelementen in Ziegelgröße oder wenig größer, die mit Aussparungen zum Einhaken der Ziegel versehen sind, bis zu großen, fast dachlangen Elementen, die, direkt auf den Sparren befestigt, die Lattung fertig aufmontiert haben. Diese Elemente sind meist entweder aluteil- oder einkaschiert oder auch holzfaserplattenkaschiert. Die aufmontierte Lattung ermöglicht ausreichende Belüftung der Dämmung oder/ und der Ziegel.

Vereinfacht dargestellt, können wir in diesem Bereich folgende physikalischen Zusammenhänge erkennen.

Warme Luft ist leichter als kalte, steigt hoch und sorgt so für ständigen Wärmetransport nach oben (Zirkulation).

Die Wärmemenge, die durch ein Bauteil fließt, hängt ab von der Wärmeleitfähigkeit des Stoffes (Arteigenschaft) und dem Temperaturunterschied zwischen innen und außen.

Daraus ergibt sich, daß der k-Wert der Bauteile, die das Haus nach oben begrenzen, niedriger (die Wärmedämmung also höher) sein muß, um hier nicht mehr Wärme abfließen zu lassen als durch die Wände. Das ist also das Dach oder die oberste Geschoßdecke, wenn das Dach nicht ausgebaut wird. (Erwünschte Differenz mind. 25%, möglichst 50%!)

Hohe Lufttemperatur bedingt hohen Dampfdruck, der sich in Richtung des Gefälles (wie die Temperatur auch) auszugleichen sucht. Das heißt also: hoher Temperaturunterschied bedingt hohen Unterschied im Wasserdampfdruck, also hohen Wasserdampfdurchgang. In Abhängigkeit vom Temperaturgefälle nach außen wird der durch das Bauteil hindurchgehende Wasserdampf zu Wasser.

Er kondensiert. Kondenswasser in der Dämmschicht verschlechtert den Dämmwert der Dämmschicht. Durch tiefere Temperatur erhöht sich die Kondensation.

Randleistenmatten begegnen dieser Erscheinung mit der Alufolie auf der Innenseite, manche Elementehersteller kaschieren um und um. Andere sorgen nur für sehr gute Belüftung der Dämmschicht.

In diesem Zusammenhang noch ein Hinweis auf die Garantiebestimmungen der Hersteller der Hartbedachung. Sie fordern, daß die Dachhaut auf der Unterseite ausreichend belüftet wird. Eventuell eintretende Schäden an Dachziegeln oder Betondachsteinen werden nicht anerkannt, entspricht die Belüftung nicht den Richtlinien des Dachdeckerhandwerks!

Isolierungen, technischer Sektor

Landläufig werden in dieser Artikelgruppe die Dämmstoffe zur Rohrisolierung zusammengefaßt, und selbst die sind zum Teil bei den Mineralfaserdämmstoffen zu finden, wie in den meisten Fällen die sog. Wärmedämmatten.

Isolierung oder Dämmung?

In diesem Bereich hat sich die Bezeichnung „Isolierung" hartnäckig gehalten, weshalb hier nochmals eine Klarstellung erfolgt.

Wenn wir einen Starkstrommasten oder ein unter Strom stehendes Kabel anfassen, spüren wir gar nichts, auch nicht das leiseste Kribbeln, wie etwa bei einer offenliegenden Schwachstromleitung. Hier liegt eine Isolation vor, das heißt, daß die Strom leitenden Drähte von Nichtleitern umgeben sind. Ein weniger guter Vergleich wäre das Wasser in einem Rohr.

Aber niemandem würde einfallen, Wasser in einem Rohr aus Zeitungspapier oder Leinen leiten zu wollen, weil beide Stoffe selbst Wasser aufnehmen, durchnäßt werden, wie wir es nennen. So geht es uns aber bei der Wärmedämmung. Es gibt keinen Stoff, der nicht die Wärme der Umgebung, der er ausgesetzt ist, aufnehmen würde, der also selbst nicht von der Wärme – wir sagen erwärmt – durchdrungen wird. **Deshalb läßt sich Wärme nicht isolieren.** Es gibt Stoffe, die die Wärme schlecht leiten. Mit ihnen kann man Wärme dämmen, eindämmen. Wir sollten deshalb auch hier von Rohr-Wärmedämmung sprechen statt von Isolierung.

Wärmedämmung bei Heizungsrohren

Die novellierte Verordnung über energiesparende Anforderungen an heizungstechnische Anlagen und Brauchwasseranlagen (Heizungsanlagen-Verordnung – HeizAnlV) wurde am 24. 2. 1982 vom Bundeskabinett verabschiedet und im Bundesgesetzblatt Nr. 7 vom 27. 2. 1982 – zusammen mit der Wärmeschutz-Verordnung – veröffentlicht. Die Verordnung gilt für heizungstechnische sowie der Versorgung mit Brauchwasser dienende Anlagen und Einrichtungen mit einer Nennwärmeleistung von mehr als 4 kW. Sie trat am 1. 6. 1982 in Kraft.

Zeile	Nennweite DN der Rohrleitungen/Armaturen mm	Mindestdicke der Dämmschicht, bezogen auf eine Wärmeleitfähigkeit von 0,035 W/(m · K) mm
1	bis DN 20	20
2	über DN 20 bis DN 32	30
3	ab DN 40 bis DN 100	gleich DN
4	über DN 100	100
5	Leitungen und Armaturen nach den Zeilen 1 bis 4 in Wand- und Deckendurchbrüchen, im Kreuzungsbereich von Rohrleitungen, an Rohrleitungsverbindungsstellen, bei zentralen Rohrnetzverteilern, Heizkörperanschlußleitungen von nicht mehr als 8 m Länge	1/2 DN

Die Wärmedämmung von Wärmeverteilungsanlagen wird unter § 6 der Verordnung geregelt.

1. Rohrleitungen und Armaturen in Zentralheizungen sind demnach wie in der Tabelle links dargestellt, gegen Wärmeverluste zu dämmen.

Bei Rohren, deren Nennweite nicht durch Normung festgelegt ist, wie z. B. bei Kupferleitungen, ist anstelle der Nennweite der Außendurchmesser einzusetzen und die nächst höhere verfügbare Lieferdicke zu wählen.

2. Die unter 1. getroffenen Festlegungen gelten nicht für Leitungen von Zentralheizungen in
a) Räumen, die zum dauernden Aufenthalt von Menschen bestimmt sind,
b) Bauteilen, die solche Räume verbinden,
wenn ihre Wärmeabgabe vom Nutzer durch Absperreinrichtungen beeinflußt werden kann oder wenn es sich um Einrohrsysteme handelt.

3. Bei Materialien mit anderen Wärmeleitfähigkeiten als 0,035 W/(m K) sind die Dämmschichtdicken umzurechnen. Für die Umrechnung und für die Wärmeleitfähigkeit des Dämmaterials können die in den anerkannten Regeln der Technik enthaltenen oder im Bundesanzeiger bekanntgegebenen Rechenverfahren und Rechenwerte verwendet werden.

Für die Wärmedämmung von Brauchwasserleitungen gemäß § 8 haben die Festlegungen unter 1.) und 3.) des § 6 ebenfalls Gültigkeit. Für Stichleitungen mit einer Länge von nicht mehr als 8 m gelten jedoch nur die Anforderungen nach § 6, Abs. 1, Zeile 5. Ausgenommen von den Anforderungen des § 6 sind Brauchwasserleitungen, die auch der Fußbodenheizung in Bädern dienen.

Gegenüber der Fassung aus dem Jahre 1978 findet im § 8 der novellierten Verordnung unter 4) auch die Wärmedämmung von Einrichtungen, in denen Heiz- und Brauchwasser gespeichert wird, Berücksichtigung. Demnach sind bei der Festlegung der Dämmdicken die anerkannten Regeln der Technik zu erfüllen.

Mit dieser Verordnung wird bis zur Nennweite DN 20 eine Mindestdicke der Dämmschicht von 20 mm festgelegt. Damit sind Dämmdicken von 6 mm, 9 mm oder 13 mm nicht mehr erlaubt. Außerdem ist der Bezug auf eine Wärmeleitfähigkeit von 0,06 W/(m K) bei Heizkörperanschlußleitungen mit einer Länge unter 8 m in der Neufassung nicht mehr enthalten. Überhaupt ist zu erkennen, daß bei der Festlegung der Dämmschichtdicken in stärkerem Maße wirtschaftlichen Überlegungen Rechnung getragen wird.

Danach ist jeder Bauherr verpflichtet, sowohl seine Heizung als auch seine Brauchwasserrohre zu dämmen.
Die Dämmung von Heizungsanlagen – es geht hier um Wärme- und um Schalldämmung – hat sich ein Handwerkszweig zur Aufgabe erwählt. Immerhin ein Zeichen dafür, daß man dazu Werkzeug, handwerkliches Geschick und Fachkenntnisse benötigt.
Nicht jede Wärme- oder Schalldämmung an Heizungsrohren ist ganz einfach vom Selbstbauer zu lösen, doch es gibt heute eine Anzahl Dämmstofferzeugnisse am Markt, die dem Selbstbauer sehr weitgehend entgegenkommen.
Der „Isolierer" verwendet Wärmeschutzmatten in ihren verschiedenen Ausführungen.
Es sind Mineralfasermatten, die auf verschiedene Trägerstoffe aufkaschiert oder aufgesteppt sind. Als Trägerstoffe kennen wir Kreppapier, Wellpappe, Alufolie und Drahtgeflecht. Auf Wellpappe und Drahtgeflecht ist die Mineralwolle aufgesteppt, auf den sonstigen Trägerbahnen aufkaschiert.

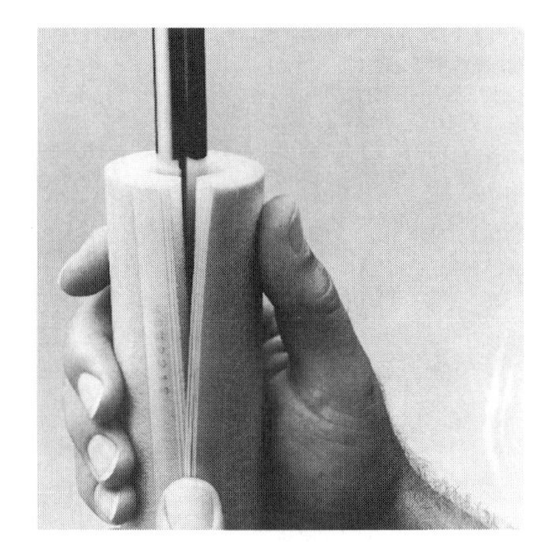

Zur Dämmung der Heizungs- und Warmwasserleitungen ist eine ganze Anzahl neuer Dämmsysteme auf den Markt gekommen, die vor allem dem Selbermacher entgegenkommen. Es sind meist flexible Schaumstoffdämmungen (wie z. B. auf dem Foto oben zu sehen) mit dichter Außenhaut und handlicher Anbringungs- und Verschlußmöglichkeit.

Akustik

Um Irrtümern gleich vorzubeugen, hier geht es um Baustoffe zur Verbesserung der Raumakustik, nicht um das Wissensgebiet der Akustik selbst.

Die Akustik ist die Lehre vom Schall und seinen Wirkungen. Der Name kommt von dem griechischen „akustós" = das Gehör betreffend.

Die physikalische Akustik ist ein Teilgebiet der Mechanik. Sie befaßt sich insbesondere mit mechanischen Schwingungen im Frequenzbereich zwischen 16 Hz (Hertz, bezeichnet die Schwingungen pro Sekunde), der unteren Hörgrenze, und 20 000 Hz, der oberen Hörgrenze, die sich in einem elastischen Ausbreitungsmedium (Luft) wellenförmig fortpflanzen und im menschlichen Gehörorgan eine Schallempfindung hervorrufen können. Nur soviel zur Definition des Begriffes, um den es hier geht.

Wir haben es hier mit einem Teilgebiet der Akustik zu tun und zwar mit der Bau-, vor allem aber mit der Raumakustik. Uns interessieren Baustoffe, mit denen es möglich ist, die Akustik eines Raumes zu beeinflussen, zu verändern. Genauer gesagt befassen wir uns unter dieser Rubrik mit Baustoffen, die den Nachhall im Raum regeln.

Im Kapitel Schallschutz ist der Vorgang der Schallschluckung bereits erklärt worden. Wir wissen bereits, daß Nachhall die Schallwellen bezeichnet, die von den Raumgrenzen zurückgeworfen, reflektiert worden sind. Regulierung des Nachhalls bedeutet Verminderung der Schallreflexion, also Schallschluckung oder Schallabsorption. Die Schallabsorption müssen wir ganz deutlich von der Schalldämmung unterscheiden. Um es noch einmal zusammenzufassen: Schalldämmung ist die Verminderung der Schallübertragung von Raum zu Raum durch Bauteile hindurch, Schallschluckung oder -absorption verringert oder verhindert die Reflexion, das Zurückwerfen der Schallwellen in den Raum, der sich dann als Nachhall akustisch auswirkt (Echo). Die Raumakustik bemüht sich darum, den direkten Schall und den Nachhall in ein der Nutzung des Raumes entsprechendes Verhältnis zu bringen.

Wie stark der Schall von bestimmten Baustoffen und Bauteilen absorbiert wird, drückt der Schallabsorptionsgrad aus.

Gemessen wird der Schallabsorptionsgrad im Hallraum gemäß der DIN 52212.

Bei den bauphysikalischen Daten von Schallschluckplatten u. dgl. finden wir diese Angaben als Teile von 1. So besagt

Schallabsorptionsplatte mit Waffelstruktur

Schallabsorptionsplatte mit Pyramidenstruktur

ein Schallabsorptionsgrad = 0,75, daß 75% des auf diese Fläche auftreffenden Schalls absorbiert, also geschluckt wird. Manchmal ergibt das Meßverfahren auch Werte über 1.

Extreme akustische Mißverhältnisse können wir antreffen im völlig leeren, unmöblierten Raum ohne Vorhänge und ohne Teppichboden, mit glatten Wänden und Decken und hartem, glattem Fußboden. Hier erschwert der starke Nachhall, der im größeren Raum direkt hörbar wird, die Verständigung.

Im schalltoten Raum – es sind meist Versuchs- oder Prüfräume – können wir unsere eigene Stimme fast nicht hören. Sie wird uns „vom Munde weggeschluckt". Den anderen, der uns direkt anspricht, hören wir besser als uns selbst.

Mit baulichen Maßnahmen zur Veränderung der Raumakustik können unter anderem folgende Problembereiche gelöst werden:

Für das menschliche Gehör schädliche Schalldrücke müssen verringert werden. Das ist beispielsweise in Maschinenhallen in Produktionsbetrieben, in Schießständen u. ä. erforderlich.

Hier werden Schallabsorptionsplatten aus Weich-Schaumstoff eingesetzt (z. B. Polyurethan-Weichschaumstoff – PUR – auf Esterbasis).

Diese Platten – auch Schaumstoffkeile – „federn" die Schallwellen ab, wandeln sie in Wärme um.

Der Hersteller der in den Bildern gezeigten Platten gibt als Faustregel für die so zu erreichende Minderung des Lärmpegels 6 dB(A) an. Da der Schalldruck logarithmisch beziffert wird, bedeutet eine Minderung z. B. von 90 auf 84 dB(A) eine Viertelung des Schalldrucks.

In so manchem Hallenbad wäre so eine Deckenauskleidung eine Wohltat!

Weniger extrem ist die Aufgabe der Nachhallregulierung und damit Verbesserung der akustischen Verhältnisse in Büroräumen (Großraumbüro), Tagungsräumen, Sitzungssälen, Verkaufsräumen, Hörsälen und Schulen.

Hier ist für die Schallschluckerzeugnisse der Gips- und Mineralfaserplattenindustrie ein weites Arbeitsfeld gegeben.

Eine spezielle waterproof-Platte für Naßräume

Schallabsorptionsteile für die Einrichtung reflexionsarmer Räume

Es handelt sich im einzelnen um Gips-Dekorplatten, Gipskarton-Loch- und -Schlitzplatten, Mineralfaserplatten.

Gips-Dekorplatten

Gips-Dekorplatten sind nicht in erster Linie Schallschluckplatten, wie schon der Name aussagt. Einige Dekore davon sind als Schallschluckplatten ausgeführt und bringen recht gute Schallschluckwerte bei sehr ansprechender Gestaltungsmöglichkeit. Die Platten werden aus faserarmiertem Gips hergestellt.

Das Plattenmaß ist 62,5 × 62,5 cm. Je nach Kantenausbildung werden die Platten an die Unterkonstruktion angeschraubt oder in sie eingeschoben. Auch auswechselbare Konstruktion und Einlegemontage ist möglich.

Die Schallschluckplatten sind entweder nur mit Faservlies hinterlegt oder zusätzlich mit Schallschluckhinterfüllung versehen.

Montage ist auf Holz- oder Metallunterkonstruktion möglich.

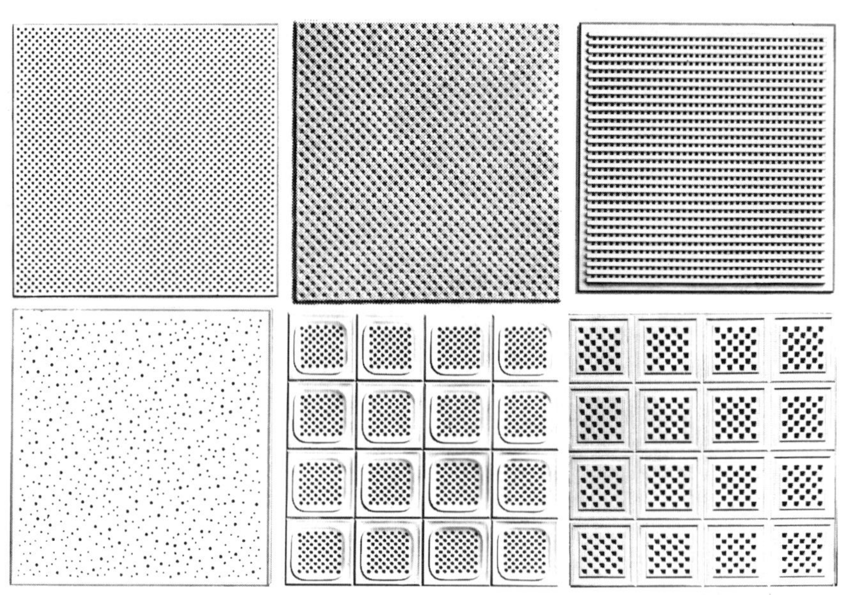

Dekor-Beispiele Schallschluckplatten aus Gips

Gipskarton-Loch- und -Schlitzplatten

Gipskartonplatten werden als große Bauplatten und als Kassettenplatten im Rastermaß 62,5 × 62,5 cm für Schallschluckdecken verwandt. Zu diesem Zweck sind sie entweder gelocht oder geschlitzt. Die Anordnung der Löcher oder der Schlitze zeigt nachstehende Darstellung. Montagemöglichkeit besteht auf Holz und Metallkonstruktion.

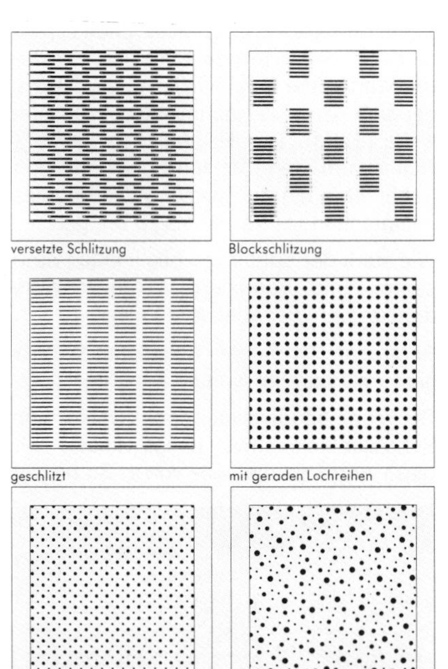

Kassetten GK

Zwei Mineralfaseroberflächen Mars und Stratos aus dem Knauf-Programm. Alle Knauf-Mineralfaserdeckenplatten können auch farbig geliefert werden.

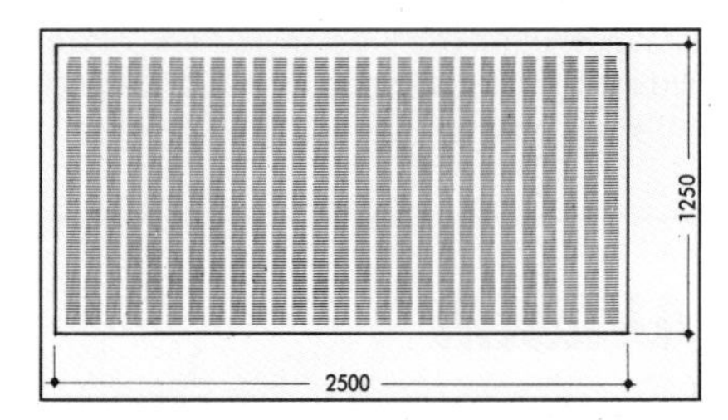

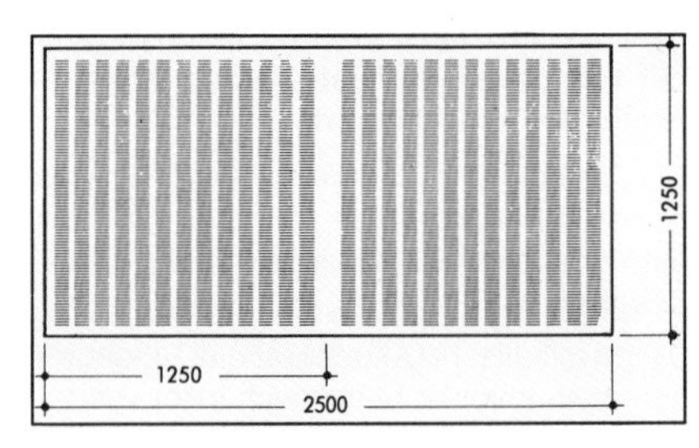

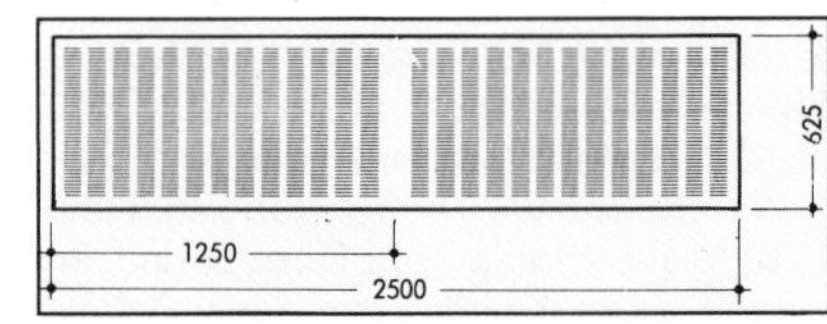

Bauplatten GK, geschlitzt werden mit kartonummantelten Längskanten oder 4 SK (4seitig scharfkantig) und einem umlaufenden Rand von ca. 52 mm geliefert.

Bei fugenloser Verlegung von Bauplatten GK, geschlitzt sind durchlaufende Schlitzreihen nur stirnseits möglich. An den Längskanten verbleiben ungeschlitzte Ränder. Für diese Verlegung erfolgt die Lieferung der Platten stirnseits unbeschnitten.

Der Zuschnitt wird am Bau durchgeführt.

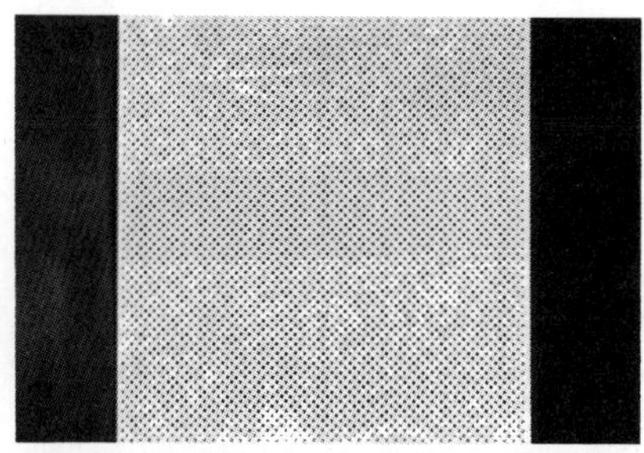

Schallschluckplatte rundgelocht, Loch-∅ 6 mm, Lärmminderung und Nachhallregulierung bewirken hinterlegtes Schallschluckmaterial und Aluminiumfolie.

MF-Platten Travertone TG und Travertone Tegular

Flurbreite Mineralfaserpaneele lassen alle Versorgungsleitungen in diesem Verwaltungsbau unsichtbar werden. Diese kostengünstige Deckenkonstruktion ist bis zu einer Flurbreite von 2,50 m möglich.

Mineralfaserplatten

Wenn es darum geht, möglichst hohe Schallabsorptionswerte zu erzielen, z. B. in Großraumbüros oder Verkaufsräumen, verwendet man auch Mineralfaserplatten als Deckenplatten.

Sie sind leicht, die Montage ist ebenso unproblematisch wie bei Gipskassetten oder Gipskartonplatten, sie sind in verschiedenen Dekoren erhältlich. Sie sind zwar nicht so ausdrucksvoll in der Gestaltung wie Gipskassetten, doch dafür erheblich stärker schallabsorbierend.

Alle diese Decken müssen in der Reihenfolge des Arbeitsablaufs der Raumfertigstellung am Schluß kommen. Bei Gips- und Gipskartonplattendecken muß Gußasphalt, wenn er vorgesehen ist, verlegt sein, ehe die Platten montiert werden.

Für Mineralfaserdecken gelten noch weiterreichende Vorsichtsmaßnahmen:

In einem Raum dürfen erst dann die Deckenplatten eingelegt werden, wenn er abgetrocknet ist, die Putz- oder Estricharbeiten (auch Asphaltestrich) beendet, Türen und Fenster eingebaut und verglast sind.

Die Raumtemperatur darf bei Verlegen der Platten nicht unter 15° C liegen und die relative Luftfeuchtigkeit darf 70% nicht übersteigen.

Normen

DIN 18168 Teil 1: Leichte Deckenbekleidungen und Unterdecken

DIN 18169: Deckenplatten aus Gips

Holzwolle-Leichtbauplatten – Mehrschicht-Leichtbauplatten

Grundstoffe und Herstellung

Leichtbauplatten nach DIN 1101 werden aus gesunder, langfaseriger, längsgehobelter Holzwolle hergestellt, die mit mineralischen Bindemitteln gebunden wird.

Als Bindemittel dient in den weitaus meisten Fabrikaten Zement nach DIN 1164, in Einzelfällen Baugips nach DIN 1168 und in einem Falle gebrannter Magnesit.

Mehrschicht-Leichtbauplatten DIN 1104 bestehen zusätzlich aus einer Schaumkunststoffplatte. Bei Zweischichtplatten kommt zu der ca. 5 mm dicken Leichtbauplattendeckschicht die die Dicke bestimmende Schaumkunststoffplatte, bei Dreischichtplatten ist die die Dicke bestimmende Schaumkunststoffplatte zwischen zwei Holzwolleleichtbauplatten-Deckschichten von je ca. 5 mm eingearbeitet. Die Schaumkunststoffschicht besteht aus Polystyrol-Hartschaum PS 20 SE.

Anwendungsbereiche

Ursprünglich kam die Leichtbauplatte als Putzträger auf den Markt. Die Wärmedämmeigenschaften und sehr gute Putzhaftung trugen ihr schnell Beliebtheit ein.

Erst später erkannte man die guten Brandschutz- und Schallschluck-Eigenschaften.

Als die Ansprüche an die Wärmedämmung höher wurden als zur Zeit der Einführung, kam die Mehrschicht-Leichtbau-Platte als Ergänzung auf den Markt.

Auch leichte Trennwände, einschalig aus den Platten ab 5 cm Dicke, zweischalig auch aus Platten ab 2,5 cm Dicke, können erstellt werden, die einschalige Wand unter Zuhilfenahme von Metall-Verbindungsklammern, ohne Konstruktion, ansonsten mit Unterkonstruktion.

Holzwolle-Leichtbauplatten

Bald eroberten sich die Leichtbauplatten den Bereich „verlorene Schalung", wo sie große Bedeutung haben. Bei dieser Verwendungsart werden die Leichtbauplatten auf der Unterseite von Betondecken oder bei Unterzügen, Wänden und Stützen anbetoniert. Die Leichtbauplatten werden in die Schalung eingelegt und mit Metall- oder Kunststoffankern versehen, die in den Beton ragen und die Platten verankern.

Maße und Kurzzeichen für Holzwolle-Leichtbauplatten (DIN 1101, Tabelle 1)

Kurzzeichen	Dicke [1]) mm	Breite mm	Länge mm
	Zulässige Abweichungen des Mittelwertes der Einzelplatte		
	$^{+3}_{-2}$	±5	$^{+5}_{-10}$
L 15	15		
L 25	25		
L 35	35		
L 50	50	500 [2])	2000 [2])
L 75	75		
L 100	100		

[1]) Vorzugsdicken; Dicken < 15 mm sind zu vereinbaren.
[2]) Vorzugsmaße; andere Breiten und Längen sind zu vereinbaren.

Die Leichtbauplatten verbessern die Putzhaftung bei Unterzügen, Säulen und Wänden. Sie verbessern aber auch Wärme- und Trittschalldämmung, Brandschutz und, sofern sie unverputzt belassen werden, das Schallschluckvermögen des betreffenden Bauteils.

Wichtig ist, daß der Beton oder die Zementmilch nicht in die Plattenstöße laufen darf, da sonst Wärmedämmlöcher oder Schallbrücken entstehen, die den Dämmwert erheblich mindern.

Flächengewicht und Rohdichte (DIN 1101, Tabelle 2)

Kurzzeichen	Flächengewicht [1]) [3]) Mittelwert kg/m² max.	Rohdichte [1]) [3]) Mittelwert kg/m³ max.
L 15	8,5	570
L 25	11,5	460
L 35	14,5	415
L 50	19,5	390
L 75	28 (36) [2])	375 (480) [2])
L 100	36 (44) [2])	360 (440) [2])

[1]) Einzelwerte dürfen die zulässigen Mittelwerte um höchstens 15 % überschreiten.
[2]) Die in Klammern gesetzten Werte gelten für in der Dicke zusammengeklebte Platten.
[3]) Die maximal zulässigen Mittelwerte für die Rohdichte von Platten der Dicken < 15 mm betragen:

Dicke	max. Rohdichte-Mittelwert
< 10 mm	800 kg/m³
≧ 10 bis < 15 mm	650 kg/m³

Rolladenkästen bestehen sehr häufig aus Leichtbauplatten oder sind aus dem Material hergestellt.

Aufgrund ihrer Eigenschaften gut geeignet sind Leichtbauplatten, vor allem als Mehrschichtplatten, zur Außendämmung von Betonstürzen und als Abstellteil bei

Maße und Kurzzeichen für Mehrschicht-Leichtbauplatten (DIN 1104, Tabelle 1)

Kurzzeichen	Dicke [1]) mm	Breite mm	Länge mm	Anzahl der Schichten	Schichtdicke [1]) mm		
	Zulässige Abweichungen des Mittelwertes der Einzelplatte				Holzwolleschicht im Mittel	Schaumkunststoffplatte	Holzwolleschicht im Mittel
	$^{+3}_{-2}$	±5	$^{+5}_{-10}$				
M 15/2	15					10	–
M 25/2	25			2	5 [3])	20	–
M 35/2	35					30	–
M 25/3	25	500 [2])	2000 [2])			15	
M 35/3	35			3	5 [3])	25	5 [3])
M 50/3	50					40	
M 75/3	75					65	

[1]) Vorzugsdicken. Andere Dicken und/oder im Aufbau abweichende Schichtdicken sind zu vereinbaren; die Holzwolleschicht muß hierbei im Mittel mindestens 5 mm dick sein.
[2]) Vorzugsmaße; andere Breiten und Längen sind zu vereinbaren.
[3]) Die Holzwolleschicht muß die Schaumkunststoffplatte vollflächig abdecken.

Betondecken, soweit diese nicht mit dem ansonsten verbauten Wandbaustoff abgestellt werden.

Bezeichnung

Die normgerechten Leichtbauplatten sind wie folgt zu bezeichnen: Plattenart – DIN-Hauptnummer – Kurzzeichen – Brandverhalten nach DIN 4102. Bei Abweichungen von den Vorzugsmaßen sind Länge und Breite zusätzlich anzugeben, bei anderen Dicken sind die Kurzzeichen abzuwandeln.

Normen

DIN 1101: Holzwolle-Leichtbauplatten; Maße, Anforderungen, Prüfung

DIN 1104: Mehrschicht-Leichtbauplatten aus Schaumkunststoffen und Holzwolle; Maße, Anforderungen, Prüfung

Mehrschicht-Leichtbauplatten

Gipskartonplatten

Geschichtliche Entwicklung

Bisher wurden schon etliche Baustoffe beschrieben, die die Entwicklung des Menschen schon seit langer Zeit begleiten. Dieser Abschnitt behandelt einen Baustoff mit einer recht jungen Geschichte, der das Baugeschehen dafür um so heftiger bewegte. Die Entwicklungsgeschichte ist fast als Siegeszug zu bezeichnen.

Die Entwicklung der Gipskartonplatte beruht auf einer Erfindung des Amerikaners Augustine Sackett, der im Jahre 1890 ein Patent für eine Innenwandbekleidung erhielt. Die Platten der Bekleidung sollten damals aus Papierlagen bestehen, die sich mit Schichten einer harten plastischen Substanz u. a. aus Gips abwechseln. Sie sollten weiterhin einerseits starr und fest, andererseits aber genügend weich sein, um das Eintreiben von Nägeln zur Befestigung an Fachwerk zu ermöglichen. Etwa um das Jahr 1912 wurde auf dieser Basis eine Wandplatte produziert, die aus vier Schichten eines speziellen Wollfilzpapiers und drei Zwischenschichten aus Gips bestand. Später wurden Platten mit leichterem Gewicht und einem einheitlichen Gipskern, der mit Karton ummantelt war, hergestellt. Diese Platten wurden sowohl als Bekleidung von Holzlattung als auch als Putz-Ersatz eingeführt und vorwiegend dort angewendet, wo es auf die Feuerwiderstandsfähigkeit ankam.

Im 1. Weltkrieg stieg die Produktion dieser Platten wegen der Verwendung bei Militärbauten erheblich an.

Ausgehend von den USA wurde zwischen den beiden Weltkriegen auch in Europa, z. B. in England und Lettland, die Produktion von Gipskartonplatten aufgenommen. In Japan, wo es kaum wirtschaftlich verwertbare Naturgips-Vorkommen gibt, befaßte man sich schon seit 1920 mit der

Verwertung chemischer Gipse, die bei der Phosphorsäure-Produktion als Nebenprodukt anfallen.

Im 2. Weltkrieg erhielt die Produktion von Gipskartonplatten in den USA neue Impulse. Vorteile der damit verbundenen Bauweisen wie Schnelligkeit, Wirtschaftlichkeit und Feuerwiderstandsfähigkeit führten zu einer rasanten Entwicklung in der Produktion, die heute zu einem Jahresverbrauch von ca. 6 m^2 pro Kopf der Bevölkerung geführt hat. Damit sind Gipskartonplatten in den USA zu einem der wichtigsten Baustoffe geworden.

Im Jahre 1945, als die amerikanische Entwicklung schon einen Gipfelpunkt erreicht hatte, begann die deutsche Entwicklung am Nullpunkt. Umsiedler aus Lettland brachten das Wissen über die Herstellung nach Deutschland und begannen unter schwierigen Nachkriegsverhältnissen in Bodenwerder an der Weser mit dem Aufbau der ersten Produktionsanlage. Die Erfahrungen der lettischen Auswanderer beruhten auf einer landeseigenen Produktion, die vor dem Kriege in der Nähe der Stadt Riga eingerichtet worden war. Hierauf geht auch der Name der Rigips-Platten zurück, abgeleitet von Riga-Gips. Die ersten Rigips-Platten wurden kurz nach der Währungsreform im Jahre 1948 ausgeliefert.

Schwierigkeiten bestanden anfangs darin, daß weder Architekten noch Verarbeiter zunächst in der Lage waren, die Platten sinnvoll zu verwenden. Die ersten Verarbeitungsrichtlinien mußten mühsam aus der Praxis entwickelt werden. Die Anwendung beschränkte sich in dieser Zeit vor allem auf den Dachgeschoßausbau und die Raumgestaltung mit Lochplatten, die gleichzeitig raumakustische Aufgaben übernahmen.

In den Jahren 1958/59 nahm die Firma Gebr. Knauf als zweite deutsche Produktionsstätte die Herstellung von Gipskartonplatten in Iphofen auf. Die hier hergestellten Platten erhielten den Namen Perlgipsplatten, abgeleitet vom Gipswerk der Firma Gebr. Knauf in Perl a. d. Mosel.

In den 60er Jahren wurde die Technologie der Gipskartonplatten ausgebaut. Es wurden die ersten DIN-Blätter als Güte- und Verarbeitungsnormen geschaffen. Dabei wurde insbesondere die Anwendung im Brandschutz und Schallschutz entwickelt, die Voraussetzung war für den späteren Montagebau in Großobjekten, wobei insbesondere der Krankenhausbau in Schweden neue Anstöße vermittelte. Im Zusammenhang mit dieser technischen Expansion entstand auch nach und nach eine leistungsfähige Zubehörindustrie, die gemeinsam mit der Gipskartonplattenindustrie Maschinen, Geräte, Profile und Befestigungsverfahren entwickelte.

Im Jahre 1974 nahm als drittes Unternehmen in Deutschland die Firma Gyproc GmbH in Hartershofen die Produktion von Gipskartonplatten auf.

Den Rohstoff Gips, seine Entstehung, seine Eigenschaften und seine Aufbereitung als vielseitigen Baustoff haben wir bereits bei den Bindemitteln behandelt.

Begriffsbestimmung von Gipskartonplatten

Gipskartonplatten sind Bauplatten. Die Bezeichnung tragen sie gemeinsam z. B. mit den Leichtbauplatten. Die Gemeinsamkeit endet damit aber schon.

Leichtbauplatten sind in der Regel Putzträger, die verputzt werden müssen, Gipskartonplatten, meist nur GK-Platten geschrieben, sind hingegen zur Bauplatte ausgeformter und stabilisierter Putz, also Putzträger und Putz in einem. Man könnte sie auch bezeichnen als eine „selbsttragende Putzschicht" aus Gips, die von dem allseitig umschließenden Karton die dem Gips mangelnde Biegezugfestigkeit erhält.

Produktion von Gipskartonplatten

Gipskartonplatten werden im kontinuierlichen Betrieb auf großen Bandanlagen hergestellt. Die wichtigsten Teile der Produktionsanlage sind:

- Kartonzulauf unten, bildet Ansichtsseite der Platte mit Kantenformung
- Gipszulauf und Verteilung durch Kalibrierwalze mit gleichzeitigem Kartonzulauf oben, bildet Rückseite der Platte
- Abbindestrecke mit Schneidvorrichtung als Schere
- Wendetisch mit Eintragung in den Mehretagentrockner
- Austrag und Plattenbündelung

Das Abbindeverhalten des Gipskerns sowie Länge und Bandgeschwindigkeit der Abbindestrecke sind aufeinander abgestimmt. Moderne Großanlagen mit hoher Bandgeschwindigkeit haben Abbindestrecken bis zu etwa 300 m. Die verwendeten Rohstoffe sind Stuckgips ($CaSO_4 \cdot \frac{1}{2} H_2O$) und hochwertiger, mehrlagig vergautschter Karton (Dicke $\lesssim$ 0,6 mm).

Anwendungsgebiete

Die sich selbst tragende Putzschicht wird im Innenbereich überall da verarbeitet, wo verputzt würde. Ist ein Untergrund vorhanden, in Form von Mauerwerk oder Beton, sind folgende Anwendungsgebiete üblich:

Trockenputz – GK-Platten direkt aufgeklebt, einfach oder mit Dämmstoffschicht,

Montagewände auf Unterkonstruktion aus Holz oder Metallprofilen,

Montagedecken (Unterdecken, Deckenbekleidungen) auf Lattenrost oder Metallkonstruktion, direkt an der Decke oder abgehängt,

Brandschutzummantelung von tragenden Bauteilen (Säulen, Unterzüge)

Trocken-Unterboden-Elemente (Trockenestrich) mit oder ohne Dämmschicht.

Plattenarten

Die auf dem Band gefertigten Gipskartonplatten bestehen aus einem breit ausgewalzten Gipskern, der einschließlich der Längskanten mit Karton ummantelt ist, während die geschnittenen Querkanten den Gipskern zeigen. Der Karton ist mit dem Gipskern fest verbunden. Der Gipskern kann geeignete Zuschlag- oder Zusatzstoffe enthalten und aufgeport sein.

Die auf dem Band gefertigten Gipskartonplatten sind eben, rechteckig und in der Regel großflächig (Regelbreite 125 cm, Länge ca. 200 bis 450 cm, Dicke 9,5 bis 25 mm). Für Gipskartonplatten besteht die Baustoff-Norm DIN 18180.

Die Arten der GK-Platten werden unterteilt nach ihrer Fertigung und nach dem Verwendungszweck, für den sie gemäß ihrer Beschaffenheit bestimmt sind.

Die bisherigen Formate haben mit den kleinformatigen Platten für den Baumarktbereich eine Erweiterung erfahren. Diese neuen, etwas kleineren Platten sind 90 oder 100 cm breit und bis 1,5 m lang bei 10 mm Dicke.

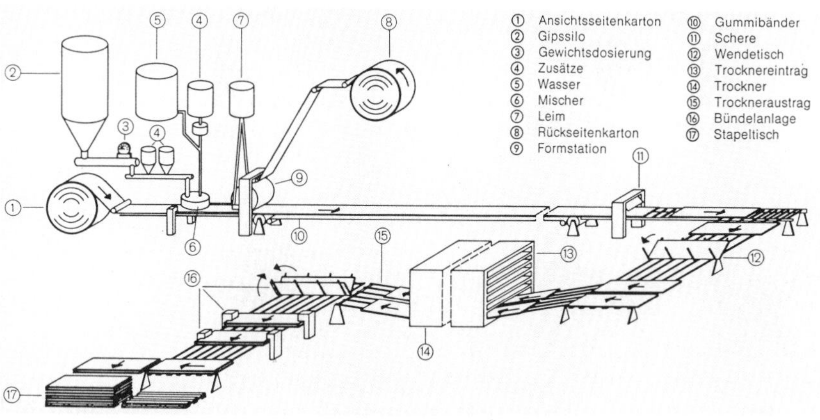

Gipskartonplattenproduktion im Schema (verkürzte Darstellung)

Gipskartonplatten

Bandgefertigte Gipskartonplatten

Es wird unterschieden zwischen:

Gipskarton-Bauplatten (GKB) zum Befestigen auf flächiger Unterlage, zum Ansetzen als Wand-Trockenputz nach DIN 18181 und zur Herstellung von Gipskarton-Verbundplatten nach DIN 18184. Ab 12,5 mm Dicke sind diese Platten auch zum Befestigen auf Unterkonstruktion für Wand- und Deckenbekleidung nach DIN 18181 und zur Herstellung von Montagewänden nach DIN 18183 Teil 1 geeignet.

Gipskarton-Feuerschutzplatten (GKF)

Der Anwendungsbereich entspricht dem der GK-Bauplatten (GKB), ist aber im besonderen auf den baulichen Brandschutz ausgerichtet, wenn Anforderungen an die Feuerwiderstandsdauer der Bauteile gestellt werden.

Gips hat die Eigenschaft, bei Hitzeeinwirkung, also im Brandfalle, sein Kristallwasser abzugeben und dadurch den Baustoff und mit ihm das Bauteil abzukühlen. Der Gipskern dieser Platten enthält einen Zusatz von Glasfasern. Mit Kartonummantelung entspricht die Feuerschutzplatte nach DIN 4102 den Anforderungen „nichtbrennbare Baustoffe A 2".

Ersetzt man, wie es bei einer Platte, die 1982 auf den Markt kam, geschieht, die Kartonummantelung durch ein Verbundmaterial aus Glasfaservlies mit kaschierter Glasseideneinlage, entsteht eine Gipsleichtbauplatte der Baustoffklasse A 1 nichtbrennbar nach DIN 4102.

Mit dieser Gipsleichtbauplatte, die bis auf die Ummantelung der DIN 18 180 entspricht, werden sehr hohe Anforderungen an den Brandschutz im Montagebau erfüllt.

Mit ihr lassen sich einfach beplankte Metallständerwände der Feuerwiderstandsklasse F 90 sowie Unterdecken, die allein der Feuerwiderstandsklasse F 90 angehören, herstellen.

Imprägnierte Gipskartonplatten sind mit Zusätzen versehen, die die Wasseraufnahme verzögern. Sie besitzen deshalb eine gewisse Schutzwirkung gegenüber Feuchtigkeitseinwirkung. Sie werden bezeichnet als *Gipskarton-Bauplatten, imprägniert (GKBI)*. Ihr Anwendungsbereich entspricht dem der GK-Bauplatten (GKB) mit Dicken $\geqq$ 12,5 mm.

Gipskarton-Feuerschutzplatten, imprägniert (GKFI)

Ihr Anwendungsbereich entspricht dem der GK-Feuerschutzplatten (GKF) mit Dikken $\geqq$ 12,5 mm.

Gipskarton-Putzträgerplatten (GKP)

Diese Platten werden lediglich mit 9,5 mm Dicke und einer Regelbreite von 400 mm hergestellt.

Werkmäßig bearbeitete Gipskartonplatten

Die bereits bei den Plattenarten genannten kleinformatigen Gipskartonplatten, für den Selbstbauer konzipiert und meist im Baumarktbereich vertrieben, sind auf der Längsseite mit runder oder halbrunder Kante ausgebildet. An den Querseiten, also den kurzen Seiten, sind sie nicht nur maschinell abgekappt und nachgeschnitten, sondern zur Rauminnenseite hin gefast.

Sie sind 10 mm dick und faserarmiert. Diese Ausstattung, die der der Feuerschutzplatten entspricht, ermöglicht in Verbindung mit Mineralfaser-Dämmstoffen z. B. den feuerhemmenden (F 30) Dachgeschoßausbau mit diesen Platten. Die kleinformatigen Platten werden auch als Verbundplatte mit 20 mm Hartschaum hergestellt.

Die bandgefertigen GK-Platten können für bestimmte Anwendungsfälle werkmäßig weiterverarbeitet werden wie etwa zu:

GK-Zuschnittplatten mit rechteckigem Zuschnitt,

GK-Kassetten mit quadratischem Zuschnitt,

GK-Lochplatten mit durchgehenden Löchern (zum Beispiel Rundlöcher, Schlitze), wobei die Löcher in Lochfeldern und Mustern angeordnet sein können. GK-Kassetten mit durchgehenden Löchern werden als GK-Loch- bzw. auch GK-Schlitz-Kassetten bezeichnet.

GK-Schallschluckplatten (GKS) sind rückseitig mit Faservlies beschichtete GK-Loch-(Schlitz-)Kassetten.

Beschichtete GK-Platten

Die Beschichtung kann aus festen Schichten, Folien oder aus plastischen Massen bestehen und richtet sich nach dem Verwendungszweck wie etwa:

- Folien aus Kunststoff oder Aluminium als Dampfsperre
- Folien aus Kunststoff für dekorative Zwecke
- Folien aus Walzblei zur Dämpfung von Röntgenstrahlen
- Bleche aus Kupfer für Dekorzwecke
- plastische Massen mit oder ohne Einlage von Gewebe zur Verbesserung der Oberflächenhärte oder für dekorative Oberflächenstrukturen.

GK-Platten, die rückseitig mit Dämmstoffen beklebt sind, werden als GK-Verbundplatten bezeichnet. GK-Lochplatten können mit verschiedenen Lochfeldanordnungen versehen sein, entweder über die gesamte Plattenfläche oder auch in Streifenfeld- oder Schachbrettanordnung. Es gibt Bezeichnungen für den Lochdurchmesser und den Lochachsabstand, und zwar bedeutet bei

– regelmäßiger Lochung die Bezeichnung 8/18: Lochdurchmesser 8 mm; Lochachsabstand 18 mm,

– regelmäßiger, versetzter Lochung die Bezeichnung 8–12/36: Lochdurchmesser 8 und 12 mm; Lochachsabstand 36 mm.

Die Anwendung von Gipskarton-Bauplatten beim Dachgeschoßausbau kann auch von Heimwerkern vorgenommen werden.

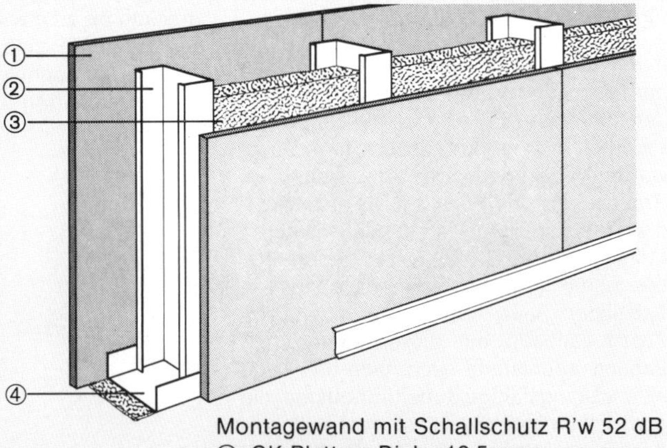

Montagewand mit Schallschutz R'w 52 dB
① GK-Platten, Dicke 12,5 mm
② C-Ständerprofil, 100 mm
③ Mineralfaser-Dämmstoff, Dicke 80 mm
④ U-Boden-Anschlußprofil

Diese GK-Montagewand entspricht dem Vorschlag für erhöhten Schallschutz im zurückgezogenen Entwurf der DIN 4109 Teil 2 an Wände in Beherbergungsstätten, Krankenanstalten und Sanatorien ($R'_w \geq 52$ dB).

Bei gleicher Schlitzlänge auf der Ansichtsseite ist bei 12,5 mm dicken Schlitzplatten der Schlitzdurchbruch auf der Rückseite viel geringer als bei 9,5 mm Dicke, was einen entsprechend kleineren Lochflächenanteil zur Folge hat.

Gipskarton-Verbundplatten

Gipskarton-Verbundplatten bestehen aus 9,5 bzw. 12,5 mm dicken Gipskarton-Bauplatten und damit werkmäßig verbundenen Dämmstoffplatten aus Schaumkunststoffen oder Mineralfasern. Die Gipskarton-Verbundplatten mit 20 bis 60 mm dicken Schaumkunststoffplatten (Polystyrol-Hartschaum oder Polyurethan-Hartschaum), welche mindestens der Baustoffklasse B 2 nach DIN 4102 Teil 1 entsprechen müssen, sind in DIN 18184 genormt; dabei gelten 1,25 m Breite und 2,50 m Länge als Regelmaße.
Gipskarton-Verbundplatten werden als Wand- und Deckenbekleidungen verwendet. Die Befestigung erfolgt auf einer Unterkonstruktion mit mechanischen Befestigungsmitteln; an senkrechten Bauteilen können die Platten auch ohne Unterkonstruktion mittels Kleber (Ansetzgips) befestigt werden. Verbundplatten mit Mineralfaserplatten werden sowohl für Schallschutz als auch für Wärmedämm-Zwecke eingesetzt.

Kennzeichnung

Gipskartonplatten erhalten schon bei der Bandfertigung auf der Rückseite parallel zur kartonummantelten Längskante einen Laufstempel. Die Richtung des Laufstempels gibt damit gleichzeitig die Längsrichtung der Platte (Faserrichtung des Kartons) an.

Wichtig für die Verarbeitung:

– Plattenlängsrichtung = Richtung der größten Festigkeit,

– Stempelfarbe Blau = GKB-Qualität für allgemeine Anwendung,

Gipskarton-Verbundplatten MF können mit streifenweise aufgebrachtem Ansetzgips an senkrechten Flächen auch ohne Unterkonstruktion verklebt werden.

– Stempelfarbe Rot = GKF-Qualität für Anwendung im baulichen Brandschutz.

Aus dem Laufstempel sind ferner Plattenart, Fabrikat sowie Hinweise für die Anwendung (zum Beispiel Brandschutz, Prüfzeichen usw.) ersichtlich.

Gipskartonplatten verlassen das Werk heute in der Regel in paarweise gebündelter Form, Ansichtsseite nach innen, wobei die geschnittenen Querkanten mit Papierbanderolen versehen sind. Die Banderolen sind durch Farbe und Aufdruck gekennzeichnet und lassen ebenfalls Fabrikat und Plattenart (zum Beispiel Bauplatten GKB oder Feuerschutzplatten GKF) erkennen.

Kantenformen

Produktionsbedingt sind die Längskanten mit Karton ummantelt, während die Querkanten rauhe Schnittflächen aufweisen. Die Querkanten werden deshalb gewöhnlich noch im Werk nachgeschnitten.

Je nach Verwendungszweck können die Platten mit besonderen Kantenformen versehen werden. Abgeflachte Längskanten dienen der Verspachtelung und führen damit zu geschlossenen fugenlosen Flächen. Da die Querkanten werkseitig nicht abgeflacht werden können, müssen diese auf der Baustelle nachbehandelt werden. Sollen die Fugen aus dekorativen Gründen sichtbar bleiben, ergeben sich sowohl bei kartonummantelten als auch geschnittenen Plattenkanten vielfältige Möglichkeiten.

Die neuen, kleinformatigen GK-Platten für den Selbstbau-Innenausbau weichen auch, was die Kanten betrifft, von den seitherigen Platten ab. Sie sind mit der Halbrundkante versehen. Dazu kommen firmengebundene Kanten, die wahlweise mit oder ohne Bewehrungsstreifen verspachtelt werden können.

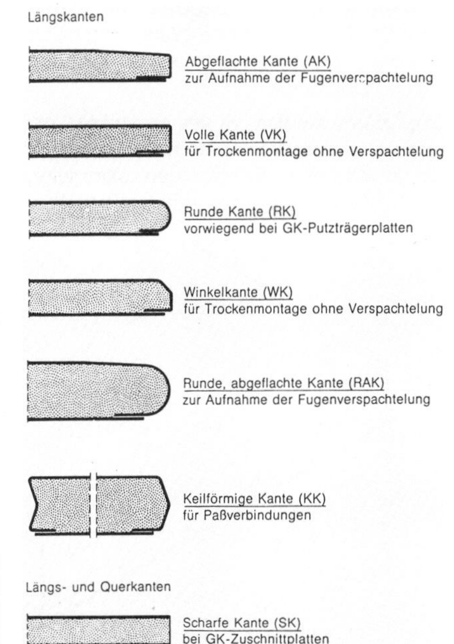

Kantenformen bei GK-Platten im Regelmaß

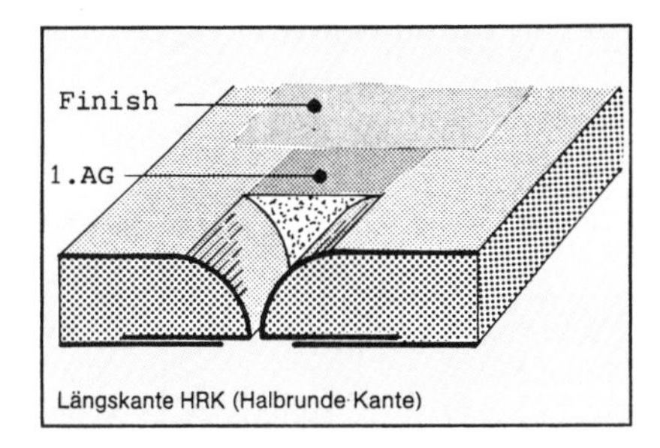

Längskante HRK (Halbrunde Kante)

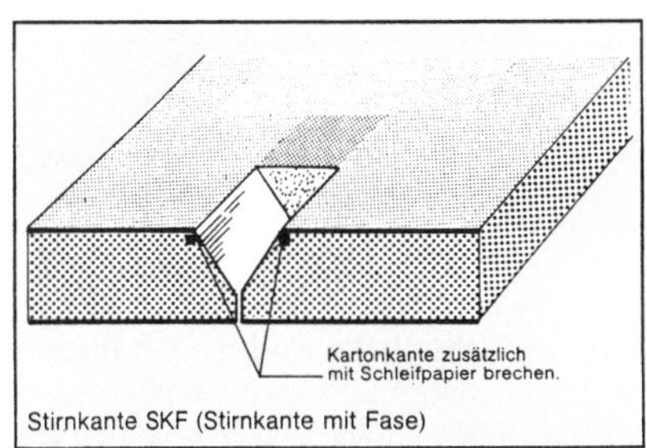

Stirnkante SKF (Stirnkante mit Fase)

Zum Verfugen von Gipskartonplatten mit halbrunder Kante sind maximal 2 Arbeitsgänge erforderlich. Der bei den anderen, mit Fugenzwischenraum zu verlegenden Kantenformen notwendige Bewehrungsstreifen entfällt.

Abmessungen und Gewicht

Die Bandfertigung läßt eine Vielzahl von Abmessungen in Länge und Breite zu, die jedoch im Interesse der Standardisierung und Vereinfachung in der DIN 18180 auf Regelmaße reduziert werden.

Die Breite ist begrenzt durch das Fertigungsband. Regelbreite ist gewöhnlich das Maß von 1250 mm, doch können die Platten auch im Dezimetersystem als Sonderbreite mit 1200 mm hergestellt werden. Platten mit 25 mm Dicke haben eine Regelbreite von 600 mm.

Die Länge der Platten ist im allgemeinen begrenzt durch die Transportfähigkeit. Deshalb verringert sich auch die maximale Plattenlänge mit zunehmender Plattendicke.

Die Plattengewichte – richtig bezeichnet als „flächenbezogene Masse" – werden dem internationalen Stand angepaßt. Unterschiede in den Plattengewichten sind insbesondere abhängig von der Zusammensetzung des Gipskerns.

Die Fugenbehandlung

Die Gipskartonplatten werden nur in Ausnahmefällen ganzflächig mit einer Stuckschicht überzogen. Daher ist die Frage der Fugenbehandlung, die aus Einzelplatten einheitliche Flächen schaffen muß, eine wichtige Frage bei der Verarbeitung dieses Baustoffs.

Wichtig ist, zu wissen, welches Fugmaterial es gibt, welche Eigenschaften es hat und womit die Fugen sicher zu bewehren sind. Dazu muß man sich wie bei den folgenden Einzelheiten, die Verarbeitungsvorschriften und Empfehlungen der Lieferwerke sehr genau ansehen.

Gipskartonplatten

Regelmaße und flächenbezogene Masse (Flächengewicht) bei bandgefertigten GK-Platten (DIN 18180, Tabelle 1)

Abmessungen (Toleranzen) in mm			Flächenbezogene Masse in kg/m²		
Dicke	Breite	Länge[1] ± 10	GKB/ GKBI	GKF/ GKFI	GKP
9,5 (± 0,5)		2000–4000	≦ 9,5	8,0–10,0	
12,5 (± 0,5)		2000–4000	≦ 12,5	10,0–13,0	
15,0 (± 0,5)	1250 (± 3)	2000–3000	≦ 15,0	13,0–16,0	–
18,0 (± 0,5)		2000–2500	≦ 18,0	15,5–19,0	
25,0 (± 1,0)	600 (± 5)	2500–3500	≦ 25,0	20,0–26,0	
9,5 (± 0,5)	400 (± 3)	1500 u. 2000		–	≦ 9,5

[1]) Zwischenmaße, jeweils um 250 mm steigend

Trockenputz

Nach der DIN 18181 sind die GK-Platten mit abgeflachten und kartonummantelten Kanten an den Längs- und Querstößen unter Verwendung von Bewehrungsstreifen zu verspachteln.

Als Bewehrungsstreifen kommen teilperforierte (durchstochene, feingelochte) Spezialpapierstreifen oder Glasvlies-Streifen zur Anwendung.

An Spachtelmassen verwendet man 3 Gruppen: Gips-Spachtelmassen, Spachtelmassen auf Kasein-Basis (Joint-Filler) und Dispersions-Spachtelmassen.

Die Gips-Spachtelmassen sind in ihrer Verarbeitungszeit fest eingestellte Gipse (Fugengips nach DIN 1168).

Beim Joint-Filler kann der Tagesbedarf angemacht werden, Reste können nach Überdecken mit Wasser zur Verarbeitung am nächsten Tag überlagern.

Die Verarbeiter verwenden deshalb für kleine bis mittlere Baustellen Gips-Fugenfüller, während für große Objekte und maschinelle Fugenverspachtelung Joint-Filler oder Spezialspachtel verarbeitet werden.

Auch in der Fugenbehandlung besteht ein Unterschied für die Ausbauplatte mit halbrunder Kante. Die Halbrundkanten und gefasten Querkanten ermöglichen es dem Verarbeiter, die Platten bei der Montage aneinanderstoßend zu befestigen. Es ist also kein Abstand von Platte zu Platte mehr erforderlich. Die Befestigung erfolgt wie bei anderen GK-Platten mit Schnellbauschrauben, Nägeln oder Klammern, rostgeschützt, oder durch Anbringen ans Mauerwerk mit Gipsbatzen als Trockenputz.

Die Fugen werden mit eigens für diese Platten bestimmten Spachtelmassen verspachtelt. Dabei sollten immer die Werksanleitungen beachtet werden.

Bewehrungsstreifen, wie sonst gewohnt, sind nicht erforderlich. Spachtelgipse werden beim Anmachen in Wasser eingestreut. Das Rühren mit dem Gipsspachtel reicht zum Anmachen aus. Ein Einsatz elektrischer Rührgeräte wird von den Herstellern nicht empfohlen.

Werkzeuge

Zur Verspachtelung wie auch zu vielen anderen Arbeitsgängen ist die Verwendung von Spezialwerkzeugen ratsam.

Diese Werkzeuge werden von den Plattenherstellern angeboten und sowohl von den Trockenbauern, wie man die Gruppe der auf Verarbeitung von Gipskarton-Platten spezialisierten Verarbeiter vielfach nennt, aber auch vom Heimwerker, benötigt.

Die mechanisierte Verspachtelung wird nur bei größeren Objekten angewandt.

Der Wand-Trockenputz

Von Trockenputz spricht man, wenn GK-Platten mit einzelnen, regelmäßig auf den Platten verteilten Gipsbatzen oder -streifen an die vorhandene Wand angesetzt werden und damit den sonst üblichen Naßputz ersetzen.

Was zuerst als das „Ei des Kolumbus“ erschien, als das Verfahren neu war, zeigte dann, als man Erfahrungen sammelte, auch Nachteile, die besonders in der Wärme- und der Schalldämmung in einzelnen Bereichen feststellbar wurden.

Der große Vorteil geringer Zufuhr an Baufeuchte und schnellster Baufortschritt macht diese Arbeitsweise für bestimmte Baumaßnahmen nach wie vor interessant, die bauphysikalischen Mängel jedoch schränken die Anwendungsmöglichkeit ein.

In dem Buch „Gipskartonplatten“ von Dr.-Ing. Hellmut Hanusch heißt es wörtlich unter „Bauphysikalische Gesichtspunkte“:

Der Verwendung von auf Gipsbatzen punktweise angesetztem Trockenputz sind aus bauphysikalischen Gründen gewisse Grenzen gesetzt, die schon bei der Bauplanung und vor Beginn der Bauarbeiten von Architekt und Verarbeiter bedacht werden müssen.

So bilden die Mörtelpunkte an Abkühlungsflächen wie Außenwänden Wärmebrücken, die zu einer verstärkten Abkühlung der Oberflächentemperatur der Wand gegenüber dem hinter den Platten eingeschlossenen Luftraum führen.

Daher entstehen nach einiger Zeit an diesen Stellen dunkle Flecken. Die Fleckenbildung tritt um so schneller in Erscheinung, je größer der Unterschied in der Wärmeleitung der benachbarten Wand-

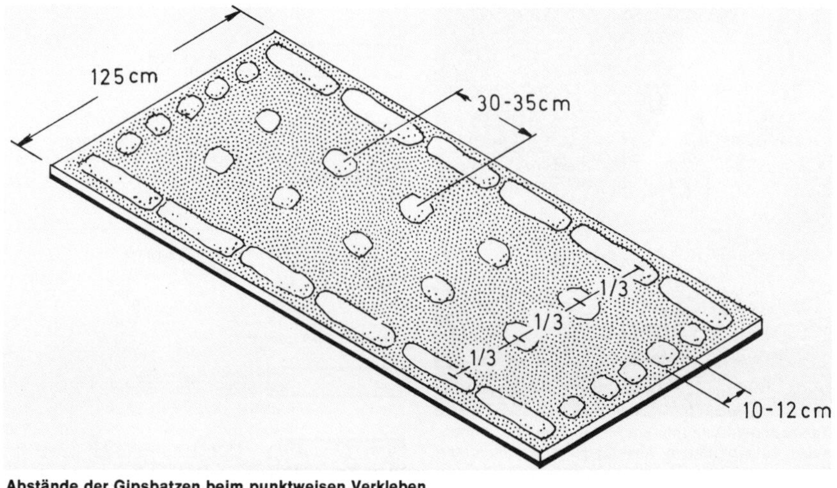

Abstände der Gipsbatzen beim punktweisen Verkleben

querschnitte wie Platte–Luft–Mauerwerk und Platte–Gipsbatzen–Mauerwerk ist und je schneller die staubführende Luft umgewälzt wird (z. B. über Heizungskörpern).

Außerdem wirken die Gipsbatzen auch als Schallbrücken, die eine starre Verbindung zwischen dem Schwerbauteil Wand und der biegeweichen leichten Schale aus GK-Platten bilden und den Schall weiterleiten.

Besonders dann, wenn das Mauerwerk nicht vollfugig gemauert wurde oder rissig ist, wird die Schalldämmung der Wand erheblich beeinträchtigt. Deshalb ist es im allgemeinen schalltechnisch nicht ausreichend, wenn Wohnungstrennwände und in der Regel auch die flankierenden Wände lediglich einen einfachen Wandtrokkenputz über Gipsbatzen erhalten. Hier kann, auch als nachträgliche Maßnahme zur Verbesserung der Luftschalldämmung, das Ansetzen der Platten auf Dämmstoffen als „angesetzte Vorsatzschale" Abhilfe schaffen. Dabei müssen stets offenporige Faserdämmstoffe verwendet werden. Schaumkunststoffe sind zwar weit verbreitet, kommen aber in der Regel für solche schalltechnischen Aufgaben weniger in Betracht.

Für Vorsatzschalen, die nur der Verbesserung des Wärmeschutzes dienen, können auch Schaumkunststoffe nach DIN 18 164 verwendet werden. Allerdings müssen aufgrund neuer Erkenntnisse auch hier schalltechnische Gesichtspunkte beachtet werden, da die Verbindung zwischen biegeweicher GK-Schale und Wandbauteil über Schaumkunststoffe im schalltechnischen Sinne eine starre Verbindung ergibt, die die Schalldämmung vermindert.

Damit ist auch das recht oft strittig behandelte Thema Gipskarton-Verbundplatten angesprochen.

Viele Altbauten hat man mit GK-Verbundplatten von innen zusätzlich wärmegedämmt, obwohl unstrittig ist, daß die bauphysikalisch beste Zusatzdämmung die Außendämmung ist.

Bei Fachwerkbauten allerdings, die zu erhalten man sich vielerorts – zum Glück – bemüht, ebenso bei historisch wertvollen oder auch bei erhaltenswerten, alten Fassaden kann man nur innen eine zusätzliche Wärmedämmung anbringen. Hier sollte nur der erfahrene Baufachmann zu Rate gezogen werden, der alle bauphysikalischen Gesichtspunkte abzuwägen vermag. Durch Innendämmung wird z. B. das Mauerwerk nicht mehr so stark erwärmt wodurch der Taupunktbereich nach innen rückt und die Gefahr der Kondensatbildung entsteht.

Hier ist von Fall zu Fall zu entscheiden, wo eine Dampfsperre eingebaut werden muß. Eine Erleichterung bei der Arbeit bieten Gipskarton-Verbundplatten, bei denen werkmäßig zwischen Gipskarton-Bauplatte und Dämmstoffplatte eine dampfbremsende oder dampfsperrende Schicht angeordnet ist. Dabei müssen auch die Stöße dampfdicht ausgeführt werden.

Montagewände (Leichtwände)

Es gibt eine ganze Anzahl von Gründen, weshalb der Zuschnitt einer Wohnung – die Raumeinteilung also – geändert werden soll. In diesen Fällen und auch wenn z. B. das Dachgeschoß ausgebaut werden soll, man die Wände aber anders als im Geschoß darunter setzen möchte und die Statik gegen gemauerte Wände spricht, weil diese zu schwer sind, ist die leichte Montagewand das oft eingesetzte Mittel zur Verwirklichung der Vorstellung.

Nachstehend einige wichtige Punkte, die bei der Herstellung von Montagewänden aus Gipskartonplatten zu beachten sind.

Montagewände aus Gipskartonplatten

- sind nichttragende Wände im Sinne der DIN 4103 Teil 1 mit einem Gewicht – je nach Ausführung – in der Größenordnung von etwa 25 bis 80 kg/m^2,
- müssen nach DIN 4103 Teil 1 einschließlich der Einbauten (Tür, Fenster) standsicher, ausreichend biegesteif und gegen Verschieben gesichert sein,
- erhalten ihre Standfestigkeit durch Verbindung mit den angrenzenden Bauteilen und müssen die einwirkenden Lasten (z. B. Konsollasten) auf tragende Bauteile (z. B. Wände und Decken) ableiten,
- übernehmen als raumabschließende Bauteile alle damit zusammenhängenden Aufgaben des Brand-, Schall- und Wärmeschutzes,
- enthalten Hohlräume, die zum Unterbringen von Installationen genutzt werden können.

Ausführungsarten der Montagewände

Am gebräuchlichsten, ja fast ausschließlich angewandt, ist das Ständertragwerk, das man wie folgt charakterisieren kann. Die an den Umfassungswänden umlaufend befestigte Randkonstruktion nimmt die senkrechten „Ständer" auf, an denen die GK-Platten festgeschraubt werden.

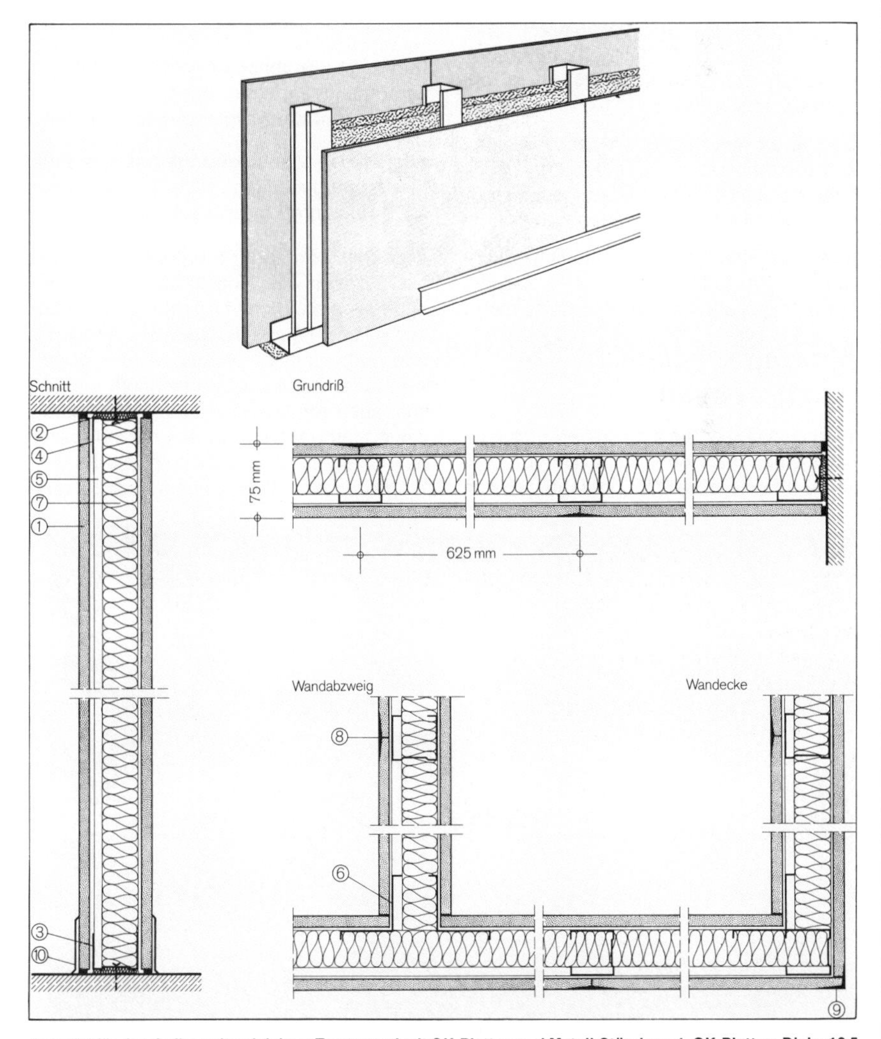

Beispiel für den Aufbau einer leichten Trennwand mit GK-Platten und Metall-Ständern: 1. GK-Platten, Dicke 12,5 mm; 2. Anschlußdichtung; 3. Bodenanschluß; 4. Deckenanschluß; 5. Ständer (C-Profil); 6. Inneneckprofil; 7. Mineralfaser, Dicke min. 40 mm; 8. Fugenverspachtelung; 9. Kantenschutzleiste; 10. Sockelleiste.
Diese Wand hat folgende technische Daten: Brandschutz F 30-A, Schallschutz in dB: R_w 45 (LSM 7), max. Höhe 3 m, Dicke 75 mm.

Das Tragwerk kann aus den handelsüblichen verzinkten Stahlblechprofilen oder aus Kanthölzern erstellt werden.

Trotz der sehr geringen Gewichte können mit GK-Montagewänden ganz beachtliche Schalldämmwerte erzielt werden. So erreicht eine Montagewand bei einer Wanddicke von 75 mm und einem Wandgewicht von ca. 25 kg/m^2 den gleichen Schallschutz wie eine 11,5 cm dicke Massivwand mit einem Flächengewicht von rund 140 kg/m^2.

Die Dicke der zur Beplankung erforderlichen GK-Platten und die Mindestabstände der Ständer des Tragwerks sind aus den Werksvorschriften ersichtlich.

Die Notwendigkeit unterschiedlicher Ausführungen ergibt sich aus den Anforderungen hinsichtlich des Schall- und Brandschutzes.

Doppelte Beplankung (und damit erhöhtes Gewicht) mit GK-Platten verbessern diese Eigenschaften zusätzlich.

Eine weitere Erhöhung des Schallschutzes bringt die zweischalige Ausführung.

Bei dieser Konstruktion kann der Schall nicht direkt durch die Tragkonstruktion hindurchgehen. Auch die Nebenwege in die Umfassungswände, Decke und Fußboden sind gedämmt. Die Schalldämmung entspricht etwa der eines 24 cm dicken Vollziegelmauerwerks.

Gerade für den Bereich „Montagewände" hält die Industrie – das gilt auch für das noch folgende Kapitel Montagedecken – ein breites System-Programm bereit.

Außer den Profilen für die unterschiedlichsten Aufgabenstellungen gibt es Zargen, Türen, Installationsträger und vieles mehr.

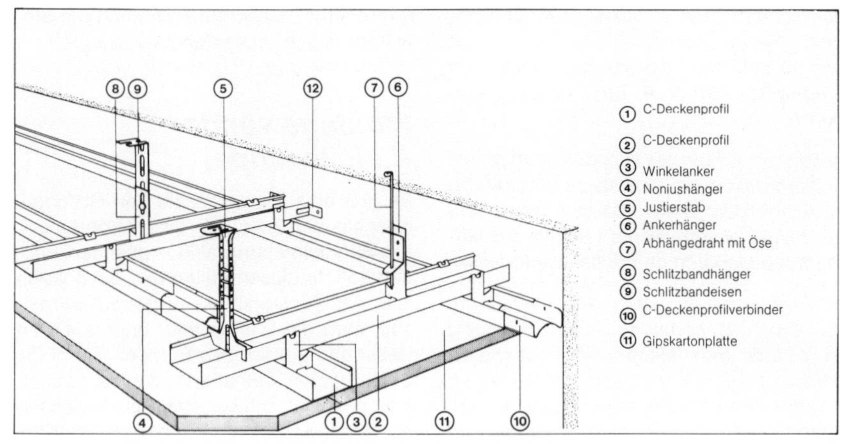

Sendzimir-verzinkte Metallunterkonstruktion zum Abhängen von Gipskartonplatten glatt, gelocht oder geschlitzt

Montagedecken (Unterdecken)

Wird eine Decke nicht direkt verputzt, sondern eine unter der Decke angebrachte Deckenfläche eingebaut, spricht man von einer Deckenbekleidung oder wenn die Tragekonstruktion mit mehr oder weniger Abstand unter der Decke hängt, von einer abgehängten Unterdecke.

Gründe für solche Bauweisen sind beispielsweise die Aufnahme von Be- und Entlüftung, von Installationen aller Art oder im Altbau die erwünschte Verminderung der Raumhöhe, in Sitzungs- oder Konzertsälen die Regelung des Nachhalls, also die Verbesserung der Raumakustik.

Auch die architektonische Gestaltung kann ein Grund sein, doch meist in Verbindung mit den vorgenannten Gründen.

Wie bei den Montagewänden gibt es auch für Montagedecken Metallprofile, aber auch Holzunterkonstruktionen.

Verwandt werden für Montagedecken fast alle Formen der Gipskartonplatten, am häufigsten die Dicke 12,5 mm, als Bauplatten und als Feuerschutzplatten. Als Loch- oder Schlitzplatten werden sie eingesetzt, wenn die Raumakustik beeinflußt werden soll, auch mit Glasvlies oder/und Mineralwolle hinterlegt, sie werden mit verspachtelten Fugen, also vollflächig, als Kassettenplatten mit offenen Fugen (Kantenausbildung bei Bestellung beachten!), bis zur Wand durchlaufend oder mit ungelochtem oder höhergesetztem Fries eingebaut.

Gipskarton-Verbundelemente

Ein weiteres Verbundelement besteht aus 2 GK-Platten in vom Normalmaß abweichenden Abmessungen. Die **Paneel-Elemente,** wie sie genannt werden, haben eine Dicke von 20 mm, die beiden, 600 × 2000 oder 2600 mm großen Platten sind etwas versetzt miteinander verklebt. Sie sind damit für den Selbstbauer allein transportabel und können wie gefalzte Platten recht einfach montiert werden. Auch die Unterkonstruktion vereinfacht sich dabei.

Als Verbundplatte macht die Gipskarton-Platte auch beim Fußbodenaufbau von sich reden. Mit dem aus GK-Platten hergestellten **Trocken-Unterbodenelement** kann man besonders den Selbstbauer, ob im Neubau oder bei der Altbausanierung, interessieren. Auch hier ist ein komplettes System mit allem, was dazugehört, auf dem Markt. Der Aufbau: 3 × 8 mm GK-

Trocken-Unterboden-Element

Platten in Nut- und Feder-Ausführung verklebt, 600 × 2000 mm groß, ohne Dämmstoffe 25 mm Gesamtdicke, mit Dämmstoff 45 bzw. 55 mm Gesamtdicke.

Wie bei Wand und Decke kann auch hier nach der Grundierung nach Werksvorschrift und der Verlegung jeglicher Bodenbelag aufgebracht werden.

Befestigungsmittel für Konsollasten

Leichte Konsollasten können mit geeigneten Halterungen direkt in Montagewände eingeleitet werden. Unterschiedlich nach Beplankungsart – ein- oder zweilagig – werden erhebliche Kräfte aufgenommen; bis zu 200 N bei zweilagiger Beplankung pro Befestigungspunkt. Mittelschwere und schwere Konsollasten machen bei Montagewänden Querriegel und besondere Tragständer im Innern der Wand erforderlich. Die Lasten werden damit auf die benachbarten Ständer bzw. direkt auf den Fußboden abgeleitet.

Für Waschbecken, WC-Becken sowie andere sanitäre Objekte werden von den Herstellern spezielle korrosionsgeschützte Tragständer angeboten. Besondere Anwendungsbereiche (Beispiel: Montage von Schultafeln) erfordern geschoßhohe Tragständer, deren Tragfähigkeit, je nach Erfordernis, statisch nachzuweisen ist.

Befestigungsmittel	Statisches System	Zul. Belastung N Beplankung mit 12,5 mm	2 x 12,5 mm
Hohlwanddübel	300 P 300	150 – 300	300 – 500
Bilderhaken		50	50
		100	100
		150	200

Befestigungsmittel für leichte Konsollasten und zulässige Belastung je nach Beplankung.

Die Nachbehandlung

Die Außenseite aller Gipskarton-Platten besteht aus hochwertigem Spezialkarton. Gipskarton-Platten sollten – soweit sie nicht bereits werkseitig grundiert sind – vor nachfolgenden Beschichtungen mit Anstrichen, Tapeten oder anderen Belägen grundiert werden.

Normen

DIN 4103 Leichte Trennwände; Richtlinien für die Ausführung

DIN 4103 T 1 Nichttragende Trennwände; Anforderungen, Nachweise

DIN 18168 Leichte Deckenbekleidungen und Unterdecken; Anforderungen und Ausführung

DIN 18180 Gipskartonplatten; Arten, Anforderungen, Prüfung

DIN 18181 Gipskartonplatten im Hochbau; Richtlinien für die Verarbeitung

DIN 18182 T 1 (E) Zubehör für die Verarbeitung von Gipskartonplatten; Profile aus Stahlblech

DIN 18183 T 1 (Entwurf in Vorbereitung) Montagewände aus Gipskarton-Platten; Richtlinien für die Ausführung

DIN 18184 Gipskarton-Verbundplatten mit Polystyrol- oder Polyurethan-Hartschaum als Dämmstoff

Literatur:

[1] Dr.-Ing. Hellmuth Hanusch: Gipskartonplatten, Trokkenbau-Montage-Ausbau, Verlagsgesellschaft Rudolf Müller, Köln.

[2] Trockenbau mit Gipskartonplatten, Hrsg.: Industriegruppe Gipskartonplatten im Berufsverband der Gips- und Gipsbauplattenindustrie e. V.

Karlheinz Volkart: Bauen mit Gips, Bundesverband der Gips- und Gipsbauplattenindustrie.

Gipsfaserplatten

Diese, von den Gipskartonplatten abweichende Art Bauplatten wurde Ende der 60er Jahre entwickelt.

Seit 1971 werden Gipsfaserplatten unter dem Markennamen Fermacell industriell hergestellt.

Die bewährten Grundbaustoffe Gips und Cellulosefaser werden als homogenes Gemisch nach Wasserzugabe unter hohem Druck zu stabilen Bauplatten gepreßt.

So entsteht ein vielseitig verwendbarer Baustoff, der im gesamten Einsatzbereich der Bauplatten verwandt wird.

Gipsfaserplatten gehören nach DIN 4102 T. 4 der Brandschutzklasse A 2 an. Prüfzeichen PA III 4.6 vom IfBt Berlin.

Als „Einmannplatte für den Selbstbauer" im Standartformat 150 × 100× 1 cm konnte sich die Gipsfaserplatte schnell durchsetzen.

Zulässige Stützweiten für Holzunterkonstruktionen an Decken

Unterkonstruktion	Breite b mm	Höhe h mm	zulässige Stützweite mm
Lattung	48	24	650
Lattung	50	30	800
Grundlattung am Untergrund direkt befestigt	60	40	1100
abgehängt	40	60	1400

Die Platte kann ohne Bewehrungsstreifen mit dem werkseitig gelieferten Spachtelmaterial verfugt werden.

Lieferprogramm

Außer den bereits genannten Standard-Platten gibt es noch folgende Formate:

Formate	10	12,5	15 mm
254/124,5 cm	×	×	×
250/124,5 cm	×	×	×
275/124,5 cm		×	×
300/124,5 cm		×	×

Sonderabmessungen bis 254 + 600 cm sind lieferbar.

Kaschierte Gipsfaserplatten

gibt es in der handlichen Größe der Standardplatten zur Innendämmung als Gipsfaser-Styropor-Verbundplatten in folgenden Gesamtdicken: 25, 30, 40, 50 und 60 mm, wobei jeweils die Dicke der Gipsfaserplatte 10 mm beträgt.

Es gibt Gipsfaser-Styropor-Verbundelemente auch als Estrichelemente. Diese bestehen aus zwei wasserfest und dampfbremsend verleimten, gegeneinander versetzt angeordneten Gipsfaserplatten, kaschiert mit Schaumstoff nach DIN 18164. Die Oberfläche ist als gute Grundlage für

Befestigungsmittel-Abstände und -Bedarf für die Anbringung der Gipsfaserplatten an der Unterkonstruktion. Für das Verspachteln der Fugen und Köpfe der Befestigungsmittel werden ca. 0,2 kg Fugenspachtel je m² Fläche benötigt.

Art und Größe der Befestigungsmittel	Befestigungsmittel-Abstand in cm				Befestigungsmittel-Bedarf in St. je m²	
	am Plattenrand bei		im übrigen Bereich bei			
	Wänden	Decken	Wänden	Decken	Wänden	Decken
Rostgeschützte Hohlkopf-Nägel 2,2×32 mm 1 kg Nägel ca. 910 Stück	20	15	25	20	14	26
Rostgeschützte Klammer-Nägel mind. 1,2×25 mm 10 mm Rückenbreite	15	10	20	15	20	36
Rostgeschützte Kreuzschlitzschrauben, 4,0×25 mm	25	20	25	20	14	22

alle üblichen Oberbeläge wie keramische Fliesen, Teppich- und Kunststoffböden imprägniert.

Abmessungen: 55×155,5 cm
Deckfläche: 50×150 cm
Gewicht: 24 kg/m²

Lieferformen

Element ohne Dämmung 20 mm dick
Element mit 20 mm Schaumkunststoff = 40 mm Gesamtdicke
Element mit 30 mm Schaumkunststoff = 50 mm Gesamtdicke
Gipsfaser-Estrich-Elemente sind Trockenestriche, bei denen die Austrocknungszeiten der Naßestriche wegfallen.

Werkzeuge

Zur Be- und Verarbeitung von Gipsfaserplatten sind keine Spezialwerkzeuge erforderlich, was die Abbildung der nach Werksangabe erforderlichen Werkzeuge ausweist.

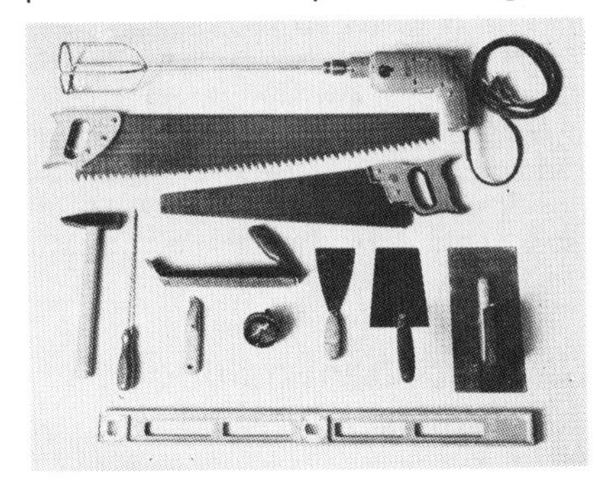

Verarbeitungsweisen, Anwendungsgebiete

entsprechen so weitgehend denen der Gipskartonplatten, daß eine nochmalige Beschreibung entfallen kann.

Das gilt sowohl für die Herstellung von leichten Trennwänden (Montagewänden), für Montagedecken und Brandschutzkonstruktionen, wie auch für den Einsatz als Trockenputz und Trockenestrich wie im vorhergehenden Kapitel beschrieben.

Wandbauplatten für nichttragende Trennwände

In Blickrichtung auf die immer wieder zu fordernde allgemeingültige Problemlösung scheint es angebracht, diese Platten, die früher unter dem Begriff Gips-Zwischenwandplatten gehandelt wurden, nicht isoliert zu betrachten.

Die DIN 4103 unterscheidet 2 Einbaubereiche, und zwar zwischen Räumen mit geringen und mit großen Menschenansammlungen.

Nichttragende Wände müssen Stoßbelastungen aushalten, ohne zerstört oder durchbrochen zu werden, und sie müssen leichte Konsollasten wie Buchregale und kleine Wandschränke tragen.

Baustoffe, die für nichttragende innere Trennwände in Frage kommen, wurden bereits in mehreren Baustoffsortimenten erwähnt, so die Konstruktion leichter Trennwände aus Gipsbauplatten, die keiner Zuschläge bei der Statik bedürfen, um eingebaut werden zu können.

Bei etlichen Baustoffsortimenten werden Platten für nichttragende Trennwände mit angeboten, so bei Bims- und anderen bindemittelgebundenen Baustoffen, bei Gasbeton und im Ziegelsortiment.

Gips-Wandbauplatten

Die Gips-Wandbauplatten sind Bauplatten für innere, nichttragende Trennwände im Hochbau nach DIN 4103 Teil 2. Die Platten selbst sind in DIN 18 163 genormt.

Wer bei der statischen Berechnung der Decke zusätzlich zur geforderten Verkehrslast einen Zuschlag von 750 N/m² hinzurechnen ließ, kann Wände aus Gips-Wandbauplatten an beliebiger Stelle auf die Rohdecke setzen lassen.

Brand- und Schallschutzeigenschaften

Gips-Wandbauplatten gehören der Baustoffklasse A 1 nach DIN 4102 an (nichtbrennbar).

Wände aus ihnen ab 6 cm Dicke sind nach obiger DIN „feuerhemmend“ (Feuerwiderstandsklasse F 30), ab 8 cm Dicke „feuerbeständig“ (F 90) und in 10 cm Dicke sind die Wände als „hoch feuerbeständig“ (F 180) eingestuft.

Für den Schallschutz ist es wichtig, daß die Schallnebenwege durch die angrenzenden Bauteile weitgehend reduziert werden. Das geschieht durch Einbau von Randdämmstreifen nach Werksvorschrift.

Zu beachten ist, daß Trennwände nicht auf durchgehende, schwimmende Estriche gesetzt werden dürfen. Der Estrich wäre eine Schallbrücke.

Verarbeitung

Gips-Wandbauplatten werden mit Nut und Feder geliefert. Wegen der Bruchgefahr müssen die Platten stehend gelagert werden.

Die Verarbeitung erfolgt mit Fugengips, wie er auch für die Gipskartonplatten benötigt wird. Gips-Wandbauplatten werden mit dem großzahnigen Fuchsschwanz oder mit dem als Spezialwerkzeug erhältlichen Plattenteiler zugeschnitten.

Wie alle anderen Gipsplatten müssen auch diese Wandflächen vor dem ersten Anstrich oder dem Tapezieren grundiert

werden. Putzen entfällt hier. Die Wandflächen werden nur gespachtelt. Sind besonders ebene Flächen gefordert, wird höchstens mit Gipsglättputz dünn überzogen. Ein wesentlicher Vorteil der Gips-Wandbauplatten ist die geringe Baufeuchte, die mit ihnen in den Bau kommt.

Normen

DIN 4103 Teil 1: Nichttragende innere Trennwände; Anforderungen, Nachweise
DIN 18 163: Wandbauplatten aus Gips; Eigenschaften, Anforderungen, Prüfung

DIN 4103 Teil 2 (z. Z. Entwurf): Nichttragende Trennwände; Leichte Trennwände aus Gips-Wandbauplatten
„Nichttragende Trennwände; Trennwände in massiver Bauart"
„Nichttragende Trennwände; Trennwände in Holzbauart;
„Montagewände aus Gipskartonplatten; Richtlinien für die Ausführung von Ständerwänden"
„Glastrennwände"

Rippenstreckmetall

Obwohl es bei diesem Baustoff sehr wesentlich auf die Rippen ankommt, wird er meist nur kurz Streckmetall genannt.

Schräg geschlitztes Blech, gestreckt, mit Rippen versehen zum Zwecke der Tragfähigkeit und verzinkt, so etwa könnte man diesen Putzträger bezeichnen, der für den Putz durchgängige, also putzdurchlässige Putzträger, der schon recht lange auf dem Markt ist. Und nicht nur das, er konnte sich neue Einsatzgebiete erschließen.

Die dem Rippenstreckmetall gleich nach dem Kriege den Rang abliefen, die Spalierlatte – wer kennt sie noch – und das Rohrgewebe als Putzträger sind ganz weit abgeschlagen oder vom Markt verschwunden.

Wie ist wohl dieser beachtenswerte Erfolg begründet? Sicher gibt es noch einige gute Gründe mehr, doch was hervorsticht, sind wohl folgende Punkte:

Das Produkt wurde mehrfach an die Erfordernisse am Bau angepaßt; die Hersteller haben sich mit Erfolg darum bemüht, immer wieder neue Einsatzgebiete durch technische Information und Beratung des Planers zu erschließen. Seit dem Jahre 1930 gibt es in Deutschland Rippenstreckmetall. In den Jahren 1960 bis 1970 wurden doppelt soviel m² Rippenstreckmetall verkauft wie in den 30 Jahren davor. Daß sich das Rippenstreckmetall auch auf dem Sektor Putz einen beachtenswerten Marktanteil erhalten konnte und kann, liegt wohl daran, daß es sowohl auf dem Neubau- wie auf dem Renovierungs- und Sanierungssektor sehr vielseitig einsetzbar ist.

Dadurch, daß man die Rippen unterschiedlich hoch, ungelocht und gelocht anbietet, hat man vielerlei Möglichkeiten erschlossen.

Auf dem Bereich Putzträger hat das Material bei folgenden Verwendungsarten Bedeutung:

bei abgehängten Decken in verschiedenen Ausführungen;

bei vorgehängten, hinterlüfteten Außendämmungen als Träger der Putzschale; auf ausgeschäumten Rohrleitungsschlitzen, auch auf mit Perlite ausgefüllten, als Überspannung;

bei Sanierung und Restaurierung alter, auch historischer Bauten.

Obwohl es nicht in diesen Abschnitt „Putzträger" hineingehört, muß doch im Zusammenhang mit dem Material erwähnt werden, daß sich das Rippenstreckmetall ein weites Aufgabengebiet als verlorene Schalung im Betonbau erschlossen hat.

Während Betonschalung nach ausreichender Erhärtung des Betons wieder entfernt und wiederverwandt wird – man sagt, der Beton wird ausgeschalt –, wird die „verlorene Schalung" so eingebaut, daß sie im Betonbauteil verbleibt. Z. B. bei Arbeits- und Schwindfugen, damit aufgrund der rauhen Betonoberfläche des Erstbetons eine kraftschlüssige Verbindung mit dem Zweitbeton gegeben ist. Rippenstreckmetall wird weiterhin als verlorene Schalung bei Aussparungen im Beton- und Stahlbetonbau sowie als Gegenschalung bei dünnschaligen stark bewehrten Betonkonstruktionen eingesetzt.

Abmessungen

Die Rippenstreckmetall-Tafeln sind 2,5 m lang und 0,6 m breit = 1,5 m². In einem Bund sind 20 Tafeln = 30 m². Lieferbare Materialdicken: 0,2, 0,3 und 0,5 mm

Ausführungen

a) galvanisch verzinkt oder vollackiert
b) galvanisch verzinkt mit zusätzlicher Vollackierung
c) aus Edelstahl, rostfrei.

Normen

DIN 18350 Putz- und Stuckarbeiten
DIN 18550 Putz
DIN 4121 Hängende Drahtputzdecken (Rabitzdecken)

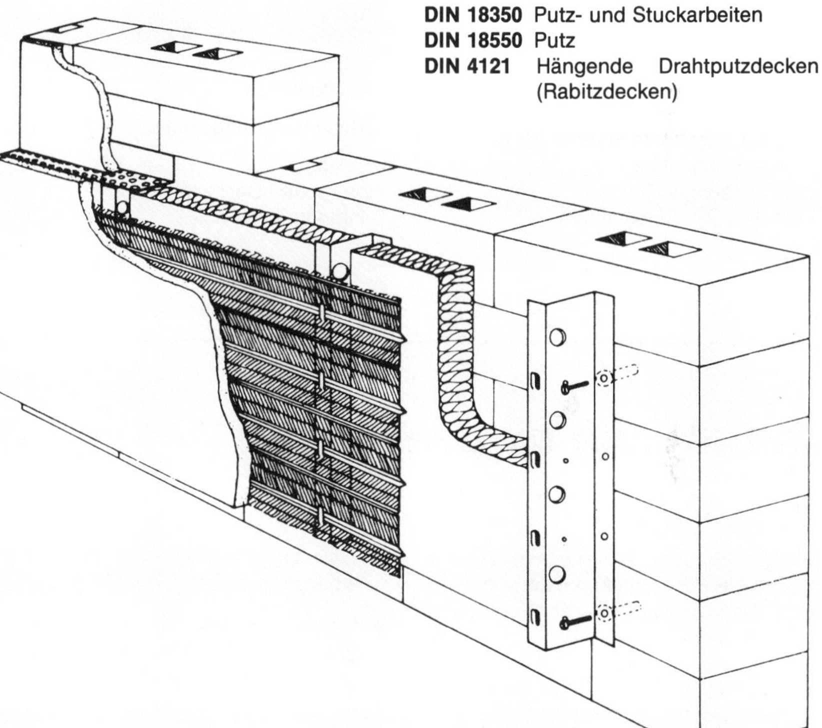

Aufbau der vorgehängten Putzfassade mit Wärmedämmung; Schemadarstellung

Lochausbildung bei Lochrip

Bauchemie

Überblick

Das Sortiment bauchemischer Produkte ist in den letzten Jahren immer umfangreicher geworden. Die Anwendungsmöglichkeiten wurden immer zahlreicher. Damit stieg auch die Bedeutung dieser Artikel für den Bau, besonders für Baureparatur, Erhaltung und Erneuerung.

Dieser gesamte Artikelbereich wird nur durchschaubar, wenn von der Problemstellung, der Erfordernis ausgegangen wird, oder von dem Baustoff, der damit in bestimmter Weise beeinflußt oder verändert werden soll. Nach diesen Gesichtspunkten ist die Einteilung dieses Sortiments vorgenommen worden.

Ein Register soll einen Gesamtüberblick ermöglichen:

Bauchemie für den Beton

Zusatzmittel
- Betondichtungsmittel (DM)
- Luftporenbildner (LP)
- Betonverflüssiger (BV)
- Erstarrungsverzögerer (VZ)
- Erstarrungsbeschleuniger (BE)
- Frostschutzmittel
- Entschalungshilfen
- Nachbehandlungsmittel

Betonkosmetik
Betonreparatur
Betonanstrich
Oberflächendichtung mit zementgebundenen Dichtungsmitteln (Dichtungsschlämmen)
Betonimprägnierung

Bauchemie für Putz und Mauerwerk

Zusatzmittel für Putz und Mörtel
- Dichtungsmittel (DM)
- Frostschutzmittel
- Haftemulsion
- Zusatz zur Vermauerung von Klinkern und Glasbausteinen

Mauerwerkschutz
- Zementgebundene Flächendichtungsmittel (Dichtungsschlämme)
- Dicht- und Dämmputze
- Bohrlochschlämme
- Bitumen- und Kunststoffbeschichtungen
- Heizöldichter Anstrich (Heizöldichte Beschichtung)

Kunststoffputze

Fassadenreinigungsmittel

Anstriche
- Wand- und Deckenanstrich
- Imprägnieranstrich

(Nachträgliche) Wärme- und Schalldämmung

Bauchemie für den Fußboden

Estrichzusätze
Fließestriche
Fußbodenanstrich und -Beschichtung
Bodenspachtelmasse
Estrichreparatur

Fliesenkleber und Fugenmörtel

Bauchemie für das Dach

Bitumen-Dachanstrich
Streichfolien
Reparaturmaterial

Montagearbeiten am Bau

Montagemörtel
Montageschaum
Montageklebstoff

Fugenabdichtungen

Maschinen- und Werkzeugreinigung

Holzschutz

Bauchemie für den Beton

Zusatzmittel

Werden von Beton in bestimmter Hinsicht veränderte Eigenschaften gefordert, kommen Betonzusatzmittel zur Anwendung. So wird durch

- Betondichtungsmittel das Wasseraufnahmevermögen verändert und Wasserdichtigkeit erzielt
- Luftporenbildner das Porenvolumen erhöht und die Frostbeständigkeit verbessert.

Außer den Zusatzmitteln, die diese Veränderungen des Endproduktes Beton bewirken, gibt es eine Anzahl von Zusatzmitteln, die die Verarbeitbarkeit des Betons verändern. Das sind

- Betonverflüssiger, die die Verarbeitbarkeit bei verringerter Wasserzugabe verbessern.
- Erstarrungsverzögerer, die die Verarbeitungszeit des Betons verlängern.
- Erstarrungsbeschleuniger, die die Verarbeitungszeit abkürzen.
- Frostschutzmittel, die durch Erniedrigung des Gefrierpunktes kleine Arbeiten bei Frost ermöglichen.

In Betonen nach DIN 1045 angewandte chemische Zusätze müssen amtlich geprüft und zugelassen sein, also ein Prüfzeichen besitzen. Das Prüfzeichen sagt aber nur aus, daß die Betonzusatzmittel sich zu Zement und Stahl verträglich verhalten, daß schädliche Beeinflussungen nicht festzustellen sind. Über die Dauerhaftigkeit oder Bewährung ist mit dem Prüfzeichen nichts ausgesagt.

Betondichtungsmittel (DM)

Viele Betonbauteile sind der Feuchtigkeit ausgesetzt, dem Regen, der Erdfeuchtigkeit oder dem Grundwasser. Beton ist nach Verdunstung von Anmachwasser, das nicht zum Abbindeprozeß benötigt wird, von einem Kapillarsystem (Haarröhrchensystem) durchzogen. Geht durch dieses Haarröhrchensystem ständig Wasser hindurch, entstehen Bauschäden durch Auswaschung des freien Kalkanteils, durch Frostschäden oder durch Korrosion (Rost) des Betonstahls.

Die Grundvoraussetzung zur Dichtigkeit muß allerdings der Beton erbringen. Der Kornaufbau mit ausreichendem Feinstkornanteil, ausreichende Zementzugabe (mind. 300 kg/m^3 Festmasse), geringer Wassergehalt und ausreichende Verdichtung bei der Verarbeitung müssen gewährleistet sein. Schlecht zusammengesetzte Betone können auch durch Dichtungsmittel nicht wasserdicht gemacht werden. Ebenso wenig kann man von schlecht verdichteten Betonen Wasserdichtigkeit erwarten.

Dichtungsmittel wirken physikalisch. Die Kapillarwirkung, also das Hochsteigen des Wassers über seinen Spiegel in ganz engen Röhren, wird unterbunden, indem

die Röhrchenwände wasserabstoßend (hydrophob) gemacht werden.
Dadurch dringt Wasser nur ganz geringfügig ins Kapillarsystem ein, die Eindringtiefe ist gering, ebenso die Wasseraufnahme. Ein Schutz vor Wasser unter Druck entsteht dadurch nicht (siehe Grundwissen Dichtigkeit – Porosität – Kapillarität).
Dichtungsmittel als Betonzusatzmittel sind pulverförmig oder flüssig. Die Wahl erfolgt, je nachdem, wie der Mischvorgang vorgesehen ist.
Im Interesse guter Verteilung des Dichtungsmittels im Beton hat sich die Zugabe mit dem Anmachwasser, also in flüssiger Form, sehr gut bewährt.
Die Angaben über die Dosierung müssen genau eingehalten werden. Die Zugabemenge berechnet sich nach dem zugegebenen Zementgewicht und liegt meist zwischen 1 und 2% der Zementzugabe.
Vorsicht beim Einsatz von Dichtungsmittelzusätzen ist da geboten, wo der Beton nachträglich eine Flächendichtung mit in den Beton eindringenden Dichtungsmitteln erhalten soll.

Luftporenbildner (LP)

Sie werden da eingesetzt, wo Beton sowohl der Feuchtigkeit als auch dem Frost ungeschützt ausgesetzt ist, also vornehmlich im Straßen- und Flugplatzbau.
Luftporenbildner wirken physikalisch. Sie bewirken die Bildung gleichmäßig verteilter, kleiner, kugeliger Luftblasen, die das Kapillarsystem unterbrechen und dem eingedrungenen Wasser beim Gefrieren ausreichenden Platz bieten, damit also Frostaussprengungen unterbinden.
Die DIN 1045 schreibt den Luftporengehalt vor, der abhängig ist vom Größtkorn der Zuschlagstoffe. Je größer das Größtkorn, um so weniger Luftporengehalt ist gefordert.
Mit dem Zusatz von Luftporenbildner kann die Verarbeitbarkeit verbessert und die erforderliche Wasserzugabe verringert werden, außerdem kann bei Leichtbetonen die Rohdichte herabgesetzt werden.
Am meisten erfolgt bis jetzt noch der Einsatz des Luftporenbildners zur Erhöhung der Frost-Tausalz-Beständigkeit aufgrund der eingangs beschriebenen Eigenschaften. Vor Überdosierung ist zu warnen. Sie kann die Festigkeit herabsetzen.

Betonverflüssiger (BV)

Beim Beton geht es um Festigkeit. Eine alte Regel besagt: Wo Wasser ist, ist kein Zement und wo kein Zement ist, ist keine Festigkeit.
Um fest zu werden, muß Beton gut verdichtet werden, er muß also verarbeitbar sein. Verarbeitbar macht den Beton in erster Linie die Wasserzugabe. Um das „Gleiten" der Zuschlagstoffe ineinander, also in die jeweils verbleibenden Hohlräume zu erreichen, bewegt man den Beton durch Stampfen, meist durch Rütteln. Je weniger Wasser der Beton enthält, je „steifer" er ist, um so mehr Energie benötigt er zur Verdichtung. Hier kann man das Wasser bis zu einem bestimmten Maße durch ein „Schmiermittel" ersetzen, den Verflüssiger. Nicht nur die Verdichtung wird verbessert, auch die Gefahr des Entmischens beim Transport des Frischbetons wird durch den Zusatz verringert.

Hauptabnehmer für die Betonzusatzmittel sind die Transportbetonhersteller. Hier das Schaltpult einer Transportbeton-Anlage mit Ablaufsteuerung über Rezepturkarten.

Zugegeben wird der Betonverflüssiger ebenfalls meist zum Anmachwasser. Die Dosierung muß genau nach Werksvorschrift erfolgen.

Erstarrungsverzögerer (VZ)

Nach der DIN 1164 „Portland-, Eisenportland-, Hochofen- und Traßzement" dürfen diese nicht früher als 60 Minuten nach erfolgter Wasserzugabe zu erstarren beginnen. Mit dem Erstarrungsbeginn endet die Verarbeitbarkeit des Betons. Die meisten Normzemente erstarren nach etwa 2 Stunden (siehe Abschnitt Zement).

In der Baupraxis gibt es Fälle, in denen der Erstarrungsbeginn erst später als nach 2 Stunden eintreten darf, etwa bei sehr langen Transportwegen beim Transportbeton, wenn Arbeitspausen zu überbrücken sind, ohne daß Arbeitsfugen entstehen dürfen und vor allem bei Massenbeton.

Fast ausnahmslos haben die Erstarrungsverzögerer zugleich plastifizierende Wirkung. (Siehe Betonverflüssiger BV)

Die Wirkung ist chemisch. Der Wasserzutritt zu den Zementteilchen wird durch eine Schicht gehemmt, die sich langsam abbaut. Die verschiedenen Zemente werden durch Erstarrungsverzögerer unterschiedlich im Erstarrungsbeginn verzögert. Die Verzögerung muß, besonders bei größerem Einsatz, unter Baustellenbedingungen getestet werden, da auch die Temperatur erheblichen Einfluß auf die Erstarrungsverzögerung hat. Nicht verzögert wird der Erhärtungsverlauf.

Erstarrungsverzögerer wirken meist festigkeitssteigernd durch intensivere Reaktion des Zements.

Die Dosierung muß sehr genau erfolgen. Bei Überdosierung kann Erstarrungsbeschleunigung auftreten.

Erstarrungsbeschleuniger (BE)

Sie kommen im Betonbau selten zum Einsatz, eher bei Mörtel. Benötigt werden sie bei Dichtungsarbeiten, bei Spritzbeton und im Fertigteilebau.

Die Erstarrungsbeschleuniger wirken chemisch. Von ihrer Zusammensetzung her unterscheiden wir 3 Gruppen

a) die chloridhaltigen BE, die Erstarren und Erhärtung beschleunigen. Diese sind nach der DIN 1045 für Beton, Stahl- und Spannbeton nicht zugelassen. Sie wirken zugleich als Frostschutzmittel durch Erniedrigung des Gefrierpunktes.
b) die alkalischen BE. Sie sind chloridfrei und beschleunigen nur die Erstarrung.
c) die neutralen BE. Sie sind auch chloridfrei und beschleunigen Erstarren und Erhärten.

Die Erstarrungsbeschleunigung ist wie die Verzögerung bei den verschiedenen Zementsorten unterschiedlich.

Für bestimmte Aufgaben sollte die Wirkung durch Vorversuche bestimmt werden. Die Beschleunigung ist durch die Dosierung gut regulierbar.

Überdosierung kann zu Erstarrungsverzögerung führen.

Frostschutzmittel

Gefrierendes Wasser zerstört, unterbindet oder verhindert den Abbindungsvorgang von Bindemitteln in Mörteln und Beton.

Um das Gefrieren des Anmachwassers im Beton vor und während des Erstarrens und die damit verbundenen Schäden zu vermeiden, werden Betone heute bei Außentemperaturen unter 0°C erwärmt eingebracht (in die Schalung).

Sobald der Abbindeprozeß beginnt, wird je nach Zementart und seiner sog. Wärme-

Entschalungshilfen erleichtern auch das Auswaschen der Waschbeton-Oberfläche wie bei diesen Gartenmauersteinen.

tönung (= die beim Abbinden freiwerdende Wärmemenge) mehr oder weniger Wärme durch den chemischen Ablauf freigesetzt. Ist der Beton ausreichend warm eingebracht worden und wird er ausreichend geschützt, kann die Erhärtung des Zements ungestört ablaufen.

Nur in Ausnahmefällen wird auch dem Beton Frostschutzmittel zugesetzt, das dann durch Erniedrigung des Gefrierpunktes der so entstandenen Salzlösung ein Zerfrieren des Frischbetons verhindert.

Frostschutzmittel für Stahlbeton müssen frei sein von Chloriden und anderen Stoffen, die den Bewehrungsstahl angreifen.

Vorsicht, die zugesetzten Frostschutzsalze blühen bei Austrocknung des Betons gern an der Oberfläche aus!

Entschalungshilfen

Damit Beton nach seiner Verarbeitung im festen Zustand die Gestalt erhält, die man von ihm erwartet, muß er in eine „Form" eingebracht werden, die man Schalung nennt. In dieser Schalung muß der Beton bleiben, bis ihn die erlangte Eigenfestigkeit befähigt, sich selbst und später weitere Lasten zu tragen.

Betonschalungen werden aus Holz oder Stahl gebaut. Die Tragegerüste müssen sehr stabil sein, denn der weiche Beton ist sehr schwer (ca. 2,5 t je m^3 Festmasse).

Nach innen muß die Schalung möglichst glatt und vor allem dicht sein, damit möglichst wenig Zementmilch, also Anmachwasser und Zementleim, hindurchfließt.

Besondere Anforderungen an die Schalung müssen dort gestellt werden, wo der Beton später ohne weitere Bearbeitung offen stehenbleiben soll, also bei Sichtbeton und noch mehr bei Sichtbeton mit strukturierter, also besonders geformter Oberfläche, dem Strukturbeton.

Der naß eingebrachte Beton klebt an die Schalung an, bindet adhäsiv an. Wird die Schalung entfernt, wird entweder die Schalung oder der Beton oder auch beides beschädigt. Abhilfe bietet hier, durch Einfetten oder Einwachsen der Schalung vor dem Einbringen des Betons die Anbindung nicht entstehen zu lassen.

Die Hersteller bauchemischer Produkte bieten eine große Anzahl von Entschalungshilfen an, vom Schalöl über Schalungswachs bis hin zum Trennlack. Zugesagt werden Eigenschaften, die von der Pflege der Schaltafeln bis zur glatten, flekken-, lunker- und porenfreien Betonoberfläche reichen. Weiterhin erreicht man bessere Widerstandsfähigkeit gegen die recht rauhen Kräfte beim Einfüllen und Verdichten des Betons sowie Hitzebeständigkeit bei Verwendung geheizten Betones. Die Trennwirkung ist meist physikalisch, vereinzelt auch chemisch. Die Trennmittel werden aufgespritzt oder -gestrichen.

Waschbeton

Setzt man dem Trennmittel einen Abbindeverzögerer zu, der den Zement hindert, in der Außenschicht abzubinden, kann man nach dem Entschalen das Feingerüst der Außenschicht abwaschen. Was stehenbleibt, ist das Grobkorn. So entsteht Waschbeton. Die hierfür verwandten Mittel, die wie die Trennmittel oder als Trennmittel auf die Schalung aufgetragen werden, nennen sich Aufrauhmittel und sind in den Sortimenten bauchemischer Produkte meist bei den Trennmitteln zu finden.

Die hier angebotene Materialpalette ist sehr groß und erfordert gute Baukenntnis. Die Materialbasis der Mittel ist sehr vielfältig wie im ganzen Bereich der Bauchemie.

Billige Schalöle verursachen oft Verschmutzung der Betonoberfläche. Als Abhilfe dagegen gibt es im gleichen Sortiment Schalölentferner. Diese entfernen Schalöl und Schalwachsreste und bilden zugleich einen streichfähigen Untergrund für Betonanstrich.

Nachbehandlungsmittel

Der Zement als verbindender und damit festigkeitsbildender Bestandteil im Beton benötigt für die gesamte Abbindezeit Wasser, um erhärten zu können. Nur so kann der Zement die von ihm erwartete Endfestigkeit erreichen. Verdursteter Beton, dem zu früh zu viel Wasser durch Verdunstung verlorenging, erreicht nur Bruchteile der Endfestigkeit.

Um diese schädliche Verdunstung zu unterbinden ist es nötig, besonders bei schlanken Bauteilen wie Decken, Stürze und Balken, den Beton zu schützen, ihn nachzubehandeln. Vielfach wird einfach Folie aufgerollt, doch Wind ist der Feind der Folie und gerade er fördert die Verdunstung, die Austrocknung.

Sicher ist die Methode der Beton-Nachbehandlung mit eigens dafür entwickelten Nachbehandlungsmitteln. Diese sind meist spritzbar, seltener werden sie aufgestrichen. Sie bestehen aus Paraffin- oder Kunstharz-Lösungen oder -Emulsionen.

Sie bilden einen weitgehend wasserdampfdichten Film und verhindern so sicher und wirksam die Verdunstung des Wassers aus dem Beton. Auch vor Auswaschung des Zements an der Oberfläche durch plötzlichen Regen vor ausreichender Erhärtung ist der Beton geschützt.

Der Schutzfilm verwittert. Sollte später direkte Verbindung zu dem so geschützten Beton hergestellt werden müssen, muß er abgebürstet werden.

Verhinderung und Beseitigung von Betonschäden

Noch vor nicht langer Zeit sprach man von Betonkosmetik. Man meinte damit die Beseitigung kleiner Mängel der Betonoberfläche. Inzwischen häufen sich die Schäden an freibewittertem, ungeschütztem Beton. Das führte dazu, daß man sich heute mit dem vorbeugenden Betonschutz einerseits und mit der Betonschadensbeseitigung befaßt. Firmen, die sich auf diese Aufgabe spezialisiert haben, sind keine Seltenheit mehr.

Wie kommt es zu Betonschäden?

Mit dieser nachstehenden Beschreibung der Entstehung und des Schadensverlaufs nicht gemeint sind Schäden durch Abnutzung an begangenem oder befahrenem Beton oder Frost- und Tausalzschäden.

Merkmal der hier besprochenen Schäden ist, daß sie nur an Stahlbetonteilen auftre-

Hier wurde durch Korrosion des Bewehrungsstahles die deckende Betonschicht abgesprengt.

ten, wenn diese der Feuchtigkeit und freiem Luftzutritt ausgesetzt sind.

Stahlbewehrung ist da erforderlich, wo Biegezugkräfte auftreten, die die eingesetzten Baustoffe nicht aufzunehmen vermögen, so auch beim Stahlbeton. Vor Korrosion geschützt wird dieser ungeschützt eingebaute Stahl durch den ihn umgebenden Beton, genauer gesagt durch eine beim Abbindeprozeß des Betones entstehende Kalkverbindung, dem Kalkhydrat (Calziumhydroxid $Ca(OH)_2$).

Dieses schützt den eingebauten Stahl durch seine stark basische Reaktion vor dem Rosten. Calziumhydroxid allerdings ist nur eine „Zwischenstufe" des gebrannten Kalkes auf dem Wege vom Branntkalk zum kohlensauren Kalk, wie er in der Natur vorliegt.

Im Kapitel „Kalk" ist dieser chemische Vorgang in Einzelheiten beschrieben. Kommt diese relativ reaktionsfreudige Kalkverbindung mit Kohlendioxid und Wasser, also Kohlensäure in Berührung, entsteht Kohlensaurer Kalk (Calziumcarbonat $CaCO_3$), das Ph-Wert-neutrale Calziumsalz der Kohlensäure. Damit endet auch die Schutzfunktion, die das Rosten des Bewehrungsstahls verhindert. Diesen chemischen Vorgang im Beton nennt man **Carbonatisierung**. Die Folge ist Rostbildung am Stahl. Rost hat das mehrfache Volumen des Stahls. Dadurch kommt es zu Abplatzungen der Betonüberdeckung und zu Festigkeitsverlusten des Stahlbetons.

Vorbeugender Langzeitschutz von Beton

Neben der Betonnachbehandlung ist in den DIN-Vorschriften (DIN 1045, DIN 4030) nur dann ein besonderer Oberflächenschutz des Betons vorgesehen, wenn bestimmte betonangreifende Wässer, Böden und Gase vorliegen.

Die Praxis zeigt aber, daß es trotz dieser DIN-Vorschriften – auch deshalb, weil diese nicht genügend berücksichtigt werden – zur Korrosion der Stahlbewehrung und in der Folge zu Betonabplatzungen bei Stahlbetonbauwerken kommt. Ein Farbenhersteller schreibt über Schutz des Betons: Sinkt der pH-Wert im Beton unter 10, setzt die zerstörende Wirkung der Korrosion ein. Sauerstoff, Feuchtigkeit in Form von Niederschlägen oder Wasserdampf und aggressive Stoffe in der umgebenden Luft können jetzt auch mit dem Bewehrungsstahl reagieren: er korrodiert. Dabei wird aus 1 mm Stahl eine 5 mm starke Rostschicht mit gewaltiger Sprengwirkung. Erste Risse über dem Bewehrungsstahl entstehen, später folgen Betonabsprengungen.

Die besondere Gefahr: Bis zu diesem Zeitpunkt werden erste Anzeichen der Zerstörung wie eine mürbe Oberfläche oder kleine Abplatzungen nicht ernst genommen. Der fortgeschrittene Alkalitätsverlust im Beton bleibt unsichtbar – und damit unbeachtet. Wenn dann großflächige, tiefe Absprengungen auftreten, die den Bewehrungsstahl freilegen, ist guter Rat teuer.

Und bei halbherzigen Reparaturen wird es auch die schließlich notwendige grundlegende Sanierung sein.

Die Geschwindigkeit des Alkalitätsverlustes wird durch folgende Faktoren beeinflußt:

- Güteklasse und Verdichtung des Betons,
- Durchlässigkeit gegenüber sauren Gasen (z. B. CO_2 und SO_2),
- Feuchtigkeitsbelastung des Baukörpers,
- Standort des Objekts,
- pH-Wert der umgebenden Atmosphäre.

Wie lange die oberflächennahen Bewehrungsstähle im sicheren alkalischen Bereich liegen, ist von der Betonüberdeckung abhängig. Nach DIN 1045 sind 1 bis 3,5 cm Überdeckung gefordert. Für Stahlbetonfertigteile werden mindestens 1,5 cm verlangt. Die Praxis zeigt jedoch, daß Bewehrungseisen oft nur 0,2 bis 0,8 cm unter der Oberfläche liegen.

Da die Lage der Bewehrungsstähle nachträglich nicht verändert werden kann, bleibt nur diese Lösung: der Alkalitätsverlust mit seinen schädigenden Folgen muß aufgehalten werden, und zwar direkt an der Oberfläche. Das erfordert eine Beschichtung, die das Eindringen der Feuchtigkeit und der sauren Gase (CO_2 und SO_2) der Luft verhindert. Dazu sind spezielle Beschichtungsmaterialien mit einem hohen CO_2- und SO_2-Diffusionswiderstand erforderlich.

Die Anstrichmittel kann man grob in 2 Gruppen einteilen, in die farblosen Schutzanstriche, die das Ansehen des Betons nur geringfügig verändern, und die Farbanstriche.

Materialbasis für die vielfältigen Anstrichstoffe ist häufig eine Acrylat-Dispersion oder auch ein Silikon.

Wird der Anstrich des Betons nicht gleich nach Fertigstellung vorgenommen, sind die Maßnahmen oft mit den unter Sanierung beschriebenen verbunden.

Da die Austrocknung von Beton längere Zeit dauert, ist es erforderlich, daß die Anstriche ausreichend wasserdampfdurchlässig sind.

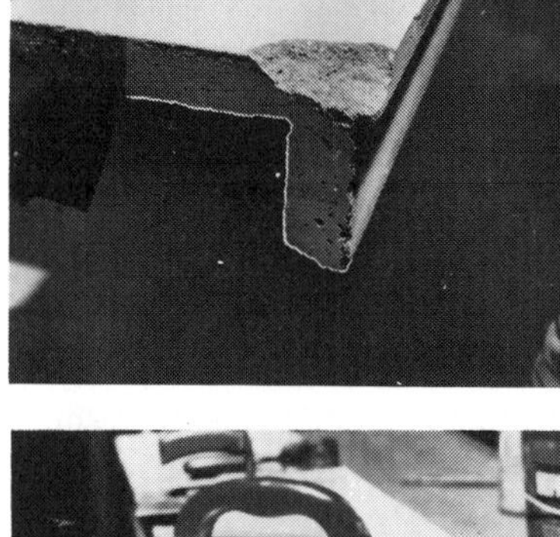

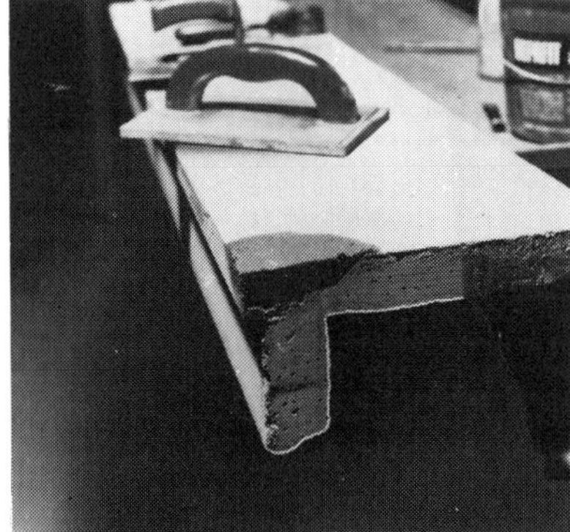

Reparatur eines Betonbauteils mit speziell modifiziertem Flickmörtel.

Betonreparatur

Von Betonreparatur oder Instandsetzen des Betons spricht man, wenn Beton im Laufe der Nutzungsdauer abplatzt und der Stahl freiliegt. Hier muß nicht nur das entstandene Loch dicht geschlossen werden, sondern der freigelegte und entrostete Stahl muß mit einem Rostschutzmittel geschützt werden.
Das Hauptproblem bei der Betonreparatur ist der mangelnde Verbund zwischen Neu- und Altbeton. Die Abbinde- und damit verbundenen Schwindmechanismen lassen Versuche, Beton zu reparieren, scheitern. Hier hilft der Zusatz von Kunststoffen, die die erforderliche Klebkraft und Flexibilität bringen.
Mit kunststoffvergütetem Mörtel lassen sich Ausbesserungen mit Erfolg vornehmen, und zwar nicht nur an Betonflächen, sondern auch an Betonteilen wie Treppenstufen, Bordsteinen, U-Steinen u. a. Kunststoffemulsionen, die dem Mörtel mit dem Anmachwasser beigegeben werden, haben sich gut bewährt.
Im Kapitel „Boden" (S. 136) wird nochmals näher auf das Sortiment bauchemischer Produkte eingegangen, das auch für Estrichreparaturen verwandt wird.
Auch zu den Betonreparaturen kann man die Maßnahmen zählen, mit denen eine „verdurstete" Betonoberfläche – ähnlich wie absandende Putze – verfestigt werden kann. Dieser Effekt läßt sich – erforderlichenfalls jedoch erst nach Abschleifen oder Sandstrahlen des Untergrundes – mit Imprägnierlösungen zur Oberflächenverfestigung von Zementestrichen und Betonböden erzielen.

Betonanstriche

Unter traditionellen Nachbehandlungsmitteln für Beton versteht man Produkte, die insbesondere der „Verdurstungsgefahr" mit ihren unerwünschten Folgen (z. B. ungenügender Festigkeitsentwicklung) entgegenwirken sollen und daher häufig auch als Verdunstungsschutzmittel bezeichnet werden. Die Schutzwirkung ist in der Regel auf den Zeitraum bis zum vollständigen Erhärten (Festigkeitsentwicklung) des Betons abgestimmt, somit also verhältnismäßig kurzzeitig. Siehe Nachbehandlung.

Oberflächendichtung mit zementgebundenen Dichtungsmitteln

Außer den Möglichkeiten, Betonflächen durch Anstrich oder Aufkleben von Folien oder Pappen gegen Eindringen von Wasser und Feuchtigkeit zu isolieren, gibt es die Oberflächendichtung mit zementgebundenen Dichtungsmitteln.
Beim Betondichtungsmittel als Zusatzmittel zum Beton bei der Herstellung wurden bereits die Probleme erwähnt, die zu bewältigen sind, damit ein Beton wasserdicht wird. Die Unwägbarkeiten sind sehr zahlreich. Wird durch ausreichend angeordnete Dehnfugen die Rissegefahr zum Beispiel einer Betonwanne ausgeschaltet, bietet eine Oberflächendichtung dieser Art eine sehr gute Abdichtung.
Das Dichtungsmittel bildet hier eine feste, frostbeständige Dichtungsschicht auf dem Beton. Vor Beschädigungen – z. B. beim Verfüllen der Baugrube – sollte sie allerdings, wie andere Dichtungsschichten auch, geschützt werden.
Wesentlich daran ist, daß sich die Dichtungsschicht intensiv mit dem Beton verbindet und durch Reaktion mit dem freien Kalkanteil der oberflächennahen Betonschicht Verbindungen eingeht, die das Kapillarsystem verschließen.
Probleme können entstehen, wenn mit Dichtungsmittelzusatz erstellter Beton noch auf diese Weise oberflächengedichtet werden soll.
Diese Dichtung als **Reparaturmaßnahme:** Betonflächen an älteren Bauten, die dem Wasser ausgesetzt sind und es abhalten sollen, können auch nachträglich mit zementgebundenem Flächendichtungsmittel wasserdicht gemacht werden. Voraussetzung für den Erfolg der Maßnahme ist, daß der Beton rissefrei ist (das starre Dichtungsmittel kann keinerlei Bewegung überbrücken!), daß der Beton sauber und frei von organischen Verschmutzungen ist. Dabei ist ein Vorteil, daß die Fläche nicht nur feucht sein darf, sondern soll (jedoch kein fließendes oder abtropfendes Wasser).
Zementgebundene Dichtungsmittel werden wie Mörtel mit Wasser angerührt und aufgestrichen oder aufgezogen.
Wichtig: Werksvorschriften genau beachten!

Wirkungsgruppen der Betonzusatzmittel und deren Kennzeichnung

Betonzusatzmittel	Kurzzeichen	Farbkennzeichen
Betonverflüssiger (Fließmittel)[1]	BV (FM)	gelb
Luftporenbildner	LP	blau
Betondichtungsmittel	DM	braun
Erstarrungsverzögerer	VZ	rot
Erstarrungsbeschleuniger	BE	grün
Einpreßhilfen	EH	weiß
Stabilisierer	ST	violett

Bauchemie für Putz und Mauerwerk

Zusatzmittel für Putz und Mörtel

Dichtungsmittel (DM)

Die Wirkungsweise von Dichtungsmitteln ist physikalisch. Sie bewirken, daß die Haarröhrchenwirkung (Kapillarität) umgekehrt wird in Wasserabstoßung (Hydrophobie). Dadurch kann kein Wasser in das Kapillargefüge eindringen (siehe auch Grundwissen Dichtigkeit – Porosität – Kapillarität).
Dichtungsmittel (DM) sind als Flüssigkeiten oder in Pulverform erhältlich. Die Dosierung liegt meist bei 1–2% des Bindemittelgewichtes.
Dichtungsmittel für Putz gibt es auch kunststoffvergütet. Durch diese vergüteten Dichtungsmittel werden die Verarbeitungseigenschaften verbessert, der Mörtel wird geschmeidiger, er neigt weniger zum Entmischen, ist kellengerecht und leicht aufzuziehen.
Der so hergestellte Mörtel ist als Mörtelgruppe II und III lt. DIN 18 550 unter und über dem Erdreich einsetzbar. Handelsform: Emulsion (flüssig).

Frostschutzmittel

für Putze werden meist nur für unumgängliche Reparaturarbeiten, die unaufschiebbar auch bei Frost ausgeführt werden müssen, verwandt.
Es sind Salze, die gelöst werden und in der Lösung den Gefrierpunkt herabsetzen. Dadurch kann das Anmachwasser des Putzes auch bei einigen Graden unter 0° C noch nicht gefrieren und das Bindemittel kann, soweit es zum Abbinden keine höhere Temperatur benötigt, abbinden. Der Abbindeverlauf ist infolge der tiefen Temperatur allerdings verlangsamt.
Die Dosierung erfolgt je nach Temperatur, gegen die das Frostschutzmittel schützen soll (zu erwartende Tiefsttemperatur!). Wo der Putz mit Stahl oder Eisen in Berührung kommt, darf nur chloridfreies Frostschutzmittel angewandt werden (OC). Das gilt auch für Nägel, Schrauben, blanke Profilstellen u. ä.

Haftemulsion

Die Haftung von Neu auf Alt ist bei Putz, Estrich und Beton schlecht. Mit dem Austrocknen schwindet der aufgebrachte Mörtel oder Putz und löst sich vom reparierten, alten Teil ab. Kunststoff-Haftemulsionen besitzen eine gewisse Zähfestigkeit, mit der sie die entstehenden Spannungen überbrücken und so das Ablösen verhindern. Diese Eigenschaft besitzen die mineralischen Bindemittel nicht.

Haftemulsionen haben ein breites Aufgabengebiet am Bau überall da gefunden, wo Reparaturen auszuführen sind, an Putz, Estrich, Natur- oder Kunststein und Beton.

Wo die Kunststoff-Emulsion nicht nur als Haftbrücke zwischen Alt und Neu gestrichen, sondern auch dem Reparaturmaterial zugesetzt wird, hat die Reparaturstelle deutlich bessere Eigenschaften als die übrige Fläche, da die Biegezugfestigkeit und die Elastizität erhöht ist. (Eine Emulsion ist die Aufschwemmung mehrerer Flüssigkeiten ineinander, die ineinander nicht löslich sind, wobei die Verteilung so fein sein muß, daß die aufgeschwemmten Teilchen in der Schwebe bleiben, Beispiel Milch).

Mörtelzusatzmittel zur Vermauerung von Klinkern und Glasbausteinen

Beim Vermauern von Klinkern, die, wie wir wissen, teilweise bis zur Sinterung (Schmelzen) gebrannt werden und dadurch ein sehr dichtes Scherbengefüge haben, sowie von glatten Glasbausteinen, entstehen manchmal Schwierigkeiten.
Beide Bausteinarten besitzen an der Oberfläche fast kein oder kein Porenvolumen, so daß sie nur ganz wenig oder kein Wasser aufzunehmen vermögen. Der Mörtel behält demnach sein gesamtes Anmachwasser, was dann unter der Belastung zum „Schwimmen" des Mauerwerks führen kann.
Bei nasser Witterung kann diese Erscheinung auch bei noch einigermaßen saugenden Steinen auftreten.
Um die dadurch bedingten Zwangspausen, in denen mit dem Mauern aufgehört werden muß bis der Mörtel anzieht, auszuschalten, verwendet man hier ein Zusatzmittel. Die Vermauerung mit einem nur gerade noch ausreichend feuchten Mörtel bedingt die Gefahr des Verdurstens des Mörtels bei Trockenheit. Das Zusatzmittel, von einem Hersteller als „Klinkerfest" angeboten, erhöht das Wasserrückhaltevermögen im Mörtel, es bindet die Feuchtigkeit oder besser gesagt speichert sie für die Abbindung. Dadurch kann zügig weitergemauert werden, ohne daß Schäden zu befürchten wären.
Handelsform: Pulver
Dosierung: 2% des Bindemittelgewichts

Mauerwerkschutz

Schon vor langer Zeit hat man erkannt, daß es nicht ausreicht, Mauerwerk nur durch einen dünnen Schutzanstrich vor eindringender Feuchtigkeit zu schützen. Auch die heute noch vielfach eingesetzte eine Lage Isolierpappe (Mauersperrbahn), die das Aufsteigen von Feuchtigkeit im Mauerwerk verhindern soll, reicht in vielen Fällen nicht aus.
Die Bauchemische Industrie hat eine ganze Palette von Produkten entwickelt, die für diesen Zweck zur Verfügung steht.
Folgende Gruppierung kann einen groben Überblick geben.
Für Neubau und Bausanierung: Zementgebundene Flächendichtungsmittel, Dichtungsputze und Dicht- und Dämmputze sowie Bitumen-Kunststoffbeschichtungen.
Nur für Bausanierung: Bohrlochschlämmen für nachträgliche Horizontalsperren.

Zementgebundene Flächendichtungsmittel (Dichtungsschlämme)

Diese Gruppe von Dichtungsmitteln für den Mauerwerksschutz bildet eine feste, frostbeständige Oberflächenschicht auf Beton und Mauerwerk, die wasserdicht ist. Einige Fabrikate sind zusätzlich kunststoffvergütet, womit eine bessere Haftung am Mauerwerk erreicht wird. Einige von den Fabrikaten haben eine gewisse Tiefenwirkung. Sie enthalten chemische, lösliche Verbindungen, die mit dem im Beton oder Mauerwerk enthaltenen freien Kalkanteil unlösliche Verbindungen, meist Salze der Kieselsäure (Silikate) bilden.
Vorbedingung zur Anwendung ist, daß der Untergrund fest, sauber und nicht ölverschmutzt ist. Auch soll der Untergrund weitreichend feucht sein.
Wichtig ist es, von dieser Gruppe der Flächendichtungsmittel zu wissen, daß die entstehende Dichtungsschicht **nicht nur wasserabweisend** ist, die Kapillarität also nicht nur in Wasserabweisung umkehrt sondern die Kapillaren **schließt.** Die Härte der Dichtungsschicht erlaubt nicht, Bewegungen im Mauerwerk oder Beton mitzumachen. Sie ist starr und damit rißgefährdet. Überdies benötigt sie in bestimmten Fällen eine Schutzschicht, eventuell einen dichtungsfähigen Unterputz.

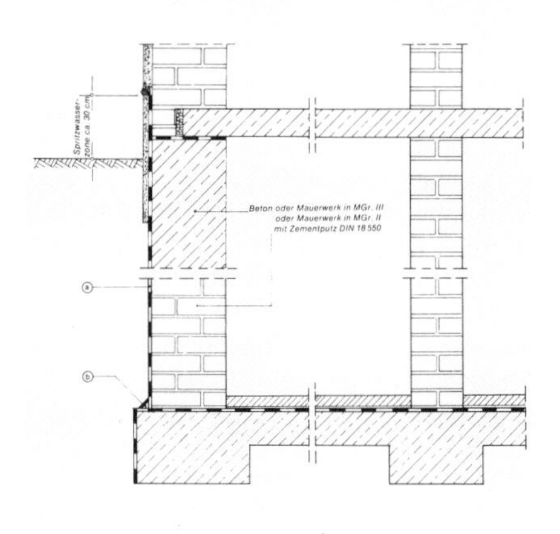

Anwendung von Dichtungsschlämme: a = Abdichtung, b = Hohlkehle

Dicht- und Dämmputze

Das für die zementgebundenen Flächendichtungsmittel Gesagte kann im übertragenen Sinne auch auf diese Produktgruppe angewandt werden. Diese Putze bilden eine Schicht in üblicher Putzdicke oder auch eine erheblich dickere Schicht.
Ein Schutz dieser Putzschicht ist dann meist nicht erforderlich.
Die Dämmputze stehen in ihrer Wärmedämmfähigkeit anderen Dämmstoffen nach. Hier sollte man sich über die Wärmeleitfähigkeit und erforderliche Wärmedämmung sehr genau informieren. Risse des tragenden Mauerwerks können auch diese Putze nicht überbrücken, wenn sie nach Erhärten des Putzes entstehen.

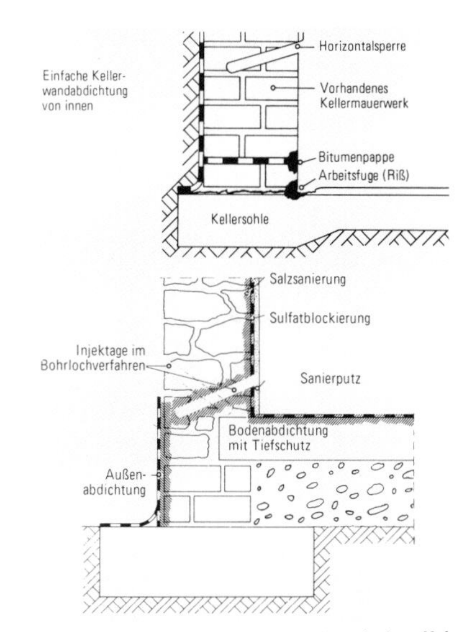

Bohrlochabdichtung an Gebäuden mit und ohne Keller.

Verkieselungsmittel für nachträgliche Horizontalisolierung

Ist die Isolierung nicht mehr intakt, die das Aufsteigen des Wassers im Mauerwerk unterbinden soll, gibt es drei Gruppen von Möglichkeiten der Nachisolierung: Aufschneiden des Mauerwerks und Einlegen einer Dichtungsschicht oder Einschlagen von Edelstahlplatten, zweitens die elektrokinetische Methode (Osmoseverfahren) und drittens die Bohrlochisolierung.

Bohrlochisolierung mit flüssigem Verkieselungsmittel in der Praxis.

Mit die einfachste Lösung und, wenn gut ausgeführt, dauerhaft und wirksam, ist die Bohrlochisolierung.

Das Wirkungsprinzip ist dasselbe, wie wir es bei der Tiefenwirkung der Flächenisolierung beschrieben haben.

Nach Werksvorschrift werden schräg nach unten gerichtete Bohrlöcher mit einem Durchmesser bis zu 30 mm, ins Mauerwerk getrieben. Abstand der Löcher voneinander meist ca. 10 cm.

Nachdem das Mauerwerk (oder der Beton) ausreichend durchnäßt wurde, verfüllt man die Löcher mit der Bohrlochschlämme. Diese enthält Stoffe, die entweder schon gelöst sind oder sich in dem im Mauerwerk vorhandenen Wasser lösen und sich so aus dem Bohrloch heraus im umgebenden Mauerwerk verbreiten. Dort verbinden sich diese Stoffe mit vorhandenem freiem Kalk zu wasserunlöslichen Salzen, die die Kapillaren des Mauerwerks und des Mörtels oder auch des Betons verschließen.

So entsteht ein Dichtungsgürtel. Die hier entstehenden Salze sind vielfach Salze der Kieselsäure (Silikate), deren hohe Beständigkeit bekannt ist. Zur Verkieselung stehen heute zudem auch wasserdünne Konzentrate zur Verfügung, die drucklos eingebracht werden und geringere Bohrlochdurchmesser möglich machen.

Das unterhalb der entstandenen Sperre im Mauerwerk befindliche Wasser kann man dann am Durchtritt nach innen durch eine Sperrschicht, die auch innen angebracht werden kann, hindern. Vorausgesetzt, der Wandbereich ist nicht dem Frost ausgesetzt, schadet das Wasser nur, wenn es verdunsten kann und dabei die in ihm gelösten Salze im Mauerwerk zurückläßt.

Diese Salze, besonders die Salze der Schwefelsäure (Sulfate) und der Salpetersäure (Nitrate) zerstören Putz und Mauerwerk, wenn sie auskristallisieren und dabei ihr Volumen sehr stark vergrößern. Ein Vorgang, den wir mit der zerstörenden Wirkung des gefrierenden Wassers vergleichen können.

Bitumen- und Kunststoffbeschichtungen

Bitumenanstriche als althergebrachte Außenisolierung sind da noch zeitgerecht, wo sie durch einen wie auch immer gearteten Schutz vor Beschädigung gesichert sind. Ohne diesen Schutz sind die Beschädigungen beim Verfüllen der Baugrube (Arbeitsraum) zu häufig, und damit ist der Wert der ganzen Maßnahme in Frage gestellt.

Wir unterscheiden lösungsmittelhaltige Anstriche von den Emulsionen.

Lösungsmittelhaltige Anstriche sind ihrer Zusammensetzung nach Bitumenanstriche, Bitumen-Kunststoffanstriche (Polyurethan u. a.). Bei der Verarbeitung sind Vorsichtsmaßnahmen zu beachten wegen Brand- und Vergiftungsgefahr.

Ohne Lösungsmittel sind Emulsionen aus Bitumen und Kunststoff oder Bitumen und Kautschuk auf dem Markt. Auch Zweikomponenten-Kunststoffanstriche sind ohne Lösungsmittel.

Lösungsmittelhaltige Anstriche benötigen einen trockenen Streichgrund. Der Putz, auf den sie aufgestrichen werden, muß trocken sein.

Emulsionen sind fein verteilte Aufschwemmungen in Wasser (Milch ist z. B. auch eine Emulsion). Der Streichgrund kann noch baufeucht sein.

Verarbeitung kann erfolgen durch Spritzen, Anstreichen, oder bei den schon fast pastösen Mitteln, die sich dann oft Streichfolien nennen, kann das Material auch aufgezogen werden.

Es sind 1–3 Anstriche oder Aufträge erforderlich. Der Bedarf pro m^2 liegt zwischen ca. 300 g und 1500 g je nach Material und erforderlicher Schichtdicke.

Elastische Beschichtungsmittel, die eine dickere Schicht ergeben, sind in der Lage, kleine Risse in Putz oder Mauerwerk (Schwindrisse) zumindest einige Zeit lang zu überbrücken. Konstruktionsbedingte Risse, also Setzrisse können auch von den sogenannten Streichfolien nicht auf Dauer sicher überbrückt, also abgedichtet werden.

Die Lagerhaltung ist bei einigen Emulsionen durch begrenzte Lagerfähigkeit erschwert. Die Angaben der Hersteller über Mindest-Lagertemperatur und höchste Lagerzeit sind unbedingt zu beachten.

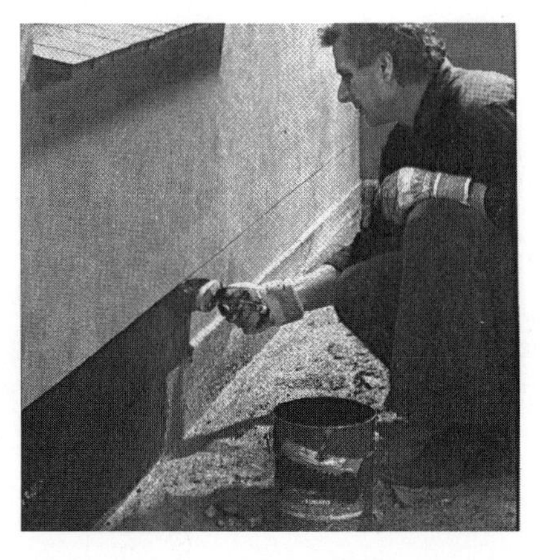

Heizöldichter Anstrich (Heizöldichte Beschichtung)

Das Wasserhaushaltsgesetz der Bundesrepublik Deutschland und weitere Wassergesetze der Länder bestimmen, daß der Einbau, das Aufstellen und Auswechseln von Heizölbehältern genehmigungspflichtig ist. Voraussetzung zur Erteilung der Genehmigung ist, daß Öltanks in einer Auffangwanne stehen, die ölundurchlässig ist.

Außer für kleine Ölbehälter, die in Blechwannen gestellt werden, ist es üblich geworden, den Raum, in dem der oder die Heizöltanks aufgestellt werden, mit einer Abmauerung als Wanne auszubilden, zu verputzen und mit einem ölundurchlässigen Anstrich ringsum, also auch auf dem Fußboden, zu versehen.

Die Beschichtungsmittel für Ölwannen sind prüfzeichenpflichtig. Nur Produkte mit dem amtlichen Prüfzeichen „PA-VI . . .“ dürfen verwendet werden. Außerdem muß am Bauwerk nachprüfbar sein, daß zur Abdichtung mindestens 3 Anstriche aufgebracht wurden. Für diesen Zweck gibt es den Anstrichstoff in 2 Farben, meist rot und grau, die dann in der Reihenfolge grau-rot-grau aufgestrichen werden.

Anforderungen an das Beschichtungsmaterial:

Heizöllagerräume sind meist klein und eng und nur schwer zu belüften. Der Anstrichstoff muß deshalb lösungsmittelfrei sein, damit weder Brand- noch Vergiftungsgefahr besteht.

Zum Einbau, zur Tankinspektion und zur Vorratskontrolle muß die Anstrichfläche begehbar sein.

Um die Dichtigkeit nicht zu gefährden, muß die Beschichtung kleine Schwindrisse im Beton, Putz oder Estrich zu überbrücken im Stande sein. Vor Setz- und Dehnungsrissen müssen bauliche Maßnahmen schützen.

Die Beschichtung muß dicht sein gegen Heizöl EL und Dieselkraftstoff.

Gegen längere Naßbeanspruchung müssen Heizölschutzanstriche nicht beständig sein. Die Anwendungsvorschriften der Hersteller bestimmen: zur Verwendung im Innern eines Bauwerks, keine Dauernaßbeanspruchung!

Das Material

Heizölschutzanstriche sind u. a. auf Materialbasis Polyvinylpropionat PVP aufgebaut. Es sind durchweg lösungsmittelfreie Kunstharzdispersionen (Emulsionen).

Untergrund

Der Streichgrund muß trocken, glatt, gut streichfähig und frei von Staub sein.

Verarbeitung

Die Verarbeitung soll nicht bei Temperaturen unter 5° C vorgenommen werden. Bei drei Aufträgen, die gefordert sind, wird der erste Anstrich stärker mit Wasser verdünnt.

Der Verbrauch schwankt je Fabrikat zwischen 1100 und 1300 g/m^2, auf die drei Anstriche verteilt ca. 250 g (verdünnt) + 500 g + 500 g.

Kunststoffputze

Kunststoffputze sind verarbeitungsfertige Putze, die gern zur Gestaltung der Wandflächen in Wohnräumen, Eingängen, Treppenhäusern und Dielen eingesetzt werden. Sie können sehr individuell strukturiert werden, sind auch für den Nichtfachmann relativ leicht zu verarbeiten und farbtreu.

Der anhaltende Trend zu rustikaler Innenraumgestaltung hat wesentlich zu seiner Beliebtheit beigetragen und hat die Hersteller veranlaßt, ein breites Angebot, was die Strukturen betrifft, auf den Markt zu bringen. Die Palette reicht vom Münchner Rauhputz über Roll- und Reibeputze zu Kellenstrichputzen u. v. a. mehr.

Die breite Angebotspalette macht es schwer auf Besonderheiten einzugehen. Die Hersteller nennen ihre Putze Kunstharz-, Kunstharzlatex oder Kunststoffputze.

Als Kunststoffkomponente werden viele organische, den Kunststoffen zuzurechnende Verbindungen verwandt. Folgende Angaben sind von verschiedenen Herstellern im Produkteverzeichnis Kunststoffe im Bauwesen genannt (hinter dem Namen steht die dazugehörige Kurzbezeichnung):

Acrylnitril-Styrol-Acrylat-Copolymer ASA
Ethylen-Vinylacetat-Copolymer EVA
Polymethylmethacrylat PMMA und
Acrylnitrilmethylmethacrylat AMMA
(Acrylglas)
Styrol-Butadien-Copolymer SB
Polyvinylacetat PVAC
und andere.

Der Putzgrund muß für alle Kunststoffputze sauber, trocken und vor allem tragfähig sein. Unebenheiten müssen vor Aufbringen des Kunststoffputzes ausgeglichen werden. Verschiedentlich wird vorherige Grundierung empfohlen.

Fassadenreinigungsmittel

Die Mittel, die von den Herstellern chemischer Erzeugnisse für den Bau angeboten werden, beseitigen Zement- und Kalkschleier oder -spritzer, Kalkausblühungen von Klinker- und Verblendermauerwerk, Terrassenbelägen Gehweg- und Gartenplatten, Sichtbeton u. ä.

Die Wirkungsweise ist chemisch. Der ausgeblühte, wasserunlösliche Kalk wird durch Einwirkung verdünnter Säure in lösliche Salze umgewandelt. Das dabei freiwerdende Kohlendioxid (CO_2) entweicht und bildet dabei Blasen. Dadurch ist die Wirkung des Mittels unmittelbar sichtbar.

Damit die Säure nicht eindringen kann, um etwa auch in tieferen Schichten in gleicher Weise zu wirken, was natürlich höchst unerwünscht wäre, sind gründliches Vornässen und andere Vorsichtsmaßnahmen in den Verarbeitungsrichtlinien der Lieferwerke vorgeschrieben. Diese sind wie die Vorsichtsmaßregeln zum Schutze des Verarbeiters genau einzuhalten.

Kindern dürfen diese Mittel nicht zugänglich sein!

Von den wichtigsten Herstellern werden zweierlei Mittel angeboten und zwar für schwache und für starke Verschmutzung. Diese Reinigungsmittel machen die wesentlich risikoreichere Reinigung mit Salzsäure überflüssig.

Handelsform: flüssig in Plastikflaschen oder -kanistern.

Wand- und Deckenanstrich, Fassadenanstrich

Es gibt den Außen- und Innenanstrich in verschiedenen Ausführungen, als Acryllack, wasserverdünnbar, als selbstreinigende Fassadenfarbe, als Kunstharzlatexfarbe und als preisgünstige Kunststoffdispersionsfarbe.

Reine Wand- und Deckenfarben sind als Kunstharz-Latex-Mattfarbe oder als Dispersionsfarbe erhältlich.

Hochdeckende Reinacrylat-Fassadenfarbe

Imprägnieranstriche

Wir haben bereits eine Möglichkeit kennengelernt, Außenflächen wasserabweisend zu machen, nämlich durch Zugabe von Dichtungsmittel in den Außenputz (siehe „Zusatzmittel für Putz und Mörtel"). Der Putz ist durch diese Maßnahme wasserabweisend gemacht (hydrophobiert).

Nachträglich wasserabweisend machen kann man Putzflächen, aber auch Sicht- und Verblendmauerwerk, durch Streichen oder Spritzen mit Silicon-Bautenschutzmitteln. Das sind organische Silicium-Verbindungen. Diese Mittel werden als Lösungen für farblose Oberflächenbehandlungen mineralischer Baustoffe geliefert.

Es gibt für diesen Anwendungsbereich am Markt eine Vielzahl von Produkten. Hier soll nachstehend ein grober Überblick gegeben werden durch auszugsweise Wiedergabe einer Veröffentlichung von Dr. Michael Roth „Siliconate – Siliconharze – Silane – Siloxane, Silicon-Bautenschutzmittel für die Oberflächenimprägnierung von mineralischen Baustoffen" (erschienen in „Baugewerbe", Heft 2/82, Seite 3–7):

Eigenschaftskriterien

1. Eine wesentliche Voraussetzung für die Wirksamkeit und Haltbarkeit einer Imprägnierung ist, daß eine möglichst tiefe Zone des Baustoffes mit dem Hydrophobierungsmittel durchtränkt wird. Die erzielte Imprägniertiefe hängt von den folgenden Faktoren ab:

a) Saugfähigkeit des Baustoffes (Porosität, Feuchtigkeitsgehalt)

b) Auftragsmenge der Imprägnierlösung (Verbrauch kg pro m^2)

c) Eindringvermögen der Imprägnierlösung, das von der Art des Wirkstoffes (Molekülgröße) und des zur Verdünnung verwendeten Lösungsmittels stark abhängt.

2. Der Wirkstoffgehalt der Imprägnierlösungen sollte auch nach praktischen Erfahrungen – als Polysiloxangehalt ausgedrückt – bei etwa 5 Gew.-% liegen.

3. Im Falle alkalischer Baustoffe sind Imprägniermittel mit guter Alkalibeständigkeit auszuwählen.

4. Das Imprägniermittel soll – um Verschmutzungen zu vermeiden – nach dem Verdunsten des Verdünnungsmittels am Baustoff klebfrei auftrocknen.

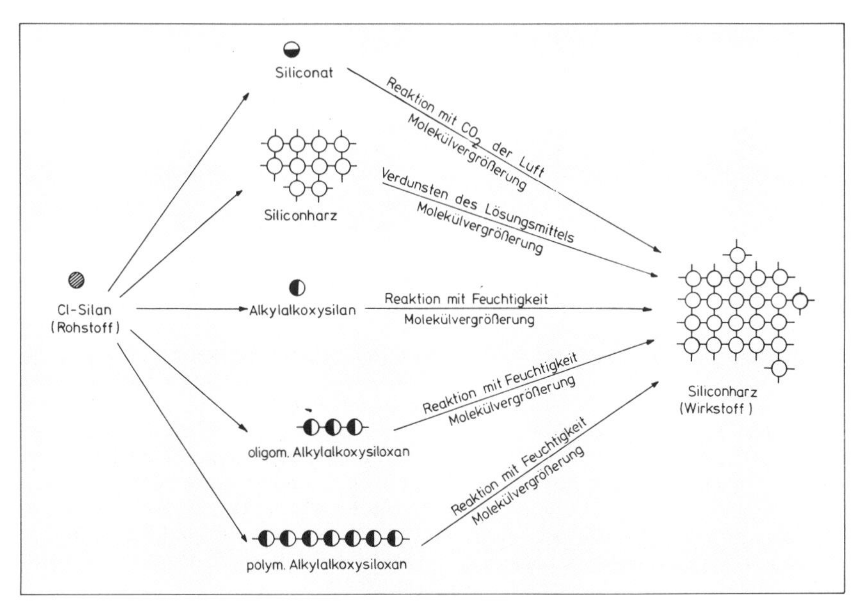

5. Um Auswaschungen durch Niederschläge zu vermeiden, soll die Imprägnierung möglichst bald nach dem Auftragen des Imprägniermittels eine wasserabweisende Wirkung aufweisen, d. h. schlagregensicher sein.

Am Markt befindliche Produkte

Ein grundsätzliches Unterscheidsmerkmal ist das Lösungsmittel des Imprägniermittels.

1. Mit Wasser oder mit Wasser- und Alkoholgemisch verdünnte Produkte

In dieser Gruppe werden angeboten Alkalialkylsiliconate oder deren Abmischungen mit Wasserglas.

2. In organischen Lösungsmitteln (Benzin, Alkohol . . .) gelöste Produkte

Die in dieser Gruppe einzuordnenden Imprägniermittel sind in die folgenden Typen zu unterteilen:

a) Siliconharze (Alkylpolysiloxane, Polysiloxane)

b) Alkylakoxysilane (Silan-Imprägniermittel)

c) Oligomere Alkylakoxysiloxane (allgemein als Siloxane bezeichnet)

d) Polymere Alkylalkoxysiloxane (sind den Harzen sehr ähnlich!)

Es werden auch Mischungen dieser Produkte untereinander oder Abmischungen mit organischen Harzen (z. B. Methacrylate), Metallseifen (Stearate), Kieselsäureester, Titanester und andere verwendet.

Durch die Abbildung (schematische Darstellung) soll gezeigt werden, daß die am Markt befindlichen Silicon-Bautenschutzmittel gut in ein recht übersichtliches System eingeordnet werden können.

Um eine optimale Imprägnierwirkung zu erhalten, ist eine fachgerechte Verarbeitung der Imprägniermittel notwendig.

Auch Natursteinfassaden werden mit diesen Mitteln konserviert, ebenso grobkeramische Erzeugnisse.

Bei Verblendmauerwerk ist es angebracht, sich beim Lieferwerk die Zustimmung schriftlich geben zu lassen, daß durch eine wie auch immer erforderlich werdende Nachbehandlung die Werksgarantie nicht in Frage gestellt wird. Bei Außenwandanstrichen auf Wasserdampfdurchlässigkeit achten! (Siehe Absatz Wasserdampfdurchlässigkeit.)

```
SiO2 (Quarz)

    I       I       I
  - Si - O - Si - O - Si - O -
    I       I       I
    O       O       O
    I       I       I
  - Si - O - Si - O - Si - O -
    I       I       I
    O       O       O
    I       I       I

Siliconharz

      CH3     CH3     OH
      I       I       I
  - O - Si - O - Si - O - Si - CH3
      I       I       I
      O       O       O
      I       I       I
  CH3 - Si - O - Si - O - Si - O -
      I       I       I
      O       CH3     OH
      I

Silan

            /OR
  CH3 - Si --OR
            \OR

Siloxan

       CH3     CH3     CH3
       I       I       I
  RO - Si - O - Si - O - Si - OR
       I       I       I
       OR      OR      OR
```

Chemische Struktur von Imprägnierungen auf Siliconbasis R = Organischer Rest

Bauchemische Erzeugnisse zur nachträglichen Wärme- und Schalldämmung

Die meisten Hersteller bauchemischer Erzeugnisse haben in den letzten Jahren ein eigenes System zur Nachdämmung von Außenwänden herausgebracht. Alle diese Systeme haben eine gemeinsame Grundkonzeption. Zu bemängeln ist der in diesem Zusammenhang häufig verwendete, den Nichtfachmann irreführende Namenszusatz „Vollwärmeschutz", weil es den **gar nicht geben kann.**

Das Prinzip

Wände aus unzureichend wärmedämmenden Baustoffen oder/und mit zu geringen Wanddicken werden durch Vorkleben einer Dämmstoffschicht in ihrer Wärmedämmung verbessert. Als Dämmstoff wird Hartschaum oder Mineralfaser verwandt. Überzogen wird das Ganze zunächst mit einer dünnen Spachtelschicht. Kleber und

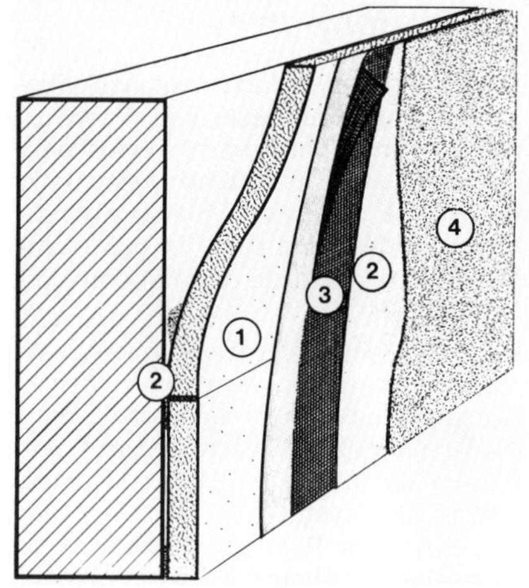

Prinzipieller Aufbau von Wärmeschutzverbundsystemen
1 Dämmplatten 3 Armierungsgewebe
2 Kleber und Spachtelmasse 4 Oberputz

Dämmstoff müssen aufeinander abgestimmt sein (lösungsmittelfrei!), und der Kleber muß außerdem für gute Haftung am Mauerwerk sicher sein. Um Putzrisse zu vermeiden, wird ein Gewebe zur Bewehrung in die Spachtelschicht eingebettet. Als Außenschicht dienen Kunststoff- oder mineralische Putze mit erhöhter Zugfestigkeit.

Wärmetechnisch sind die Außendämmungen einwandfrei, da im Gegensatz zur Innendämmung der Wandbaustoff weiter als Wärmespeicher dienen kann und seine Temperatur steigt, statt wie bei der Innendämmung zu fallen.

Kritisch betrachtet werden muß nur die Frage der **Wasserdampfdurchlässigkeit,** und zwar sowohl des Klebers und des Dämmstoffes als vor allem auch der Putzschicht sowie des eventuell angebrachten Anstrichs. Der Taupunkt des durch die Wand hindurchdiffundierenden Wasserdampfes rückt meist in den Dämmstoffbereich. Es muß dafür gesorgt sein, daß das dort entstehende Kondenswasser nach außen wegkann. Hier sei an die alte Regel der Baukunst erinnert, die bestimmt, daß die Wasserdampfdurchlässigkeit in Außenwänden von innen nach außen zunehmen muß!

Der Schallschutz der Außenwände erfährt durch die meisten dieser Maßnahmen keine oder nur eine unwesentliche Verbesserung.

Bauchemie für den Fußboden

Estrichzusätze

Zementestriche werden als Verbundestrich oder als schwimmender Estrich durch Dämmstoff vom umgebenden Baukörper getrennt eingebaut. Die Schwachstellen, starke Wasserzufuhr in das Bauvorhaben, damit verbunden langsame Austrocknung und im Vergleich zu anderen Estrichen lange Erhärtungszeit, die sich als Wartezeit am Bau auswirkt, werden mit einem gewissen Erfolg durch chemische Zusätze verringert.

Zementestrich ist ein Zementbeton mit hoher Zementzugabe und einem Größtkorn der Zuschlagstoffe, das selten über 8 mm hinausgeht.

Dieses Material mit einem Gewicht von fast 2,5 t/m^3 muß als dünne Schicht – meist 4–6 cm – auf eine unter Last sich zusammendrückende Unterschicht (Trittschalldämmung), die abgedeckt sein muß, aufgebracht, verteilt und zu einer planebenen Fläche verarbeitet werden. Dabei darf weder die Trittschalldämmschicht noch die Abdeckung beschädigt werden, da

sonst leicht Schallbrücken entstehen, die die Trittschalldämmung wertlos machen. Diese Arbeiten werden fast ausnahmslos von Fachfirmen ausgeführt.
Die Estrichzusätze haben die Aufgabe, durch plastifizierende Wirkung die Verringerung der Wasserzugabemenge zu ermöglichen. Damit verringert sich die Gefahr des Durchlaufens von Feinstanteilen mit Zementmilch, und die Wassermenge, die verdunsten muß, ist geringer. Außerdem soll nach normalem Erstarrungsbeginn der Erhärtungsverlauf des Zementes beschleunigt werden. Das ergibt frühere Begehbarkeit des Estrichs. Beschleunigung der Austrocknung verkürzt die Wartezeit, die erforderlich ist, bis der Estrich den Bodenbelag aufnehmen kann. Die Zeitangaben der Zusatzmittelhersteller sind von Mittel zu Mittel unterschiedlich.
Die im Zusatzmittel enthaltenen Kunststoffanteile bis hin zu reinen Kunststoffzusätzen vermindern die Rissegefahr, erhöhen, je nach Kunststoffanteil, die Elastizität und, bei hohem Kunststoffanteil, auch die Biegezugfestigkeit merklich. Besonders bei Dünnschicht-Verbundestrichen sind die so zu erreichenden Eigenschaften ein beachtenswerter Vorteil.

Festhartbetonzusätze

Eine weitere Gruppe von Estrichzusätzen wird bei offenbleibenden Estrichen für Industrie- und ähnliche Böden angewandt. Die Aufgabenstellung lautet: Erhöhung der Abriebfestigkeit.
Dazu wird bei Fertigstellung des Estrichs extrem harte, abriebfeste Körnung in die Oberschicht eingestreut. Bevorzugt werden hierzu Korund oder spezielle Quarze. Dabei ist die Sicherheit der Einbettung der Körnung in die Estrichoberfläche von Bedeutung.
Diese Estriche werden fast ausschließlich als Verbundestriche ausgeführt, das heißt, daß sie ohne Zwischenschicht direkt auf den Unterbeton aufgearbeitet werden.

Estrichzusätze für Fußbodenheizungen

Zementbetonestriche eignen sich sehr gut als Unterboden über Fußbodenheizungen. Beton hat eine beachtlich hohe Wärmeleitfähigkeit, die von der Dichte des Betons abhängt. Zusatzmittel können sich durch Verbesserung der Verdichtungswilligkeit günstig auswirken.
Vorsicht! Die Zusatzmittel dürfen weder Stoffe enthalten, die die Heizungsrohre angreifen, noch solche, die irgendwelche Metallteile schädigen können!

Fließestriche

Gemäß Begriffsdefinition in der DIN 18560 „Estriche im Bauwesen" ist ein Fließestrich ein Baustellenestrich, der durch Zugabe eines Fließmittels ohne nennenswerte Verteilung und Verdichtung eingebracht werden kann. Man unterscheidet zwischen anhydritgebundenem Fließestrich und zementgebundenem Fließestrich.

Versiegelung eines Balkons

Fußbodenanstrich und -beschichtung für Estrich und Beton

Am Anfang stand der durch Befahren absandende Estrich in Lagerräumen, der zu verfestigen war. Daneben suchte man dem Wunsch des Bauherren nach einem billigen und sauberzuhaltenden Fußboden im Kellergeschoß, für Hobby- und Hauswirtschaftsräume durch geeignete Produkte gerecht zu werden.

Diese beiden Gruppen sind geblieben, und es kam noch eine Menge dazu.

Die Möglichkeit der nachträglichen Versiegelung der Böden, farblos oder farbig, brachte manchen kostenbewußten, findigen Bauherrn darauf, daß man für den Kellerfußboden auch den Beton – natürlich über entsprechender Feuchtisolierung – sauber abziehen und abreiben kann, wenn man die entsprechende Betonsorte nimmt. Nach Austrocknung versiegeln, und schon hat man einen recht leicht sauberzuhaltenden Boden, der obendrein schön und abriebfest ist. Gang, Hobby- oder Wirtschaftsraum sollten dann allerdings farbig versiegelt werden.

Estriche, die infolge zu schneller Austrocknung an der Oberfläche absanden, kann man mit Kunststoff imprägnieren und damit verfestigen. Vor allem Epoxidharze bringen sehr gute Festigkeiten und Tiefenwirkung.

Garagenböden schützt man mit einer Versiegelung mit gutem Erfolg vor tiefgehender Ölverschmutzung.

Darüber hinaus gibt es für die verschiedensten Belastungsarten flüssige Kunststoffe, die sowohl durch ihr Eindringen verfestigend wirken als auch eine den vielfältigsten Belastungen gewachsene Schicht bilden und obendrein gefällig aussehen.

Vorsicht: Schutzbestimmungen bei der Verarbeitung befolgen, auf die Gefahren acht geben!

Bodenspachtelmasse

Estriche werden in der Regel nicht so planeben hergestellt, daß darauf ohne zusätzliche Oberflächenbehandlung Beläge z. B. aus PVC, Nadelfilz oder Linoleum verlegt werden können. Vor dem Verlegen des Oberbelages müssen die Estriche gespachtelt werden, was mit Estrichspachtel geschieht. Der Fließspachtel soll diese Arbeit vereinfachen. Flüssigkeitsspiegel sind immer in der Waagerechten und planeben. Davon ausgehend hat die Industrie den Fließspachtel geschaffen, einen selbstverlaufenden Estrichspachtel, der selbsttätig einen Oberflächenspiegel schafft, wenn man ihn im Raume verteilt.

Allerdings reicht es nicht, den Fließspachtel in den Raum zu kippen, damit er sich verteilt. Er muß verteilt werden und egalisiert sich dann, ist er gleichmäßig vorhanden, selbst.

Dabei muß man eines beachten: Beim schwimmenden Estrich darf der Fließspachtel nicht am Rand des Estrichs durch die aufgestellten Randstreifen in die Trittschalldämmung laufen, er darf nicht einmal die Randstreifen erreichen und verhärten. Die Trittschalldämmung würde weithin wirkungslos werden!

Estrichreparatur

Estrichreparaturen sind häufig bei Estrichen ohne Oberbelag erforderlich, die befahren werden.

Vor jeder Reparatur, soll sie erfolgreich sein, steht die genaue Beurteilung des Schadens. Erst wenn die Beurteilung stimmt, kann über das passende Mittel zur Reparatur beraten werden.

Da bei Estrichreparaturen immer Neu auf Alt aufgebracht werden muß, sind diese häufig ein Spezialgebiet der Kunststoffanwendung. Zur Anwendung kommen Untergrundverfestiger (z. B. Imprägnierharzlösungen auf Acrylharz- oder Epoxidharzbasis), Haftbrücken (zementgebunden oder auf Basis Epoxidharz, Kunststoffdispersionen), zementgebundene kunststoffvergütete Reparaturmörtel und mit Quarzsand gefüllte Epoxidharz- oder Acrylharzmörtel.

Fliesenkleber und Fugenmörtel

Alle Arten und Formen grob- und feinkeramischer Fliesen werden gesondert behandelt. In diesem Zusammenhang wird auch auf die Fliesenverlegung ausführlich eingegangen.

Bauchemische Erzeugnisse für das Dach

Bitumen- und Teererzeugnisse, soweit sie zum Dachneubau gehören und von den Herstellern der Dach- und Isolierbahnen mitgeliefert werden, werden auch in der Gruppe Dachbaustoffe behandelt.

Hier sollen nur 3 Stoffgruppen besprochen werden, die von der Bauchemischen Industrie im Sortiment oder als Einzelerzeugnisse hergestellt und angeboten werden, das sind Bitumenanstriche, Streichfolien und Reparaturmaterialien für Dachschäden.

Bitumen-Dachanstrich

Noch vor einigen Jahren zählten Bitumen-Dachlacke in den Farben Schwarz, Rot und Grün zum Standardsortiment. Die vielen Pappdächer auf Schuppen, An- und anderen Behelfsbauten sind damit immer wieder etwas aufgefrischt worden.

Heute gibt es für den Zweck der Dachpappenerneuerung ein ganzes Sortiment, wobei grundsätzlich zu unterscheiden ist zwischen Anstrichen für geneigte Dächer und Beschichtungen für Flachdächer. Diese sind Gegenstand eines eigenen Abschnitts. Bitumen-Dachlack wird kaum mehr angeboten.

Die Anstriche für das geneigte Pappdach sind vielfach kunststoffvergütet. Sie gibt es als lösungsmittelhaltige Anstriche, in der Mehrzahl als Dispersionen, teilweise auch reine Kunststoffdispersionen.

Die Verarbeitungsvorschriften müssen genau beachtet werden.

Nichtbituminöse Anstriche im Dachbereich sind die Anstrichmittel für Asbestzementdachflächen. Sie werden in der Gruppe Asbest- und Faserzement behandelt.

Streichfolien

Hauptsächlich zur Nach- und Ausbesserung von Flachdächern gibt es eine stattliche Anzahl sogenannter Streichfolien am Markt. Es handelt sich um kunststoffvergütete Bitumenemulsionen oder Kunststoffe in streich- oder spritzfähiger Konsistenz für Papp-, aber auch Asbestzementdächer und Blechdächer.

Die Emulsionen sind teilweise fasergefüllt und werden in bis zu drei Arbeitsgängen

Dieser Elastomerbitumen-Pflegeanstrich enthält Brandschutzkomponenten.

aufgebracht. Für die erste Schicht wird das Material meist stärker verdünnt aufgetragen zur Erzielung besserer Haftung auf dem Untergrund. Nach dem letzten Auftrag beträgt die Gesamtschichtdicke dann 2–3 mm. Der dritte Auftrag ist verschiedentlich als Schutzschicht hell oder aluminiumfarbig eingefärbt. Damit soll die Erwärmung durch Abstrahlung vermindert und damit besonders die durch thermische Spannungen bedingte Belastung reduziert werden.

Die so zu behandelnden Dächer zeigen vielfach Blasen, die vom Dampfdruck, der keinen Weg nach außen fand, aufgetrieben wurden. Sie müssen aufgeschnitten und nach Werkvorschrift behandelt werden. Damit keine neuen Probleme mit dem Wasserdampf entstehen, sind die Streichfolien mehr oder weniger wasserdampfdurchlässig.

Der Vollständigkeit halber sei erwähnt, daß es Dachdichtungssysteme gibt, die maschinell in einem Arbeitsgange aufgebracht werden (von Fachfirmen).

Die Hersteller der Streichfolien-Systeme betonen die Vorteile der Nahtlosigkeit der Fläche und der Anschlüsse und die Wasserdampfdurchlässigkeit.

Reparaturmaterial für Dachschäden

Spachtelmassen für Dachreparaturen, meist fasergefüllte Bitumen-Kunststoff-Massen, gibt es eine ganze Anzahl. Wichtig ist, daß das Material gut anbindet, nicht versprödet, zumindest nicht schnell, und nicht in der Sonnenhitze wegläuft. Natürlich muß es sich auch einigermaßen gut verarbeiten lassen.

Montagearbeiten am Bau

Für Montagearbeiten der verschiedensten Arten kennen wir 3 Gruppen chemischer Baustoffe:

- Montagezemente für die Montage von Metallbauteilen wie Geländer, Handläufe u. dgl. ans Mauerwerk oder an den Fußboden.
- Montageschaum zum Einbau von Bauelementen wie Türen und Fenster und
- Kleber für verschiedene Verbindungen.

Montagezement

auch Schnellmontagemörtel oder Schnellbindezement genannt, ist ein zementähnlicher Stoff, der, mit Wasser angerührt, binnen weniger Minuten abbindet und erhärtet.

Die „Topfzeit" oder Verarbeitungszeit, wie die Dauer genannt wird, in der das Material nach der Wasserzugabe verarbeitbar bleibt, liegt zwischen 1 Minute und etwa 10 Minuten. Dabei sind Erstarrungsbeginn und Erhärtungsverlauf temperaturabhängig. Wärme beschleunigt diese Abläufe.

Da das Material meist für Montagen von Metallteilen wie Verankerungen im Mauerwerk verwandt wird, muß Montagezement chloridfrei sein.

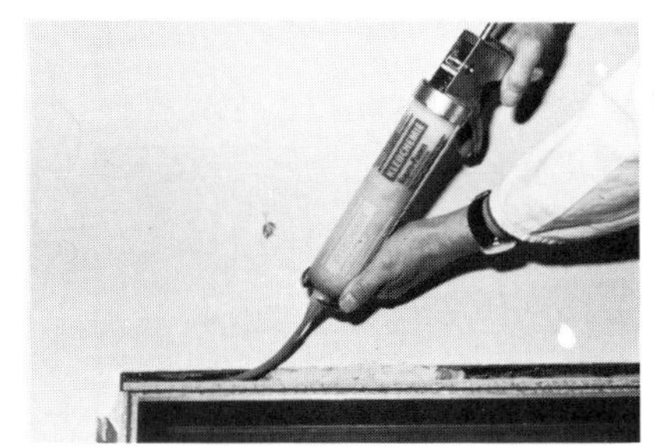

Türzargenmontage mit PUR-Schaum

Je nach Montageart kann man dem Zement auch sauber gewaschenen Sand zusetzen.

Montageschaum

Er ist ein hervorragendes Material, das bei richtiger Anwendung die Gewähr bietet, daß Fenster und Türen im Mauerwerk fest und dicht sitzen. Die Montageschäume mit kurzem Erhärtungsablauf ermöglichen einen flotten Arbeitsfortschritt.
Für die Bauelementemontage werden Montageschäume benötigt, die eine kurze Klebzeit haben und deren Schäumvorgang, auch als Steigzeit bezeichnet, möglichst bald abgeschlossen ist.

Der Montageschaum soll nicht nachschäumen und bald schneidbar sein. Diese Eigenschaften sind bedeutsam, weil die Bauelemente zum Ausschäumen Stützspreizen bekommen müssen, damit der Druck des Schaumes keine Verformungen der einzubauenden Elemente hervorruft.

Bei Füll- oder Flächenschäumen kommt es vor allem auf die Ergiebigkeit an.

Alle Spritzschäume sind in ihrem Reaktionsablauf temperaturabhängig. Die Materialtemperatur sollte um 20° C liegen. Sie reagieren unter Einfluß der Luft und der Feuchtigkeit. Staub verhindert das Ankleben ans Mauerwerk. Vorfeuchten des Untergrundes begünstigt den Reaktionsablauf.

Wird eine Sprühdose mit Montageschaum nicht auf einmal verbraucht, muß das Spritzrohr gut gereinigt werden. Nicht jede Verdünnung ist dazu geeignet, aber es gibt Reiniger dazu. Die Spritzverschlüsse sind nicht alle gut zu handhaben. Montageschäume sind nur begrenzt lagerfähig.

Kleber

Die Verbindungstechnik hat durch die Vielzahl von Klebern – heute richtigerweise als Klebstoffe zu bezeichnen – völlig neue Wege eröffnet bekommen. Am Bau hält der Klebstoff noch recht zögernd Einzug.

Klebeverbindungen kommen bis jetzt fast nur bei den Bauelementen und im Innenausbau zur Anwendung. Was zunehmend geklebt wird, sind Kunststoffe und Holz.

Die hohen Festigkeiten von Epoxid-Klebern erschließen z. B. Möglichkeiten im Kanalbau bei Anschlüssen. Auch Faserzementbaustoffe, Kunst- und Naturstein, Keramik und Glas werden zunehmend mit guten Erfolgen geklebt.

Selbst Klebeverbindungen zwischen Beton und Stahl sind heute möglich. Die geringe Biegezugfestigkeit des Betons führt allerdings immer wieder dazu, daß man an Beton lieber dübelt, als daß man ihm zutraut, daß man an der Außenfläche etwas nicht nur ganz Leichtes dauerhaft ankleben kann.

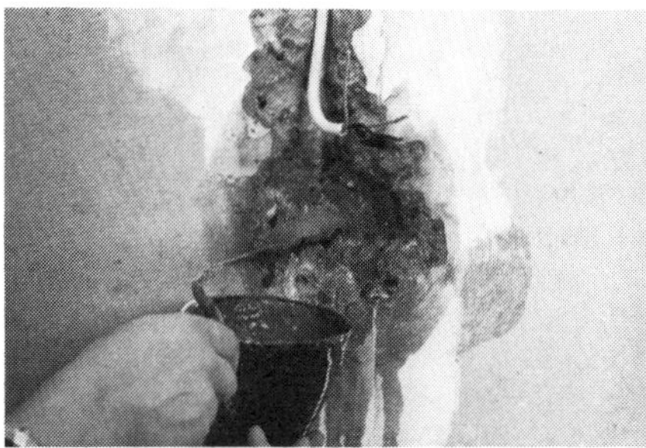

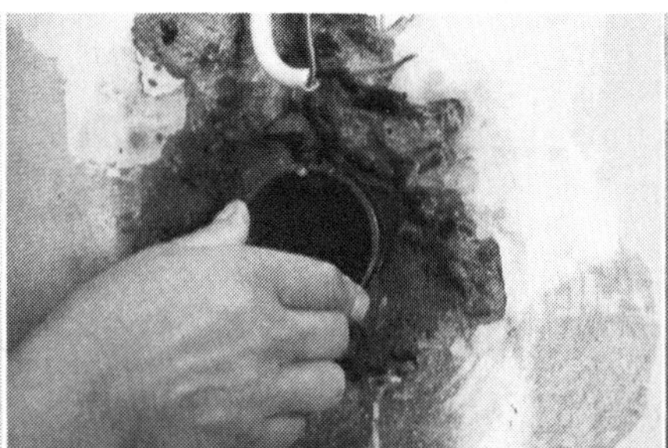

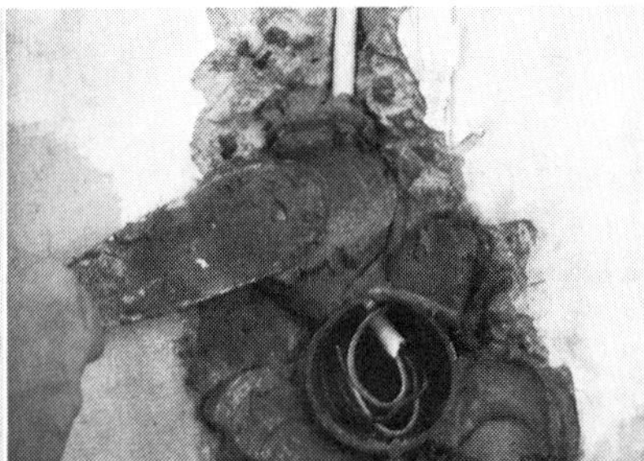

Montage einer Steckdose mit Schnellzement

Fugendichtung

Über das Abdichten von Fugen mit spritzbaren oder gießfähigen Massen werden von der Industrie recht anschauliche, instruktive Informationen angeboten. Bei einem der potenten Hersteller von Fugendichtstoffen kann man in dem „ABC der Fuge" lesen:

Was eine Fuge eigentlich ist und welche Fugenarten es gibt

Fachleute sagen: die Fuge ist ein geplanter Riß. Geplant, weil sie aus technischen, ästhetischen oder wirtschaftlichen Gründen notwendig ist. Fugen entstehen immer da, wo ein Bauteil gegen das andere gesetzt wird. Im Gegensatz zum Riß, der immer dort auftritt, wo besser eine Fuge geplant worden wäre.

Wie dem auch sei, Fugendichtungsmassen haben die Aufgabe, Bewegungen, die zwischen den Bauteilen auftreten, aufzufangen und Fugen (natürlich auch Risse) zu schließen, um damit das Bauwerk oder das verfugte Objekt vor dem Eindringen von Feuchtigkeit, Schmutz, Lärm und Zugluft zu schützen. Ein vielschichtiges Aufgabengebiet, denn es gibt eine ganze Reihe von Fugenarten und noch viel mehr spezifische Dichtungsprobleme.

Anschlußfugen

Das Aneinandersetzen verschiedener Bauteile ergibt zwangsläufig Anschlüsse. Diese müssen mit einer Fugendichtungsmasse geschlossen werden, als Schutz vor Lärm, Wind, Staub, Nässe und Feuchtigkeit.

Anschlußfugen sind zum Beispiel Fugen zwischen Fenster oder Türen zum Baukörper, Fugen zwischen Dachplatten und Lüftungshauben, Fugen zwischen Rolladenkästen und Baukörper, Fugen an Dachprofilleisten und Blechverwahrungen. Sie können sowohl horizontal als auch vertikal verlaufen.

Um eine Überbelastung der eingebrachten Dichtungsmasse zu verhindern, ist eine Mindestfugenbreite von 6 mm erforderlich. Bei Dreiecksfasen sollte eine Haftungsauflage von 6 mm nicht unterschritten werden.

Anschlußfuge am Schornsteinkopf

Fugendichtung

Dehnungsfugen

auch Dilatationsfugen genannt, werden – als totale Trennung zwischen verschiedenen Baukörpern oder Bauteilen – ständig durch Bewegungen der verfugten Elemente strapaziert.

Die Fugendichtungsmasse muß in jedem Falle elastisch sein. Sie hat die Aufgabe, diese Kräfte aufzufangen, damit Risse nicht erst entstehen.

Dehnungsfugen sind zum Beispiel Fugen zwischen Betonfertigteilen, Trennfugen zwischen einzelnen Gebäuden.

Fensterfalzfugen

Fenster und Türen sind durch das ständige Einwirken von Wind und Wetter stärksten Belastungen ausgesetzt. Durch vorhandene Undichtigkeiten im Falzbereich zwischen Flügel und Blendrahmen können ungehindert Zugluft, Staub, Lärm und Feuchtigkeit nach innen dringen. Warme Luft entweicht und Kaltluft dringt ein.

Die Fugendichtungsmasse hat die Aufgabe, das zu verhindern: durch sicheres dauerhaft elastisches, unverrottbares Abdichten des Falzes. Das schafft sie auch – bei fachgerechter Verarbeitung.

Sanitärfugen

Die dauerhafte Einwirkung von Feuchtigkeit und Nässe, der ständige Temperaturwechsel des Wassers und die im Haushalt üblichen scharfen Reinigungsmittel setzen Fugen im Sanitärbereich arg zu. Zum Beispiel den Fugen zwischen Badewanne, Brausetasse und gefliester Wand.

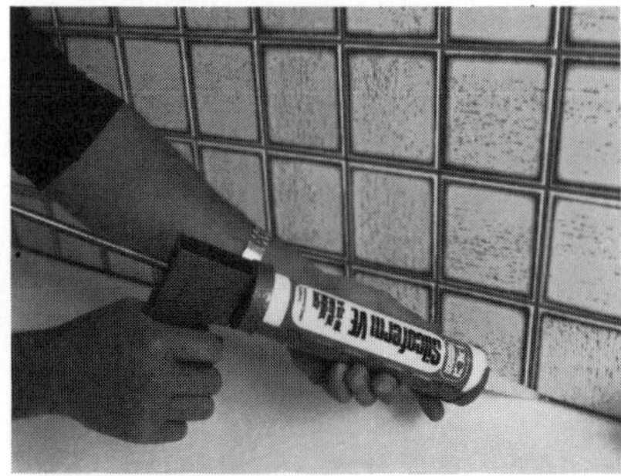

Abdichten von Sanitärfugen

Dehnungs- und Bewegungsfugen

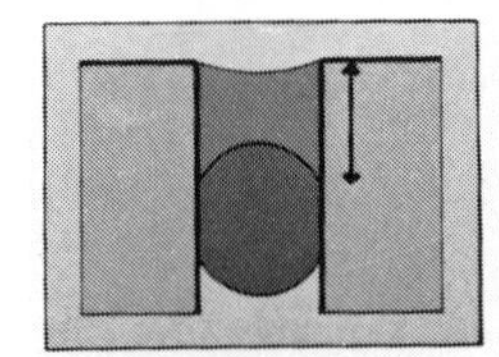

Abb. 1
Richtig! Hinterfüllung mit Schaumstoffrundprofil:
Große Haftflächen, geringer Verbrauch.

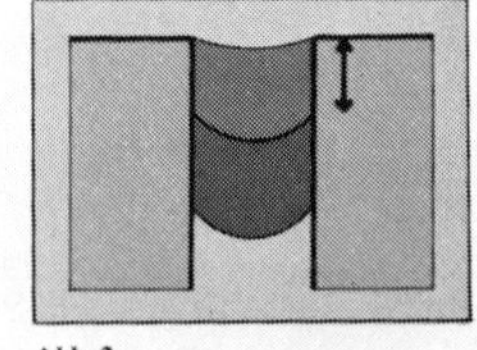

Abb. 2
Falsch! Hinterfüllung mir rechteckigem Schaumstoffprofil:
Kleine Haftflächen, hoher Verbrauch.

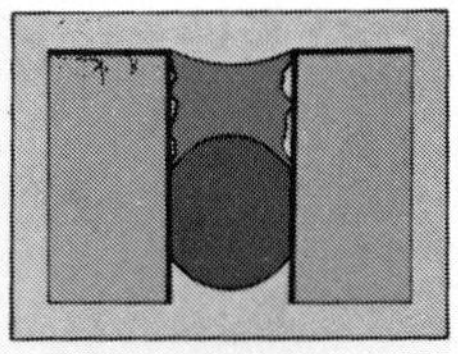

Abb. 3
Falsch! Keine Untergrundvorbehandlung: Schlechte Haftung.

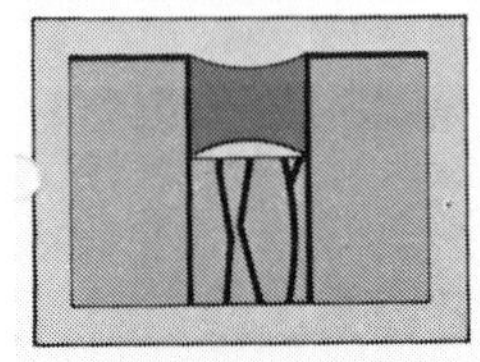

Abb. 4
Richtig! Bei Mörtelhinterfüllung oder geschnittenen Scheinfugen: Haftung an der Rückseite durch Einlegen eines Folienstreifens unterbinden (gedehnter Zustand).

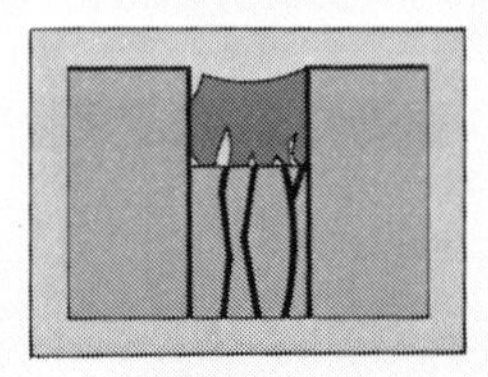

Abb. 5
Falsch! Bei Mörtelhinterfüllung oder geschnittenen Scheinfugen: Haftung an der Rückseite führt zu Schäden (gedehnter Zustand).

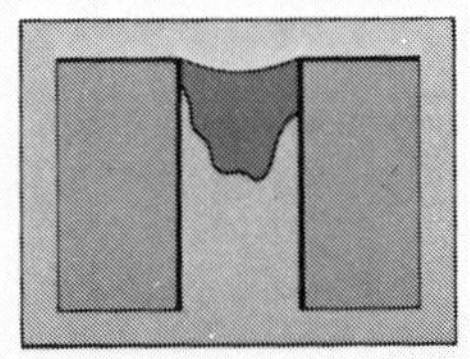

Abb. 6
Falsch! Keine Hinterfüllung: Keine Haftung.

Anschlußfugen

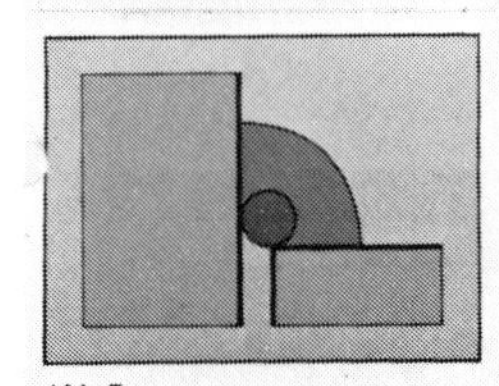

Abb. 7
Richtig! Schaumstoffrund vergrößert die Dehnungsmöglichkeit.

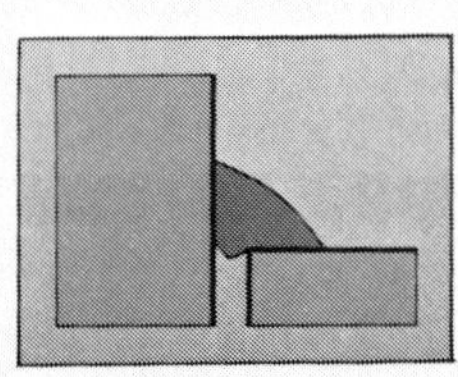

Abb. 9
Falsch! Hinterfüllung fehlt.

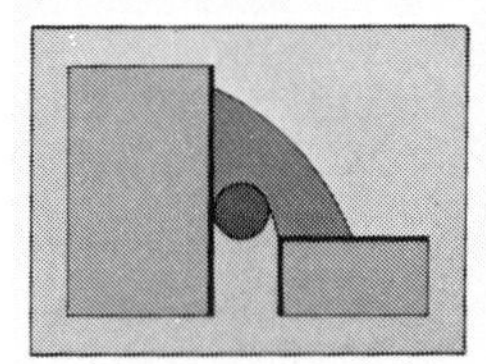

Abb. 8
Richtig! Gedehnter Zustand mit Schaumstoffrundprofil.

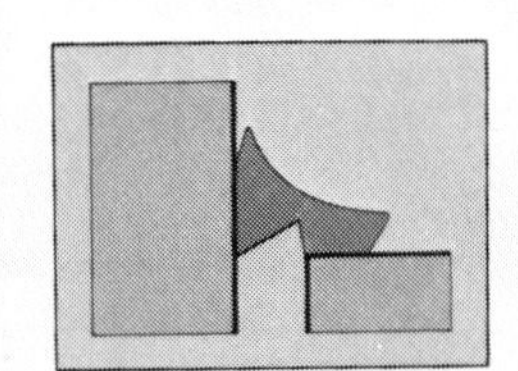

Abb. 10
Falsch! Im gedehnten Zustand entstehen Abrisse.

Beispiele für verdeckte Fugen

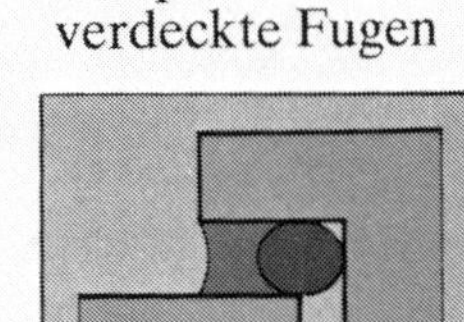

Abb. 11
Verdeckt angeordnete vertikale Fugenabdichtung im Montagebau.

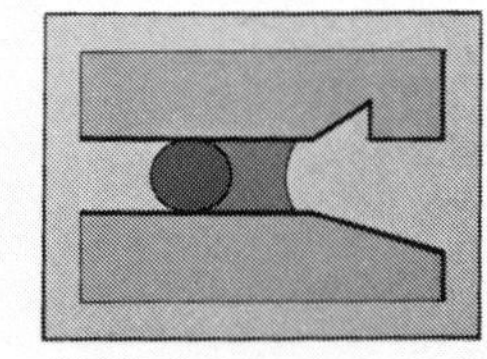

Abb. 12
Verdeckt angeordnete horizontale Fugenabdichtung im Montagebau.

Die Fugendichtungsmasse muß also eine besonders gute Haftung zum Untergrund aufweisen, temperatur-, heißwasserbeständig, pilzhemmend und wasser- und waschmittelfest sein.

Die Fugenbewegungen

Viele Schäden an Gebäudeabdichtungen sind darauf zurückzuführen, daß die Ausmaße der möglichen Bewegungen unterschätzt wurden und daß der Dauerbelastbarkeit einer Fugendichtungsmasse zu wenig Bedeutung beigemessen wurde.

Nun ist es nicht die Aufgabe des Verarbeiters von Dichtstoffen, komplizierte Bewegungsberechnungen anzustellen (eine Sache der Architekten und Konstrukteure).

Doch das Wissen um die Bedeutung von Fugenbewegungen für die Abdichtung läßt ihn sicher um so sorgfältiger bei Auswahl und Verarbeitung der richtigen Fugendichtungsmasse sein. Und das ist wichtig.

Als Ursachen der Fugenbewegungen sind zu unterscheiden:

- **Setzbewegungen,** die ihre Ursache im Verschieben, Verdichten und Fließen des Baugrundes haben. Auch das Steigen und Fallen des Grundwasserspiegels hat einen Einfluß.
- **Formveränderungen** bei Temperaturwechsel durch Dehnung und Zusammenziehen von Bauteilen.
- **Fremdeinwirkungen** durch mechanische Einflüsse wie Wind, Vibration durch Maschinen, Verkehrsmittel usw.
- **Abbindeschwund** von chemisch abbindenden Baustoffen, z. B. Beton, Putz.
- **Schwinden und Quellen** durch Feuchtigkeitseinwirkung auf porige Baustoffe, z. B. rohes oder offenporig behandeltes Holz.

Alle diese Faktoren müssen bei der Auswahl der Fugendichtungsmasse berücksichtigt werden. Die Forderung nach einer sicheren Fugenabdichtung schließt dabei den Aspekt der Wirtschaftlichkeit allerdings ein.

Die Fugendimensionierung

Fugendimensionierung ist ja nichts anderes als das Einkalkulieren der Fugenbewegungen, durch die sich die Fugenbreite verändert. Und mit der richtigen Dimensionierung wird eine Überbeanspruchung der Fugenmasse bei Belastung verhindert.

Ein Beispiel: Werden zwei Betonelemente in einer Länge von 5 m, 20 mm voneinander entfernt, von +20 °C auf +70 °C erwärmt, so ergibt sich eine Längenänderung von 5 mm.

Somit entsteht eine 25%ige Kompression bezogen auf die Fugenbreite, wenn die Betonelemente sich nur in dieser Richtung ausdehnen können. Als Vergleich für die richtige Dimensionierung der Fuge muß nun die maximale Dauerbelastbarkeit einer Fugenmasse herangezogen werden.

Eine Polysulfidmasse mit maximaler Gesamtverformung (Dauerbelastbarkeit) von 25% würde, bei freier Aufhängung der Elemente und bei genannter Temperaturdifferenz, voll beansprucht. Eine Acrylatmasse mit einer maximalen Dauerbelastbarkeit von nur 10% wäre bei der vorliegenden Fugenbreite bereits überfordert.

Nun ist die Wärmeeinwirkung ja nur ein auslösendes Moment für Fugenbewegung. Und alle Versuche, diese Kräfte mit Hilfe von Faustregeln zu berechnen, sind zwangsläufig mit großen Unsicherheitsfaktoren behaftet. Deshalb empfiehlt es sich, für die richtige Dimensionierung der Fuge die für den Praktiker aussagekräftige Tabelle aus DIN 18540 zu verwenden.

Ist die Fugenbreite in erster Linie ausschlaggebend für die Fugendimensionierung, so muß dennoch die Fugentiefe beachtet werden. Denn die Fülltiefe der Dichtungsmasse muß in einem bestimmten Verhältnis zur Fugenbreite stehen. Es ist also wichtig, die Fugentiefe mit Hilfe eines geeigneten Hinterfüllmaterials, z. B. Polyethylen-Rundschnur, zu regulieren. In der Praxis haben sich folgende Erfahrungswerte ergeben:

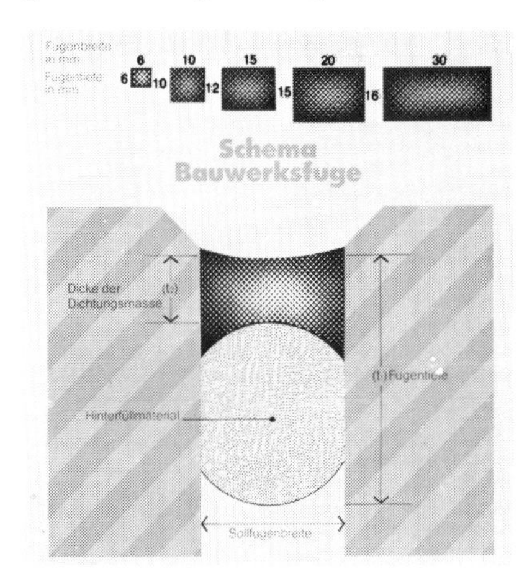

Die Fugenbearbeitung

Dehnungsfugen

Reinigen: Vor dem Abdichten müssen die Fugen sorgfältig gereinigt werden. Lose, staubige Verunreinigungen, Mörtelreste und alte Farbanstriche mit einer Drahtbürste entfernen. Öle und Fette auf nichtsaugenden Untergründen können mit einem Lösungsmittel beseitigt werden (Vorsicht bei Kunststoffen und Lackierungen).

Hinterfüllen: Damit wird die Fugentiefe begrenzt und die Haftung auf dem Fugenboden verhindert. Bei relativ tiefen Fugen Rundprofile einpressen. Der Durchmesser des Hinterfüllmaterials soll ca. 25% größer sein als der Querschnitt der Fuge, damit es sich fest an die Fugenflanken anpreßt.

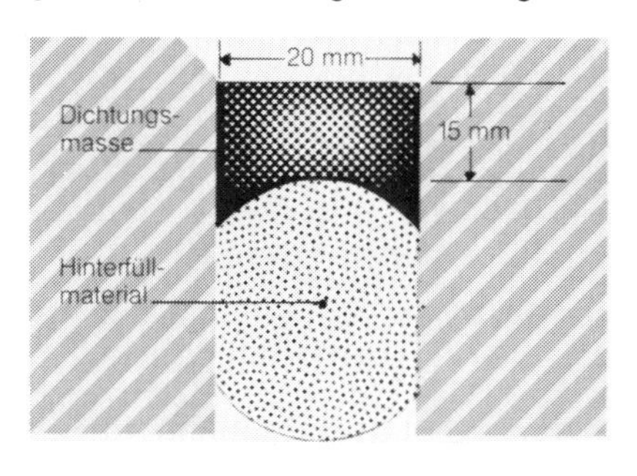

Bei geringer Fugentiefe können keine Rundprofile verwendet werden. Damit trotzdem die Haftung der Dichtungsmasse am Fugenboden vermieden wird, einen Polyethylenstreifen einlegen.

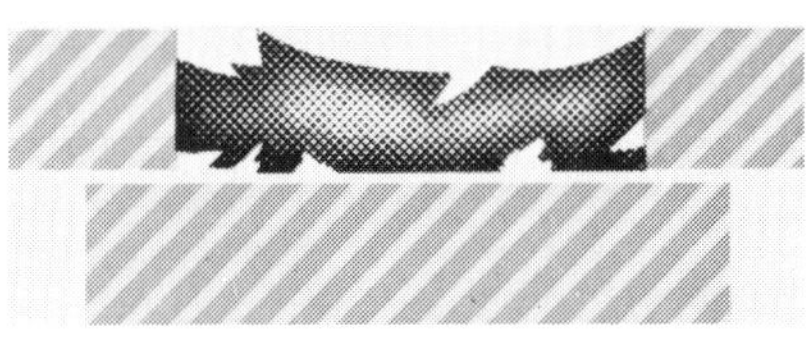

Bei Haftung am Fugenboden kann die Dichtungsmasse zerstört werden.

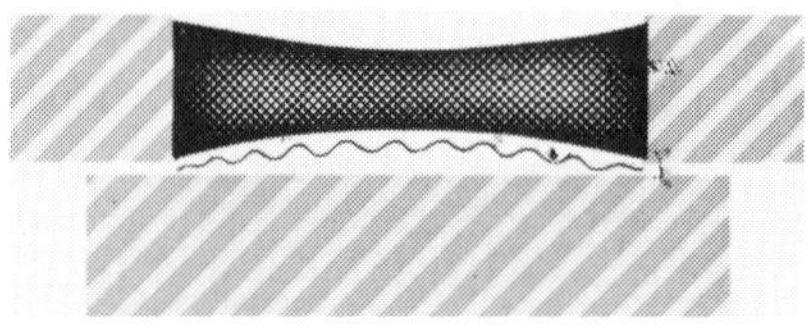

Bei Verwendung einer Trennfolie kann die Dichtungsmasse frei arbeiten.

Abkleben der Fugenränder: Das ist erforderlich, wenn an das Aussehen der Fuge besondere Anforderungen gestellt werden. Dazu ein Selbstklebeband verwenden und sofort nach dem Glätten der Dichtungsmasse wieder abziehen.

Vorbehandeln: Je nach Art des Untergrundes und der Dichtungsmasse, die eingesetzt werden soll, ist ein Primer erforderlich. (Auswahl des richtigen Primers nach Werkvorschrift!)

Verfugen: Mit Handpistolen oder Druckluftpistolen. Einkomponentenmassen sind verarbeitungsfertig. Zweikomponentenmassen müssen vorher zusammengemischt werden.

Glätten: Dazu Glätthölzer, Finger oder Spachtel verwenden. Diese vorher mit einem geeigneten Glättmittel (z. B. Prilwasser) benetzen.

Zur Abdichtung von Fugen werden demnach benötigt:

Primer (Haftanstrich) nach Werksvorschrift, Schaumstoff-Fugenprofil, Fugendichtungsmasse und zu deren Verarbeitung Auspreßpistole.

Stoffgrundlagen der Fugendichtungsmassen

Hier wird es wieder schwierig, allgemein gültige Aussagen abzugeben. Sehr häufig kommen vor

Siliconkautschuk SI

Dichtungsmassen auf dieser chemischen Basis (im allgemeinen 1komponentig) härten durch Aufnahme von Luftfeuchtigkeit elastisch aus. Die vollkommene Durchhärtung dauert bei 5 mm Dicke ca. 2 Tage. Die Hautbildung beginnt je nach Art der Masse innerhalb von 10 Minuten. Die Umgebungstemperatur hat auf die Abbindung einen relativ geringen Einfluß. **Silicon-Dichtungsmassen können in einem sehr großen Temperaturbereich verarbeitet werden. Sie sind in hohem Maße temperaturunempfindlich. Silicone sind außerordentlich resistent gegen Witterungseinflüsse, UV-Licht und Industrieabgase. Sie sind die alterungsbeständigsten Fugendichtungsmassen, die es gibt. Es kann eine Lebensdauer von mehr als 20 Jahren erwartet werden. Je nach Art der Masse liegt die zulässige Gesamtverformung (Dehnung und Stauchung) zwischen 15% und 25% der Fugenbreite. Silicon kann allerdings nicht mit Lacken oder Farben überstrichen werden.**

Neben der sehr guten Selbsthaftung auf silicatischen Untergründen wie Glas, Keramik und Porzellan, kann durch Verwendung geeigneter Voranstriche auch eine gute Haftung auf vielen anderen Untergründen erzielt werden.

Polysulfid SR

Eine der Polysulfidmassen ist eine Zweikomponenten-Dichtungsmasse. Durch Zumischen eines Härters bindet die Masse elastisch ab. Nachdem beide Komponenten gemischt sind, ist die Masse innerhalb von ca. 2 Stunden verarbeitungsfähig. Die vollkommene Durchhärtung dauert bei 15° bis 20°C ca. 3 Tage. Niedrigere Temperaturen verlängern die Abbindezeit, höhere Temperaturen verkürzen sie. Unterhalb von −20°C vulkanisiert die Masse nicht mehr. Die Durchhärtung der 2komponentigen Dichtungsmasse ist nicht abhängig von der Luftfeuchtigkeit. Die Härtung ist so eingestellt, daß eine Frühbelastung in einer Bewegungsfuge aufgefangen wird.

Polysulfid hat ein sehr gutes Alterungsverhalten, jedoch sind Farbveränderungen

Fugendichtungsmasse im Betonfertigteilbau

möglich. Die zulässige Gesamtverformung beträgt ca. 25% der Fugenbreite. Die Dauer-Temperaturbeständigkeit liegt zwischen −30 ° und +90 °C.
Bei Verwendung geeigneter Voranstrichmittel wird auf den meisten Untergründen eine ausgezeichnete Haftung erreicht.

Polyurethan PUR

Die 1komponentige Polyurethanmasse härtet durch Aufnahme von Feuchtigkeit elastisch aus. Die vollkommene Durchhärtungszeit beträgt ca. 1 mm/Tag bei Normalklima (23 °C, 50% rel. Luftfeuchtigkeit). Die Hautbildung beginnt nach 10 bis 15 Stunden. Die Temperaturbeständigkeit liegt zwischen −30 °C und +90 °C. Die zulässige Gesamtverformung beträgt ca. 20% der Fugenbreite.

Polyurethan-Dichtungsmasse ist praktisch schwundfrei und kann mit heizölbeständigen Dispersionsfarben oder DD-Lacken überstrichen werden. Die Masse ist alterungs- und chemikalienbeständig. Die hervorstechenden Eigenschaften sind eine hohe Abriebfestigkeit und Ölresistenz. Darüber hinaus besitzt Polyurethan eine hohe Elastizität, hohes Rückstellvermögen und haftet auf den meisten nichtsaugenden Untergründen ohne Voranstrich. Bei saugenden Untergründen wie Beton, Putz oder Holz muß vorgestrichen werden.

Außerdem werden verwandt: Polybuten PB, Epoxid EP, Polyvinylchlorid PVC, Polyvinylacetat PVAC, Polyisobutylen PIB, Acrylnitril-Methylmetacrylat-Copolymer AMMA und einige andere.

Maschinen- und Gerätepflege

Baumaschinen und Werkzeuge stellen auch auf einer kleinen, privaten Baustelle einen erheblichen Wert dar. Nachdem wir uns heute wieder darauf besinnen, Werte zu erhalten, man nicht mehr nur wegwirft, auch wieder repariert, kommt auch der Maschinen- und Gerätepflege erhöhte Bedeutung zu.

Soweit die Reinigungsmittel für Maschinen und Geräte am Bau nicht mit den Geräten mitgeliefert werden, sollten sie folgender Artikelbeschreibung etwa entsprechen:

Baumaschinenschutzmittel, streich- und spritzfertiges Schutz- und Reinigungsmittel. Verhindert das Festhaften von Beton und Mörtel an Maschine und Gerät, löst alle Beton- und Mörtelreste durch Unterwanderung. Zugleich rostverhinderndes Pflegemittel für alle Metallteile. Erhöht die Lebensdauer der Maschinen und Geräte, verringert die Reparaturkosten.

Holzschutz

Noch ehe wir uns mit Holz befassen werden, müssen wir uns hier in der Bauchemie mit den chemischen Mitteln beschäftigen, mit denen der Baustoff Holz geschützt wird. Dazu müssen wir uns zuerst fragen, was Holz ist und wovor es geschützt werden muß.
Holz ist das Wachstumsprodukt von verholzenden, stammbildenden Pflanzen, den Gehölzen. Es ist Angriffen ausgesetzt, die wir im sonstigen Baustoffsortiment nicht kennen. Holz dient verschiedenen Insekten als Nahrung. Es dient als Nährsubstrat und als Wirt für einige Pilzsorten. Die Erfüllung der Lebensbedürfnisse dieser Insekten und Pilze läuft menschlichen Interessen zuwider. Wir nennen diese Lebewesen deshalb Schädlinge. Demnach ist Holz zu schützen vor tierischen und pflanzlichen Schädlingen. Eine weitere Gefahr für das Holz ist die ultraviolette Strahlung der Sonne. Sie führt bei dem des Schutzes durch die Rinde entkleideten Holz zur Zerstörung des im Zellgewebe eingelagerten Holzbildners Lignin. Vor der UV-Strahlung schützen wir Holz durch Farbschichten, die wir nicht zum Holzschutz im engen Sinne rechnen.
Letztlich versuchen wir Holz auch noch vor der Totalzerstörung durch Brand zu schützen, was nur teilweise gelingt.
Vorausgeschickt werden muß hier noch, daß die Holzschutzmittel, von denen hier die Rede ist, zur vorbeugenden Behandlung des Holzes dienen. Schädlingsbekämpfung am befallenen Holz ist Spezialgebiet einiger Fachfirmen und setzt sehr gute Kenntnis der Holzschädlinge voraus. Beim vorbeugenden Holzschutz kennen wir zweierlei Arbeitsverfahren, und zwar

- die Tauchimprägnierung mit ihrer intensivierten Variante, der Druckimprägnierung und
- die Streichimprägnierung, den Holzschutzanstrich.

Mit der Tauch- und Druckimprägnierung werden wir uns beim Holz befassen.

Streichimprägnierungen werden mit Holzschutzanstrichmitteln und Holzschutzlasuren vielfach von Heimwerkern selbst angebracht.

Holzschutzlasuren bieten vorbeugenden Schutz gegen Fäulnis, Bläue (ein Pilz, der das Holz verfärbt), Schimmel und Insektenbefall. Sie können aufgestrichen, gespritzt und gewalzt werden. Die dünnflüssigen Holzschutzlasuren müssen unverdünnt aufgetragen werden, für innen mindestens 2, für außen 3 Aufträge. Die dabei entstehende Schicht Farbpigment (Farbschicht) schützt das Holz vor der Ultraviolettstrahlung (UV), also vor der Verwitterung. Außenanstriche sind deshalb stärker pigmentiert. Für besonders belastete Holzteile empfiehlt sich eine Grundierung mit einem gemäß DIN 68800 zugelassenen Holzschutzmittel.

Holzschutzlasuren gibt es mit oder ohne organische Lösungsmittel.

Für im Innern eines Baukörpers verarbeitete Edelhölzer, besonders mit ausdrucksvollen Maserungen, die man zur Geltung

Diese Flutanlage vermeidet eine Verschmutzung des Bodens.

bringen möchte, gibt es farbloses Holzwachs, das vor Bläue und Schimmel schützt, das Holz wasserabweisend macht, aber keinen Film auf der Holzoberfläche bildet.
Carbolineum ist ein witterungsbeständiges, braunfärbendes Holzschutzmittel mit Pilz- und insektentötender Wirkung zur Schutzbehandlung im Freien verbauter Hölzer.
Um tragende Bauteile aus Holz, die im Innern großer Bauten wie Kino, Theater, Schule, Krankenhaus, Hotel, Warenhaus u. dgl. eingebaut werden sollen, nach DIN 4102 (Brandschutznorm) als „schwerentflammbar" einstufen zu können, gibt es Feuerschutzmittel, die im Brandfalle einen wärmedämmenden Schaum bilden, der nicht brennbar ist. Diese Dämmschicht schützt das Holz einige Zeit.
Feuerschutzanstrich gibt es farblos – transparent und eingefärbt. Feuerschutzmittel können ebenfalls gestrichen, gerollt oder gespritzt werden.

Nach dem Brand: Beim Entfernen des aufgeschäumten Feuerschutzmittels (dunkler) kommt eine fast unversehrte Holzoberfläche zum Vorschein.

Holzschutzmittel-Prüfzeichen

Es dürfen für Konstruktionsholz nur Holzschutzmittel verwendet werden, über die vom Institut für Bautechnik, Berlin, ein Prüfbescheid ausgestellt und ein Prüfzeichen erteilt wurde. Die Herstellung muß von einer Prüfstelle überwacht werden.
Zur Kennzeichnung der Anwendungsmöglichkeiten dienen die **Prüfprädikate:**

P = wirksam gegen Pilze (Fäulnisschutz),

Iv = gegen Insekten vorbeugend wirksam;

Ib = gegen Insekten bekämpfend wirksam;

S = zum Streichen, Spritzen (Sprühen) und Tauchen von Bauholz geeignet;

St = zum Streichen und Tauchen von Bauholz geeignet sowie zum Spritzen in stationären Anlagen;

W = auch für Holz, das der Witterung ausgesetzt ist, jedoch nicht in Erdkontakt und nicht in ständigem Kontakt mit Wasser;

E = auch für Holz, das extremer Beanspruchung ausgesetzt ist (Erdkontakt, ständiger Kontakt mit Wasser);

K_1 = behandeltes Holz führt bei Chromnickelstählen nicht zu Lochkorrosion;

L = Verträglichkeit mit bestimmten Klebstoffen (Leimen) entsprechend den Angaben im Prüfbescheid nachgewiesen;

Anwendungsbereiche

Je nach der zu erwartenden Feuchtigkeitsbelastung werden die Einsatzbereiche mit den Ziffern 1 (trockenes Holz) bis 4 (Holz mit Erdkontakt oder Kontakt zu fließendem Wasser) bezeichnet. Die Prüfbescheide können auch weitere Anwendungseinschränkungen (z. B. für Aufenthaltsräume) enthalten.

Betondachsteine

Zur Entwicklung des Betondachsteins

Es gab immer wieder Versuche, oft örtlich begrenzt, „Zementziegel" herzustellen und auf den Markt zu bringen, meist mit negativem Erfolg.
Erst als die Firma Braas die Frankfurter Pfanne auf den Markt brachte, fand der Betondachstein einen dauerhaften Platz im Markt. Natürlich gab es auch hier Schwierigkeiten wie bei allem Neuen. Gerade die Farbbeständigkeit bereitete lange Kopfschmerzen, ein Problem, das heute als überwunden zu betrachten ist.
Es waren wohl 2 Dinge, die bei der Einführung wesentlich mithalfen. Die 30jährige Garantie, die zu einem Zeitpunkt angeboten wurde, als sich die Tondachziegel-Hersteller mit den recht lästigen Folgen der Umstellung des Brennvorganges von Kohle auf Öl herumzuschlagen hatten, es viele Schäden und unzufriedene Kunden gab und daß die wenigen, großen Betondachsteinhersteller ein klares Konzept verfolgten, auch in der Werbung, und sich sehr bald darum bemühten, auch durch ein komplettes Formstück- und Zubehörangebot, einen hohen Anteil am Markt „geneigtes Dach" für sich zu erobern.

Begriff und Ausgangsstoffe

Nach der DIN 1115 sind Betondachsteine im Strangpreßverfahren aus mineralischen Zuschlägen und hydraulischen Bindemitteln hergestellte Dachdeckungssteine. Als Bindemittel dürfen Zement nach DIN 1164 oder andere hydraulische Bindemittel, die für Beton zugelassen sind, angewendet werden. Als Zuschläge sind geeignete Stoffe ohne schädliche Anteile zulässig. Die Zugabe anorganischer Farbstoffe ist zulässig.

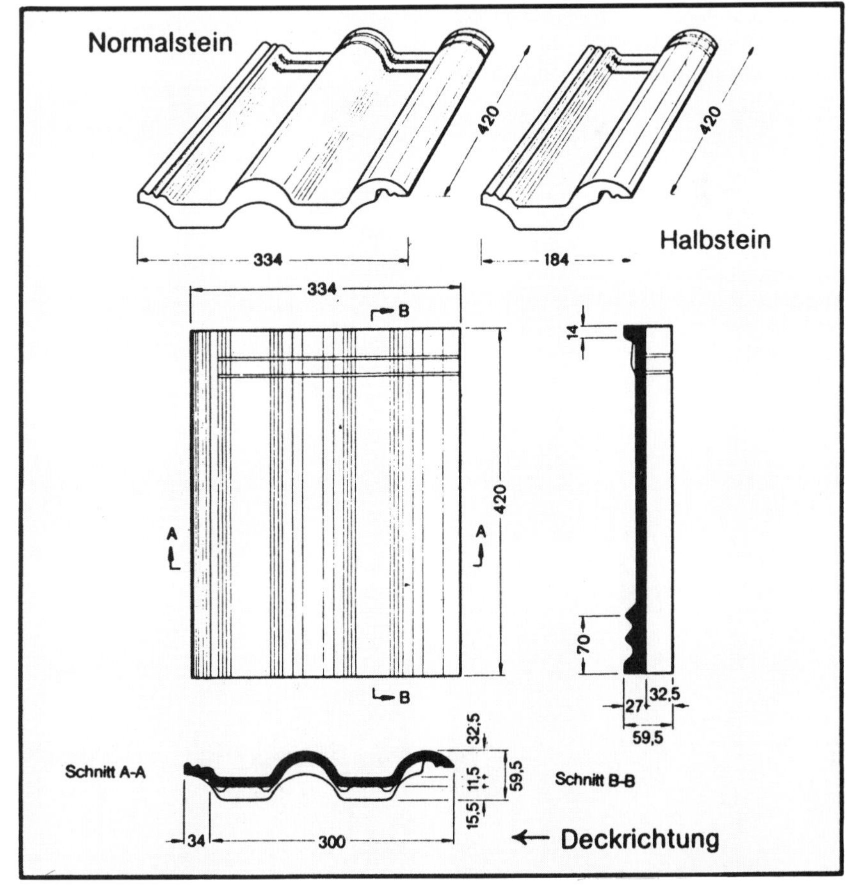

Heidelberger Dachstein

Dachstein-Produktion

Anforderungen an Betondachsteine

Über die Anforderungen, die an Betondachsteine zu stellen sind, herrscht vielfach Unklarheit.

Nachstehend die Anforderungen nach DIN 1115 (Mai 1987) zusammengefaßt:
Die **Oberfläche** muß gleichmäßig sein und darf keine Beschädigungen haben. Transportbedingte Schrammen und Scheuerstellen sind belanglos, wenn die Dichtigkeit, Frostbeständigkeit und Tragfähigkeit nicht beeinträchtigt wird. Grate, die die Verarbeitung behindern, dürfen nicht dasein.

Die **Maße** dürfen 1% vom Mittelwert der Herstellerangabe abweichen.

Frosteinwirkung darf keinen Schaden verursachen.

Die **Tragfähigkeit** muß der Norm entsprechen.

Bei der Prüfung auf **Wasserundurchlässigkeit** durch 10 mm hoch auf dem Dachstein stehendes Wasser darf nach 24 Stunden Durchfeuchtung und Tropfenbildung eintreten, doch es darf nicht zum Abtropfen kommen.

Die Neufassung der DIN 1115 vom Mai 1987 stellt von der Fassung 5/77 abweichende, höhere Forderungen an die Tragfähigkeit:
Profilierte Dachsteine müssen jetzt bei Deckbreiten ab 300 mm mindestens 2,50 kN tragen, bei Deckbreiten bis 200 mm mindestens 1,00 kN. Bei ebenen Dachsteinen lauten die entsprechenden Werte 1,50 bzw. 0,60 kN.
Die Tragfähigkeit muß spätestens 28 Tage nach Herstellung bzw. beim Verlassen des Werkes errreicht werden.

Betondachstein-Farben

Bei glatter oder granulierter (rauh, „bestreut") Oberfläche gibt es die Farben Naturrot, Rotbraun, Braun, Dunkelbraun, Stahlblau, Granit, Schieferfarben, Kupferfarben, Antik (Rot bis Braun), Schwarz, Broncegrün (Grün bis Braun) und Herbstfarbe (Rot bis Braun). Dabei gelten allerdings mehrere Bezeichnungen da und dort für eine Farbe.

Die am Markt zur Zeit anzutreffenden Betondachsteine haben mit geringfügigen Unterschieden bei den verschiedenen Herstellern die abgebildeten Formen und Abmessungen.

Betondachstein-Formen

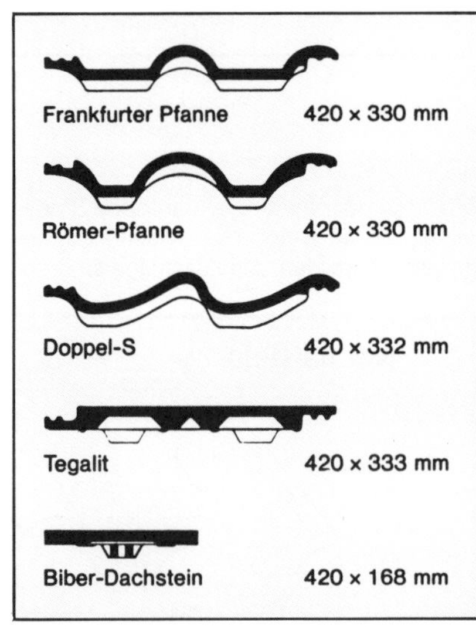

Beispiele für Dachsteinformen und Abmessungen: Modelle aus dem Braas-Lieferprogramm.

Links und oben: Moderner Dachstein mit abgerundeter sichtbarer Kante, die ein optisch besonders ansprechendes Bild ergibt

Baustoffbedarf

Bei Betondachsteinen kann man mit einem Verbrauch von ca. 10 Stück/m² rechnen. Bei Bibern sind ca. 35 Steine/m² erforderlich. Die Mindestüberdeckung ist von der Dachneigung abhängig. Nicht vergessen: Formstücke abziehen!
Bedarfsberechnung und einiges über Formsteine und Zubehör ist unter „Allgemeines Grundwissen" **Das geneigte Dach** nachzulesen.

Norm

DIN 1115: Betondachsteine; Anforderungen, Prüfung, Überwachung

Dachziegel

Das erste, was der Mensch zu seinem Schutz errichtete, war das Dach. Es bot und bietet ihm noch heute Schutz. Heute rückt das Dach in starkem Maße auch als wichtiges Gestaltungselement der Architektur in den Mittelpunkt. Formen und Farbe der Dacheindeckung haben große Bedeutung bei der Erhaltung des gewachsenen Ortscharakters.

Geschichtliches

Sehr früh erkannte man die Möglichkeit, Ton zu formen und zu brennen und mit dem so entstandenen Ziegel das Dach fester zu machen.
Der Ziegel ist so alt wie die Kulturgeschichte, und der Dachziegel ist schon seit etwa 2300 v. Chr. von Beginn der Baugeschichte an dabei, seit der Mensch gelernt hatte, Ton im Feuer zu einem dauerhaften Baustoff für seine Behausung zu brennen.
Die Tempel der Griechen und Römer waren mit Ziegeln gedeckt.
Die heutige Bezeichnung „Dachziegel", die nur gebrannte Elemente führen dürfen, kommt von dem lateinischen „tegula". Der Wortstamm ist noch heute in Skandinavien und in den Niederlanden als „tegl" oder „tegel" im Gebrauch. In römischer Zeit hat sich auch bei uns die Technik des Formens und Brennens von Ton ausgebreitet. Viele Funde beweisen Tradition, aber auch Haltbarkeit.

Dachziegelformen

Beim Ziegeldach besteht die Dachhaut aus einzeln aufgehängten, einheitlich großen Elementen, die leicht zu verlegen und durch ihre Beschaffenheit untereinander beweglich sind. Sie können so alle Bewegungen des Dachstuhls aufnehmen, ohne Spannungen weiterzuleiten oder überhaupt erst entstehen zu lassen. Wichtige Voraussetzung für ein gutes Dach ist sinnvolle Konstruktion und fachgerechte Verlegung.

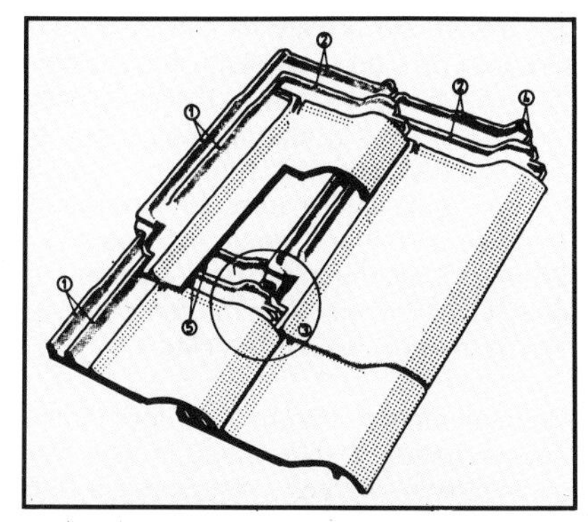

Dachziegel-Konstruktionsteile
① Seifenfalzrippen
② Kopffalzrippen
③ Vierziegeleck
④ Eckausschnitt
⑤ Fußfalzrippen
Bild: Arbeitsgemeinschaft Ziegeldach

Die wohl bekanntesten Formen sind Flachdachpfannen, Reformpfannen, Falzziegel und Bieberschwanzziegel, weniger bekannt die Flachkremper, Kronenkremper, Hohlpfannen u. a. Die DIN 456 unterscheidet außerdem zwischen Preß- und Strangdachziegeln.

Teilansicht des Daches des Zistersienserklosters Walkenried am südlichen Harzrand nach der Restaurierung mit Rauten- und Geradschnitt-Biberschwanzziegeln in Kronendeckung

Dachziegelfarben

Dachziegel sind in mehreren Farben und Oberflächenstrukturen erhältlich, von denen die wichtigsten nachstehend aufgeführt sind.
Naturfarbe (Naturrot) von gelblich über Hell- bis Dunkelrot, je nach Tonart, ohne Farbzusatz.

Die Engobe

Braune bis schwarze Farbtöne, einheitlich oder im bunten Farbspiel, entstehen durch Engobieren.

Vor dem Brand wird durch Tauchen oder Spritzen eine besonders aufbereitete Tonschlämme (Engobe) aufgebracht. Je nach der Zusammensetzung der Schlämme entsteht ein bestimmter Farbton, einheitlich oder auch – natürlich gewollt – fleckig (teilweise engobiert).
Silbergraue, dem natürlichen Schiefer in der Farbe entsprechende Farbtöne entstehen bei Tondachziegeln durch eine besondere Brenntechnik. Man entzieht dem Eisenoxid des Tones durch Reduktion (Entzug des Sauerstoffes aus Oxiden) den Sauerstoff, so daß anstelle der roten eine grauschwarze Farbtönung entsteht.

Glasierte Ziegel

Die Glasur wird ähnlich wie die Engobe auf den Formling aufgetragen. Die glasartige Oberfläche entsteht durch Aufschmelzen der Oberfläche (Sinterung). Glasierte Dachziegel gibt es in vielen Farben.

Anforderungen an Betondachsteine

In der DIN 456 sind die Anforderungen, die an Tondachziegel zu stellen sind, ausgeführt.

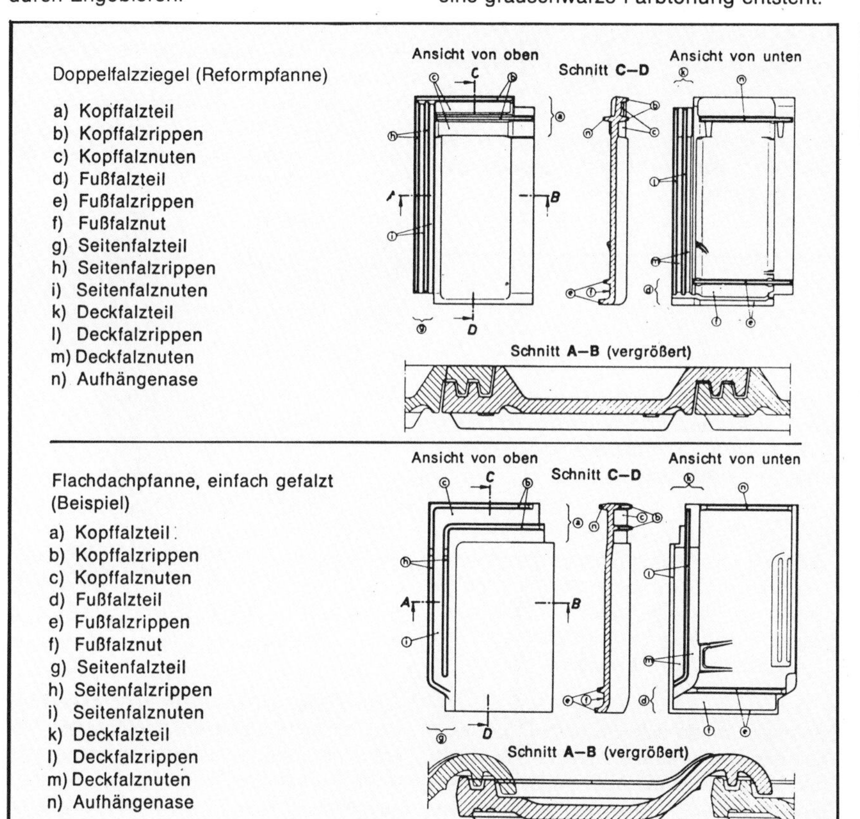

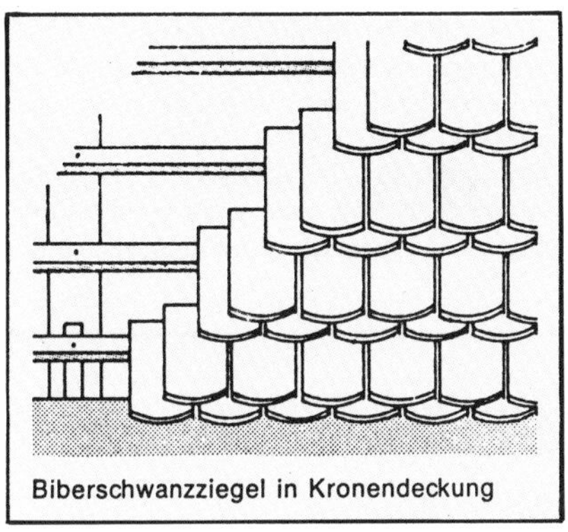

Biberschwanzziegel in Kronendeckung

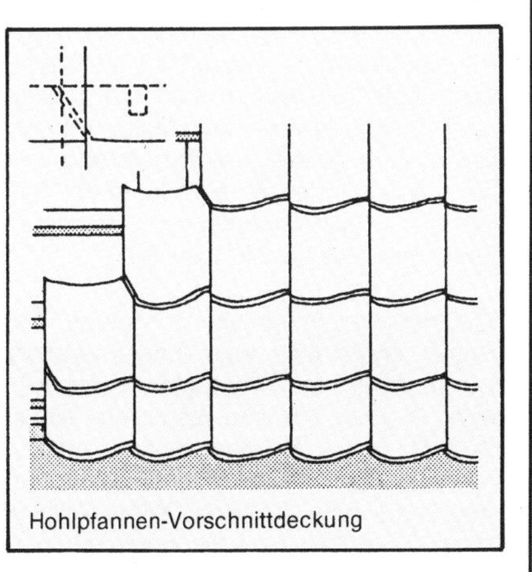

Hohlpfannen-Vorschnittdeckung

Dachziegel werden nach Sorte I und II unterschieden.

Die Oberfläche darf keine Deformierungen oder Risse aufweisen, die die Zweckbestimmung beeinträchtigen.

Engobe oder Glasur müssen wetterbeständig sein.

Anforderungen an die Farbe **sind vor der Lieferung zu vereinbaren!**

Die Maße der einzelnen Ziegel oder die mittleren Deckmaße dürfen um bis zu 2% von den vom Hersteller angegebenen Maßen abweichen. Innerhalb der Lieferung für 1 Gebäude dürfen sie jedoch bei der Sorte I nur um 1% von den gemessenen oder festgelegten Deckmaßen abweichen.

Dachziegel müssen frostbeständig sein.

Die Wasserundurchlässigkeit ist genau festgelegt. Die Ziegel dürfen durchfeuchten! Achtung: ausreichende Belüftung! Die Werksgarantie ist bei nicht vorhandener oder mangelhafter Belüftung der Dachfläche in Gefahr!

(Siehe Absatz „Lüfterziegel" im Abschnitt „Grundwissen ‚Das geneigte Dach' ".)

Die Tragfähigkeit von Preßdachziegeln und Hohlpfannen muß im Mittel mindestens 1,5 kN, im Einzelfall 1,2 kN betragen, bei den anderen Formen von Strangdachziegeln betragen die Mindestwerte 0,5 bzw. 0,4 kN. Jedes Paket oder mindestens jeder 200. Ziegel müssen bei Sorte I mit „DIN 456", bei Sorte II zusätzlich mit „II" gekennzeichnet sein. Das gilt nicht für Formziegel.

Für schädliche Stoffe ist nur etwas vage festgelegt, daß sie nicht in solchen Mengen vorhanden sein dürfen, die Beschädigungen hervorrufen können, die die Dachziegel für die Ausbildung einer regensicheren Dachhaut unbrauchbar machen. Geringfügige durch Salze verursachte Ausblühungen und Abmehlungen läßt DIN 456 ausdrücklich zu.

Form-Ziegel

Die zu einem kompletten Dach gehörenden Formziegel sind im Abschnitt „Das geneigte Dach" beschrieben.

Das Thema „Dachlüftung" ist dort ebenfalls ausführlich behandelt.

Lüfterfirste haben meist einen größeren freien Querschnitt als nach der Berechnung nötig und erhöhen so die Wirksamkeit der Entlüftung. Die Anzahl der benötigten *Lüftungsziegel* am First läßt sich für Sattel- und Pultdächer nach der Formel „Sparrenlänge (in m) mal 50 geteilt durch den freien Lüftungsquerschnitt (in cm^2) = Anzahl der Lüftungsziegel je Meter Firstlänge (bei Satteldächern auf jeder Dachseite)" ermitteln.

Die Ziegelindustrie stellt Lüftungsziegel verschiedener Art mit unterschiedlichen Lüftungsquerschnitten her.

Die Entlüftung des Daches erfolgt durch die in der zweiten Ziegelreihe vom First eingebauten Lüftungsziegel oder durch den Lüftungsfirst. Die Belüftung an der Traufe kann durch Öffnungen in der Traufschalung oder in der Sparrenausmauerung herbeigeführt werden.

Die Wirksamkeit einer Luftzuführung durch Giebelfenster, eingemauerte Tonrohre o. ä. in Giebelwänden ist abhängig von der Windrichtung; sie kann bei veränderten Windverhältnissen nur bedingt funktionieren und soll daher bei der Bemessung der Lüftungsquerschnitte nicht berücksichtigt werden.

Dachaufbauten sollen eine Luftabführung an der Sohlbank und eine Zuluftführung am Gaupengesims erhalten. Bei Schornsteindurchbrüchen am First werden neben den Schornsteinen Formziegel angeordnet. Über oder unmittelbar neben den Sparren sollen keine Lüftungsziegel plaziert werden.

Bitumenbahnen

Allgemeines

Die Vorfahren der heutigen Bitumenbahnen waren die Teerpappen und später die Bitumenpappen. Vor rund 150 Jahren begann man, Teerpappen oder Teerpapiere zur Abdichtung von Flachdächern einzusetzen. Sie haben ihre Bewährung seit langem bestanden, sei es in Form der ehemaligen „Holzzementdächer", sei es in Form viellagiger Schichtpakete.

Mit der zunehmenden Bedeutung des Erdöls ergab sich eine immer stärkere Hinwendung zum Erdölprodukt Bitumen, denn Bitumen bot eine zusätzliche breitere Skala positiver Eigenschaften, von guter Kälteflexibilität bis zu einer guten Wärmestandfestigkeit. Nach dem Zweiten Weltkrieg haben sich Bitumenbahnen in der Flachdachabdichtung eindeutig durchgesetzt; Teerpappen gibt es seit über 10 Jahren nicht mehr.

Ein hoher Anteil der Flachdachabdichtungen wird mit Bitumenbahnen ausgeführt. Dies hat seine Gründe in der Langzeitbewährung einerseits sowie der Mehrlagigkeit, dem Lagenversatz und der damit verbundenen Sicherheit andererseits.

Bitumenbahnen sind formstabil und werden nach einer jahrzehntealten Fügetechnik, sei es im Gieß- oder im Schweißverfahren, verlegt, wobei keine besondere Fügetechnik für den Überdeckungsstoß notwendig ist.

Sie weisen ein bewährtes Langzeitverhalten auf und sind auch nach langer Liegezeit jederzeit zu warten. In Fällen von Verletzungen oder Änderungsumbauten ist es kein Problem, mit Bitumen-Schweißbahnen gute Anschlüsse und einwandfreie Verbindungen auch mit gealterten Bitumenabdichtungen herzustellen, so daß Nacharbeiten, Reparaturen oder Anschlüsse unproblematisch sind.

Bitumenbahnen erlauben darüber hinaus ansprechende Dachflächen in den verschiedensten Farben. Während die übliche Einstreuung ein Schiefer naturgrün ist, sind alle anderen Farben, Engobenbraun, Ziegelrot, Schieferblau oder auch andere Farbgebungen durch eine entsprechende Bestreuung möglich. So sind Bitumenbahnen auch zur ästhetischen Gestaltung von Dachflächen, z. B. im Bereich von Dachaufbauten oder Sheds, eine gute Lösung.

Materialbeschreibung

Bitumenbahnen bestehen aus Bitumen oder Polymerbitumen und haben grundsätzlich eine Trägereinlage. Sie sind üblicherweise auf beiden Seiten mit mineralischen Stoffen bestreut.

Die Trägereinlagen

Bei den Trägereinlagen hat eine kontinuierliche, jahrzehntelange Entwicklung stattgefunden. Rohfilzeinlagen, die früher hauptsächlich als Träger verwandt wurden, sind aus Gründen der möglichen Verrottbarkeit kaum mehr im Einsatz.

Heute werden im allgemeinen Trägermaterialien mit anorganischem Verhalten verwandt. In der Stufe geringer Belastbarkeit handelt es sich meistens um Glasvliese, bei höheren Belastungen werden Glasgewebe, Jutegewebe und – seit etwa 1975 – Polyesterfaservliese eingesetzt.

Die ersten Bitumenschweißbahnen wurden 1964 verlegt.

Faservliese haben zwar gleichbleibende mechanische Eigenschaften über alle Flächenrichtungen; sie sind angenähert isotrope Werkstoffe. Gewebe dagegen haben ausgesprochene Eigenschaftsmaxima in Gewebelängs- und -querrichtung, also in Kett- und Schußrichtung. Die mögliche

Dehnung ist bei Glasfasererzeugnissen relativ niedrig, bei Jutegewebe etwas höher. Polyesterfasererzeugnisse haben eine hohe Dehnfähigkeit. Glasfaser- und Polyesterfaser-Erzeugnisse sind darüber hinaus außergewöhnlich verrottungsfest.

Für besondere Einsatzzwecke kommen zusätzlich Kombinationen aus den erwähnten Trägereinlagen mit Aluminiumbändern, Polyestergeweben, Glaskunststoffvliesen etc. zum Einsatz.

Damit kann für jede Belastung auf den Dächern, sei es im Bereich von Dampfsperren, Entspannungsbahnen, Unterlagsbahnen oder Oberlagsbahnen, die optimale Produktqualität gewählt werden.

Erwähnt werden muß in diesem Zusammenhang, daß Bitumenbahnen mit Metallfolien als Trägerlage wegen der hohen Wärmedehnung nur im sog. temperaturkonstanten Bereich, d. h. im Bereich der Dampfsperre oder unter Erdaufschüttungen etc. eingesetzt werden dürfen.

Bitumen und Polymerbitumen

Als Tränk- und Beschichtungsmasse der Bitumenbahnen kommen zum Einsatz

- die sog. *destillierten* oder *Primärbitumen;* das sind die Bitumen, die vorwiegend im Straßenbau oder in der Abdichtungstechnik als Tränkmasse eingesetzt werden; sie werden nach ihrem mittleren Penetrationswert (Eindringtiefe einer Nadel bei einer im Prüfverfahren festgelegten Belastung) bezeichnet, z. B. Bitumen B 45;

- die *geblasenen Bitumen;* diese Bitumen werden aus den Primärbitumen durch den sog. Blasvorgang, eine Art Dehydrierung (Entzug von Wasserstoff), hergestellt, und haben eine gegenüber dem Primärbitumen erheblich verbesserte Plastizitätsspanne, d. h. Spanne zwischen Erweichungspunkt und Glaspunkt (Kältesprödigkeit). Man bezeichnet sie nach Erweichungspunkt (in °C) und Penetration, z. B. Bitumen 85/25 oder 100/40. Diese geblasenen Bitumen werden in der Hauptsache für die Beschichtungsmassen der normalen Dach-, Dachdichtungs- und Schweißbahnen verwendet und für die Klebemassen. Der neuere Begriff für geblasenes Bitumen ist *Oxidationsbitumen* (die Dehydrierung gehört zu den Oxidationsvorgängen);

- die *Polymerbitumen;* das sind Bitumen, die durch Zusatz ausgewählter und außerordentlich wirkungsvoller hochpolymerer Werkstoffe in ihren mechanischen Eigenschaften erheblich verändert werden. Die Plastizitätsspanne ist wesentlich erhöht; bestimmte Polymerbitumen haben ausgesprochen gummielastische Eigenschaften; die Alterungsbeständigkeit der Bitumen ist noch verbessert. Diese nachhaltigen Eigenschaftsveränderungen sind darauf zurückzuführen, daß es sich hier nicht um einfache Mischungen aus Bitumen und Polymeren handelt; vielmehr bilden sich in diesen Gemischen völlig andersartige physikalisch-chemische Strukturen aus. Diese Polymerbitumen werden heute fast ausschließlich als Beschichtungsmassen für die Gruppe der hochwertigen Polymerbitumenbahnen verwendet.

Die Bitumenbahnen

Wir unterscheiden heute im wesentlichen fünf Gruppen von Bitumenbahnen:

- *Bitumendachbahnen;* das sind die einfachsten und dünnsten Bahnen.

- *Bitumen-Dachdichtungsbahnen;* diese Gruppe hat zugfeste Trägereinlagen und eine dickere Beschichtung als die einfachen Bitumendachbahnen.

- *Bitumen-Schweißbahnen;* Schweißbahnen unterscheiden sich von den Dachdichtungsbahnen dadurch, daß sie besonders dicke Beschichtungsmassen haben und damit die erforderliche Klebeschicht bereits fabrikatorisch enthalten; sie werden im sog. Schweißverfahren verarbeitet.

- *Polymerbitumen-Dachdichtungsbahnen;* das sind Dachdichtungsbahnen, deren Beschichtungsmasse nicht aus geblasenem Bitumen, sondern aus Polymerbitumen besteht.

- *Polymerbitumen-Schweißbahnen;* hier besteht die Beschichtungsmasse ebenfalls aus Polymerbitumen und nicht aus geblasenem Bitumen wie bei den normalen Schweißbahnen.

Nachfolgend sind die einzelnen Gruppen noch kurz beschrieben. Außerdem zeigt die Tabelle (links unten) eine Übersicht über die genormten Bitumenbahnen.

Bitumendach- und -dachdichtungsbahnen

Sie sind zum Aufkleben mit geblasenem Bitumen, z. B. 85/25, 100/25, geeignet. Sie werden mit Einlagen aus Glasvlies, Glasgewebe, Polyestervliesen hergestellt und im Gießverfahren zu mehrlagigen Abdichtungen verarbeitet.

Bitumen-Schweißbahnen

Bitumen-Schweißbahnen sind im Prinzip wie Bitumendach- und -dachdichtungsbahnen aufgebaut, erhalten jedoch ca. 2 mm zusätzlichen Bitumen-Auftrag, so daß das erforderliche Klebebitumen in der Bahn enthalten ist. Sie sind deshalb 4 und 5 mm dick. Das Beschichtungsbitumen wird mittels Handschweißbrenner aufgeschmolzen; die Bahn wird somit im sogenannten „Schweißverfahren“, d. h. durch Aufschmelzen der Deckschicht, homogen mit dem Untergrund verbunden.

Polymerbitumen-Dachdichtungsbahnen

Polymerbitumen-Dachdichtungsbahnen sind mit Einlagen aus Glasgewebe, Jutegewebe oder Polyestervlies versehen. Die Eigenschaftsbreite dieser Bahnen in bezug auf Wärmestandfestigkeit und Kältebiegeverhalten, Alterungsverhalten, Flexibilität ist ganz erheblich größer als bei normalen Bitumenbahnen. Sie werden vornehmlich als Oberlagen eingesetzt, finden aber auch bei zweilagigen Dachdichtungssystemen als Unterlage Verwendung. Ihre Verarbeitung erfolgt ebenfalls mit Heißbitumen, z. B. 100/25, im Gießverfahren.

Polymerbitumen-Schweißbahnen

Polymerbitumen-Schweißbahnen werden als Oberlage im Schweißverfahren oder auch im Gießverfahren verarbeitet. Sie verbinden sich optimal mit anderen Bitumenschichten, so daß nach den Forderungen der Flachdachrichtlinien aus „einem Guß“ gearbeitet werden kann. Darüber hinaus werden sie in großem Umfang als Oberlagsbahnen eingesetzt. Sie eignen sich für alle Bereiche der Bitumenabdichtung, gleichgültig ob es sich um

Tabelle der Bitumen-Bahnen

Trägereinlage	Kennwerte der Bahnen gemäß Norm		Bitumen-Dachbahnen DIN 52 143	Bitumen-Dachdichtungsbahnen DIN 52 130	Bitumen-Schweißbahnen DIN 52 131	Polymerbitumen-Dachdichtungsbahnen DIN 52 132	Polymerbitumen-Schweißbahnen DIN 52 133
	Zugfestigkeit*	Dehnung					
Glasvlies	l 400 N q 300 N	2%	V13 DIN 52 143	–	V60 S4 DIN 52 131	–	–
Glasgewebe	l 1000 N q 1000 N	2%	–	G200 DD DIN 52 130	G200 S4 G200 S5 DIN 52 131	PYE-G 200 DD PYP-G 200 DD	PYE-G 200 S 4 PYP-G 200 S 4 PYE-G 200 S 5 PYP-G 200 S 5
Jutegewebe	l 600 N q 500 N	3,5% 5%	–	J300 DD DIN 52 130	J300 S4 J300 S5 DIN 52 131	PYE-J 300 DD PYP-J 300 DD	PYE-J 300 S 4 PYP-J 300 S 4 PYE-J 300 S 5 PYP-J 300 S 5
Polyesterfaservlies	l, q, d 800 N	40%	–	PV 200 DD	PV 200 S5	PYE-PV 200 DD PYP-PV 200 DD	PYE-PV 200 S 5 PYP-PV 200 S 5
Verbindung der Nähte und Bahnen untereinander			Gießen	Gießen	Gießen oder Schweißen	Gießen	Gießen oder Schweißen

* l = längs, q = quer, d = diagonal

Dächer auf massiven Deckenkonstruktionen oder um die schwingungsbeanspruchten Dächer auf Trapezblechkonstruktionen handelt, ob es sich um Abdichtung auf Parkdecks oder in anderen Gebieten des Schutzes gegen Oberflächen- und Niederschlagswasser handelt und ebenso für Dachbegrünungen. Durch die besonders gute Schweißbarkeit, durch das verarbeiterfreundliche, flexible Verhalten und die einfache Handhabung eignen sich diese Bahnen auch besonders für die Abdichtung von kleinen Flächen, für Herbst- und Winterverlegungen und andere spezielle Anwendungen.

Hinweise zur Verarbeitung

Dachbahnen und Dachdichtungsbahnen werden mit Klebemasse im Gießverfahren verarbeitet, Schweißbahnen können sowohl im Schweißverfahren, d. h. durch Aufschmelzen der Unterseite mit dem Propangasbrenner, wie auch im Gießverfahren verarbeitet werden.
Eine sehr gute Beschreibung der Verarbeitungsverfahren der Bitumen-Werkstoffe befindet sich in DIN 18 195 „Bauwerksabdichtungen, Teil 3, Verarbeitung der Stoffe“ sowie in den technischen Regelwerken „abc der Bitumen-Bahnen“ und Flachdachrichtlinien. In diesen Werken befinden sich außerdem detaillierte Hinweise für die Detailplanung und Ausführung von Dächern mit Abdichtungen.

Bitumen-Kaltklebebahnen werden zunächst mit der Schutzfolie ausgerollt, genau ausgerichtet, wieder eingerollt und dann durch Abziehen der Schutzfolie wieder ausgerollt. Sie kleben dann sofort fest.

Kunststoffbahnen und Folien

Wir unterscheiden hier Kunststoffbahnen, die in der Dicke zwischen 1,09 und 3,0 mm liegen und für Flachdachdichtung und Flächendichtungen im Erdbereich eingesetzt werden, von den Folien.

Diese wiederum umfassen Kunststoffolien und Metallfolien in der Dicke unter 0,5 mm, die in vielen Bereichen am Bau eingesetzt sind.

Kunststoffbahnen

Einen umfassenden Überblick über dieses Sortiment zu geben, würde weit über die Grenze dieser Fachkunde hinausgehen. Die Lieferfirmen wissen um die Beratungsbedürftigkeit ihrer Erzeugnisse. Sie halten recht umfangreiche Informationsunterlagen bereit.

Es ist eine Tatsache, daß Kunststoffe und Kautschuke in Form von Dach- und Dichtungsbahnen für die verschiedenen Systeme, Konstruktionen und Gestaltungen aus der breiten Werkstoffpalette für die Planung und Ausführung in der Praxis nicht mehr wegzudenken sind. Die zunehmende Anwendung solcher Bahnen ist national gesehen unverkennbar, was offenbar auf folgende Bemühungen der Bahnenhersteller zurückzuführen ist:

- Qualitätssteigerung im Verlauf technischer Weiterentwicklung
- Vereinfachung der Verlegetechnik
- Verstärktes Angebot von praxisgerechtem und einbaufertigem Zubehör zwecks Rationalisierung
- Permanente technische Information über die Planung und Ausführung in Zusammenarbeit mit den Ausbildungsstätten des Handwerks, wodurch der Wissensstand über die Kunststoffe und Kautschuke erweitert wurde.

Dem Baumarkt steht ein großes Angebot von Dach- und Dichtungsbahnen zur Verfügung. Unterschiede bestehen sowohl in der Qualität als auch in den Verlegetechniken.
Einerseits gibt es die althergebrachten Klebeverfahren für Bauwerks- und Dachabdichtungen mit den auch im vorhergehenden Kapitel besprochenen zahlreichen Materialien, die ihre festen Anhänger haben.
Auf der anderen Seite stehen zahlreiche Möglichkeiten der losen oder nur teilweise verklebten Verlegung zur Verfügung, die besonders den Bewegungen durch Wärmeausdehnung und sonstigen Bewegungen im Baukörper gerecht werden.
Um hier sachgerechte Entscheidungen fällen zu können, reichen die durch den Umfang dieser Baustoffkunde begrenzten Informationen nicht aus. Hier ist weitgehende Information durch den Spezialisten vonnöten und enge Zusammenarbeit mit dem Hersteller.

Kunststoffe und Kautschuke

Zur Herstellung von Dach- und Dichtungsbahnen aus Kunststoffen und Kautschuken müssen die Roh- und Hilfsstoffe-Mischungen auf die späteren Verarbeitungs- und Anwendungsvorhaben abgestimmt sein, das heißt z. B. auf

- gute Verarbeitungseigenschaften (Schweißen, Kleben, Formen)
- dauerhafte Verträglichkeit mit Klebstoffen (Bitumen oder Kaltklebstoffen)
- dauerhaft gutes Verhalten gegen Wasser

Meßwerte von verschiedenen Folien auf Wasserdampfdurchlässigkeit

Bezeichnung der Proben	Messung bei 38° C / 90% r. Luftf.			Beurteilung
	gezählte Impulse	Durchgang $g/m^2.24\ h$	Meßdauer	
Aluminiumband 0,1 mm	20.000	0,13	24 h	absolut dicht
Riffelband 0,1 mm	20.000	0,13	24 h	absolut dicht
Grobkornband 0,1 mm	10.500	0,20	24 h	dicht
Aluminiumband 0,05 mm	20.000	0,13	24 h	absolut dicht
Estrichfolie	13.000	0,17	24 h	dicht
Baufolie PA 1	13.000	0,17	24 h	dicht
Tapetenfolie	13.000	0,17	24 h	dicht
Polyesterfolie 19 µm	110	20,0	20 min	durchlässig

Besonders wichtig für die Praxis ist, daß sich bei der nur 0,05 mm dicken Folie, die sich im nicht beanspruchten Zustand als absolut dicht erwies, nach einem dreimaligen Knicken (praxisnahe Beanspruchung) eine Bruchstelle im Kreuzfalz zeigte, die sofort zu einem Wasserdampfdurchgang von 5 $g/m^2.24$ h führte. Das beweist, daß die Gefahr der mechanischen Verletzung bei der Verwendung zu dünner Folien groß ist.

● gutes Verhalten gegen Bewitterung und Lichteinwirkung

● ausreichende chemische Widerstandsfähigkeit (gegen Atmosphärilien).

Eigenschaftsforderungen

Nachdem bereits Anfang der vierziger Jahre PIB-Dichtungsbahnen als Bauwerksabdichtungen eingebaut wurden und auch Mitte der fünfziger Jahre PIB-Dachbahnen sowie Anfang der sechziger Jahre PVC-weich-Dach- und Dichtungsbahnen auf den Markt kamen, hat sich mittlerweile das Angebot an Dach- und Dichtungsbahnen aus Kunststoffen und Kautschuken erheblich vergrößert, wie aus der Übersicht ersichtlich ist.

Arten und Werkstoffbasis für Kunststoff- und Kautschuk-Dach- und Dichtungsbahnen

Art	Werkstoffbasis*	zugehörige DIN	Beispiele von Handelsnamen
Kunststoff-Bahnen (Thermoplastbahnen)	Ethylencopolymerisat-Bitumen (ECB)	16729 16732	Carbofol OC-Plan Organat Delifol BEV
	Ethylen-Vinylacetat (EVA)		VAE
	Chloriertes Polyethylen (PEC)		Alkorflex
	Polyisobutylen (PIB)	16731 16935	Rhepanol
	Polyvinylchlorid weich (PVC weich)	16730 16734 E 16937 16938	Alkorplan Delifol Rhenofol Trocal Wolfin
Kautschuk-bahnen (Elastomer-bahnen)	Ethylen-Propylen-Terpolymer-Kautschuk (EPDM)		Resistit-Perfekt SGtan Flachdach-Pirelli
	Butylkautschuk (IIR)	7864	RMB SGtyl
	Chloropren-Kautschuk (CR)		Resistit
	Nitrilkautschuk (NBR)		Resistit GQL
	Chlorsulfoniertes Polyethylen (CSM)		Delifol BCA Delifol BCG

* In den meisten Normen findet man noch die Schreibweise „Äthylen", der DIN-Nomenklaturausschuß Chemie hat jedoch 1978 beschlossen, nur noch die auch hier benutzte Form „Ethylen" zu verwenden.

Folien

Kunststoffolien sind für die vielfältigsten Zwecke als Abdeckung, als Wetter- und Verdunstungsschutz im Rohbau und im Ausbau nicht mehr wegzudenken, ebensowenig in der Bauerneuerung und -sanierung.
Angeboten werden Folien hauptsächlich aus
PE = Polyethylen, weich und PVC = Polyvinylchlorid weich.

Lieferformen:

● als Rollenware in verschiedenen Breiten bis zu 6 m

● als fertig zugeschnittene Planen mit verschweißtem Rand oder nur abgeschnitten, auch mit Ösen mit eingelegtem Gewebegitter

● in unterschiedlichen Dicken, davon am Bau gebräuchlich die Dicken 0,02, 0,01 und 0,005 mm.

Anwendungsgebiete:

● provisorische Bauwerksabdichtung (Winterschutz, Abdeckung, Fenster)

● Schutz frisch betonierter Flächen vor Verdunstung und Frost

● Abdeckung der Dämmschicht unter Estrichen, auch Trockenestrich

● Transportschutz und Lagerschutz, als Schrumpffolie (zugleich Werbeträger)

● als Schutzplane bei Bau- und Malerarbeiten im bewohnten Haus

● Unterspannbahn unter Dachziegeln und Betondachsteinen beim geneigten Dach, für diesen Zweck fadengitterverstärkt.

Metallfolien

Von den Metallfolien sind vor allem Aluminium-Folien allgemein eingeführt. Nach DIN 1784 gelten nur Alu-Walzerzeugnisse bis 0,02 mm Dicke als Folie, was darüber hinausgeht, gilt als Blech. Hier behandeln wir jedoch die zu Abdichtungszwecken eingesetzten dünnen Bleche mit.

Mit Alu-Folien, wie sie allgemein genannt werden, werden besonders 2 bauphysikalische Effekte angestrebt:
die Dampfsperre bzw. Dampfbremse und die Reflexion von Wärmestrahlen.
Alu-Folien ab einer Dicke von 0,1 mm werden als Dampfsperre eingebaut in Schwimmbädern, anderen Feuchträumen, Saunen und im Industriebau, in Sonderausführungen im Flachdachbau, für Abdichtungen, alkalienbeständig kaschiert zum Einbau mit nassem Beton oder Zementmörtel.
Die gehandelten Dicken liegen zwischen 0,015 und 0,3 mm.
Alu-Folien gibt es auch selbstklebend, in Streifen zur Anschlußdichtung z. B. der Alu-kaschierten Randleistenmatten am Stoß oder bei Beschädigungen in der Fläche und für viele Spezialzwecke. Alu-Folien werden auch vielfach in Heizkörpernischen hinter den Heizkörper eingebaut, teilweise mit Styropor-Schicht als Abstrahl-Schutz, denn metallblanke Flächen reflektieren auch die Wärmestrahlen (siehe Thermosflasche) und verhindern damit Wärmeverluste.
Diese Flächen dürfen nur nicht übertapeziert werden, sonst ist der Abstrahleffekt weg, und die Alu-Folie ist nur noch ein guter Wärmeleiter!

Sonstige Dacheindeckungen

Überblick

„Sonstige Dacheindeckungen" heißt: Dachbaustoffe außer Dachziegeln, Betondachsteinen und Faserzementerzeugnissen.

Damit auch diese Gruppe überschaubar wird, sortieren wir wieder nach Grundstoff der Fertigung.

Wir unterteilen in Hartbedachung

● aus bituminierten Stoffen und
● aus Metall.

Die traditionellen Dachdeckungsmaterialien wie Reet, Naturschiefer und Holzschindeln sind, auf ganz Deutschland bezogen, nur von untergeordneter Bedeutung. Landschaftsgebunden werden sie jedoch wieder häufiger verwendet.
Hartbedachungen aus bituminierten Stoffen kennen wir hier als

● Bitumenwellplatten und
● Bitumendachschindeln.

Bitumenwellplatten

Sanierung eines schadhaften Daches mit Bitumenwellplatten

Die Platten werden optisch geprüft und zu je 300 Stück auf Paletten gestapelt

Bitumenwellplatten

Vor über 35 Jahren begann ein Ingenieur-Team eines auch heute noch führenden Herstellers mit der Entwicklung eines neuen Bedachungswerkstoffes: Bitumenwellplatten. Im Jahre 1946 konnten Idee und Verfahren verwirklicht werden. Erstmals wurden zu dieser Zeit Bitumenwellplatten produziert und auf den Markt gebracht.

Von der Natur aus besitzt jeder Baustoff spezielle Eigenschaften, die anwendungstechnisch so zu berücksichtigen sind, daß der Einsatz funktionsgerecht erfolgt. Dieser Leitgedanke zog sich wie ein roter Faden durch die Forschungsarbeit, wobei die bekannten günstigen Eigenschaften des Bitumens zur Entwicklung förderlich waren.

Bitumen ist ein Thermoplast mit ausgezeichnetem chemischen Verhalten gegenüber Säuren, Laugen, Salzen, dem Sauerstoff der Luft, Wasser sowie allen Witterungseinflüssen. Diese Eigenschaften sowie die ausgezeichnete Klebe- und Tränkungswirkung von Bitumen mit Trägerlagen hatten sich schon lange vorher als eine bewährte Verbindung herausgestellt.

Es galt nun, hieraus eine selbsttragende Wellplatte zu entwickeln. Diese wurde in der Anfangsphase mit widerstandsfähigen Faserstoffen, überwiegend mit Zellulose, durch ein Mehrschichtenverfahren mit nachträglicher Formgebung erreicht. Hierbei handelte es sich um ein halbautomatisches Verfahren, das zwar den Vorteil einer geringeren Investition hatte, jedoch stellte sich zunächst als Nachteil eine nicht überzeugende Formbeständigkeit heraus.

Um Beanstandungen der vorerwähnten Art auszuschalten und eine in jeder Hinsicht optimale Qualität zu erreichen, wurde in den 50er Jahren das vollautomatische Endlosverfahren eingeführt. Es handelt sich hierbei um einen verfahrensgeschützten Produktionsablauf, der es ermöglicht, einschichtige Bitumenwellplatten zu produzieren. Ein anderer, ebenfalls führender Hersteller setzt auf Mehrschichtigkeit der Platten nach dem „Sperrholzprinzip". Es heißt hier: „14 verschiedene, fest miteinander verbundene Materiallagen auf 14 Wellen geformt, bringen eine über der Norm liegende Stabilität. Auf überflüssiges — und damit nur ‚belastendes' – Gewicht kann somit verzichtet werden."

Bitumenwellplatten sind nicht genormt. Anforderungen und Prüfungen werden durch die bauaufsichtliche Zulassung geregelt.

Da Bitumenwellplatten trotz ihrer Stabilität flexibel sind, eignen sie sich auch für die Renovierung von Dachflächen mit verzogenem Unterbau. Die Dachneigung muß mindestens 7° betragen.

Die Deckung kann auf Lattung oder auf Schalung mit zusätzlicher Auflattung im Befestigungs- und Auflagerbereich erfolgen. Für die Befestigung dürfen nur vom Hersteller gelieferte Glocken- bzw. PVC-Kopfnägel verwendet werden (Bestandteil der Zulassung!).

Bitumenwellplatten mit Sonderbeschichtungen gelten nach der Zulassung als widerstandsfähig gegen Flugfeuer und strahlende Wärme nach DIN 4102 Teil 7.

Nach den Regeln für Dachdeckungen mit Bitumenwellplatten müssen diese entsprechend DIN 4102 Teil 1 mindestens der Baustoffklasse B 2 (normalentflammbar) entsprechen.

Formate mm Breite x Länge	Dicken / mm	Gewicht kg/m²	Profil mm	Anzahl der Wellen pro Platte
900 x 2000	ca. 3,2	ca. 4,0	90 x 35	10
900 x 660	ca. 3,2	ca. 4,0	90 x 35	10
1050 x 2000	ca. 2,6	ca. 3,0	75 x 30	14
1050 x 660	ca. 2,6	ca. 3,0	75 x 30	14
*) 900 x 2000	ca. 5,0	ca. 5,0	9 x 35	10
*) 900 x 660	ca. 5,0	ca. 5,0	9 x 35	10

*) Granulatbeschichtete Bitumenwellplatten

Mindest-Dachneigung in Abhängigkeit von der Sparrenlänge

Dachtiefe Entfernung Traufe/First	Dachneigung Grad	Prozent
bis 10,00 m	≧ 7°	≧ 12%
über 10,00 b. 20,00 m	≧ 8°	≧ 14%
über 20,00 b. 30,00 m	≧ 10°	≧ 18%
über 30,00 m	≧ 12°	≧ 22%

Mindest-Höhenüberdeckung

Dachneigung Grad	Dachneigung Prozent	Höhenüberdeckung*)
7° bis 10°	(12% bis 18%)	≧ 20 cm
10° bis 15°	(18% bis 27%)	≧ 16 cm
≧ 15°	(≧ 27%)	≧ 14 cm

*) Die Seitenüberdeckung beträgt 1 oder 2 Wellen nach „Regeln für Dachdeckungen mit Bitumenwellplatten"

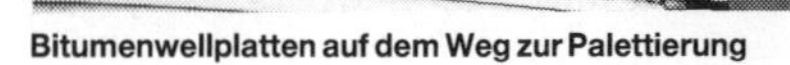

Bitumenwellplatten auf dem Weg zur Palettierung

Bitumenwellplatten sind nicht begehbar. Daher müssen für das Begehen Vorrichtungen wie bei den Faserzement-Wellplatten vorgesehen werden.

Von bitumigen Baustoffen ablaufendes Niederschlagswasser ist korrosiv. Metallteile, auf die Niederschlagswasser von Bitumenwellplatten abgeleitet wird, sind deshalb durch einen korrosionsverhindernden Anstrich zu schützen.

Literatur

Regeln für Dachdeckungen mit Bitumenwellplatten, Ausgabe September 1983, zu beziehen bei Helmut Gros Fachverlag.

Bitumendachschindeln

Eine preiswerte Möglichkeit, zu einem optisch ansprechenden Dach zu kommen, eröffnen die Bitumendachschindeln.

Bitumendachschindeln sind nach den „Regeln für Deckungen mit Bitumendachschindeln" kleinformatige Bauteile für Dachdeckungen auf Bitumenbasis mit Trägereinlagen. Die Hersteller verwenden heute durchweg Glasvlies als Trägereinlage. Die Deckflächen bestehen aus Bitumen mit Zusätzen, und die Oberfläche ist zum Schutz gegen UV-Strahlen farbig bestreut. Vorzugsfarben sind bei granulierten Oberflächen Blauschwarz, Grün, Rot und Braun, bei beschieferten Oberflächen Schieferblau, Schiefergrün und Anthrazit.

Formate

Die Fabrikate der verschiedenen Hersteller unterscheiden sich etwas in den Formen. Fast alle sind mit 2 oder 3 Schlitzen in den Drittel- oder Viertelpunkten versehen. Die „Zungen", die so entstehen, werden meist rechteckig belassen, können jedoch auch auf verschiedene Weise beschnitten sein, so daß beim Verlegen ein anderes als das gewöhnlich erzielte Rechteckmuster entsteht.

Formate von Bitumendachschindeln

(ohne Anspruch auf Vollständigkeit)

900 mm × 300 mm	1000 mm × 300 mm
907 mm × 311 mm	1000 mm × 333 mm
915 mm × 305 mm	1000 mm × 350 mm

Brandschutz

Bitumendachschindeln müssen widerstandsfähig gegen Flugfeuer und strahlende Wärme im Sinne der DIN 4102 sein.

Verarbeitung

Für die Deckung benötigt man eine nagelbare, biegesteife Unterkonstruktion. Holzschalung aus Brettern muß mindestens 24 mm, Nut- und Federschalung oder Schalung aus Holzwerkstoffen 22 mm dick sein. Bei Leichtbeton-Unterkonstruktionen muß geprüft werden, ob die Befestigung mit Nägeln möglich ist. Eine ausreichende Be- und Entlüftung der mehrschaligen Dachkonstruktion muß sichergestellt sein.

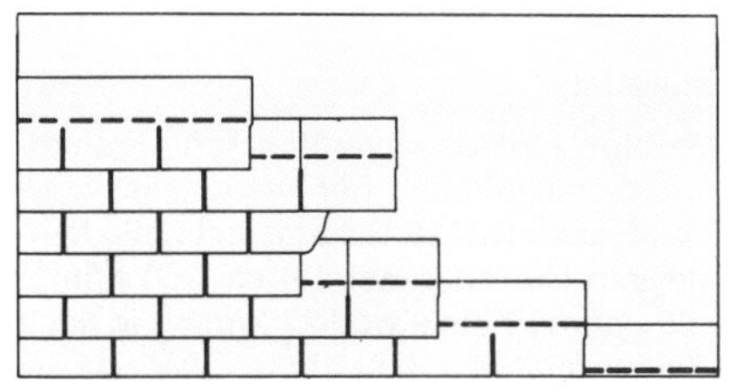

½ Verbandsdeckung mit abgeschnittenem Traufgebinde

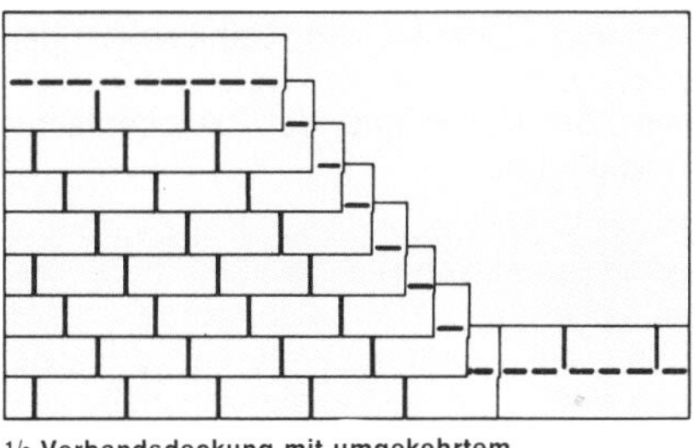

⅓ Verbandsdeckung mit umgekehrtem Traufgebinde

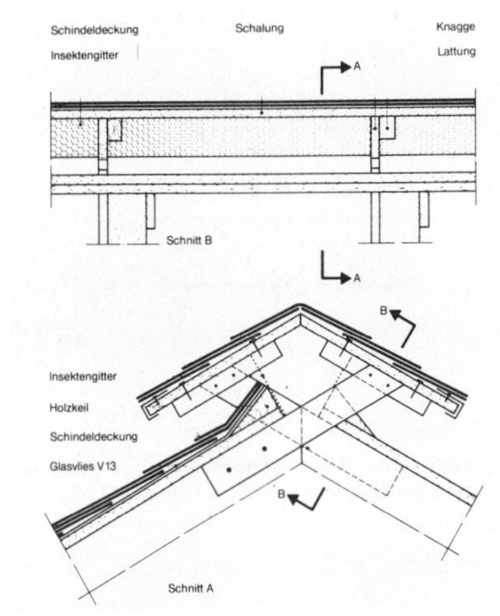

Doppelseitige Firstentlüftung

Die Deckung selbst erfolgt waagerecht als Doppeldeckung in ½ oder ⅓ Verband. Eine Vordeckung mit horizontal verlegten Bitumendachbahnen ist erforderlich. Die Vordeckung wird mit Breitkopfstiften aus korrosionsgeschütztem Material, die Schindeln selbst ebenfalls mit Breitkopfstiften oder mit Klammern befestigt.

Bitumendachschindeln sind mit Selbstklebepunkten oder -streifen ausgestattet und verkleben so durch ihr Eigengewicht bei Erwärmung. Normalerweise ist die Sonneneinstrahlung hierfür ausreichend. Bei ungünstiger Witterung kann Erwärmung z. B. mit Heißluftgeräten erforderlich sein.

Ein besonderer Vorteil bei der Deckung mit Bitumendachschindeln ist, daß alle Formteile für die Dachdetails wie Traufe, Ortgang, First, Grat, Kehle sowie alle Anschlüsse aus den Schindeln zugeschnitten werden können.

Das Uerdinger Klärwerk in Krefeld wurde mit Bitumendachschindeln restauriert.

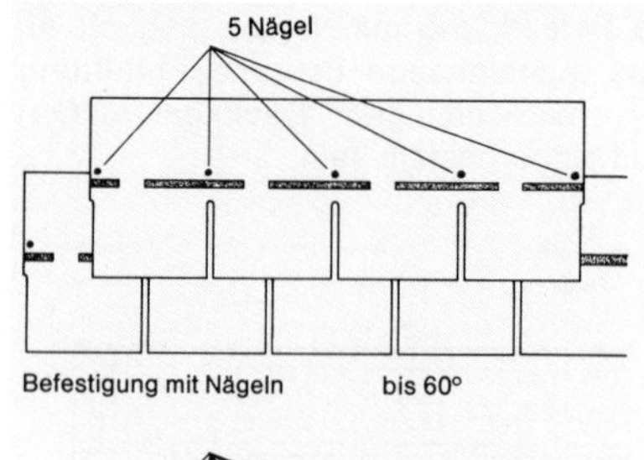

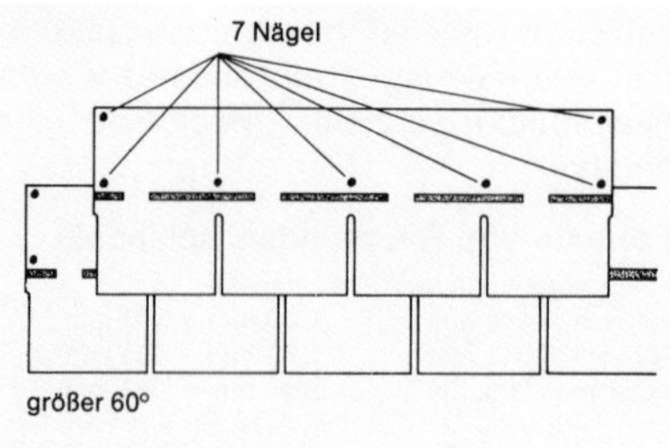

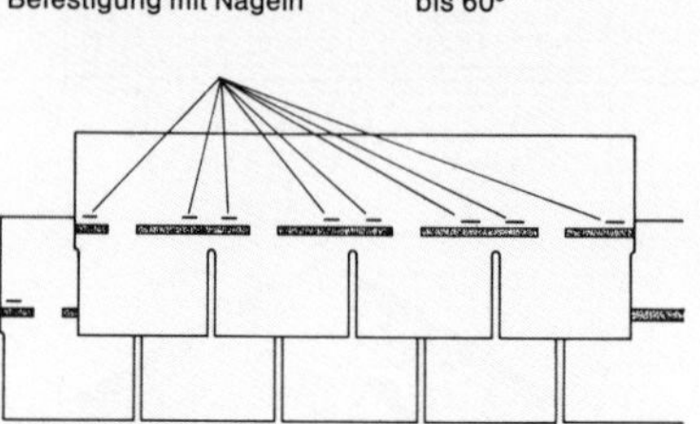

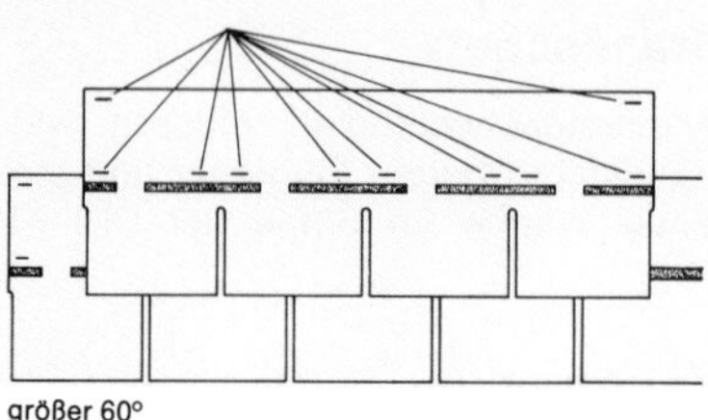

Befestigung von Bitumendachschindeln. Bei Bitumendachschindeln mit 2 Einschnitten erfolgt die Befestigung an den entsprechenden Stellen, jedoch mit jeweils 1 Nagel bzw. 2 Klammern weniger.

Dachneigungsgrenzen*

Entfernung Traufe–First	Mindestdachneigung
bis 7,50 m	10° ≙ 18%
7,50 m bis 10,00 m	15° ≙ 27%
über 10,00 m	20° ≙ 36%

* Um die Auflage der Schindeln auf der Unterlage sicherzustellen, sollte die Neigung von 85° nicht überschritten werden. Ein führender Hersteller erlaubt 87°.

Der Schindelbedarf für die Details ist den Verarbeitungsvorschriften der Hersteller zu entnehmen und dem Bedarf für die Dachfläche hinzuzurechnen.

Literatur

Regeln für Deckungen mit Bitumendachschindeln, Helmut Gros, Fachverlag, Berlin 1977

Hartbedachung aus Metall

Stahldächer

Ein führender Hersteller schreibt hierzu: „Stahlprofilbleche sind im Baugeschehen nichts grundlegend Neues, denn schon seit etwa 100 Jahren sind in Europa Wellbleche als Vorläufer dieser Bauelemente bekannt.

Die heute verbreitete charakteristische Profilform kam in den 50er Jahren aus den USA zu uns und hat ab etwa 1960 stetig und spürbar an Bedeutung gewonnen.

Der hohe Anteil der tragenden, raumabschließenden Stahlprofilbleche an der Gesamtfläche aller neuen Dächer für Wirtschaftsbauten (Industriehallen, Lagerhallen, Großmärkte usw.), aber auch Sportbauten, spricht für sich. Wobei angemerkt sein soll, daß sich Stahlprofilbleche durchaus auch für den Einsatz als Dach-, Wand- oder Deckenelemente in anspruchsvollen Bauten eignen.

Vor allem haben wohl die einfache konstruktive Ausbildung und damit die unkomplizierte schnelle Montage, ansprechende formale Gestaltung und nicht zuletzt die Wirtschaftlichkeit der Stahlprofilblech-Bauweise zu deren Verbreitung geführt."

Material

Stahlprofilbleche werden aus kaltgewalztem Breitband der Festigkeitsklasse St 37 nach DIN 1623 hergestellt, die Mindeststreckgrenze beträgt ca. 260 N/mm^2 (26 kp/mm^2) bis etwa 320 N/mm^2, je nach Zulassung.

In einer kontinuierlich arbeitenden Bandverzinkungsanlage wird dann zu den bekannten Vorteilen des Stahlbandes der auch unter starker Verformung dauerhaften Korrosionsschutz der Zinkoberfläche dazuaddiert.

In der Vorwärmzone der Anlage wird das Band metallisch rein geglüht, in der anschließenden Reduktionszone wird dann bei Bandtemperaturen von etwa 900–980° C der Sauerstoffgehalt der Oberfläche reduziert, um eine gute Verbindung mit der Zinkschicht zu erreichen. Nach der Angleichungszone auf etwa 500° C abgekühlt, läuft das Band in das Zinkbad, durch das nachfolgende Düsenabstreifsystem wird eine gleichmäßige Zinkauflage von etwa 150 g/m^2 ($\approx$ 22 µm) pro Seite erzielt. Die anschließenden Zonen, wie Kühlstrecke, Dressiergerüst, Streck-Richt-Anlage und Stabilisierungsbad bearbeiten das Band weiter bis zur gewünschten Endqualität. Die Verzinkung erzielt den Korrosionsschutzgrad K2 in Anlehnung an die DIN 4115.

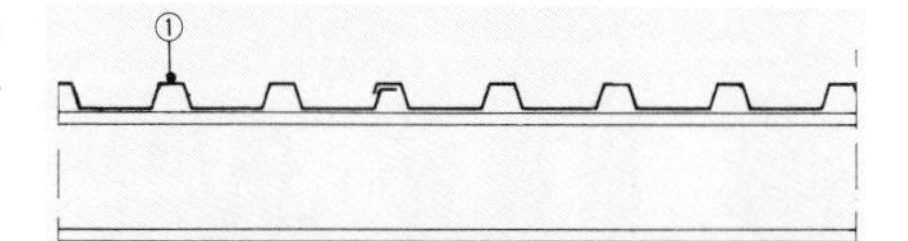

Einschaliges, ungedämmtes Trapezprofildach
① Stahltrapezprofil (in Negativlage, Längsstoß oben)

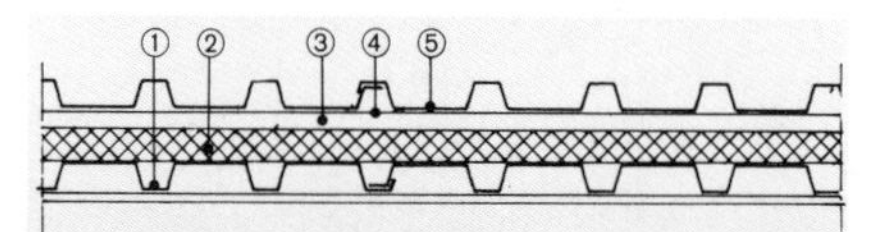

Zweischaliges, wärmegedämmtes Trapezprofildach
① Stahltrapezprofil als Unterschale (in Positivlage)
② Wärmedämmung
③ Distanz-Z-Profil
④ Abdeckfolie
⑤ Stahltrapezprofil als Oberschale (in Negativlage)

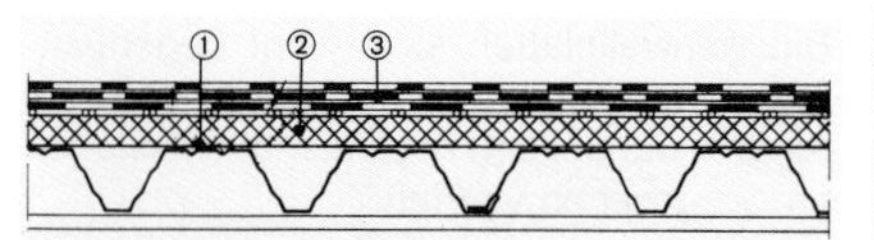

Nichtbelüftetes, einschaliges, oberseitig wärmegedämmtes Trapezprofildach
① Stahltrapezprofil (in Positivlage)
② Wärmedämmung (u. U. auf zusätzl. Dampfsperre)
③ Dachdichtungsbahnen

Die wichtigsten Kunststoffe für die Bandbeschichtung

Beschichtungsstoff	üblicher Schichtdickenbereich in µm/Seite
I Flüssigauftrag	
Duroplaste:	
Melamin-Alkyde	5 bis 30
Polyester, ölfrei	5 bis 30
Acrylate	20 bis 30
Epoxide	10 bis 25
Siliconacrylate	20 bis 30
Siliconpolyester	20 bis 30
Thermoplaste:	
Polyvinylidenfluorid (PVDF bzw. PVF$_2$)	20 bis 30
Polyvinylchlorid-Copolymerisate (PVC/PVA)	20 bis 50
Polyvinylchlorid-Organosol (PVC)	30 bis 100
Polyvinylchlorid-Plastisol (PVC)	60 bis 400
II Laminate (Folien)	
Acryl	Standarddicke 75
Polyvinylchlorid, weich bzw. halbhart (PVC)	100 bis 300
Polyvinylchlorid, hart (PVC)	100 bis 200
Polyvinylfluorid (PVF)	40 bis 50

Obwohl Zink recht korrosionsstabil ist – bei 2–10 µm Abtrag pro Jahr im Freien je nach Standort, ist es etwa 15mal so haltbar wie Stahl – wird je nach Nutzung des Bauwerkes häufig aus Gründen der Optik auch im Gebäudeinneren an der Dachunterseite eine zusätzliche Kunststoffbeschichtung verlangt. Diese kann nach der Profilierung der Bleche oder sogar nach der Montage, durch eine ein- oder mehrfache Spritzlackierung, besser aber vor der Profilierung in einer Bandbeschichtungsanlage (Coil-Coatinganlage) aufgebracht werden.

Der so erzeugte Verbundwerkstoff erlaubt starke Verformungen, ohne daß die Schutzschicht reißt oder abplatzt.

Die Beschichtung erreicht mit der Verzinkung den erstrangigen Korrosionsschutz K1 nach DIN 4115. Das fertige

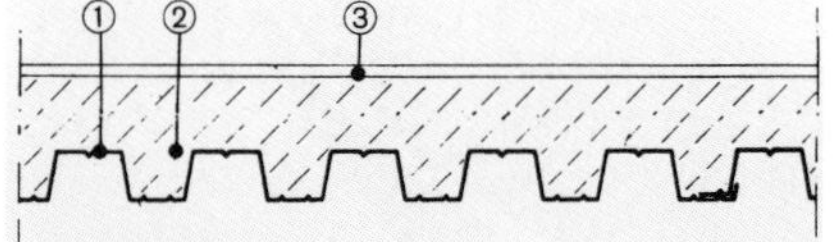

Verlorene Trapezprofil-Schalung
① Stahltrapezprofil
② Stahlbetonplatte
③ Bodenbelag

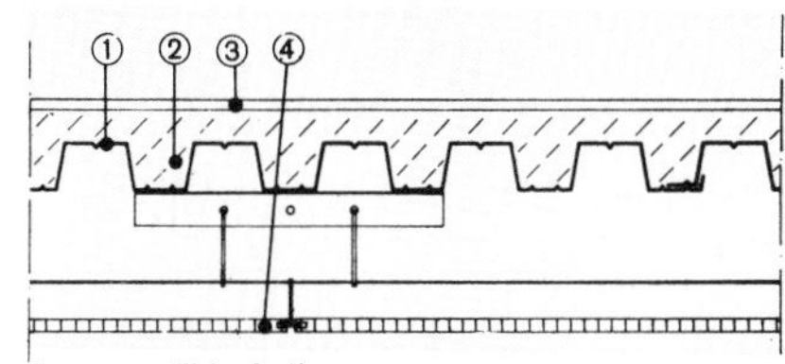

Trapezprofildecke*)

① Stahltrapezprofil
② Aufbeton, mindestens 50 mm
③ Bodenbelag
④ Untergehängte Brandschutzdecke

*) Stahl-Verbunddecken mit schwalbenschwanzförmigen Stahlprofilen siehe spezielle Firmen-Informationsschriften.

Band kann mit einer Schutzfolie versehen werden, die sofort nach der Montage abgezogen werden muß.
Die ungeschützten Kanten des oberflächenveredelten Stahlbandes und auch Oberflächenverletzungen korrodieren bei üblicher Beanspruchung nicht, da unter Einfluß von Feuchtigkeit zwischen den Metallen Zink und Eisen ein Lokalelement entsteht. Es bilden sich, vereinfacht dargestellt, am elektrochemisch unedleren Zink Metallionen, die sich an der Kathode, dem Eisenkern, wieder absetzen und so den sogenannten „Kathodischen Schutz" erzeugen.

Herstellung

Stahlprofilbleche werden in kontinuierlich arbeitenden Rollformanlagen in Blechdicken von 0,75 bis 2,00 mm und Ausgangsbreiten von 1100 bis etwa 1500 mm profiliert.
Von der Abhaspelvorrichtung kommend, wird das Band gerichtet und mittels Schere in die gewünschten Längen geschnitten. Beim Anlagendurchlauf werden dann die flachen Tafeln in bis zu etwa 32 Doppelwalzensätzen von Walzenpaar zu Walzenpaar bis zur endgültigen Form fortlaufend stärker profiliert, danach automatisch abgestapelt und verpackt.

Verlegen der Profile

Das von den verschiedenen Herstellern angebotene Profilprogramm umfaßt insgesamt etwa 50 Profilformen in Baubreiten von 500–1050 mm und Profilhöhen von 10–165 mm.

Viele Hersteller unterteilen die Profile nach deren Höhe; so bedeutet in der Profilbezeichnung die erste Zahl die Höhe des Profiles in mm, die zweite den Sickenabstand und die dritte die Blechdicke. Die Baubreite oder Deckbreite ist meist nicht erwähnt, sie ergibt sich aus der Sickenbreite, multipliziert mit der jeweiligen Sickenzahl.

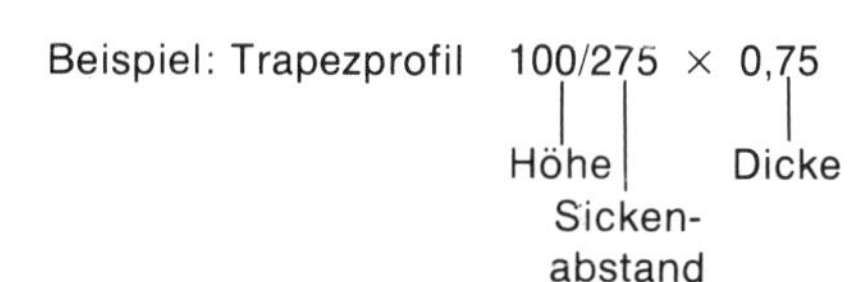

Die maximalen Herstellängen liegen bei den hochtragfähigen Dachprofilen bei etwa 25 m, jedoch ist dabei der Transport schwierig und die ansonsten leichte Handhabbarkeit stark eingeschränkt.
Außerdem bergen derart große Blechflächen während der Montage schon bei mittleren Windgeschwindigkeiten erhebliche Sicherheitsrisiken.

Zusammendrücken des Stehfalzes

Die schnell steigende Nachfrage nach Trapezprofilen hat zu Reklamationen geführt. Von anderen Bauweisen bekannte, materialspezifisch bedingte Konstruktions- und Montagegewohnheiten sind einfach auf diese Bauart übertragen worden. So wurde z. B. das elastische Verhalten der Stahlprofilbleche, die Besonderheiten bei Befestigung, An- und Abschlüssen und nicht zuletzt das Zusammenwirken mit anderen Baustoffen, zu wenig beachtet. Inzwischen wurden aus den Anfangsfehlern ausreichende Erkenntnisse gesammelt, die problemlose Anwendung ermöglichen. Das gilt sowohl für den Aufbau der jeweiligen Konstruktion als auch für Materialeinsatz und Befestigung. Die bauphysikalischen Anforderungen müssen hier wie bei anderen Dach- und Wandbaustoffen genau beachtet werden, wenn Schäden unterbleiben sollen.

Stahltrapezblech-Konstruktion (Bezeichnungen)

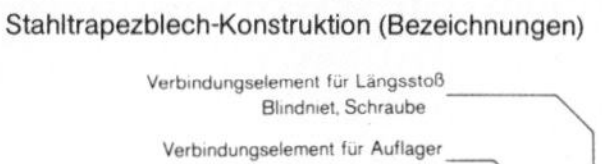

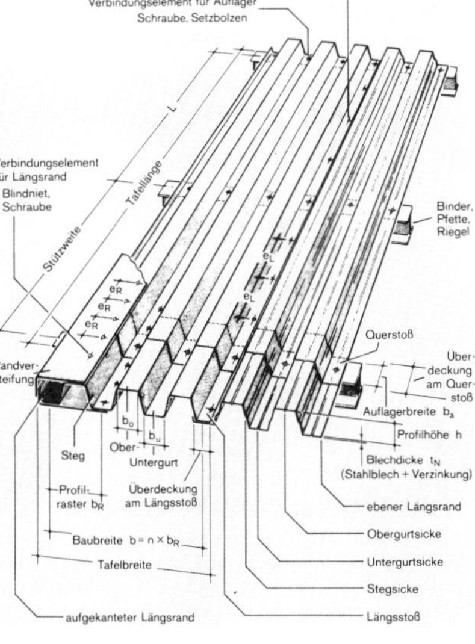

Metall-Bedachungsplatten mit Ziegelprofil

Ziemlich neu auf dem deutschen Markt ist diese Art der Hartbedachung. Sie hat allerdings in einigen Gegenden Vorläufer in den Blechplatten, die man zur Verkleidung von Häusern und in einigen wenigen Fällen auch für das Dach verwandt hat.

Das Ausgangsmaterial eines Herstellers ist Stahlblech. Es wird nahezu ebenso behandelt wie die Stahl-Trapez-Profilbleche. Es erhält beidseitige Zinkauflage durch Feuerverzinkung (275 g/m²) und danach Kunststoffbeschichtung, außen Polyvinylidenfluorid (PVDF) und innen Acrylat (PMMA).

Formate der Stahl-Bedachungsplatten: Breite jeweils 1100 mm (Deckbreite 1010 mm); Länge 1reihig 400 mm, 3reihig 1100 mm, 6reihig 2150 mm, 9reihig 3200 mm; Höhenüberdeckung jeweils 50 mm

Diese System-Bedachungsplatte, wie sie genannt wird, gibt es in den abgebildeten Formaten sowie als Plattenmaterial für Objekte bis 7 m Länge.

Ein anderer Hersteller verwendet bandgegossenes, kaltgewalztes Aluminium als Grundmaterial, das mit Metallack oder einer Spezialbeschichtung in den gängigen Farben glasierter oder unglasierter Ziegel gegen Korrosion geschützt ist. Die Elemente sind 1070 mm breit (Baubreite 1010 mm) und 350, 1400, 2100 oder 3500 mm lang.

An Formstücken und Montagematerial fehlt es bei beiden Systemen nicht. Es werden Traufbleche, Anschlußbleche für Wohndachfenster, Kehlrinnen, Firstmaterial, Ortgangbleche, Dichtungs-

Mit Stahl-Bedachungsplatten gedecktes Einfamilienhaus

und natürlich Befestigungsmaterial im System angeboten.

Aluminium-Profiltafeln

Auch Aluminium-Profiltafeln kommen als Hartbedachung zum Einsatz, doch ist Aluminium wohl mehr als Fassadenverkleidung anzutreffen und wird deshalb auch dort entsprechend behandelt.

Aluminium ist in vielen Legierungen am Markt anzutreffen, je nach Aufgabenstellung.

Für Dach-Profiltafeln kommt z. B. die Legierung AlMn1Mg1 nach DIN 1725 zur Anwendung.

Aluminium-Profiltafeln werden im Normalfall auf Paletten verpackt geliefert.

Bei offenem Transport ist die Ladung auf jeden Fall durch wasserundurchlässiges Material, z. B. Zeltplane, Teer-, Pech- oder Ölpapier abzudecken, um Einregnen zu verhindern.

Aluminium-Profiltafeln, die nicht sofort verlegt werden, sind gegen Sturm zu sichern.

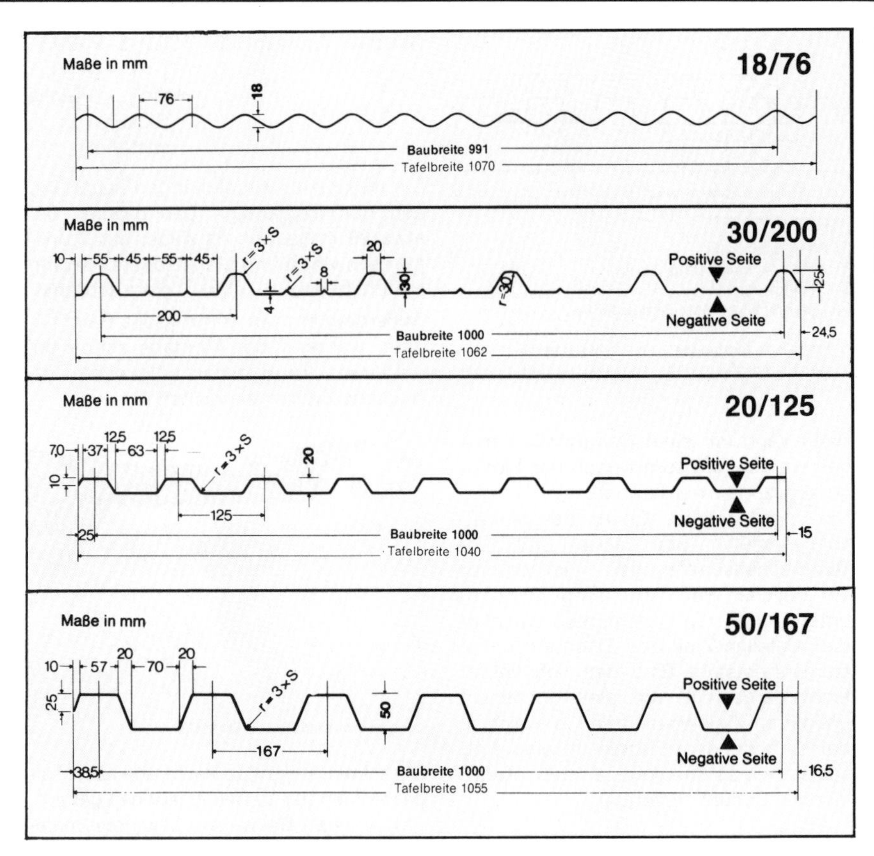

Beispiele für Aluminiumprofile

Dachentwässerung, Dachzubehör

Überblick

Schon wieder so eine unübersichtliche Gruppe, wird mancher sagen. Tatsache ist, daß diese Gruppe eine Menge interessanter Artikel enthält. Untergliedern wollen wir das Kapitel wie folgt:

- Entwässerung für das Flachdach
- Zubehör für das Flachdach
- Entwässerung für das geneigte Dach
- Zubehör für das geneigte Dach.

Flachdachentwässerung

Sie ist im Prinzip eine Flächenentwässerung, die das anfallende Wasser an vorbestimmten Punkten abfließen läßt. Vom Flachdach – und hier ist das flache Dach mit einer Dachneigung von unter 5° gemeint – wissen wir inzwischen, daß es **gedichtet** sein muß. Daraus ergibt sich das Problem, daß alle Teile, die die Dachhaut durchbrechen, in diese dauerhaft eingedichtet sein müssen. Flachdach-Wassereinläufe, auch Gully genannt, haben deshalb einen breiten Rand, der in die Dachhaut eingeklebt wird. Flachdachgullys gibt es mit und ohne Geruchverschluß und für alle Flachdachsysteme. Der Geruchverschluß wird hier wie beim Kanalguß durch den Querschnitt sperrendes Wasser erreicht.
Die Ableitung des anfallenden Wassers ist im Winter oft schwierig. Um hier Bauschäden vorzubeugen, werden da, wo man mit Schwierigkeiten rechnen muß, elektrisch heizbare Gullys eingebaut.

Flachdach-Zubehör

Flachdachentlüfter als wichtiges Dachzubehör haben die Aufgabe, den Wasserdampf, der sich unter der dampfdichten Dachhaut staut, ins Freie abzuleiten, damit er keinen Schaden im Dachaufbau anrichten kann.
Dazu gibt es einteilige und zweiteilige Entlüfter, die je nach vorhandener oder nicht vorhandener Wärmedämmschicht eingesetzt werden.
Die Flachdachentlüfter unterscheiden sich von den Dunstrohren und Entlüftungsrohren. Dunstrohre haben die Auf-

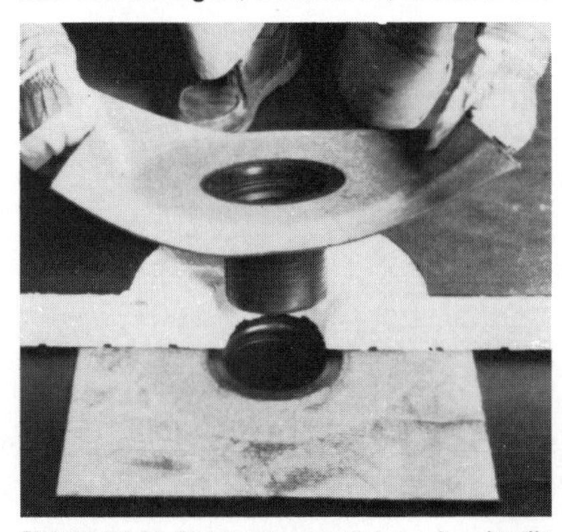

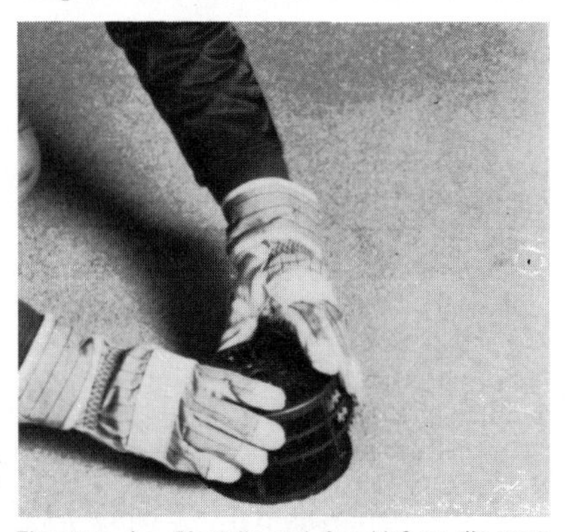

Für die Sanierung alter, unzureichend gedämmter Flachdächer bei sonst intaktem Dachbaufbau mit zusätzlichen Wärmedämmschichten gibt es spezielle Aufstockgullys, bei denen der alte Gully an seinem Platz bleibt. Die Bilder zeigen von links nach rechts die Arbeitsgänge: Einsetzen des Unterteils und Verschweißen oder Verkleben mit der alten Dichtungsbahn; nach Verlegen der zusätzlichen Dämmschicht Einsetzen des Oberteils und Anschluß an die neue Dichtungsbahn; Aufsetzen des Siebs.

Dunstrohr, Antennendurchgang, Kaltdachentlüfter

gabe, den offenen oberen Abschluß der Abwasser-Fallrohre außerhalb des Hauses, also über dem Dach zu bilden.

Entlüftungsrohre führen die Abluft aus Küche und Bad/Toilette, die in Lüfterrohren hochgeführt werden, übers Dach ins Freie. Beide sind in den Abmessungen an die angeschlossenen Leitungen mit Übergängen anzupassen, die heute meist flexibel sind. Große Manschetten ermöglichen es, die Rohre in die Dachpappe oder Dachfolie einzukleben. Dasselbe gilt auch für Antennendurchgänge.

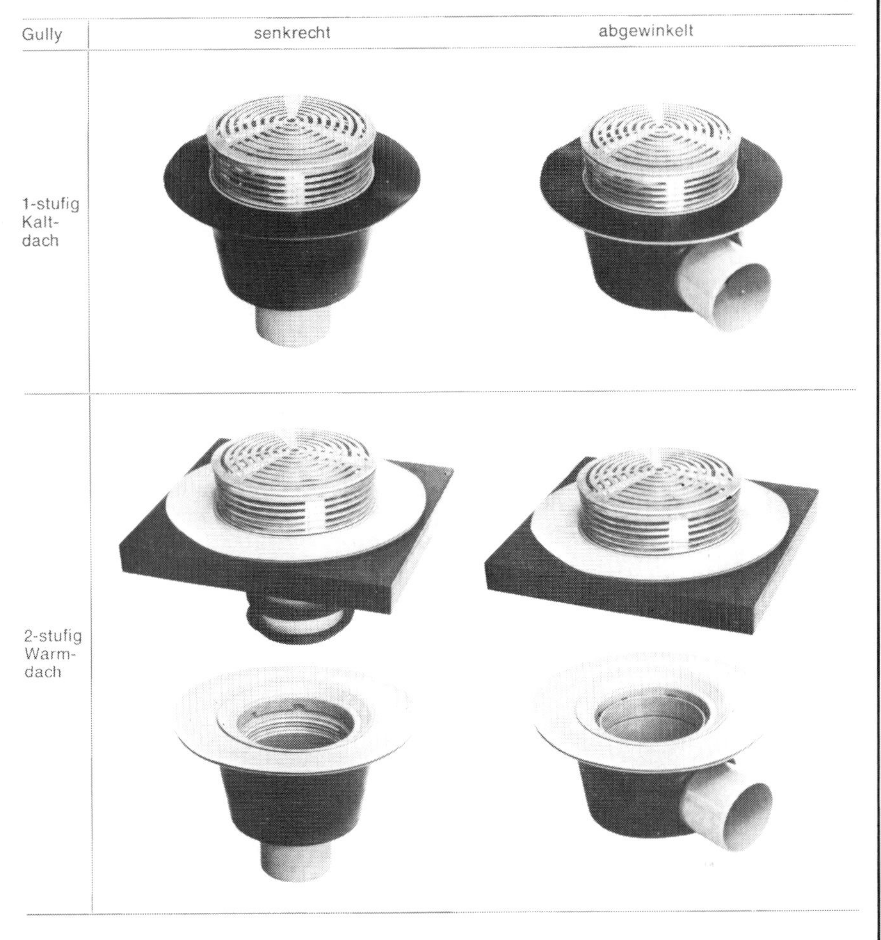

Gully-Zubehör

① Für die Ausführung von Flachdächern mit Plattenbelägen gibt es statt des normalen runden Siebdeckels als Abschluß einen quadratischen Terrassendeckel.

② Zum Einbau in das „umgekehrte Dach" wird in das vorhandene Gewindesieb ein „Liftsieb" als Aufstockelement eingesetzt, das in der Höhe der Dicke der aufgebrachten Wärmedämmschicht + Kiesschicht stufenlos angepaßt werden kann.

③ Reduzierstück DN 100/70.

④ Verlängerungsstutzen für dickere Wärmedämmschichten.

⑤ Beheizbare Dämmhülse, die gegen die mitgelieferte ausgetauscht werden kann. Achtung: Der Anschluß über einen Sicherheitstransformator darf nur durch Elektro-Installateure vorgenommen werden!

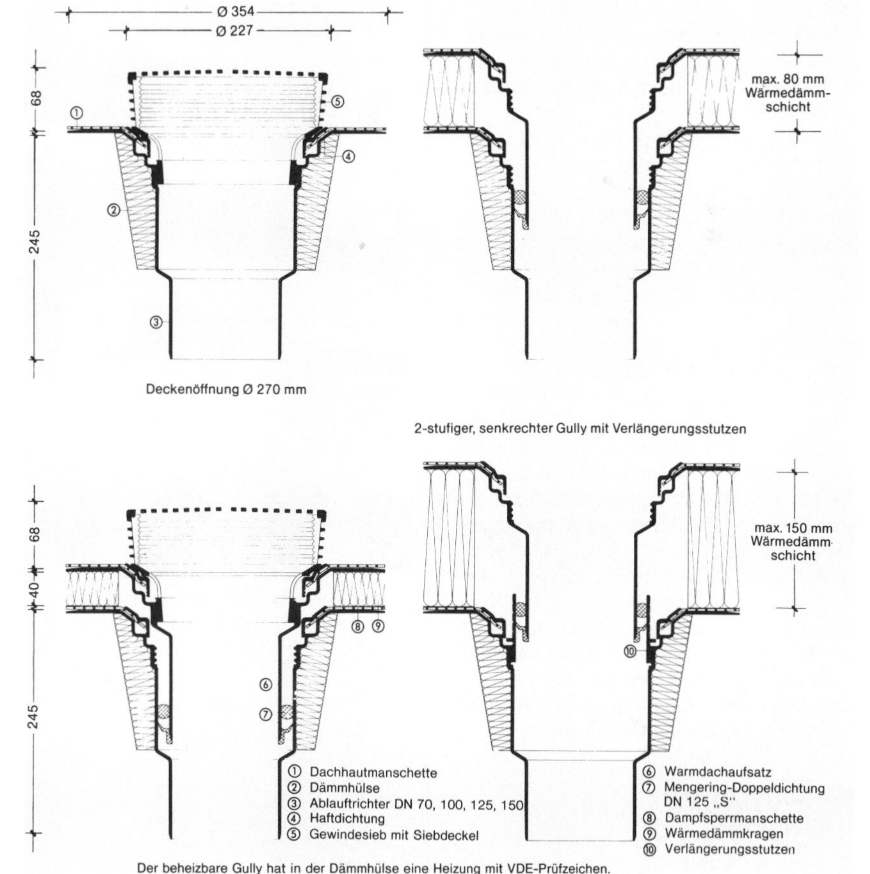

Einbaufertige Gullys und Einbaumöglichkeiten der senkrechten Ausführung: Zeichnung links oben: 1teilig, links unten: 2teilig, 40 mm Wärmedämmschicht; rechts oben: 2teilig, bei Wärmedämmung über 40 bis 80 mm; rechts unten: mit Verlängerungsstutzen für Wärmedämmung bis 150 mm.

Bemessungstabelle zur Flachdach-Entwässerung gemäß DIN 1986

	Anschließbare Niederschlagsfläche/Gully			
Gully Nennweite	Dächer ohne Auflast		Kies-schütt-dächer	Dach-gärten
	Neigung über 15°	Neigung bis 15°		
DN	m²	m²	m²	m²
70	56	70	112	187
100	150	187	300	499
125–150	270	337	540	899

- **Für größere Dachflächen als in der Tabelle angegeben sind mehrere Dachgullys mit entsprechenden Nennweiten zu wählen.**
- **Flachdächer mit nach innen abgeführter Entwässerung müssen mind. zwei Abläufe oder einen Ablauf und einen Sicherheitsüberlauf erhalten (DIN 1986 T. 1 Abs. 7.3.3.4.).**
- **Haben Balkone und Loggien eine geschlossene Brüstung, so müssen außer dem Bodenablauf noch Durchlaßöffnungen von mind. 40 mm lichter Weite vorhanden sein. Die Durchlaßöffnungen sind so anzuordnen, daß das sich auf dem Boden sammelnde Wasser bei Verstopfungen des Bodenablaufes ins Freie ablaufen kann (DIN 1986 T. 1 Abs. 6.2.4.)**

Entwässerung für das geneigte Dach

Beim geneigten Dach läuft das auftreffende Regenwasser oder entstehende Schmelzwasser auf der gesamten Dachlänge ab. Es muß in einer Rinne, der Dachrinne, aufgefangen und über Fallrohre in die Kanalisation eingeleitet werden.

Die Zinkblechdachrinne, die noch vor einiger Zeit fast allein den Markt beherrschte, wird auch heute noch vom Handwerker sehr oft eingebaut.

Die Maße der Zinkdachrinnen haben eine ganz einfache Ursache: Die Ausgangs-Blechbreiten wurden so gewählt, daß sie aus Tafeln der Größe 2000 mm × 1000 mm ohne Verschnitt in Längen zu 1000 mm zugeschnitten werden konnten.

Damit ergaben sich als Breite der Blechstreifen 200 mm („10teilig"), 250 mm („8teilig"), 285 mm („7teilig"), 333 mm („6teilig"), 400 mm („5teilig"), 500 mm („4teilig") und (nur für kastenförmige Rinnen) 667 mm („3teilig"). Diese Breiten der Blechzuschnitte sind auch heute noch für Dachrinnen aus Metall in DIN 18 460 und 18 461 genormt. Die endgültige Form der aus diesen Blechbreiten angefertigten Dachrinnen ist ebenfalls in der DIN 18 461 festgelegt. Dabei unterscheidet man halbrunden und kastenförmigen Querschnitt. Metalldachrinnen sind auch als Kupferrinnen erhältlich und aus feuerverzinktem Stahlblech, seltener aus Aluminium. Auch Metall-Dachrinnen werden heute meist vorkonfektioniert geliefert.

Dachrinnen aus Kunststoff

Die Fabrikate der verschiedenen Hersteller unterscheiden sich zwar nicht stark voneinander, lassen sich aber kaum untereinander verbinden.

Auch bei komplizierteren Gebäudegrundrissen ist durch Sonderformteile der Einsatz von Kunststoff-Dachrinnen möglich. So werden z. B. Innen- und Außenwinkel, neben den üblichen 90°, in jedem erforderlichen Winkel von der Industrie hergestellt.

Bei der Neueindeckung von Dächern und Umdeckung von Altbauten kann es im Interesse eines ungestörten Bauablaufes, insbesondere zur Vermeidung von Stillstandzeiten oft zweckmäßig sein, die Dachrinnenverlegung gemeinsam mit den Dachdeckungsarbeiten ausführen zu lassen.

Mit Hilfe der kompletten Dachrinnensysteme aus Kunststoff kann die Rinnenverlegung mit den in den Dachdeckungsbetrieben vorhandenen Werkzeugen, ohne Anschaffung neuer Maschinen, erfolgen. Durch die Vielzahl der angebotenen Formteile kann fast jeder Dachrinnenverlauf mit Kunststoff-Dachrinnen ausgeführt werden. Da systemübergreifende Kombinationsmöglichkeiten nicht bestehen, ist bei der Auswahl des Systems besonders darauf zu achten, daß alle erforderlichen Formteile erhältlich sind.

Dimensionierung der Querschnitte

Die Bestimmung der erforderlichen Dachrinnengröße kann mit Hilfe der Tabelle relativ problemlos erfolgen. In Anlehnung an die DIN 18 461 gelten die genannten Werte als allgemeine Berechnungsgrundlage.

Anhand eines einfachen Beispiels soll die Berechnung verdeutlicht werden:

Bemessung halbrunder Dachrinnen und zugehörige Fallrohr-Richtgrößen

zu entwässernde Dachgrundfläche *	**halbrunde Dachrinne**	**dazu das Fallrohr**
bis 60 m²	RG 100 (8teilig) oder RG 125 (7teilig)	RG 70
bis 100 m²	RG 125 (7teilig)	RG 100
bis 170 m²	RG 150 (6teilig)	RG 100
bis 250 m²	RG 180 (5teilig)	RG 125

* **Bei Dächern mit einer Neigung unter 15° (27%) ist die jeweilige Richtgröße für eine um den Faktor 1,25 größere, bei Dachgärten für eine 3mal so große Dachfläche ausreichend.**

Bei einem Haus mit Satteldach, mit der Grundrißlänge 18 m und Grundrißbreite 10 m, beträgt die zu entwässernde Dachgrundfläche 180 m². Diese wird durch den in Hausmitte verlaufenden First halbiert.

Jede Hausseite soll einen Fallrohranschluß erhalten. Die Tabelle nennt für eine zu entwässernde Dachgrundfläche

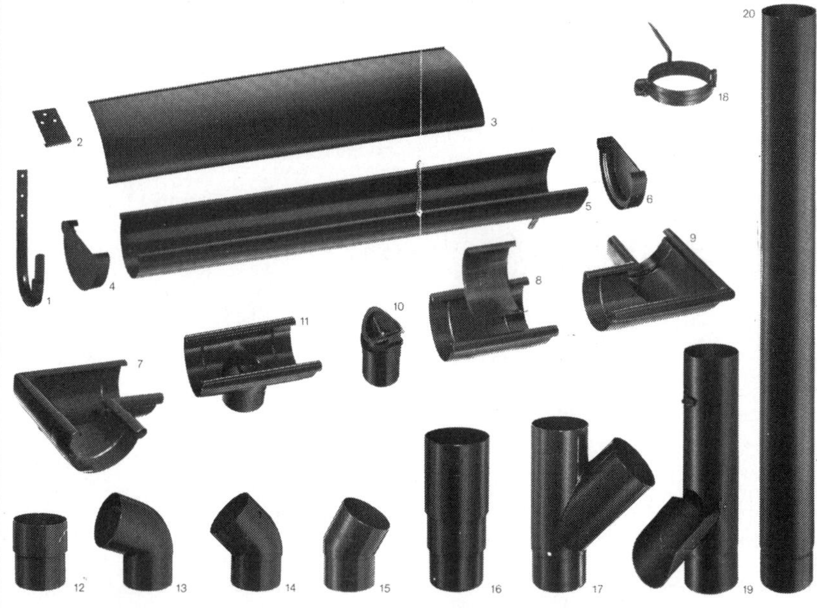

Die Formteile eines Dachrinnensystems.

1 Rinnenhalter, verzinkt und kunststoffbeschichtet
2 Hafte, verzinkt (grau)
3 Traufstreifen à 2 m
4 Rinnenendstück, links
5 Dachrinne à 4 m, 2 m – Richtgröße: 100 (8teilig), 125 (7teilig) 150 (6teilig)
6 Rinnenendstück, rechts
7 Innenwinkel
8 Verbindungsklammer 2teilig mit Innenklammer
9 Außenwinkel
10 Variabler Rinnenabgang
11 Rinnenstutzen mit Abgang
11a Rinnenstutzen 45° (ohne Abb.)
12 Fallrohrmuffe
13 Fallrohrbogen 67°
14 Fallrohrbogen 45°
15 Winkelstück 30°
16 Mehrzweckverbindung Schiebemuffe
17 Fallrohrabzweigung 45°
18 Rohrschelle, verzinkt u. kunststoffbeschichtet
19 Regenauffangklappe
20 Fallrohr – Richtgröße: 70, 100 in den Längen 0,5 m, 1 m, 2 m, 4 m
21 Reduzierstück (ohne Abb.)

von 90 m² den erforderlichen Dachrinnenquerschnitt RG 125 (RG = Richtgröße; entspricht der lichten Weite in mm) sowie Fallrohrquerschnitt RG 100. Werden jeweils zwei Fallrohranschlüsse je Hausseite vorgesehen, reduziert sich die Fläche auf 45 m², so daß eine Dachrinne RG 100 und ein Fallrohr RG 70 ausreicht.

Bei komplizierteren Dachgrundrissen ist die Anordnung der Fallrohranschlüsse und die Größe der Dachrinne entsprechend den örtlichen Gegebenheiten zu wählen. So ist z. B. ein Fallrohranschluß in der Nähe von Kehlen vorzusehen. Sofern dies nicht möglich ist, sollte ein größerer Dachrinnenquerschnitt gewählt werden, um den verstärkten Wasseranfall im Bereich des Kehleinlaufs sicher aufnehmen zu können.

Durch geschlossene Form der Wulste erhält die Kunststoff-Dachrinne eine höhere Stabilität.

Verlegung der Dachrinne

Dachrinnensysteme aus Kunststoff gibt es sowohl zum Verkleben als auch zum einfachen Zusammenstecken. Im folgenden beschränken wir uns auf ein System, das ohne Klebung zusammengesteckt wird. Die allgemeinen Hinweise gelten aber für alle Fabrikate.
Dem Rinnenverlauf entsprechend, werden die Hoch- und Tiefpunkte vor der Verlegung festgelegt. Die Verlegung erfolgt vom Tiefpunkt, d. h. vom Fallrohr aus.

Die Rinnenhalter werden mit ca. 3 mm Gefälle je Meter verlegt. Zweckmäßig wird zwischen Hoch- und Tiefpunkt eine Doppelschnur an den Rinnenhaltern gespannt und die dazwischen liegenden Halter mit der Biegezange, entsprechend dem Verlauf gebogen. Dabei ist darauf zu achten, daß der hintere Wulst der Dachrinne mindestens 10 mm höher liegt als der vordere, um ein Überlaufen der Rinne zur Hauswand hin zu vermeiden.

Die Rinnenhalter sind am Traufbrett einzulassen, um ein Sperren des Dachwerkstoffes zu vermeiden. Der Abstand der Rinnenhalter beträgt in der Regel max. 700 mm.

Anbringen der Rinnenhalter nach dem Verlauf der Doppelschnur.

Durch einfaches Einklappen der Verbindungsklammer werden die Rinnenstücke sicher miteinander verbunden.

Der Einbau der Dachrinne erfolgt durch Zusammenstecken der einzelnen Formteile und Rinnenstücke.
Je nach Verlauf erhält die Dachrinne durch die hintere Feder des Rinnenhalters in Abständen von ca. 4 m Fixpunkte. Dazu wird der hintere Wulst der Rinne eingesägt und die Feder in die Aussparung gebogen. So wird verhindert, daß die Dachrinne infolge Temperaturdehnungen „wandert". Die Gefahr des „Wanderns" ist bei PVC-Rinnen besonders groß. PVC hat einen nahezu dreimal so großen Ausdehnungskoeffizienten (0,08 mm/m. K) wie Zinkblech (0,029 mm/m. K). Bei 3,0 m Länge löst eine Temperaturerhöhung um 60° eine Längenveränderung von 14,4 mm aus. Auf die Längen vieler Hausdachrinnen umgelegt, ergibt das Längenveränderungen, mit denen man beim Bauen rechnen muß!
Es empfiehlt sich, die Anordnung eines Traufstreifens vorzusehen, um eine einfache und fachgerechte Ausbildung des Überganges von Dachdeckung und Unterspannbahn zur Dachrinne zu gewährleisten. Kleinere Maßabweichungen werden durch den Traufstreifen überbrückt und das anfallende Wasser sicher in die Dachrinne geführt.
Auch die Verlegung der Fallrohre ist durch die Vielzahl der angebotenen Formteile, z. B. Winkelstücke, Bogen in verschiedenen Winkeln und Muffen, problemlos.
Man unterscheidet Fallrohre mit außenliegender und innenliegender Steckmuffe. Beide Systeme lassen sich zwar gleichermaßen problemlos verlegen, doch ist es sowohl technisch als auch optisch empfehlenswert, Fallrohre mit innenliegender Muffe zu verwenden. An außenliegenden Muffen kommt es zu Staub- und Schmutzablagerungen, die bei Regen das Fallrohr verunzieren. Diese Ablagerungen gibt es an innenliegenden Muffen nicht. Außerdem entsteht bei innenliegenden Muffen

Das Fallrohr kann mit den verschiedenen Formteilen beliebig geführt werden.

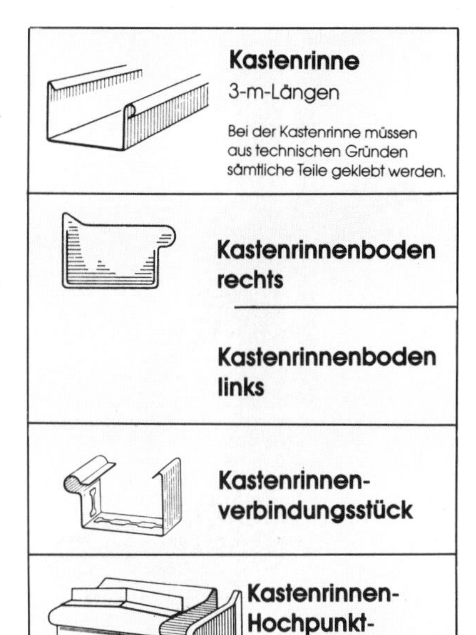

Kunststoff-Kastenrinne.

der Eindruck, das Fallrohr sei aus einem Stück, ohne „Trennungsringe".
Die Rohrschellen werden im Abstand von ca. 2 m angebracht. Nur jede zweite Schelle wird fest angezogen; die restlichen Rohrschellen dienen zur Führung und ermöglichen Dehnungen des Fallrohres. Dazu ist es notwendig, die Fallrohre so ineinanderzustecken, daß ca. 4 mm Spiel pro Rohrverbindung verbleibt.
Die Kunststoffrinnen gibt es auch als Kastenrinne.

Material

Als Material für Kunststoff-Dachrinnen wird meist erhöht schlagzähes PVC hart verwendet. Das hat eine hohe Lebensdauer zur Folge, und einige Hersteller decken mit ihrer Garantie die Gewährleistungsfrist nach BGB (5 Jahre) ab, so daß für Händler und Handwerker kein Risiko besteht. Anstricharbeiten sind überflüssig, da die Rinnen und Formteile entweder durchgefärbt geliefert werden oder ihre Herstellung im Coextrusionsverfahren erfolgt, d. h. bereits bei der Formgebung der Profile erhalten sie im zähflüssigen Zustand eine Beschichtung aus einem besonders witterungs- und UV-beständigen Kunststoff (z. B. Acrylat), die praktisch unlösbar mit dem Kernmaterial verbunden ist.

Zubehör für das geneigte Dach

Wie für das Flachdach gibt es auch für das geneigte Dach Dunstrohre und Lüfterrohre mit denselben Aufgaben wie beim Flachdach.

Zum Teil sind diese in den Sortimenten der Dachdeckungshersteller enthalten. Es gibt sie aber auch von Fremdherstellern als Sortiment aus Kunststoff für die verschiedenen Bedachungsarten. Dasselbe gilt auch für Antennendurchgänge und Dachflächenlüfter, sogenannte Lüftergauben.

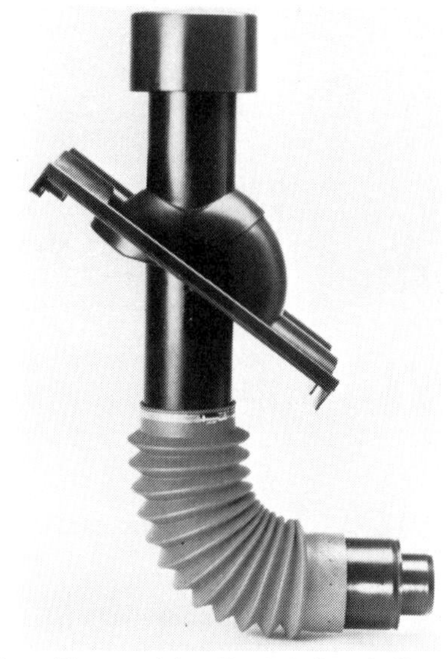

Das schlagregensichere Dunstrohr ist gelenkig aus der Kunststoffpfanne herausgeführt und daher für alle gebräuchlichen Dachneigungen einzusetzen. Der flexible Schlauch ermöglicht den Anschluß an nicht genau senkrecht unter dem Dunstrohr liegende Entlüftungsrohre. Das Anschlußstück paßt sowohl auf Rohre DN 70 als auch DN 100. Beim Anschluß an DN-100-Rohre sollte das DN-70-Stück abgesägt werden, damit der Strömungsquerschnitt nicht eingeengt wird.

Grundplatten mit Steigtritt, Halterung für Laufrost und für Schneefanggitter.

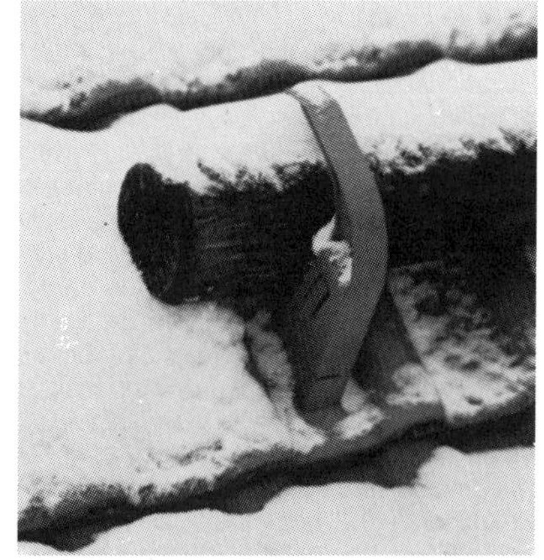

Als Sicherung gegen Dachlawinen kann man auch spezielle Schneefangpfannen in Verbindung mit einem 130-mm-Rundholz einsetzen.

Dieser Lüfterstein hat einen besonders großen freien Lüftungsquerschnitt.

Industriell hergestellte Kaminkränze ermöglichen eine rationelle Herstellung des Anschlusses zwischen Schornsteinkopf und Dachdeckung.

Um dem Schornsteinfeger den Zugang zum Schornstein zu ermöglichen, gibt es Laufroste, die auf Halterungen montiert werden, Steigtritte als Zugang dahin und Leiterhaken. Schneefanggitter mit den dazugehörigen Halterungen oder spezielle Schneefangpfannen schützen vor Dachlawinen.

Um unliebsamen Erfahrungen vorzubeugen, ist es wichtig, genau Ziegel- oder Dachsteinfabrikat zu kennen, zu dem Zubehör benötigt wird. Auch die Farbangabe muß bei der Bestellung präzise erfolgen.

Dachtritte gibt es auch ohne Pfanne als Universalmodell für alle Deckungen und Dachneigungen.

Der Kaminkranz, der den Kamin in die Dachfläche eindichtet, wird bisher fast ausschließlich vom Spengler direkt am Dach angefertigt. Auch ihn gibt es in 2 Größen. Für kleine Kamine mit einer Breite bis 65 cm und einer Tiefe bis 50 oder 69 cm je nach Dachneigung und für große Kamine mit einer Breite bis 130 cm und einer Tiefe bis 135 oder 184 cm je nach Dachneigung.

Dachfenster werden unter den Bauelementen behandelt.

Lichtkuppeln

Im Abschnitt „Das flache Dach" haben wir festgestellt, welche Aufgaben das flache Dach zu übernehmen hat. Mit der Lichtkuppel erweitern sich die Möglichkeiten. Sie erlauben Lichtzufuhr, Lüftung und Rauchabzug im Brandfalle.

Die Entwickung der Lichtkuppel verlief parallel zu der des Flachdachs. Vor allem die Lichtzufuhr von oben, statt wie gewohnt von der Seite durch die Fenster machte die Klärung bis dahin unbekannter Fragen notwendig. Ältere Abhandlungen über Lichtkuppeln befassen sich zuerst mit der Lichtzufuhr von oben und deren Problematik. In einer Schrift „Lichtkuppeln – Planung und Anwendung" vom Institut für Lichttechnik Stuttgart heißt es:

Tagesbeleuchtung durch Lichtkuppeln

Es bietet sich häufig als günstige Lösung an, Räume unter flachen oder flachgeneigten Dächern durch Lichtkuppeln zu beleuchten. Mitunter sehen sich jedoch auch Fachleute außerstande, auf Anhieb zu entscheiden, wieviele und welche Art von Lichtkuppeln dem Raumzweck jeweils angemessen sind. Während man sich bei der Bemessung von Fenstern auf eine jahrhundertealte Gefühlserfahrung stützen kann und zum Beispiel in Wohnräumen auch ohne vorherigen lichttechnischen Nachweis meistens den angestrebten Helligkeitseindruck erreichen wird, versagt diese Intuition oft für Oberlichträume. Für diese geht man ein Risiko aber besonders ungern ein, weil in ihnen ein hoher Tageslichtanteil – von Sheds abgesehen – bei dem heutigen Stand der Sonnenschutztechnik im Sommer in der Regel auch einen hohen Anteil an Sonnenwärmeeinstrahlung bedeutet, der dann lästig ist, manchmal sogar unerträglich.

Leider kann auch die Tageslichttechnik – ein verhältnismäßig junger Wissenschaftszweig – für die Lichtkuppelbemessung bisher kaum allgemeingültige Angaben liefern, abgesehen von einigen groben Faustwerten.

Tageslichtquotient und Raumhelligkeit

Es wird deutlich, wie gering selbst in großflächig verglasten Räumen, zu denen beispielsweise Schulklassen zählen, der Tageslichtanteil ist. Wenn er auch mit der Annäherung an die Fensterwand steigt und zum Beispiel in üblichen Klassen ohne Verbauung und ohne Sonnenblende etwa 2,5 m hinter dem Fenster etwas über 5% beträgt, so liegt in diesem Fall die Beleuchtungsstärke auf der Tischreihe hinter den Fenstern doch kaum über 15% der Außenbeleuchtungsstärke: „zu hell" ist ein Raum fast nie. Wenn man sich manchmal unbehaglich fühlt, ist es auf zu große Leuchtdichtekontraste zurückzuführen, zum Beispiel wenn die Himmelsfläche im

Sehfeld überwiegt und angesichts der wesentlich dunkleren Raumfläche „zu hell" ist. Im Freien stört die gleiche Himmelsleuchtdichte wegen der höheren Beleuchtungsstärke außen kaum.

Raumhelligkeit in Oberlichträumen

Im allgemeinen erfordern Oberlichträume höhere Tageslichtquotienten, als für Räume mit Seitenfenstern empfohlen werden. In der Praxis hatte es sich gezeigt, daß Oberlichträume, insbesondere Shedhallen, mit einem mittleren Tageslichtquotienten zwischen 7 und 10% als hell bezeichnet werden; dieser Wert galt daher lange als Regel. Inzwischen stellte sich aber heraus, daß Oberlichträume, in denen stark lichtstreuende Verglasung die Adaptation des Auges auf die hohe Himmelsleuchtdichte verhindert, auch bei Tageslichtquotienten von 5 bis 4,5% noch als hell angesprochen werden. (In Oberlichträumen wird meistens der mittlere, in Seitenfensterräumen häufig der geringste Tageslichtquotient angegeben, so daß die Unterschiede nicht so groß sind, wie man beim Vergleich der Zahlen zunächst meint.)
Wie schon erwähnt, haben Lichtkuppeln außer der Aufgabe, den unter Flachdächern liegenden Räumen Licht zuzuführen auch die Funktion der Lüftung und des Rauchabzugs im Brandfalle wahrzunehmen.
Problempunkte der Lichtkuppeln, die besonderer Beachtung bedürfen, die allerdings heute durch die ausgereiften Konstruktionen der führenden Fabrikate weit-

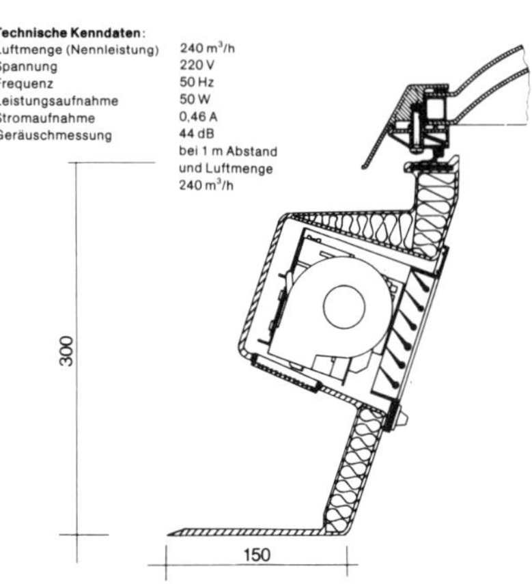

Lüfter esserplus, System Querstrom-Ventilator: Entlüftung mit „sanftem Zwang".

Dieser Lüfter ist besonders sanft und leise. Die Konstruktion ist für Dauerbetrieb ausgelegt und zur Raumseite durch ein Abluftgitter verdeckt. Bedienung erfolgt über bauseitigen Ein-/Ausschalter, 3-adrig (Phase-Null-Erde).

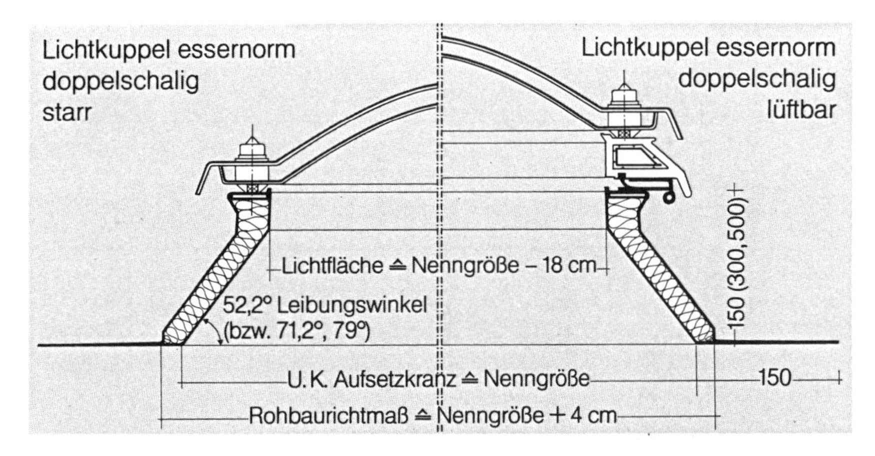

hin gelöst sind, sind folgende:

1. Die ohnehin nicht ganz problemlose Dichtung der Flachdächer wird durch die Lichtkuppeln unterbrochen. Die Anschlüsse müssen so ausgeführt werden, daß zu erwartenden Störungen weitgehend vorgebeugt ist.
2. Wie für das flache Dach ist auch für die gesamte Lichtkuppel die Wärmedämmung von großer Wichtigkeit. Die Luft ist unter der Decke immer am wärmsten. Demgemäß bestehen im Deckenbereich die größten Temperaturunterschiede nach draußen und mangelnde Wärmedämmung wirkt sich am stärksten aus.
3. Was für die Wärme gilt, gilt auch für den in der Luft enthaltenen Wasserdampf. Wo die Temperatur am höchsten, ist auch der Wasserdampfdruck am größten, bei Abkühlung die Kondenswasserbildung am stärksten. Dieser Tatsache müssen alle Anschlüsse der Lichtkkuppel an das Dach gerecht werden.

Aus den unter 2. und 3. genannten Gründen sollten die Wärmedämmwerte der Lichtkuppeln und Aufsetzkränze etwas über dem der Dachfläche liegen.

Teile der Lichtkuppel

Der Teil, der die Lichtkuppel mit dem Dach verbindet, ist der Aufsetzkranz. Die glatte Auflagefläche, die in die Dichtungsbahnen des Daches eingedichtet wird und die Außenhaut des „Kastens" besteht meist aus glasfaserverstärktem Polyester (GF-UP, GFK). Die Wärmedämmung ist dampfdicht eingebettet.
Die eigentliche Lichtkuppel besteht in der überwiegenden Mehrzahl aus Acrylglas (PMMA) und muß über geheizten Räumen zweischalig ausgeführt sein. Der Vollständigkeit halber muß hier erwähnt werden, daß auch Lichtkuppeln mit Flachrand, also ohne Aufsetzkranz am Markt sind.
Die Lichtkuppel kann fest aufgeschraubt oder auf einer Seite zu öffnen sein. Die Öffner können von Hand, über Druckknopf mit Elektromotor, automatisch, elektromechanisch oder, was bei Rauchabzuganlagen häufig verwandt wird, elektropneumatisch (druckluftbetätigt) ausgeführt sein.
Auch mit erhöhtem Aufsetzkranz und darin eingebautem elektrischem Zwangslüfter sind Lichtkuppeln lieferbar.

Lichtplatten

Der sparsame Umgang mit der Wärme um Behaglichkeit zu erreichen ohne mehr als nötig Primärenergie zu „verheizen" einerseits und das Bemühen, möglichst wenig Tageslicht durch Kunstlicht ersetzen zu müssen andererseits – aus demselben Grunde wie die Wärmeeinsparung – haben am Bau eine Vielzahl von Entwicklungen ausgelöst.
Zur Verbesserung des Lichteinfalls in Bauten oder Bauteile der unterschiedlichsten Nutzungen hat der lichtdurchlässige Kunststoff einen festen Platz im Baugeschehen eingenommen.
Lange Zeit waren die Kunststoff-Wellplatten als Lichtplatten in Faserzement-Welldächern, in der Wellenteilung der Faserzementwellplatten und als Kleinwelle auf leichten Überdachungen, als Rollenware quergewellt zur Balkonverkleidung üblich. Diese Platten waren überwiegend aus glasfaserverstärkten Polyesterharzen (GF-UP, GFK) und aus PVC gefertigt.
Die auf Dauer bessere Lichtdurchlässigkeit, die glatte, leicht zu reinigende Oberfläche der Wellplatten aus Acrylglas (Polymethylmethacrylat PMMA) führte zu einer Verschiebung zugunsten der Acrylglasplatte.
Mit Einführung der Energieeinsparungsverordnungen 1977 und mit der Zunahme der Beliebtheit des Begriffes „Wohnen im Garten" begann eine neue Entwicklung. Beheizte Räume müssen wegen der Vorschriften über die Wärmedämmung mindestens mit 2-Scheiben-Verbundglas verglast sein.
Über bewohnten Räumen darf nur Sicherheitsglas eingebaut werden. Normales Glas ist wegen der Bruchgefahr nicht zugelassen. So konnten die verschiedenen Stegplatten aus Kunststoff leicht Fuß fassen. Was mit Glas problematisch war, gelang jetzt ganz leicht mit Kunststoff-Doppel- und Dreifachplatten unterschiedlichster Bauweise.

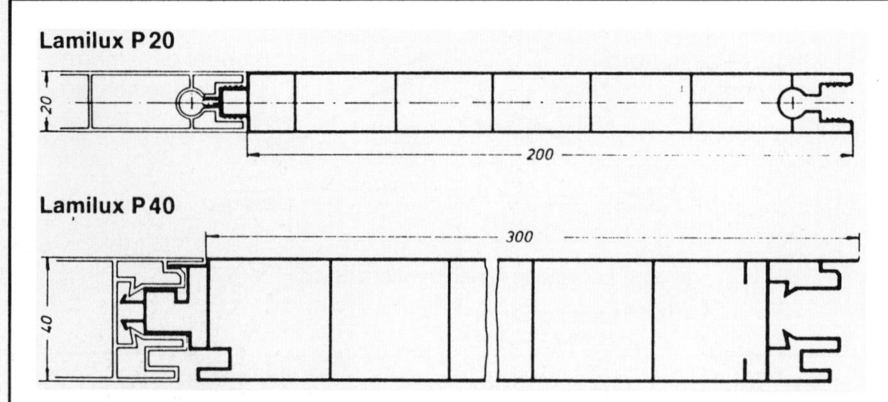

Lichtbänder in Fertigungs- und Ausstellungshallen, Sporthallen und Supermärkten aus erhöht schlagzähem PVC mit hohem Lichtdurchgang und k-Werten, die günstiger sind als die vieler Wärmeschutzgläser, Wellplattenausführungen mit großen Stützweiten in zweischaliger Ausführung für Großobjekte sind ein Teil dieses Sortiments den neben Acrylglaslichtbändern.
Für Hallenwände, im privaten Baubereich besonders für Terrassenüberdachungen und -Wände, finden häufig Stegdoppelplatten und -Dreifachplatten aus Acrylglas (PMMA) oder erhöht schlagzähem PVC Anwendung. Letztere sind durch Ineinanderstecken seitlich zu verbinden.
Diese Platten dürfen auch über bewohnten oder stark begangenen Räumen eingebaut werden.
Beim Einbau zu beachten sind folgende Problempunkte:
Die Kunststoffplatten haben eine wesentlich höhere Wärmeausdehung, als die Baustoffe, an und mit denen sie befestigt werden. Die flächenabhängige Ausdehnungsmöglichkeit muß bei der Montage eingeplant werden.

Holz- oder andere dunkle Baustoffteile, auf denen Stegplatten auf- oder anliegen, können Hitzestaus bewirken, in deren Folge die Stegplatten reißen. Solche Bauteile müssen ganz hell gestrichen oder mit Alufolie belegt werden.

Stegdoppel- und Dreifachplatten müssen an den offenen beiden Enden so verschlossen werden, daß durch den Luftaustausch infolge Temperaturschwankungen Schwitzwasserbildung mit nachfolgender Veralgung vermieden bleibt.

Dicken unter 16 mm sind wegen zu geringer Wärmedämmung nicht mehr zu vertreten. Das sollte auch bei den vielen Kleingewächshäusern für Gartenliebhaber stärker Berücksichtigung finden. Gerade da, wo es auf die Wärmehaltung ankommt, sollte nicht am falschen Platz gespart werden.

Werden Lichtplatten, gleich welcher Art, als Dachfläche eingebaut, muß darauf geachtet werden, daß die Dachneigung 5° nicht unterschreitet, da nach den verbindlichen Flachdachrichtlinien Dächer mit einer Neigung von weniger als 5° **gedichtet** werden müssen.

Bauprofile und Fugenbänder

Bauprofile

Noch vor wenig mehr als 20 Jahren wäre das Thema Bauprofile mit wenigen Zeilen erledigt gewesen. Über die verschiedenen Arten von Putzeckleisten, auch Eckschutzleisten oder Eckschutzschienen genannt, ging das damalige Sortiment nicht hinaus. Um heute einen Überblick zu bekommen, müssen wir die Bauprofile in Einsatzbereiche unterteilen. Bauprofile sind Problemlösungen, die sich gut einsetzen lassen.

Bauprofile gibt es für den Innen-Naßputz, den Trockenausbau innen (also den Trockenputz), für leichte Trennwände sowie abgehängte Decken und Montagedecken.

Weiterhin gibt es Profile für den Außen-Naßputz, also Naturputz, Edelputze, Dämmputz und Dämmsysteme. Außerdem gibt es Mauerkantenprofile und Treppenschienen für außen und innen, Dehnungsfugenprofile, Profile für Fassadenplatten und einige Spezialprofile.

Profile für den Innen-Naßputz

Ursprünglich hatten diese Einputzprofile nur die Aufgabe, die Putzkanten vor Beschädigung zu schützen. Heute dienen sie weiterhin als Arbeitshilfe, als Abziehlehre. Sie werden vor Beginn des Verputzens meist mit dem ohnehin verwandten Putzmaterial oder einem speziellen Ansetzbinder angesetzt. Damit wird zugleich die Putzdicke bestimmt.

Putzprofile gibt es zum Schutz der Außenecken wie schon erwähnt, für die Innenecken, als seitliche Abschlußleisten und als untere Abschlußleisten. Mit ihrer Hilfe kann man im Bereich von Gleitlagern Decken- und Wandputz trennen oder auch Schattenfugen ausbilden.

Profile für den Trockenbau

Im Wandbereich beim Trockenputz haben die Profile nahezu dieselben Aufgaben wie beim Naßputz.

Der Schutz der Außenkante ist hier noch um eine Variante reicher, nämlich das Kantenband, ein dünnes Aluminium-Schutz-Band auf Kraftpapier, das beispielsweise im Fensterbereich ausreichenden Schutz bietet und leicht abzulängen und anzubringen ist.

Viele leichte Trennwände erhalten heute eine Unterkonstruktion aus Metallprofilen. Es sind im wesentlichen die Rand-U-Profile, die die durch zusätzliche Umbördelung der Vorderkanten weiter verstärkten

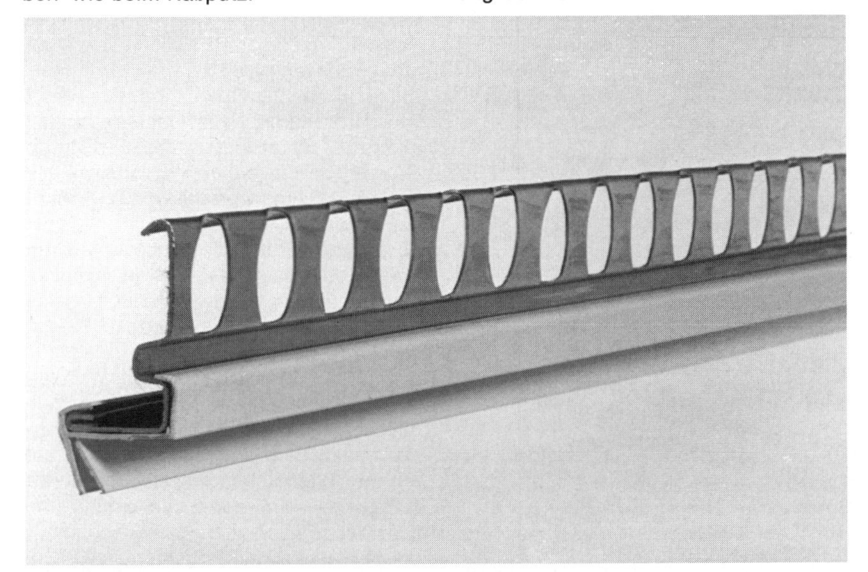

Putzabschlußprofil für Laibungen bei Fenster und Türen im Außenbereich

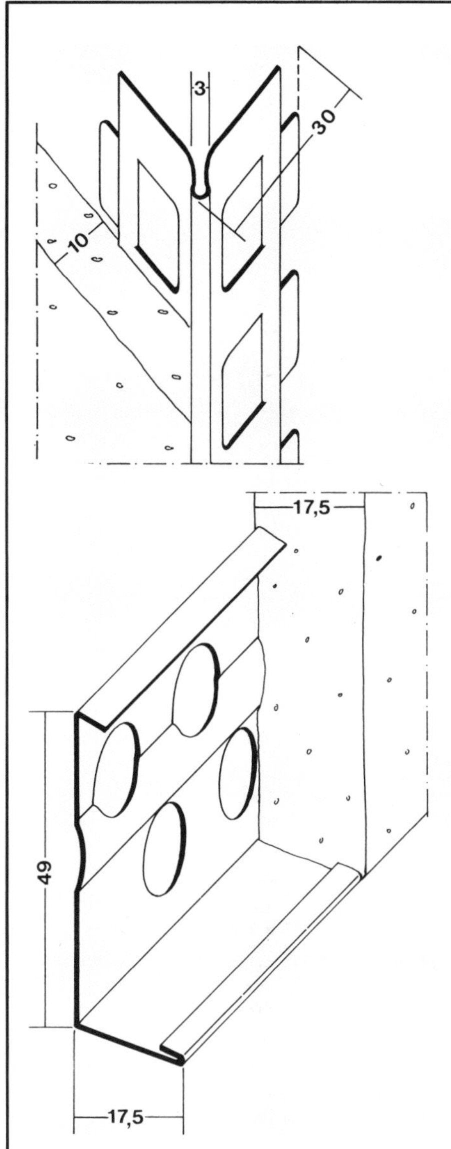

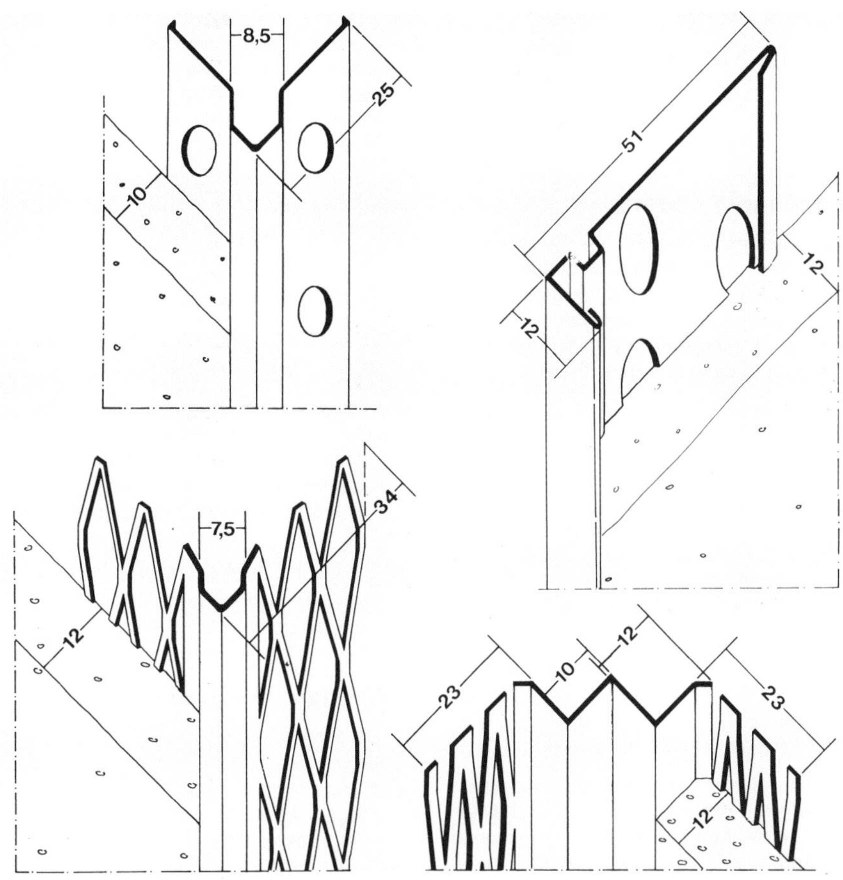

Kanten-, Sockel- und Anschlußprofile für den Innenputz

C-Profile aufnehmen, die Trageripppen, die ihrerseits die wandbildenden Bauplatten aufnehmen. Dieses Profilsystem gibt es für verschiedene Wanddicken.

Dazu gibt es selbstklebende Dämmstoffstreifen, die die Übertragung des Körperschalls in die umfassenden Bauteile vermindern.

Weiterhin sind Verbindungsprofile über Türen oder Fenster und Tragelemente für die Montage von Installationen erhältlich.

Diese Profile wie auch die Profile für abgehängte Decken bzw. Montagedecken gehören zum Sortiment „Bauplatten und Montagedecken". Sie sind dort mit beschrieben.

Bauprofile für den Außen-Naßputz

gleichen weitgehend den Innenputzprofilen. Auch sie dienen wie diese als Aufziehlehren, schützen die Putzkanten und ermöglichen saubere seitliche und untere Abschlüsse, was besonders bei großen Putzdicken (Dämmputz) von Bedeutung ist.

Die Außenputzprofile haben in der Mehrzahl der Fälle einen zusätzlichen PVC-Schutzüberzug, damit die Zinkschicht

vor Beschädigung geschützt ist. (Rostgefahr!) Die Außenputzprofile werden im Gegensatz zu innen immer mit zementhaltigem Ansetzmörtel befestigt.

Die Sockelprofile für den Dämmputz müssen bei größeren Putzdicken zusätzlich von Stützbügeln gehalten werden.

Mauerkantenprofile und Treppenschienen

gibt es in verschiedenen Formen, zum Aufschrauben, Aufkleben und mit Ankern. Sie sind sowohl für den Außen- wie für den Innenbereich geeignet.

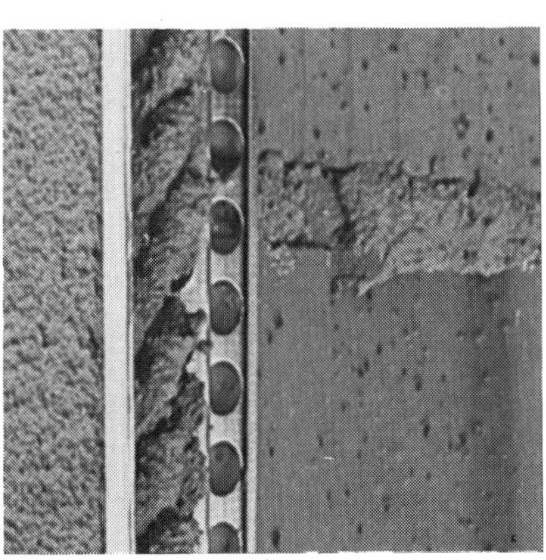

Spezielle Profile für Dämmputz

Bauprofile und Fugenbänder

Spezialprofile

Hierzu zählen unter anderen Dämmfugen- und Schwundfugenprofile sowie Verkleidungsprofile für Sichtbetonkanten.

Verwandte Materialien

Die Mehrzahl der Profile besteht aus Stahlblech, das beidseits sendzimirverzinkt ist. Einige Profile sind aus Aluminium-Legierungen gefertigt, die Kunststoff-Profile bestehen aus PVC, die Profile für Fassadenplatten aus Hart-PVC.

Verarbeitungshinweise

Profilwahl je nach Einsatzbereich (innen oder außen), vorgesehener Putzdicke und zweckmäßiger Stablänge, z. B. bezogen auf Stockwerkhöhe und Türmaß. Teilbarkeit in Kurzlängen für Fenster und Heizkörpernischen berücksichtigen.

Für Kanten und Sockel im Außenbereich werden möglichst große Stablängen empfohlen. Unnötiges Anlängen im Sichtbereich ist zu vermeiden.

Profile, einmal fixiert, ermöglichen kontinuierliches Antragen des Putzes und Abziehen sauberer Flächen über exakte Kanten.

Das Anschlagen von Latten wird dadurch überflüssig.

Profile in Erdreichnähe sind durch Spritzwasser und Dauerfeuchte besonders gefährdet und deshalb vorab mit geeignetem Anstrich zu schützen.

Ansetzen der Profile

Für gipshaltige Putze Mörtelgruppe P IV und Anhydritmörtel der Mörtelgruppe P V können die Profile mit dem gleichen Material angesetzt werden. In Feuchträumen sowie an Flächen, die mit Zement – Kalkzement, Putz- und Mauerbinder – verputzt werden, darf kein gipshaltiges Material zum Ansetzen der Profile verwendet werden. Das gleiche gilt für den Außenputz. Geeignet sind hierfür jeweils sog. Ansetzmörtel auf Zementbasis.

Eventuell zur Vorbefestigung der Profile verwendete verzinkte Stahlstifte sind vor dem Grundputz zu entfernen.

Verträglichkeit

Prüfen der Verträglichkeit zwischen Putzmörtel und Profilwerkstoff ist nötig.

Profile aus verzinktem Stahlblech eignen sich für Putze auf der Basis Kalk, Kalkzement, PM-Binder, Zement oder Gips. Leichtmetallprofile eignen sich für Gips, Kunstharzputze oder -spachtelungen.

Edelstahlprofile werden meist bei der Anbringung von zusätzlichen, außen liegenden Wärmedämmsystemen eingesetzt.

Dehnungsfugenprofile

So vielfältig wie die Erfordernis von Bewegungsfugen, auch Dehnungsfugen genannt, sind die Ausbildungsmöglichkeiten und die dafür zur Verfügung stehenden Profile bzw. Profilkombinationen.

Dehnungs- oder Bewegungsfugen sind am Bauwerk überall da erforderlich, wo die Wahrscheinlichkeit besteht, daß dort der Baukörper reißen würde.

Bewegungen einzelner Bauteile gegeneinander und dadurch hervorgerufene Rissegefahr entstehen durch ungleichmäßiges Setzen des Baugrundes bei gegliederten Bauten (Winkelbungalow, Eck-Anbau, angebauter Garage), bei langen Baukörpern (Reihenhäuser), aber auch durch unterschiedliches Schwinden miteinander verbauter Baustoffe mit unterschiedlichem Schwindverhalten (Baufehler) und letztlich durch thermisch bedingte Längenveränderungen bei großen Bauwerken, in Fassaden und in Bodenbelägen.

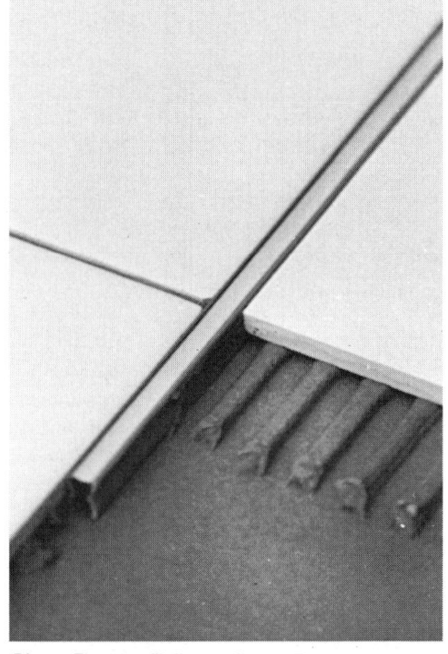

Dieses Fugenprofil dient außer zur Fugenentspannung auch zur Dekoration.

Egal, ob der Architekt den Baukörper trennt oder nur schwache Stellen, sogenannte Soll-Bruchstellen vorschreibt, nach außen müssen diese Stellen durch Profile abgedeckt und vor dem Eindringen von Wasser geschützt werden.

Im Innenausbau ist die Ausbildung beweglicher Stöße überall da erforderlich, wo Wände vom umgebenden Baukörper schalltechnisch getrennt werden sollen, oder wo Decken auf Gleitlager eingebaut sind. Hier darf keine starre Putzverbindung geschaffen werden.

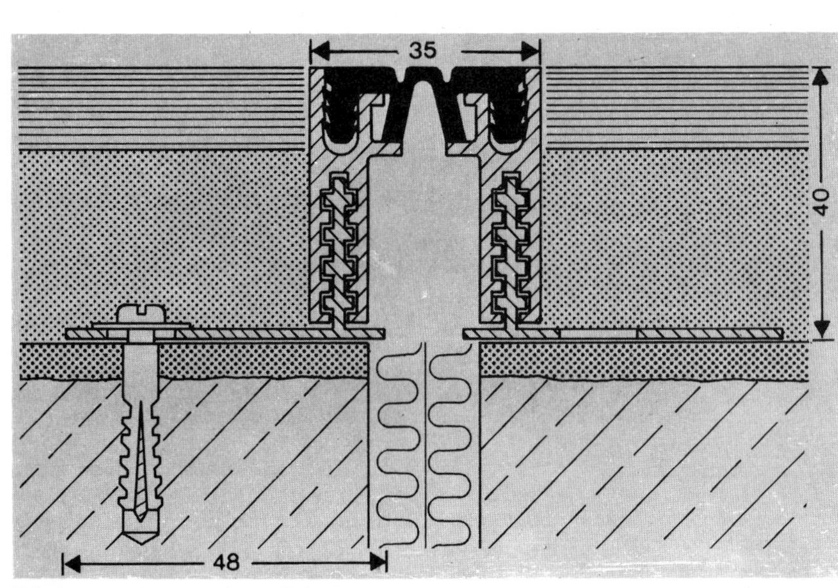

Abdeckung einer Bewegungsfuge im Fußboden.

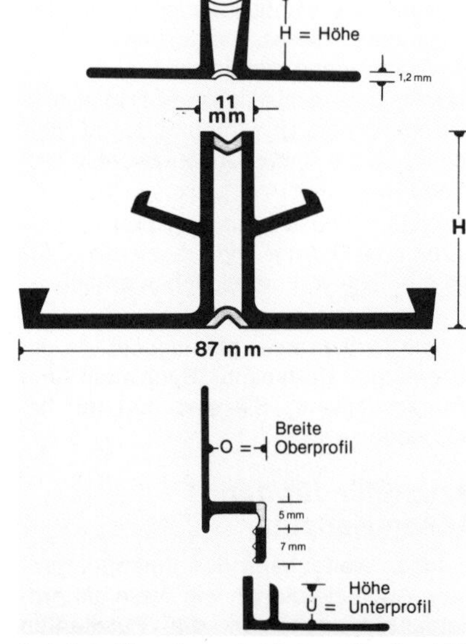

Auch beim Fliesenlegen sind Fugenprofile ein wichtiges Hilfsmittel, um optisch einwandfreie An- und Abschlüsse zu erzielen und Bauschäden zu verhüten. Die Zeichnungen zeigen von oben nach unten: ein Profil für Bewegungsfugen in Fliesenbelägen, das zugehörige Estrichprofil sowie ein Kantenprofil für den Anschluß Wand/Boden bzw. Wand/Wand. Die schwarz dargestellten Profilteile bestehen aus Hart-, die grauen aus Weich-PVC.

Fassadenplatten

Es ist ein uraltes Verfahren, den Haus-Außenwänden eine schützende Außenhaut zu geben.
Je nach Landschaft kennen wir recht unterschiedliche Baustoffe, die hier zur Anwendung kommen.
Da sind einmal die Holzschindeln, in einigen Gegenden Deutschlands sehr weit verbreitet, sehr viel angewandt. Sie haben außer dem Schutz vor Schnee und Regen, auch in exponierten Lagen im Gebirge, die Wärmedämmung der Außenwände beachtenswert erhöht. Auch sie sieht man heute bei Renovationen da und dort wieder neu verarbeitet.
Blechplatten als Wandverkleidung, im Format etwa 20–30 cm im Quadrat, sind in Nordhessen und Südniedersachsen noch recht häufig an alten Häusern zu finden.
Noch etwas weiter nördlich sind es dann häufig Hohlpfannen, mit denen besonders die Giebelseiten der älteren Häuser bekleidet sind, bis im Norden der reine Ziegelbau Verkleidungen überflüssig macht.
Verkleidet sind mehrheitlich die Fachwerkbauten, deren Ausfachungsmaterial oft nicht wetterbeständig war.
Zwischen Verkleidung und Hauswand befindet sich fast ausnahmslos eine Luftschicht, die in Verbindung mit der Außenluft steht.
Als man begann, Vor- und Nachteile verschiedener Bauweisen in ihrer Wirksamkeit, ihrem Wert, zu prüfen und zu erklären, stellte man fest, daß diese Lösung bauphysikalisch sehr viele gravierende Vorteile zu bieten hat, eine beibehaltenswerte Bauweise ist.
Da ist einmal der sichere Schutz vor Niederschlägen jeglicher Art durch Baustoffe, die sich schon auf dem Dach lange bewähren. Da ist aber auch durch die Luftschicht die direkte Wärmeleitung unterbrochen, was sich sowohl für den Wärmeschutz im Winter wie im Sommer als sehr vorteilhaft erweist. Und letztendlich kann Wasserdampf ungehindert ins Freie entweichen und etwa sich bildendes Kondenswasser leicht verdunsten.
Der Bedarf an Baustoffen für diese Außenwandverkleidungen riß nie ganz ab.
Die Asbestzementplatten – heute Faserzementplatten – eroberten sich diesen Markt.
Mit Bitumenplatten als Verblender- oder Natursteinimitation wurden viele alte Häuser verkleidet. Diese Art Platten kam auch als Kunststofftafeln mit geprägten Fugen auf den Markt.
Seit man erkannt hat, wie schön alte Fachwerkbauten sind, und man in einigen Städten hervorragend gepflegte schöne Fachwerkbauten bewundern kann, sie ein Anziehungspunkt, eine Attraktion geworden sind, man sogar Fachwerkbauten neu errichtet, ist dieser Trend vorbei.
Als die Brennstoffe knapper und teurer wurden, merkte man, daß in der Zeit nach dem 2. Weltkrieg, als es sehr viel wieder aufzubauen gab und noch sehr viel, vor allem Geld, fehlte, die meisten Außenwände zu dünn geraten waren. Um diese Bauten in ihren Eigenschaften zu verbessern, wählen viele Hausbesitzer die bauphysikalisch hervorragende Lösung der Außendämmung mit gut wasserdampfdurchlässigen Faser- oder Hartschaumdämmstoffen und einer stabilen, haltbaren Fassadenverkleidung, um die Wärmedämmung nachhaltig und spürbar zu verbessern.
Beachtenswert ist auch ein Fassadenplatten-System aus einem Holzwerkstoff. Das Material ist seit vielen Jahren auf dem Baustoff- und dem Holzmarkt stark vertreten und hat seine Bewährungsprobe sehr gut bestanden. Faserholz, mit duroplastischen Kunstharzen gebunden, bildet den Kern, der mit Acrylat beschichtet ist.

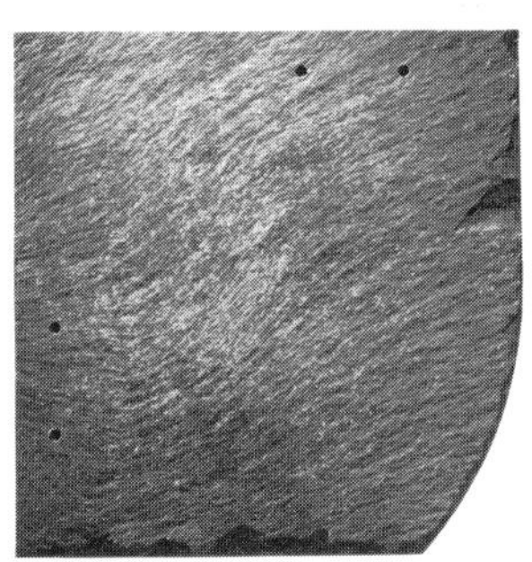

Kunstharzgebundene Naturschieferplatte für Dach und Fassade.

Die Farbauswahl ist sehr groß, außerdem stehen verschiedene Oberflächenstrukturen zur Verfügung.
Ein komplettes Montagesystem wird dazu angeboten.
Speziell für den modernen Neubau von Großbauten gibt es Profile aus Metallen wie verzinktem Stahl, Edelstahl, Aluminium, Kupfer, Titanzink usw.

Dem Verbindungshaus des „Corps Borussia" in Clausthal-Zellerfeld/Oberharz aus dem Jahr 1921/22 sieht man nicht an, welcher moderne Werkstoff in den 70er Jahren bei der stilgerechten Sanierung der Fassade, die ursprünglich mit Holzbrettern verkleidet war, verwendet wurde.

Stand der Entwicklung asbestfreier Produkte für den Hochbau

Vorgeschichte

Die deutsche Industrie forscht seit Anfang der 60er Jahre nach Ersatz für Asbest in Faserzement-Produkten

Das hatte mehrere Gründe:

- Die wirtschaftlich abbaubaren Asbestvorkommen werden in absehbarer Zeit weltweit zur Neige gehen. Damit wird die Naturfaser Asbest immer knapper und teurer.

- Da man erkannt hat, daß Asbest-Feinstaub – der beim unsachgemäßen Umgang mit asbesthaltigen Produkten entstehen kann – Gesundheitsrisiken aufwirft, müssen bei der Herstellung und Verarbeitung von Asbestzementprodukten erhebliche Maßnahmen für den Arbeits- und Umweltschutz ergriffen werden, die ebenfalls kostentreibend wirken.

- Obwohl bei sachgemäßer Verarbeitung von Asbestzementerzeugnissen kein Asbest-Feinstaub in die Luft gelangt, hat die öffentliche Diskussion über mögliche oder tatsächliche Gefahren der Asbestzementprodukte zu einer Diskriminierung dieser Baustoffe geführt, die sie schwerer verkäuflich machte. Auch aus dieser Sicht mußten die Hersteller nach einer Ersatzlösung suchen.

Das Innovations-Programm (Branchenabkommen)

Die Hersteller von Faserzement-Produkten haben über ihren Wirtschaftsverband mit der Bundesregierung im Februar 1982 eine Vereinbarung getroffen, die als freiwilliges Branchenabkommen in Sachen Umweltschutz bislang ohne Beispiel ist. Kern dieses Innovations-Programms ist die Faser-Substitution mit einem schrittweisen Ersatz der Asbest-Fasern in den Hochbau-Produkten bis 1990, wobei der Erhaltung der hohen Produktqualität und auch der Wirtschaftlichkeit besondere Bedeutung zukommt. Alle Unternehmen der deutschen Faserzement-Industrie tragen dieses Programm.

Anforderungen an die Ersatzfaser

An Faserstoffe werden verschiedene Anforderungen gestellt, u. a.:

- Verarbeitbarkeit des Faserstoffes
- Zementaffinität (Fähigkeit, sich mit Zement zu verbinden)
- Gesundheitliche Unbedenklichkeit
- Verfügbarkeit
- Wirtschaftlichkeit.

Die Faser selbst muß hohe Zugfestigkeit und Beständigkeit in der Zementmatrix aufweisen.

Ergebnisse

Die Erkenntnisse zeigen, daß beim Ersatz von Asbest nur **Kombinationen** verschiedener Fasern diese Anforderungen erfüllen. Es werden grundsätzlich zwei Typen von Fasern in den neuen Produkten unterschieden:

1. Armierungsfaser (für die Festigkeit ausschlaggebend)
2. Prozeßfaser (für die Verarbeitbarkeit erforderlich).

Zu 1.: Als konkrete Resultate stehen heute primär zwei Chemiefasertypen zur Armierung zur Verfügung, die in asbestfreien Produkten den industriellen Reifegrad erreicht haben:

- Dolanit der Hoechst AG, Frankfurt/M., und
- Kuralon der Kuraray AG, Osaka, Japan.

Zu 2.: Natürliche und synthetische Zellstoffe werden als Prozeßfaser eingesetzt. Sie haben die Aufgabe, für eine gute Verteilung der Armierungsfasern und aller übrigen Bestandteile zu sorgen.

Fertigungstechnik

Die Anforderungen, die die Produktgruppen Dachplatten, Wellplatten, groß- und kleinformatige Fassadenplatten zu erfüllen haben, werden von der Anwendungstechnik, von Normen und Zulassungsbestimmungen bestimmt und sind unterschiedlich hinsichtlich Festigkeit, Frostbeständigkeit, Flexibilität, Abriebbeständigkeit, Feuerbeständigkeit, Bearbeitbarkeit u. a.

Für jede Produktgruppe ist, abhängig von den geforderten Eigenschaften, eine Eigenentwicklung, eine eigene Verfahrenstechnik und Maschinentechnik erforderlich.

Die Herstellung der asbestfreien Produkte basiert ebenfalls auf der Hatschek-Technologie, mit der die Asbestzement-Produkte hergestellt wurden, ergänzt durch Zellstoff-, Faseraufbereitungen und Dosierungseinrichtungen für zusätzliche Beimischungen.

Bei dieser Technik werden die Fasern mit Wasser und Zement zu einem Brei vermischt, der den Aufbereitungs- und Verarbeitungsmaschinen zugeführt wird. Über eine Siebtrommel, ein Filzband und damit verbundene Gautschwalzen und Saugdüsen, die einen Teil des Wassers abziehen, wird endlos Material vom Filzband auf die sog. Formatwalze übertragen, auf deren Mantel sich nun Schicht um Schicht (je etwa 1 mm dick) abträgt und die Sperrigkeit der Fasern eine Verfilzung der Einzelschichten untereinander bewirkt. Ist die Dicke der jeweils herzustellenden Platte erreicht, so wird sie vom Walzenmantel abgelöst und über ein Förderband weitergeleitet. Dieses Ausgangsprodukt, dessen Konsistenz man mit einer dicken nassen Pappe vergleichen könnte, wird der Formgebung zugeführt.

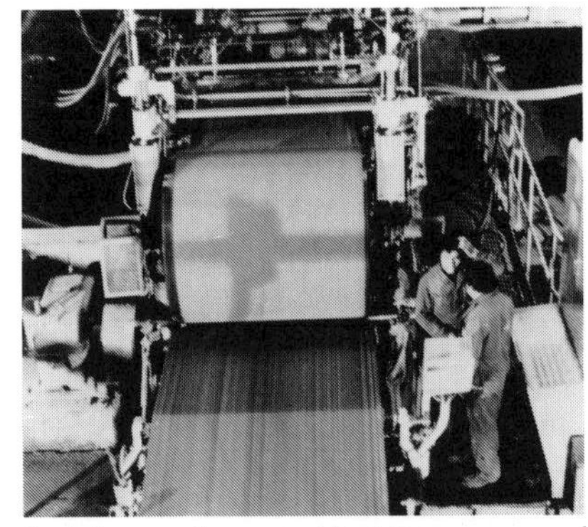

Herstellung von Faserzement-Produkten

Zur Formung von *Wellplatten* werden die „Rohfilze" unter Maschinen gefördert, die „Wellsauger" genannt werden.

Der ebene Filz wird hier durch Saugdüsen in Wellenform gebracht und dann auf Well-Unterlagsbleche gelegt, gepreßt und so, zu vielen gestapelt, zur Erhärtung abgestellt.

Für die Gewinnung von Plantafeln werden die Rohfilze auf Planbleche gelegt und auch hier zu vielen übereinander gestapelt. Die Stapel werden unter Hochdruckpressen nachgepreßt, so daß man ein dichtes Material erhält, die *ebene Tafel, gepreßt, normal erhärtet.* Diese Tafeln werden farbbeschichtet und als großformatige Fassadenplatten eingesetzt oder zu kleinformatigen Platten verarbeitet, die entsprechend der Dekkungsart gelocht wird.

Kleinformatige Platten werden auch in durchgefärbter Technologie angeboten.

Schon nach wenigen Stunden ist der Erstarrungsprozeß so weit vorgeschritten, daß Wellplatten und Plantafeln von den Blechen abgenommen und gestapelt zur Erhärtung (28-Tage-Festigkeit) in die Lagerhallen gebracht werden können.

Nach diesem Stand der Grundrichtung lassen sich heute bereits viele Hochbau-Produkte asbestfrei herstellen. Seit 1983 werden bereits eine Vielzahl von Produkten asbestfrei angeboten. Angefangen hat man mit Artikeln wie z. B. kleinformatigen Fassaden- und Dachplatten, die keiner bauaufsichtlichen Zulassung unterliegen.

Seit Anfang 1986 gibt es auch bauaufsichtlich zugelassene großformatige Fassadentafeln, die ohne Asbestzusatz hergestellt werden.

Langzeitverhalten

Ausschlaggebend für die Eignung der Faserzementbaustoffe ist ihr Langzeitverhalten, auf das sich Klima und technische Belastungen auswirken. Auch die Alterungsbeständigkeit muß stimmen.

Aufschluß über das Langzeitverhalten geben Testobjekte, die den verschiedenen Belastungen durch Klima, Dauer- und Wechsellast ausgesetzt sind. Unterstützt wird diese Beurteilung duch zeitraffende Klimawechsel. Eine Vielzahl von Alterungstesten ist in den letzten Jahren entwickelt worden, die es erlauben, Schlüsse auf das Allgemeinverhalten zu ziehen.

Für kleinformatige Produkte im Dach- und Wandbereich liegen abgesicherte Erkenntnisse über das Langzeitverhalten vor.

Für großformatige Produkte kann man diese Erkenntnisse zur Beurteilung heranziehen, jedoch spielt bei diesen Produkten die Dauer- und Wechselbelastung eine wesentlich größere Rolle.

Parallele Forschungsaktivitäten

Die Einführung der Faserzement-Produkte geht parallel mit neuen Beschichtungssystemen, die die gestiegenen Umweltanforderungen an Farbbeständigkeit erfüllen. Neue Wege der Farbgebung werden beschritten.

Auch diese Farbbeschichtungen werden in speziellen Testreihen auf ihre Lichtbeständigkeit (Lichtechtheit) und Farbdauerverhalten untersucht. Prüfungen nach DIN 54 004 ergaben für die Farbbeschichtung die höchste Lichtechtheitsstufe 8.

Konsequenterweise verwenden wir hier die Reihenfolge der Einführung der asbestfreien Faserzementerzeugnisse in den Hochbau:

- Dachplatten für Dachdeckungen und Wandbekleidungen, Fassadenplatten
- Ebene Tafeln
- Well- und Kurzwellplatten.

Fassade mit asbestfreien Schindeln gedeckt.

Dachplatten für Dachdeckungen und Wandbekleidungen

Platten einer „neuen Generation“

Wie bereits erwähnt, wurde bei den kleinformatigen Platten der Asbest durch Chemiefasern ersetzt. Die Schlagzähigkeit und damit die Stoßfestigkeit konnte dadurch sogar erhöht werden. Die Prüfung der Platten erfolgt in Anlehnung an DIN 274 Teil 3.
Dieser nicht asbesthaltige Baustoff ist ebenfalls witterungsbeständig, langlebig, wartungsarm, beständig gegenüber Fäulnis und Korrosion und hat den Baustoffcharakter von Faserzement. Durch das geringe Gewicht sind die Platten gut zu verarbeiten.

Mehrschichtige Farbgebung

Zur Angleichung der Plattenkante an den Oberflächenfarbton ist die Rohplatte schwach eingefärbt. Daher sind auch nach der Bearbeitung der Platten die Kanten farbig. Mit der zusätzlich in die Plattenoberfläche eingewalzten Farbschicht und der farbgleichen wasserabweisenden Reinacrylat-Endbeschichtung entsteht durch die Verwendung von anorganischen witterungs- und lichtbeständigen Pigmenten eine dauerhafte und lichtechte Farbgebung.

Formatvielfalt

Durch eine große Auswahl an Formaten, Formen und Verlegearten ist der individuellen Gestaltung und handwerklichen Ausführung ein weiter Spielraum gegeben.

Produkteigenschaft

Durch die spezielle Faserarmierung in Verbindung mit einer neuen Materialtechnologie ist die Fassadenplatte besonders stoßfest und schlagzäh. Dadurch können mechanische Beanspruchungen besser aufgefangen werden als bisher.

Nicht brennbar

Auch die neue nicht asbesthaltige Plattenmischung erhielt nach eingehenden amtlichen Untersuchungen das Prüfprädikat – nicht brennbar – Baustoffklasse A 2 nach DIN 4102 und ist daher ohne Einschränkungen für alle Gebäudehöhen und Anwendungsbereiche einsetzbar.

Deckungsarten

Bei deutscher Deckung werden Dachplatten gemäß den Fachregeln des Dachdeckerhandwerks auf Vollschalung und Vordeckung aus Bitumendachbahnen oder -dachpappen gegen die Wetterrichtung verlegt, alle anderen Deckungsarten können auf Lattung verlegt werden. Die Mindestdachneigung beträgt 25°, bei waagerechter Deckung 30°. Sie kann unterschritten werden – bis zu 15° Dachneigung – bei Einbau eines wasserführenden Unterdaches.

Deutsche Deckung

Die Deutsche Deckung wird mit quadratischen Dachplatten mit Bogenschnitt ausgeführt. Man unterscheidet zwischen Dachplatten mit Bogenschnitt links bgl für die Deckung von links nach rechts (Rechtsdeckung) und Dachplatten mit Bogenschnitt rechts bgr für die Deckung von rechts nach links (Linksdeckung).

Waagerechte Deckung

Die waagerechte Deckung betont die horizontale Linienführung. Sie erfolgt grundsätzlich gegen die Wetterrichtung mit Rechtecken oder Quadraten, die in der Höhe und seitlich überdeckt werden. Symmetrisch angeordnete Nagellöcher ermöglichen bei Verwendung eines Sturmhakens die Verlegung der Dachplatten in beide Deckrichtungen.

Doppeldeckung

Die Doppeldeckung zeichnet sich durch besonders klare Linienführung aus. Sie ist von der Wetterrichtung unabhängig und erfolgt im Verband nur mit Höhenüberdeckung auf Lattung. Bei der Doppeldekkung überdeckt die 3. Dachplatte die 1. jeweils um das Maß der Überdeckung. Der Lattenabstand ist gleich der Gebindehöhe und ergibt sich aus Plattenhöhe h und Überdeckung ü zu (h–ü)/2. Nicht aufgeführte kleinformatige Dachplatten dürfen nur für senkrechte Flächen im Dachbereich verwendet werden.

Deckungsarten und Formate

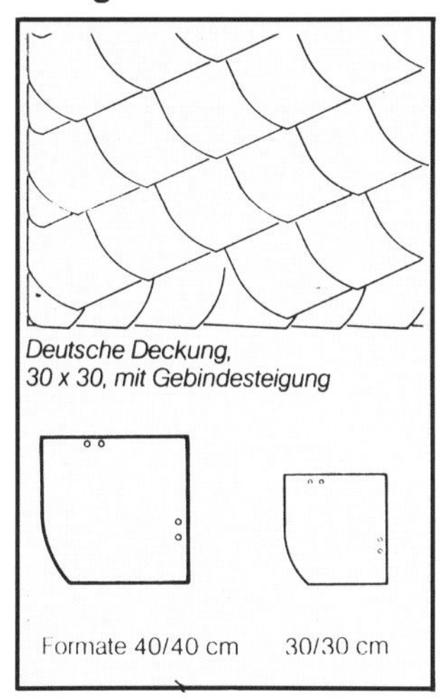

Deutsche Deckung, 30 x 30, mit Gebindesteigung

Formate 40/40 cm 30/30 cm

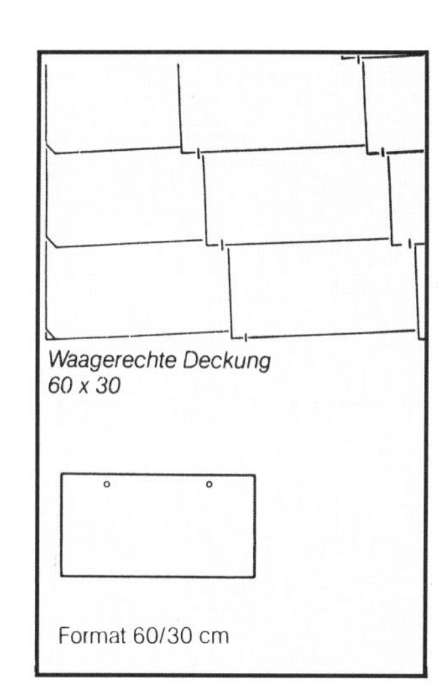

Waagerechte Deckung 60 x 30

Format 60/30 cm

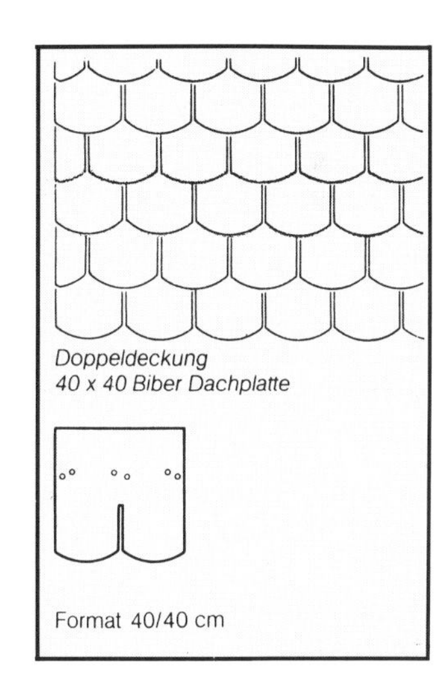

Doppeldeckung 40 x 40 Biber Dachplatte

Format 40/40 cm

Deutsche und waagerechte Deckung

Format cm	Überdeckung cm	Schnürung* waager. cm	Schnürung* senkr. cm	Materialbedarf/m² Platten St.	Materialbedarf/m² Schieferst. St.	Materialbedarf/m² Latten m
40/40	12/12	28,0	–	12,75	25,50	3,7
30/30	11/9	–	–	25,06	50,12	–
30/30	11/11	–	–	27,70	55,40	–
60/30	10/12	20,0	–	10,42	20,84	–
60/30	12/12	18,0	–	11,60	23,20	5,56

Doppeldeckung Biber

Format cm	Überdeckung cm	Schnürung waager. cm	Schnürung senkr. cm	Materialbedarf/m² Platten St.	Materialbedarf/m² Schieferst. St.	Materialbedarf/m² Latten m
40/40	10	15,0	40,5	16,67	50,07	–

* nur bei waagerechter Deckung

Fassadenplatten

Deckungsarten und Formate

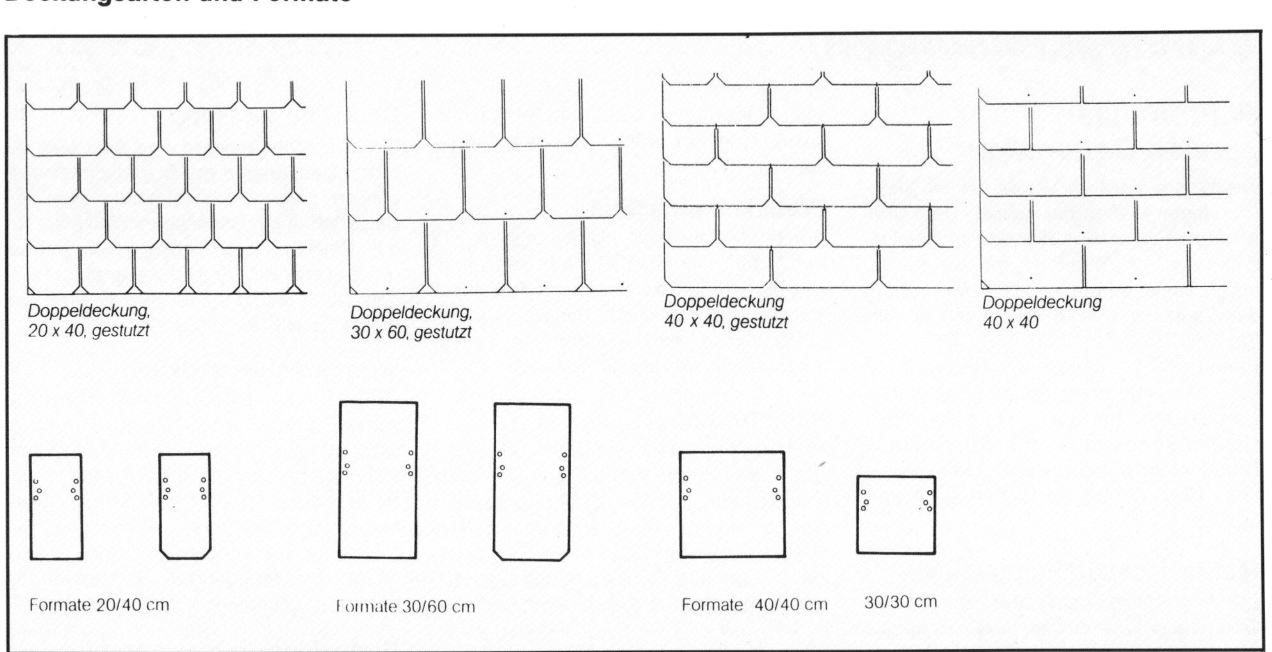

Doppeldeckung, 20 x 40, gestutzt
Doppeldeckung, 30 x 60, gestutzt
Doppeldeckung 40 x 40, gestutzt
Doppeldeckung 40 x 40

Formate 20/40 cm
Formate 30/60 cm
Formate 40/40 cm 30/30 cm

Doppeldeckung

Format cm	Überdeckung cm	Schnürung waager. cm	Schnürung senkr. cm	Materialbedarf/m^2 Platten St.	Materialbedarf/m^2 Schieferst. St.	Materialbedarf/m^2 Latten m
30/60	12	24,0	30,5	13,89	27,76	4,17
40/40	12	14,0	40,5	17,86	35,72	7,14

Doppeldeckung

Format cm	Überdeckung cm	Schnürung waager. cm	Schnürung senkr. cm	Materialbedarf/m^2 Platten St.	Materialbedarf/m^2 Schieferst. St.	Materialbedarf/m^2 Latten m
20/40	10	15,0	20,5	33,33	66,66	6,67
30/30	10	10,0	30,5	33,33	66,66	10,00

Aufgeführt ist nur die größte Überdeckung. Sie ist abhängig von der Dachneigung.

Deckungsarten für die Fassade

Kleinformatige Platten

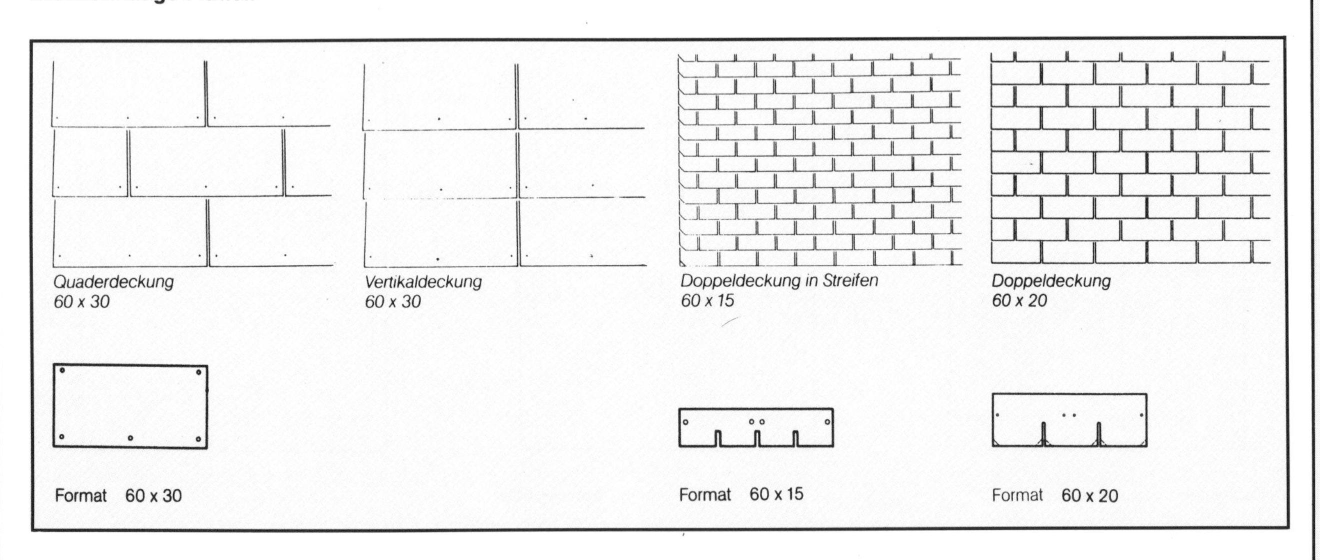

Quaderdeckung 60 x 30
Vertikaldeckung 60 x 30
Doppeldeckung in Streifen 60 x 15
Doppeldeckung 60 x 20

Format 60 x 30
Format 60 x 15
Format 60 x 20

Quader-Vertikaldeckung

Format cm	Überdeckung cm	Schnürung waager. cm	Schnürung senkr. cm	Materialbedarf/m^2 eingedeckte Fassadenfläche Platten St.	Spez.-Nägel St.	Unterlage
60/30	3,5	26,5	60,5	6,24	31,2	3,8

Doppeldeckung

Format cm	Überdeckung cm	Schnürung waager. cm	Schnürung senkr. cm	Materialbedarf/m^2 eingedeckte Fassadenfläche Platten St.	Schieferst. St.	Unterlage
60/15	3	6	22,65	27,78	56	Vollschalung
60/20	3	8,5	30,2	19,61	58,83	3,3

Deckungsarten für die Fassade

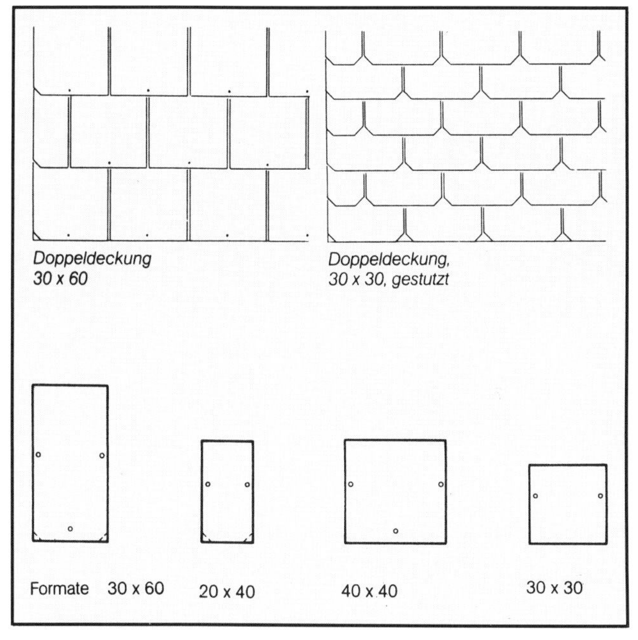

Doppeldeckung 30 x 60 — *Doppeldeckung, 30 x 30, gestutzt*

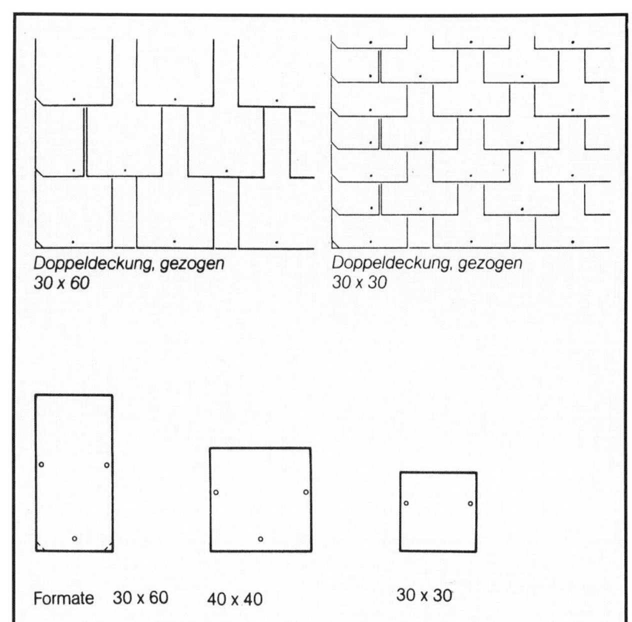

Doppeldeckung, gezogen 30 x 60 — *Doppeldeckung, gezogen 30 x 30*

Doppeldeckung

Format cm	Über-deckung cm	Schnürung waager. cm	Schnürung senkr. cm	Materialbedarf/m² eingedeckte Fassadenfläche: Platten St.	Schieferst. St.	nichtr. Nägel St.	Latten m
30/60	5	27,5	30,5	12,12	25	13	3,64
40/40	5	17,5	40,5	14,29	29	15	5,71
20/40	5	17,5	20,5	28,57	57		5,71
30/30	5	12,5	30,5	26,67	54	27	8,00

Doppeldeckung gezogen

Format cm	Über-deckung cm	Schnürung waager. cm	Schnürung senkr. cm	Materialbedarf/m² eingedeckte Fassadenfläche: Platten St.	Schieferst. St.	nichtr. Nägel St.	Latten m
30/60	5/10	27,5	20	9,0	18	9	3,6
40/40	5/10	17,5	30	9,5	19	10	5,7
30/30	5/10	12,5	20	20	40	20	8,0

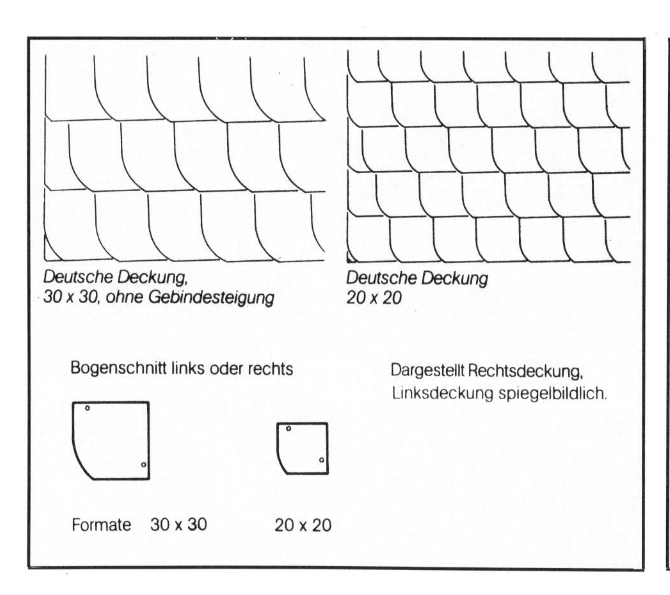

Deutsche Deckung, 30 x 30, ohne Gebindesteigung — *Deutsche Deckung 20 x 20*

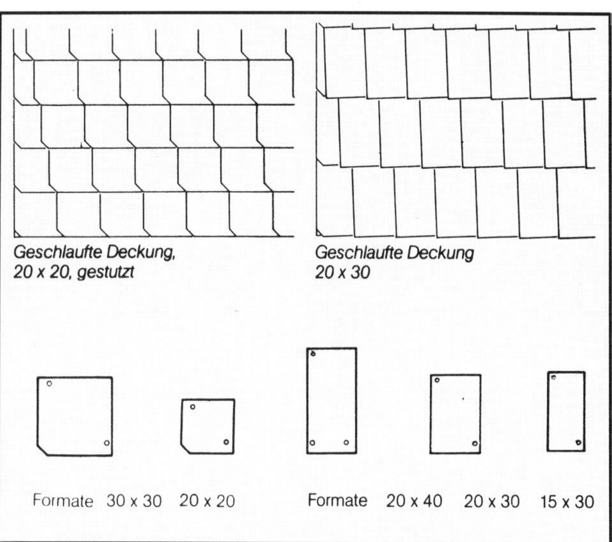

Geschlaufte Deckung, 20 x 20, gestutzt — *Geschlaufte Deckung 20 x 30*

Deutsche Deckung

Format cm	Über-deckung cm	Schnürung waager. cm	Schnürung senkr. cm	Materialbedarf/m² eingedeckte Fassadenfläche: Platten St.	Schieferst. St.	Latten m
30/30	4/9	26	21	18,32	37	3,85
20/20	4/4	16	16	39,06	79	6,25

Geschlaufte Deckung

Format cm	Über-deckung cm	Schnürung waager. cm	Schnürung senkr. cm	Materialbedarf/m² eingedeckte Fassadenfläche: Platten St.	Schieferst. St.	Latten m
30/30	4/4	26	26	14,79	30	3,85
20/20	3/3	17	17	34,60	70	5,88
20/40	4/4	36	16	17,36	35	2,78
20/30	4/4	26	16	24,04	48	3,85
15/30	4/4	26	11	34,97	70	3,85

Fassadenplatten

Deckungsarten für die Fassade

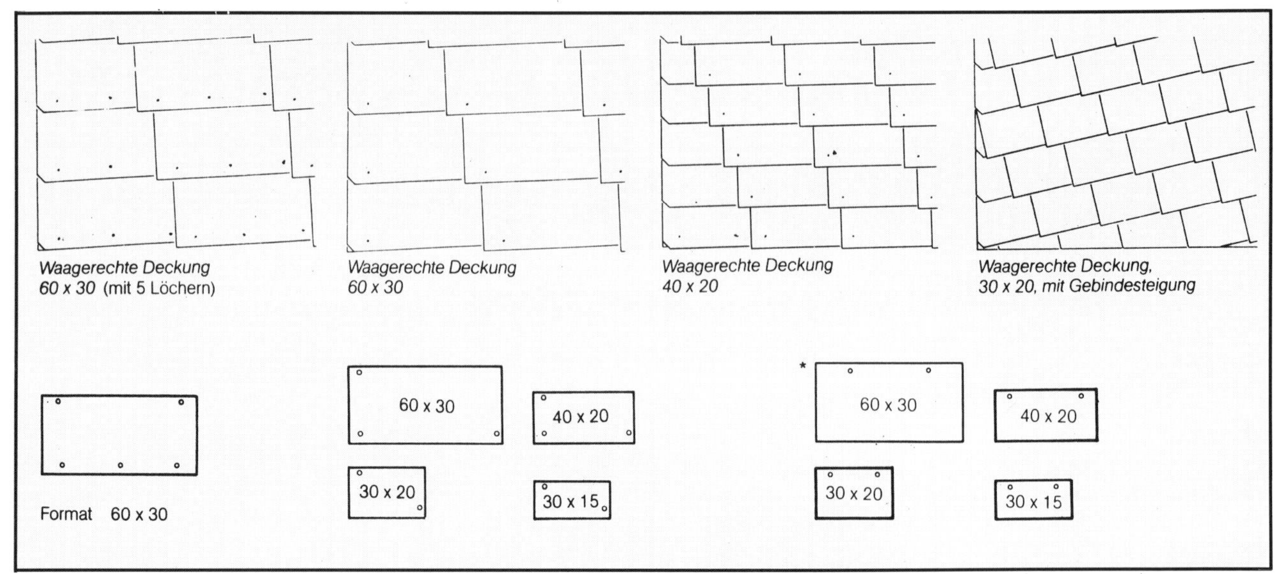

Waagerechte Deckung
60 x 30 (mit 5 Löchern)

Waagerechte Deckung
60 x 30

Waagerechte Deckung
40 x 20

Waagerechte Deckung,
30 x 20, mit Gebindesteigung

*** nur mit Plattenhaken verlegen**

waagerechte Deckung

Format cm	Über-deckung cm	Schnürung waager. cm	Schnürung senkr. cm	Materialbedarf/m² eingedeckte Fassadenfläche Platten St.	Schieferst. St.	nichtr. Nägel St.	Latten m
60/30	3,5/6	26,5	54	6,99	35		
60/30	4/4	26	56	6,87	14	7	3,85
40/20	4/4	16	36	17,36	35	18	6,25

waagerechte Deckung

Format cm	Über-deckung cm	Schnürung waager. cm	Schnürung senkr. cm	Materialbedarf/m² eingedeckte Fassadenfläche Platten St.	Schieferst. St.	nichtr. Nägel St.	Latten m
30/20	4/4	16	26	24,04	48		6,25
30/15	4/4	11	26	34,87	70		9,09

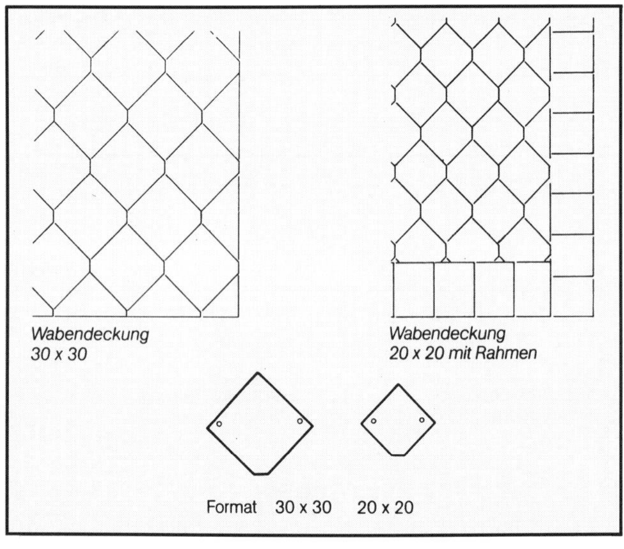

Wabendeckung
30 x 30

Wabendeckung
20 x 20 mit Rahmen

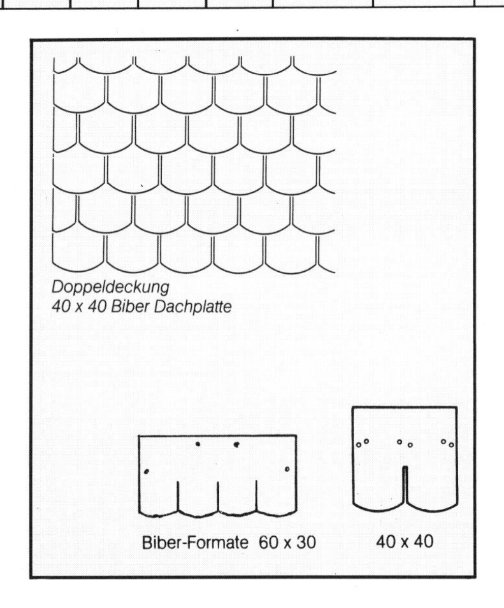

Doppeldeckung
40 x 40 Biber Dachplatte

Wabendeckung

Format cm	Über-deckung cm	Schnürung waager. cm	Schnürung senkr. cm	Materialbedarf/m² eingedeckte Fassadenfläche Platten St.	Schieferst. St.	Unterlage
30/30	4/4	15,96	42,72	14,79	30	6,27
20/20	3/3	9,60	28,58	34,60	70	10,42

Doppeldeckung Biber

Format cm	Über-deckung cm	Schnürung waager. cm	Schnürung senkr. cm	Materialbedarf/m² eingedeckte Fassadenfläche Platten St.	Schieferst. St.	nichtr. Nägel St.	Unterlage
40/40	5	17,5	40,5	14,29	29	15	5,71
60/30*	4	13,0		12,80	38,5		1,67

*** Sonderausbildung Fulgurit, Verlegung auf senkrechten Latten, die abwechselnd im Abstand von 375 und 225 mm angebracht sind**

Größere Formate

Stülpdeckung vertikal

Formate cm	Schnürung waagerecht cm	Schnürung senkrecht cm	Materialbedarf/m² eingedeckte Fassadenfläche Platten St.	Nägel St.	Unterlage Latten (m)
41,5 × 141	141,5	42	1,68	13,4	2,4
41,5 × 157	157,5	42	1,51	15,1	2,4
41,5 × 125	125,5	42	1,89	15,1	2,4
41,5 × 83,3	83,8	42	2,84	17,0	2,4
41,5 × 62,5	63,0	42	3,78		
40 × 162	158,5	40,5	1,56	18,7	2,47
40 × 141	137,5	40,5	1,82	21,8	2,47
40 × 120	116,5	40,5	2,12	21,2	2,47
40 × 80	76,5	40,5	3,27	26,2	2,47

Größere Formate

Deckung mit offener Fuge

Formate cm	Schnürung waagerecht cm	Schnürung senkrecht cm	Materialbedarf/m² eingedeckte Fassadenfläche Platten St.	Nägel St.	Unterlage Latten (m)
41,5 × 141	137,5	42	1,73	13,8	2,4
41,5 × 157	153,5	42	1,55	15,5	2,4
41,5 × 125	121,5	42	1,96	15,7	2,4
41,5 × 83,3	79,8	42	2,98	16,8	2,4
40 × 162	162,5	40,5	1,52	18,2	2,47
40 × 141	141,5	40,5	1,75	20,9	2,47
40 × 120	120,5	40,5	2,05	20,5	2,47
40 × 80	80,5	40,5	3,07	24,6	2,47

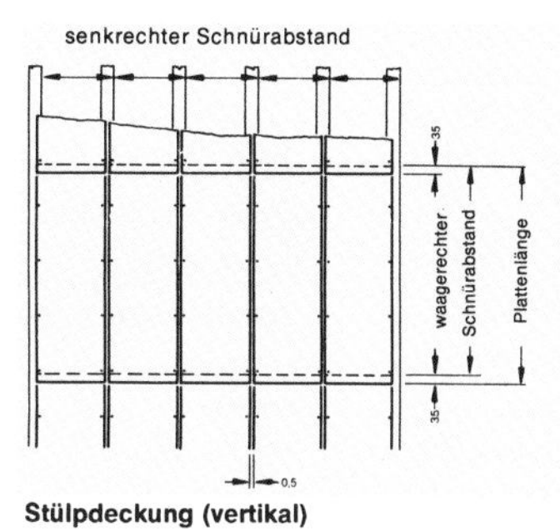

Stülpdeckung (vertikal)

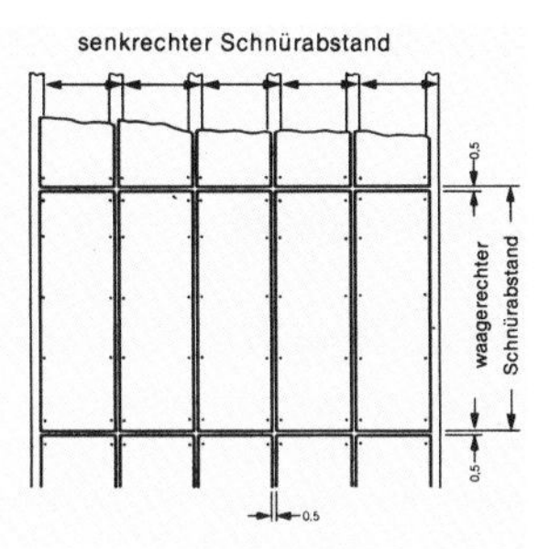

Deckung mit offener Fuge

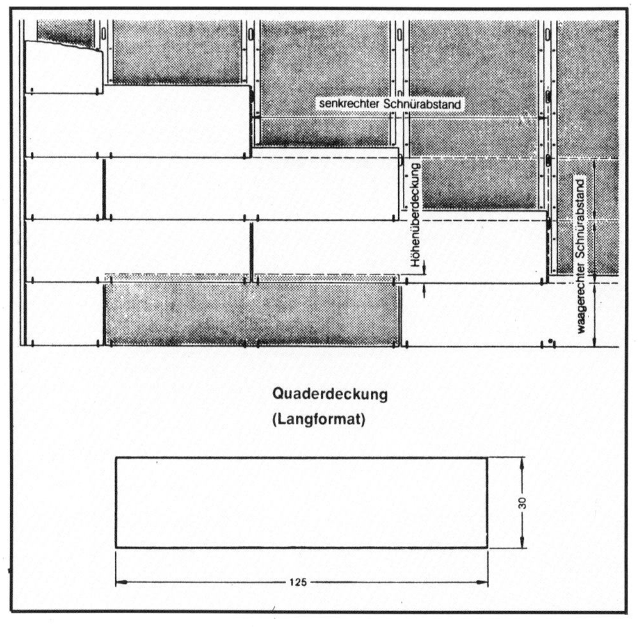

Quaderdeckung (Langformat)

Quaderdeckung (Langformat)

Format cm	Über-deckung cm	Materialbedarf/m² eingedeckte Fassadenfläche Platten St.	Plattenhaken St.	Unter-konstruktion m
125/30	4	3,08	10,66	1,6

Formate cm	Schnürung waagerecht cm	Schnürung senkrecht cm	Materialbedarf/m² eingedeckte Fassadenfläche Platten St.	Nägel St.	Unterlage Latten (m)
Quadratische Deckung					
61,0 × 61,0	61,8	61,8	2,62	15,7	1,62
Gemischte Deckung					
61,0 × 61,0	61,8	61,8	2,62	15,7	1,62
61,0 × 122,8	123,6	61,8	1,31	11,0	1,62
Rechteckdeckung					
61,0 × 154,5	61,8	155,3	1,04	10,4	1,62

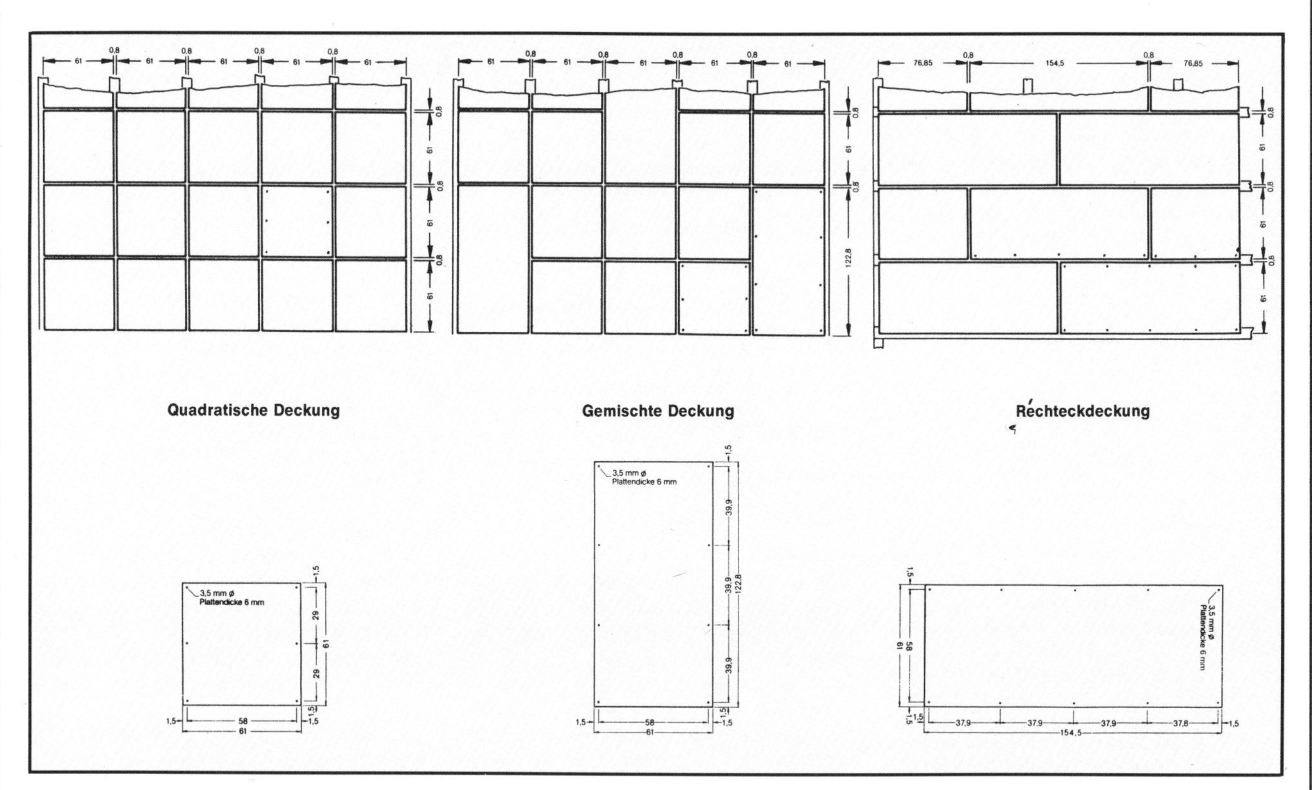

Quadratische Deckung

Gemischte Deckung

Rechteckdeckung

Ebene Tafeln

Unter dem Begriff „ebene Tafeln" werden Plantafeln in verschiedenen Standardabmessungen, unterschiedlichen Plattendikken und unterschiedlichen Güteklassen zusammengefaßt.

Technische Angaben

Plantafeln werden in hellgrau, weiß durchgefärbt oder farblich behandelt hergestellt. Für Asbestzement-Plantafeln gilt die DIN 274 Teil 4 (Aug. 1978). Sie sind wetterfest, frostbeständig, fäulnissicher, nichtbrennbar (Baustoffklasse A 1 DIN 4102).

Sie vertragen eine Wärmedauerbeanspruchung bis 250° C. Ihr Ausdehnungskoeffizient liegt mit ca. $10 \cdot 10^{-6}$/K in derselben Größenordnung wie der von Eisen und Beton.

Asbestfreie ebene Tafeln sind ebenfalls nichtbrennbar Baustoffklasse A 2 und temperatur-dauerbeständig bis 105° C. In ihren mechanischen Eigenschaften und den Anwendungsgebieten sind sie vergleichbar mit Tafelklasse 2 nach DIN 274 Teil 4. Fassadenplatten aus Faserzement, die größer sind als 0,4 m^2 und mehr als 5 kg wiegen, müssen als neue Baustoffart eine Zulassung für den Anwendungsbereich haben. Derartige Zulassungen wurden bereits erteilt.

Farbanstriche

Für den Anwendungsbereich Fassade sollten Platten mit einer hochwertigen, werkseitigen Beschichtung eingesetzt werden. Für nachträgliche Farbbehandlungen empfiehlt der Hersteller eigene, auf das Material abgestimmte Spezialfarben und Systeme.

Transport und Lagerung

erfolgen auf ebener, trockener Unterlage. Platten stets nur unter Dach und nicht im Freien lagern. Auf der Baustelle sollten Plantafeln-Stapel mit Folien bedeckt und geschützt werden. Nur so viele Tafeln übereinander legen, daß die Stapelhöhe 1 m nicht übersteigt. Tafeln hochkant tragen.

Bearbeitung

Asbestzementtafeln dürfen nur mit langsam laufenden Spezialgeräten bearbeitet werden, die keinen Feinstaub erzeugen. Bei asbestfreien Tafeln können auch andere mit Hartmetallschneiden bestückte Geräte verwendet werden.
Die wichtigsten Regeln, die Arbeiten berühren, bei denen mineralische Feinstäube entstehen können, sind:

TRgA 508: Silikogener Staub. In: BArbBl, 1981, Nr. 9, S. 81–82

VBG 119: Schutz gegen gesundheitsgefährlichen mineralischen Staub, vom 1. April 1973 in der Fassung vom 1. Oktober 1981

VBG 119 DA: Schutz gegen gesundheitsgefährlichen mineralischen Staub; Durchführungsanweisungen

VDI 3469: Emissionsminderung: Gewinnung und Verarbeitung von Asbest; Bearbeitung asbesthaltiger Produkte

ZH 1/513: Sicherheitsregeln für das Entfernen von Asbest

ZH 1/561: Regeln zur Messung und Beurteilung gesundheitsgefährlicher mineralischer Stäube

ZH 1/600.21: Einwirkung von Asbestfeinstaub bzw. asbesthaltigem Feinstaub

ZH 1/600.22: Einwirkung von Quarzfeinstaub bzw. quarzhaltigem Feinstaub

ZH 1/616: Sicherheitsregeln für staubemittierende handgeführte Maschinen und Geräte zur Bearbeitung von Asbestzement-Erzeugnissen

Formate ebener Tafeln

Produkt	Länge/Breite	Materialdicken											
	mm	2	4	5	5,5	6	8	10	12	12,5	15	20	25
Tafelklasse 1, ungepreßt													
Ebene Tafeln hellgrau	2500/1250			•		•	•	•					
Innenbautafel	2500/1250			•									
Tafelklasse 2, gepreßt, normal erhärtet													
Ebene Tafeln hellgrau und farbig	2000/1250		•	•		•	•	•	•				
	2500/1250		•	•		•	•	•	•		•	•	
	2500/1400		•	•		•	•	•	•		•	•	
	2830/1450					•	•	•	•		•	•	
	3200/1250					•	•	•	•		•	•	
	3400/1400					•	•	•	•		•	•	
	3580/1250										•	•	
Innenbautafel	2500/1250	•	•	•									
Unterdachtafeln	2500/1280				•								
	2500/ 625				•								
	2800/1280				•								
Ebene Tafeln drahtarmiert	2530/1280						•	•	•		•	•	
Ebene Tafeln ER ohne Draht	2500/1250					•	•	•	•		•	•	•
In den Eigenschaften entsprechend Tafelklasse 2, nicht genormt													
asbestfrei/hellgrau	2000/1250					•	•	•	•				
	2530/1280					•	•	•	•	•	•		
	2830/1280						•						
	3580/1250										•		
Tafelklasse 3, gepreßt, dampfgehärtet													
gepreßt, dampfgehärtet farbig beschichtet	2530/1280		•			•	•			•			
	3130/1280		•			•	•			•			
gepreßt, dampfgehärtet, hellgrau	2530/1280		•	•		•	•	•	•		•		
	3130/1280		•			•	•	•	•		•		
	3400/1400					•	•	•	•		•		
weiß durchgefärbt, acrylbeschichtet	2530/1280					•	•	•	•		•	•	
	2830/1280					•	•	•	•		•	•	
	3130/1280					•	•	•	•		•	•	
	2830/1430					•	•	•	•		•	•	
	3400/1400					•	•	•	•		•		
	3580/1250						•	•	•		•	•	
gepreßt, dampfgehärtet, mit Marmorsplitt beschichtet	2520/1240								•				
	3070/1240								•				

Befestigung der Fassadentafeln

Befestigungsmittel müssen den „Richtlinien für vorgehängte Fassaden mit und ohne Unterkonstruktion" bzw. den gültigen technischen Baubestimmungen entsprechen.
Beim Befestigen der Fassadenplatten ist unbedingt darauf zu achten, daß die Randabstände eingehalten werden. Es ist weiter darauf zu achten, daß die Fassadenplatten-Großformate ebenflächig aufliegen und keine Spannungen durch unterschiedliche Unterlegungen (Fugen- und Lüftungsprofil o. ä.) entstehen können. Beim Vernieten der Platten muß der Bohrlochdurchmesser in der Platte 2 mm größer sein als der Schaftdurchmesser des Befestigungsmittels. Diese Bedingungen werden bauseits mit einem Stufenbohrer erreicht. Für werksseits vorgebohrte Platten benutzt man zur Herstellung der Bohrung in der Unterkonstruktion eine Zentrierhülse.
Der erforderliche Längenausgleich der Tafel ist nachzuweisen. Unzulässige Zwängungsbeanspruchungen infolge thermisch bedingter Längenänderungen der Unterkonstruktion bzw. der Tafeln sind zu vermeiden.
Der Randabstand c parallel zur Unterkonstruktion soll mindestens 50 mm betragen.
Bei Einlegen eines Fugenprofiles o. ä. quer zur Unterkonstruktion soll der Ab-

stand von Fugenprofil zur Tafelbefestigung mindestens 80 mm sein.

Die Fugenbreite soll 5 mm nicht unterschreiten. Als Faustformel kann gelten: Materialdicke = Fugenbreite. Fugen können hinterlegt oder überdeckt werden.

Auch Fugen-Klemmprofile sind im Handel. In waagerechten Fugen dienen h-Profile zur Wasserableitung.

Bei der Anwendung von Plantafeln als Außenwandbekleidung sind die „Richtlinien für Fassadenbekleidung mit und ohne Unterkonstruktion" zu beachten.

Befestigungsarten

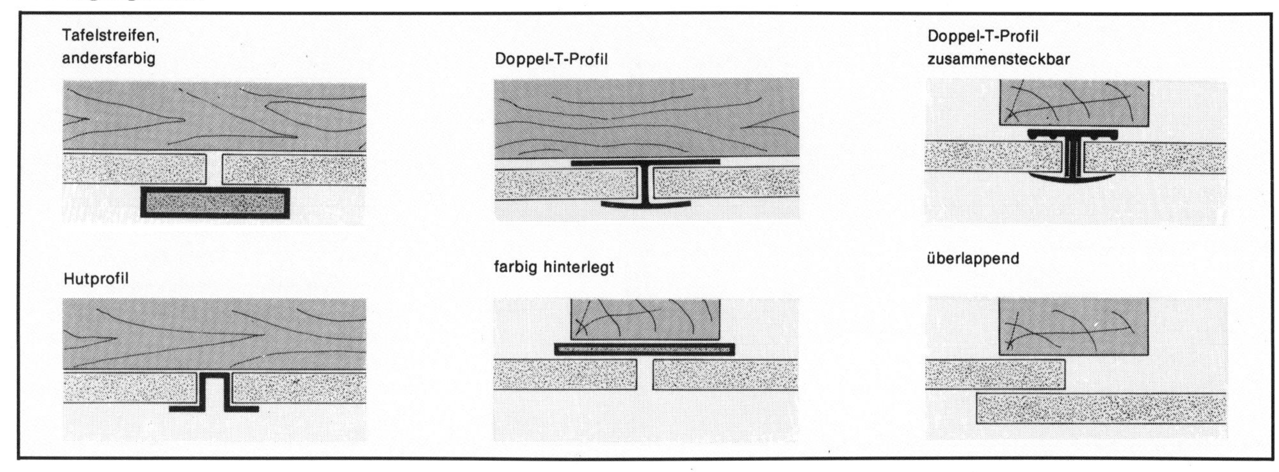

Der Randabstand der Befestigungsmittel bezogen auf die vertikale Fuge beträgt bei Schraubbefestigungen = 20 mm, bei Nietbefestigungen = 30 mm, bezogen auf die horizontale Fuge generell = 80 mm. Bei Großtafeln sollte die Fuge mindestens 10 mm breit sein zur Aufnahme der Plattentoleranzen. Fugen können offen oder hinterlegt ausgebildet werden, die Hinterlegung muß so angebracht werden, daß eine ebenflächige Auflage für die Platten gegeben ist.

Verlegung auf Alu-Unterkonstruktionen

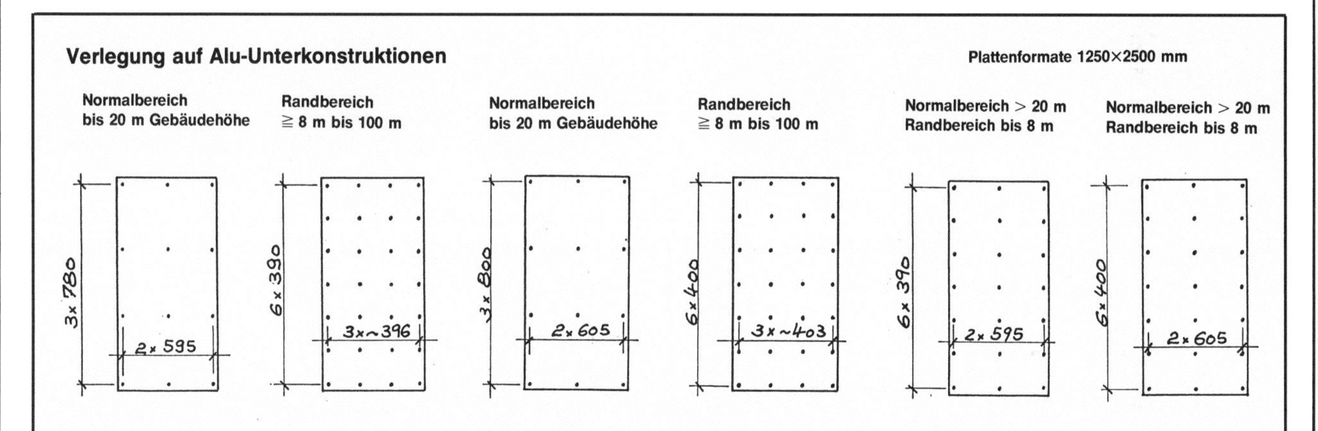

Für den Standsicherheitsnachweis der großformatigen Faserzement-Tafeln und über Befestigungen müssen die Schnittlasten, insbesondere die maximalen Biegemomente und die Auflagerreaktionen berechnet werden.

Bei der Alu-Unterkonstruktion ist die Nachgiebigkeit der Konstruktion statisch zu berücksichtigen.

Beim Lastfall „Winddruck" wird die Last im allgemeinen linienförmig durch die Unterkonstruktion aufgenommen.
Für den Lastfall „Windsog" liegen die Platten auf kreisförmigen Lagerrinnen, die von den Nagel- bzw. Schraubköpfen gebildet werden. Damit ist dieser Lastfall der im allgemeinen ungünstigste und der für die Bemessung maßgebende.

Die angegebenen Randabstände dürfen in keinem Falle unterschritten werden.

Waagerechte Plattenmontage auf senkrechter Konstruktion

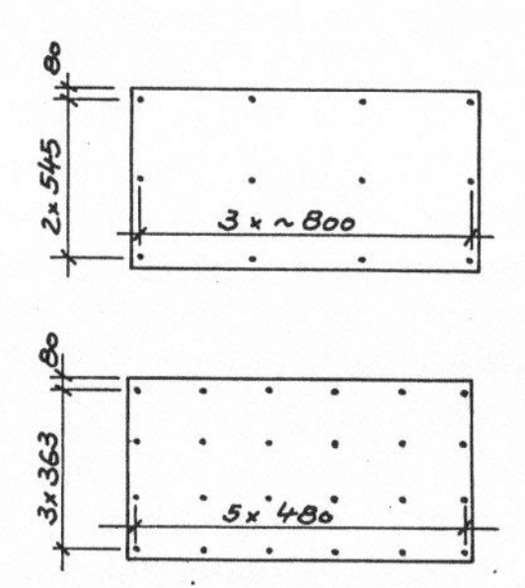

Befestigungsschema für Gebäudehöhen bis 20 m im Normalbereich. Bis 100 m Gebäudehöhe eine senkrechte Befestigungsreihe mehr.

Befestigungsschema für Gebäudehöhen bis 20 m im Randbereich. Bis 100 m Gebäudehöhe eine senkrechte Befestigungsreihe mehr.

Plattengröße der Abbildungen 1250 × 2500 mm, für andere Abmessungen gilt max. Befestigungsabstand 800 mm bei einer Stützweite von 625 mm in Abhängigkeit zur Gebäudehöhe. Auf Anfrage ist eine statische Unterstützung zu bekommen.

Randabstände
Holzkonstruktion 20/80 mm
Alu-Konstruktionen 30/80 mm

Befestigung

Befestigungselemente für Fassadenplatten

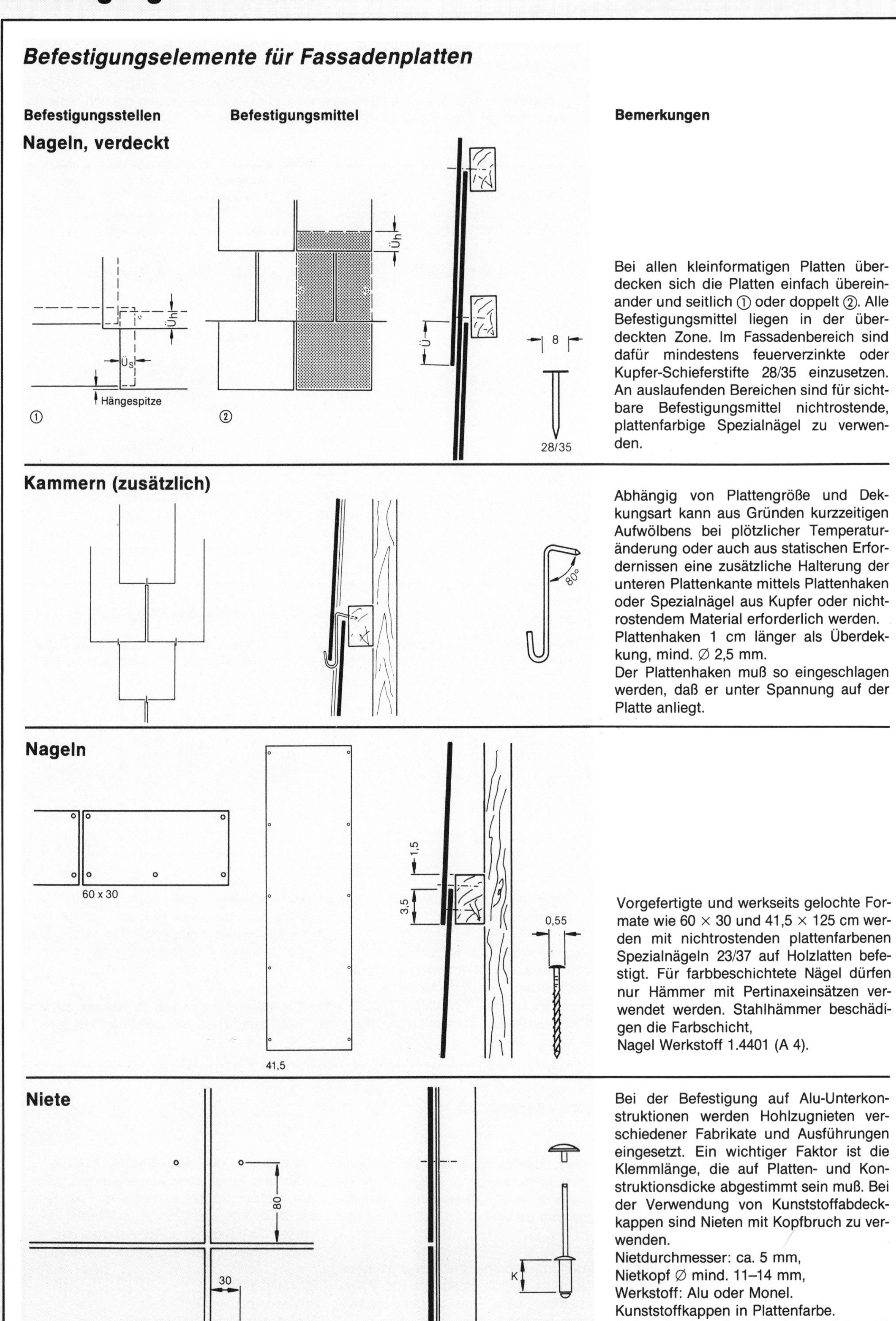

Befestigungsstellen | **Befestigungsmittel** | **Bemerkungen**

Nageln, verdeckt

Bei allen kleinformatigen Platten überdecken sich die Platten einfach übereinander und seitlich ① oder doppelt ②. Alle Befestigungsmittel liegen in der überdeckten Zone. Im Fassadenbereich sind dafür mindestens feuerverzinkte oder Kupfer-Schieferstifte 28/35 einzusetzen. An auslaufenden Bereichen sind für sichtbare Befestigungsmittel nichtrostende, plattenfarbige Spezialnägel zu verwenden.

Kammern (zusätzlich)

Abhängig von Plattengröße und Dekkungsart kann aus Gründen kurzzeitigen Aufwölbens bei plötzlicher Temperaturänderung oder auch aus statischen Erfordernissen eine zusätzliche Halterung der unteren Plattenkante mittels Plattenhaken oder Spezialnägel aus Kupfer oder nichtrostendem Material erforderlich werden.
Plattenhaken 1 cm länger als Überdekkung, mind. ∅ 2,5 mm.
Der Plattenhaken muß so eingeschlagen werden, daß er unter Spannung auf der Platte anliegt.

Nageln

Vorgefertigte und werkseits gelochte Formate wie 60 × 30 und 41,5 × 125 cm werden mit nichtrostenden plattenfarbenen Spezialnägeln 23/37 auf Holzlatten befestigt. Für farbbeschichtete Nägel dürfen nur Hämmer mit Pertinaxeinsätzen verwendet werden. Stahlhämmer beschädigen die Farbschicht,
Nagel Werkstoff 1.4401 (A 4).

Niete

Bei der Befestigung auf Alu-Unterkonstruktionen werden Hohlzugnieten verschiedener Fabrikate und Ausführungen eingesetzt. Ein wichtiger Faktor ist die Klemmlänge, die auf Platten- und Konstruktionsdicke abgestimmt sein muß. Bei der Verwendung von Kunststoffabdeckkappen sind Nieten mit Kopfbruch zu verwenden.
Nietdurchmesser: ca. 5 mm,
Nietkopf ∅ mind. 11–14 mm,
Werkstoff: Alu oder Monel.
Kunststoffkappen in Plattenfarbe.
Bohrloch ∅ in der Unterkonstruktion 4,9 mm, in der Fassadenplatte 7 mm.

Schrauben

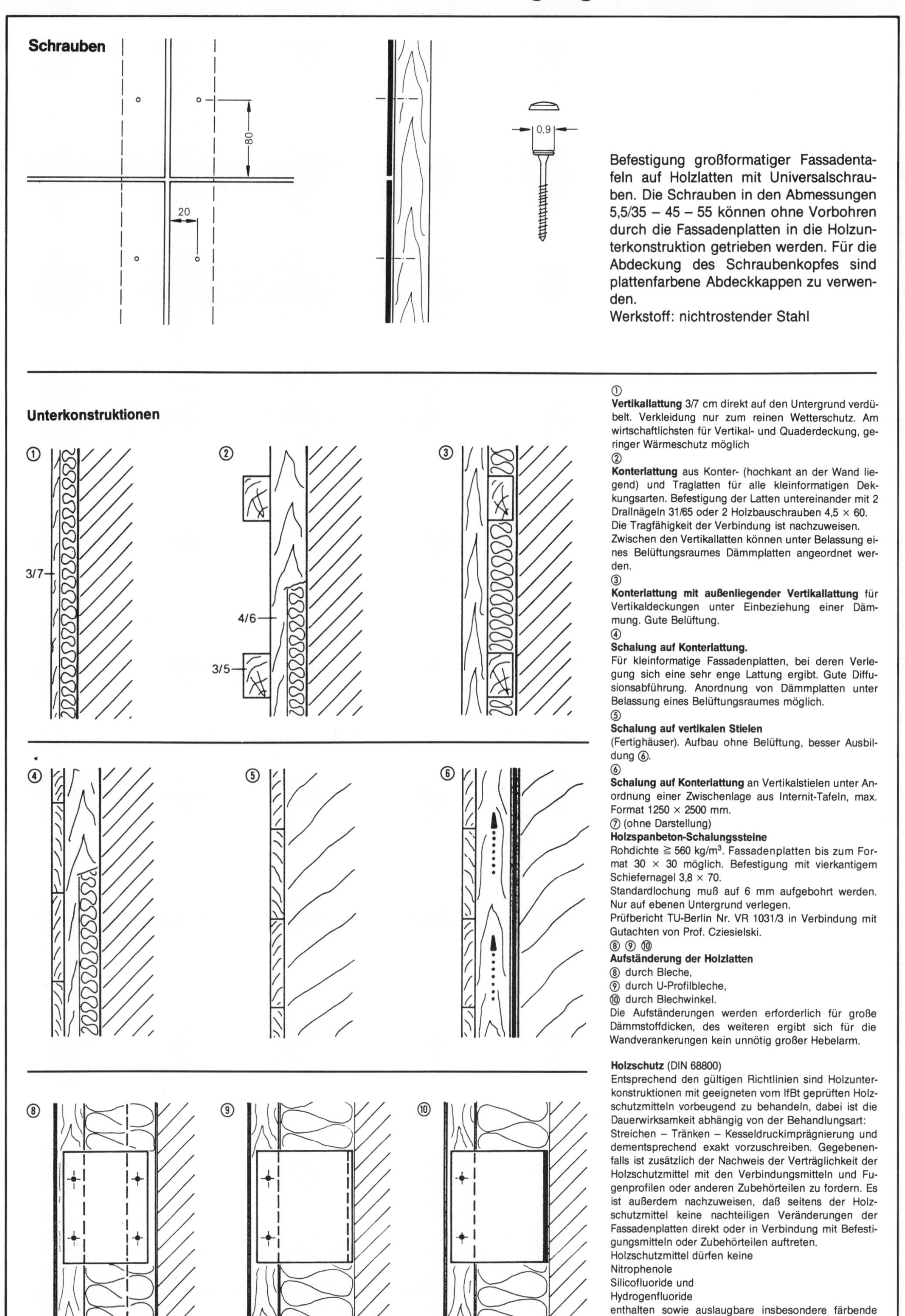

Befestigung großformatiger Fassadentafeln auf Holzlatten mit Universalschrauben. Die Schrauben in den Abmessungen 5,5/35 – 45 – 55 können ohne Vorbohren durch die Fassadenplatten in die Holzunterkonstruktion getrieben werden. Für die Abdeckung des Schraubenkopfes sind plattenfarbene Abdeckkappen zu verwenden.
Werkstoff: nichtrostender Stahl

Unterkonstruktionen

①
Vertikallattung 3/7 cm direkt auf den Untergrund verdübelt. Verkleidung nur zum reinen Wetterschutz. Am wirtschaftlichsten für Vertikal- und Quaderdeckung, geringer Wärmeschutz möglich

②
Konterlattung aus Konter- (hochkant an der Wand liegend) und Traglatten für alle kleinformatigen Deckungsarten. Befestigung der Latten untereinander mit 2 Drallnägeln 31/65 oder 2 Holzbauschrauben 4,5 × 60. Die Tragfähigkeit der Verbindung ist nachzuweisen. Zwischen den Vertikallatten können unter Belassung eines Belüftungsraumes Dämmplatten angeordnet werden.

③
Konterlattung mit außenliegender Vertikallattung für Vertikaldeckungen unter Einbeziehung einer Dämmung. Gute Belüftung.

④
Schalung auf Konterlattung.
Für kleinformatige Fassadenplatten, bei deren Verlegung sich eine sehr enge Lattung ergibt. Gute Diffusionsabführung. Anordnung von Dämmplatten unter Belassung eines Belüftungsraumes möglich.

⑤
Schalung auf vertikalen Stielen
(Fertighäuser). Aufbau ohne Belüftung, besser Ausbildung ⑥.

⑥
Schalung auf Konterlattung an Vertikalstielen unter Anordnung einer Zwischenlage aus Internit-Tafeln, max. Format 1250 × 2500 mm.

⑦ (ohne Darstellung)
Holzspanbeton-Schalungssteine
Rohdichte ≧ 560 kg/m³. Fassadenplatten bis zum Format 30 × 30 möglich. Befestigung mit vierkantigem Schiefernagel 3,8 × 70.
Standardlochung muß auf 6 mm aufgebohrt werden. Nur auf ebenen Untergrund verlegen.
Prüfbericht TU-Berlin Nr. VR 1031/3 in Verbindung mit Gutachten von Prof. Cziesielski.

⑧ ⑨ ⑩
Aufständerung der Holzlatten
⑧ durch Bleche,
⑨ durch U-Profilbleche,
⑩ durch Blechwinkel.
Die Aufständerungen werden erforderlich für große Dämmstoffdicken, des weiteren ergibt sich für die Wandverankerungen kein unnötig großer Hebelarm.

Holzschutz (DIN 68800)
Entsprechend den gültigen Richtlinien sind Holzunterkonstruktionen mit geeigneten vom IfBt geprüften Holzschutzmitteln vorbeugend zu behandeln, dabei ist die Dauerwirksamkeit abhängig von der Behandlungsart:
Streichen – Tränken – Kesseldruckimprägnierung und dementsprechend exakt vorzuschreiben. Gegebenenfalls ist zusätzlich der Nachweis der Verträglichkeit der Holzschutzmittel mit den Verbindungsmitteln und Fugenprofilen oder anderen Zubehörteilen zu fordern. Es ist außerdem nachzuweisen, daß seitens der Holzschutzmittel keine nachteiligen Veränderungen der Fassadenplatten direkt oder in Verbindung mit Befestigungsmitteln oder Zubehörteilen auftreten.
Holzschutzmittel dürfen keine
Nitrophenole
Silicofluoride und
Hydrogenfluoride
enthalten sowie auslaugbare insbesondere färbende Bestandteile.

Aluminium-Unterkonstruktionen

für kleinformatige Platten

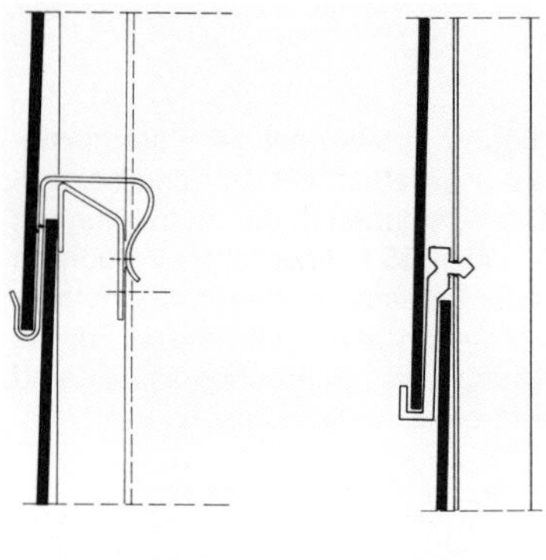

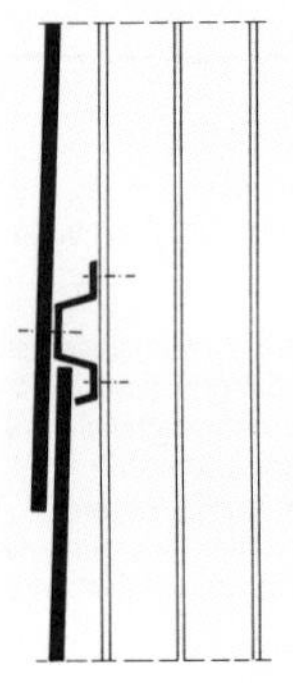

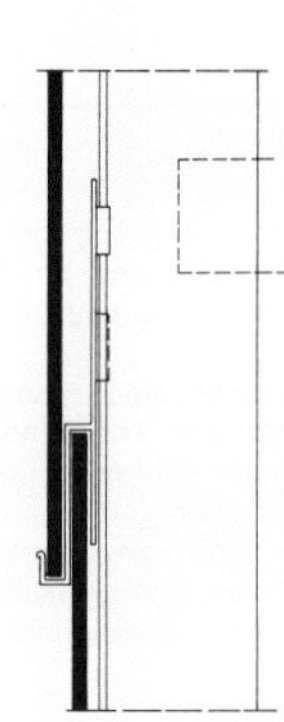

für großformatige Platten

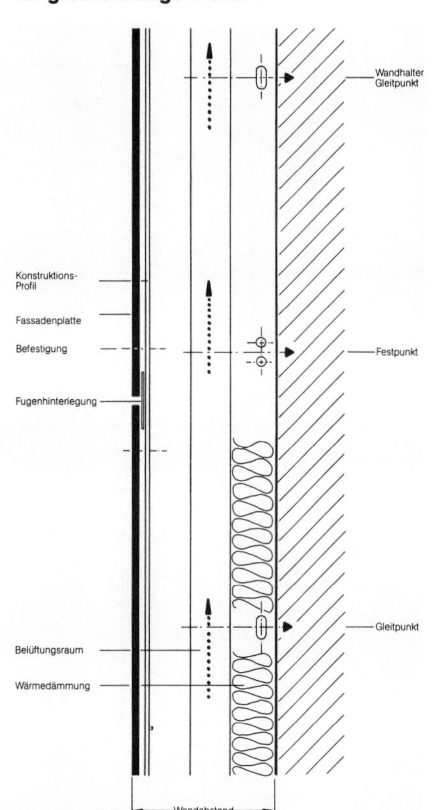

Es gibt verschiedene Hersteller, die Alu-Unterkonstruktionen für kleinformatige Platten anbieten. Dabei ist vom System her vorgesehen, daß die Fassadenplatten spannungsfrei mit Klammern o. ä. an der Konstruktion gehalten werden. Eine Verbindung der Platten miteinander ist nicht statthaft.

Auch die Konstruktionen für Großformate werden in verschiedenen Versionen von einzelnen Firmen angeboten. Alle Konstruktionen, die nicht statisch einwandfrei berechnet werden können, müssen für den Anwendungsbereich bauaufsichtlich zugelassen sein.

Allgemein: Die Befestigung der Unterkonstruktionen im Wandbereich darf nur mit bauaufsichtlich zugelassenen Dübel-Schrauben-Kombinationen für den jeweiligen Untergrund erfolgen.

Faserzement-Wellplatten

Faserzement-Wellplatten sind nach DIN 274 genormt bzw. in asbestfreier Ausführung bauaufsichtlich zugelassen. Der Normung liegt eine Güteüberwachung des Materials zugrunde. **Die Platten werden werkseits mit Eckenschnitten versehen und unabhängig von der Wetterrichtung von rechts nach links verlegt.**

DIN 274, Teil 1 (Ausgabe April 1972), „Asbestzement-Wellplatten; Maße, Anforderungen, Prüfungen"
DIN 274, Teil 2 (Ausgabe April 1972), „Asbestzement-Wellplatten; Anwendung bei Dachdeckungen"
Zulassungsbescheid Z 31.1-47 Dach für asbestfreie Faserzementwellplatten
Farben: Naturfarben, Hellgrau, Dunkelgrau, Rostbraun, Ziegelrot.
Hochbeständige Farbgebung im System, 2-Schichtcolor L 85 gegenüber saurem Regen und UV-Einstrahlung.

Profil 5
- ▼ **Befestigung (allgemein), 2. und 5. Wellenberg. Rand- und Eckbereich zusätzlich 2. und 5. Wellenberg Mittelpfette.**
- ▽ **Befestigung (Sonderfall), Rand- und Eckbereich, über 20 m 2., 3., 5. (nach Statik)**

Profil 8
- ▼ **Befestigung (allgemein), 2. und 6. Wellenberg. Rand- und Eckbereich zusätzlich 2. und 6. Wellenberg Mittelpfette.**
- ▽ **Befestigung (Sonderfall), 2., 4., 6. Wellenberg nach Statik.**

Maßausgleich

Dachlänge (Giebel – Giebel): Anpassung des Dachüberstandes an das Plattenmaß oder Plattenzuschnitt in der **vorletzten** Ortgangreihe. In den Ortgangbereichen dürften Platten nur mit absteigenden Wellen enden oder Überdeckung mit einfachem Giebelwinkel oder Giebelwulstwinkel ausführen.

Dachtiefe (Traufe – First): je Längenüberdeckung ± 15 mm. Zuschnitt der **obersten** Plattenreihe.

Profil 5 (177/51)

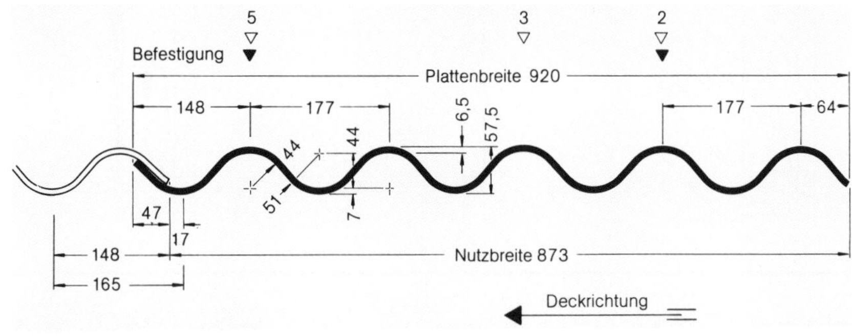

Profil 8 (130/30)

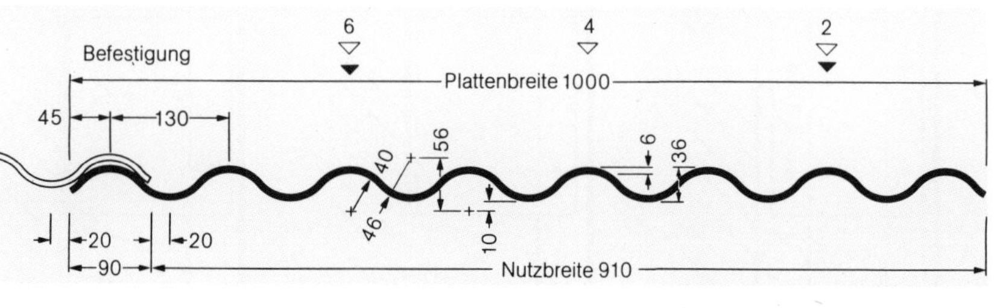

Technische Daten (Maße in mm)

	Profil 5	Profil 8
Lieferlängen (mm) Plattengewichte (kg)	1250/16,0 1600/20,5 2000/25,5 2500/32,0	1250/15,8 1600/20,2 2000/25,2 2500/31,5
Profilhöhe	51	30
Plattenbreite	920	1000
Nutzbreite	873	910
Materialdicke	6,5	6
Seitenüberdeckung	47	90
Längenüberdeckung	200	200

Mindestdachneigung in Abhängigkeit von der Dachtiefe

Dachneigung	max. Länge Traufe – First	Längen-überdeckung
≧ 7° bis 8°	10 m	200 mm
≧ 8° bis 10°	20 m	
≧ 10° bis 12°	30 m	
≧ 12° bis 75°	über 30 m	

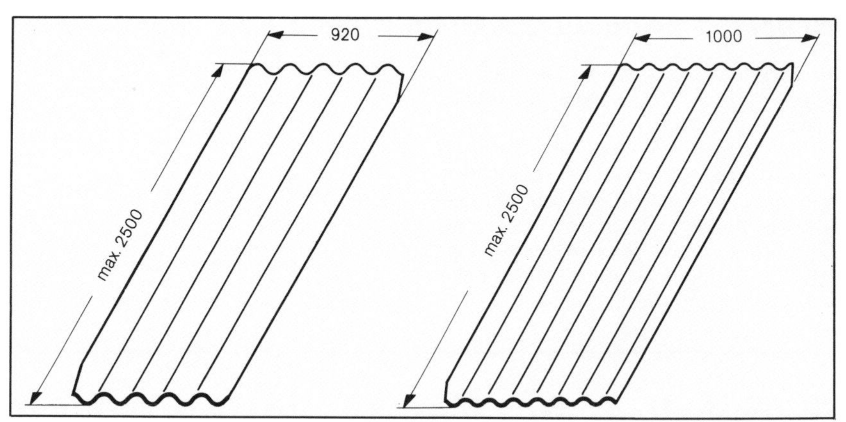

Wellplatten mit Eckenschnitt für die Verlegung von rechts nach links. Ergänzungsplatten werden in 2500 mm Länge ohne Eckenschnitt geliefert.

Material

ungepreßt, normalerhärtet, nichtbrennbarer Baustoff nichtbrennbar A 1 nach DIN 4102. Herstellung amtlich güteüberwacht durch eine hierfür zugelassene Materialprüfanstalt.
Asbestfrei, gepreßt, normalerhärtet, nichtbrennbar.

Befestigungsmittel

DIN 274 T 2 fordert eine Auszugskraft der Befestigungsmittel von mindestens 2 kN.

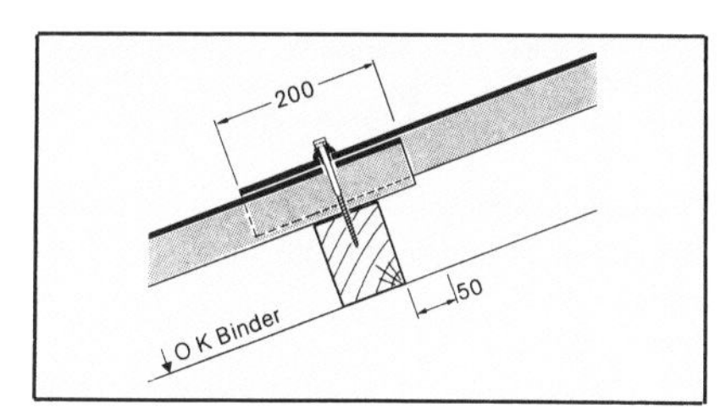

Holzschrauben in Pfettenmitte Standardbefestigung
Profil 5 7 × 120 **Profil 8 7 × 100**
Schlüsselweite 12

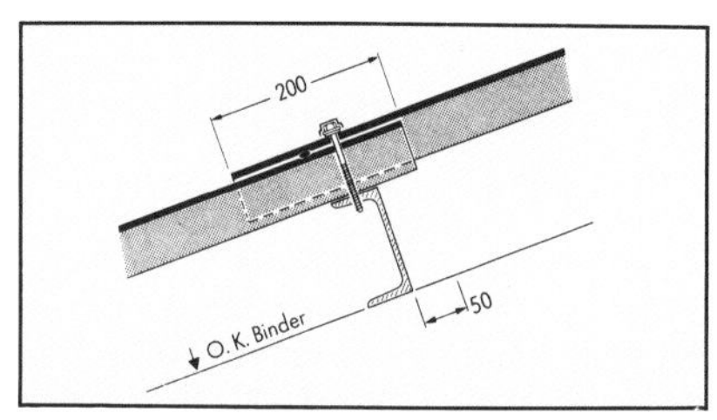

Gewindefurchende Sechskantschrauben in Pfettenmitte, bei I-Träger im firstseitigen Flansch, Standardbefestigung
Profil 5 7,25 × 90 **Profil 8 7,25 × 70**
Schlüsselweite 12

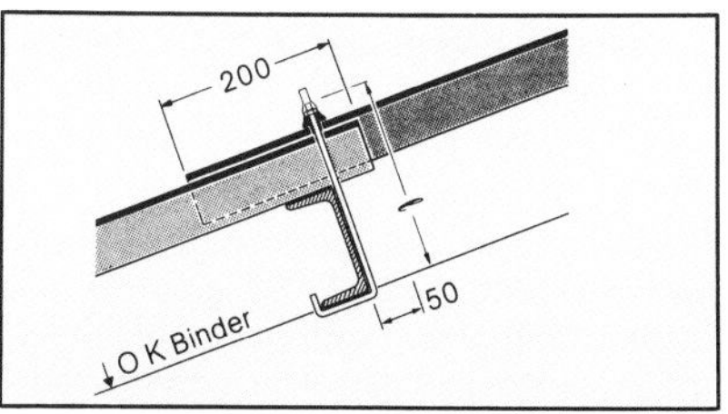

Hakenbefestigungen (L-Haken) firstseits der Pfette, z. B. Standardbefestigung bei I- oder U-Träger 100 Schaftlänge bei
Profil 5 = 190 **Profil 8 = 170**
Schlüsselweite 13

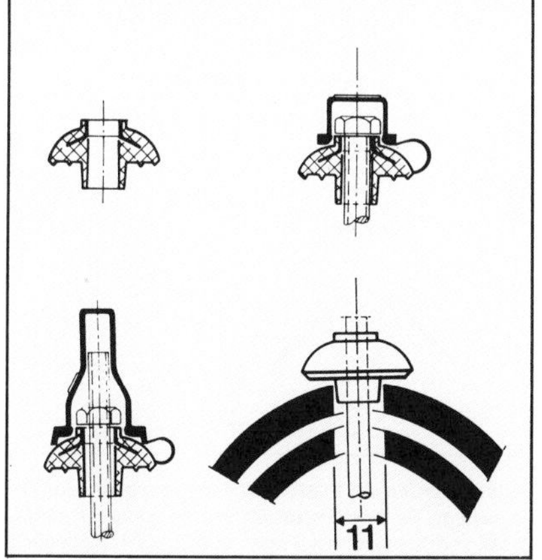

Bohrlochdurchmesser: 11 mm. Zur Verbeidung von Undichtigkeiten ist der Bohrstaub völlig zu entfernen. Befestigungsmittel dürfen nicht durch Wellplatten geschlagen werden. Die Materialqualität der Befestigungsmittel ist dem Verwendungszweck und der Umweltbelastung anzupassen und im Ausschreibungstext genau zu definieren, z. B. nichtrostender Stahl nach DIN 17440, Werkstoff Nr. ____ oder Stahl St 37, feuerverzinkt tZn 200.

Anordnung der Kittschnur

30
200

In den Neigungsbereichen von 7–10° sind in allen Längenüberdeckungen Dichtungsprofile ∅ 8 mm gleichmäßig dick einzulegen. Die Schnüre sind bereits auf die entsprechende Verwendungslänge von 1,10 m (Profil 5 und 8) abgelängt.

Formstücke

- Kaltdachfirst
- Abschlußboden für Firstkappe
- Rohrstutzen und Dachentlüfter
- Giebelwulstwinkel
- Wellübergangshaube
- Einfacher Giebelwinkel
- Firstabschluß
- Traufenzahnleiste
- Traufenfußstück
- Wellfirsthaube
- Maueranschlußstück
- Dehnfugenkappe
- Gratkappe
- Wellübergangsstück
- Wellpulthaube
- Traufenlüftungskamm
- Entlüfter-Wellfirsthaube
- Wellfenster
- Turbolüfter

Der Eckenschnitt an den beiden gegenüberliegenden Ecken ermöglicht eine dichte Verbindung ohne 4fach-Überlappung: Die offene Stoßfuge zwischen den Platten 2 und 3 wird durch die Ecke der Platte 4 abgedeckt.

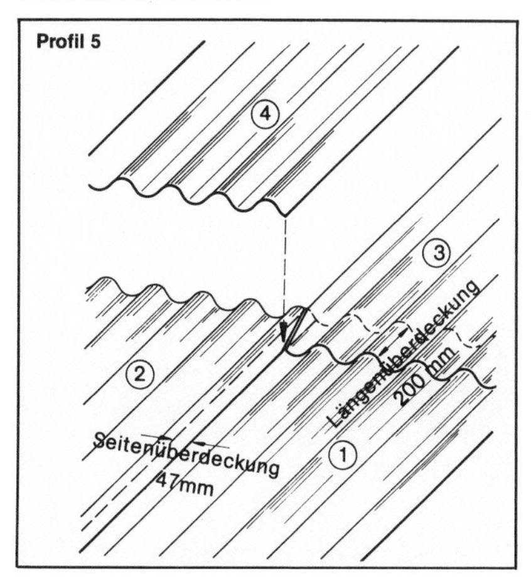

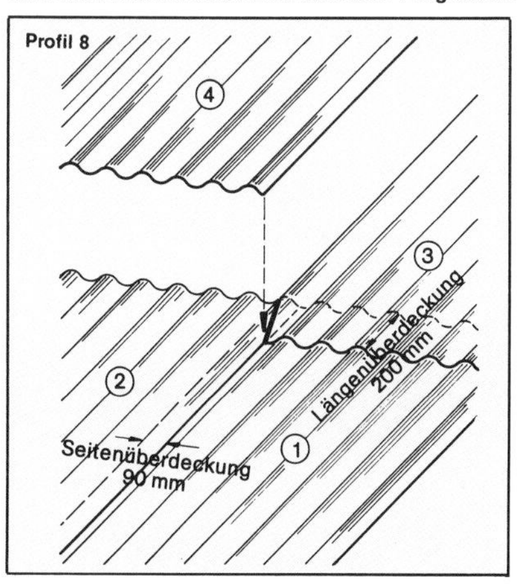

Wellplatten-Sonderverlegung Profil 5 ab 5° mit Sonderprofil

Die Sonderverlegung der Wellplatten Profil 5 (177/51) ab 5° Dachneigung ist bauaufsichtlich zugelassen. Erforderlich sind bei der Längen- und Seitenüberdeckung Sonder-Dichtungsprofile. Das Abdichten der Seitenüberdeckung mit dem Eternit-R-Prestik-Sonderprofil ermöglicht das Unterschreiten der Mindestdachneigung nach DIN 274 um maximal 2° (Zulassungsbescheid des IfBt Gesch.-Z. 31.1-8).

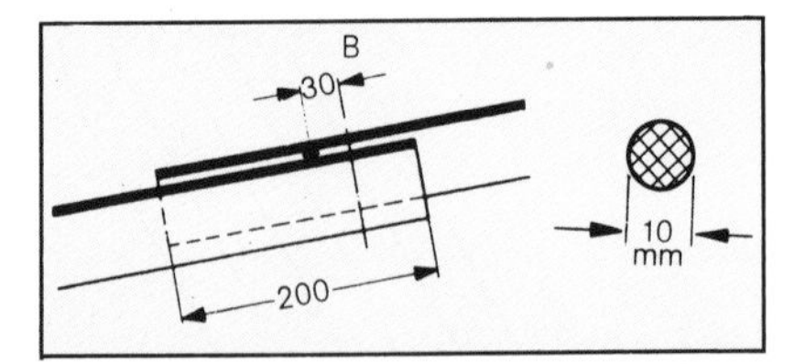

30 mm unterhalb der Befestigung wird die Längenüberdeckung bei der Sonderverlegung mit dem Prestik-Z-Dichtungsprofil 10 mm abgedichtet.

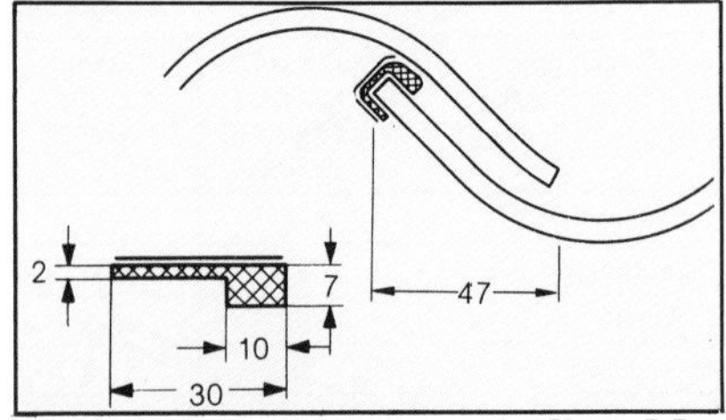

Auf dem aufsteigenden Wellenast der Platte: R-Prestik-Sonderprofil mit Alu-Einlage

Wellplatten für Kappenverlegung ab 3°

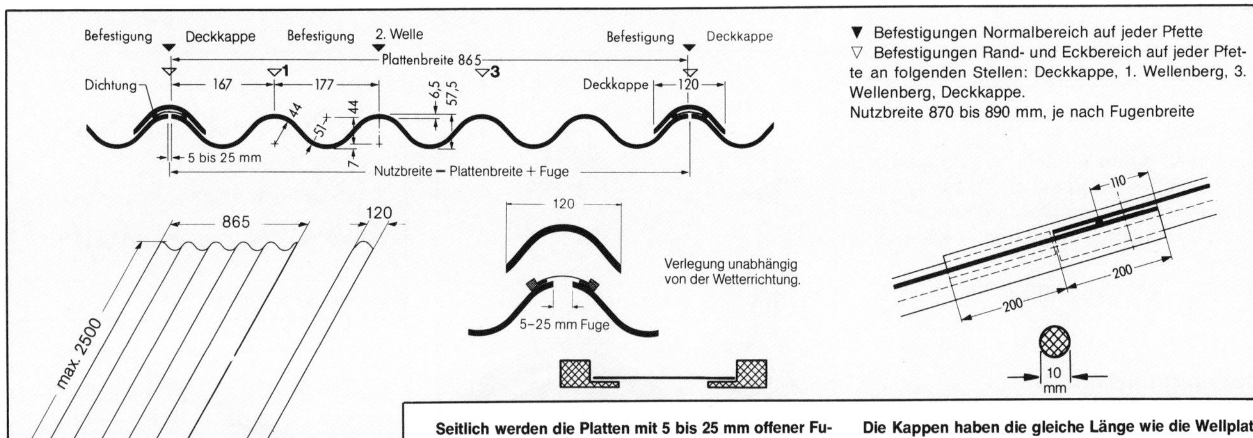

▼ Befestigungen Normalbereich auf jeder Pfette
▽ Befestigungen Rand- und Eckbereich auf jeder Pfette an folgenden Stellen: Deckkappe, 1. Wellenberg, 3. Wellenberg, Deckkappe.
Nutzbreite 870 bis 890 mm, je nach Fugenbreite

Seitlich werden die Platten mit 5 bis 25 mm offener Fuge verlegt. Die Fuge wird mit den Deckkappen abgedeckt und bei Dachneigungen von 3° bis 7° zusätzlich mit Prestik-Z-Doppelschnur AL abgedichtet. Bei höheren Dachneigungen kann die Dichtung entfallen. Aufgrund der offenen Fuge ist die Nutzbreite bei Kappenverlegung größer als die Plattenbreite.

Die Kappen haben die gleiche Länge wie die Wellplatten. Sie werden jeweils mit den firstseitig gelegenen Wellplatten gestoßen und haben ebenso wie die Wellplatten ihrerseits eine Längenüberdeckung von jeweils 200 mm. Bis 10° Dachneigung wird die Längenüberdeckung mit Prestik-Z-Dichtungsprofil ∅ mm abgedichtet.

Wellplatten für die Kappenverlegung entsprechen im Material, im Profil und der Länge den Platten Profil 177/51 nach DIN 274 Teil 1. Sie enden jedoch auf beiden Seiten mit einem ansteigenden Wellenast und sind nur 865 mm breit.
Die Kappenverlegung ab 3° ist eine bauaufsichtlich zugelassene Dacheindeckung entsprechend Zulassungsbescheid des IfBt, Zulassungs-Nr. Z 31.1-8.

Befestigungsmittel

wie bei Profil 5 und 8.

Formstücke

Bei der Kappenverlegung sind einige besondere Formstücke notwendig:

Traufenzahnleiste
Kunststoff-Traufenlüftungskamm
Deckkappen
Wellfirsthaube
Traufenfußstück
Wellpulthaube
Maueranschlußstück
Dachentlüfter

Kurzwellplatten für die Dachdeckung

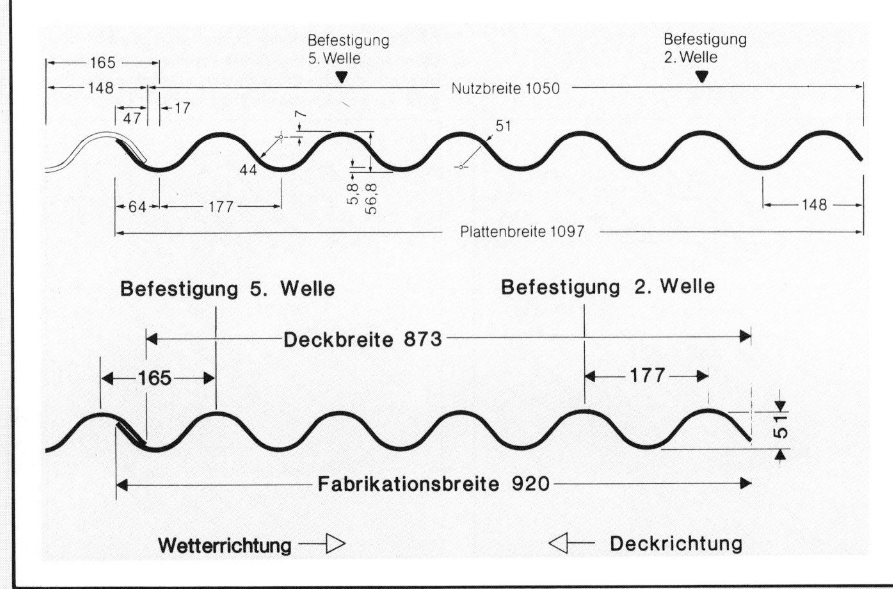

Die asbestfreie Kurzwellplatte ist im Profil 177/51, je nach Hersteller mit 5 Wellen (920 mm breit) oder 6 Wellen (1097 mm breit), profiliert, erzielt jedoch mit 625 mm Länge ein lebhafteres Licht- und Schattenspiel auf der Dachfläche als die Platte Profil 5.

Sie bietet ein Komplettprogramm für Dacheindeckungen aller Art. Die Befestigung durch sturmsichere Nagelung kann statisch einwandfrei nachgewiesen werden.

Kurzwellplatten werden entgegen der Wetterrichtung verlegt. Es gibt sie mit Eckenschnitt und Bohrungen für Links- und Rechtsdeckung sowie ohne Eckenschnitt und ungebohrt für Zurichtung auf der Baustelle entsprechend dem vorgesehenen Einsatz an Traufe, Ortgang oder First.

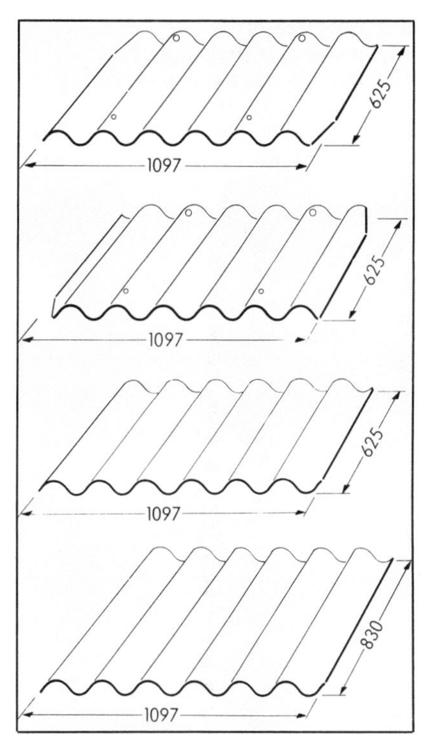

Kurzwellenplattentypen, von oben nach unten: mit Eckenschnitt und Bohrungen für Rechtsdeckung, für Linksdeckung, ohne Eckenschnitt und Bohrungen in normaler Länge (625) und als Ausgleichsplatte für Abstand First-Traufe (830 mm lang). Alle Typen auch mit 5 Wellen und 920 mm breit.

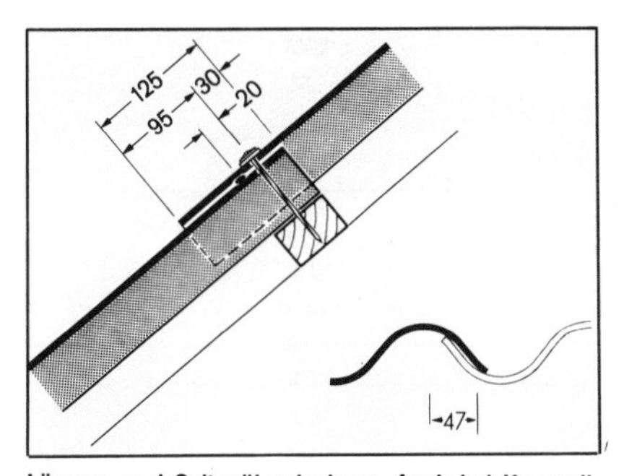

Längen- und Seitenüberdeckung. Auch bei Kurzwellplatten wird – 20 mm unterhalb der Befestigung – eine Kittschnur eingelegt.

Hier werden beispielhaft einige Formstücke im Kurzwellplattendach gezeigt: Ausbildung von First und Grat, Dachausstiegfenster, Entlüftergaube, Dunstrohranschluß und Antennendurchführung.

Bei der Verwendung von einteiligen Firsthauben muß die Eindeckung beider Dachflächen vom gleichen Ortgang vorgenommen werden, Wellentäler und -berge müssen genau gegenüber liegen. Die Oberkanten der letzten Plattenreihe müssen parallel zur Firstlinie verlaufen.

Formstücke

Traufenzahnleiste
Kunststoff-Traufenlüftungskamm
Traufenfußstück
Wellpulthaube
Maueranschlußstück
Wellfirsthaube, 1- oder 2teilig
Gratkappe, auch mit Lüftergratabdichtungen
Giebelabschluß
Wellgiebelwinkel
Firstschale mit Lüfterfirstformteilen

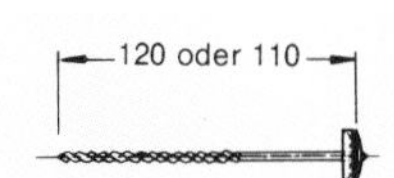

Befestigung: Drall-Glockennagel 38×120 oder 110 feuerverzinkt plattenfarben, andere Materialien (rostbeständig) auf Anfrage. Die Befestigung der Platten erfolgt mit plattenfarbenen, amtlich geprüften Glockennägeln in abgebildeter Form. Die Glockennägel sind so einzuschlagen, daß die Dichtungsscheibe rundum aufliegt.

Farben: Dunkelgrau, Dunkelbraun, Ziegelrot

Technische Daten

Länge		625	mm
Breite	920		1097 mm
Längenüberdeckung		125	mm
Seitenüberdeckung		47	mm
Nutzbreite	873		1050 mm
Nutzlänge		500	mm
Nutzfläche	0,437		0,525 m²
Mindestdachneigung		10°	

Unterdachtafeln

Nach DIN 18 338 Dachdeckungs- und Dachdichtungsarbeiten und den Fachregeln des Dachdeckerhandwerks müssen gedeckte Dächer regensicher sein, d. h. Niederschlag auffangen und zur Traufe ableiten. Die Behinderung des normalen Wasserlaufs durch Eisschanzenbildung, Staub, Flugasche und Moos ist hiervon ausdrücklich ausgenommen. Außerdem läßt sich das Eindringen von Ruß, Staub und Schnee bei kleinschuppigen Hartbedachungen nicht vermeiden, kann jedoch durch zusätzliche konstruktive Maßnahmen vermindert werden. Das Unterdach aus 5,5 mm dicken asbestfreien Spezialtafeln – hergestellt aus einem neuen nicht asbesthaltigen Baustoff auf der Basis von Zellulose, Synthetik und Zement – ist als zusätzliche konstruktive Maßnahme ein optimaler Schutz für den Dachraum. Aufgrund der materialtypischen physikalischen Eigenschaften der Tafeln, vor allem ihrer Dampfdurchlässigkeit, können Dämmstoffe ohne zusätzlichen Belüftungsraum direkt unter dem Unterdach angebracht werden. Lediglich oberhalb des Unterdaches ist der erforderliche Lüftungsquerschnitt von 200 cm²/m quer zur Strömungsrichtung durch Konterlattung sicherzustellen.

Die herausragenden Eigenschaften des Unterdaches sind:

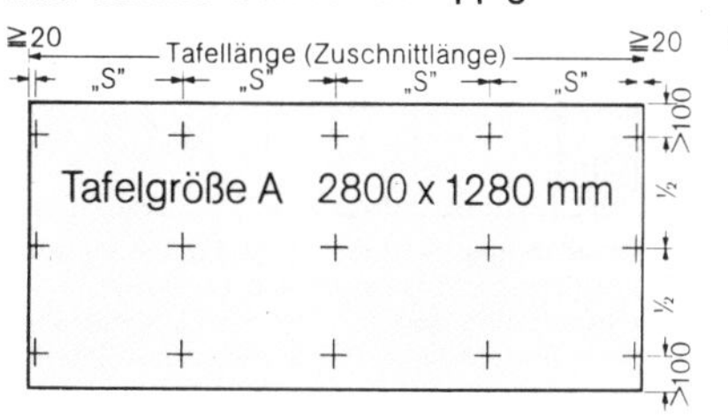

Tafelgrößen (Dicke je nach Hersteller 5 oder 5,5 mm)
\+ Befestigungspunkte für Schieferstifte 28/35
„S" Sparrenabstand

Spundwand-Wellform

- flexibles System
- nicht raster- oder typengebunden
- keine Pakete auf den Sparren
- freie Wahl des Dämmstoffes
- keine Spezialbefestigungen erforderlich
- keine zusätzliche Dachbahnenverlegung erforderlich
- Bearbeitung mit Hartmetall-Holzbearbeitungswerkzeugen
- Verwendungsmöglichkeit unter allen Hartbedachungen
- flugschneesicher
- staub- und rußsicher
- windabweisend
- glatte, wartungsfreie Untersicht
- schädlings-, fäulnis- und korrosionsbeständig
- nichtbrennbar nach DIN 4102, Baustoffklasse A2
- dampfdurchlässig

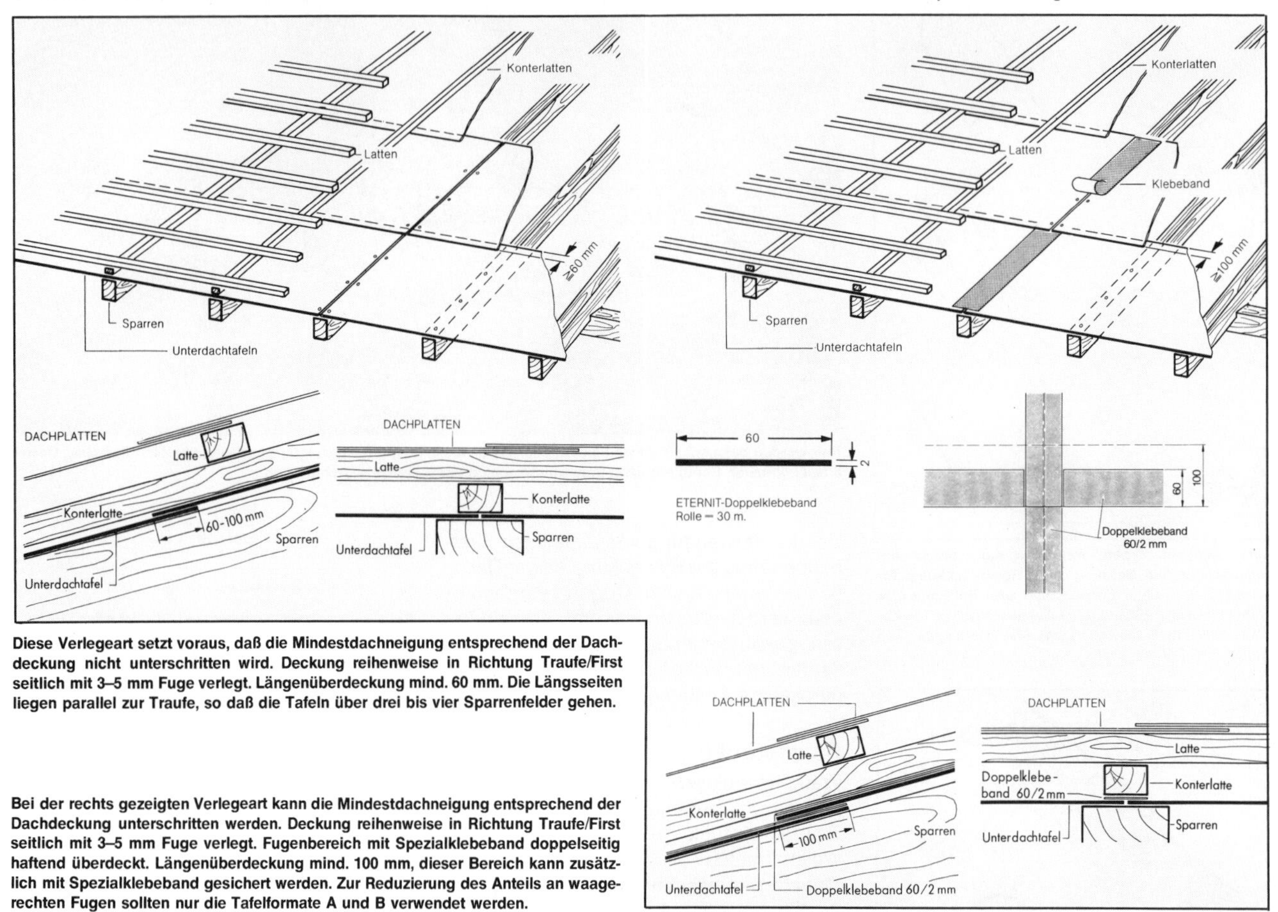

Diese Verlegeart setzt voraus, daß die Mindestdachneigung entsprechend der Dachdeckung nicht unterschritten wird. Deckung reihenweise in Richtung Traufe/First seitlich mit 3–5 mm Fuge verlegt. Längenüberdeckung mind. 60 mm. Die Längsseiten liegen parallel zur Traufe, so daß die Tafeln über drei bis vier Sparrenfelder gehen.

Bei der rechts gezeigten Verlegeart kann die Mindestdachneigung entsprechend der Dachdeckung unterschritten werden. Deckung reihenweise in Richtung Traufe/First seitlich mit 3–5 mm Fuge verlegt. Fugenbereich mit Spezialklebeband doppelseitig haftend überdeckt. Längenüberdeckung mind. 100 mm, dieser Bereich kann zusätzlich mit Spezialklebeband gesichert werden. Zur Reduzierung des Anteils an waagerechten Fugen sollten nur die Tafelformate A und B verwendet werden.

Spundwand-Wellform für Wandverlegung

Spundwand-Wellplatten sind bauaufsichtlich zugelassene Wandverkleidungsplatten, deren Einsatz im Wandbereich den „Richtlinien für Fassadenbekleidungen mit und ohne Unterkonstruktion" entspricht. Die Befestigung ist durch die Prüfungszeugnisse Nr. 225/78 und 83/78 der Amtlichen Materialprüfanstalt Hannover nachgewiesen. Zulassungsbescheid Z 31.1-13 vom 16. 6. 78.

Technische Daten

Lieferlängen:	2500, 3100, 4000 mm
Profilhöhe:	60,5 mm
Profilbreite:	1180 mm
Nutzbreite:	1100 mm
Materialdicke:	6,5 mm
Seitenüberdeckung:	80 mm
Längenüberdeckung:	100 mm
Berechnungsgewicht:	20 kg/m²

Standardfarben: Stahlblau, Oliv, Ocker, Naturfarben, Hellgrau

Ergänzungsfarben: Dunkelgrau, Rostbraun, Rot, Dunkelbraun, Dunkelgrün, Dunkeloliv, Rehbraun, Khakigrau, Schilfgrün, Korngelb, Anthrazit.
Geringe Farbabweichungen möglich.

Frostbeständigkeit:, Rohdichte:, Wasserundurchlässigkeit: gemäß DIN 274, Teil 1

Widerstandsmomente: Wo = 136 cm³/m
Wu = 75 cm³/m

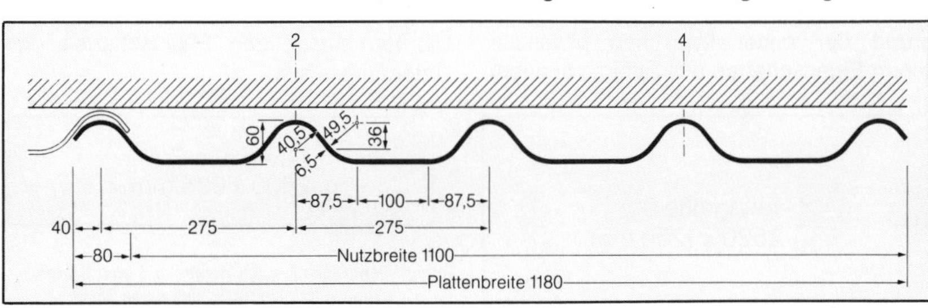

Befestigung an der 2. und 4. Welle

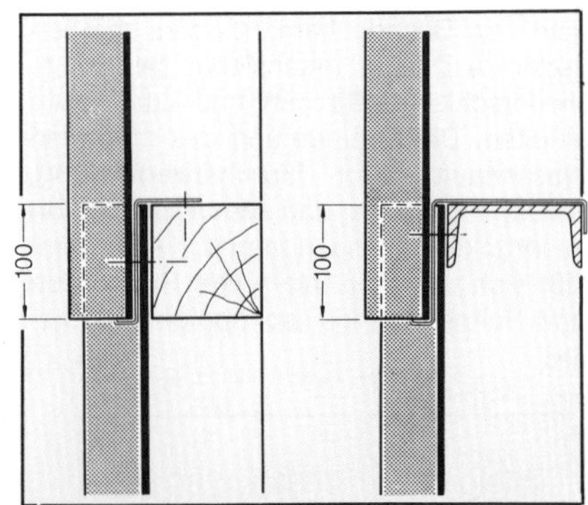

Seitenüberdeckung möglichst schlüssig, bei Verwendung von Formstücken bessere Paßgenauigkeit. Höhenüberdeckung maximal 250 mm. Mindestauflagefläche = Riegelbreite = 50 mm (Ausnahme Rohrriegel).

Zul. Biegezugspannung:
σ_B = 6,0 N/mm^2 (60 kp/cm^2)

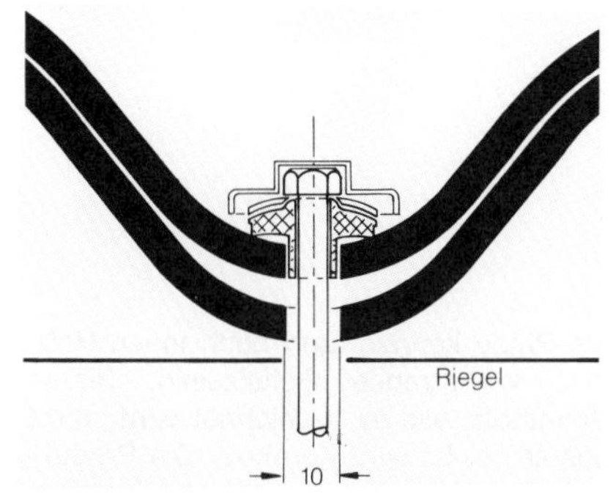

Anordnung der Befestigung mit Schraube, Dichtungselement, Stahlscheibe und Abdeckkappe

Die Befestigungsart ist abhängig vom Material der Unterkonstruktion:

Sechskantholzschraube 7 × 75,

Gewindefurchende Schraube 7,25 × 60

Die Schrauben sind jeweils nichtrostend, komplett mit Dichtungselement und Stahlscheibe. Kunststoffkappe zur Plattenfarbe passend extra bestellen.
Die Anzahl der Befestigungsmittel ist entsprechend den Riegelabständen und der Gebäudehöhe nachzuweisen.
Die Anordnung der Befestigungsmittel erfolgt im Wellental.
Neben den Befestigungsmitteln erhält jede Platte 2 Einhängehaken, die im Wellental anzuordnen sind.
Sie dienen zur Montagehilfe und tragen zusätzlich einen Teil der Last ab.

Die Kunststoffkappe ist der Wellenform angepaßt. Richtiges Aufsetzen beachten.

Formstücke

Zahnleiste
Unterer Wandabschluß bzw.
Sturzabschluß
Oberer Wandabschluß
Brüstungsabschluß
Dachrandabdeckung
Außeneckstück
Ausgleichsstück
Platte mit Stutzen
Einfacher Giebelwinkel

Lüftungen im Dachbereich

Faserzementrohre eignen sich aufgrund ihrer Materialeigenschaften sehr gut für Abgasschornsteine und Lüftungen. Sie zeichnen sich vor allem durch ein hervorragendes strömungs- und schalltechnisches Verhalten, einfach herzustellende luftdichte Verbindungen zwischen den Rohren, hohe Bruchsicherung, kurze Verlegezeiten und Korrosionsbeständigkeit aus. Sie ermöglichen hohe Abluftgeschwindigkeiten ohne Geräuschbelästigung und lassen sich daher klein dimensionieren. Das Material ist nichtbrennbar.

Das im folgenden kurz beschriebene System eignet sich für Einzel-, Zentral- und Zentralbedarfslüftung. Bei Einzellüftung wird der Ventilator jeder Wohnung über den Lichtschalter mit eingeschaltet und schaltet einige Minuten nach dem Ausschalten des Lichts wieder ab. Zentralbedarfslüftungen haben einen gemeinsamen Ventilator für alle Wohnungen und arbeiten immer mit einem geringen Grundvolumenstrom. Dieser wird jedoch erhöht, wenn sich durch Einschalten des Lichts in einem angeschlossenen Raum die Energiesparklappe öffnet. Der Ventilator einer Zentralentlüftung arbeitet immer mit dem Nennvolumenstrom. Die Abluftventile der einzelnen Räume können reguliert werden.

Kernstück dieses Lüftungssystems ist das Deckenrohr, das den Abluftanschluß enthält. Im Bereich des Abluftanschlusses wird die Abluft aus den darunterliegenden Etagen durch ein engeres Innenrohr geführt, so daß eine Geruchsbelästigung ausgeschlossen ist. Zum System gehören alle nötigen Formstücke wie Anfangsrohr, 750 mm lange Deckenrohre mit Innenrohr, 2000 mm lange, bauseits kürzbare Führungsrohre zur Verbindung der Deckenrohre, Krümmer, Flexrohre für den Anschluß der Abluftventile bzw. Energiesparklappen, Gebläsedachaufsätze sowie das Befestigungsmaterial.

Das Abluftsystem wird in 3 Größen geliefert, mit 100 mm l. W. für kleinere Wohnhäuser sowie mit 150 oder 200 mm l. W.

Die Verbindung der 100 mm dicken Rohre erfolgt mit Connect-Spannmuffen mit eingelegter Gummidichtung. Bei den größeren Durchmessern ist eine einfache Steck-Druck-Verbindung mit Gummilastdichtung absolut dicht.

Ohne großen Aufwand ist die Feuerwiderstandsklasse L 120 zu erreichen.

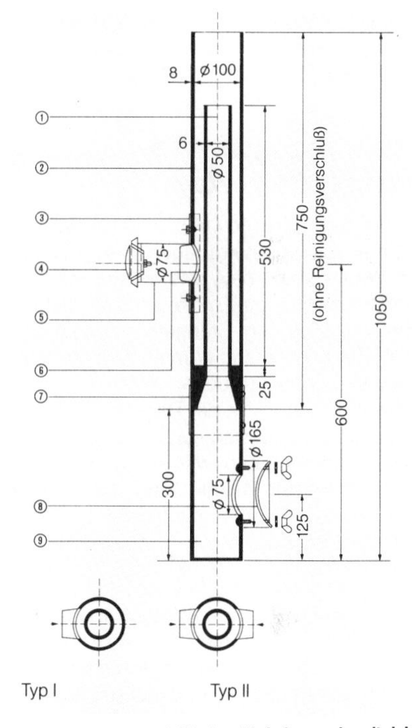

Deckenrohr 100 mm l. W. einschl. Anfangsrohr mit richtungsveränderlicher Reinigungsöffnung.
① Innenrohr
② Führungsrohr
③ Blechsteckmuffe
④ Ventil OPF 75
⑤ Flexrohr
⑥ Abluftöffnung
⑦ Connect-Spannmuffe
⑧ Reinigungsverschluß
⑨ Anfangsrohr

Sortimentsgruppe 3: Holz und Holzwerkstoffe

Der Baustoff Holz

Während die Baustoffe der bisher behandelten beiden Sortimentsgruppen aus einer Vielzahl von Stoffen be- und entstehen, geht es in dieser 3. Gruppe nur um einen Ausgangsstoff: um das Holz.

Holz begegnet uns in vielen Lebensbereichen, nicht nur am Bau, doch hier zählt es zu den traditionsreichen althergebrachten Grundbaustoffen.

Abgesehen von den Dämmstoffen pflanzlicher Herkunft, die am Baugeschehen nur gering beteiligt sind, ist Holz der einzige Baustoff von Bedeutung, der durch pflanzliches Wachstum entstanden ist.

Was ist und wie entsteht Holz?

Unter den aufrecht wachsenden Pflanzen gibt es solche mit krautigen Stengeln, die im Winter absterben, und solche mit verholzenden Stengeln. Pflanzen mit mehreren verholzenden Stengeln nebeneinander, die aus einem Wurzelstock herauswachsen, sind Sträucher. Wächst aus einem Wurzelstock in der Regel nur 1 Stengel, der verholzt, sich verzweigt und mehr oder weniger hoch wächst, nennen wir diese Pflanzen Bäume, und die Bäume sind es, die uns das Holz liefern.

Pflanzenleben ist Kampf ums Sonnenlicht; die Pflanze lebt dadurch, daß sie aus mineralischen Stoffen, Wasser, dem Kohlendioxid der Luft unter Einflußnahme des Blattgrüns als Katalysator (Einleiter, Förderer) durch die Sonnenenergie organische Substanz, also Kohlenstoffverbindungen bildet. Ort dieses Geschehens ist die Pflanzenzelle mit ihrer deutlich abgrenzenden Zellhaut (Zellmembran). Um so groß werden zu können, wie die Bäume sind, müssen diese viel Licht bekommen. Sie müssen groß und hoch werden, damit ihnen nichts den Lichteinfall schmälert. Dazu verhilft der Stamm, der verholzte Stengel, der die Blattkrone, das sind die die Blätter tragenden Verästelungen, ans Licht trägt.

Daß die Lichtfläche intensiv ausgenutzt wird, erleben wir als Baumschatten, als gedämpftes Licht und kühle Luft im Walde.

Pflanzen, die sich aus dem Schutze ihrer Umgebung herausheben, sind stärker dem Wind und Wetter ausgesetzt, dem sie standhalten müssen. Damit nicht alljährlich die ganze Pflanzenmasse neu gebildet werden muß, hat die Natur im Verlaufe der erdgeschichtlichen Entwicklung den verholzenden Stamm „erfunden", der in jedem Jahr ein Stück weiter dem Licht entgegenwächst. Hier sei daran erinnert, daß menschliche Baukunst noch nicht in der Lage ist, Bauwerke zu schaffen, die in Schlankheit, Elastizität und Festigkeit Stämmen, Stengeln oder gar Halmen gleichwertig sind.

Erinnern wir uns zurück, was wir in der Schule vom Pflanzenleben lernten. Die Pflanze lebt, indem sie mit den Haarwurzeln Wasser mit den darin gelösten Salzen, den Nährstoffen, aus dem Boden aufnimmt. Dieses Wasser muß zu den Blättern geleitet werden, wo es verdunstet oder mit den Salzen zu organischer Substanz verbunden wird. Davon wachsen die Triebe mit ihren Blättern. Damit auch die Wurzeln und das Kambium wachsen können, muß ein Teil der gebildeten organischen Masse auch zu diesen gelangen.

Diese Transportwege brauchen Schutz vor Hitze und Kälte, also Verdunsten und Gefrieren. Das Ganze muß vor Schädlingen geschützt und so fest und elastisch sein, daß es aufrecht in Wind und Wetter stehen kann.

Das Schnittbild aus der Schrift „Bauen und Wohnen mit Holz" verdeutlicht den Aufbau und zeigt zugleich die Verwendungsmöglichkeiten eines Stammes.

Über Längenwachstum und Dickenwachstum, über die „Gefäße", die die Leitung des Wassers nach oben und der Assimilate (im Blatt durch die Assimilation = Angleichung gebildete organische Substanz) zu den Wurzeln bewerkstelligen, um deren Wachstum zu ermöglichen, über die Ausbildung der Zellen für die verschiedenen Aufgaben ebenso wie über die Entstehung der Holzzellen gäbe es noch viel zu sagen. Wer mehr wissen möchte, der sollte ein Buch über Botanik zur Hand nehmen.

Eine Eigenart des Holzes sei hier noch erklärt, die das Aussehen des Schnittholzes ausmacht: die Jahresringe. Unsere Bäume sind zweikeimblättrige Pflanzen (Dikotyledonen). Sie unterscheiden sich von den Einkeimblättlern (Monokotyledonen) auch dadurch, daß mit beendeter Streckung der Zellen eines Stengels das Dickenwachstum nicht endet (wie bei Bambus, Palmen u. ä.). Bei ersteren gibt es ein zweites Dickenwachstum (sekundäres D.) durch eine den Stengel (Stamm) umschließende Wachstumsschicht, das Kambium. Diese Wachstumsschicht, die ihre Aufbaustoffe ebenfalls von den Blättern geliefert bekommt, die Assimilate, bildet nach außen hin die Schutzschicht, die wir als Rinde kennen, und nach innen Holz, also verholzende Gefäßzellen. Dieses Splintholz, wie es bezeichnet wird, stirbt später ab. Es wird Kernholz. Die Produktion dieser Wachstumsschicht hängt von der Jahreszeit, letztlich von der Assimilationstätigkeit der grünen Pflanzenteile ab (Blätter oder Nadeln). Im Frühjahr und in feuchten, warmen Sommern ist das

Anatomie eines Baumes

1. Borke – eine Schutzfassade

Wie eine Fassade beim Haus schützt die Borke, die äußere Rinde, gegen Wind und Wetter, gegen Kälte und Hitze, verhindert aber auch allzu hohe Verdunstung und schützt gegen Pilz- und Insektenbefall. Die Borke wird ständig erneuert.

2. Bast – ein Energieleiter

Durch die innere Rinde, den Bast, werden Nährstoffe in die einzelnen Baumteile transportiert. Diese Schicht wird vom Kambium ständig neu produziert, denn sie stirbt schnell ab und wird dann Teil der Borke.

3. Kambium – ein Bauzentrum

Das Kambium ist der produktive Teil des Baumstammes, die eigentliche Zuwachsschicht. Durch Zellteilung wird sowohl das Dickenwachstum des Baumes als auch das Längenwachstum bewirkt. Die Kambium-Zellen bilden nach innen Holzzellen, nach außen Bast-Zellen. Die Zellbildung wird durch Hormone (Auxine) gesteuert, die von den Blattknospen erzeugt werden, sobald diese im Frühjahr zu treiben beginnen. Die Abhängigkeit des Wachstums von den Jahreszeiten ergibt die Jahresringe. Denn im Frühjahr und Sommer werden großvolumige Zellen, im Spätsommer und Herbst kleinervolumige Zellen gebildet.

4. Splintholz – eine Versorgungsanlage

Der Splintholzbereich ist junges Holz, das dem Baum als Wasserleitung dient. Vom Kambium werden immer neue Splintholzringe gebildet, die inneren Schichten bilden sich um und werden zu Kernholz.

5. Kernholz – ein Statikelement

Der Kernholzbereich, das Herz des Baumes, ist das tragende Element. Dieser Bereich ist zwar bei vielen Baumarten abgestorben, behält aber seine Stabilität. Die Zellulosefasern werden durch Lignin, eine Art natürlicher „Klebstoff", fest zusammengehalten und bilden so das eigentliche Traggerüst der Baumstämme.
Holz ist zwar ein außerordentlich kompliziertes Zellgebilde, das aber nur aus zwei Hauptbestandteilen besteht: Zellulose und Lignin. Je nach Baumart sind dann noch Fette, Öle, Wachse, Harze, Stärke, Zucker sowie Gerb- und Farbstoffe enthalten.

Zweige, Fruchtstände und Früchte einheimischer Nadelbäume. Von links: Fichte, Tanne, Kiefer, Lärche, Douglasie

Wachstum rege, in trocken-heißen Sommern weniger, es nimmt im Herbst ab, um im Winter zu erliegen. So entstehen Zonen, umlaufend um den Stamm, von dikken und dünnen Zellen, die wir als Jahresringe kennen.

Bei aller Liebe zum Holz sollte man sich davor hüten, ihm Eigenschaften anzudichten, die unzutreffend sind, wie es heute manche „Naturapostel" tun. Es führt zur Schwarzweißmalerei zwischen „natürlich" und „künstlich" und damit zur Verwirrung, Verzerrung und vor allem zu Trugschlüssen. Wenn man Holz andichtet, es wäre ein Stück Leben, ist das schlichtweg ebenso falsch, als wollte man einen Knochen eines toten Tieres so ansprechen. Holz lebt auch nicht mehr, und daß es „arbeitet" hängt nur damit zusammen, daß es stark quellungsfähig ist und sein Volumen mit dem Feuchtegehalt verändert.

Holz altert wie alles Gewachsene. Es wird von der Ultraviolettstrahlung des Sonnenlichts angegriffen. Das Lignin der äußeren Zellen wird von der UV-Strahlung zerstört, und es gibt Pilze und Insekten, deren Nahrung Holz ist, auch wenn es uns stört.

Sicher ist es sehr sinnvoll, Leseholz aus dem Wald wieder in Erinnerung als Brennstoff zu bringen. Das Brennmaterial der Nachkriegszeit ist der Kriegsgeneration noch gut in Erinnerung. Doch es wäre mit katastrophalen Folgen für unsere Landschaft verbunden, folgte man den Bio-Aposteln, die Holz am liebsten zum alleinigen Baustoff erklärten. Dagegen wäre der saure Regen für unsere Wälder ein Kinderspiel!

Holz ist schön, Holz ist ein guter Baustoff, aber Holz ist nicht der einzige Baustoff. Er bereichert unser Sortiment erheblich. An vielen Stellen des Hauses wurden dem Holz neue Stoffe zur Seite gestellt, die ebenfalls eine Bereicherung sind. Dafür hat sich Holz als Holzwerkstoff Gebiete erobert, die ihm vorher nicht zugänglich waren.

Die Holzarten

Die Holzarten können wir nach zwei Gesichtspunkten unterteilen, einmal nach ihrer Zugehörigkeit im Sinne der Botanik in

- Nadelhölzer und
- Laubhölzer.

Die wesentlichen Merkmale der Nadelhölzer sind ihre nadelförmigen Blätter, die von den heimischen Gehölzen nur die Lärche im Herbst abwirft, die Zapfen als Fruchtstand (Koni, daher Koniferen = Zapfenträger) und der mehr oder weniger starke Harzgehalt der Hölzer.

Die gemeinsamen Merkmale der Laubbäume sind die nicht nadelförmigen, vielformigen flächigen Blätter, der nur bei ganz wenigen heimischen Gehölzen ausbleibende Laubfall im Herbst, vielfältige Fruchtstände, aber keine Zapfen und harzfreies Holz. Natürlich kennt die Botanik noch einige Unterschiede mehr.

Ein zweites Unterscheidungsmerkmal, das der Holzfachmann berücksichtigt, ist die Herkunft der Hölzer. Er unterscheidet heimische Hölzer von Importhölzern, bei denen die Tropenhölzer eine besondere Gruppe bilden.

Daneben unterscheiden wir noch Nutz- und Edelhölzer nach ihrer Verwendung.

Heimische Nadelhölzer

Die Fichte

Beheimatet ist die Fichte, auch Rotfichte oder europäische Fichte genannt, in Mittel- und Nordeuropa. Sie ist in ganz Europa stark verbreitet und liefert uns die wichtigste Holzart. Die Fichte ist ein schlanker Baum von bis zu 50 m Höhe und einem mittleren Stammdurchmesser von fast 50 cm. Der botanische Name ist Picea excelsa, sie gehört in die Pflanzenfamilie der Kieferngewächse (Pinaceae).

Das Fichtenholz ist ein gelblichweißes Holz mit stark ausgeprägten, markanten Jahresringen. Splint- und Kernholz unterscheiden sich farblich nicht. Es hat einen harzigen Geruch und ist von feinen Harzkanälen durchzogen.

Fichtenholz ist das meistverwandte Bauholz. Dachtragwerke (Dachstühle) sowohl als auch Ingenieurholzbauten sind größtenteils aus Fichtenholz. Auch als Holzpflaster und auch für Holzwerkstoffe wird es verwandt.

Die Tanne

Heimisch ist die Tanne, die auch Weißtanne oder Edeltanne genannt wird, in den Mischwäldern der Gebirge Mittel- und Südeuropas. Die Tanne ist wesentlich empfindlicher als die Fichte und ist deshalb in den Wäldern nördlich des Schwarzwaldes nur wenig anzutreffen.

Die botanische Bezeichnung ist Abies alba, auch sie gehört in die Familie der Kieferngewächse. In Höhe und Stammumfang ähnelt sie der Fichte mit Stammhöhen bis zu 50 m und Stammdurchmessern von im Mittel bis zu 40 cm. Als Baum ist sie von der Fichte leicht zu unterscheiden durch die breiten, flachstehenden Nadeln, die auf der Unterseite deutlich graublau, oberseits dunkelgrün glänzend sind. Die Zapfen stehen aufrecht, und die jungen Zweige haben eine glatte graue Rinde.

Auch das Holz der Tanne hat viele Ähnlichkeiten mit dem Fichtenholz. Es hat einen mehr rötlichen Ton und ist oft leicht grauviolett schimmernd. Splint- und Kernholz unterscheiden sich farblich nicht. Die Jahresringe sind deutlich ausgeprägt. Tannenholz enthält kein Harz.

Die Verwendbarkeit des Tannenholzes entspricht ebenfalls weitgehend der der Fichte. Es ist etwas spröder und hat mehr und stärkere Äste. Es wird da bevorzugt, wo der Harzgehalt stören würde. Bei der Trocknung arbeitet Tannenholz weniger als Fichtenholz, es ist leichter spaltbar.

Die Kiefer

Der Nadelholzbaum mit einem sehr großen, natürlichen Verbreitungsgebiet, neben der Fichte der wichtigste heimische, ist die Kiefer. Wir finden sie in weiten Teilen Europas, in Sibirien wie in Nordasien. Die Kiefer ist ein flachwurzelnder Baum, der sich besonders auf Sandböden wohlfühlt. Der botanische Name ist Pinus silvestris, und sie gehört natürlich zu den Kieferngewächsen. Die Kiefer hat längere Nadeln als Fichte und Tanne. Es stehen meist 2 Nadeln zusammen. Die Rinde der Kiefer ist das klassische Beispiel der Plattenborke. Höhen von 20 und 30 m und Durchmesser von 40 cm werden erreicht.

Das Kiefernholz zeigt deutliche Farbunterschiede zwischen Splint- und Kernholz. Das Splintholz ist gelblich bis rötlichweiß, der Fichte nicht unähnlich, das Kernholz ist im frischen Zustand rötlichgelb und dunkelt nach bis braunrot. Die Jahresrin-

ge sind deutlich erkennbar. Das Holz ist von zahlreichen Harzkanälen durchsetzt, es riecht nach Harz und ist sehr dekorativ. Durch den hohen Harzgehalt ist Kiefernholz recht haltbar. Das Splintholz ist anfällig, besonders gegen den Bläuepilz.
Am Bau ist das Kiefernholz neben dem Fichtenholz am wichtigsten.

Die Lärche

Sie ist der einzige Nadelbaum, der bei uns heimisch ist und seine Nadeln im Herbst verliert. Ursprünglich war die Lärche nur in den Alpen und den Randgebirgen der Tschechoslowakei und in Polen anzutreffen. Heute findet man sie in ganz Mitteleuropa angepflanzt. Die Benadelung ist zarter als die der anderen Nadelbäume, sie steht vielfach in Büscheln, die Zapfen sind kurz, eher kugelig. Auffällig an der Lärche sind der frischgrüne Austrieb der Nadeln und die schöne, intensiv gelbe Herbstfärbung.
Botanische Bezeichnung: Larix europaea. Sie gehört wie die anderen besprochenen Nadelbäume in die Familie der Kieferngewächse (Pinaceae).

Lärchenholz erfreut sich großer Beliebtheit besonders im Innenausbau. Splint- und Kernholz sind deutlich unterschiedlich gefärbt. Der schmale Splintholzbereich ist gelblich, hell, das Kernholz dunkelbraun bis dunkelrotbraun, wenn es nachgedunkelt ist, frisch ist es rötlichbraun. Die Jahresringe sind stark ausgeprägt.
Im Alpen- und Voralpenraum sind viele Häuser aus Lärchenholz erbaut. Es eignet sich infolge seiner Härte gut zum Hausbau (härter als Fichte und Kiefer), es ist elastisch und schwindet nur mäßig.

Die Douglasie

Die Heimat der Douglasie ist Nordamerika, wo sie Oregon pine genannt wird und zu den wichtigsten Nutzhölzern zählt. Die Douglasie wurde seit Ende des vergangenen Jahrhunderts bei uns angepflanzt, als man erkannte, daß sie eine fast gleiche Wuchsleistung hat wie die Pappel, bedeutend höher als die Fichte ist.
Die Benadelung der Douglasie ähnelt der der Fichte etwas, sie ist etwas weicher. Die Rinde an jungen Trieben ist glatt und hat Harzbeulen. Die Borke ist dunkelbraun.

Zweige, Blätter, Blüten und Früchte einheimischer Laubbäume
Oben: Buche, Traubeneiche, Stieleiche
Mitte: Zitterpappel, Weißpappel, Rüster (Ulme)
Unten: Esche, Spitzahorn, Bergahorn

Die botanischen Bezeichnungen sind Pseudotsuga (P.) menziesii, P. douglasii und P. taxofolia. Auch die Douglasie gehört zu den Pinaceen.

Douglasienholz wird auch als Oregon pine aus Nordamerika eingeführt. Das Splintholz unterscheidet sich farblich deutlich vom Kernholz. Splintholz ist gelblich bis rötlichweiß, Kernholz gelblichbraun und nimmt bald einen braunroten bis dunkelroten Farbton an. Es ist nicht sehr hart, schwindet mäßig und ist elastisch.

Heimische Laubhölzer

Die Buche

Die Buche, auch Rotbuche genannt, die wir von der Hainbuche oder Weißbuche unterscheiden müssen, ist eine der wichtigsten heimischen Laubholzarten. In den Mittelgebirgen und im Flachland ist die Buche in West-, Mittel- und Südeuropa weit verbreitet. Einen ganzen Landstrich – Buchonien, die Rhön – prägte sie durch ihr Vorkommen. Es ist schwer zu verstehen, daß Buchenholz bis Mitte des 19. Jahrhunderts nur als Brennholz verwandt worden ist. Wenn der deutsche Wald besungen wird, dann ist es wohl vornehmlich der Buchenwald in seiner lockeren Schönheit.

Typisch für die Buche ist der glatte, hellgraue Stamm. Bemerkenswert ist auch, daß der Same der Buche, die Buchecker, zu den Ölfrüchten zählt und im Krieg eifrig gesammelt wurde. Botanisch heißt die Buche Fagus sylvatica und gehört in die Familie der Buchengewächse (Fagaceae).

Das Holz der Buche ist hart, rötlichweiß, hat mäßig ausgeprägte Jahresringe und bietet ein wenig gegliedertes, einheitliches, nicht sehr lebhaftes Bild. Splint- und Kernholz unterscheiden sich farblich nicht, doch gibt es Verfärbungen im Kernholzbereich.

Buchenholz schwindet stark, hat überdurchschnittliche Festigkeit und ist auch biegefest. Es ist zäh, aber wenig elastisch. Der Anwendungsbereich ist sehr groß. Er reicht von der Eisenbahnschwelle über Furnier, Paletten bis hin zum Holzwerkstoff, Tischler-, Spanplatten u. v. a.

Die Eiche

Wenn wir Eiche hören, denken wir oft an den Begriff der „Deutschen Eiche“, die, knorrig und fest, Wind und Wetter trotzt. Tatsächlich finden wir noch „Wettereichen“, einzeln stehende, altehrwürdige Baumriesen, die wir uns noch heute manchmal als Leitbilder wünschen.

Der Begriff „Eichenholz“ erfaßt beide, über ganz Europa verbreitete Arten, die Trauben- und die Stieleiche. In der Bundesrepublik sind die Eichen am meisten im Spessart, in Mittelfranken und in der Rheinpfalz verbreitet. Sie erreichen ein hohes Alter. Die Bäume werden bis zu 40 m hoch mit Stammdurchmessern von mehr als 1 m.

Botanisch heißt die Stieleiche Quercus robur und die Traubeneiche Quercus petraea. Sie gehören zur Pflanzenfamilie der Buchengewächse (Fagacaea).

Eichenholz erfreut sich großer Beliebtheit in der Wohnung und im Innenausbau.

Eichenholz ist schwer und hart. Splint- und Kernholz unterscheiden sich in der Farbe deutlich. Splintholz ist gelblichweiß, Kernholz hellbraun und dunkelt nach.

Die Jahresringe sind deutlich markiert. Bemerkenswert ist, daß Eichenholz mit breiten Jahresringen härter und schwerer ist als solches mit engen Jahresringen.

Eichenholz wird besonders da verwandt, wo es auf Härte und Dauerhaftigkeit ankommt. So ist es uns aus alten Bauwerken bestens bekannt. Auch unter Wasser ist Eichenholz fast unbegrenzt haltbar.

Die Pappel

Selbst unter Nichtfachleuten ist seit langem bekannt, daß die Pappel ein sehr schnell wachsender Baum und in der Wuchsleistung hervorragender Holzlieferant ist. Im Vergleich zur Buche benötigt die Pappel ein Viertel der Zeit, um zu ausgereiften Bäumen heranzuwachsen. Der Holzertrag in m^3 (die Bezeichnung „Festmeter" ist zwar noch gebräuchlich, jedoch nach dem Gesetz über Einheiten im Meßwesen im amtlichen und geschäftlichen Verkehr nicht mehr erlaubt), auf den Hektar bezogen, ist mehr als doppelt so groß.

Als anbauwürdig wird eine ganze Anzahl von Pappelarten betrachtet. Hervorzuheben sind die Zitterpappel (Espe, Aspe), die Weißpappel (Silberpappel) und die Schwarzpappel.

Dieser Mammutbaum ist über 3000 Jahre alt.

Die botanischen Bezeichnungen dieser Pappeln lauten: Zitterpappel – Populus tremula, Weißpappel – Populus alba und Schwarzpappel – Populus nigra. Alle gehören in die Pflanzenfamilie der Weidengewächse (Salicaceae).

Bei der Zitterpappel sind Splint- und Kernholz ohne Farbunterschied (schmutzigweiß bis gelblichweiß). Bei der Weißpappel ist das Kernholz dunkel-rötlichgelb bis gelblichbraun. Das Kernholz der Schwarzpappel verblaßt bei der Trocknung, so daß es sich vom Splintholz kaum mehr unterscheidet.

Wenn es um Pappelholz geht, wird nicht zwischen den Arten unterschieden. Das Holz ist sehr weich und eines der leichtesten einheimischen Hölzer. Es schwindet mäßig und ist nur gering wetterbeständig. Pappelholz wird in der Spanplattenindustrie, bei der Herstellung von Holzwolle-Leichtbauplatten, für Holzschuhe und manches andere verwandt.

Die Ulme (Rüster)

Ulmen sind in Mitteleuropa weit verbreitet. Das Verbreitungsgebiet reicht bis Skandinavien, Nordafrika, Kleinasien und bis zum Kaukasus. In unseren Breiten haben die Ulmenbestände eine spürbare Dezimierung erfahren. Das Ulmensterben, verursacht durch einen Pilz, der sich zuerst 1919 in Holland zeigte und der im Splintholz lebt, ist die Ursache.

Ulmen sind stattliche, weitausladende Bäume mit Höhen bis zu 30 m. Drei Ulmenarten werden nebeneinander angebaut und als gleichwertig angesehen, die Feldulme, die Bergulme und die Flatterulme.

Botanisch heißt die Feldulme Ulmus campestris, die Bergulme Ulmus montana und die Flatterulme Ulmus laevis. Sie alle gehören zu der Pflanzenfamilie der Ulmengewächse (Ulmaceae).

Das Holz wird mehr als Rüster angesprochen, es ist ein schönes, sehr ausdrucksvolles Holz. Es ist sehr dekorativ und wird gern und viel im Innenausbau verwandt.

Splint- und Kernholz sind deutlich unterschiedlich gefärbt. Das Splintholz ist hellgelb bis gelblichweiß, das Kernholz hellbraun bis schokoladenbraun. Das Holz der Flatterulme ist den beiden anderen Ulmenholzarten qualitativ unterlegen. Rüsterholz ist hart und ziemlich schwer, besitzt gute Festigkeit und schwindet mäßig.

Es ist elastisch und zäh. Rüster wird gern als Konstruktionsholz (Treppen) und für Paneele verwandt.

Die Esche

Über fast ganz Europa verbreitet, zählt die Esche zu den heimischen Nutzhölzern.

Wie die Buche ist sie ein Baum der Ebene und des niedrigen Berglandes. Sie ist anspruchsvoll, was die Feuchte und den Nährstoffgehalt betrifft. Man sieht Eschen oft an Bachläufen oder als Straßenbäume, wo es die noch gibt. Die Esche wird als Baum bis 35 m hoch, der Stamm erreicht Durchmesser bis zu 50 cm. Die Rinde am jungen Holz ist glatt und graugrün.

Botanisch heißt die Esche Fraxinus excelsior. Sie gehört in die Pflanzenfamilie der Ölbaumgewächse (Oleaceae).

Splint- und Kernholz sind nicht immer in der Farbe unterschiedlich. Der breite Splintholzbereich ist weißlich bis gelblich oder weißrötlich. Dunkles Kernholz entsteht erst in Bäumen etwa ab 60 Jahren. Es ist oliv- bis lichtbraun.

Das Holz der Esche ist hart, schwer und schwindet nur wenig. Die statischen Eigenschaften sind mit denen der Eiche vergleichbar. Eschenholz ist das zäheste deutsche Laubholz und ist sehr elastisch.

Das Holz ist gering imprägnierbar, wird daher im Freien kaum eingesetzt. Da es dekorativ ist, wird es viel als Furnier verarbeitet, für Stufen und Treppen, für Vollholzmöbel und Sportgeräte.

Der Ahorn

Der Ahorn zählt zu den Edel-Laubhölzern, von den heimischen ist er eines der wertvollen. Weit über Mitteleuropa hinaus verbreitet sind die bekannten Ahornarten, von denen der Feldahorn keine Bedeutung als Holzlieferant hat, sondern nur der Bergahorn und der Spitzahorn.

Botanisch heißen der Spitzahorn Acer platanoides und der Bergahorn Acer pseudoplatanus. Der Feldahorn heißt Acer campestre, und alle gehören sie in die Pflanzenfamilie der Ahorngewächse (Aceraceae).

Der Bergahorn besitzt das hellste Holz. Es ist gelblichweiß und neigt zum Vergilben.

Die Holzfarbe des Spitzahorns ist mehr gelblich oder rötlich. Splint- und Kernholz unterscheiden sich in der Farbe kaum, wie überhaupt das Holz von Berg- und Spitzahorn schwer zu unterscheiden ist.

Ahornholz zeigt lebhafte, interessante Maserungen und deutliche Jahresringe. Es ist mittelschwer und zäh, ziemlich elastisch, schwindet mäßig, ist nicht witterungsfest, aber sehr beständig gegen Abrieb. Ahornholz wird für Furnier, für Schnitz- und Intarsienarbeiten verwandt, für Stiele und Werkzeuge.

Importhölzer aus Amerika

Unter den Importhölzern aus Amerika unterscheiden sich die Hölzer Südamerikas von denen aus Nord- und Mittelamerika. Aus der großen Anzahl der Importhölzer eine Auswahl zu treffen, ist recht schwierig, die Auswahl ist immer willkürlich.

Wer also mehr über Laub- und Nadelhölzer erfahren möchte, dem sei zum Beispiel der BLV Bildatlas der Bäume empfohlen, erschienen in der BLV-Verlagsgesellschaft München.

Mammutbaum

Unter dem Begriff Mammutbaum (auch Sumpfzypresse) werden zwei Nadelgehölze verstanden, eines davon ist der auch Küstenmammutbaum genannte, der das Redwood-Holz (Rotholz) liefert.

Bei diesem Baum handelt es sich um ein weithin bekanntes Gehölz, auch als „größtes pflanzliches Lebewesen" apostrophiert. Höhen von über 100 m bei Stammdurchmessern bis zu 4 m sind feststellbar.

Nachgesagt wird ihm noch, er könne über 2000 Jahre alt werden. Eine weitere Besonderheit des Küstenmammutbaumes, oft auch mit dem botanischen Namen Sequoia bezeichnet, ist die Fähigkeit, an den Stümpfen gefällter Bäume neue Triebe zu entwickeln und sich so vegetativ fortzupflanzen. Beheimatet ist der Baum an der Westküste der USA.

Botanische Bezeichnung: Sequoia sempervirens und Sequoia gigantea, Familie Taxodiaceae.

Das Splintholz ist weiß bis gelblich grau, das Kernholz rötlich mit leicht violetter Tönung. Es hat Ähnlichkeit mit Western Red Cedar. Jahresringe sind gut erkennbar und meist sehr schmal.

Der Gesamtcharakter des Holzes wird so beschrieben: „rotbraunes, meist fein und gleichmäßig strukturiertes Nadelholz".

Das Holz ist leicht, die Festigkeit ist unterschiedlich. Alkalien und Eisenmetalle können Verfärbungen hervorrufen.

Verwandt wird Redwood seines Aussehens wegen, seiner ansprechenden Naturfärbung, viel für Flächen im Innenausbau. Aber auch für außen ist das Holz dank seiner guten Witterungsfestigkeit verwendbar.

Weymouthskiefer (Strobe)

Die Weymouthskiefer, im Forst meist Strobe genannt, stammt aus Nordamerika wie die Douglasie. Sie kam zu Beginn des 18. Jahrhunderts nach Europa.

Die Bäume sind bei uns sehr anfällig gegen den Blasenrostpilz. Als Zierbaum ist die Weymouthskiefer wegen der feinen, schönen Benadelung beliebt. In ihrer Heimat wird sie bis zu 65 m hoch bei Stammdurchmessern bis zu 3 m. Der Stamm ähnelt dem der Tanne. Die Rinde ist erst glatt, graugrün, im Alter schwärzlich, mit längsrissiger Tafelborke.

Die Strobe heißt botanisch Pinus strobus und gehört in die Familie der Pinaceae.

Das Splintholz ist gelblichweiß und hebt sich deutlich vom Kernholz ab, das gelblich bis rötlichbraun ist.

Das Kernholz dunkelt unter Lichteinfluß nach. Das Holz ist ausgesprochen leicht und weich. Verwandt wird es vielfach als Ersatz für die echte Zirbelkiefer. Es wird zur Bleistiftherstellung verwandt, für Drechslerarbeiten und für die Bildhauerei.

Es schwindet wenig. Im Freien verbaut ist das Holz nicht sehr dauerhaft. Es ist anfällig für den Bläuepilz. In der Erde und im Wasser hält es sich gut.

Hemlock (Western Hemlock)

Die westliche Hemlock ist ein stattlicher, schlanker Baum, mit heller, gescheitelter Benadelung, prächtigem, schmalem Wuchs und mit hängenden Zweigen.

Pflanzen der Gattung sind auch bei uns als Ziergehölz beliebt. Heimisch ist die Hemlock in Nordamerika, Ostasien und dem Himalaja. Die Bäume werden bis 60 m hoch. Die Rinde wurde in Amerika wegen ihres hohen Tannin-Gehaltes (Gallus-Gerbsäure) in der Lederindustrie verwendet. Sie wird flach-rissig.

Botanische Bezeichnung: Tsuga heterophylla, sie gehört zur Familie der Kieferngewächse (Pinaceae).

Das Splintholz ist schmal, hellgrau, von dem etwas dunkleren Kernholz kaum unterscheidbar. Das Kernholz dunkelt im Licht langsam nach. Die Jahresringe sind meist eng. Das Holz ähnelt dem Fichtenholz. Es rechnet zu den mittelschweren Nadelhölzern, läßt sich ohne Schwierigkeiten trocknen. Hemlock wird im Innenausbau verwandt, mit gleichmäßiger Färbung, im Saunabau und für große Leimbinder.

Red Cedar (Western Red Cedar)

Der Riesen-Lebensbaum liefert das Red-Cedar-Holz. Der Baum wird bis 60 m hoch, ist an der Westküste Nordamerikas und den nördlichen Rocky Montains beheimatet. Als Ziergehölz ist der nahe verwandte abendländische Lebensbaum bei uns recht häufig anzutreffen. Die Rinde ist rötlich-braun und löst sich in Streifen ab.

Botanisch heißt der Baum Thuja plicata. Er gehört zur Familie der Zypressengewächse (Cupressaceae).

Das Splintholz ist weiß, teilweise mit graubraunen Streifen. Das Kernholz ist gelblich braun bis dunkel-rotbraun, wenn es trocken ist. Unter Lichteinfluß gleichen sich Farbunterschiede etwas aus.

Die Jahresringe sind je nach Standort sehr unterschiedlich von weniger als 1 bis ca. 5 mm.

Das Holz wird als Bauholz verwandt, da es im Freien auch unbehandelt sehr dauerhaft ist.

Schindeln und Außenwandverkleidungen werden daraus hergestellt. Wegen des Aussehens wird es auch gern zum Innenausbau verwandt, hauptsächlich flächenbildend.

Oregon-Pine

Der als Douglasie bereits bei den heimischen Hölzern benannte Baum hat sein natürliches Verbreitungsgebiet an der Westküste Nordamerikas, vor allem in Oregon, daher auch der Name.

Sie wurde von dem schottischen Botaniker Archibald Menzies entdeckt (1792) und von David Douglas nach Europa gebracht.

Afrikanische Exporthölzer

Besonderheiten der afrikanischen Hölzer

Die afrikanischen Hölzer unterscheiden sich von unseren heimischen und den sonstigen, nichttropischen Importhölzern ganz besonders im Aufbau.

Während die Jahreszeiten unserer Breiten mit ihrem Wachstumsstopp die Jahresringe bedingen, wächst das Holz der Tropenwälder West- und Zentralafrikas völlig gleichmäßig, ohne Wuchszonen.

Nur in den Savannen mit ihren Trockenzeiten entstehen den unseren Jahresringen gemäße Wachstumszonen.

Nach der Porengröße der Hölzer unterscheidet der Holzfachmann zwischen

- *grobporigen Hölzern,* wie Abachi, Limba oder Sipo,
- *mittelporigen Hölzern,* wie Afrormosia, Makore und Sapeli und
- *feinporigen Hölzern,* wie Ebenholz und Bete.

Die chemische Zusammensetzung der hier besprochenen Hölzer zeigt einen höheren Ligningehalt (z. B. Limba mit über 30% Ligningehalt gegenüber 20–25% der deutschen Laubhölzer) und etliche Inhaltstoffe. Es gibt sogar Ablagerungen anorganischer Stoffe wie Calciumcarbonat (Kalkstein, $CaCO_3$) bei Afrormosia und Siliciumdioxid (Quarz, SiO_2) bei Makoreholz.

Der Farbreichtum der Tropenhölzer ist größer als bei unseren heimischen Hölzern, was auch zur großen Beliebtheit der Tropenhölzer geführt hat.

Makore und Mansonia enthalten teilweise Alkaloide, die Reizwirkungen auf der Haut hervorrufen können.

Die meisten Tropenhölzer sind infolge großer Zellwandsubstanz und ihrer Inhaltsstoffe schwer. Die Schwind- und Quellwerte steigen mit der Härte bzw. Dichte.

Aus der unübersehbaren Anzahl tropischer Hölzer sind hier einige ausgesucht und nachstehend kurz charakterisiert. Die Angaben wurden dem Buch „Afrikanische Exporthölzer" entnommen, das demjenigen empfohlen sei, der noch mehr darüber wissen möchte.

Verfasser: Klaus-Günther Dahms. Erschienen im DRW-Verlag, Stuttgart.

Abachi

Der stattliche Baum erreicht Höhen von bis zu 50 m und ist eines der am meisten verbreiteten Tropenhölzer, kommt besonders häufig in den laubabwerfenden Wäldern der Feuchtsavanne mit beschränkter Trockenzeit vor (Liberia, Elfenbeinküste, Ghana, Kamerun). Die Rinde ist glatt und hellgrau.

Botanisch heißt der Abachibaum Triplochiton scleroxylon und gehört zur Familie der Sterculiaceae.

Abachi hat kein ausgeprägtes Kernholz. Kern- und Splintholz unterscheiden sich kaum, gehen ineinander über. Die Farbe ist Hellgelblichweiß. Vereinzelt kommen Olivtönungen beim Kernholz vor. Das Holz ist leicht, durchschnittlich fest und elastisch. Es ist biegsam und schlag- und stoßfest.

Als Vollholz wird es als Ersatz für Fichte verwandt, für Leisten, Möbelbau, in der Orgel- und Pianoherstellung. Auch als Furnier kommt es viel zur Verwendung.

Afrormosia

Das Afrormosia-Holz wird bei uns auch Gold-Teak genannt. Es wächst hauptsächlich im Nordosten der Elfenbeinküste in der Feuchtsavanne. Der in der Trockenzeit kahle Baum erreicht Höhen bis 45 m bei Stammdurchmessern bis 160 cm. Die Rinde ist grau, faserig, schuppenartig, oft rötlich gefleckt. Botanisch gehört der Baum in die Familie der Leguminoseae (Hülsenfrüchtler) und heißt Pericopsis elata.

Das Splintholz ist heller als das olivgelbe bis goldbräunliche Kernholz, das nachdunkelt.

Das Holz ist ziemlich schwer, natürlich glänzend. Es ähnelt dem Teakholz und wird deshalb auch als Teak-Ersatz verwandt. Es ist hart, arbeitet wenig und reißt wenig.

Es wird zu den pilz- und insektenfesten Hölzern gerechnet, weshalb es auch gut im Freien verwandt werden kann.

Es wird bei uns vor allem zu Furnier verarbeitet, aber auch für Parkett und Inneneinrichtungen.

Cedar

Dieser ist ein unserem Wacholder verwandter Baum. Er kommt in den Gebirgsregenwäldern Ostafrikas vor, in Höhenlagen bis 1900 m über NN. Er ist der größte seiner Familie und wird bis über 40 m hoch. Der Stammdurchmesser beträgt bis über 1 m. Die braune Rinde ist erst glatt, wird später, am älteren Holz, rissig-streifig. Botanisch gehört der Cedar-Baum in die Familie der Cupressaceae und heißt Juniperus procera.

Das Holz (auch African pencil cedar genannt) ist blaß-gelbbraun bis dunkel-purpurrot, Splintholz ist weiß. Das Cedar-Holz riecht intensiv. Es hat Jahresringe, ist hart und schwer und schwindet wenig. Es ist druck- und biegefest. Es wird vor allem als Bleistiftholz verwandt. Durch den hohen Gehalt an Geruchstoffen ist es insektenfest.

Afrikanisches Ebenholz

Verschiedene Hölzer mit sehr dunklem bis schwarzem Kernholz aus nahe verwandten Arten der Gattung Diospyros sind als Ebenholz auf dem Markte. Außer aus Indien, Ceylon, Madagaskar und Mauritien kommt Ebenholz aus Westafrika.

Botanische Gattung: Diospyros, mit einer Anzahl Arten wie D. ebenum, D. Crassiflora u. v. a., zugehörig zur Familie der Ebenaceae.

Die verschiedenen Arten sind einander im Wuchs und Aussehen sehr ähnlich, bis 20 m hoch bei Stammdurchmessern bis 70 cm. Die Rinde ist sehr dünn, rötlich bis dunkelgrau, mit Längsfurchen.

Das Splintholz ist scharf abgesetzt und rötlichgrau oder gelblich gefärbt. Es ist wertlos. Die Farbe des Kernholzes reicht von Hellgraubraun bis Tiefschwarz. Oft sind helle Farbtöne enthalten, geadert und gefleckt. Das westafrikanische Ebenholz ist mehr grauschwarz mit braunen Streifen, blau bis tiefschwarz ist das aus Ostafrika.

Ebenholz ist eines der wertvollsten Edelfurnierhölzer, zugleich eines der schwersten, die es gibt. Es ist druck- und biegefest, spröde, schwindet stark und ist wetterfest. Es wird durch Beizen anderer Hölzer imitiert.

Limba

Limba-Holz kommt aus West- und Äquatorialafrika, wo es zu den stark vertretenen Hölzern zählt. Hauptwuchsgebiete sind laubabwerfende Feuchtwälder. Die Vorkommen erschöpfen sich gebietsweise schon. Die Limba ist ein Baum von schnellem Wuchs, der in der Trockenzeit sein Laub abwirft. Er erreicht Höhen bis zu 45 m.

Botanische Bezeichnung ist Terminalia superba, sie gehört zur Familie der Combretaceae.

Farblich gehen Splint- und Kernholz ineinander über. Frisches Holz ist hell-strohgelb. Bei alten Stämmen kommt dunkle Kernholzbildung vor mit graubrauner bis schwarzbrauner Farbe.

Helles Limba-Holz erinnert an unsere Eiche. Es ist auch in der Festigkeit mit ihr vergleichbar. Limba-Holz wird als Furnier sehr viel verarbeitet (Innentüren).

Makoré

Makoré-Holz wächst in Ostliberia, an der Elfenbeinküste und in Ghana in feuchten Standorten immergrüner Wälder, verstreut. Der Baum erreicht eine Höhe bis zu 50 m, mit Stammdurchmessern bis 220 cm. Die Rinde ist graurötlich, dick, reißt längs, löst sich in Plättchen, wobei Latexsaft austritt. Die Früchte sind fetthaltig.

Botanisch gehört die Makoré in die Familie der Sapotaceae und heißt Thieghemella heckelii.

Das Splintholz ist heller als das Kernholz, das hellrötlich-braun bis dunkelpurpurbraun ist. Der Splintholzstreifen ist oft breit.

Makoréholz hat Ähnlichkeit mit Mahagoni-Holz, ist mäßig schwer, schwindet mäßig. Es ist fest. Als Furnierholz ist es gut geeignet und auch viel verwandt.

Mansonia

Die Mansonia wächst bevorzugt in den Regenwaldzonen mit Trockenperioden, davon in den Übergangsgebieten zwischen immergrünen Feuchtwäldern und laubabwerfenden Trockenwäldern, so im südlichen Nigeria und der Elfenbeinküste.

Es ist ein mittelgroßer, schlanker Laubbaum mit Höhen bis zu 35 m und Stammdurchmessern bis 80 cm. Die Rinde ist blaßgrau. Aus ihr wird von den Eingeborenen das Pfeilgift Toxin gewonnen.

Botanisch gehört der Baum in die Familie der Sterculiaceae wie Abachi und heißt Mansonia altissima.

Das weißliche Splintholz ist als Furnier oder Vollholz unbrauchbar. Das Kernholz unterscheidet sich davon deutlich mit seiner grau- bis oliv- oder violettbraunen Farbe. Es ist mattrötlich oder purpurn gestreift.

Mansonia ist ein sehr dichtes, meist gleichmäßig gewachsenes Holz. Es ist mittelschwer und schwindet wenig. Es ist ähnlich dem amerikanischen Walnußholz, ist elastisch und stoßfest. Das Holz enthält Gerbstoff, weshalb bei Berührung mit Metallen leicht Verfärbungen auftreten. Es wird sowohl als Vollholz für viele Zwecke verwandt wie auch als Furnier.

Mutenye

Mutenye ist heimisch im kongolesischen Regenwald, kommt aber auch in anderen Gebieten Westafrikas vor. Es ist ein mittelgroßer Baum, der bis zu 25 m hoch wird, bei einem Stammumfang bis zu 90 cm. Die meist rötliche, manchmal gräuliche Rinde hat zur Namensgebung beigetragen.

Botanisch heißt Mutenye Guibourtia arnoldiana und gehört wie Afrormosia zur Familie der Leguminoseae.

Splint- und Kernholz unterscheiden sich deutlich. Splintholz ist gelblich bis grau, das Kernholz deutlich dunkler, streifig oder marmoriert, gelblichbraun bis walnußbraun.

Mutenye ist mittelhart, hat gute statische Festigkeit. Das Holz neigt bei der Trocknung zur Rißbildung. Ist es erst trocken, ist es fest gegen Witterung und Insekten.

Mutenye wird als Nußbaum-Ersatz verwandt, in der Kunsttischlerei, Drechslerei, für Parkett und Treppen.

Ostafrikanische Olive

Sie kommt am häufigsten in den Nadelwäldern Kenias in Höhen von 2000 bis 3000 m über NN vor, wie auch in manchem anderen Gebiet. Das Gehölz wird bis zu 28 m hoch bei Stammdurchmessern bis zu 80 cm. Die Rinde ist grau und glatt und ist vertikal geschuppt.

Die botanische Bezeichnung ist Olea hochstetteri, sie gehört in die Familie der Olivengewächse (Oleaceae). Splint- und Kernholz unterscheiden sich nur undeutlich voneinander.

Das Kernholz fühlt sich ölig-fettig an und ist hell- bis mittelbraun mit unregelmäßig verlaufenden Streifen.

Diese Olive zählt zu den schweren Hölzern mit hohem Schwindmaß. Das Holz ist hart, sieht gut aus und hat sehr gute Festigkeitseigenschaften. Es splittert stark und ist wenig pilzanfällig.

Aufgrund des Aussehens wird es viel zum Innenausbau und für Möbel verwandt, sowohl als Furnier wie auch als Vollholz.

Olivenhain

Madagaskar-Palisander

Das unter dieser Bezeichnung gehandelte Holz stammt von mehreren Arten der Pflanzengattung Dalbergia. Sie kommen vor in den Gebirgswäldern an der Ostküste von Madagaskar in tropischen, immergrünen Regenwäldern. Es sind große Laubbäume, die je nach Art unterschiedliche Höhen aufweisen. Ebenso verhält es sich mit den Stammdurchmessern. Die Rinde ist hellgrau bis bräunlich und löst sich bei einigen Arten in dünnen Plättchen vom Stamm. Die Blätter sind gefiedert.

Die botanische Bezeichnung ist Dalbergia, davon kommen die Arten (Spezies) baroni, pterocarpifolia, greveana und andere vor. Familie: Leguminosen, wie Afrormosia und Mutenye.

Das Splintholz ist etwas heller als das hellgraubraune bis dunkelbraune, auch weinrote Kernholz. Das Kernholz ist meist geadert. Die Färbung des Kernholzes dunkelt durch Lichteinfluß bis Schwarzviolett nach. Gewichte und Raumschwindmaß der verschiedenen Arten sind unterschiedlich. Das Kernholz ist im allgemeinen pilz- und insektenfest. Das Holz ist hart. Palisanderholz wird wegen der schönen Zeichnung für Möbel und Vertäfelungen verwandt, besonders als Furnier.

Sapelli

Der Name des Sapelli-Baumes rührt von dem Exporthafen Nigerias, Sapele, her.

Die ganze Gattung, der Sapelli angehört, stammt ausschließlich aus Afrika. Sapelli wird als typischer Vertreter der guineisch-äquatorialen und sudano-sambesischen Flora bezeichnet. Er wächst sowohl in den immergrünen Feuchtwäldern wie auch in den Feucht- und Trockensavannen. Der Sapellibaum wird 40 bis 60 m hoch, hat eine große Krone und Stammdurchmesser bis 170 cm. Die Rinde ist graubraun, dick und glatt bis schuppig. Wenn sie abblättert, hinterläßt sie rötliche Narben.

Die botanische Bezeichnung ist Entandrophragma cylindricum. Sapelli gehört zur Familie der Meliaceae.

Das Splintholz, das sich deutlich vom Kernholz abhebt, ist grauweiß bis blaßgelb. Dieses ist erst kräftig rosarot und dunkelt nach zu tiefrotbrauner Mahagonifarbe. Das Holz ist lebhaft gezeichnet.

Ein Merkmal ist der zedernartige Geruch.

Es wird als mittelhart und mittelschwer bezeichnet, ist wenig schlagfest, aber biegsam. Es ist gegen Pilzbefall und einige Insekten nicht anfällig, ist aber nicht witterungsfest. Sapelli ist als Furnier stark gefragt.

Sipo

Sipo gehört derselben Pflanzengattung an wie Sapelli. Es ist im ganzen tropischen Afrika weit verbreitet. Der Baum ist einer der stattlichsten, größten Bäume Afrikas mit Höhen bis zu 50 m und Stammdurchmessern bis 2,0 m. Die Rinde ist aschgrau und flächig-schuppig oder zerfurcht. Der Sipobaum ähnelt dem Sapellibaum.

Botanisch bezeichnet wird Sipo mit Entandrophragma utile und gehört auch zu den Meliaceae.

Splint- und Kernholz unterscheiden sich stark. Splintholz ist gräulichweiß bis schmutzigweiß, das Kernholz ist einheitlich in der Farbe, dunkel rötlichbraun. Sipo-Holz ist nicht sehr schwer und nicht sehr hart, hat aber gute Festigkeit. Es ist etwas elastisch und biegsam. Getrocknet ist es wetter- und insektenfest.

Sipoholz wird den Mahagonihölzern zugerechnet und viel als Vollholz verarbeitet im Fensterbau, für Türen, in der Kunsttischlerei, für Parkett, Treppen, aber auch als Furnier.

Zeder (Atlaszeder)

Das Atlasgebirge, ihre Heimat, hat der Atlaszeder ihren Namen gegeben. Der Nadelbaum wächst in höheren Lagen mit vielen Laub- und anderen Nadelbäumen zusammen. Die Atlaszeder wächst schnell und wird bis zu 40 m hoch. Die Variation glauca ist auch in unseren Gärten und Anlagen wegen ihres schönen Aussehens sehr beliebt.

Der Stammdurchmesser beträgt bis 1,5 m. Die Rinde ist glatt und braun, die Benadelung immergrün.

Botanisch heißt die Atlaszeder Cedrus atlantica und gehört in die Familie der Kieferngewächse (Pinaceae).

Das Splintholz ist weißrötlich, das Kernholz frisch hellbraun und dunkelt nach zu rötlichbraun. Typisch ist der frische „Zederngeruch".

Zedernholz ist leicht und porös, aber hart und dauerhaft, es reißt und wirft sich kaum. Es wird unter Wasser sehr hart und dauerhaft. Wegen der Wetterfestigkeit wird die Atlaszeder sehr viel im Außenbereich verbaut.

Profilholz für Wand und Decke

Die Aufgaben, die Holz am Bau löst, haben sich im Laufe der Zeit immer wieder gewandelt. Noch kurz nach dem 2. Weltkrieg, in der danach folgenden großen Aufbauphase, waren Hobeldielen in vielen Gebieten der Fußboden Nr. 1, heute sind sie in dieser Verarbeitungsart fast völlig verschwunden. Am Fußboden ist Holz vorwiegend noch als Parkett oder als Spanplattenunterboden anzutreffen.

Die sichtbar gebliebenen Sparren bilden einen Kontrast zu der mit ihnen bündig abschließenden Bekleidung.

Dafür sind im Bereich Wand und Decke Profilbretter sehr stark verbreitet, spricht doch nicht nur das Aussehen für Profilholz, sondern auch die gute bauphysikalische Eignung dieser Art Bekleidung für Decke und Wand.

Das Sortiment

Profilhölzer aus Massivholz, wie die, im Handel „Profilbretter" genannten, zur Hobelware zu rechnenden Erzeugnisse korrekt genannt werden, sind in vielen Profilen und Abmessungen am Markt.

Allein 4 DIN-Normen befassen sich mit Profilholz:

DIN 68 122 Fasebretter aus Nadelholz

DIN 68 123 Stülpschalungsbretter aus Nadelholz

DIN 68 126 Profilbretter mit Schattennut

DIN 68 127 Akustikbretter.

Gebräuchliche Normdicken liegen zwischen 12,0 und 19,5 mm.

Die genormten Breiten reichen von 95 mm bis 155 mm. Ebenso zahlreich sind die Querschnitte.

Außer diesen genormten sind noch zahlreiche andere Profile am Markt.

So zahlreich wie die Profile und Abmessungen sind die Holzarten, die zu Profilhölzern verarbeitet werden. Die hauptsächlichen Arten wurden bei der Beschreibung der Hölzer und ihrer Verwendung genannt.

Verarbeitung

Profilbrettverkleidungen werden recht häufig von Hobbywerkern in Eigenleistung angebracht.

Profilbretter benötigen zur Anbringung an Wand und Decke eine Unterkonstruktion aus gehobelten Latten. Diese werden angenagelt oder geschraubt. Der Lattenabstand soll 70 cm nicht überschreiten.

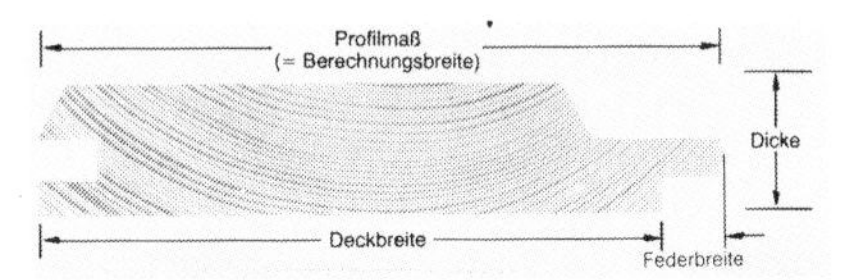

Fachbegriffe, dargestellt am Profilholz-Querschnitt.

Soll zugleich eine Wärmedämmung in die Unterkonstruktion eingebaut werden, empfiehlt sich, die Dämmstoffe zwischen entsprechend hohe Latten zu setzen und die Profilbretter auf eine Konterlattung zu montieren. Bei Innendäm-

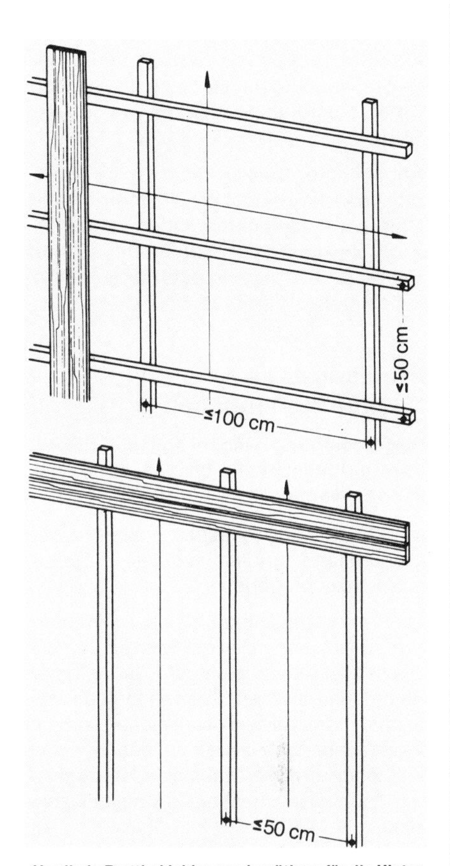

Vertikale Brettbekleidungen benötigen für die Hinterlüftung eine Unterkonstruktion mit Konterlattung; für horizontal angeordnete Bretter reicht eine einfache Unterkonstruktion aus.

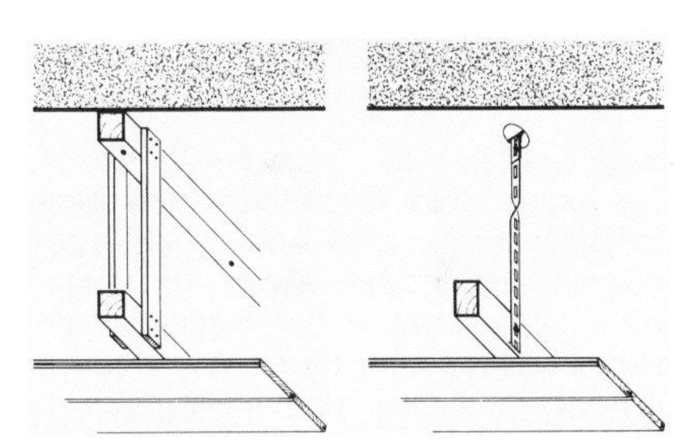

Abhängen von Profilholz-Decken: links mit Holzlatten, rechts mit Metallabhängern.

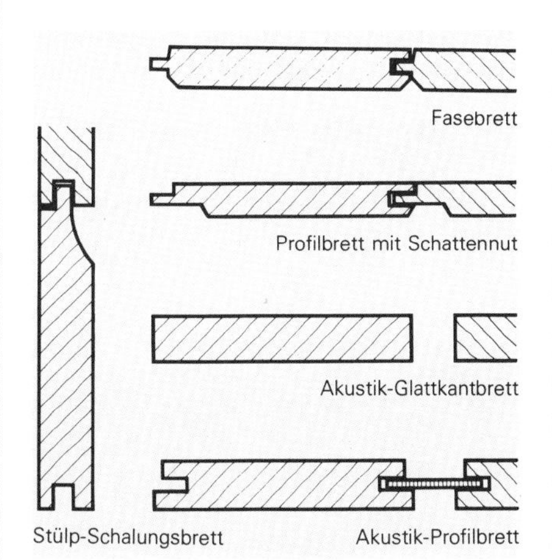

Querschnitte genormter Profilbretter.

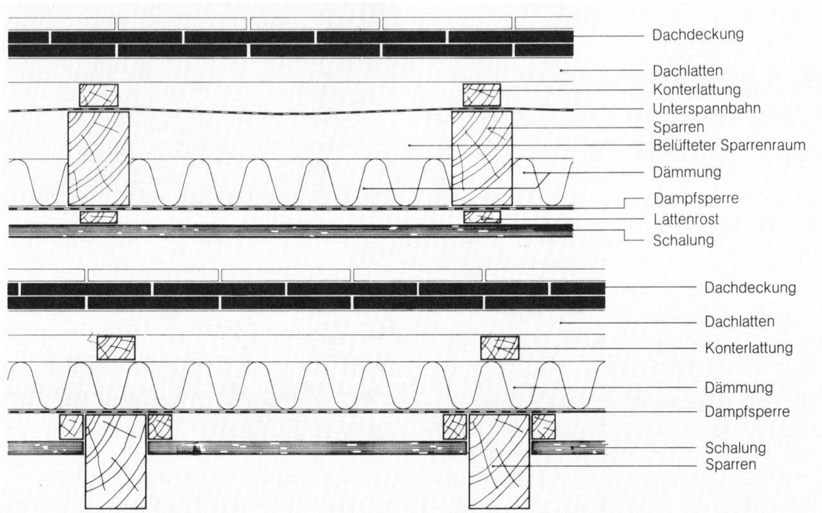

Möglichkeiten des Dachaufbaus mit Profilholzverschalung bei Wärmedämmung zwischen bzw. über den Sparren

mung ist eine Dampfsperre zu erwägen, bei Außendämmung sollte die Hinterlüftung nicht fehlen.

Als Deckenbekleidung können die Profilbretter, sollen sie direkt unter der Decke angebracht werden, die gleiche Unterkonstruktion erhalten wie an der Wand.

Abgehängte Decken können an Holz- oder den im Handel erhältlichen Metall-Unterkonstruktionen montiert werden. Zur Befestigung der Profilbretter auf den Latten gibt es eigens dafür angebotene Befestigungskrallen.

Profilhölzer im Dachgeschoßausbau

Der Bedeutung wegen soll auf diesen Verwendungszweck besonders eingegangen werden.

Im Dachgeschoßausbau sind zwei grundlegend unterschiedliche Einbaumöglichkeiten gegeben.

Liegt die Wärmedämmung über den Sparren, so läßt man meist die Sparren und die Dachkonstruktion sichtbar. Bei Wärmedämmung unter den Sparren muß die gesamte Konstruktion verkleidet werden. Wärmedämmung zwischen den Sparren läßt ohne großen Unterschied bezüglich der Raumausnutzung beide Möglichkeiten offen.

Der Dachaufbau unterscheidet sich dementsprechend (s. Grafik S. 187).

Behandlung der Holzoberfläche

Grundlegend unterscheiden wir Holzanstriche für innen und außen. Diese große Unterscheidung ist wichtig, weil Holz, außen verarbeitet, von der UV-Strahlung der Sonne zerstört wird, wenn man es nicht entsprechend schützt. Imprägnieranstriche sind in der Regel Voranstriche und sollen das Holz vor Insekten- und Pilzbefall schützen (Bläue).

Ansonsten unterscheiden wir Lasuren, die zur Anwendung innen und außen ausgelegt sein können, Wachsanstriche, die meist nur für innen sind, deckende Holzfarben, filmbildend oder nicht filmbildend (zu ihnen gehören dann auch die filmbildenden Lasuren), und farblose, filmbildende Anstriche (farblose Lacke).

Profilhölzer als Außenbekleidung

Außenbekleidungen aus Profilhölzern sollen hier nur der Vollständigkeit halber erwähnt werden. Die Grafiken zeigen mögliche Anwendungsformen.

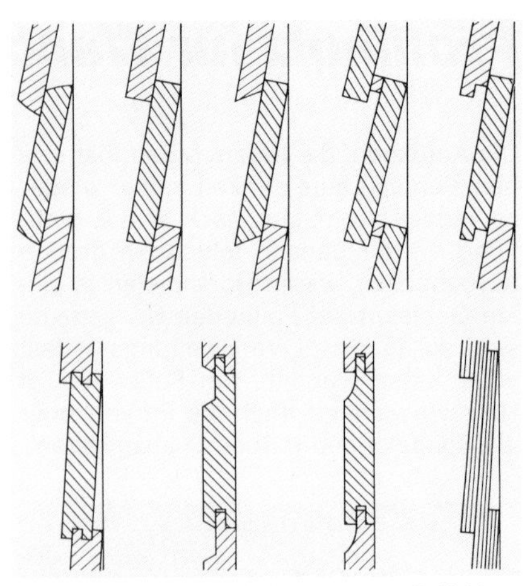

Anordnung der Bretter bei horizontalen Bekleidungen der Außenwand.

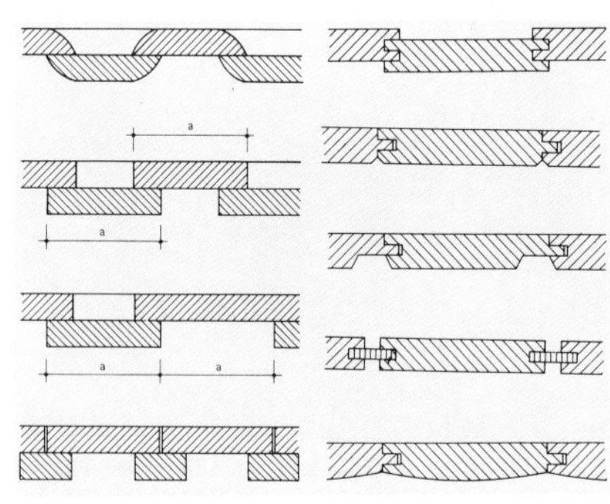

Anordnung der Bretter bei vertikalen Bekleidungen der Außenwand.

Holzpflaster

Besonders in stark belasteten Bereichen der Industrie, in Werkstätten, Versammlungsräumen, Schulen, ist Holzpflaster ein schöner, dauerhafter Belag, der angenehm zu begehen ist, gut Wärme dämmt, Fahrgeräusche dämpft und auf den auch etwas herunterfallen darf, ohne gleich zu zerbrechen.

Holzpflaster für innen gibt es in zwei Ausführungen.

Holzpflaster GE für Industrie und Gewerbe (nach DIN 68 701)

Als Holzarten werden Kiefer, Eiche und Fichte verarbeitet.

Die Höhen der Pflaster liegen zwischen 50 und 100 mm, der Querschnitt zwischen 80 × 80 und 80 × 160 mm.
Als Unterkonstruktion wird meist Unterbeton eingebaut.

Die Verlegung erfolgt entweder mit Verlegelättchen und Fugenverguß von oben oder durch Preßverlegung mit Steinkohlenteerpech-Heißkleber. Das Holz ist imprägniert, eine Oberflächenbehandlung erfolgt nicht.

Kiefern-Holzpflaster GE nach DIN 68701 in Preßverlegung

Holzpflaster RE für Schulen, Verwaltungen und Versammlungsräume (nach DIN 68 702)

Das Holz hierfür ist nicht imprägniert. An Holzarten werden verwandt: Kiefer, Eiche, Fichte, Lärche u. a. Die Höhe des Pflasters: ab 30 bis 60 mm, die Abmessungen: 40 bis 80 × 40 bis 120 mm.

Das Pflaster wird mit Holzpflasterkleber preßverlegt. Oberflächenbehandlung: Versiegelung, Heißwachsen, Ölen.

Holzpflaster für den Außenbereich

Kesseldruckimprägniertes Holz läßt sich auch in ständigem Kontakt mit dem Erdreich einsetzen. Sowohl Rechteck- als auch Rundholzpflaster findet im Garten- und Landschaftsbau vielfältige Anwendung.

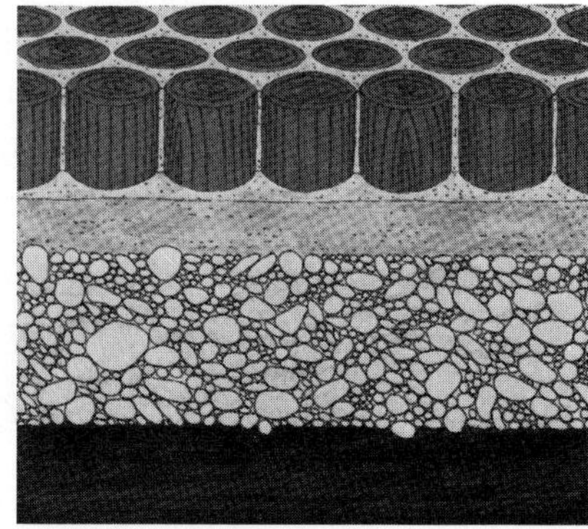

Rundholzpflaster in Kiesbett

Fertigparkett

Was wären viele unserer historischen Bauten in ihrer Inneneinrichtung ohne ihr Parkett?

Auch heute noch haftet dem Parkett ein Hauch von Eleganz, von Komfort an.

Unter Fertigparkett versteht man laut DIN 280 Teil 5 industriell hergestellte, fertig oberflächenbehandelte (z. B. mit Kunstharzlacken fertig versiegelte) Fußbodenelemente aus Holz, Holzwerkstoffen oder anderen Baustoffen, deren Oberfläche aus Holz besteht und die unmittelbar nach der Verlegung keiner Nachbehandlung bedürfen.

Fertigparkett kann freitragend auf Lagerhölzern oder schwimmend auf Estrich und andere Unterböden verlegt werden.

Außer dem schönen Aussehen spricht die leichte Reinigung und sofortige Begehbarkeit für das Parkett. Fertigparkett gibt es in Eiche, Buche, Esche und vielen anderen Holzarten.

Als „marktgängig" werden folgende Dimensionen angeboten:

- quadratische Elemente (Tafeln) mit einer Seitenlänge von 260 bis 650 mm und einer Dicke von 13 bis 26 mm,
- langformatige Elemente (Dielen) mit einer Breite von 117 bis 220 mm, einer Länge von 233 bis 3640 mm und 10 bis 24 mm dick.

Verlegemuster von Fertigparkett

Die Lieferung erfolgt karton- und folienverpackt, verlegereif.

Fertigparkett kann nur unter sachkundiger Anleitung von Hobbywerkern selbst verlegt werden.

Außer dem schwimmenden Estrich, wie im abgebildeten Beispiel, kann auch ein alter Bodenbelag als Untergrund für die Verlegung dienen. Eine weitere Möglichkeit ist die Verlegung freitragender Elemente auf Lagerhölzern.

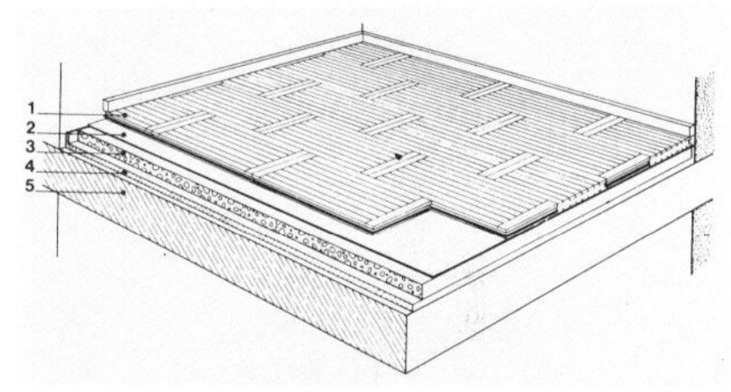

Verlegung von Fertigparkett auf schwimmendem Estrich.

1 Fertigparkett-Elemente (Flechtmuster)
2 Zwischenlage
3 Schwimmender Estrich
4 Dämmschicht
5 Rohdecke

Bauteile aus Brettschichtholz

Hallenbauten aus Brettschichtholz sind heute keine Seltenheit mehr. Viele Lagerhallen sind heute schon in Holzleim-Bauweise erbaut. Das Arbeitsverfahren wird zunehmend auch schon für kleinere Bauteile und Bauelemente eingesetzt, wie Terrassenüberdachungen, Pergolen.

Die Vorteile sprechen für das Verfahren. Das Prinzip: Massive Holzbalken neigen dazu, zu reißen und in sich zu verdrehen, was oft unangenehme Folgen hat und Schäden hervorruft. Holz steht auch nur in bestimmter, durch den Stamm vorgegebener Form zur Verfügung. Mit der Entwicklung entsprechender Leime wurde die Möglichkeit geschaffen, gut getrocknete Bretter unter Druck miteinander zu verleimen. Nun kann man auch dem Holz vordem unvorstellbare Formen und Abmessungen geben.

Es entstehen Bauteile vom Leimholzbalken bis hin zur imposanten Tragekonstruktion, wie die Brücke, die unten abgebildet ist.

Dachkonstruktion eines Markthallenkomplexes in Quimper/Frankreich.

Kesseldruckimprägnierte Holzbauelemente

Um das Stück „Wohnnatur", den Garten beim Haus, wohnlich zu gestalten, ist Holz ein wichtiges Gestaltungselement.

Holzbauelemente müssen bestens geschützt sein, wenn sie der dauernden Belastung durch Wind und Wetter, Dauerberührung mit dem Boden und Sonneneinstrahlung lange Zeit hindurch gewachsen sein sollen.

Das Kesseldruckverfahren wird zur Tränkimprägnierung von Holz angewandt. Das Verfahren bringt sowohl wesentlich größere Eindringtiefen als auch bedeutend größere Einbringmengen Imprägniersalz ins Holz, als das mit Streich- oder Tauchverfahren möglich wäre. Die Imprägnierung kann in den Farben Braun und Grün erfolgen.

Flechtzäune bieten guten Sicht- und Windschutz, ohne das Landschaftsbild zu stören.

Druckimprägnierkessel für Holzbauteile

Kesseldruckimprägnierte Holzerzeugnisse für den Garten

Zäune

Zäune sollen begrenzen, sollen ungebetene Besucher fernhalten und auch vor Sicht schützen.

Die Palette reicht vom Latten- über den Jäger- und Bohlenzaun bis zum hohen und dichten Flechtzaun.

Pergolen

sind eigentlich Rankgerüste für Kletterpflanzen, doch bei vielen Herstellern heißen auch Terrassenüberdachungen noch Pergolen.

Allesamt sind sie jedenfalls Hilfen zum Wohnen im Garten, zur Erweiterung des Hauses.

Bodenbeläge

Dem soeben genannten Zweck dienen auch die Bodenbeläge im Garten in ihrer ganzen Vielfalt, also auch die Bodenbeläge aus Holz (Rundpflaster). Eine beachtenswerte Form sind die sogenannten Decks am Hang oder in Verbindung mit Wasser.

Pflanzkästen und Palisaden

sollen den Garten beleben und gliedern. Sie sollen sich einfügen, nicht dominieren, hervorstechen, wie jeder Baustoff, der im Garten eingebaut wird. Dominieren soll hier die Pflanze.

Sandkästen, Spielgeräte, Gartenmöbel

erfreuen sich alle recht großer Beliebtheit und sind auch recht stabil und dauerhaft. Leider ist nicht alles was schwer ist auch schon schön, doch im großen Sortiment ist für jeden Geschmack etwas dabei.

Holzwerkstoffe

Holz, einer der ganz wichtigen Werkstoffe am Bau, ist den nachwachsenden Werkstoffen zuzurechnen. Da hier nicht nur der entstehende Werkstoff Holz wichtig ist, sondern ebenso der Produzent, die Gruppe der verholzenden, mehrjährigen, stammbildenden Pflanzen, muß damit gezielt umgegangen werden, denn diese Pflanzen im besonderen schützen unsere Erde davor, zur Wüste zu werden. Diese Pflanzen beeinflussen den Wasserhaushalt und damit auch das Klima. Es ist hier nicht der Ort, allen Zusammenhängen nachzugehen und sie hier aufzuzeigen. Wichtig erscheint nur, daß jeder, der mit Holz umgeht, dessen Bedeutung kennt und erkennt. Hier sollen nur die wichtigsten Zusammenhänge erwähnt werden, die für das Verständnis der Entwicklung notwendig sind, auch, damit in den verschiedenen Strömungen unserer Zeit ein fachgerechter Standpunkt vertreten werden kann (siehe auch allg. Einleitung „Der Baustoff Holz").

Holz steht nicht unbegrenzt zur Verfügung. Gerade die als besonders wertvoll anzusprechenden Hölzer und die besonders widerstandsfähigen Hölzer wachsen langsam. Die schnellwachsenden Hölzer sind die am wenigsten wertvollen. Holz arbeitet, es reißt, schwindet, dreht, je nach Holzart unterschiedlich.

Durch den Kunstgriff der Verarbeitung des Holzes zu Holzwerkstoff gelingt es, den Holzvorrat sinnvoll einzusetzen und mit den wertvollen Hölzern sparsam umzugehen und obendrein die technischen Eigenschaften, den Nutzungswert zu erhöhen. Am Bau haben wir schon einen Fall kennengelernt, wo ein natürlicher Stoff zerkleinert eine Vielzahl von Möglichkeiten mehr bietet als in seiner Urform: im Beton. Der Weg, den unsere Industrie mit dem Holzwerkstoff beschreitet, ist vergleichbar. Schlechte Eigenschaften werden ausgeschaltet, billige, schnellwachsende Hölzer aufgewertet und da eingesetzt, wo die wertvollen Hölzer eingespart werden können, um diese für die wichtigen Aufgaben zu erhalten.

Faserverlauf bei Furnier-Sperrholz
Oben: 3fach verleimt
Unten: 5fach verleimt

Folgende Produktgruppen sind in diesem Bemühen entstanden:

1. Die Stämme werden in Schichten „aufgeschält", diese Schichten mit unterschiedlicher Faserrichtung verklebt als **Sperrholz** oder in Kunststoff eingebettet und hochgepreßt im **Preßholz.** Beide zählen zu den Lagenhölzern.

2. Holz wird zu Spänen zerkleinert. Die Späne werden mit Bindemittel verpreßt zu **Holzspanplatten.**

3. Das Holz wird zerfasert und wie vor mit Bindemittel zu **Holzfaserplatten** gepreßt.

Lagenholz

Um Lagenholz herstellen zu können, braucht man dünnschichtig abgeschnittenes Holz, das man Furnier nennt.

Je nachdem, wie man das Furnier gewinnt, spricht man von *Messerfurnier,* das man vor allem von den wertvollen Hölzern herstellt, von *Schälfurnier,* das, wie der Name sagt, vom Stamm ab-„geschält" wird. Das und das durch Sägen gewonnene *Sägefurnier,* um 3 mm dicke Holzplatten, sind die weniger wertvollen Furniere.

Sperrholz

An einem Stückchen Furnier lassen sich die Festigkeitseigenschaften des Holzes am besten ausprobieren. Wir erkennen deutlich die Faserrichtung. Bei quer zur Faser liegender Biegeachse setzt das Holz dem Versuch, es zu biegen, wesentlich mehr Widerstand entgegen, als wenn wir es längs der Faser biegen wollen. So bricht es auch viel leichter. Quer zur Faser können wir es auch ohne viel Kraft auseinanderreißen, was uns in Faserrichtung nicht gelingt.

Ebenso unterschiedlich sind die Schwindrichtungen. Das Schwindmaß beträgt 0,1–0,4% längs der Faser und 7–10% quer zur Faser längs der Jahresringe (tangential) und quer zur Faser und den Jahresringen (radial) 3–5%.

Leimt man mindestens 3 Furnierlagen, kreuzweise gerichtet, aufeinander, bekommen wir Platten mit guten Festigkeiten in allen Richtungen.

Durch die Verbesserung der Querfestigkeit im Sperrholz kann man es als einen im Vergleich zum Vollholz vergüteten Werkstoff bezeichnen.

Durch die Verleimung ist auch die Volumensänderung infolge Feuchteaufnahme verringert.

Es gibt Sperrholz für Innen- und Außenverwendung.

Bei Sperrholz für Außenverwendung ist zu beachten, daß sich die Aussagen über Wetterfestigkeit nur auf die Verleimung beziehen. Sie besagt nicht, daß das Holz selbst nicht durch ständige Wettereinwirkung zerstört würde.

Verdichtetes Lagenholz

Tränkt man dünnes Furnierholz mit Kunststoffen und preßt es mit hohem Druck bei hohen Temperaturen, erhält man einen Holzwerkstoff der höchsten Verwendbarkeitsstufe, der den Übergang zwischen Holz und Kunststoff bildet, das Preßholz. Die Norm unterscheidet hier noch nach der Faserrichtung zwischen Preßschichtholz, Preßsperrholz und Preßsternholz (DIN 7707).

Hervorstechende Eigenschaften dieses Materials sind niedriges spezifisches Gewicht bei hoher mechanischer Härte, Druck- und Abriebfestigkeit, Temperaturbeständigkeit und Beständigkeit gegen Wasser, Öl, schwache Säuren und Laugen, keine Korrosionsanfälligkeit und weitgehende Resistenz gegen Pilze und tierische Schädlinge.

Preßholz wird von einem Hersteller, der es schon seit über 25 Jahren fertigt, wie folgt beschrieben:

„Es verbindet die mechanischen und chemischen Vorteile moderner Duroplaste mit der Schönheit von echtem Holz . . . und ist schließlich zigarettenglutbeständig nach DIN 16926."

Garagentor aus kunstharzgetränktem Preßholz

Bewährte Anwendungsbereiche sind: Sitzmöbel im Freien, Balkonverkleidungen, Fassadenverkleidungen, Garagentorverkleidungen, Sichtschutzzäune.

Holzspanplatten

Hintergrund der Idee, Holzspanplatten herzustellen, war der schon eingangs genannte Wunsch, Holz besser, wirtschaftlicher einzusetzen. Erst 1941 begann man mit der Herstellung von Spanplatten. Heute ist die Holzspanplatte ein anerkannter, weit verbreiteter Holzwerkstoff.

Nach Überwindung erheblicher Anfangsschwierigkeiten konnte die Spanplatte mit einem deutlich geringeren Aufwand an Lohnkosten erzeugt werden.

Gegenüber der Faserplatte besitzt sie mehr Dimensionsstabilität und benötigt weniger Energie bei der Herstellung. Außerdem hat sich die Spanplattenindustrie zum größten Schwachholzverbraucher entwickelt. Der Verbrauch ist so groß, daß sich schon Rohstoff-Engpässe ergeben und man nach neuen Ausgangsstoffen sucht.

Rohstoffe

Rohstoffe der Spanplatte sind Holz und Kunstharz- bzw. Kunststoffbindemittel.

Aus dem vorgenannten Grunde des Materialengpasses und aus Kostengründen, aber auch um günstige Rohstoffe zu erschließen, überlegen Industrie und Forstwirtschaft gemeinsam, wie man auch das Ast- und Stabholz, die Benadelung der Koniferen und die Rinde der anderweitig verwerteten Stämme für diesen Zweck nutzen kann, ohne eine Minderung der Plattenqualität einzuhandeln. Auch die Nutzung von Einjahrespflanzen wie Hanf, Stroh, Schilf bezieht man in diese Überlegungen ein.

Chemische Grundstoffe sind die fast ausschließlich organischen Kleber, also Kunstharz- und Kunststoffkleber, aber auch Härter, Hydrophobierungsmittel (Wasserabweiser), Pilz- und Brandschutzmittel.

Die wichtigsten Klebstoffe sind die Kunstharzkleber, die den an sie gestellten, hohen Anforderungen am besten gerecht werden. Aber auch andere Kleber sind in Erprobung, z. B. mineralische Bindemittel wie Portlandzement, Magnesiazement u. a.

Um die Spanplatten wasserabweisend zu machen, wird vor allem Paraffin verwandt. Die Anwendungsverfahren sind unterschiedlich wie die Anforderungen.

So sind an Bauspanplatten andere Anforderungen zu stellen als an Spanplatten für den Innenausbau oder für Möbel.

Der weitgehende Schutz der Spanplatten vor Pilzbefall ist da wichtig, wo der Feuchtegehalt des Holzes 18% erreicht oder überschreitet. Auch die Holzschutzmittel werden mit sehr unterschiedlichen Verfahren eingebracht. Das reicht vom Tränken der Späne bis zur Behandlung der fertigen Platten.

Für die Anwendung am Bau von großer Bedeutung ist das Brandverhalten der Spanplatten nach der DIN 4102. Ungeschützte Spanplatten nach DIN 68763 mit einer Rohdichte von mindestens 600 kg/m^3 werden der Baustoffklasse B2 „normalentflammbar" zugerechnet. Um mit ungeschützten Platten bei raumabschließenden Wänden die Feuerwiderstandsklasse F 30-B nach obiger Norm zu erreichen, benötigt man Plattendicken von mindestens 8 mm. Dabei ist die Art der Montage von großer Bedeutung

Die Herstellung von Holzspanplatten, die die Bedingungen zur Einstufung in die Baustoffklasse B1 „schwerentflammbar" erfüllen, ist mit verschiedenen Methoden möglich und wird praktiziert.

Die Produktion

Holz der verschiedensten Art wird entsprechend zerkleinert, getrocknet, gereinigt, gesichtet (nach Größe sortiert), beleimt und mit dem Leim innig vermischt und heiß verpreßt, nachdem eine kalte Vorverdichtung vorgenommen wurde.

In der Endfertigung werden die Spanplatten konditioniert, d. h. sie werden unter bestimmten Bedingungen abgekühlt, um eine möglichst hohe Festigkeit zu erhalten, dann werden sie besäumt, geschliffen, sortiert und es werden Fixmaße hergestellt.

Von der Verleimung her unterscheiden wir Platten V 20, selten V 70 (nicht genormt) und im Baubereich vor allem V 100 und V 100 G. Die Platten der Verleimung V 100 und V 100 G sind etwas schwerer als V 20. Sie sind begrenzt wetterbeständig. Die Verleimung V 100 G ist mit einem Holzschutzmittel gegen holzzerstörende Pilze geschützt. Fußbodenverlegeplatten haben alle 4 Kanten mit Nut und Feder ausgeführt. Sie sind klimastabil und durch harte Deckschichten unempfindlich gegen Punktlasten, wie sie bei der Nutzung des Fußbodens vorkommen.

Fußbodenverlegeplatten sollten von der Unterseite her belüftet eingebaut werden (ca. 2 cm Luftraum). Unter Estrich ist eine Feuchtesperre erforderlich.

Als Dachplatten kommt der gleiche Plattentyp zur Anwendung, teilweise mit Pilzschutz ausgerüstet.

Formaldehyd ist ein Bestandteil des Bindemittels und wird bei der Herstellung von Spanplatten nicht vollständig ausgehärtet. Die Reste können gasförmig austreten und belästigen dann durch stechenden Geruch. Entsprechend der Menge dieser Ausscheidungen sind die Spanplatten in 3 Gruppen eingeteilt: E 1, E 2, E 3.

Die Einteilung der Spanplatte nach Emissionsklassen:

Klasse E 1 – hat einen Wert von kleiner als 0,1 ppm
Klasse E 2 – von 0,1 – 1 ppm
Klasse E 3 – von 1 – 2,3 ppm

ppm heißt „part per million", also Teilchen per Million; d. h. Kubikzentimeter Formaldehydgas pro Kubikmeter Raumluft.

Bei großflächiger Verwendung in Aufenthaltsräumen darf unbeschichtet nur E 1 verwendet werden, die anderen Gruppen sind durch entsprechende Ummantelung zu isolieren.

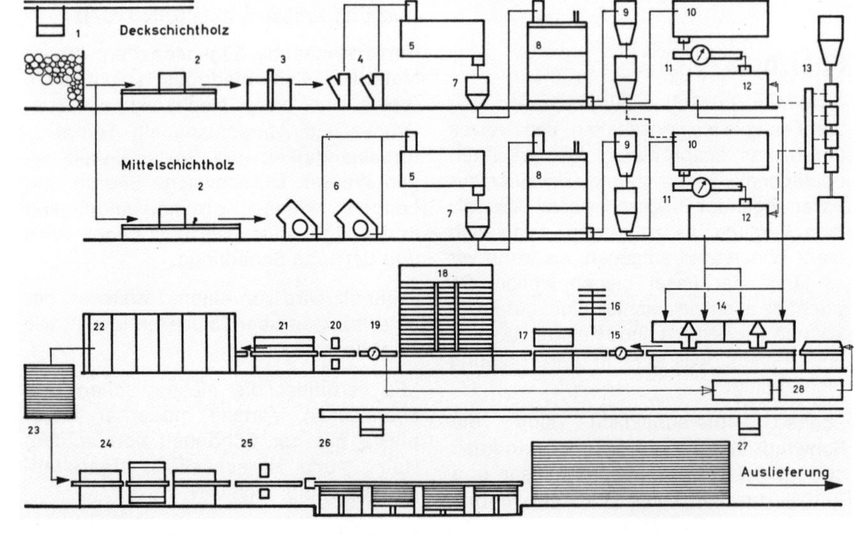

Schema der Herstellung von Holzspanplatten (Flachpreßplatten)

1 Rohholzlager
2 Entrindungsmaschine und Metallsuchgerät
3 Ablängsäge
4 Zerspaner (Deckschicht)
5 Spänebunker
6 Zerspaner (Mittelschicht)
7 Mühlen
8 Trockner
9 Sichter
10 Spänebunker
11 Bandwaage
12 Beleimungsmaschinen
13 Leimstation
14 Streustation
15 Kontrollwage
16 Abkippstation
17 Vorpresse
18 Heißpresse
19 Massekontrolle der Platten
20 Dickenkontrolle und Metallsuchgerät
21 Formatsäge
22 Kühlkanal
23 Konditionierung
24 Schleifstraße
25 Dickenkontrolle
26 Sortierung
27 Fertiglager
28 Rückkühlstation der Preßbleche

Holzspanformteile

Holzspanpreßteile sind durch ein besonderes Verfahren mit einer Dekoroberfläche versehen. Mit farblich gestalteter Oberfläche, mit dem Aussehen von Naturstein, besonders aber mit naturgetreuem Aussehen von beliebten Holzarten, bei sonst unerreichter Licht- und Farbbeständigkeit, glatt oder rustikal bearbeitet, sind diese Produkte zu einem Wertbegriff geworden und sehr beliebt. Das Sortiment umfaßt Fensterbänke für innen und außen, Balkonverkleidungen, Fassadenbekleidungen, Garagentorfüllungen, Paneele, Handläufe und Sockelleisten, aber auch Tischplatten und Tabletts. Die Fassadenplatten und -Profile mit Reinacrylbeschichtung und Holzspan-Kern sind vor allem bruchfest. Sie sind schwer entflammbar und lichtecht nach DIN.

Geformte Holzspanteile an Fassade, Balkon und Dach

Röhrenspanplatten

Von den bisher behandelten Flachpreßplatten unterscheiden sich die Strangpreßplatten. Von diesen interessieren uns besonders die Röhrenspanplatten.

Bei der Herstellung der Strangpreßplatten fällt die Vorpressung weg. Wir kennen Strangpreß-Produktionsverfahren von der Ziegelherstellung, vom Steinzeug und von der Kunststoff-Profilherstellung. Hier wird das Material, das gut vermischt und preßfähig sein muß, mit hohem Druck durch ein formgebendes Mundstück gepreßt. Röhrenspanplatten sind demnach Strangpreßplatten mit röhrenförmigen Hohlräumen, die in Preßrichtung verlaufen. Die Hohlräume mindern das Eigengewicht der Platten bei hoher Festigkeit. Röhrenspanplatten sind beim Bau von Innentüren wichtig.

Holzfaserwerkstoffe

Alle Holzfaserplatten kann man unter diesem Begriff zusammenfassen.
Nach dem Grad der Verdichtung sind zu unterscheiden:

hochporöse Faserplatten, poröse Faserplatten, die beide landläufig als weiche Holzfaserplatten verstanden werden, und *halbharte Faserplatten,* die nicht so häufig vorkommen wie die harten Faserplatten und auch noch zusätzlich gehärtet hergestellt werden.

Die harten Holzfaserplatten werden hier nur der Vollständigkeit der Darstellung wegen genannt. Erzeugnisse aus Holzfaser-Hartplatten sind Schalkörper aus verformten Hartplatten und Rolladenkästen.

Die Fertigung ist mit der Papier- und Pappeerzeugung eng verbunden. Die ersten Patente gehen bis auf das Jahr 1772 zurück. Eine Faserplattenindustrie entstand in den USA im Jahre 1910.

Poröse Holzfaserplatten

sind ungepreßte Faserplatten. Sie werden auch als Dämmplatten bezeichnet, weil sie zur Wärmedämmung und zur Schallschluckung eingesetzt werden.

Für die Herstellung von Holzfaserplatten werden Rohstoffe benötigt, die möglichst viele Holz-Zellulose-Fasern ergeben. Nadelholz liegt hier an der Spitze, dann kommt Laubholz und mit Abstand erst Flachs, Raps u. a. Verwendet werden Industrie-Abfallholz wie Schwarten, Ablängreste, Säge- und Hobelspäne und Frässpäne. Das Rohholz wird zerkleinert und im Dampf-Mahlverfahren zerfasert.

Im Unterschied zur Herstellung der Hartfaserplatten wird hier anderes und weniger Bindemittel verarbeitet. Das durch Unterdruck entwässerte Fasermaterial wird durch Walzen verdichtet und mit Kreismessern quer und längs besäumt.

Bei der Herstellung der porösen Hartfaserplatte entfällt auch die Walzenpressung. Diese durchlaufen mehretagige Walzentrockner und werden bei Temperaturen von 120–190°C getrocknet.

Die normalen porösen Holzfaserplatten sind unter der Bezeichnung Holzfaserdämmplatten auf dem Markt.

Die DIN 68750 enthält die Gütebestimmungen.

Die Rohdichte liegt zwischen 230 und 400 kg/m^3. Übliche Dicken sind 6, 8, 10, 12, 15, 20 mm und dicker, bis zu 50 mm.

Bei Bitumenzusatz von 20–30% spricht man von *Bitumen-Holzfaserplatten.* Sie sind durch die Bituminierung feuchtigkeitsunempfindlich geworden.

Werden poröse Holzfaserplatten als Akustik- bzw. Schallschluckplatten verwandt, sind die Plattenflächen geschliffen und verschiedenartig gelocht oder geschlitzt und mit einem Farbauftrag versehen.

Akustikplatten können auch schwerentflammbar geliefert werden. Unbehandelt gelten sie als normalentflammbar und werden der Baustoffklasse B2 zugerechnet (DIN 4102).

Paneele

Im Gegensatz zu Vollholz-Profilbrettern als Innenverkleidung sind die Paneele furnierte Sperrholz-, Span- oder Faserplatten. Sie bieten eine große Breite der Gestaltungsmöglichkeiten durch die Form der Paneele und die Anordnung des Furniers.

Paneele gibt es rechteckig, als quadratische Kassetten und als streifenförmige Täfelbretter.

Unterschiedliche Fugenausbildung erhöht noch die Zahl der Variationsmöglichkeiten in der Gestaltung mit Paneelen.

Die Verarbeitung erfolgt, ähnlich wie bei den Profilhölzern beschrieben, üblicherweise auf Lattenunterkonstruktion.

Im Gegensatz dazu können Paneele auf trockene und ausreichend ebene Montageuntergründe, die auch ausreichend tragfähig sein müssen, mit Spezialkleber aufgeklebt werden. In Feuchträumen und bei noch vorhandener Baufeuchte ist Unterkonstruktion mit imprägnierten Latten unerläßlich.

Normen

DIN 4078 Sperrholz, Vorzugsmaße

DIN 68 705 T 2 Sperrholz; Sperrholz für allgemeine Zwecke

DIN 68 705 T 3 Sperrholz; Bau-Furniersperrholz

DIN 68 705 T 4 4 Sperrholz; Bau-Stabsperrholz; Bau-Stäbchensperrholz

DIN 68 705 T 5 Sperrholz; Bau-Furniersperrholz aus Buche

DIN 68 705 T 5 Bbl 1 Bau-Furniersperrholz aus Buche; Zusammenhänge zwischen Plattenaufbau, elastischen Eigenschaften und Festigkeiten

DIN 68 750 Holzfaserplatten; Poröse und harte Holzfaserplatten; Gütebedingungen

DIN 68 751 Kunststoffbeschichtete dekorative Holzfaserplatten; Begriff, Anforderungen

DIN 68 752 Bitumen-Holzfaserplatten; Gütebedingungen

DIN 68 754 T 1 Harte und mittelharte Holzfaserplatten für das Bauwesen; Holzwerkstoffklasse 20

DIN 68 760 Spanplatten; Nenndicken

DIN V 68 761 T 1 Spanplatten; Flachpreßplatten für allgemeine Zwecke; FPY-Platte

DIN 68 761 T 4 Spanplatten; Flachpreßplatten für allgemeine Zwecke; FPO-Platte

DIN 68 762 Spanplatten für Sonderzwekke im Bauwesen; Begriffe, Anforderungen, Prüfung

DIN 68 763 Spanplatten; Flachpreßplatten für das Bauwesen; Begriffe, Eigenschaften, Prüfung, Überwachung

DIN 68 764 T 1 Spanplatten; Strangpreßplatten für das Bauwesen; Begriffe, Eigenschaften, Prüfung, Überwachung

DIN 68 764 T 2 Spanplatten; Strangpreßplatten für das Bauwesen; Beplankte Strangpreßplatten für die Tafelbauart

DIN 68 765 Spanplatten; Kunststoffbeschichtete dekorative Flachpreßplatten für allgemeine Zwecke; Begriffe, Anforderungen, Prüfung

---

Holzhandelsgebräuche

Im Verkehr mit inländischem Rundholz, Schnittholz und Holzhalbwaren haben sich in Jahrzehnten Gebräuche entwikkelt. Diese Gebräuche wurden von den Verbänden der Holzbearbeitung, des Holzhandels und der Holzverarbeitung im Jahre 1950 zu Tegernsee (Tegernseer Gebräuche) zusammengestellt.

Nach fast 25 Jahren, die seit der letzten Überarbeitung der Tegernseer Gebräuche vergangen sind, legte 1985 nach mehrjähriger Arbeit die Gebräuche-Kommission der deutschen Holzwirtschaft die vierte aktualisierte Fassung der Gebräuchesammlung vor. Die Mitarbeit aller am Handel mit Holz beteiligten Kreise unterstreicht nachdrücklich die unverändert hohe Bedeutung, die dem Brauchtum von allen Handelsstufen beigemessen wird.

Die Überarbeitung war notwendig geworden, da sich in den vorangegangenen Jahren Abweichungen zwischen dem kodifizierten und dem tatsächlich praktizierten Brauchtum entwickelt hatten. Weiterhin verfolgte die Aktualisierung das Ziel, Übereinstimmungen zwischen den Tegernseer Gebräuchen und den DIN-Normen, soweit diese Eingang in das Brauchtum gefunden hatten, festzustellen.

Die Tegernseer Gebräuche in alter Fassung sind mehrfach durch gerichtliche Entscheidungen als Handelsbrauch entsprechend § 346 HGB bestätigt worden.

Nachstehend die wichtigsten Auszüge:

II.
Nadelschnittholz
inländischer Erzeugung

§ 15
Gütebestimmungen/Sortierung

1. Nadelschnittholz wird gesund geliefert; Fehler sind nach Art und Umfang in einem Maße zulässig, das jeweils bei den einzelnen Güteklassen und Sortimenten festgelegt ist.
2. Nadelschnittholz wird, soweit nichts anderes vereinbar ist, in Güte- bzw. Schnittklassen nach Anlage I gehandelt.
3. beim Verkauf von unsortierter sägefallender Ware darf grundsätzlich kein Holz aussortiert werden.

§ 16
Maßhaltigkeit

1. Nadelschnittholz muß so eingeschnitten werden, daß die berechneten Maße
a) bei den Sortimenten Stamm-, Mittel- und Zopfware, astreinen Seiten, Modellware und Rohhobler sowie Fichten- und Tannen-Blockware, in trockenem Zustande,
b) bei Dimensions- und Listenware sowie bei allen übrigen handelsüblichen Sortimenten, soweit nicht anders ausdrücklich vereinbart worden ist, bei einer Meßbezugsfeuchte von 30% vorhanden sind.
2. Werden ausgesuchte Blöcke in Sortimente der besäumten Tischlerqualität eingeschnitten, erfolgt Maßberechnung nach 1a. Tischlerqualitäten entsprechen den Anforderungen der Güteklassen 0 und 1 mit maximal 40% Güteklasse II entsprechend der Anlage.
3. Bei höchstens 10% der Stückzahl dürfen die Breiten bis 2%, die Dicken bis 3% unterschritten werden.

§ 17
Holzfeuchte
bei Lieferung

1. Nadelschnittholz wird mangels Vereinbarung
a) in den Sortimenten Stamm-, Mittel-, und Zopfware, astreinen Seiten, Modellware und Rohhobler sowie Fichten- und Tannenblockware trocken,
b) als Dimensions- und Listenware sowie in allen übrigen handelsüblichen Sortimenten frisch und/oder halbtrocken geliefert.
2. Besäumtes Nadelschnittholz in Tischlerqualität, das aus ausgesuchten Blöcken eingeschnitten wird, wird trocken geliefert.
3. Nadelschnittholz gilt
a) als trocken, wenn es eine mittlere Holzfeuchte (alle Angaben zur Holzfeuchte beziehen sich auf das Darrgewicht), bezogen auf den Querschnitt des Stückes, von höchstens 20% hat,
b) als halbtrocken, wenn es eine mittlere Holzfeuchte bezogen auf den Querschnitt des Stückes, von höchstens 30%, bei Querschnitten über 200 cm^2 von höchstens 35% hat,
c) als frisch ohne Begrenzung der Holzfeuchte. Bei a) und b) dürfen 20% der Menge unter Berücksichtigung der natürlichen Feuchteschwankungen über den Grenzen liegen.
4. Nadelschnittholz gilt als verladetrocken, wenn es je nach Holzart und Jahreszeit eine Holzfeuchte aufweist, die Schäden durch eigene Feuchtigkeit während des Transportes bei normaler Beförderungsdauer ausschließt.

§ 18
Vermessung

1. Besäumtes Nadelschnittholz wird, soweit bei den einzelnen Güteklassen nichts anderes bestimmt ist, einzeln stückweise vermessen.
2. Unbesäumtes Schnittholz wird grundsätzlich stückweise in der Mitte des Brettes vermessen, und zwar auf der schmalen und breiten Seite verglichen (halbe Baumkante) oder blockliegend. Anfallende Seitenware mit anderen Dicken als das Hauptprodukt bis einschließlich 33 mm sowie obere und untere Seitenbretter bis einschließlich 33 mm bei gleichen Dicken wie das Hauptprodukt und Einzelbretter bis 33 mm werden schmalseitig gemessen.
3. Alle Maße werden auf volle Zentimeter nach unten abgerundet, wobei 1% Abweichung unberücksichtigt bleibt – das gilt nicht für Dimensions- und Listenware –.
4. Bei gehobelter und gespundeter sowie bei nur gespundeter Ware wird das nach der Bearbeitung vorhandene Profilmaß in Millimeter berechnet.
5. Bei glattkantig gehobelter Ware gilt das nach der Bearbeitung vorhandene Breitenmaß, bei mit Wechselfalz hergestellter Ware gilt das nach der Verarbeitung vorhandene Breitenmaß mit Falz in Millimetern.
6. Die Längenvermessung erfolgt nach ganzen, halben und viertel Metern, bei Stamm- und Blockware auch in Dezimetern, bei Dimensions- und Listen- sowie in fixen Längen bestellter Ware nach vollen Zentimetern.
7. bei unbesäumter Ware wird das Längen- und Breitenmaß oder auf Wunsch des Käufers die Stamm- und Blattnummer an der Maßstelle erkennbar aufgeschrieben. Das gleiche gilt für besäumte Ware, für die Maßvergütungen gewährt werden.
8. Das unter Ziffer 1 Gesagte gilt auch für Dicken unter 16 mm, die im Originalschnitt erzeugt sind. Bei Spaltware allgemein ist für die Güteklassenzugehörigkeit die Güteklasse des Originalbrettes vor dem Spalten maßgebend.

III.
Laubschnittholz
§ 22
Beschaffenheit

1. Laubschnittholz-Handelsware wird im allgemeinen unbesäumt als Blockware gehandelt. Soll außer Block gesetztes Laubschnittholz Gegenstand des Lieferungsvertrages sein, so muß dies im Angebot bzw. im Kaufvertrag besonders gesagt sein.
2. Laubschnittholz muß, soweit nachstehend nichts anderes gesagt ist, gesund sein und einen normalen Wuchs haben. Für vorkommende grobe Fehler (faule Äste, kranke und angesteckte Stellen, Risse, auch Eisrisse, Ringschäle, stellenweiser Wurmbefall) erfolgt ein Abschlag in Länge und/oder Breite entsprechend dem fehlerhaften Stück; für geraden Riß erfolgt kein Abschlag. Verschnittenes, stark drehwüchsiges und verstocktes Holz (verdorbenes) kann zurückgewiesen werden.

§ 22
Maßhaltigkeit/Trockenheit

1. Unbesäumtes Laubschnittholz wird so eingeschnitten, daß die berechneten Maße im trockenen Zustand der Ware vorhanden sind.
2. Unbesäumtes Laubschnittholz wird innerhalb der Blocklängen von 3 bis 6 m geliefert. Bis 15% der Menge dürfen in Blocklängen von 2,50 bis 2,90 m geliefert werden. Dicken unter 20 mm können in Längen von 2 m aufwärts geliefert werden. Bei Bunt- und Obsthölzern sind alle Längen handelsüblich.
3. Die Längenvermessung erfolgt nach Dezimetern und Viertelmetern.
4. Laubschnittholz gilt als verladetrocken, wenn es je nach Holzart und Jahreszeit eine Holzfeuchte aufweist, die Schäden durch eigene Feuchtigkeit während des Transportes bei normaler Beförderungsdauer ausschließt.

§ 23
Vermessung

1. Unbesäumtes Laubschnittholz wird grundsätzlich stückweise in der Mitte des Brettes vermessen, und zwar auf der schmalen und breiten Seite verglichen (halbe Baumkante) oder blockliegend. Anfallende Seitenware mit anderen Dicken als das Hauptprodukt bis einschließlich 33 mm sowie obere und untere Seitenbretter bis einschließlich 33 mm bei gleichen Dicken wie das Hauptprodukt und Einzelbretter bis 33 mm werden schmalseitig gemessen.
2. Bei Eichenschnittholz wird gesunder, fester Splint mitgemessen, fauler, also abbröckelnder, und verwurmter Splint werden nicht gemessen.

§ 25
Seitenbretter

Wird Laubschnittholz als Blockware gehandelt, so ist das anfallende Seitenmaterial, und zwar auch in abweichenden Dicken, mitzuliefern und abzunehmen.

§ 26
Übernahme

Laubschnittholz wird in der Regel auf Besichtigung (auf Besicht) gekauft und durch den Käufer am Lagerort der Ware übernommen. Für die Übernahme gelten dabei die Gebräuche, die im § 6 dieser Sammlung zusammengestellt sind.

Auch über die Gütebestimmungen soll nachstehender Auszug informieren. Des Umfangs wegen sind nur die Gütebestimmungen für Fichte/Tanne wiedergegeben.

Handelsübliche Güteklassen für Nadelschnittholz

1.
Besondere Gütemerkmale
A. Fichte, Tanne

1. Farbe: Die Ware gilt
als blank, wenn sie weder rot- noch blaustreifig, noch durch unsachgemäße Behandlung farbig geworden ist,
als leichtfarbig, wenn sie bis zu 10%, als mittelfarbig, wenn sie bis zu 40% der Oberfläche farbig ist,
als faul, wenn sie nicht nagelfest ist.

Bei unbesäumter Ware können Faulstellen im Maß abgerechnet werden.

2. Äste: Äste gelten
   als klein, wenn sie nicht mehr als 2 cm kleinsten Durchmesser,
   als mittelgroß, wenn sie nicht mehr als 4 cm kleinsten Durchmesser haben.
   Nach Rund- und Flügelästen wird nicht unterschieden. Äste bis zu ½ cm kleinstem Durchmesser bleiben unberücksichtigt. Soweit nichts anderes bestimmt, darf der größere Durchmesser der Äste jeweils nicht mehr als das Vierfache des zulässigen kleinsten Durchmessers betragen.
   Feste schwarze und schwarz umrandete Äste gelten als gesund, wenn sie einseitig mindestens zur Hälfte fest verwachsen sind.
3. Harzgallen: Harzgallen gelten
   als klein, wenn sie nicht mehr als ½ cm breit und 5 cm lang sind,
   als mittelgroß, wenn sie nicht mehr als 1 cm breit und 10 cm lang sind.
   Gemessen wird die breiteste und die längste Stelle. Harzgallen bis zu 2 mm Breite und 2 cm Länge bleiben unberücksichtigt. Das gleiche gilt bei unbesäumter Ware für Harzgallen von größerer Ausdehnung, wenn sie auf der Breitseite des Brettes innerhalb der Fläche vorkommen, die durch die Baumkante begrenzt ist.
4. Risse: Risse gelten
   als klein, wenn sie nicht schräg verlaufen, nicht länger als die Brettbreite sind und nicht durchgehen, Endrisse dürfen auch durchgehen,
   als mittelgroß, wenn sie nicht länger als die 1½fache Brettbreite sind, diese dürfen auch durchgehen.
   Durchgehende Schrägrisse oder Risse, welche durch Ringschäligkeit entstanden sind, gelten in jedem Falle als große Risse. Kleine unbedeutende sogenannte Haarrisse bleiben bei allen Güteklassen unberücksichtigt. Bei unbesäumter Ware können Risse im Maß abgerechnet werden.
5. Baumkante: Baumkante gilt
   als klein, wenn sie nicht mehr als ¼ der Brettlänge beträgt und schräg gemessen nicht über ¼ der Brettdicke mißt,
   als mittelgroß, wenn sie nicht mehr als die Hälfte der Brettlänge beträgt und schräg gemessen nicht mehr als die Brettdicke mißt,
   als groß, wenn das Brett in ganzer Länge mindestens von der Säge gestreift ist. Die Mindestdeckbreite muß jedoch die Hälfte der Brettbreite betragen.
   Baumkante ist bei der Güteeinstufung auch dann zu berücksichtigen, wenn sie auf der schlechteren Brettseite vorkommt.

II.
Güteklassen
1. Bretter und Bohlen, unbearbeitet
A. Fichte, Tanne
a) Blockware

Normallänge 3–6 m. Stapelung und Verkauf: nur blockweise.
Gruppe I: von 40 cm Zopfdurchmesser aufwärts
Gruppe II: von 35 bis unter 40 cm Zopfdurchmesser
Gruppe III: von 30 bis unter 35 cm Zopfdurchmesser
Beim Einschnitt von Brettern bis einschließlich 19 mm Dicke können auch Zopfdurchmesser von 25 bis unter 30 cm mitgeliefert werden.
Vermessungsart: brettweise.
Die Ware muß im allgemeinen aus gesunden, äußerlich ast- und beulenfreien Stämmen erzeugt werden. Der innere Ausfall des Blockes muß innerhalb der Zifferngüteklassen I und II liegen. Es sind Blöcke zulässig, bei denen ein Kernbrett der Zifferngüteklasse III und bei Blökken, welche im Kern durchschnitten sind, zwei Kernbretter der Güteklasse III vorkommen. Rotharte (buchsige) Blöcke sind ausgeschlossen.

b) Zifferngüteklassen

Güteklasse 0:
Normallänge 3–6 m, 8 cm aufwärts breit, besäumt und unbesäumt.
Vermessungsart: brettweise.
Die Ware muß:
1. blank sein.

Die Ware darf:
2. je lfd. m – ohne Rücksicht auf die Lage – einen kleinen Ast, jedoch nicht länger als 5 cm,
3. statt eines kleinen Astes eine kleine Harzgalle,
4. vereinzelt kleine Risse,
5. vereinzelt kleine Baumkante,
6. bei unbesäumter Ware Krümmung bis 2 cm je lfd. m haben.
   Rotharte (buchsige) Bretter und Bohlen sind ausgeschlossen.

Güteklasse I:
Normallänge 3–6 m, 8 cm aufwärts breit, besäumt und unbesäumt.
Vermessungsart: brettweise.

Die Ware darf:
1. vereinzelt leicht farbig sein; sofern sie jedoch die Voraussetzungen der Nummern 2–5 der Güteklasse 0 erfüllt, darf sie farbig sein; der Käufer ist berechtigt, die Lieferung solcher Ware auszuschließen.
2. kleine fest verwachsene Äste, nicht über 5 cm lang, und je lfd. m einen kleinen Durchfallast
3. vereinzelt kleine Harzgallen,
4. vereinzelt kleine Risse, Endrisse, welche nicht länger als die Brettbreite sind, bleiben unberücksichtigt,
5. vereinzelt kleine Baumkante,
6. bei unbesäumter Ware Krümmung bis 2 cm je lfd. m haben.
   Rotharte (buchsige) Bretter und Bohlen sind ausgeschlossen.

Güteklasse II:
Normallänge 3–6 m, 8 cm aufwärts breit, besäumt und unbesäumt.
Vermessungsart: brettweise.

Die Ware darf:
1. leicht farbig sein,
2. ohne Rücksicht auf die Lage je lfd. m zwei kleine Durchfalläste auf beiden Seiten festverwachsene mittelgroße Äste bis 10 cm Länge haben. Die bessere Seite darf keine sich gegenüberliegenden, vom Kern ausgehenden Äste aufweisen.
3. kleine Harzgallen,
4. vereinzelt vorkommende kleine Risse, Endrisse, welche nicht länger als die Brettbreite sind, bleiben unberücksichtigt,
5. kleine Baumkante,
6. bei unbesäumter Ware Krümmung bis 2 cm je lfd. m haben.
   Wurmbefall ist auch auf der schlechteren Seite nicht zugelassen.

Güteklasse III:
Normallänge 3–6 m, 8 cm aufwärts breit, besäumt und unbesäumt.
Vermessungsart: brettweise oder nach Flächenmaß. Bei Lieferung von 8 cm aufwärts 12 cm DB, auf Wunsch des Käufers auch ohne DB, 18 cm aufwärts ohne DB.
Die Ware darf:
1. mittelfarbig sein,
2. vereinzelt mittelgroße lose, im übrigen gesunde Äste,
3. mittelgroße Harzgallen in geringer Anzahl,
4. mittelgroße Baumkante,
5. mittelgroße Risse,
6. geringen Wurmbefall,
7. bei unbesäumter Ware Krümmungen haben.

Güteklasse IV:
Normallänge 2–6 cm, 8 cm aufwärts breit, ohne DB, besäumt und unbesäumt.
Vermessungsart: brettweise oder Flächenmaß.
Ware, die der Güteklasse III nicht entspricht, gehört zur Güteklasse IV. Sie darf unter anderem große Baumkante haben und auch verschnitten sein. Schnittholz, das nicht mehr als Nutzholz verwendet werden kann, darf nicht mitgeliefert werden. Scherben, verdorbene Ware und Brennholz sind ausgeschlossen.

Rohhobler:
Normallänge 2–6 m, nicht über 55 mm stark, Breite 8–18 cm, nur parallel besäumt oder prismiert. Vermessungsart: brettweise.
Die Ware darf:
1. vereinzelt leicht farbig sein,
2. mittelgroße, gesunde Äste, jedoch nicht länger als 7 cm, keine Durchfalläste,
3. kleine Harzgallen, jedoch darf die Ansicht des Brettes nicht beeinträchtigt werden,
4. kleine Baumkante,
5. vereinzelt kleine Risse, sowie Endrisse, welche nicht länger als Brettbreite sind, haben.

2. Bretter und Bohlen, bearbeitet
(Hobeldielen, Stab- und Faserbretter, Stülpschalung, Rauhspund und Fußleisten)

Fichte, Tanne, Kiefer, Weymouthskiefer, Lärche/Douglasie

Güteklasse I:
Normallänge 2–6 m, erzeugt aus Rauhware, 8–18 cm breit.
Vermessungsart: brettweise mit Feder nach Millimeter.
Die Ware muß:
1. blank sein, darf vereinzelt leicht farbig, bei Kiefer leicht angeblaut sein,
2. frei von ausgedübelten Stellen und Hobelfehlern sein,
3. gut passend gehobelt sein – im allgemeinen soll die linke Seite (Außenseite des Brettes) gehobelt werden –.

Die Ware darf:
4. nur festverwachsene Äste bis zu 2½ cm kleinstem Durchmesser,
5. vereinzelt kleine Harzgallen,
6. kleine Baumkante – nur auf der ungehobelten Seite,
7. kleine Risse haben.

Güteklasse II:
Normallänge 2–6 m, erzeugt aus Rauhware, 8–18 cm breit.
Vermessungsart: brettweise mit Feder nach Millimeter.

Die Ware muß:
1. gut und passend gehobelt sein – im allgemeinen soll die linke Seite (Außenseite des Brettes) gehobelt werden –.

Die Ware darf:
2. leicht farbig – bei Kiefer angeblaut sein,
3. kleine schwarze, festverwachsene Äste bis 4 cm kleinstem Durchmesser,
4. kleine Harzgallen,
5. kleine Baumkante, nur auf der ungehobelten Seite,
6. kleine Risse,
7. kleine Hobelfehler und ausgedübelte Stellen haben.

Güteklasse III:
Normallänge 2–6 m, erzeugt aus Rauhware, 8 cm aufwärts breit.
Vermessungsart: brettweise mit Feder nach Millimeter.
Die Ware darf:
1. mittelfarbig – bei Kiefer blau – sein,
2. vereinzelt nur kleine, ausgeschlagene Äste,
3. Harzgallen,
4. kleine Baumkante auf der ungehobelten Seite,

5. große Risse – nicht länger als ein Viertel der Brettlänge –,
6. Hobelfehler haben.

Rauhspund:
Normallänge 2–6 m, erzeugt aus Brettern, 8 cm aufwärts breit.
Vermessungsart: brettweise mit Feder nach Millimeter.

Die Ware darf:
1. farbig – bei Kiefer blau – sein,
2. große Äste – auch lose oder ausgeschlagene –,
3. Harzgallen,
4. mittelgroße Baumkante,
5. Risse bis zu ein Drittel der Brettlänge,
6. Wurmstichigkeit haben.

Fußleisten:
ohne Breitenbegrenzung.
Güteklasse I: Gütebestimmung wie Hobeldielen, Güteklasse I.
Güteklasse II: Gütebestimmungen wie Hobeldielen, Güteklasse II.

3. Latten, Kreuzholz, Rahmen und Bauholz Fichte, Tanne, Kiefer, Douglasie, Lärche

a) Latten:
Als Latten gelten Querschnittabmessungen bis zu 32 cm² und nicht über 8 cm breit. Ware, bei der die Abmessungen 8 cm übersteigen, gilt als Bretter oder Bohlen.
Güteklasse I: Normallänge 3–6 m.

Die Ware darf:
1. bei Fichte/Tanne/Lärche leicht farbig, bei Kiefer der Jahreszeit entsprechend angeblaut sein.
2. kleine Äste, soweit sie die Bruchfestigkeit, und Harzgallen, soweit sie den Verwendungszweck nicht beeinträchtigen,
3. kleine Baumkante,
4. kleine Risse haben.

Güteklasse II: Normallänge 2–6 m.

Die Ware darf:
1. bei Fichte/Tanne/Lärche/Douglasie farbig, bei Kiefer der Jahreszeit entsprechend blau sein,
2. Äste, soweit sie die Bruchfestigkeit nicht beeinträchtigen,
3. Harzgallen,
4. Baumkante, jede Seite muß jedoch auf der ganzen Länge von der Säge gestreift sein,
5. Risse, soweit sie die Bruchfestigkeit nicht beeinträchtigt haben.

Spalierlatten:
von 0,80 m aufwärts lang, bis 24 mm dick, bis 35 mm breit.
Spalierlatten (Plafondlatten, Gipslatten usw.) müssen gleichmäßig geschnitten sein. 50% der Stückzahl dürfen kleine Baumkante aufweisen. Im übrigen müssen die Latten auf allen Seiten in ganzer Länge von der Säge gestreift sein.

b) Kreuzholz und Rahmen:
Als Kreuzholz und Rahmen gelten nur Querschnittabmessungen von mehr als 32 cm². Bei Kreuzholz müssen vier Stück kerngetrennt, bei Rahmen mindestens vier Stück aus einem Rundholzabschnitt erzeugt sein.

Güteklasse I:
Normallänge 3–6 m, bis 10% der Stückzahl unter 3 m zulässig.

Die Ware muß:
1. frei von durchgehenden Rissen und Drehwuchs sein.

Die Ware darf:
2. bei Fichte/Tanne/Lärche/Douglasie leicht farbig, bei Kiefer der Jahreszeit entsprechend angeblaut sein,
3. bei Fichte/Tanne/Lärche/Douglasie mittelgroße, bei Kiefer vereinzelt große, gesunde Äste,
4. Harzgallen, die den Verwendungszweck nicht beeinträchtigen,
5. kleine Baumkante haben.

Güteklasse II:
Normallänge 3–6 m, bis 10% der Stückzahl unter 3 m zulässig.

Die Ware darf:
1. bei Fichte/Tanne/Lärche/Douglasie farbig, bei Kiefer blau sein,
2. Äste und Harzgallen,
3. mittelgroße Risse,
4. Baumkante – schräg gemessen nicht mehr als ¼ der größeren Querschnittabmessung –,
5. kleinen Drehwuchs,
6. leichte Wurmstichigkeit haben.

c) Bauholz (Kantholz und Balken):
Bauholz muß äußerlich gesund, fehlerfrei und entrindet sein, es darf bei Fichte/Tanne/Lärche/Douglasie farbig und bei Kiefer blau sein sowie Kern- und Trockenrisse aufweisen.
Als Fehler gelten insbesondere Sandbrandigkeit und jede Art von Fäule sowie Ringschäligkeit. Fraßgänge von Frischholzinsekten sind zulässig.
Für Vorratskantholz gelten folgende Abmessungen: 3 m aufwärts lang, 25% 2 bis 2,80 m lang.
Als Halbholz gilt Bauholz, wenn mindestens zwei Stükke aus einem Rundholzabschnitt erzeugt sind.

Schnittklasse S:
Die Ware muß scharfkantig sein und darf keine Baumkante aufweisen.

Schnittklasse A:
Die Ware darf an beliebigen Kanten in ganzer Länge Baumkante aufweisen, die schräg gemessen nicht mehr als ein Achtel der größeren Querschnittabmessung (Höhe) beträgt. Bei Längen über 8 m darf bei max. 10% der Menge der letzte ½ m die Merkmale der Schnittklasse B aufweisen.

Schnittklasse B:
Die Ware darf an allen Kanten in ganzer Länge Baumkanten aufweisen, die schräg gemessen nicht mehr als ein Drittel der größeren Querschnittabmessung (Höhe) beträgt.

Schnittklasse C:
Die Ware muß an allen Seiten in ganzer Länge mindestens von der Säge gestreift sein. In geringer Länge nicht gestreifte Stellen sind im Maß abzurechnen.

Sortimentsgruppe 4: Bauelemente

Bauelemente

Übersicht

Was verstehen wir unter Bauelementen, welche Aufgaben haben sie?
Den wichtigsten Sortimentsbereich der Bauelemente kann man unter dem Begriff „Schließen der Bauöffnungen“ zusammenfassen.

Fenster

Sie regeln den Lichteinfall und die Lüftung, sorgen für Wärme- und Schallschutz, schützen vor Wettereinflüssen, schirmen den Wohnbereich ab.
Fenster sind ein wichtiger Bestandteil der Außenarchitektur des Hauses.
Bautechnisch sind Fenster leichte Außenwandelemente, die nur ihr Eigengewicht zu tragen haben. Senkrechte Lasten dürfen sie nicht aufnehmen. Windlasten müssen sie aufnehmen, ohne daß die Funktion gestört wird.
Zum Kapitel gehören:

- Wohnraumfenster
- Dachwohnraumfenster
- Nichtwohnraumfenster (Keller, Stall, Dach)
- Fensterbeschläge
- Glas
- Fensterbänke
- Lichtschächte und Roste
- Rolladenkästen
- Rolläden, Markisen, Jalousetten

Türen und Tore

Sie ermöglichen die Begehbarkeit des Hauses und dessen Abschluß und Schutz vor fremdem Zugriff. Teilweise nehmen sie auch Funktionen der Fenster wahr. Als Hauseingangstür gehören sie zur Architektur des Hauses.
Zum Kapitel Türen und Tore gehören:

- Hauseingangstüren
- Wohnungseingangstüren
- andere Innentüren
- Feuerschutztüren
- Türzargen
- Falttüren
- Türbeschläge
- Garagenkipptore
- Rolltore
- Falt- und Schiebetore
- Vordächer

Treppen

In den Bereich der Begehbarkeit fallen auch die der Überwindung von Niveauunterschieden dienenden Treppen.
Zum Kapitel gehören:

- Wohnhaustreppen
- Spindeltreppen, Raumspartreppen

Das „Gesicht“ eines Hauses wird ganz wesentlich durch die Bauelemente Tür und Fenster bestimmt.

- Bodentreppen
- Beton-Fertigteiltreppen
- Treppen- und Balkon-Geländersysteme.

Offene Kamine

Im Innern des Hauses, auf der Terrasse, eingebaut oder aufgestellt haben offene Kamine in den letzten Jahren viel an Bedeutung gewonnen. Sie dienen zum Teil der Raumheizung mit Holz, zum überwiegenden Teil allerdings der Wohnatmosphäre, der Gemütlichkeit.

Terrassendächer, Wintergärten, Pergolen

Zur Erweiterung des Wohnraums in den Garten, zur Zierde, aber auch um Sonnenwärme einzufangen, gibt es dieses Sortiment.

Garagen, Carports

Neben der traditionellen Garage und dem Provisorium des Stellplatzes am Straßenrand, sprich Laternengarage, entdeckten die Autofahrer in den sechziger Jahren den Carport, einen überdachten Stellplatz am Haus, der Schnee und Regen fernhält, ansonsten aber das Fahrzeug ebenso für jedermann zugänglich läßt wie die Laternengarage.

Die Frage Carport oder Garage ist nicht nur eine Frage des persönlichen Geschmackes, sondern gleichermaßen der Sicherheit. In der abgeschlossenen Garage ist das Auto vor Dieben wie auch vor Vandalismus sicher. Der Carport dagegen fügt sich oftmals besser in die „Landschaft“ ein – er versperrt nicht den Ausblick, wirkt transparenter.

Wohnraumfenster

Die Entwicklung in den letzten Jahren

Noch kurz nach dem 2. Weltkrieg wurden Fenster ausschließlich von Fensterbauern und Schreinern in handwerklicher Einzelfertigung hergestellt, in den vom Architekten bzw. Bauherrn gewünschten Maßen. Die Fenster bestanden aus mindestens 2, oft 3 oder 4 Flügeln, waren gegliedert durch senkrechte Setzhölzer und waagerechte Kämpfer und weiter durch Sprossen unterteilt in für heutige Begriffe kleine Scheiben.
Die Teilung der Fenster ist ein wichtiges Stück Architektur des Hauses, die den Charakter des Hauses maßgeblich mitbestimmt. Als nach dem Kriege viele Wohnungen für wenig Geld gebaut werden mußten, blieb dieses Stück der Architektur auf der Strecke.

Wohnraumfenster

Der Trend zur größeren Scheibe ohne Sprossen war da. Mit der Notwendigkeit der Energieeinsparung gewann das Mehrscheibenglas an Bedeutung. Es wurde zur Pflicht für beheizte Räume, womit zusätzliche Probleme für den Einbau von Sprossen entstanden. Die bedauernswerte Folge dieser Entwicklung ist der Stil-, der Gesichtsverlust so vieler alter Fassaden, Häuser und alter, ehemals schöner Stadtteile.

Die Bauarten der Fenster

Einfachfenster bestehen aus dem an das umgebende Mauerwerk fest angebauten Rahmen und dem oder den Fensterflügeln mit dem darin eingebauten Beschlag und der Verglasung.

Gegenstück dazu sind das Doppelfenster, das Kastenfenster und Verbundfenster, die später beschrieben werden.

Die einfachste Form des Fensters ist das *Festfenster,* das sich nicht öffnen läßt.

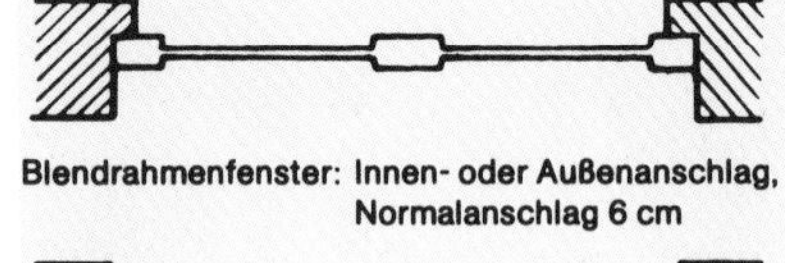

Blendrahmenfenster: Innen- oder Außenanschlag, Normalanschlag 6 cm

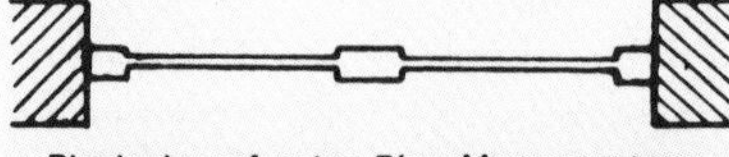

Blockrahmenfenster: Ohne Maueranschlag

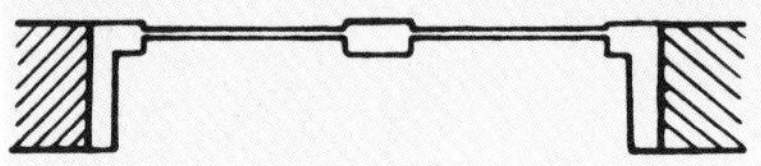

Zargenfenster: Ohne Maueranschlag

Rahmenarten bei Fenstern

Beim Festfenster kann die Verglasung direkt im Blendrahmen eingebaut sein oder, wenn das Festfenster zu einer größeren Einheit gehört, um des einheitlichen Bildes willen im Flügel verglast und direkt eingeschraubt oder mit Riegeln gehalten werden.

Die bei älteren Fenstern gebräuchlichste Art der Befestigung der Fensterflügel im Rahmen ist der *Drehflügel.* Er hat mindestens 2 Scharniere, rechts oder links im senkrechten Teil des Fensters eingebaut, und an der Seite gegenüber den Verschluß zur Bedienung des Fensters.

Um mit wenigen Strichen zeichnerisch darstellen zu können, um welches Fenster es sich handelt, haben sich die auf dieser Seite oben rechts gezeigten Darstellungen allgemein eingebürgert.

Fenster, die man zur Dauerlüftung nutzen möchte, die zu hoch eingebaut werden, um sie als Drehflügel öffnen zu können, oder Fenster, deren oberer Schenkel einen Bogen beschreibt, werden vielfach als *Kippflügel* ausgeführt, auch da, wo Breite und Höhe in ungünstigem Verhältnis zueinander stehen.

Kippflügel haben die Bänder (Scharniere) unter dem Wetterschenkel, also dem unteren Schenkel des Fensterflügels. Kippflügel können mit Beschlag wie die Drehflügel, mit einem Gestängeöffner oder auch nur mit Riegel verschlossen und geöffnet werden.

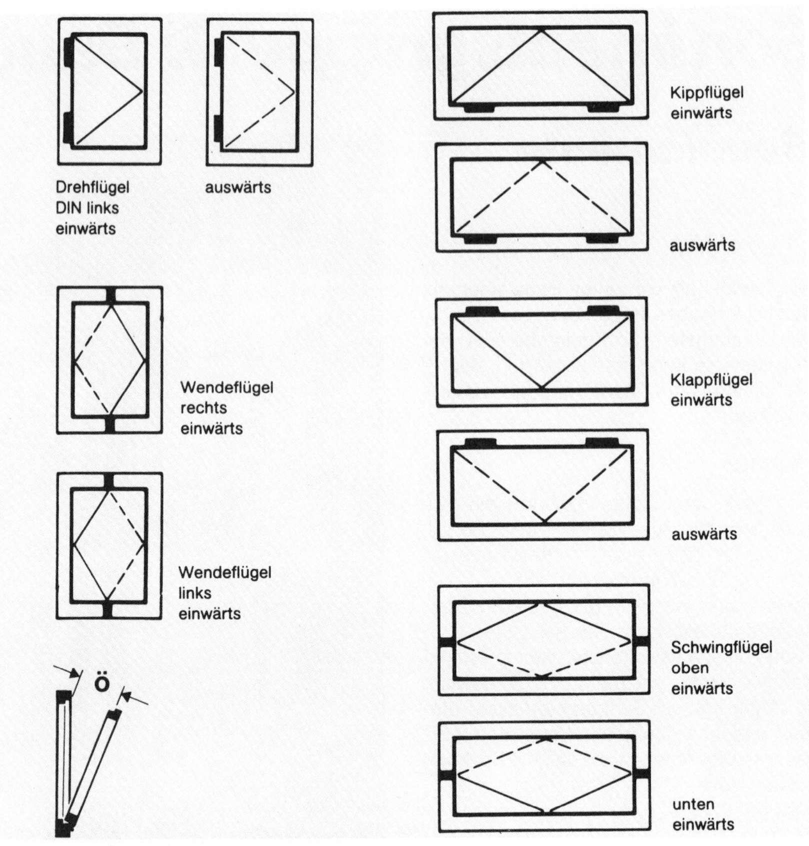

Symbole für die Öffnungsarten (Fensteransichten von innen)

Zwischen diesen beiden Anschlagsarten der Flügel gibt es eine häufig anzutreffende Kombination, den *Drehkippflügel.* Moderne Beschlagtechnik ermöglicht es, diese Fensterart entweder als Drehflügel oder als Kippflügel zu öffnen. Durch Drehen der Olive (Drehgriff des Fensterbeschlages) bestimmt man, ob ein Fenster verschlossen, aufgedreht oder gekippt wird.

Der Rahmenteil horizontal zwischen zwei Fensterflügeln bzw. Flügel und Oberlicht heißt Kämpfer.

Das *Schwingflügelfenster* ist eine Folgeerscheinung immer größer werdender Fensterflügel. Große Flügel bedingen dickeres Glas, und Glas ist schwer. Das Gewicht, das Scharniere, Rahmen, aber auch der Flügel in seinen Eckverbindungen tragen müssen, wird für einen Drehflügel zu groß. Erschwerend wirkt dabei, wenn die Fensterflügel wesentlich breiter sind als hoch. Schmale, hohe Flügel dürfen in ihren Gesamtabmessungen wesentlich größer sein als breite, nicht so hohe Flügel. Das gilt auch schon für Fenster geringer Größen bei extrem ungünstigem Verhältnis der Höhe zur Breite.

Die Spezial-Drehlager liegen in der Mitte der senkrechten Flügel- und Rahmenteile. Der Drehverschluß ist in der Mitte des Wetterschenkels eingebaut. Das Fenster kann fast ganz herumgedreht werden (zum Putzen der Außenseiten), und ist in Lüftungsstellung feststellbar.

Die von der Gewichtsverteilung her günstige Befestigung von oben (Klappfenster) wird wenig angewandt.

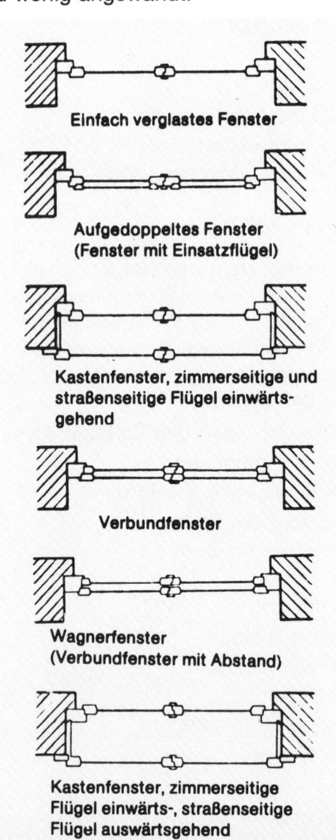

Einfach verglastes Fenster

Aufgedoppeltes Fenster (Fenster mit Einsatzflügel)

Kastenfenster, zimmerseitige und straßenseitige Flügel einwärtsgehend

Verbundfenster

Wagnerfenster (Verbundfenster mit Abstand)

Kastenfenster, zimmerseitige Flügel einwärts-, straßenseitige Flügel auswärtsgehend

Fenstertüren sind als Tür zum Austritt aus Wohnräumen auf Balkon, Terrasse oder in den Garten konzipierte Fensterteile. Meist sind sie mit Fenstern kombiniert, aber auch als Einzelstücke eingebaut. Zum Unterschied von sonstigen Türen sind sie

Für besonders Komfortbedachte gibt es Schiebetürantriebe außer mit den rechts im Bild zu erkennenden Drucktastern auch mit Sensoren als vollautomatische Steuerelemente.

fast bis zum Boden hin verglast und meist nur von innen zu öffnen und schließbar.

Sie sind häufig als Dreh-Kipptüren ausgeführt. Es gibt sie auch mit von innen und/ oder außen abschließbaren Beschlägen.

Die Hebe-Schiebe-Tür, die ebenfalls zu den Fenstertypen gerechnet wird, ermöglicht die Ausführung raumhoch verglaster Flächen, die bis zur Hälfte völlig geöffnet werden können, ohne in den Raum hineinzustehen. Sie benötigen keinen Drehbereich, wie etwa die Drehtür, und da sie auf einer Schiene am Boden laufen, ist auch das oft recht erhebliche Gewicht zu bewältigen.

Das Prinzip: von der aus mindestens 2 Teilen bestehenden, gerahmten Glaswand kann ein Teil (von innen betrachtet) vor den anderen geschoben werden. Dazu wird die Tür mittels Beschlag auf kleine Rollen gehoben.

Eine zusätzliche Neuerung auf diesem Gebiet ist die Zusatzfunktion „kippen" bei der Hebe-Schiebe-Kipp-Tür.

Unabhängig davon, ob diese Fenster mit Einfachglas oder mit 2- oder 3scheibigem Glas verglast sind, zählen sie als Einfachfenster.

Das *Doppelfenster* alter Bauart ist fast nur noch in alten Häusern zu finden. Etwas abgewandelt als Kastenfenster findet es allerdings zunehmend Eingang im Fensterbau, denn was den Schallschutz betrifft, sind zwei voneinander unabhängige Fensterflächen dem Einfachfenster weit überlegen.

Fenster mit Oberlichtern

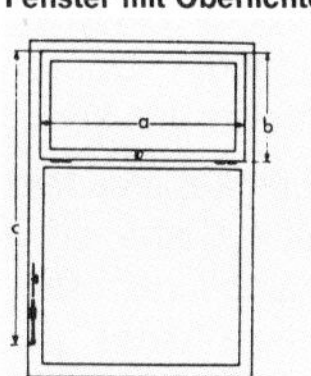

Gerades Fenster

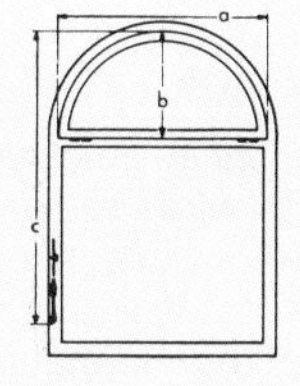

Rundbogenfenster

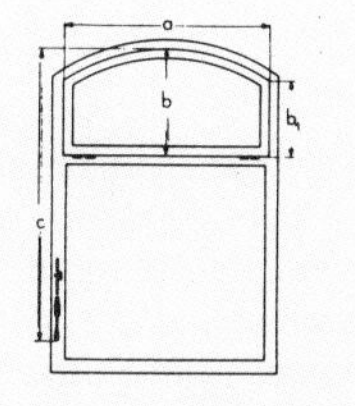

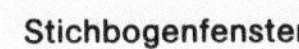

Stichbogenfenster

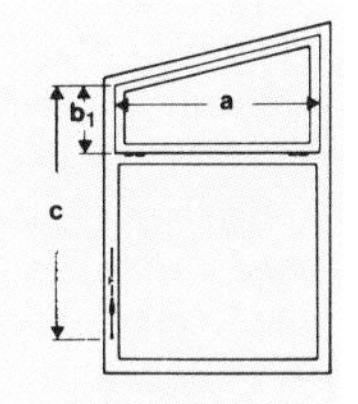

Schrägfenster

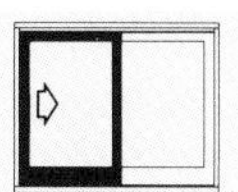

Schema A
2teiliges Element
1 Flügel beweglich
1 Flügel feststehend

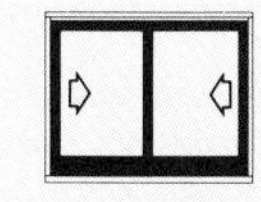

Schema D
2teiliges Element
beide Flügel beweglich

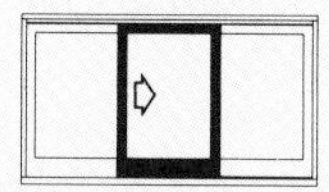

Schema G
3teiliges Element
1 Flügel beweglich
2 Außenflügel feststehend

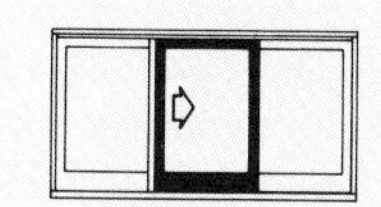

Schema G-2
3teiliges Element
1 Innenflügel beweglich
2 Außenflügel feststehend

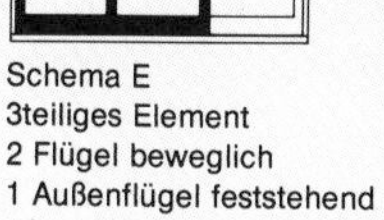

Schema E
3teiliges Element
2 Flügel beweglich
1 Außenflügel feststehend

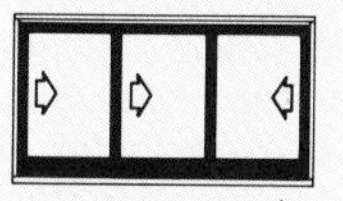

Schema H
3teiliges Element
3 Flügel beweglich

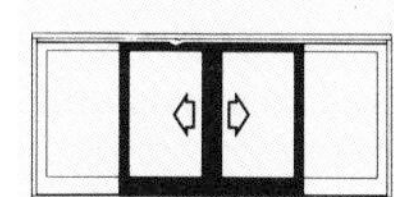

Schema C
4teiliges Element
2 Außenflügel feststehend
2 Innenflügel beweglich

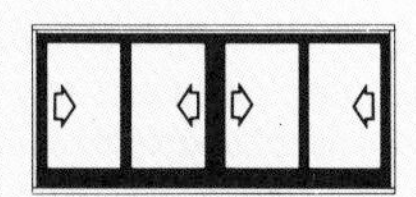

Schema F
4teiliges Element
2 Außenflügel und
2 Innenflügel beweglich

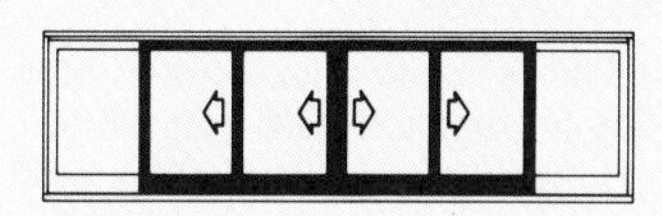

Schema L
6teiliges Element
4 Innenflügel beweglich
2 Außenflügel feststehend

Anordnungsmöglichkeiten von Hebe-Schiebe-Türen

An die alte Bauweise des Doppelfensters angelehnt, gibt es einige mögliche Ausführungsarten.

In einer glatten Maueröffnung werden zwei Fensterrahmen befestigt. Von *Verbundfenster* spricht man, wenn an einem Rahmen zwei hintereinanderliegende Fensterflügel angeschlagen sind.

Das Kastenfenster wird noch beim Schallschutz für Fenster näher zu besprechen sein.

Das Sprossenfenster

Besonders bei der Althauserneuerung, aber auch bei Neubauten wird wieder vielfach eine Unterteilung der Fenster verlangt. Das Aussehen soll dem alten Fenster nahekommen.

Da im Wohnbereich durchweg wärmedämmendes Mehrscheibenglas gefordert ist, ist der kleinen Scheibe eine Grenze gesetzt. Zum einen sind kleine Scheiben teuer, zum anderen verlieren sie stark an Wärmedämmung, wenn die den Scheibenzwischenraum bewirkenden Metall-Abstandhalter nicht tief genug im Glasfalz eingebettet sind (Minimum 20 mm Glasfalztiefe, möglichst mehr!).

Die hohe Wärmeleitfähigkeit der Metallabstandhalter bedingt den sogenannten Randverlust an Wärmedämmung.

Eine kaum akzeptable Lösung sind die im Scheibenzwischenraum befestigten, profilierten Metallsprossen (landläufig oft „Aspiksprossen" genannt). Bei Spiegelung sind sie gar nicht zu sehen, und die Metallteile wirken als Wärmebrücken von Scheibe zu Scheibe durch den wärmedämmenden Zwischenraum hindurch.

Die namhaften Fensterhersteller bieten heute Sprossenrahmen oder aufgesetzte Sprossen in verschiedenen Ausführungen an. Auch breitere Sprossen, die Setzholz oder Kämpfer imitieren sollen, werden geliefert.

Die filigrane Wirkung eines solchen alten Sprossenfensters ist Vorbild für die Hersteller der Bauelemente, die dem Ziel, Schönheit und Funktion des Fensters optimal zu kombinieren, immer näher kommen. Fenster dieser Öffnungsart – Vertikal-Schiebefenster – werden heute fast nur noch für Restaurierungen hergestellt.

Unterscheidung der Fenster nach dem Rahmenmaterial

Die beiden ältesten Rahmenmaterialien für Fenster sind Holz und Eisen (Stahl).

Hinzugekommen sind Aluminium und Kunststoffe. Beim ersten Eindruck erscheint diese Vielfalt überflüssig, doch wer sich näher mit den Problemen des Fensterbaus und den vielfältigen Anforderungen befaßt, wird bald die unterschiedlichen Einsatzmöglichkeiten erkennen.

Auch hier ist eine gezielte Auswahl nach Anforderungen und Materialeigenschaften erforderlich. Die bei einigen Herstellern verbreitete Tendenz, jedes Material überall hineinzudrücken, ist dem Ganzen eher schädlich.

Das Holzfenster

In der „Billigbauzeit" nach dem 2. Weltkrieg wurden Fenster aus heimischen Hölzern gebaut, auf denen – wie es immer so schön hieß – noch am Tage davor die Vögel gepfiffen haben. Das Holz war vielfach zu frisch. Die Folge waren unzureichende Lebensdauer, viel zu frühe Funktionsmängel und dadurch eine Rufminderung. Was Holzfenster zu leisten vermögen, zeigen heute noch gut intakte Fenster an Bauten aus der Jahrhundertwende und noch bedeutend ältere, die alle aus heimischen Hölzern hergestellt worden waren.

Heute sind es außer heimischer Fichte und Kiefer vor allem harte und mittelharte Importhölzer. Hier tauchen die im Kapitel Holz meist schon beschriebenen Holzarten wie Mahagoni, Meranti, Sapeli, Niangon, Lauan u. a. auf. Außer in der Verwendung ausländischer Hölzer hat es in der Fensterfertigung noch einige grundlegende Änderungen gegeben. Auch das Holzfenster wird in Fensterfabriken in großer Serie nach Standardmaßen hergestellt, und die namhaften Hersteller garantieren einen hohen Trocknungsgrad des Holzes zum Zeitpunkt der Verarbeitung. Das Gütezeichen der RAL-Gütegemeinschaft Fenster gewährleistet einen hohen Verarbeitungs- und Materialstandard.

Kritische Punkte beim Fenster sind: die Ableitung des Wassers am Wetterschenkel (unterer Flügelteil) über den Rahmen und die Fensterbank nach draußen, die Abdichtung des Glasfalzes gegen eindringendes Wasser und die Ableitung etwa eingedrungenen Wassers aus dem Glasfalz heraus, die Dauerhaftigkeit und Tragfähigkeit der Eckverbindungen des Flügels und letztlich die Montage und Qualität des Beschlags.

Die Ableitung des Wassers wird beim Holzfenster durch ein Metallprofil gewährleistet.

Die Abdichtung des Glasfalzes ist im Anlieferungszustand wohl ausnahmslos intakt. Nur, Dichtungen halten nicht ewig.

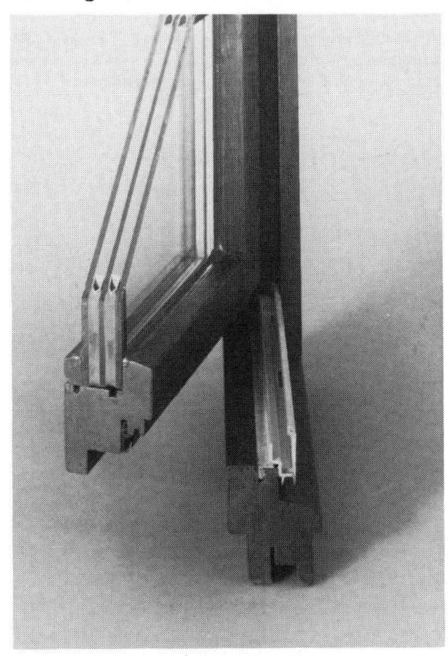

Schnitt durch ein Holzfenster mit Dreifach-Isolierverglasung

Besitzt der Glasfalz, in dem die Verglasung festgemacht, verkeilt ist, keine Möglichkeit für den Ablauf von eingedrungenem Wasser und für den Dampfdruckausgleich, führt das zu den bekannten Feuchteschäden an Glas und Holz. Deshalb: Ärger vorbeugen und auf funktionstüchtige Glasfalzentwässerung achten!

Die Eckverbindungen der einzelnen Bauteile (Schenkel) des Flügels geben den Ausschlag für dauerhafte Funktionsfähigkeit des Flügels.

In alten Fenstern kann man noch den Holznagel erkennen, mit dem die Zapfen in den Schenkeln gehalten werden. Inzwischen sind die Scheiben größer und schwerer geworden. Man wendet heute verschiedene Verfahren an, u. a. eine Vielfachverzahnung.

Lackiert oder farblasiert – hell oder dunkelfarbig?

Ob man Fenstern mit weißer Lackierung oder farblasiertem, dunkel getöntem Holz den Vorzug gibt, ist eine Frage des Geschmacks, über den man bekanntlich nicht streiten kann. Doch egal wie die Entscheidung ausfällt, Grundlegendes muß beachtet werden.

Wesentlicher Bestandteil des Holzes ist das Lignin, und das wird vom ultravioletten Lichtanteil des Sonnenlichtes zerstört.

Daran ist nicht zu rütteln. Das Holz benötigt einen UV-Schutz (wie andere organische Stoffe auch!). Diesen Zweck erfüllt die Farblackierung, aber auch die Farblasur, wie sie auf dunkle Hölzer aufgebracht wird.

Weil Fenster dem Wetter ausgesetzt sind, also auch der Sonneneinstrahlung, muß vernünftigerweise auch über die höhere Belastung durch Wärme bei dunklen Fenstern nachgedacht werden. Bei Sonneneinstrahlung betragen die Temperaturunterschiede zwischen weiß und dunkelbraun oft 30–40° C und mehr.

In der Zeitschrift „Fenster und Fassade", Heft 2/1980, ist unter „Fensterwartung" zu lesen (B. Hantschke):

Natürlich sollte ein Holzfenster auch nicht ohne einen fachgerecht aufgebrachten Anstrich, bestehend aus einer Imprägnierung und einem allseitigen Anstrich, in ein Bauobjekt eingebracht werden. Zwischen diesem Mindestanstrich vor Einbau und dem weiteren Zwischen- und Schlußanstrich nach Einbau sollte ein nicht zu langer Zeitraum liegen. Dabei muß berücksichtigt werden, daß die beim Fensterhersteller aufgebrachten Grund- und Zwischenanstriche und die in der Regel vom Maler nach Einbau der Fenster aufgebrachten Zwischen- und Schlußanstriche aufeinander abgestimmt sind.

Langjährig mangelnde Pflege, versäumte rechtzeitige Behebung von Fehlern, zu lange Zeiträume bis zum Überholungsanstrich ließen nun Fenster schadhaft werden. Deshalb werden heute viele Holzfenster gegen Kunststoffenster ausgetauscht.

Die Hauptfehler am Holzfenster waren:

- *reiche Profilierung,*
- *kantige Konstruktion und Möglichkeit zur Bildung von Wassernestern,*
- *außenliegende Glashalteleisten,*
- *unzureichende Versiegelung,*
- *schwach dimensioniertes Holz,*
- *offene Brüstungen, fehlerhafte Verleimung,*
- *fehlende oder nicht wirksame Falzabdichtung,*
- *fehlende Imprägnierung und falscher Anstrichaufbau,*
- *dunkle Anstriche bei dafür nicht geeigneten Hölzern,*
- *zu früher Fenstereinbau (Mißbrauch als „Notdichtung").*

Das Kunststoffenster

Im Anwendungsbereich entspricht das Kunststoffenster weitgehend dem bereits besprochenen Holzfenster.
Von der Materialbasis her unterscheiden wir zwei Gruppen von Kunststoffenstern.
Den überwiegend größten Anteil stellen die Fenster, die aus extrudierten, erhöht schlagzähen Hart-PVC-Profilen gebaut werden.
Die zweite Gruppe sind die Fenster aus Polyurethan-Hartschaum mit eingeschäumten Metallprofilen.

Das Fenster aus PVC-Profilen

Der Kunststoffensterboom war ein PVC-Fenster-Boom. Die Fehler, die beim Bau von Holzfenstern nach dem Kriege begangen worden waren, haben sehr wesentlich zu dieser Entwicklung beigetragen.

Außerdem kannte man die Pflegebedürftigkeit (Anstrich) lackierter Holzfenster, und das Kunststoffenster wurde stark mit der angeblichen Pflegefreiheit propagiert. Als der Bio-Trend einsetzte, erkannte man, daß die Bezeichnung „Kunststoff" schädlich ist und zurück zum Holz führte. Für die zutreffende Bezeichnung „organischer Werkstoff" war es zu spät.

Tatsächlich sehen die weißen Kunststoffenster trotz ihrer teilweise noch etwas wuchtigen Profile schon durch die extrem glatten Oberflächen gut und „pflegeleicht" aus. Daß auch sie etwas an Pflege benötigen, wird von den führenden Herstellern nicht bestritten. Sie legen ihren Fenstern Pflegeanleitungen bei.

Im Extruder gelangt das zunächst körnige Roh-PVC über eine Schmelzstation unter hohem Druck im thermoplastischen Zustand zu einer Düse. In dieser erhalten die endlosen Strangpreßprofile ihre Querschnittsform. Dabei ist man in der Formgebung flexibel. Wanddicken und Hohlräume kann man den Anforderungen anpassen. Die Wände sind auch innen glatt, wodurch ins Innere gelangendes Wasser leicht nach außen abgeleitet werden kann.

Die nicht ausreichende Steifigkeit des Materials wird durch verzinkte Stahl- oder Alu-Rohre und -Profile ausgeglichen. Diese Aussteifungen werden in dafür geschaffene Hohlräume eingepreßt, soweit sie benötigt werden.

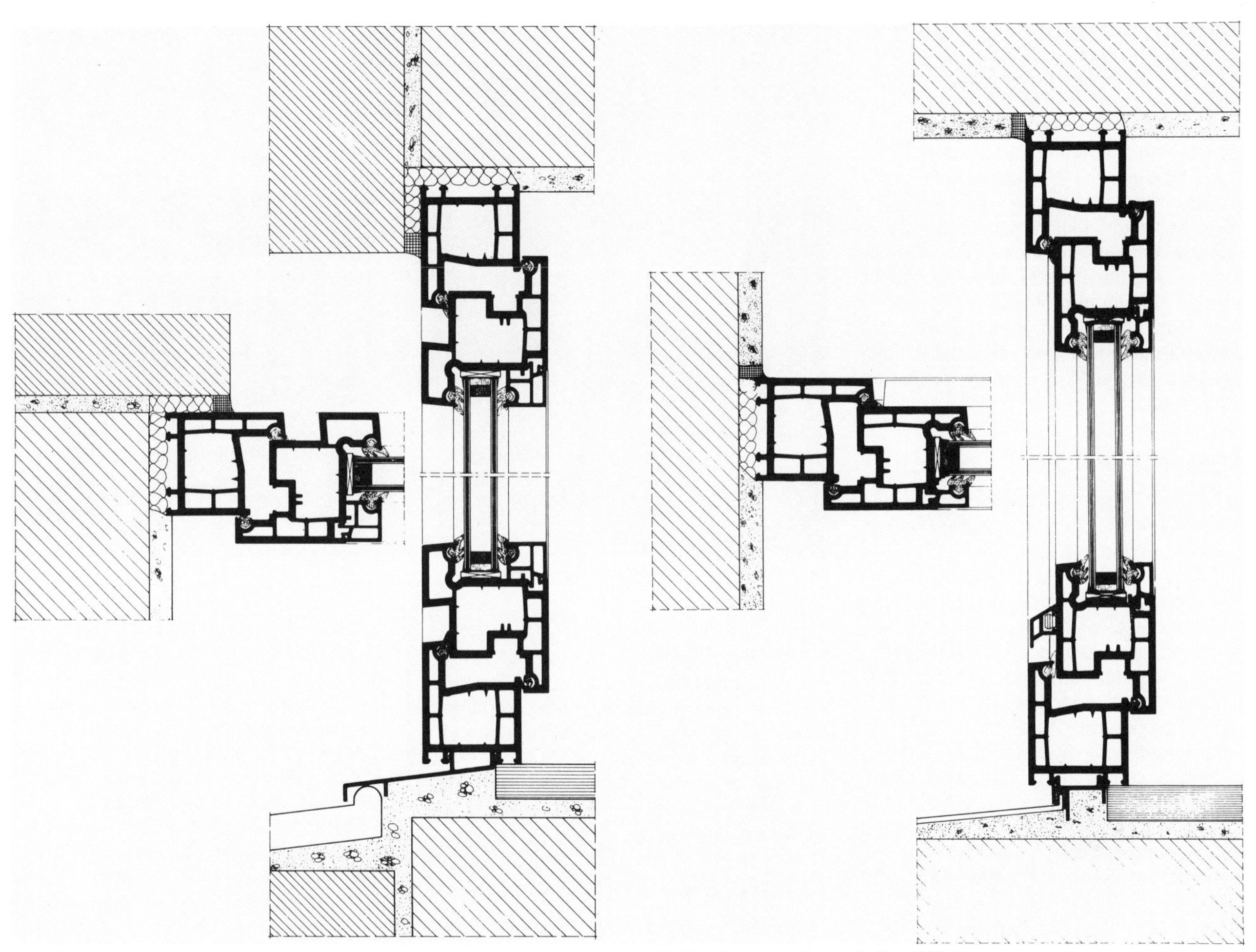

Schrägfalzfenster aus PVC, flächenbündig

Einflügeliges nicht flächenbündiges PVC-Fenster

Der Profilquerschnitt ist so gehalten, daß sowohl für die einzubauenden Beschläge und deren Befestigungen als auch für die Befestigung der Dichtungsprofile vorgesorgt ist. Auch Anschlußprofile werden nur „angeklippst".

Wie jedes andere Material hat auch das extrudierte Hart-PVC-Profil seine Vor- und natürlich auch Nachteile, die man kennen sollte.

Das Material Hart-PVC altert auch, und zwar durch den Ultraviolettanteil des Sonnenlichtes. Es tritt eine Versprödung der Oberfläche ein, die durch Pflegemittel wieder aufgehoben werden kann. Die extrem glatte Oberfläche bietet außerdem die geringstmögliche Angriffsfläche und vor allem -tiefe. Das Material nimmt nur geringfügig Wasser auf und quillt nicht, es fault, modert oder verrottet nicht und wird nicht von tierischen oder pflanzlichen Schädlingen angegriffen.

Es ist auch möglich, im Coextrusionsverfahren (gleichzeitiges Extrudieren verschiedener Kunststoffe) Profile mit besonders beständiger Acryl-Deckschicht herzustellen.

Risse sind bisher nur an den Schweißstellen der auf Gehrung geschnittenen und verschweißten Profile gelegentlich aufgetreten.

Nach Aussagen der Profilhersteller ist die naturbedingte Versprödung des Kunststoffes bei sehr tiefen Temperaturen beseitigt. Bei hohen Temperaturen (schon etwas mehr als 75° C) erweicht das Material, was bei dunklen Profilfarben anfangs Schwierigkeiten verursachte.

Eine Eigenschaft des Kunststoffs, mit der man am Bau rechnen muß, ist die erheblich größere Wärmeausdehnung. Sie liegt noch erheblich über der der Metalle, die früher am Bau als die Stoffe mit der größten thermischen Ausdehnung bekannt waren. Das bedeutet, daß die Fenster beim Einbau ausreichend Ausdehnungsmöglichkeiten bekommen müssen. Der Abstand zum Mauerwerk, der elastisch aufzufüllen ist, sollte auf keiner Seite 5 mm unterschreiten, möglichst 10 bis 15 mm betragen, je nach Fenstergröße.

Kunststoffenster aus extrudierten PVC-Profilen gibt es in flächenbündiger und flächenversetzter Ausführung.

Beim flächenbündigen Fenster bilden die Außenseiten von Flügel und Rahmen eine Ebene.

Beim flächenversetzten Fenster, das dem Holzfenster ähnlicher ist, liegt die Außenfläche des Flügels hinter der des Rahmens zurück, bei mehrteiligen Fenstern auch hinter Setzpfosten und Kämpfer. Der untere Schenkel des Flügels leitet über die daran angebrachte Leiste das Wasser nach außen ab.

Polyurethanhartschaum-Aluminium-Profile

Diese Fensterprofile werden in Formen hergestellt, sind also Formteile. Stranggepreßte Aluminium-Hohlkammerprofile sind in Polyurethan-Hartschaum eingeschäumt. Dazu kommt ein Spezial-Hartschaum zur Verwendung, der besonders feinzellig ist und in der Hohlraumstruktur gleichmäßig ausschäumt.

Polyurethan ist ein Kunststoff, der sich nach Aushärtung durch Temperatureinwirkung nicht mehr verformen läßt (Duromer).

Die Oberfläche der Profile ist hochgradig wetterbeständig farbbeschichtet. So kann man damit auch das Erscheinungsbild des Holzfensters erreichen.

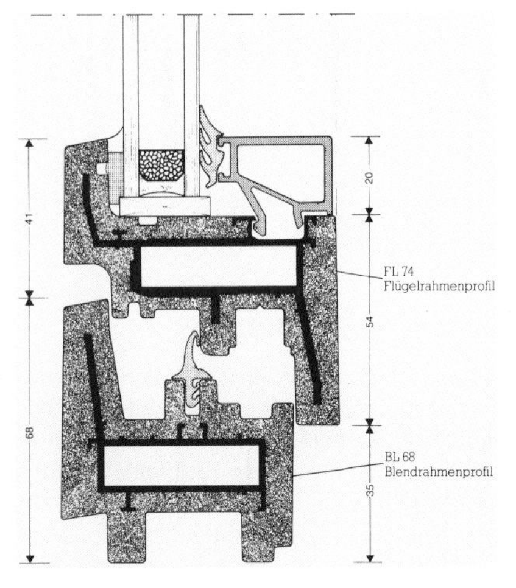

PUR-Fensterprofil

Die Farbbeschichtung erfolgt serienmäßig in 2 Brauntönen und in Weiß, kann aber auch in anderen Farben ausgeführt werden.
Ähnlich wie bei dem an späterer Stelle besprochenen Aluminiumfenster erfolgt die Eckverbindung mit Winkelteilen, die in die Profile eingeklebt werden.
Der Blendrahmen kann, nach außen nicht sichtbar, entwässert werden. Die Wärmeausdehnung der Fensterprofile entspricht der des Aluminiumprofils.
Vom Hersteller hervorgehoben wird die gute Wärmedämmeigenschaft der Profile, die sich aus der PUR-Schaum-Ummantelung ergibt.

Blick in eine Produktionshalle für Aluminiumfenster

Aluminium-Fenster

Der „Star“ unter den Fenstern, was den Prestige-Wert betrifft, ist das Alu-Fenster, wie es kurz genannt wird.
Nur durch die Anforderungen, die bereits die Wärmeschutzverordnung von 1977 an Fenster stellte, wurde sein Ruf etwas angekratzt, zeigte sich doch, daß die geforderte Wärmedämmung des Rahmenmaterials nicht vorhanden war.
Die Hersteller der Alu-Profile reagierten darauf, indem sie Blendrahmen- und Flügelprofile senkrecht in der Mitte teilten und die beiden Teile, also das Innen- und das Außenteil, mit schlecht wärmeleitenden Kunststoffstegen verbanden. So entstanden die „thermisch getrennten“ Profile.
Auch beim Alufenster werden die Profile auf Gehrung geschnitten und geschweißt oder mit Steck-Eckwinkeln verpreßt und geklebt. Der Dichtheit wegen werden auch die Profile an den Berührungsflächen verklebt.

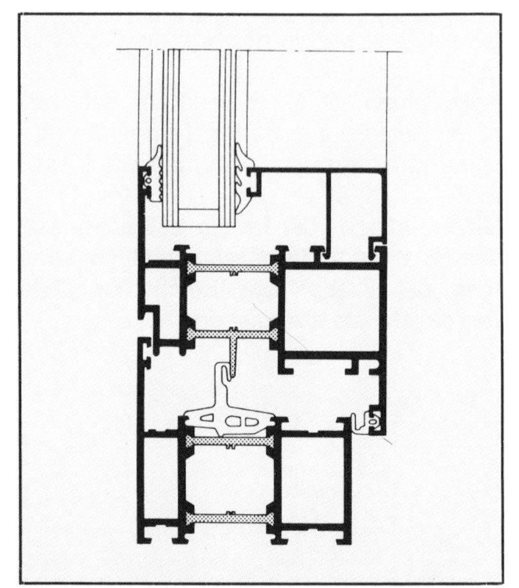

Vertikalschnitt durch ein Alu-Drehkippfenster mit thermisch getrennten Profilen

Mischkonstruktionen

Neben den bis hierhin beschriebenen Fensterkonstruktionen aus Holz, Kunststoff und Aluminium gibt es einige Materialkombinationen. Der Problematik dunkelfarbiger PVC-Fenster begegnete man mit einer nur außen aufgeklemmten, etwa 1,5 mm dicken Alublech-Schale. Hie und da begegnet man am Markt den Kombinationen aus außen Alu-Profil, innen Holz oder Kunststoff (PVC).

Bei der Kombination Holz-Alu stellen die Hersteller neben anderem das „elegante Aussehen der Alu-Schale“ nach außen in Verbindung mit dem warmen, wohnlichen Holz auf der Innenseite heraus. Auch die gute Wärmedämmung durch das Holz wird hervorgehoben.

Fensterdichtung

Im Interesse des Wärmeschutzes der Bauten schreibt die Wärmeschutzverordnung eine sehr hohe Dichtigkeit der Fenster vor. Eine noch wichtigere Rolle spielen die Dichtheit der Fenster selbst, der absolut dichte Anschluß der Fenster an das umgebende Mauerwerk und des Flügels an den Blendrahmen, beim Schallschutz.

Deshalb ist es erforderlich, etwas über das am häufigsten im Fensterbau eingesetzte Dichtungsmaterial zu wissen.

Die überwiegend eingebauten Dichtungen sind EPDM-Dichtungen, von vielen Herstellern noch als APTK-Dichtung bezeichnet. (APTK heißt Äthylen-Propylen-Terpolymer-Kautschuk. Die in DIN 7728 genormte und internationale Bezeichnung ist EPDM = Ethylen-Propylen-Dien-Mixture.)

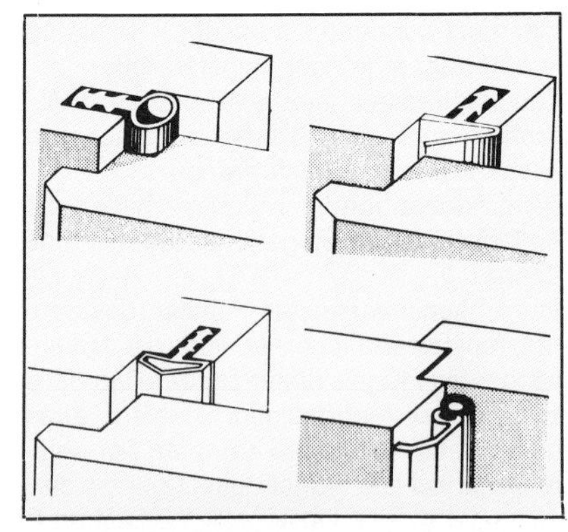

Dichtungsprofile für Tür- und Fensterrahmen mit unterschiedlichen Einsatzbereichen
Oben links: rundes Hohlprofil
Oben rechts: Lippendichtung mit besonders geringem Schließdruck
Unten links: Hohlprofil für druckbeanspruchte Fenster und besonders hohe Schalldämmung
Unten rechts: Profil zum nachträglichen Einbau

EPDM-Dichtungen sind beständig gegen Ozon wie gegen andere Einflüsse aus der Atmosphäre wie UV-Strahlung, Feuchte, Wärme. Es besteht weitgehende Beständigkeit gegen Säuren und Laugen.
Die Alterungsbeständigkeit ist hoch, die Elastizität bleibt bei Temperaturen zwischen −40° C und 120° C erhalten.
Berührung mit Lack und Kunststoff ergibt keine Verfärbung. Benzin und andere Kohlenwasserstoffe quellen das Material an. Die Quellung geht nur bedingt zurück, daher Vorsicht!

Fenster und Wärmeschutzverordnung

Aus der Wärmeschutzverordnung vom 24. 2. 1982 seien hier nachstehend die Punkte herausgezogen, die sich speziell auf das Fenster beziehen.

§ 2 (2) Außenliegende Fenster und Fenstertüren von beheizten Räumen sind mindestens mit Isolier- oder Doppelverglasungen auszuführen. Der Wärmedurchgangskoeffizient dieser Fenster und Fenstertüren darf 3,1 W/(m²·K) nicht überschreiten; das gilt nicht für Glasbausteine. Bei großflächigen Verglasungen darf von den Sätzen 1 und 2 nach Maßgabe der Anlage 1 Nr. 5 abgewichen werden.

§ 3 (1) Die Fugendurchlaßkoeffizienten der außenliegenden Fenster und Fenstertüren von beheizten Räumen dürfen die in Anlage 2 genannten Werte nicht überschreiten.

Anlage 2

Anforderungen zur Begrenzung der Wärmeverluste infolge Undichtheiten

1. Die Fugendurchlaßkoeffizienten der Fenster und Fenstertüren dürfen die Werte der Tabelle 1 nicht überschreiten.

2. Der Nachweis der Fugendurchlaßkoeffizienten der Fenster und Fenstertüren nach Nr. 1 erfolgt durch Prüfzeugnis einer

Tabelle 1 zu Anlage 2 der Wärmeschutzverordnung vom 24. 2. 1984
Fugendurchlaßkoeffizient a für Fenster und Fenstertüren

Zeile	Geschoßzahl	Fugendurchlaßkoeffizient a in $\frac{m^3}{h \cdot m \cdot (daPa)^{2/3}}$ Beanspruchungsgruppe nach DIN 18 055[1]) [2])	
		A	B und C
1	Gebäude bis zu 2 Vollgeschossen	2,0	–
2.	Gebäude mit mehr als 2 Vollgeschossen	–	1,0

[1]) Beanspruchungsgruppe A: Gebäudehöhe bis 8 m
B: Gebäudehöhe bis 20 m
C: Gebäudehöhe bis 100 m

[2]) Das Normblatt DIN 18 055 – Fenster, Fugendurchlässigkeit, Schlagregendichtheit und mechanische Beanspruchung; Anforderungen und Prüfung – Ausgabe Oktober 1981 – ist im Beuth-Verlag GmbH, Berlin und Köln, erschienen und beim Deutschen Patentamt in München archivmäßig gesichert niedergelegt.

Mindestwerte der Luftschalldämmung von Fenstern; nach dem Entwurf zu DIN 4109 Teil 6 von Oktober 1984

Lärmpegelbereich	Maßgeblicher Außenlärmpegel in dB (A)	R_w für Fenster von Bettenräumen in Krankenanstalten und Sanatorien	R_w für Fenster von Aufenthaltsräumen in Wohnungen, Übernachtungsräumen in Beherbergungsstätten, Unterrichtsräumen und ähnlichem[1])	R_w für Fenster von Büroräumen u. ä.
I	50 bis 55	30	25	25
II	56 bis 60	35	30	30
III	61 bis 65	40	35	30
IV	66 bis 70	45	40	35
V	71 bis 75	50	45	40
VI	76 bis 80	[2])	50	45
VII	80	[2])	[2])	50

[1]) In Einzelfällen kann es wegen der unterschiedlichen Raumgrößen, Tätigkeiten und Innenraumpegel in Büroräumen und bestimmten Unterrichtsräumen (z. B. Werkräume) zweckmäßig oder notwendig sein, die Schalldämmung der Fenster gesondert festzulegen.

[2]) Die Mindestwerte sind hier aufgrund der örtlichen Gegebenheiten gesondert festzulegen.

im Bundesanzeiger bekanntgemachten Prüfanstalt.

3. Auf einen Nachweis nach Nr. 2 und Tabelle 1 Zeile 1 kann verzichtet werden für Holzfenster mit Profilen nach DIN 68 121 – Holzfenster – Profile –, Ausgabe März 1973. Die Norm ist im Beuth-Verlag GmbH, Berlin und Köln, erschienen und beim Deutschen Patentamt in München archivmäßig gesichert niedergelegt.

4. Auf einen Nachweis nach Nr. 2 und Tabelle 1 Zeile 1 und 2 kann nur bei Beanspruchungsgruppen A und B (d. h. bis Gebäudehöhen von 20 m) verzichtet werden für alle Fensterkonstruktionen mit umlaufender, alterungsbeständiger, weichfedernder und leicht auswechselbarer Dichtung.

5. Fenster ohne Öffnungsmöglichkeiten und feste Verglasungen sind nach dem Stand der Technik dauerhaft und luftundurchlässig abzudichten.

6. Zur Gewährleistung einer aus Gründen der Hygiene und Beheizung erforderlichen Lufterneuerung sind stufenlos einstellbare und leicht regulierbare Lüftungseinrichtungen zulässig. Diese Lüftungseinrichtungen müssen im geschlossenen Zustand der Tabelle 1 genügen. Soweit in anderen Rechtsvorschriften, insbesondere dem Bauordnungsrecht der Länder, Anforderungen an die Lüftung gestellt werden, bleiben diese Vorschriften unberührt.

Ähnliche Vorschriften bestehen auch für Fenster und Fenstertüren in Gebäuden mit niedrigen Innentemperaturen.

Fenster und Wärmeschutz

Gezielte Wärmeschutzmaßnahmen beabsichtigen ein einheitliches Wärmedämmniveau der Außenflächen des Hauses, auch wenn die Wärmeschutzverordnung die Möglichkeit bietet, schlecht wärmegedämmte Flächen durch gute aufzuwiegen. In diesem Zusammenhang sind die Glasflächen die Problemfälle. Mit dem Licht, das durch die Fenster die Wohnungen erhellt, dringt auch die Wärmestrahlung ein, die in der Übergangszeit die Wohnungen kostenfrei aufheizt. Wo über die „normale“ Kombination Glas-Luft-Glas hinausgegangen wird, wo also die Wärmestrahlung wie auch immer verringert wird, verringert sich auch die Wärmeeinstrahlung. Jedenfalls sollte man immer bedenken, daß hohe Wärmedämmung der Scheiben in schlecht wärmegedämmten Wänden nicht viel Sinn hat, aber auch, daß Dauerlüftung auch die beste Wärmedämmung „ausschaltet“.

Fenster und Schallschutz

Die sehr viel kompliziertere Materie des Schallschutzes steht am Bau auch wegen der schwer verständlichen Zusammenhänge weit zurück hinter der Wärmedämmung. Dabei kosten uns die Wärmeverluste „nur“ Geld (und Primärenergie, d. h. Rohstoffe), während uns der zunehmende Lärm krank macht, unsere Gesundheit kostet.

Über die Schäden, die der Lärm des Alltags an uns verursacht, machen wir uns nur zu wenig Gedanken, um so mehr, als wir alle kräftig zur Lärmentwicklung beitragen.

Bei den Fenstern ist der Schalldämmeffekt eine echte „Gemeinschaftsleistung“. Hier müssen Glas, Flügel, Blendrahmen, die Abdichtung zwischen Flügel und Blendrahmen und die Dichtung zum Mauerwerk hin alle zusammenwirken, alle stimmen. Die geringste Lücke entwertet alle anderen Voraussetzungen.

Schallwiderstand r/Schalldämmaß R von Fenstern	Schallwiderstand r	bewertetes Schalldämmaß R_W	Schallschutzklasse	Anwendung für:
Fenster weit geöffnet	1	0		
Fenster in Kippstellung	10	10 dB		
normales Fenster bis etwa 1975	100	20 dB		
			1	Dachflächen-Fenster
gedichtetes Standard-Fenster	1 000	30 dB	2	Standard-Fenster
			3	laute Straßen
Schalldämm-Fenster	10 000	40 dB	4	Hauptverkehrsstraßen
			5	sehr laute Hauptverkehrsstraßen
normales Kastenfenster	100 000	50 dB	6	
sehr gutes Kastenfenster	1 000 000	60 dB		

Alte Einfachfenster bieten einen so schlechten Schallschutz, weil nicht nur das Einfachglas wenig Schalldämmung bietet, sondern auch, weil die undichten Fugen den Schall hindurchtreten lassen.
Für Fenster sieht der Entwurf nach DIN 4109 von Oktober 1984 die in der Tabelle angeführten Werte vor. Zur Zeit gelten noch die Anforderungen der „Richtlinien für bauliche Maßnahmen zum Schutz gegen Außenlärm", die die Lärmpegelbereiche VI und VII nicht aufführen und bei Büroräumen im Lärmpegelbereich II nur 25 dB fordern. Ansonsten sind die Werte identisch.
Welche Schalldämmwerte durch Fenster erreicht werden können, wenn alle vorhin genannten Voraussetzungen erfüllt sind, zeigt die Tabelle auf der vorherigen Seite.
Die Bilder verschiedener Schallschutzkonstruktionen lassen deutlich die Steigerung der Dämmaßnahmen erkennen: Das Verbundfenster, das aus 2 einfach verglasten, miteinander verbundenen Flügeln in ganz normalem Blendrahmen besteht, dann das Zargen-Verbundfenster, bei dem der Außenflügel doppelt, der Innenflügel

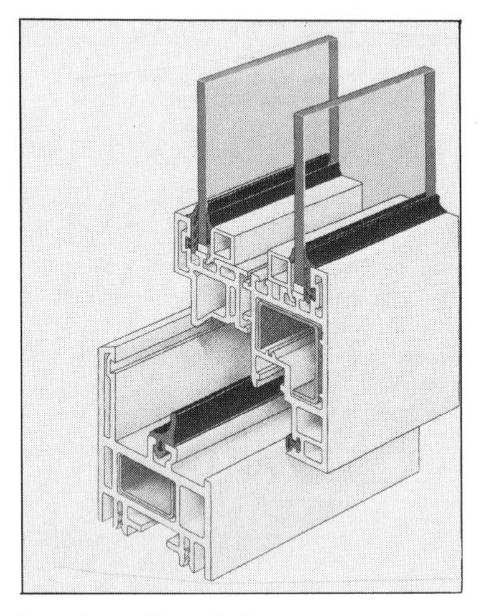

Verbundfenster flächenbündig
Dieses Verbundfenster hat eine extrem schmale Gesamtansichtsbreite von nur 105 mm. Es eignet sich für Neu- und Altbauten.

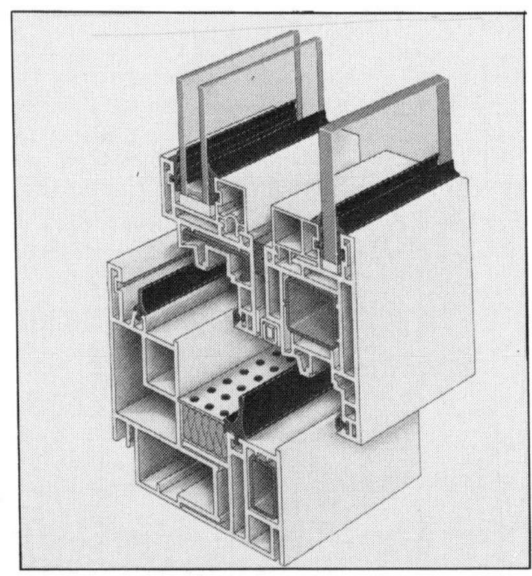

Zargen-Verbundfenster
Ein Verbundfenster für höchsten Schallschutz. Die Gesamtrahmenbreite beträgt 140 mm. Einsatz: in Neu- oder Altbau, an Plätzen mit hoher Verkehrsdichte und in Flugplatznähe.

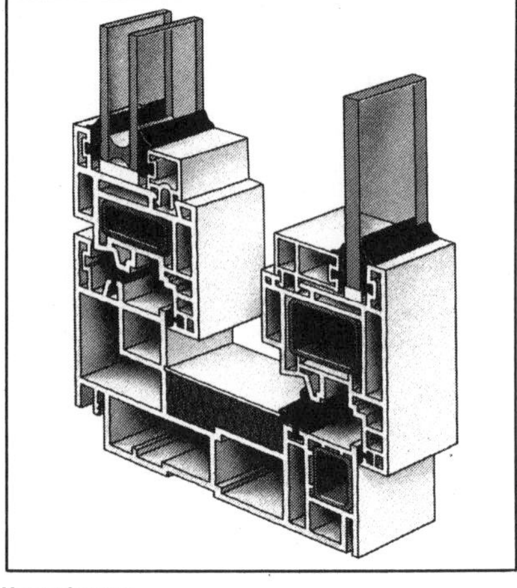

Kastenfenster
Das Kastenfenster mit schmaler Ansichtsbreite von rund 140 mm ist außen flächenbündig. Der große Glasabstand von ca. 120 mm bringt höchsten Schall- und Wärmeschutz.
Einsatz: für schallgedämmte Räume in Krankenhäusern, Tonstudios etc. sowie für Bauten in Flugplatznähe.

einfach verglast ist und mit einer Dichtung am Außenflügel anliegt. Der Blendrahmen hat hier bereits eine Schallschluckfüllung. Das Kastenfenster dann hat 2 getrennte Flügel unterschiedlicher Größen.
Wichtig: Die in den Unterlagen der Hersteller angegebenen Schallschutzwerte werden nur bei sachgerechtem Einbau erreicht!
Näheres über Schallschutzgläser im Kapitel „Glas".

Dachwohnraum-, Dachwohn- oder Wohndachfenster

Wohnen unter der Dachschräge war nicht immer so attraktiv und so beliebt, wie es heute ist. Zweifellos haben die Wohnraumfenster, die für das Wohnen unterm Dach angeboten werden, sehr erheblich zu dem Trend beigetragen, haben sie doch eine Menge Möglichkeiten der Raumnutzung erschlossen. Den maßgeblichen Herstellern dieser Bauart der Fenster kann man ohne Übertreibung bescheinigen, daß sie den bis dahin als Dachboden unterbewerteten Raum ins Bewußtsein von Bauherren und Hausbesitzern gerückt haben, indem sie Problemlösungen für das Wohnen unterm Dach angeboten und immer weiter entwickelt haben.

Dachwohnraumfenster bringen Licht ins ausgebaute Dachgeschoß. Wer es besonders hell und luftig haben will, kann aus mehreren Fenstern und zusätzlichen Brüstungselementen attraktive Kombinationen zusammenstellen, die auch den verwöhntesten Ansprüchen an den Wohnkomfort entsprechen.

Vorausbemerkt sei auch noch, daß die Dachwohnraumfenster die wesentlich teurere Dachgaube (oder Dachgaupe) überflüssig gemacht haben. Sie wird meist nur da noch neu eingebaut, wo sie als Stilelement des Hauses gilt oder wo die geringe Dachneigung auch durch einen Aufkeilrahmen nicht sinnvoll korrigiert werden kann. Fenster für Dachgauben sind normale Wohnraumfenster und im vorigen Kapitel beschrieben.

Von Dachwohnraumfenstern spricht man, wenn das Fenster in die Dachfläche, mit deren Neigung oder geringfügig korrigiert, eingebaut ist.

Von der Öffnungsart der Flügel der Dachwohnraumfenster her unterscheiden wir Klappflügel und Schwingflügel und die Kombination von Klapp- und Schwingflügel.

Eine weitere Form ist der Schiebeflügel, das ist ein Klappflügel, der seitlich weggeschoben werden kann, um vollen Sonneneintritt zu ermöglichen.

Die Besonderheit bei diesem Fenster liegt in der seitlichen Verschiebbarkeit des Fensterflügels.

Als eine weitere Variante ist noch die Ausstiegtür, bzw. Ausstiegfenster, auch Notausstieg genannt, zu nennen.

Die Verglasung der Dachwohnraumfenster erfolgt üblicherweise mit 2-Scheiben-Verbundglas wie bei Wohnraumfenstern.

Der Blendrahmen dieser Fenster heißt Eindeckrahmen, da er die Verbindung sowohl zum Dachstuhl, als den Dachsparren, als auch zur Dacheindeckung, der

Klappflügel mit Notaustieg-Funktion

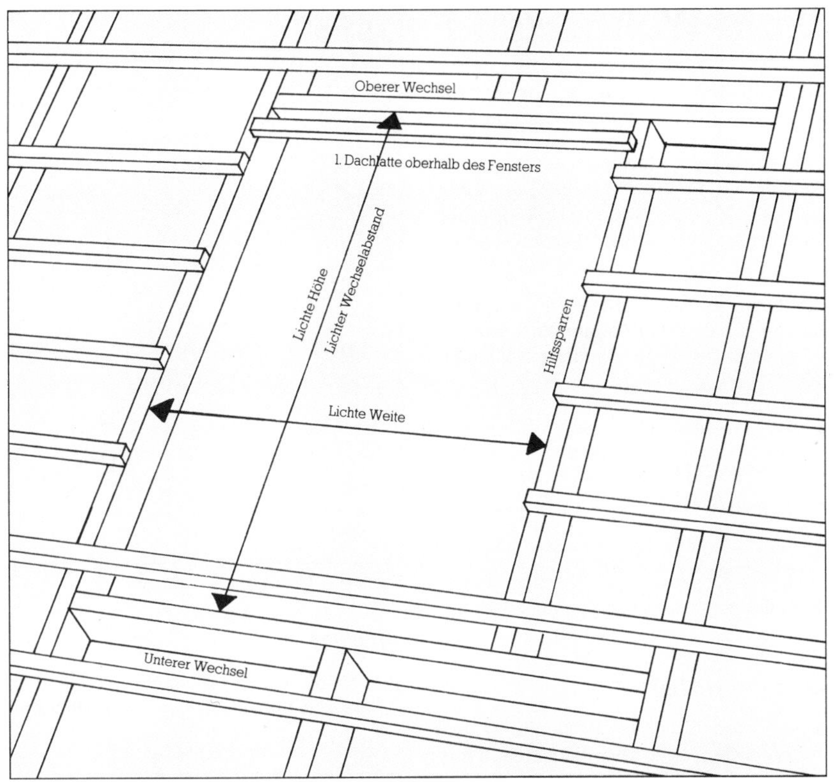

Je nach Größe des Fensters müssen 1 oder mehrere Sparren durchtrennt und mit Hilfe von Wechseln mit der übrigen Dachkonstruktion verbunden werden.

Hartbedachung, sicherzustellen hat. Der geringe Abstand der Sparren, der meist zwischen 50 und 75 cm liegt, bedingt, daß nur in Räumen untergeordneter Bedeutung wie Bad, Toilette o. ä. Fenster eingebaut werden, die in einen Sparrenabstand hineinpassen. Meist müssen 1 oder auch 2 Sparren unterbrochen und durch sog. Wechsel gehalten werden.

Die Fensterlänge, eigentlich die Höhe, ergibt sich im wesentlichen aus der Dachneigung und den Wünschen der Bewohner.

Ein wohnlich-niedriger Einbau erfordert eine Sturzhöhe von ca. 190 cm und einen unteren Durchblickpunkt von 90–110 cm Höhe.

Ein höherer Einbau erfordert eine Sturzhöhe von ca. 190 cm und einen unteren Durchblickpunkt von 120–140 cm Höhe.

Darüber hinaus gilt: Steilere Dächer erfordern kürzere Fenster, flachere Dächer erfordern längere Fenster.

Ausschlaggebend für die Wohnlichkeit ist der Durchblickpunkt, besser gesagt die untere Durchblickhöhe, von der abhängt, was man durch das Fenster von der Umgebung noch sehen kann.

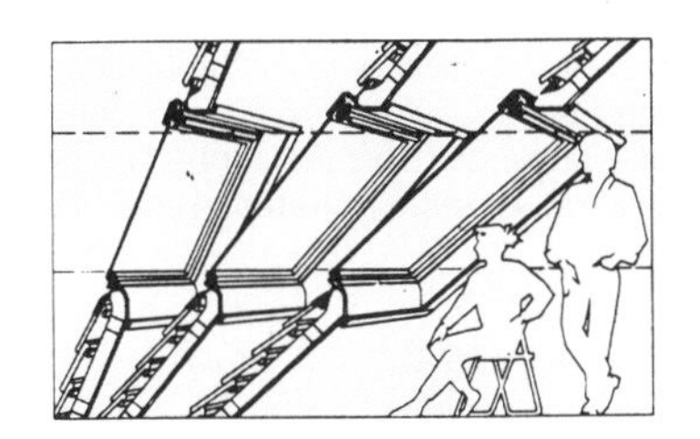

Für einen ungehinderten Durchblick sind bei geringerer Dachneigung höhere Fenster erforderlich.

Die Art des Eindeckrahmens wird von der Dacheindeckung bestimmt. Unterschieden wird zwischen Ziegel-, Schiefer- und Wellplatteneindeckung. Dementsprechend ist das Anschlußblech ausgeführt und mit der erforderlichen Dichtung versehen.

Den Ablauf des Wassers vom Fenster nach unten gewährleistet eine Blei- oder Kunststoffschürze, die an die Eindeckung angeformt wird.

Soll bei zu flacher Dachneigung das Dachgefälle aufgebessert werden, wird anstatt des normalen ein Aufkeilrahmen eingebaut. Er stellt das Fenster um 10° steiler.

Von den Beschlägen sollte man wissen, daß es Sicherungen gegen Öffnen der Fenster durch Kinder und mechanische und elektrische Fernbedienungen gibt für Fenster, die in schlecht erreichbarer Höhe eingebaut sind, ebenso Zusatzausstattungen für automatische Rauchabzüge.

Ein spezieller Vorteil von Zubehörteilen wie hier Rollladen ist die besonders bequeme Bedienung. Sie erfolgt mit einem versenkt im Sturzbrett angebrachten Gurtwickler mit Griffmulde. Der Gurtwickler kann nachträglich leicht gegen ein Kurbel- oder Elektrobedienungsmodul mit gleichen Abmessungen ausgetauscht werden.

		WDF Höhe 85	WDF Höhe 112	WDF Höhe 145
Sturzhöhe S		200	200	200
Durchblickspunkt D bei verschiedenen Dachneigungen und 200 cm Sturzhöhe. Bei mehr oder weniger Sturzhöhe verändert sich der Durchblickspunkt um das gleiche Maß.	15°	190	184	176
	20°	184	174	163
	25°	177	166	151
	30°	170	157	140
	35°	164	148	129
	40°	158	140	119
	45°	152	133	109
	50°	146	126	101
	60°	137	114	85
	70°	129	104	73

Nicht-Wohnraum-Fenster

Das Kapitel der Nicht-Wohnraum-Fenster umfaßt ein recht vielfältiges Sortiment.

Man könnte das Sortiment unterteilen in Fenster für beheizte Nicht-Wohnräume, die der Energieeinsparungsverordnung unterliegen, und Fenster für nicht beheizte Räume.

Zur besseren Übersicht wollen wir unabhängig von den Wärmedämmforderungen unterscheiden nach baulichen Merkmalen:

- Dachfenster
- Mehrzweckfenster
- Stallfenster
- Fenster aus Beton für Hallen, Treppenhäuser u. dgl.
- Kellerfenster und -Elemente.

Dachfenster

dienen der Belichtung, Belüftung und dem Ausstieg in der Dachfläche nicht ausgebauter Dachböden. Noch vor wenigen Jahren zählten sie zum selbstverständlichen Bestandteil einer Dachziegellieferung. Heute, im Zeichen der ausgebauten Dachgeschosse, sind sie seltener geworden, und was früher ausschließlich aus verzinktem Eisenblech mit Drahtglas bestand – Ausnahme von Anfang an Asbestzement mit eigenen Dachfenstern – ist heute überwiegend aus Kunststoff.

Dachfenster sind so gebaut, daß sie direkt mit eingedeckt werden. Der Rahmen paßt in der Form zu dem jeweiligen Material, mit dem das Dach eingedeckt wird, also Ziegel, Betondachsteine, Schiefer oder Pappe und Wellplatten.

Die üblichen Größen entsprechen 4 oder 6 Pfannen.

Beim Kunststoffenster ist der Rahmen aus Hart-PVC, farblich der Bedachung angepaßt, der Flügel ist aus durchsichtigem Acrylglas.

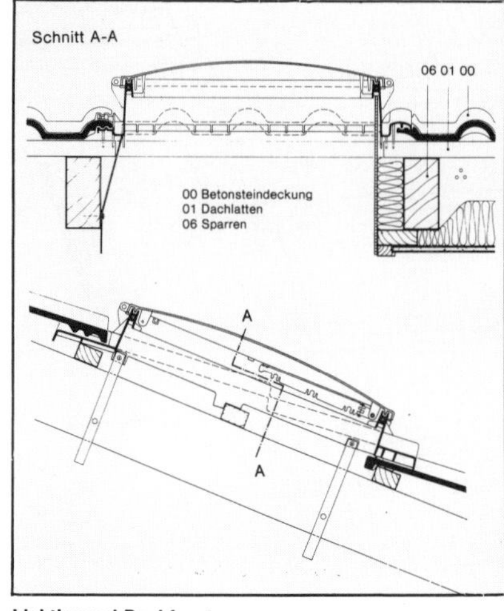

Lichtkuppel-Dachfenster

Norm:

DIN 18160 Teil 5 Hausschornsteine, Einrichtungen für Schornsteinfegerarbeiten.

Mehrzweck- und Kellerfenster und -Elemente

Wo fängt man an, wenn man diese Gruppe von Bauelementen zu erklären versucht? Am besten bei der Wandlung, die der Keller des Hauses durchlaufen hat. Ohne auf seine Frühgeschichte einzugehen, kann man feststellen, daß es „den Keller" mit einer Aufgabenstellung wie noch vor gar nicht langer Zeit nicht mehr gibt. Den kühlen, etwas feuchten Raum, mehr oder weniger dunkel, in dem man Kartoffeln, Gemüse und Obst überwinterte und die Kohlenvorräte für die Öfen lagerte, gibt es so – zumindest im Neubaubereich – nicht mehr. Die verbliebenen, reduzierten Aufgaben dieser Art übernimmt ein kleiner Teil des „erdverbauten" Hausteils.

Die erste Änderung ergab sich durch die Zentralheizung, die einen Heizungskeller benötigt. Die früher selbstverständliche

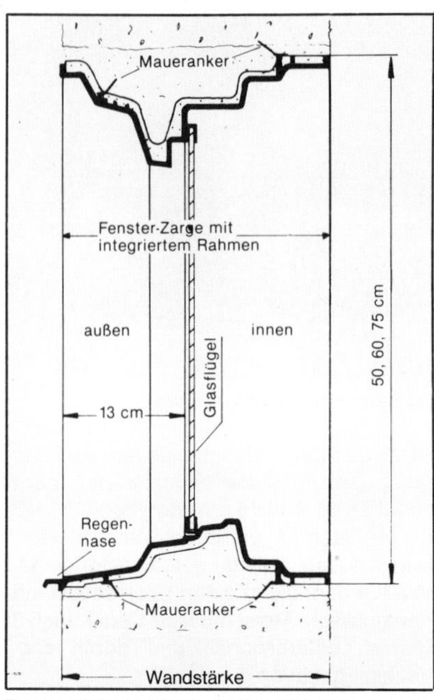

Fenster mit fertiger Zarge werden beim Aufmauern der Kellerwand mit eingemauert . . .

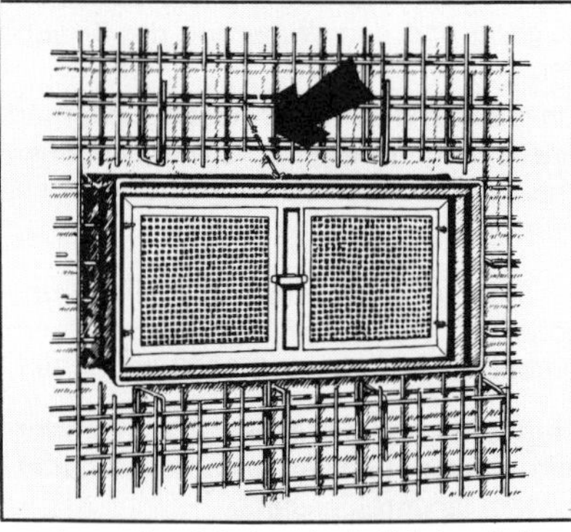

. . . oder vor dem Betonieren in die Schalwand eingehängt.

„Waschküche" ist kein Naßraum mehr. Die Waschmaschine und andere Geräte und Maschinen des Haushalts brauchen sauberen, trockenen und möglichst auch hellen Raum.

An die Stelle der Vorratshaltung ist häufig die Heimwerkstatt getreten. Hinzu kom-

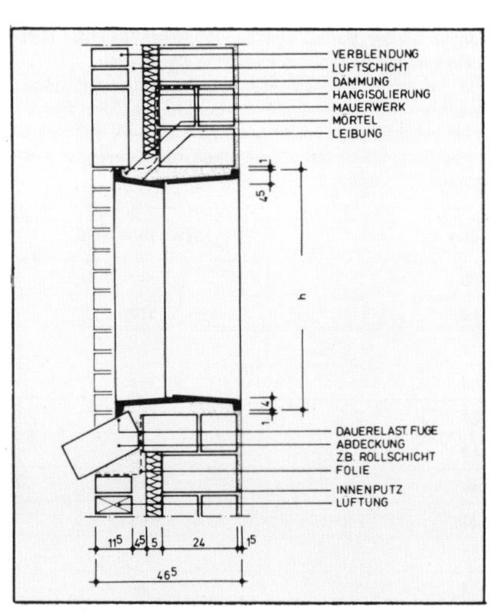

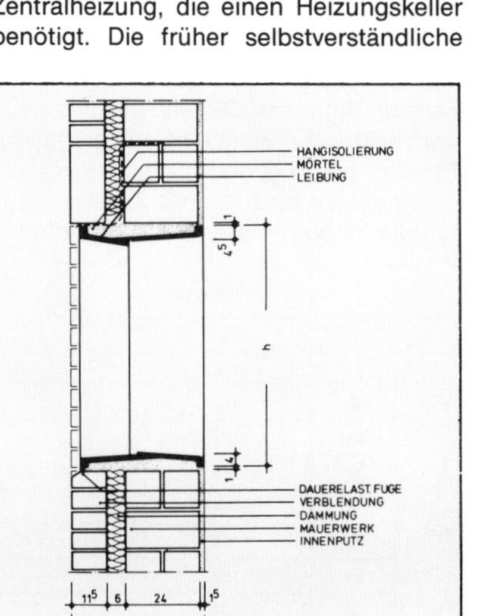

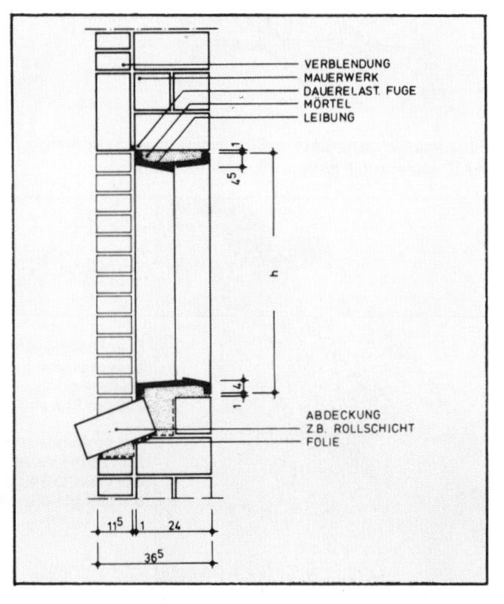

Einbau von Leibungsfenstern in 2schaliges Mauerwerk

men Partykeller und Tischtennis- oder Fitneßraum.

Selbst wenn die Räume nur zum Teil bereits in der Bauplanung für ihren eigentlichen Zweck ausgewiesen sind, sobald Heizung in die Räume eingebaut wird, müssen die Fenster wärmedämmend verglast sein. Außerdem möchte kaum jemand in einem Partykeller Stahlkellerfenster mit Lochgitter haben.

So hat sich aus dem Kellerfenster der Nachkriegszeit ein Fenstersortiment entwickelt, das vom einfachen, verzinkten Stahlfenster bis ans Wohnraumfenster heranreicht.

Im Zuge der Kostenentwicklung am Bau lag es, daß man Lohnkosten sparen muß. So kamen findige Baustoffhersteller darauf, die Leibung der Kellerfenster, inzwischen auch für alle Übergänge (auch für Wohnraumfenster), vorgefertigt mit dem Kellerfenster zu liefern. Damit kann die aufwendige Schal- und Putzarbeit eingespart werden, und man hat gleich fertige Innen- und Außenfensterbänke. Daß sich diese Leibungsfenster fast schlagartig an den Baustellen einführten, war nicht verwunderlich.

Die Leibungen werden heute aus Kunststoff- oder Glasfaserbeton oder auch GFK (glasfaserverstärktem Polyesterharz) hergestellt. Je nach Material werden Einbaustützen mitgeliefert, die nach Erhärten von Mörtel oder Beton entfernt werden.

Die Leibungen werden für 24er, 30er und 36,5er Mauerwerk oder Betonwände geliefert und zum Einputzen mit Wassernase versehen.

Wie schon erwähnt, bilden die Fenster eine Palette, die mit dem einfachen feuerverzinkten Stahl-Kellerfenster mit Lochblechgitter beginnt, über einfache Kippflügelfenster mit schlankem Kunststoffrahmen- und Flügelteilen (PVC) bis hin zum Holz- oder Kunststoffenster mit Drehkippbeschlag. Für den Schutz des einbruchgefährdeten tiefliegenden Bereichs gibt es anstatt der Lochbleche auch ansprechende Ziergitter.

Die Abmessungen dieses Fenstersortimentes gehen nicht wesentlich über die gebräuchlichen Maße der Kellerfenster hinaus. Ein Hersteller bietet allerdings auch Kombinationsmöglichkeiten durch über- oder nebeneinander erfolgenden Einbau an, wodurch sich diese Fenster auch für Werkstätten, Lager, Lagerbüro und dgl. eignen.

Auch für zweischaliges Mauerwerk gibt es Einbauvorschläge für Leibungsfenster.

Ziergitter sorgen nicht nur für Sicherheit, sondern verschönern nebenbei das Kellerfenster.

Stallfenster

Stallfenster sind ein- oder mehrscheibige Kippflügelfenster mit einfachen Schließvorrichtungen und in Drehlagern oder nur lose eingestellten Flügeln. Die Blendrahmen sind aus Beton oder aus Kunststoff, die Flügelrahmen wohl ausschließlich aus Kunststoff, wobei es je nach Fabrikat aus Hart-PVC oder aus glasfaserverstärktem Polyester hergestellte Teile gibt.

Die Flügel sind je nach Bedarf an Wärmehaltung im Stall einfach- oder verbundverglast. Die verbundverglasten Fenster haben umlaufende Dichtungen, die Zugluft ausschließen.

Kunststoff-Stallfenster

Fenster aus Beton

Diese Gruppe Fenster sind Festfenster, im Blendrahmen verglast, wobei die Blendrahmen aus Beton hergestellt werden.

Für Hallen verschiedener Bestimmungszwecke und für Treppenhäuser unterschiedlicher Größen und für Werkstätten ist diese Bauweise recht beliebt, denn die Fenster sind langlebig und bedürfen keiner Pflege. Ihre Wärmedämmeigenschaften sind nicht gut, doch immer noch erheblich besser als die ungedämmter Me-

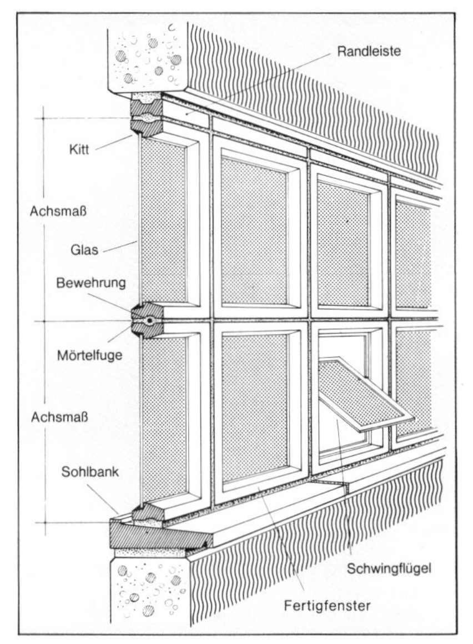

tallkonstruktionen. Wie die meisten Bauelemente sind die Betonfenster beratungsbedürftig.

Es bieten sich zwei Möglichkeiten an:

- Fertigfenster aus Einzelwaben, die aus einer Vielzahl von Standard-Fertigmaßen zusammengesetzt werden können.
- Montagefenster, die in verschiedenen Ausführungen individuell für das jeweilige Objekt gestaltet werden und die die Möglichkeiten unterschiedlicher, auch Mehrfachverglasungen, bieten.

Die gezeigten Montagefenster werden aus Glasfaserbeton hergestellt, dem vom Lieferwerk Vorteile gegenüber Normalbeton bescheinigt werden.

Zum Einbau in Betonfenster gibt es Einbau-Lüftungsfenster aus Metall, die sowohl als Schwing- als auch als Kipp- oder Drehflügel geliefert werden.

Der Einbau erfolgt entweder auf die zum System gehörigen Betonfensterbänke oder direkt ins Mauerwerk mit vorgebauter Fensterbank.

Fensterbeschläge

Dem Beschlag an Fenster und Fenstertüre soll hier nur eine kurze Darstellung gehören. Wer mehr über Beschläge wissen möchte, dem sei das „Baubeschlag-Taschenbuch" empfohlen (erschienen im Gert Wohlfarth-Verlag).

Der Beschlag ist die Bedienungseinrichtung des Fensters.

Von ihm hängen ab

- die Bedienbarkeit und Funktion,
- die Dichtigkeit und
- der Einbruchschutz.

Das Bedienungselement ist die Griffolive. Sie gibt es in den verschiedensten Ausführungen.

Früher mußte man, um ein Fenster in Kippstellung zu bringen, mindestens 2 Beschlagteile bedienen. Heute geschieht alles nur durch die Griffolive, mit „Einhandbedienung".

Mit entsprechender Drehung der Olive kann man alle erforderlichen Funktionen auslösen, also öffnen, schließen und kippen. Einige Beschläge ermöglichen zusätzlich eine Spaltlüftung, bei der das Fenster auf der Oberseite minimal geöffnet ist („undichtes Fenster"). Da die Olive in den verschiedenen Betätigungsstellungen einrastet, ist die offizielle, z. B. beim RAL-Güteschutz benutzte Bezeichnung „Rastolive". Leider ist die Stellung der Olive bei den einzelnen Funktionen noch nicht bei allen Firmen gleich, so daß man nicht ohne weiteres die Funktion an der Griffstellung ablesen kann. Bei den meisten gilt allerdings die nachstehende sinnvolle Regelung:

- Griff senkrecht nach unten – zu,
- Griff waagerecht – Drehstellung offen,
- Griff senkrecht nach oben – Kippstellung offen.

- Griff aus der Kippstellung um 45° zurückgedreht – Spaltlüftung

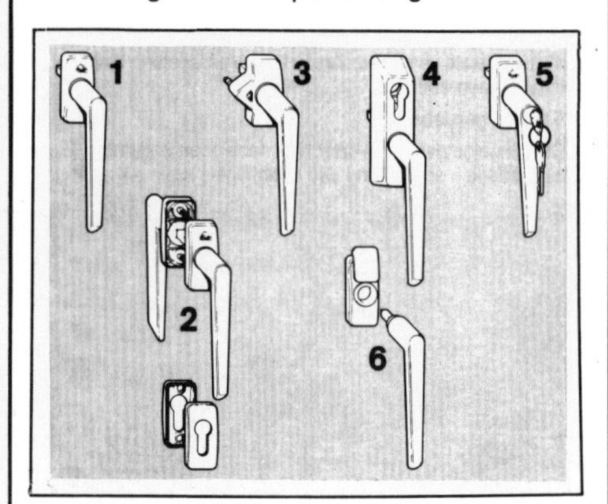

Griffoliven mit verdeckter Befestigung und 90°-Rasterung
1 Standard-Griffolive
2 Türgriffgarnitur für Fenstertüren mit Innen- und Außenbedienung
3 Griffolive mit Fehlbedienungssicherung
4 Abschließbare Griffolive für Profilzylinder. Mit zusätzlich gesicherter Schraubenabdeckung
5 Abschließbare Griffolive mit Rundzylinder
6 Steckgriff + Steckrosette

Dichtigkeit

Die Dichtigkeit der Fenster und Fenstertüren wird am sichersten durch mehrere Verriegelungen und nicht nur an einer Seite bewerkstelligt. Dadurch werden die eingebauten Dichtungen gleichmäßig angepreßt.

Einbruchschutz

Der Einbruchschutz ist letztlich auch eine Funktion der Verriegelungen. Durch verschließbare Griffoliven, besonders wichtig an Fenstertüren, ist ein hohes Maß an Einbruchsicherheit zu erreichen.

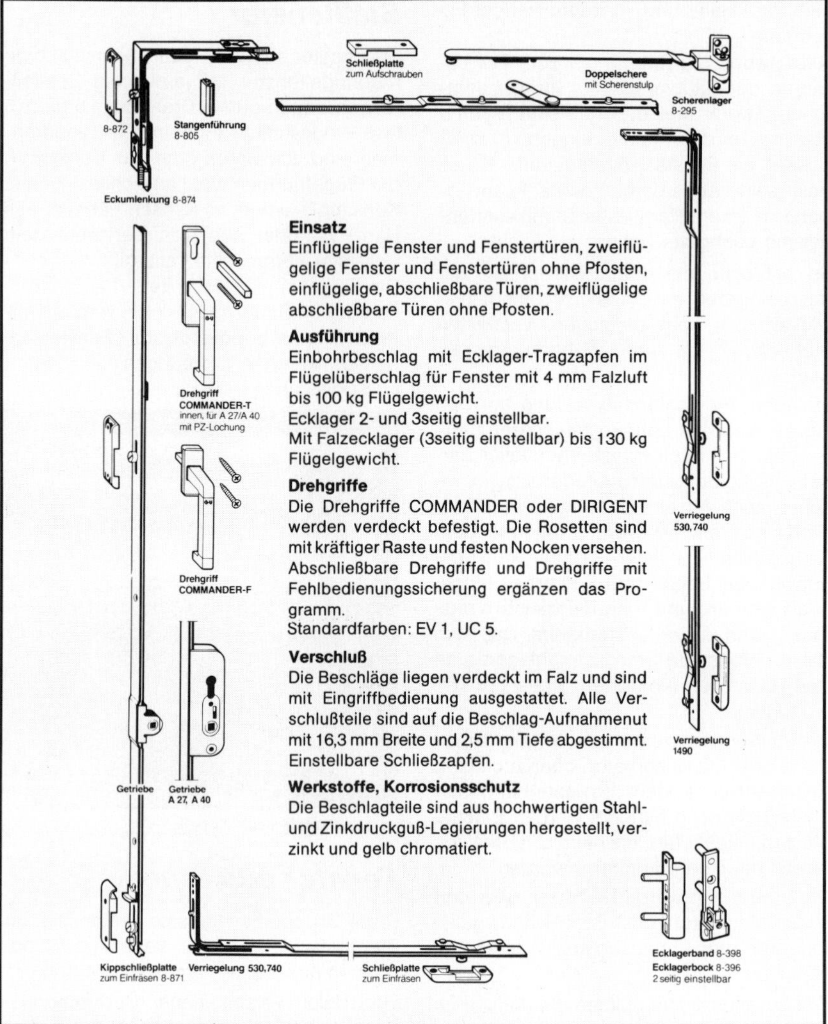

Teile eines Drehkippbeschlags für Fenster und Fenstertüren aus Holz

---

Glas

Es ist „glasklar", daß Glas zu den selbstverständlichen Dingen in unserem Leben gehört. Es nimmt einen breiten Raum im menschlichen Leben ein.

Die Geschichte des Glases geht weit in die Vorzeit zurück. Schon 1500 Jahre vor Christus hatte Glas eine beachtliche Bedeutung.

Vor 50 Jahren noch wurde Glas als unterkühlte Schmelze definiert. Heute läßt man diesen Begriff nur noch im Erweichungsfalle gelten. Die American Society for Testing Materials definiert Glas als „anorganisches Schmelzprodukt, das abgekühlt und erstarrt ist, ohne merklich zu kristallisieren".

Herstellung

Zur Glasherstellung gibt es mehrere Verfahren. Die Fenstergläser sind heute zum überwiegenden Teil aus Floatglas.

Floatglas wird aus Quarzsand, Sulfat, Soda, Kalk, Dolomit und Feldspat hergestellt und hat z. B. folgende Zusammensetzung:

SiO_2 : 72,8%
Al_2O_3 : 0,7%
Fe_2O_3 : 0,07%
Na_2O : 13,8%
K_2O : 0,2%
CaO : 8,6%
MgO : 3,6%
SO_3 : 0,2%

Die Herstellung des Floatglases erfolgt nach folgendem Verfahren.

Die auf 1000° C abgekühlte, zähflüssige Glasschmelze (Schmelztemperatur ca. 1500° C) „schwimmt" auf einem beheizten Zinnbad. So erhält sie eine maximal ebene Oberfläche, bevor sie beim Abkühlen zum Band erstarrt. Durch Walzen wird das Glasband auf die gewünschte Dicke gezogen, weiter abgekühlt und in Tafeln zerteilt.

Das so hergestellte Spiegelglas gehört zu den Flachglasarten. In DIN 1249 Teil 1 von August 1981 sind Nenndicken von 3, 4, 5, 6, 8, 10, 12, 15 und 19 mm für Fensterglas genormt, dieselben Nenndicken enthält

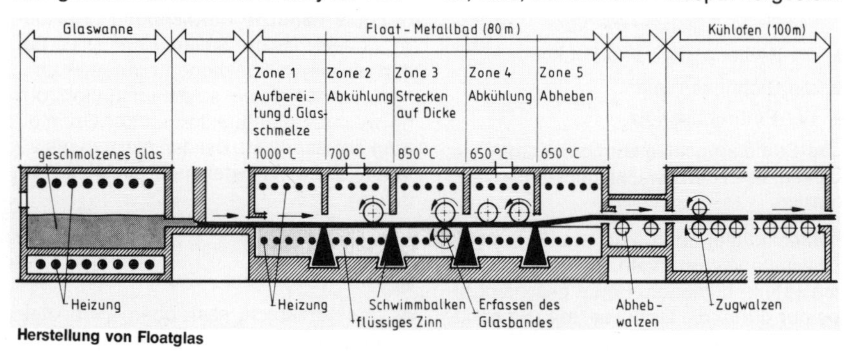

Herstellung von Floatglas

Teil 3 der Norm von Februar 1980 für Spiegelglas. Für Fensterglas, das im maschinellen Ziehverfahren hergestellt wird, sind größere Abweichungen von der Nenndikke zugelassen als bei Spiegelglas, das im beschriebenen Floatverfahren oder durch Walzen und anschließende mechanische Bearbeitung seine planparallelen Oberflächen erhält.

Aus der großen Anzahl der verschiedenen Gläser soll hier nur das Verbundglas mit Scheibenzwischenraum, das in der Glasbranche trotz besserer Einsicht immer noch „Isolierglas" genannt wird, interessieren.

Es besteht aus 2 oder mehr Scheiben, die, gleich oder ungleichartig, sowohl in der Glasdicke als auch in der Glasart, sein können.

Mögliche hier angewandte Glasarten sind Gußglas, auch Ornamentglas genannt, und Kristallspiegelglas, das zusätzlich noch beidseitig geschliffen und poliert ist. Ohne auf die Einzelheiten der Entwicklung eingehen zu müssen, kann man heute folgende Tatsachen feststellen. Glas ist mit (nach DIN 4108) 0,8 W/(m K) ein recht guter Wärmeleiter. Der k-Wert wird bei Fensterscheiben praktisch ausschließlich durch die Wärmeübergangswiderstände innen und außen bestimmt. Der Einfluß der Scheibendicke ist sehr gering. So ist auch zu erklären, daß DIN 4108 Teil 4 für die Verglasungen Werte angibt, die unabhängig von der Glasdicke sind. Wesentlich ist der Aufbau der Verglasung: Wenn mehrere Scheiben hintereinandergesetzt werden, erhöht sich die Anzahl der Wärmeübergänge, und das ruhende Luftpolster zwischen 2 Scheiben hat zusätzlich einen hohen Wärmedurchlaßwiderstand. Man bildet also eine ruhende Luftschicht mit guten Wärmedämmeigenschaften, indem man 2 Scheiben hintereinanderstellt und sie am Rand umlaufend dicht und dauerhaft verbindet. Mindestabstand von Scheibe zu Scheibe 6 mm, möglichst 12 mm. Der Abstand heißt Scheibenzwischenraum und wird als Kurzform SZR geschrieben (fälschlicherweise auch Luftzwischenraum LZR).

Auf der Grundlage dieses Verfahrens haben sich in den letzten Jahren zugunsten der Anwendbarkeit des Fensters Verbesserungen entwickelt, die die Möglichkeiten, die Glas bis dahin bot, beachtenswert erweitern. Das betrifft die Wärmedämmeigenschaften ebenso wie den Schallschutz, und es ergeben sich Möglichkeiten durch Kombination verschiedener Gläser im Verbund, die Brandschutzeigenschaften zu verbessern und weitgehende Einbruchssicherung zu erreichen, ohne auf die erforderliche Wärmedämmung verzichten zu müssen.

Wärmedämmgläser

Normales Verbundglas, bestehend aus 2 je 4 mm dicken Scheiben und einem Scheibenzwischenraum (SZR) von 12 mm, der mit Luft gefüllt ist, bringt einen k-Wert von etwas unter 3,0 W/(m² K), bei 3 Scheiben der gleichen Dicke und 2 × 12 mm SZR, luftgefüllt, werden ca. 2,0 W/(m² K) erreicht. Das 3scheibige Verbundglas bringt allerdings schon ein erhebliches Gewicht in den Fensterflügel und damit auch auf die Beschläge, außer der Verdoppelung des Risikos der Undichtigkeit der Randabdichtung.

Also hat man nach einem anderen Weg gesucht und ihn auch gefunden: indem man den Strahlungsdurchgang reduziert.

Auch die anfänglich damit verbundene Farbtönung der Gläser ist heute weitestgehend überwunden. Das Prinzip: die Außenseite der Innenscheibe wird mit einer hauchdünnen Metallschicht versehen. Solange man dazu farbige Metalle (Gold) nahm, gab es Farbtönung. Die Beschichtung mit Silber ist offensichtlich farbneutral.

Mit dieser Maßnahme, durch die allerdings auch die Lichtdurchlässigkeit vermindert wird, verbessert sich der k-Wert der Gläser bis zu z. Zt. 1,3 W/(m² K).

In geringerem Umfange werden Gase in den SZR eingefüllt, die Wärme schlechter leiten als Luft, doch ist die Gefahr, daß bei eintretender Undichtigkeit der Randdichtungen das Gas mit Luft ausgetauscht wird und die Scheibe dann – neben Problemen mit Tauwasser – auch noch ihre Dämmeigenschaften verändert, immer wieder als Hemmnis gefürchtet.

Die Bemühungen, in zunehmendem Maße die Sonnenenergie vor allem in der Übergangszeit als Heizenergie zu nutzen und damit die Energievorräte unserer Erde zu schonen, haben ein Fragezeichen vor die Reduzierung des Strahlungsdurchganges gesetzt. Erst wenn exakte Werte auf diesem Gebiet vorliegen werden, wird man dazu vielleicht endgültige Aussagen treffen können.

Die „temporäre Wärmedämmung" z. B. mit wärmegedämmten Rolläden nachts während der kalten Jahreszeit in Verbindung mit einer Beschattung der Fensterscheiben im Sommer dürfte ein sinnvoller Ausweg aus dem Dilemma – kostenlos einfallende Wärmestrahlung nutzen, wenn sie gebraucht wird, gleichzeitig aber Wär-

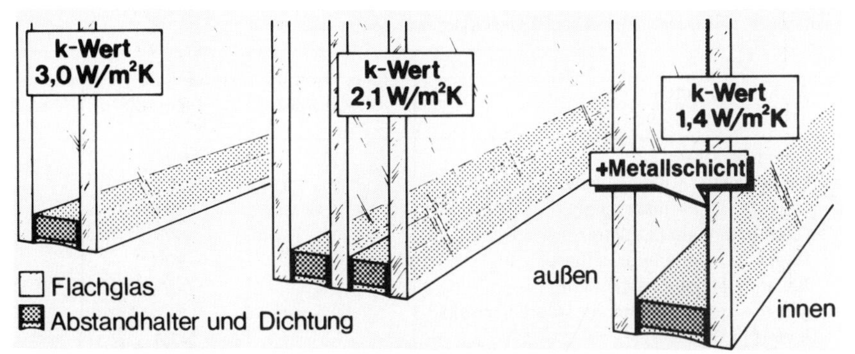

Aufbau von Mehrscheibenverglasungen: konventionelles Zweischeibenglas, Dreischeibenglas, Wärmeschutzglas

k-Wert (Wärmedurchgangskoeffizient) wärmedämmender Verglasungen in Abhängigkeit vom Scheibenzwischenraum SZR und dem Rahmenmaterial

SZR mm	k_v W/(m² K)	Zahl der Scheiben	Rechenwert nach DIN 4108 Ausgabe August 81 Fenster und Fenstertüren einschließlich Rahmen k_F für Rahmenmaterialgruppe²) W/m² K				
			1	2.1	2.2	2.3	3³)
1 × 6,5	3,3⁵)	2	2,9	3,2	3,3	3,6	4,1⁴)
1 × 8,5	3,2	2	2,8	3,0	3,2	3,4	4,0⁴)
1 × 10,5 1 × 12 1 × 15	3,0	2	2,6	2,9	3,1	3,3	3,8⁴)
2 × 6,5	2,4	3	2,2	2,5	2,6	2,9	3,4
2 × 8,5	2,2	3	2,1	2,3	2,5	2,7	3,3
2 × 10,5 2 × 12 2 × 15	2,1	3	2,0	2,3	2,4	2,7	3,2

¹) Bei Fenstern mit einem Rahmenanteil von nicht mehr als 5% (z. B. Schaufensteranlagen) kann für den Wärmedurchgangskoeffizienten k_F der Wärmedurchgangskoeffizient k_V der Verglasung gesetzt werden.

²) Die Einstufung von Fensterrahmen in die Rahmenmaterialgruppen 1 bis 3 ist wie folgt vorzunehmen
Gruppe 1: z. B. Holzfenster, Kunststoffenster (PVC) Holzkombinationen $k_R \leqq 2,0$ W/(m² · K)
Gruppe 2.1: Fenster mit Rahmen aus wärmegedämmten Metall- oder Betonprofilen, $k_R < 2,8$ W/(m² · K)
Gruppe 2.2: Fenster mit Rahmen aus wärmegedämmten Metall- oder Betonprofilen, $3,5 \geqq k_R \geqq 2,8$ W/(m² · K)
Gruppe 2.3: Fenster mit Rahmen aus wärmegedämmten Metall- oder Betonprofilen, $4,5 \geqq k_R \geqq 3,5$ W/(m² · K)
Gruppe 3: Fenster mit Rahmen aus Beton, Stahl und Aluminium sowie wärmegedämmten Metallprofilen, die nicht in die Rahmenmaterialgruppen 2.1 bis 2.3 eingestuft werden können, ohne besonderen Nachweis.

³) Verglasungen mit einem Rahmenanteil ≦ 15% dürfen in der Rahmenmaterialgruppe 3 die k_F-Werte um 0,5 W/(m² · K) herabgesetzt werden.

⁴) Aufgrund bisheriger Regelungen darf bei diesen Werten bis auf weiteres mit k_F = 3,5 W/(m² · K) gerechnet werden.

⁵) Bundesanzeiger Nr. 41/82 v. 2. 3. 82

Vergleich der technischen Daten verschiedener Gläser eines Herstellers

Technische Daten	iplus neutral 14 mm SZR	iplus gold 1,4 14 mm SZR	iplus gold 1,7 14 mm SZR	Interpane 3fach 2×8 SZR	Interpane 2fach 12 mm SZR
Lichtdurchlässigkeit	70%	60%	65%	72%	80%
Lichtreflexion – nach außen	16%	20%	18%	21%	18%
– nach innen	13%	10%	10%	21%	18%
Direkte Sonnenenergietransmission	49%	42%	51%	57%	70%
Direkte Sonnenenergiereflexion	26%	30%	22%	18%	15%
Sekundärabgabe nach innen	13%	15%	13%	9%	5%
g-Wert – ges. Sonnenenergiedurchlässigkeit	62%	57%	64%	66%	75%
k-Wert in W/m²K	1,3	1,4	1,7	2,1–1,8	3,0
k_{eq}-Wert (k – 1,2 · g) in W/m²K	0,56	0,72	0,93	1,3–1,0	2,1
Farbwiedergabe-Index (R_a)	99	95	97	99	99
Gesamtstärke in mm	22	22	22	28	20

Schwankungen der hier angegebenen Werte sind aufgrund des Eisenoxidgehaltes des Glases sowie der Glasstärke von ca. 2–3% möglich. Merke: Lichtdurchlässigkeit hat nichts zu tun mit Sonnenenergiedurchlässigkeit. Wärmeschutz ist nicht gleich Sonnenschutz.

meverluste wie auch unerwünschte Wärmeeinstrahlung vermeiden – sein.

Eines zeichnet sich schon heute klar ab: Hier ist der Fachmann gefordert, der weiß, womit er wie umzugehen hat, und der in der Lage ist, sich an klaren physikalischen Daten zu orientieren. Auch die Planer werden in Zukunft mit Wärmedämmwerten rechnen müssen, mehr als bisher.

Schallschutzgläser

Über die Schalldämmung ist schon im Zusammenhang mit den Fenstern und in „Allgemeines Grundwissen" das Wichtigste erläutert worden. Hier noch einige Erklärungen zum Begriff Schallschutzglas.

Glas hat an sich gute Voraussetzungen zur Schalldämmung. Es ist schwer. Fensterscheiben sind jedoch dünn und lassen sich zum Mitschwingen anregen. Am stärksten schwingt eine Scheibe mit, wenn der auftreffende Schall in den Bereich der Eigenschwingungsfrequenz der Scheibe gelangt. Die hängt von der Glasdicke ab.

2 Scheiben gleicher Dicke werden also im selben Frequenzbereich gleich stark schwingen. Der auftreffende Schall geht durch. Dem begegnet man, indem man Scheiben aus unterschiedlich dickem Glas miteinander verbindet. Je nachdem, aus welchen Frequenzen sich der jeweilige Lärmpegel vorwiegend zusammensetzt, sind die Schallschutzgläser entsprechend auszuwählen.

Aus den Angaben eines namhaften Flachglasherstellers sind in der Tabelle oben 4 Situationen herausgegriffen.

Situation	Glasdicken SZR einzeln	gesamt	R_w neu
Büro in durchschnittl. Verkehr	10/**12**/5	27	39
Büro bei starkem Verkehr	10/**24**/4	38	41
Wohnung nahe Bahnstrecke	10/**12**/4	26	39
Schlafraum in Flughafennähe	10/**3**/4/**16**/5	38	44

Die Messungen wurden im Frequenz-Bereich zwischen 100 und 3150 Hz als bewertetes Schalldämm-Maß R_w angegeben. Wenn es heißt R_w neu, so bedeutet das, daß die 1981 geänderten Meßmethoden für Fenster (DIN 52210) angewandt wurden. Das hat den Vorteil, daß im Gegensatz zu früher gravierende Unterschiede zwischen Laborwerten und tatsächlichen Werten nach dem Einbau weitestgehend ausgeschlossen sind (Voraussetzung sind Fensterrahmen mit angepaßter Schalldämmung).

Erhöht wird der Schallschutz von Verglasungen durch eine Schwergasfüllung zwischen den Scheiben, z. B. Argon und Schwefelhexafluorid. Diese Gase haben einen sehr großen Atom- bzw. Moleküldurchmesser, so daß im Gegensatz zu den für Wärmeschutzverglasungen geeigneten, besonders leichten Gasen beim heutigen Stand der Technik keine Probleme durch Ausdiffundieren zu befürchten sind.

Brandschutzglas

Man unterscheidet Brandschutzverglasungen der Feuerwiderstandsklassen F, die alle Anforderungen erfüllen müssen, die an raumabschließende Wände der entsprechenden Feuerwiderstandsklasse nach DIN 4102 Teil 2 gestellt werden, und Brandschutzverglasungen der Feuerwiderstandsklassen G, die den Durchgang von Flammen und Rauchgasen verhindern müssen, nicht aber den Durchtritt der Wärmestrahlung. Das heißt, F-Verglasungen müssen im Brandfall undurchsichtig werden, G-Verglasungen können lichtdurchlässig bleiben. Außerdem darf bei F-Verglasungen während der Feuerwiderstandsdauer die Temperatur auf der brandabgewandten Seite – genau wie bei entsprechenden Wänden – im Mittel um nicht mehr als 140 K, an keiner Stelle um mehr als 180 K über die Ausgangstemperatur ansteigen.

Ältere G-Verglasungen enthalten meist eine Drahteinlage, die die Scherben nach dem Zerspringen fest zusammenhält, oder sind mit Glassteinen ausgeführt. Inzwischen werden für diesen Zweck auch Einscheibensicherheitsgläser in Spezialrahmenkonstruktionen, thermisch vorgespannte Spezialgläser und lichtdurchlässige Glaskeramikscheiben eingesetzt.

Brandversuch mit einer F-Verglasung: Die Scheiben zwischen Brandraum und Flur (hinter der 1. Verglasung) sind undurchsichtig geworden. Die Temperatur im Flur lag bei dem Versuch nach 30 min noch unter 50° C.

Schallschutzscheiben mit besonders hoher Wärmedämmung

Schallschutz-Klasse	Scheibendicke (mm)	Scheibengewicht (kg/m²)	R_W-Wert (dB)	k-Wert (W/m² K)
3	26	25	36	1,3
4	36	37,5	42	1,2
5	40	47,5	46	1,2
5	42	50,0	49	1,2

Die F-Verglasungstypen bestehen aus Mehrscheibenverbundgläsern (mit flächigem Verbund), die je nach geforderter Feuerwiderstandsklasse auch mit luftgefülltem Zwischenraum kombiniert werden. Ein Fabrikat besteht aus z. B. 4 Floatglasscheiben von je 2,8 mm mit in den 3 Zwischenräumen eingelagerten wasserhaltigen Alkalisilicatschichten von je 1,2 mm. Im Brandfall zerspringt zunächst die dem Feuer zugewandte Glasscheibe bei einer Temperatur von ca. 120° C. Gleichzeitig verdampft das in der ersten Zwischenschicht enthaltene Wasser, und der Wasserdampf schäumt das Alkalisilicat auf, wobei es strahlungsundurchlässig wird. Durch die Verdampfung wird der Scheibe erhebliche Wärme entzogen. In gewissen zeitlichen Abständen zerspringt dann jeweils die nächste Glasscheibe, und die nächste Zwischenschicht expandiert.

Andere Ausführungen haben Gel-Zwischenschichten, die ebenfalls Wasser führen und im Brandfall einen wärmedämmenden Schaum bilden.

Sicherheitsglas

Es gibt hauptsächlich einen Grund, Sicherheitsglas in diesem Zusammenhang zu benennen, das sind die Schrägverglasungen von Vorbauten.

Aus Gründen des vorbeugenden Unfallschutzes müssen die Schrägverglasungen, die früher mit Drahtglas ausgeführt werden mußten und die heute aufgrund der Wärmeschutzverordnung wärmedämmendes Verbundglas erhalten müssen, wenn es sich um beheizte Räume handelt, mit Sicherheitsglas ausgeführt werden. Bei schrägen Glasflächen Vorsicht! Bauaufsicht fragen!

Als Material kommen Drahtglas, Einscheibensicherheitsglas (ESG) und Verbundsicherheitsglas (VSG) sowie Kunststoffscheiben z. B. aus PVC, PMMA oder PC in Frage. Bei Drahtglas hält ein Geflecht, Gewebe oder punktgeschweißtes Gitter aus Draht nach dem Bruch den Verbund aufrecht. ESG ist thermisch vorgespannt und verträgt dadurch eine höhere Belastung. Kommt es dennoch zum Bruch, so zerfällt es zu stumpfkantigen Krümeln. VSG besteht aus 2 oder mehr Scheiben, die durch zähelastische organische Folien zu einer Einheit verbunden sind. Beim Bruch haften die Bruchstücke an der Folie. Es entstehen keine scharfkantigen Splitter.

In den Bereich Sicherheitsglas gehören auch die angriffhemmenden Verglasungen. Hier unterscheidet man durchwurfhemmende (z. B. für Sporthallen), durchbruchhemmende (d. h. ein- und ausbruchhemmende), durchschußhemmende und sprengwirkungshemmende Verglasungen. Als Material kommen je nach Beanspruchung Glas sowie bestimmte Kunststoffe in Frage. Der Aufbau kann ein- oder mehrschichtig sein.

Normen

Die Stoff-, Prüf- und Anwendungsnormen über Glas sind im DIN-Taschenbuch „Verglasungsarbeiten VOB/StLB" zusammengefaßt. Die Vielzahl der Normen hier einzeln aufzuführen, ginge zu weit.

Fensterbänke

Zu den hier zu behandelnden Fensterbänken gehören nicht die Fenstersohlbankklinker und auch nicht die Verblenderformsteine, aus denen bei Verblendermauerwerk die Fensterbänke gemauert werden können.

Wir unterscheiden die Innen- von den Außenfensterbänken. Sie haben ganz unterschiedliche Aufgaben wahrzunehmen und sind sehr verschiedenen Belastungen ausgesetzt.

Innenfensterbänke hatten ursprünglich die Aufgabe, die unter dem Fenster nach innen vorspringende Brüstungsmauer abzudecken. Da Pflanzen in der Wohnung nur im Licht gedeihen, bot sich die Innenbank als Blumenbank an. Die im Innern der Räume aufgestellten Öfen, die Kaminanschluß benötigen, wurden weitgehend von der Warmwasser-Zentralheizung abgelöst. Deren Heizkörper wurden unter dem Fenster befestigt, damit die so unangenehme starke Luftumwälzung im Raum unterbleibt. Ursache: Der gegenüber dem Fenster aufgestellte Ofen erwärmt die Luft. Sie steigt hoch, kommt zum Fenster, wird abgekühlt und fließt als kalte Luft am Boden zum Ofen hin. Der Fußraum bleibt kalt. Der Heizkörper unter dem Fenster erreicht Vermischung der warmen mit der kalten Luft.

Der Strom kalter Luft am Boden unterbleibt.

Solange die Ofenheizung dominierte, waren die Innenfensterbänke überwiegend aus lackiertem Holz. Da der Anfall von Schwitzwasser an der Einfachverglasung beträchtlich war, hatten die Fensterbänke früher eine eingefräste Schwitzwasserrinne mit Abfluß nach außen. Mit Vordringen der Mehrscheibenverglasung und damit selten gewordenem Schwitzwasser an den Innenscheiben läßt man auch die Schwitzwasserrinne weg.

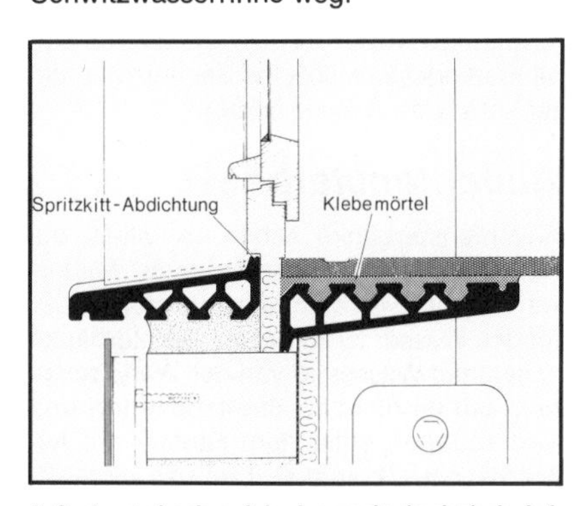

Außenfensterbank, auf der Innenseite (rechts) als Auflager für die Innenfensterbank eingesetzt

Einbau der Innenfensterbänke

Fensterbänke werden von der Hausfrau beim Fensterputzen als Standplatz benutzt, besonders wenn die Fenster hoch sind. Innenfensterbänke müssen deshalb gut unterstützt sein. Rechts und links werden sie etwa 1–2 cm in die Fensterleibung eingestemmt. Bei schmalen Bänken genügt es auch, sie in die Fensterleibung einzuputzen. Bei einer Bankbreite von bis zu 20 cm genügt es, wenn die Bank zur Hälfte (keinesfalls unter 1/3) längs am Mauerwerk satt aufliegt. Marmorbänke erfordern meist eine zusätzliche vordere Unterstützung. Dazu eignet sich verzinktes Stahlrohr mit quadratischem oder rechteckigem Querschnitt.

Eine weitere Lösung ist der Einbau von Faserzement-Extruder-Außenfensterbänken mit der Unterseite nach oben. Hier kann durch ein Mörtel- oder Baukleberbett eine satte Auflage erreicht werden.

Die Wärmeschutzverordnung schreibt vor, daß die Wärmedämmung der Wand hinter dem Heizkörper der der übrigen Außenwandflächen mindestens entspricht (sinnvoll ist 25–50% bessere Wärmedämmung).

Wichtig ist auch bei den Innenbänken, daß der Anschluß Fenster – Fensterbank dicht ist, damit weder ablaufendes Schwitzwasser eindringen noch Zugluft

Wer Wärmedämmung und Fensterbankauflage in einem sucht, findet im Sortiment der Gipskarton-Styropor-Verbundelemente ein einbaufertiges Dämmelement für Heizungsnischen, das zugleich als Fensterbankkonsole ausgebildet und den anfallenden Belastungen entsprechend ausgelegt ist. Die Auflagebreite gibt es in 155 und 175 mm (Verarbeitungsanleitung beachten!)

Fensterbänke

Fensterbanksystem aus Aluminium. Zum Zubehör gehören verschiedene Ausführungen von Bordstücken B (seitlicher Abschluß), Verbindungsstücke VS und VH, Gehrungs-Verbindungsstücke VHG (für Innen- und Außenecken), die Halter RP bzw. RV sowie die Dichtung UD. Der stufenlos verstellbare Halter RV ist besonders für die Altbausanierung mit zusätzlicher Wärmedämmung geeignet.

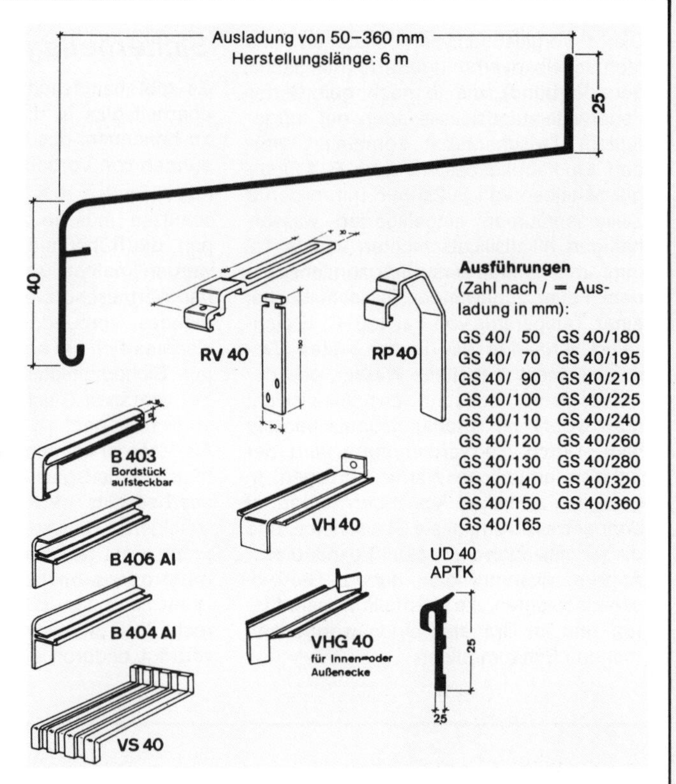

von außen hindurch kann (dauerelastisch abdichten).

Die Materialauswahl für Innenfensterbänke ist groß. An die Stelle der schon genannten Holzfensterbank, die in Vollholzausführung der starken Temperaturbelastung und Trockenheit nur schwer gewachsen ist, ist vor allem die Marmorbank getreten. Aus Preisgründen wurden nach dem Kriege sehr viele Kunststeinfensterbänke eingebaut. Aus kunstharzgebundenem oder Natur-Marmor gefertigte Bänke werden auch heute noch sehr viel eingebaut. Die Terrazzobänke, die „klassischen" Kunststeinbänke, sind weithin vom Marmor abgelöst worden.

Faserzementfensterbänke, vor allem in den Farben Gelb, Weiß und Schwarz, trifft man recht oft an. Das Holz hat als Fensterbank wieder erheblich an Bedeutung gewonnen, seit Fensterbänke aus Preßholz (s. Kapitel „Holzwerkstoffe") in schönen, naturgetreuen Holzdessins hergestellt werden. Es gibt sie auch in guter Marmorimitation. Die Preßholzfensterbank bietet eine Menge Gestaltungsmöglichkeiten. Mit angeformter vorderer Abkantung ist sie gut tragfähig. Auch Installationskanäle lassen sich damit ausbauen. So entstehende breite Fensterbänke, die Heizkörper abdecken, sollten dann mit Gitter für den Luftdurchtritt versehen werden.

Heizkörperverkleidungen aus dem gut wärmedämmenden Holz sollten nur da angewandt werden, wo durch weit überdurchschnittliche Wärmedämmung der dahinterliegenden Außenwand erhöhter Wärmeabfluß aus dem entstehenden Wärmestau durch die Außenwand sicher unterbunden wird. An diesen Stellen sollte vernünftigerweise der k-Wert der Außenwand mindestens 50% besser sein als der der sonstigen Außenwände.

Außenfensterbänke

Außenfensterbänke haben vor allem die Aufgabe, das darunterliegende Mauerwerk sicher vor dem vom Fenster ablaufenden Wasser zu schützen. Fensterbänke sollen das Wasser so von der Wand ableiten, daß es nicht zu Streifenbildung und Verfärbungen unter dem Fenster am Außenmauerwerk kommt. Daß das nicht oft gelingt, kann man ohne Mühe an sehr vielen Putzflächen erkennen.

In der Vergangenheit wurden die Außenfensterbänke gemauert und verputzt. Bei Verblendermauerwerk wird diese Arbeitsweise infolge vorhandener Formstükke wieder stärker angewandt.

Man findet Kunststein- und Faserzement-Außenfensterbänke neben den bei den Klinkern besprochenen Fenstersohlbankklinkern.

Auch wetter- und lichtunempfindliche Preßspanplatten, kunststoffverkleidet, bilden zu rustikalen Fassaden eine gute Ergänzung. Für den dichten Anschluß, der bei der Außenfensterbank besonders wichtig ist, gibt es Anschlußprofile.

Ein wesentlicher Vorteil der Alu-Bank ist der einfach abgekantete Anschraubsteg. Zwischen Fensterbank und Blendrahmenunterteil wird ein dauerelastischer Kitt- oder Dichtungsstreifen mit eingeschraubt.

Die Blendrahmenunterteile sind meist so ausgebildet, daß das ankommende Wasser nicht erst hinter die Fensterbank geleitet wird. Wichtig ist, daß der Anschraubsteg für die Schrauben Schlitze oder min-

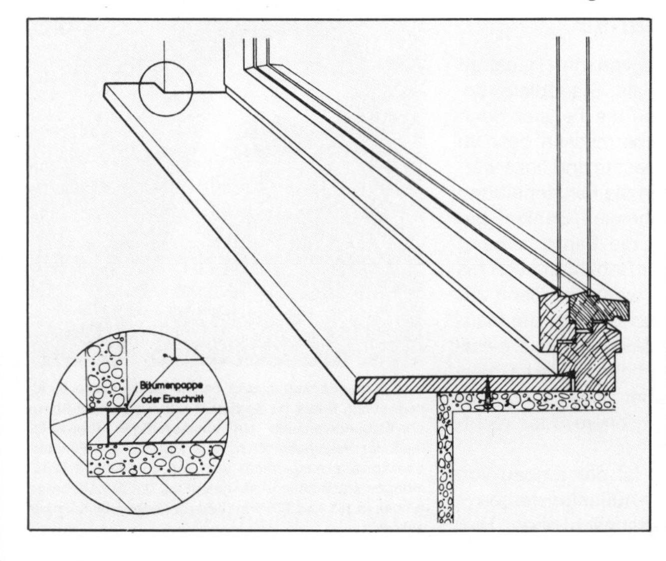

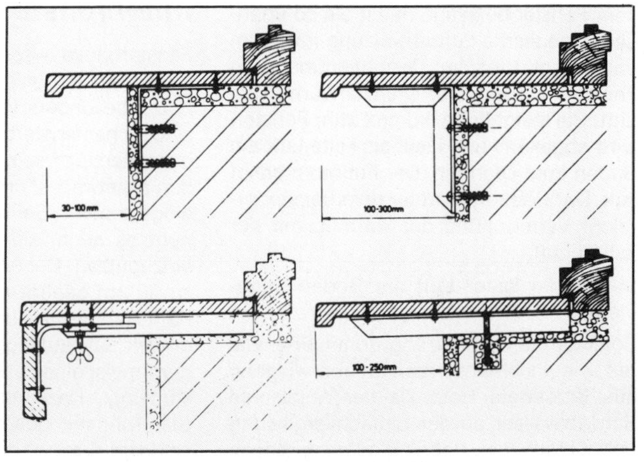

Einbaubeispiele für Preßholz-Fensterbänke. Unabhängig von der Einbauart beträgt der Abstand der Befestigungselemente maximal 800 mm.

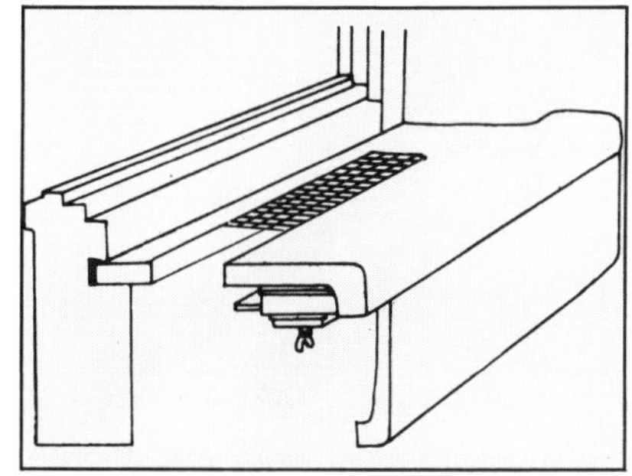

Preßholz-Fensterbank mit integrierter Versorgungsleiste und Lüftungsgitter

destens 1–2 mm größere Löcher hat, als die Schrauben benötigen, damit die unterschiedliche Wärmeausdehnung nicht zu Schäden der Verbindung führt.

Das seitliche Ablaufen des Wassers wird durch entsprechende seitliche Abschlüsse sicher unterbunden. Auch die Außenfensterbänke sollten seitlich eingeputzt werden. Der Anschluß Putz–Fensterbank

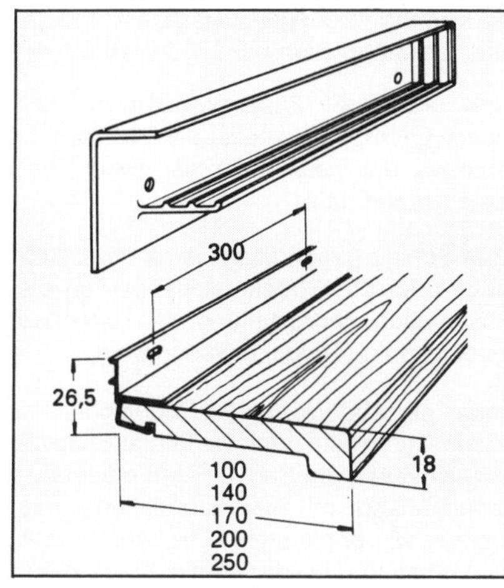

Preßholz-Außenfensterbank

ist dauerelastisch abzuspritzen.

Die Einzelheiten über Aluminiumoberflächen, Farben und Eigenschaften werden bei den Metallhaustüren behandelt.

Lichtschächte und Gitterroste

Lichtschächte haben, wie schon der Name erwarten läßt, die Aufgabe, Licht und Frischluft an die Fenster in erdverbauten Bauöffnungen gelangen zu lassen und den nötigen Abstand des Erdreichs von den Fenstern zu gewährleisten. Da, wo das Kellermauerwerk im Bereich der Fenster in der Erde verschwindet, müssen die erforderlichen Keller-, Mehrzweck- oder auch Wohnraumfenster durch Lichtschächte in die Lage versetzt werden, ihre Aufgabe zu erfüllen.

In einigen Fällen werden noch Betonlichtschächte aus Fertigteilen eingebaut, davor wurden sie betoniert oder gemauert.

Heute überwiegen die Kunststofflichtschächte.

Neben der Anforderung, daß Lichtschächte in der Größe zu den zu schützenden Fenstern passen müssen, erwartet man von ihnen, daß sie leicht transportabel und leicht montierbar sind. Sie müssen unempfindlich sein gegen mechanische Beschädigung durch das einzubringende Erdreich (Steine) und gegen die in dem Erdreich enthaltenen Salze, Säuren und Laugen. Sie müssen fest sein gegen Wurzeldurchwuchs und gegen die im Erdreich lebenden Tiere. Außerdem benötigen sie

ausreichende statische Festigkeit gegen den Erddruck und die Belastung durch Begehen oder – im Ausnahmefall – Befahren.

Sind besonders hohe Fenster zu schützen oder sollen eingebaute Lichtschächte nachträglich erhöht werden, gibt es Aufsätze dazu. Es lassen sich auch Aufsätze übereinandersetzen.

Bei sachgerechter Dränung der Kelleraußenwände kann im allgemeinen das Regenwasser durch eine Öffnung an der Unterseite des Lichtschachtes und die Kiesverfüllung der Baugrube versickern.

Bei schwierigen Wasserverhältnissen kann jedoch der Anschluß an eine Kanalisations- oder Dränleitung notwendig werden. Hierfür gibt es Anschlüsse, die mit einem Sieb versehen sind, um z. B. Laub zurückzuhalten.

Entwässerungsanschluß mit Sieb

Den oberen Abschluß der Lichtschächte bilden Gitterroste. Der Gitterrost hat die Aufgabe, den Lichtschacht schützend abzudecken und begehbar, in Einzelfällen befahrbar, zu machen. Er soll den Lichteinfall bestmöglich gestatten, und er soll nicht zuletzt die im erdverbauten Teil des Hauses liegenden Fenster vor Einbruch schützen.

Während Gitterroste im allgemeinen in einer umlaufenden Winkeleisenzarge liegen, liegen sie bei den Lichtschächten nur auf 3 Seiten auf.

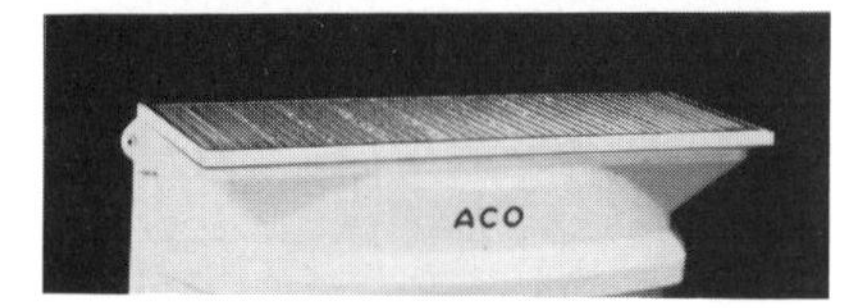

Streckmetall-Gitterrost

Gitterroste werden als Streckmetall- oder Maschengitterroste hergestellt. Der Streckmetallrost, der billiger herzustellen ist, hat sich überall da gut bewährt, wo er nicht durch zu hohe Gewichte beansprucht wird.

Der Maschengitterrost, die ursprüngliche Form des Gitterrostes, wird in den unterschiedlichsten Ausführungen angeboten. Unterschiede gibt es in der Maschenweite (Stababstände), in der Stabhöhe und Stabdicke. Am häufigsten anzutreffen auf Lichtschächten ist die Maschenweite 30 mm × 30 mm, da hier der Lichteinfall recht gut ist. Roste, die nicht nur gelegent-

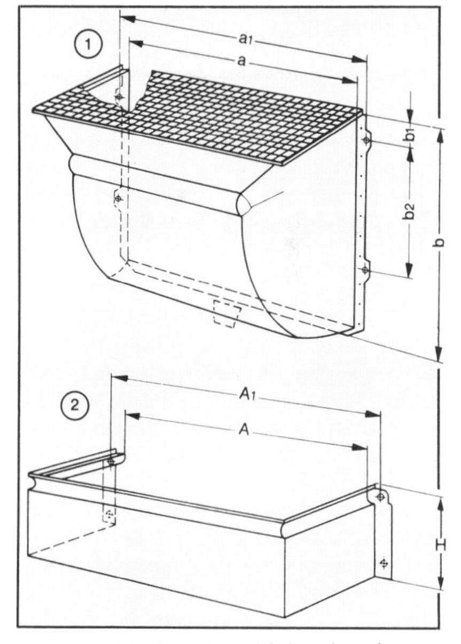

Lichtschacht mit Gitterrost und Aufsatz (unten)

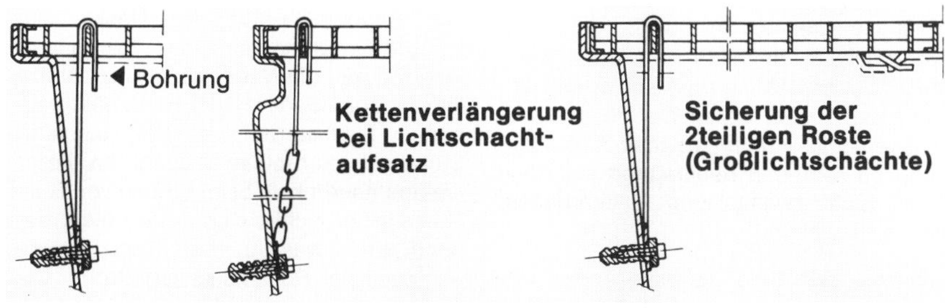

Gitterrostsicherungen. Zum Schutz gegen Aufbiegen sollte die Lasche in der Bohrung mit Schraube und Mutter oder einem Hangschloß gesichert werden.

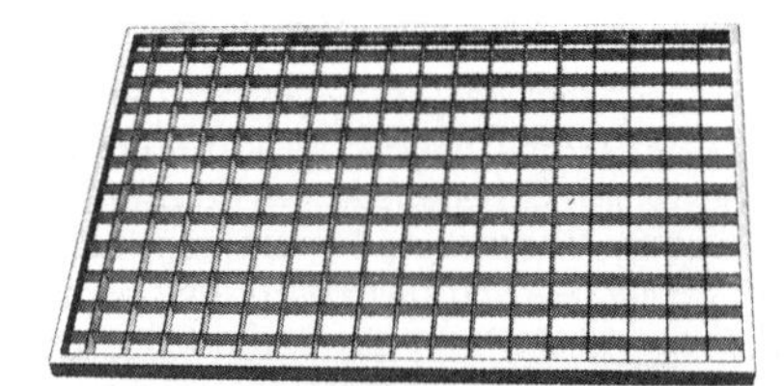
Gitterrost mit quadratischen Maschen 30 × 30 mm

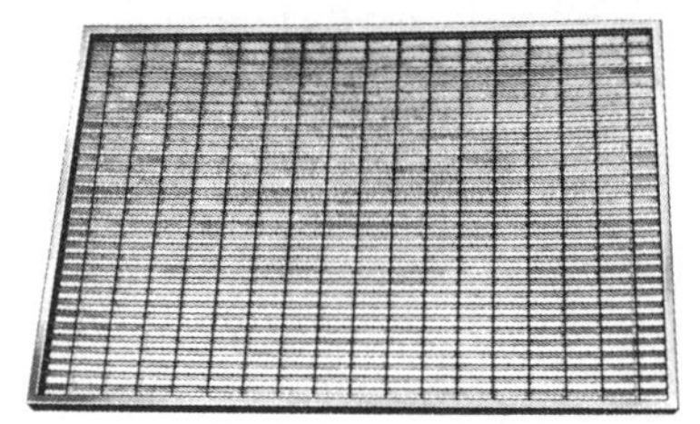
Gitterrost mit rechteckigen Maschen 30 × 10 mm

lich begangen werden, haben meist die Maschenweite 30 mm × 10 mm (Damenabsätze).

Die Stabhöhen liegen bei 20, 25 und 30 mm, die Stabdicken bei 2, 3 bis zu 5 mm.

Eine wichtige Zusatzeinrichtung der Lichtschachtgitterroste ist die Diebstahlsicherung, die meist noch als „Extra" bestellt werden muß.

Zum Schutz gegen das Rosten der Stahlstäbe oder des Streckmetalls werden die Roste nach Fertigstellung im Tauchbad feuerverzinkt (Sendzimirverzinkung).

Außer als Abdeckung der Lichtschächte finden Gitterroste noch vielfältige Einsatzmöglichkeiten am Bau. Da sind die im Zusammenhang mit der Eindeckung des Steildachs genannten *Dachstandroste,* die seit eh und je sehr häufig anzutreffenden *Fußkratzroste* sowie die *Rinnenroste* (siehe Entwässerungsrinnen) und *Treppenstufenroste.*

Ganze Materialläger, Podeste in Produktionsstätten und Werkstätten sowie Notausgänge u. v. a. wird mit Gitterrosten der verschiedensten Ausführungen hergestellt.

Diese Gitterrostsicherung vereint hohe Einbruchsicherheit mit einer schnellen Öffnung des Fluchtwegs: Die Verschraubung der Platte am Gitterrost läßt sich nur von unten lösen. Das Hangschloß, das in sicherer Entfernung vom Rost angebracht ist, kann ohne Schlüssel durch eine Drehung an der Unterseite geöffnet werden. Es eignet sich auch zur Sicherung von Kellerfenstern.

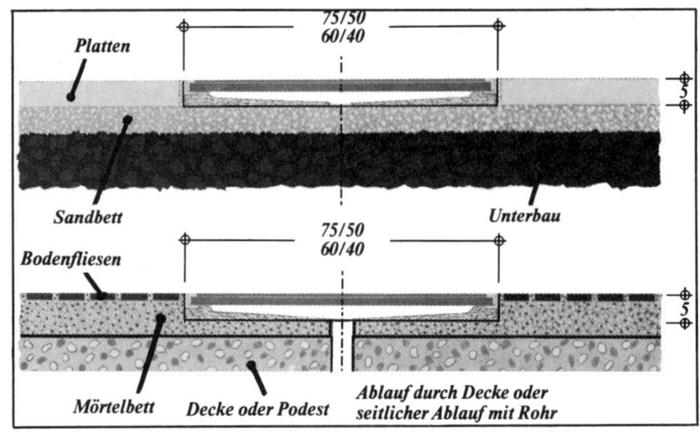

Fußabstreifer. Die Schale besteht aus Glasfaser-Beton und ist mit einem Regenablauf und umlaufender Zarge versehen.

Rolladenkästen

Es war ein langer Weg, bis der Rolladenkasten nicht mehr die schwächste Stelle der Außenwand war. In früheren Jahren hätte man den Rolladenkasten auch zu den Lüftungselementen zählen können. In so manchem Altbau kann man sich davon noch überzeugen. Mit dem Energieeinsparungsgesetz ist auch hier ein Wandel eingeleitet worden. Die Hersteller sind heute in der Lage, ein gut wärmedämmendes Bauelement zu liefern. Dabei sind (bei 36er Mauerwerk) k-Werte bis unter 0,3 W/(m^2 K) erreichbar, also Werte wie beim Mauerwerk.

Rolladenkästen haben die Aufgabe, den Rolladenballen – so heißt der auf die Welle aufgewickelte Rolladen – aufzunehmen und ihn ohne Behinderung sich abwickeln zu lassen. Dabei sollen die Rolladenkästen verschlossen und trotzdem so gut zugänglich sein, daß Reparaturen am Rollladen nicht zwangsläufig Malerarbeiten nach sich ziehen.

Überdies sollen sie, die meist in der normalen Mauerdicke den Rolladenballen aufnehmen, kein „Loch" in der Wärme- und Schalldämmung der Außenwand entstehen lassen.

Um den Wert eines Rolladenkastens beurteilen zu können, muß man die „Problematik überm Fenster" näher kennenlernen.

Vom Fenster wissen wir noch, daß es keinerlei Wandlasten übertragen bekommen darf. Also muß die Last der darüberliegenden Außenwand durch ein tragendes Bauteil aufgefangen werden.

Früher wurden hier Stürze betoniert. Das hatte zur Folge, daß im wärmsten Bereich des Raumes, unter der Decke, ein schlecht wärmedämmender Teil eingebaut war, der die Wärmedämmung der Außenwand minderte. Heute verwendet man hierfür Flachstürze oder bei Gasbeton Stürze aus demselben Material. An dieser Lösung ändert sich beim Einbau von Rollladenkästen nichts, wenn diese nicht tragend sind, was für die überwiegende Mehrzahl der Rolladenkästen zutrifft. Die Ausnahme bildet der Typ des Sturz-Rollladenkastens, der in der Lage ist, statische Funktionen zu übernehmen (auf statischen Nachweis durch den Hersteller achten!).

In der Mehrzahl der Fälle werden die nur begrenzt tragfähigen Rolladenkasten-Systeme eingebaut. Hier gibt es eine Vielzahl von Ausführungen auf dem Markt, vom Holzwolleleichtbauplattenkasten über mit PUR-Schaum ausgeschäumte Hartfaserplatten-Formen bis hin zum mit Baustahlgewebe bewehrten Styroporkasten.

Wie schon erwähnt, liegen die Rolladenkästen im Warmbereich der Räume. Ihr Einfluß auf die Wärme-, aber auch auf die Schalldämmung ist recht groß, so daß das vielfach ausschlaggebende Auswahlkriterium Preis Fehlentscheidungen zur Folge haben kann.

Bei der Beurteilung der Wärmedämmeigenschaften eines Rolladenkastens werden besonders die Dicke und Dämmwert der Innenwand und der untere Abschluß zum Raum hin beurteilt.

Aus Gründen der Sicherheit der Berechnung berücksichtigt man den mit der Außenluft in Verbindung stehenden Luft-

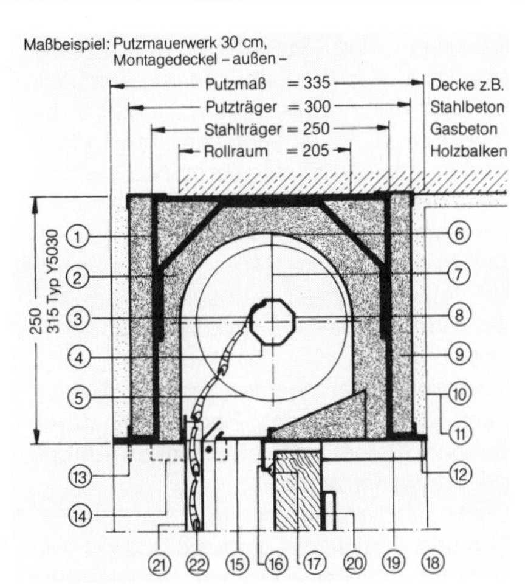

Statisch tragender Sturz-Rolladenkasten

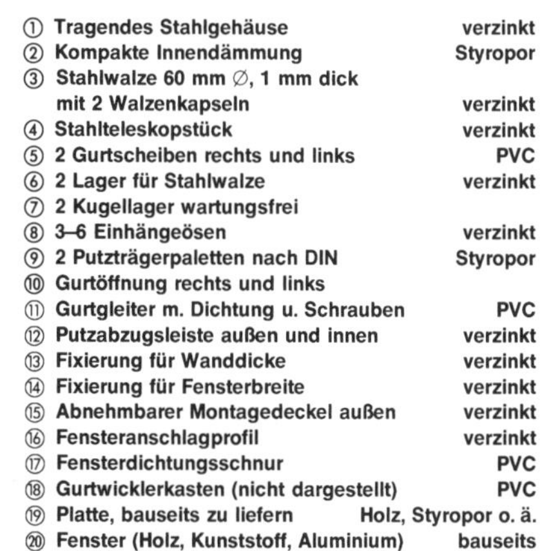

①	Tragendes Stahlgehäuse	verzinkt
②	Kompakte Innendämmung	Styropor
③	Stahlwalze 60 mm ∅, 1 mm dick mit 2 Walzenkapseln	verzinkt
④	Stahlteleskopstück	verzinkt
⑤	2 Gurtscheiben rechts und links	PVC
⑥	2 Lager für Stahlwalze	verzinkt
⑦	2 Kugellager wartungsfrei	
⑧	3–6 Einhängeösen	verzinkt
⑨	2 Putzträgerpaletten nach DIN	Styropor
⑩	Gurtöffnung rechts und links	
⑪	Gurtgleiter m. Dichtung u. Schrauben	PVC
⑫	Putzabzugsleiste außen und innen	verzinkt
⑬	Fixierung für Wanddicke	verzinkt
⑭	Fixierung für Fensterbreite	verzinkt
⑮	Abnehmbarer Montagedeckel außen	verzinkt
⑯	Fensteranschlagprofil	verzinkt
⑰	Fensterdichtungsschnur	PVC
⑱	Gurtwicklerkasten (nicht dargestellt)	PVC
⑲	Platte, bauseits zu liefern	Holz, Styropor o. ä.
⑳	Fenster (Holz, Kunststoff, Aluminium)	bauseits
㉑	Rolladenführungsschiene	Aluminium
㉒	Rolladenpanzer, Profil 14/55 bis 2250 mm Höhe 8/40 über 2250 mm Höhe	

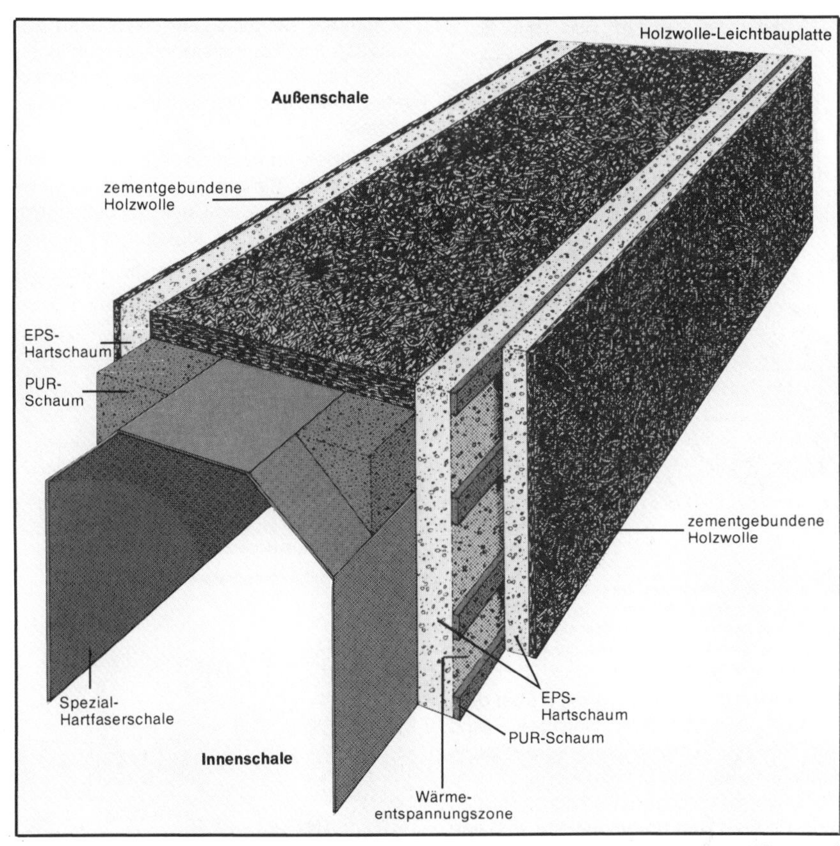

Zweischaliger Rolladenkasten. Die Kombination von Hartschäumen und Holzwolle bewirkt gute Wärme- und Schalldämmung.

raum mit dem Ballen ebensowenig wie eine belüftete Luftschicht, wenngleich man dem nach oben geschlossenen Innenraum ähnliche Wirkung zuschreiben kann wie einem nach unten offenen und nach oben geschlossenen Kleidungsstück (Damenrock, Mantel).

Für die Dämmpraxis ist wichtig, daß der untere Abschluß des Kastens, durch den der Rolladen läuft, so dicht wie möglich ausgeführt ist (bürstenförmiger Abschluß).

Dichtigkeit in diesem Bereich kommt auch dem Schallschutz zugute, um den es bei verschiedenen Konstruktionen nicht gut bestellt ist. Die Rolladenkästen der verschiedenen Systeme werden aus werkseitig gefertigten Längen von meist 6 m abgelängt und je nach Wunsch mit Achslager und Welle versehen.

Weitere Sonderausstattungen sind Tragewinkel für Verblendmauerwerk. Meist ist auch der untere Abschlußdeckel als Sonderzubehör lieferbar. Wenn er bauseits angefertigt wird, sollte der gesamte Raum zwischen dem aufgewickelten Rolladenballen und der Deckeloberfläche für die Dämmung genutzt werden. Der in der Literatur häufig genannte Mindestwert von 20 mm Dämmstoff ist das absolute Minimum und sollte nur in Ausnahmefällen verwendet werden.

Fensterläden, Jalousien, Markisen

Fensterläden

Rolläden werden mit den Fenstern geliefert und eingebaut.

Die Aufgabe, die der Rolladen wahrzunehmen hat, ist sehr vielseitig, und vielfältig ist das Materialangebot hierfür. Das älteste Rolladenmaterial ist das Holz. Während Holz-Klappläden wieder öfter verwendet werden, sind Holzrolläden in vielen Gebieten selten geworden.

Ein großer Anteil Rolläden besteht aus Kunststoff (Hart-PVC). Bedeutend ist aber auch der Anteil der Aluminiumrolläden. Kunststoffrolläden sind leicht und bringen eine gute, zusätzliche Wärmedämmung, da auch der Panzer – so nennt man die Rolladenfläche – selbst wärmedämmend ist.

Auf diesem Gebiet steht der Alu-Rolladen nicht weit zurück. Einmal gibt es ihn ausgeschäumt, zum anderen bringt die zwischen Rolladen und Fenster eingeschlossene Luftschicht sowieso den Hauptanteil an der Wärmedämmung.

Im Schallschutz ist der Alu-Rolladen etwas überlegen. Er bringt eine gute Zusatzdämmung. Wichtig ist dabei, daß der Rolladen an allen 4 Seiten gut dicht schließt. Das ist nur durch gezielte Maßnahmen wirkungsvoll zu erreichen. Weitere Voraussetzung für hohen Schallschutz ist ein ausreichender Abstand zwischen Rolladenpanzer und Fensterscheibe (mindestens 5 cm, am besten 15 cm). Wenn es um Einbruchsicherung geht, ist der Alu-Rolladen dem Kunststoffrolladen deutlich überlegen. Zur Einbruchsicherung sind zusätzliche Sicherungen gegen das Hochschieben der Rolläden erforderlich.

Nach der Aufwickelrichtung unterscheiden wir Rechts- und Linksroller, auch

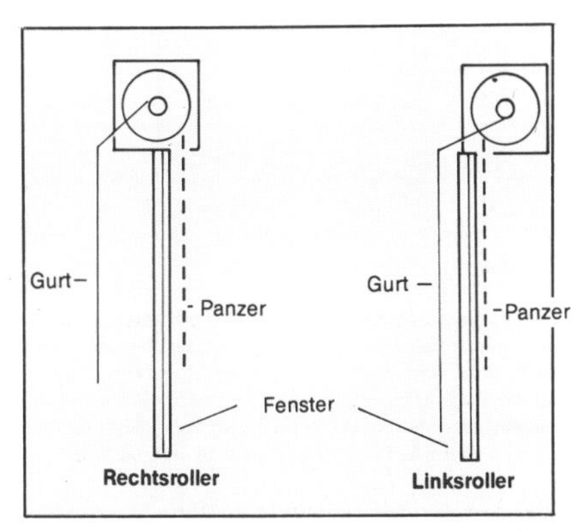

Rechts- und Linkswickler genannt. Das hat nichts damit zu tun, ob die Gurtscheibe rechts oder links sitzt, was wahlweise ohne weiteres geschehen kann. Diese Bezeichnung steht für das Abrollen des Panzers.

Fensterläden, Jalousien, Markisen

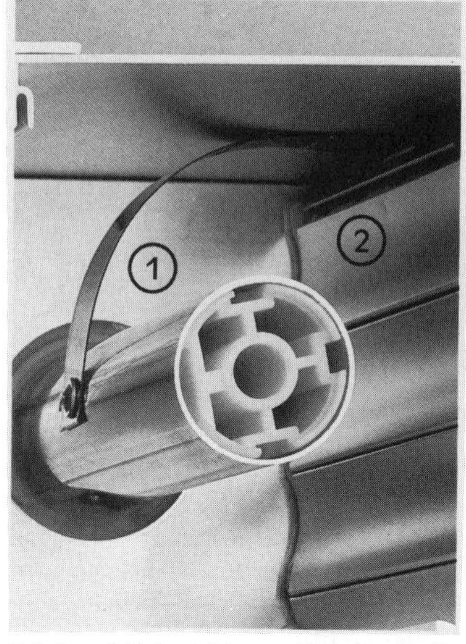

Rolladen mit Einbruchsicherung: Nach dem Abrollen des Rolladens drückt die Feder ① den obersten Profilstab ② von innen gegen die Außenseite des Rolladenkastens, so daß der Rolladen sich nur von innen mit Hilfe des Gurts hochziehen läßt.

Alle „normal" in Rolladenkästen über dem Fenster eingebauten Rolläden sind Rechtsroller. Unter den vorgebauten Rolläden sind viele Linksroller.
Rolladenprofile haben vielfältige Formen (und Farben) und unterscheiden sich von Fabrikat zu Fabrikat.

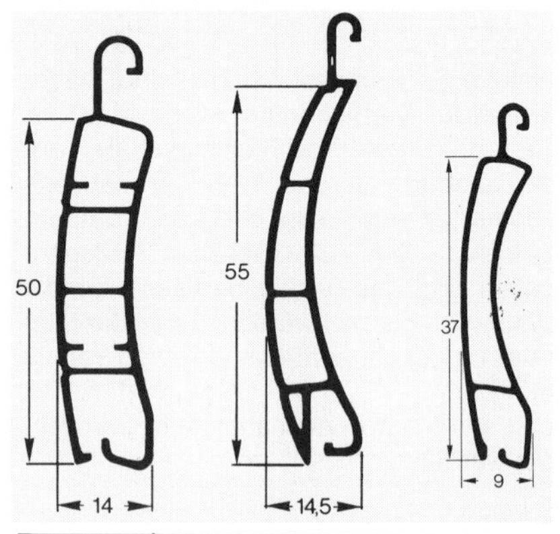

Panzer-höhe in cm	Rotations-∅ in mm		
	Profil links	Profil Mitte	Profil rechts
100	184	140	110
150	208	158	134
200	232	180	150
250	248	202	166
300	254	220	180

Die Rotationsdurchmesser der Ballen verschiedener Rolladenprofile hängen von der Panzerhöhe sowie der Profildicke und -form ab. Beim rechts gezeigten, besonders für die Altbausanierung entwickelten Profil bezieht sich die Tabelle auf eine Welle von nur 40 mm Durchmesser, bei den beiden anderen auf 60 mm.

Die Anzahl der benötigten Rolladenprofile ergibt sich aus Panzerhöhe: Deckbreite. Der Rotationsdurchmesser des aufgewikkelten Rolladens ist den Tabellen des Herstellers zu entnehmen. Dieser Durchmesser darf nicht größer sein als die vom Rolladenkasten vorgegebene Einbauhöhe.

Wo immer möglich, sind für Kunststoffrolläden Hohlkammerprofile der üblichen Dicke von 14 bis 15 mm wegen der besseren Schall- und Wärmedämmung vorzuziehen.

Klappläden im rustikalen Stil sind wieder im Kommen. Sie gibt es wie bekannt aus Holz in massiver sowie in Jalousieform, aber auch schon aus Aluminium.

Klappladen mit Sicherheitsbeschlägen.

Die Schiebemechanik von Fensterläden kann durch passende Verblendungen dekorativ abgedeckt werden.

Wenn sie nicht nur als Sichtschutz und zur Verbesserung der Wärme- und Schalldämmung dienen, sondern auch eine gute einbruchhemmende Wirkung haben sollen, sind Sicherheitsbeschläge mit verdeckten Befestigungspunkten vorzusehen. Fensterladen-Innenöffner erhöhen den Bedienungskomfort.
Eine Ladenform, die besonders als Einbruchschutz bei Jagdhütten, Wochenendhäusern usw. angewandt wird, ist der **Schiebeladen.**

Jalousien

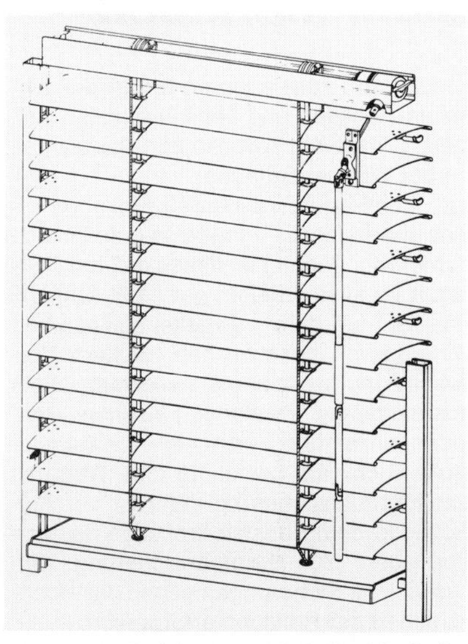

Sturmfeste Außenjalousie mit Kurbelantrieb, Bedienung von innen, als Wärme-, Licht- und Blendschutz.

Jalousien sind ein wirksamer Sonnenschutz, da die Alu-Lamellen das einfallende Sonnenlicht reflektieren. Sie gibt es als Innen- und Außenjalousien. Innenjalousien sind leicht zu montieren und auch zu bedienen. Den Außenjalousien haftet ein Problem der Anfangszeit an, denn da klapperten sie im Wind. Heute gibt es sturmfeste Außenjalousien. Außenjalousien sind als sommerlicher Wärmeschutz weit wirksamer.
Jalousien unterscheiden sich in der Lamellenbreite, in der Bedienung durch Schnur, Kurbel oder elektrischen Antrieb und in der Farbe.
Unter „Bedienung" versteht man das Heben und Senken der Jalousie und die Verstellung der Lamellen zur Veränderung des Lichteinfalls.

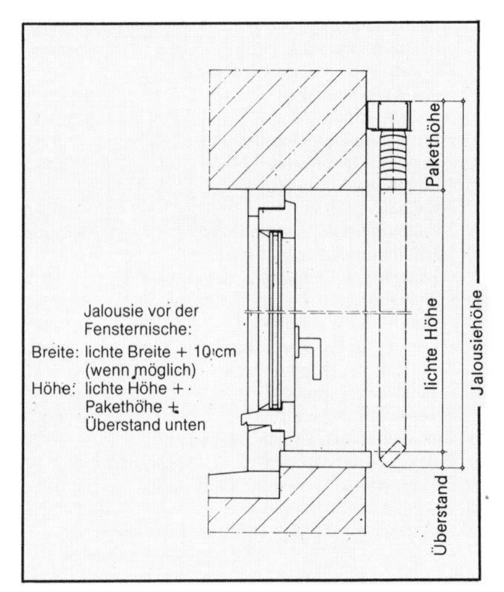

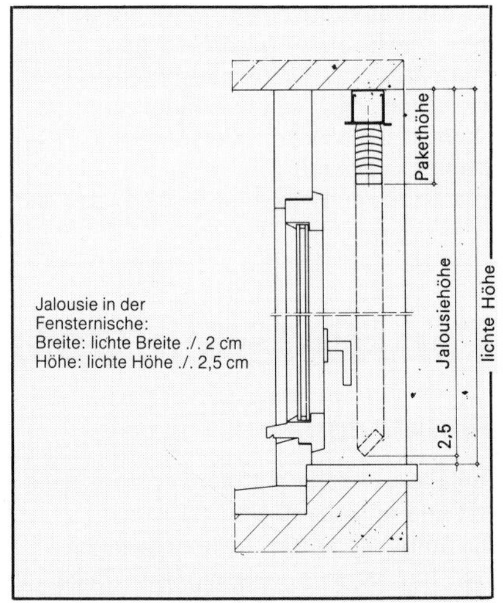

Maßanleitung für Jalousien

Da jede Jalousie nach Maß gefertigt wird, weder umgetauscht noch vom Lieferwerk zurückgenommen wird, ist es wichtig, Fehler beim Aufmaß zu vermeiden. Nachstehende Punkte sollen dabei helfen:

1. Beim Messen nur feste Maßstäbe verwenden!

2. Die Fertighöhe versteht sich im heruntergelassenen und geschlossenen Zustand der Jalousie.

3. Die Breite ist jeweils vor der Höhe anzugeben (Breite × Höhe).

Bei Verbundflügelfenstern können Jalousien auch zwischen den beiden Verglasungen angebracht werden.

4. Bei Anbringung einer freihängenden Jalousie ist die Fertigbreite wenn möglich 10 cm breiter als die lichte Öffnung anzugeben (seitl. Lichteinfall).
5. Bei Anbringung einer seitlich begrenzten Jalousie soll die Fertigbreite mindestens 2 cm schmaler als die lichte Öffnung sein (z. B. Fensternische).
6. Bei einer vorhandenen Aussparung für den Jalousieoberkasten und das Lamellenpaket ist die Aussparung der lichten Höhe zuzurechnen.
7. Bitte achten Sie unbedingt auf vorstehende Beschlagteile und berücksichtigen Sie diese bei der Trägerauswahl.
8. Bei Anbringung einer Verbundfensterjalousie soll die Fertigbreite (d. h. lichte Breite von Flügel- zu Flügelrahmen) 0,6 cm schmaler als die lichte Breite sein. Die Fertighöhe ist von Flügelrahmen zu Flügelrahmen zu messen.
9. Alle Angaben verstehen sich von innen gesehen.

Markisen

Markisen machen den Balkon, die Terrasse zum Wohnzimmer im Freien, ein Trend, der sich größter Beliebtheit erfreut und der eine ganze Anzahl von Bauelementen auf den Markt brachte.

Markisen könnte man als „wetterfesten, ausfahrbaren textilen Sonnenschutz" bezeichnen. Auch hier gibt es mehrere Ausführungsarten.

Die Gelenkarm-Markise, man könnte sie auch freitragende Markise nennen, ist nur im Bereich der Tuchwelle befestigt, die Gelenkarme unmittelbar darunter. Sonst gibt es keinerlei Unterstützung. Als Sonderausstattung kann ein Getriebe dafür sorgen, daß die Markise horizontal, höher oder tiefer gestellt werden kann.

Gelenkarm-Markise

Die Fallarm-Markise hingegen hat zur Unterstützung zwei seitliche Fallarme, die das Fallrohr tragen. Die Konstruktion wird dadurch vereinfacht, daß man die Markise mittels Gurt oder Getriebe auf die Tuchwelle aufwickelt. Die Fallarm-Markise kann nur da eingesetzt werden, wo die Fallarme nicht stören.

Markisen an Dachwohnfenstern

Die Senkrecht-Markise ist eigentlich ein Rollo mit Aufrollvorrichtung einer Markise, zur Anbringung im Freien. Hierzu gibt es noch die Variation der Markisolette, die Senkrecht-Markise und Fallarm-Markise kombiniert.

Korbmarkisen mit ihrer relativ geringen Ausladung sind bevorzugt als werbewirksamer Auslagen- oder Eingangsschutz. Sie sind allerdings auch sehr wirkungsvoll im Privatbereich einzusetzen.

Korbmarkisen gibt es klappbar und feststehend, wobei die feststehenden Ausführungen der Fantasie fast keine Grenzen mehr setzen.

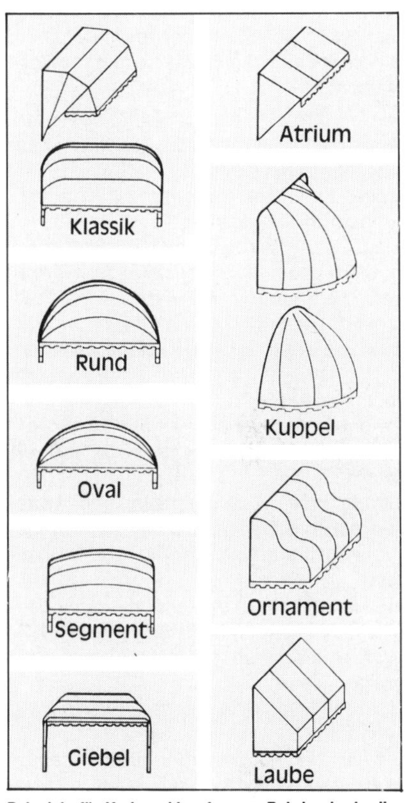

Beispiele für Korbmarkisenformen. Bei den in der linken Spalte abgebildeten Formen sind Höhe und Ausfall aller Stäbe gleich. Bei Verwendung faltbarer Stoffe können sie daher klappbar hergestellt werden. Die Formbeispiele der rechten Spalte lassen sich nur feststehend ermöglichen. Der gestalterischen Freiheit sind dabei kaum Grenzen gesetzt.

Hauseingangstüren

Bei der Behandlung der Hauseingangstüren kommt man zwangsläufig zur Frage, welche Funktionen hier überwiegen. Sind es Elemente mit überwiegend architektonisch-gestalterischen Aufgaben, oder sind es zuerst die technischen Funktionen, die die Haustüren zu erfüllen haben?
In einem architektonisch gut gestalteten Haus ist die Eingangstür ein wichtiges Bauelement, das sich nahtlos einfügen, das nicht nur technisch, sondern auch optisch hineinpassen muß. Stilvolle Bauten werden durch eine schöne Hauseingangstür noch schöner. Stillose Bauten hingegen kann auch die Haustür nicht retten, doch die lieblos ausgewählte Billigtür verdirbt das Aussehen des Hauses noch um einige Punkte.

Die technischen Funktionen müssen von vornherein und selbstverständlich erfüllt sein. Vom technischen Standard müssen deshalb Grundvoraussetzungen erfüllt sein, ehe ein Erzeugnis – das gilt fast auf der gesamten Breite der Bauelemente – auf den Markt gelangt. Die wichtigste technische Aufgabe ist die Sicherung der Bewohner des Hauses und deren Eigentums.

Dabei sollten die Ratschläge der Beratungsstellen der Kriminalpolizei bekannt sein und berücksichtigt werden.

Also möglichst Mehrfach-Verriegelung, flächenbündiger Abschluß des Schließzylinders mit dem Türschild, das von außen nicht zu entfernen sein darf, von außen nicht entfernbarer Türgriff und ein stabiles, allen Anforderungen gerecht werdendes Schließblech sind einige der wichtigsten Forderungen. Die Tür muß gut und leicht zu öffnen und zu schließen sein, sie sollte auf allen vier Seiten dicht schließen, muß verwindungsfrei sein, darf sich also auch unter dem Einfluß schlechten Wetters nicht verziehen oder quellen, darf sich nicht verwerfen. Da, wo die Wohnung nicht erst über ein Treppenhaus betreten wird, wo die Hauseingangstür der direkte

Zugang zur Wohnung ist, muß die Tür zumindest die vorgeschriebenen Anforderungen an die Wärmedämmung erfüllen und muß schwer und massiv genug sein, um ausreichend vor Lärm zu schützen. Die Seitenteile der Haustüranlagen müssen natürlich dieselben Voraussetzungen erfüllen. Daran muß man vor allem beim Einbau von Briefkastenanlagen denken.

Diese und Klingel- und Gegensprechanlagen werden meist in den Seitenteilen untergebracht. Auf ihre Wirkung aus vielfältiger Sicht muß man achten.

Einer der namhaften Hersteller hat einen als Bauherren-Information bezeichneten Katalog von Gütemerkmalen für die Holz-Haustür geschaffen, der beachtenswert ist. Die wichtigsten Fragen lauten verallgemeinert:

Hat die Haustür eine umlaufende Metallkerneinlage, kraftschlüssig und spannungsfrei verbunden?
Ist das Stehvermögen durch ein Fachinstitut geprüft und bestätigt?
Liegt der Wärmedurchgangskoeffizient (k-Wert) deutlich unter dem in der Wärmeschutzverordnung für Fenstertüren verlangten Wert von 3,5 W/(m^2 K)?
Sind die Türen so stabil und formbeständig konstruiert, daß sie dauerhaft schlagregensicher sind?
Wird ein rechnerisch ermittelter Schalldämmwert von wenigstens 32 dB erreicht?
Genügt die Verleimungsart den Witterungsansprüchen (z. B. AW 100 = unbegrenzt witterungsbeständig und tropenfest)?
Werden die Türen mit einer 4seitigen dauerhaften, elastischen Dichtung geliefert?
Werden die Türen mit Markenbeschlägen ausgerüstet?
Ist auf Wunsch eine Mehrfachverriegelung möglich?
Erfüllen die Bänder die Anforderungen an hohe Dauerbelastbarkeit?
Liegt der Schließzylinder flächenbündig zum Außenschild und erfüllt er mindestens die Anforderungen der DIN 18 252?
Haben die Elemente ein massives, verstellbares Winkelschließblech?
Schließt die Türkonstruktion Wärmebrükken und damit ‚Schwitzwasser'-Bildung aus?
Ist die Tür mit einer Bodenabdichtung lieferbar?

Die Materialauswahl reicht wie bei den Fenstern vom Holz über Kunststoff (PVC-hart) bis zu Aluminium. Zur Erhöhung der Verwindungssteifigkeit werden Holz- und Kunststofftüren mit Stahl- oder Aluminiumrohren versteift.

Aufbau einer Holztür mit Alu-Kern

1. Wasserfeste Spanplatte, 19 mm, mit Echtholzfurnier, wasserfest verleimt, Türblattstärke 85 mm
2. 40 mm PUR-Hartschaum (für höchste Wärmedämmung)
3. Drehhalter-Nut für gleitende Befestigung des Türblattes
4. Großer Profilquerschnitt für verbindungssteife Eckbverbindungen, massive Volleckwinkel
5. Echtholz-Massiv-Umleimer an allen Kanten
6. Zweifach umlaufende Dichtungen für optimalen Schall- und Wärmeschutz
7. Eloxierte Aluminium-Bodenschwelle für Neu- und Altbau (Anpassung an Ihre alte Bodenschwelle ist möglich). Wahlweise mit Stahl-Winkelschiene und 21 mm Bodeneinstand lieferbar

An dieser Stelle etwas über Form und Dessin auszusagen, wäre nicht sinnvoll, weil diese vom persönlichen Geschmack und der Mode abhängen.

Bei Türen in Serienfertigung gibt es nicht sehr viele Maße. Die Maßangaben der Hersteller sind die Rahmen-Außenmaße. Wenn genügend Raum da ist, sollte der Käufer die Tür lieber größer nehmen als zu klein (in der Breite wie in der Höhe). Gängige Breiten sind 1000 und 1100 mm, in den Höhen gibt es mehrere gängige Maße, z. B. 2000, 2100, 2125, 2200 mm. Liegt eine Bauzeichnung vor, sollte der Bestellung eine Kopie beigelegt werden. Gibt es keine Zeichnung, Skizze anfertigen, die die Maße und Form der lichten Maueröffnung und die Höhe ab Oberkante Fußbodenbelag innen und eventuelle Höhendifferenz innen-außen ausweist.

Landschaftstypische Türformen – hier die „Friesland-Tür" – gewinnen wieder an Beliebtheit.

Im Gegensatz zu den Innentüren benötigen Hauseingangstüren, um dicht abzuschließen, einen unteren Anschlag, und die Türpfosten gehen in den Boden. Die Einbautiefe ist den Werksangaben zu entnehmen.

Zubehör kann man in Zier-, Schutz- und Funktionszubehör einteilen. Für das Zier-Zubehör gilt das für die Auswahl allgemein Gesagte. Die Übergänge sind allerdings fließend. So können Ziergitter auch Sicherheitsfunktion haben, wenn sie von innen verschraubt sind, Griffe und Griffleisten können zieren und trotzdem funktional sein.

Ein wichtiger Sicherheitsfaktor ist heute die Türsprechanlage, verbunden mit Haustelefon und elektrischem Türöffner.

Ebenfalls der Sicherheit dient der Türschließer. Ihn gibt es zur Befestigung über der Tür und als Bodentürschließer. Bei vorhandenem Türschließer sollte der Türfeststeller nicht fehlen.

Haustüranlage aus Holz

Kunststoff-Türanlage

Die Klingelanlage wird mit der Türsprechanlage sehr häufig, mit der Briefkastenanlage oft kombiniert.

Um sicherzustellen, daß Brief- und Zeitungssendungen auch im Briefkasten des Empfängers nicht beschädigt werden, haben Hersteller und Deutsche Bundespost sich auf die Norm DIN 32 617 „Hausbriefkästen; Anforderungen, Prüfung und Aufstellung" geeinigt. Diese Norm sieht Mindestmaße für den Briefeinwurf vor.

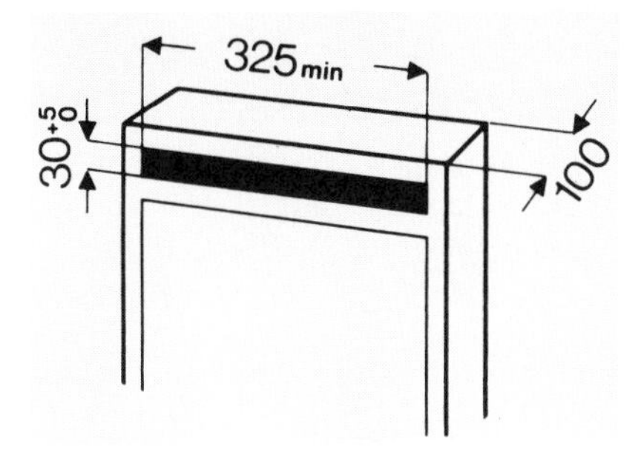

Mindestgröße von Briefeinwürfen

Der *Einwurfschlitz* ist so breit, daß ein C4-Brief auch quer hineinpaßt (C4 = 229 mm × 324 mm).

Eine *Entnahmesicherung* verhindert Diebstahl und unbefugten Zugriff.

Die *Schrifthöhe* im Namensschild bietet gute Lesbarkeit.

Die *Kastentiefe* reicht auch für ein hohes Tages-Postaufkommen aus.

Die *Materialien* schützen vor Beschädigung, Verletzungsgefahr und Korrosion (s. Tabelle Seite 220).

Haustürvordächer

Wenn die Haustür oder -anlage nicht durch ihre Anordnung im Baukörper oder einen über ihr befindlichen Vorsprung geschützt ist, empfiehlt sich zum Schutze der Tür, aber ebenso der vor der Tür wartenden Besucher, ein Haustürvordach.
Die überwiegende Mehrzahl dieser Vordächer besteht aus einem Rahmen umlaufender Alu-Profile. Sehr wichtig beim Vordach ist die Funktion der Wasserableitung. Die ist bei höheren Profilen ab 15 cm sicherer, da die innenliegende Wasserrinne dann eine einigermaßen ausreichende Tiefe hat.
Das Vordachprofil gibt es in verschiedenen Eloxalfarben. Die Farbe muß zur Haustür passen! Die Profile haben glatte, gerippte oder gewellte Außensicht. Nach oben ist die Vordachfläche mit GfK-Wellplatten (glasfaserverstärkte Kunststoffplatten) oder anderen Wellplatten oder auch mit Alu-Blech abgedeckt. Die Verblendung der Untersicht erfolgt fast ausschließlich mit Profilbrettern.
Seitliche Blenden, auch Seitenteile genannt, die einseitig oder auch an beiden Seiten angebracht werden, erhöhen die Schutzwirkung und sind auch als Stützen des Dachs sehr sinnvoll. Das gilt besonders, wenn das Dach an porosierten Wandbaustoffen befestigt werden muß.

Alu-Haustüranlage mit Vordach, eloxiert

Die Seitenteile bestehen meist aus zum Vordach passenden Profilen mit Sicherheitsverglasung.

Um Spritzwasser beim Abtropfen aus dem Ablauf zu vermeiden, werden gelegentlich Ketten an die Abläufe eingehängt, an denen das Wasser ablaufen kann.

Haustürvordächer werden von handwerklichen Herstellern auch mit Dachquadraten verblendet oder aus Holz in Dachform hergestellt.

Innentüren

Innentüren, genauer gesagt Innentürelemente, bestehen aus

- dem Türblatt,
- der Türzarge und
- den Beschlägen, bestehend mindestens aus den Türbändern und dem Schloß einschließlich Schließblech.

Wer im Umgang mit Innentüren neu ist, wird die Vielfalt der Beanspruchungen nicht vermuten, nach denen die Auswahl der Türblätter erfolgen soll.
Die Beanspruchungen nach Temperaturunterschieden und Luftfeuchtigkeit sind vom RAL in drei Klimazonen eingeteilt. Außerdem unterscheidet man noch nach der mechanischen Beanspruchung und nach Einsatzstellen.

Das Türblatt

Der Rahmen des Türblattes (nicht zu verwechseln mit der häufig als „Türrahmen" bezeichneten Zarge) besteht gewöhnlich aus Vollholz mit einer Ausfräsung für das Einsteckschloß sowie Bohrungen für die Bänder. Die Türen sind entweder mit 3seitigem Falz (Falztüren) versehen oder auf der Schloßseite leicht abgeschrägt (stumpf einschlagende Türen). Falztüren liegen mit dem Falz auf der Zarge auf, stumpf einschlagende Türen bilden eine glatte Fläche mit der Zarge.

Die beiden Seiten werden von der vollflächigen Absperrung gebildet, die das jeweilige Furnier trägt. Der Hohlraum, der zwischen Rahmen und Absperrung entstünde, ist durch die Mittellage, auch Einlage genannt, ausgefüllt.

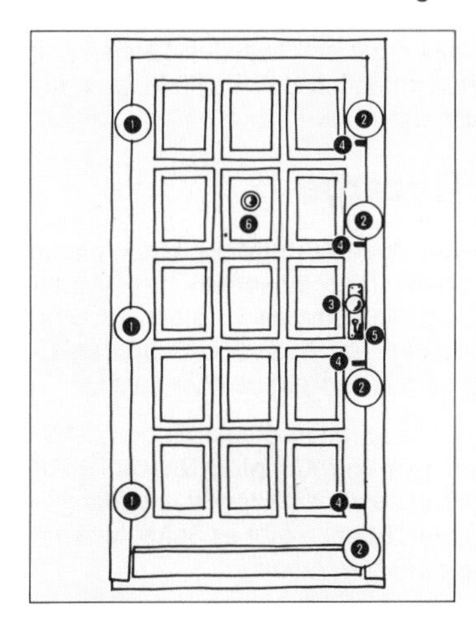

❶ **Tresor-Verriegelung** an der Bandseite durch eingebaute Sicherheitskeile. Punktbelastung von mehr als 6 kN möglich.

❷ **Mehrpunktverriegelung** über 4 zusätzliche Rollzapfen in Schließplatten.

❸ **Sicherheits-Drückergarnitur** nach DIN 18257, als Zubehör lieferbar. Sie wird von außen aufgesetzt und von innen verschraubt.

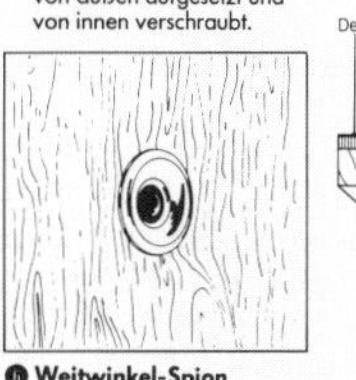

❹ **Stahlgabelzapfen**

❺ **Sicherheits-Türverschluß** Schloß und Sicherheitsschließblech

❻ **Weitwinkel-Spion**

Sicherheitseinrichtungen an einer Wohnungsabschlußtür

Deckfurnier
Band- und Schloßverstärkung
Absperrung
Mittellage Röhrenspanstreifen
Rahmenholz

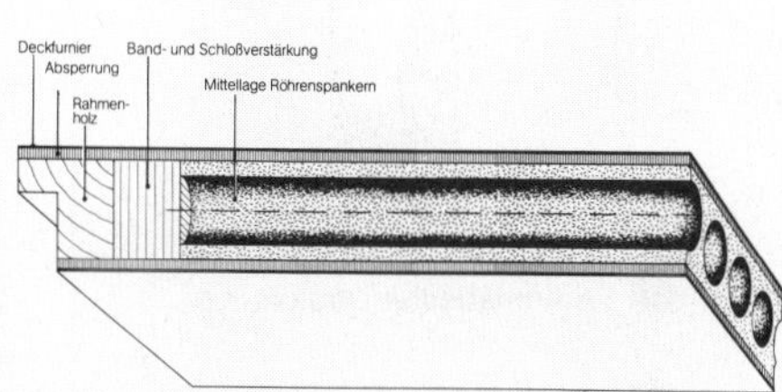

Aufbau von Türblättern mit Mittellage aus Röhrenspanstreifen und Röhrenspankern

Innentüren

Die Türen, die verschiedenen Beanspruchungsgruppen gerecht werden, unterscheiden sich vor allem in der Mittellage. Die leichteste Mittellage sind Waben- und Wellkonstruktionen aus leichtem Material, manchmal sogar Pappe. Ihr Gewicht liegt bei 10 kg/m^2.
Ebenfalls noch recht leicht (ca. 12 kg/m^2) sind Türen mit einer Mittellage aus Röhrenspanstreifen, also aus Holzspanplatten mit röhrenartigen Aussparungen, in Streifen geschnitten.
Mittelschwere Türen entstehen durch eine Mittellage aus Röhrenspanplatten. Das Gewicht liegt bei 17–18 kg/m^2.
Die Vollspan-Mittellage ergibt ein Flächengewicht von ca. 25 kg/m^2. Der Schallschutz solcher Türen erbringt bereits ein Schalldämm-Maß von 34 dB.
Als Absperrung werden die vollflächigen Platten bezeichnet, die das jeweilige Furnier tragen. Hierfür werden meist ca. 3 mm dicke Span- oder Hartfaserplatten eingebaut.
Das Rahmenholz ist bei den leichten Türen Fichte/Tanne-Vollholz. Bei schweren Türen kommen Harthölzer, z. T. Überseehölzer zum Einbau. Der Falz ist an der Überschlagkante wie die Türfläche furniert. Die anderen Seiten sind farbbehandelt.

Besondere Anforderungen

Je nach Gewicht und Ausführung erbringen Innentüren ein Schalldämmaß Rw von ca. 25 bis 48 dB. Die ganz hohen Schalldämmwerte werden, wie schon erwähnt, durch Hartholzrahmen sowie größere Türdicken (bis 65 mm) und mehrschalige bzw. spezielle Schallschutzeinlage als Mittellage erreicht. Für hohen Schallschutz ist auch eine entsprechende Abdichtung (auch an der Unterseite der Tür!) erforderlich. Die Türgewichte gehen dann bis zu 37 kg/m^2.

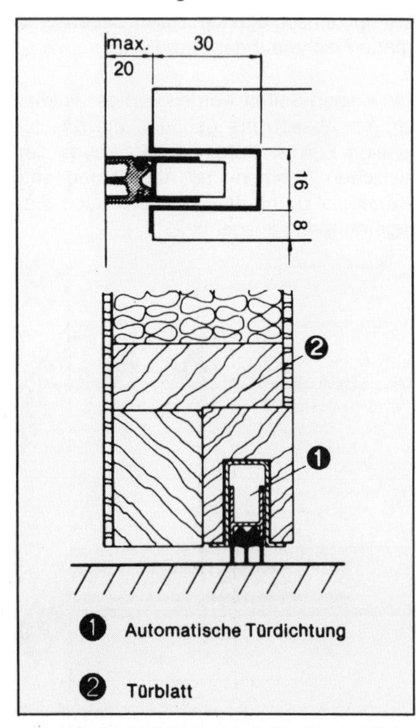

Automatische Abdichtung für schallgedämmte Türen

Auswahl von Innentüren in Abhängigkeit von der Beanspruchung

Einsatzstelle	Hygrothermische Beanspruchung			Mechanische Beanspruchung		
	I	II	III	N	M	S
	normale Klimabeanspruchung warme Seite: 25 °C, 40% RLF* kalte Seite: 18 °C, 60% RLF*	mittlere warme Seite: 25 °C, 40% RLF* kalte Seite: 13 °C, 70% RLF*	hohe warme Seite: 25 °C, 40% RLF* kalte Seite: 3 °C, 85% RLF*	normale mechanische Beanspruchung	mittlere	starke
Wohnungsinnentüren zum:						
Wohnzimmer	○			○		
Eßzimmer	○			○		
Arbeitszimmer	○			○		
Schlafzimmer	○			○		
Kinderzimmer	○			○		
Küche	○			○		
Bad[1]	○			○		
WC[1]	○			○		
Abstellraum[1]	○			○		
Wohnungsabschlußtür[3]		○[2]	○[2]		○	
Türen zu nicht ausgebauten Dachgeschossen		○[2]	○[2]	○		
Kellerabgangstüren		○[2]	○[2]	○		
Gewerbliche und sonstige Räume:						
Büroräume	○			○[2]	○[2]	
Schulräume	○				○[2]	○[2]
Kindergärten	○				○	
Krankenhäuser	○				○[2]	○[2]
Hotelzimmer	○			○[2]	○[2]	
Kasernen	○				○[2]	○[2]
Laborräume	○			○[2]	○[2]	
Bad in Hotels, Schulen...		○			○	
WC in Hotels, Schulen...		○			○	
Kantinen		○			○	
Eingänge von Praxen, öffentl. Verwaltungen		○	○[2]		○[2]	○[2]

* relative Luftfeuchtigkeit

1) In Bereichen mit langfristig höherer Luftfeuchtigkeit (z.B. immer offenstehendes Fenster) werden Türen der Klimakategorie II empfohlen.

2) Auswahl unter Berücksichtigung der zu erwartenden Beanspruchung.

3) Siehe auch DIN 18105, Teil 1 „Türen, Wohnungsabschlußtüren, Begriffe und Anforderungen" (Normentwurf in Vorbereitung).

Spezialausführungen sind Strahlenschutztüren mit beidseitiger Einlage von Bleifolien unter der Absperrung, beschußhemmende Türen, z. B. aus Panzersperrholz und Brandschutztüren.

Wohnungseingangstüren, die Wohnungen vom ungeheizten Treppenhaus trennen, können auch der besseren Dichtigkeit halber mit unterem Anschlag ausgeführt werden. Demselben Zweck dienen Türdichtungsvorrichtungen, die anstelle eines unteren Türanschlags eingebaut werden können.

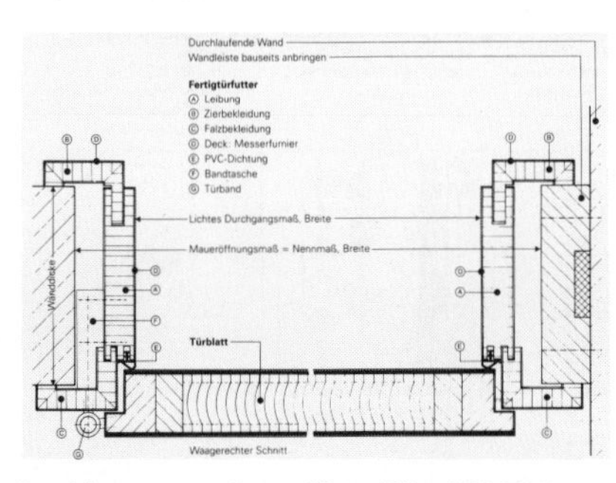

Bezeichnungen an einer gefälzten Tür mit Holzfutter

Dem heutigen Zeitgeschmack gemäß werden recht häufig Stiltüren verlangt. Ihr Aufbau unterscheidet sich von den bisher besprochenen Innentüren. Sie haben einen meist etwas breiteren Rahmen und unterschiedliche Füllungen (so heißen in den Rahmen eingeschobene oder auf ihn aufgesetzte Teile des Türblatts). Hier sind es vor allem die aufgesetzten Leisten und die unterschiedlich dicken Füllungen, die die Form ergeben.

Die Türzarge

Türzargen, auch Türfutter genannt, haben die Aufgabe, den Abschluß des Mauerwerks abzudecken, das Türblatt zu tragen und zuzuhalten. Aus der Schnittzeichnung sind alle Einzelteile erkennbar.

Türzargen sind auch geschoßhoch lieferbar, und zwar mit Kämpfer (Querholz) zur Verglasung sowie mit Blende mit oder ohne Kämpfer. Ebenso gibt es Seitenteile mit Füllung oder Verglasung.

Metall-Türzargen werden im Anschluß an die Metalltüren behandelt.

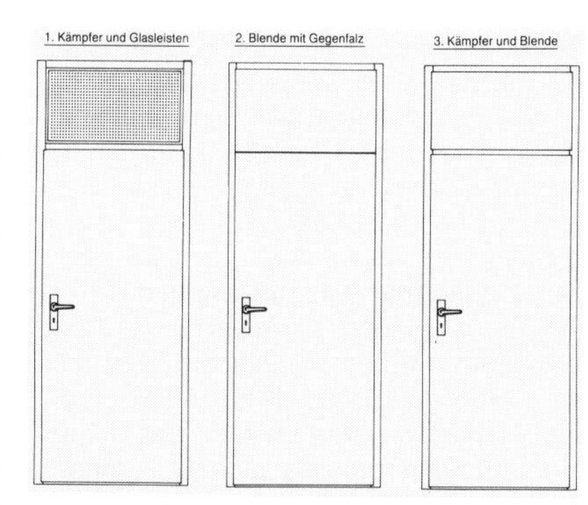

Ausführungsarten geschoßhoher Türelemente

Einbau der Türfutter in die Wandöffnung

1. Das nach Werksvorschrift zusammengebaute Türfutter in Wandöffnung stellen. Vorher 2 Distanzstücke (Länge = lichte Weite zwischen Türfutter-Längsteilen oben) aus Brett oder Latte zuschneiden und eins davon als Abstandhalter zwischen Türfutter-Längsteile auf Boden legen.
2. Türfutter in Wandöffnung mit Richtlatte und Wasserwaage lotrecht ausrichten und durch Hinterlegen im Bereich des oberen Querstückes sowie unten mit Keilen fixieren. In Schloßhöhe mit dem zweiten Abstandshalter ausspreizen.
3. Türfutter mit Montage-Schaum je Seite an drei Stellen (in Schloßhöhe und in Höhe der Bänder) ausschäumen.
4. Nach Aushärten des Schaumes Abstandhalter entfernen, Tür einhängen und notwendige kleine Korrekturen durch Verstellen der Bandteile vornehmen.
5. In Zierbekleidungsnuten Leim eingeben, Zierbekleidung einstecken und bis zur Wand eindrücken.

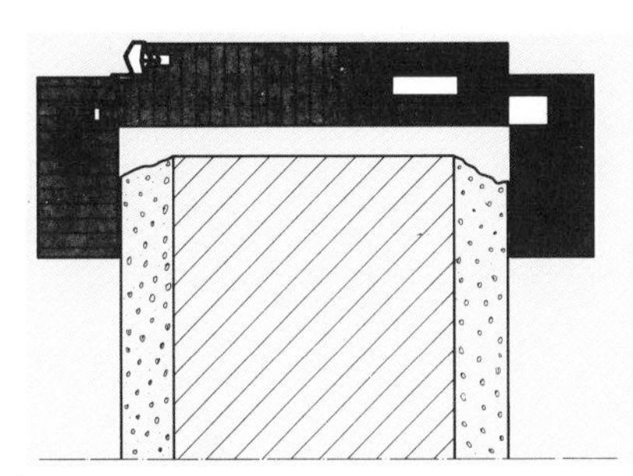

Die verschiebbare Ausführung der Zierbekleidung erleichtert die genaue Anpassung der Zarge an die Wanddicke.

Innentür-Bogenelemente

Eine Frage des Zeitgeschmacks wie die Stiltüren sind auch die Bogenelemente und Bogen-Durchgangsfutter (Türfüllung ohne Tür). Hier unterscheiden wir

- Rundbogen-,
- Stichbogen- und
- Korbbogenelemente.

Das Rundbogenelement

Hier haben wir es mit einem Halbkreis zu tun, der auf das Türrechteck „aufgesetzt" ist. Die Höhe des Halbkreises entspricht der halben Türbreite. Das gilt sowohl für ein- wie für zweiflügelige Türen.

Das Stichbogenelement

Auf das Türrechteck ist hier nur ein Kreisabschnitt aufgesetzt. Die Berechnungsart ist von Lieferwerk zu Lieferwerk unterschiedlich. Die einen geben den Radius des Kreisabschnittes an, während bei anderen die Stichhöhe des Kreisabschnitts angegeben ist, was am Bau leichter nachvollzogen werden kann.

Das Korbbogenelement

Es wird nur selten angeboten oder verlangt. Hier ist die Anfertigung eines Maßrasters erforderlich, nach dem geschalt oder gemauert werden muß, damit die Maueröffnung genau mit der Tür übereinstimmt. Stemmarbeiten sind hier fast nicht zu vermeiden.

3flügeliges Korbbogenelement

Türausschnitte

Als Sonderleistungen nach DIN 68706 werden Türausschnitte für verschiedene Zwecke werkseitig angefertigt, für Türspion, Briefdurchwurf, für Belüftungszwecke und für den Lichtdurchgang.

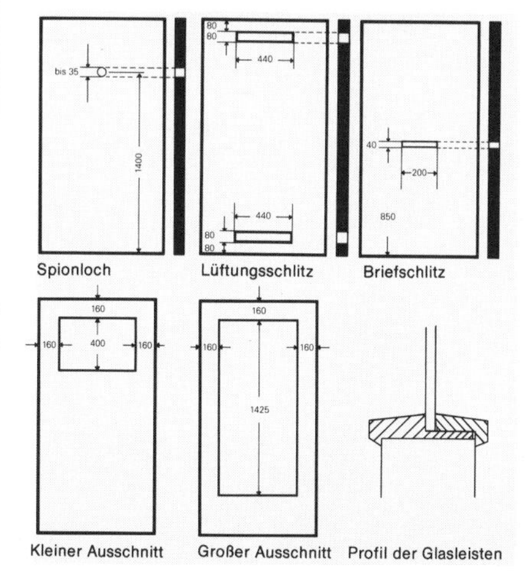

Maße von Türausschnitten nach DIN 68 701 T 1. Der kleine Ausschnitt sowie das Profil der Glasleisten, die passend zur Glasdicke zugeschnitten werden, sind nicht genormt. Die Höhe des großen Ausschnittes gilt für Türhöhen von 1924 bis 2058 mm.

Schiebetüren

Sie kommen als Innentür nicht sehr häufig vor. Es gibt sie in glatter Ausführung mit und ohne Lichtausschnitt und in Stilausführung. Vom Prinzip her gibt es 2 Ausführungen:

- Schiebetüren in der Wand laufend,
- Schiebetüren vor der Wand laufend

Teile eines Schiebetürbeschlags: Laufschiene mit Laufwagen, Befestigungsmaterial für die Laufschiene an der Decke oder Wand und für die Tür an der Stirnwand oder Seite, Bodenführung, Türstopper.

Sonderausführungen von Schiebetüren sind Falttüren, Harmonikatüren, Horizontalschiebewände und Parallel-Schwenk-Schiebetüren. Gemeinsame Eigenschaft dieser Türtypen ist, daß sie beim Öffnen zu einem engen Türpaket zusammengelegt werden. Bei Falt- und Harmonikatüren geschieht dies durch einen Faltvorgang.

Harmonikatür: Das Türpaket entsteht durch symmetrisches Zusammenfalten beiderseits der Laufschiene.

Bei Horizontalschiebewänden und Parallel-Schwenk-Schiebetüren ist der Ablauf etwas komplizierter: Hier werden die Flügel mit Hilfe automatischer oder fernbedienter Weichen in ihre Ruhelage ge-

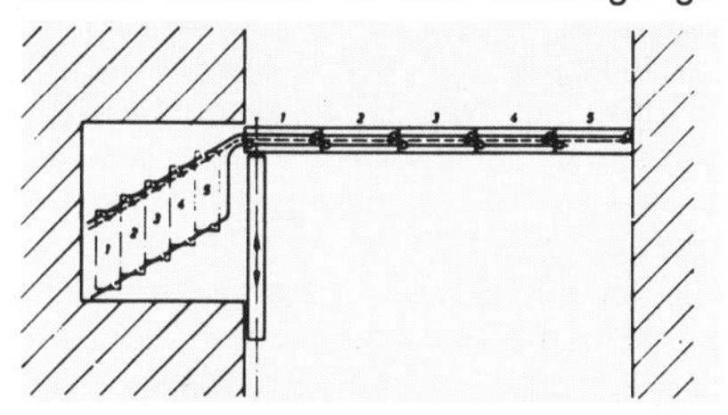

Bei der Horizontalschiebewand werden die einzelnen Türflügel nicht mit Scharnieren verbunden. So lassen sie sich unabhängig voneinander verschieben und wie hier dargestellt, z. B. nach einer Schwenkung um 90°, in einer Türtasche unterbringen.

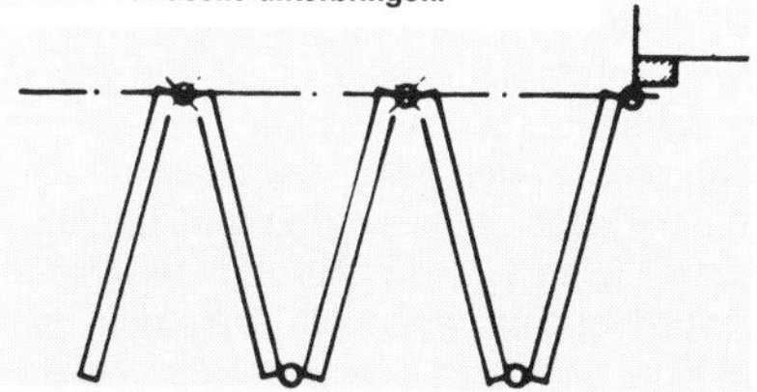

Prinzip eines Falttürbeschlags: Jeder 2. Flügel hängt an einem Laufwagen, der auf den Winkel gesetzt ist. Beim Zusammenfalten bildet sich das Türpaket auf einer Seite der Laufschiene.

bracht. Die zusammengelegten Türpakete läßt man häufig in einer verkleideten Nische verschwinden.

Das Aufmaß

Zum Aufmaß sollten grundsätzlich die Aufmaßvorgaben der Lieferwerke zugrunde gelegt werden, wie überhaupt die von den maßgeblichen Herstellern zur Verfügung gestellten technischen Unterlagen Arbeitsgrundlage sein sollten.

Feuerschutztüren

Damit sich ein in einem Bau entstandener Brand nicht uneingeschränkt ausbreiten kann, sind bestimmte Bauteile durch Brandmauern voneinander getrennt. Wo diese Brandmauern durchbrochen werden, müssen Abschlüsse eingebaut werden, die der Ausbreitung des Brandes widerstehen. Im Wohnhausbereich sind es

Zweiflügelige verglaste Feuerschutztür T 30-2. Diese Konstruktion ist nicht genormt, sondern bauaufsichtlich zugelassen. In der Mitte über den beiden Flügeln ist ein Schließfolgeregler zu erkennen. Er verhindert ein Schließen des Gangflügels (in diesem Bild der linke Flügel), solange der Standflügel offen ist.

außerdem der Heizungsraum, der Heizöllagerraum und der oder die Zugänge zum Dachgeschoß, die durch Brandschutztüren gesichert werden müssen. Die Bauordnungen der Länder enthalten darüber entsprechende Vorschriften, die bindend sind.

Als Feuerschutzabschlüsse gelten nach der DIN 4102 Teil 5 bewegliche, ein- oder zweiflügelige Raumabschlüsse, die selbstschließend sein müssen und die einer bestimmten Feuerwiderstandsklasse T entsprechen müssen. (Siehe auch „Brandschutz")

Am Markt angeboten werden Feuerschutztüren einflügelig, auch als Wohnraumtüren folienbeschichtet mit Holzdesign, und zweiflügelig. Die beiden Flügel können auch ungleich groß sein. Einflügelige „kleine" Türen werden als Feuerschutzklappen gehandelt. Außerdem gibt es Feuerschutztore. Diese werden bei den Toren behandelt.

Feuerschutzabschlüsse werden in der Bauart T 30-1 häufig nach Norm hergestellt (DIN 18 082 Teil 1 „Stahltüren T 30-1, Bauart A", Teil 3 „Stahltüren T 30-1, Bauart B"). Für Aufzugtüren gibt es ebenfalls Normen (DIN 18 090 bis 18 092). Alle nicht genormten Bauarten sowie von der Norm abweichende Feuerschutzabschlüsse müssen ihre Eignung durch bauaufsichtliche Zulassung durch das Institut für Bautechnik, Berlin, nachweisen. Die Bauart A umfaßt den Größenbereich 750 mm × 1750 mm bis 1000 mm × 2000 mm, die Bauart B gilt darüber hinaus bis 1250 mm Breite und 2250 mm Höhe.

Kennzeichnend für die Bauart A ist ein allseitig geschlossener 54 mm dicker Türflügel aus 1 mm dickem Stahlblech mit einem einfachen Einsteckschloß nach DIN 18 250 Teil 1. Es werden 2 zweiteilige Konstruktionsbänder mit Kugellager und gesichertem Bolzen sowie 1 Federband nach DIN 18 262 angeschweißt. Als Schließmittel kann auch ein obenliegender Türschließer mit hydraulischer Dämpfung für Feuerschutztüren nach DIN 18 263 oder ein anderer Türschließer verwendet werden, dessen Eignung für diese Tür nachgewiesen ist. 90 mm über der Türmitte befindet sich ein Sicherungszapfen. Als Einlage in der Tür dient Mineralfaser nach DIN 18 089 Teil 1. Auch an Drücker und Beschläge werden bestimmte Anforderungen gestellt.

Die Anforderungen an die Bauart B sind höher, da mit ihr ein größerer Maßbereich abgedeckt wird. So ist der Türflügel 62 mm dick. Als Schließmittel sind Federbänder nicht zulässig, sondern nur Obentürschließer mit hydraulischer Dämpfung nach DIN 18 263 T1 oder T2 oder Bodentürschließer nach DIN 18 263 T3. Auch die Anforderungen an die Bänder sind höher. Es müssen 2 Sicherungszapfen an der Bandseite vorhanden sein. Die Dämmstoffeinlage muß mit 2 Lagen Mineralfaserplatten von je 30 mm ausgeführt werden, während sie bei der Bauart A einlagig 52 mm dick ist.

Beide genormte Bauarten müssen mit der in der Zeichnung dargestellten Z-Zarge eingebaut werden. Feuerschutzabschlüsse dürfen grundsätzlich nur als komplettes Element geliefert werden. Das gilt sowohl für Normtüren als auch für Türen mit bauaufsichtlicher Zulassung. Von der Konstruktion und den Maßen der zugelassenen Feuerschutzabschlüsse darf nicht abgewichen werden, weil sonst der Architekt oder der Bauherr vor Beginn der Arbeiten bei der zuständigen Obersten Bauaufsichtsbehörde des Landes die Genehmigung im Einzelfall für die geplante Änderung einholen muß. Es gibt jedoch auch Feuerschutztüren, denen die Zulassung ausdrücklich bestätigt, daß sie am unteren Rand (z. B. bis zu 15 mm) gekürzt werden können.

Die Kennzeichnung der Normtüren muß erhaben geprägt auf einem angeschweißten oder angenieteten Blechschild oder auf dem Türblech selbst angebracht sein und folgende Angaben enthalten:

- Stahltür DIN 18 082 – T 30-1 – A (bzw. B)
- Name des Herstellers oder ein ihm von einer anerkannten Güteschutzgemeinschaft/fremdüberwachenden Stelle zugewiesenes Hersteller-Kennzeichen hinter dem Wort „Hersteller"
- einheitliches Überwachungszeichen, Herstellungsjahr.

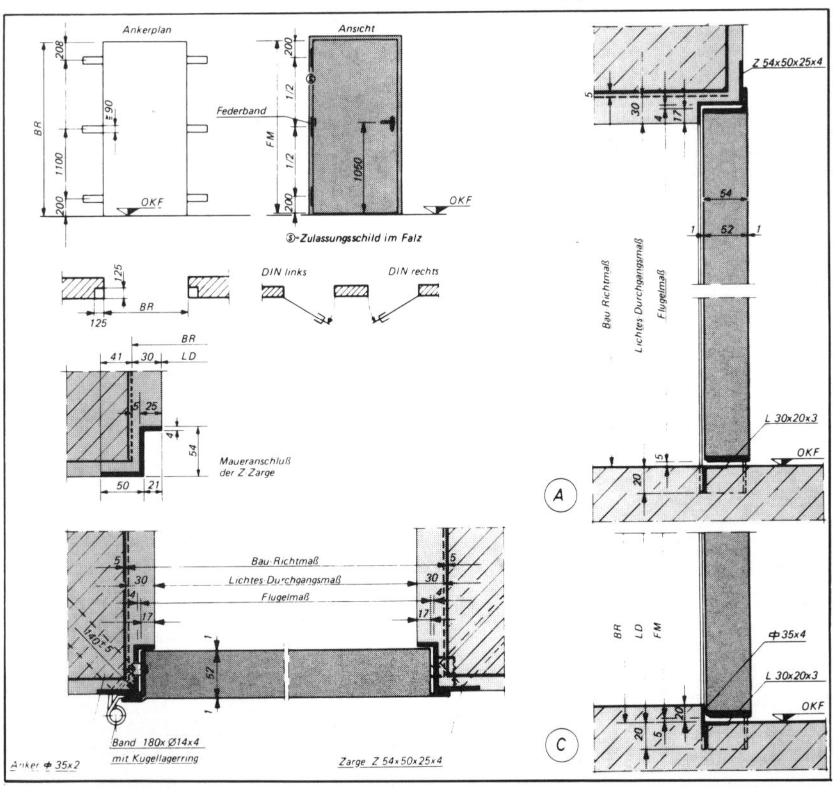

Beispiel für eine Stahltür DIN 18 082 – T 30-1 – A. Die Norm läßt folgende Abweichungen von den angegebenen Maßen zu: Bandsitz ± 5 mm; Ankersitz ± 10 mm, Blechdicke + 1 mm, alle anderen Maße ± 1 mm. A Einbau ohne unteren Anschlag (Normalausführung), C Einbau mit unterem Anschlag zum Abschluß von Räumen mit rauchempfindlichen Waren

Die Kennzeichnung befindet sich entweder auf der Seitenfläche der Tür in der Nähe des unteren Bandes oder im Falz auf der Bandseite in etwa zwei Drittel der Türhöhe. Auf einem zweiten Schild darf die Lieferfirma angegeben sein.

Besondere Ausführungen

Feuerschutztüren gibt es auch in Spezialausführungen für leichte Trennwände. Normtüren DIN 18 082 dürften hier nur mit gemauerten oder aus Beton gegossenen Pfeilern als Feuerschutztür verwendet werden.

Feuerschutztüren gibt es für besondere Ansprüche auch in von der Standardtür abweichenden Ausführungen, so z. B. mit Lichtausschnitten, aus massivem Holz oder als Aluminium-Rahmenprofiltür.

Aluminium-Rahmenprofiltür mit Zulassung T 30-1

Mehrzwecktüren

Diese Art von Metalltüren, die nicht den Brandschutznormen unterworfen sind, kommt da zum Einbau, wo man Robustheit und/oder Beständigkeit gegen hohe Luftfeuchtigkeit erwarten muß, also bei Werkstattüren oder Türen im Kellerbereich, soweit keine Brandschutzauflagen bestehen.

Diese Türen entsprechen meist im wesentlichen den Feuerschutztüren, nur haben sie gewöhnlich keine selbstschließenden Beschläge, und die Glasausschnitte benötigen eher eine Sicherheits- oder eine einbruchhemmende Verglasung. Wegen der hoch wärmedämmenden Mineralfasereinlage in Verbindung mit der mechanischen Stabilität sind Mehrzwecktüren auch als Neben-Außentür geeignet. Mehrzwecktüren gibt es auch aus Aluminium mit wärmegedämmten oder Glasfüllungen.

Stahltürzargen

Heute werden Stahlzargen fast nur noch mit Metalltüren zusammen geliefert und eingebaut.

Der Vollständigkeit halber sollen die drei gebräuchlichen Zargenprofile einander gegenübergestellt werden.

Die Z-Zarge kommt am häufigsten bei Feuerschutztüren zum Einsatz, für genormte Feuerschutzabschlüsse ist sie allein zugelassen.

Die Eckzarge hat auch noch einen kurzen Abdeckschenkel auf der Seite des Türdurchgangs.

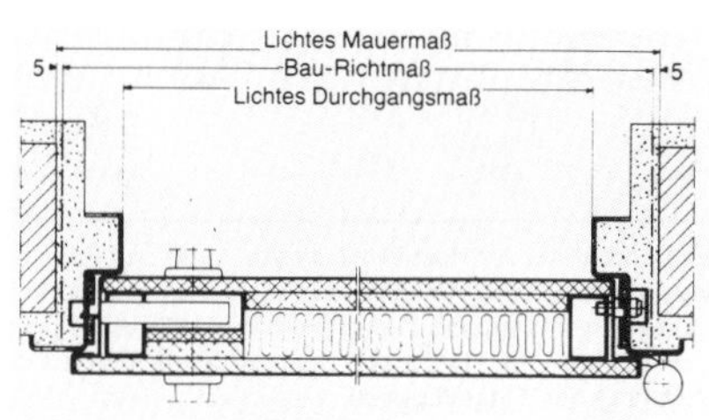

Eckzarge mit Feuerschutztür T90-1

Nur die Umfassungszarge bietet eine völlige Verkleidung (Umfassung) des Türdurchganges.

Die lieferbaren „Maulweiten" entsprechen den gängigen Wanddicken.

Passend zu den Stahl-Innentüren gibt es steckbare Stahlzargen, die in erster Linie für den Selbermacher bestimmt sind

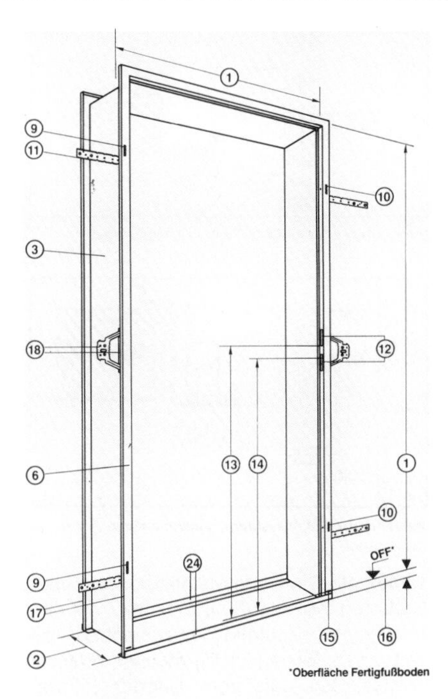

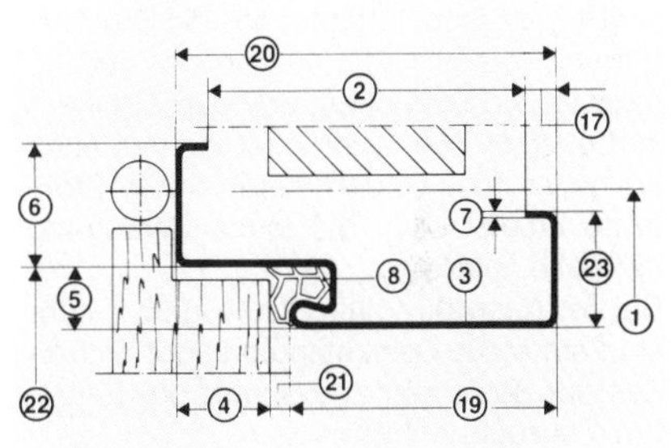

Fachbezeichnungen für Stahlzargen am Beispiel einer Umfassungszarge

① Bau-Richtmaß (BR) Breite × Höhe
② Maulweite
③ Zargenprofil
④ Falztiefe
⑤ Falzbreite
⑥ Bekleidungsbreite (Spiegelbreite) auf Bandseite
⑦ Blechdicke (nach DIN 59 232)
⑧ Dämpfungsprofil
⑨ Bandaufnahme für Anschlagsart DIN links (Bandbezugslinie nach DIN 18 268)
⑩ Bandaufnahme für Anschlagsart DIN rechts (Bandbezugslinie nach DIN 18 268)
⑪ Maueranker
⑫ Stanzung für Falle und Riegel
⑬ Drückerhöhe
⑭ Meterrißmarkierung (1000 mm von OFF)
⑮ Fußbodeneinstandsmarkierung
⑯ Fußbodeneinstand
⑰ Maulweitenkante
⑱ Meterrißanker mit Schutzkasten (nur bei Drückerhöhe 1050 mm von OFF)
⑲ Leibungstiefe
⑳ Profilaußenmaß (Zargentiefe)
Dämpfungsprofil
Zargenfalzmaß
Bekleidungsbreite auf Bandgegenseite
Transportwinkel (Distanzprofil)

Türbeschläge

Dieses Sortiment ist so groß, daß es eigentlich zu jeder Tür und jedem Geschmack etwas Passendes gibt.

Wer sich mit dieser Materie technisch näher befassen möchte, der sei auf das Baubeschlag-Taschenbuch aus dem gleichen Verlag verwiesen.

Hier nur eine kurze Begriffsbestimmung: Zu den Beschlägen im weiteren Sinne

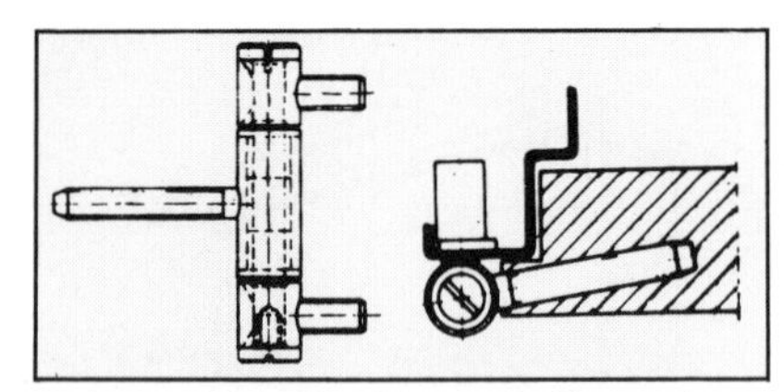

Einbohrband für gefälzte Türen an Stahlzargen

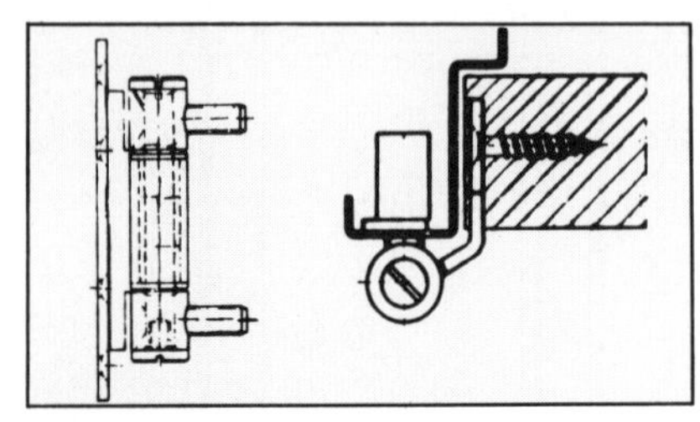

Aufschraubband für stumpf einschlagende Türen an Stahlzargen

zählen alle Teile aus Metall oder hoch belastbaren Kunststoffen, die dazu dienen, bewegliche Bauteile festzumachen, zu verbinden, beweglich zu machen oder zu verschließen. Mit dem Begriff „Türbeschlag“ ist jedoch häufig nur die Drückergarnitur gemeint, die aus Außen- und Innenschild, Türdrückern und dem Drückerstift besteht. Die Türdrücker können auch auf einer oder beiden Seiten durch Stoßgriffe ersetzt sein, die keine Betätigung der Falle zulassen.
Bei der Auswahl sollten heute auch in sehr starkem Maße Gesichtspunkte der Sicherheit der Bewohner und Schutz des Eigentums berücksichtigt werden.
Die Kriminalpolizei informiert auf diesem Gebiet über den neuesten Stand der Erkenntnisse.

Die Auswahl der Bänder richtet sich nach dem Türgewicht, der vorgesehenen Nutzung, der Anschlagart sowie dem Material von Tür und Zarge. An Holz-Futterzargen und Stahlzargen verwendet man spezielle Aufnahmeelemente für das Rahmenteil. An den massiven Holz-Blockzargen sowie am Türblatt werden Bandteile zum Verschrauben mit Holzschrauben oder Einbohren benutzt. Die früher gebräuchlichen Einstemmbänder („Türfitschen“)

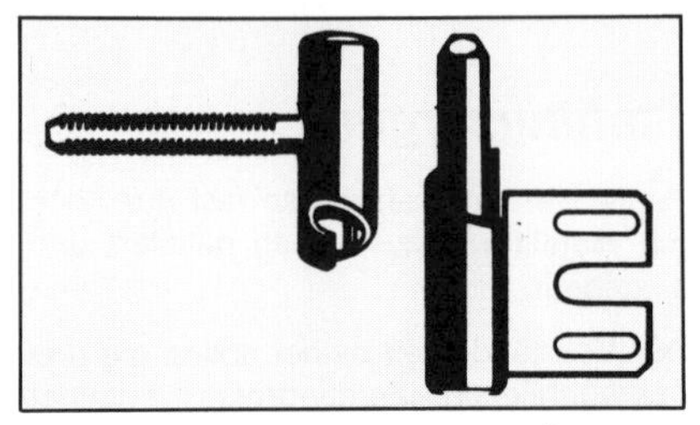

Das steigende Band hebt die Türen beim Öffnen vom Boden ab und wirkt durch seine Rückstellkraft gleichzeitig als Türschließer. Das Bild zeigt links ein Flügelteil zum Einbohren, rechts das Rahmenteil für die Aufnahme in einer Hinterschweißtasche

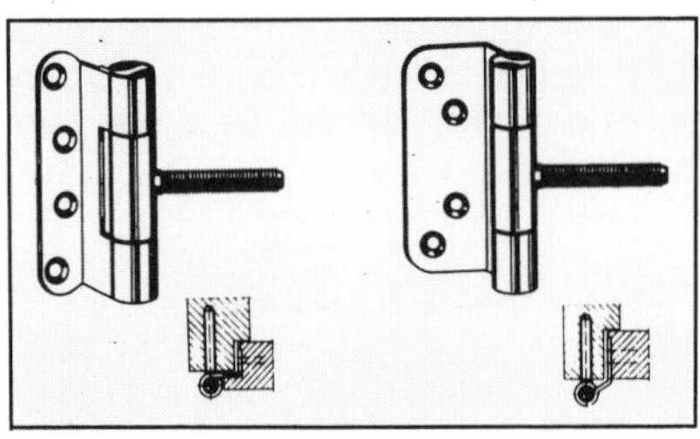

Einbohrbänder für Holz-Blockzargen. Links mit Flügellappen zum Aufschrauben für gefälzte, rechts für stumpf einschlagende Türen. Die Bänder für diese beiden Türtypen unterscheiden sich vor allem durch die Kröpfung des Flügellappens

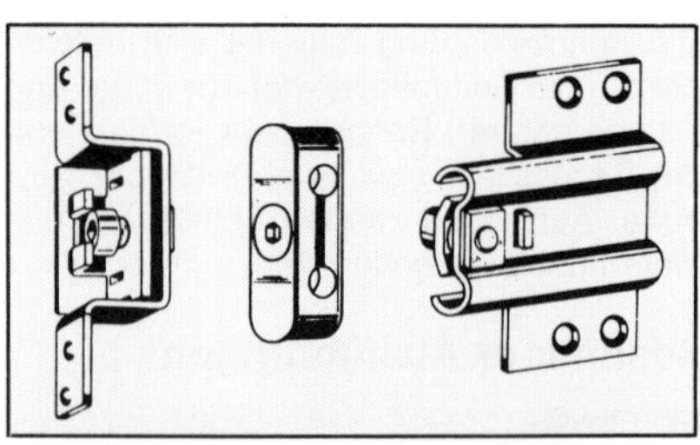

Aufnahmelemente für Rahmenteile. Von links: Hinterschweißtasche, Klemmblock, Anschraubtasche

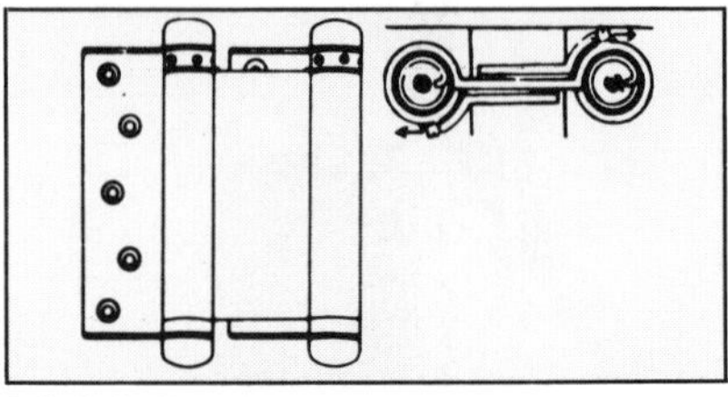

Spiralfeder-Pendeltürband

haben nur noch im Möbelbereich einen nennenswerten Marktanteil.

Als Schlösser sind bei den Innentüren innerhalb von Wohnungen meist die einfachen Buntbartschlösser ausreichend. Wohnungsabschlußtüren sollten jedoch in jedem Falle Sicherheitsschlösser erhalten, gelegentlich auch einzelne besondere Räume (Büro, Sammlungen u. ä.).
Für die Bestellung von Türelementen ist die Anschlagsrichtung wichtig. Sie wird durch die Bandseite bestimmt. Anschlag DIN links heißt: Wenn ich die Türe auf mich zu öffne, sind die Bänder links angeschlagen. Sinngemäß ist DIN rechts mit rechts angeschlagenen Bändern zu verstehen.

Garagen- und andere Tore

Garagenschwingtore

Die Zunahme der Anzahl der Kraftfahrzeuge ist weniger Maßstab für den Garagenbau als der Bau von Eigenheimen. Der Trend zum Zweitauto in der Familie führt zu größeren und Mehrfachgaragen. Die Mehrzahl der Garagen ist durch ein Garagenschwingtor verschlossen.
Das Angebot an Garagentoren ist sehr vielfältig. Auch hier ist der Trend zum Wertvolleren bei den ausgewählten Arten von Komfort, Konstruktionen und Materialien erkennbar. Die nachstehenden Ausführungen befassen sich mit den ebenso vielfältigen technischen Einzelheiten.

Über die Modellauswahl informieren zahlreiche Werksunterlagen.
Auch beim Garagentor gilt es, auf bestimmte Anforderungen zu achten.
Neben den Tormaßen sind noch folgende Fragen zu klären:
Wie gelangt man in die Garage; hat sie einen weiteren Zugang?

Einbau hinter der Öffnung

Anker eingemauert
Anker angedübelt
Außen
min. 60
lichtes Fertigmaß

Einbau in der Öffnung

Anker eingemauert
Anker angedübelt
Rahmenaußenmaß
lichtes Fertigmaß
Außen

Einbau hinter der Öffnung
Tor mit unterem Anschlag

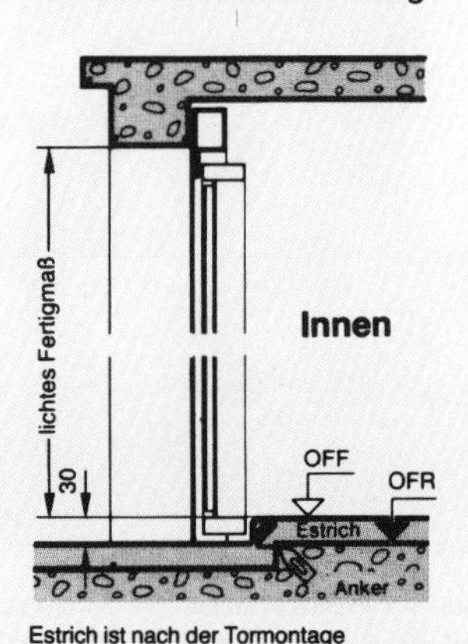

Estrich ist nach der Tormontage aufzubringen.

Einbau in der Öffnung
Tor mit unterem Anschlag

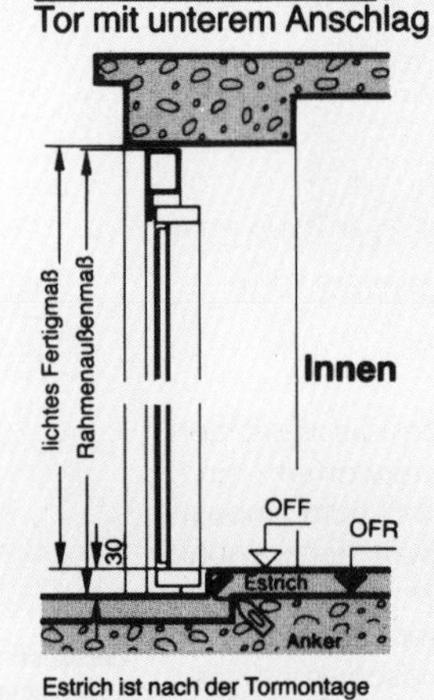

Estrich ist nach der Tormontage aufzubringen.

Tor ohne unteren Anschlag
Estrich ist vor der Tormontage aufzubringen. Das lichte Fertigmaß der Tabelle muß in der Höhe 25 mm größer sein.

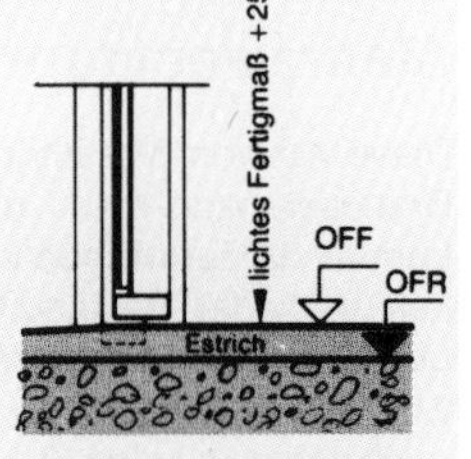

Estrich ist vor der Tormontage aufzubringen.

Ist die Garage beheizt oder frostfrei gehalten?

Welcher Bedienungskomfort wird gewünscht?

Welche Rolle spielen die Schließgeräusche?

Welche Anforderungen werden an die Sicherheit des Verschlusses gestellt?

Schließlich ist wichtig, darauf zu achten, ob der Raum vor oder in der Garage als Schwingraum und für welches Tor geeignet ist.

Mögliche Einbauarten

Außer dem Unterschied des Einbaues in fertige, nicht mehr veränderbare Bauöffnungen, in Sichtbeton und Sichtmauerwerk und dem Einbau des Tores in noch zu verputzende (oder beizuputzende) Bauöffnungen unterscheiden wir grundsätzlich die auf Seite 224 dargestellten Einbausituationen.

Garagentor mit Schlupftür

Dabei ist darauf zu achten, daß die beim Einbau für den Rahmen des Tores erforderlichen Maße gegeben sind oder geschaffen werden können.

Hat die Garage keinen Extrazugang, sollte bei einem großen Garagentor eine gesonderte Zugangstür vorgesehen werden.

Ist die Garage beheizbar, muß das Tor eine ausreichende Wärmedämmung vom Hersteller oder bauseits erhalten. Hier reicht die etwa vorhandene Außenverbretterung mit Profilbrettern nicht aus. Auch sie muß mit einer Innendämmschicht verbessert werden.

Schwingtor mit Elektroantrieb. Auch vorhandene Tore können mit einem Antrieb nachgerüstet werden.

Die Frage Bedienungskomfort ist nur da von vornherein klar, wo ein Garagentorantrieb vorgesehen ist. Hier läßt die Bequemlichkeit sich nur noch durch verschiedene Möglichkeiten der Fernbedienung steigern. Sonst ist es wichtig, daß das Tor ohne übermäßige Kraftanstrengungen und Verrenkungen geöffnet und geschlossen werden kann.

Wer einmal erlebt hat, wie ein Tor zuschlägt, wenn eine Feder bricht oder sich aushängt, der weiß, welche Gefahr hier besteht.

Auch die Schließgeräusche so mancher Billigtore können in einer Wohngegend recht unangenehm auffallen.

Die Sicherheit gegen mißbräuchliches Öffnen ist oft recht unterschiedlich und sollte kritisch gewürdigt werden. Verschiedene Schließvorrichtungen sind beim geschlossenen Tor nicht arretiert.

Dadurch ist zwar das Öffnen von innen einfach, aber ebenso die unbefugte Öffnung von außen.

Die Frage, welche Konstruktionsart zu wählen ist, entscheidet sich meist aus baulichen Gegebenheiten, vor allem dem vorhandenen Platz. Ein Schwingtor benötigt auch Platz zum Schwingen, und der muß im Normalfall vor der Garage gegeben sein. Trifft das nicht zu, muß eine Konstruktion gewählt werden, bei der das Tor nach innen schwingt. Damit geht in der Garage Platz verloren. Kfz-Länge und -Höhe prüfen! Vorsicht bei Kombifahrzeugen oder Reisemobilen.

Auch Bögen in der Einfahrt machen eine nach innen schwingende Konstruktion erforderlich. Wenn der Platz diese nicht zuläßt, kann man auf ein Sectionaltor (siehe nächster Abschnitt) ausweichen.

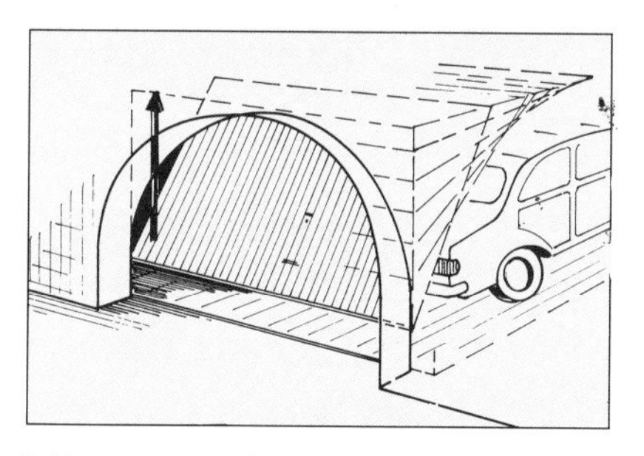

Bei bogenförmigen Garageneinfahrten kann das Tor nicht nach außen schwingen. Die Skizze verdeutlicht den innen zum Schwingen benötigten Raum.

Für den geschickten, passionierten Selbstbauer bietet das Garagentor, das für eine bauseitige Füllung vorgesehen ist, Möglichkeiten. Auch die Innendämmung, mit der unterschiedliche Dämmstoffe sowohl zur Wärmedämmung als auch zur Dämpfung der Schließgeräusche angebracht werden, ist Anreiz für den Bastler.

Ausstattungsprodukte gibt es eine ganze Menge, vom Dachregal über Spezialaufhänger für Surfbretter, Fahrräder und Gartenschlauch bis hin zum Selbstbauregal für Autozubehör und Gartengerät.

Sectionaltore

Sectionaltore könnte man vom Bauprinzip her mit Rolläden vergleichen. Die Torfläche ist aus waagerechten Streifen, den „Sectionen", zusammengesetzt, die beweglich miteinander verbunden sind. Sie laufen in seitlichen Führungsschienen mit Führungsrollen. Im Gegensatz zum Rollladen und den für Industriebauten lieferbaren Rolltoren hängen Sectionaltore im geöffneten Zustand als Fläche unter der Decke, also nicht zu Ballen aufgerollt.

Im Gegensatz zum Schwingtor benötigen Sectionaltore nur waagerechten Platz unter der Decke sowie eine Mindest-Sturzhöhe, die je nach Konstruktion zwischen ca. 20 cm und 70 cm liegt.

Betätigt werden Sectionaltore von Hand, wobei eine Torsionsfeder (Drehfeder) das Gewicht abnimmt, oder durch Elektroantrieb wie die Schwingtore.

Sectionaltore können aus einfachen Blechlamellen bestehen oder aus doppelwandigen, mit PU-Schaum ausgeschäumten. Die ausgeschäumten Sectionen sind im geschlossenen Zustand des Tores sehr dicht miteinander verbunden.

In die Sectionen, ob einfach oder ausgeschäumt, können Fenster eingearbeitet werden, die einfach oder isolierverglast angeboten werden.

Sectionaltore benötigen keinen Toranschlag am Boden. Sie sind mit einer dauerelastischen Bodendichtung ausgestattet.

Rahmenkonstruktion für individuelle Beplankung

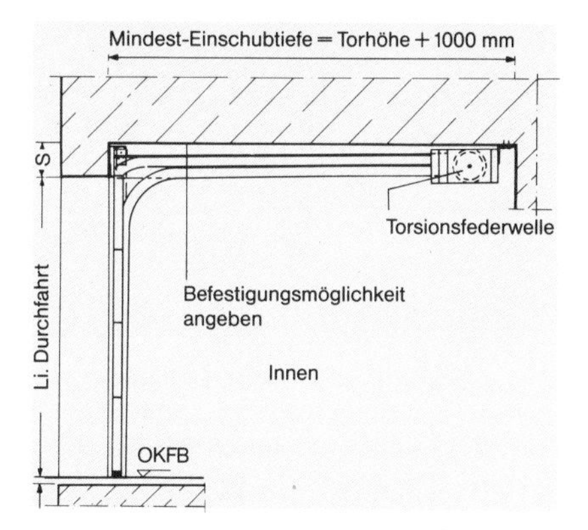

Die Zeichnung zeigt, wie wenig Raum ein Sectionaltor zum Öffnen und Schließen benötigt.

Das auf der Fahrerseite angebrachte Torschloß ermöglicht es, bis unmittelbar vor das Tor zu fahren.

Das Schloß ist an einer der beiden Seiten angebracht.
Sectionaltore kommen auch als Hallentore für Industrie- und Fahrzeughallen zur Anwendung. Hier sind sie überwiegend mit Lichtöffnungen versehen.

Glieder-Schiebetor

Eine Abart des Sectionaltors, die ebenso beachtenswert ist, ist ein Holz-Schiebetor aus senkrechten Gliedern, das der Hersteller „Rundum"-Tor nennt.

Ein waagerecht laufender Rolladen, bestehend aus schmalen, senkrecht stehenden Holzgliedern, die durch flexible Bänder auf der Innenseite verbunden sind, wird in einem Rundbogen von ca. 35 cm Radius um die Ecke, also um 90°, innen an die Seitenwand geschoben.

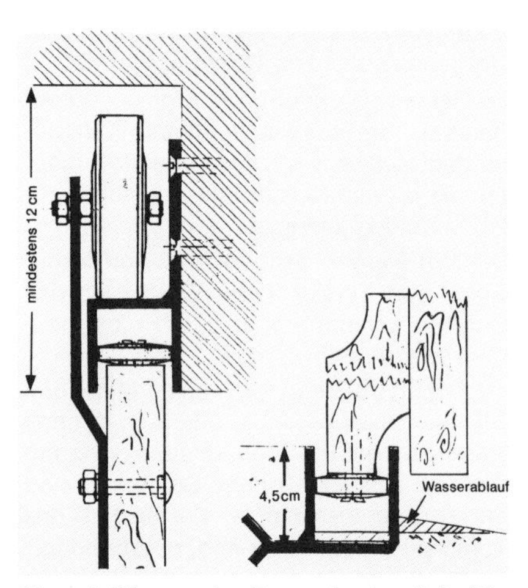

Obere Aufhängung des Tors und untere Seitenführung. Der Einsatz ist auch bei noch geringerer Sturzhöhe bzw. ohne Sturz möglich. Dann wird eine Blende vorgehängt und ggf. die Laufschiene an der Decke befestigt.

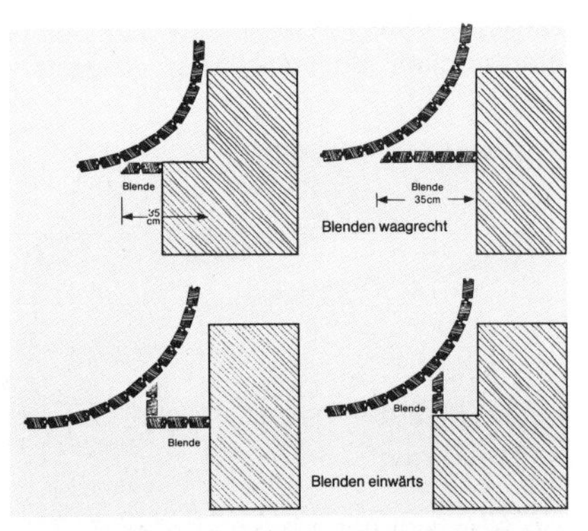

Bei Mauernischen von weniger als 35 cm Breite können verschiedene Blendenkonstruktionen eingesetzt werden.

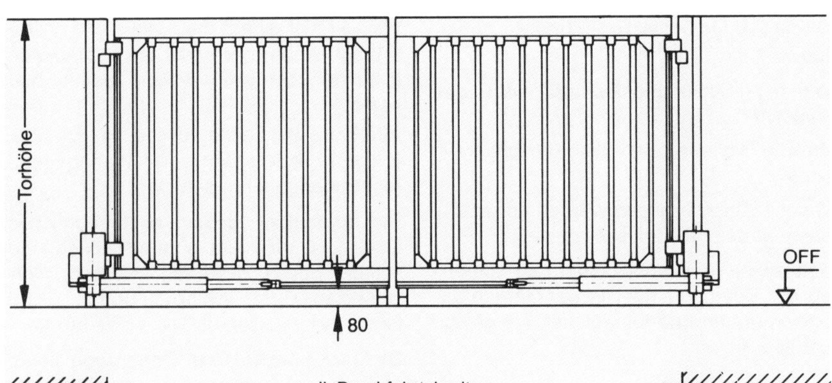

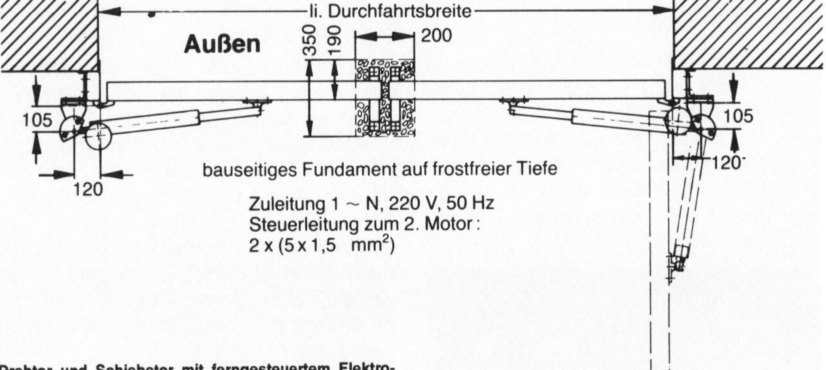

Drehtor und Schiebetor mit ferngesteuertem Elektromotor

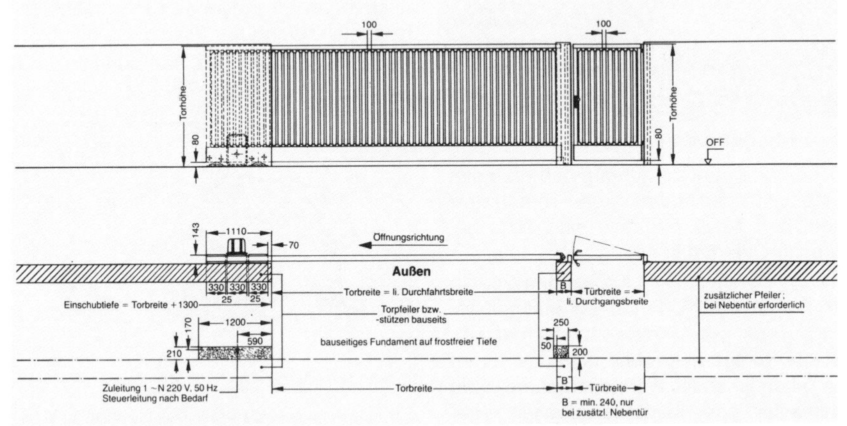

Lauf- und Führungsrollen oben und Führungsrollen unten ermöglichen leichten Lauf.

Auch diese Konstruktion ist raumsparend. Dadurch, daß sie überwiegend aus Holz besteht, wird sie naturliebende Kreise ansprechen.

Feuerschutztore

Ein Spezialgebiet im Bereich Tore sind die Feuerschutztore. Um große Bauöffnungen mit einem Feuerschutzabschluß zu versehen, werden meist Schiebetore T 30 und T 90 entsprechend den Anforderungen von DIN 4102 T 5 eingebaut. Da diese Anforderung nicht häufig gestellt wird, sollen diese Tore hier nur genannt werden.

Einfahrtstore

Einfahrtstore für Haus- und Betriebsgrundstücke gibt es als Dreh- und als Schiebetore. Sie werden serienmäßig entweder für Handbetätigung oder für Elektrobetrieb, auch mit Fernsteuerung, angeboten.

Der Vorteil dieser Erzeugnisse aus Serienfabrikation liegt meist in der Reife der Konstruktion und damit geringer Störanfälligkeit, also wenig Probleme im Vergleich zu einzelgefertigten Stücken, die häufig nachgebessert werden müssen.

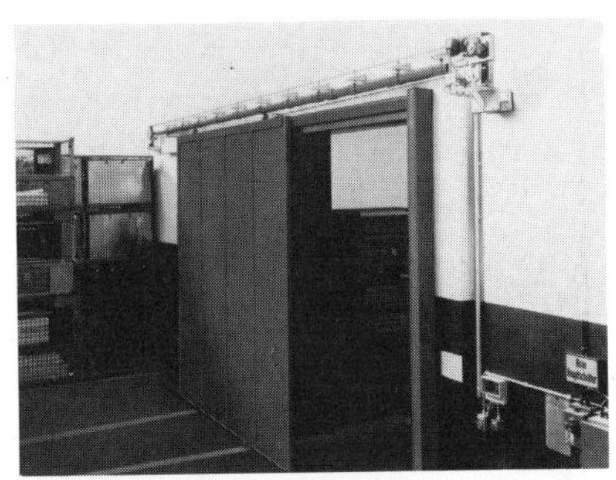

Schiebetor T 90. Breite 2500 bis 5000 mm, Höhe 2000 bis 4000 mm. Das Tor hat eine elektromagnetische Radialkupplung als Feststellanlage.

Treppen

Nach den Fenstern und Türen sind die Innentreppen eine weitere Gruppe von Bauelementen. Das Deckenloch ist der „Durchgang" zum darüber- oder darunterliegenden Geschoß. Treppen haben die Aufgabe, die Höhenunterschiede von Dekke zu Decke, also von Etage zu Etage überwinden zu helfen. Das geschieht dadurch, daß man den Gesamthöhenunterschied in kleine Abschnitte „zerlegt".

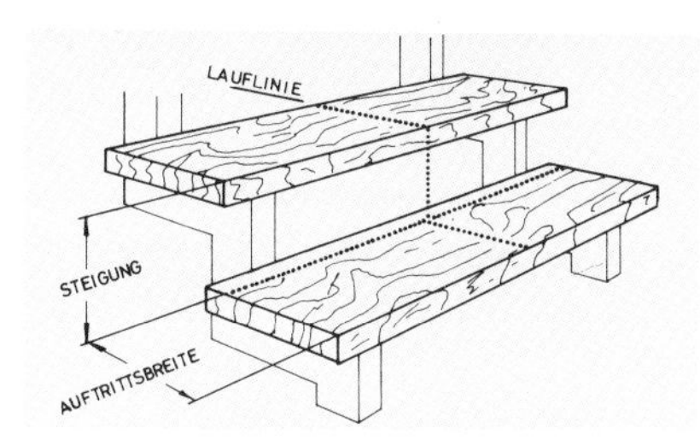

Die Steigung ist der Höhenunterschied von Treppenstufe zu Treppenstufe.

Die Auftrittsbreite, auch kurz Auftritt genannt, bezeichnet die Tiefe der Treppenstufe. Sie wird von Vorderkante Stufe bis Vorderkante der nächsten Stufe gemessen.

Das Begehen einer Treppe durch einen Menschen muß mit dem Bergaufgehen verglichen werden. Dieser Gangart muß eine Treppe angepaßt sein, soll sie mühelos begehbar sein. 2 Steigungshöhen und 1 Auftritt sollen zusammen etwa 60 bis 65 cm ergeben.

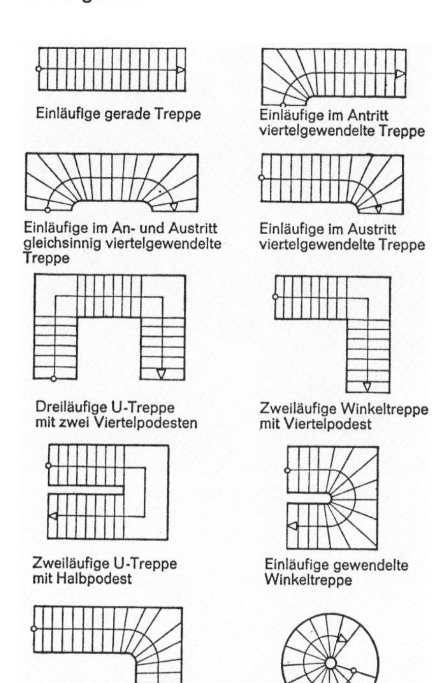

Treppenformen

Die Steigungen bei Innentreppen liegen zwischen 16,5 und 19,5 cm, meist um 18 cm. Bei 18 cm Steigung und 65 cm als Grundmaß ergibt sich folgende Rechnung:

2 Steigungen	zu 18 cm = 36 cm
1 Auftritt	29 cm
zusammen	65 cm

Das Steigungsverhältnis ist im vorliegenden Falle 18 : 29.

Bei teilweise oder ganz gewendelten Treppen mißt man die Auftrittsbreite an der Lauflinie. Diese gedachte Linie verläuft bei geraden Treppen in der Mitte der Treppenstufe, bei gewendelten Treppen 40–50 cm vom Treppenauge (Innenseite der Treppe).

Die Anzahl der erforderlichen Stufen errechnet sich aus der erforderlichen Gesamthöhe der Treppe, die der Geschoßhöhe entspricht. Dieses Maß mißt man von Oberkante Fertigfußboden (OKFF) bis Oberkante Fertigfußboden des nächsten Geschosses.

Im Neubau macht die genaue Ermittlung dieses Maßes oft Schwierigkeiten, da zum Zeitpunkt des Aufmaßes für die Treppe die endgültigen Fußböden noch nicht eingebaut sind. Oft muß von Rohdecke zu Rohdecke gemessen werden. Ob die Berichtigung um die Maße des Fußbodenaufbaues dann genau stimmt, ist meist fraglich. Die erreichten Aufbaumaße stimmen oft nicht millimetergenau mit der Maßvorgabe überein. Aus diesem Grunde sind vorgefertigte Treppen oder Fertigteiltreppen der maßgeblichen Hersteller in der Höhe nachregulierbar.

Treppenarten

Je nachdem, welche Hausteile durch eine Treppe verbunden werden, spricht man von

- Kellertreppen
- Geschoßtreppen
- Bodentreppen

Zur Erklärung der zeichnerischen Darstellungen muß noch erwähnt werden, daß der Strich jeweils etwa in der Mitte der Treppe die Lauflinie ist. Ihre Länge heißt Lauflänge. Sie beginnt am Antritt (unten) mit dem kleinen Kreis und endet mit der Austrittsstufe (oben) mit dem Dreieck.

Abgesehen von den Ortbetontreppen und den Betonfertigteiltreppen, die gesondert behandelt werden, unterscheiden wir vom Material her Holztreppen und Treppen aus Stahltragekonstruktion mit Holzstufen.

Die Konstruktionsdetails unterscheiden sich bei den Herstellern.

Ein wesentliches Gestaltungselement im Treppenbau ist das Treppengeländer. Hier lassen sich allgemeingültige Aussagen nicht treffen. Es gilt der Zeitgeschmack. Die Prospektunterlagen der namhaften Herstellerfirmen geben ausreichend Aufschluß über die Möglichkeiten.

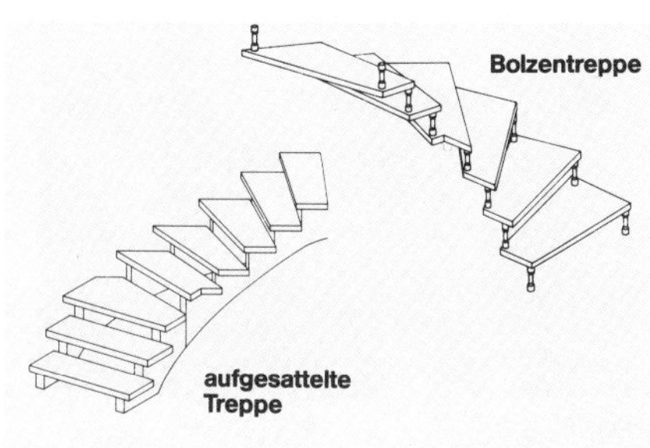

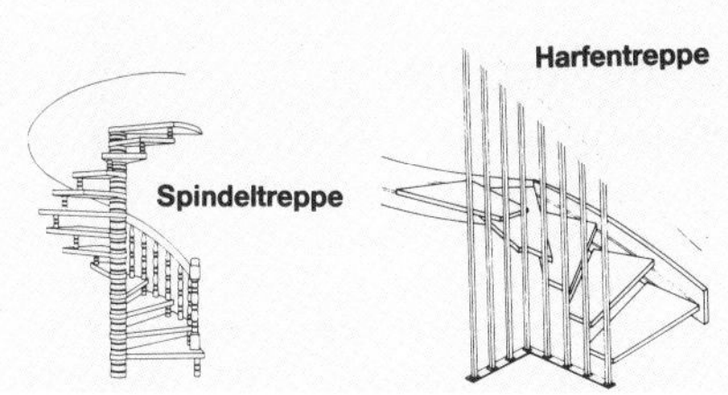

Treppenbauarten mit seitlicher Stufenbefestigung

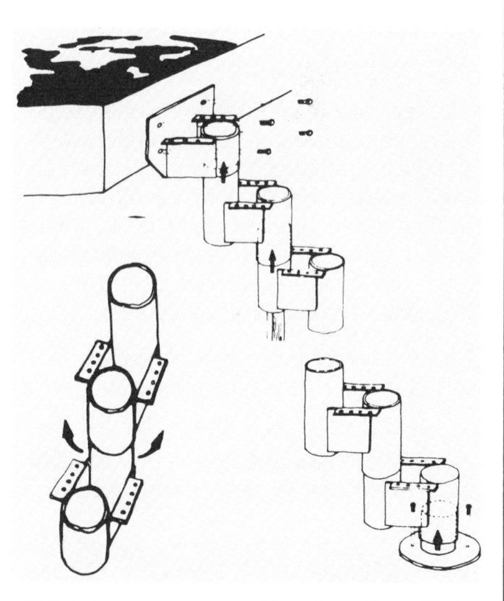

Mittelholmtreppen lassen sich auf der Baustelle in Wendelung und Steigung genau einstellen.

Treppe mit Stahl-Mittelholm als Tragekonstruktion und Holzstufen

Holztreppe

Spindeltreppen

Dort, wo die normale Wendeltreppe ihr Treppenauge hat, befindet sich bei der Spindeltreppe die Spindel, die Mittelsäule mit tragender Funktion. Die Spindeltreppe zeichnet sich durch einen besonders geringen Raumbedarf aus. Es gibt sie in vielfältigen Materialkombinationen.

Bei Spindeltreppen unterscheiden wir, wie bei allen gewendelten Treppen, Links- und Rechtslauf.

Raumspartreppen

Wo der Platz auch für eine Spindeltreppe nicht mehr ausreicht, kann die Raumspartreppe noch helfen. Ihre Stufen haben eine spezielle Form (s. Bild), die ein großes Steigungsverhältnis ermöglicht. Der Interessent sollte vor dem Kauf unbedingt gemeinsam mit allen künftigen Benutzern eine solche Treppe begehen können.

Kleine Kinder und ältere Menschen tun sich auf Raumspartreppen meist schwer.

In jedem Falle muß man sich an eine Raumspartreppe erst gewöhnen; sie liegt eben nicht nur im Raumbedarf, sondern

Raumspar-Spindeltreppe

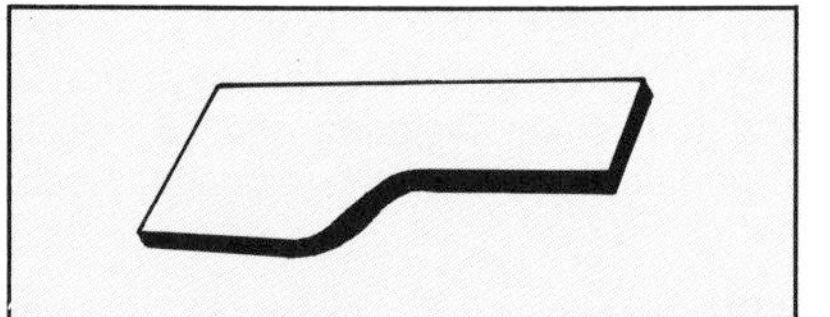

Grundform der Raumspar-Treppenstufen (hier für geraden Treppenlauf). Auftrittfläche und Ausschnitt sind wechselseitig angeordnet.

auch in bezug auf Komfort und Sicherheit zwischen einer normalen Geschoßtreppe und einer einschiebbaren bzw. einklappbaren Bodentreppe.

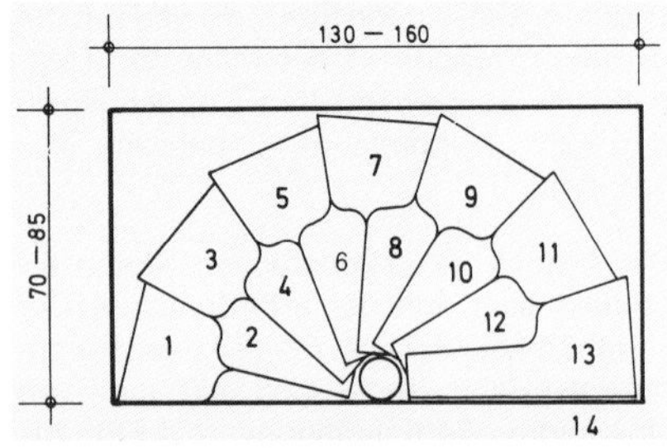

Grundriß der Raumspar-Spindeltreppe. Die Füße können beim Aufwärtsgehen nur in der angegebenen Reihenfolge von 1 bis 14 gesetzt werden, beim Abwärtsgehen entsprechend von 14 bis 1.

Bodentreppen

In älteren Bauten ist die fest eingebaute Treppe zum Boden noch selbstverständlich.

Soweit die Dachböden bei Steildächern infolge ausreichender Dachneigung ausbaubar sind, führen auch hier ganz normale Geschoßtreppen zum Boden.

Wo die Dachneigung einen Ausbau nicht zuläßt, der Dachboden nur gelegentlich begangen wird, vor allem aber wo es an Platz für eine fest eingebaute Treppe mangelt, kommt die Bodentreppe in ihren verschiedenen Ausführungen zum Einbau.

Unbestreitbarer Vorteil der Bodentreppe ist, daß sie im Raum darunter kaum zu bemerken ist und daß einige Konstruktionen auch im Dachraum sehr wenig Platz benötigen.

Die Luken- oder Futterkästen unterscheiden sich von Fabrikat zu Fabrikat nur sehr wenig. Sie verkleiden den Deckendurchbruch, und der Kastendeckel, der die Untersicht bildet, ist daran angeschlagen.

Der Kastendeckel ist mittels Hakenstange nach unten aufklappbar. Das Gewicht des

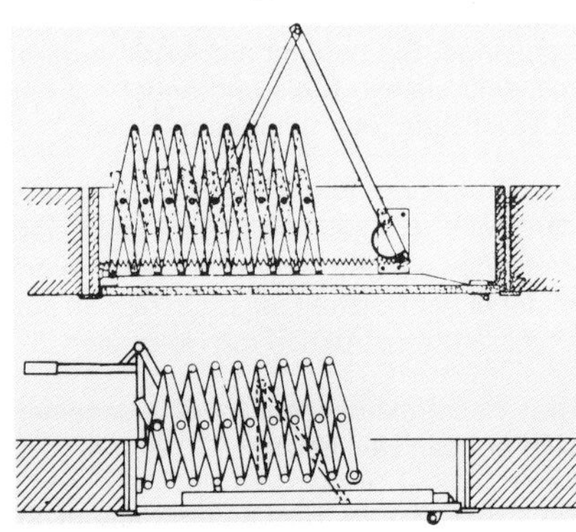

Scherentreppen aus Aluminium, unten mit Zusatzeinrichtung für Bedienung von oben.

Bedienung einer 3teiligen Holz-Bodentreppe. Im unteren Bild ist oben rechts der einstellbare Anschlag für die federnd gelagerte Halterung des Lukendeckels zu erkennen.

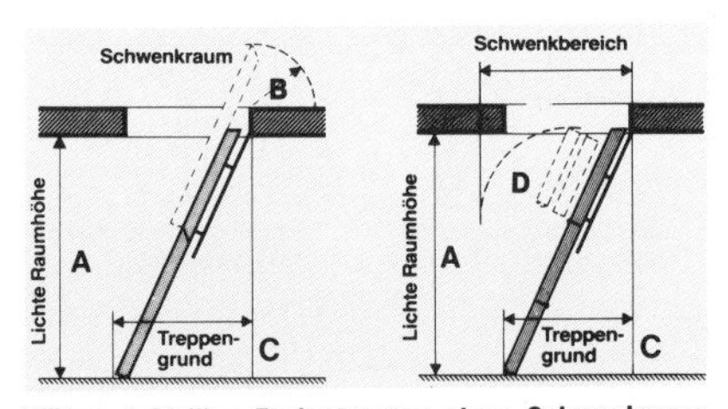

Während 2teilige Bodentreppen einen Schwenkraum über und hinter der Luke benötigen, werden 3teilige Treppen nur unterhalb der Luke geschwenkt.

Deckels und der daranhängenden Treppe wird von Federarmen gehalten, so daß sowohl Öffnen als auch Schließen mühelos erfolgen.

Die Treppen selbst gibt es in Holz-, Alu- und Stahlrohrausführung.

Schiebe- und Klapptreppen sind in Holz und in Metall erhältlich, die Scherentreppen gibt es nur aus Metall.

Bei Schiebetreppen – es ist die einfachste Ausführung – wird das einteilige Treppenstück, das vom Deckelende bis zur Erde reicht, gerade hochgeschoben. Das geht jedoch nur, wenn hinter der Luke noch genug Schwenkraum vorhanden ist. Andernfalls muß eine Klapp- oder Scherentreppe eingebaut werden. Zweiteilige Klapptreppen benötigen einen wesentlich geringeren, dreiteilige Klapp- sowie Scherentreppen überhaupt keinen Schwenkbereich über und hinter der Luke.

Sonderausführungen

Bodentreppen gibt es auch in feuerhemmender und feuerbeständiger Ausführung (F 30 und F 90 gem. DIN 4102) mit Stahllukenkasten und entsprechendem Deckel.
Ebenfalls als Sonderausführung gibt es die Lukendeckel, zur Aufnahme von Vertäfelung geeignet, in der Höhe verstellbar.
Scherentreppen werden auch mit elektrischem Antrieb geliefert. Als Flachdachausstieg haben die Bodentreppen einen höheren Kasten und einen Außendeckel als 2. Deckel.

Auch als Mauerausstieg zum Einbau gibt es diese Treppen.

Als Zubehör für die Bodentreppen sind Handlauf und Lukenschutzgeländer erforderlich. (Landesbaurecht!) Für Nordrhein-Westfalen z. B. fordert die BauONW in § 32 u. a.:

(2) Einschiebbare Treppen und Rolltreppen sind als notwendige Treppen unzulässig. Einschiebbare Treppen und Leitern sind bei Gebäuden geringer Höhe als Zugang zu einem Dachraum ohne Aufenthaltsräume zulässig; sie können als Zugang zu sonstigen Räumen, die keine Aufenthaltsräume sind, gestattet werden, wenn wegen des Brandschutzes Bedenken nicht bestehen.

(6) Treppen müssen mindestens einen festen und griffsicheren Handlauf haben . . .

(7) Die freien Seiten der Treppen, Treppenabsätze und Treppenöffnungen müssen durch Geländer gesichert werden . . .

Wenn die oberste Geschoßdecke wärmegedämmt ist, sollte auch eine wärmegedämmte Luke zum Dachboden eingebaut werden. Es gibt auch Dämmsätze zum nachträglichen Einbau.

Gitterrosttreppen

Als Fluchtweg im Brandfalle, als Zugang zu Regalen, Produktionseinrichtungen u. dgl. sind Ganzmetalltreppen am Markt, deren Stufen aus Gitterrosten bestehen. Sie seien der Vollständigkeit halber hier genannt.

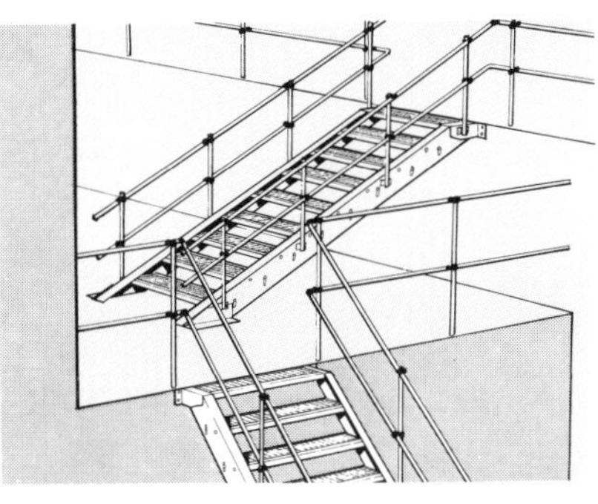

Bei solchen Treppenanlagen wie bei allen Stahl-Bauteilen, die im Freien aufgestellt werden und dem Wetter ausgesetzt sind, sollte man zur Vermeidung von Reklamationen auf sehr gute Verzinkung achten. Von Vorteil ist, wenn die Höhen und Neigungen verstellbar sind.

Beton-Fertigteiltreppen

Die mit dem Baufortschritt einbetonierte Ortbeton-Treppe hat den Nachteil, daß sie nicht gleich mit Last begehbar ist, aber den vorhandenen Platz für den Zugang zum nächsten Geschoß voll ausfüllt und die Aufstellung von Leitern im Treppenraum nicht mehr möglich ist. So liegt der Gedanke nahe, eine sofort begehbare, voll belastbare und gegen Beschädigungen während der Bauzeit unempfindliche Treppe einzubauen.
Das Gewicht der vorgefertigten Stahlbetonteile ist hoch genug, um schalldämpfend zu wirken, jedoch nicht so hoch, daß die Einzelteile der Treppe nicht auch in Eigenleistung eingebaut werden könnten.
Der Ausbreitung des Körperschalls im Haus kann man begegnen, indem die tragenden Treppenwangen oder der Mittelholm oben und unten auf Trittschalldämmplatten aufgelegt werden.
Stahlbeton-Fertigtreppen gibt es als fertige Bausätze für gerade und gewendelte Treppenläufe, auch mit Zwischenpodest, sowie als Spindeltreppe.
Mittelholmtreppen ermöglichen eine völlig freie Treppenführung. Stahlbetontreppen werden erst nach Beendigung der anderen Bauarbeiten mit Teppich, Fliesen, Naturstein, Holz oder anderen Materialien belegt. Sie sind für innen und außen geeignet.

Stahlbeton-Wangentreppe

Balkon- und Treppengeländer

Balkon- und Treppengeländer wurden noch vor gar nicht langer Zeit ausschließlich handwerklich gefertigt.
Erst durch die Schaffung industriell gefertigter zusammensetzbarer, vielseitig kombinierbarer Bauteile entstand ein Sortiment, das vor allem im Zeichen des Selbermachens interessant ist.
Balkongeländer sind eine wichtige Sicherungseinrichtung am Bau. In den Bauordnungen der Länder sind die nicht überall ganz gleichen Vorschriften festgelegt, die bei Balkon- und Treppengeländern beachtet werden müssen. Darüber sollte man sich bei der örtlichen Bauaufsicht gründlich informieren. Wichtig ist die Mindesthöhe der Geländer. Sie liegt in der Regel bei 90 cm über Oberkante Bodenbelag. Liegt der Balkon oder die Treppe höher als 12 m über Erdniveau (Absturzhöhe), werden in der Regel mindestens 1,10 m Höhe des Geländers über Oberkante Fußbodenbelag gefordert.
Bei senkrecht angebrachter Schutzverkleidung (auch Zierverkleidung) darf der seitliche Stababstand (lichter Abstand) meist 12 cm nicht überschreiten. Bei waagerechter Verkleidung dürfen Kinder nicht die Möglichkeit haben hinaufzuklettern. Aus diesem Grunde darf der lichte Abstand von Stab zu Stab (Brett zu Brett) meist 2 cm nicht überschreiten.

Bei aufgesetzten Brüstungen bleiben die Seiten der Betonplatte sichtbar.

Wichtig ist die Belastbarkeit der Pfostenbefestigungen. Infolge der Hebelwirkung ist die Zugkraft, die auf die Verankerungsschrauben wirkt, bei 1 m Geländerhöhe und 10 cm Abstand der Schrauben vom unteren Pfostenende bereits 10mal so groß wie die Kraft, die auf den obersten Punkt des Geländers wirkt (Winddruck, Dagegenlehnen). Daraus geht hervor, daß der Verankerung der Pfosten ganz besondere Aufmerksamkeit geschenkt werden muß.

Das gilt sowohl für Balkon- wie für Treppengeländer. DIN 1055 T 3 setzt für Treppen, Balkone und offene Hauslauben an Brüstungen und Geländern in Holmhöhe eine Horizontallast von 0,5 kN/m (50 kp/m), bei öffentlichen Gebäuden 1 kN/m (100 kp/m), an.

Die Balkon- und Treppengeländer-Systeme sind typengeprüft. Das heißt, daß aus ihnen hergestellte Geländer den Bestimmungen genügen, wenn die Einbauvorschriften befolgt werden.

Der Einbau ist bei den führenden Fabrikaten so gründlich und klar erklärt, daß er nicht nur durch Handwerker, sondern auch durch den geschickten Heimwerker erfolgen kann.

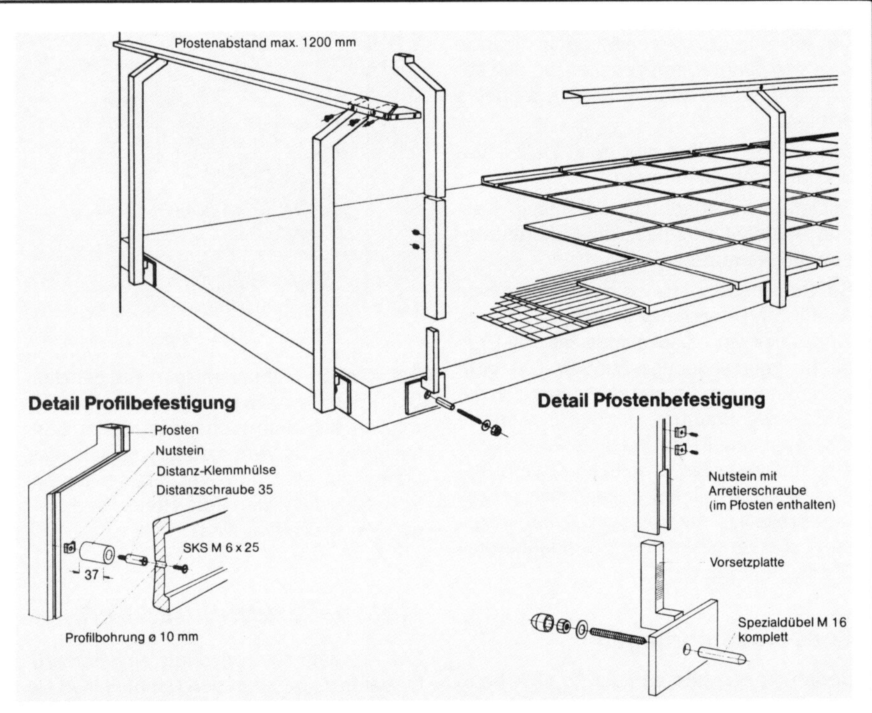

An der Balkon-Stirnseite befestigtes, vorgesetztes Geländersystem, das sich auch bei überstehenden Belägen einsetzen läßt

Das Bauprinzip

Die bei handwerklicher Herstellung geschweißte Tragekonstruktion ist in kleine, austauschbare und durch Verschrauben verbindbare Einzelteile zerlegt.

Die Pfosten erhalten ihre Standfestigkeit von stabilen Vollaluminium-Aufsteckplatten, auch Fußpunkte genannt, die je nach vorgesehener Befestigungsart unterschiedlich ausgebildet sind. Der maximale Pfostenabstand nach Werksangabe darf keinesfalls überschritten werden.

Die Pfosten werden aufgesteckt und oben mit einem Handlauf verbunden. Je nach vorgesehener Verkleidung muß eine waagerechte Trägerkonstruktion angebracht werden (bei senkrechter Verbretterung), oder die Verkleidung wird direkt an den Pfosten befestigt.

Für Knicke im Handlauf bei Treppen gibt es Gelenkstücke, die jeden beliebigen Winkel zulassen.

Auch für Preßholzhandläufe gibt es die erforderlichen Formstücke.

Die angebotenen Verkleidungen bieten eine Vielzahl von Möglichkeiten.

Wegen der hohen Korrosionsbeständigkeit überwiegen bei der Unterkonstruktion die Metallteile, die aus Aluminium oder verzinktem Stahl hergestellt sind.

Die Schrauben und kleinen Verbindungsteile sind fast ausnahmslos aus Edelstahl.

Infolge des reichhaltigen Angebotes an Verkleidungen und Handlaufmaterial lassen sich allgemeingültige Aussagen nicht treffen.

Offene Kamine

Aus dem ehemals wirklich offenen Kamin ist ein vielfältiges System von mehr oder weniger offenen Brennstellen geworden.

Der offene Kamin alter Lesart, also die behagliche offene Feuerstelle, die ohne jede „Nebenabsicht" betrieben wurde, das offene Kaminfeuer „Begüterter", ist bei Neueinrichtungen auf ein Minimum (1–2%) gesunken.

Sehr wesentlich dazu beigetragen haben die steigende Aufmerksamkeit für Fragen der Energieeinsparung und die Nostalgiewelle, die wiederum dem Kachelofen ungezählte Anhänger bescherte.

So muß man zur Kenntnis nehmen, daß die Übergänge zwischen offenem Kamin und Kachelofen fließend geworden sind.

Eine Aufstellung der Möglichkeiten, die die verschiedenen Sortimente bieten, erscheint hier nicht sinnvoll, da diese Aufstellung nur kurze Zeit aktuell wäre.

Noch ehe auf die Aufbauanleitungen im Zusammenhang mit den Bauvorschriften eingegangen wird, zuerst die beiden Bereiche, von denen die Funktion der „mehr oder weniger offenen" Kamine abhängt: von der Abgasab- und der Verbrennungsluftzuführung.

Die Abgasabführung

Das im Kapitel „Montageschornsteine" Ausgesagte sollte hier noch einmal nachgelesen werden. Ein richtig dimensionierter Schornstein ist die wichtigste Voraussetzung für eine funktionierende Feuerstelle. Maßstab ist hier das Verhältnis Feuerungsöffnung zu Schornsteinquerschnitt. Die Hersteller geben bei den verschiedenen Kamineinsatztypen den jeweils erforderlichen Schornsteinquerschnitt in Abhängigkeit von der Schornsteinhöhe an.

Die Bemessung der Schornstein-Dimensionen muß sich ausschließlich nach der Funktionssicherheit richten. Der Mindestquerschnitt bei konkret wirksamer Schornsteinhöhe und der größte Querschnitt des Schornsteins müssen stimmen.

Diese dürfen sich nicht nach wirtschaftlichen oder energiepolitischen Gesichtspunkten richten, sondern müssen – ebenso wie der Mindestquerschnitt – nach dem in DIN 4705 T. 1 Berechnung von Schornsteinabmessungen festgeschriebenen Rechnungsgang ermittelt werden. Andernfalls sind Funktionsstörungen vorprogrammiert.

Die Frischluftzufuhr

Mit der Dichtung der Fenster ist das Problem der Zufuhr von Frischluft in unsere Wohnungen ins Bewußtsein gerückt worden.

Undichte Fenster, wie sie früher üblich waren, lassen genügend Frischluft in den Wohnraum nachfließen, wenn Raumluft durch den Schornstein abgeführt wird. Nicht so bei dicht schließenden Fenstern,

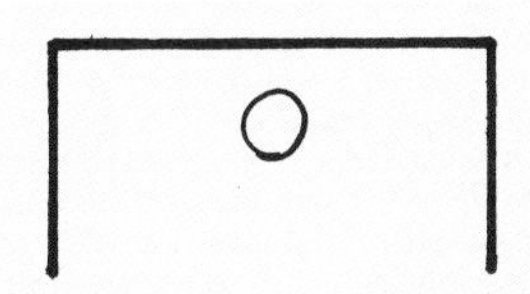

Einseitig offen: Die Feuerstelle ist von 3 Seiten geschlossen.

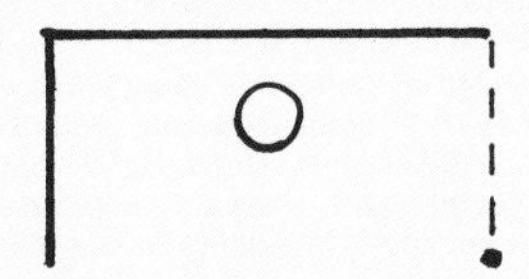

Zweiseitig offen: Die Feuerstelle ist von vorn und einer Seite (wahlweise links oder rechts) offen.

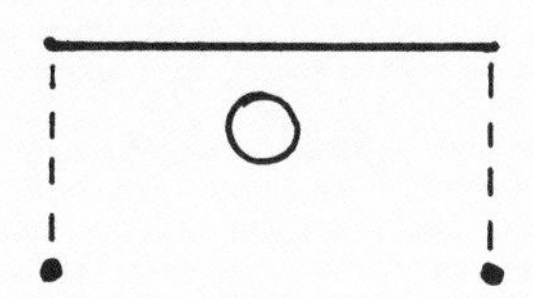

Dreiseitig offen: Die Feuerstelle ist von 3 Seiten zugänglich. Nur die Rückseite ist zu.

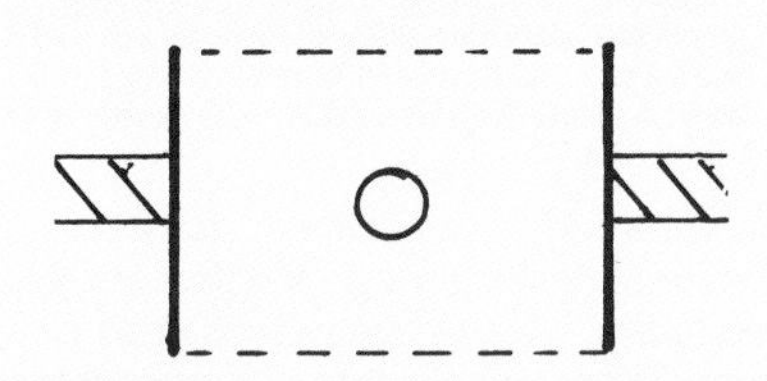

Nach 2 Räumen jeweils einseitig offen: Die Feuerstelle liegt zwischen zwei Räumen und ist von beiden Räumen zugänglich.

Aufstellungsarten offener Kamine (Draufsicht)

wie sie für eine ausreichende Wärmedämmung und für die erforderliche Schalldämmung unerläßlich sind. Bei gleichmäßig dichten Fenstern und Außentüren bringt die Belüftung von Raum zu Raum auch nichts. Falsch, ja widersinnig ist der Ruf: zurück zum undichten Fenster. Dagegen spricht vor allem der ständig zunehmende Außenlärm. Die Konsequenz zu den Forderungen des Schall- und des Wärmeschutzes kann nur gezielte Frischluftzufuhr, Schalldämpfung inbegriffen, in Verbindung mit der Möglichkeit der Vorwärmung, heißen.

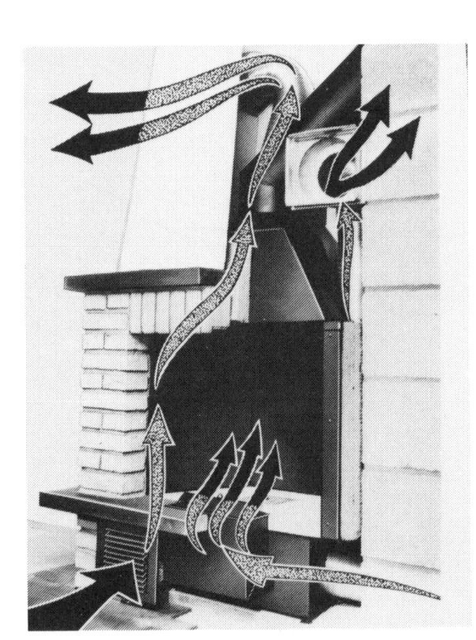

Luftführung in Warmluft-Kaminen: Verbrennungsluft-Zuführung und Warmluft-Zirkulation sind voneinander getrennt.

Im Heizungskeller gilt die Vorschrift, Zuluftführungen einzubauen, schon seit längerer Zeit. Im Wohnbereich besteht dieselbe Notwendigkeit, nicht nur bei vorhandenem offenen Kamin.

Statt durch das Fenster auch in der Heizperiode kalte mit dem Lärm befrachtete Luft in die Wohnungen zu holen, ist es sinnvoller, von der ruhigsten und saubersten Stelle des Anwesens die Frischluft für das Haus herzuholen und den Verbrauchsstellen zuzuführen, schallgedämpft und in der Heizperiode vorgewärmt. Das geschieht teilweise bei den hier beschriebenen Brennstellen.

Über die Möglichkeit, dem offenen Kamin die Verbrennungsluft aus dem Aufstellraum zur Verbesserung des Wohnklimas oder direkt dem Feuerraum zuzuführen, kann man diskutieren. Man darf jedoch die im Vergleich zum Ofen ungleich größere Luftmenge und die zu deren Vorwärmung nötige Energie nicht außer acht lassen.

Bei beiden Verfahren sollte man die Wärme der Rauchgase zur Luftvorwärmung nutzen. Es gibt hier bereits Lösungen und genaue Berechnungsgrundlagen. Im übrigen werden zunehmend die Funktionsnachweise der korrekten Abgasführung und Verbrennungsluftführung verlangt.

Dringend abzuraten ist vom Versuch, aus einem offenen Kamin durch den Einbau von Türen nachträglich einen Ofen zu machen.

Die Gefahren nachträglich eingebauter Türen

Leider haben die Erfahrungen gezeigt, daß die Betreiber von offenen Kaminen durch die Aussage, eine dichtschließende Tür mache aus jedem Kamin einen Ofen, dazu animiert werden, nicht zulässige Brennstoffe und große Brennstoffmengen zu verwenden in der irrigen Meinung, große Heizleistungen und Dauerbrand zu erzielen:

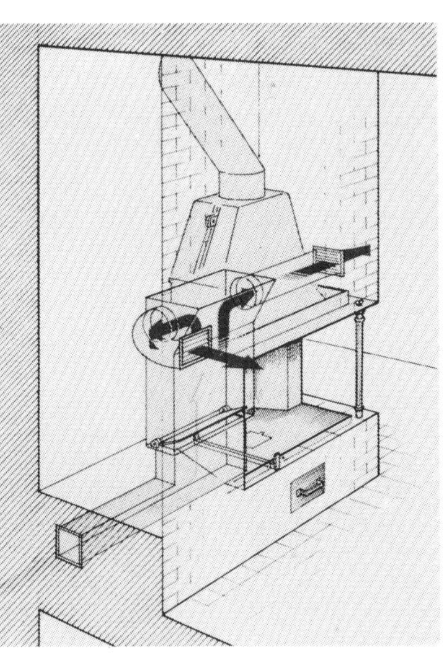

Wird ein offener Kamin mit zu großen Mengen Brennstoff beladen, und werden vorhandene Feuerraumtüren geschlossen, dann kann keine ordnungsgemäße Verbrennung stattfinden. Es läuft nur ein Schwelprozeß ab mit Ablagerungen von Holzteer, Glanzruß und großen Mengen von unverbrannten Heizgasen. Wird die Tür zum Schüren oder Nachlegen geöffnet, kann es zu Verpuffungen kommen.

Oftmals wird die Tür nur einen Spalt geöffnet, um das Feuer mehr anzufachen.

Durch den scharfen Luftstrom wird das Feuer essenartig angefacht, es treten unter Umständen hohe Temperaturen im Schornstein auf, die die brennbaren Ablagerungen entzünden können. Ein Schornsteinbrand ist die Folge.

Eine größere Heizleistung ist ebenfalls nicht gegeben, da mit zu hohen Abgastemperaturen der Wirkungsgrad sinkt.

Soweit es sich um ausgesprochene Heizkamineinsätze handelt, kann sich bei starkem Feuer normalerweise kein Hitzestau in der Wärmedämmung und im angrenzenden Mauerwerk bilden.

Werden jedoch bereits bestehende gemauerte Kamine nachträglich mit Türen versehen, kommt es durch das Abschließen der kühlenden, großen Luftmenge durch die Tür zu einem drastischen Temperaturanstieg im Feuerraum und Schornstein.

Es wurden dabei Temperaturen von teilweise über 600° C im Schornstein gemessen. Die FeuVo und DIN 4705 bzw. 18 160 lassen als Grenze nur 400° C zu.

Wird diese so entstehende Wärmemenge nicht durch ein Rückgewinnungssystem – wie in den Heizkaminen – aufgenommen, kann dies zu einem gefährlichen Hitzestau in der Wärmedämmung, Verkleidung und in den angrenzenden Wänden führen.

In diesen Fällen besteht Brandgefahr.

Vom Einbau nicht zum System gehörender Feuerraumtüren ist daher unbedingt abzuraten.

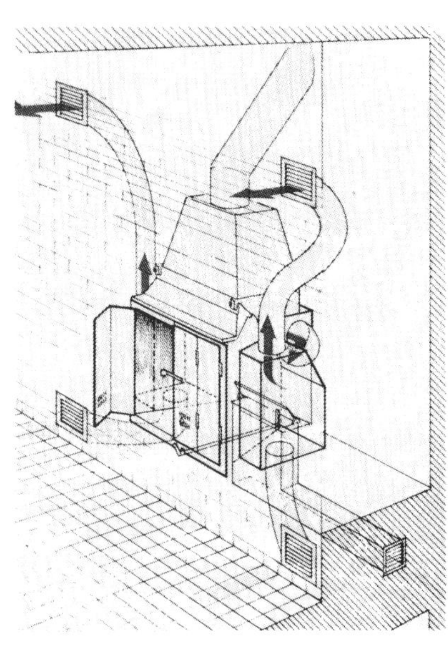

Kamin mit Glastür vor dem Feuerraum

Freistehender offener Kamin

Vom Kamin zum Ofen

Vom System her unterscheiden wir
- offene Feuerstellen,
- Warmluftkaminanlagen,
- Kachelöfen.

Der ursprüngliche **offene Kamin** ist nach dieser Unterteilung die offene Feuerstelle. Sie verfügt über keinerlei zusätzliche Heizeinrichtungen. Sie ist reine Brennstelle. Ihr „Innenleben" besteht meist aus Schamotte- oder Feuerbeton-Einzelteilen.

Von einer **Warmluftkaminanlage** spricht man, wenn die entstehende Verbrennungswärme durch Luftkanäle, die keine Verbrennungsgase abführen, die nur den Abgasweg umgeben, in den Wohnraum geleitet wird.

Vom äußeren Erscheinungsbild her ist der Übergang vom Warmluftkamin zum **Kachelofen,** der durchaus auch eine Glastür haben kann, fließend. Der wesentliche technische Unterschied liegt in der Frischluftzufuhr, die bereits ausführlich erläutert wurde.

Die DIN 18891 Kaminöfen für feste Brennstoffe unterscheidet zwischen Kaminöfen mit einem geschlossenen Feuerraum (Bauart 1), deren Tür nur zur Bedienung geöffnet wird, und solchen, die auch eine Tür haben, die aber auch mit offener Tür betrieben werden können (Bauart 2).

In den „Richtlinien für den Bau von offenen Kaminen" folgt der Bestimmung der Begriffe die Festlegung der Anforderungen, die an die Räume zu stellen sind, in denen offene Kamine aufgestellt und betrieben werden dürfen.

Die Paragraphen 6 und 12 der Feuerungsverordnung schreiben gleichlautend vor:

(1) Offene Kamine dürfen nicht in Räumen errichtet oder aufgestellt werden, in denen sich andere Feuerstätten befinden, ausgenommen Feuerstätten mit völlig abgeschlossenem Verbrennungsraum.

(2) Offene Kamine dürfen in Räumen errichtet oder aufgestellt werden, wenn ihnen mindestens 360 m³ Verbrennungsluft je Stunde und je Quadratmeter Feuerraumöffnung zuströmen können; dabei sind die Unterdrücke gegenüber dem Freien zu berücksichtigen, die die Schornsteine der offenen Kamine gewährleisten. Befinden sich andere Feuerstätten in Räumen, die mit den Aufstellräumen offener Kamine in Verbindung stehen, so müssen den offenen Kaminen 540 m³ Verbrennungsluft je Stunde und je Quadratmeter Feuerraumöffnung sowie den anderen Feuerstätten mindestens 1,6 m³ Verbrennungsluft je Stunde und je Kilowatt Gesamtnennwärmeleistung bei einem Unterdruck in den Räumen gegenüber dem Freien von nicht mehr als 0,04 mbar zuströmen können. Satz 2 gilt nicht, wenn die anderen Feuerstätten einen völlig abgeschlossenen Verbrennungsraum haben oder sich in Räumen befinden, in denen ihre Betriebssicherheit durch den Betrieb der offenen Kamine nicht gefährdet werden kann.

(3) Bauteile aus brennbaren Baustoffen im Strahlungsbereich offener Kamine müssen von den Feuerraumöffnungen nach oben und nach den Seiten einen Abstand von mindestens 80 cm haben. Bei Anordnung eines beiderseits belüfteten Strahlungsschutzes genügt ein Abstand von 40 cm.

(4) Offene Kamine dürfen ohne Abstand an Wände aus brennbaren Baustoffen angebaut werden, wenn durch die besondere Wärmedämmung aus nichtbrennbaren Baustoffen sichergestellt ist, daß die Oberfläche der Wände auf nicht mehr als 85 °C erwärmt wird.

Die Anforderungen beziehen sich also auf Verbrennungsluftbedarf und Schutz des Gebäudes. Alles in allem handelt es sich um Vorschriften, die dem Schutze der Bewohner gelten und genauester Beachtung wert sind.

Die Bauvorschriften besagen u. a., daß in dem Bereich, der durch die im Kamin entstehende Verbrennungshitze erwärmt wird, keine elektrischen Leitungen verlegt sein dürfen und daß Wände und Decken nicht so stark erwärmt werden dürfen, daß ihre statische Funktion in Frage gestellt wird.

Einseitig offener Kamin

Aufbau eines 2seitig offenen Kamins

Bauelemente für den „Wohnbereich im Garten“

Pergolen, Terrassendächer, Wintergärten

Diese Gruppe von Bauelementen, die heute immer mehr industriell gefertigt werden, hat in den letzten Jahren erheblich an Bedeutung gewonnen.

Der Wunsch, im Garten zu wohnen und durch Einfangen von Sonnenenergie in der Übergangszeit Heizenergie zu sparen, hat Entwicklungen ausgelöst, die fast übergangslos ineinander übergehen. Gemeinsam haben beide, daß die Ursprünge im Bereich des Garten- und Landschaftsbaues zu finden sind.

Der Anfang war die Pergola auf der einen und das Gewächshaus auf der anderen Seite.

Die Pergola war ursprünglich ein Holzgerüst, das als Traggerüst für rankende Pflanzen auf dem obersten Balken kurze Querhölzer trug, an dem sich die Pflanzen festranken konnten. Da und dort wurden die aufgelegten Hölzer zu Sparren einer offenen Dachkonstruktion erweitert. Heute kombiniert man eine Pergola oft mit Sichtschutzwänden, weil man das Zuwachsen nicht abwarten will.

Mit dem Vordringen der Acrylglas-Platten, erst als Wellplatten, dann als Stegdoppelplatten, ist eine einfache Möglichkeit auf den Markt gekommen, eine Terrasse lichtdurchlässig einzudecken.

Die Verarbeitungsformen des Holzes erstrecken sich von Vollholzbalken über druckimprägniertes Vollholz bis hin zum Schichtholz. Da die Eigenschaften der Vollholzbalken, das Drehen und die Neigung zum Reißen, für die transparenten Platteneindeckungen oft Grund für Schäden sind, ist hier Schichtholz der Ausweg. Probleme ergeben sich auch noch durch die sehr starke wärmebedingte Längenveränderung der Kunststoffplatten und durch unterschiedliche Erwärmung da, wo die Platten auf Holz aufliegen.

Auch auf ausreichendes Dachgefälle muß geachtet werden.

Mit dem erst nur seitlichen Windschutz und der Schiebetürentechnik kam es nach und nach zur isolierverglasten Terrasse, dem Wohnzimmer im Garten.

Parallel dazu entstand aus dem Kleingewächshaus des Blumenliebhabers, der über einen Garten verfügte, das Kleingewächshaus, das am Haus angebaut ist.

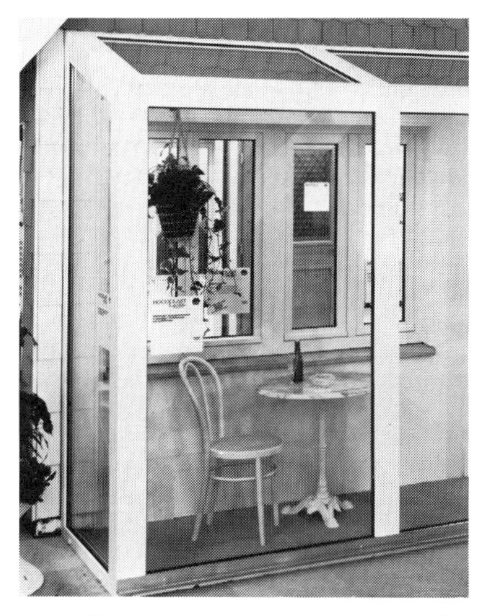

Dieses Wintergarten-System mit Profilen aus erhöht schlagzähem PVC ist besonders variabel und läßt sich z. B. auch für Terrassenumbauten, auf dem Balkon oder freistehend im Garten oder Park aufstellen.

Auf der Suche nach Nutzung der Sonnenenergie war der Solaranbau daraus entstanden.

Durch Verwendung von Holzkonstruktionen oder wärmegedämmten Alu- oder Stahlprofilen (thermisch getrennt) mit Verbundverglasung hat man stark wärmeansammelnde Vorbauten geschaffen.

Zu beachten ist bei diesen Vorbauten, daß für Glasflächen, unter denen sich Menschen aufhalten können, besondere Sicherheitsvorschriften bestehen. Die Baubestimmungen verlangen Sicherheits- oder Drahtglas, soweit keine Kunststoffe verwandt werden (s. Kapitel „Glas“, S. 208).

Gartenhäuser

Gartenhäuser gibt es zum Aufenthalt im Garten und zur Aufbewahrung der im Garten benötigten Geräte. Als kleinstes Element nur zur Verwahrung von Geräten gibt es den Gartengeräteschrank aus Stahlblech.

Ebenfalls zu den Kleinsthäusern zählen die Kinderspielhäuser. Sie sind in den meisten Fällen aus Holz.

Das Gartengerätehaus ist in einer großen Anzahl von Ausführungen am Markt. Einige Modelle haben eine Grundkonstruktion aus verzinktem Stahlblech, die mit Profilbrettern oder Schindeln verkleidet werden kann.

Die Grundausrüstung ist verzinkt-lackiert. Mit Gitter verkleidet ist das Haus für Kleintierhaltung geeignet. Es gibt ein großes

Bausatz zur Selbstmontage in Elementbauweise mit Fußboden

Sortiment An- und Ausbauteile.
Ebenso beliebt sind die Holz-Gartenhäuser in ihren verschiedenen Ausführungen.

Carports

Carports werden in gut Neudeutsch die Überdachungen für Auto-Abstellplätze genannt.
Sie gibt es wie die Terrassendächer in Vollholz, streich- oder druckimprägniert und in Schichtholz. Wichtig ist, daß die Standfestigkeit dieser sehr stark dem Windangriff ausgesetzten Dächer gewährleistet ist. Die Dachfläche muß ausreichend geneigt und entwässert sein, was auch im Winter funktionieren muß.
Ob für Gartenhäuser und Carports Baugenehmigungen gefordert werden, ist nicht einheitlich auszusagen. Es empfiehlt sich, vor dem Kauf alle Einzelheiten mit dem jeweiligen Bauamt abzusprechen.

Garagen

Nicht jeder Haus- und Fahrzeugbesitzer gibt sich mit einem offenen Abstellplatz für sein Auto zufrieden. Seit Garagen als Beton-Fertigteile in großen Serien gebaut werden, wird kaum noch irgendwo eine Garage gemauert, zumal man selbst das Dach zufriedenstellend variieren kann.
Stahlbeton-Fertiggaragen werden von etlichen Fertigteilewerken in Lizenz gebaut und per eigenem Spezialfahrzeug angeliefert und auf den vorbereiteten Untergrund aufgestellt.
Außer der schon erwähnten Änderungsmöglichkeit beim Dach – Fertiggaragen werden durchweg mit Flachdach gebaut – gibt es die Möglichkeit, verschiedene Fenster, eine seitliche oder hintere Tür einzubauen, es gibt die Möglichkeit eines Anbaues, bei Doppelgaragen die Möglichkeit, die Trennwände wegzulassen, und viele andere Variationsmöglichkeiten.
Das Fundament der Garagen wird bauseits erstellt, ebenso der Anschluß der innenliegenden Abwasserleitung. Die Garage kann aber auch mit Boden geliefert werden.
Beton-Fertiggaragen sind genehmigungspflichtig. Die Hersteller weisen darauf ausdrücklich hin.
Als Trafostation werden auch vielfach Fertigteil-„Garagen" verwandt. Diese haben verstärkte Wände, damit sie den Sicherheitserfordernissen entsprechen.

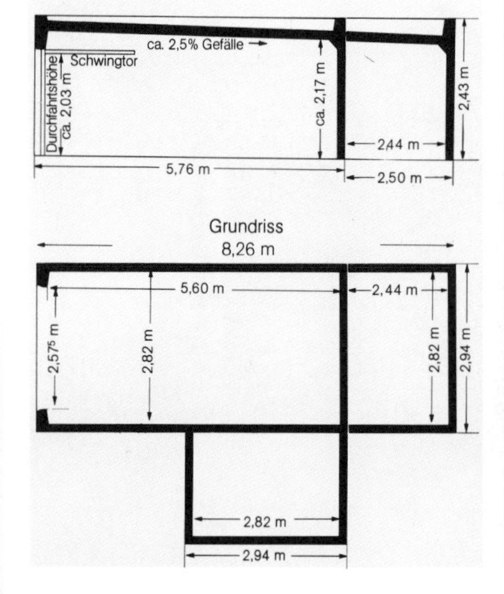

Carports können als Metall- (oben) oder Holzkonstruktion gewählt werden.

Moderne Fertiggaragen sind im Grundriß und in der äußeren Gestaltung vielseitig variierbar.

Müllboxen

Mülleimer, die am Zugang zum Hause stehen, am Vorplatz oder an der Straße, sind keine Zierde der Umgebung, aber man kann sie schlecht im Haus unterbringen. So kam es wohl, daß sich Hersteller von Metalltüren und Beton-Fertigteilwerke etwas einfallen ließen: die Müllbox, die eigentlich Mülleimerbox heißen müßte.

Sortimentsgruppe 6: Keramische Fliesen und Platten

Geschichtliches

Bereits im 14. Jahrhundert verbreitete sich die Fliesenkeramik in Europa, als Majolika in Spanien, in Italien Fayencen, die Delfter Fliesen in den Niederlanden und das Steinzeug aus dem Kannenbäckerland (Westerwald) in Deutschland.

Die Fliesenkeramik ist mit der Kultur und der Kunstgeschichte verbunden, wie auch mit der Geschichte der Technik.

Bereits im Altertum spielte in Ägypten die Keramik eine große Rolle. Schon zu dieser Zeit wurden grüne Glasurfarben entdeckt. Eine Grabkammer aus dem 3. Jahrhundert v. Chr. bereits enthält grünglasierte Verblendsteine. Im selben Gebiet wurden Wandfliesen aus dem 12. Jahrhundert v. Chr. gefunden. Das zu glasierende Material wurde schon damals mit Mustern und Zeichnungen geritzt.
Viele Bauten des Islam, bis ins 7. Jahrhundert zurückreichend, sind kunstvoll mit Keramik verziert.
Von der orientalischen Fliesenkeramik wurde die europäische stark beeinflußt. Aus dem Mittelalter gibt es noch viele schöne Beispiele damaliger Keramikkunst.
Zu Beginn der Neuzeit war vor allem die Keramikkunst der Niederlande berühmt (Ende des 16. bis ins 17. Jahrhundert). Sie wurde vielerorts nachgemacht.
Die ReliefFliesen im Jugendstil waren ebenfalls Produkt einer Blütezeit der Fliesenkunst.
Die Weiterentwicklung nach dem Kriege begann mit einem recht kleinen Sortiment. Die Fußbodenplatten gab es in den Abmessungen 10/10 und 15/15 cm, glatt und mit Noppen als rutschfeste Fliesen, meist in Grau, Gelb, Rot und Braun, uni oder geflammt, mit Sockel 15/10 cm mit Fase. Die glasierten Wandfliesen hatten das Format 15/15 cm. Weiß, Elfenbein und „Industrie" waren die Hauptfarben, dazu gab es einige „Majolikaplatten" in wenigen Farben.

Mosaikplatten waren 2,5/2,5 cm groß und zum Teil trockengepreßt. Spaltplatten kamen hauptsächlich als Wand-/Fassaden- und Bodenbeläge in gewerblich genutzten und öffentlichen Gebäuden sowie im Schwimmbadbau zum Einsatz, also im sog. Objektbereich.
Sicher gab es von Gegend zu Gegend geringfügige Abweichungen, Importfliesen waren fast nicht zu bekommen.
Nach und nach kamen andere Formate wie Vilbo-Wandfliesen im Format 10,8/10,8 cm und Mittelmosaik 5/5 cm auf den Markt.

Noch relativ lange Zeit nach Kriegsende war Keramik meist einfarbig, vielleicht auch einmal Ton in Ton geflammt. Doch seit einer Reihe von Jahren nimmt die Zahl der erhältlichen Farben, Dekors und Formate ständig zu. Inzwischen ist das Angebot fast unüberschaubar.
Ein Auslöser dieser Entwicklung war eine zunehmende Marktsättigung, die in zwei Richtungen wirkte: Im unteren Qualitätsbereich versuchte man, die Fliesen über den Preis zu verkaufen. Bei hochwertigen Produkten hingegen führte der Wettbewerb zu immer neuen Design-Ideen. Dabei gab es auch gegenseitige Anregungen über die Grenzen hinweg, z. B. zwischen der deutschen und italienischen keramischen Industrie.

Das Ausgangsmaterial

Wie bei allen keramischen Baustoffen ist auch hier Ton das Hauptausgangsmaterial. Ton, abgesetzter Feinschlamm vom Meeresgrund der Urzeit, liegt wohl nirgends so vor, wie er zur Verarbeitung benötigt wird. Er muß aufbereitet werden, in der Weise, wie schon bei der Ziegelherstellung beschrieben.
Ton besteht hauptsächlich aus wasserhaltigen Aluminiumsilicaten, also Verbindungen, die aus Aluminium und Silicium entstanden sind.
Keramisch hochwertige Tone enthalten viel Kaolinit, die Verbindung aus Aluminiumhydroxid und Siliciumoxid. Dessen chemische Formel ist $Al_4[(OH)_8/Si_4O_{10}]$. Kaolin ist der Ausgangsstoff der Porzellanherstellung. Reines Kaolin ist weiß.
Vom Wassergehalt der zu verarbeitenden Masse her gesehen unterscheiden wir Trockenpreßmasse für keramische Fliesen, plastische Masse für Spaltplatten sowie Gießmasse für Sanitärkeramik und zum Glasieren (Glasurschlicker). Für die Glasuren sind Quarz, Kalkspat, Dolomit und Metalloxide die Grundstoffe.

Die Produktion

Die mineralogische Zusammensetzung der Masse und die Brenntemperatur sind entscheidend für das entstehende Material:
Irdengut wird bei Temperaturen zwischen 900 und 1000° C gebrannt, Steingut bei höheren Temperaturen, aber unter der Sinterungsgrenze (dem Beginn des Schmelzens). Der Scherben von Irdengut ist farbig, der von Steingut fast reinweiß. Beide sind porös und wurden früher in einem zweiten Brand glasiert. Während der erste Brand vor allem für die mechanische Festigkeit des Scherbens verantwortlich ist, erhält die Fliese beim Glasurbrand ihre Gebrauchseigenschaften, d. h. Abriebfestigkeit, Wasserundurchlässigkeit, chemische Beständigkeit usw. Die moderne Technik geht zum Einbrandverfahren über (nur 1 Brennvorgang).
Steinzeug wird bei ca. 1200° C gebrannt und erhält durch Sinterungsvorgänge einen sehr dichten, weißen oder farbigen Scherben. Steinzeugfliesen werden sowohl unglasiert als auch in einem Brennvorgang glasiert hergestellt.

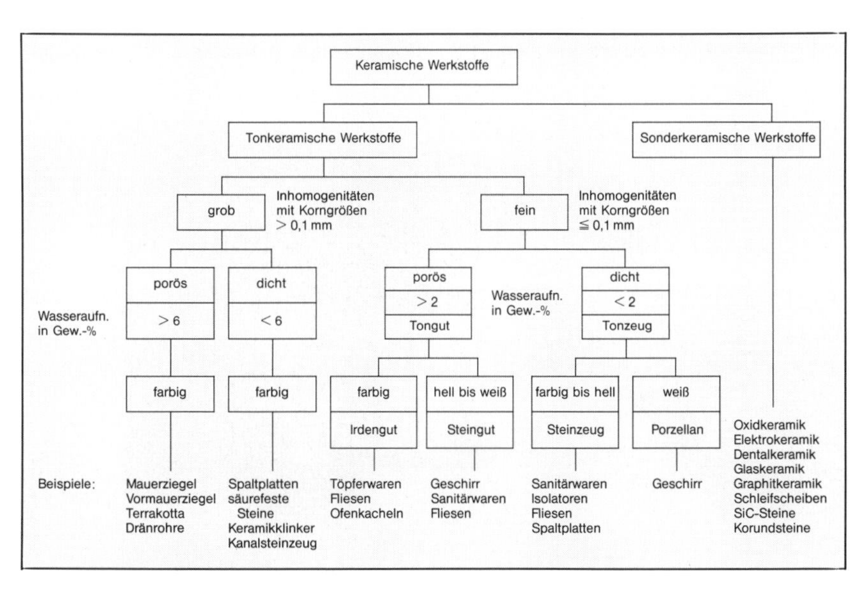

Übersicht über keramische Werkstoffe

Einsatzgebiete und daraus abgeleitete Anforderungen

Eine grundsätzliche Trennung im Sortiment ergibt sich aus der Verwendung in geschlossenen Räumen oder im Freien.

Dabei zählen überdachte Balkone oder Freiplätze, die im Winter dem Frost ausgesetzt sind, auch wenn sie vor den Niederschlägen geschützt sind, zu den Verwendungsstellen im Freien. Ein wichtiger Hinweis: Wir unterscheiden daher grundsätzlich frostbeständige Fliesen und Platten von den nicht frostbeständigen Steingut- und Irdengutfliesen.

Das heißt also, daß die Steinzeugfliesen und -platten, wenn sie als frostsicher bezeichnet sind, überall, also innen und außen, verlegt werden können, während Steingutfliesen dagegen nur im Innern von Bauten verlegt werden dürfen, da, wo keine Frosteinwirkung zu erwarten ist.

Wo das nicht zutrifft, sind Frostschäden zu befürchten.

Auf einen Punkt sei noch hingewiesen: Fliesen oder Platten, die, im Freien verlegt, auch nach Schneefall begangen werden sollen, sollten möglichst viel Rutschfestigkeit bieten, also z. B. rauh sein. Glatte Fliesenbeläge mit einer Schneeauflage können es mit jeder spiegelglatten Eisfläche aufnehmen!

Bei dem frostsicheren Steinzeugmaterial unterscheiden wir noch zwischen Steinzeugfliesen, DIN EN 176, die, trocken gepreßt, sehr maßgenau sind und sich für Verlegung mit engen Fugen eignen und den stranggepreßten Steinzeugplatten, als Spaltplatten, DIN 18 166, bekannt.

Das Merkmal der letzteren sind die unterseitige Rillung oder die „Schwalbenschwänze". Deren Maßtoleranzen sind etwas größer und erfordern ca. 10 mm breite Fugen.

Für die Verlegung im Innenbereich vorgesehene Fliesen müssen zwar nicht frostsicher sein, doch sie haben, wie die Fliesen und Platten für außen, im Bodenbereich bestimmten Kriterien zu entsprechen.

Anwendung	Vorgeschriebenes Prüfergebnis auf »Schiefer Ebene«	
A ● Barfußgang ● Einzelumkleiden ● Sammelumkleiden	Grenzwinkel 12°	
B ● Vorreinigung, Duschen ● Bereich von Desinfektions-Sprühanlagen ● Beckenumgang ● Beckenboden im Nichtschwimmerbereich ● Nichtschwimmerteil von Wellenbecken ● Hubböden ● Planschbecken ● Treppen außerhalb des Beckens, jedoch innerhalb des Barfußbereiches	Grenzwinkel 18°	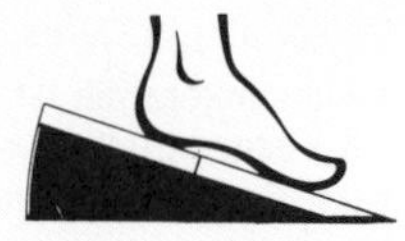
C ● ins Wasser führende Treppen ● Durchschreitebecken ● geneigte Beckenrandausbildungen	Grenzwinkel 24°	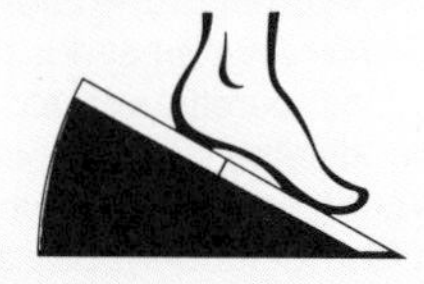

Grenzwinkel für die Anwendungsbereiche keramischer Fliesen

Steinzeugfliesen und -platten nehmen sehr wenig Wasser auf und sind in unglasierter Ausführung sowohl gegen mechanische als auch gegen chemische Beanspruchung sehr widerstandsfähig.

Seit Mitte der 60er Jahre führt sich zunehmend die Verwendung glasierter Fliesen auch als Bodenbelag ein. Das Aussehen gewinnt, und glasierte Fliesen sind leicht zu reinigen. Doch verringern sich die Rutschsicherheit und die Abriebfestigkeit gegenüber unglasierten Oberflächen.

Um die Abriebfestigkeit für unterschiedliche Nutzungen einteilen und klassifizieren zu können, hat man international die nachstehenden vier Beanspruchungsklassen für glasierte Fliesen zusammengestellt, die als Richtschnur für die Praxis dienen sollen.

Klasse 1

Bodenbeläge in Räumen, die mit weich besohltem Schuhwerk oder barfuß ohne kratzende Verschmutzungen begangen werden, z. B. Badezimmer und Schlafräume in Wohnungen ohne direkten Zugang von außen.

Klasse 2

Bodenbeläge in Räumen, die mit weich besohltem oder normalem Schuhwerk und höchstens gelegentlicher und geringer kratzender Verschmutzung begangen werden, z. B. Räume im Wohnbereich, ausgenommen Küchen, Dielen und andere häufig begangene Räume.

Klasse 3

Bodenbeläge in Räumen, die häufiger mit normalem Schuhwerk und geringer kratzender Verschmutzung begangen werden, z. B. Hallen, Küchen, Korridore, Balkone, Loggias und Terrassen.

Klasse 4

Bodenbeläge in Räumen, die intensiver bei einer auch kratzenden Verschmutzung begangen werden, also Belastungsbedingungen ausgesetzt sind, die die obere Grenze für die Anwendung glasierter Bodenfliesen darstellen, z. B. Eingangshallen, Arbeitsräume, Restaurants, Ausstellungs- und Verkaufsräume sowie andere Räume in privaten und öffentlichen Gebäuden, die in den Klassen 1–3 nicht erwähnt sind.

Die Definitionen gelten für die beschriebenen Anwendungen bei normalen Bedingungen. Die Beläge sollten in den Gebäudeeingängen durch die Zwischenschaltung von Schmutzschleusen angemessen geschützt werden.

Glasierte keramische Bodenbeläge sind für Beanspruchungen, die die Angaben der Gruppe 4 übersteigen, nicht geeignet. Für höchstbeanspruchte Böden, wie z. B.

Keramischer Terrassenbelag

in Supermärkten, Bahnhofshallen, stark begangenen Hauspassagen und dgl. können jedoch keramische Bodenbeläge in unglasierter Ausführung verwandt werden.
Auch im Industriebereich, wo Schmierschmutz und starke mechanische Belastungen auftreten, sind keramische Bodenbeläge in unglasierter Ausführung zu empfehlen.
Die Rutschgefahr auf keramischen Bodenbelägen ist besonders bei naß beanspruchten Barfußbereichen beträchtlich. Da bedarf sie besonderer Beachtung. Das gilt vor allem für private und öffentliche Schwimmbäder und Badeanlagen.
Die geforderte, einwandfreie und leicht zu erreichende Sauberkeit und Hygiene steht der Forderung nach Rutschfestigkeit entgegen. Die Lösung heißt hier „spezielle Oberflächen" für diese Bedarfsfälle.
Die DIN 51 097 „Prüfung keramischer Bodenbeläge, Bestimmung der rutschhemmenden Eigenschaften, naßbelastete Barfußbereiche" beschreibt ein Prüfverfahren, bei dem der Neigungswinkel ermittelt wird, bei dem sich eine Prüfperson auf einer schiefen Ebene mit den zu prüfenden Belägen unsicher zu fühlen beginnt.
Sowohl die Platte als auch die Füße der Testperson werden mit einem Netzmittel (Seifenlösung) befeuchtet, um die Rutschgefahr noch zu erhöhen.
Von der BAGUV – einer Arbeitsgemeinschaft öffentlicher Unfallversicherungsträger – wurden drei Anwendungsbereiche für die Eingruppierung keramischer Bodenplatten für den Barfußbereich geschaffen. Ausschlaggebend ist der im Test erreichte Grenzwinkel.
Glasierte keramische Platten erreichen die geforderten rutschhemmenden Eigenschaften nur durch Spezialglasuren.
Rutschgefahr hat auch in verschiedenen Produktionsbetrieben und Werkstätten eine Bedeutung als Unfallquelle (Schlachthäuser, Metzgereibetriebe, Werkstätten mit Öl- und Schmierstoffanfall u. a.). Für die Bewertung rutschhemmender Eigenschaften der Bodenbeläge für Arbeitsräume und Arbeitsbereiche mit erhöhter Rutschgefahr gibt es verschiedene Bewertungsgruppen, deren Erreichen für bestimmte Bodenbeläge nachgewiesen werden muß.

Keramik im Schwimmbad

Ein modernes Schwimmbad ohne Keramik ist heute nicht mehr denkbar. Die Anforderungen an die Rutschfestigkeit wurden eingangs beschrieben.
Ein weiterer wichtiger Punkt bei der Gestaltung eines Schwimmbades ist die Gestaltung der um das Schwimmbecken umlaufenden Wasserablaufrinne.
Wer gern schwimmt, kennt die unterschiedlichen Auswirkungen der verschiedenen Rinnensysteme, besonders die die

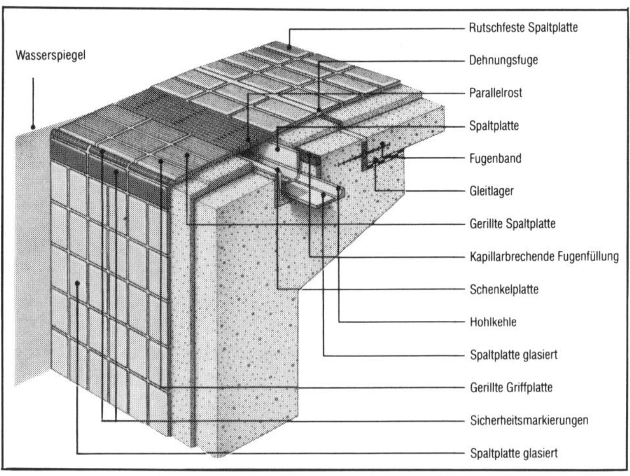

Die „Finnische Rinne"
Hauptmerkmale sind die schiefe Ebene, die von der Beckenwand zum Umlauf hin ansteigt, und die gerillte Griffplatte mit Sicherheitsmarkierung. Das Wasser läuft strandartig auf, und der Wasserspiegel beruhigt sich dadurch schnell. Weitere Vorteile in Stichworten: Wasserspiegel auf oder über Niveau des Beckenumgangs, hervorragende Übersicht für Badegäste und Schwimmeister, keine Chlorglocke über dem Becken, also keine Geruchsbelästigung. Reinigung der Ablaufrinne vom Umgang aus. Einsparungen bei Erdaushub und Betonarbeiten, denn das Becken kann bei gleicher Wassertiefe bis zu ca. 30 cm niedriger sein als bei einem sog. tiefliegenden Wasserspiegel mit einer Rinne, die innen im Becken liegt.

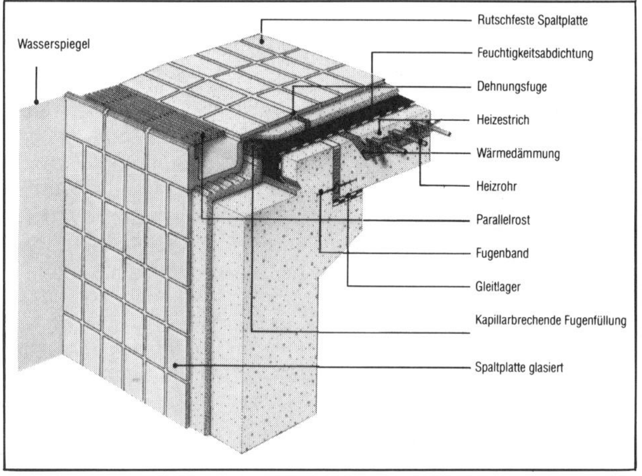

Die hochliegende „Wiesbadener Rinne"
Typisches Kennzeichen ist die Überflutungsrinne, deren Wulst Überflutungskante und Haltegriff in einem ist. Wasserspiegel auch hier auf oder über Niveau des Beckenumgangs. So ist die Übersicht hervorragend, und es gibt keine Chlorglocke. Ebenfalls wichtig: Beckenrand mit guten Festhaltemöglichkeiten für die Schwimmer, Reinigung der Ablaufrinne vom Umgang aus, Umgang vom Rand aus nutzbar. Auch hier Einsparungsmöglichkeiten beim Rohbau.

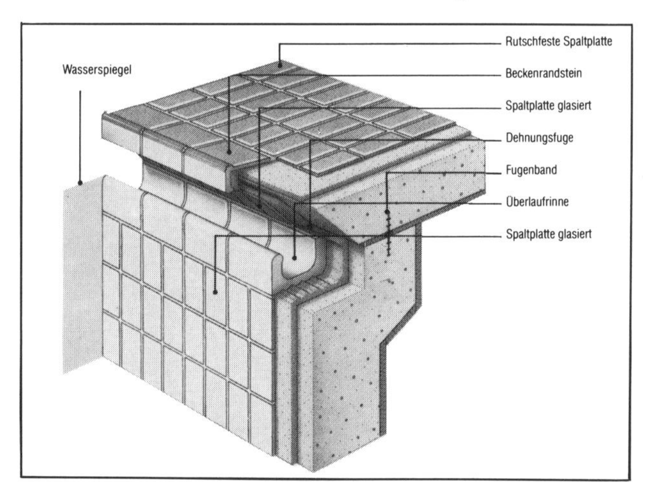

Die tiefliegende „Wiesbadener Rinne"
Dieses System besteht aus einer innenliegenden Überlaufrinne, die sich ca. 0,30 m unter dem Beckenumgang befindet. Dadurch liegt der Wasserspiegel tiefer. Die wichtigsten Vorteile dieses Systems: Gute Wellenbrechung durch Schrägplatte, gute Festhaltemöglichkeiten am Rinnenwulst, gut sichtbare Markierungen und gute Befestigungsmöglichkeiten von Trenn- und Schwimmseilen.

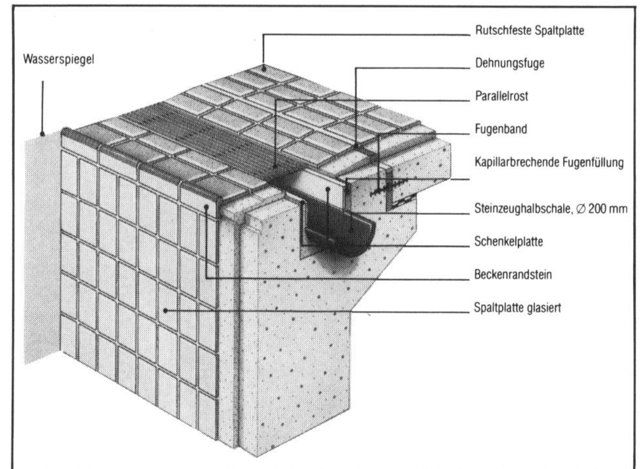

Die „Züricher Rinne"
Als Überflutungskante dient hier ein Beckenrandstein mit direkt anschließendem oder auch dahinterliegendem Überlaufkanal. Weitere Merkmale: Wasserspiegel auf oder über Niveau des Beckenumgangs. Dadurch hervorragende Übersicht und keine Geruchsbelästigung durch Chlor. Der Umgang ist vom Rand aus nutzbar, Erdaushub und Betonarbeiten sind vergleichsweise günstig.

Wasseroberfläche glättende Wirkung, die selbst bei vollem Becken noch recht ruhiges Wasser ermöglicht. Die wesentlichen Vorteile sind bei den einzelnen Systemen auf der vorherigen Seite beschrieben. Anstelle der abgebildeten Spaltplatten können natürlich auch feinkeramische Fliesen verwendet werden.

Treppenfliesen

Zum Verfliesen von Treppen gibt es besondere Formstücke. Auch die Verteilung der Fugen im Auftritt sollte so gewählt sein, daß der die Treppe Begehende nicht nach den einzelnen Stufen „suchen" muß. Die Fugen sollten die Stufen zusätzlich markieren.

Daß Fliesen und Platten auf Treppen rutschfest und trittsicher sein müssen, versteht sich eigentlich von selbst, muß aber erwähnt werden.

Keramik auf Fußbodenheizung

Die Niedertemperatur-Fußbodenheizung ist heute sehr viel im Gespräch und wird in vielen Neubauten im Wohnbereich und im Bad eingebaut.

Hierzu sei festgestellt, daß die Steinzeug-Platten und -Fliesen für diesen Zweck vor allem aus wärmetechnischen Gründen hervorragend geeignet sind.

Die Tatsache, daß warme Luft leichter ist und nach oben steigt, führt zu dem Trugschluß, daß auch in festen Körpern die Wärme überwiegend nach oben steigt.

Das trifft nicht zu!

Die Ausbreitung der Wärme in festen Körpern erfolgt gleichmäßig nach allen Seiten. Zu beeinflussen ist die Richtung der Ausbreitung nur durch Stoffe unterschiedlicher Wärmeleitfähigkeiten.

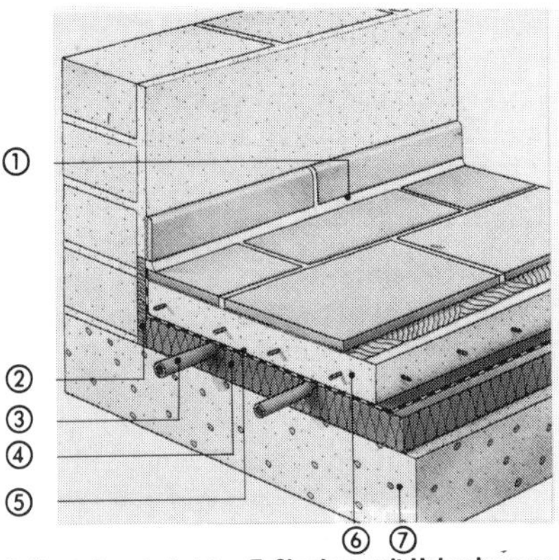

Aufbau eines beheizten Fußbodens mit Heizrohren unter dem Estrich: 1. Bewegungsfuge (Randfuge); 2. Rand-Dämmstreifen; 3. Heizrohr; 4. Dämmschicht-Trägerelement; 5. Abdeckung (zwei Lagen Folie); 6. Heiz-Estrich mit Bewehrung ≧ 45 mm dick; 7. Stahlbetondecke

Die in den beheizten Fußboden eingeleitete Wärme fließt vor allem dahin, wo sie den geringsten Widerstand, also gute Wärmeleitfähigkeit vorfindet.

Der unerwünschte Abfluß in die falsche Richtung – Heizung der Kellerdecke – kann nur durch schlecht wärmeleitende Stoffe unter den Heizrohren und gut wärmeleitende Stoffe über den Rohren in engen Grenzen gehalten werden.

Das Aufbauprinzip muß lauten: nach unten dicke, möglichst schlecht wärmeleitende Stoffe (kleine λ-Zahl), nach oben gute Wärmeleitung (große λ-Zahl).

Hilfreich ist dabei der Vergleich einiger Wärmeleitzahlen in Frage kommender Baustoffe:

Gut für oben:
Zementestrich $\lambda = 1{,}4$ W/(m.K)
Steinzfliesen $\lambda = 1{,}2$ W/(m.K)
nicht gut:
Holz $\lambda = 0{,}13$ bis $0{,}17$ W/(m.K)
gut für unten:
Dämmstoffe $\lambda = 0{,}02$ bis $0{,}06$ W/(m.K)

Den prinzipiellen Aufbau eines solchen, mit Keramik belegten, beheizten Fußbodens sowie die Randausbildung zeigt die grafische Darstellung.

Auf die Fußbodenheizung ausgelegte Teppiche behindern, je nach Material mehr oder weniger, den guten Wärmedurchgang in den zu beheizenden Raum.

Keramik zur Gestaltung repräsentativer Bauten und Räume

Mit Keramik sind ganz besonders wirksame Effekte zu erzielen, wie sonst kaum mit einem Baustoff. Die Vielfalt der möglichen Farbgebung und die Formate erschließt unerschöpfliche Variationen. Keramik ist das liebste Kind vieler Gestalter moderner, aber auch zeitloser Architektur geworden.

Die Industrie bemüht sich darum, beispielhafte gestalterische Leistungen im Bild festzuhalten und zu publizieren.

Besonders ausgefallene und vielseitige Dekorationselemente sind die großformatigen, dünnen Spezial-Keramikplatten, die auch zur Fassadengestaltung viele Möglichkeiten bieten. Sie sind sowohl in Mörtel, kunstharzverklebt oder auf Unterkonstruktion aus Holz- oder Metallprofilen befestigt, zu verlegen.

Fassadengestaltung mit keramischen Großplatten

Gliederung einer großen Bodenfläche mit Keramikbelägen

Auch 3dimensionale Gestaltung ist mit Fliesen möglich

Keramik und Mode in der Wohnung

Die Einflüsse von Modetrends drücken sich in vielfachen Formen in den Wohnungen und natürlich auch in den Keramikbelägen sehr stark aus. Dabei hat sich zunehmend eine aufeinander abgestimmte Einheit zwischen Wand und Boden – ganz anders als noch vor einigen Jahren – gebildet.

Zunehmend wird auch die Sanitärkeramik in diese Einheit einbezogen bzw. bildet den Kontrapunkt. Das hat natürliche Auswirkungen auch auf das Materialangebot im Bereich Keramik. In Bad und Toilette, oft auch in der Küche, bilden keramische Wand- und Bodenbeläge und Sanitärkeramik eine Einheit.

In allen Bereichen, so auch im Wohnbereich, kann man feststellen, daß die auch sonst gültigen Modetrends ganz deutlich anzutreffen sind, sei es durch besondere Betonung moderner Kühle, durch rustikale, aber auch durch andere Stilmittel.

Die Verlegung von Platten und Fliesen

Fliesenverlegung im altüblichen Dickbettverfahren ist Domäne des gelernten Fliesenlegers. Diese Arbeitsweise erfordert zu viele Fachkenntnisse, als daß sie von Selbermachern vernünftigerweise ausgeführt werden könnte. Sie soll deshalb hier in diesem Zusammenhang nur umrissen werden.
Aus der VOB Teil C gilt hierfür die DIN 18 352 „Fliesen- und Plattenarbeiten".

Kurzfassung des Arbeitsablaufes

Prüfen des Untergrundes auf

- Unebenheiten,
- nicht ausgefüllte Mauerwerksfugen,
- Putzüberstände,
- Ausblühungen,
- Risse,
- wo erforderlich, fehlendes Gefälle,
- Eigenarten des Untergrundes, die eine Vorbehandlung erforderlich machen.

Vor dem Ansetzen der Fliesen mit Mörtelbett muß der Untergrund mit Mörtel im Mischungsverhältnis 1:2 bis 1:3 oder mit fertigem Vorspritzmörtel vorgespritzt werden. Ansetzen mit Mörtel im MV innen 1:4 bis 1:6, außen 1:4 bis 1:5 (Raumteile Zement: Sand).
Die einzuhaltende Fugenbreite hängt außer von gestalterischen Gesichtspunkten von der Fliesen-/Plattengröße ab und ist in der DIN 18 352 zahlenmäßig festgelegt.
Die Mindestdicke des Mörtelbetts beträgt 10 mm, im Mittel 15 mm, soweit die Leistungsbeschreibung nichts anderes verlangt.

Fertig-Trockenmörtel

Für die Fliesenverlegung im Dickbett sind Fliesenansetzmörtel, die auch als Spritzbewurf geeignet sind, auf dem Markt. Als Materialverbrauch gibt z. B. ein Hersteller für seinen Mörtel an:

Gebindegröße	Frischmörtel	ausreichend bei einer Mörtelbettstärke von ca. 1,5 cm
40 kg	24 l	1,6 m²
50 kg	30 l	2,0 m²

Zum Aufbringen des Ansetzmörtels auf die Fliese/Platte werden Bemörtelungsrahmen angeboten.

Die Dünnbettverlegung

In dem Buch „Mit keramischen Fliesen und Platten bauen" von Ernst Ulrich Niemer, einem Fachbuch für den Fliesenleger (Verlagsgesellschaft Rudolf Müller, Köln), ist über die Entwicklung folgendes ausgesagt:
Für die Entwicklung und relativ weitgehende Verbreitung des Dünnbettverfahrens bei der Herstellung keramischer Wandbekleidungen und Bodenbeläge sind einige technische Entwicklungen und Markttrends ursächlich, z. B.:

- *Entwicklungserfolge der Bauchemie auf dem Gebiet der Mörtel- und Klebstoff-Technologie,*
- *vermehrtes Angebot an maßgenauen Ansetz- bzw. Verlegeflächen und Unterkonstruktionen,*
- *Facharbeitermangel,*
- *überdurchschnittliche Lohnsteigerungen.*

Diese Bedingungen waren in anderen Ländern, besonders in der Schweiz und den USA, früher und stärker zu verzeichnen als in der Bundesrepublik Deutschland; deshalb wurden Technologie und Erfahrung zunächst weitgehend von diesen beiden Ländern übernommen und dann in Deutschland und anderen Ländern weiterentwickelt.
Hierzu konnte man bei uns feststellen, daß in so manchem Nachkriegsbau nur sehr wenig verfliest worden war. Den vorhandenen Putz abzuschlagen, um im Dickbett Fliesen verlegen zu können, verteuerte alles, und was fast noch schlimmer war, es gab riesig viel Schmutz. So „klebte" man auf den Putz, soweit der das durch seine Qualität zuließ.
Durch Entwicklung entsprechender Mörtel und Kleber wurde dieses Arbeitsverfahren dem Selbermacher zugänglich gemacht, und es wurden weitere Hilfsmittel wie z. B. die Fliesenkreuze angeboten. So wurde die Fliesenverlegung ein Arbeitsfeld für den Selbermacher, fast wie der Anstrich und das Tapezieren.
Einen Haken hat diese Verlegeart allerdings auch, weshalb es eigentlich zuerst die Normalbettverlegung gab: Vom Fliesen-/Plattenbelag erwartet man mehr Planebenheit als landläufig vom Putz, und die Dünnbettverlegung gestattet den Ausgleich nur ganz geringer Höhendifferenzen.
Man kann zwar leicht absandenden Putz mit Kunststoff-Auftrag verfestigen, nur grobe Unebenheiten sind noch schwierig auszubügeln. Schön krumme Fliesenbeläge, auch noch selbst erstellt, wünscht sich halt niemand.

Verlegeverfahren/ Arbeitsmethoden

Die drei Möglichkeiten des Auftrags von Dünnbettmörtel oder Kleber zum Anset-

Verlegung von Platten und Fliesen

Welche Art von Fliesenklebwerkstoff auf welchen Untergrund?

Untergrund	Zustand des Untergrundes	Fliesenklebwerkstoff	Besonderheiten, Spezielle Vorbehandlung des Untergrundes
Betonfertigteile und weniger als 3 Monate alte Ortbetonoberflächen	Wenn die Hauptformänderungen des Untergrundes durch Schwinden und Kriechen noch nicht abgeschlossen sind und daher mit Spannungen zu rechnen ist nur für innen an Wänden für innen und außen, an Wand und Boden	 3 2	erforderlichenfalls mit zementgebundenem Betonspachtel und Ausgleichsmörtel ebenen Untergrund für die Fliesenverlegung im Dünnbettverfahren herstellen
Mindestens 3 Monate alte Betonfertigteile oder Ortbetonflächen	wenn für die Formänderungen des Untergrundes durch Schwinden und Kriechen noch immer ein zu beachtendes Ausmaß zu erwarten ist nur für innen an Wänden für innen und außen, an Wand und Boden	 3 2 oder 4	erforderlichenfalls mit zementgebundenem Betonspachtel und Ausgleichsmörtel ebenen Untergrund für die Fliesenverlegung im Dünnbettverfahren herstellen
Ca. 6 Monate alter Beton nach DIN 1045	wenn ein preisgünstiger Fliesenklebwerkstoff gewünscht wird für innen und außen, an Wand und Boden	 1	erforderlichenfalls mit zementgebundenem Betonspachtel und Ausgleichsmörtel ebenen Untergrund für die Fliesenverlegung im Dünnbettverfahren herstellen
Blähbeton, Gasbeton	wenn der Hauptschwindungsprozeß des Untergrundes noch nicht abgeschlossen ist nur innen, an Wänden wenn ein wasserfester, wasserdichter und flexibler Klebwerkstoff gefordert wird wenn für die Formänderungen des Untergrundes ein zu beachtendes Ausmaß zu erwarten ist für innen und außen, an Wand und Boden	 3 2, 5 oder 6 4	Untergrund zuvor mit Grundierung streichen
Kalkzementputz Zementputz	wenn ein wenig verformbarer Klebwerkstoff genügt und trocken, vorgemischter Klebemörtel bevorzugt wird, für innen und außen wenn ein flexibler Klebwerkstoff gefordert ist und trocken vorgemischter Klebemörtel bevorzugt wird, für innen und außen wenn ein wasserdichter, flexibler Klebwerkstoff gefordert wird, für innen und außen	 1 4 2 oder 5	In Innenbereichen Untergrund zuvor mit Grundierung streichen
Gipsputz	wenn ein flexibles Klebebett erforderlich ist, nur für innen wenn ein wasserdichtes, flexibles Klebebett erforderlich ist	 3 2	Vorschriften der Gipsindustrie beachten. Gipsputz mit Ytong-Schleifbrett aufrauhen. Untergrund zuvor mit Grundierung streichen.
Gipsdielen Gipsfaserplatten Gipskartonplatten	wenn ein flexibles Klebebett erforderlich ist wenn der Untergrund vor Feuchtigkeit geschützt werden soll und ein flexibles Klebebett erforderlich ist wenn trocken vorgemischter Klebemörtel bevorzugt wird	3 2, 5 oder 6 4	Gipsdielen mit Ytong-Schleifbrett aufrauhen. Bei Verwendung von 2, 3 oder 4 Untergrund vorher mit Grundierung streichen.
Asbestzementplatten	wenn wasserfreier, wasserfester, wasserdichter, flexibler Klebwerkstoff gefordert wird für innen und außen, an Wand und Boden	 5 oder 6	Fliesen auf der rauhen Seite der Asbestzementplatten verlegen. Sonst Haftversuch machen.
Holz und wasserfeste Spanplatten	bei Bodenbelägen möglichst kleinformatiges Keramikmaterial in Hinblick auf die Schwingungen dieser Untergründe verwenden, für innen, an Wand und Boden	 5 oder 6	
Alter Keramikbelag glasiert oder unglasiert, innen und außen	wenn in Wohnräumen Fliesen mit saugfähiger Rückseite bei genügender Bauhöhe (Wasseranschlüsse, Steckdosen) mit einem preisgünstigen Klebwerkstoff verlegt werden sollen wenn Fliesen und Mosaik mit nicht saugfähiger Rückseite verlegt werden sollen, wenn die Arbeit rasch abgeschlossen sein muß und wenn Wasserdichtigkeit verlangt wird	 2 5	Alten Fliesenbelag auf Haftung überprüfen. Schmutz, Seifen- und Fettreste mit Uni-Verdünner entfernen.
Sperrbeton mit Dichtungszusätzen Dichtungsschlämme	wenn die Arbeit rasch abgeschlossen sein muß und ein flexibler Klebwerkstoff gefordert wird wenn es preiswert sein soll und wenn der trocken vorgemischte Klebemörtel bevorzugt wird	 5 1	Bei Untergrund Sperrbeton mit Dichtungszusätzen Haftbrücke erforderlich.
Terrazzo und Kunststein	wenn der Untergrund gegen Feuchtigkeit isoliert werden muß, wenn die Arbeit rasch abgeschlossen sein muß wenn es preisgünstig sein soll und trocken vorgemischter Klebemörtel bevorzugt wird	 5 1 oder 3	Bei 1 oder 3 ist gegebenenfalls Haftbrücke erforderlich.
Elektro- und warmwasserbeheizte Unterböden (Fußbodenheizung)	wenn die im Merkblatt „Keramische Fliesen und Platten, Naturwerkstein und Betonwerkstein auf beheizten Fußbodenkonstruktionen" (herausgegeben vom Zentralverband des Deutschen Baugewerbes e. V.) genannten Voraussetzungen gegeben sind wenn ein wasserdichter und flexibler Klebwerkstoff die Fußbodenheizung vor Feuchtigkeit schützen soll; wenn die Fliesenarbeiten auch abgeschlossen und die Heizung langfristig in Betrieb genommen werden sollen; wenn wegen mangelnder Bauhöhe herkömmliche Feuchtigkeitsisolierverfahren nicht angewandt werden können	 1 oder besser 3 5	
Asphalt (Gußasphalt, Asphaltbeton, Asphaltplatten, Heißbitumenisolierungen)	innen und außen, für Wand und Boden wenn ein flexibles Verlegebett erwünscht ist wenn ein wenig verformungsfähiger Dünnbettmörtel genügt und wenn es preiswert sein soll	 2 oder 4 1	Untergrund vorher mit Grundierung streichen
Anstriche Binderfarbe-Anstrich (Dispersionsanstrich) in Innenräumen Ölfarbe-Anstrich in Innenräumen Kalk-Anstrich	wenn nicht zu erwarten ist, daß sich der Anstrich mit dem Fliesenbelag vom Untergrund löst wenn ein flexibles Klebebett erforderlich ist wenn ein starrer Klebwerkstoff genügt und wenn es preiswert sein soll; für innen und außen	 3 3 1	Lose haftende Binder- oder Ölfarbe entfernen, festhaftende Anstriche mit Salmiak-Wasser (Ajax) abwaschen. Ölfarbe zusätzlich mit Schmirgelpapier aufrauhen. Kalkanstriche restlos abbürsten und mit Grundierung streichen.
Schaumstoffplatten (z. B. Styrodur)	gebrauchsfertiger, flexibler Klebwerkstoff trocken vorgemischter, flexibler Klebemörtel wasserdichter, flexibler Klebwerkstoff	3 4 2	Untergrund erforderlichenfalls mit Drahtbürste aufrauhen

Erklärung der Nummern:

1 Hydraulisch erhärtender Dünnbettmörtel nach DIN 18156 Teil 2
2 selbstgemischter Klebemörtel mit Zusatz einer Kunststoffemulsion oder -dispersion.
3 flexibler Dispersionsklebestoff nach DIN 18156 Teil 3
4 flexibler hydraulisch erhärtender Dünnbettmörtel
5 flexibler 2-Komponenten-Kleber (PUR), der zugleich als Feuchteisolierung wirkt
6 gebrauchsfertiger Reaktionsharzklebstoff

zen/Verlegen der Fliesen oder Platten sind:

- Auftrag auf die Fliese, Buttering-Verfahren genannt,
- Auftrag auf den Untergrund, das Floating-Verfahren
- Auftrag auf Fliese und Untergrund, das kombinierte Verfahren

Da diese in DIN 18 156 T1 genormten Bezeichnungen in der „Fachsprache" gern angewandt werden, sollten sie hier genannt werden.

Mörtel und Kleber für die Dünnbettverlegung

Hier muß eine Begriffsbestimmung allem vorausgehen. Zu oft wird alles, was dem Ansetzen und Verlegen im Dünnbettverfahren dient, als Dünnbettkleber angesprochen. Die Unterscheidung zwischen Mörtel und Kleber beruht auf unterschiedlichen Materialbasen.
Alle Stoffe zum Ansetzen oder Verlegen von Fliesen/Platten, die ihre Festigkeit von einem hydraulisch (durch Aufnahme von Wasser) erhärtenden Bindemittel erhalten, sind Mörtel, egal ob sie für Dick- oder Dünnbettverlegung vorgesehen sind.

Bei den Klebern unterscheiden wir:

Dispersionskleber

Dispersionen sind Aufschwemmungen, in diesem Falle von Kunststoffen in Wasser. Sie erhärten, indem sie das Wasser abgeben. Dispersionskleber sind weiche, verarbeitungsfertige Kleber.

Reaktionskleber

Die Ausgangsbasis für Reaktionskleber sind zwei meist weiche, pastöse Stoffe, die man, um sie zum Erhärten zu bringen, in bestimmtem Mengenverhältnis miteinander innig vermischen muß. Die beiden Ausgangsstoffe bilden dann durch eine chemische Reaktion miteinander einen neuen Stoff, der mehr oder weniger hart ist. In beiden Kleberarten sind Stoffzusätze zur mehr oder weniger starken Magerung enthalten, sog. Füllstoffe.
Von der stofflichen Beschaffenheit nach der Erhärtung her unterscheiden wir das Gros normal erhärtender, also hart werdender Kleber von den Elastik-Klebern.
Elastik-Kleber sind Stoffe, die im erhärteten Endstadium eine gewisse Elastizität behalten. Sie sind dadurch in der Lage, die von der Wärmeausdehnung des Belages herrührenden Bewegungen spannungsarm aufzufangen, zu puffern.

Elastizität kann auch bei der Überbrückung kleiner, im Untergrund auftretender Risse mithelfen.

Auch Dichtkleber, wie Kleber genannt werden, die nicht nur kleben, sondern zugleich eine wasserdichte Schicht bilden, gehören zum Sortiment. Sie können ebenfalls starr oder elastisch sein.

Über die Zubereitung – soweit nicht verarbeitungsfertig –, den Mörtel- oder Kleberauftrag, über eventuell notwendig werdende Vorbereitungen wie Ebnen des Untergrundes und die Handhabung der Stoffe, auch eventuelle Nachbehandlung u. v. a. sollte sich jeder Verarbeiter sehr genau informieren, und zwar vor Arbeitsbeginn.

An dieser Stelle allgemeingültige Verarbeitungsregeln vermitteln zu wollen, wäre wegen der Unterschiedlichkeit der verschiedenen Erzeugnisse falsch.

Eine noch recht junge Entwicklung sind die Mittelbettkleber, die für Mörtelbettdicken von etwa 5 bis 15 mm geeignet sind

Werkzeuge zum Verlegen von Fliesen und Platten

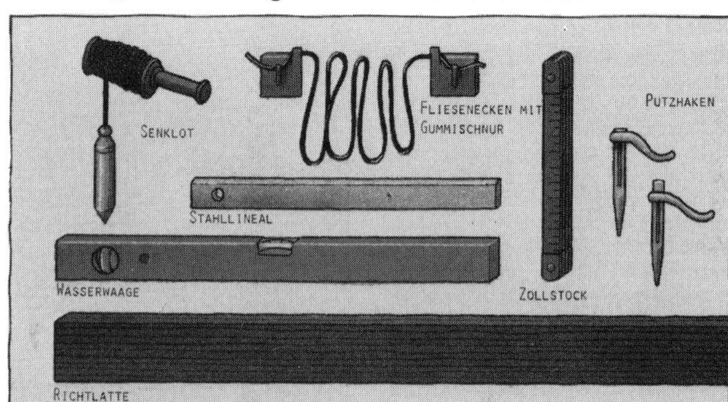

Werkzeuge zum Messen, Anzeichnen, Ausrichten

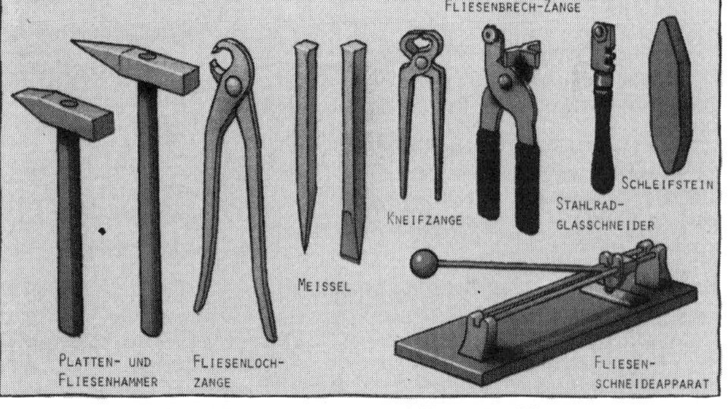

Was man alles zur Bearbeitung von Fliesen und Platten benötigt

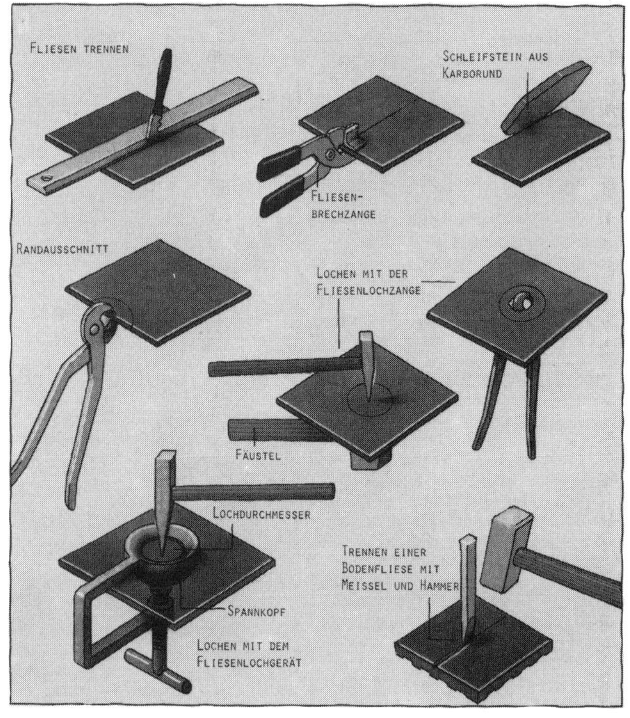

Wie Fliesen mit den Werkzeugen bearbeitet werden

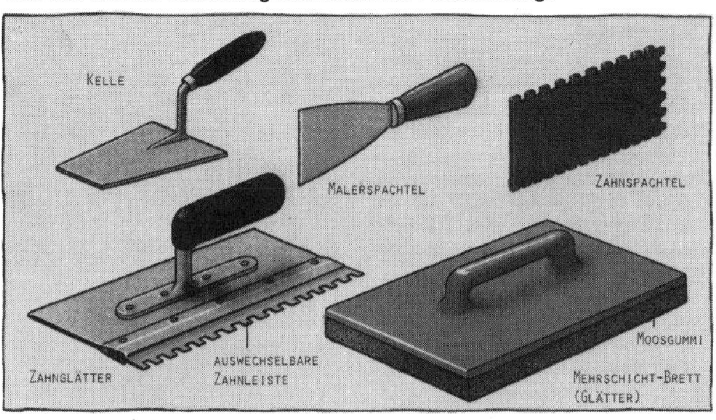

Werkzeuge zum Auftragen und Verteilen von Mörtel und Kleber

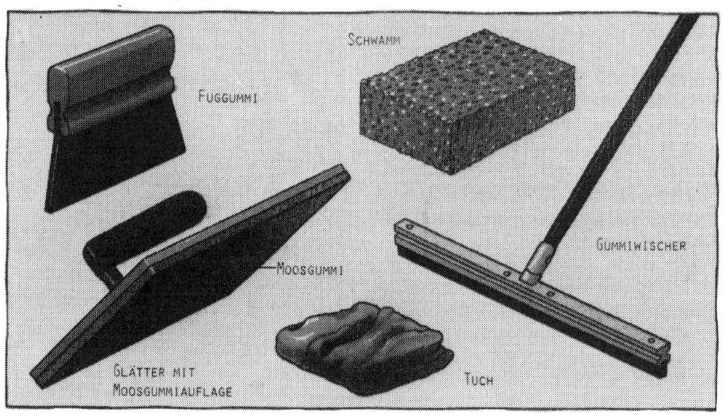

Werkzeuge zum Verfugen

und damit leichte Unebenheiten des Untergrunds ausgleichen können.

Die Fuge im keramischen Belag

Die sichtbare Fuge ist bei Fliesen und Platten ein unabdingbarer Bestandteil des fertigen Belages.

Da sie sichtbar ist, kommt ihr als Gestaltungselement eine erhebliche Bedeutung zu. Bei Klinkerverblendungen, bei denen die Fugenausbildung das Gesamtbild ausschlaggebend verändert, war zeitweilig auch die Form der Fugenausbildung verändert worden, von der tiefliegenden bis zur erhabenen.

Beim Fliesen- und Plattenbelag hat sich der Querschnitt der Fuge fast nicht verändert. Die Fugenoberfläche tritt, muldenförmig, leicht hinter der Belagoberfläche zurück.

Die Mindestmaße der Fugenbreite sind in der DIN 18 352 festgelegt. Bei keramischen Belägen auf dem Wetter ausgesetzten Balkonen oder Terrassen sowie über Bewegungsfugen im Bauteil und an An- und Abschlüssen kommen dann noch Dehnungsfugen hinzu.

Von den bauphysikalischen Notwendigkeiten zu unterscheiden sind die Anforderungen an die Fuge als Gestaltungselement.

Da man über Geschmack bekanntlich nicht streiten kann, der Zeitgeschmack, die Mode, oft die tollsten Sprünge macht, können hier keine Regeln aufgestellt werden, was Farbgebung, was Kontrast oder auch Fugenbreite betrifft.

Natürlich werden viele in einem farbenfrohen Keramikbelag keine Ton-in-Ton-Fuge erwarten, wie man in einem hellen, einfarbig in Pastell- oder Beigetönen gehaltenen Belag vielleicht auch keine stark betonte, farbig hervortretende Fuge sehen möchte. Bei stark untergliederten Riemchenfliesen wird man eine betonte Fuge nicht als störend empfinden.

Vorsicht bei Verwendung von Hilfsmitteln zur Ermittlung der Fugenfarbe. Wenige Zentimeter Fuge ergeben ein ganz anderes Bild als es in der Fläche entsteht. Auf Folien aufgedruckte Farbfugen überfordern oft das Vorstellungsvermögen des Aussuchenden!

Als Fugenmaterial gibt es ein riesiges Angebot sowohl von der Materialbeschaffenheit als auch von der Farbgebung her.

Zum Fugmaterial für Wandbeläge in Wohnungen gibt es aus technischer Sicht nicht viel zu sagen. Die angebotenen Fugmörtel der bekannten Hersteller erfüllen alle Anforderungen. Anschlußfugen sollten auch hier dauerelastisch ausgeführt werden.

Anders beim Fußboden. Hier steigert sich die Anforderung vom wenig strapazierten Bad über erhöhte Belastung bis zur Naßbeanspruchung mit Temperaturwechsel.

Zusammenfassend kann man nur festhalten, daß die Fuge um so sicherer dauerdicht ausgeführt sein muß, in je stärkerem Maße Temperaturschwankungen und Nässeeinwirkung zusammenkommen.

Wer sich einmal in die Belastungen hineindenken will, die hier auftreten können, sollte versuchen, sich vorzustellen, was in einem Keramikbelag und dessen Unterbau vor sich geht, wenn auf den von der Sonne stark erhitzten Belag ein kalter Gewitterschauer niedergeht. Da muß noch nicht einmal der nicht häufige Hagel dabeisein.

Ob nun die feste Fuge im Belag auf flexibler Kleberschicht oder die flexible Fuge im starr aufgemörtelten oder aufgeklebten Belag das Bessere ist, darüber streiten sich noch die Experten. Sicher scheint nur zu sein, daß eine der beiden Komponenten flexibel sein muß, und wenn es die Fuge ist, dann dauerelastisch.

In letzterem Falle muß auch die Anbindung des Fugmaterials an die Fliesen-/Plattenkante 100%ig sein.

Häufigsten Anlaß zu Fragen geben Terrassen und Balkone.

Aus diesem Grunde soll auch in diesem Rahmen eine detaillierte Darstellung eines Aufbaues für eine Dachterrasse, wie er richtig erstellt wird, nicht fehlen.

Da Dachterrassen in der Regel Flächen über bewohnten Räumen sind, verlangt der konstruktive Aufbau Wärmeschutz und schutztechnische Maßnahmen gegen Feuchtigkeit, und zwar nach den geltenden Vorschriften für den Wärmeschutz im Hochbau und für die Abdichtung von Bauwerken gegen nichtdrückendes Oberflächen- und Sickerwasser.

Auch hier sollte schon in der Planung vorgesehen sein, daß die Rohbetondecke um mindestens 10 cm tiefer als die innere Geschoßdecke liegt.

Auf diese Betonfläche ist ein Gefälle – wenn nicht schon vorhanden – von mindestens 2% aufzubringen, und zwar zu den Bodeneinläufen hin oder dem freien Rand zur Dachrinnenentwässerung.

Darauf ist eine Dampfsperre mit Voranstrich aufzubringen.

Auf diese Dampfsperre wird eine zweilagige Wärmedämmschicht verlegt, um Wärmebrücken zu vermeiden.

Jetzt erfolgt die Feuchtigkeitsisolierung mit mindestens zwei Lagen Dichtungsbahnen, mit Voranstrich, Zwischenanstrich und Deckanstrich.

Diese Bahnen werden mindestens 15 cm über den endgültigen Belag am aufsteigenden Mauerwerk hochgeführt.

Auf diese Isolierung wird eine Trennschicht – eine doppellagige Folie oder Ölpapier – aufgelegt.

Jetzt folgt der Schutzestrich von mindestens 40 mm Dicke.

Bei größeren Flächen ist – wie bei den Balkonen – eine Armierung mit Baustahlgewebe empfehlenswert.

Die tragende Estrichplatte soll in Feldgrößen aufgeteilt werden. Bei hellen reflektierenden Platten kann das Maß 3,5 × 3,5 m betragen; bei dunklen, sich stark aufheizenden Platten maximal 2 × 2 m.

Quadratische Felder sind günstiger als längliche, weil sich die Spannungen bei quadratischen Feldern nach allen Seiten hin gleichmäßig auswirken.

Reinigung und Pflege keramischer Beläge

Bei allen Baustoffen, die in ihrer üblichen Anwendung verschmutzt werden können, spielen die Möglichkeiten zur Reinigung und Pflege eine wichtige Rolle bei der Auswahl. In besonderem Maße trifft das auf die keramischen Beläge zu.

Die Hersteller haben in der Regel schriftliche Anweisungen vorliegen, in denen auch, abhängig von der Art des Keramikbelages, Reinigungs- und Pflegemittel,

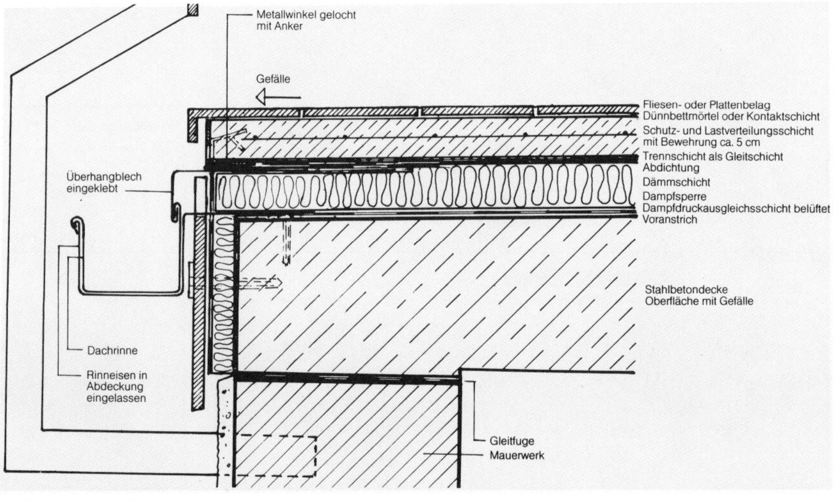

Aufbau einer Dachterrasse, Randausbildung mit Dachrinne

deren Wirksamkeit und eventuelle Nachteile angegeben sind.
Wichtig ist auch, daß auf Mittel hingewiesen wird, die für die Beläge schädlich sind, z. B. auf Flußsäure enthaltende Reinigungsmittel, die die Glasuren angreifen können. Das hilft, unnötige Schwierigkeiten zu vermeiden. Allerdings sei auch hier darauf hingewiesen, daß Qualitätskeramik grundsätzlich pflegeleicht ist.

Formate der keramischen Fliesen/Platten

Das Format ist, wie schon erwähnt, ein wesentliches Gestaltungsmittel bei allen keramischen Belägen. Das gilt sowohl für Wand- als auch Bodenbeläge. So ist es verständlich, daß sich die Hersteller keramischer Platten und Fliesen darum bemühen, nicht nur in Farbe und Dessin, sondern auch im Format eigene Wege zu gehen, um ihr Fabrikat abzusetzen. Die Größen keramischer Fliesen beginnen bei Kantenlängen unter 2 cm (Mosaik) bis ca. 60 cm Kantenlänge. Den Formen selbst

sind praktisch keine Grenzen gesetzt.
Die Dicke der Fliesen und Platten beginnt mit nur 2,3 mm dicken Großplatten und reicht über 6,8 und 11 bis 14 mm und darüber.

Güteanforderungen, Sortierungsbezeichnungen und Anwendungsbereiche

Zusammensetzung

Wie bereits erwähnt, wird der Bereich der keramischen Fliesen und Platten in zwei große Produktgruppen untergliedert, und zwar in Fliesen und in Spaltplatten.

Keramische Fliesen

Keramische Fliesen werden aus trockenen gemahlenen Tonen in verschiedenen Formaten gepreßt. Ihre Ansichtsfläche kann durch eine Vielzahl von Farben und Dekoren gestaltet werden.

Fliesen werden nochmals in drei Gruppen gegliedert:

Steingutfliesen

(Scherben hellfarbig/weiß, porös, mehr als 10% Wasseraufnahme)

Steingutfliesen werden nur mit glasierter Ansichtsfläche hergestellt. Sie eignen sich zur Bekleidung von Wänden. Weil sie nicht frostbeständig sind, dürfen Steingutfliesen nur in Innenräumen verlegt werden. Ihre Hauptanwendungsgebiete sind Badezimmer, WC's, Küchen.

Irdengutfliesen

(Scherben, farbig/ziegelrot, porös, mehr als 10% Wasseraufnahme)

Hier gelten grundsätzlich die zu den Steingutfliesen gemachten Ausführungen. Irdengutfliesen werden aber auch unglasiert für Fußböden angeboten. Da sie jedoch nur eine vergleichsweise geringe Festigkeit besitzen, eignen sie sich nicht für Bereiche, die häufig begangen werden.

Steinzeugfliesen

(Scherben hell bis farbig, gesintert, weniger als 3% Wasseraufnahme)

Steinzeugfliesen gibt es in glasierter und in unglasierter Ausführung. Sie werden überwiegend auf Fußböden verlegt. Ihre Hauptanwendungsgebiete sind der Wohnungsbau, aber auch in Verkaufsräumen, Hotels, Industriebetrieben, Schwimmbädern und unzähligen anderen Anwendungsbereichen sind sie anzutreffen.

Zum Bereich der Steinzeugfliesen zählt auch keramisches Mosaik.

Die Güteeigenschaften von Steingut- und Steinzeugfliesen sind unterschiedlich. Sie sind in den Europa-Normen „Trockengepreßte keramische Fliesen und Platten DIN EN 159" und „DIN EN 176" festgelegt.

Sortierungen

Fliesen, die alle Anforderungen der auf sie zutreffenden Norm erfüllen, werden mit „1. Sorte" bezeichnet und mit einer roten Farbmarkierung gekennzeichnet.

Wenn eine Fliese nur eine der zahlreichen Güteanforderungen nicht erfüllt, dann ist sie insgesamt gesehen nicht mehr normgerecht und darf auch nicht mehr die Bezeichnung „1. Sorte" und die rote Farbmarkierung tragen. Sie wird dann, sofern sie nicht zu viele Fehler hat, als „Mindersorte" mit einer blauen Farbmarkierung in den Handel gebracht.

Keramische Spaltplatten

(Scherben hell bis farbig, gesintert, weniger als 6% Wasseraufnahme)
Keramische Spaltplatten werden aus einer feuchten, plastischen Tonmischung stranggepreßt. Sie können in verschiedenen Formaten und Farben glasiert, teilglasiert oder unglasiert hergestellt werden.

Spaltplatten sind von Haus sowohl für Wände als auch für Fußböden geeignet, lediglich hochglänzende Glasuren sollten nur an der Wand verlegt werden.

Die Hauptanwendungsgebiete der Spaltplatten sind der Wohnungsbau einschließlich Balkone und Terrassen, Verkaufsräume, Ladenstraße, Gewerbe- und Industriebetriebe, U-Bahnhöfe, Gebäudefassaden, Schwimmbäder.

Die Güteeigenschaften der Spaltplatten sind in der Norm „Keramische Spaltplatten und Spaltplatten-Formteile, DIN 18 166" festgelegt. Diese Norm wird in der Bundesrepublik im Gegensatz zu Fliesen nicht durch eine Europa-Norm ersetzt. Die DIN 18 166 fordert neben vielen anderen Güteeigenschaften die uneingeschränkte Frostbeständigkeit. Spaltplatten, die im Ausland nach den Europa-Normen EN 186 und EN 187 gefertigt werden, brauchen nicht frostbeständig zu sein. Sie sind dann jedoch für die Verlegung in Außenbereichen (Balkone, Terrassen, Fassaden) nicht geeignet.

Sortierungen

Keramische Spaltplatten, die *alle* Anforderungen der DIN 18 166 erfüllen, werden mit „1. Sorte" bezeichnet und mit einer roten Farbmarkierung gekennzeichnet.

Spaltplatten mit geringfügigen Fehlern und leichten Farbabweichungen werden mit „2. Sorte" bezeichnet und tragen eine blaue Farbmarkierung. Diese Spaltplatten sind in der Gesamtheit ihrer Güteeigenschaften nicht mehr normgerecht.

Spaltplatten mit starken Farbabweichungen und/oder größeren anderen Fehlern sind „3. Sorte" und werden mit grüner Farbe gekennzeichnet.

Leider gibt es sowohl für Fliesen als auch für Spaltplatten noch eine Vielzahl von anderen Sortierungsbezeichnungen, die nur benutzt werden, um irgendwelche Fehler oder Mängel zu vertuschen und ihre Einordnung in die aufgezeigte klare und verständliche Qualitätsabgrenzung zu erschweren.

Deshalb sei noch einmal besonders hervorgehoben, daß nur solche Fliesen und Spaltplatten ausnahmslos alle Güteeigenschaften der betreffenden Normen erfüllen, die die Bezeichnung „1. Sorte" tragen und mit einer roten Farbmarkierung versehen sind. Die 1. Sorten sind die beste Qualität; sie bieten die höchste Sicherheit bei geringstem Pflege- und Unterhaltsaufwand.

Nur bei Fliesen und Platten der 1. Sorte übernehmen die Hersteller Gewähr.

Ofenkacheln

Der Kachelofen hat in den letzten zwei Jahrzehnten wieder siegreichen Einzug in die Wohnzimmer gehalten. Wer Kachelöfen sieht, erkennt sofort die nahe „Verwandtschaft“ zu Platten und Fliesen. Fälschlich werden auch Platten oder Fliesen manchmal als Kacheln bezeichnet. Diese Bezeichnung ist nur für Ofenkacheln richtig.

Um intakte Kachelöfen zu bauen, bedarf es der Fachkenntnisse des Handwerks „Kachelofenbauer“. Auch der Fliesenleger ist hier kein Fachhandwerker, noch weniger der Selbstbauer. Der Hersteller ist darum bemüht, daß durch sach- und fachgerechte Verarbeitung Reklamationen unterbleiben. Schließlich entsteht bei unsachgemäßem Versetzen Lebensgefahr, worauf die Hersteller im Interesse des Rufs gezielt hinweisen.

Grundlage für die Anforderungen an Material und Setzen sind die „Richtlinien für den Kachelofenbau“, die Fachregeln dieses Handwerkszweiges.

Ofenkacheln werden aus Ton mit Beimengung von Schamotte bei Temperaturen von 1000 bis 1100° C gebrannt. Der Schamottezusatz erfolgt vor allem wegen der geringen Wärmeausdehnung dieses Materials, ein Merkmal guter Schamottequalitäten.

Der wesentliche Unterschied in der Form der Ofenkachel zu Platten und Fliesen ist der „Rumpf“, ein umlaufender, recht massiver Rand, in den Richtlinien auch Steg genannt, der zur Verklammerung der Kacheln beim Setzen dient.

Simsläufer
Kachel

Simsbogen
Lisene

Anforderungen, die an Ofenkacheln zu stellen sind:

- Maßhaltigkeit bei Toleranzen im zulässigen Bereich,
- Bearbeitbarkeit mit den im Kachelofensetzer-Handwerk üblichen Werkzeugen,
- neben einwandfreier Oberflächenbeschaffenheit und Schlagfestigkeit besonders die Temperaturbeständigkeit und geringe Wärmeausdehnung.

Die eigentliche Form der Kachel entsteht, wenn das „Masseplatt“ in eine Negativform von Hand oder maschinell eingedrückt wird. Da das Material infolge seines Schamottegehaltes nicht direkt Träger der Glasur sein kann, sind Ofenkacheln „2schalig“. Die „Behautmasse“, eine Keramikschicht ohne Schamotte, bildet die Trägerschicht für die Glasur. Die entstehenden Haarrisse sind ein Zeichen dafür, daß beim Temperaturwechsel ein Spannungsausgleich stattfand.

Die Kanten werden in zwei Arten ausgeführt. Kacheln mit überglasierten Kanten werden mit Fuge gesetzt. Sind die Kanten nicht glasiert, erfolgt das Versetzen fugenlos. Die Kacheln werden zu diesem Zweck beigeschliffen. Dabei entstehen wartungsfreie Fugen bzw. Stöße.

Bindemittel beim Ofenbau ist Lehm.

Nichtgebrannte Baustoffe für Bodenbeläge, Wandbekleidungen u. a.

Unter diesem weiten Begriff finden wir Baustoffe für Wand- und Bodenbekleidungen, die von den durchweg gebrannten Platten und Fliesen des vorangegangenen Kapitels zu unterscheiden sind.

Bei näherem Hinsehen finden wir hier eine große Vielfalt unterschiedlicher Baustoffe, die einer weiteren Unterteilung bedürfen.

Bearbeitete Natursteine werden unter dem Begriff *Naturwerkstein* zusammengefaßt. Unter *Betonwerkstein* verstehen wir mehr oder weniger kleine Natursteine, die mit dem Bindemittel Zement zu einem neuen Ganzen zusammengefügt sind.

Da auch alte Bezeichnungen noch im Umlauf sind, sollen sie hier der Vollständigkeit halber genannt sein. Diese Bezeichnung waren Naturstein- und Kunststeinerzeugnisse, also -Platten, -Treppenstufen und -Fensterbänke, nur aus Naturstein auch -Fassaden- und Wandbekleidungen.

Eine Untergruppe der bindemittelgebundenen Erzeugnisse sind die nicht mit Zement sondern mit Asphalt gebundenen Asphaltplatten und Terrazzo-Asphaltplatten.

Naturwerkstein

Das Ausgangsprodukt, die Natursteine, sind bei der Entwicklung unserer Erdkruste entstanden.

Aus der ursprünglichen Abkühlung und Erstarrung der Erdoberfläche, der Faltung und dem Durchbruch glühender Masse aus dem Erdinneren und durch Korrosion, Auswaschung und erneuter Absetzung entstanden im Verlaufe der Erdgeschichte unterschiedliche Mineraliengemische, die wir in drei große Gruppen einteilen können:

Erstarrungsgesteine, auch Magmagesteine oder Urgesteine genannt, entstanden mit der Abkühlung der Erdoberfläche.

Umwandlungsgesteine, auch metamorphe Gesteine genannt, entstanden bei den vielfachen Umwandlungen der Gesteinsschichten an der Erdoberfläche.

Ablagerungsgesteine, auch Sedimentgesteine genannt, entstanden durch Zerkleinerung und Abschwemmung und erneut entstandenem Druck sowie andere Umformungen.

Von den Erdbeben und Vulkanausbrüchen her wissen wir, daß die Erdkruste, die inzwischen eine beachtliche Mächtigkeit erreicht hat, auch heute noch in Bewegung ist, auf dem noch immer glutflüssigen Inneren der Erde. Die früheren Bewegungen hatten die Bildung unserer heutigen Gebirge zur Folge.

Vereinfachend kann man sagen, daß die Schollen der ersten Kruste das Urgestein bildeten.

Zwischen den Schollen quoll dann immer wieder flüssige Masse hervor, die die Eruptivgesteine bildete. Später, als sich Wasser auf der Erde gebildet hatte, entstanden die Urmeere. Zermahlene und gelöste Gesteinsmassen setzten sich darin ab. So entstanden die Absetzgesteine.

Durch Lagerung unter Druck und hohen Temperaturen entstanden noch einige Zwischenstufen, Misch-, Umwandlungs- und Schiefergesteine.

Nachstehend ein Register der Naturwerksteine, die im Bauwesen unserer Gebiete verwandt werden.

Basaltlava
Farbe: Dunkelgrau, Grauschwarz
Basaltische Ergußmassen, die sich teilweise entgasen und mehr oder minder große Poren bilden konnten. Druckfestigkeit variiert entsprechend dem Porenvolumen (Hart- und Weichbasaltlava).
Heimische Vorkommen: Rheinland (Eifel, Rhön u. a.)
Basalt ist das unter der Oberfläche erstarrte dichte Gestein. Bei Basalt-Tuff (→Tuff) handelt es sich um vulkanische Auswurf-Massen in unterschiedlicher Größe und Dichte.

Breccien
Farbe: Viele Farbspiele
Durch Verkittung von kantigen Gesteinsbruchstücken entstanden. Bindemittel können tonig, kalkig, kieselig oder eisenschüssig sein. Vielfach polierfähiges Material mit interessanten Farbkontrasten.
Nicht zu verwechseln mit →Konglomerate.

Diabas
Farbe: Dunkel- bis Schwarzgrün
Ein dem →Gabbro entsprechendes, meist klein- bis mittelkörniges, dichtes, polierfähiges Ergußgestein. In technischer Hinsicht dem →Diorit ähnlich.
Heimische Vorkommen: Hessen (Dillkreis, Rothaargebirge)
Einfuhren aus Skandinavien. Diabase werden handelsüblich bei den Graniten erfaßt.

Diorit
Farbe: Dunkelgrün bis Tiefschwarz
Ein polierfähiges Tiefengestein wie →Granit, jedoch feinkörniger, zäher und schwerer zu bearbeiten.
Heimische Vorkommen: Bayern (Bayr. Wald), Hessen (Odenwald)
Da die Grenzen zwischen →Granit, Quarzdiorit, Diorit, →Diabas und →Syenit teils sehr fließend und für den Laien schwer erkennbar sind, wird Diorit handelsüblich unter Granit erfaßt.

Dolomit
Farbe: Elfenbein, Hellgrau, Graugelb, Grüngrau
Durch magnesiumhaltige Lösungen nachträglich umgewandelter, polierfähiger →Kalkstein mit größerer Härte.
Heimische Vorkommen: Bayern (Ober- und Mittelfranken)

Gabbro
Farbe: Dunkel- bis Olivgrün, Grünlich Grau, Bräunlich Grün, Weißgrau
Dieses polierfähige Tiefen- und Erstarrungsgestein ist sehr zäh und läßt sich manuell schwer bearbeiten.
Einfuhren aus Skandinavien, Südafrika, Brasilien. Wird handelsüblich unter Granit erfaßt. Einige Sorten führen auch die Bezeichnung „Syenit“.

Glimmerschiefer
Farbe: Silbrig Weiß, Hell- bis Dunkelgrün, Schwarz
Ein aus Tonen und Tonschiefer aller Art entstandenes Umwandlungsgestein, dem Glimmer das glänzende, seidige Aussehen gibt.
→Schiefer →Quarzit

Gneis
Farbe: Hell- bis Dunkelgrau, Hellgrün, Rötlich
Äußerst vielseitige Gruppe von Gesteinen mit verschiedenen Entstehungsweisen. Unterteilung in
a) Orthogneis, der direkt aus granitischem Material entstand
b) Paragneis, der sich sekundär aus der Umbildung alten Schichtgesteins bildete.
Polierbares Material mit schiefrigem und schichtigem Gefüge, das wie Granit bearbeitet werden kann.
Heimische Vorkommen: Hessen (Odenwald)
Wegen der Ähnlichkeit handelsüblich oft unter Granit erfaßt. Einfuhren aus Skandinavien und den Alpenländern.

Granit
Farbe: Hell- bis Dunkelgrau, Weißblaugrau, Hell- bis Dunkelgrün, Blaugelblich, Gelblich, Rötlich
Durch Erstarrung gebildetes, polierbares, fein- bis grobkörniges Tiefengestein, bestehend aus Kalifeldspat, Quarz und Glimmer. Die Farbe ist im wesentlichen durch Feldspat bedingt.
Heimische Vorkommen: Bayern (Fichtelgebirge, Oberpfälzer und Bayer. Wald), Hessen (Odenwald), Baden (Schwarzwald)
Unter der handelsüblichen Bezeichnung „Granit“ werden auch erfaßt: →Gneis, →Gabbro, Olivingabbro, Proterobas, Larvikit, Lavadorit, →Diabas, →Diorit.

Grauwacke
Farbe: Graublau, Graugrün, Graubraun
Die teils konglomeratisch groben, teils feineren Sandsteine nehmen eine Mittelstellung zwischen →Breccien, →Konglomerate und →Sandsteine ein. Hoher kieseliger Anteil im kalktonigen Bindemittel.

Heimische Vorkommen: Rheinland (Rhein. Schiefergebirge).

Juramarmor
Farbe: Weißlich, Gelb, Gelbbräunlich, Graublau
Ein dichter, feinkörniger, polierbarer →Kalkstein (→Marmor) mit vielen Versteinerungen und teils lebhafter Musterung.
Heimische Vorkommen: Bayern (Jura/Altmühltal)
Jura-Travertin ist eine leicht poröse Varietät, hat aber mit dem gesteinskundlich definierten →Travertin nichts zu tun.

Kalkstein
Farbe: Viele Farbtöne und -variationen
In ihrem Gefüge sehr verschiedenartig ausgebildete Schichtgesteine, die im wesentlichen aus Calciumcarbonat bestehen. Die als Naturwerksteine verwendeten Kalksteine sind besprochen unter:
→Breccien, →Dolomit, →Juramarmor, →Konglomerat, →Marmor, →Muschelkalk, →Onyx, →Solnhofener, →Travertin
Handelsüblich werden alle polierbaren Kalksteine unter „Marmor“ erfaßt.

Konglomerate
Farbe: Verschieden
Ein Gestein mit teils lebhafter Struktur, das durch Verkittung und unter Druck aus verschiedenen großen abgeschliffenen und gerundeten Gesteinstrümmern entstand. Am festesten sind Konglomerate mit kieseligem Bindemittel.
Hierher gehören z. B. die Konglomerate des Buntsandsteins und →Nagelfluh.

Marmor
Farbe: Weiß bis Grau, Weißbräunlich, Weißrosa
In der Tiefe umgewandelte polierbare Kalksteine mit körniger kristalliner Struktur. Durch verschiedene Beimischungen (z. B. Eisen, Glimmer, Quarzit, Graphit

Natursteine eignen sich besonders gut für die Treppengestaltung

usw.) ergeben sich vielfältige Farbspiele und Zeichnungen. Handelsüblich werden alle polierbaren →Kalksteine unter dem Sammelbegriff „Marmor“ erfaßt.
Im Marmor kommen häufig schmale und breite Adern verschiedener Färbung vor. Es handelt sich hier ursprünglich um Risse, die vor Jahrmillionen durch gebirgsbildende Kräfte im Stein entstanden, im Laufe der Zeit aber durch Kalkspat wieder aufgefüllt wurden und verwachsen sind.
Auch bei den im Jura-Marmor vorkommenden sogenannten „Glas- oder Quarzadern“, die vom Laien häufig als gekittete Stellen angesehen werden, handelt es sich um die gleichen naturgegebenen Erscheinungen. Der Stein ist in sich innig verwachsen und stellt eine einheitlich feste Masse vor. Eine stärkere Bruchempfindlichkeit von Marmorplatten wegen dieser Adern ist nicht gegeben. Solche das Gestein durchziehende Adern sind somit auch keine Fehler oder Mängel.

Muschelkalk

Farbe: Graubraun bis Dunkelgraubraun, Blaugrau
Name verrät die Entstehung aus versteinerten Schaltierresten. Polierbarer, dichter, teilweise auch poriger Kalkstein (überwiegend muschelig bis feinmuschelig dicht).
Heimische Vorkommen: Bayern (Unterfranken/Raum Würzburg), Württemberg (Crailsheim)
Bekannte Sorten: Muschelkalk-Blaubank, Muschelkalk-Goldbank, Muschelkalk-Kernstein.
Als polierbare →Kalksteine werden Muschelkalke handelsüblich unter den Marmoren erfaßt.

Nagelfluh

Farbe: Bräunlich, Braungelb, Grau
Aus vielerlei Gesteinen zusammengesetzes karbonatisches →Konglomerat.
Heimische Vorkommen: Alpenrand (Raum Rosenheim)

Onyx-Marmor

Farbe: Gelb mit Braun, Weißgelblich, Grün mit Braun
Dieses Quellspaltengestein entstand meistens dadurch, daß kalkhaltiges Wasser durch hartes Urgestein sinterte und dabei kleinste Mengen von Mineralien aufnahm, die später dann die Färbung bewirkten. Dieses Wasser bildete bei seinem Austritt in Höhlen häufig sogenannte „Tropfsteinablagerungen“, die sich langsam anwachsend aufbauten. Es gibt nur wenige Fundstellen. Gewinnung nur in verhältnismäßig kleinen Blöcken.

Phylitt

Farbe: Dunkelgrau bis Grauschwarz
Übergangsgestein von Tonschiefer zu →Glimmerschiefer, besteht aus feinschuppigen Gemengen von Quarz und Serizit. Letzterer bewirkt den grünlichen bis bläulichen Seidenglanz dieser Materialien. Einfuhren aus Skandinavien und den Alpenländern, teils unter dem Namen „Silberquarzit“ und „Koloritschiefer“.

Quarzit

Farbe: Hellgrau, Grünlich, Braunrötlich
Umgewandelte Sandsteine älterer geologischer Formationen mit fein- bis mittelkörnigem, dichtem Gefüge, erhalten durch Lagen hellen Glimmers schiefrig glänzendes Aussehen (gut spaltbar).
Handelsüblich werden in dieser Gruppe auch →Gneise und →Glimmerschiefer erfaßt.

Sandstein

Farbe: Weißgrau, Grau, Dunkelgrau, Grüngrau, Gelblich, Gelbbraun, Rotbraun, Hellrot, Rot bis Rotviolett
Geschichtete, fein-, mittel- und grobkörnige Sande, die durch ein zementierendes Bindemittel verfestig sind. Vom Bindemittel abhängig ist die Festigkeit, Wasseraufnahmefähigkeit und Abnutzbarkeit.
Heimische Vorkommen: Bayern (Ober- und Untermain), Baden, Rheinland-Pfalz, Ruhrgebiet, Allgäu, Weserbergland
Nach Vorkommen werden unterschieden: Buntsandstein, Mainsandstein, Obernkirchener Sandstein, Ruhrsandstein, Schilfsandstein, Stubensandstein, Burgsandstein.

Schiefer

Farbe: Von Silberweiß über alle Graustufen bis zu fast Schwarz
Es ist zu unterscheiden zwischen Tonschiefer und kristallinem Schiefer.
Tonschiefer besteht im wesentlichen aus feinem Ton mit Einschluß von feinstem Quarz und Glimmerkristall (gut spaltbar).
Kristalliner Schiefer (→Glimmerschiefer und →Phylitt) ähnelt wegen seiner kristallinen Beschaffenheit den Tiefengesteinen.
Heimische Vorkommen: Rheinisches Schiefergebirge, Sauerland
Einfuhren aus Skandinavien und den Alpenländern. Bei →Solnhofener Schiefer handelt es sich um einen Plattenkalk.

Serpentin

Farbe: Hell- bis Dunkelgrün, Grünrötlich
Polierbares Umwandlungsgestein mit lebhafter, von Kalkspat durchzogener Struktur. Weil Serpentinite eine relativ geringe Mineralhärte haben, werden sie von der Naturwerkstein-Industrie als Weichgestein geführt und unter Marmor erfaßt.
Bedeutende Vorkommen in den Alpenländern. Unter den Sammelbezeichnungen „verde“ oder „vert“ = grün.

Solnhofener

Farbe: Gelb und Hellgrau
Polierbarer und leicht spaltbarer Plattenkalk (feinkörniger und dichter →Kalkstein). Heimische Vorkommen: Bayern (Jura/Altmühltal)

Syenit

Farbe: Grau bis Graublau, Graurot, Bräunlich-Grau
Durch das Fehlen des Quarzes unterscheidet sich der normale Syenit vom →Granit, dem er sonst in Aussehen und Härte ähnelt (polierbar).
Syenite kommen sehr selten vor. Ein Verwandter ist der hellblaue oder dunkelgrüne, perlmutterartig schimmernde „Labrador“ aus Skandinavien.

Trachyt

Farbe: Gelblichgrau, Graublau
Als jungvulkanisches Gestein dem →Syenit mineralogisch und chemisch gleich, Trachyt und Trachyttuffe sind leicht zu bearbeitende, aber nicht polierbare Gesteine.
Heimische Vorkommen: Rheinland (Eifel, Siebengebirge, Westerwald)

Travertin

Farbe: Weißgelb, Hellgelb, Goldbräunlich, Bräunlich, Rötlich
Sammelbegriff für poröse →Kalksteine. Dazu gehören die hochporösen und weichen Kalktuffe sowie die eigentlichen Travertine, die ebenfalls porös sind, aber infolge fortschreitender Kalziumkarbonatzufuhr und teilweiser Umkristallisation sehr dicht wurden.
Heimische Vorkommen: Württemberg (Cannstatt/Schwäbische Jura)
Polierbare Travertine werden handelsüblich unter →Marmor erfaßt.

Tuff

Farbe: Gelblich, Rötlich
Tuff ist die Sammelbezeichnung für poröse, natürliche Gesteinsvorkommen von unterschiedlicher Härte, deren Entstehung aber vollkommen verschieden sein kann. Die Kalktuffe (→Travertin) entstanden aus Absätzen kalkhaltiger Quellwässer. Die vulkanischen Tuffe stammen aus vulkanischem Auswurfsmaterial (z. B. Basalttuff, Porphyrtuff, Trachyttuff, Leuzittuff).
Heimische Vorkommen: Rheinland, Schwaben
Außer der entwicklungsgeschichtlichen Einteilung werden die Naturwerksteinerzeugnisse nach Verwendungszwecken unterteilt in Naturwerksteinerzeugnisse für
Boden- und Treppenbeläge, Fensterbänke, Fassaden-Außenverkleidungen, Innenwandverkleidungen, Gartenmauern, Trokkenmauern und Pflaster für die verschiedensten Zwecke.
Die Art der Be- und Verarbeitung richtet sich nach dem Bestimmungszweck.

Betonwerkstein

Während unter dem früheren Begriff Kunststeinerzeugnisse fast nur Bodenplatten, Treppenstufen und Fensterbänke verstanden wurden, umfaßt der Begriff Betonwerkstein neben den genannten auch alle Betonerzeugnisse für Fassaden, für den Garten- und Landschaftsbau und mehr. Es gehört also auch Waschbeton dazu und ebenso Spaltbetonsteine zur Mauerwerksverblendung.
Da auf diese Baustoffe an früherer Stelle schon eingegangen wurde, werden jetzt nur die Betonwerksteinerzeugnisse besprochen, die dem klassischen Bereich angehören, also Treppenstufen, Fensterbänke und Bodenplatten.
Zuerst sollen die wichtigsten Begriffe erläutert werden. Der Beton, dessen Zuschlagstoffe die spätere Eigenart der Oberfläche des Betonwerksteins bestimmt ist der Vorsatzbeton, die Zuschläge der Vorsatz.
Werden Betonwerksteinerzeugnisse, aus welchem Grund auch immer, aus zwei verschiedenen Schichten, also aus zweierlei Betonsorten, die sich durch den Zuschlag

unterscheiden, gefertigt, ist der Betonanteil, der nicht in Erscheinung tritt, der Kernbeton. Betonwerksteine werden in Pressen oder Formen gepreßt und gerüttelt und zwar entweder ein- oder zweischalig oder sie werden aus gepreßten Blöcken gesägt. Dann sind sie immer nur einschalig.
Wird aus Gründen statischer Anforderungen Stahlbewehrung gefordert, ist sie bei zweischaliger Bauweise im Kernbeton.
Betonwerksteinerzeugnisse unterscheiden sich gravierend durch den verarbeiteten Zuschlag (Vorsatz) und durch unterschiedliche Oberflächenbehandlung. Obwohl bei den hier zu besprechenden Erzeugnissen nur wenige Oberflächenbehandlungen in Frage kommen, soll doch, im Interesse eines besseren Überblicks eine Gesamtübersicht der möglichen Oberflächenbehandlungen aufgezeigt werden.

Gespalten
Plattenförmige rechteckige Werkstücke werden in einer Spaltmaschine gespalten. Es entstehen Steine mit einer bruchrauhen (gespaltenen) Oberfläche: Spaltsteine, Bossensteine, Spaltriemchen.

Bossiert
Das Werkstück wird mit dem Bossierhammer oder Setzeisen bearbeitet, der deutlich sichtbare Einschläge hinterläßt.

Gespitzt
Das Werkstück wird mit einem Spitzeisen bearbeitet. Hierbei wird Schlag neben Schlag gesetzt. Zweckmäßigerweise werden die Kanten gefast oder auf dem Prelleisen bearbeitet, da sonst eine exakte Eckausbildung nicht möglich ist.

Gestockt
Die Fläche wird mit einem Stockhammer oder einer Stockmaschine bearbeitet, wobei die Oberfläche gleichmäßig leicht aufgeschlagen wird.

Scharriert
Eine zunächst glatte Oberfläche wird mittels Scharriereisen durch gleichmäßige Schläge fortlaufend aufgeschlagen. In der Regel wird dadurch der Farbton des Materials aufgehellt. Als steinmetzmäßige Bearbeitung erfolgt das Scharrieren mit Hilfe eines Eisens mit breiter Schneide. Man unterscheidet Normal- oder Doppelschlag. Bei Werkstücken mit Hartgesteinzuschlägen ist diese Bearbeitungsart nicht möglich.

Sandgestrahlt
Das Werkstück wird durch Aufstrahlen von unter hohem Druck stehenden Strahlmitteln bearbeitet. Als Strahlmittel kommen Quarzsande, Korund, Glas oder Basaltsand zur Anwendung. Unter dem Sandstrahl wird die oberste Zementhaut entfernt, und die Spitzen der Zuschläge werden freigelegt. Für das Aussehen einer sandgestrahlten Oberfläche sind daher die Farbe des Zementsteines und die Farbe der Zuschläge von Bedeutung. Durch das Aufstrahlen wird auch eine Aufhellung der Werkstückoberfläche erwirkt.

Abgesäuert
Unter der Einwirkung von Säure, z. B. durch verdünnte Salzsäure, wird die oberste Zementhaut des Werkstücks entfernt. Die Oberflächenwirkung kommt leichtem Sandstrahlen nahe.

Ausgewaschen
Aus dem im allgemeinen frischen Werkstück wird der Feinmörtel der Betonoberfläche durch Auswaschen entfernt (Waschbeton). Durch das Auswaschen soll nicht mehr als die Hälfte des Grobkorndurchmessers freigelegt werden. Verfahren des Auswaschens sind:
Positivverfahren: Auswaschen der frischen Betonoberfläche
Negativverfahren: Auswaschen der im Erhärtungsprozeß verzögerten Betonoberfläche
Sandbettverfahren: Auswaschmethode nach dem Erhärten des Betons bei groben Zuschlägen.

Feingewaschen
Die frische bzw. verzögerte Betonoberfläche wird durch „Feinwaschen" bearbeitet; dabei wird die noch nicht erhärtete Zementschlemme im Bereich von 1–1,5 mm ausgewaschen. Man erzielt bei dieser Be-

Oberflächenbearbeitung von Naturwerksteinen

Granite, Syenite, Diorite, Diabase, Gabbros, Porphyre und ähnliche Hartgesteine	Basaltlava	Sandsteine Tuffsteine	Travertine, Muschelkalke, Dolomite, Juramarmor, Handelsmarmore, kristalline Marmore, Serpentine und ähnliche
a) Manuelle Bearbeitung (steinmetzmäßige Bearbeitung)			
bruchrauh bossiert gespitzt fein gespitzt grob gestockt mittel gestockt fein gestockt	bruchrauh bossiert gespitzt grob gestockt gebeilt grob scharriert fein scharriert aufgeschlagen abgerieben	bruchrauh bossiert gespitzt fein gespitzt gekrönelt geflächt gebeilt gezahnt grob scharriert aufgeschlagen abgerieben	bruchrauh bossiert gespitzt fein gespitzt geflächt gebeilt gezahnt grob scharriert fein scharriert aufgeschlagen abgerieben
b) Mechanische Bearbeitung (Bearbeitung mit Steinbearbeitungsmaschinen und -werkzeugen)			
stahlsandgesägt diamantgesägt grob geschurt fein geschurt gefräst geschliffen fein geschliffen bis zur Politur geschliffen poliert geflammt	gesägt gefräst gesandelt abgerieben geschliffen	stahlsandgesägt diamantgesägt gefräst gesandelt abgerieben geschliffen	quarzsandgesägt diamantgesägt gefräst halbgeschliffen gesandelt abgerieben geschliffen fein geschliffen anpoliert poliert

Erläuterungen für die mechanischen Oberflächenbearbeitungen:
Hartgesteine:
Als Ausgangsbearbeitung gilt die stahlsandgesägte Steinfläche.
Grob geschurt:
Flächen mit Stahlsand Nr. 13 bearbeitet.
Geschurt:
Flächen mit Stahlsand Nr. 16 bearbeitet, griffige Fläche.
Fein geschurt:
Flächen mit Stahlsand Nr. 34 bearbeitet, noch griffige Fläche, jedoch gute Reinigungsmöglichkeit.
Geschliffen:
Flächen mit losem Silicium Carbid Nr. 120 bearbeitet, mäßig glatte Oberfläche mit kleinen Rillen.
Fein geschliffen:
Flächen mit SiC Nr. 220 bearbeitet. Die Flächen sind glatt, ohne Glanz und frei von Kratzern.
Bis zur Politur geschliffen:
Flächen, die bis einschließlich SiC Nr. 400 oder 500 (3 F oder 5 F) Schmirgel der Mikrokörnung 500 oder Naxos Schmirgel zum Polieren vorbereitet sind. Bezeichnung auch matt poliert oder seidenglanzpoliert. Flächen mit Mattglanz ohne Reflexe.
Poliert:
Flächen auf Hoch- oder Spiegelglanz bearbeitet. Materialeigene Naturpolitur mit scharfen Reflexen.
Geflammt:
Abbrennen der gesägten Flächen mittels Brennstahlverfahren. Die Fläche erhält ein leicht bruchrauhes Aussehen.
Weichgesteine:
Als Ausgangsbearbeitung gilt die gesägte Fläche
Gefräst:
Schmale Flächen oder Steinkanten mit Diamantblatt geschnitten. Glatte Kante und Fläche mit geringem Glanz (matt).
Gesandelt:
Gesägte Fläche mit scharfen Quarzsand abgeschliffen. Leicht rauhe Fläche mit leicht gebrochenem Naturkorn.
Halbgeschliffen:
Mit Schleifsegment Nr. 2 (Körnung 100–120) bearbeitet. Noch ganz leicht rauhe Fläche.
Geschliffen:
Mit Schleifsegment Nr. 3 (Körnung 220) bearbeitete Fläche. Fläche glatt und frei von Kratzern.
Fein geschliffen:
Mit Schleifsegment Nr. 4 (Körnung 320–500) bearbeitete Fläche. Sehr glatte und dichte Oberfläche.
Anpoliert:
Mit Schellacksegment Nr. 5 oder mit Feinschleifscheiben bearbeitete Fläche. Glatte Fläche mit mattem Glanz.
Poliert:
Gute Naturpolitur. Hochglänzende Fläche mit Spiegelreflexen.

arbeitung einen „Sandstrahleffekt". Es kann im Positiv- wie im Negativverfahren gearbeitet werden. Im Gegensatz zu Waschbeton erfolgt der Kornaufbau eines Betons, der „feingewaschen" wird, mit einer stetigen Sieblinie.

Geschliffen (nicht gespachtelt)
Das Werkstück wird durch Grobschleifen (Fräsen) bearbeitet und kann daher noch Schleifspuren (Rillen) aufweisen. Die freigelegten Poren bleiben offen. In der Regel finden geschliffene (nicht gespachtelte) Werkstücke nur im Freien Verwendung.

Feingeschliffen (geschliffen, gespachtelt und nachgeschliffen)
Das Werkstück wird nacheinander durch Grobschleifen (Fräsen), Schleifen, Spachteln der offengelegten Poren und Abschleifen der erhärteten Spachtelmasse bearbeitet. Eine Politur mit Polierwachs ist bei dieser Bearbeitung nicht eingeschlossen.

Poliert
Die Werkstückoberfläche wird durch Schleifen bearbeitet. Aufeinanderfolgende Schleifvorgänge werden mit immer feineren Schleifsteinen und Schleifmitteln durchgeführt, bis ein Eigenglanz, die sog. Naturpolitur, entsteht. Im Gegensatz hierzu stellt die Wachspolitur eine zusätzliche Oberflächenbehandlung dar.

Nachträgliches Überschleifen
Das „Nachträgliche Überschleifen" ist eine Bearbeitungsart, die auf Bodenbelägen angewandt wird. Nach der Verlegung werden die Beläge vollflächig mit einer Fußbodenschleifmaschine überschliffen. Diese Bearbeitung setzt drei Arbeitsgänge voraus:

1) Schleifen
2) Spachteln
3) Feinschleifen (auch Abziehen des Spachtels genannt).

Flammgestrahlt
Die Werkstückoberfläche wird mit einem Gemisch aus Sauerstoff und Acetylengas, das als Flamme eine Temperatur von 3200 °C erreicht, bearbeitet. Dadurch wird die oberste Zementhaut des erhärteten Betons weggeschmolzen, und die oberen Kappen der Zuschläge werden abgesprengt.

Betonwerksteintreppen

können nach ganz unterschiedlichen Konstruktionsweisen gebaut sein.

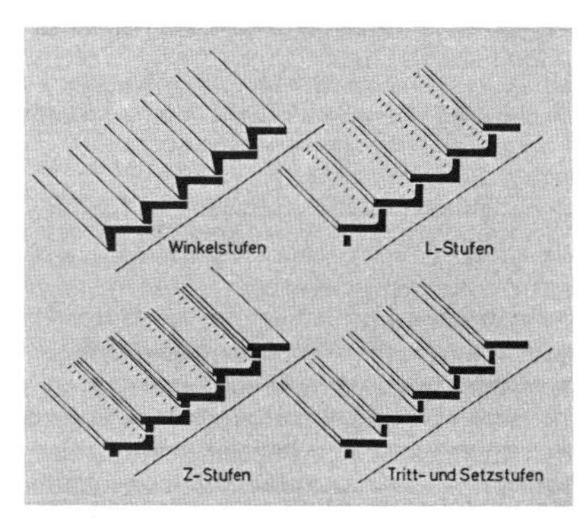

Die Tritt- und Setzstufen werden auch Plattenstufen genannt, und Stufen mit vollem Betonprofil sind Blockstufen. Dreieckstufen (Keilstufen) sind nicht parallele Plattenstufen für den Wendelbereich einer Treppe.

Fensterbänke aus Betonwerkstein

Betonwerkstein-Innenfensterbänke sind meist ebene Platten, ein-, seltener zweischalig gepreßt, auch gesägt, eventuell mit Schwitzwasserrille versehen.
Außenbänke haben vielfach an der Fensterseite eine Erhöhung, die das Ablaufen des vom Fenster her anfallenden Wassers fördert.
Seitlich erhöhte Ränder verhindern seitliches Ablaufen des Wasses, das Wasserstreifen am Putz hinterläßt.
Die über den Außenputz oder die Fassadenverkleidung überstehende Unterkante der Außenfensterbank ist als Abtropfkante ausgebildet. Außenfensterbänke sind vielfach zweischalig gebaut.

Betonwerksteinplatten

In den „Hinweisen für Planung und Ausführung . . ." heißt es unter Ausgangsstoffe und Fertigung:

Betonwerksteinplatten; Ausgangsstoffe und Fertigung
Für die Fertigung von Betonwerksteinplatten gilt DIN 18 500 „Betonwerkstein; Anforderungen, Prüfung, Überwachung". In der Regel werden die Platten zweischichtig aus Vorsatz- und Hinterbeton gefertigt. Dabei kommen bei geschliffenen Platten überwiegend nur schleiffähige Zuschläge (z. B. Kalkstein oder Marmor) in den Vorsatzbeton, während für den Hinterbeton meist Flußsande und Kiese Verwendung finden. Die Korngröße der Zuschläge soll ≦ 16 mm betragen.
Über Arten und Aussehen der Betonwerksteinplatten etwas auszusagen erscheint im Hinblick auf die Vielfalt des Angebots nicht sinnvoll.
Der Zuschlagstoff für den Vorsatzbeton (Oberschicht) unterscheidet sich nicht nur in, von den Gesteinsarten abhängenden, unterschiedlichen Farben. Auch die Korngrößen variieren von über faustgroß bis zum 2–3 mm großem Korn.
Allen gemeinsam sind nur die technischen Voraussetzungen, die für die problemlose Anwendung erfüllt sein müssen.

Planungskriterien
Auswahl der Bodenplatten
Als Vorzugsmaß für Betonwerkstein-Bodenplatten gilt die Größe 30 × 30 cm; die Dicke beträgt ca. 2,7 cm. Die Platten werden mit Kreuzfuge verlegt. Es können auch rechteckige Platten zum Einsatz kommen; sie dürfen jedoch nicht mit versetzten Fugen verlegt werden.
In der Regel (z. B. auch in Einkaufszentren) sind Platten der Verschleißfestigkeit Härteklasse II ausreichend.
In gewerblich genutzten Großräumen werden überwiegend geschliffene Platten eingesetzt. Bevorzugtes Zuschlagmaterial ist dabei

Alpenmarmor – beige
Jura – gelb
Jura – weiß
Grauscheck
TH Grün.

Außer geschliffenen Platten können aber auch Platten mit anders bearbeiteter oder gestalteter Oberfläche eingesetzt werden. Voraussetzung für ein gleichmäßiges Aussehen des Bodenbelags ist jedenfalls, daß alle Platten aus dem gleichen Lieferwerk stammen. Eventuelle Farbunterschiede, die durch naturbedingte Farbschwankungen innerhalb des gleichen Zuschlages entstehen, stellen ebenso wie feuchtigkeitsbedingte Farbunterschiede keinen Qualitätsverlust dar.

Anordnung der Plattenfugen
Die Platten sind mit Kreuzfugen zu verlegen. Bei versetzter Fugenanordnung besteht Gefahr, daß sich gegebenenfalls Haarrisse in den Fugen – z. B. infolge unvermeidlichen Schwindens des Verlegemörtels – in den benachbarten Platten fortsetzen.

Bewegungsfugen
Gemäß VOB ATV DIN 18 333 „Betonwerksteinarbeiten" müssen „bei Bodenbelägen Dehnungsfugen entsprechend den zu erwartenden Bewegungen mindestens jedoch alle 6,0 m angelegt werden, wenn in

der Leistungsbeschreibung nichts anderes vorgeschrieben ist".

Dehnungsfugen sind in der Regel bei Großräumen den baulichen Verhältnissen entsprechend besonders vorzuschreiben, wobei ihre Anordnung z. B. dem Stützenraster angepaßt wird. Bei ausreichend steifer Unterkonstruktion sind Dehnungsfugenabstände von 10 m und mehr möglich. Ansonsten sind die Bewegungen der Unterkonstruktion (z. B. Deckendurchbiegungen) bei der Fugenaufteilung zu berücksichtigen.

Rand- und Anschlußfugen an Wänden, Stützen und Einbauteilen (z. B. Bodeneinläufen) sind als Bewegungsfugen vorzusehen.

Bauwerkstrennfugen müssen an gleicher Stelle und in derselben Breite im Belag übernommen werden. Die Breite der Trennfugenprofile ist entsprechend zu wählen.

Alle Dehnungs- und Bauwerkstrennfugen sind wegen des Kantenschutzes der Platten mit tragfähigen Fugenprofilen zu schließen, die sowohl die Bewegungen der Unterkonstruktion als auch die Verkehrslasten (z. B. aus den Rädern von Stapelfahrzeugen) aufnehmen.

Asphaltbetonplatten

Sie werden in verschiedenen Dicken für unterschiedliche Belastungsfälle in Naturfarben (schwarzgrau) bis farbig (dunkelrot, rotbraun) hergestellt.

Nachstehende beide Tabellen geben einen Überblick über erhältliche Sorten und Anwendungsgebiete.

Produktübersicht

Format 25×25 cm [Sondergrößen 20×10 cm bzw. 12,5×25 cm auf Wunsch möglich]					
Typ/Farbe: / Dicke mm:	20	25	30	40	50
Hochdruck-Asphaltplatten					
naturfarben	X	X	X	X	X
rot	X	X	X		
naturfarben-weiß-marmoriert	X	X	X		
rot-weiß-marmoriert	X	X	X		
Homogen-Asphaltplatten (widerstandsfähig gegen Mineralöl + Benzin)					
naturfarben		X	X	X	X
Säurefeste Asphaltplatten widerstandsfähig gegen organische und anorganische Säuren in handelsüblicher Konzentration					
naturfarben		X			

Anwendungsgebiete

Plattendicke	Belastungsart	Anwendungsbeispiele
20 mm	Fußgängerverkehr leichter Fahrverkehr	Wohnungsbau Geschäftsräume, Museen, Kirchen, Verwaltungsbauten usw.
25 mm	Leichter Fahrverkehr, Absetzen und Transport von leichten Gütern	Lagerhallen, Werkstätten usw.
30 mm	mittelschwerer Fahrverkehr Absetzen und Transport von mittelschweren Gütern	Werkzeugmaschinenbau Elektromotorenbau, Pkw-Montagehallen, Magazine
40 mm	Schwerer Fahrverkehr, Absetzen und Transport von schweren Gütern	Schwermaschinenbau
50 mm	Schwerstbelastungen aller Art	Bereiche mit außergewöhnlich hohen Belastungen

Eine Verbindung von Asphalt- und Zementbetonwerksteinplatten stellen die Terrazzo-Asphaltplatten dar. Sie bestehen aus Zementbeton-Vorsatz und Asphalt-Kernbeton.

Die Hersteller beider Erzeugnisgruppen stellen die schalldämpfende Wirkung des Bindemittels Asphalt heraus.

Sortimentsgruppe 7:

Eisen, Metall- und Eisenwaren, Werkzeuge

Baustahl

Allgemeines

So groß auch die Härte und Druckfestigkeit der mineralischen Baustoffe teilweise ist, ihre Biegezugfestigkeit reicht für etliche statische Funktionen nicht aus, die am Bau wahrgenommen werden müssen.

Ehe man die Kombinationsmöglichkeit mineralischer Baustoffe mit Stahl, wie sie heute alltäglich ist, erkannte, baute man da, wo wegen Feuchtigkeit keine Holzbalken eingesetzt werden konnten, Stützbogen. So entstanden Bogenbrücken aus Stein, Kellergewölbe und Rund- und Spitzbogenschiffe in Kirchen. Wo keine Gefahr durch Feuchte da war, baute man Holzbalken ein.

Im Kellerbereich fand sich als erste Alternative zum gefährdeten Holz und dem aufwendigen Gewölbe der I-Träger aus Walzstahl. Über lange Zeit hinweg wurden über das Kellermauerwerk I-Träger gelegt, und die Zwischenräume wurden, teilweise noch als gewölbte „Kappen", erst ausgemauert, dann ausbetoniert. Tonhohlplatten kamen dafür auf den Markt, als Hourdis bekannt und sehr lange, teils heute noch im Stalldeckenbau eingesetzt. Sie wurden nur aufbetoniert.

Ein französischer Gärtner namens Joseph Monier, gestorben 1906, wollte – so das Lexikon – durch Einfügen eines Drahtnetzes („Moniereisen") in Zementbetonblumenkübel deren Haltbarkeit verbessern und löste damit eine Entwicklung aus, deren Ausmaße wir als Stahlbetonbau kennen, die noch nicht als abgeschlossen angesehen werden kann.

Die grundlegende Erkenntnis war, daß man dem Beton die ihm fehlende Biegezugfestigkeit in Form von Stahl „beigibt".

Möglich ist das durch die Tatsache, daß der Zement eine sehr intensive Klebeverbindung mit dem Stahl eingeht und die starke basische Reaktion des Zements, die auf dem Anteil an Calciumhydroxid beruht, den Stahl vor dem Verrosten schützt. Mit der Verwendung so bewehrten Stahlbetons wurden die Träger auf die Funktion als Stützen und Unterzüge verdrängt.

Formstahl warmgewalzt

Träger aus Walzstahl

I-Träger bestehen aus dem senkrecht stehenden Mittelstück, dem Steg, und den beiden waagerecht liegenden Flanschen. Letztere haben überwiegend Zug- und Schubspannung aufzunehmen, während der Steg – vereinfachend dargestellt – beide auf Abstand hält.

Der schmale I-Träger DIN 1025 Teil 1 mit geneigten inneren Flanschflächen, Kurzzeichen „I" früher kurz Normalprofil (NP) genannt, ist das, was man landläufig als Träger bezeichnet. Bei ihm ist das Verhältnis Flanschbreite : Höhe beim I 80 von 1:1,9 mit zunehmender Steghöhe ansteigend bis 1:2,8 beim I 600.

Der mittelbreite I-Träger DIN 1025 Teil 5 ist eine Variation des Vorgenannten mit parallelen Flanschinnenflächen. Kurzzeichen „IPE". Das Maßverhältnis Flansch: Steg ist 1:1,74 beim IPE 80 und geht bis 1:2,73 beim IPE 600.

Die zweite Gruppe bilden die auch heute noch oft so genannten Breitflanschträger. Auch hier sind Variationen entstanden. Die ursprüngliche Form ist der breite I-Träger DIN 1025 Teil 2 HEB, mit parallelen Flanschinnenseiten. Kurzzeichen „IPB". Beim IPB entspricht die Steghöhe bis einschließlich IPB 300 der Flanschbreite. Bei den höheren Nennmaßen bleiben die Flanschen alle 300 mm breit.

Die breiten I-Träger DIN 1025 Teil 3 HEA mit parallelen Flanschinnenflächen, leichte Ausführung, Kurzzeichen „IPBL" sind eine insgesamt dünnwandigere Ausführung.

Bis einschließlich IPBL 300 sind die Flanschen etwas breiter, als der Steg hoch ist, z. B. IPBL 240 mit einer Steghöhe von 230 mm bei Flanschbreiten von 240 mm. Ab IPBL 300 sind die Flanschen gleichbleibend 300 mm breit und der Steg ist 10 mm niedriger als das Nennmaß. Z. B. IPBL 500: Steghöhe 490 mm, Flanschbreite 300 mm.

Außer der im Vergleich zum IPB leichteren Ausführung gibt es auch noch den breiteren I-Träger DIN 1025 Teil 4 HEM mit parallelen Flanschflächen, verstärkte Ausführung, Kurzzeichen „IPBv". Bei ihm weicht sowohl die Steghöhe als auch die Flanschbreite vom Nennmaß ab. Beispiel IPBv 300 mit Steghöhe 340 mm und Flanschbreite 310 mm.

U-Stahl

Zu den am Bau eingebauten warmgewalzten Stahlprofilen gehört auch der U-Stahl. Die vollständige Bezeichnung lautet: warmgewalzter, rundkantiger U-Stahl DIN 1026. Kurzzeichen „U".

Hier gibt es 3 Steghöhen mit 2 verschiedenen Flanschbreiten. Alle anderen Nennmaße gehören zu jeweils einer Steghöhe und einer Flanschbreite.

Winkelstahl

Da und dort wird am Bau auch Winkelstahl benötigt, der hier nur erwähnt sei. Ihn gibt es gleichschenklig und ungleichschenklig und als Spezialprofil in vielen Ausführungen.

Grobbleche

I-Träger, die als Stützen eingebaut werden, erhalten zum Zwecke der Lastverteilung auf eine bestimmte Fläche Kopf- und Fußbleche. Die Abmessungen werden vom Statiker bestimmt.

Hierfür kommen aus Tafeln ausgeschnittene Zuschnitte von Grobblech zur Anwendung.

Kopf- und Fußbleche werden angeschweißt.

Betonstahl

Betonstahl nach DIN 488 ist ein Stahl mit nahezu kreisförmigem Querschnitt zur Bewehrung von Beton. Er wird als Betonstabstahl, als Betonstahlmatte oder als Bewehrungsdraht hergestellt. *Betonstabstahl* ist ein in technisch geraden Stäben gelieferter Betonstahl für die Einzelstabbewehrung. Die *Betonstahlmatte* ist eine werkmäßig vorgefertigte Bewehrung aus sich kreuzenden Stäben, die an den Kreuzungsstellen durch Widerstands-Punktschweißung scherfest miteinander verbunden sind. Bei *Bewehrungsdraht* handelt es sich um glatten oder profilierten Betonstahl, der als Ring hergestellt und vom Ring werkmäßig zu Bewehrungen weiterverarbeitet wird. Bewehrungsdraht darf nur unmittelbar durch Herstellerwerke von geschweißten Betonstahlmatten an den Verarbeiter geliefert werden. Seine Verarbeitung ist auf werkmäßig hergestellte Bewehrungen zu beschränken, deren Fertigung, Überwachung und Verwendung in technischen Baubestimmungen geregelt ist. Betonstahlsorten nach DIN 480 T 1, Ausg. Sept. 1984, sind; *gerippter Betonstabstahl,* Kurzname BSt 420 S, Kurzzeichen III S, Werkstoff-Nr. 1.0428 oder BSt 500 S, IV S, Nr. 1.0438; *geschweißte Betonstahlmatten* BSt 500 M, IV M, 1.0466; *glatter Bewehrungsdraht* BSt 500 G, IV G, 1.0464; *profilierter Bewehrungsdraht* BSt 500 P, IV P, 1.0465. In der Bezeichnung wird entweder der Kurzname oder die Werkstoffnummer angegeben, darauf folgt der Nenndurchmesser in mm. Die Kurzzeichen gelten für Zeichnungen und statische Berechnungen.

Betonstabstahl

Den glatten Betonstabstahl, das Folgeprodukt des Moniereisens, führt DIN 488 nicht mehr auf. Zur Verbesserung der Haftung im Beton wird er nur noch mit Querrippen hergestellt. Betonstahl BSt 420 S hat eine Zugfestigkeit von 500, Betonstahl BSt 500 S von 550 N/mm². Die Nenndurchmesser reichen von 6 bis 28 mm. Beide Sorten eignen sich für Verbindungen durch Metall-Lichtbogenhand-, Metall-Aktivgas-, Gaspreß-, Abbrennstumpf- und Widerstandspunktschweißen.

Berechnungsgrundlage für Form- und Betonstabstahl

Sowohl die eingangs besprochenen Formstahlerzeugnisse, also I-Träger, U- und Winkelstahl, als auch der Betonstabstahl werden nach Gewicht berechnet.
Betonstahl IV nach DIN 488, mit einer Zugfestigkeit von 550 N/mm² ist schweißbar und damit Grundlage der Betonstahlmatten. Er ist auch als Betonstahl mit den Nenndurchmessern 6 bis 28 mm im Handel. Die Hersteller eines mit Markennamen im Handel anzutreffenden Betonstahls IV (TC IV S) werben mit der hohen Güte dieses Betonstahls, mit der Schweißbarkeit, auch bei tiefen Temperaturen und damit, daß dieser Betonstahl zurückgebogen werden kann.
Es ist üblich und allgemein anerkannt, daß als Berechnungsgrundlage die Gewichtstabellen mit der Gewichtsangabe kg pro m gelten. Die sich ergebenden Gewichtsdifferenzen sollten in längeren Zeitabständen rechnerisch überprüft werden.

Betonstahlmatten

Während in Stürzen, Unterzügen und Betonbalken die statischen Zugkräfte größtenteils in einer Grundrichtung wirken, gilt das bei den viel häufigeren Platten, z. B. Decken, nicht. Um die überwiegend rechtwinklig zu den tragenden Wänden auftretenden Belastungen aufzunehmen, legte man daher Betonstähle um 90° versetzt übereinander und verschweißte sie an den Kreuzungspunkten. Jetzt hatte man eine großflächige Bewehrung, die man nur noch an den Stößen überlappen mußte.
Schon 1929, zu einer Zeit also, in der der Stahlbetonbau im Vergleich zu heute noch in den Kinderschuhen steckte, wurde diese Form der Bewehrung zunächst im Autobahnbau eingeführt.
In der Einteilung des Betonstahls in der DIN 488 sind die Stähle der Betonstahlmatten gerippt und haben eine Zugfestigkeit von 550 N/mm².
Die Variationsmöglichkeiten, wie man die Stähle verschweißt, sind fast unbegrenzt. Aus Anforderungen, Transportmöglichkeit u. a. hat sich ein Sortiment entwickelt. Wenn von Baustahlgewebematten gesprochen wird, meint man zuerst das Sortiment der Lagermatten. Hier unterscheiden wir 3 Gruppen nach ihrer statischen Verwendbarkeit.
Ist die Zugbelastung in einer Richtung (einachsig gespannte Bauteile), kommen die R-Matten und K-Matten zum Einsatz. Die Bezeichnung R kommt von rechteckiger Verschweißung. Die Bedeutung des K könnte von KARI stammen, das das Kürzel für kaltgewalzten Rippenstahl ist.
In zwei Richtungen wirkende Zugkräfte erfordern in quadratischen Abständen verschweißte Stäbe, was bei den Q-Matten bis auf eine Ausnahme zutrifft.

Matten für Zwecke, die keinen statischen Anforderungen gerecht werden müssen, sind die N-Matten (nichtstatische Matten). Zu diesen Aufgaben gehören z. B. Estrichbewehrungen u. ä. Randsparmatten berücksichtigen die Doppellage bei der Überlappung der Matten.
Außer den Lagermatten gibt es auch noch Listenmatten, die nach den Erfordernissen eines Bauwerks ausgelegt werden, und darüberhinaus Sondermatten wie
Bügelmatten
Wandmatten
Fahrbahnmatten
Randmatten u. a.

Ankerschienen, Mauerverbinder und Transporthilfen zum Einbetonieren

Dieser Artikelbereich, zu dem die verschiedenen Verankerungs- und Halterungsvorrichtungen zum Einbetonieren und Einmauern gehören, ist durch seine vielfältige Aufgabenstellung einer der besonders beratungsintensiven.
Nach Aufgabengebieten unterscheiden wir nachstehende Gruppen.

Ankerschienen

Davon gibt es eine große Anzahl verschiedener Ausführungen, sowohl was das Material betrifft, die Form (Querschnitt) als auch die Abmessungen. Einen Einblick in die Vielfalt bietet nachstehende Darstellung der größten und der kleinsten Profile eines Herstellers.

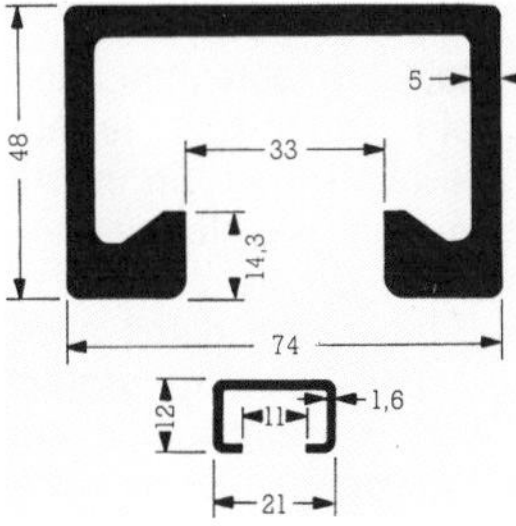

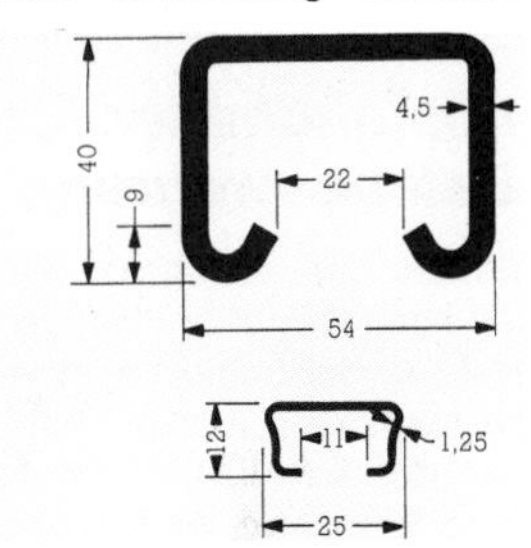

Auch die Anker zur Aufnahme unterschiedlicher Lasten gibt es in mehreren Ausführungen.

Ankerschiene mit aufgeschweißten Ankerklemmen, in denen Bewehrungsstahl festgeklemmt wird. Grafik unten links.

Noch vielfältiger, auf den Zweck abgestimmt, ist das Sortiment der Ankerschrauben und Muttern.

Maueranschlußschienen

Um eine feste Verankerung von stumpf an Betonflächen anstoßendem Mauerwerk zu erreichen, werden in den Beton Maueranschlußschienen einbetoniert.
Die in das Mauerwerk einzumauernden Anker können beweglich angebracht oder nur teilausgestanzt zum Ausbiegen beim Mauern geliefert werden.
Auch als Luftschichtanker können Maueranschlußschienen und -Anker eingesetzt werden.

Befestigungsschienen für Holzkonstruktionen

Um eine sichere Verbindung zwischen Mauerwerk/Beton und Holzkonstruktionen (Dachstuhl) zu erreichen, kann man in den als Auflager für den Dachstuhl/Decke/Dach betonierten Ringanker oder Drempel oder in die Betondecke Ankerschienen einbetonieren, mit deren Hilfe eine feste Verbindung hergestellt wird.

Befestigungsschienen für Trapezbleche und Flachdachanschlüsse

Für diese beiden Bedarfsfälle werden Schienen angeboten, die auf der offenen Seite Anker haben und mit diesen einbetoniert werden. Die Befestigung erfolgt dann mit Blechtreibschrauben in den nach außen gekehrten Steg.

Montageschienen für Installation

Allein für diesen Zweck gibt es eine große Anzahl verschiedener Montage- und Einbetonierteile. Ihr Einbau setzt voraus, daß die künftige Lage der Installationen schon beim Rohbau festliegt.

Materialausführungen

Ankerschienen zum Einbetonieren gibt es in verschiedenen Materialausführungen. Für leichte Bauteile gibt es die Ankerschienen auch in Alu-Ausführung. Sie werden dann mit dem Steg nach außen einbetoniert wie die Anschlußschienen für Flachdächer und mit Bohrschrauben angebohrt.

Ansonsten gibt es die Ankerschienen mit folgendem Korrosionsschutz:

walzblank, also ungeschützt
feuerverzinkt
kunststoffbeschichtet
aus nichtrostendem Edelstahl in 2 Ausführungen.

Nebenstehende Tabelle zeigt auf, welcher Schutz wo erforderlich ist.

Zeile	Korrosionsschutz der Konstruktionsteile: Halfenschiene	Korrosionsschutz der Konstruktionsteile: Halfenschraube, Mutter Unterlegscheibe	Verwendungsbereich
1	Walzblank	Ohne Korrosionsschutz	Verwendung nur möglich, wenn alle Befestigungselemente durch eine Mindestbetondeckung von DIN 1045 Tabelle 10 geschützt sind.
2	Feuerverzinkt bzw. sendzimirverzinkt	Galvanisch verzinkt (Auflage ≧ 6 μm)	Bauteile in geschlossenen Räumen, z. B. Wohnungen, Büroräume, Schulen, Krankenhäuser, Verkaufsstätten – mit Ausnahme von Feuchträumen.
3	Feuerverzinkt (Auflage ≧ 50 μm)	Feuerverzinkt (Auflage ≧ 45 μm)	Nach DIN 1045, Tabelle 10 Zeile 1
4	Nichtrostender Stahl W 1.4571, E 225 (A 4) W 1.4401, E 225 (A 4)	Nichtrostender Stahl A 4–50 A 4–70	Bei erhöhten Korrosionsschutzanforderungen z. B. bei hinterlüfteten Fassaden ① (Siehe Zulassungsbescheid des Instituts für Bautechnik vom 31. 1. 84 Geschz.: II/4–1.30.1.–44. Nichtrostender Stahl).
5	Halfenschiene und Anker Nichtrostender Stahl W 1.4571, E 225 (A 4) W 1.4401, E 225 (A 4)	Nichtrostender Stahl A 4–50 A 4–70	Verwendung, wenn die Betonüberdeckung „c“ bis zum Anker nach unten stehender Tabelle kleiner ist als die geforderte Betonüberdeckung.

① Hinsichtlich des Korrosionsschutzes der Anker darf nach DIN 1045 Tabelle 10 folgende Betonüberdeckung „c“ in mm zugrunde gelegt werden.

Profil HTA	28/15	38/17	40/22 HZA 41/22	40/25 52/31	49/30 50/30	52/34	72/48
Vorh. Betonüberdeckung der Anker c [mm]	20	25	30	35	40		60

Transportanker

Diese werden zum Transport von Betonfertigteilen benötigt. Sie sollen der Vollständigkeit halber hier erwähnt werden.

Metall und Kunststoff-Kleinartikel für den Betonbau

Abstandhalter für die Betonbewehrung

Bei der Herstellung von Stahlbetonbauteilen kommt es darauf an, den Bewehrungsstahl in die Schalung so einzulegen und zu befestigen, daß er sich beim Einbringen des Betons und bei dessen Verdichtung möglichst nicht verschieben, seine Lage also nicht verändern kann.

Dabei ist zu bedenken, welche Genauigkeit gefordert ist, ganz besonders da, wo es um die Betonüberdeckung des Stahles geht. Hier kommt es auf Millimeter an. Und der Vorgang des Einbringens und Verdichtens des Betons ist kein „leichtgewichtiger“ Vorgang. Die Bauleute laufen auf der Bewehrung herum, und beim Einbringen des Frischbetons kommen noch größere Belastungen auf die Bewehrung (1 m^3 Beton wiegt bis zu 2,5 t!) aus dem Rohr, der Betonpumpe oder dem Krankübel. Der folgende Arbeitsgang der Verdichtung durch Rütteln stellt nochmals erhebliche Anforderungen an die Festlegung der Bewehrungsstähle.

Bei waagerecht tragenden Betonbauteilen kennen wir eine obere und eine untere Bewehrung, die die verschiedenen Zugkräfte aufzunehmen hat. Dabei ist wichtig, daß die Überdeckung des Bewehrungsstahls mit Beton als Schutz vor Korrosion immer gleichmäßig und ausreichend ist.

Ebenso müssen Abstand und Lage des Bewehrungsstahls im Bauteil den Vorschriften der Statik entsprechen und gleichbleibend sein. Dafür gibt es Abstandhalter für die obere und die untere Bewehrung. Dabei muß beachtet werden, daß die Abstandhalter um so dichter liegen müssen, je dünner und damit auch weniger belastbar der Bewehrungsstahl ist. Angeboten werden großflächige Abstandhalter, die lose verlegt oder an wenigen Punkten befestigt werden, und kleine Einzelabstandhalter, die einzeln angeklemmt werden müssen. Für die obere Bewehrung gibt es Abstandhalterkörbe aus Baustahlgewebe, Distanzstreifen und Einzel-„böcke“.

Die Bewehrung senkrecht tragender Stahlbetonbauteile muß für ausreichenden Abstand zur Schalung abgesichert sein, damit die Betonüberdeckung des Bewehrungsstahls stimmt. Für diesen Zweck eignen sich besonders Abstandhalter, die zeitsparend angeklemmt oder eingehängt werden können.

Plattenanker

Werden als Putzträger oder zur Verbesserung der Wärmedämmung Holzwolle-Leichtbauplatten oder -Mehrschichtplatten mit Styroporeinlage in die Schalung eingelegt und einbetoniert, werden zur Verbesserung der Verbindung mit dem Beton die Platten mit Plattenankern aus Metall oder Kunststoff oder mit Kunststoffnägeln versehen. Die Länge der Anker richtet sich bei durch die Platte gehenden Ankern nach der Plattendicke. Bei oben

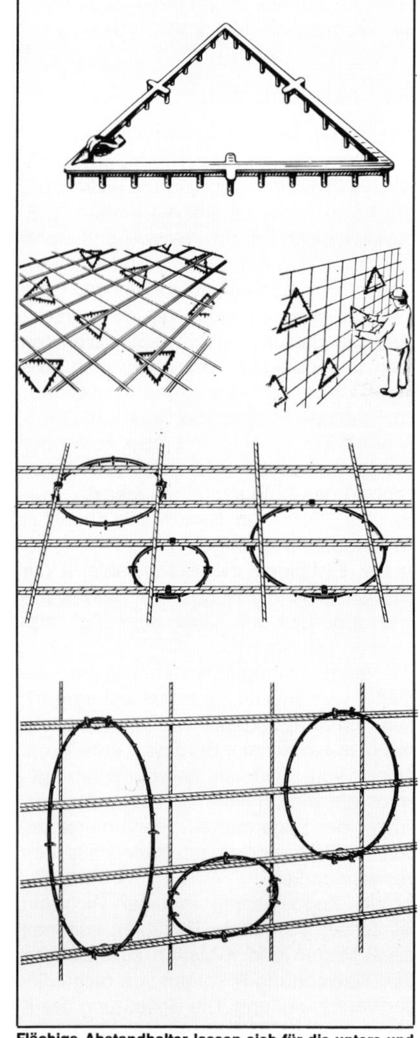

Flächige Abstandhalter lassen sich für die untere und die vertikale Bewehrung einsetzen.

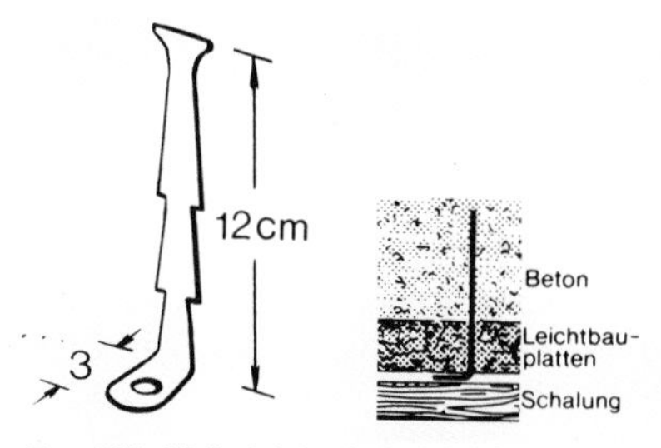

Das „Dübelöhr" wird durch die Leichtbauplatte geschlagen. Nach dem Abbinden des Betons wird das Öhr senkrecht abgebogen und dient dann z. B. zur Befestigung einer abgehängten Decke oder von Installationsleitungen.

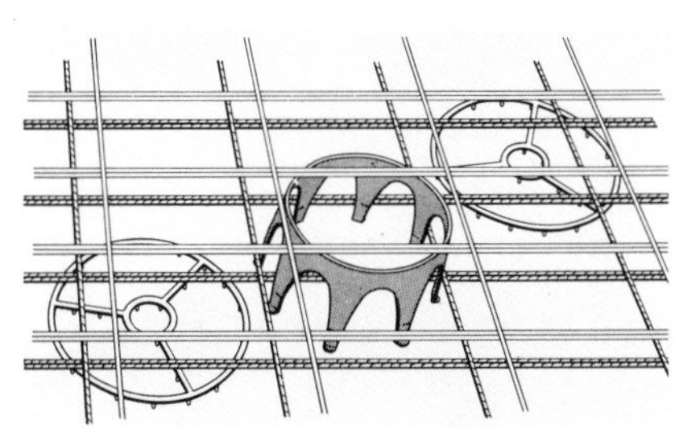

Abstandhalter für die obere und untere Bewehrung dürfen sich gegenseitig nicht behindern.

einschlagbaren Ankern ist nur eine Größe erforderlich. Benötigt werden meist zwischen 4 und 6 Anker je m².

Abhängevorrichtungen für Unterdecken

Ebenfalls zum Einbetonieren gibt es Vorrichtungen, die das spätere Anbohren und Dübeln der Betondecke für die Aufhängung einer Unterdecke ersparen.
Voraussetzung für den Einsatz solcher arbeitssparenden Artikel ist eine gute Vorplanung aus der hervorgehen muß, wo die Befestigungspunkte für die spätere Decke hinkommen sollen.

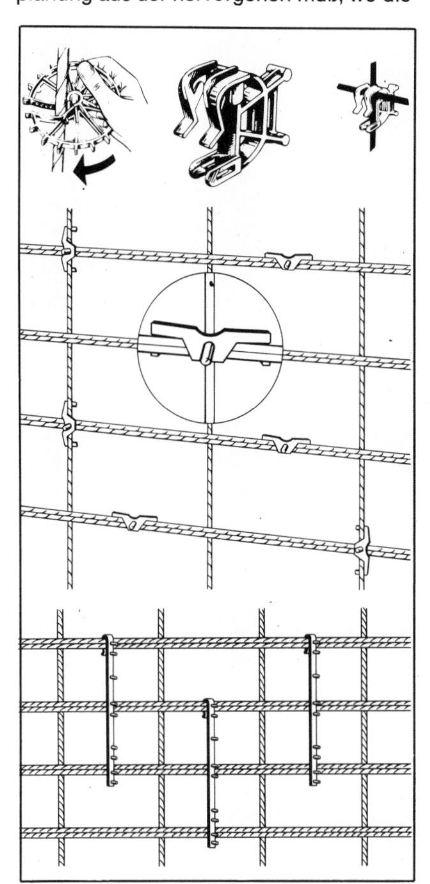

Abstandhalter für senkrechte Einzelstab- und Mattenbewehrung.

Plattenanker zum Durchnageln und zur Befestigung von Hartschaumformkörpern (Aussparungen im Beton).

Schalungs-Abstandhalter und -Spanner

Während Deckenschalung auf die Tragkonstruktion aufgelegt wird, muß die Schalung für Betonwände oder -wandteile (Ringanker, Drempel) zweiseitig eingeschalt werden. Dazu darf die Schalung weder vor dem Einbringen des Betons nach innen, noch beim Einbringen und Verdichten nach außen auch nur geringfügig nachgeben. Dazu verwenden die Einschaler Spanner und Abstandhalter unterschiedlichster Bauarten. Zum Spannen, also zum Schutz gegen das Auseinandergehen, werden an vielen Baustellen Abschnitte von Bewehrungsstahl genommen, die auf beiden Seiten mit Spannschlössern versehen werden, die sich auf dem Stahl festklemmen.

Es kommen aber auch spezielle Hebel- und Gewindespanner zum Einsatz, wenn hohe statische Belastungen durch den Frischbeton zu erwarten sind.

Um auch eine Verringerung des Abstandes der Schaltafeln auszuschließen, werden vielfach Stern- oder Rohrspreizen verwandt, die über die Spanndrähte geschoben werden. Das sind runde oder außen sternförmige Kunststoffrohre, die entsprechend abgelängt und zum Schutz der Schaltafeln vor Beschädigung sowie gegen Eindringen von Frischbeton oder Überschußwasser an beiden Seiten mit Stopfen versehen werden. Es gibt sie als vorkonfektionierte „Mauerstärken" für die genormten Wanddicken, in Lagerlängen für den Zuschnitt auf der Baustelle sowie in Fixlängen, werkmäßig zugeschnitten.

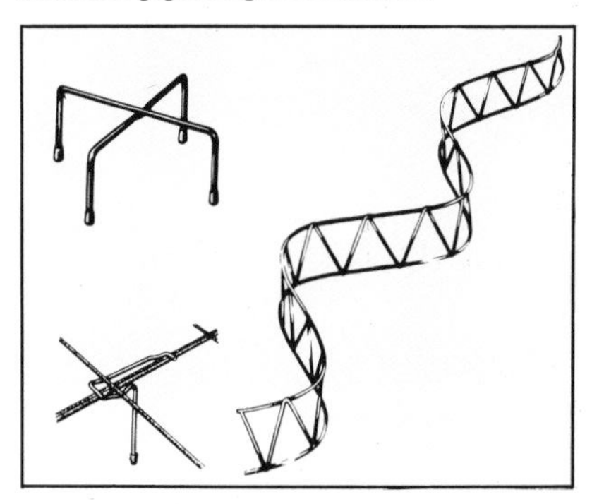

Abstandhalter und Distanzstreifen für die obere Bewehrung.

Sonstige Drahtgittererzeugnisse

Putzträger aus Drahtgitter

Ein Putzträger aus punktgeschweißtem und verzinktem Drahtgitter mit eingearbeiteter Pappeeinlage findet vor allem im Bereich der Althaussanierung viel Interesse. Hohe Flexibilität ist sein besonderes Merkmal.

Die Pappe ist im Bereich der Schweißstellen unterbrochen, damit der Mörtel hindurchdringen und sich verankern kann.

Lieferbare Abmessungen und Dicken sind aus nachstehender Tabelle ersichtlich.

Drahteckwinkel aus Edelstahl

Eine konsequente Umsetzung der Erfahrungen, die wir in den letzten Jahren aus Bauschäden sammeln konnten, deren Ursache Korrosion ist, ist der Drahteckwinkel aus Edelstahl. Besonders im Außenwandbereich ist er für alle mineralischen Putze einsetzbar und eignet sich auch als Richtwinkel. Er ist durch Korrosion nicht gefährdet. Lieferlänge: 2,95 m.
Drahteckwinkel gibt es auch für den Innenausbau in den Längen 2,95, 2,50 und 2,20 m (Bild S. 254).

Technische Daten	Typ 33S	Typ 40	Typ 60	Typ H 60	Typ 80
Randmasche mm	38 × 27	38 × 27	38 × 27	38 × 27	38 × 27
Feldmaschenweite mm	38 × 50	38 × 50	38 × 50	38 × 50	38 × 50
Längsdrähte ∅ mm (Tragstab)	–	2,25	3,00	3,00	2,00 × 6,00
Längsdrähte ∅ mm	1,50	1,50	1,50	1,50	1,50
Querdrähte ∅ mm	1,50	1,50	1,50	1,50	1,50
Bruchfestigkeit kp/mm²	40–60	40–60	40–60	40–60	40–60
Zinkauflage g/m²	50–70	50–70	50–70	50–70	50–70
Tafelabmessung cm	255 × 33	240 × 70,5	240 × 70,5	240 × 70,5	240 × 70,5
Gewicht kg/m²	1,10	1,10	1,20	1,35	1,50

Drahteckwinkel (Fassaden)

Putz- und Mauerwerksarmierung

Für Aufgabenstellungen, die eine Armierung des Putzes an kritischen Stellen erforderlich machen, gibt es ein großes Sortiment punktgeschweißter Drahtgitter mit unterschiedlicher Maschenweite und Drahtdicke. Das Drahtgewebe ist dickverzinkt oder kunststoffbeschichtet, in Rollen oder für Sicherung kritischer Stellen in kleinen Plattenabmessungen erhältlich. Das ist beispielsweise an den Anschlüssen der Fensterstürze von Vorteil, wo man Putzrissen vorbaut.

Mauerwerksarmierung

Zur Mauerwerksarmierung gibt es Drahtarmierungen, die aus zwei durchgehenden Drähten bestehen, die durch einen wellenförmig gebogenen Draht verbunden sind. Damit kann besonders durch Risse gefährdetes Mauerwerk geschützt und vorhandene Spannungen besser verteilt werden.

Fliesengitter

verhindern die Rissebildung in Fliesenbelägen, indem sie den Verlegemörtel armieren. Sie sind innen und außen anwendbar.

Drahtgitter für Garten und Sportanlagen, Zäune

Ob Baustellen- oder Sportplatzzäune, Tierkäfige oder Ballfanggitter, ob Rankgitter senkrecht oder Rankbalken, viele Teile dafür sind aus Drahtgeflecht verschiedenster Art herstellbar und erhältlich.

Wichtig ist dabei, daß guter Rostschutz gewährleistet ist.
Auch die Festigkeit muß ausreichen, da diese Gitter von Pflanzen sehr stark durchwachsen werden und dabei sowohl Lasten als auch Spannungen auftreten.
Das Sortiment ist sehr breit gestreut und soll hier nur als Anregung am Rande erwähnt sein.

Nägel, Schrauben und andere Befestigungen

Die Nägel

Was man schlechthin als Nägel oder auch Drahtstifte anspricht, sind die in der Holzverarbeitung üblichen Flachkopfnägel.
Diese Drahtstifte gibt es auch in gestauchter Ausführung, rund und vierkantig, blank und verzinkt. Bei den Drahtstiften werden die Abmessungen in zwei Zahlen angegeben, z. B. 28 × 65. Die erste Zahl muß dabei in Gedanken mit einem Komma versehen werden, dann erhält man die Angaben der Dicke × Länge in mm (im Beispiel also 2,8 mm Schaftdicke und 65 mm Länge). Bei den Stauchkopfstiften ist der Kopf nur wenig dicker als der Schaft selbst, damit er nach dem Einschlagen nicht zu sehen ist.
Das gilt besonders für die Stauchkopfstifte in kleiner Ausführung als Paneelstifte.
Nägel für Gerüste und Schalungen haben unter dem Kopf noch einen fest angeformten Ring, damit sie nicht ganz eingeschlagen werden können, da sie wieder entfernt werden müssen. Sie heißen Doppelkopfstifte. Zur Befestigung von Stoff oder Papier auf Holz werden kleine, dünne Nägel mit rundem, breitem Kopf angewandt, die Kammzwecken.
Die Stahlnägel, gehärtet und gerillt und metallisiert, dafür vorgesehen, in Beton eingeschlagen zu werden, gibt es mit normalem, konischem und mit Scheibenkopf.
Zur dauerhaften Befestigung von Alu-, Kunststoff- oder anderen Platten sind nichtrostende Alu-Nägel auf dem Markt. Sie sind als Schraub- oder Riffelnägel ausgeführt und mit Unterlegscheibe aus Kunststoff versehen.
Schraub- und Riffelnägel gibt es auch aus Stahl, auch gehärtet und in verschiedenen Ausführungen.
Edelstahlstifte mit gerilltem Schaft zur Befestigung von Fassadenplatten werden auch farbig lackiert geliefert.
Bitumenplattenstifte werden verzinkt mit entsprechenden U-Scheiben angeboten.
Glockennägel, ebenfalls zur Befestigung von Dachbaustoffen vorgesehen, gibt es verzinkt und lackiert, aber auch aus Edelstahl, rostfrei, beide Ausführungen mit U-Scheiben.
Zur Befestigung von Pfannenblechen werden Pfannenblechstifte mit angepreßter Bleidichtung angeboten.
Auch zur Befestigung von Rinneisen werden spezielle Rinneisenstifte in feuerverzinkter Eisenausführung oder aus Kupfer angeboten.
Schieferstifte, auch Pappstifte aus Stahl, verzinkt, aus Kupfer oder aus rostfreiem Edelstahl gehören ebenfalls in den Bereich der Befestigung von Dachbaustoffen.
Im Innenausbau sind die metallisierten Leichtbauplattenstifte im Sortiment.
Während im Baumarktbereich die Kleinpackungen interessant und für den Verkauf unproblematisch sind, sollte man bei den sonst handelsüblichen normalen Pakkungen darauf achten, daß es zweierlei Maß der Berechnung gibt.
Nach Gewicht, meist in Paketen von 2,5 kg, vereinzelt auch in 1-kg-Paketen oder zu je 5 kg verpackt werden gehandelt: Drahtstifte, Pappstifte, Schieferstifte,

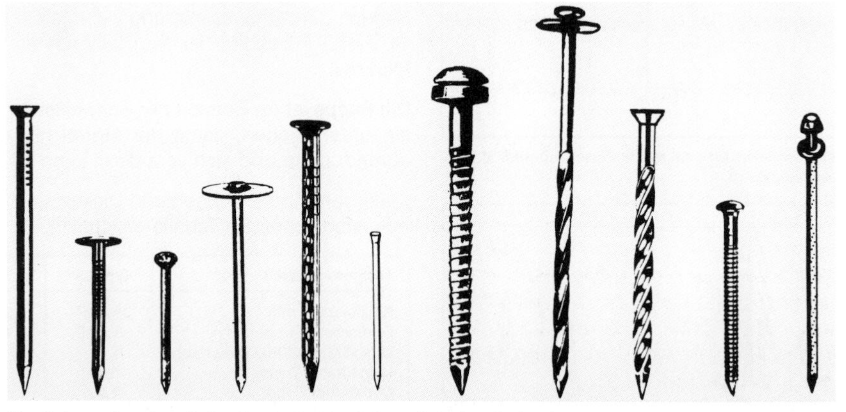
Von links nach rechts: Drahtstift mit Flachkopf, Papp-/Schieferstift, Gipskartonplattenstift mit Hohlkopf, Leichtbauplattenstift, Rinneisenstift, Sockelleistenstift mit Tiefversenkkopf, Riffelnagel mit Unterlegscheibe, Schraubnagel mit Unterlegscheibe, Schraubnagel mit Senkkopf, Ankernagel mit Halbrundkopf und ringförmigem Widerhakengewinde, Doppelkopfstift.

Leichtbauplattenstifte, Gipskartonplattenstifte und die Schlaufen (auch als U-Hakenstifte oder Krampen bezeichnet) und Hakennägel. Stahlnägel und die meisten anderen Spezialnägel werden nach Stück berechnet. Die Anzahl pro Pack schwankt zwischen 100 und 1000 Stück.

Schrauben

Recht groß ist der Anteil der Schrauben, die der Befestigung an Holz dienen. Meist dieselben Schrauben werden auch zur Befestigung an Mauerwerk und Beton eingesetzt, doch werden dann Dübel verwandt.
Bei den Schrauben unterscheidet sich das benötigte Werkzeug nach der Art des Schraubenkopfes. Kleinere Schrauben können gewöhnlich mit Schraubendrehern eingedreht werden. Je nachdem, ob der Schraubenkopf einen Längs-, einen Kreuz- oder Pozidrivschlitz hat, braucht man einen Schraubendreher mit der entsprechenden Klinge.
Schrauben mit großem Durchmesser sind häufig mit Sechskantkopf versehen und werden mit Schraubenschlüsseln eingedreht, daher die Bezeichnung Schlüsselschrauben. Außerdem gibt es Schrauben mit Innensechskant, bekannt als „Inbusschrauben" (Warenzeichen der Bauer & Schaurte Karcher GmbH, Neuss), ab ca. 1 mm Schlüsselweite. Im Baubereich werden sie überwiegend als Einstell- oder Feststellschrauben in Beschlägen eingesetzt.
Nach der Seitenansicht unterscheiden wir:

Halbrundschrauben: Der Schraubenkopf bleibt auf dem Gegenstand nach Anbringung erhaben sichtbar.

Senkkopfschrauben haben einen Kegelstumpf als Schraubenkopf. Sie werden in eine mit dem Bohrer vorbereitete kegelige Vertiefung versenkt und bilden mit der Materialoberfläche eine Ebene.
Sonderformen der Senkkopfschrauben sind:
Senkkopfschrauben mit Innenloch, in das nach Einschrauben eine Zierkappe gesteckt oder eingeschraubt wird, und Schnellbauschrauben mit Trompetenkopf und Kreuzschlitz.
Eine Gruppe für sich bilden die **Schlüsselschrauben,** die zur Befestigung an Metallteilen vorgesehen sind. Diese Schrauben, die es in vielen Ausführungen und Formen gibt, können in Blech und etwas dickere Metallteile eingedreht werden, z. T. ohne vorbohren zu müssen – dann sind es Bohrschrauben oder Blechtreibschrauben – oder ohne daß Gewinde eingeschnitten werden muß, nachdem vorgebohrt wurde.
Die Gewinde der Holz- und Blechschrauben sind steiler und tiefer als die der Mutterschraube. Die Schrauben sind im Gewindeteil überwiegend konisch, zumindest zur Spitze hin.
Der andere Schraubentyp, der mit Mutter versehen oder in vorgeschnittene Gewinde eingedreht wird, hat zylindrisch verlaufende Gewindeteile.

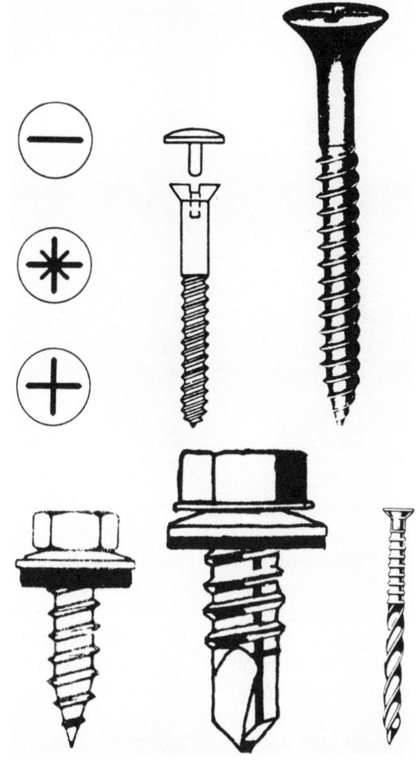

Draufsicht auf Schlitz-, Pozidriv- und Kreuzschlitzschraube, Senkkopfschraube DIN 97 mit Mittelbohrung und Abdeckkappe, Schnellbauschraube mit Trompetenkopf, Fassadenbauschraube, Selbstbohrschraube, Drallhaftschraube mit Gewindekombination.

Die **Gewindeschraube** hat einen Rundkopf, und das Gewinde reicht bis zum Kopf.

Die **Maschinenschraube** hat einen Sechskantkopf, einen zylindrischen Schaft, und das Gewinde reicht nicht bis zum Kopf.

Die **Schloßschraube** hat einen Flachkopf mit daran anschließendem Vierkant. Der Durchmesser des Schafts, der noch ein Stück gewindelos ist, entspricht der Seitenlänge des Quadratquerschnitts. Die so vorstehenden Teile des Vierkants pressen sich in das Holz oder eine entsprechende Ausnehmung im Metallteil und fixieren so die Schraube.
Im Dachbereich kommen auch noch **Hakenschrauben** als L- und Rohrhaken zur Anwendung, wenn Faserzement-Wellplatten auf Metallkonstruktionen montiert werden.
Hier ist die Verwendung der vorgeschriebenen Abdeckkappen als Korrosionsschutz sehr wichtig!

Normen

Aus der Vielzahl der Normen über Nägel und Schrauben seien hier herausgegriffen:

DIN 95	Linsensenk-Holzschrauben mit Schlitz
DIN 96	Halbrund-Holzschrauben mit Schlitz
DIN 97	Senk-Holzschrauben mit Schlitz
DIN 267	Mechanische Verbindungselemente: Technische Lieferbedingungen (22 Normteile)
DIN 1151	Drahtstifte, rund; Flachkopf, Senkkopf
DIN 1152	Drahtstifte, rund: Stauchkopf

Die wichtigsten Teile der DIN 267 sind im DIN-Taschenbuch 83 „Metallbauarbeiten; Schlosserarbeiten, VOB/StLB/STLK", die anderen genannten Normen im DIN-Taschenbuch 82 „Tischlerarbeiten; VOB/StLB" abgedruckt.

Dübel und Anker

Die Frage der Befestigung an und von Bauteilen hat nicht nur im Bereich der Bauelemente große Bedeutung.
Die Vielzahl der Wand- und Deckenbaustoffe mit ihren grundverschiedenen Eigenschaften erfordern immer wieder neue, individuelle Befestigungsmaßnahmen. Dabei muß darauf geachtet werden, daß Befestigungen nicht zu Bauschäden führen dürfen.
Welche Aufgaben haben Dübel zu erfüllen?
Vom Baustoff Holz sind wir gewohnt, direkt hinein nageln und vor allem auch schrauben zu können. Nur bei einigen wenigen Kunststoffen geht das ähnlich wie beim Holz.
Bei den Metallen besteht die Möglichkeit, Gewinde einzubohren und ebenfalls direkt einzuschrauben. Bei den meisten gebräuchlichen Wand- und Deckenbaustoffen gibt es keine der beiden Möglichkeiten. Natürlich könnte man fast überall durchbohren und mit Gegenlager befestigen. Das ist aber nicht nur zeitaufwendig, sondern auch unschön.
Vorgänger der heutigen Dübeltechnik waren eingemauerte oder einbetonierte Holzstücke als Dübel sowie Dübelsteine aus Holzzement.
Um für die vielen Befestigungsprobleme die jeweils richtige Befestigungsart auszusuchen, muß man die Beschaffenheit, die Baustoffeigenschaften des Bauteils kennen, an dem etwas befestigt werden soll. Das Grundprinzip des Dübelns und Ankerns ist, daß zwischen Schraube und Bauteil ein Teil oder Material eingebracht wird, das durch Eindrehen der Schraube angepreßt wird oder erhärtet und so einen festen Halt schafft.
Ist der Baustoff massiv, kompakt, wie Beton oder Vollziegel, können Absprengungen und Risse entstehen, wenn man die geringe Festigkeit überbeansprucht, weil

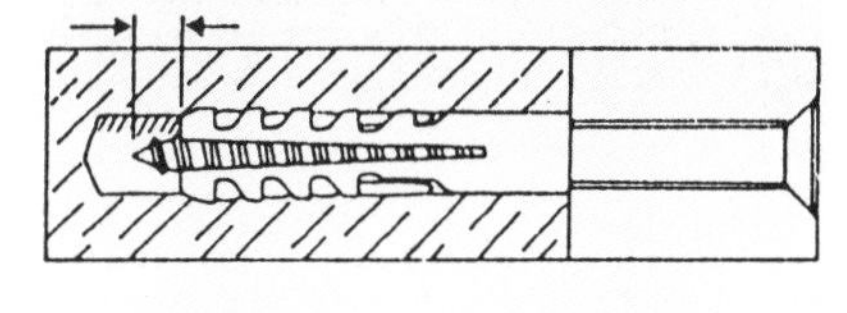

Schrauben-ø beachten!

Grundform des Nylon-Dübels. Zu beachten: Das Bohrloch muß tiefer sein als die Dübellänge. Die höchste Ausziehkraft erhält man nur mit dem für den Dübel größtzulässigen Schraubendurchmesser. Die Schraube muß den Dübel um mindestens 1 Schraubendurchmesser durchstoßen, d. h. die Mindest-Schraubenlänge errechnet sich aus Schraubendurchmesser + Dübellänge + Dicke des Putzes/Wandbelags + Dicke des zu befestigenden Gegenstands.

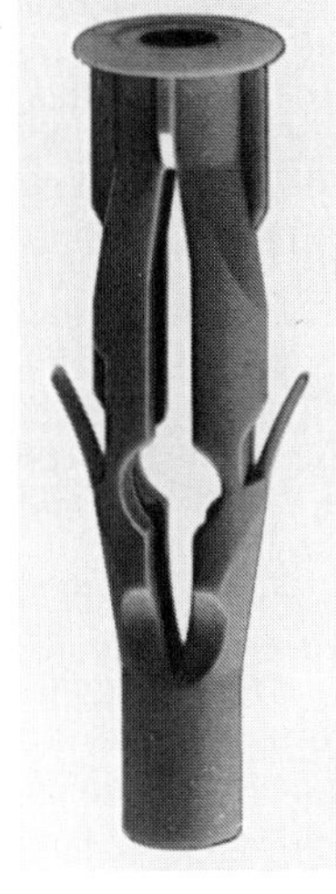

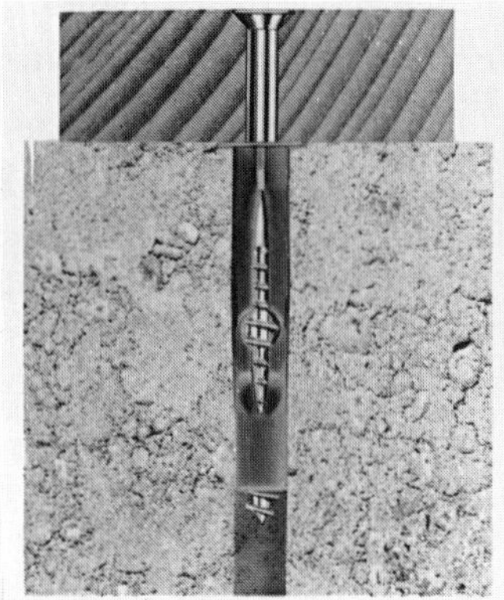

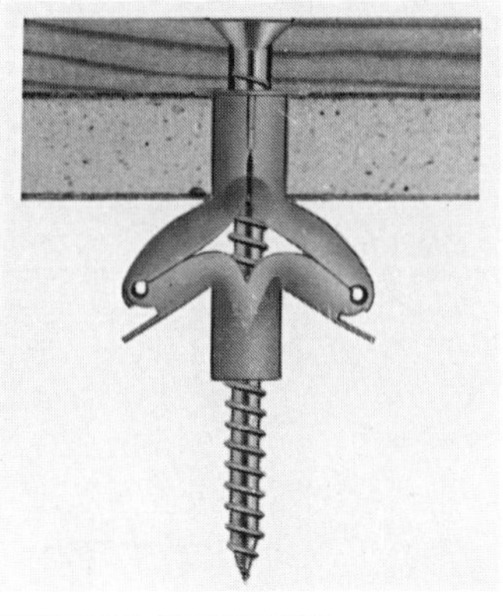

Universaldübel für kraftschlüssige Verbindungen in Massiv- und formschlüssige in Hohlbaustoffen

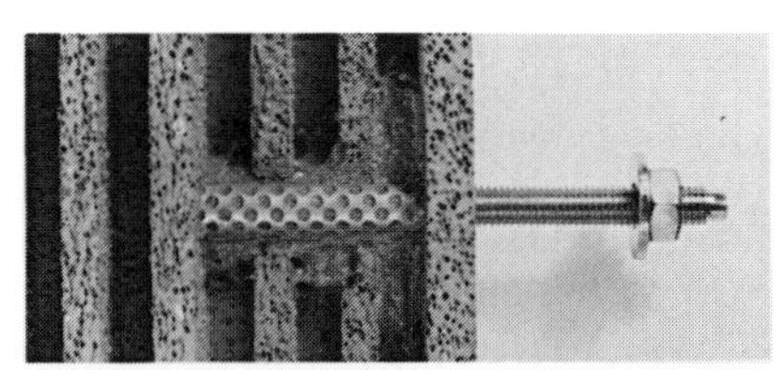

Verankern in Loch- und Kammersteinen

Direkt-Verankern von Vierkantrohren in Vollsteinen

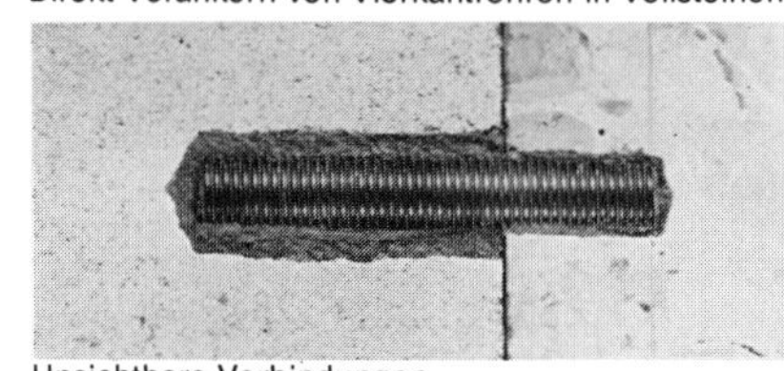

Unsichtbare Verbindungen

Anwendung von Injektionsankern. In Loch- bzw. Kammersteinen wird der Mörtel in eine Hülse aus Lochblech oder ein Gewebenetz eingebracht. Der teilweise auslaufende Mörtel sorgt für eine zusätzliche Verankerung der Verbindung in den Hohlräumen.

z. B. das Dübelmaterial nicht elastisch genug ist, um die durch das Eindrehen der Schraube entstehenden Spannungen aufzufangen. In porösen Baustoffen wie Gasbeton oder Porenziegel muß eine möglichst große Widerlagerfläche geschaffen werden, die die Last zu tragen vermag, und in Hochlochziegeln muß der Dübel sich in dem Loch spreizen. Dasselbe gilt bei der Befestigung in Gipskartonplatten-Wänden.

Die Standardlösung ist der einfache Kunststoffspreizdübel, der von der eingedrehten Schraube aufgetrieben wird und dieser Halt bietet.

Die Lösung zur Befestigung von Gegenständen direkt am Bauteil ist der Rahmendübel. Er reicht durch den zu befestigenden Gegenstand hindurch und ins Bauteil hinein. Die eingedrehte Schraube verpreßt lediglich den Dübel im Bauteil.

Diese Art Dübel wird auch zur Befestigung von Fensterrahmen im Mauerwerk für jegliches Rahmenmaterial und in verschiedenen Ausführungen angeboten.

Handelt es sich um Aufnahme größerer Kräfte durch dichte Baustoffe wie Vollziegel und andere dichte Vollsteine und vor allem Beton, so müssen starke Sprengwirkungen vermieden werden, da sonst leicht Abplatzungen und Risse die Folge sind. Dann verwendet man keine Dübel, sondern Anker. Hier unterscheidet man Anker, die durch geringe Spreizung kraftschlüssig mit dem Baustoff verbunden werden, und solche, die mit dem Baustoff verklebt werden (Injektionsanker). Bei einem Spezialanker wird das Bohrloch am Ende im Material konisch vergrößert. Diese Bohrung wird dann von einem sich am Ende spreizenden Metallanker ausgefüllt.

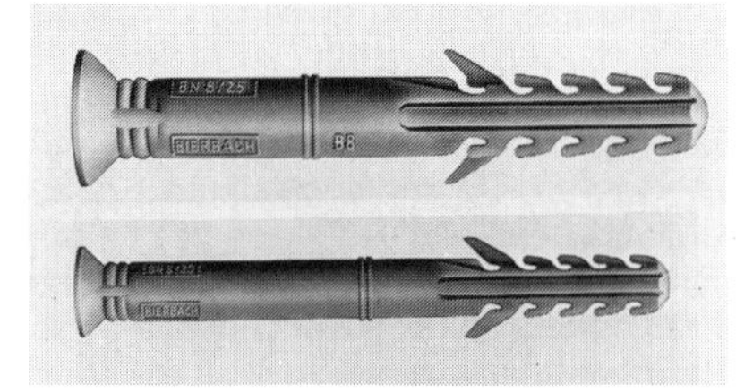

Rahmendübel, hier als Spezialkonstruktion zur Befestigung von Unterkonstruktionen für Vorhangfassaden

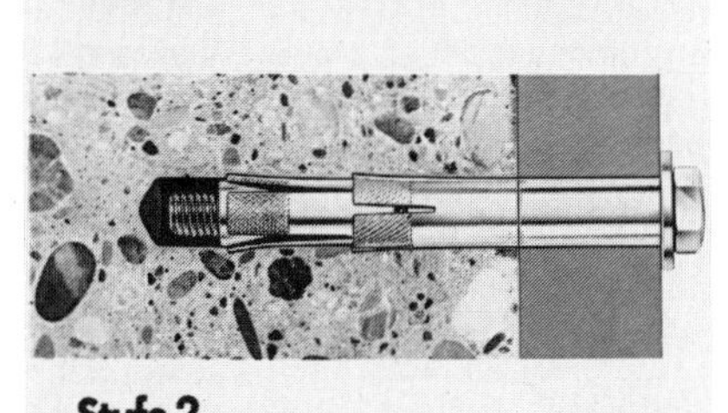

Beim Anziehen der Schraube erfolgt eine geringe Spreizung der Metallhülse in 2 Stufen und sorgt für eine sichere Verankerung im Bohrloch.

Universal-Langdübel in Hohlbaustoff

Damit entsteht die geforderte Festigkeit der Verankerung durch formschlüssige Verbindung.

Für Injektionsanker wird in ein vorgebohrtes Loch Material (Spezialharze oder -mörtel) eingepreßt, das erhärtet. Solange es noch weich ist, wird eine Gewindestange hineingedrückt, die nach Erhärtung direkt der Befestigung dient.

In grobporig porosierten Baustoffen mit dünnen Porenwänden müssen möglichst viele der dünnen Porenwände zum Tragen herangezogen werden. Das geschieht am besten in einem sich nach innen konisch verbreiternden Raum, der mit Spezialmörtel bzw. -klebstoff ausgefüllt wird, der wiederum den eigentlich tragenden Anker aufnimmt. Spachtelmassen, die sich beim Erhärten ausdehnen, sind für diese Anwendung nicht geeignet.

Auch ein mit „Flügeln" versehender Dübel kann die tragende Fläche z. B. in Gasbeton vergrößern.

Auch zur Befestigung in mit Löchern versehenen oder unbekannten Baustoffen gibt es Lösungen mit Dübeln, die sich spreizen.

Zur Befestigung von Halterungen in Plattenwänden (GK und andere) werden Dübel verwandt, die sich hinter der Platte spreizen und damit verankern.

Ohne zu übertreiben, kann man sagen, daß es schon fast für jedes Befestigungsproblem eine individuelle Lösung – wenn nicht sogar mehrere – gibt.

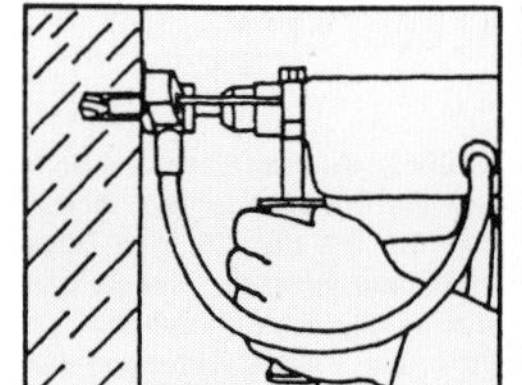

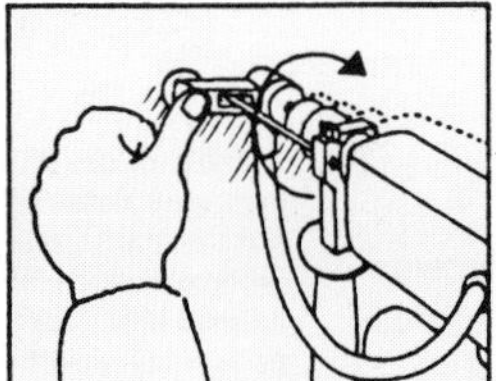

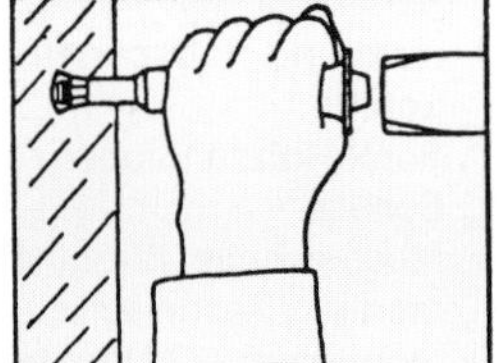

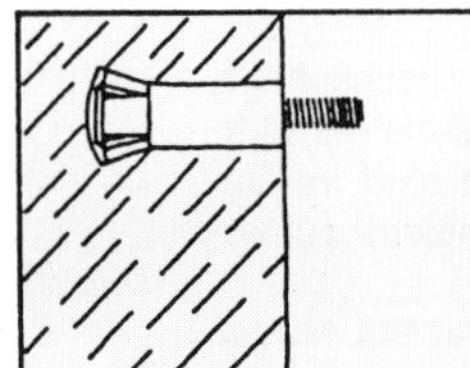

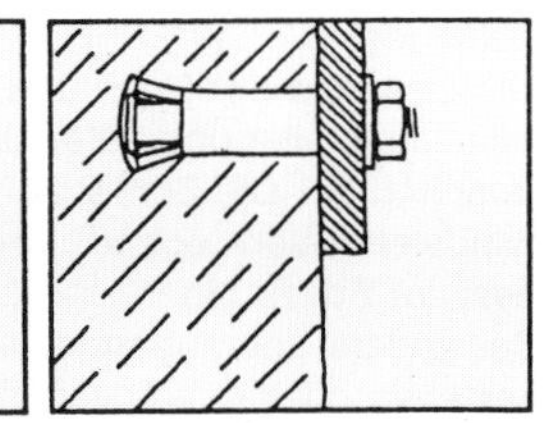

Anker mit hinterschnittenem Bohrloch: Zunächst wird ein normales zylindrisches Loch gebohrt (im Bild mit Bohrmehl-Absaugung), dann mit einem Spezialbohrer das Ende erweitert und der Anker eingesetzt, dessen Ende sich beim Festdrehen der Mutter spreizt.

Dämmstoffbefestigungen

Bei Durchsicht des Sortiments, das wie die meisten Kleinteilesortimente sehr umfangreich ist, stellen wir fest, daß die Hersteller der unterschiedlich bewerteten Frage der Wärmebrückenbildung durch die Befestigungen Rechnung tragen. Während beim Halteteller die Materialfrage wärmetechnisch uninteressant ist, kommt es beim Haltestiel um so mehr aufs Material an, je weiter er in einem Stück von innen nach außen durchreicht.

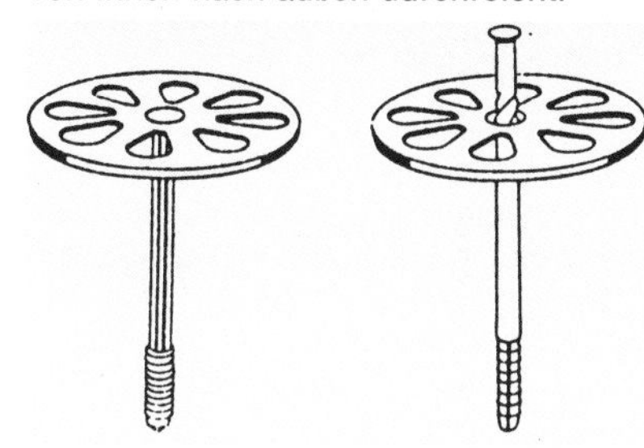

Dämmstoffhalter mit Teller, rechts mit Schlagschraube

Hier sind die Metallteile weitgehend von Kunststoffteilen abgelöst.
Die Erklärung hierfür findet sich leicht, vergleicht man die Wärmeleitfähigkeit der verwandten Stoffe.

Dämmstoffe 0,020 bis 0,060 W/(m K)
Kunststoffe ca. 0,20 bis 0,30 W/(m K)
Chromnickelstahl 15,00 W/(m K)
Stahl 60,00 W/(m K)

Bei 1000facher Wärmeleitfähigkeit bedeutet das, daß durch eine Schraube von 4 mm Durchmesser (= 12,6 mm² Querschnitt) soviel Wärme abfließen kann wie durch eine Dämmstofffläche von 126 cm²

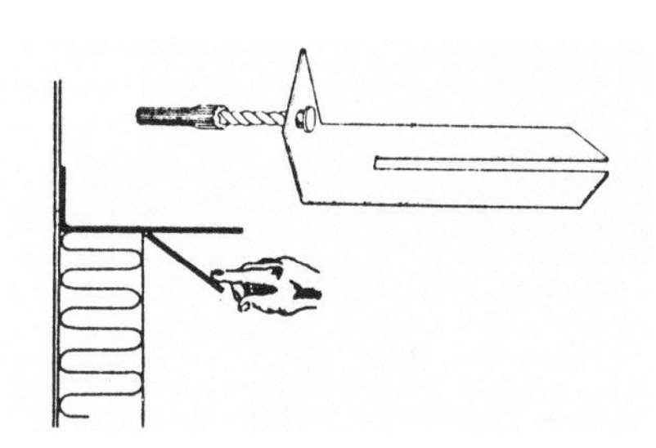

Stufenlos an die Dämmstoffdicke anzupassender Halter

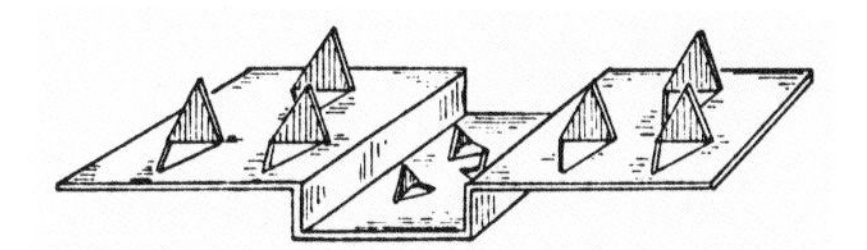

Dämmstoffhalter zur wärmebrückenfreien Befestigung des Dämmstoffs auf der Unterkonstruktion

Querschnitt, also 12,6 cm Durchmesser. Bei der Auswahl von Dämmstoffbefestigungen sollte also sofort nach der Frage der Haltbarkeit die der Wärmeleitfähigkeit gestellt sein. Metallteile also nur da, wo sie unersetzlich oder unschädlich sind.

Anker für schwere Fassadenplatten und Verblendmauerwerk

Im gleichen Maße, wie vorgehängte Fassaden und Verblendmauerwerk im Neubaubereich Eingang gefunden haben, gewinnen die Befestigungssysteme für diesen Zweck an Bedeutung. Bei ihrer Auswahl spielen sowohl Fragen der Sicherheit als auch der Wärmedämmung eine bedeutende Rolle.

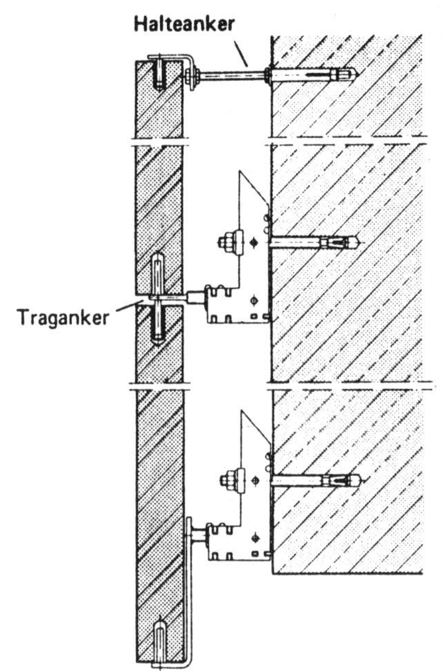

Schnellmontageankersystem für Naturwerksteinplatten. Die Traganker nehmen Eigengewicht und Windkräfte auf, Halteanker die Windlasten, die am oberen Rand der Fassade besonders hoch sind

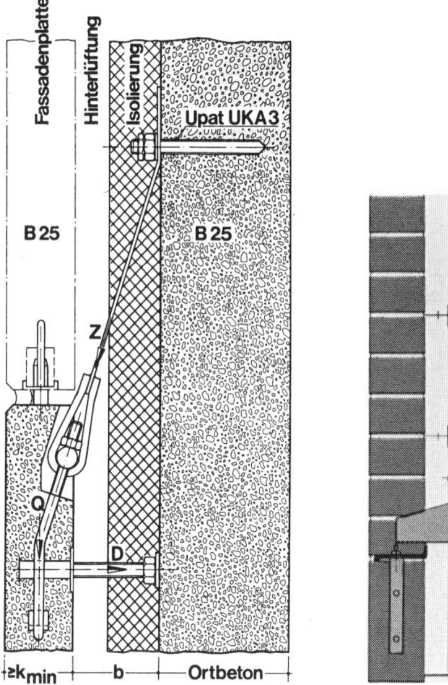

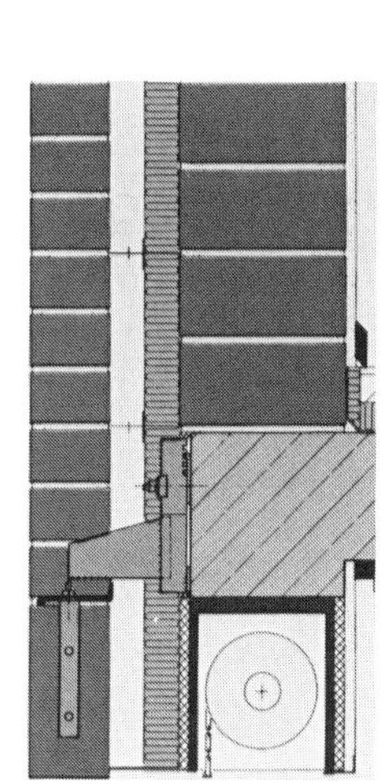

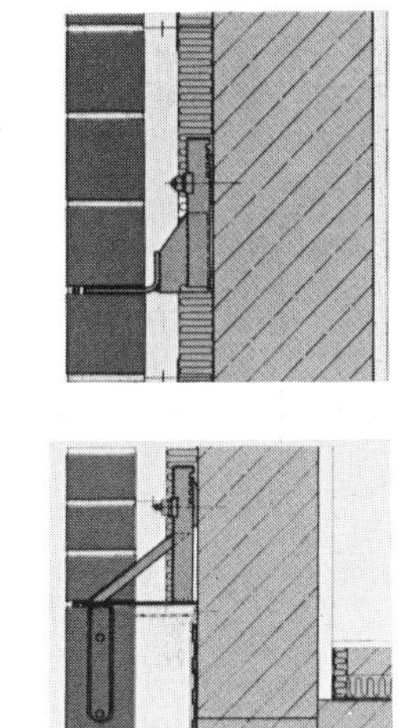

Fassadenplattenanker, Fensteranschlag-Konsolwinkel und Abfangkonsolen für vorgesetztes Mauerwerk mit Luftschicht

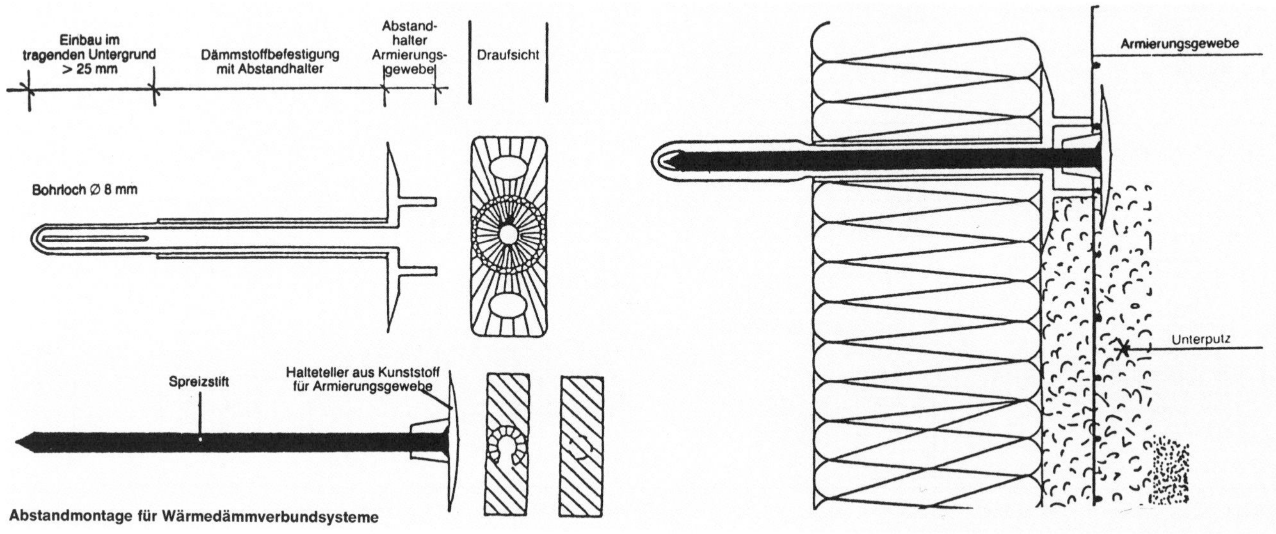

Abstandmontage für Wärmedämmverbundsysteme

Lüfter und Lüftungssysteme

Die zu den Glassteinen gehörigen Schwingflügel und Schieberlüftungen sind dort erwähnt.

Zum Abschluß von Entlüftungsöffnungen und -rohren in der Außenwand werden Abdeckungen angeboten. Ausführungen in Alu, verzinktem Blech oder Kunststoff, mit wasserabweisenden Lamellen und Fliegengitter. Ist der Ventilator in Betrieb, öffnen die Lamellen den Luftdurchgang in einer Richtung.

Das Gegenstück für innen funktioniert analog.

Auch Ablufthauben mit Rückstauklappe werden für besondere Fälle gefertigt.

Um Lüfter in Fensterscheiben einbauen zu können, gibt es Einbausätze.

Komplette Einbausätze als Mauerdurchführung mit Innen- und Außenteil aus verzinktem Blech oder Kunststoff sind die traditionellen Entlüftungselemente für Küche und Bad in der Außenwand. Dazu gibt es einiges an Zubehör und auch Rohrmaterial.

Zur Sicherung von Belüftungsschlitzen im zweischaligen Verblendermauerwerk gibt es Kleinlüfter, die mit Fliegendraht hinterlegt sind.

Bäder und Toilettenräume ohne Außenfenster müssen über Schachtanlagen entlüftet werden. Bei Entlüftungsschächten ohne Ventilator muß ein Zuluftkanal vorhanden sein, bei Entlüftung mit Ventilator reicht eine Nachströmöffnung, die meist im unteren Bereich der Tür angebracht wird. Die Bauvorschriften verlangen eine Belüftung des Heizungskellers. Hierfür werden Systeme aus Faserzement und aus verzinktem Blech angeboten.

In verstärktem Maße wird der Einsatz von Zwangslüftern (Ventilatoren) für die Be- und Entlüftung erforderlich. Obwohl der elektrische Antrieb vom Elektriker angeschlossen werden muß, sind die lüftungstechnischen Fragen vom Standpunkt des Baues aus zu lösen.

Die Zeit, in der Lüftung ausschließlich mittels der Fenster bewerkstelligt werden konnte, ist endgültig vorbei. Sparsame Verwendung von Heizenergie und Schutz vor dem immer stärker werdenden Außenlärm bedingen dichte Fenster.

Die Schwerkraftlüftung durch Lüftungskanäle kann nur so lange funktionieren, solange die Innentemperatur über der Außentemperatur liegt.

Als Ersatz für die Belüftung durch die bisherige, nicht steuerbare Belüftung durch undichte Fenster werden künftig zunehmend Wege zur gezielten Wohnraumbelüftung zu erschließen sein.

Was bisher nur für offene Feuerstellen angewandt wird, muß im Interesse problemloser Nutzung der Wohnungen auf sämtliche Wohn- und Nutzräume ausgebaut werden.

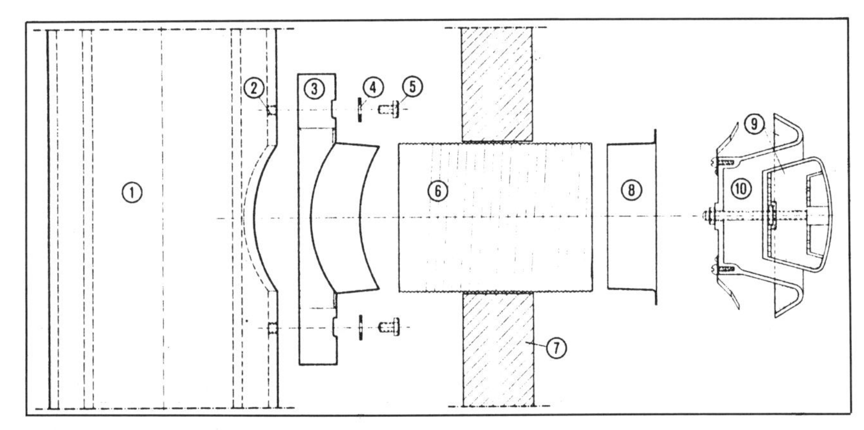

Anschluß eines einstellbaren Abluftventils an den Abluftkanal

① Deckenrohr
② Messing-Dübel M 6
③ Blechsteckmuffe
④ U-Scheibe 6,4 mm Bohrung
⑤ Sechskantschraube M 6 × 10
⑥ Flexrohr (Alu/Alu)
⑦ Vorsatzschale
⑧ Einbaurahmen für Ventil
⑨ Abluftventil OPF
⑩ Schaumstoffpolster

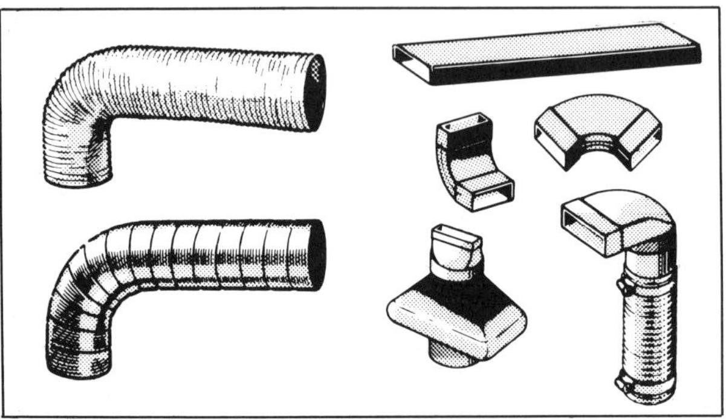

PVC- und Alu-Schläuche, Flachkanalsystem, Zuluftanlage für Heizkeller

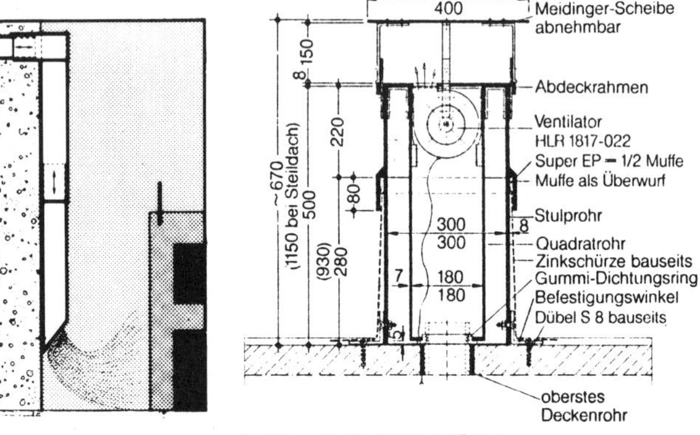

Gebläseaufsatz für Flachdächer

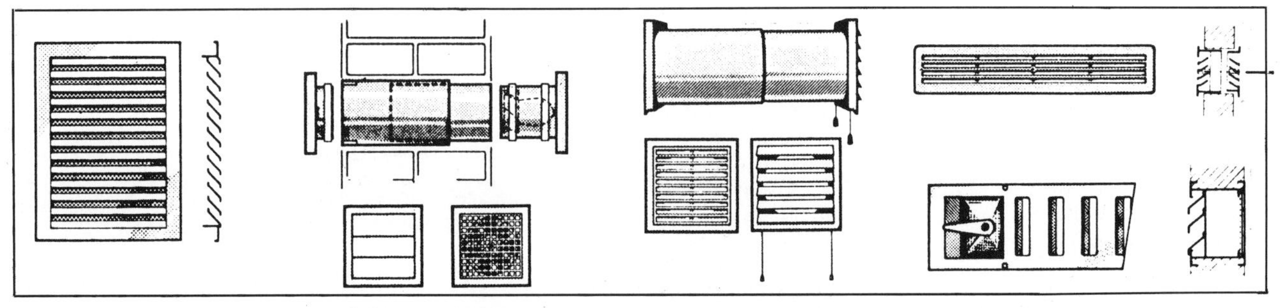

Von links nach rechts: Wetterschutzgitter, Ventilatorenanlage mit Axiallüfter, Kanalentlüfter, Gitter für Nachströmöffnung (oben) und Schiebelüftung

Stichwortverzeichnis

Bildquellen

Aco, Aerolith, Alcan, Anuba, Arbeitsgemeinschaft Holz, Armstrong, A. W. Andernach, Bauder, „Bauen mit Bimsbaustoffen“, „Bauen mit Gips“, „Bauen mit Naturwerkstein“, BayWa, Bekaert, Bertelsmann, Beton und Fertigteil-Jahrbuch ’82, Beton-Verlag, Bever, Bieber Eisen Baustoffe, Bierbach, Biffar, Braas, Brauckmann, Brügmann, Buchtal, Bug-Alutechnik, Caparol, Capatect, Ceresit, Danzer, Desowag-Bayer, d-extract, Dovre, Esser, Essmann, Eternit, Fachverband d. dt. Fliesengewerbes, Fischer-Werke, Flachglas, Flosbach, Fränkische Rohrwerke, Freudenberg, Frimeda, Fulgurit, Gail, Geze, Giesche, Görding-Klinker, Gretsch-Unitas, Grünzweig + Hartmann, Gutmann, Gutta, Hadra, Hahn, Hansit, Hardo, Hauraton, H B S, Hebel, Heilbges, Hellco, Henke, Herholz, Hespe & Woelm, Hocoplast, Hörmann, Hovesta, IFBS, Illbruck, Inefa, Interpane, Jobä – Bäcker, Jordahl, Keramik-Rohr, Klebchemie, Klöber, Knauf, Köster, Lamilux, Laumanns, Lechler, Lias-Leichttonwerke, Lugato, Marley, Meir, Meisinger, Migua, Moralt, Normstahl, Olsberg-Feuer, Oltmanns, Onduline, Osmo, Owens-Corning, PAG, PCI, Penter-Klinker, Prix, Protektorwerk, prs, quick-mix, Readymix, Rekord, Remmers, Reuß, Riexinger, Rigips, Röben, Röder, Rösler, Roplasto, Roto, RSM, RuG, RWK, Sakret, Schiedel, Schlotterer, Schlüter-Schiene, Schnabel-Fertigdecken, Schoeck, Sichel, Simonswerk, Steinzeug-Gesellschaft, Ströher, Tox, Unipor, Univ, Upat, Vedag, Vegla, Velux, Verlagsgesellschaft R. Müller, Villeroy & Boch, Volmer Betonwerk, Warema, Wegu, Weserwaben, Werzalit, Windor, Winkhaus, Wodtke, Wolf, Ziegel-Bauberatung.